기출문제만 분석하고 파악해도 반드시 합격한다!

기분파

자동차정비기능사
필기

㈜에듀웨이 R&D연구소 지음

2014~2016 공개기출문제·해설 및 수험 준비에 도움이 될 자료는 카페에서 확인하실 수 있습니다.

1. 아래 기입란에 카페 가입 닉네임 및 이메일 주소를 볼펜(또는 유성 네임펜)으로 기입합니다. (연필 기입 안됨)
2. 본 출판사 카페(eduway.net)에 가입합니다.
3. 스마트폰으로 이 페이지를 촬영한 후 본 출판사 카페의 '(필기)도서─인증하기'에 게시합니다.
4. 카페매니저가 확인 후 등업을 해드립니다.

카페 글쓰기

카페 채팅

검색

★ 즐겨찾는 게시판

▣ 전체글보기   23,952
◎ 인기글

▣ (필기)도서-인증하기
▣ (실기)미용도서-인증하기
▣ 에듀웨이<공지사항>

▣ 유튜브강의&핵심자료집
▣ 운전면허(동영상)

(동영상)지게차&굴작기

▣ 지게차(동영상)
▣ 굴착기(동영상)-굴삭기

(동영상)실기-미용사(구...

에듀웨이출판사 카페 도서인증 닉네임 기입란
(닉네임 기입하고 촬영한 후 카페에 방문하여 도서인증해 주세요)

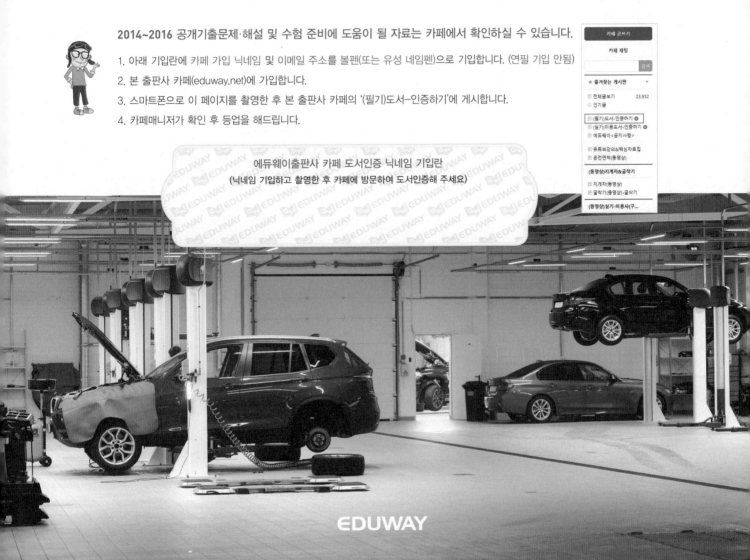

EDUWAY

Preface

2022년부터 NCS 기반으로 출제기준 변경

　2022년 1월 1일부터 자동차정비기능사 필기시험의 출제기준은 NCS(국가직무능력표준) 학습모듈을 반영함에 따라 기출문제 외에 NCS 학습모듈의 내용이 추가되어 출제됩니다. 21년까지는 기출의 재출제율이 높았기 때문에 모든 기출만 외우면 어느 정도 합격점 이상이었으나 2022년 시험에서는 변형 문제를 포함한 기출에서 약 20~25문항이 신규로 출제됩니다. 문제은행 방식이라도 신규문제도 꾸준히 출제되며, NCS 학습모듈의 내용도 출제되고 있습니다.

　또다른 특징은 전자제어 장치 부분이 삭제되는 대신 좀더 깊이있는 문제가 출제됩니다. 기존에는 해당 장치나 부속품에 대한 개요 및 주요 특징만 숙지하면 되지만 정비·점검에 대해서도 충분히 숙지해야 합니다. 그리고 출제 비율로 볼 때 기존에는 각 섹션별로 균일하게 정해진 문항수로 출제되었다면 매 횟차/개인별로 섹션마다 출제비율이 달라질 수 있습니다. 한 섹션에서 5문제가 출제되었다면 다음 횟차에서 1문제 밖에 출제되지 않을 수도 있습니다. 안전관리에서도 상식수준의 문제가 출제되지만 기출의 재출제율이 다소 떨어졌습니다.

　2016년 5회부터 CBT(컴퓨터를 기반으로 한 시험)로 바뀌면서 횟차별, 장소별, 개인별로 문제가 다르게 출제되기 때문에 수험생마다 출제난이도가 다릅니다. 이에 기출 위주의 학습보다 좀더 전반적인 이론 학습와 NCS 학습모듈에 대한 학습이 필요합니다.

<u>기출의 재출제율은 크게 낮아지고 NCS 학습모듈을 반영한 문제가 출제되므로 기출문제의 암기만으로 합격하기 다소 어렵습니다.</u>

집필 방향에 대하여...

이 책은 NCS 교재의 다소 서술적이고 반복되는 이론들을 재정리하였습니다. 단순한 정리가 아닌 기존 교재에서 다룬 주요 이론을 기초로 NCS에서 다룬 내용을 함께 다듬어 이해도를 향상시켰으며, 이미지 및 다이어그램, 이해를 돕는 여러 부차적인 설명 또한 이에 맞춰 재수록하였습니다. 따라서, 이 교재의 내용 중 일부는 NCS 학습모듈과 다소 다르거나 첨삭된 부분이 있습니다.

　자동차에 전혀 문외안이라면 먼저 자동차에 관한 기본 지식을 배울 것을 권장합니다. 또한 기초 지식을 알더라도 본 교재 내용을 어느 정도 숙지할 때까지 최소 한 달 이상의 충분한 학습시간이 필요합니다.

　가장 좋은 학습방법은 직업학교나 학원에 등록하여 실기교육과 함께 이론공부도 함께 진행하는 것이 좋습니다. 만약 그렇지 못하거나 학원의 이론교육이 부족하다면 NCS 강의 및 NCS 교재, 그리고 본 교재를 통해 어느 정도 대처할 수 있으리라 생각합니다.

기 출 문 제 만 분 석 하 고 파 악 해 도 반 드 시 합 격 한 다 !

모의고사를 통해 출제유형을 반드시 파악하기 바랍니다.

이 책은 70~80점까지 목표로 합니다.

CBT 시험대비 모의고사는 출제유형을 분석하여 재구성하였으니 교재 학습 전 반드시 숙지하여 출제 난이도를 점검하며 학습할 것을 권장합니다. 각 이론 뒤에 수록된 문제의 경우 기출을 중심으로 수록하였으나, 예측이 어려운 신규 출제범위의 문제는 새롭게 만들어 수록하여 수험에 도움이 되도록 하였습니다. 말 그대로 예측이므로 '이 책에서 반드시 나온다'라고 말할 수 없으므로 가급적 각 장치별 특징, 역할, 고장진단, 정비 순서, 정비 시 주의사항, 정비 특징 등을 이해하며 학습하시기 바랍니다.

마지막으로 이 책을 구입하신 독자님들에게 합격에 도움되길 바라며, 이 책이 나오기까지 도움을 주신 자동차전문 관계자 및 ㈜에듀웨이 임직원, 편집 전문위원, 디자인 실장님에게 지면을 빌어 감사드립니다. 향후 복원된 문제를 계속 업데이트할 예정이며, 출제문제를 적극 반영하여 내용을 수정하겠습니다. 본의 아니게 내용상 오류가 있거나 설명이 부족한 부분이 있으니 에듀웨이 카페를 통해 알려주시면 빠른 시일 내에 피드백을 드리도록 하겠습니다. 감사합니다.

㈜에듀웨이 R&D연구소(자동차부문) 드림

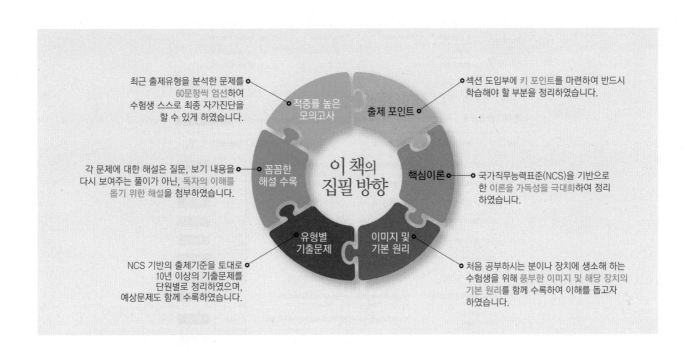

이 책의 집필 방향

적중률 높은 모의고사 — 최근 출제유형을 분석한 문제를 60문항씩 엄선하여 수험생 스스로 최종 자가진단을 할 수 있게 하였습니다.

출제 포인트 — 섹션 도입부에 키 포인트를 마련하여 반드시 학습해야 할 부분을 정리하였습니다.

핵심이론 — 국가직무능력표준(NCS)을 기반으로 한 이론을 가독성을 극대화하여 정리하였습니다.

이미지 및 기본 원리 — 처음 공부하시는 분이나 장치에 생소해 하는 수험생을 위해 풍부한 이미지 및 해당 장치의 기본 원리를 함께 수록하여 이해를 돕고자 하였습니다.

유형별 기출문제 — NCS 기반의 출제기준을 토대로 10년 이상의 기출문제를 단원별로 정리하였으며, 예상문제도 함께 수록하였습니다.

꼼꼼한 해설 수록 — 각 문제에 대한 해설은 질문, 보기 내용을 다시 보여주는 풀이가 아닌, 독자의 이해를 돕기 위한 해설을 첨부하였습니다.

학습 팁

2024년 출제비중은 기출 : 약 60%, NCS 학습모듈 및 기타 신출 : 40%입니다. 기출은 본 교재에 충분히 다루었지만 NCS 학습모듈을 별도로 학습하기에 내용이 다소 방대하고 정리가 되어 있지 않아 학습에 애로가 있을 수 있습니다. 이에 가장 먼저 모의고사를 토대로 출제유형을 파악할 것을 권장하며, 이론 및 이론 뒤에 수록된 기출은 확장 개념으로 학습하시기 바랍니다.

또한, 약 1~3문제는 합격 변별력을 위해 생소한 문제가 출제될 수 있으며 CBT(컴퓨터 기반) 시험이므로 지역별, 응시일 시별, 횟수별, 개인별로 문제가 다르게 출제되므로 개인마다 난이도가 달라질 수 있습니다.

기출 중 과목당 2~4문제는 NCS 학습모듈에서 출제됩니다. 이에 NCS 학습모듈을 반드시 학습하셔야 합니다. 본 교재에서는 지면할애상 NCS 내용이 다소 방대하여 전부 수록하지 못했습니다. 이에 카페의 자료실이나 **www.ncs.go.kr**에 방문하여 자료를 다운받으실 수 있습니다. (학습모듈 자료는 최신버전으로 업데이트될 수 있으니 체크하시기 바랍니다)

[페이지 하단 화면] NCS 및 학습모듈 검색 – [15.기계] 클릭

[06. 자동차]–[03.자동차정비] 클릭

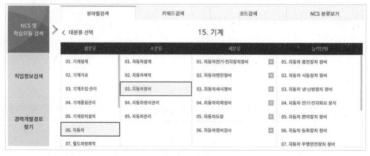

각 학습모듈명에 따른 첨부파일 다운로드

4

자동차정비기능사 필기 출제비율 및 과목별 학습목표 정하기

제1장
8%

기본사항 및 안전기준

제2장
27%

자동차 엔진

제3장
27%

자동차 섀시

제4장
28%

자동차 전기 · 전자

제5장
10%

안전관리

과목	항목	예상 출제문항수	학습목표
【제1장】 자동차 기초 (1~3문항)	1. 기본 사항 및 엔진 동력	1~2	
	2. 엔진 성능	0~1	
	3. 자동차 안전기준	1	
【제2장】 자동차 엔진 (17문항)	1. 엔진본체	1~2	
	2. 가솔린 연료장치	3~5	
	3. 디젤·LPG 연료장치	1~5	
	4. 흡·배기장치	2~4	
	5. 윤활장치	3	
	6. 냉각장치	3~4	
【제3장】 자동차 섀시 (17문항)	1. 클러치·수동변속기	2~3	
	2. 드라이브 라인	2~4	
	3. 유압식 현가장치	1~3	
	4. 타이어 및 휠 얼라인먼트	1~4	
	5. 조향장치	1~5	
	6. 유압식 제동장치	3~5	
【제4장】 자동차 전기·전자 (17문항)	1. 전기·전자 기초	2~5	
	2. 축전지	1~2	
	3. 발전기	1~2	
	4. 시동전동기	1~2	
	5. 엔진점화장치	3~4	
	6. 등화장치	2~4	
	7. 편의장치	1~5	
【제5장】 안전관리		2~3	
【제6장】 최신 CBT 시험대비 모의고사			

2021년 대비 **2022년** 신출 문항수 : **25~35**문항 (기출변형 포함, 계산문제 : 7~9문항)

합격하려면 36문제 이상 정답처리가 되어야 합니다. 2022년 신출 범위에서 최대 35문제까지 출제된다면 2021년 이전 기출문제를 충실한다면 겨우 합격이 가능하므로 신출 범위를 공부하셔야 합니다. 점차 NCS학습모듈을 반영한 신출 범위로 문제 확대가 예상되며, 신규 문제가 출제됩니다.

출제
Examination Question's Standard
기준표

- 시 행 처 | 한국산업인력공단
- 자격종목 | 자동차정비기능사
- 필기검정방법 | 객관식(전과목 혼합, 60문항)
- 실기검정방법 | 작업형(약 4시간)
- 필기과목 | 자동차 엔진, 자동차 섀시, 자동차 전기·전자, 안전관리
- 시험시간 | 1시간
- 합격기준(필기 · 실기) | 100점을 만점으로 하여 60점 (필기시험은 60문제 중 36문제) 이상

2025.1.1~2027.12.31

주요항목	세부항목	세세항목	
1 충전장치 정비	1. 충전장치 점검·진단	1. 충전장치 이해 3. 충전장치 분석	2. 충전장치 점검 4. 배터리 진단
	2. 충전장치 수리	1. 충전장치 회로점검 3. 충전장치 분해조립	2. 충전장치 측정·판정 4. 배터리 점검
	3. 충전장치 교환	1. 발전기 교환	2. 충전장치 단품 교환
	4. 충전장치 검사	1. 충전장치 성능 검사	2. 충전장치 측정·진단장비 활용
2 시동장치 정비	1. 시동장치 점검·진단	1. 시동장치 이해 3. 유무선 통신 시동장치	2. 시동장치 점검·분석
	2. 시동장치 수리	1. 시동장치 회로점검 3. 시동장치 분해조립	2. 시동장치 측정·판정판정
	3. 시동장치 교환	1. 시동전동기 교환	2. 시동장치 단품 교환
	4. 시동장치 검사	1. 시동장치 성능 검사	2. 시동장치 측정·진단장비 활용
3 편의장치 정비	1. 편의장치 점검·진단	1. 편의장치 이해 3. 통신네트워크 장치 이해	2. 편의장치 점검·분석
	2. 편의장치 조정	1. 편의장치 입·출력신호	2. 편의장치 단품 상태 확인
	3. 편의장치 수리	1. 편의장치 회로점검 3. 편의장치 판정	2. 편의장치 측정 4. 편의장치 분해조립
	4. 편의장치 교환	1. 편의장치 부품교환	2. 편의장치 인식작업
	5. 편의장치 검사	1. 편의장치 성능 검사 3. 자동차 규칙	2. 편의장치 측정·진단장비 활용

주요항목	세부항목	세세항목	
4 등화장치 정비	1. 등화장치 점검·진단	1. 등화장치 이해 3. 등화장치 분석	2. 등화장치 점검 4. BCM, IPM 장치 이해
	2. 등화장치 수리	1. 등화장치 회로 점검 3. 등화장치 분해 조립	2. 등화장치 측정·판정 4. 등화장치 관련 법규
	3. 등화장치 교환	1. 등화장치 부품 교환	2. 등화장치 진단 점검 장비사용 기술
	4. 등화장치 검사	1. 등화장치 측정기·육안 검사	2. 등화장치 측정·진단장비 활용
5 엔진 본체 정비	1. 엔진본체 점검·진단	1. 엔진본체 이해 3. 특수공구 사용법	2. 엔진본체 점검·분석
	2. 엔진본체 관련 부품 조정	1. 엔진본체 장치 조정	2. 진단장비 활용 엔진 조정
	3. 엔진본체 수리	1. 엔진본체 성능 점검 3. 엔진본체 분해 조립 5. 산업안전 관련 정보	2. 엔진본체 측정 4. 엔진본체 소모품의 교환
	4. 엔진본체 관련부품 교환	1. 엔진본체 구성부품 이상유무 판정 2. 엔진 관련 부품 교환	
	5. 엔진본체 검사	1. 엔진본체 작동상태 검사 3. 엔진본체 측정·진단장비 활용	2. 엔진본체 성능 검사
6 윤활 장치 정비	1. 윤활장치 점검·진단	1. 윤활유 및 윤활장치 이해	2. 윤활장치 점검·분석
	2. 윤활장치 수리	1. 윤활장치 회로도 점검 3. 윤활장치 부품 수리	2. 윤활장치 측정·판정
	3. 윤활장치 교환	1. 윤활장치 관련 부품 교환	2. 각종 윤활유 교환 및 폐기물 처리
	4. 윤활장치 검사	1. 윤활장치 성능 및 누유 검사	
7 연료 장치 정비	1. 연료장치 점검·진단	1. 각종 연료의 특성 2. 연료장치 점검 및 분석	2. 연료장치의 이해
	2. 연료장치 수리	1. 연료장치 회로 점검 3. 연료장치 분해조립 및 부품수리	2. 연료장치 측정·판정
	3. 연료장치 교환	1. 연료장치 부품 교환	2. 진단장비를 활용한 부품 교환
	4. 연료장치 검사	1. 연료장치 성능·누유 검사	2. 연료장치 측정·진단장비 활용
8 흡기/배기 장치 정비	1. 흡기/배기장치 점검·진단	1. 흡·배기장치의 이해·점검·분석 3. 대기환경보전법	2. 배출가스 및 증발가스
	2. 흡기/배기장치 수리	1. 흡기/배기장치 회로점검 3. 흡기/배기장치 분해조립	2. 흡기/배기장치 측정 및 판정
	3. 흡기/배기장치 교환	1. 흡기/배기장치 부품 교환 3. 증발가스 제어장치	2. 배출가스 저감장치
	4. 흡기/배기장치 검사	1. 흡기/배기장치의 측정·진단장비 활용 2. 흡기/배기장치의 누설 및 성능 검사	

주요항목	세부항목	세세항목
⑨ 클러치·수동변속기 정비	1. 클러치·수동변속기 점검·진단	1. 클러치 및 수동변속기의 이해·점검·분석 2. 클러치·수동변속기 장비 활용 진단
	2. 클러치·수동변속기 조정	1. 클러치·수동변속기 조정 내용 파악 2. 클러치·수동변속기 관련 부품 조정
	3. 클러치·수동변속기 수리	1. 클러치·수동변속기 교환·수리 가능여부 2. 클러치·수동변속기 측정 및 판정 4. 클러치·수동변속기 분해조립
	4. 클러치·수동변속기 교환	1. 클러치·수동변속기 교환 부품 확인 2. 클러치·수동변속기 탈부착
	5. 클러치·수동변속기 검사	1. 클러치·수동변속기 단품 검사 2. 클러치·수동변속기 작동상태 검사
⑩ 드라이브라인 정비	1. 드라이브라인 점검·진단	1. 드라이브라인 이해 및 점검 2. 드라이브라인 고장원인 분석
	2. 드라이브라인 조정	1. 차동장치 점검 2. 차동장치 고장원인 분석
	3. 드라이브라인 수리	1. 드라이브라인 측정 및 판정 3. 드라이브라인 분해조립
	4. 드라이브라인 교환	1. 드라이브라인 교환 부품 확인 2. 드라이브라인 특수공구 사용
	5. 드라이브라인 검사	1. 드라이브라인 작동 검사 2. 드라이브라인 성능 검사
⑪ 휠·타이어·얼라인먼트 정비	1. 휠·타이어·얼라인먼트 점검·진단	1. 휠·타이어·얼라인먼트의 이해·점검·분석
	2. 휠·타이어·얼라인먼트 조정	1. 타이어의 공기압 조정 2. 휠·타이어 평형상태 조정 3. 휠 얼라인먼트 측정장비 사용 4. 휠 얼라인먼트 조정
	3. 휠·타이어·얼라인먼트 수리	1. 교환·수리 가능 여부 2. 휠·타이어·얼라인먼트 관련부품 수리 3. 수리 후 이상 유무 확인
	4. 휠·타이어·얼라인먼트 교환	1. 휠·타이어·얼라인먼트 장비 선택 2. 휠·타이어·얼라인먼트의 부품 교환
	5. 휠·타이어·얼라인먼트 검사	1. 휠·타이어·얼라인먼트 검사 2. 휠·타이어·얼라인먼트 측정·진단장비 활용
⑫ 유압식 제동장치 정비	1. 유압식 제동장치 점검·진단	1. 유압식 제동장치의 이해·점검·분석
	2. 유압식 제동장치 조정	1. 유압식 제동장치 유격 조정 2. 유격 조정 후 장비 활용 점검
	3. 유압식 제동장치 수리	1. 유압식 제동장치 측정·판정 2. 유압식 제동장치 분해조립
	4. 유압식 제동장치 교환	1. 유압식 제동장치 탈부착 2. 유압식 제동장치 부품교환 3. 유압식 제동장치 특수공구 사용
	5. 유압식 제동장치 검사	1. 유압식 제동장치 작동상태 검사 2. 고장진단장비 사용 3. 제동력 검차장비 사용

주요항목	세부항목	세세항목	
⅓ 엔진점화장치 정비	1. 엔진점화장치 점검·진단	1. 엔진점화장치의 이해·점검·분석	
	2. 엔진점화장치 조정	1. 점화장치 진단장비 사용	2. 점화장치 관련 부품 조정
	3. 엔진점화장치 수리	1. 엔진점화장치 회로점검	2. 엔진점화장치 측정·판정·수리
	4. 엔진점화장치 교환	1. 점화장치 부품 교환	2. 점화장치 교환 후 작동상태 점검
	5. 엔진점화장치 검사	1. 엔진점화장치 검사	2. 엔진점화장치 측정·진단장비 활용
⅓ 유압식 현가장치 정비	1. 유압식 현가장치 점검·진단	1. 유압식 현가장치의 이해·점검·분석	
	2. 유압식 현가장치 교환	1. 유압식 현가장치 관련 부품 교환	2. 유압식 현가장치 작동상태 진단
	3. 유압식 현가장치 검사	1. 유압식 현가장치 작동상태 검사	2. 유압식 현가장치 성능 검사
⅓ 조향장치 정비	1. 조향장치 점검·진단	1. 조향장치의 이해·점검·분석	
	2. 조향장치 조정	1. 조향장치 관련부품 조정	2. 조향장치 관련장비 사용
	3. 조향장치 수리	1. 조향장치 측정·판정	2. 조향장치 분해조립
	4. 조향장치 교환	1. 조향장치 관련부품 교환	2. 조향장치 특수공구 사용
	5. 조향장치 검사	1. 조향장치 작동상태 검사 3. 조향장치 고장진단장비 활용	2. 조향장치 성능 검사
⅓ 냉각 장치 정비	1. 냉각장치 점검·진단	1. 냉각장치의 이해·점검·분석	
	2. 냉각장치 수리	1. 냉각장치 회로점검 3. 냉각장치 분해조립	2. 냉각장치 측정 및 판정
	3. 냉각장치 교환	1. 냉각장치 관련부품 교환	2. 환경 폐기물처리규정
	4. 냉각장치 검사	1. 냉각장치 성능 검사	2. 냉각수 누수 검사

2022년 1월 1일부터 국가직무능력표준(NCS)를 기반으로 자격의 내용 (시험과목, 출제 기준 등)을 직무 중심으로 개편하여 시행합니다.

필기응시절차

Accept Application - Objective Test Process

원서접수기간, 필기시험일 등... 큐넷 홈페이지에서 해당 종목의 시험일정을 확인합니다.

01
시험일정 확인

기능사검정 시행일정은 큐넷 홈페이지를 참조하거나 에듀웨이 카페에 공지합니다.

02
원서접수

1 큐넷 홈페이지(**www.q-net.or.kr**)에서 상단 오른쪽에 로그인 을 클릭합니다.

2 '로그인 대화상자가 나타나면 아이디/비밀번호를 입력합니다.

※ 회원가입 : 만약 q-net에 가입되지 않았으면 회원가입을 합니다.
(이때 반명함판 크기의 사진(200kb 미만)을 반드시 등록합니다.)

3 원서접수를 클릭하면 [자격선택] 창이 나타납니다. 접수하기 를 클릭합니다.

※ 원서접수기간이 아닌 기간에 원서접수를 하면
현재 접수중인 시험이 없습니다. 이라고 나타납니다.

4 [종목선택] 창이 나타나면 응시종목을 [자동차정비기능사]로 선택하고 [다음] 버튼을 클릭합니다. 간단한 설문 창이 나타나고 다음을 클릭하면 [응시유형] 창에서 [장애여부]를 선택하고 [다음] 버튼을 클릭합니다.

원서접수는 모바일(큐넷 전용 앱 설치) 또는 PC에서 접수하시기 바랍니다. (빠른 접수를 하려면 모바일을 이용하세요)

5 [장소선택] 창에서 원하는 지역, 시/군구/구를 선택하고 조회 🔍 를 클릭합니다. 그리고 시험일자, 입실시간, 시험장소, 그리고 접수가능인원을 확인한 후 선택 을 클릭합니다. 결제하기 전에 마지막으로 다시 한 번 종목, 시험일자, 입실시간, 시험장소를 꼼꼼히 확인한 후 접수하기 를 클릭합니다.

필기 시험은 1년에 4번 볼 수 있어요. 그리고 필기 합격자 발표날짜를 기준으로 2년 동안 필기 시험이 면제됩니다.

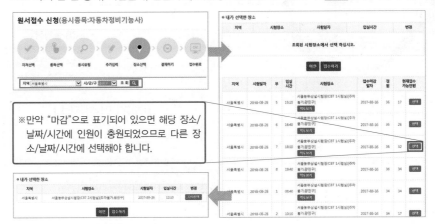

※ 만약 "마감"으로 표기되어 있으면 해당 장소/날짜/시간에 인원이 충원되었으므로 다른 장소/날짜/시간에 선택해야 합니다.

6 [결제하기] 창에서 검정수수료를 확인한 후 원하는 결제수단을 선택하고 결제를 진행합니다.
(필기 : 14,500원 / 실기 : 41,300원)

마지막 수험표 확인은 필수! – 반드시 출력할 필요는 없어요.

---

03 필기시험 응시

필기시험 당일 유의사항

1 신분증은 반드시 지참해야 하며(미지참 시 시험응시 불가), 필기구도 지참합니다(선택).

2 고사장에 고시된 시험시간 20분 전부터 입실이 가능합니다.
(지각 시 시험 응시 불가) ※ 시험장소가 초행길이라면 시간을 넉넉히 두고 출발하세요.

3 CBT 방식(컴퓨터 시험 – 마우스로 정답을 클릭)으로 시행합니다.

4 문제풀이용 연습지는 해당 시험장에서 제공하므로 시험 전 감독관에 요청합니다.
(연습지는 시험 종료 후 가지고 나갈 수 없습니다)

※ 기능사 시험에서는 공학용 계산기는 지참할 필요가 없습니다.

---

04 합격자발표 및 실기시험접수

• 합격자 발표 : 합격 여부는 필기시험 후 바로 알 수 있으며, 합격자 발표일에 큐넷의 '마이페이지'에서 '합격자발표 조회하기'에서 조회 가능

• 실기시험 접수 : 필기시험 합격자에 한하여 실기시험 접수기간에 Q-net 홈페이지에서 접수

※ 기타 사항은 큐넷 홈페이지(www.q-net.or.kr)를 방문하거나 또는 전화 **1644-8000**에 문의하시기 바랍니다.

이책의 구성과 특징

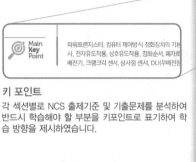

키 포인트

각 섹션별로 NCS 출제기준 및 기출문제를 분석하여
반드시 학습해야 할 부분을 키포인트로 표기하여 학
습 방향을 제시하였습니다.

가독성을 높인 다이어그램

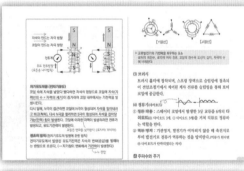

장치의 기본 원리 정리

해당 장치의 원리 또는 작동순서를 정리하여
이론 정립에 도움이 되도록 하였습니다.

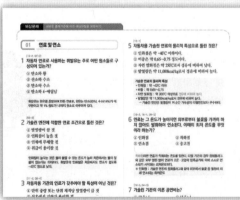

기출의 재출제율이
예년보다
좀 낮아졌습니다.

1200여 개의 기출문제 및 예상문제

섹션 마지막에 15년간 기출문제를 출제기준에 맞춰 정
리하였으며, 이론내용 중 기출에는 없는 새로운 영역에
대한 예상문제도 함께 수록하여 대략적인 출제유형을
파악할 수 있도록 하였습니다.
또한, 문제 상단에 기출년도를 달아 출제빈도를 예측할
수 있도록 하였습니다.

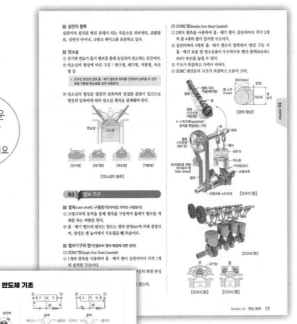

핵심이론요약

직무 중심의 NCS의 내용을 분석하여 단문형 노트 형태로 깔끔하게 정리하여 가독성을 높였으며, 필기 시험을 위한 이론 외에도 실기시험 대비를 위해 함께 수록했습니다.

이론과 연계된 300여개의 삽화

장치의 작동 원리나 구조 등 이해가 필요한 부분은 최대한 쉽게 접근할 수 있도록 이미지를 수록하였으며, NCS 교재의 이미지 중 이해가 어렵거나 가독성이 떨어지는 이미지도 보다 쉽게 표현하여 본문 이해를 돕도록 하였습니다.

부가 설명 및 각종 학습장치

초보자를 위해 생소하고 어렵게 느껴지는 용어는 부가 설명을 첨부하여 빠른 이해를 돕고자 하였으며 내용 정리에 도움이 될만한 장치의 분류, 주요부분은 형광펜 표시, 다이어그램, 주요 비교 등도 수록하였습니다.

최근 CBT 시험대비 모의고사

최근 출제유형을 토대로 출제될 가능성이 높은 문제를 따로 엄선하여 모의고사 7회분을 수록하였습니다.

상세한 해설

지문과 보기가 유사한 문제가 나올 경우를 대비하여 문제와 관련된 전반적인 내용도 함께 수록하여 문제의 요점을 파악하는데 도움이 되고자 하였습니다.

Con tents

에듀웨이 카페(자료실) 수록 내용
· 2014~2016년 공개기출문제 및 해설
· 출제 관련 NCS 학습모듈

찾아보기(색인) 자료

CBT 수검요령
computer-based testing

수시로 현재 [안 푼 문제 수]와 [남은 시간]를 확인하여 시간 분배합니다. 또한 답안 제출 전에 [수험번호], [수험자명], [안 푼 문제 수]를 다시 한번 더 확인합니다.

글자 크기 및 화면 배치 조정
시험을 보기 편한 글자 크기로 변경할 수 있으며, 한 화면에 문제 배열 방식을 2문제/2단/1문제로 조정할 수 있습니다.

정답 체크
문제의 번호에 정답을 클릭하거나 [답안 표기란]의 각 문제번호에 정답을 클릭합니다.

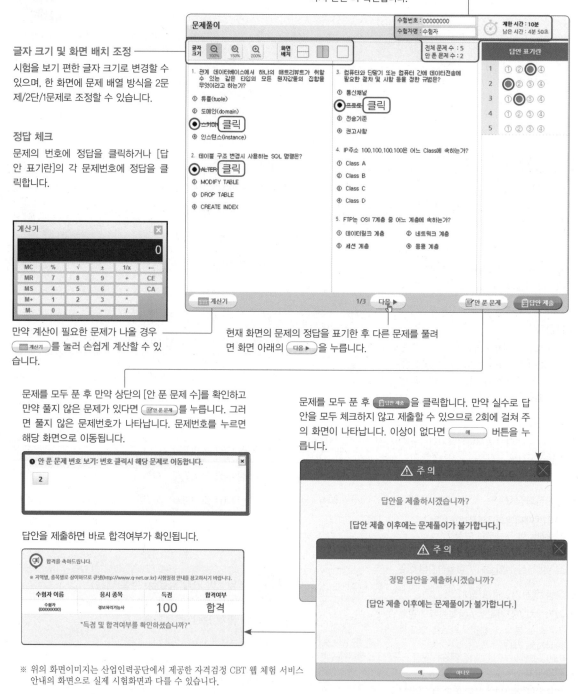

만약 계산이 필요한 문제가 나올 경우 [계산기]를 눌러 손쉽게 계산할 수 있습니다.

현재 화면의 문제의 정답을 표기한 후 다른 문제를 풀려면 화면 아래의 [다음 ▶]을 누릅니다.

문제를 모두 푼 후 만약 상단의 [안 푼 문제 수]를 확인하고 만약 풀지 않은 문제가 있다면 [안 푼 문제]를 누릅니다. 그러면 풀지 않은 문제번호가 나타납니다. 문제번호를 누르면 해당 화면으로 이동됩니다.

> ❶ 안 푼 문제 번호 보기 : 번호 클릭시 해당 문제로 이동합니다.   ✕
>
> [2]

답안을 제출하면 바로 합격여부가 확인됩니다.

문제를 모두 푼 후 [답안 제출]을 클릭합니다. 만약 실수로 답안을 모두 체크하지 않고 제출할 수 있으므로 2회에 걸쳐 주의 화면이 나타납니다. 이상이 없다면 [예] 버튼을 누릅니다.

> ⚠ 주 의   ✕
>
> 답안을 제출하시겠습니까?
>
> [답안 제출 이후에는 문제풀이가 불가합니다.]

> ⚠ 주 의   ✕
>
> 정말 답안을 제출하시겠습니까?
>
> [답안 제출 이후에는 문제풀이가 불가합니다.]
>
> [예]   [아니오]

수험자 이름	응시 종목	득점	합격여부
수험자 (00000000)	정보처리기능사	100	합격

"득점 및 합격여부를 확인하셨습니까?"

※ 위의 화면이미지는 산업인력공단에서 제공한 자격검정 CBT 웹 체험 서비스 안내의 화면으로 실제 시험화면과 다를 수 있습니다.

자격검정 CBT 웹 체험 서비스 안내
큐넷 홈페이지 우측하단에 'CBT 체험하기'를 클릭하면 CBT 체험을 할 수 있는 동영상을 보실 수 있습니다. (스마트폰에서는 동영상을 보기 어려우므로 PC에서 확인하시기 바랍니다)
※ 시험장에서 필기시험 전 약 20분간 CBT 시험요령을 설명해줍니다.

AUTOMOBILE
ENGINEERING BASIC &
SAFETY STANDARDS

CHAPTER

01

자동차공학 기초 및 안전기준

☐ 마력과 효율 ☐ 엔진의 성능 ☐ 자동차 안전기준

01 | 마력과 효율

[예상문항 : 1~3문제] 여기에 언급된 공식들은 기계분야의 기초 공식이므로 개념원리를 이해하면 크게 어렵지 않으나 어렵게 느껴진다면 자주 출제되는 수식만이라도 암기하고, 나머지는 과감히 포기하고 출제빈도가 높은 암기위주의 섹션을 공략하기 바랍니다.

01 자동차공학에 쓰이는 기본 단위

1 SI 단위(국제단위계)와의 비교

구분	SI	MKS	CGS
길이(거리)	m	m	cm
질량	kg	kg	g
시간		s	
온도		K(켈빈)	
힘	N	$N, kg \cdot m/s^2$	$dyn, g \cdot m/s^2$
압력(응력)	Pa	N/m^2	dyn/cm^2
에너지, 일	J	J	erg
일률	W	W	erg/s
넓이	m^2	m^2	cm^2
부피	m^3	m^3	cm^3
속도	m/s	m/s	cm/s
가속도	m/s^2	m/s^2	cm/s^2
평면각		rad	

2 자동차에 주로 쓰이는 단위 환산

구분	설명
힘(무게) $F = m \times a$ 힘 질량 가속도	• $1[kgf] = 9.8[kg \cdot m/s^2] = 9.8 [N]$ → 1kg의 질량을 9.8m/s²의 가속도로 움직이는 힘 • $1[N] = 1[kg \cdot m/s^2]$
일(토크, 모멘트) $W = F \times s$ 일 힘 거리 (무게)	• $1[kgf \cdot m] = 9.8 [N \cdot m] = 9.8 [J]$ → 1kgf (또는 9.8N)의 무게를 1m 움직이는 힘 • $1[J] = 1[N \cdot m]$

구분	설명
마력(일률, 동력) $HP = \dfrac{일}{시간} = \dfrac{W}{t}$	• $1[PS] = 75[kgf \cdot m/s] \fallingdotseq 736[W]$ • $1[HP] = 550[lbf \cdot ft/s] \fallingdotseq 746[W]$ • $1[kW] = 102[kgf \cdot m/s]$ • $1[W] = 1[J/sec] = 1[N \cdot m/s] =$ $1/9.8[kgf \cdot m/s]$
압력 $P = \dfrac{힘}{면적} = \dfrac{F}{A}$	• $1[Pa] = 1[N/m^2] = 1/9.8[kgf/m^2]$ • $1[bar] = 10^5[Pa]$ • $1[kgf/cm^2] = 14.2[psi]$

▶ kg와 kgf : kg은 물체의 순수 질량(고유값)을 의미하며, kgf는 질량 1kg의 물체 9.8[m/s²]의 중력가속도를 곱한 물체의 무게(힘)로 지구상에서 측정한 값을 의미한다.

▶ N : SI단위로, 질량 1kg의 물체를 1[m/s²]의 중력가속도로 움직이는 힘을 의미한다.
즉, 1 [kgf] = 9.8 [kg · m/s²] = 9.8 [N]
1 [N] = 1/9.8 [kgf]

① $1J = 1N \cdot m$ (1N의 힘으로 물체를 1m 만큼 움직이는데 소비하는 일의 양) $= 1kg \cdot m^2/s^2 = 0.24cal$ ($1N = 1kg \cdot m/s^2$)

② $1PS = 75kgf \cdot m/s \fallingdotseq 736N \cdot m/s \fallingdotseq 736W$
$\fallingdotseq 0.736kW$ ($1kW = 1.36PS = 102kgf \cdot m/s$)

③ 대기압 : 1기압(atm) $= 760mmHg = 101,325Pa$
$= 1.013bar = 1.03kgf/cm^2 = 14.69psi$

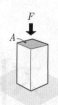

필수암기

3 압력(Pressure, kgf/cm², psi)

① 단위면적(cm², mm²)당 수직으로 작용하는 힘(kgf, N)

② 0℃에서 수은주 760mmHg의 높이에 해당하는 대기의 압력을 표준대기압이라고 하고, 이를 기압(atm)으로 표시한다.

$$압력(P) = \dfrac{힘[kgf]}{면적[cm^2]} = \dfrac{F}{A}[kgf/cm^2]$$

④ 속도(m/s, km/h) 필수암기

운동의 빠르기를 단위 시간당 물체가 이동한 거리로 표시한다. '평균 주행속도'라고도 한다.

$$속도 = \frac{전체\ 주행한\ 거리}{전체\ 걸린\ 시간}\ [\text{m/s 또는 km/h}]$$

- 1km = 1000m, 1m = $\frac{1}{1000}$km
- 1h = 60min = 3600s
- 1s = $\frac{1}{3600}$ h, 1min = $\frac{1}{60}$h
- 1km/h = $\frac{1}{3.6}$m/s

⑤ 가속도(m/s²) 필수암기

단위 시간[sec]당 변화하는 속도량[m/s]

$$가속도(\alpha) = \frac{나중\ 속도 - 처음\ 속도[\text{m/s}]}{걸린\ 시간[\text{s}]}$$
$$= \frac{힘}{질량}[\text{m/s}^2] \leftarrow \begin{array}{l}뉴턴의\ 가속도\ 법칙 \\ F{=}ma\ (힘 = 질량 \times 가속도)\end{array}$$

⑥ 섭씨온도와 화씨온도, 절대온도

① 섭씨온도 : 1기압에서의 물의 빙점(어는 점) 0℃와 비점(끓는 점 = 끓기 시작하는 온도) 100℃ 사이를 100등분하여 그 간격을 1℃로 표시한다.

② 화씨온도 : 물의 어는 점을 32℉, 끓는 점을 212℉로 하여 180등분하여 그 간격을 1℉로 표시한다.

③ 절대온도 : 더 이상 낮출 수 없는 최저 온도를 기준으로 절대 0K로 정한 온도로, 절대온도는 섭씨온도에서 273.15를 더한 값이다.

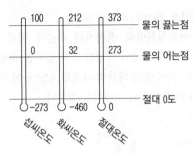

[온도의 비교]

④ 섭씨온도, 화씨온도, 절대온도의 관계식

$$℃ = \frac{5}{9}(℉ - 32)$$
$$℉ = \frac{9}{5}℃ + 32$$
$$K = ℃ + 273.15$$

1[kgf] = 9.8[N]

1 직선운동에서의 일과 일률

① 일(W) : 힘×이동거리 [kgf·m 또는 N·m] 필수암기

② 일률(출력, 마력, P) : 단위시간(1초)당 물체가 한 일량

$$일(W) = 힘(F) \times 이동거리(s)$$
$$일률(P) = \frac{일}{시간} = \frac{힘 \times 거리}{시간} = 힘(F) \times 속도(v)$$

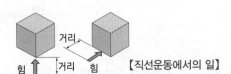

【직선운동에서의 일】

2 회전운동에서의 일과 일률 필수암기

힘 F에 의해 A지점에서 B지점까지 이동했을 때 일 $W = F \times s$로 표현하며, 이를 '토크'라고 한다.

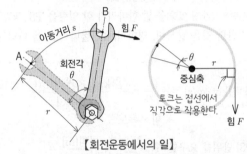

【회전운동에서의 일】

→호의 길이 = rad각도×반지름

$$일(W) = F \times s = F \times (r \times \theta) = T \times \theta$$
$$일률(P) = \frac{일(W)}{시간(t)} = \frac{T \times \theta}{t} = T \times \omega$$

T : 토크, r : 회전반경, θ : 회전각도[rad], ω : 각속도[rad/s]

▶ 토크(T, Torque, 돌림힘, 회전력)
- 어떤 물체에 힘을 가해 회전시켰을 때의 필요한 힘을 말한다. 또한, 토크는 축을 비트는 모멘트(힘×거리) 즉, 비틀림 모멘트와 같은 의미이기도 하다.
- 자동차에서 축을 중심으로 얼마만큼의 힘이 작용하는지에 대한 '토크'에 관한 것이다.

▶ 토크의 단위
- 1[N·m] : 회전체의 중심축에서 1m 떨어진 곳에 1N의 힘을 수직으로 가했을 때 축에 발생하는 힘
- 1[kgf·m] = 9.8[N·m]

Why?

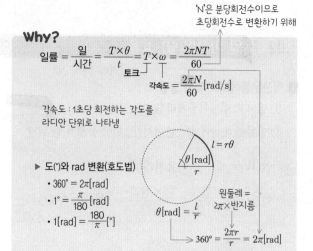

N'은 분당회전수이므로
초당회전수로 변환하기 위해

$$일률 = \frac{일}{시간} = \frac{T \times \theta}{t} = T \times \omega = \frac{2\pi NT}{60}$$

각속도 $= \frac{2\pi N}{60} [rad/s]$

각속도 : 1초당 회전하는 각도를
라디안 단위로 나타냄

▶ 도(°)와 rad 변환(호도법)
- $360° = 2\pi [rad]$
- $1° = \frac{\pi}{180}[rad]$
- $1[rad] = \frac{180}{\pi}[°]$

$l = r\theta$

$\theta [rad] = \frac{l}{r}$

원둘레 =
$2\pi \times$반지름

$360° = \frac{2\pi r}{r} = 2\pi [rad]$

따라서, 마력(일률)은 다음과 같이 나타낼 수 있다.

$$P = T \times \omega = T \times \frac{2\pi N}{60} [N \cdot m/s] = \frac{2\pi NT}{60} [W]$$

③ 마력(Horse Power, 일률, 동력) `필수암기`

일률(단위시간 당 일량)을 말 한마리가 한 일량을 'PS', 'kW' 단위로 변환한 것을 말하며, 영마력(HP), 불마력(PS)을 나타낸다.

$$마력[kgf \cdot m/s] = \frac{일}{시간} = \frac{힘[kgf] \times 거리[m]}{시간[sec]}$$

$$= 힘 \times 속도$$

[PS] 단위를 요구할 때 : $\frac{힘[kgf] \times 거리[m]}{75 \times 시간[sec]}$

→ 1PS = 75kgf · m/s이므로
참고) 1HP = 76kgf · m/s = 746W = 0.746kW

1마력[ps]이란 '일 = 힘×거리'에서
**1초 동안 75kgf 무게를 1m 이동하는데
필요한 일량을 표시**한 것이다.

1초 동안

75kgf

1m

1마력으로 1시간 동안 한 일을 열량으로 환산하면
$1[PS] = \frac{75 \times 3600}{427} = 632.3[kcal/h]$ (1kcal = 427kgf · m)

---

④ 지시마력(IHP, Indicated Horse Power)

① 동일용어 : 이론마력, 도시(圖示)마력

② 실린더 내부에서 실제로 발생한 동력 또는
기관 실린더 내의 폭발 압력으로부터 직접 측정한 마력

▶ **지시평균유효압력**이란 1사이클 당 일량을 행정체적으로 나눈 값을 말하며, 내연기관의 성능을 평가하는 중요 요소이다.

③ 지시마력 = 제동마력 + 손실마력(마찰마력 등)
$$= \frac{지시평균유효압력 \times 체적(부피)}{시간}$$

'회전수'와 관련

지시평균유효압력   체적(부피)

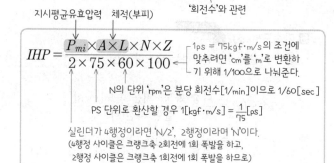

$$IHP = \frac{P_{mi} \times A \times L \times N \times Z}{2 \times 75 \times 60 \times 100}$$

1ps = 75kgf·m/s의 조건에
맞추려면 'cm'를 'm'로 변환하
기 위해 1/100으로 나눠준다.

N의 단위 'rpm'은 분당 회전수[1/min]이므로 1/60[sec]

PS 단위로 환산할 경우 $1[kgf \cdot m/s] = \frac{1}{75}[ps]$

실린더가 4행정이라면 'N/2', 2행정이라면 'N'이다.
(4행정 사이클은 크랭크축 2회전에 1회 폭발을 하고,
2행정 사이클은 크랭크축 1회전에 1회 폭발을 하므로)

'원의 단면적' 공식
- P_{mi} : 지시평균유효압력 [kgf/cm²]
- A : 실린더 단면적 [cm²] ⟶ $\frac{\pi}{4} \times D^2 = 0.785 \times D^2$
- L : 피스톤 행정 [cm]   (D : 피스톤 직경)
- Z : 실린더 수 V : 행정체적, 배기량 [cm³ = cc]
- N : 엔진 회전수 [rpm]
- 75 : 1PS = 75 kgf · m/s
- 60 : 분당 회전수를 초당 회전수로 변환한 값

▶ 2행정 사이클 기관의 지시마력
$$IHP = \frac{P_{mi} \times A \times L \times N \times Z}{75 \times 60 \times 100}$$

⑤ 제동마력(BHP, Brake Horse Power)

① 동일용어 : 실제마력, 정미마력, 축출력, 출력

② 기관의 크랭크축에서 발생한 실제 출력을 측정한 마력으로 밸브 작동, 엔진 내부의 마찰력(제동) 등이 제외된 실제로 유효하게 이용되는 마력을 말한다.

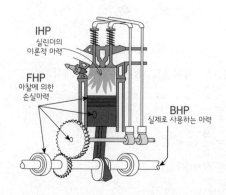

IHP
실린더의
이론적 마력

FHP
마찰에 의한
손실마력

BHP
실제로 사용하는 마력

참고 : 제동마력 공식 유도하기

▶ 힘(토크, 회전력)과 회전수[N]가 제시될 때 동력 구하기

• 동력 = 힘[kgf]×속도[m/s] = [kgf · m/s]

　= 모멘트(토크)[kgf · m]×각속도[rad/s]

RPM을 초당회전수로 바꾸기 위해 (1min = 60s)

각속도 = $\frac{각도}{시간}$ = $\frac{RPM}{60}×2\pi$

　= T [kgf · m]×$\frac{2\pi N}{60}$[rad/s] = $\frac{2\pi}{60}×TN$ [kgf · m/s]

➡ 문제에서 PS 단위를 요구할 때

$\frac{2\pi}{75×60}×TN = \frac{TN}{716.5}$[PS]

└ 1[PS] = 75[kgf·m/s]이므로

➡ 문제에서 kW 단위를 요구할 때

$\frac{2\pi}{102×60}×TN = \frac{TN}{974.5}$[kW]

└ 1[kW] = 102[kgf·m/s]이므로

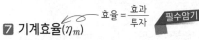

[토크와 마력 개념 이해]
저작권자 : 치콩

정리) 일, 마력(일량)을 구하는 문제가 나오면 다음 공식에 대입하여 단위를 변경한다.

• 일 = 힘×거리 = 토크
• 일[N·m, kgf·m] = 압력×부피
• 마력 = 힘×속도
• 마력 = 토크×각속도

일(토크)의 단위 : N·m, kgf·m
마력의 단위 : N·m/s, kgf·m/s, PS, kW

$$BHP = \frac{2\pi×TN}{75×60} = \frac{TN}{716.5} \text{ [PS]}$$

필수암기

$$= \frac{2\pi×TN}{102×60} = \frac{TN}{974.5} \text{ [kW]}$$

• T : 크랭크축 회전력(=토크, 축 토크) [kgf·m]
• N : 엔진 회전수[rpm]

▶ 정미(正味)란
"net, 알짜, 뺄 것 다 뺀 순수한~"의 의미이다. 즉 지시마력에서 각종 기계적 손실을 제외한 실제 크랭크축을 회전시키는 마력을 말한다.
▶ 기관 출력성능의 증대
배기량 증대, 기통수 증대, 회전속도 증가, 평균유효압력 증가, 압축비 증가 등
▶ 마력의 크기 : 지시마력(IHP) > 제동마력(BHP)

6 손실마력(FHP, Friction Horse Power)

① 동일용어 : 마찰마력
② 기계 부분의 마찰에 의하여 손실되는 동력과 새로운 가스를 흡입하고 배출하는 데에서 오는 동력의 손실을 말한다.

$$FHP = IHP - BHP = \frac{Fv}{75} = \frac{\mu Pv}{75}$$

┌ 크랭크축에서의 손실마력
피스톤(피스톤링)에서의 손실마력

• F : 총마찰력[kgf]
• v : 피스톤 평균속도[m/s]
• μ : 마찰계수
• P : 베어링에 작용하는 하중[kgf]
• v : 미끄럼 속도[m/s]

▶ 엔진의 피스톤링 총마찰력(P_t) : 엔진의 전체 링의 마찰력을 합한 것
P_t [kgf] = $P_r×N×Z$
여기서, P_r : 링 1개당 마찰력, N : 링의 수, Z : 실린더 수

7 기계효율(η_m)

효율 = $\frac{효과}{투자}$　필수암기

① 피스톤에서 발생하는 일이 실제 크랭크축에 얼마만큼 전달되었느냐를 나타낸다. 기계효율이 높다는 것은 부품간의 마찰, 흡배기로 인한 행정운동, 발전기나 워터펌프, 오일펌프 등 엔진 구동에 필요한 액세서리를 구동에 필요한 일(손실)의 최소화를 말한다.

$$기계효율(\eta_m) = \frac{제동마력}{지시마력}×100(\%)$$

8 체적효율(Volumetric efficiency, η_v)

$$\eta_v = \frac{실제 흡입한 공기 체적(양)}{이론 행정체적(=배기량)}$$

① 엔진출력을 증대시키기 위해 더 많은 공기가 연소실로 흡입되어야 하는데, 엔진에 얼마만큼의 공기를 빨아들일 수 있는지의 효율을 말한다.
② 체적효율이 높다는 의미는 동일 체적 내에 공기밀도가 크다는 의미이다. 그러나 흡입공기가 열을 받으면 공기체적이 팽창되어 밀도가 감소되므로 체적효율이 낮아진다.

▶ 체적효율 향상 대책
• 흡기온도를 낮춘다.
• 밸브 지름이나 밸브 리프트를 크게 하거나, 밸브의 저항이 최소로 한다.
• 과급기를 설치한다.
• 연소된 가스를 최대한 배출한다.

▶ 충전효율
• 실제로 흡입된 공기량을 표준대기상태(760mmHg, 15℃)로 환산하여 행정체적으로 나눈 값이다.
• 동일한 공기량이지만 고도나 온도에 따라 출력이 변한다.

9 연료소비량과 연료소비율

① 기관의 실용적인 성능을 표시할 때 사용된다.

② 연료소비량 : 매시간당 소비한 연료량 [kg/h]

③ 연료소비율 : 단위 출력당(1시간동안 1PS) 소비되는 연료소비량(g)을 의미한다. [g/PS-h]

④ 주행 연비 : 연료 1리터당 주행거리 [km/L]

$$연료소비율 = \frac{주행거리[km]}{연료소비량[L]}$$ 필수암기

⑤ 리터출력 : 단위 행정체적(배기량) 당 제동출력 [PS/L]

$$리터출력 = \frac{제동출력[PS]}{총배기량[L]}$$

> ▶ 리터출력이 크다는 것은 부하가 크다는 것을 말하므로, 기관의 수명연장을 위해 작아야 한다.
> ▶ 연료소비율은 다른 엔진과 비교할 수 있도록 엔진을 다이나모미터 (Dynamo Meter)에 이용하여 동력성능을 측정한다.

10 열효율(thermal efficiency)

① 의미 : 기관의 출력을 위하여 실린더 내에서 유효하게 이용된 열량의 비율

② 도시 열효율 = 100% − 손실 열효율
　　　　　　　　　　　　(각종 기계적 손실의 합)

③ 제동 열효율(η_e, net thermal efficiency, 정미 열효율) : 엔진의 크랭크축에 발생한 출력으로부터 얻어지는 제동일에 대한 열효율

④ 도시 열효율과 기계효율로 구하기

$$제동 열효율(\eta_e) = \frac{도시 열효율 \times 기계효율}{100}$$

⑤ 제동마력, 연료소비율, 저위발열량으로 구하기

$$제동 열효율(\eta_e) = \frac{632.3 \times BPS}{G \times H_l} \times 100(\%)$$
$$= \frac{632.3}{B_e \times H_l} \times 100(\%)$$

- 632.3 : 제동마력을 시간당 열량으로 나타낸 값[kcal/h]
- BPS : 제동마력[PS]
- G : 시간당 연료소비량[kg/h]
- B_e : 제동연료 소비율[kg/ps-h]
- H_l : 저위발열량[kcal/kg]

> ▶ 저위발열량 : 연료 중 수증기 열량을 고려하지 않은 실제 이용가능한 열량을 의미
> ▶ 저위발열량[kJ/kgf]과 제동마력[kW]이 주어질 때 제동열효율
> $$\eta_e = \frac{3600 \times BPS}{B \times H_l} \times 100(\%)$$
> ▶ 엔진 성능에 영향을 주는 인자
> 흡입효율, 체적효율, 충전효율, 배기량, 기통수, 회전속도, 평균유효압력, 압축비, 냉각수 온도, 점화시기, 마찰 등

03 엔진의 행정과 사이클

1 사이클

① 4행정 사이클은 흡기, 압축, 폭발, 배기의 4행정으로 1사이클을 이루며, 크랭크 축 2회전하여 동력 발생

② 2행정 사이클은 상승, 하강의 2행정으로 1사이클을 이루며, 크랭크 축 1회전하여 동력 발생

2 행정(stroke)

피스톤이 상사점에서 하사점으로 이동하는 거리

상사점	• TDC(Top Dead Center) • 피스톤 운동의 상한점(최대로 상승한 지점)
하사점	• BDC(Bottom Dead Center) • 피스톤 운동의 하한점(최하로 하강한 지점)

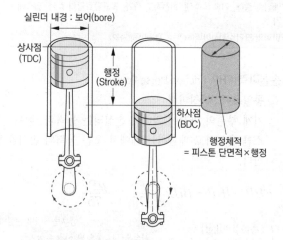

3 행정체적(배기량)과 총행정체적 필수암기

(1) 행정체적(Stroke Volume, V_S, cm³)

① 피스톤이 1행정 하였을 때의 흡입 또는 배출한 공기나 혼합기의 체적을 말하며, '배기량'과 동일한 의미이다.

② 피스톤의 단면적과 행정의 곱을 말한다.

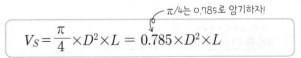

π/4는 0.785로 암기하자!

$$V_S = \frac{\pi}{4} \times D^2 \times L = 0.785 \times D^2 \times L$$

- D : 내경(실린더의 안지름) [cm]
- L : 행정 [cm]

▶ 단위 'cc'는 'cm³'와 동일하다.

(2) **총행정체적**(Total Stroke Volume, V_T, cm³)

행정체적(V_S)와 전체 실린더 수(Z)의 곱을 말하며, '총배기량'
과 동일한 의미이다.

$$V_T = V_S \times Z = \frac{\pi}{4} \times D^2 \times L \times Z$$
- V_S : 행정체적
- Z : 실린더 수

4 압축비

피스톤이 상사점에 있을 때 실린더의 체적(행정체적+연소실체
적)과 연소실 체적과의 비를 말한다. (즉, 피스톤이 혼합기를 몇 분
의 1의 체적으로 압축하는가를 나타낸다.)

$$\begin{aligned}
\text{압축비}(\varepsilon) &= \frac{\text{실린더 체적}(V_b)}{\text{연소실 체적}(V_c)} \\
&= \frac{\text{연소실 체적}(V_c) + \text{행정체적}(V_s)}{\text{연소실 체적}(V_c)} \\
&= 1 + \frac{\text{행정체적}(V_s)}{\text{연소실 체적}(V_c)}
\end{aligned}$$

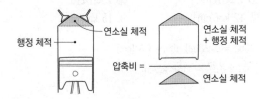

5 피스톤의 평균 속도(v)

$$v(m/sec) = \frac{2NL}{60} = \frac{NL}{30}$$
- N : 크랭크축 회전수(rpm)
- L : 행정(m)

6 가솔린 엔진의 성능 곡선도

가솔린 엔진에서의 회전력, 축 출력, 연료소비율의 관계를 나
타내는 선도를 말한다.

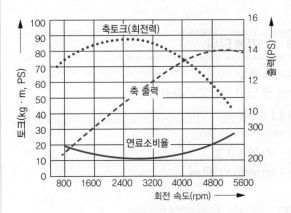

04 엔진의 기본 사이클

지시선도 : 연소실에 지압계를 설치하고 측정된 압력을 이용하
여 그린 압력-체적선도(P-V선도)를 말하며, 압력과 피스톤 행정
과의 관계를 나타낸 것이다.

사이클 종류	설명
정적 사이클 (오토 사이클)	일정한 체적(정적靜積, static volume) 하에서 연소하는 사이클 (가솔린 기관)
정압 사이클 (디젤 사이클)	일정한 압력(정압靜壓, static pressure) 하에서 연소하는 사이클 (저속 디젤기관)
복합 사이클 (사바테 사이클, Sabathe cycle)	정적 사이클과 정압 사이클을 복합한 형태의 기 관으로 연소과정이 일부는 정압 하에, 일부는 정적 하에 연소되는 사이클 (고속 디젤기관)

① → ② : 압축행정
② → ③ : 폭발(정적 연소)
③ → ④ : 팽창행정
④ → ① : 배기시작
① → ⑤ : 배기행정
⑤ → ① : 흡기행정

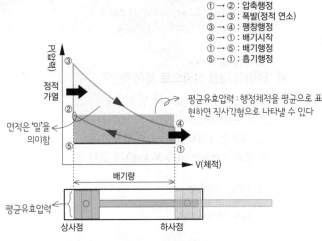

⬆ 정적 사이클의 PV선도

※ 평균유효압력은 피스톤의 평균압력이며, 일량(①-②-③-④의 면적)을
행정체적으로 나눈 값이다.
※ 기능사 시험에서는 '각 사이클에 해당하는 기관의 종류'와
정적 사이클의 PV 선도 모양만 암기한다.

01 기본 단위

1 다음 중 단위 환산으로 틀린 것은?
[14-3] 출제율 ★

① 1 J = 1 N·m
② -40 ℃ = -40 ℉
③ -273 ℃ = 0 ˚K
④ 1 kgf/cm² = 1.42 psi

> ② ℉ = $\frac{9}{5}$℃+32, $\frac{9}{5}$×(-40)℃+32 = -40℉
> ④ 1kgf/cm² = 14.2psi

2 다음 중 단위 환산으로 맞는 것은?
[09-1] 출제율 ★★★★

① 4.2 kcal = 1 kJ   ② 1.6 mile = 1 km
③ 1 N·m = 9.8 J   ④ 1 W = 1 J/s

> ① 1cal = 4.2J (1kcal = 4.2kJ)
> ② 1mile = 1.6km
> ③ 1J = 1N·m
> ④ 1W·s = 1J 이므로, 1W = 1J/s

3 단위 환산으로 맞는 것은?
[15-3, 09-2] 출제율 ★★★

① 1 mile = 2 km
② 1 lb = 1.55 kgf
③ 1 kgf·m = 1.42 ft·lbf
④ 9.81 N·m = 9.81 J

> ① 1 mile = 1.6 km
> ② 1 lb   = 0.45 kgf
> ③ 1 kgf·m = 2.2 lbf×3.28 ft = 7.2 lbf·ft
> ④ 1 J   = 1 N·m

4 단위에 대한 설명으로 옳은 것은?
[14-4] 출제율 ★★★★

① 1 PS는 75 kgf·m/h의 일률이다.
② 1 J은 0.24 cal이다.
③ 1 kW는 1,000 kgf·m/s의 일률이다.
④ 초속 1 m/s는 시속 36 km/h와 같다.

> ① 1[PS] = 75[kgf·m/s]
> ③ 1[kW] = 1.36[PS] = 102[kgf·m/s]
> ④ 1[m/s] = 3.6[km/h]

5 1PS를 단위 환산한 것 중 틀린 것은?
[04-2] 출제율 ★★★★

① 75 kgf·m/s   ② 102 J/s
③ 736 N·m/s   ④ 0.736 kW

> 1[PS] = 75[kgf·m/s] = 736[N·m/s] = 736[W]
> = 0.736 [kW] (1kW = 1.36PS = 102kgf·m/s)

6 1PS는 몇 kW인가?
[11-3] 출제율 ★★★

① 75   ② 736   ③ 0.7   ④ 1.736

> 1 [PS] = 736 [W] = 0.736 [kW]

7 1PS로 1시간 동안 하는 일량을 열량 단위로 표시하면?
[12-2] 출제율 ★★

① 약 432.7 kcal   ② 약 532.5 kcal
③ 약 632.3 kcal   ④ 약 732.2 kcal

> • 1[PS] = 75[kgf·m/s], 1[h] = 3600[s]이므로
>   ∴ 75[kgf·m/s]×3600[s] = 270,000 [kgf·m]
> • 1[kcal] = 427[kgf·m]이므로 (일의 열당량)
>   ∴ $\frac{270,000}{427}$ = 632.3 kcal

8 기관의 실린더 압축압력을 측정한 결과 170 lbf/in² 이었다. kgf/cm²로 환산하면 약 얼마인가?
[07-3] 출제율 ★

① 1 kgf/cm²   ② 7 kgf/cm²
③ 12 kgf/cm²   ④ 15 kgf/cm²

> 1[lbf] ≒ 0.45[kgf], 1[in] = 2.54[cm]
> 170×$\frac{0.45}{2.54^2}$ = 11.94 kg/cm²

9 그림에서 A점에 작용하는 토크는?
[10-2] 출제율 ★

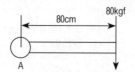

① 64 m·kgf
② 80 m·kgf
③ 160 m·kgf
④ 640 m·kgf

> 토크 = 힘×거리 = 80[kgf]×0.8[m] = 64 [m·kgf]

[09-4] 출제율 ★ ☐☐☐

10 길이가 500 mm인 토크렌치로 5.5 kgf·m의 나사를 죄려면 몇 kgf의 힘이 필요한가?

① 2.75 　　　　　② 11
③ 1.1 　　　　　④ 27.5

> 토크[kgf·m] = 힘×거리, 힘 = $\dfrac{5.5[\text{kgf·m}]}{0.5[\text{m}]}$ = 11 [kgf]

[11-4] 출제율 ★ ☐☐☐

11 자동차가 200m를 통과하는데 10초 걸렸다면 이 자동차의 속도는?

① 68km/h 　　　　② 72km/h
③ 86km/h 　　　　④ 92km/h

> 속도(km/h) = $\dfrac{\text{이동거리}}{\text{걸린시간}}$, 10[sec] = $\dfrac{1}{3600}×10 = \dfrac{1}{360}$[h]
>
> ∴ $\dfrac{0.2[\text{km}]}{1/360[\text{h}]}$ = 72 [km/h]

[12-4] 출제율 ★ ☐☐☐

12 주행속도가 100 km/h인 자동차의 초당 주행속도는?

① 약 16 m/s 　　　② 약 23 m/s
③ 약 28 m/s 　　　④ 약 32 m/s

> 1 [km/h] = 1/3.6 [m/s] 이므로
> 100 [km/h] = 100×$\dfrac{1}{3.6}$ = 27.77 [m/s]

[13-1] 출제율 ★ ☐☐☐

13 주행거리 1.6km를 주행하는데 40초가 걸렸다. 이 자동차의 주행속도를 초속과 시속으로 표시하면?

① 40 m/s, 144 km/h
② 40 m/s, 11.1 km/h
③ 25 m/s, 14.4 km/h
④ 64 m/s, 230.4 km/h

> 초속은 m/s, 시속은 km/h이며,
> 1km = 1000m, 1s (초) = $\dfrac{1}{3600}$ h (시간)
>
> • 초속 : $\dfrac{1.6×1,000[\text{m}]}{40[\text{s}]}$ = 40 [m/s]
>
> • 시속 : $\dfrac{1.6[\text{km}]}{\frac{40}{3600}[\text{h}]}$ = $\dfrac{1.6×3600}{40}$ = 144 [km/h]

[10-2] 출제율 ★ ☐☐☐

14 자동차로 길이가 400m의 비탈길을 왕복하여 올라가는데, 3분 내려오는데 1분 걸렸다고 하면 왕복 평균속도는?

① 10 km/h
② 11 km/h
③ 12 km/h
④ 13 km/h

> 속도[km/h] = $\dfrac{\text{이동거리}}{\text{걸린시간}}$ 에서 $\dfrac{400[\text{m}]×2}{3[\text{min}]+1[\text{min}]}$ ← 왕복하므로 (올라갔다가 내려오므로)
>
> ∴ $\dfrac{800×\frac{1}{1000}[\text{km}]}{4×\frac{1}{60}[\text{h}]}$ = $\dfrac{800×60}{4×1000}$ = 12 [km/h]

[12-1] 출제율 ★ ☐☐☐

15 자동차가 1.5km의 언덕길을 올라가는데 10분, 내려오는데 5분 걸렸다면 평균 속도는?

① 8km/h
② 12km/h
③ 16km/h
④ 24km/h

> 속도[km/h] = $\dfrac{\text{이동거리}}{\text{걸린시간}}$ 에서 $\dfrac{1.5[\text{km}]×2}{10[\text{min}]+5[\text{min}]}$
>
> ∴ $\dfrac{3[\text{km}]}{15×\frac{1}{60}[\text{h}]}$ = $\dfrac{3×60}{15}$ = 12 [km/h]

[16-1, 09-1, 07-5] 출제율 ★ ☐☐☐

16 자동차로 서울에서 대전까지 187.2km를 주행하였다. 출발시간은 오후 1시 20분, 도착시간은 오후 3시 8분이었다면 평균 주행속도는?

① 약 126.5km/h
② 약 104 km/h
③ 약 156km/h
④ 약 60.78km/h

> 속도[km/h] = $\dfrac{\text{이동거리}}{\text{걸린시간}}$ 에서 '분'을 '시간'으로 환산하기 위해
>
> • 출발시간 : 1시간20분 = 1 + 20/60 = 1.33시간
> • 도착시간 : 3시간 8분 = 3 + 8/60 = 3.133시간
> ∴ 걸린시간 : 도착시간 - 출발시간 = 3.133 - 1.33 = 1.803
> ∴ 속도 = $\dfrac{187.2[\text{km}]}{1.803[\text{h}]}$ = 103.8 [km/h]

chapter 01

정답 **10** ② **11** ② **12** ③ **13** ① **14** ③ **15** ② **16** ②

17 20 km/h로 주행하는 차가 급가속하여 10초 후에 56 km/h가 되었을 때 가속도는?

① 1m/s²　　　　　　② 2m/s²
③ 5m/s²　　　　　　④ 8m/s²

$$가속도[m/s^2] = \frac{나중속도 - 처음속도}{걸린\ 시간} = \frac{56 - 20[km/h]}{10[s]}$$

$$= \frac{36 \times \frac{1000[m]}{3600[s]}}{10[s]} = 3.6 \times \frac{1}{3.6} = 1\ [m/s^2]$$

18 자동차가 정지 상태에서 출발하여 10초 후에 속도가 60km/h가 되었다면 가속도는?

① 약 0.167 m/s²　　　② 약 0.6 m/s²
③ 약 1.67 m/s²　　　　④ 약 6 m/s²

$$가속도[m/s^2] = \frac{나중속도 - 처음속도}{걸린\ 시간} = \frac{60 - 0[km/h]}{10[s]}$$

$$= \frac{60 \times \frac{1}{3.6}[m/s]}{10\ [s]} = 1.66\ [m/s^2]$$

처음속도가
정지상태이므로

19 가솔린기관의 압축압력 측정값이 140 lb/in²(psi)일 때 kgf/cm²의 단위로 환산하면?

① 약 9.85 kgf/cm²　　② 약 11.25 kgf/cm²
③ 약 12.54 kgf/cm²　　④ 약 19.17 kgf/cm²

$$1[kgf/cm^2] = 14.2[psi]이므로\ \frac{140}{14.2} = 9.859\ [kgf/cm^2]$$

20 176°F는 몇 °C 인가?

① 76　　　　　　　② 80
③ 1　　　　　　　　④ 176

$$℃ = \frac{5}{9}(℉-32) = \frac{5}{9}(176-32) = 80℃$$

21 기관 작동 중 냉각수의 온도가 83°C를 나타낼 때 절대온도는?

① 약 563 K　　　　　② 약 456 K
③ 약 356 K　　　　　④ 약 263 K

절대온도(K) = 섭씨온도(℃) + 273 = 83 + 273 = 356.15 K

02　마력과 효율

1 1 마력은 매초 몇 cal의 발열량에 상당하는가?

① 약 32 cal/s　　　　② 약 64 cal/s
③ 약 176 cal/s　　　　④ 약 32,025 cal/s

$$1[PS] = 75[kgf·m/s]이며,$$
$$1[kcal] = 427[kgf·m]이므로 \rightarrow 1[kgf·m] = \frac{1}{427}[kcal]$$
$$※\ 1[PS] = \frac{75}{427}[kcal/s] ≒ 0.1756[kcal/s] ≒ 175.6[cal/s]$$

2 150 kgf의 물체를 수직 방향으로 매초 1m의 속도로 올리려면 몇 PS의 동력이 필요한가?

① 1 PS　　　　　　　② 0.5 PS
③ 2 PS　　　　　　　④ 5 PS

PS 단위를 묻는 문제임으로 마력에 관한 문제이다.
$$마력 = \frac{일의\ 양}{시간} = \frac{힘[kgf]×거리[m]}{시간[s]} = 150[kgf·m/s] = 2[ps]$$
(1 PS = 75 kgf·m/s이므로)

3 25kgf의 물체를 5m로 올리는데 2초에 걸렸다면 필요한 마력[ps]은?

① 0.5　　　　　　　② 0.7
③ 0.75　　　　　　　④ 0.83

$$마력[PS] = \frac{힘[kgf]×거리[m]}{75[kgf·m/s]×시간[s]} = \frac{25×5}{75×2} = 0.833[PS]$$

4 100 PS의 엔진이 적합한 기구(마찰을 무시)를 통하여 2500 kgf의 무게를 3m 올리려면 몇 초나 소요되는가?

① 1초　　　　　　　② 5초
③ 10초　　　　　　　④ 15초

$$마력[PS] = \frac{힘[kgf]×거리[m]}{75[kgf·m/s]×시간[s]}$$
$$100[PS] = \frac{2500×3}{75×x},\ x = \frac{2500×3}{75×100} = 1[s]$$

정답　17 ①　18 ③　19 ①　20 ②　21 ③　**2** 1 ③　2 ③　3 ④　4 ①

[08-3] 출제율 ★★★

5 100 PS의 엔진으로 5000 kgf의 물건을 30m 들어 올리는데 필요한 시간은?

① 0.3 s   ② 3.3 s

③ 20 s   ④ 30 s

$$\text{마력 [PS]} = \frac{\text{힘[kgf]} \times \text{거리[m]}}{75[kgf \cdot m/s] \times \text{시간[s]}}$$

$$100 [PS] = \frac{5,000[kgf] \times 30[m]}{75[kgf \cdot m/s] \times x[s]} \rightarrow x = \frac{5,000 \times 30}{75 \times 100} = 20 [s]$$

[06-2] 출제율 ★★★

6 25 kgf의 물체를 5m로 올리는데 2초 걸렸다면 필요한 마력(PS)은?

① 0.5   ② 0.63

③ 0.75   ④ 0.83

$$\text{마력} = \frac{\text{힘[kgf]} \times \text{거리[m]}}{75[kgf \cdot m/s] \times \text{시간[s]}} = \frac{25 \times 5}{75 \times 2} = 0.833[PS]$$

[14-2, 11-1, 13-3] 출제율 ★★★

7 4행정 디젤기관의 실린더 직경이 100mm, 행정이 120mm인 6기통 기관이 1200rpm으로 회전할 때 지시마력은? (단, 지시평균 유효압력은 8kgf/cm²이다)

① 12.2 PS   ② 60.3 PS

③ 72.4 PS   ④ 124.5 PS

$$\text{지시마력}(IHP) = \frac{PALZN}{75 \times 60 \times 100}$$

여기서, P : 평균 유효압력[kgf/cm²], A : 실린더 단면적[cm²],
    L : 피스톤 행정[cm], Z : 실린더 수,
    N : 엔진 회전수[rpm] (2행정기관 : N, 4행정기관 : $N/2$)

$$\therefore IHP = \frac{8 \times (\frac{\pi}{4} \times 10^2) \times 12 \times 6 \times 1,200}{75 \times 60 \times 2 \times 100} = 60.28 [PS]$$

[12-3] 출제율 ★★★

8 평균 유효압력이 7.5 kgf/cm², 행정체적 200cc, 회전수 2,400 rpm일 때 4행정 4기통 기관의 지시마력은?

① 14 PS   ② 16 PS

③ 18 PS   ④ 20 PS

$$\text{지시마력}(IHP) = \frac{\text{평균유효압력} \times \text{배기량} \times \text{실린더 수} \times \text{회전수}}{75 \times 60 \times 100}$$

※ 행정체적은 배기량을 의미한다.

$$\therefore IHP = \frac{7.5[kgf/cm^2] \times 200[cm^3] \times 4 \times 2,400}{2 \times 75[kgf \cdot m/s] \times 60[s] \times 100} = 16 [PS]$$

[07-4, 16-4 유사] 출제율 ★★★★

9 평균유효압력이 10 kgf/cm², 배기량 100cc, 회전속도가 3000 rpm인 2행정 사이클 단기통 가솔린 기관의 지시마력은?

① 약 3.33 PS   ② 약 6.67 PS

③ 약 10.00 PS   ④ 약 13.33 PS

$$\text{지시마력}(IHP) = \frac{PALZN}{75 \times 60 \times 100}$$

여기서, P : 평균 유효압력[kgf/cm²], A : 실린더 단면적[cm²],
    L : 피스톤 행정[cm], Z : 실린더 수,
    N : 엔진 회전수[rpm] (2행정기관 : N, 4행정기관 : $N/2$)

$$\therefore IHP = \frac{10(kgf/cm^2) \times 100(cm^3) \times 1 \times 3,000}{75(kgf \cdot m/s) \times 60(s) \times 100} \fallingdotseq 6.67 [PS]$$

cm^3 = cc

Why?

단위를 정리해보면 $\dfrac{\frac{kgf}{cm^2} \times cm^3}{\frac{kgf \cdot m}{s} \times s} = \dfrac{cm}{m}$ 가 되므로

단위를 통일하기 위해 **100**을 분모에 곱한다.

[11-3] 출제율 ★★★

10 4행정 디젤기관에서 실린더 지름 180 mm, 피스톤 행정 220 mm, 회전수 1000 rpm, 실린더 수 6, 도시평균 유효압력 6.7 kgf/cm²일 때 도시마력은 얼마인가?

① 314 PS   ② 250 PS

③ 200 PS   ④ 264 PS

$$\text{4행정 기관의 지시마력}(IHP) = \frac{PALZN}{2 \times 75 \times 60 \times 100}$$

$$\therefore IHP = \frac{6.7 \times (0.785 \times 18^2) \times 22 \times 6 \times 1,000}{2 \times 75 \times 60 \times 100} = 249.9[PS]$$

[13-4] 출제율 ★★★

11 제동마력(BHP)을 지시마력(IHP)으로 나눈 값은?

① 기계효율   ② 열효율

③ 체적효율   ④ 전달효율

[13-1] 출제율 ★

12 실린더 1개당 총 마찰력이 6 kgf, 피스톤의 평균 속도가 15 m/sec일 때 마찰로 인한 기관의 손실마력은?

① 0.4 PS   ② 1.2 PS

③ 2.5 PS   ④ 9.0 PS

$$\text{손실마력 [PS]} = \frac{Fv}{75}$$

여기서, F : 총마찰력 [kgf]
    v : 피스톤 평균속도 [m/s]

$$\therefore \text{손실마력} = \frac{6 \times 15}{75} = 1.2[PS]$$

정답 5 ③   6 ④   7 ②   8 ②   9 ②   10 ②   11 ①   12 ②

[08-2] 출제율 ★

13 피스톤링 1개의 마찰력이 0.25 kgf인 경우 4 실린더 기관에서 피스톤 1개당 링의 수가 4개라면 손실마력은?
(단, 피스톤의 평균 속도는 12 m/s이다.)

① 0.64 PS   ② 0.8 PS

③ 1 PS   ④ 1.2 PS

손실마력 $[PS] = \dfrac{Fv}{75}$

여기서, F : 총마찰력 [kgf], v : 피스톤 평균속도 [m/s]

총마찰력(F) = 마찰력/1개×링의 갯수×실린더 수

$= \dfrac{0.25 \times 4 \times 4 \times 12}{75} = 0.64 \, [PS]$

[10-4, 05-4] 출제율 ★

14 4 실린더 기관에서 피스톤 당 3개의 링이 있고, 1개의 링의 마찰력을 0.5 kgf라면 총 마찰력 kgf는?

① 1   ② 1.5   ③ 6   ④ 12

총마찰력(F) $= P_r \times N \times Z$

여기서, P_r : 링 1개 마찰력, N : 링의 수, Z : 실린더 수

$F = 0.5 \times 3 \times 4 = 6 \, [kgf]$

[09-4, 04-1] 출제율 ★★★★

15 지시마력이 50 PS이고, 제동마력이 40 PS일 때 기계효율은?

① 70%   ② 80%   ③ 125%   ④ 200%

기계효율 $= \dfrac{제동마력(BHP)}{지시마력(IHP)} \times 100(\%) = \dfrac{40}{50} \times 100 = 80(\%)$

[06-1] 출제율 ★★★

16 기관을 동력계에 의해 출력을 측정하였더니 3000 rpm에서 60 마력이 발생하였다. 이 기관의 지시마력은?
(단, 기계효율은 80%이다.)

① 48 마력   ② 50 마력

③ 82 마력   ④ 75 마력

기계효율 $= \dfrac{제동마력(BHP)}{지시마력(IHP)} \times 100(\%)$

$80 = \dfrac{60}{IHP} \times 100, \quad IHP = \dfrac{60 \times 100}{80} = 75$ 마력

[10-3] 출제율 ★★★

17 기관의 회전력이 0.72 kgf·m, 회전수가 5000 rpm일 때 제동마력은 약 얼마인가?

① 2 PS   ② 5 PS

③ 8 PS   ④ 10 PS

제동마력(BHP) $= \dfrac{2\pi \times T \times N}{75 \times 60} = \dfrac{TN}{716}$

여기서, T : 엔진 회전력 [kgf·m], N : 회전수 [rpm]

$\therefore BHP = \dfrac{0.72 \times 5000}{716} = 5.0279 \, [ps]$

[07-4, 15-1 유사] 출제율 ★★★

18 어떤 기관이 2500 rpm에서 30 PS의 출력을 얻었다면 이 기관의 회전력은 약 얼마인가?

① 2.5 m·kgf   ② 3.0 m·kgf

③ 5.6 m·kgf   ④ 8.6 m·kgf

출력은 제동마력을 의미하므로

$BHP \, [ps] = \dfrac{2\pi \times T \times N}{75 \times 60} = \dfrac{TN}{716}$

$30 \, [ps] = \dfrac{T \times 2500}{716} \rightarrow \therefore T = \dfrac{30 \times 716}{2500} = 8.59 \, [kgf·m]$

[13-1] 출제율 ★★★

19 기관의 회전력이 71.6 kgf·m에서 200 PS의 축 출력을 냈다면 이 기관의 회전속도는?

① 1,000 rpm   ② 1,500 rpm

③ 2,000 rpm   ④ 2,500 rpm

축 출력은 제동마력을 의미하므로

$BHP \, [ps] = \dfrac{2\pi \times T \times N}{75 \times 60} = \dfrac{TN}{716}$

$200 \, [ps] = \dfrac{71.6 \times N}{716} \rightarrow \therefore N = \dfrac{200 \times 716}{71.6} = 2000 \, [rpm]$

[13-3] 출제율 ★★

20 기관이 1,500 rpm에서 20 kgf·m의 회전력을 낼 때 기관의 출력은 41.87 PS이다. 기관의 출력을 일정하게 하고 회전수를 2500 rpm으로 하였을 때 얼마의 회전력을 내는가?

① 약 45 kgf·m   ② 약 35 kgf·m

③ 약 25 kgf·m   ④ 약 12 kgf·m

$BHP \, [PS] = \dfrac{TN}{716}, \quad 41.87 = \dfrac{T \times 2,500}{716}$

$\therefore T = \dfrac{41.87 \times 716}{2,500} = 11.99 \, [kgf·m]$

정답 **13** ①   **14** ③   **15** ②   **16** ④   **17** ②   **18** ④   **19** ③   **20** ④

21 총 배기량이 2209 cc인 디젤기관이 2800 rpm일 경우 기관의 출력이 69 PS라면, 엔진의 회전력은 몇 kgf·m인가? (단, 4행정 4기통 기관이다.)

① 17.6   ② 20.3
③ 22.4   ④ 40.6

$$BHP\,[\text{ps}] = \frac{TN}{716},\quad 69 = \frac{T \times 2{,}800}{716}$$
$$\therefore T = \frac{69 \times 716}{2{,}800} = 17.6\,[\text{kgf·m}]$$

22 연료의 저위발열량 $H_L\,[\text{kcal/kgf}]$, 연료소비량 $B\,[\text{kg/h}]$, 제동마력 $N_e\,[\text{PS}]$라 할 때 제동열효율은?

① $\dfrac{H_L \times B}{632 \times N_e}$ ② $\dfrac{632 \times B}{632 \times N_e}$

③ $\dfrac{632 \times N_e}{H_L \times B}$ ④ $\dfrac{H_L \times N_e}{632 \times B}$

23 연료의 저위발열량이 10250 kcal/kgf일 경우 제동 연료소비율은? (단, 제동 열효율은 26.2%)

① 약 220 gf/psh   ② 약 235 gf/psh
③ 약 250 gf/psh   ④ 약 275 gf/psh

제동 열효율(η_b) $= \dfrac{632.3}{\text{저위발열량} \times \text{연료소비율}} \times 100\%$

$26.2\% = \dfrac{632.3\,[\text{kcal/h}]}{10250\,[\text{kcal/kgf}] \times \text{연료소비율}\,[\text{kgf/ps-h}]} \times 100$

$\therefore$ 연료소비율 $= \dfrac{632.3}{10250 \times 26.2} \times 100 = 0.23545\,[\text{kgf/ps-h}]$
$\qquad\qquad = 235.45\,[\text{gf/ps-h}]$

※ **Why?** 632.3
1ps = 75kg·m/sec이며, kg·m/h으로 변경하면 75×3600 kg·m/h
kg·m/h 를 일의 열당량으로 바꾸기 위해 1/427을 적용하면
632.3 [kcal/h]가 된다. (1 kcal = 427kgf·m) – 일을 열량을 바꿀 때

24 어느 가솔린 기관의 제동 연료 소비율이 250 g/psh이다. 제동 열효율은 약 몇 %인가? (단, 연료의 저위발열량은 10500 kcal/kg이다)

① 12.5   ② 24.1
③ 36.2   ④ 48.3

제동 열효율(η_b) $= \dfrac{632.3}{B_e \times H_L} \times 100\%$

여기서, B_e: 연료소비율 [kgf/ps-h], H_L: 저위발열량 [kcal/kgf]

$\eta_b = \dfrac{632.3}{0.25 \times 10500} \times 100\% = 24.0876\%$

25 120 PS의 출력을 내는 디젤기관이 24시간 동안에 360L의 연료를 소비하였다. 이 기관의 연료소비율(g/ps-h)은? (단, 연료의 비중은 0.9이다)

① 125   ② 450
③ 112.5   ④ 512.5

이 문제는 연료소비율의 단위에 맞추어 연료의 무게[g], 출력[ps], 시간[h]를 알면 쉽게 구할 수 있다.
비중이란 어떤 물질의 밀도를 물의 밀도(1 [g/cm³])로 나눈 값으로, 연료의 비중이 0.90이므로 연료의 밀도는 연료의 비중×물의 밀도 = 0.9 [g/cm³] 임을 알 수 있다.

무게 = 부피×밀도 = 360×1000 [cm³]×0.9 [g/cm³]
$\qquad\quad\;$ = 324,000 [g]
※ 1 L = 1000 cm³ = 1000 cc

$\therefore$ 연료소비율 $= \dfrac{324{,}000\,[\text{g}]}{120\,[\text{ps}] \times 24\,[\text{h}]} = 112.5\,[\text{g/ps-h}]$

26 디젤기관에서 냉각장치로 흡수되는 열은 연료 전체 발열량의 약 몇 % 정도인가?

① 30~35%   ② 45~50%
③ 55~65%   ④ 70~80%

연료 전체 발열량의 실제 유효일 및 손실		
비고	가솔린 엔진	디젤 엔진
유효일	25~30%	30~35%
냉각 손실	25~30%	30~35%
배기 및 복사 손실	20~25%	25~30%
엔진 마찰 및 기타 손실	5~10%	5~7%

27 평균유효압력이 4 kgf/cm², 행정체적이 300cc인 2행정 사이클 단기통 기관에서 1회의 폭발로 몇 kgf·m의 일을 하는가?

① 6   ② 8
③ 10   ④ 12

일 = 평균유효압력×행정체적
$\quad$ = 4 [kgf/cm²]×300 [cm³]   ※ 1 cc = 1 cm³
$\quad$ = 1200 [kgf·cm] = 12 [kgf·m]

※ **Why?** 마력(일량) = 압력×체적?
① 압력 $= \dfrac{\text{힘(압력)}}{\text{면적}}$, ② 체적(부피) = 면적×거리(높이)
① 식과 ② 식을 곱하면 → 압력×체적 = 힘(압력)×거리(높이) = 일

28 내연기관의 열손실을 측정하였더니 냉각수에 의한 손실이 35%, 배기 및 복사에 의한 손실이 25%, 기계효율이 90% 라면 제동열효율은 몇 %인가?

① 40%
② 36%
③ 31%
④ 25%

- 도시 열효율 = 100% − 손실열효율(각종 기계적 손실의 합)
  = 100 − (25+35) = 40%
- 제동 열효율 = $\dfrac{\text{도시 열효율} \times \text{기계효율}}{100} = \dfrac{40 \times 90}{100} = 36\%$

[13-2] 출제율 ★ □□□

29 어떤 기관의 열효율을 측정하는데 열정산에서 냉각에 의한 손실이 29%, 배기와 복사에 의한 손실이 31%이고, 기계효율을 80%라면 정미 열효율은?

① 40%
② 36%
③ 34%
④ 32%

정미 열효율은 제동 열효율을 의미한다.
- 도시 열효율 = 100% − 손실열효율(각종 기계적 손실의 합)
  = 100 − (29+31) = 40%
- 제동 열효율 = $\dfrac{\text{도시 열효율} \times \text{기계효율}}{100} = \dfrac{40 \times 80}{100} = 32\%$

[참고] 출제율 ★★ □□□

30 엔진의 출력성능을 향상시키기 위하여 제동평균 유효압력을 증대시키는 방법을 사용하고 있다. 이 중 틀린 것은?

① 배기밸브 직후 압력인 배압을 낮게 하여 잔류 가스양을 감소시킨다.
② 흡·배기 때의 유동저항을 저감시킨다.
③ 흡기온도를 흡기구의 배치 등을 고려하여 가급적 낮게 한다.
④ 흡기압력을 낮추어서 흡기의 비중량을 작게 한다.

- 제동평균 유효압력 : 연료가 실린더에 공급되어서 가스팽창과정(연소)을 거치면서 기계적인 일로 전환될 때 발생한 힘의 평균을 말한다.
- 제동평균 유효압력을 증대시키는 **방법**
  - 충진효율 향상 – 흡기압력 증대, 과급기 사용, 가변흡기 사용
  - 열효율 향상 – 흡기온도 낮춤, 냉각 또는 펌핑 손실 최소화, 연소개선, 배기 배압 낮춤
  - 엔진회전수 증가 – 오버스퀘어, 밸브 개선

[참고] 출제율 ★★★ □□□

31 기관의 동력을 측정하는 장비는?

① 멀티미터
② 다이나모미터
③ 볼트미터
④ 타코미터

[14-1] 출제율 ★ □□□

1 커넥팅로드의 길이가 150mm, 피스톤의 행정이 100 mm라면 커넥팅로드 길이는 크랭크 회전반지름의 몇 배가 되는가?

① 1.5배
② 3배
③ 3.5배
④ 6배

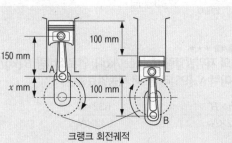

크랭크 회전궤적

피스톤 행정이라 함은 상사점에서 하사점까지의 거리(100 mm)를 말하므로, 크랭크축 회전 지름(A지점에서 B지점까지)의 반지름은 50 mm가 된다. 그러므로, 150÷50 = 3배이다.

[14-2] 출제율 ★★★ □□□

2 기관의 총배기량을 구하는 식은?

① 총배기량 = 피스톤 단면적×행정
② 총배기량 = 피스톤 단면적×행정×실린더 수
③ 총배기량 = 피스톤 길이×행정
④ 총배기량 = 피스톤 길이×행정×실린더 수

총배기량(총행정체적) = 행정체적×실린더 수
= 피스톤 단면적×행정×실린더 수

[10-4, 08-1, 05-2 유사, 15-1 유사] 출제율 ★★★ □□□

3 실린더의 지름이 100 mm, 행정이 100 mm인 1기통 기관의 배기량은?

① 78.5cc
② 785cc
③ 1,000cc
④ 1,273cc

총배기량$(V) = \dfrac{\pi}{4}D^2L \times n = 0.785 \times D^2Ln$
여기서, D : 피스톤 지름[cm], L : 행정[cm], n : 기통수
$\therefore V = 0.785 \times 10^2 \times 10 \times 1 = 785\ [\text{cm}^3] = 785\ [\text{cc}]$

[11-4, 04-4 유사, 04-1] 출제율 ★★★

4 실린더 안지름 및 행정이 78 mm인 4실린더 기관의 총 배기량은 얼마인가?

① 1,298 cm³ ② 1,490 cm³

③ 1,670 cm³ ④ 1,587 cm³

총배기량(V) = $0.785 \times D^2 \times L \times n$
D : 피스톤 지름 [cm], L : 행정 [cm], n : 기통수
∴ $V = 0.785 \times 7.8^2 \times 7.8 \times 4 = 1,490$ [cm³]

[09-3] 출제율 ★

5 실린더 안지름 80 mm, 행정이 70 mm 인 4실린더 4행정 기관에서 회전수가 2,000 rpm이라면 분당 총 배기량은 약 몇 L인가?

① 약 1,600 ② 약 1,942

③ 약 1,500 ④ 약 1,407

분당 총 배기량(V) = $\frac{\pi}{4}D^2LNRn$
여기서, D : 피스톤 지름[cm], L : 행정 [cm], N : 회전수 [rpm],
R : 사이클(2행정 : R, 4행정 : $R/2$), n : 기통수
$V = 0.785 \times 8^2 \times 7 \times 2000 \times \frac{1}{2} \times 4 = 1,406,720$ [cm³]
1L = 1000cm³이므로 ∴ 약 1,407 L

[12-3] 출제율 ★★★

6 가솔린기관에서 행정 체적을 Vs, 연소실 체적을 Vc라 할 때 압축비는 어느 것인가?

① $\dfrac{V_C}{V_C+V_S}$ ② $\dfrac{V_S}{V_C+V_S}$

③ $\dfrac{V_C+V_S}{V_C}$ ④ $\dfrac{V_C+V_S}{V_S}$

압축비(ε) = $\dfrac{실린더\ 체적}{연소실\ 체적}$ = $\dfrac{연소실\ 체적+행정\ 체적}{연소실\ 체적}$ = $\dfrac{V_C+V_S}{V_C}$

[16-2, 13-3, 11-2, 04-3] 출제율 ★★★

7 연소실 체적이 30cc이고 행정체적이 180cc이다. 압축비는?

① 6 : 1 ② 7 : 1

③ 8 : 1 ④ 9 : 1

압축비(ε) = $\dfrac{연소실\ 체적+행정\ 체적}{연소실\ 체적}$ = $1+\dfrac{행정\ 체적}{연소실\ 체적}$ = $1+\dfrac{180}{30} = 7$

[16-1, 05-1] 출제율 ★★★

8 실린더 지름이 80 mm이고, 행정이 70 mm인 엔진의 연소실 체적이 50 cc인 경우의 압축비는?

① 8 ② 8.5

③ 7 ④ 7.5

행정 체적(V) = $\dfrac{\pi}{4} \times D^2 \times L$
1 cm³ = 1 cc이므로
= $0.785 \times 8^2 \times 7 = 351.68$[cm³] = 351.68[cc]

∴ 압축비(ε) = $1+\dfrac{행정\ 체적}{연소실\ 체적}$ = $1+\dfrac{351.68}{50} = 8$

[12-1] 출제율 ★★★

9 실린더 배기량이 376.8 cc이고, 연소실 체적이 47.1 cc일 때 기관의 압축비는 얼마인가?

① 7 : 1 ② 8 : 1

③ 9 : 1 ④ 10 : 1

배기량은 행정 체적과 동일한 의미이다.
압축비(ε) = $1+\dfrac{행정\ 체적}{연소실\ 체적}$ = $1+\dfrac{376.8}{47.1} = 9$

[16-1, 08-3] 출제율 ★★★

10 연소실 체적이 40 cc이고, 총 배기량이 1280 cc인 4기통 기관의 압축비는?

① 6 : 1 ② 9 : 1

③ 18 : 1 ④ 33 : 1

압축비(ε) = $\dfrac{실린더\ 체적}{연소실\ 체적}$ = $1+\dfrac{행정\ 체적(=\ 배기량)}{연소실\ 체적}$
• 총 배기량이 1280 cc이므로 1개 실린더의 배기량은
$\dfrac{총\ 배기량}{실린더\ 수}$ = $\dfrac{1280}{4}$ = 320 cc이다.
∴ $\varepsilon = 1+\dfrac{320}{40} = 9$

[12-2, 10-1, 06-4] 출제율 ★★★

11 연소실 체적이 210 cc이고, 행정체적이 3,780 cc인 디젤 6기통 기관의 압축비는 얼마인가?

① 17 : 1 ② 18 : 1

③ 19 : 1 ④ 20 : 1

• 압축비(ε) = $1+\dfrac{행정\ 체적}{연소실\ 체적}$ = $1+\dfrac{3,780}{210} = 19$
※기통수는 직접적인 관련이 없다. 만약 윗 문제와 같이 총 배기량이 언급되면 기통수로 나누어 행정 체적을 구한다.

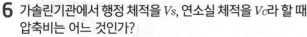
정답 4 ② 5 ④ 6 ③ 7 ② 8 ① 9 ③ 10 ② 11 ③

12 실린더의 안지름이 100 mm, 피스톤 행정 130 mm, 압축비가 21일 때 연소실 체적은 약 얼마인가?

① 25cc ② 32cc
③ 51cc ④ 58cc

행정 체적$(V) = \dfrac{\pi}{4} \times D^2 \times L = 0.785 \times D^2 \times L$

$\therefore V = 0.785 \times 10^2 \times 13 = 1020.5\,[\text{cm}^3] = 1020.5\,[\text{cc}]$

압축비$(\varepsilon) = 1 + \dfrac{\text{행정 체적}}{\text{연소실 체적}} = 1 + \dfrac{1020.5}{x} = 21$

$\therefore x = \dfrac{1020.5}{21-1} \fallingdotseq 51\,\text{cc}$

13 4행정 가솔린 엔진의 실린더 내경 85mm, 행정이 88 mm로서 압축비는 8.6 : 1이다. 이 엔진의 연소실 체적은?

① 65.7cc ② 70.5cc
③ 175.5cc ④ 262.7cc

행정 체적 : $0.785 \times 8.5^2 \times 8.8 = 499.1\,[\text{cm}^3]$

압축비$(\varepsilon) = 1 + \dfrac{\text{행정 체적}}{\text{연소실 체적}} = 1 + \dfrac{499.1}{x} = 8.6$

$\therefore x = \dfrac{499.1}{8.6-1} = 65.67\,[\text{cm}^3] = 65.7\,[\text{cc}]$

14 한 개의 실린더 배기량이 1400 cc이고, 압축비가 8일 때 연소실 체적은?

① 175 cc ② 200 cc
③ 100 cc ④ 150 cc

압축비$(\varepsilon) = \dfrac{\text{실린더 체적}}{\text{연소실 체적}} = 1 + \dfrac{\text{행정 체적(= 배기량)}}{\text{연소실 체적}}$

$\therefore 8 = 1 + \dfrac{1400}{x} \rightarrow x = \dfrac{1400}{8-1} = 200\,\text{cc}$

15 행정이 100 mm이고, 회전수가 1,500 rpm인 4행정 사이클 가솔린 엔진의 피스톤 평균속도는?

① 5 m/sec ② 15 m/sec
③ 20 m/sec ④ 50 m/sec

피스톤 평균속도$(v) = \dfrac{LN}{30}\,[\text{m/s}]$

여기서, L : 행정 [m], N : 엔진 회전수 [rpm]

피스톤 평균속도의 단위는 1초당 m이므로, 행정 단위를 [m]로 변경한다.

$\therefore v = \dfrac{0.1 \times 1,500}{30} = 5\,[\text{m/sec}]$

16 어떤 기관의 크랭크 축 회전수가 2400 rpm, 회전반경이 40 mm일 때 피스톤 평균 속도는?

① 1.6 m/s ② 3.3 m/s
③ 6.4 m/s ④ 9.6 m/s

피스톤 평균속도$(v) = \dfrac{LN}{30}\,[\text{m/s}]$

크랭크축 회전반경이 40 mm이므로 행정거리 = 80 mm

$\therefore v = \dfrac{0.08 \times 2,400}{30} = 6.4\,[\text{m/sec}]$

17 행정의 길이가 250 mm인 가솔린 기관에서 피스톤의 평균속도가 5 m/s라면 크랭크축의 1분간 회전수(rpm)은 약 얼마인가?

① 500 ② 600
③ 700 ④ 800

피스톤 평균속도$(v) = \dfrac{LN}{30}\,[\text{m/s}]$

여기서, L : 행정 [m], N : 엔진 회전수 [rpm]

$\therefore 5\,[\text{m/s}] = \dfrac{0.25 \times N}{30} \rightarrow N = \dfrac{5 \times 30}{0.25} = 600\,[\text{rpm}]$

18 디젤기관에서 행정의 길이가 300 mm, 피스톤의 평균 속도가 5 m/s라면 크랭크축은 매 분당 몇 회전하는가?

① 500 rpm ② 1,000 rpm
③ 1,500 rpm ④ 2,000 rpm

피스톤 평균속도$(v) = \dfrac{LN}{30}\,[\text{m/s}]$

여기서, L : 행정[m], N : 엔진 회전수[rpm]

$\therefore$ 엔진 회전수$[N] = \dfrac{30 \times v}{L} = \dfrac{30 \times 5}{0.3} = 500\,[\text{rpm}]$

19 피스톤 평균속도를 높이지 않고 엔진 회전속도를 높이려면?

① 행정을 작게 한다.
② 행정을 크게 한다.
③ 실린더 지름을 크게 한다.
④ 실린더 지름을 작게 한다.

피스톤 평균속도$(v) = \dfrac{LN}{30}\,[\text{m/s}]$에서

평균속도(v)가 일정할 때 엔진 회전속도(N)를 높이면 행정(L)을 작게 한다.

□□□

[12-2] 출제율 ★★★
20 일반적으로 기관의 회전력이 가장 클 때는?

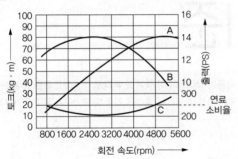

① 어디서나 같다.　　② 저속
③ 고속　　　　　　　④ 중속

> A : 축 출력, B : 축 토크(회전력), C : 연료소비율 곡선이다.
> (위에서부터 '토출연'으로 암기하자)
> 회전력(B) 곡선에서 중속일 때 회전력이 가장 크다.

[04-1] 출제율 ★
21 [보기]와 같은 기관 성능곡선도에서 연료소비율이 가장 낮은 곳을 가르키는 숫자 위치는?

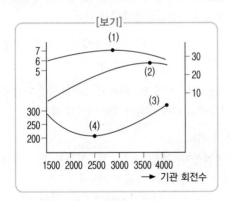

① (1)　　　　　　　② (2)
③ (3)　　　　　　　④ (4)

> 가장 아래 곡선이 연료소비율을 나타내는 것이므로 점 (4)의 2500rpm일 때 가장 낮은 것을 알 수 있다.

04　엔진의 기본 사이클

[14-2, 08-3] 출제율 ★
1 자동차 기관의 기본 사이클이 아닌 것은?

① 공압 사이클　　　② 정적 사이클
③ 정압 사이클　　　④ 복합 사이클

> **자동차 기관의 기본 사이클**
> • 정적 사이클 (오토 사이클)
> • 정압 사이클 (디젤 사이클)
> • 복합 사이클 (사바테 사이클)

[13-3, 13-2, 12-2, 10-2, 07-2, 05-2] 출제율 ★★
2 고속 디젤기관의 열역학적 사이클은 어느 것에 해당하는가?

① 정적 사이클(Constant volume cycle)
② 정압 사이클(Constant pressure cycle)
③ 복합 사이클(Sabathe cycle)
④ 디젤 사이클(Diesel cycle)

> ① 정적 사이클(오토 사이클) : 가솔린 기관
> ② 정압 사이클(디젤 사이클) : 저속 디젤기관
> ③ 복합 사이클(사바테 사이클) : 고속 디젤기관

[11-4, 11-3, 05-1] 출제율 ★★★
3 내연기관의 사이클에서 가솔린 기관의 표준 사이클은?

① 정적 사이클　　　② 정압 사이클
③ 복합 사이클　　　④ 사바테 사이클

> 가솔린 기관의 표준 사이클은 정적 사이클이다.

[12-1, 08-2] 출제율 ★
4 일정한 체적 하에서 연소가 일어나는 대표적인 가솔린 기관의 사이클은?

① 오토사이클　　　② 디젤사이클
③ 사바테사이클　　④ 고속사이클

> 일정(定)한 체적(積)하에서 연소가 일어나는 사이클은 오토 사이클이다.
> ※ 참고 : 정압과 정적의 비교
>
>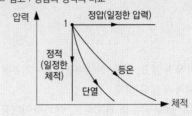

02 자동차 안전기준

[예상문항 : 1문제] '자동차 안전기준, 자동차 검사기준 등' 법규 내용이 방대하여 이 책에 모두 다루지 못하고 기출 위주로만 기술했습니다. 1문제에 비해 암기사항이 많기 때문에 과감히 포기해도 되는 섹션입니다. 이 섹션은 기출 및 모의고사 위주로 학습하시기 바랍니다.

01 자동차 및 자동차부품의 성능과 기준

1 개요

(1) 길이, 너비, 높이 제한

① 길이 : 13 m(연결 자동차의 경우는 16.7 m)

② 너비 : 2.5 m(외부 돌출부가 있는 경우 승용차는 25 cm, 기타 자동차는 30 cm 이내)

③ 높이 : 4 m

> ▶ 길이, 너비, 높이의 측정기준
> • 공차상태일 것
> • 직진상태에서 수평면에 있는 상태일 것
> • 차체 밖에 부착하는 간접시계장치, 안테나, 밖으로 열리는 창, 긴급자동차의 경광등 및 환기장치 등의 바깥 돌출부분은 이를 제거하거나 닫은 상태일 것
> • 적재 물품을 고정하기 위한 장치 등 국토교통부장관이 고시하는 항목은 측정대상에서 제외할 것

(2) 총중량, 축중, 윤중 제한

① 차량총중량 : 20톤(승합자동차 : 30톤, 화물자동차 및 특수자동차 : 40톤)

② 축중 10톤, 윤중 5톤을 초과하지 않음

③ 초소형승용자동차의 경우 차량중량은 600 kg을, 초소형화물자동차의 경우 차량중량은 750 kg을 초과하여서는 아니 된다.

> ▶ • 윤중 : 수평상태에서 1개의 바퀴가 수직으로 지면을 누르는 중량
> • 축중 : 수평상태에서 1개의 차축에 연결된 모든 바퀴의 윤중을 합한 것

(3) 공차 상태

① 사람이 승차하지 않고, 물품(예비부품 및 공구 기타 휴대물품 포함)을 적재하지 않은 상태

② 연료·냉각수 및 윤활유를 만재하고, 예비타이어를 설치하여 운행할 수 있는 상태

③ 차량 중량 : 공차 상태의 자동차 중량

(4) 적차 상태

① 공차상태의 자동차에 승차정원의 인원이 승차하고 최대적재량의 물품이 적재된 상태

② 공차상태 + 인원(승차정원) + 물품(최대적재량 적재)

③ 승차정원(허용된 최대인원) 1인의 중량은 65 kg으로 계산
(※13세 미만인 어린이는 1.5인을 승차정원 1인으로 한다.)

④ 물품 : 물품적재장치에 균등하게 적재

⑤ 차량 총중량 : 적재상태의 자동차 중량

(5) 차량중심선 : 수평상태에서 가장 앞의 차축의 중심점과 가장 뒤의 차축의 중심점을 통과하는 직선

(6) 최저지상고 : 공차 상태의 자동차에 있어서 접지부분 외의 부분은 지면과의 사이에 10 cm 이상일 것

(7) 중량분포 : 자동차의 조향바퀴의 윤중의 합은 차량중량 및 차량총중량의 각각에 대하여 20% 이상일 것

(8) 최대안전경사각도

① 승용자동차, 화물자동차, 특수자동차 및 승차정원 10명 이하인 승합자동차 : 공차상태에서 35°

② 승차정원 11명 이상인 승합자동차 : 적차상태에서 28°

(9) 최소회전반경 : 바깥쪽 앞바퀴자국의 중심선을 따라 측정할 때에 12 m를 초과하지 않아야 한다.

(10) 원동기 및 동력전달장치

① 원동기 각부의 작동에 이상이 없어야 하며, 주시동장치 및 정지장치는 운전자의 좌석에서 원동기를 시동 또는 정지시킬 수 있는 구조일 것

② 자동차의 동력전달장치는 안전운행에 지장을 줄 수 있는 연결부의 손상 또는 오일의 누출등이 없어야 한다.

③ 경유를 연료로 사용하는 자동차의 조속기는 연료의 분사량을 임의로 조작할 수 없도록 봉인을 하여야 하며, 봉인을 임의로 제거하거나 조작 또는 훼손하여서는 아니된다.

④ 초소형자동차의 최고속도가 80 km/h를 초과하지 않도록 원동기 및 동력전달장치를 설계·제작

(11) 타이어공기압경고장치

① 설치 대상 : 승용자동차와 차량총중량이 3.5톤 이하인 승합·화물·특수자동차(다만, 복륜인 자동차, 피견인자동차 및 초소형자동차는 제외)

② 타이어공기압경고장치의 기준

- 최소 40 km/h부터 해당 자동차의 최고속도까지의 범위에서 작동될 것
- 경고등 – 시동장치의 열쇠가 원동기 작동 위치에 있는 상태에서 점등되고 정상상태 시 소등되고, 운전자가 낮에도 운전석에서 육안으로 쉽게 식별할 수 있을 것

(12) 조향장치

① 조향장치의 결합구조를 조절하는 장치는 잠금장치에 의하여 고정되도록 할 것

② 조향바퀴는 뒷바퀴에만 있어서는 아니 될 것

③ 조향핸들 유격(조향바퀴가 움직이기 직전까지 조향핸들이 움직인 거리) : 당해 자동차의 조향핸들지름의 12.5% 이내

④ 조향바퀴의 옆 미끄러짐 : 1미터 주행에 좌우방향으로 각각 5mm 이내

(13) 제동장치

① 주제동장치와 주차제동장치는 각각 독립적으로 작용할 수 있어야 하며, 주제동장치는 모든 바퀴를 동시에 제동하는 구조일 것

② 주제동장치의 계통 중 하나의 계통에 고장이 발생하였을 때에는 그 고장에 의하여 영향을 받지 아니하는 주제동장치의 다른 계통 등으로 자동차를 정지시킬 수 있고, 제동력을 단계적으로 조절할 수 있으며 계속적으로 제동될 수 있는 구조일 것

③ 주제동장치에는 라이닝 등의 마모를 자동으로 조정할 수 있는 장치를 갖출 것

④ 주제동장치에는 라이닝 등의 마모를 자동으로 감지하여 조정할 수 있는 장치를 갖출 것

⑤ 주제동장치의 라이닝 마모상태를 운전자가 확인할 수 있도록 경고장치(경고음 또는 황색경고등)를 설치하거나 자동차의 외부에서 맨눈으로 확인할 수 있는 구조일 것

⑥ 주차제동장치는 기계적인 장치에 의하여 잠김상태가 유지되는 구조일 것

⑦ 제동등이 점등되는 조건(제동력이 해제될 때까지 점등상태가 유지)

- 운전자의 조작에 의하여 주제동장치가 작동된 경우
- 자동제어제동에 의하여 주제동장치가 작동된 경우
- 감가속도가 0.7m/s² 이상인 경우

(14) 연료장치

① 배기관의 끝으로부터 30cm 이상 떨어져 있을 것

② 노출된 전기단자 및 전기개폐기로부터 20cm 이상 떨어져 있을 것

③ 차실 안에 설치하지 않도록 하며, 연료탱크는 차실과 벽 또는 보호판 등으로 격리되는 구조일 것

(15) 차대 및 차체

① 자동차의 가장 뒤의 차축 중심에서 차체의 뒷부분 끝까지의 수평거리는 가장 앞의 차축중심에서 가장 뒤의 차축중심까지의 수평거리의 1/2 이하일 것

② 측면보호대의 양쪽 끝과 앞·뒷바퀴와의 간격은 각각 400 mm 이내일 것

③ 차량총중량이 3.5톤 이상인 화물자동차·특수자동차 및 연결자동차의 후부안전판 설치 시

- 너비는 자동차 너비의 100% 미만일 것
- 가장 아랫 부분과 지상과의 간격은 550 mm 이내
- 차량 수직방향의 단면 최소높이는 100 mm 이상
- 좌·우 측면의 곡률반경은 2.5 mm 이상일 것

④ 고압가스를 운반하는 자동차의 고압가스운송용기는 그 용기의 뒤쪽 끝이 차체의 뒷범퍼 안쪽으로 300 mm 이상의 간격이 되어야 함

⑤ 어린이운송용 승합자동차의 색상 : 황색

⑥ 어린이운송용 승합자동차의 좌측 옆면 앞부분에는 정지표시장치를 설치하여야 한다.

(16) 견인장치 및 연결장치

견인 시 견인차 중량의 1/2 이상의 힘에 견딜 수 있고, 진동 및 충격 등에 의하여 분리되지 아니하는 구조의 견인장치를 갖추어야 한다.

(17) 좌석안전띠장치 –정지상태에서의 강도

① 안전띠 : 2개 시험품의 파단하중은 14,700 N 이상이어야 하며, 그 파단하중의 차이는 큰 값의 10 퍼센트를 초과하지 않을 것

② 안전띠 조절장치 : 인장하중 9,800 N의 하중에서 분리되거나 파손되지 않을 것

③ 버클 : 인장하중 9,800 N의 하중에서 분리되거나 파손되지 않을 것

(18) 배기관 : 자동차의 배기관의 열림방향은 왼쪽 또는 오른쪽으로 열려 있어서는 아니된다.(열림방향이 차량중심선에 대하여 좌우로 30° 이내)

(19) 주행빔 전조등

　① 주행빔 전조등의 발광면이 상하내외 측의 5도 이하 어느 범위에서도 관측될 것

　　변환빔 전조등의 발광면은 상측 15도, 하측 10도, 외측 45도, 내측 10도 이하 어느 범위에서도 관측될 것

　② 등광색은 백색일 것

　③ 곡선로 조명의 경우 비추는 방향을 좌·우로 변경할 수 있으며 이 경우 좌·우 각각 회전하는 방향의 주행빔 전조등 1개만 작동하도록 할 것

　④ 모든 주행빔 전조등의 최대 광도값의 총합은 430,000 칸델라 이하일 것

　⑤ 주변환빔 전조등의 광속(光束)이 2천루멘을 초과하는 전조등에는 다음 각 호의 기준에 적합한 전조등 닦이기를 설치하여야 한다.

　　• 매시 130킬로미터 이하의 속도에서 작동될 것

　　• 전조등 닦이기 작동 후 광도는 최초 광도값의 70퍼센트 이상일 것

(20) 안개등(앞면은 백색 또는 황색, 뒷면은 적색)

　① 앞면은 좌우 각각 1개씩, 뒷면은 2개 이하

　② 앞면안개등의 발광면은 상측 5°, 하측 5°, 외측 45°, 내측 10° 이하

　③ 앞면안개등은 독립적으로 점등/소등할 수 있는 구조

　④ 1등당 광도는 940칸델라 이상 1만칸델라 이하일 것

　⑤ 등광색은 백색 또는 황색으로 하고, 양쪽의 등광색을 동일하게 할 것

　⑥ 변환빔 발광면의 가장 높은 부분보다 낮게 설치할 것이며, 발광면이 상하내외측의 10° 이내에서 관측 가능한다.

　⑦ 후미등이 점등된 상태에서 전조등과 연동하지 않는다.

(21) 방향지시등

　① 자동차 앞면·뒷면 및 옆면 좌·우에 각각 1개를 설치할 것

　　(승용자동차와 차량총중량 3.5톤 이하 화물자동차 및 특수자동차를 제외한 자동차에는 2개의 뒷면 방향지시등을 추가로 설치 가능)

　② 시각적, 청각적(또는 동시에 작동)되는 표시장치를 설치할 것

　③ 1분간 90±30회(60~120회)로 점멸하는 구조일 것

(22) 번호등(백색) : 후미등, 차폭등, 옆면표시등, 끝단표시등과 동시에 점등·소등되는 구조일 것

(23) 비상점멸표시등

　① 모든 비상점멸표시등이 동시에 작동하는 구조일 것

　② 충돌사고 또는 긴급제동신호가 소멸되어도 자동적으로 작동할 수 있고, 수동으로 점멸이 가능한 구조

▶ 등의 설치너비

　안개등, 제동등, 후미등, 방향지시등, 차폭등 : 발광면 왼측 끝단은 자동차 최외측으로부터 400 mm 이내일 것

▶ 등광색 구분

구분	등광색
전조등, 주간주행등, 후퇴등, 코너링 조명등, 차폭등, 번호등	백색
안개등	앞면 : 백색 또는 황색 뒷면 : 적색
끝단표시등	앞면 : 백색 뒷면 : 적색
옆면표시등	호박색 (가장 뒷부분 옆면에 설치된 경우에는 호박색 또는 적색)
방향지시등	호박색
제동등, 후미등	적색

(24) 경음기

　① 동일 음색의 음의 크기는 일정할 것

　② 차체전방에서 2미터 떨어진 지상높이 1.2±0.05m 지점에서 음의 최소크기가 90dB 이상일 것

(25) 속도계

　① 속도표시범위는 최고속도가 포함되도록 할 것

　② 눈금은 1 km/h, 2 km/h, 5 km/h 또는 10 km/h 단위로 구분

(26) 최고속도제한장치 설치 대상차량

　① 차량총중량이 10톤 이상인 승합자동차 : 최고속도 110 km/h

　② 차량총중량이 16톤 이상(최대 적재량 8톤 이상)인 화물자동차 : 최고속도 90 km/h

　③ 고압가스 운송 탱크를 설치한 화물자동차 : 최고속도 90 km/h

　④ 저속전기 자동차 : 최고속도 60 km/h

　※ 긴급자동차(소방차, 소방차, 구급차, 혈액공급자동차)는 장착하지 않아도 된다.

(27) 소화설비(ABC 소화기)

　① 승차정원 11인 이상의 승합자동차 : 운전석 또는 운전석과 옆으로 나란한 좌석 주위에 1개 이상의 소화기를 설치

(28) 구조·장치의 변경 신청

　① 구조·장치의 변경승인대상

　　• 총중량이 증가되는 구조·장치의 변경

　　• 승차정원 또는 최대적재량의 증가를 가져오는 승차장치 또는 물품적재장치의 변경

- 자동차의 종류가 변경되는 구조 또는 장치의 변경
- 변경전보다 성능 또는 안전도가 저하될 우려가 있는 경우의 변경

② 구조·장치의 변경승인 신청

- 구조·장치변경승인신청서에 서류를 첨부하여 교통안전공단에 제출하여야 한다.
- 자동차의 구조·장치의 변경승인을 얻은 자는 자동차정비업자로부터 구조·장치의 변경과 그에 따른 정비를 받고 승인받은 날부터 45일 이내에 구조변경검사를 받아야 한다.
- 구조·장치의 변경작업을 완료한 자동차정비업자는 구조·장치변경작업 완료증명서를 자동차소유자에게 교부하여야 한다.

(29) 경광등 및 사이렌

① 1등당 광도가 135~2500칸델라

② 차량에 따른 등광색

등광색	대상 차량
적색 또는 청색	• 경찰용(범죄수사, 교통단속 등) • 국군 및 주한국제연합군용 • 수사기관, 교도소 및 교도기관용 • 소방용
황색	• 전기·전신·전화·가스 수리용·전파감지업무용 • 공익사업 기관에서 위해방지를 위한 응급작업 • 민방위업무용 • 도로관리용(도로상 위험 방지)
녹색	• 구급차 및 혈액 공급차량

③ 사이렌 음의 크기 : 전방 20미터의 위치에서 90~120데시벨

(30) 전조등시험기의 정밀도 검사기준(자동차관리법 시행규칙)

① 광도지시 : ±15% 이내

② 광축편차 : ±29/174 mm(1/6도) 이내

③ 측정 정밀도 광도 : ±1,000 칸델라 이내

④ 측정 정밀도 광축 : ±29/174mm(1/6도) 이내

1 공차상태를 가장 적합하게 표현한 것은? [07-3]

① 연료, 냉각수, 예비공구를 만재하고 운행할 수 있는 상태
② 연료, 냉각수, 윤활유를 만재하고 예비타이어를 비치하여 운행할 수 있는 상태
③ 운행에 필요한 장치를 하고 운전자만 승차한 상태
④ 아무 것도 적재하지 아니한 자동차만의 상태

> **공차상태란**
> • 사람이 승차하지 않고 물품이 적재되지 않은 상태
> • 연료, 냉각수 및 윤활유를 만재하고 예비 타이어를 설치하여(예비 부분품 및 공구 기타 휴대 물품을 제외) 운행할 수 있는 상태

2 공차상태의 자동차에 있어서 접지부분 이외의 부분은 지면과의 사이에 몇 cm 이상의 간격이 있어야 하는가? [06-1, 06-3, 10-1]

① 10　　　　　② 13
③ 14　　　　　④ 15

> 최저 지상고 : 공차상태에서 접지부분 외의 부분은 지면과 10cm 이상일 것

3 화물자동차 및 특수자동차의 차량 총중량은 몇 톤을 초과해서는 안되는가? [13-4, 06-4, 05-5]

① 20톤　　　　② 30톤
③ 40톤　　　　④ 50톤

> 차량 총중량은 20톤(승합자동차는 30톤, 화물 및 특수자동차는 40톤), 축중은 10톤, 윤중은 5톤 이내일 것

4 외국에서 이삿짐으로 수입된 자동차를 신규검사 할 때의 절차 및 방법으로 틀린 것은? [09-2]

① 신청서류는 신규검사신청서, 출처를 증명하는 수입신고서와 제원표이다.
② 차대번호가 차체 또는 차대에 표기되지 않고 알루미늄 명판에 표기된 경우에는 재표기하여야 한다.
③ 신규검사에 합격한 경우에는 신규검사 증명서를 교부한다.
④ 부적합한 경우에는 부적합 통지서에 재검사 기간 5일을 부여하여 교부하여야 한다.

> 신규검사 시 부적합 판정을 받고 재검사는 10일 이내일 것

5 윤중에 대한 정의이다. 옳은 것은? [15-2, 06-4]

① 자동차가 수평으로 있을 때, 1개의 바퀴가 수직으로 지면을 누르는 중량
② 자동차가 수평으로 있을 때, 차량 중량이 1개의 바퀴에 수평으로 걸리는 중량
③ 자동차가 수평으로 있을 때, 차량 총 중량이 2개의 바퀴에 수평으로 걸리는 중량
④ 자동차가 수평으로 있을 때, 공차 중량이 4개의 바퀴에 수직으로 걸리는 중량

6 어린이운송용 승합자동차의 표시등에 대한 설명으로 틀린 것은? [07-4]

① 각 표시등의 발광면적은 120 제곱센티미터 이상일 것
② 정지하거나 출발할 경우에는 적색 표시등과 황색 표시등이 동시에 점멸되는 구조일 것
③ 앞면과 뒷면에는 분당 60회 이상 120회 이하로 점멸되는 각각 적색 표시등 2개와 황색(호박색) 표시등 2개를 설치할 것
④ 바깥쪽에는 적색 표시등을 설치하고 안쪽에는 황색 표시등을 설치하되, 좌ㆍ우 대칭이 되도록 설치할 것

7 제작자동차 등의 안전기준에서 2점식 또는 3점식 안전띠의 골반부분 부착장치는 몇 kgf의 하중에 10초 이상 견뎌야 하는가? [10-2, 06-4]

① 2,270 kgf　　② 2,370 kgf
③ 3,870 kgf　　④ 5,670 kgf

8 승합자동차의 승객 좌석의 설치 높이는? [07-2, 11-1]

① 35cm 이상, 40cm 이하
② 35cm 이상, 45cm 이하
③ 40cm 이상, 50cm 이하
④ 50cm 이상, 65cm 이하

9 자동차 높이의 최대허용 기준으로 맞는 것은? [08-3, 11-2]

① 3.5m　② 3.8m　③ 4.0m　④ 4.5m

> 최대허용 기준 : 길이-13m, 너비-2.5m, 높이-4m 이하

정답 1② 2① 3③ 4④ 5① 6② 7① 8③ 9③

10 [12-4, 08-2, 06-4]
최대적재량이 15톤인 일반형 화물자동차를 1,500 리터 휘발유 탱크로리로 구조변경승인을 얻은 후 구조변경 검사를 시행할 경우 검사하여야 할 항목이 아닌 것은?

① 제동장치   ② 물품적재장치
③ 조향장치   ④ 제원측정

> 구조변경 검사는 승인 원안대로 변경하였는지의 여부를 검사하므로 문제에서 탱크로리 변경으로 인한 길이 제원 변경, 무게 중심 변경, 무게 변경, 물품적재 변경, 타이어, 제동 변경 사항이 검사 항목이 되며 조향, 엔진 등은 검사항목이 아니다.

11 [13-1, 07-1]
연료탱크의 주입구 및 가스배출구는 노출된 전기단자로부터 (ㄱ) mm 이상, 배기관의 끝으로부터 (ㄴ) mm 이상 떨어져 있어야 한다. ( )안에 알맞은 것은?

① ㄱ : 300, ㄴ : 200   ② ㄱ : 200, ㄴ : 300
③ ㄱ : 250, ㄴ : 200   ④ ㄱ : 200, ㄴ : 250

> 자동차의 연료탱크, 주입구 및 가스 배출구는 노출된 전기단자 및 전기개폐기로부터 20 cm, 배기관 끝으로부터 30 cm 이상 떨어져 있어야 한다.

12 [06-2]
주행장치기준에 있어서 자동차의 공기압 고무 타이어는 요철형 무늬의 깊이를 최소 몇 mm 이상 유지하여야 하는가?

① 1.0   ② 1.6   ③ 10   ④ 16

13 [06-2]
액화석유가스(LPG)를 연료로 사용하는 자동차의 고압부분의 도관은 가스용기 충전압력 몇 배의 압력에 견딜 수 있어야 하는가?

① 1   ② 1.5   ③ 1.8   ④ 2

14 [08-1]
LPG 연료장치로 구조변경검사를 시행할 경우 두께가 3.2 mm인 SS41 강재로 가스용기 및 용기밸브를 보호할 경우 차체의 최후단과 최외측으로부터 각각 얼마 이상 간격을 두고 설치하여야 하는가?

① 차체의 최후단으로부터 500 mm, 최외측으로부터 300 mm
② 차체의 최후단으로부터 300 mm, 최외측으로부터 200 mm
③ 차체의 최후단으로부터 200 mm, 최외측으로부터 100 mm
④ 차체의 최후단으로부터 100 mm, 최외측으로부터 50 mm

15 [05-1]
긴급자동차 중 경광등색이 적색 또는 황색이 아닌 것은?

① 소방용 자동차
② 수사기관의 자동차 중 범죄수사를 위하여 사용 되는 자동차
③ 교도소 또는 교도기관의 자동차 중 피수용자의 호송 및 경비를 위한 자동차
④ 구급자동차

16 [09-4, 11-3]
적색 또는 청색 경광등을 설치하여야 하는 자동차가 아닌 것은?

① 교통단속에 사용되는 경찰용 자동차
② 범죄수사를 위하여 사용되는 수사기관용 자동차
③ 소방용 자동차
④ 구급자동차

17 [10-3, 04-1]
다음 중 자동차 등광색이 적색이 아닌 것은?

① 제동등   ② 후미등
③ 후부반사기(형광부)   ④ 차폭등

18 [06-3]
자동차 전조등의 등광색으로 맞는 것은?

① 적색 또는 담황색   ② 백색
③ 녹색 또는 백색   ④ 적색

19 [05-3]
자동차의 안개등에 대한 성능기준으로 틀린 것은?

① 뒷면 안개등의 등광색은 백색일 것
② 앞면 안개등의 1등당 광도는 940 칸델라 이상 1만 칸델라 이하일 것
③ 앞면 안개등의 등광색은 백색 또는 황색으로 하고, 양쪽의 등광색은 동일하게 할 것
④ 뒷면에 안개등을 설치할 경우에는 2개 이하로 설치하고, 1등당 광도는 150 칸델라 이상 300 칸델라 이하일 것

> 뒷면 안개등의 등광색은 적색으로 한다.

20 [09-1, 06-2]
자동차 앞면 안개등의 등광색은?

① 적색 또는 갈색
② 백색 또는 적색
③ 백색 또는 황색
④ 황색 또는 적색

정답   10 ③   11 ②   12 ②   13 ②   14 ③   15 ④   16 ④   17 ④   18 ②   19 ①   20 ③

21 자동차의 안전기준에서 제동등이 다른 등화와 겸용하는 경우 제동조작 시 그 광도가 몇 배 이상 증가하여야 하는가?

① 2배　　　　　② 3배
③ 4배　　　　　④ 5배

제동등은 다른 등화와 겸용할 경우 광도가 3배 이상 증가할 것

22 자동차의 전조등은 공차상태에서 어느 범위의 높이에 설치해야 하는가?

① 지상 50 cm 이상, 120 cm 이내
② 지상 50 cm 이상, 150 cm 이내
③ 지상 60 cm 이상, 120 cm 이내
④ 지상 60 cm 이상, 150 cm 이내

23 후퇴등은 등화의 중심점이 공차상태에서 어느 범위가 되도록 설치하여야 하는가?

① 지상 15 cm 이상 ~ 100 cm 이하
② 지상 20 cm 이상 ~ 110 cm 이하
③ 지상 15 cm 이상 ~ 95 cm 이하
④ 지상 25 cm 이상 ~ 120 cm 이하

24 조향핸들의 유격은 당해 자동차의 조향핸들 지름의 몇 % 이내이어야 하는가?

① 13.5%　　　　② 12.5%
③ 15%　　　　　④ 20%

조향핸들의 유격은 조향핸들 지름의 12.5% 이내이어야 한다.

25 주행빔 전조등의 발광면의 관측은 상측·하측·내측·외측의 몇 도 이내에 가능해야 하는가?

① 3　　　　　② 4
③ 5　　　　　④ 6

주행빔 전조등의 발광면 관측각도
주행빔 전조등의 발광면은 상측·하측·내측·외측의 5도 이내에서 관측 가능할 것

26 자동차의 방향지시등에 관한 설명으로 틀린 것은?

① 방향지시기를 조작한 후 5초 이내 점등되어야 한다.
② 자동차 좌우측에 설치된 방향지시등은 한 개의 스위치에 의해 동시에 점멸하는 구조이어야 한다.
③ 1분간 90±30회의 점멸횟수를 가진다.
④ 방향지시등의 발광면 외측 끝단은 자동차 최외측으로부터 400 mm 이내이어야 한다.

방향지시기를 조작한 후 1초 이내 점등되어야 한다.

27 차량총중량이 3.5톤 이상인 화물자동차에 설치되는 후부 안전판은 좌·우 최외측 타이어 바깥면 지점부터의 간격은 각각 몇 밀리미터 이내이어야 하는가?

① 80 mm　　　　② 90 mm
③ 100 mm　　　④ 120 mm

28 자동차 등화장치 중 제동등 설치기준에 관한 사항으로 틀린 것은?

① 등광색이 적색일 것
② 관측각의 수평각은 제동등의 발광면은 좌측 30° 우측 30° 이하에서 관측이 될 것
③ 제동등이 비추는 방향은 자동차 후방 일 것
④ 좌·우에 각각 1개씩 설치할 것

보조제동등의 발광면은 좌측 10°·우측 10° 이하 어느 범위에서도 관측될 것
※ ②의 내용은 후부반사기의 설치에 관한 것이다.

29 자동차의 구조·장치의 변경승인을 얻은 자는 자동차 정비업자로부터 구조·장치의 변경과 그에 따른 정비를 받고 얼마 이내에 구조변경검사를 받아야 하는가?

① 완료일로부터 45일 이내
② 완료일로부터 15일 이내
③ 승인일로부터 45일 이내
④ 승인일로부터 15일 이내

정답 **21** ② **22** ① **23** ④ **24** ② **25** ③ **26** ① **27** ③ **28** ② **29** ③

AUTOMOBILE ENGINE Maintenance

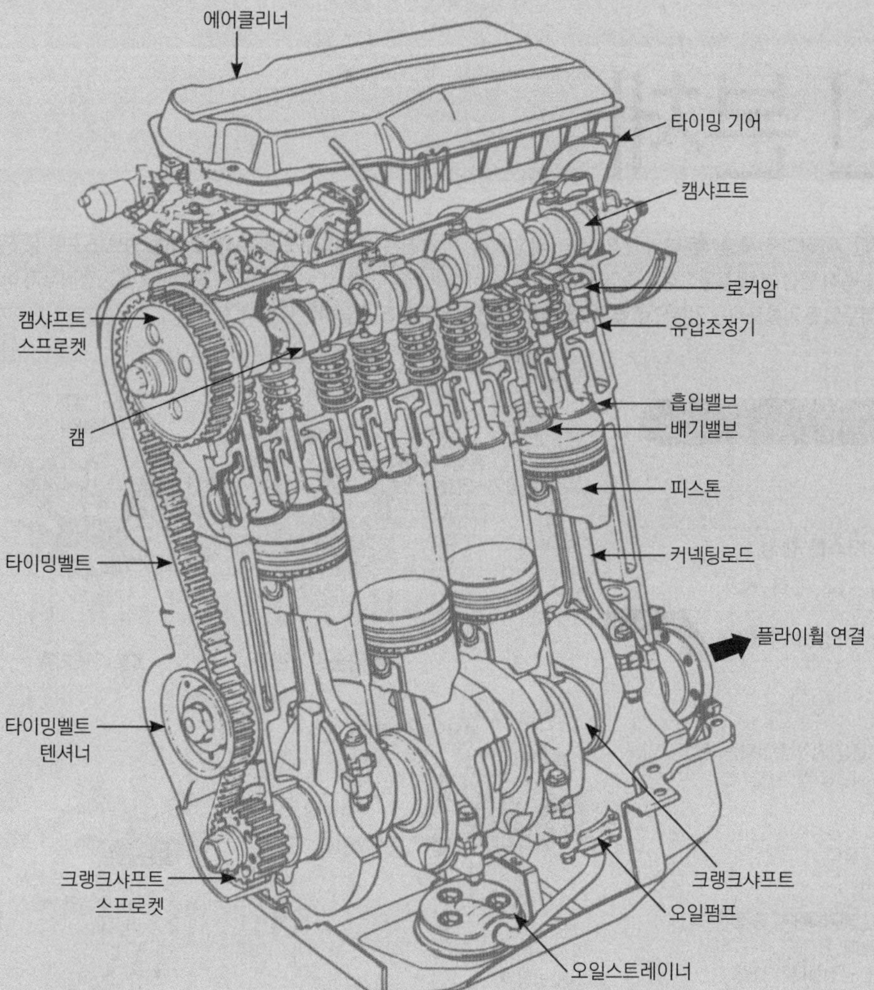
에어클리너
타이밍 기어
캠샤프트
로커암
유압조정기
캠샤프트 스프로켓
캠
흡입밸브
배기밸브
피스톤
커넥팅로드
타이밍벨트
플라이휠 연결
타이밍벨트 텐셔너
크랭크샤프트 스프로켓
크랭크샤프트
오일펌프
오일스트레이너

CHAPTER 02

자동차 엔진 정비

□ 엔진 본체 □ 가솔린 엔진 연료장치 □ 디젤엔진 · LPG엔진 연료장치 □ 흡 · 배기장치 □ 윤활장치 □ 냉각장치

01 엔진 본체

[예상문항 : 1~2문제] 제2장의 전체 출제문항 수는 약 15~19개 입니다. 이 섹션은 실린더 구조 및 특징, 오버랩, 밸브 스프링 등 전반적으로 체크해야 하나 특히 엔진 본체 성능점검은 좀더 집중해서 학습하기 바랍니다. 점검 시 필요한 공구도 비교하고 정리하기 바랍니다. 머릿말에도 일러두었듯 기출문제는 기본으로 훑어보되 점검에 좀더 주의깊게 학습하기 바랍니다.

01 기관의 분류

1 기계학적 사이클에 따른 분류

구분	크랭크축	피스톤 행정
4행정 사이클	2회전	흡입, 압축, 동력, 배기
2행정 사이클	1회전	상승, 하강(소기행정)

필수암기

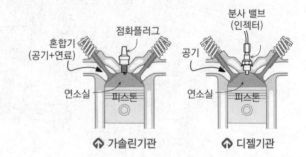

↷ 가솔린기관　　　↷ 디젤기관

▶ 소기행정
- 연소된 가스 압력으로 배기가 시작되고 새로운 공기가 흡입되는 행정
- 소기법 분류 : 단류 소기법, 루프 소기법, MAN 소기법, 횡단기법

▶ 4행정 사이클과 2행정 사이클 비교

4행정 사이클	• 각 행정의 작용이 확실하여 효율이 좋다. • 연료 소비율 및 윤활유 소비량이 적다.
2행정 사이클	• 4행정보다 회전력이 빠르므로 동일 배기량에서 출력이 크다. • 연료 소비율 및 윤활유 소비량이 많다. • 충진 효율, 평균유효압력이 낮으며, 공전상태가 불량

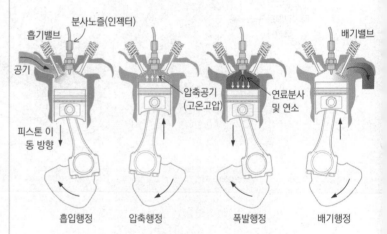

흡입행정　　압축행정　　폭발행정　　배기행정

↷ 디젤기관의 4행정 사이클

2 가솔린 기관과 디젤기관 점화방식의 구분

 필수암기

구분	점화방식 및 특징
가솔린 기관	• **전기 불꽃 방식** : 혼합기(공기+연료)에 점화 플러그의 불꽃에 의해 연소시킨다. • 디젤기관에 비해 단위 출력당 중량이 작으나, 순간 가속력이 좋다. • 연료 소비율이 높아서 연료비가 많이 든다. • 운전이 정숙하다.
디젤 기관	• **압축 착화 방식** : 피스톤에 의해 압축한 고온고압의 흡기공기에 분사노즐을 통해 연료가 분사되면 자기착화되어 혼합기를 연소시킨다. • 소음과 진동이 크다. • 가솔린기관에 비해 연비가 높고 열효율이 높다. • 연료의 인화점이 높아 화재의 위험성이 적다. • 마력당의 무게가 크다. • 가솔린 엔진에 비해 매연 및 질소산화물 배출이 많다.

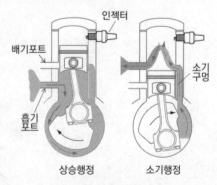

상승행정　　소기행정

↷ 2행정 사이클 기관의 작동

▶ 기타 엔진의 분류
- 연료에 따라 : 가솔린, 디젤, LPG기관
- 열역학적 사이클에 따른 분류 : 정적 사이클(가솔린기관), 정압 사이클(디젤기관), 사바테 사이클(디젤기관-커먼레일)
실린더의 배열에 따른 기관의 분류 : 수평대향형 엔진, 직렬형 엔진, V형 엔진, W형 엔진

02 엔진 본체의 기본 구성

① 엔진의 기본 골격은 실린더 헤드와 실린더 블록이다. 실린더 헤드는 연소실을 형성하고, 흡배기 통로, 흡배기 밸브 및 점화플러그, 캠축 등이 있으며, 실린더 블록에는 실린더(피스톤 어셈블리)가 있다. 피스톤의 왕복운동으로 발생된 동력은 크랭크 축을 통해 전달되며, 크랭크축에 의해 타이밍 벨트 및 캠축을 구동되어 밸브의 개폐가 이루어진다.

② 또한, 엔진 각 부의 원활한 작동을 위한 윤활장치와 엔진의 과열을 방지하기 위한 냉각장치 등이 필요하다.

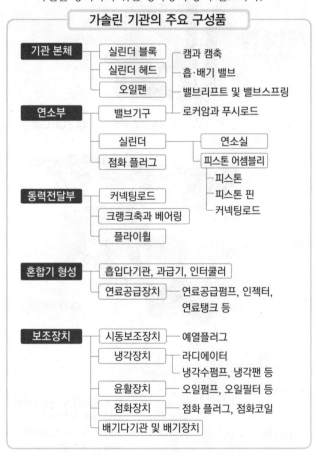

가솔린 기관의 주요 구성품

기관 본체	실린더 블록	캠과 캠축
	실린더 헤드	흡·배기 밸브
	오일팬	밸브리프트 및 밸브스프링
연소부	밸브기구	로커암과 푸시로드
	실린더	연소실
	점화 플러그	피스톤 어셈블리
		피스톤
		피스톤 핀
		커넥팅로드
동력전달부	커넥팅로드	
	크랭크축과 베어링	
	플라이휠	
혼합기 형성	흡입다기관, 과급기, 인터쿨러	
	연료공급장치	연료공급펌프, 인젝터, 연료탱크 등
보조장치	시동보조장치	예열플러그
	냉각장치	라디에이터
		냉각수펌프, 냉각팬 등
	윤활장치	오일펌프, 오일필터 등
	점화장치	점화 플러그, 점화코일
	배기다기관 및 배기장치	

03 실린더 헤드 및 실린더 블록

1 실린더 헤드와 실린더 헤드 개스킷(gasket)

① 실린더 윗면에 설치되어 실린더, 피스톤과 함께 연소실을 형성한다.

② 흡·배기 밸브나 점화플러그가 장착되어 있다.

③ 실린더 헤드의 재질 : 주철 또는 알루미늄 합금

▶ 실린더 헤드를 알루미늄 합금으로 제작하는 이유 : 열전도성이 좋고 가벼우며, 고온에서 기계적 강도가 크기 때문이다.

④ 실린더 헤드 개스킷 : 실린더 헤드와 실린더 블록 사이에 설치되어 연소가스, 냉각수, 오일의 누설을 방지한다.

실린더 헤드 커버
실린더 헤드
실린더 헤드 개스킷(금속)
실린더 블록
오일 팬 개스킷
오일 팬

2 실린더 블록

실린더가 설치된 엔진 본체가 되는 부분으로 워터재킷, 윤활 통로, 실린더 라이너, 크랭크 케이스를 포함하고 있다.

3 연소실

① 공기와 연료가 유입되어 연소되는 공간

② 연소실의 형상에 따른 구분 : 반구형, 쐐기형, 지붕형, 욕조형 등

▶ DOHC 엔진의 경우 흡·배기 밸브의 위치를 안정되게 설치할 수 있으므로 지붕형 연소실을 많이 사용한다.

③ 연소실의 형상은 엔진의 압축비와 밀접한 관련이 있으므로 엔진의 압축비에 따라 연소실 체적을 설계해야 한다.

[반구형] [쐐기형] [욕조형] [지붕형]

⬆ 연소실의 종류

04 밸브 기구

1 캠축(cam shaft) 구동방식(타이밍 기어의 구동방식)

① 크랭크축의 동력을 통해 캠축을 구동하여 흡·배기 밸브를 개폐를 하는 역할을 한다.

② 흡·배기 밸브의 열리는 정도는 캠의 양정(lift)에 의해 결정되며, 양정은 캠 높이에서 기초원을 뺀 부분이다.

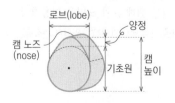

로브(lobe)
양정
캠 노즈 (nose)
기초원
캠 높이

⬆ 캠의 형상

chapter **02**

2 밸브기구의 형식(밸브와 캠의 배열에 의한 분류)

(1) SOHC형(Single Over Head Camshaft)

① 1개의 캠축을 이용하여 흡·배기 캠이 실린더마다 각각 1개 씩 설치한 구조이다.

② 밸브 타이밍이 정확하고 부품 수가 적고 엔진의 회전 관성이 적기 때문에 응답성은 우수하다.

③ DOHC 엔진보다 출력이 낮다.(현재 일부 기관에만 사용)

(2) DOHC형(Double Over Head Camshaft)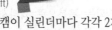

① 2개의 캠축을 사용하여 흡·배기 캠이 실린더마다 각각 2개 씩 총 4개의 캠이 설치한 구조이다.

② 실린더마다 4개의 흡·배기 밸브가 장착되어 엔진 구동 시 흡·배기 효율 및 연소효율이 우수하므로 엔진 출력(허용최고 회전수 향상)을 높일 수 있다.

③ 구조가 복잡하고 가격이 비싸다.

④ SOHC 엔진보다 구조가 복잡하고 소음이 크다.

> ▶ OHC형(Over Head Camshaft)
> 캠 축이 실린더 헤드 위에 설치된 형식
> ▶ 캠 형상의 종류 : 접선형, 블록형, 오목형

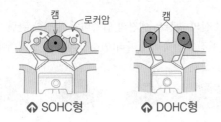

↑ SOHC형   ↑ DOHC형

3 밸브와 밸브시트

(1) 밸브의 구비 조건

① 고온 및 큰 하중에 견디고, 변형이 없을 것

② 열전도율이 좋을 것

③ 충격과 부식에 견딜 것

(2) 밸브 스템 엔드

밸브 스템의 끝부분 면은 캠이나 로커암과 접촉되는 부분으로 평면으로 다듬어져야 한다.

(3) 밸브 가이드

① 밸브 스템의 상하 운동을 유지하도록 안내하는 역할

② 밸브 스템과의 마찰을 위해 윤활 오일을 이용한다.

(윤활 오일 누설 방지를 위해 밸브 가이드 오일실이 부착됨)

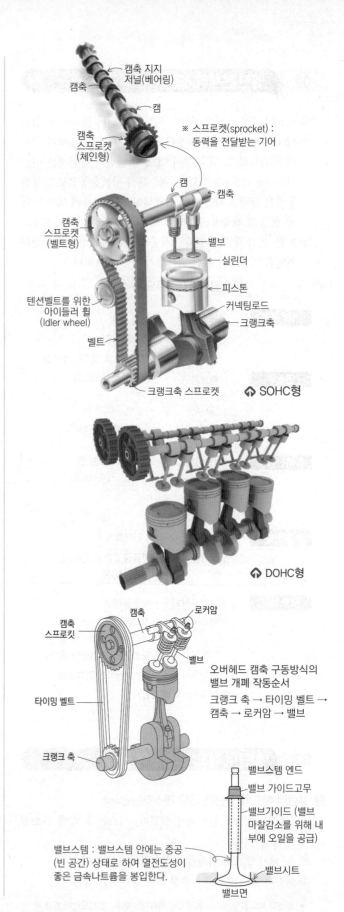

캠축 지지 저널(베어링)
캠축
캠
※ 스프로켓(sprocket) : 동력을 전달받는 기어
캠축 스프로켓 (체인형)
캠
캠축
캠축 스프로켓 (벨트형)
밸브
실린더
피스톤
커넥팅로드
크랭크축
텐션벨트를 위한 아이들러 휠 (Idler wheel)
벨트
크랭크축 스프로켓
↑ SOHC형

↑ DOHC형

캠축 스프로킷
캠축
로커암
밸브
타이밍 벨트
크랭크 축

오버헤드 캠축 구동방식의 밸브 개폐 작동순서
크랭크 축 → 타이밍 벨트 → 캠축 → 로커암 → 밸브

밸브스템 엔드
밸브 가이드고무
밸브가이드 (밸브 마찰감소를 위해 내부에 오일을 공급)
밸브스템 : 밸브스템 안에는 중공 (빈 공간) 상태로 하여 열전도성이 좋은 금속나트륨을 봉입한다.
밸브시트
밸브면

(4) 밸브시트

밸브면(페이스)과 밀착하여 압력이 새는 것을 방지하고, 연소로 인한 밸브면의 열을 실린더 헤드에 전달한다.

> ▶ **밸브시트의 침하로 인한 현상**
> • 밸브스프링의 장력이 약해짐
> • 가스의 저항이 커짐
> • 밸브 닫힘이 완전하지 못함
> • 블로바이 현상이 일어남
> • 공회전 부조가 일어남

(5) 밸브 불량에 따른 영향

흡입불량, 압축압력 저하, 역화, 배기가스 흡입 등으로 인해 정상적인 연소를 방해하여 출력 저하(가속, 공회전 불량) 및 엔진 부조(떨림 현상)를 초래한다.

(6) 밸브 간극 필수암기

① 밸브 리프터(태핏)와 밸브 스템과의 간격, 로커암과 밸브 스템과의 간격을 말한다.

② 밸브 간극이 변화하면 밸브 개폐 시기에 영향을 주므로 항상 적절하게 조정해야 한다.

> ▶ 밸브 간극의 점검은 시크니스 게이지로 측정한다.
> ▶ 간극이 너무 크면 → 늦게 열리고 일찍 닫힘, 소음 및 충격 발생
> ▶ 간극이 너무 작으면 → 일찍 열리고 늦게 닫혀 밸브 열림 기간이 길어짐, 역화 또는 후화가 발생, 블로백 발생으로 출력 감소
> ▶ 블로바이(blow-by) : 실린더와 피스톤 사이로 압축가스 또는 폭발가스가 새는 것
> ▶ 블로백(blow back) : 폭발행정일 때 밸브와 밸브시트 사이에서 가스가 누출되는 것

④ 흡입효율 향상(고속회전)을 위한 밸브 상태

① 3-밸브 또는 4-밸브 : 흡입효율을 높이기 위해 흡기밸브 2개와 흡기보다 직경이 큰 배기밸브 1개를 설치하거나 흡배기밸브를 각각 2개씩 설치한다.

② **흡기밸브를 크게 함** : 더 많은 공기가 연소실로 흡입하여 **흡입효율(체적효율)을 증대**하기 위해 흡기밸브를 크게 한다.

⑤ 유압식 밸브 리프터(hydraulic valve lifter)

① 윤활장치의 유압을 이용하여 온도 변화에 관계없이 밸브 간극을 항상 '0'이 되도록 하여 밸브 개폐 시기가 정확하게 유지되도록 하는 장치이다.

② 밸브 간극 조정이나 점검이 필요없다.

③ 밸브 개폐시기가 정확하게 되어 기관의 성능이 향상된다.

④ 충격을 흡수하기 때문에 밸브 작동이 정숙하고, 밸브 기구의 내구성이 향상하나 구조가 복잡하다.

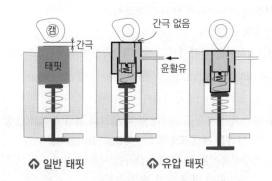

⤊ 일반 태핏   ⤊ 유압 태핏

⑥ 밸브 스프링

(1) 밸브 스프링의 구비 조건

① 블로바이(blow by)가 생기지 않을 정도의 탄성 유지

② 밸브가 캠의 형상대로 움직일 수 있을 것

③ 내구성이 크고, 서징 현상이 없을 것

(2) **밸브 스프링의 점검사항** 필수암기

① 장력 : 스프링 장력의 감소는 표준값의 15% 이내일 것

② 자유고 : 자유높이의 변화량은 3% 이내일 것

③ 직각도 : 직각도는 자유높이 3% 이내일 것

④ 접촉면의 상태는 2/3 이상 수평일 것

> ▶ 위 내용은 마찰클러치 또는 현가장치의 스프링 점검에도 해당된다.

(3) 밸브 스프링의 서징 현상과 방지책

① 밸브의 서징(Surging) 현상 : 밸브 스프링의 고유 진동수와 고속 회전에 따른 캠의 강제 진동수가 서로 공진하여, 밸브 스프링이 캠의 진동수와 상관없이 심하게 진동하는 현상

② **서징 방지법** 필수암기

• 부등피치 스프링, 부등피치 원추형 스프링, 피치가 서로 다른 2중 스프링 사용

• 스프링 정수 및 스프링의 고유 진동수를 크게 한다.

> ▶ **스프링 정수**
> 스프링 장력의 세기, 즉 스프링에 작용하는 힘과 길이변화의 비례관계를 표시하는 정수를 말하며 스프링 재질마다 다르다. 동일 하중이 작용할 때 변형이 적으면 장력(스프링 정수)이 커진다.

원통형   부등피치형   원추형   2중 스프링

⤊ 밸브 스프링의 종류

7 캠축의 회전속도과 밸브의 개폐시기

(1) 캠축의 회전속도

4행정 사이클 기관에서 크랭크축 2회전에 캠축은 1회전한다.

(2) 밸브 타이밍(valve timing)

① 흡·배기 밸브의 개폐시기를 말한다.

② 피스톤 상사점을 기준으로 각 밸브의 열림 시작과 닫힘 종료 시점을 크랭크축의 회전각도로 표시한다.

③ 기동전동기는 정상 작동하지만 시동이 걸리지 않으면 밸브 타이밍이 맞지 않기 때문이다.

(3) 밸브 오버랩(valve overlap)

① 흡입공기 및 배기가스 흐름의 관성을 이용하여 상사점 부근(배기가 끝나고, 흡입이 시작되는 지점)에서 흡·배기 밸브를 동시에 열어주는 시기를 말한다.

② 밸브 오버랩의 효과 : 체적 효율 향상, 배기가스 완전 배출, 실린더 냉각효과

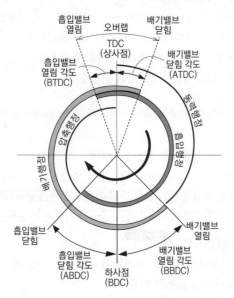

- 흡기행정 기간 = BTDC + 180° + ABDC
  (상사점 전)　　　　(하사점 후)
- 배기행정 기간 = ATDC + 180° + BBDC
  (상사점 후)　　　　(하사점 전)
- **밸브 오버랩** = BTDC + ATDC
  (상사점 전)　(상사점 후)

▶ **최대 폭발압력이 발생되는 시기(MBT)**
동력행정에서 TDC 후 약 10~15℃에서 최대 폭발압력(약 35kgf/cm²)이 일어난다.

---

05 피스톤 어셈블리

1 피스톤의 구비조건

① 가벼울 것(관성력 방지)

② 열팽창이 적을 것

③ 열전도율이 좋을 것(고열로 인한 피스톤 손상 방지)

④ 고온 강도가 높고 내마모성이 클 것

2 피스톤의 작동

폭발 행정에서 발생한 고온, 고압의 가스 압력이 피스톤 및 커넥팅 로드를 거쳐 크랭크축의 회전력을 발생시킨다. 이와 반대로 흡입, 압축 및 배기 행정에서는 크랭크축으로부터 힘을 받아 작동한다.

▶ 피스톤의 측압과 가장 관계있는 것
커넥팅 로드 길이와 행정, 피스톤의 옵셋, 피스톤링 절개구

3 피스톤의 종류

① 슬리퍼형(slipper) : 측압을 받지 않는 스커트부를 떼어낸 모양의 피스톤으로, 피스톤 무게를 증대하지 않고 스러스트 접촉 면적을 크게 하여 피스톤 슬랩을 감소시킬 수 있어 고속 기관용으로 많이 사용된다.

② 오프셋(offset) : 피스톤 핀을 중심으로 1.5mm 정도로 오프셋시켜(중심에서 조금 비껴서) 피스톤의 측압을 감소시킨다.

③ 솔리드형(solid) : 스커트 형상이 완전한 원형으로 열팽창에 대한 보상장치가 없다.

④ 타원형 : 보스방향의 지름을 적게하여 열팽창 고려

⑤ 스플리트형 : 가로홈(스커트 열전달 억제)과 세로홈(전달에 의한 팽창 억제)을 둔다.

⑥ 테이퍼형 : 열팽창을 고려하여 피스톤 헤드부의 지름을 작게 한 것

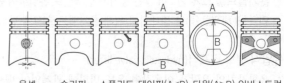

옵셋　　슬리퍼　스플리트 테이퍼(A<B) 타원(A>B) 인바스트럿

---

4 실린더 행정 높이와 실린더 지름에 따른 피스톤 분류

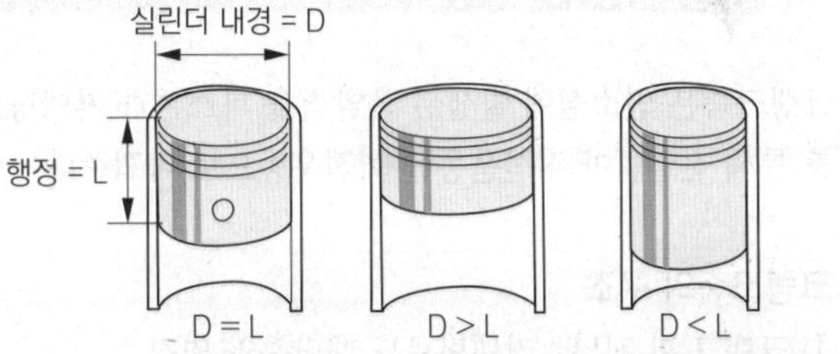

실린더 내경 = D
행정 = L
D = L
D > L
D < L

스퀘어 엔진 (square) 정방행정 엔진 (정사각형)	**오버 스퀘어 엔진** (over square) 단행정(행정 높이가 짧은) 엔진	**언더 스퀘어 엔진** (under square) 장행정(행정 높이가 긴) 엔진

필수암기

▶ 오버스퀘어(단행정) 기관의 특징
- 피스톤의 평균속도를 올리지 않고 회전수(회전속도)를 높일 수 있다.
- 단위 체적당 출력을 크게 할 수 있다.
- 기관의 높이를 낮게 설계할 수 있다.
- 흡·배기 밸브의 지름을 크게 하여 흡입효율을 증대
- 내경이 커서 피스톤이 과열되기 쉽고 진동이 커짐

▶ 언더스퀘어(장행정) 기관의 특징
- 같은 배기량의 단행정 엔진과 비교하면 같은 회전수일 때 피스톤 평균 속도가 빨라 저속에서 큰 토크를 얻을 수 있다.
- 최대 회전수를 높이기가 어려운 단점이 있다.

5 피스톤 핀의 고정방법

① 고정식 : 피스톤 보스부에 볼트로 고정
② 반부동식 : 커넥팅 로드 소단부를 클램프 볼트로 고정
③ 전부동식 : 보스부 양 단면에 스냅링을 끼워 피스톤 핀이 빠지지 않도록 한다.

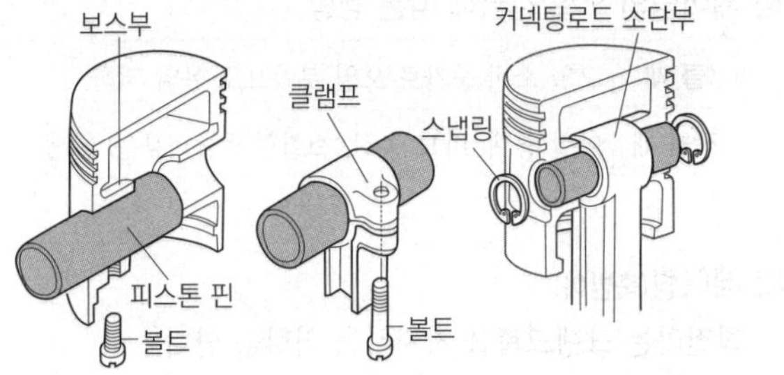

보스부
커넥팅로드 소단부
클램프
스냅링
피스톤 핀
볼트
볼트

고정식 / 반부동식 / 전부동식

6 피스톤의 점검사항

① 피스톤 중량
② 피스톤의 마모 및 균열
③ 피스톤과 실린더 간극

▶ 피스톤 간극(piston clearance) 측정
피스톤 스커트부에 시크니스 게이지로 측정한다.

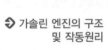

가솔린 엔진의 구조 및 작동원리

7 피스톤 링

필수암기

(1) 피스톤 링의 3대 작용

① **기밀 유지** : 실린더 벽에 밀착되어 피스톤과 실린더벽 사이에서 압축가스나 연소가스의 누출을 방지(블로바이 방지)
→ 블로바이 : 실린더벽과 피스톤 사이로 가스가 새는 현상
② **오일 제어** : 피스톤와 실린더벽 사이의 윤활유를 긁어내려 오일이 연소실로 유입되는 것을 방지
③ **열전도** : 피스톤 헤드의 열을 실린더 벽으로 전달

(2) 피스톤 링의 구성

압축링 (2~3개)	• 목적 : 기밀 유지, 블로바이 가스 차단, 열 전도 • 1번 압축링은 연소실의 폭발열을 직접 받으므로 열팽창을 고려하여 이음간극(절개부)이 가장 크다.
오일링 (2개)	• 실린더 벽의 오일을 긁어 내려줌 • 스틸 익스펜더, 크롬 레일과 함께 설치

(3) 피스톤링 이음간극의 종류

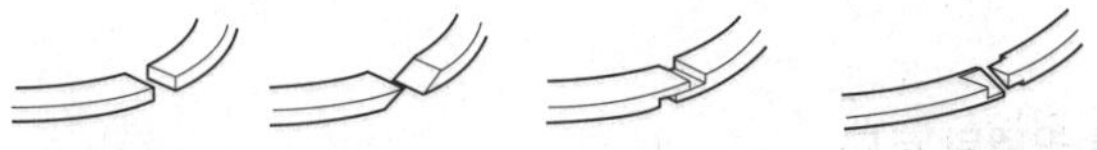

버트 이음	각 이음	랩 이음	실 이음
butt – 세로방향으로 끊김	lap–경사	lap–계단모양	seal – 끝을 밀봉

▶ 피스톤링 이음간극 방향
엔진 조립 시 각 피스톤링 절개구를 120~180° 방향으로 엇갈려 끼운다. 이때 측압(thrust, 측하중)에 의해 피스톤링 절개부로 압축가스의 누출 방지를 위해 측압을 받는 부분을 피하는 것이 좋다.
▶ 피스톤 링의 이음간극 측정 : 시크니스 게이지

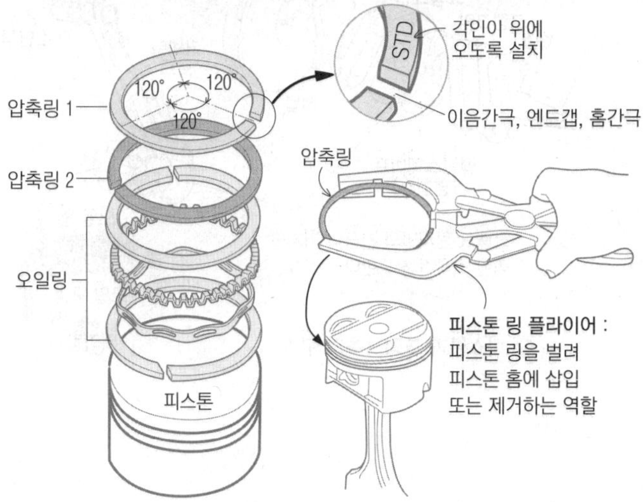

STD
각인이 위에
오도록 설치
120°
120°
120°
압축링 1
이음간극, 엔드갭, 홈간극
압축링
압축링 2
오일링
피스톤
피스톤 링 플라이어 :
피스톤 링을 벌려
피스톤 홈에 삽입
또는 제거하는 역할

▶ 피스톤링 형태별 구분
• 동심형 링 : 실린더 벽에 가해지는 압력이 불균형
• 편심형 링 : 실린더 벽에 가해지는 압력이 일정

동심형 링   편심형 링

⑧ 실린더벽과 피스톤 링의 간극에 따른 영향

피스톤 간극이 클 때	• 압축 압력의 저하(연소가스가 피스톤 밖으로 누설되는 블로바이에 의해) → 출력 저하 • 오일의 희석(가솔린이 오일에 섞임) • 피스톤 슬랩(slap, 피스톤이 실린더 벽을 때림)이 발생 • 백색 배기가스 발생(오일이 연소실에 유입되어 연소됨)
피스톤 간극이 작을 때	• 마찰로 인한 마멸이 커진다. • 마찰열로 인해 소결(고착, 타붙음)된다.

⑨ 커넥팅 로드

피스톤과 크랭크축을 연결하는 기구로 피스톤의 왕복운동을 크랭크축의 회전운동으로 바꾸는 역할을 한다.

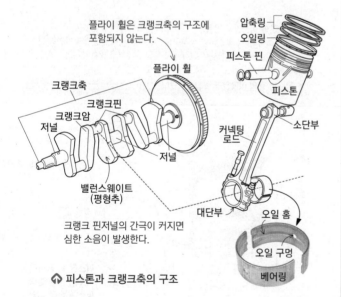

플라이 휠은 크랭크축의 구조에 포함되지 않는다.

압축링
오일링
피스톤 핀
피스톤
플라이 휠
크랭크축
크랭크핀
크랭크암
저널
커넥팅 로드
소단부
저널
밸런스웨이트 (평형추)
대단부
오일 홈
오일 구멍
베어링

크랭크 핀저널의 간극이 커지면 심한 소음이 발생한다.

⬆ 피스톤과 크랭크축의 구조

크랭크축은 연소실에 발생된 폭발력을 피스톤과 커넥팅로드를 통해 전달받아 직선운동을 회전운동으로 바꿔준다.

① 크랭크축의 구조
① 크랭크 핀 저널 : 커넥팅로드 대단부와 연결
② 크랭크 암 : 크랭크축의 크랭크 핀과 메인 저널을 연결
③ 메인 저널 또는 메인 베어링 저널 : 축을 지지하는 메인 베어링이 들어가는 부분
④ 커넥팅 로드 대단부(베빗 메탈)의 주재료는 주석(Sn)이다.
⑤ 평형추(균형추, 카운트웨이트) : 크랭크축의 평형을 유지시키기 위하여 크랭크 암에 부착되는 추

② 크랭크축의 점검 부위
① 축과 베어링 사이의 오일 간극 측정
② 축의 축방향 흔들림
③ 크랭크축의 굽힘
④ 크랭크 핀 저널 및 메인저널 마멸량 점검

▶ 크랭크 축의 비틀림 진동 발생원인
• 크랭크 축의 회전력이 클 때
• 크랭크 축의 길이가 길수록
• 강성이 작을수록

③ 베어링의 오일 간극에 따른 영향

클 때	오일 소비 증가로 오일 부족으로 유압 저하
작을 때	마찰 증대, 마모 촉진, 소결현상(눌러붙음) 발생

④ 베어링(축받이)

회전하는 크랭크축을 지지하는 역할을 한다.
(1) 재질 : 배빗 메탈, 켈밋 합금, 알루미늄 합금 등
(2) 베어링의 윤활 : 오일펌프에서 공급되는 윤활유에 의하여 윤활이 된다.
→ 베어링의 오일구멍은 실린더 블록의 오일 구멍과 일치되어 있으며 이 오일 구멍을 통해 들어오는 윤활유가 베어링 바깥 방향에 파여있는 홈을 거쳐 베어링 모서리 부분으로 흐르며 저널과 베어링 면 사이에서 윤활작용을 한다.

▶ 메인저널과 베어링 간극이 커지게 되면
• 윤활유가 많이 소모되며 유압이 떨어진다.
• 오일이 누설되어 백색 연기가 배출된다.
• 피스톤이 제대로 고정되지 않으므로 타음(打音, 노킹, knock)이 난다.

타이밍 체인
파워조향 펌프를 구동하기 위한 벨트
플라이휠
발전기, 워터펌프 등을 구동하기 위한 벨트
크랭크각 센서 (CKP)

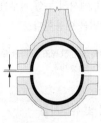

🔼 베어링 크러시

스프레드(A-B)
베어링 직경

🔼 베어링 스프레드

(3) 베어링의 필요조건

① 하중 부담 능력이 좋을 것
② 내피로성(응력피로 방지)과 내식성(부식 방지)이 있을 것
③ 매입성이 있을 것
④ 추종 유동성이 있을 것
⑤ 내마멸성

> ▶ 용어 해설
> • 매입성 : 베어링의 마찰면에 작은 입자의 이물질을 묻어버리는 성질
> • 추종 유동성 : 베어링에 걸린 부하가 가벼운 쪽으로 흘러 부하가 균일해짐

(4) 메인저널과 베어링 간극이 커지게 되면

① 윤활유가 많이 소모되며 유압이 저하된다.
② 오일이 누설되어 백색 연기가 배출된다.
③ 피스톤이 제대로 고정되지 않으므로 타음(打音, knock sound)이 발생된다.

> ▶ 크랭크 축 메인 베어링의 오일 간극 측정
> 마이크로미터, 시일 스톡식, 플라스틱 게이지 사용이 있으나 플라스틱 게이지를 주로 사용한다. 베어링의 오일 간극이 클 때 드러스트 플레이트를 새 것으로 교환한다.

5 베어링 크러시와 베어링 스프레드

crush : '(작은 공간에) 밀어 넣다'는 의미

베어링 크러시	• 베어링을 끼웠을 때 베어링 바깥둘레와 하우징 안둘레의 차이 • 크랭크축과 함께 회전함을 방지 • 열전도율을 높이기 위해 • 크러시가 크면 베어링의 안쪽으로 찌그러진다.
베어링 스프레드	• 베어링을 끼우지 않았을 때 베어링 하우징 지름과 베어링 바깥쪽 지름과의 차이 • 베어링이 하우징에 밀착되도록 함 • 베어링의 안쪽으로 찌그러짐을 방지

spread : '넓어지다', '늘어나다'는 의미

6 플라이 휠(flywheel)

① 역할 : 실린더마다 행정에 다르므로 크랭크축의 회전속도 변화가 불규칙하므로 회전관성에 의해 회전속도를 일정하게 해준다.
② 크랭크축의 회전수와 실린더의 수가 적으면 무겁게 하여 회전관성을 크게 하고, 많으면 가볍게 한다.

크랭크각 센서(CKP)의 톤 힐(tone heel) : 그림처럼 플라이휠과 붙어 있거나 좌측 상단 그림과 같이 크랭크축 뒷부분에 설치된 경우도 있음

링기어 – 시동 시 기동전동기의 구동력이 전달됨
클러치 케이스와 연결됨
크랭크축 연결부

🔼 플라이휠의 구조

07 엔진 본체 성능점검

1 압축 압력 점검 필수암기

(1) 개요

① 압축 압력 시험은 엔진 부조, 출력 부족 시 시험하는 방법으로, 크랭킹을 하면서 측정한다.
② 엔진을 분해, 수리하기 전에 필수적 점검사항이다.
③ 피스톤 링의 마모 상태, 밸브의 접촉 상태, 실린더의 마모 상태 등을 점검하여 압축압력이 규정값보다 낮거나 높을 경우에는 엔진을 분해·수리해야 한다.

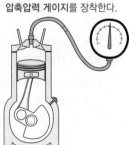

점화플러그를 제거하고, 압축압력 게이지를 장착한다.

🔼 NCS 동영상

오일을 연소실에 강제로 주입시켜 실린더벽과 피스톤 사이에 두터운 유막을 만들어 연소실 내 공기
가 이 틈새로 빠져나가지 못하게 한 후 재측정하여 다른 부위의 누설 여부를 확인한다.

④ **건식 측정 방법**과 **습식 측정 방법**이 있으며, 건식 측정방법
으로 실린더벽, 피스톤 링이나 밸브에서의 누설 여부를 판
단하기 어려울 경우 습식 측정 방법을 이용한다.

▶ 압축 압력이 떨어진다는 것은 엔진 출력 부족 및 엔진 부조, 과다한 오
일 소모 등으로 엔진 성능이 현저하게 저하되는 것이다.

(2) 실린더의 압축 압력 점검시 준비사항 및 유의사항
① 배터리가 완충상태에서 측정한다.
② 엔진을 시동하여 정상온도(워밍업)가 된 후 정지시킨다.
③ 연료를 차단시키고, 점화 1차선을 분리한다.(안전상 이유)
④ 공기청정기 및 구동밸브를 제거한다.(회전저항 감소)
⑤ 시험기는 밀착하여 누설이 없도록 한다.
⑥ 측정값이 규정값 보다 낮으면 엔진 오일을 약간 주입 후 다
시 측정한다.(습식 압축압력 시험)

(3) **측정 방법**
① 정상 작동온도(수온게이지 : 85~95℃)로 워밍업
② 점화플러그를 제거한 후 구멍에 압력 게이지 밀착
③ 엔진을 크랭킹시켜 4~6회 압축시키고(회전속도는 200~
300rpm), 실린더의 압축 압력을 측정
④ 습식 압축압력 시험 : ③번 과정 이후, 점화플러그 구멍에
엔진오일을 10cc 정도 넣고 1분 후 재측정(실린더 벽 및 피스
톤링, 밸브, 헤드개스킷 등의 상태 점검)

(4) **측정 결과**
① 정상압축 압력 : 규정압력의 90~100% 이내일 것
(70~110% 범위에서 양호)
② 각 실린더간 차이는 10% 이내
③ 불량 : 규정 압력의 70% 미만 또는 110% 이상(각 실린더간 차
이는 10% 이상), 실린더 간 차이가 10% 이상

▶ 압축압력이 규정값보다 10% 이상일 경우 : 연소실 내 카본이 원인이
다.(→ 카본이 다량 부착되면 연소실 체적이 작아져 압축비, 압축압력이 높아짐)

필수암기

2 흡기 다기관 진공도 시험
① 공회전 상태에서 흡입행정 시 피스톤이 하강할 때 흡입 다
기관이 밀폐되어 진공이 발생하는데, 이 진공 정도(진공도)
를 측정하여 압축압력 누출, 점화시기 틀림, 밸브 작동 불
량, 배기장치 막힘 등을 판단한다.

→ 엔진 시동 후 엔진이 흡입공기를 빨아들여 연료와 함께 연소된다. 이
때 가속페달을 밟지 않으면 흡기 다기관의 스로틀밸브가 약 15% 닫혀
져 있어 흡기 다기관은 부압상태가 된다. 이 부압을 측정하여 정상 여
부를 확인한다.

(1) 준비사항
① 엔진 워밍업 후 엔진을 정지시키고,
서지탱크의 연료압력조절기나 진공
배력장치를 구동하기 위한 진공 구멍
등에 진공 게이지 호스를 연결한다.
② 시동 후, 공회전 상태에서 진공계 눈
금으로 판독하여 약 45~50cmHg에
서 바늘의 흔들림이 없을 때 정상으
로 판정한다.

⬆ 진공 게이지

→ 참고) 대기압상태에는 76cmHg이며, 스로틀 밸브가 닫혀있어도 완전 진
공상태가 아니다.(대기압보다 낮은 진공, 즉 부압)
→ 가속 및 감속상태에서는 게이지 압력 변화가 있어야 정상이다.

▶ 진공도 시험의 판정
• 정상 : 공전상태에서 45~50 cmHg에서 정지
• 실린더 벽, 피스톤 링 마모 : 30~40 cmHg에서 정지
• 밸브 타이밍(개폐 시기)이 맞지 않음 : 20~40 cmHg에서 정지
• 밸브 밀착불량 및 점화시기 지연 : 정상보다 5~8 cmHg 낮음
• 실린더헤드 개스킷 파손 : 13~45 cmHg
• 배기장치 막힘 : 조기 정상에서 0으로 하강 후 다시 회복하여 40~43
cmHg

▶ 참고) 흡기다기관의 진공을 이용한 장치
• 연료압력조절기
• 브레이크 진공배력장치
• 서지탱크의 MAP센서
• EGR밸브(배기저감장치)
• 진공진각장치(기계식 점화장치)
• 블로우바이가스 재순환 장치(PCV밸브) 등

3 실린더 누설 점검
① 엔진 조립 상태를 확인하기 위해 압축공기를 주입하여 누
설게이지를 이용하여 누설 여부를 점검하는 것이다.
② 측정 전 모든 점화플러그를 제거한 후 측정하고자 하는 실
린더를 상사점(TDC)에 위치시키고 실린더 누설 시험 게이
지를 점화플러그 구멍에 장착하고, 게이지의 다른 한쪽을
컴프레서로부터 압축공기에 연결한다.
③ 압축공기의 압력이 3kg/cm²가 되도록 레귤레이터를 조정
하여 실린더 내로 주입시켜 게이지에 나타나는 지침을 읽
는다.
④ 결과치가 각 실린더별 **10%** 이상 차이가 있거나 한 실린더
가 **40%** 이하의 값이 나올 경우 습식으로 측정한다.

4 실린더 파워 밸런스 점검
① 실린더 파워 밸런스 시험은 모든 실린더가 출력을 동일하
게 나타내고 있는지 그 여부를 판정하기 위한 시험으로,
점화계통, 연료계통, 흡기계통의 종합적인 점검방법이다.

② 점검 방법 : 엔진 시동을 걸고 엔진 회전수를 확인한다. **각 실린더의 점화플러그 배선을 하나씩 제거하며 배선 제거 전·후의 엔진 회전수를 비교**한다.

→ 점화플러그 제거 후 변화가 없다면 해당 실린더는 문제가 있으며, 변화가 있다면 문제가 없다.

▶ 점검 시 주의사항 : 장시간 점검 시 삼원촉매장치(배기저감장치)의 손상 우려가 있으므로 빠른 시간 내에 점검해야 한다.

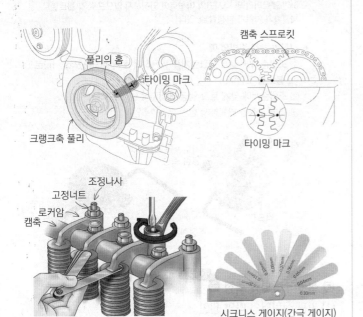

밸브간극 조정 : 밸브 간극 사이에 규정값에 맞는 시크니스 게이지를 삽입한 후 십자 드라이버를 이용하여 조정나사를 돌려 조정한 후 고정너트를 돌려 잠근다.

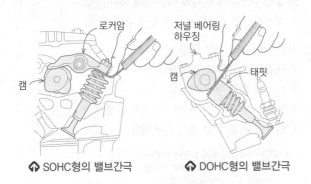

⬆ SOHC형의 밸브간극 　　 ⬆ DOHC형의 밸브간극

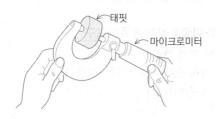

5 엔진 공회전 점검

→ 연료소비와 밀접하므로 엔진 공회전수가 규정값에 맞는지 점검해야 한다.

(1) 공회전 측정

① 냉각수 온도가 정상 온도(85~95℃)가 되도록 워밍업한다.

② 스캐너(자기진단기)를 자동차에 연결하여 공회전 속도가 800~850rpm인지 점검한다.

(2) 공회전 불량 시 점검 - 공회전 속도에 따른 점검사항

규정치보다 낮을 경우	스로틀 바디 내부의 퇴적된 카본을 확인하고, 흡기 클리닝을 통하여 제거한다.
규정치보다 높을 경우	먼저 외부 공기가 흡기관으로 많이 유입되는지 확인한다.

6 엔진 소음

(1) 밸브 소음 점검(유압 리프터 / 기계식)

① 엔진 점검용 **청진기**를 이용하여 로커암 부위를 점검한다.

② 기계식 밸브리프터는 심(shim)을 이용하여 간극을 규정에 맞게 조정한다.

③ 밸브 스프링의 소음 점검한다.

(2) 타이밍 벨트 소음 점검

시동 중 "끼르륵" 소음이 발생하면 벨트가 미끄러지는 것으로 타이밍 벨트 또는 타이밍 텐셔너를 교환한다.

▶ 엔진 소음 점검 전 엔진오일의 양 및 색깔을 점검한 후 정상일 때 점검한다.

(3) 밸브 간극 점검 및 조정(기계식)

① 밸브 간극의 점검 및 조정 : 시동을 정지하고 냉각수온이 20~30℃가 되도록 한 후 실시한다.

② 1번 실린더의 피스톤을 압축 상사점에 위치하게 한다.

③ 흡·배기 간극을 점검한다. 이때 1번 실린더의 피스톤이 압축 상사점에 위치할 경우, 그리고 크랭크축을 1회전시켜 4번 실린더의 피스톤이 압축 상사점에 위치할 경우 밸브 간극을 측정한다.

④ 흡·배기 밸브 간극을 조정한다. 이때 태핏을 분리하여 마이크로미터를 사용하여 태핏의 두께를 측정한다.

⑤ 밸브 간극이 규정값 내에 오도록 새로운 태핏의 두께를 계산한다.

(가) 흡기 : $N = T + (A - 0.20mm)$

(나) 배기 : $N = T + (A - 0.30mm)$

• T : 분리된 태핏의 두께, A : 측정된 밸브의 간극, N : 새로운 태핏의 두께

(4) 밸브스프링 장력 점검

밸브 장력에 의한 소음도 발생하므로 엔진 분해 조립시 밸브
스프링 장력 시험기를 이용하여 밸브 장력 및 자유길이를 점
검하여야 한다.

(5) 캠축 높이, 양정, 캠축 휨 점검

캠축 마모로 인한 소음 발생 및 밸브 개폐의 불량으로 연료소
비율과 출력이 감소될 수 있다.

> ▶ 밸브장치 정비 시 유의사항
> • 분해조립 시 밸브 스프링 전용공구를 사용한다.
> • 밸브 탈착 시 스프링이 튀어 나가지 않도록 한다.
> • 분해된 밸브는 순서를 기입하여 장착 시 순서가 바뀌지 않도록 한다.

08 엔진 본체 정비

1 실린더 블록의 평편도 검사 `필수암기`

곧은자와 필러게이지를 이용하여 곧은
자와 실린더 블록의 평면 사이에 필러 게
이지가 삽입되는지 여부로 평편도를 검
사한다. 이 때 6 방향으로 검사한다.

⬆ NCS 동영상

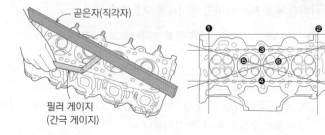

곧은자(직각자)

필러 게이지
(간극 게이지)

2 실린더 헤드 정비

(1) 실린더 헤드 탈착

① 볼트를 풀 때 변형 방지를 위해 **바깥쪽에서 중앙을 향해**
2~3회 나누어 푼다.

② 고착 등으로 인해 탈착이 어려우면 나무 또는 고무, 플라
스틱 재질의 해머로 두드리거나 압축압력이나 자중을 이
용하여 분리한다.

→ 일자 드라이버나 정 등으로 강제로 분리하지 않도록 한다.

(2) 실린더 헤드 장착

① 실린더 블록에 전용 접착제를 바른 후 개스킷을 설치하고,
개스킷 윗면에 접착제를 바르고 실린더 헤드를 장착한다.

② 볼트로 조일 때 변형 방지를 위해 탈착과 반대로 **중앙에서
바깥쪽을 향해** 조이며, 이때 2~3회로 나누어 압력이 분산

되어 조이며, 최종적으로 조일 때는 지침서의 규정값대로
토크법 또는 각도법(주로 사용)을 이용한다.

> ▶ 정리) 실린더 헤드의 장·탈착 방법
> • 탈착 시 : 바깥쪽에서 안쪽으로 향하여 대각선으로 푼다.
> • 장착 시 : 안쪽에서 바깥에서 향하여 대각선으로 체결한다.
>
> ▶ 각도법을 주로 사용하는 이유
> 보다 정확하게 균등한 힘으로 볼트를 조이기 위함이다. 토크법을 이용
> 하면 볼트머리 및 나사면의 마찰력이 일정하지 않으므로 각 볼트별로
> 체결력의 차이가 발생할 수 있다.
>
> ▶ 각도법 체결 방법의 예
> ① 조립순서에 맞게 토크렌치를 이용하여 초기 토크(3.5kgf · m)로
> 볼트를 조인다.
> ② 조립순서에 맞게 토크 앵글 게이지로 90° 조인다.
> ③ ②번 과정을 반복해서 한번 더 90° 조인다.

지시바늘
각도판을 회전하여
영점 조정
각도판
조정렌치

3 실린더 마멸량 측정 `필수암기`

(1) 기관 실린더의 마멸 원인

① 실린더와 피스톤 링의 접촉
② 연소 생성물에 의한 부식
③ 흡입가스 중의 먼지와 이물질에 의한 마모
④ 피스톤링의 호흡작용으로 인한 유막 끊김

(2) 기관 실린더의 마멸 영향

① 엔진오일의 희석 및 소모
② 피스톤 슬랩 현상 발생 ⟶  피스톤이 실린더 벽을 타격함
③ 압축압력 저하 및 블로바이 가스 발생
④ 연료소모 증가 및 엔진 출력저하

> ▶ 실린더에서 마모량이 실린더 윗부분이 큰 이유
> • 피스톤 헤드에 미치는 압력이 가장 크므로 피스톤 링과 실린더 벽과
> 의 밀착력이 최대가 되기 때문
> • 피스톤링의 호흡작용으로 인한 유막 끊김

(3) **실린더의 마멸량 및 내경 측정 도구**

① 실린더 보어 게이지
② 외측 마이크로미터와 텔레스코핑 게이지
③ 내측 마이크로미터

(4) 실린더 블록의 균열 검사 방법 : 자기 탐상법이나 염색법
(비파괴 검사)

4 피스톤 링 및 피스톤 조립

① 피스톤 링의 장착 방법 : 링의 엔드갭(End Gap)이 크랭크축
방향과 크랭크 축 직각 방향을 피해서 $120 \sim 180°$ 간격으로
설치한다. → 절개부 쪽으로 가스가 새는 것을 방지하기 위하여

② 맨 밑에 오일링을 먼저 끼운 다음 압축링을 차례로 끼운다.

③ 피스톤 링을 조립할 경우에는 피스톤 링에 오일을 도포
한다.

④ 모든 피스톤을 조립한 후에는 1번 실린더와 4번 실린더가
상사점에 올라오도록 맞춘다.

링 컴프레셔

피스톤에 피스톤 링을 끼운 상태에서는 실린더 보어에
삽입되지 않는다. 그러므로 피스톤을 실린더 보어에
맞는 링 컴프레셔로 감싼 후 링을 압축시켜 망치의 나
무 손잡이로 두드려 피스톤을 삽입한다.

망치의 나무 손잡이

링 컴프레셔

5 크랭크축의 분해, 검사, 조립 필수암기

(1) 크랭크축의 휨 측정

① 크랭크축의 휨 측정 장비 : **다이얼게이지와 V블록**

② V 블록 위에 크랭크축 앞뒤 메인저널을 올려놓고 다이얼
게이지를 직각으로 설치하고 0점 조정한 후, 크랭크축을
회전시키면서 **다이얼 게이지의 눈금을 읽는다.**

→ 이 때 최대값과 최소값의 차이의 1/2이 크랭크축의 휨 값이다.

---

③ 크랭크축 메인 저널, 피스톤 핀 저널 측정 시 직각방향으
로 두 번 측정한다.

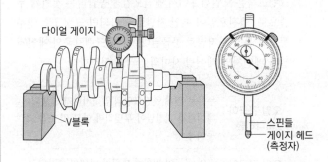

다이얼 게이지

V블록

스핀들
게이지 헤드
(측정자)

(2) 크랭크축 저널 점검

메인 저널 및 크랭크 핀의 마멸측정 시 외측 마이크로미터로
측정한다. 진원도·편마멸 등을 측정하며, 수정 한계값 이상일
경우 수정 또는 베어링을 교환한다.

(3) 크랭크축 엔드 플레이 점검

① 플라이 휠 바로 앞의 크랭크축을 한쪽으로 밀고 다이얼 게
이지로 점검한다.(한계값 : 0.25mm)

→ 엔드 플레이(end play) : 축의 가열로 인한 팽창을 허용하거나, 미끄럼
베어링 사용 시 내부응력 방지를 위한 축방향의 틈새를 말한다.

엔드 플레이가 클 경우	• 측압 증대 • 커넥팅 로드에 휨하중 작용 • 진동 및 클러치 작동 시 충격
엔드 플레이가 작을 경우	• 마찰 증대, 소결현상 발생 → 크랭크암과 스러스트 베어링의 측면이 미끄럼 운동을 하여 회전상태가 무거움

② 축방향 움직임은 **0.3mm** 이내이며, 스러스트 플레이트
로 조정

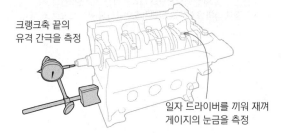

크랭크축 끝의
유격 간극을 측정

일자 드라이버를 끼워 재껴
게이지의 눈금을 측정

chapter 02

(4) 크랭크축의 오일 간극 점검 필수암기

① 크랭크축은 오일펌프에서 엔진오일을 공급하는 첫번째 부품으로, 엔진오일이 메인 저널로 공급되면 크랭크축 내부 통로를 통해 핀저널로 공급된다. 이 때 크랭크축의 메인저널과 메인저널 베어링 사이의 간극을 점검한다.

오일 간극이 과다하면	누유로 인해 엔진오일의 압력저하가 발생되어 베어링과 핀저널이 부딪히며 마모 및 소음·진동이 발생
오일 간극이 과소하면	오일 공급이 원활하지 않아 마멸이 촉진되고 과열에 의해 저널의 손상 및 소착이 발생

② 오일 간극 점검방법 : 플라스틱 게이지법, 마이크로미터법
   (마이크로미터와 텔레스코핑 게이지)

→ 주로 플라스틱 게이지로 점검한다.

→ 주의사항 : 측정 시 크랭크축을 회전시키지 않도록 한다.

핀 저널(4군데) – 피스톤의 커넥팅로드가 연결되는 부분

CKP 톤힐

메인 저널(5군데) – 실린더 블록에 조립되는 부분

저널
베어링
간극이 적을 때 : 유막이 얇고 넓게 퍼짐

간극이 클 때 : 유막이 두껍고 좁게 퍼짐

▶ **크랭크 축 분해/ 조립 시 주의사항**
• 크랭크축 분해 시 크랭크축 메인저널 베어링 캡이 섞이지 않도록 분해한다.
• 볼트 조립 시 중앙으로부터 대각선 방향으로 조립한다.
• 크랭크 축의 조립은 토크렌치를 이용하여 규정 토크로 조인다.

❶ 플라스틱 게이지법

플라스틱 게이지 (초록색의 가는 실모양)
크랭크축의 저널 부분
페이퍼 스케일 (눈금카드)
플라스틱 게이지   메인저널 캡

플라스틱 게이지를 적당한 사이즈로 잘라 저널 또는 저널 캡을 올려두고 저널 캡의 볼트를 규정토크로 조인다.(토크렌치를 이용) 그리고 저널 캡을 제거한 후 납작해진 플라스틱 게이지의 가장 넓은 부위의 눈금을 읽는다.

저널의 플라스틱 게이지를 눈금카드로 측정하는 모습

❷ 마이크로미터법

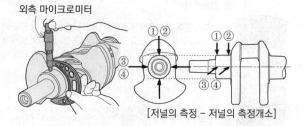

외측 마이크로미터

[저널의 측정 – 저널의 측정개소]

외측 마이크로미터의 0점 조정 후, 각 저널의 상하부와 좌우측 2개소씩 모두 4군데를 측정하여 최소값을 찾는다. 이 때 각 저널의 최소 측정값을 기준으로 하여 수정한다.

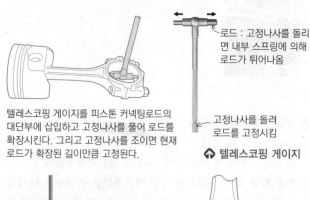

로드 : 고정나사를 돌리면 내부 스프링에 의해 로드가 튀어나옴

고정나사를 돌려 로드를 고정시킴

텔레스코핑 게이지를 피스톤 커넥팅로드의 대단부에 삽입하고 고정나사를 풀어 로드를 확장시킨다. 그리고 고정나사를 조이면 현재 로드가 확장된 길이만큼 고정된다.

⬆ 텔레스코핑 게이지

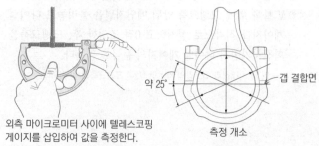

약 25°
갭 결합면
측정 개소

외측 마이크로미터 사이에 텔레스코핑 게이지를 삽입하여 값을 측정한다.

⑥ 팬 벨트 교환

① 팬 벨트는 일체형으로 되어 있다.

② 먼저 스패너를 이용하여 장력을 조절하는 **아이들러의 장력을 이완**시키고, 이완 상태에서 팬 벨트를 탈거하고 각종 베어링 상태를 점검

→ 아이들러는 회전 중심축이 움직이는 구조로, 중심축 볼트를 느슨하게 풀어 팬 벨트의 장력을 조정한 후 다시 조여준다.

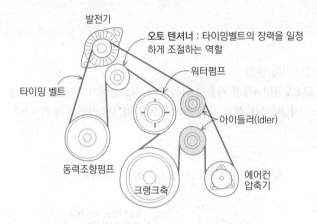

⑦ 구동벨트 장력 측정 및 조정

장력계(Tension Guage)를 벨트를 끼운 후 지시계의 눈금을 확인한다.

⑧ 엔진 조립 후 최종 작업

① 엔진 오일 주입, 라디에이터와 리저버 탱크에 냉각수 주입

② 연료의 누설 여부 확인

→ 연료 라인 조립 후 점화키를 ON으로 하여 약 2초간 연료펌프를 구동시켜 연료 라인에 압력을 향상시킨다. 2~3회 반복 후 연료 라인의 연료 누설을 점검한다.

③ 냉각장치의 공기빼기 작업을 한다. 이때 엔진을 가동하면서 부동액을 서서히 보충해야 한다.

→ 공기빼기가 잘 되지 않으면 냉각수가 순환되지 못하여 기관 과열이 발생할 수 있다.

④ 엔진을 워밍업하여 냉각팬이 회전되는지 확인한다.

⑤ 냉각팬이 회전하면 라디에이터와 리저버 탱크에 냉각수를 계속 보충한다.

⑥ 위 작업을 계속하여 냉각계통의 공기를 제거한다.

▶ 엔진 기계적 고장 진단

엔진 부조	시동 후 한 개의 실린더를 중지시키면서 엔진의 회전수를 살펴보면서 회전수의 변화를 확인
엔진 소음	밸브 소음, 피스톤 소음, 벨트 소음, 밸브 간극, 밸브 고착, 타이밍 체인 정렬 불량, 밸브 간극 불량, 밸브 스프링 등
엔진오일 누유	실린더헤드 커버의 오일실(oil seal)과 오일 팬 쪽 부위, 피스톤링 마모, 밸브실(seal) 마모, 플라이 휠과 변속기 사이의 오일실 누유 여부
냉각수 누수	실린더 헤드 개스킷 결함, 라디에이터 연결 호스 부위와 히터 호스 부위 확인
엔진출력 부족	엔진의 스톨 시험을 통해서 엔진 또는 변속기 불량여부 확인

---

09 점화 순서에 따른 행정 찾기

1 폭발 순서와 크랭크 축의 위상각

4기통	• 폭발순서 : 1-3-4-2, 1-2-4-3 • 크랭크 핀의 위상차 : **180°**(= 720÷4)
6기통	• 폭발순서 : 1-5-3-6-2-4(우수식), 1-4-2-6-3-5(좌수식) • 크랭크 핀의 위상차 : **120°**(= 720÷6)

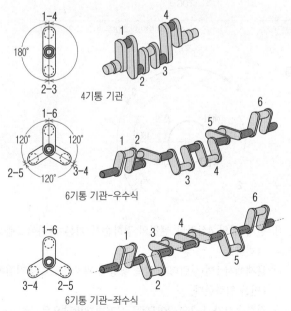

⬆ 폭발 순서와 크랭크 축의 위상각

☑ 진각(advance angle)

실린더 내에서 피스톤 상승 행정과 관계하여 점화가 좀 더 빠르게 일어나도록 타이밍 조정을 하는 것을 말한다.

연소지연시간동안 크랭크축 회전각도(진각)

$$= \frac{R[\text{rpm}]}{60[\text{s}]} \times 360° \times T[\text{s}] = 6 \times R \times T$$

여기서, R : 엔진회전속도[rpm], T : 연소지연시간[s]

③ 점화순서에 따른 행정 찾기

(1) 4기통 엔진

예 4실린더 4행정 가솔린 기관에서 점화순서가 1-3-4-2이다. 1번 실린더가 압축 행정을 할 때 4번 실린더는 어떤 행정을 하는가?

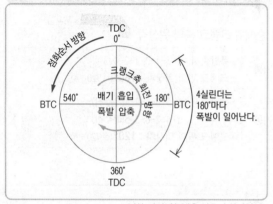

⬇ **4실린더 엔진의 점화순서 기본 다이어그램**

※ 기본 다이어그램은 반드시 암기한다.

① 먼저 위의 4실린더 엔진의 점화순서 기본 다이어그램을 그린다.
② 문제에서 1번 실린더가 압축 행정에 위치하므로 ★지점에 1번을 입력한다.
③ 점화순서가 1-3-4-2이므로, 시계반대방향으로 180°마다 3, 4, 2를 순서대로 입력한다.
④ 그러면 4번 실린더는 배기 행정이 되는 것을 알 수 있다.

(2) 6기통 엔진

예 6실린더 4행정 가솔린 기관에서 점화순서가 1-5-3-6-2-4에서 3번 실린더가 폭발 초에 위치할 때 4번 실린더의 위치는?

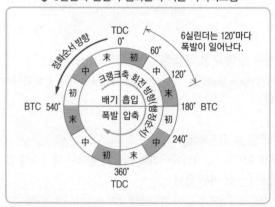

⬇ **6실린더 엔진의 점화순서 기본 다이어그램**

※ 기본 다이어그램은 반드시 암기한다.

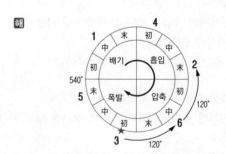

① 위 그림은 6실린더 엔진의 점화순서 기본 다이어그램을 그린다.
② 문제에서 3번 실린더가 폭발 초에 위치하므로 ★지점을 3번을 입력한다.
③ 점화순서가 1-5-3-6-2-4이므로, 시계반대방향으로 120°마다 6, 2, 4, 1, 5 순서대로 입력한다.
④ 그러면 4번 실린더는 흡입 초가 되는 것을 알 수 있다.

01 기관의 분류

[10-2, 08-2] 출제율 ★★

1 디젤 기관과 비교한 가솔린 기관의 장점이라고 할 수 있는 것은?

① 기관의 단위 출력당 중량이 적다.

② 열효율이 높다.

③ 대형화 할 수 있다.

④ 연료 소비량이 적다.

가솔린 기관과 디젤 기관의 특징	
가솔린 기관	• 디젤 기관에 비해 단위 출력당 중량이 적다. • 연료 소비율이 높아서 연료비가 많이 든다. • 기관의 단위 출력당 중량이 적다. • 운전이 정숙하다.
디젤 기관	• 소음과 진동이 크다. • 대형화 할 수 있다. • 연료 소비율이 적고 열효율이 높다. • 연료의 인화점이 높아서 화재의 위험성이 적다. • 마력당의 무게가 크다.

[14-3] 출제율 ★★★

2 4행정 기관과 비교한 2행정 기관의 장점은?

① 각 행정의 작용이 확실하여 효율이 좋다.

② 배기량이 같을 때 발생동력이 크다.

③ 연료 소비율이 적다.

④ 윤활유 소비량이 적다.

4행정 기관과 2행정 기관의 주요 특징	
4행정 기관	• 각 행정의 구분이 확실하여 효율이 좋다. • 저속에서 고속까지 넓은 범위의 회전속도 변화가 가능하다. • 폭발 횟수가 적으므로 실린더 수가 적을 경우 운전이 곤란하다. • 흡입 행정의 기간이 길어 체적 효율이 높다. • 크랭크축 2회전에 1회 폭발되므로 회전력의 변동이 크다.
2행정 기관	• 4행정 기관에 비해 출력이 1.6~1.7배 (배기량이 같을 때 발생동력이 크다.) • 크랭크축 1회전에 1회 폭발되므로 회전력 변동이 적다. • 실린더 수가 적어도 회전이 원활하다. • 4행정 기관에 비해 구조가 간단하다. • 행정 구분이 2단계이므로 흡·배기가 불완전하다. • 평균 유효 압력 및 효율이 저하된다. • 연료 및 윤활유 소비율이 4행정 기관에 비해 크다.

[14-1] 출제율 ★★★★

3 4행정 기관의 행정과 관계없는 것은?

① 흡입 행정　　　　② 소기 행정

③ 배기 행정　　　　④ 압축 행정

> 4행정 기관의 행정은 '흡입-압축-폭발-배기'이며 소기행정은 2행정기관이다.

[10-3] 출제율 ★

4 2행정 사이클 디젤기관에서 항상 한 방향의 소기류가 일어나고 소기효율이 높아 소형 고속디젤기관에 적합한 소기법은?

① 단류 소기법　　　② 루프 소기법

③ MAN 소기법　　　④ 횡단 소기법

2행정 기관의 소기 방법	
루프(loop) 소기법	• 실린더의 같은쪽에 소기구, 배기구가 설치되어 연소가 루프(고리) 모양을 이루게 하는 소기법으로 실린더 상단 소기가 양호하다. • 종류 : MAN 소기법(대형 디젤), 슈닐레 소기법(소형 가솔린)
횡단(cross) 소기법	• 소기구와 배기구가 실린더 양면에 서로 마주보게 설치되어 소통이 쉽다.

[12-1] 출제율 ★★

5 2행정 사이클 기관에서 2회의 폭발행정을 하였다면 크랭크축은 몇 회전하겠는가?

① 1회전　　　　　　② 2회전

③ 3회전　　　　　　④ 4회전

> • 4행정 : 1사이클 당 크랭크축이 2회전
> • 2행정 : 1사이클 당 크랭크축이 1회전
> ※ 2회 폭발 = 2사이클, 즉 크랭크축은 2회전이다.

[14-3, 11-2] 출제율 ★★

6 4행정 V6기관에서 6실린더가 모두 1회의 폭발을 하였다면 크랭크축은 몇 회전 하였는가?

① 2회전　　　　　　② 3회전

③ 6회전　　　　　　④ 9회전

> 4행정 엔진은 실린더 수와 관계없이 크랭크축은 사이클 당 2회전 회전하며, 캠축은 1회전한다.

정 답　1 ①　2 ②　3 ②　4 ①　5 ②　6 ①

chapter 02

7 [15-2] 출제율 ★★

4행정 사이클 기관에서 크랭크축이 4회전 할 때 캠축은 몇 회전 하는가?

① 1회전　　　　② 2회전
③ 3회전　　　　④ 4회전

> 4행정사이클 기관 : 1사이클당 크랭크축 2회전, 캠축 1회전

8 [08-4] 출제율 ★★

4행정 기관에서 크랭크축이 1,500rpm일 때 캠축은 몇 rpm인가?

① 750rpm
② 1,500rpm
③ 3,000rpm
④ 4,500rpm

> 4행정사이클 기관은 1사이클당 크랭크축 2회전, 캠축 1회전하므로 1,500/2 = 750rpm이다.

9 [12-4] 출제율 ★★

엔진 출력과 최고 회전속도와의 관계에 대한 설명으로 옳은 것은?

① 고회전 시 흡기의 유속이 음속에 달하면 흡기량이 증가되어 출력이 증가한다.
② 동일한 배기량으로 단위시간당의 폭발횟수를 증가시키면 출력은 커진다.
③ 평균 피스톤 속도가 커지면 왕복운동 부분의 관성력이 증대되어 출력 또한 커진다.
④ 출력을 증대시키는 방법으로 행정을 길게 하고 회전속도를 높이는 것이 유리하다.

> 폭발한 만큼 크랭크축의 회전수가 증가하므로 폭발횟수가 증가하면 출력이 커진다.

10 [참고] 출제율 ★★

실린더를 실린더 헤드부, 실린더 블록, 오일팬으로 구분할 때 실린더 헤드부에 포함되지 않은 것은?

① 냉각수 통로
② 캠축
③ 피스톤
④ 흡기 밸브

> 실린더 헤드부에는 냉각수 통로인 워터 재킷, 흡·배기밸브, 캠축, 점화플러그, 로커암 등이 있으며, 피스톤은 실린더 블록에 위치한다.

02　실린더 헤드 및 실린더 블록

1 [14-3, 12-1, 09-2 유사] 출제율 ★★

소형 승용차 기관의 실린더 헤드를 알루미늄 합금으로 제작하는 이유는?

① 가볍고 열전달이 좋기 때문에
② 부식성이 좋기 때문에
③ 주철에 비해 열팽창 계수가 작기 때문에
④ 연소실 온도를 높여 체적효율을 낮출 수 있기 때문에

> 실린더 헤드를 알루미늄 합금으로 제작하는 이유는 가볍고 열전달(열전도율)이 좋기 때문이다.

2 [05-4] 출제율 ★★

스퀘어 엔진이란?

① 행정과 커넥팅 로드의 길이가 같은 기관
② 실린더의 지름이 행정의 제곱에 해당하는 기관
③ 행정과 크랭크 저널의 지름이 같은 기관
④ 행정과 실린더 내경이 같은 기관

3 [08-4, 05-4] 출제율 ★★★

내연기관에서 오버스퀘어 기관(over square engine)의 장점이 아닌 것은?

① 기관의 높이를 낮게 설계할 수 있다.
② 기관의 회전속도를 높일 수 있다.
③ 흡·배기 밸브의 지름을 크게하여 효율을 증대할 수 있다.
④ 피스톤이 과열되지 않는다.

> **오버스퀘어(단행정) 엔진의 특징**
> • 동일 배기량의 장행정 엔진에 비해 피스톤 평균 속도를 크게 하지 않고 회전수가 높아지며 단위 배기량(체적)당의 출력이 커지는 장점이 있다.
> • 흡배기 밸브의 지름을 크게 할 수 있어 체적효율을 높일 수 있으나 피스톤이 과열되기 쉽다.
> • 실린더 안지름이 행정보다 크므로 기관의 높이를 낮게 할 수 있다.

4 [16-2, 13-3, 11-1] 출제율 ★★

피스톤의 평균속도를 올리지 않고 회전수를 높일 수 있으며 단위 체적당 출력을 크게 할 수 있는 기관은?

① 장행정 기관　　　　② 정방형 기관
③ 단행정 기관　　　　④ 고속형 기관

5 [11-2] 출제율 ★★

실린더 행정 내경 비(행정/내경)의 값이 1.0 이상인 기관을 어떤 기관이라 하는가?

① 장행정 기관(long stroke engine)
② 정방행정 기관(square engine)
③ 단행정 기관(short stroke engine)
④ 터보 기관(turbo engine)

정답 ▸ 7 ② 　 8 ① 　 9 ② 　 10 ③ 　 **2** 　 1 ① 　 2 ④ 　 3 ④ 　 4 ③ 　 5 ①

[15-1, 12-2] 출제율 ★★

6 내연기관에서 언더 스퀘어 엔진은 어느 것인가?

① 행정 / 실린더 내경 = 1

② 행정 / 실린더 내경 < 1

③ 행정 / 실린더 내경 > 1

④ 행정 / 실린더 내경 ≦ 1

> 언더 스퀘어(under square) 엔진는 실린더 내경이 행정보다 작은(행정/실린더 내경 > 1) 엔진이다.

[13-1, 10-2, 07-4, 06-3 유사] 출제율 ★★★★

7 실린더 헤드를 떼어낼 때 볼트를 바르게 푸는 방법은?

① 중앙에서 바깥을 향하여 대각선으로 푼다.

② 풀기 쉬운 곳부터 푼다.

③ 바깥에서 안쪽으로 향하여 대각선으로 푼다.

④ 실린더 보어를 먼저 제거하고 실린더 헤드를 떼어낸다.

> **실린더 헤드 장·탈착 시 볼트**
> • 분해 시 : 바깥쪽 → 안쪽으로 향하여 대각선으로 푼다.
> • 조립 시 : 안쪽 → 바깥쪽에서 향하여 대각선으로 체결한다.

[10-3] 출제율 ★★★★

8 기관의 실린더 헤드 볼트를 규정 토크로 조이지 않았을 경우에 발생되는 현상과 거리가 먼 것은?

① 냉각수가 실린더에 유입된다.

② 압축압력이 낮아질 수 있다.

③ 엔진오일이 냉각수와 섞인다.

④ 압력저하로 인한 피스톤이 과열한다.

> 규정 토크로 조이지 않았을 경우 냉각수 유입, 엔진 부조, 압축가스 누설, 압력저하, 연료 소비량 증가 등의 영향이 있다.

[14-1] 출제율 ★★

9 기관의 실린더(cylinder) 마멸량이란?

① 실린더 안지름의 최대 마멸량

② 실린더 안지름의 최대 마멸량과 최소 마멸량의 차이 값

③ 실린더 안지름의 최소 마멸량

④ 실린더 안지름의 최대 마멸량과 최소 마멸량의 평균 값

> 실린더 마멸량 = 실린더 안지름의 최대 마멸량 – 최소 마멸량

[13-4] 출제율 ★★

10 실린더 벽이 마멸되었을 때 나타나는 현상 중 틀린 것은?

① 엔진오일의 희석 및 소모

② 피스톤 슬랩 현상 발생

③ 압축압력 저하 및 블로바이 가스 발생

④ 연료소모 저하 및 엔진 출력저하

> 실린더 벽이 마모되면 피스톤 아래로 연소가 누설될 수 있으므로 연료소모가 증가하고, 엔진 출력이 저하된다.

[11-3] 출제율 ★★

11 실린더의 마멸조건과 원인으로 가장 관계가 적은 것은?

① 피스톤 스커트의 접촉

② 혼합가스 중 이물질에 의해 마모

③ 피스톤링의 호흡작용으로 인한 유막 끊김

④ 연소 생성물에 의한 부식

> 피스톤의 스커트는 피스톤 하단에 위치하며 마멸이 거의 되지 않는다.

[17-3, 04-2] 출제율 ★★★

12 실린더 마멸의 원인 중에 부적당한 것은?

① 실린더와 피스톤 링의 접촉

② 피스톤 랜드에 의한 접촉

③ 흡입가스 중의 먼지와 이물질에 의한 것

④ 연소 생성물에 의한 부식

> 피스톤 랜드는 피스톤 링 사이의 영역을 말하며, 피스톤 링이 실린더 벽과 접촉되므로 피스톤 랜드는 접촉되지 않는다.

[06-1] 출제율 ★★

13 실린더 상부의 마모가 가장 크다. 그 이유 설명으로 가장 타당한 것은?

① 크랭크축의 회전방향이기 때문이다.

② 피스톤 헤드가 받는 압력이 가장 크므로 피스톤 링과 실린더 벽과의 밀착이 최대가 되기 때문이다.

③ 피스톤의 열전도가 잘되기 때문이다.

④ 크랭크축이 순간적으로 정지되기 때문이다.

[13-2] 출제율 ★★

14 실린더가 정상적인 마모를 할 때 마모량이 가장 큰 부분은?

① 실린더 윗 부분   ② 실린더 중간 부분

③ 실린더 밑 부분   ④ 실린더 헤드

> • 피스톤 헤드에 미치는 압력이 가장 크므로 피스톤 링과 실린더 벽과의 밀착력이 최대가 되기 때문
> • 피스톤링의 호흡작용은 각 행정마다 피스톤링의 간극 위치가 바뀌는 것을 말하며, 호흡작용으로 인해 유막이 끊긴다.

정답 6 ③ 7 ③ 8 ④ 9 ② 10 ④ 11 ① 12 ② 13 ② 14 ①

[12-4, 07-3] 출제율 ★★★ ☐☐☐

15 자동차 기관의 실린더 벽 마모량 측정기기로 사용할 수 없는 것은?

① 실린더 보어 게이지

② 내측 마이크로미터

③ 텔레스코핑 게이지와 외측 마이크로미터

④ 사인바 게이지

> 사인바 게이지는 각도를 측정하는 게이지이다.

[07-2] 출제율 ★★★ ☐☐☐

16 엔진을 보링한 절삭면을 연마하는 기계로 적당한 것은?

① 보링머신   ② 호닝머신

③ 리머   ④ 평면 연삭기

[14-1, 08-3] 출제율 ★ ☐☐☐

17 기관 연소실 설계 시 고려할 사항으로 틀린 것은?

① 화염전파에 요하는 시간을 가능한 한 짧게 한다.

② 가열되기 쉬운 돌출부를 두지 않는다.

③ 연소실의 표면적이 최대가 되게 한다.

④ 압축행정에서 혼합기에 와류를 일으키게 한다.

> 열손실의 최소화를 위해 연소실의 표면적을 최소화 한다.

[15-2, 13-1, 07-2] 출제율 ★★★★ ☐☐☐

18 실린더블록이나 헤드의 평면도 측정에 알맞은 게이지는?

① 마이크로미터

② 다이얼 게이지

③ 버니어 캘리퍼스

④ 직각자와 필러 게이지

> 실린더 헤드의 평면도 점검은 곧은자(직각자)와 틈새(필러) 게이지로 측정한다.

[12-4, 10-1] 출제율 ★★ ☐☐☐

19 실린더 헤드의 평면도 점검 방법으로 옳은 것은?

① 마이크로미터로 평면도를 측정 점검한다.

② 곧은 자와 틈새 게이지로 측정 점검한다.

③ 실린더 헤드를 3개 방향으로 측정 점검한다.

④ 틈새가 0.02mm 이상이면 연삭한다.

> • 곧은 자(직각 자)와 틈새(필러) 게이지를 이용하여 최소한 6개방향으로 점검한다.
> • 변형 한계값은 실린더 블록은 0.05mm, 실린더 헤드는 0.02mm이다.
> • 연삭은 평면연삭기로 연마 수정한다.

[11-4] 출제율 ★★ ☐☐☐

20 실린더 라이너(liner)에 관한 설명 중 맞지 않는 것은?

① 디젤기관은 주로 습식 라이너를 사용한다.

② 가솔린 기관은 주로 건식 라이너를 사용한다.

③ 보통 주철의 실린더 블록에는 보통 주철 라이너를 삽입해야 한다.

④ 경합금 실린더 블록에는 특수 주철제 라이너를 삽입한다.

> 실린더 라이너는 열전도율, 내마모성, 내식성 향상을 위해 니켈, 크롬, 몰리브덴 등을 첨가한 고급 주철을 사용하기도 한다.

[11-2] 출제율 ★★ ☐☐☐

21 기관의 실린더 직경을 측정할 때 사용되는 측정 기기는?

① 간극 게이지   ② 버니어 캘리퍼스

③ 다이얼 게이지   ④ 내측용 마이크로미터

> • 간극 게이지의 다른 이름 : 필러 게이지(feeler gauge), 두께 게이지
> • 다이얼 게이지 : 치수를 직접 재는 도구가 아니라 변화하는 정도를 나타내는 비교 측정 공구다.
> • 버니어 캘리퍼스 : 외경, 내경, 깊이를 측정할 수 있으나 0.1mm까지 읽을 수 있으며, 마이크로미터(0.001mm)에 비해 정밀도가 떨어짐
> • 내측용 마이크로미터

[15-1, 11-3] 출제율 ★★ ☐☐☐

22 기관에 이상이 있을 때 또는 기관의 성능이 현저하게 저하되었을 때 분해수리의 여부를 결정하기 위한 시험은?

① 코일의 용량 시험   ② 캠각 시험

③ 압축압력 시험   ④ CO 가스 측정

> 엔진 이상 및 엔진 성능 저하 시 압축압력 시험을 통해 분해수리 여부를 결정한다.

[14-1, 06-3] 출제율 ★★★★ ☐☐☐

23 기관의 압축압력 측정시험 방법에 대한 설명으로 틀린 것은?

① 기관을 정상 작동온도로 한다.

② 점화플러그를 전부 뺀다.

③ 엔진오일을 넣고도 측정한다.

④ 기관 회전을 1,000rpm으로 한다.

> ③은 압축압력 측정시험의 습식시험을 말하며, 기관 회전은 공회전 상태(250~300rpm)으로 한다.

정답   15 ④   16 ②   17 ③   18 ④   19 ②   20 ③   21 ④   22 ③   23 ④

24 기관의 압축압력 점검결과 압력이 인접한 실린더에서 동일하게 낮은 경우 원인으로 가장 옳은 것은?

① 흡기 다기관의 누설
② 점화시기 불균일
③ 실린더 헤드 개스킷의 소손
④ 실린더 벽이나 피스톤 링의 마멸

> 실린더 헤드 개스킷은 실린더 블록과 실린더 헤드 사이에 설치되어 있으며, 구조상 여러 실린더에 걸친 하나의 부품이므로 소손 시 인접 실린더에도 영향을 줄 수 있다.

[11-1] 출제율 ★★★ □□□
25 기관의 압축압력을 측정할 때 사전 준비작업이 **아닌** 것은?

① 엔진은 작동온도로 할 것
② 모든 점화 플러그를 뗄 것
③ 공기청정기를 뗄 것
④ 스로틀 보디를 뗄 것

> ◉ 준비시항
> • 엔진은 정상 작동온도로 워밍업 후 정지
> • 모든 점화 플러그 탈거 및 연료 공급차단 및 점화 1차선 분리
> • 공기청정기 탈거 및 구동벨트 제거
> ◉ 측정방법
> • 점화플러그 구멍에 압축압력 게이지를 설치
> • 스로틀 밸브를 전개시키고 엔진을 크랭킹하여 최고압력 측정
> • 습식 압축압력 시험 : 점화플러그 구멍에 엔진오일을 10cc 정도 넣고 1분 후 다시 측정

[14-3] 출제율 ★★★ □□□
26 연소실 압축압력이 규정 압축압력보다 높을 때 원인으로 옳은 것은?

① 연소실 내 카본 다량 부착
② 연소실 내에 돌출부가 없어짐
③ 압축비가 작아짐
④ 옥탄가가 지나치게 높음

> 연소실 내 카본이 다량 부착되면 연소실 체적이 감소하여 압축압력이 높아져 노킹을 유발시키며 출력저하, 소음·진동 발생, 배기가스 증가, 연비 저하 등에 초래한다.

[14-4] 출제율 ★★★ □□□
27 압축압력 시험에서 압축압력이 떨어지는 요인으로 가장 거리가 먼 것은?

① 헤드 개스킷 소손   ② 피스톤 링 마모
③ 밸브 시트 마모   ④ 밸브 가이드 고무 마모

> 헤드 개스킷, 피스톤링, 밸브시트 불량 시 혼합가스가 누설되어 압축압력이 떨어진다. 밸브 가이드는 밸브 스템을 지지하는 관으로 마찰 감소를 위해 엔진 오일로 윤활되는데, 엔진오일이 연소실로 누설되는 것을 방지하기 위해 밸브 가이드 고무가 부착되어 있다.

[참고] 출제율 ★★★ □□□
28 실린더 파워 밸런스를 점검할 때 틀린 것은?

① 실린더의 점화플러그를 모두 제거하고 점검한다.
② 한 개 실린더의 점화플러그 배선을 제거하였을 경우 엔진 회전수를 비교한다.
③ 엔진 시동을 걸고 엔진 회전수를 측정한다.
④ 점화플러그 배선을 제거하였을 때의 엔진 회전수가 점화플러그 배선을 빼지 않고 확인한 엔진 회전수와 차이가 없다면 해당 실린더는 문제가 있는 실린더로 판정한다.

> 각 실린더의 점화플러그 배선을 하나씩 제거하며 엔진 회전수를 비교한다. ①은 압축압력 측정에 해당한다.

[12-4] 출제율 ★★★ □□□
29 흡기 다기관 진공도 시험으로 알아 낼 수 없는 것은?

① 밸브 작동의 불량
② 점화 시기의 불량
③ 흡·배기 밸브의 밀착상태
④ 연소실 카본 누적

> 연소실 카본 누적은 압축압력 시험으로 알 수 있다.

[참고] 출제율 ★★★ □□□
30 흡기다기관의 진공시험으로 그 결함을 알아내기 어려운 것은?

① 점화시기 틀림
② 밸브 스프링의 장력
③ 연료회로의 불량
④ 흡기계통의 개스킷 누설

> 진공도의 판단 사항
> • 엔진 출력 저하, 압축압력 누설(개스킷 누설), 실린더 마모
> • 밸브 타이밍 불량
> • 점화시기 불량, 점화플러그의 실화상태
> • 배기 계통이 막힘
> • 밸브 면과 밸브시트의 밀착 불량

정답 24 ③ 25 ④ 26 ① 27 ④ 28 ① 29 ④ 30 ②

chapter 02

31 흡기다기관의 진공도 시험으로 알아낼 수 있는 사항이 아닌 것은?

① 연료회로의 불량
② 압축압력 누설
③ 실린더 헤드 개스킷 불량
④ 밸브 면과 시트와의 밀착불량

32 진공계로서 판단할 수 없는 것은?

① 점화시기의 불량
② 밸브의 정밀 밀착 불량
③ 점화 플러그의 실화 상태
④ 인젝터의 연료분사 상태

33 흡기다기관의 진공시험 결과 진공계의 바늘이 20~40cmHg 사이에서 정지되었다면 가장 올바른 분석은?

① 엔진이 정상일 때
② 피스톤링이 마멸되었을 때
③ 밸브가 소손되었을 때
④ 밸브 타이밍이 맞지 않을 때

> **흡기다기관의 진공도 시험**
> • 정상일 때 : 45~50cmHg에서 정지하거나 조용히 움직임
> • 피스톤 링 마멸되었을 때 : 30~40cmHg에서 정지
> • 밸브가 소손되었을 때 : 정상보다 5~8cmHg 정도 낮음
> • 밸브 타이밍이 맞지 않을 때 : 20~40cmHg에서 조용히 움직임

03　밸브 기구

1 DOHC(Double Over Head Cam shaft) 엔진의 장점이라고 할 수 없는 것은?

① 흡입효율이 향상
② 허용최고 회전수의 향상
③ 높은 연소효율
④ 구조가 간단하고 생산단가가 낮다.

> DOHC는 캠축이 2개이므로 OHC에 비해 구조가 복잡하고, 생산단가도 높다.

2 DOHC(Double Over Head Camshaft) 엔진의 연소실에 가장 많이 사용하는 연소실 형태는?

① 반구형
② 쐐기형
③ 지붕형
④ 욕조형

> DOHC 엔진의 경우 흡배기 캠축을 사용하여 실린더의 좌우로 나누어져 있으므로 흡·배기 밸브의 위치를 안정되게 설치할 수 있는 지붕형 연소실을 많이 사용한다.

3 다음 중 DOHC형(Double Over Head Camshaft) 엔진에 대한 설명으로 틀린 것은?

① 밸브 타이밍이 정확하고 부품의 수가 적어 엔진의 회전 관성이 적기 때문에 응답성은 우수하다.
② 2개의 캠축을 사용하여 흡·배기 캠이 실린더마다 각각 2개씩 총 4개의 캠이 설치되어 있다.
③ 실린더마다 4개의 흡·배기 밸브가 장착되어 엔진 구동 시 흡·배기 효율 및 연소효율이 우수하므로 엔진 출력을 높일 수 있다.
④ 구조가 복잡하고 소음이 크다.

> ①은 SOHC(Single Over Head Camshaft)에 대한 설명이다.

4 캠축과 크랭크축 타이밍 전동 방식이 아닌 것은?

① 유압 전동 방식
② 기어 전동 방식
③ 벨트 전동 방식
④ 체인 전동 방식

> **타이밍 기어의 구동방식**
> → 기어 전동식, 벨트 전동식, 체인 전동식

5 4행정 가솔린기관에서 각 실린더에 설치된 밸브가 3 밸브(3 valve)인 경우 옳은 것은?

① 2개의 흡기밸브와 흡기보다 직경이 큰 1개의 배기밸브
② 2개의 흡기밸브와 흡기보다 직경이 작은 1개의 배기밸브
③ 2개의 배기밸브와 배기보다 직경이 큰 1개의 흡기밸브
④ 2개의 배기밸브와 배기와 직경이 같은 1개의 배기밸브

> 3 밸브는 흡입효율을 높이기 위한 장치로, 흡기밸브 2개와 흡기보다 직경이 큰 배기밸브 1개를 설치한다.

6 [14-2] 출제율 ★★★★
밸브 스프링의 서징현상에 대한 설명으로 <u>옳은 것</u>은?

① 밸브가 열릴 때 천천히 열리는 현상
② 흡·배기 밸브가 동시에 열리는 현상
③ 밸브가 고속 회전에서 저속으로 변화할 때 스프링의 장력의 차가 생기는 현상
④ 밸브스프링의 고유 진동수와 캠 회전수가 공명에 의해 밸브스프링이 공진하는 현상

- 밸브 스프링의 서징(surging) 현상 : 밸브 스프링의 고유 진동수와 고속 회전에 따른 캠의 강제 진동수가 서로 공진하여, 밸브 스프링이 캠의 진동수와 상관없이 심하게 진동하는 현상이다.
- 서징 방지법 : 부등피치 스프링, 부등피치 원추형 스프링, 고유진동수가 다른 2중 스프링 사용

7 [13-1] 출제율 ★★★★
밸브스프링의 점검 항목 및 점검 기준으로 <u>틀린 것</u>은?

① 장력 : 스프링 장력의 감소는 표준값의 10% 이내일 것
② 자유고 : 자유고의 낮아짐 변화량은 3% 이내일 것
③ 직각도 : 직각도는 자유높이 100mm당 3mm 이내일 것
④ 접촉면의 상태는 2/3 이상 수평일 것

밸브스프링의 점검 항목
→ 장력 : 15% 이내, 자유높이·직각도 : 3% 이내
※ ①~③은 모든 스프링의 점검 항목이다.

8 [08-3] 출제율 ★★★★
밸브 스프링 서징 현상을 방지하는 방법으로 <u>틀린 것</u>은?

① 밸브 스프링 고유 진동수를 높인다.
② 부등 피치 스프링이나 원추형 스프링을 사용한다.
③ 피치가 서로 다른 이중 스프링을 사용한다.
④ 사용 중인 스프링보다 피치가 더 큰 스프링을 사용한다.

밸브스프링 서징현상 방지법
- 2중 스프링, 부등피치 스프링, 원추형 스프링을 사용한다.
- 스프링 정수 및 스프링의 고유 진동수를 높게 한다.

9 [12-1] 출제율 ★★
내연기관 밸브장치에서 밸브스프링의 점검과 관계없는 것은?

① 스프링 장력   ② 자유높이
③ 직각도   ④ 코일의 수

밸브 스프링 점검항목 : 스프링 장력, 자유높이, 직각도

10 [12-4, 09-2] 출제율 ★★★
고속회전을 목적으로 하는 기관에서 흡기밸브와 배기밸브 중 어느 것이 더 크게 만들어져 있는가?

① 흡기밸브
② 배기밸브
③ 동일하다.
④ 1번 배기밸브

고속회전을 한다는 것은 엔진출력을 증대시킨다는 의미이다. 그 방법으로 더 많은 공기가 연소실로 흡입하여 흡입효율(체적효율)을 증대하기 위해 흡기 밸브를 크게 하거나 2개를 설치한다.

11 [08-4] 출제율 ★
밸브 스템의 끝부분 면은 어떤 형상으로 다듬어져야 하는가?

① 평면   ② 오목
③ 볼록   ④ 원추

밸브 끝부분은 평면으로 다듬어져야 한다.

12 [12-3] 출제율 ★★
기관에서 흡입밸브의 밀착이 불량할 때 나타나는 현상이 <u>아닌 것</u>은?

① 압축압력 저하   ② 가속 불량
③ 출력 향상   ④ 공회전 불량

밸브 밀착불량은 흡입불량, 압축압력 저하, 불완전한 배기효율을 초래하여 연소를 방해하여 가속, 공회전, 출력이 저하된다.

13 [13-3] 출제율 ★★★
밸브 스프링 자유높이의 감소는 표준 치수에 대하여 몇 % 이내이어야 하는가?

① 3%   ② 8%
③ 10%   ④ 12%

14 [09-3] 출제율 ★
유압식 밸브 리프터의 유압은 어떤 유압을 이용하는가?

① 흡기다기관의 진공압을 이용한다.
② 배기다기관의 배기압을 이용한다.
③ 별도의 유압장치를 사용한다.
④ 윤활장치의 유압을 이용한다.

유압식 밸브 리프터는 윤활장치의 유압을 이용하여 밸브 간극을 항상 '0'이 되도록 하여 밸브 개폐 시기가 정확하게 유지되도록 하는 장치이다.

정답 6 ④ 7 ① 8 ④ 9 ④ 10 ① 11 ① 12 ③ 13 ① 14 ④

15 기관의 밸브 장치에서 기계식 밸브 리프터에 비해 유압식 밸브 리프터의 장점으로 맞는 것은?

① 구조가 간단하다.
② 오일펌프와 상관없다.
③ 밸브간극 조정이 필요없다.
④ 워밍업 전에만 밸브간극 조정이 필요하다.

① 구조가 복잡하다.
② 윤활장치의 유압으로 작동하므로 오일펌프 등이 고장하면 리프터가 작동하지 않는다.
④ 밸브간극 조정이 필요없다.

16 밸브 오버랩에 대한 설명으로 옳은 것은?

① 밸브 스프링을 이중으로 사용하는 것
② 밸브 시트와 면의 접촉 면적
③ 흡·배기 밸브가 동시에 열려 있는 상태
④ 로커 암에 의해 밸브가 열리기 시작할 때

17 다음 흐름의 관성을 유효하게 이용하기 위하여 흡·배기 밸브를 동시에 열어주는 작용을 무엇이라 하는가?

① 블로다운(blow-down)
② 블로바이(blow-by)
③ 밸브 바운드(valve bound)
④ 밸브 오버랩(valve overlap)

밸브 오버랩은 흡배기 밸브를 동시에 열어 흡입 공기가 흐르는 관성으로 배기를 원활히 배출하여 흡입효율을 향상시키는 것을 말한다. (하지만 저속·공전 시에는 배기가스가 흡입쪽으로 역류되는 현상이 발생하여 잔류가스의 양이 증가될 수 있음)

18 배기행정 초기에 배기밸브가 열려 연소가스 자체 압력으로 배출되는 현상을 무엇이라 하는가?

① 블로다운
② 블로바이
③ 블로백
④ 오버랩

② 블로바이(blow-by) : 실린더와 피스톤 사이로 압축가스 또는 폭발가스가 새는 것을 말한다.
③ 블로백(blow back) : 압축 또는 폭발행정일 때 밸브와 밸브 시트 사이에서 가스가 누출되는 현상
④ 오버랩(valve overlap) : 상사점 부근에서 흡·배기 밸브가 동시에 열리는 현상

19 블로다운(blow down) 현상에 대한 설명으로 옳은 것은?

① 밸브와 밸브시트 사이에서의 가스 누출현상
② 압축행정 시 피스톤과 실린더 사이에서 공기가 누출되는 현상
③ 피스톤이 상사점 근방에서 흡·배기밸브가 동시에 열려 배기 잔류가스를 배출시키는 현상
④ 배기행정 초기에 배기밸브가 열려 배기가스 자체의 압력에 의하여 배기가스가 배출되는 현상

① : 블로백 (blow back)
② : 블로바이 (blow-by)
③ : 오버랩 (valve overlap)

20 4사이클 가솔린 엔진에서 최대 압력이 발생되는 시기는 언제인가?

① 배기행정의 끝 부근에서
② 피스톤의 TDC 전 약 10~15℃ 부근에서
③ 압축행정 끝 부근에서
④ 동력행정에서 TDC 후 약 10~15℃에서

최대 압력은 폭발(동력) 행정에서 피스톤이 상사점 이후(ATDC) 약 10~15℃에서 발생한다.

21 4행정 기관의 밸브 개폐시기가 다음과 같다. 흡기행정 기간은 몇 도인가?

【보기】
• 흡기밸브 열림 : 상사점 전 15°
• 흡기밸브 닫힘 : 하사점 후 50°
• 배기밸브 열림 : 하사점 전 45°
• 배기밸브 닫힘 : 상사점 후 10°

① 180°　　　　② 230°
③ 235°　　　　④ 245°

흡기행정 기간 = BTDC(상사점 전) 각도 + 180° + ABDC(하사점 후) 각도
= 15° + 180° + 50° = 245°

정답　15 ③　16 ③　17 ④　18 ①　19 ④　20 ④　21 ④

22 [보기]의 조건에서 밸브 오버랩 각도는?

【보기】
- 흡입밸브 열림 : BTDC 18°
- 흡입밸브 닫힘 : ABDC 46°
- 배기밸브 열림 : BBDC 54°
- 배기밸브 닫힘 : ATDC 10°

① 8°　　② 28°　　③ 44°　　④ 64°

- BTDC : Before TDC　　　• ABDC : After BDC
- BBDC : Before BDC　　　• ATDC : After TDC
오버랩 기간은 상사전(TDC) 전·후의 각을 말하므로
BTDC + ATDC = 18° + 10° = 28°

23 4행정 기관의 밸브 개폐시기가 다음과 같다. 흡기행정기간과 밸브오버랩은 각각 몇 도인가?

【보기】
- 흡기밸브 열림 : 상사점 전 18°
- 흡기밸브 닫힘 : 하사점 후 48°
- 배기밸브 열림 : 하사점 전 48°
- 배기밸브 닫힘 : 상사점 후 13°

① 흡기행정기간 : 246°, 밸브오버랩 : 18°
② 흡기행정기간 : 241°, 밸브오버랩 : 18°
③ 흡기행정기간 : 180°, 밸브오버랩 : 31°
④ 흡기행정기간 : 246°, 밸브오버랩 : 31°

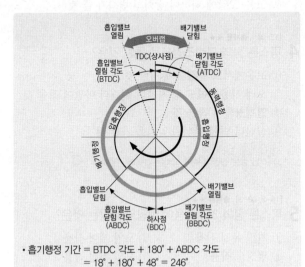

- 흡기행정 기간 = BTDC 각도 + 180° + ABDC 각도
　　　　　　 = 18° + 180° + 48° = 246°
- 오버랩 = BTDC(상사점 전) 각도 + ATDC(상사점 후) 각도
　　　　 = 18° + 13° = 31°

24 4행정 기관에서 흡기밸브의 열림 각은 242°, 배기 밸브의 열림 각은 274°, 흡기밸브의 열림 시작점은 BTDC 13°, 배기밸브의 닫힘점은 ATDC 16° 이었을 때 흡기밸브의 닫힘 시점은?

① ABDC 20°　　　　② ABDC 37°
③ ABDC 42°　　　　④ ABDC 49°

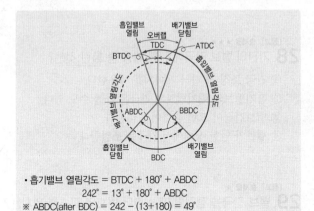

- 흡기밸브 열림각도 = BTDC + 180° + ABDC
　　　　　　　 242° = 13° + 180° + ABDC
※ ABDC(after BDC) = 242 − (13+180) = 49°

25 배기밸브가 하사점 전 55° 에서 열리고 상사점 후 15° 에서 닫혀진다면 배기밸브의 열림각은?

① 70°　　　　　　② 195°
③ 235°　　　　　④ 250°

위 문제 해설의 그림을 참조하면
- 배기밸브 열림각도 = ATDC + 180° + BBDC
　　　　　　　　 = 15° + 180° + 55° = 250°

26 캠의 구조 중 캠 높이에서 기초원을 뺀 부분으로 밸브를 열고 닫는 양정에 해당하는 것은?

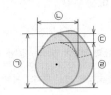

① ㉠
② ㉡
③ ㉢
④ ㉣

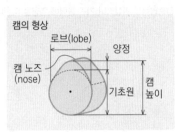

캠의 형상

chapter **02**

27 캠에서 기초원(base circle)과 노즈(nose)와의 거리를 무엇이라 하는가?

① 플랭크(flank)
② 로브(lobe)
③ 노스(nose)
④ 양정(lift)

28 기관의 밸브 간극에 관한 내용 중 <u>틀린 것</u>은?

① 간극 조정 시 간극 게이지를 사용한다.
② 흡기밸브와 배기밸브의 간극은 다를 수도 있다.
③ 밸브간극이 크면 출력이 증대된다.
④ 밸브가 닫힌 상태에서 간극을 조절한다.

29 밸브 간극을 점검할 때 실린더 번호와 피스톤 위치는?

① 1번 실린더 압축 상사점
② 2번 실린더 배기 하사점
③ 3번 실린더 압축 상사점
④ 4번 실린더 흡입 하사점

> 밸브 간극 및 조정 시 1번 실린더의 피스톤이 압축상사점에 위치하게 한다.

30 가솔린 기관에서 밸브 개폐시기의 불량 원인으로 거리가 먼 것은?

① 타이밍 벨트의 장력 감소
② 타이밍 벨트 텐셔너의 불량
③ 크랭크축과 캠축 타이밍 마크 틀림
④ 밸브면의 불량

> • 밸브 개폐시기 : 크랭크축의 회전에 맞추어 밸브의 개폐를 정확히 유지하는 것
> • 개폐시기 불량 원인 : 타이밍벨트 장력 감소, 텐셔너 불량, 타이밍마크 틀림
> ※ 밸브면은 기밀유지와 압축압력과 밀접하며 기관 출력에 영향을 미친다.

04 피스톤 어셈블리

1 내연기관 피스톤의 구비조건으로 <u>틀린 것</u>은?

① 가벼울 것
② 열팽창이 적을 것
③ 열전도율이 낮을 것
④ 높은 온도와 폭발력에 견딜 것

> 피스톤은 고온으로 인한 응력 방지를 위해 열전도율이 좋아야 한다.

2 피스톤 재질의 요구 특성으로 <u>틀린 것</u>은?

① 무게가 가벼워야 한다.
② 고온 강도가 높아야 한다.
③ 내마모성이 좋아야 한다.
④ 열팽창 계수가 커야 한다.

> 열팽창 계수란 어떤 물질이 온도 변화에 따라 열로 인한 늘어난 길이를 원래 물질의 길이로 나눈 값으로, 열팽창계수가 적은 것이 좋다. (즉, 열변형이 적어야 함)

3 피스톤 링이 구비하여야 할 조건이 <u>아닌 것</u>은?

① 내열성과 내마모성이 좋을 것
② 실린더 벽에 대하여 균일한 압력을 줄 것
③ 마찰이 적어 실린더 벽을 마멸시키지 않을 것
④ 고온·고압에 대하여 장력의 변화가 클 것

4 피스톤 링의 구비조건으로 <u>틀린 것</u>은?

① 고온에서도 탄성을 유지할 것
② 오래 사용하여도 링 자체나 실린더 마멸이 적을 것
③ 열팽창률이 작을 것
④ 실린더 벽에 편심된 압력을 가할 것

> 피스톤 링은 실린더 벽에 미치는 압력이 균일해야 한다.

5 피스톤 링의 3대 작용에 해당되지 않는 것은?

① 기밀 유지 작용   ② 오일 제어 작용
③ 열전도 작용   ④ 오일 청정 작용

> **피스톤링의 3대 작용**
> → 기밀유지 작용, 오일제어 작용, 열 전도 작용

정답 27 ④   28 ③   29 ①   30 ④   **4** 1 ③   2 ④   3 ④   4 ④   5 ④

6 피스톤의 측압과 가장 관계있는 것은?

① 커넥팅 로드 길이와 행정
② 피스톤 무게와 회전수
③ 배기량과 실린더 직경
④ 혼합비와 기통수

[14-4, 08-4] 출제율 ★

7 행정별 피스톤 압축링의 호흡작용에 대한 내용으로 <u>틀린</u> 것은?

① 흡입 : 피스톤의 홈과 링의 윗면이 접촉하여 홈에 있는 소량의 오일의 침입을 막는다.
② 압축 : 피스톤이 상승하면 링은 아래로 밀리게 되어 위로부터의 혼합기가 아래로 누설되지 않게 한다.
③ 동력 : 피스톤의 홈과 링의 윗면이 접촉하여 링의 윗면으로부터 가스가 누설되는 것을 방지한다.
④ 배기 : 피스톤이 상승하면 링은 아래로 밀리게 되어 위로부터의 연소가스가 아래로 누설되지 않게 한다.

> 호흡작용이란 피스톤의 상하운동에 따라 각 행정마다 피스톤링의 위치가 바뀌는 것을 말한다.
>
> | | |
> |---|---|
> | 흡입 | 피스톤 홈과 피스톤 링의 윗면이 접촉하여 홈에 있는 소량의 오일의 침입을 막는다. |
> | 압축 | 피스톤이 상승하면 피스톤 링은 아래로 밀리게 되어 위로부터의 혼합기가 아래로 누설되지 않게 한다. |
> | 동력 | 폭발가스의 압력에 의해 피스톤 링의 아랫면이 홈과 접촉하여 링 아래로 가스가 누설되는 것을 방지한다. |
> | 배기 | 피스톤이 상승하면 링은 아래로 밀리게 되어 위로부터의 연소가스가 아래로 누설되지 않게 한다. |

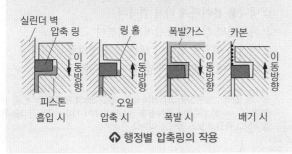

⚙ 행정별 압축링의 작용

[13-2, 07-1, 05-3, 07-4 유사] 출제율 ★★

8 피스톤의 고정방법에 속하지 <u>않는</u> 것은?

① 고정식   ② 반부동식
③ 전부동식   ④ 3/4부동식

> **피스톤 핀 고정방법** : 고정식, 반부동식, 전부동식

9 내연기관의 일반적인 내용으로 다음 중 맞는 것은?

① 2행정 사이클 엔진의 인젝션 펌프 회전속도는 크랭크축 회전속도의 2배이다.
② 엔진 오일은 일반적으로 계절마다 교환한다.
③ 크롬 도금한 라이너에는 크롬 도금된 피스톤링을 사용하지 않는다.
④ 가압식 라디에이터 부압밸브가 밀착 불량이면 라디에이터를 손상하는 원인이 된다.

> ① 2행정 사이클 엔진의 인젝션 펌프 회전속도는 크랭크축 회전속도와 동일하다.
> ② 오일은 주행거리나 주행여건에 따라 교환한다.
> ③ 링은 주로 고온에서 탄성을 유지할 수 있는 고급 회주철을 사용하며, 크롬 도금된 피스톤링을 사용 시에는 크롬 도금한 라이너를 사용할 수 없다.
> ④ 정상 작동상태에서는 냉각수 온도가 올라가면 팽창된 체적분의 냉각수는 라디에이터캡의 압력밸브를 열고 리저버탱크로 보내진다. 부압밸브(진공밸브)의 밀착이 불량해도 라디에이터의 압력이 리저버탱크의 압력보다 크므로 대부분의 팽창된 냉각수는 리저버탱크로 보내져 라디에이터의 팽창을 막아준다.
> 또한, 냉각수 온도가 내려가 라디에이터가 진공상태가 되어도 부압밸브의 밀착이 불량하므로 리버저 탱크의 냉각수가 라디에이터 안으로 유입되어 라디에이터 내부압력이 진공이 되지 않아 손상되지 않는다. (가압식 라디에이터 캡의 작동 원리는 158페이지 참조)

[15-2, 07-2] 출제율 ★★

10 피스톤 옵셋을 두는 이유로 가장 올바른 것은?

① 피스톤의 틈새를 크게 하기 위하여
② 피스톤의 마멸을 방지하기 위하여
③ 피스톤의 측압을 작게 하기 위하여
④ 피스톤 스커트부에 열전달을 방지하기 위하여

> 피스톤 옵셋이란 커넥팅로드를 피스톤에 피스톤 핀으로 고정 시 한쪽으로 치우치는 것을 말한다. 이는 측압 감소를 위함이다.

[06-4] 출제율 ★★

11 피스톤링을 교환하고 시운전을 하는 도중 피스톤링의 소결이 일어났다면 그 원인은 어느 것인가?

① 피스톤링 이음이 전부 일직선상에 있었다.
② 피스톤링 홈의 깊이가 너무 깊었다.
③ 피스톤링 이음의 간극이 너무 작았다.
④ 피스톤링 이음의 간극이 너무 컸다.

> 피스톤링 이음간극이 너무 작으면 소결(고착, 눌러붙음)이 일어날 수 있다.

정답 ▶ 6 ① 7 ③ 8 ④ 9 ③ 10 ③ 11 ③

12 피스톤 간극(piston clearance) 측정은 어느 부분에 시크 니스 게이지(thickness gauge)를 넣고 하는가?

① 피스톤 링 지대

② 피스톤 스커트부

③ 피스톤 보스부

④ 피스톤 링 지대 윗부분

시크니스 게이지의 측정 부위
→ 밸브간극, 피스톤 스커트부, 피스톤 링의 이음간극
※ 피스톤 간극이란 실린더의 안지름과 피스톤 최대 바깥지름(스커트부 지름)의 차이를 말한다.(즉, 피스톤 간극은 스커트 부분을 측정한다) 피스톤 간극을 두는 이유는 엔진 작동 중 발생하는 열팽창을 고려한 것이다.

13 기관정비 작업 시 피스톤링의 이음 간극을 측정할 때 측정 도구로 알맞은 것은?

① 마이크로미터 　　　② 버니어 캘리퍼스

③ 시크니스 게이지 　　④ 다이얼 게이지

피스톤링 이음간극의 측정 도구 : 시크니스 게이지
※ 크랭크축과 베어링 사이의 간극, 저널의 편마멸 측정 : 플라스틱 게이지

14 실린더와 피스톤의 간극이 과대 시 발생하는 현상이 아닌 것은?

① 압축 압력의 저하

② 오일의 희석

③ 피스톤 과열

④ 백색 배기가스 발생

간극이 과대하면 연료 및 혼합기가 피스톤 아래로 누설되어 압축 압력 저하, 연료로 인한 오일 희석, 오일 연소로 인한 백색 연기 발생

15 커넥팅 로드의 비틀림이 엔진에 미치는 영향에 대한 설명이다. 옳지 않은 것은?

① 압축압력의 저하

② 회전에 무리를 초래

③ 저널 베어링의 마멸

④ 타이밍 기어의 백래시 촉진

커넥팅 로드가 휘거나 비틀리면 압축압력의 저하 및 피스톤 및 피스톤 링·실린더 벽 손상, 크랭크축 저널 베어링 등에 영향을 주어 크랭크축 회전에 영향을 준다.

16 피스톤 헤드부의 고열이 스커트부로 전달되는 것을 차단하는 역할을 하는 것은?

① 옵셋 피스톤 　　　② 링 캐리어

③ 솔리드 형 　　　　④ 히트댐

히트댐 (heat dam)
피스톤의 헤드부와 스커트부 사이에 홈을 말하며, 헤드부의 고열이 스커트부에 전달되는 것을 방지한다.

17 피스톤 헤드 부분에 있는 홈(Heat Dam)의 역할은?

① 제 1 압축링을 끼우는 홈이다.

② 열의 전도를 방지하는 홈이다.

③ 무게를 가볍게 하기 위한 홈이다.

④ 응력을 집중하기 위한 홈이다.

18 피스톤과 관련된 점검사항으로 틀린 것은?

① 피스톤 중량

② 피스톤의 마모 및 균열

③ 피스톤과 실린더 간극

④ 피스톤 오일링 홈의 구멍 크기

19 피스톤 링의 절개부를 서로 120° 방향으로 끼우는 이유로 다음 중 가장 적당한 것은?

① 냉각을 용이하게 하기 위하여

② 피스턴의 강도를 보강하기 위하여

③ 절개부 쪽으로 압축이 새는 것을 방지하기 위하여

④ 피스톤에서 벗겨지지 않게 하기 위해

링이음 간극 : 열팽창을 고려하여 0.03~0.01 cm의 틈새를 둔다. 링 절개부(틈새) 사이로 압축가스의 누설을 방지하기 위해 120~180° 간격을 두고 장착하고 측압과 보스 방향을 피한다.

20 엔진 조립 시 피스톤링 절개구 방향은?

① 피스톤 사이드 스러스트 방향을 피하는 것이 좋다.

② 피스톤 사이드 스러스트 방향으로 두는 것이 좋다.

③ 크랭크축 방향으로 두는 것이 좋다.

④ 절개구의 방향은 관계없다.

측압에 의해 피스톤링 절개구로 블로우바이 가스가 누출될 수 있으므로 측압을 받는 부분을 피하는 것이 좋다.

정답 12 ② 　13 ③ 　14 ③ 　15 ④ 　16 ④ 　17 ② 　18 ④ 　19 ③ 　20 ①

사이드 스러스트(thrust) : 크랭크축이 회전할 때 상승 시 우측, 하강 시 좌측으로 피스톤이 한쪽으로 치우쳐 측압(thrust)이 발생된다. 이로 인해 실린더 벽을 타격, 소음을 발생하며, 이를 '피스톤 슬랩(piston slap)'이라 한다. 그러므로 피스톤링 절개구(틈새)가 측압 방향에 있으면 피스톤 링에 의한 측압 보호가 되지 못하므로 측압을 받는 부위에 마멸이 촉진된다.

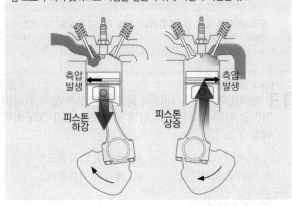

05 크랭크축 및 베어링

[08-2, 05-1] 출제율 ★ ☐☐☐
1 다음 중 크랭크축의 구조에 대한 명칭이 아닌 것은?

① 핀 저널   ② 크랭크 암
③ 메인 저널   ④ 플라이 휠

> **크랭크축의 구조** : 크랭크 암, 메인 저널, 핀 저널, 평형추

[15-4, 09-3, 07-1, 05-1] 출제율 ★ ☐☐☐
2 크랭크축이 회전 중 받는 힘이 아닌 것은?

① 휨(bending)   ② 비틀림(torsion)
③ 관통(penetration)   ④ 전단(shearing)

> **크랭크축에 작용하는 힘** : 휨, 비틀림, 전단(끊어짐)

[09-1] 출제율 ★★★ ☐☐☐
3 크랭크축의 점검부위에 해당되지 않는 것은?

① 축과 베어링 사이의 간극
② 축의 축방향 흔들림
③ 크랭크축의 중량
④ 크랭크축의 굽힘

> **크랭크축 점검사항**
> • 축과 베어링 사이의 오일 간극 측정
> • 축방향 엔드 플레이 점검(흔들림)
> • 크랭크축의 휨 측정
> • 크랭크 핀 및 메인저널 마멸량 점검

[04-4] 출제율 ★ ☐☐☐
4 크랭크축에서 축 방향의 간극이 클 때에는 어떻게 하는가?

① 베어링의 캡 볼트를 세게 조인다.
② 용접을 한다.
③ 커넥팅로드 캡 볼트를 세게 조인다.
④ 스러스트 플레이트를 새 것으로 교환한다.

> 스러스트 플레이트는 축방향 이동을 방지하기 위한 부품이다.
> ※ 스러스트 : thrust, '축'을 의미

[14-1] 출제율 ★★ ☐☐☐
5 크랭크 핀 축받이의 오일 간극이 커졌을 때 나타나는 현상으로 옳은 것은?

① 유압이 높아진다.
② 유압이 낮아진다.
③ 실린더 벽에 뿜어지는 오일이 부족해진다.
④ 연소실에 올라가는 오일의 양이 적어진다.

> 축받이는 베어링을 말하며, 축을 지지하는 역할을 한다.
> 오일 간극이 커지면 오일 누설로 유압이 낮아진다.

[08-2, 06-2] 출제율 ★★★ ☐☐☐
6 기관에서 크랭크축의 휨 측정 시 가장 적합한 것은?

① 스프링 저울과 V블록
② 버니어 캘리퍼스와 곧은자
③ 마이크로미터와 다이얼 게이지
④ 다이얼 게이지와 V블록

> **크랭크 축의 휨 측정**
> V블록 위에 크랭크 축을 올려놓고 다이얼 게이지를 직각으로 설치하고 0점 조정한 후, 크랭크 축을 돌려서 이 때 움직인 다이얼 게이지의 눈금을 읽는다.

[14-2, 10-1] 출제율 ★★★ ☐☐☐
7 자동차 기관의 크랭크축 베어링에 대한 구비조건으로 틀린 것은?

① 하중 부담 능력이 있을 것
② 매입성이 있을 것
③ 내식성이 있을 것
④ 내 피로성이 작을 것

> '피로성'이란 힘을 반복하여 받아 균열 등으로 파괴되는 현상으로, 이런 현상을 견디는(耐) 성질이 커야 한다.

정답 **5** 1 ④ 2 ③ 3 ③ 4 ④ 5 ② 6 ④ 7 ④

8 크랭크핀과 축받이의 간극이 커졌을 때 일어나는 현상이 아닌 것은?

① 운전 중 심한 타음이 발생할 수 있다.

② 흑색 연기를 뿜는다.

③ 윤활유 소비량이 많다.

④ 유압이 낮아질 수 있다.

> 메인저널의 간극이 커지게 되면 타음이 발생될 수 있으며, 윤활유 누설로 인한 소모가 많아지므로 유압이 떨어진다. 또한, 누설된 오일의 연소로 백색 연기가 배출된다.
> ※ 흑색 연기는 혼합비가 농후할 때 발생한다.

9 타이밍기어의 백래시(backlash)가 클 때에 일어나는 사항은?

① 밸브 개폐시기가 틀려질 수 있다.

② 윤활장치의 유압이 높아진다.

③ 기관의 공전속도가 빨라진다.

④ 점화전압이 낮아진다.

> 백래시(backlash)란 기어가 마모되어 치면(齒面) 사이의 생기는 틈새(유격)를 말하며, 이 틈새로 인해 밸브 개폐시기가 틀려질 수 있다.

10 다음 중 크랭크축 오일 간극을 측정하는데 주로 사용되는 것은?

① 실린더 게이지

② 플라스틱 게이지

③ 버니어 캘리퍼스

④ 다이얼 게이지

> **크랭크축 오일 간극 측정 도구**
> 플라스틱 게이지 또는 외측 마이크로미터·텔레스코핑 게이지

11 다음 내연기관에 대한 내용으로 맞는 것은?

① 실린더의 이론적 발생마력을 '제동마력'이라 한다.

② 6실린더 엔진의 크랭크축의 위상각은 90도이다.

③ 베어링 스프레드는 피스톤 핀 저널에 베어링을 조립 시 밀착되게 끼울 수 있게 한다.

④ DOHC 엔진의 밸브 수는 16개이다.

> ① 이론적 발생마력은 '지시마력'이고, 실제 발생마력은 제동마력이다.
> ② 6실린더 엔진의 크랭크축의 위상각은 720/6 = 120°이다.
> ④ 통상 DOHC 엔진은 캠축이 2개이므로 실린더 당 밸브가 4개가 설치되어 16개이지만, 엔진 설계에 따라 3밸브를 사용할 수 있으므로 밸브 갯수가 달라질 수 있다.

12 크랭크축 메인 저널 베어링 마모를 점검하는 방법은?

① 필러 게이지 방법

② 시임(seam) 방법

③ 직각자 방법

④ 플라스틱 게이지 방법

> 플라스틱 게이지는 크랭크축 메인 저널 베어링의 오일간극 측정에 이용한다.

13 베어링이 하우징 내에서 움직이지 않게 하기 위하여 베어링의 바깥 둘레를 하우징의 둘레보다 조금 크게 하여 차이를 두는 것은?

① 베어링 크러시

② 베어링 스프레드

③ 베어링 돌기

④ 베어링 어셈블리

> | | 베어링 크러시과 스프레드의 비교 |
> | --- | --- |
> | 베어링 크러시 | • 베어링 바깥 둘레와 하우징 안둘레의 차이
• 크랭크축과 함께 회전함을 방지
• 열전도율을 높이기 위해 |
> | 베어링 스프레드 | • 베어링을 끼우지 않았을 때 베어링 하우징 지름과 베어링 바깥쪽 지름과의 차이
• 베어링이 하우징에 밀착되도록 함
• 베어링의 안쪽으로 찌그러짐을 방지 |

14 플라이 휠(fly wheel)의 무게를 좌우하는 것과 가장 밀접한 관계가 있는 것은?

① 행정의 크기

② 크랭크축의 강도

③ 링기어의 잇수와 지름

④ 회전수와 실린더 수

> 플라이휠의 주요 역할은 회전관성을 이용하여 엔진의 회전속도를 일정하게 하는 것이다. 크랭크축의 회전수와 실린더의 수가 적으면 각 행정에 따라 회전속도의 변화가 불규칙하므로 플라이휠을 무겁게 하여 회전관성을 크게 하고, 많으며 가볍게 한다.

15 플라이휠에 대한 설명으로 틀린 것은?

① 무게가 가벼워야 하므로 중앙부는 두께가 얇고 주위는 두껍게 한 원판으로 되어 있다.

② 크랭크각 센서(CKP)의 톤 휠이 장착되기도 한다.

③ 회전관성이 적어야 한다.

④ 클러치판이 접촉되어 엔진 구동력을 클러치에 전달한다.

> 폭발행정에서 발생한 폭발력에 의해 크랭크축에 전달되는데, 다른 행정에서도 균일한 회전속도를 얻기 위해 회전관성이 커야 한다.

정답 8 ② 9 ① 10 ② 11 ③ 12 ④ 13 ① 14 ④ 15 ③

16 기동 전동기가 정상 회전하지만 엔진이 시동되지 않는 원인과 관련이 있는 사항은?

[13–5] 출제율 ★

① 밸브 타이밍이 맞지 않을 때
② 조향 핸들 유격이 맞지 않을 때
③ 현가장치에 문제가 있을 때
④ 산소센서의 작동이 불량일 때

밸브 타이밍이 맞지 않으면 점화시기가 맞지 않아 시동이 걸리지 않는다.

17 크랭크축을 측정할 때 설명으로 틀린 것은?

[참고] 출제율 ★

① 측정공구를 사용할 경우는 '0'점 세팅 후 측정한다.
② 측정 부위의 가장자리에서 측정해야 한다.
③ 크랭크 축 메인 저널, 피스톤 핀 저널 측정 시 직각방향으로 두 번 측정한다.
④ 크랭크축의 측정 대상에는 크랭크축의 휨, 크랭크 축 메인 저널 직경, 크랭크축 엔디 플레이, 크랭크축 저널 오일간극이 있다.

측정공구는 측정 부위의 정 중앙에서 측정해야 한다.

18 플라스틱 게이지로 크랭크 축의 메인저널 오일 간극을 측정하려고 한다. 그 방법에 대한 설명 중 틀린 것은?

[참고] 출제율 ★

① 크랭크축에 플라스틱 게이지를 올려두고 메인저널 캡을 설치할 때 규정토크값으로 볼트를 잠근다.
② 메인저널 캡을 분리할 때 토크렌치를 이용하여 푼다.
③ 규정값을 벗어나면 저널베어링을 교환한 후 재점검해야 한다.
④ 눌려진 플라스틱 게이지에서 넓은 부위를 측정한다.

토크렌치는 볼트 체결 시 규정토크값에 맞게 볼트를 조이는 공구로, 볼트 분리 시에는 사용하지 않는다.

19 크랭크 축 베어링과 저널 간극이 적을 때 나타나는 현상은?

[참고] 출제율 ★★

① 유압 저하   ② 소결 현상
③ 소음 발생   ④ 오일 소모 과다

• 간극이 크면 : 유압저하, 오일소모 과다, 소음 발생
• 간극이 적으면 : 소결 현상(늘어 붙음)

20 엔진 본체 성능 점검에 해당하지 않는 것은?

[참고] 출제율 ★★★★

① 엔진 공회전 점검
② 압축압력 점검
③ 엔진 실린더 누설 점검
④ 엔진 진동 점검

엔진 본체 성능 점검의 종류
압축 압력 점검, 엔진 실린더 누설 점검, 파워 밸런스 점검, 공회전 점검, 엔진 소음 점검

21 크랭크축의 엔드 플레이를 점검하기 위하여 사용되는 기구는?

[참고] 출제율 ★★

① 비중계
② 마이크로미터
③ 다이얼 게이지
④ 버니어 캘리퍼스

크랭크축의 엔드 플레이 점검
플라이휠 바로 앞의 크랭크축을 한쪽으로 밀어 다이얼 게이지로 점검하며, 한계값 이상일 경우 스러스트 베어링을 교환한다.

22 다이얼 게이지(dial gauge)로 측정할 수 없는 것은?

[참고] 출제율 ★★

① 크랭크 축 또는 캠 축의 휨 측정
② 타이밍 기어의 백래시 측정
③ 크랭크 축의 엔드플레이(end play) 측정
④ 크랭크 축의 마멸량 측정

다이얼 게이지는 길이를 직접 측정하는 것이 아니라 비교 측정도구이다. 크랭크축의 마멸량은 외측 마이크로미터로 직경을 직접 측정한다.

23 엔진의 기계적 고장 증상과 그 원인과 연결이 올바르지 않은 것은?

[참고] 출제율 ★★

① 엔진 소음 – 팬 벨트의 노화
② 엔진 오일 소모 과다 – 밸브 스프링의 파손
③ 냉각수 소모 – 실린더 헤드 개스킷 결함
④ 비정상적인 밸브 소음 – 밸브의 고착 및 밸브 간극 불량

엔진 오일의 과다 소모의 원인은 대부분 연소와 누설이다. 이는 주로 피스톤 링이 불량하거나 윤활장치로 작동하는 밸브 가이드의 고무가 찢어져 발생된다. 또는 실린더 헤드 커버의 오일 실(oil seal)과 오일 팬 쪽 부위, 플라이 휠과 변속기 사이의 오일 실 누유가 원인이다.

정답 ▶ 16 ① 17 ② 18 ② 19 ② 20 ④ 21 ③ 22 ④ 23 ②

chapter 02

06 점화 순서에 따른 행정 찾기

[12-3, 04-2 유사] 출제율 ★★★ □□□

1 4행정 직렬 8실린더 엔진의 폭발행정은 몇 도 마다 일어나는가?

① 45° ② 90°

③ 120° ④ 180°

크랭크축 위상차 = 720°÷실린더수 = 720/8 = 90°
※ 4기통 엔진의 위상차 = 720/4 = 180°
※ 6기통 엔진의 위상차 = 720/6 = 120°
※ 720°: 1행정당 크랭크축은 2회전하므로 360°×2

[07-1] 출제율 ★

2 4행정 사이클 6기통 좌수식 크랭크 축(left hand crank shaft)일 때 점화 순서로 가장 적절한 것은?

① 1-5-3-6-2-4

② 1-2-3-6-5-4

③ 1-4-2-6-3-5

④ 1-5-6-2-3-4

[08-1] 출제율 ★ □□□

3 기관의 회전속도가 2,500rpm, 연소 지연시간이 1/600초라고 하면 연소 지연시간 동안에 크랭크축의 회전각도는?

① 20° ② 25°

③ 30° ④ 35°

연소지연시간 동안 크랭크축의 회전각(진각)
$= \dfrac{회전속도[rpm]}{60[s]} \times 360° \times 연소 지연시간[s]$
rpm은 분당 회전수이므로 60[s]로 나눈다.
$= 6 \times 회전속도 \times 연소지연시간 = 6 \times 2500 \times \dfrac{1}{600} = 25°$

[11-1, 06-1] 출제율 ★ □□□

4 기관의 회전속도가 4,500rpm이다. 연소 지연시간은 1/500초라고 하면 연소 지연시간 동안에 크랭크축 회전각도는?

① 45도 ② 50도

③ 52도 ④ 54도

연소지연시간 동안 크랭크축의 회전각(진각)
$= 6 \times 회전속도 \times 연소지연시간 = 6 \times 4500 \times \dfrac{1}{500} = 54°$

※ 5~10번 문제유형 : 2021~2024년도 출제되지 않음

[12-4, 09-2 유사, 07-2 유사, 05-2, 04-2 유사, 04-1] 출제율 ★ □□□

5 점화순서가 1-3-4-2인 직렬 4기통 기관에서 1번 실린더가 흡입 중일 때 4번 실린더는?

① 배기행정

② 동력행정

③ 압축행정

④ 흡입행정

4기통 기관이므로 옆 다이어그램을 이용한다. 그림에서 흡입에 1번을 입력한 후, 시계반대방향으로 점화순서에 따라 3, 4, 2를 입력한다. 그러면 4번 실린더는 동력(폭발)행정임을 알 수 있다.

[10-1, 05-2 유사] 출제율 ★ □□□

6 실린더의 수가 4인 4행정 기관의 점화순서가 1-2-4-3일 때 3번 실린더가 압축행정을 할 때 1번 실린더는 어떤 행정을 하는가?

① 흡입행정

② 압축행정

③ 동력행정

④ 배기행정

그림에서 압축에 3번을 입력한 후, 시계반대방향으로 점화순서에 따라 1, 2, 4를 입력한다. 그러면 1번 실린더는 흡입행정임을 알 수 있다.

[10-4, 09-1, 07-3, 06-2 유사] 출제율 ★ □□□

7 4행정 4기통 가솔린기관에서 점화순서가 1-3-4-2일 때, 1번 실린더가 흡입행정을 한다면 다음 중 맞는 것은?

① 3번 실린더는 압축행정을 한다.

② 4번 실린더는 동력행정을 한다.

③ 2번 실린더는 흡기행정을 한다.

④ 2번 실린더는 배기행정을 한다.

그림에서 흡입에 1번을 입력한 후, 시계반대방향으로 점화순서에 따라 3, 4, 2를 입력한다. 그러면 4번 실린더는 동력행정임을 알 수 있다.

정답 ▶ 6 1 ② 2 ③ 3 ② 4 ④ 5 ② 6 ① 7 ②

[14-2, 08-3] 출제율 ★ ☐☐☐

8 4행정 6기통 기관에서 폭발순서가 1-5-3-6-2-4인 엔진의 2번 실린더가 흡기행정 중간이라면 5번 실린더는?

① 폭발행정 중
② 배기행정 초
③ 흡기행정 중
④ 압축행정 말

6기통 기관은 옆 다이어그램을 이용한다. 그림에서 흡입행정 중간에 2번을 입력한 후, 시계반대방향으로 점화순서에 따라 120°만큼 점화순서(4-1-5-3-6)대로 입력한다. 그러면 5번 실린더는 동력(폭발)행정 중임을 알 수 있다.

[11-3, 06-1 유사] 출제율 ★ ☐☐☐

9 1-5-3-6-2-4의 점화순서를 갖고 있는 기관이 있다. 3번이 폭발행정 중 120°를 회전시켰다. 4번은 무슨 행정을 하는가?

① 압축행정
② 폭발행정
③ 흡입행정
④ 배기행정

이 문제는 8번 문제의 변형이다. 그림처럼 3번이 폭발행정 중에서 시계반대방향으로 점화순서(3-6-2-4-1-5)대로 120°씩 입력해 보면 4번은 흡입행정임을 알 수 있다. 하지만 문제에서 3번 실린더 폭발행정을 120° 시계방향으로 회전시켰으므로 4번 행정은 흡입 다음 행정인 압축행정을 한다.

[15-4, 06-1] 출제율 ★ ☐☐☐

10 4행정 6실린더 기관의 제 3번 실린더 흡기 및 배기 밸브가 모두 열려 있을 경우 크랭크축을 회전 방향으로 120° 회전시켰다면 압축 상사점에 가장 가까운 상태에 있는 실린더는? (단, 점화순서는 1-5-3-6-2-4)

① 1번 실린더
② 2번 실린더
③ 4번 실린더
④ 6번 실린더

3번 실린더의 흡기/배기 밸브가 모두 열려 있으므로 배기 말~흡입 초 사이에 위치시킨다. 그리고 시계반대방향으로 점화순서(3-6-2-4-1-5)대로 120°씩 입력한다.

크랭크축을 회전방향으로 120° 회전하므로 시계방향으로 120° 이동시키면 1번 실린더가 압축 상사점(TDC, 압축이 끝나고 폭발 직전)에 위치한다.

07 엔진 본체 정비 – 기타사항

[10-4] 출제율 ★ ☐☐☐

1 실린더 헤드의 밸브장치 정비 시 안전작업 방법으로 틀린 것은?

① 밸브 탈착 시 리테이너 로크는 반드시 새 것으로 교환한다.
② 밸브 탈착 시 스프링이 튀어 나가지 않도록 한다.
③ 분해된 밸브에 표시를 하여 바뀌지 않도록 한다.
④ 분해조립 시 밸브 스프링 전용공구를 사용한다.

리테이너 로크(retainer lock)는 밸브 스프링을 고정시키는 것으로, 반드시 교환할 필요가 없다.

[12-4] 출제율 ★ ☐☐☐

2 엔진블록에 균열이 생길 때 가장 안전한 검사 방법은?

① 자기 탐상법이나 염색법으로 확인한다.
② 공전 상태에서 소리를 듣는다.
③ 공전 상태에서 해머로 두들겨 본다.
④ 정지 상태로 놓고 해머로 가볍게 두들겨 확인한다.

균열은 비파괴 검사(자기 탐상법, 염색법 등)으로 검사한다.

[07-1] 출제율 ★ ☐☐☐

3 실린더 헤드 볼트를 풀었는데도 실린더 헤드가 떨어지지 않을 때 조치사항으로 가장 적당한 것은?

① 쇠 해머로 두들긴다.
② 쇠꼬챙이로 구멍을 뚫는다.
③ 정을 넣고 때린다.
④ 플라스틱 해머로 두들긴다.

실린더 헤드면을 손상시키면 오일 누유, 혼합가스 누출 등을 초래할 수 있으므로 플라스틱 해머 또는 나무 해머를 이용한다.

[10-2] 출제율 ★★★ ☐☐☐

4 기관의 크랭크축 분해 정비 시 주의사항으로 부적합한 것은?

① 축받이 캡을 탈거 후 조립 시에는 제자리 방향으로 끼워야 한다.
② 뒤 축받이 캡에는 오일 실이 있으므로 주의를 요한다.
③ 스러스트 판이 있을 때에는 변형이나 손상이 없도록 한다.
④ 분해 시에는 반드시 규정된 토크렌치를 사용해야 한다.

토크렌치는 조립 시에만 사용한다.

정답 ▶ 8 ① 9 ① 10 ① **7** 1 ① 2 ① 3 ④ 4 ④

5 자동차 정비 작업 시 안전 및 유의사항으로 <u>틀린</u> 것은?

① 기관 운전 시 일산화탄소가 생성되므로 환기장치를 해야 한다.

② 헤드 개스킷이 닿는 표면에는 스크레이퍼로 큰 압력을 가하여 깨끗이 긁어낸다.

③ 점화 플러그의 청소 시 보안경을 쓰는 것이 좋다.

④ 기관을 들어낼 때 체인 및 리프팅 브래킷은 무게 중심부에 튼튼히 걸어야 한다.

헤드 개스킷이 닿는 표면을 스크레이퍼와 같은 금속 도구로 긁으면 표면 손상으로 인해 혼합기가 누설될 수 있다.
점화플러그 청소는 압축공기로 모래를 분사하므로 눈에 들어가기 쉬우므로 보안경을 착용한다.

6 압축 압력계를 사용하여 실린더의 압축 압력을 점검할 때 안전 및 유의사항으로 <u>틀린</u> 것은?

① 기관을 시동하여 정상온도(워밍업)가 된 후에 시동을 건 상태에서 점검한다.

② 점화계통과 연료계통을 차단시킨 후 크랭킹 상태에서 점검한다.

③ 시험기는 밀착하여 누설이 없도록 한다.

④ 측정값이 규정값보다 낮으면 엔진 오일을 약간 주입 후 다시 측정한다.

압축압력 시험 시 시동하고 워밍업 후 시동을 끄고 점검한다.
※ ④는 습식 시험을 말한다.

7 실린더 헤드 볼트를 조일 때 회전력을 측정하기 위해 사용되는 공구는?

① 토크렌치

② 오픈 엔드 렌치

③ 복스렌치

④ 소켓렌치

8 엔진을 보링한 절삭면을 연마하는 기계로 적당한 것은?

① 보링머신   ② 호닝머신

③ 리머   ④ 평면 연삭기

• 보링(boring) : 기존의 구멍을 깎아 넓히는 작업
• 호닝(horing) : 보링, 리밍, 연삭한 절삭면을 기하학적 형상(진원도, 직진도, 홀의 사이즈 등)의 정확도와 표면(조도)을 개선하기 위해 정밀한 면을 만드는 연마 작업
• 리밍(reaming) : 기존의 구멍을 높은 정확도(작은 공차)로 매끈한 면으로 만들면서 구멍을 넓히는 작업

9 기관 밸브를 탈착했을 때 주의사항 중 <u>맞는</u> 것은?

① 밸브는 떼어서 순서 없이 놓아도 좋다.

② 밸브를 떼어낼 때 순서가 바뀌지 않도록 반드시 표시를 한다.

③ 밸브에 묻은 카본은 제거하기 위해 그라인더에 조금씩 간다.

④ 밸브 고착시는 볼핀(쇠) 해머로 충격을 가하여 떼어낸다.

밸브 탈착 시 해당 시트에 맞는 밸브 순서를 반드시 표시해 두고, 밸브의 카본 제거 시 크리너를 삽입 후 카본을 연소시키거나 가볍게 샌딩하여 조금씩 갈아낸다. 밸브 고착 시 플라스틱 또는 나무 해머로 가볍게 두들겨 떼어낸다.

10 실린더 파워 밸런스 시험 시 손상에 가장 주의하여야 하는 부품은?

① 산소센서

② 점화플러그

③ 점화코일

④ 삼원촉매

실린더 파워 밸런스 시험은 모든 실린더의 출력이 동일한 지 그 여부를 판정하기 위한 시험을 말하며, 촉매변환기 설치 차량에서는 파워 밸런스 시험을 최대로 단축한다.

11 스로틀 보디 청소 방법으로 <u>틀린</u> 것은?

① 공회전 조절 모터를 탈거하여 세척액으로 스로틀 보디와 공회전 조절 모터, 개스킷을 깨끗하게 세척한 후 조립한다.

② 엔진을 시동하여 워밍업을 하고 에어컨 및 자동 변속기의 레버를 주행으로 한 후 엔진 공회전 상태를 점검한다.

③ 공회전 조절 모터 조립 후 배터리 터미널 (-)단자를 15초간 떼었다 장착한다.

④ 엔진을 시동하여 워밍업을 하고 에어컨 및 자동 변속기의 레버를 주행으로 한 후 엔진공회전 상태를 점검한다.

엔진 정비 시 부품에 사용된 개스킷은 신품으로 교환한다.

정답 ▶ 5 ②   6 ①   7 ①   8 ②   9 ②   10 ④   11 ①

12 실린더 헤드 정비에 대한 설명으로 틀린 것은?

① 실린더 헤드 볼트를 조이기 전에 접착제를 바르고 개스킷을 설치한다.

② 실린더 헤드가 실린더 블록과 고착된 경우 고무재질의 해머로 두드리거나 압축압력을 가하거나 실린더의 자중을 이용하여 분리시킨다.

③ 실린더 헤드 볼트를 조일 경우 각도법보다 토크법을 주로 사용한다.

④ 실린더 헤드를 분리할 때 정이나 스크루 드라이브를 사용하지 않아야 한다.

> 실린더 헤드 볼트를 조일 때 보다 균등한 힘으로 조이기 위해 주로 각도법을 이용한다.

13 실린더 헤드 볼트 장착 방법에 대한 설명으로 틀린 것은?

① 실린더 블록에 접착제를 바른 후 개스킷을 설치하고, 개스킷 윗면에 접착제를 바르고 실린더 헤드를 장착한다.

② 볼트로 조일 때 변형 방지를 위해 탈착과 반대로 중앙에서 바깥쪽을 향해 조인다.

③ 볼트를 조일 때 순서대로 한 번에 규정 토크값으로 조여준다.

④ 볼트를 조일 때 주로 각도법을 이용한다.

> 볼트를 조일 때 한번에 볼트를 조이면 실린더 헤드의 기밀 불량을 초래할 수 있으며, 실린더 헤드 개스킷(gasket)에 손상을 줄 수 있으므로 각도법에 의해 전체적으로 3.5kgf·m로 조인 후 볼트를 90° 회전시킨 후, 다시 90° 회전시킨다.

14 기관 정비 시 실린더 헤드 개스킷에 대한 설명으로 적합하지 않은 것은?

① 실린더 헤드를 탈거하였을 때는 새 헤드 개스킷으로 교환해야 한다.

② 압축압력 게이지를 이용하여 헤드 개스킷이 파손된 것을 알 수 있다.

③ 기밀유지를 위해 고르게 연마하고 헤드 개스킷의 접촉면에 강력 접착제를 바른다.

④ 라디에이터 캡을 열고 점검하였을 때 기포가 발생되거나 오일방울이 보이면 헤드 개스킷이 파손되었을 가능성이 있다.

> 실린더 헤드 개스킷 전용 접착제를 사용해야 한다.

15 기관 정비 시 실린더 헤드 정비 시 적합하지 않은 것은?

① 실린더 헤드의 균열 점검으로는 육안검사, 염색 탐상법, 자기탐상법 등이 있다.

② 실린더 헤드 탈착 시 분리가 어려울 경우 스크류 드라이버가 정 등을 이용하여 실린더 헤드와 블록의 접합면 사이에 넣어 지렛대 작용으로 떼어낸다.

③ 실린더 헤드 탈착 시 분리가 어려울 경우 나무 해머로 두드리거나 압축 압력을 이용하거나 자중을 이용하여 떼어낸다.

④ 실린더 헤드 장착 시 중앙에서부터 대각선으로 바깥쪽을 향해 2~3회 나누어 조인다.

> 스크류 드라이버나 정 등을 이용하면 접착면이 손상되어 기밀작용이 떨어져 혼합가스 및 오일·냉각수 누설 및 압축압력 저하를 초래한다.

16 실린더와 피스톤의 간극이 클 때 일어나는 현상 중 맞지 않는 것은?

① 피스톤과 실린더의 소결이 일어난다.

② 피스톤 슬랩(piston slap)이 일어난다.

③ 압축압력이 저하한다.

④ 오일이 연소실로 올라온다.

> 피스톤과 실린더의 소결(눌러붙음)은 간극이 작을 때 발생할 수 있다.

17 엔진 분해조립 시, 볼트를 체결하는 방법 중에서 각도법(탄성역, 소성역)에 관한 설명으로 거리가 먼 것은?

① 엔진 오일의 도포 유무를 준수할 것

② 탄성역 각도법은 볼트를 재사용 할 수 있으므로 체결 토크 불량 시 재작업을 수행할 것

③ 각도법 적용 시 최종 체결 토크를 확인하기 위하여 추가로 볼트를 회전시키지 말 것

④ 소성역 체결법의 적용조건을 토크법으로 환산하여 적용할 것

> 각도법 : 볼트에 발생되는 마찰력에 의해 각 볼트마다 체결력에 차이가 있으므로 오차를 줄이기 위해 이용함
> •탄성역 각도법 : 볼트가 변형되기 전까지 조이는 것으로 볼트를 재사용할 수 있다. (토크렌치를 이용)
> •소성역 각도법 : 볼트의 변형이 일어나면서 조임(재사용 제한)

정답 12 ③ 13 ③ 14 ③ 15 ② 16 ① 17 ④

chapter 02

02 가솔린엔진 연료장치

[예상문항 : 3~5문제] 자동차 연료장치 일반은 주요 항목이므로 반드시 숙지하기 바랍니다. 또한 전자제어 가솔린 분사장치는 출제기준에서 제외되었으나 센서의 역할은 구분하여 체크합니다. 특히 연료압력 조절기, 인젝터의 특징 및 인젝터 파형 등과 함께 집중해서 보시기 바랍니다. 출제기준이 바뀌면서 점검과 연관된 문제가 출제되니 NCS 학습모듈 내용도 보시기 바랍니다.

01 자동차 연료장치 일반

1 자동차 연료의 개요

연료장치는 연료를 연소실에 공급하는 장치로서, 사용하는 연료에 따라 가솔린(휘발유) 엔진, 디젤(경유) 엔진, LPG 엔진으로 분류한다.

2 가솔린의 특징 및 조성

① 무색, 투명하다.
② 휘발성이 크고, 원유에서 정제한 탄소(C)와 수소(H)의 유기화합물의 혼합체이다.
③ 순수한 가솔린을 완전 연소시키면 이산화탄소(CO_2)와 물(H_2O)이 발생한다.
④ 탄소(C) 85% + 수소(H) 14% + 기타 1%
⑤ 인화점 : 약 –43℃ (경유 : 50~80°)
⑥ 비중 : 약 0.65~0.75
⑦ 발화점은 약 300℃로서 경유(280℃)에 비하여 높다.
⑧ 발열량은 약 11,000kcal/kg로서 경유에 비해 높다.

> ▶ 가솔린의 연소반응 화학식
> $2C_8H_{18}$(옥탄) + $25O_2$(산소) → $16CO_2$(이산화탄소) + $18H_2O$(물)

3 가솔린 연료와 디젤 연료의 주요 구비조건 필수암기

가솔린 연료	• 기화성이 좋을 것 • 인화점은 낮을 것 • 옥탄가가 높을 것(앤티 노크성) • 이상 연소를 일으키지 않을 것 • 발열량, 내부식성이 클 것 • 점도가 적당하고, 점도지수가 클 것(유동성 좋을 것) • 연소속도가 빠르고 완전 연소될 것
디젤 연료	• 착화성이 좋을 것 (착화온도가 낮을 것) • 세탄가가 높을 것 • 발열량 및 내폭성이 클 것 • 점도가 적당하고, 점도지수가 클 것

> ▶ 발열량 : 단위 중량당 발생하는 열량을 말하는 것으로, 발열량이 클수록 효율이 좋다.
> ▶ 인화점 : 외부 열원(불꽃)에 의해 불이 붙을 수 있는 최저온도를 말한다. 인화점이 너무 높으면 연소가 잘 안 된다.
> ▶ 착화점(발화점) : 디젤 기관과 같이 외부 열원 없이 스스로 연소(착화)되기 시작하는 최저온도이다.
> ▶ 점도(끈끈한 정도) : 점도가 높으면 분사 및 기화가 잘 되지 않고, 점도가 낮으면 분사장치의 과도한 마모 및 누설 등이 유발되므로 적당해야 한다.
> ▶ 점도지수 : 온도에 따른 점도의 변화정도를 나타내는 수치로, 변화가 적을수록 크다.

4 이론 공연비와 공기과잉률(공기비) 필수암기

① 공연비(혼합비) : 엔진에 흡입한 공기와 연료의 비율
② **이론 공연비** : 이론상 완전연소가 일어나는 공연비를 말하며, 연료 1kg을 연소하는데 필요한 이론공기량은 14.7kg이다. (즉, 공기 : 연료 = 14.7 : 1)
③ **공기 과잉률**(공기비, λ) : 연료를 완전히 연소시키는 데 필요한 이론 공기량과 실제로 기관이 흡입한 공기량과의 비율

$$\text{공기 과잉률}(\lambda) = \frac{\text{실제로 흡입한 공기량}}{\text{이론상 필요한 공기량}} = \frac{\text{실제 공연비}}{\text{이론 공연비}}$$

> ▶ 공기과잉률 λ=1일 때 이론공연비로 가장 이상적인 값이다.
> λ>1이면 희박상태(공기 과잉), λ<1이면 농후상태(공기 부족)이다.

> ▶ 농후한 혼합기가 기관에 미치는 영향
> 불안전 연소(유해가스 배출), 기관 과열, 카본 생성

> ▶ 출력에 영향을 미치는 주요 요소
> 연료분사량 부족, 노즐분사 압력 저하, 흡입공기량 부족, 과도한 분사시기 지각, 압축압력 부족, 클러치의 미끄럼 등

5 가솔린 엔진의 노크와 옥탄가 ^{필수암기}

(1) 노크(knock, 또는 노킹)

비정상적인 연소로 인한 미연소 가스가 급격히 자연발화하여 그 충격에 의해 연소실 내에 급격한 압력상승으로 발생하는 충격 타음(打音)을 말한다.

→ 타음 : 연속으로 망치로 쇠를 때리는 듯한 소리

(2) 앤티노크성(Anti-knock, 내폭성, 제폭성)

노크를 일으키기 어려운 성질을 말한다. 가솔린의 앤티노크성은 일반적으로 옥탄가(O.N, octane number)로 표시되고 앤티노크성이 높은 가솔린일수록 옥탄가가 높다.

$$옥탄가(O.N) = \frac{이소옥탄}{이소옥탄+노멀헵탄} \times 100[\%]$$

▶ 옥탄가 80 : 이소옥탄 80%에 노말헵탄 20%의 혼합물인 표준연료와 같은 정도의 앤티노크성이 있다는 의미
 · 이소옥탄(C_8H_{18}) : 노크를 가장 일으키기 어려움
 · 노멀헵탄(C_7H_{16}) : 노크를 가장 일으키기 쉬움

▶ C.F.R 기관(앤티노크 측정 기관)
연료의 옥탄가를 측정하기 위하여 압축비를 임의로 변화시킬 수 있는 가변압축기관

(3) 가솔린 엔진의 노킹의 영향

① 급격한 연소로 고온, 고압이 되어 충격파를 발생
② 기관의 열효율과 출력 저하
③ 실린더의 과열
④ 순간 폭발압력은 증가하나, 평균 유효압력은 낮아진다.
⑤ 기관 주요 각부의 응력이 증가

(4) 가솔린 엔진의 노킹 방지 대책

① 고옥탄가 연료 사용
② 냉각수 온도 및 흡입공기 온도를 낮출 것
　→ 동일 압축비에서 혼합기의 온도를 낮추는 연소실 형상을 사용
③ 화염전파 속도가 빠른 연료 사용
　→ 연소 속도가 빠른 연료를 사용
④ 혼합가스의 와류를 증가
⑤ 점화시기를 지각(늦춘다)
⑥ 퇴적된 카본을 제거

▶ 가솔린기관의 정상적인 전파 연소속도 : 약 20~30m/s
▶ 와류(스월, swirl)가 필요한 이유
연소실 내의 혼합기에 화염전파가 용이하도록(혼합기의 불꽃전파속도를 향상) 와류를 형성하여 혼합기에 점화가 원활하게 일어나게 한다. 또한, 혼합기가 연소실 내부 구석구석까지 골고루 전파되어 혼합기가 완전연소에 가깝게 연소시켜 엔진의 성능향상과 배기 유해가스의 저감 등의 효과가 있다.
▶ 화염전파속도
미연소 가스(혼합기)에 점화를 일으킬 때 화염면이 퍼지는 속도

02 전자제어 가솔린 분사장치

전자제어 연료분사 방식이란 각종 센서를 장착하고 센서에서 보내 준 정보를 받아 엔진의 작동 상태에 따라 연료 공급량을 컴퓨터(ECU 또는 ECM)에서 제어하여 인젝터에 전기를 공급하면 연료가 흡기 다기관에 분사하는 방식이다.

1 전자제어 가솔린 분사장치의 특성

① 엔진 성능·출력·연비 향상(연료 소비 감소)
② 배기가스의 유해성분 감소
③ 온도변화에 따른 공연비 보상
④ 혼합비의 정밀한 제어로 엔진의 신속한 응답성
⑤ 월 웨팅(wall wetting : 연료가 액체 상태로 남아 흐름) 현상으로 흡기 온도가 떨어져 냉각효과에 따른 충전 효율(체적 효율)이 향상되어 저속에서도 토크 증대 및 노크 개선 효과가 있다.
　→ 체적 효율을 높여 흡기 다기관 설계가 가능하다.
⑥ 냉각수 온도를 감지하므로 저·고속에서 회전력 영역의 변경이 가능하며, 온·냉간상태에서도 최적의 성능을 보장한다.

▶ 체적 효율
 · 엔진출력을 증대시키기 위해 더 많은 공기가 연소실로 흡입되어야 하는데, 엔진에 얼마만큼의 공기를 빨아들일 수 있는지의 효율을 말한다.
 · 체적효율이 높다는 것은 동일 체적 내에 공기밀도가 크다는 의미이다. 그러나 흡입공기가 열을 받으면 공기체적이 팽창되어 밀도가 감소되므로 체적효율이 낮아진다.

2 전자제어 연료분사 방식의 분류

(1) 연료 간접분사 방식(MPI : Multi Point Injection)

① 인젝터를 각 실린더 마다 1개씩 설치하고, 흡입 밸브 바로 앞에서 연료를 분사시킨다.
② MPI의 특징
 · 엔진 내구성이 좋고, 진동과 소음이 적어 정숙성이 좋다.
 · 그 외 구조 간단, 저렴한 가격, 정비성 우수한 장점이 있다.
 · GDI에 비해 연비, 출력, 분사압력, 압축비가 낮다.
③ MPI의 종류 : 동기분사, 그룹분사, 동시분사

동기분사 = 독립분사 = 순차분사	· 1사이클 당(크랭크축 2회전) 1회 분사 · 분사 순서 : TDC 센서의 신호로 점화순서에 따라 순차적으로 분사 · 분사 시기 : 크랭크각센서의 신호에 따라 각 실린더의 인젝터를 동시에 개방하여 연료 공급 　→ 일반적인 분사형태로, TDC 센서(점화 시기)에 맞추어 (동기) 분사한다.

그룹분사	• 인젝터 수의 1/2씩 연료 분사 • 연료분사를 2그룹으로 단순화시킨다.
동시분사 = 비동기분사	• 모든 인젝터에 분사신호를 보내 연료를 분사함 (시동 시 동시에 이뤄지는 분사) • 1사이클 당(크랭크축 2회전) 2회 분사 → 시동시에는 충분한 출력을 내기 위해 크랭크축 1회전 당 1회 동시에 분사시킨다.

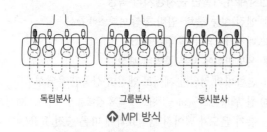

독립분사   그룹분사   동시분사

⬆ MPI 방식

(2) 직접분사방식 (GDI : Gasoline Direct Injection)

80페이지 참조

1 개요

① 각종 센서에서 보내온 신호를 받은 후 운전 상태에 따라 분사량과 엔진 회전 속도를 컴퓨터로 조절한다.

② **연료분사량 결정** : 인젝터를 엔진의 흡입 공기량에 맞추어 일정 시간 동안 열어주는 방법, 즉 연료 분사량은 인젝터의 니들밸브가 열리는 시간으로 결정한다.

2 기관에 따른 연료장치의 주요 구성품

가솔린 기관	연료탱크, 연료펌프, 연료필터, 연료압력조절기, 연료분배 파이프, 인젝터
디젤 기관	연료탱크, 연료모터, 연료필터, 고압펌프, 커먼레일 파이프, 인젝터
LPG 기관	봄베, 가스필터, 가스압력조절기, 인젝터

※ 커먼레일 파이프는 연료 분배 파이프와 동일한 기능을 한다.

3 연료 탱크

탱크 내부는 부식 방지를 위해 아연 도금을 하여 방청 처리가 된 강판이 사용되었으나, 합성수지가 사용된다.

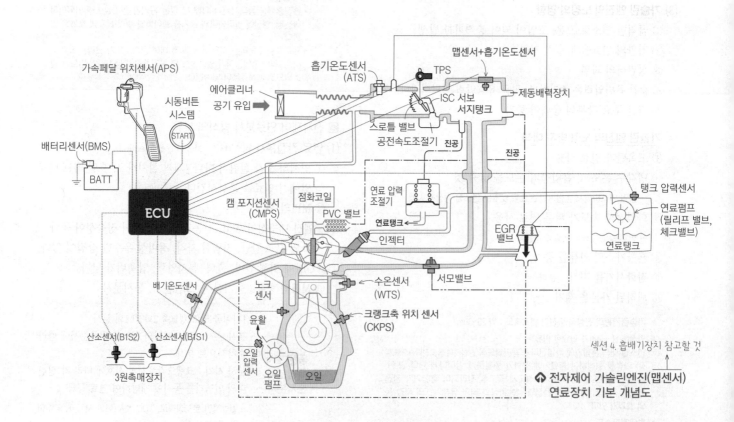

⬆ 전자제어 가솔린엔진(맵센서)
연료장치 기본 개념도

섹션 4. 흡배기장치 참고할 것

4 연료 여과기(필터)

① 연료 중의 불순물(먼지, 수분)을 제거하는 역할을 한다.

② 승용차에는 주로 카트리지 타입(비 분해형)을 사용하며, 일정 거리 주행 후 신품으로 교체해야 한다.

5 연료 라인(파이프)

① 연료 장치의 각 부분을 연결하여 연료가 이동하는 관으로 내유성을 가진 고무호스와 구리나 강관

② 파이프 이음은 연료가 누출되지 않도록 원뿔 모양이나 둥근 플레어(flare)로 하고, 파이프가 끼워져 있는 피팅으로 조이도록 되어 있다. 피팅은 구조상 오픈 엔드 렌치를 사용한다.

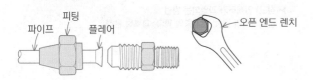

6 연료펌프(fuel feed pump)

① 대부분 탱크 내부에 삽입(in-tank)한 타입이다.

   → 이유 : 작동 소음 방지 및 베이퍼록 방지

② 일반 연료공급펌프 : 연료 탱크 내의 연료를 인젝션 펌프와 타이밍기어의 캠에 의해 분사펌프에 공급

③ 전자제어 연료공급펌프 : 크랭크각 센서(엔진 회전수)의 신호에 의해 연료펌프 릴레이를 on/off하여 제어

④ 연료의 공급량은 엔진의 최대 요구량보다 많이 공급해주어 연료 계통 내의 압력을 일정한 수준으로 유지

⑤ 연료펌프의 상태 점검

• 연료펌프 모터의 작동음을 확인한다.

• 연료의 송출여부를 점검한다.

• 연료압력을 측정한다.

• 연료 호스의 맥동을 감지한다.

▶ 전자제어엔진의 연료공급펌프는 엔진 회전에 따라 제어되므로 시동이 걸려도 엔진이 정지되면 작동하지 않는다.
▶ 연료펌프 고장 시 송출압력이 저하된다.

(1) 체크밸브(check valve)

① 연료 역류 방지

② 인젝터에 가해지는 연료의 잔압을 유지하여 베이퍼록, 공기흡입방지 및 재시동성 향상

   → 기관이 정지되어도 연료라인에 잔압이 있어야 재시동 시 인젝터로 연료공급이 원활해짐

③ 체크밸브 고장 시 미치는 영향 : 시동은 걸리지만 베이퍼

록 발생, 재시동성 불량, 연료 분사량 저하

→ 체크밸브가 고장나도 주행성능이나 시동에 영향이 없으며, 연료압 상승이나 연료펌프에도 영향이 없다.

▶ 정상상태에서 체크밸브는 기관 정지(연료펌프가 멈추면) 후 닫힌다.

(2) 릴리프 밸브(Relief valve)

연료펌프 부근에 장착되며, 연료압력이 규정값 이상으로 상승할 경우 규정값 이하로 제한하기 위해 상승분의 연료를 탱크로 리턴(연료압력을 일정하게 유지하는 역할)시킨다.

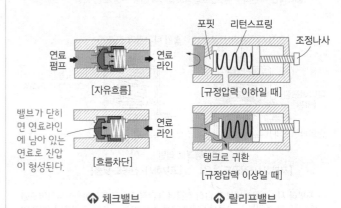

⚪ 체크밸브   ⚪ 릴리프밸브

7 연료 분배 파이프(딜리버리 파이프, 연료 레일)

① 인젝터가 연결되어 각 인젝터에 동일한 분사 압력이 되도록 하며, 연료 저장 기능을 지니고 있다.

② GDI(직접분사방식)은 연료압력센서가 설치되어 있으며, 고압연료펌프에서 연료가 공급된다.

8 연료압력조절기(fuel pressure regulator)

① 주로 연료 분배 파이프 끝에 설치되어 있으며, 연료 계통 내의 압력을 약 $2.5kgf/cm^2$로 유지시켜 주는 다이어프램(diaphragm) 방식의 오버플로우(over-flow) 형식이다.

   → 약 $2.5kgf/cm^2$ 이상이면 밸브가 열려 연료탱크로 리턴시킨다.

② 흡기 다기관에 흐르는 공기의 압력변화(진공, 부압)과 인젝터에 공급되는 연료의 압력차에 의해 다이어프램이 움직여 연료 분사량을 일정하게 유지되도록 엔진 부하에 따라 인젝터에 작용되는 압력을 제어한다.

③ 연료압력 조절기 고장 시 미치는 영향

• 너무 농후해져 CO 및 HC의 유해 배출가스 배출 증가(과농후 또는 과희박 상태가 될 수 있으므로)

• 너무 희박해져 엔진 부조, 재시동 불량, 시동 꺼짐 등 발생

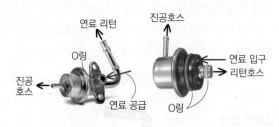

⬆ 연료압력 조절기

> ▶ **참고) 연료압력이 높아지는 원인**
> 연료 리턴 라인의 막힘, 연료압력조절기의 진공 누설 또는 고장

흡기 다기관의 진공 大   흡기 다기관의 진공 小

다이어프램
(막판)

압력은 높은 곳에서 낮은 곳으로 이동함

연료파이프의
연료

연료탱크로 리턴

[저부하시-진공도 높음]   [고부하시-진공도 낮음]

- **저부하 시** : 스로틀밸브가 닫혀 진공이 높아짐(진공도가 높음) → 다이어프램이 올라가 초과분의 연료를 연료탱크로 돌려보냄 → 연료 파이프 라인의 연료압 감소
- **고부하 시** : 스로틀밸브의 열림이 커져 진공이 낮아짐 → 다이어프램이 내려가 리턴되는 연료량이 적어짐

⬆ 연료압력조절기의 작동원리

⑨ 인젝터(Injector)

인젝터의 연료분사량은 ECU의 펄스 신호(디지털 신호)에 의해 인젝터의 솔레노이드 코일에 흐르는 전류의 통전시간에 따라 결정한다.

(1) 인젝터의 연료 분사량 결정 요소   필수암기

　① 가장 주요 요소 : 컴퓨터에서 인젝터에 작동하는 통전시간
　　(인젝터의 개방시간, 분사시간)

　② 노즐(분사구)의 크기(면적)

　③ 분사 횟수 및 연료의 압력

　④ 니들밸브의 행정

솔레노이드 코일에 자화전류를 보내는 시간

> ▶ 연료 분사 순서·시기에 영향을 주는 센서 : TDC 센서

(2) 인젝터가 갖추어야 될 기본 요건

　정확한 분사량, 내부식성, 기밀 유지

---

(3) 상황에 따른 인젝터의 분사시간

솔레노이드 코일에 가해지는 분사시간의 지연으로 니들밸브에서 연료가 분사되지 않는 시간

　① 급가속 시 분사시간이 길어짐

　② 축전지 전압이 낮으면 무효분사시간이 길어짐

　③ 감속 시 경우에 따라 연료차단

　④ 산소센서 전압이 높으면 분사시간이 짧아짐

(4) 인젝터 고장 시 발생되는 현상

　① 연료 누설로 인한 연료소모 증가

　② 가속력 및 출력 감소

　③ 공회전 시 부조현상

　④ 시동 지연

　⑤ 노즐 카본 누적 및 배출가스 증가 등

> ▶ **참고) 인젝터가 과열되는 원인**
> 분사시기의 틀림, 분사량의 과다, 과부하 운전

04 직접분사방식 엔진(GDI)

❶ GDI(gasoline Direct Injection) 개요

　① 흡기다기관에 인젝터를 설치한 일반 가솔린 엔진과 달리, GDI는 디젤엔진과 유사한 방식으로 인젝터를 실린더 내부에 장착하여 실린더에서 공기만 압축시킨 후, 인젝터에서 고압의 연료를 직접 분사하여 연소시킨다.

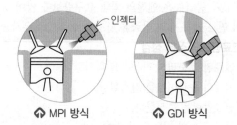

⬆ MPI 방식   ⬆ GDI 방식

　② GDI 연료분사 방식의 특징

- 성능 향상, 연비 개선, 배기가스 저감 등

　→ 성능 향상 : 연료를 연소실에 직접 분사하여 증발 잠열에 의해 흡기 온도가 떨어져 흡기 냉각 효과에 따른 충전 효율이 향상되어 전 영역에서 토크가 증대되었고, 또한 노크 특성개선에 의한 저속 성능 향상

- 연료 공급 압력은 일반 전자제어 연료분사 방식(약 2.4~5.9kgf/cm²)에 비해 매우 높다.(약 50~100kgf/cm²)

- 약 30~40 : 1의 초희박 공연비로도 연소가 가능하다.(연료 소비율 향상)

　→ 시동시나 급가속시 간접식에 비해 혼합기의 농후 정도가 낮아도 됨

- 연소실에 직접 연료를 분사하므로 흡입 과정에서 흡입 공기 온도가 낮아지고 밀도가 높아져 출력을 향상시킨다.

- 부분부하 영역에서 혼합기의 질을 제어하므로 평균유효 압력을 크게 높일 수 있다.
③ 단점 : 소음 및 진동 발생, 카본 발생 증가, 비용 증가 등
→ 고압연료펌프 및 고압 인젝션을 사용하므로 연료분사 압력이 높으나, MPI에 비해 소음 및 진동이 크다.
④ 주요 구성품 : 고압연료펌프, 고압 인젝터, 레일압력센서, 커먼레일 등

▶ MPI와 GDI의 비교

조건	MPI	GDI
연비 및 출력	↓	↑
소음 및 진동	↓	↑
추가부품		고압인젝터, 고압펌프
압축비	↓	↑
분사압력	↓	↑
구조	단순	복잡
미세먼지(PM)	↓	

② 고압 연료펌프
실린더 안으로 가솔린을 직접 분사하기 위해 필요한 고압을 발생시킨다.

→ 이유 : 연료를 압축 행정 때 분사하려면 실린더 내부의 고압을 이기고 연료가 골고루 분사될 수 있는 강한 분사력이 필요하기 때문이다.

▶ 참고) 고압 연료펌프의 작동
통상 연료압력 조절밸브가 내장되며, 듀티를 증가하면 압력이 증가하는 구조로 되어 있으며, 저압연료펌프에는 약 5bar의 압력으로 연료가 공급되어 연료압력 조절밸브 이후에는 공회전 시 30bar 정도이고, 최대 압력은 150bar이다.고압연료펌프 고장 시 저압연료펌프 압력으로 공급된다.

③ 고압 인젝터
실린더 내에 설치되며, 기능 및 작동원리는 MPI의 인젝터와 같다.

④ 연료압력센서 (피에조 압전소자 방식)
① 커먼레일에 장착되어 있으며, 레일의 연료압력을 측정하여 전기적 신호로 바꾸어 ECU에 전달한다.
② 연료압력센서의 전압 신호를 이용하여 ECU는 연료압력 조절기 및 인젝터를 제어하여 정확한 연료 분사량과 분사시기를 보정한다.
③ 목표 연료 압력과 실제 연료 압력이 다를 경우 연료압력 조절밸브를 이용하여 연료압력을 조절할 수 있다.

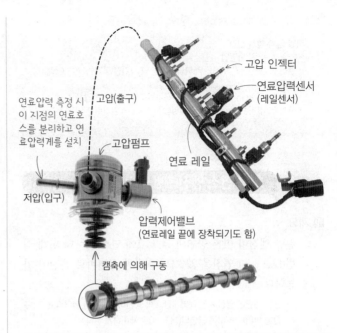

고압 인젝터
연료압력센서
(레일센서)
연료압력 측정 시 이 지점의 연료호스를 분리하고 연료압력계를 설치
고압(출구)
고압펌프
연료 레일
저압(입구)
압력제어밸브
(연료레일 끝에 장착되기도 함)
캠축에 의해 구동

연료탱크의 저압 연료가 고압펌프에 들어가면 캠축의 고압펌프 캠에 의해 펌프 내부의 피스톤을 작동시켜 고압이 된다. 또한, 연료압력조절 밸브는 연료압력센서의 압력값을 받은 ECU에 의해 제어되며, 솔레노이드 코일에 의해 저압회로로 가는 유로의 단면적을 변화시켜, 연료레일의 압력을 일정하게 유지한다.

⚑ GDI 연료 장치 구성

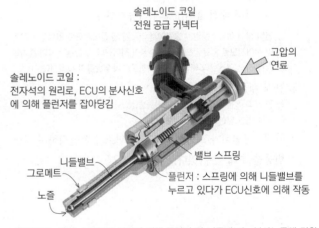

솔레노이드 코일
전원 공급 커넥터
고압의 연료
솔레노이드 코일 :
전자석의 원리로, ECU의 분사신호에 의해 플런저를 잡아당김
니들밸브
그로메트
노즐
밸브 스프링
플런저 : 스프링에 의해 니들밸브를 누르고 있다가 ECU신호에 의해 작동

작동원리 : 밸브 스프링의 장력에 의해 플런저 및 니들밸브는 분사노즐에 밀착되어 연료 분사가 차단된다. 이때 분사신호에 의해 솔레노이드 코일에 전류가 흐르면 플런저를 당겨 노즐이 열려 차단되었던 연료가 분사된다.

⚑ GDI 고압 인젝터의 구조

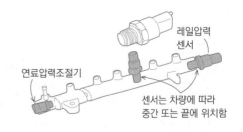

레일압력 센서
연료압력조절기
센서는 차량에 따라 중간 또는 끝에 위치함

05 희박 연소 엔진(린번 엔진)

1 개요

① 일반 엔진이 이론 공연비 14.7 : 1에 연소하는 데 비해 리 번(Lean burn) 엔진은 22 : 1의 희박한 공연비로 운전이 가 능하다.

→ 린번 엔진은 일정 구간 내에서만 희박 공연비(22 : 1)가 제어되고, 그 구 간을 벗어나면 이론 공연비(14.7 : 1)로 제어하게 된다.

② 기본 원리 : 흡기행정 중 와류 발생 및 연료분사 시간을 제 어함으로써 얻을 수 있다.

2 특징

① 희박 연소 구간에서는 극히 희박한 혼합비로 운전하게 되 므로, 연비 개선 효과(10%)가 가능하다.

→ 연비 향상 이유 : 동일한 출력에서 연료가 덜 들어가므로 연료펌프 구동 이 적어지므로 연료펌프의 구동 손실이 적어진다. 또한 공기량이 증가하 므로 정상 연소보다 비열비가 증가함으로써 열효율이 향상된다.

② 유해 배출 가스가 줄어든다.

→ 연소 최고 온도가 낮아져 질소산화물(NOx)이 현저히 감소되며, 완전연 소로 인한 일산화탄소(CO)가 감소

③ 단점 : 공연비가 희박해짐에 따라 연소가 불안정하여 토크 변동을 초래할 수 있다.

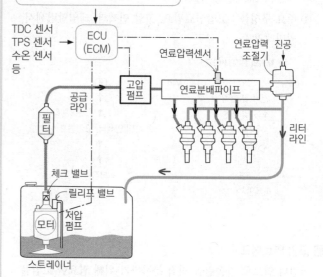

연료 탱크 → 저압 펌프 → 고압 펌프 → 연료 레일 → 고압 인젝터
※ 컴퓨터 제어 : 저압펌프, 고압펌프, 레일압력센서

⬆ GDI 엔진(연료리턴 방식)의 연료 흐름

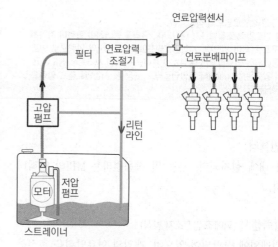

⬆ GDI 엔진(연료리턴리스 방식)의 연료 흐름

▶ 참고) 연료 리턴리스(returnless) 타입이란
연료리턴(return) 타입은 분사에 필요한 연료압력 외에는 연료분배 파이 프 뒤의 연료압력조절기를 통해 리턴된다. 고압펌프 및 연료라인의 마찰 열, 엔진열을 받으며 연료는 고온·고압 상태에서 리턴되는데, 이 연료가 연료탱크를 거치며 대기압 상태로 낮아져 연료의 일부가 증발되어 증발가 스(HC)가 증가한다. 이에 대한 대책으로 증발가스 발생을 줄이기 위해 연 료가 리턴되지 않도록 연료분배 파이프 앞에 연료압력조절기를 설치하여 인젝터에는 분사에 필요한 연료(리턴되고 남은 연료)만 공급될 수 있도록 제 어하는 방식이다.
원리) 압력이 낮아지면 끓는점이 낮아진다. 즉, 쉽게 끓는다는 의미

06 전자제어장치 센서

1 신호에 따른 센서 분류

아날로그 신호	AFS(열선식, 열막식, MAP 방식), 수온 센서(WTS), 흡기온도 센서(ATS), 스로틀 포지션 센서(TPS), 마그네틱 픽업 방식 센서, 대기압 센서(BPS), 산소 센서, 노크 센서
디지털 신호	AFS(칼만와류식), 광전식(옵티컬 방식) 센서, 홀센서 방식, TDC, ISC 스위치, 리드 스위치 등

> ▶ 아날로그 신호(\/\/\)와 디지털 신호(ㅠㅠ)는 센서의 출력파형 모양에 따라 구분된다.
> ▶ ECU는 아날로그 신호를 인식하지 못하므로 아날로그 신호는 ECU 내부에 AD 컨버터를 통해 디지털 신호로 변환한다.

> ▶ 위치에 따른 센서 분류
> • 흡기 계통 : 공기유량 센서, 흡기온도 센서, 대기압 센서
> • 실린더 블록 계통 : 냉각수온도 센서, 크랭크각 센서, TDC 센서, 노크 센서
> • 배기 계통 : 산소 센서
> • 기타 : 차속 센서, 엑셀레이터 위치 센서, 인히비터 스위치, 에어컨 스위치 및 릴레이

2 흡기 온도 센서(ATS, Air Temperature Sensor)
① 흡입되는 공기온도(밀도)의 변화에 따라 ECU에 신호를 보내 연료분사량을 보정한다.
② 부특성 서미스터 이용(흡기 온도↑ → 저항값↓ → 출력전압↓)

>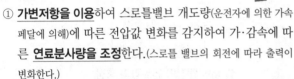
> ▶ 서미스터(thermistor, 열가변 저항기)
> • 저항기의 일종으로, 온도에 따라 물질의 저항이 변화하는 성질을 이용한 장치
> • 정특성 서미스터(PTC, Positive Temperature Coefficient) : 온도가 증가하면 저항도 증가(사용 예 : 전자 온도계)
> • 부특성 서미스터(NTC, Negative Temperature Coefficient) : 온도가 증가하면 저항이 감소(사용 예 : 흡기온도센서, 냉각수온도센서)

3 대기압 센서(BPS, Barometric Pressure Sensor)
피에조 저항형 센서로, 대기압을 검출하여 고도에 따른 연료분사량을 보정한다.

4 스로틀 포지션 센서(TPS, Throttle Position Sensor)
① **가변저항을 이용**하여 스로틀밸브 개도량(운전자에 의한 가속 페달에 의해)에 따른 전압값 변화를 감지하여 가·감속에 따른 **연료분사량을 조정**한다.(스로틀 밸브의 회전에 따라 출력이 변화한다.)
② 스포틀 보디의 밸브축과 함께 회전한다.

③ **검출 전압 범위 : 0~5V**
④ 공기유량센서(AFS) 고장 시 TPS 신호에 의해 분사량을 결정한다.
⑤ 자동변속기에서는 변속시기를 결정해 주는 역할도 한다.
⑥ TPS 고장 시 증상
• 가속 응답성 저하
• 정상 주행의 불량
• 연료 소모 증가
• 매연 배출 증가
• 자동변속기의 변속 지연 및 불안정

5 냉각수 온도 센서(WTS, Water Temperature Sensor)
① 엔진 냉각수 온도를 검출하여 **연료분사량 및 점화시기를** 조정
② **부특성 서미스터(NTC 소자)**를 이용
③ WTS 고장 증상
• 공회전 상태가 불안정해지고 냉간 시동이 불량해진다.
• 연료분사량 보정이 어렵다.
• 워밍업 시기에 검은 연기가 배출되며, 배기가스 중에 CO 및 HC가 증가된다.

6 크랭크각 센서(CAS, Crankshaft Angle Sensor)
① 2가지 역할
• 엔진의 회전속도 검출
• 피스톤의 상사점 인식 : 크랭크축의 회전각도에 따른 피스톤의 위치를 파악하여 **연료분사시기와 점화시기를 결정**
→ 각 실린더의 인젝터 순차분사는 크랭크각 센서에 의해 이뤄진다.
② 종류
• 인덕티브 방식(마그네틱 타입-아날로그 신호)
• 홀센서(디지털 신호)
→ 참고) 마그네틱 방식과 홀센서 방식은 구조상 동일하다.
③ CAS 고장 시 증상 : 기동전동기에 의해 크랭킹은 되나 시동이 걸리지 않음, 운행 중 시동 꺼짐, 엔진 경고등 점등

> ▶ 기본 연료분사량을 결정하는 요소
> 흡입 공기량(에어플로우 센서), 기관 회전수(크랭크각 센서)

7 TDC(Top Dead Center) 센서
1번 또는 4번 실린더의 압축상사점 위치를 검출하여 **연료 분사순서 및 분사시기를 결정**한다. (6행정 기관인 경우 1, 3, 5번 실린더의 상사점을 검출)

⑧ 노킹센서(knocking Sensor)

노킹에 의한 엔진 블록의 진동을 감지하는 센서로, 압전소자(피에조 소자)를 이용하여 **점화 시기를 보정한다(늦춘다).**

→ 노킹 검출 시 공진점을 벗어난 주파수가 발생 → 노킹센서가 이 주파수를 감지하여 전압으로 변환 → ECU로 보냄 → 점화시기를 늦추어 노킹을 방지한다.

▶ 압전소자는 엔진 진동의 크기를 감지하여 전기신호로 변환하는 역할을 한다.

④ 노킹센서 고장 시 증상
  • 출력 저하 및 연비 저하
  • 엔진 과열 및 엔진 내구성 저하

⑨ 산소센서

흡·배기장치 섹션 참조

⑩ 차속 센서(VVS)

차량의 속도를 측정하여 점화시기 및 연료 분사량을 조정한다.(홀센서 방식)

⑪ 부스터 압력 센서(**BPS**, Boost Pressure Sensor)

과급기에 있는 엔진에 장착된 센서로 과급된 흡기다기관의 압력을 검출하여 전압변화를 ECU로 신호를 보낸다.

---

07 가솔린 연료장치의 점검 및 교환

▶ **정비 전 체크사항**
  • 전기로 구동되는 모든 장치는 일반적으로 전기 커넥터(전선이 연결된 부품) 분리 시 단락 및 스파크로 인한 부품 손상을 방지하기 위해 점화스위치를 끄고 배터리 ⊖ 단자의 케이블을 분리하고 작업한다.
  • 부품을 교체하거나 정비 후 재장착 시 부품의 장착 상태를 반드시 확인하여 재장착 시 위치가 변경되지 않도록 주의한다.
  • 여러 개의 장착 볼트를 체결할 때는 볼트를 번갈아가며 조금씩 조인다. 만약 1개씩 완전히 체결할 경우 장착 불량(누설 우려) 또는 실(seal)의 손상 우려가 있으므로 주의해야 한다.

1 연료장치의 육안 점검

① 연료 주입구, 연료 게이지
② 차량 하부점검 : 연료 라인, 연료 파이프, 연료 호스, 연료 탱크

2 연료압력 점검

(1) 가솔린 엔진의 연료압력 점검

① 연료장치 내 잔류 연료 소모
  • 연료탱크 쪽에서 연료펌프 커넥터를 분리한다.
  • 시동을 걸어 연료 라인 내의 잔류 연료가 모두 소모되어 엔진이 멈출 때까지 기다린다. 시동이 꺼지면 점화 스위치를 OFF로 하고, 배터리 ⊖ 단자의 케이블을 분리한다.

② 연료 압력 점검
  • 다시 연료펌프 커넥터를 연결한다.
  • '연료필터 - 딜리버리 파이프' 사이에 연료 압력 게이지를 설치한다.
  • 배터리 ⊖ 단자에 케이블을 연결한다.
  • 시동을 걸어 공회전 상태에서 연료 누출 여부를 확인하고, 연료진공호스를 연료압력 조절기에 연결하여 압력을 측정한다.
    → 만약 연료 압력 조절기에서 진공 호스를 분리하고 진공호스 끝을 막은 후 연료 압력을 측정했을 때 연료압력이 규정값보다 높아야 정상이다.
  • 엔진의 작동을 정지시키고 연료압력 게이지의 지침 변화를 점검한다.
    → 엔진 정지 후, 약 5분 동안 연료의 압력이 유지되어야 한다.

▶ **연료압력이 높을 때 증상 및 부위**
  • 진공호스에서 진공 누설
  • 연료압력 조절기(레귤레이터)의 불량(고착)
  • 리턴 호스 막힘

▶ **연료압력이 낮을 때 증상**
  • 엔진 정지 후 연료압력이 천천히 떨어짐 - 인젝터에서 연료 누출
  • 엔진 정지 후 연료압력이 급격히 떨어짐 - 연료펌프 내의 체크밸브가 닫히지 않는지를 점검한다.
  • 연료필터 막힘 또는 연료 누설

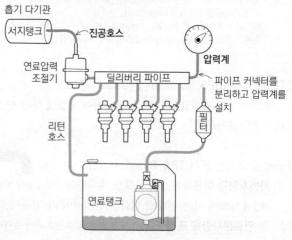

⬆ **MPI 엔진의 연료압력 측정**

(2) 가솔린 직접 분사 방식(GDI)의 연료압력 시험 점검
① 앞과 동일한 과정으로 연료 라인의 잔류 연료를 제거한다.
② 고압연료펌프의 저압연료 입구로부터 연료공급튜브를 분리한다.
③ 연료 압력 측정용 공구를 고압연료펌프의 저압연료 입구와 저압연료 공급튜브와 사이에 장착한다.
④ 엔진 구동 후, 공회전 상태에서 연료압력 측정
⑤ 엔진을 정지시키고, 연료의 압력변화를 점검한다.

    → 엔진 정지 후, 약 5분 동안 연료의 압력이 유지되어야 한다.

⑥ 점화 스위치 OFF, 연료 라인의 잔류 압력 제거

③ 연료펌프 점검

(1) 연료펌프 작동음 점검
① 점화스위치 OFF 후, 연료펌프 커넥터를 분리한다.
② 배터리 전압을 직접 연료펌프 구동 커넥터에 연결하였을 때 연료펌프의 작동음을 확인한다.

    → 연료펌프가 탱크 내에 삽입되어 작동음을 듣기 어려울 경우 연료탱크 캡(필러 캡)을 열고 필러 포트(filler pot)를 통하여 작동음을 듣는다.

③ 손으로 고압쪽 연료호스를 잡고 맥동(출렁거림)을 통해 연료 압력을 점검한다.

> **▶ 연료펌프 고장 시 증상**
> • 시동이 불량하거나 시동이 걸리지 않는다.
> • 엔진 공전 상태에서 작동이 정지한다.
> • 주행할 때 가속력이 떨어지며, 울컥거림이 있거나 가동이 정지된다.
> • 연료펌프 모터의 소음이 심하게 들린다.

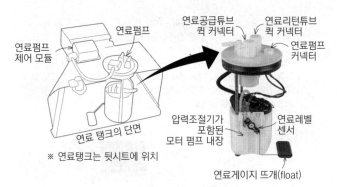

↑ 리턴리스형 연료장치의 연료펌프

(2) 연료펌프의 소모전류 측정
① 클램프형 전류계(후크미터)를 연료펌프 배선에 연결한다.
② 연료펌프 구동 단자에 배터리 ⊕ 전원을 연결하고 전류값을 측정한다.

↑ 클램프 타입 전류계(후크미터)
전선을 절단하지 않고 전류 측정이 가능하다. (측정 시 하나의 전선만 통과시켜야 한다.)

④ GDI 고압연료펌프 장착 시 주의사항
① 고압 연료펌프를 장착하기 전에 크랭크축을 회전시켜 롤러 태핏을 최하단에 위치시킨다.

    → 고압 연료펌프의 원활한 장착과 장착 볼트 파손을 방지하기 위하여

② 고압 연료펌프의 O-링, 롤러 태핏, 돌기부 및 장착 홈에 엔진 오일을 도포한다.
③ 공급 파이프의 퀵 커플링이 소리가 날 때까지 눌러 조립한다.

> **▶ 고압 연료펌프 탈거 순서**
> • 연료펌프 커넥터를 분리한 후 시동 걸어 공회전시킨다. 연료 라인 내의 연료가 모두 소진되어 엔진이 멈추면 점화 스위치를 OFF로 하고, 배터리 ⊖ 케이블을 분리한다.
> • 에어클리너와 흡기 호스를 탈거한다.
> • 연료압력조절밸브 및 연료 공급 튜브 퀵-커넥터를 분리한다.
> • 고압 연료 파이프를 탈거한다.
> • 장착 볼트를 탈거하고, 고압연료펌프를 실린더 헤드 어셈블리로부터 탈거한다.
>
> **▶ O-링 (O-ring)**　　　 **필수암기**
> • 합성고무 혹은 내유성·내열성 플라스틱 재질로, 연료나 오일라인의 연결부에서 누설 방지 및 기밀 목적으로 끼우는 패킹의 일종이다.
> • O-링은 일정 시간 사용 후 경화, 늘어나거나 찢어지는 경우가 있으므로 부품 분해 정비 시 O-링, 개스킷, 각종 패킹은 신품으로 교체하는 것을 원칙적으로 한다.

O-링

⑤ 연료 압력 조절기(연료 리턴 타입) 교환
① 엔진 시동을 걸어 스스로 엔진이 정지할 때까지(남은 연소가 소진될 때까지) 기다렸다가 점화 스위치 OFF
② 배터리 ⊖ 단자 분리
③ 연료압력 조절기와 연결된 리턴호스, 진공호스 탈거
④ 연료압력 조절기 고정볼트 또는 로크너트를 푼 다음 압력 조절기 탈거
⑤ 연료압력 조절기 딜리버리 파이프(연료 분배 파이프)에 장착할 때 신품 O-링에 경유를 도포한 후 장착한다.

6 GDI 기관의 고압펌프
연료압력조절밸브 저항 점검

① 점화 스위치 OFF, 배터리 ⊖ 케이블 분리
② 연료 압력조절 밸브 커넥터 분리
③ 연료 압력조절 밸브 단자 사이의 저항 측정

⬆ 고압펌프

7 연료펌프 릴레이 검사
연료펌프는 릴레이에 의해 작동된다.

① 자기진단기를 자기진단 점검 커넥터 연결
② 점화 스위치 'ON'
③ 액추에이터 검사에서 연료펌프 릴레이 강제 구동
④ 릴레이 작동 유무 및 연료펌프 작동 유무 점검

⬆ 자기진단 점검 커넥터

> ▶ 자기진단 커넥터(DLC, Data Link Connector)
> 운전석 패널 하단에 위치하며, DLC 커넥터와 자기진단기(스캐너)와 통신한다.

8 GDI 딜리버리 파이프
① 점화 스위치 OFF, 배터리 ⊖ 케이블 분리
② 연료 라인의 잔류 압력 제거, 흡기 매니폴드 탈거
③ 인젝터 커넥터와 레일 압력 센서 커넥터를 분리
④ 고압 연료 파이프 고정 볼트 탈거
⑤ 장착 볼트 탈거, 딜리버리 파이프와 인젝터 어셈블리를 엔진으로부터 탈거

9 레일 압력 센서
연료 라인의 잔류 압력을 제거하고, 레일 압력 센서 커넥터를 분리한다. 딜리버리 파이프로부터 레일 압력 센서를 탈거 후 신품으로 교환한다.

> ▶ 레일 압력 센서는 피에조(압전소자) 타입으로 내부에 얇은 금속판으로 되어 있어 만약 떨어뜨렸을 경우, 손상을 유발할 수 있으므로 성능을 확인한 후 사용한다.

10 인젝터 점검
(1) 인젝터의 상태점검 필수암기

① 솔레노이드 코일의 저항 측정
② 인젝터의 작동시간 측정
③ 인젝터의 연료 분사량 측정
④ 인젝터의 분사상태 확인
⑤ 인젝터의 작동음 확인 – 청진기 이용

> → 인젝터에 전원이 인가되면 솔레노이드 코일이 자화되어 아마추어 플레이트가 붙는 소리를 통해 작동유무를 확인한다.

(2) 크랭킹할 때 인젝터가 작동하지 않을 경우 점검
① ECU의 전원공급 회로 또는 접지 불량
② 컨트롤 릴레이의 불량
③ 크랭크각 센서 또는 No.1 실린더 상사점 센서의 불량 여부

> ▶ 연료계통의 구성품 상태 점검 시 분해하지 않는다.
> ▶ 인젝터 분사시간 점검(종합진단기) 시 분사시간의 단위는 [mS]이다.

11 인젝터 파형 검사 – 자기진단기
(1) 자기진단기 연결
① 엔진을 시동하고 오실로스코프의 프로브를 인젝터 신호 단자에 연결한다.
② 일반적으로 인젝터의 신호는 ⊖ 단자에서 측정하며, 측정 단자의 위치에 따라 파형이 달라진다.
③ 인젝터의 전원 공급 단자인 오실로스코프 파형과 분사 신호 단자인 오실로스코프 파형을 측정하여 분석한다.

> ▶ 참고) 왜 오실로스코프를 사용하는가?
> 일반 멀티미터는 저항·전압·전류값을 측정할 수 있으나 이 값은 평균값을 나타낸다. 즉 시간에 따른 변화를 알 수 없다.
> 오실로스코프는 화면을 통해 시각적으로 시간에 따른 전압의 변화를 파형으로 표시해준다.(Y축은 전압, X축은 시간) 인젝터나 점화코일과 같이 시간에 따라 작동 단계별로 전압값의 변화를 통해 해당 부품의 정상 작동 여부를 확인할 수 있다.

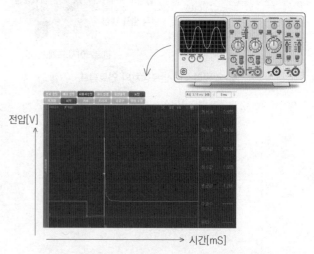

⬆ 오실로스코프 기기와 인젝터 파형 모습

(2) 인젝터 파형 분석

인젝터 회로 접촉 및 인젝터 저항 불량까지 한 번에 측정이
가능한 점검이다.

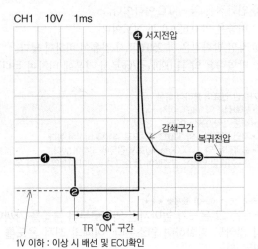

CH1 10V 1ms

④ 서지전압

감쇄구간

복귀전압

TR "ON" 구간

1V 이하 : 이상 시 배선 및 ECU확인

⚡ 인젝터의 파형

❶ 인젝터 비작동구간 : 인젝터에 공급되는 **전원 전압**
(발전기의 충전전압 13.5~14.7V)

❷ 인젝터의 구동 파워 트랜지스터 ON 시작 지점
(인젝터의 플런저가 니들 밸브를 열어 **연료 분사 시작 시점**)
→ 인젝터 구동 시간에 파형 기울기가 0.7V 이상이면 인젝터 접지
회로를 점검한다.

❸ 인젝터 구동 파워 트랜지스터가 OFF 상태까지의 연료분사시간
(약 2.5~6.0mS) : 인젝터 구동구간으로 mS(밀리초)로 표시하며,
이 통전시간으로 분사량을 제어한다.

❹ 서지 전압(피크 전압, 65~85V) : 인젝터 코일에 흐르는 전류가 차단
될 때 포화상태의 자기장이 붕괴되어 급격한 자기장 변화로 전원 전
압이 걸리는 방향과 반대방향으로 역기전력이 발생
→ 인젝터 서지전압이 낮으면 인젝터에 공급되는 전원배선의 불
량 또는 인젝터 코일의 노화, 인젝터 커넥터의 접촉불량 등이
원인이다.

❺ 연료 분사가 중지되며, 다시 배터리 전압으로 복귀된다.

• 역기전력에 의한 피크 전압값이 모든 인젝터에 걸쳐 동일해야 하며, 만
약 5V 이상 차이가 나면 인젝터의 사양과 인젝터 신호 회로를 점검한다.
• 인젝터 구동 시간이 공회전과 2,000rpm에서 일정한 지 확인한다.

🔢 인젝터 파형 검사 순서 – 종합진단기

① 종합진단기의 전원 ON
② 배터리 입력 케이블을 배터리 ⊕, ⊖ 단자에 연결
③ 오실로스코프 프로브 : 흑색 프로브를 배터리 ⊖ 단자에 연
결하고, **빨강 프로브는 인젝터 신호 단자에 연결**
④ 오실로스코프 항목 선택
⑤ 환경설정 버튼을 눌러서 측정 제원 설정(인젝터 신호 단자에
연결한 채널선과 동일한 채널로 선택)
⑥ 화면 상단에 있는 정지 버튼을 누름(트리거)

🔢 인젝터의 교환

(1) 인젝터 탈거

① 연료 파이프 라인 내의 **잔류 압력**을 제거한다.
② 점화 스위치를 OFF로 하고 연료 탱크 측 연료펌프 커넥터
를 탈거 또는 연료펌프 릴레이를 탈거하고 엔진 시동을 걸
어 저절로 정지할 때까지 구동한다.
③ 인젝터 커넥터의 고정핀 분리, 커넥터 및 고정 볼트 분리
④ 인젝터와 연료 압력 조절기가 장착된 상태로 딜리버리 파
이프를 탈거한다.

(2) 인젝터 장착

① 신품 인젝터를 흡기 다기관(인젝터 설치 구멍)에 장착한다.
② 그로메트(grommet)와 O-링을 인젝터에 끼운 후 O-링에 드
라이 솔벤트 또는 휘발유를 바른다.
③ 인젝터를 좌·우로 조금씩 돌려가면서 딜리버리 파이프와
연결된 연료 공급 파이프에 끼운다.
④ 노즐 인슐레이터(절연체)가 딜리버리 파이프의 구멍에 정
확히 들어가도록 조정한 후 딜리버리 파이프를 흡기 다기
관에 장착한다.

상단 그로메트 : 고압 연료 밀봉

O-링

하단 그로메트 : 흡기다기관에 밀봉(진공 누출 방지)

01 연료 및 연소

[13-2, 07-2] 출제율 ★★★

1 자동차 연료로 사용하는 휘발유는 주로 어떤 원소들로 구성되어 있는가?

① 탄소와 황
② 산소와 수소
③ 탄소와 수소
④ 탄소와 4-에틸납

> 휘발유는 원유를 증발하여 만든 연료로, 원유는 탄소(85%), 수소(14%)가 대부분이고, 약 1% 정도가 나머지 원소로 이루어져 있다.

[05-2] 출제율 ★★★★

2 가솔린 엔진에 적합한 연료 조건으로 틀린 것은?

① 발열량이 클 것
② 인화점이 높을 것
③ 인체에 무해할 것
④ 취급이 용이할 것

> 인화점이 높다는 것은 불이 붙을 수 있는 온도가 높아 낮은 온도에서는 불이 붙지 않는다는 의미이다. 휘발유의 인화점은 저온에서도 연소가 쉽도록 −43℃ 정도로 낮다.

[11-3, 08-4] 출제율 ★★★★

3 자동차용 기관의 연료가 갖추어야 할 특성이 아닌 것은?

① 단위 중량 또는 단위 체적당 발열량이 클 것
② 상온에서 기화가 용이할 것
③ 점도가 클 것
④ 저장 및 취급이 용이할 것

> 점도(끈끈한 정도)는 적당해야 한다. 점도가 높으면 기화 및 분사가 잘 되지 않고, 점도가 낮으면 누설 또는 분사장치의 마모 촉진의 원인이 된다.

[11-1, 06-2] 출제율 ★★★★

4 가솔린 연료의 구비조건으로 맞지 않은 것은?

① 단위 중량당 발열량이 적을 것
② 빠른 속도로 연소되어 완전 연소될 것
③ 인화 및 폭발의 위험이 적고 가격이 저렴할 것
④ 연소 후에 탄소 및 유해 화합물이 남지 않을 것

> 발열량은 단위 중량당 발생하는 열량으로, 클수록 효율이 좋다.

[12-1] 출제율 ★

5 자동차용 가솔린 연료의 물리적 특성으로 틀린 것은?

① 인화점은 약 −40℃ 이하이다.
② 비중은 약 0.65~0.75 정도이다.
③ 자연 발화점은 약 250℃로서 경유에 비하여 낮다.
④ 발열량은 약 11,000kcal/kg로서 경유에 비하여 높다.

> **가솔린 연료의 물리적 특성**
> • 인화점 : 약 −43℃ 이하
> • 비중 : 약 0.65~0.75
> • 자연 발화점 : 약 300℃ 이상으로 경유에 비하여 높다.
> • 발열량은 약 11,000kcal/kg로서 경유에 비하여 높다.
>   → 가솔린 엔진은 발열량이 커 순간 가속성이 디젤엔진보다 우수하다.

[16-2, 16-1, 09-3] 출제율 ★★★

6 연료는 그 온도가 높아지면 외부로부터 불꽃을 가까이 하지 않아도 발화하여 연소된다. 이때의 최저 온도를 무엇이라 하는가?

① 인화점　　　　② 착화점
③ 연소점　　　　④ 응고점

> 착화점이란 연료가 착화하는 온도를 말한다. 디젤 기관의 경우 점화플러그와 같은 외부 열원 없이 연료가 고온·고압의 압축공기에 의해 스스로 연소되기 시작하는 최저온도이다.
> ※ 인화점 : 가솔린 엔진의 점화플러그와 같이 외부에서 불꽃 등 열원에 의해 연소되는 최저온도

[14-3, 04-3] 출제율 ★★

7 가솔린 기관의 이론 공연비는?

① 12.7 : 1　　　　② 13.7 : 1
③ 14.7 : 1　　　　④ 15.7 : 1

> **이론 공연비**(이론 공기량)
> • 혼합기 내의 공기와 연료의 비율(중량비)
> • 연료를 완전 연소 하는데 필요한 최소 공기량과 연료와의 비
> • 가솔린 엔진 – 14.7 : 1
> • LPG 엔진 – 15.7 : 1
> • 공연비가 커진다는 것은 "보다 희박한 혼합기"를 뜻하고 공연비가 적어진다는 것은 "보다 농후한 혼합기"를 의미한다.

[13-3, 09-2, 08-1] 출제율 ★★★

8 다음 중 최적의 공연비를 바르게 나타낸 것은?

① 희박한 공연비
② 농후한 공연비
③ 이론적으로 완전연소 가능한 공연비
④ 공전 시 연소 가능범위의 연비

> 최적의 공연비는 이론적으로 완전연소가 가능한 혼합비(14.7 : 1)를 말한다.

정답 ❶ 1③ 2② 3③ 4① 5③ 6② 7③ 8③

9 [14-5, 08-3] 출제율 ★★★ ☐☐☐

기관에서 공기 과잉률이란?

① 이론 공연비
② 실제 공연비
③ 공기 흡입량÷연료 소비량
④ 실제 공연비÷이론 공연비

> **공기 과잉률**
>
> 공기 과잉률(λ) = $\dfrac{\text{실린더에 유입된 실제 공기량}}{\text{완전연소에 필요한 이론 공기량}}$
>
> $\lambda > 1$이면 희박 혼합비, $\lambda < 1$이면 농후 혼합비

10 [07-3, 05-3] 출제율 ★★★ ☐☐☐

연료 1kg을 연소시키는데 필요한 이론적 공기량과 실제로 필요한 공기량과의 비를 무엇이라고 하는가?

① 공기 과잉률
② 연소율
③ 흡기율
④ 공기율

11 [10-3] 출제율 ★★★ ☐☐☐

가솔린 200cc를 연소시키기 위해 몇 kgf의 공기가 필요한가? (단, 혼합비는 15 : 1이고, 가솔린의 비중은 0.73이다.)

① 2.19kgf
② 3.42kgf
③ 4.14kgf
④ 5.63kgf

> 이 문제는 비중, 밀도, 무게, 부피의 관계를 묻는 것이다.
>
> • 가솔린의 비중 = $\dfrac{\text{가솔린의 밀도}}{\text{물의 밀도}}$
>
> → 가솔린의 밀도 = 비중×물의 밀도 = 0.73×1 [gf/cm³]
> = 0.73 [gf/cm³]
>
> • 가솔린의 부피 = 200[cm³] (1[cc] = 1[cm³])이므로
>
> • 가솔린의 무게 = 밀도×부피 = 0.73 [gf/cm³]×200 [cm³]
> = 146 [gf] = 0.146 [kgf]
>
> • 15 : 1 = x : 0.146[kgf],
> ∴ x = 15×0.146 = 2.19[kgf]

12 [12-4] 출제율 ★ ☐☐☐

옥탄가를 측정키 위하여 특별히 장치한 기관으로서 압축비를 임의로 변경시킬 수 있는 기관은?

① LPG 기관
② CFR 기관
③ 디젤 기관
④ 오토 기관

> CFR 기관은 앤티노크(anti-knock)성을 비교하여 가솔린의 옥탄가를 측정하는 가변압축 기관이다.

13 [11-2] 출제율 ★★★★ ☐☐☐

다음 식의 ( )에 알맞은 말은?

> 옥탄가(ON) = $\dfrac{\text{이소옥탄}}{\text{이소옥탄} + (\quad)} \times 100(\%)$

① 노멀 헵탄
② 알파(α) 메틸나프타렌
③ 톨루엔
④ 세탄

14 [14-5, 12-4, 11-4, 10-4 유사] 출제율 ★★★★ ☐☐☐

가솔린의 조성 비율(체적)이 이소옥탄 80, 노멀헵탄 20인 경우 옥탄가는?

① 80
② 70
③ 30
④ 20

> 옥탄가 = $\dfrac{\text{이소옥탄}}{\text{이소옥탄+정(노멀)헵탄}} \times 100\% = \dfrac{80}{80+20} \times 100 = 80\%$

15 [15-2, 09-2] 출제율 ★★★★ ☐☐☐

이소옥탄 60 %, 정헵탄 40 %의 표준연료를 사용했을 때 옥탄가는 얼마인가?

① 40 %
② 50 %
③ 60 %
④ 70 %

> 옥탄가(ON) = $\dfrac{60}{60+40} \times 100 = 60\%$

16 [13-2] 출제율 ★ ☐☐☐

차량용 엔진의 엔진성능에 영향을 미치는 여러 인자에 대한 설명으로 옳은 것은?

① 흡입효율, 체적효율, 충전효율이 있다.
② 압축비는 기관 성능에 영향을 미치치 못한다.
③ 점화시기는 기관 특성에 영향을 미치치 못한다.
④ 냉각수온도, 마찰은 제외한다.

> **엔진 성능에 영향을 미치는 요소**
> 흡입효율, 체적효율, 충전효율, 압축비, 점화시기, 냉각수온도, 마찰 등

17 [13-3, 09-3, 07-3] 출제율 ★★★★ ☐☐☐

가솔린의 안티 노크성을 표시하는 것은?

① 세탄가
② 헵탄가
③ 옥탄가
④ 프로판가

> 옥탄가는 연료의 안티 노킹(내폭성), 즉 노크를 일으키기 어려운 정도를 수치로 표시한 것이다.

정답 **9** ④ **10** ① **11** ① **12** ② **13** ① **14** ① **15** ③ **16** ① **17** ③

[14-4, 12-1] 출제율 ★★★★

18 가솔린 연료에서 노크를 일으키기 어려운 성질을 나타내는 수치는?

① 옥탄가   ② 점도
③ 세탄가   ④ 베이퍼록

[08-2] 출제율 ★★★

19 가솔린 연료의 내폭성을 표시하는 값은?

① 세탄가   ② 옥탄가
③ 점성   ④ 유성

> 내폭성(耐 견딜 내, 爆 폭발할 폭) : 폭발을 견디는 정도를 표시하는 값이므로 옥탄가를 말한다. 즉 옥탄가가 높을수록 이상폭발을 잘 일으키지 않는다.

[11-04] 출제율 ★★★★

20 가솔린 기관에서 심한 노킹이 일어나면?

① 급격한 연소로 고온, 고압이 되어 충격파를 발생한다.
② 배기가스 온도가 상승한다.
③ 기관의 온도저하로 냉각수 손실이 작아진다.
④ 최고압력이 떨어지고 출력이 증대된다.

> ② 노킹이 발생하면 불완전 연소가 되므로 배기가스 온도가 낮아진다.
> ③ 기관의 온도가 급격히 증가하므로 냉각수 손실이 증가한다.
> ④ 순간 폭발로 최고 압력은 증가하지만 평균유효압력은 감소하여 출력이 감소된다.

[08-4, 05-4] 출제율 ★★★

21 노킹이 기관에 미치는 영향으로 틀린 것은?

① 기관 주요 가 부이 응력이 감소한다.
② 기관의 열효율이 저하한다.
③ 실린더가 과열한다.
④ 출력이 저하한다.

[08-1] 출제율 ★★★

22 가솔린 기관에서 고속노크(high speed knock) 방지대책으로 맞는 것은?

① 점화시기를 빠르게 한다.
② 저옥탄가 가솔린을 사용한다.
③ 퇴적된 카본을 제거한다.
④ 수리 시 얇은 헤드 가스킷을 사용한다.

> **가솔린 기관의 노킹 방지책**
> • 옥탄가가 높은 연료를 사용한다.
> • 흡기온도 및 실린더 온도를 낮춘다.
> • 압축비를 낮춘다.
> • 점화시기를 늦춘다.
> • 카본 생성이 낮은 연료를 사용하고, 퇴적된 카본을 제거한다.

[15-4, 11-1] 출제율 ★★★

23 가솔린 기관의 노킹(knocking)을 방지하기 위한 방법이 아닌 것은?

① 화염전파속도를 빠르게 한다.
② 냉각수 온도를 낮춘다.
③ 옥탄가가 높은 연료를 사용한다.
④ 혼합가스의 와류를 방지한다.

> 노킹 방지를 위해 연소실에 와류를 촉진시켜 체적당 출력을 높인다. 가솔린 기관에서는 희박한 혼합가스의 연소를 돕고, 디젤엔진에서는 공기와 연료의 혼합을 돕는다.

[11-4] 출제율 ★★★★

24 가솔린 기관의 노킹 방지책이 아닌 것은?

① 고 옥탄가의 연료를 사용한다.
② 동일 압축비에서 혼합기의 온도를 낮추는 연소실 형상을 사용한다.
③ 화염전파 속도가 빠른 연료를 사용한다.
④ 화염의 전파거리를 길게 하는 연소실 형상을 사용한다.

> 화염전파거리란 점화 플러그의 중심 간극에서 연소실 끝부분까지의 거리를 말한다. 전파거리가 길어지면 화염전파 시간이 증가하여 자기발화 현상이 일어나며, 노킹이 발생하기 쉽다.

[12-1, 07-4] 출제율 ★★★

25 가솔린 기관의 노킹 방지법으로 틀린 것은?

① 화염 진행거리를 단축시킨다.
② 자연착화 온도가 높은 연료를 사용한다.
③ 화염전파 속도를 빠르게 하고 와류를 증가시킨다.
④ 냉각수의 온도를 높여주고 흡기 온도를 높인다.

> 가솔린 기관의 노킹은 연료의 옥탄가가 작거나 연소실 온도가 높아서 발생되므로, 가능한 한 연소실 온도를 낮추어 노킹을 방지한다. 따라서 냉각수 온도를 차갑게 하고 흡기 온도를 낮춘다.

[09-2] 출제율 ★★★

26 가솔린 기관에서 노킹(knocking) 발생 시 억제하는 방법은?

① 점화시기를 빠르게 한다.
② 점화시기를 늦춘다.
③ 연료 공급 압력을 높인다.
④ 연료 공급 압력을 낮춘다.

> 가솔린 기관의 노킹은 고온고압 및 빠른 점화시기로 인해 발생되므로 흡입공기의 온도를 낮추거나 점화시기를 늦추어야 한다. 또한 압축비를 낮춰 자기착화를 방지한다.

[12-3] 출제율 ★★★

27 가솔린기관의 노크를 방지하기 위한 방법으로 <u>틀린 것</u>은?

① 점화시기를 적합하게 한다.
② 기관의 부하를 적게 한다.
③ 연료의 옥탄가를 높게 한다.
④ 흡기온도를 높게 한다.

---

02 전자제어 연료분사장치 개요

[04-1] 출제율 ★

1 전자제어 엔진의 특징이 <u>아닌 것</u>은?

① 유해 배기가스 감소한다.
② 연료소비량이 감소한다.
③ 오일소비량이 감소한다.
④ 출력성능이 향상된다.

> **전자제어 엔진의 특징**
> • 혼합비 제어가 정밀해져 가속 및 감속 시 응답성이 빠름
> • 엔진 출력의 향상(주행성 향상)
> • 연료 소비율이 감소한다.
> • 온도 및 대기압 변화에 따라 공연비 보상을 할 수 있다.
> • 배기가스 제어가 쉽다. (CO, HC 등의 유해배출가스 감소)
> • 연료계통의 구조가 복잡하다.

[14-2, 08-4] 출제율 ★★

2 승용차에서 전자제어식 가솔린 분사기관을 채택하는 이유로 거리가 먼 것은?

① 고속 회전수 향상
② 유해 배출가스 저감
③ 연료소비율 개선
④ 신속한 응답성

> 회전수 향상은 실린더 수, 연료분사량 증가, 가속페달 열림 등에 영향이 있다.

[11-3] 출제율 ★

3 전자제어 연료분사장치 기관의 장점이 <u>아닌 것</u>은?

① 온도변화에 따라 공연비 보상을 할 수 있다.
② 대기압의 변화에 따라 공연비 보상을 할 수 있다.
③ 가속 및 감속 시 응답성이 느리다.
④ 유해 배출가스를 줄일 수 있다.

> 전자제어 연료분사장치 기관는 가감속 시 응답성이 빠르다.

[13-2, 05-1 유사] 출제율 ★

4 전자제어 가솔린 연료분사 방식이 특징이 <u>아닌 것</u>은?

① 기관의 응답 및 주행성 향상
② 기관 출력의 향상
③ CO, HC 등의 배출가스 감소
④ 간단한 구조

[08-2] 출제율 ★

5 전자제어 연료분사식 엔진의 특징으로 <u>틀린 것</u>은?

① 혼합비의 정밀한 제어를 할 수 있다.
② 혼합기가 각 실린더로 균일하게 분배된다.
③ 저속에서는 회전력이 감소된다.
④ 냉시동성이 우수하다.

[14-4, 10-1, 08-3] 출제율 ★

6 스로틀 밸브의 열림 정도를 감지하는 센서는?

① APS
② CKPS
③ CMPS
④ TPS

> TPS는 스로틀 밸브의 개방 각도를 감지하는 가변저항 방식으로, 스로틀 밸브 축에 설치되어 스로틀 밸브의 열림 정도에 따라 흡입 공기량을 조절하는 역할을 한다.
> ① ATS : Air Temperature Sensor (흡기온도센서)
> ② CKPS : CranK Position Sensor (크랭크각 센서)
> ③ CMPS : CaM Position Sensor (캠 포지션 센서)

[14-2, 10-1, 07-5 유사, 07-4 유사, 07-2 유사] 출제율 ★★★

7 자동차 주행 중 가속페달 작동에 따라 출력전압의 변화가 일어나는 센서는?

① 공기 온도 센서
② 수온 센서
③ 유온 센서
④ 스로틀 포지션 센서

> 스로틀 포지션 센서(TPS)는 가속페달 조작 → 회전식 가변 저항값의 변화에 따라 출력전압의 변화가 일어나는 센서이다.

[11-2, 07-3, 06-2] 출제율 ★★

1 가솔린 연료 분사장치에서 연료의 기본 분사량을 결정하는 요소는?

① 흡입 공기량, 기관 회전수
② 흡입 공기량, 산소센서
③ 산소센서, 기관 회전수
④ 기관 회전수, 냉각수 온도

연료 분사량(연료분사시간에 비례) 결정 요소 중 가장 기본은 흡입 공기량과 기관 회전수이며, 나머지 요소는 연료분사량을 보정하는 역할을 한다.

[09-1] 출제율 ★★★

2 인젝터 분사기간 결정에 가장 큰 영향을 주는 센서는?

① 수온 센서
② 공기온도 센서
③ 노크 센서
④ 흡입공기량 센서

[11-3, 06-4, 04-4] 출제율 ★★★

3 전자제어 연료분사 장치에서 연료펌프의 구동상태를 점검하는 방법으로 틀린 것은?

① 연료펌프 모터의 작동음을 확인한다.
② 연료의 송출여부를 점검한다.
③ 연료압력을 측정한다.
④ 연료펌프를 분해하여 점검한다.

연료펌프 구동상태 점검 방법
• 모터의 작동음을 확인한다.
• 연료 압력을 측정한다.
• 연료의 송출여부를 측정한다.
• 연료 호스를 잡아 맥동을 감지한다.

[10-3] 출제율 ★

4 가솔린 기관에서 MPI 시스템의 인젝터 검사방법으로 가장 거리가 먼 것은?

① 솔레노이드 코일의 저항 점검
② 인젝터의 리턴 연료량 점검
③ 인젝터의 작동음
④ 인젝터의 연료 분사량

인젝터의 점검방법
작동음, 작동시간, 연료 분사량, 코일 저항 측정, 파형 측정 등

[10-2] 출제율 ★★

5 전자제어 연료 분사장치에서 인젝터의 상태를 점검하는 방법에 속하지 않는 것은?

① 분해하여 점검
② 인젝터의 작동음 확인
③ 인젝터 작동시간 측정
④ 인젝터의 분사량 측정

인젝터는 분해 정비보다는 단품 교환한다.

[12-3] 출제율 ★★★

6 전자제어 가솔린기관에서 연료펌프 내 체크밸브의 기능에 대한 설명으로 맞는 것은?

① 연료계통의 압력이 일정 이상으로 상승하는 것을 방지하기 위하여 연료를 리턴시킨다.
② 연료의 압송이 정지될 때 체크밸브가 열려 연료 라인 내에 연료압력을 상승시킨다.
③ 연료의 압송이 정지될 때 체크밸브가 닫혀 연료 라인 내에 잔압을 유지시켜 고온 시 베이퍼 록 현상을 방지하고 재시동성을 향상시킨다.
④ 연료가 공급될 때 체크밸브가 닫혀 연료 압력을 상승시켜 베이퍼록 현상을 방지한다.

체크밸브의 역할
• 재시동성 향상 : 시동을 끄면 연료라인 내의 연료가 탱크로 리턴되는데, 체크밸브에 의해 리턴 연료를 가두어 연료라인 내에 항상 일정한 압력(잔압)을 유지시킨다. 만약 열린 채 고장나면 다음 시동 시 잔압이 없으므로 연료 분사 압력이 생성될 때까지 연료 공급시간이 지연되므로 분사가 지연된다. 즉, 재시동이 어렵다.
※ 인젝터쪽의 연료가 연료펌프 쪽으로 역류하는 것을 방지한다.
※ 주행 후 엔진 열에 의해 연료라인 내에 기포가 발생되지 않도록 한다. (베이퍼록 방지)

정리) 체크밸브의 역할 : 잔압 유지, 역류 방지, 베이퍼록 방지, 재시동성 향상

[11-1, 09-3] 출제율 ★★★

7 가솔린 기관에서 연료펌프 내의 체크밸브가 열린 채로 고장이 났을 때 나타나는 현상이 아닌 것은?

① 시동이 걸리지 않는다.
② 주행성능에 영향은 없다.
③ 베이퍼록이 발생할 수 있다.
④ 연료펌프에 무리가 가지 않는다.

체크밸브가 열린 채 고장 시 재시동이 어려울 수 있으나 시동은 걸릴 수 있다.

정답 ❸ 1 ① 2 ④ 3 ④ 4 ② 5 ① 6 ③ 7 ①

[12-1, 07-2] 출제율 ★★★ □□□

8 전자제어 가솔린 분사장치의 연료펌프에서 체크밸브의 역할은?

① 잔압 유지와 재시동을 용이하게 한다.
② 연료 압력의 맥동을 감소시킨다.
③ 연료가 막혔을 때 압력을 조절한다.
④ 연료를 분사한다.

[07-3] 출제율 ★★★ □□□

9 전자제어 가솔린 분사장치의 연료계통에서 연료압력이 규정보다 낮은 압력을 유지하고 있을 때 발생 될 수 있는 현상과 가장 거리가 먼 것은?

① 베이퍼록 발생
② 재시동성 불량
③ 연료 분사량
④ 맥동 및 소음 발생

> 연료압력이 규정보다 낮으면 체크밸브 불량이 주 원인이며, 맥동 및 소음 발생은 연료공급펌프의 이상현상이다.

[11-1] 출제율 ★★★ □□□

10 전자제어 연료분사 엔진에서 연료펌프 내에 체크 밸브를 두는 중요한 이유는?

① 베이퍼록을 방지하기 위해
② 가속성을 향상시키기 위해
③ 연비를 좋게 하기 위해
④ 연료펌프 작동에 있어서 저항을 적게 받기 위해

[15-4, 07-1] 출제율 ★★ □□□

11 전자제어기관이 정지 후 연료압력이 급격히 저하되는 원인에 해당되는 것은?

① 연료 필터가 막혔을 때
② 연료 펌프가 첵 밸브가 불량할 때
③ 연료의 리턴 파이프가 막혔을 때
④ 연료 펌프의 릴리프 밸브가 불량할 때

> ① 엔진 작동 중 연료필터가 막히면 연료압이 저하되나 엔진 정지 후에는 체크밸브에 의해 압력이 저하되지 않는다.
> ② 체크밸브는 엔진 정지 후 잔압을 유지시키므로 만약 열린 상태에서 엔진이 정지되면 잔압이 유지되지 못하므로 압력이 저하된다.
> ③ 연료의 리턴 파이프가 막히면 고압으로 인한 누설 위험이 있다.
> ④ 엔진 가동 중 릴리프 밸브가 열린 채 고정되면 연료펌프에서 발생된 연료압이 모두 탱크로 리턴되므로 연료압력은 발생되지 못하고, 정지해도 압력 변화가 거의 없다.

[06-4] 출제율 ★★★ □□□

12 전자제어 엔진의 연료압력이 높아지는 원인으로 가장 거리가 먼 것은?

① 연료 리턴 라인의 막힘
② 연료펌프의 체크밸브 고장
③ 연료압력조절기의 진공 누설
④ 연료압력조절기의 고장

> 체크밸브는 역류 또는 연료압력이 일정 압력보다 낮아지는 것을 방지하는 역할을 하므로 연료압력이 높아지는 것과는 관계없다.

[08-2] 출제율 ★★★ □□□

13 전자제어 가솔린 연료장치에서 릴리프 밸브의 역할은?

① 증발가스의 발생을 억제한다.
② 저온 시동성을 양호하게 한다.
③ 연료 라인 내의 압력이 규정압 이상으로 상승하는 것을 방지한다.
④ 연료 압력을 올려준다.

> 연료장치나 오일장치는 연료펌프/오일펌프에서 발생시키는 적정한 압력으로 연료/오일이 각각의 장치에 이송하게 된다. 하지만 이 압력이 과도해지면 장치의 연결부위나 일부 장치가 파손될 수 있으므로, 이를 방지하기 위해 릴리프 밸브를 통해 고압의 연료/오일의 일부를 탱크로 리턴시켜 장치 내 압력을 일정하게 유지하기 위한 안전밸브이다.

[10-3, 08-4, 06-2] 출제율 ★★★ □□□

14 연료펌프 라인에 고압이 걸릴 경우 연료의 누출이나 연료 배관이 파손되는 것을 방지하는 것은?

① 사일런서(silencer)
② 체크 밸브(check valve)
③ 안전 밸브(relief valve)
④ 축압기(accumulator)

> • 사일런서 : 연료공급펌프의 연료의 맥동 및 소음 방지
> • 축압기(어큐뮬레이터) : 유압밸브를 급개/폐할 때 발생하는 충격압력(서지 압력)을 방지

[05-4] 출제율 ★★★ □□□

15 전자제어 기관에서 연료펌프 내의 압력이 과대 시 연료 누설방지를 위한 밸브는?

① 체크 밸브(check valve)
② 제트 밸브(jet valve)
③ 릴리프 밸브(relief valve)
④ 리턴 밸브(return valve)

[14-1, 08-1 유사] 출제율 ★★★ □□□

16 전자제어 가솔린기관에서 흡기다기관의 압력과 인젝터에 공급되는 연료압력 편차를 일정하게 유지시키는 것은?

① 릴리프 밸브
② 맵 센서
③ 압력 조절기
④ 체크 밸브

> 연료압력 조절기는 흡기다기관의 압력을 이용하여 인젝터에 공급되는 연료압을 일정하게 조절한다.

정답 ▶ 8 ① 9 ④ 10 ① 11 ② 12 ② 13 ③ 14 ③ 15 ③ 16 ③

17 전자제어 가솔린 기관의 진공식 연료압력 조절기에 대한 설명으로 옳은 것은?

① 공전 시 진공호스를 빼면 연료압력은 낮아지고 다시 호스를 꼽으면 높아진다.

② 급가속 순간 흡기다기관의 진공은 대기압에 가까워 연료압력은 낮아진다.

③ 흡기관의 절대압력과 연료 분배관의 압력차를 항상 일정하게 유지시킨다.

④ 대기압이 변화하면 흡기관의 절대압력과 연료 분배관의 압력차도 같이 변화한다.

연료압력조절기는 흡입다기관의 절대압력(부압, 진공도)를 이용하여 인젝터에 공급되는 연료와의 압력차에 의해 인젝터의 연료 분사압력을 항상 일정하게 유지한다. 연료장치의 압력이 규정치를 초과하면 다이어프램에 의해 조절되는 밸브가 열려 오버플로우 통로를 열게 된다. 오버플로우 밸브가 열리면 규정압 이상의 연료는 밸브를 통하여 연료탱크로 되돌아간다.

18 전자제어 가솔린 분사 장치에 사용되는 연료압력 조절기에서 인젝터의 연료 분사압력을 항상 일정하게 유지하도록 조절하는 것과 직접 관계되는 것은?

① 엔진의 회전속도

② 흡기다기관 진공도

③ 배기가스 중의 산소농도

④ 실린더 내의 압축압력

19 MPI 엔진의 연료압력 조절기 고장 시 엔진에 미치는 영향이 아닌 것은?

① 장시간 정차 후에 엔진시동이 잘 안 된다.

② 엔진연소에 영향을 미치지 않는다.

③ 엔진을 짧은 시간 정지시킨 후 재시동이 잘 안 된다.

④ 연료소비율이 증가하고 CO 및 HC 배출이 증가한다.

연료압력조절기 고장 시 인젝터 분사압력이 일정치 못하므로 과희박/과농후될 수 있다.

20 전자제어기관 연료 분사장치에서 흡기 다기관의 진공도가 높을 때 연료 압력 조절기에 의해 조정되는 파이프라인의 연료 압력은?

① 일정하다.

② 높다.

③ 기준압 보다 낮아진다.

④ 기준압 보다 높아진다.

• 저부하시 : 스로틀밸브가 닫힘(진공도가 높음) – 다이어프램이 올라가 초과 연료가 리턴라인을 통해 많이 돌려보냄 – 연료파이프 라인의 연료압이 낮아짐
• 고부하시 : 스로틀밸브의 열림이 커짐(진공도가 낮음) – 다이어프램이 내려가 리턴되는 연료량이 적어짐 – 연료파이프 라인의 연료압이 커짐

21 전자제어 연료분사 장치의 인젝터는 무엇에 의해서 연료를 분사하는가?

① 연료펌프의 송출압력

② ECU의 분사신호

③ 플런저의 상승

④ 냉각수온센서의 신호

전자제어 연료분사 장치의 인젝터는 흡입공기량 센서, 냉각수온 센서, 산소 센서의 신호 등을 받은 ECU의 출력신호(분사신호)에 의해 연료를 분사한다.

22 전자제어 연료분사 장치에서 인젝터를 설명한 것 중 틀린 것은?

① 플런저 : 니들 밸브를 누르고 있다가 ECU 신호에 의해 작동된다.

② 솔레노이드 : ECU 신호에 의해 전자석이 된다.

③ 니들 밸브 : 연료 압력을 일정하게 유지시킨다.

④ 배선 커넥터 : 솔레노이드에 ECU로부터 신호를 연결하여 준다.

솔레노이드 코일에 전류(펄스신호) 공급 → 전자석이 되어 밸브 스프링이 열림 → 컨트롤 챔버를 통해 연료가 배출되며 플런저가 니들밸브를 누르고 있다가 ECU 신호에 의해 니들밸브를 열어 고압의 연료가 분사
※ 연료 압력을 일정하게 유지하는 부품은 연료압력 조절기이며, 니들 밸브는 분사신호에 의해 분사량을 제어하는 역할을 한다.

23 전자제어 가솔린 기관의 인젝터 분사시간에 대한 설명으로 틀린 것은?

① 급 가속시 순간적으로 분사시간이 길어진다.

② 축전지 전압이 낮으면 무효 분사시간이 길어진다.

③ 급 감속 시 경우에 따라 연료공급이 차단된다.

④ 산소센서의 전압이 높으면 분사시간이 길어진다.

무효 분사시간이란 ECU에서 분사신호를 보낸 후 연료가 인젝터에서 분사되기까지 지연되는 시간을 말한다. 배터리 전압이 낮으면 솔레노이드 코일의 자화가 충분하지 않으므로 분사기간이 길어진다.
산소센서의 전압이 높다는 것은 연료가 농후하다는 것을 의미하므로 이론 공연비에 근접하려면 연료 분사시간이 짧아야 한다.

정답 **17** ③ **18** ② **19** ② **20** ③ **21** ② **22** ③ **23** ④

[06-3] 출제율 ★ □□□
24 전자제어 기관 인젝터의 분사량에 영향을 주지 않는 것은?

① 모터포지션 센서(MPS)

② 산소(O₂) 센서

③ 냉각수온 센서(WTS)

④ 공기유량 센서(AFS)

> 모터 위치 센서(MPS)는 공회전 속도를 조정하기 위한 ISC서보의 위치를 검출하는 센서이다.

[07-2, 08-1 유사] 출제율 ★★★ □□□
25 전자제어 엔진에서 컴퓨터는 무엇으로 연료 분사량을 조절하는가?

① 인젝터의 통전 시간

② 인젝터의 공급 전압

③ 인젝터의 니들 밸브 행정

④ 인젝터의 공급 전류

> 인젝터의 연료 분사량은 인젝터의 통전시간(개방시간)으로 결정된다.
> ※ ②, ③, ④도 분사량에 영향을 미치나 문제에서 컴퓨터가 주체이므로 통전시간이 정답이며, 또한 가장 근본적인 요소이다.

[08-4] 출제율 ★★ □□□
26 전자제어 엔진에서 연료 분사량에 영향을 가장 적게 주는 것은?

① 노즐의 크기와 행정

② 인젝터의 걸리는 연료 압력

③ 인젝터의 서지 전압

④ 인젝터의 분사 시간

> 연료 분사량의 결정 요소는 통전시간(개방시간), 노즐의 면적, 니들밸브의 행정, 연료압력이 있다. 서지전압은 인젝터 내 솔레노이드 코일에 인가된 전류를 갑자기 차단했을 때 전기 흐름의 역방향으로 발생하는 역기전력을 말하며 발생 후 소멸된다. 인젝터 서지전압이 낮으면 분사량에 영향이 거의 없으나 인젝터에 공급되는 전원배선의 불량 또는 인젝터 코일의 노화, 인젝터 커넥터의 접촉불량 등이 원인이다.

[06-4] 출제율 ★★ □□□
27 전자제어 기관 인젝터의 연료 분사량과 관계없는 것은?

① 분사구의 면적

② 연료의 압력

③ TDC 센서

④ 통전시간

[04-4] 출제율 ★★★ □□□
28 인젝터에서 연료 분사량의 결정에 관계되지 않는 것은?

① 니들밸브의 행정　② 분사구의 면적

③ 연료의 압력　　　④ 분사구의 각도

[14-4] 출제율 ★★ □□□
29 전자제어 가솔린 엔진에서 인젝터의 고장으로 발생될 수 있는 현상으로 가장 거리가 먼 것은?

① 연료소모 증가　　② 배출가스 감소

③ 가속력 감소　　　④ 공회전 부조

> **인젝터의 고장 영향**
> 연료소모 증가, 가속력 감소, 공회전 부조, 배출가스 증가 등

[13-4] 출제율 ★★ □□□
30 전자제어 차량의 인젝터가 갖추어야 될 기본 요건이 아닌 것은?

① 정확한 분사량

② 내부식성

③ 기밀 유지

④ 저항값은 무한대(∞)일 것

> **인젝터 코일의 저항측정 (디지털 멀티테스터)**
> • 규정값 이상 : 인젝터 코일 노화
> • 규정값 이하 : 인젝터 코일 단락
> • 무한대 : 인젝터 코일 단선

[10-4] 출제율 ★★ □□□
31 전자제어 가솔린 분사기관에 냉 시동용 인젝터가 설치된 목적은?

① 고속 시 출력증대

② 원활한 급가속

③ 저온 시동성 향상

④ 배기가스 정화대책

[09-3] 출제율 ★★★ □□□
32 전자제어 엔진에서 인젝터의 점검 방법이 아닌 것은?

① 인젝터 코일 저항 측정

② 인젝터 작동음 확인

③ 인젝터 분사상태 확인

④ 인젝터 작동온도 측정

> **인젝터 검사방법** : 솔레노이드 코일 저항 측정, 인젝터의 작동시간 측정, 연료 분사량 측정, 인젝터의 작동음, 인젝터 분사상태 확인

정답 ▶ 24 ①　25 ①　26 ③　27 ③　28 ④　29 ②　30 ④　31 ③　32 ④

[08-2] 출제율 ★★★★ □□□

33 다음 그림의 전자제어 연료분사장치의 인젝터 파형이다. ㉠~㉣의 설명으로 틀린 것은?

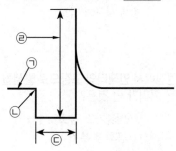

① ㉠ : 인젝터 구동 전압을 나타낸다.
② ㉡ : 인젝터를 구동시키기 위한 트랜지스터의 OFF 상태를 나타낸다.
③ ㉢ : 인젝터 구동 시간(연료 분사시간)을 나타낸다.
④ ㉣ : 인젝터 코일의 자장 붕괴 시 역기전력을 나타낸다.

㉡은 인젝터를 구동시키기 위한 트랜지스터가 ON되는 지점이다.

[참고] 출제율 ★★★ □□□

34 전자제어 연료분사장치의 인젝터 파형에서 인젝터의 연료 분사 시간를 나타내는 구간은?

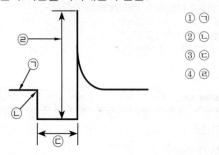

① ㉠
② ㉡
③ ㉢
④ ㉣

㉠ : 인젝터에 공급되는 전원 전압
㉡ : 인젝터의 플런저가 니들밸브를 열어 연료 분사가 시작
㉢ : 인젝터의 연료 분사 시간
㉣ : 인젝터에 공급되는 전류가 차단되어 역기전력(서지전압)이 발생

[07-4] 출제율 ★★ □□□

35 전자제어기관의 인젝터 회로 접촉 불량은 물론 인젝터 자체 저항 불량까지 한 번에 측정이 가능한 점검 요령을 기술한 것 중 가장 올바른 것은?

① 인젝터 전류 파형을 측정하여 점검
② 인젝터 작동소리로 점검
③ 인젝터 저항을 측정하여 점검
④ 인젝터 분사량을 측정하여 점검

[08-4] 출제율 ★★ □□□

36 전자제어 차량의 컴퓨터(ECU, ECM)에는 크게 입력신호와 출력단으로 구분할 수 있다. 이 중에서 입력 신호가 아닌 것은?

① 냉각수 온도 센서(WTS)
② 흡기온도 센서(ATS)
③ 스로틀 포지션 센서(TPS)
④ 인젝터(injector)

인젝터는 연료가 분사되는 출력에 해당하므로 출력신호이다.

[05-2] 출제율 ★★ □□□

37 가솔린 연료분사 장치의 인젝터는 무엇에 의해 연료를 분사하는가?

① ECU의 펄스 신호
② 플런저의 작동
③ 다이어프램의 상하운동
④ 연료펌프의 연료압력

[09-4] 출제율 ★★★ □□□

38 인젝터의 저항을 측정하는데 가장 적합한 측정 장비는 다음 중 어느 것인가?

① 아날로그 멀티테스터
② 테스터 램프
③ 디지털 멀티테스터
④ 메가 테스터

인젝터의 저항은 소수점까지 측정되므로 디지털 멀티테스터로 측정한다.

[09-2] 출제율 ★★ □□□

39 전자제어 엔진에서 인젝터의 고장으로 발생될 수 있는 현상 중 가장 거리가 먼 것은?

① 연료소모 증가
② 출력 증가
③ 가속력 감소
④ 공회전 부조

인젝터의 고장 증상 : 연료 누설로 인한 연료소모 증가, 출력 감소, 가속력 감소, 공회전 부조, 시동지연, 노즐 카본 누적 등

[04-4] 출제율 ★★★ □□□

40 엔진키를 'ST'로 하여 시동 시 ECU가 입력받는 신호는?

① 크랭크각 센서
② No 1. TDC센서
③ 흡기온 센서
④ 크랭킹 신호

ST로 하면 기동전동기가 작동하고, 크랭크축이 회전하면 크랭크각센서의 신호에 받아 크랭킹 중임을 ECM(ECU)에 알려준다. ECU는 이 신호에 의해 점화코일 및 연료펌프를 구동시킨다.

정답 ▶ **33** ② **34** ③ **35** ① **36** ④ **37** ① **38** ③ **39** ② **40** ④

41 전자제어 연료분사 장치 차량에서 시동이 안 걸리는 원인으로 가장 거리가 먼 것은?

① 점화 일차 코일의 단선
② 타이밍 벨트가 끊어짐
③ 차속 센서 불량
④ 연료 펌프 배선의 단선

시동에 영향을 주는 요소는 연료펌프, 컨트롤 릴레이, ECU, 인젝터, 점화코일, 크랭크각센서 등이다.

42 간접분사 방식의 MPI(Multi Point Injection) 연료 분사장치에서 인젝터가 설치되는 곳은?

① 각 실린더 흡입밸브 전방
② 서지탱크(surge tank)
③ 스로틀 보디(throttle body)
④ 연소실 중앙

43 다음 중 MPI(Manifold Point Injection) 엔진과 비교할 때 GDI(Gasoline Direct Injection) 엔진에 관한 특징으로 틀린 것은?

① 실린더 내에 가솔린을 직접 분사하는 방식이다.
② 운전이 정숙하고 구조가 단순하고 정비성이 좋다.
③ 초 희박 공연비로도 연소가 가능하다.
④ 연소 분사압력이 매우 높다.

GDI 방식은 고압의 연료를 분사하기 위해 고압펌프, 고압 인젝터 등이 필요하므로 MPI 엔진에 비해 진동과 소음이 크고, 구조가 복잡하여 정비성이 떨어진다.

44 다음 중 가솔린 전자제어 연료장치의 구성품에 해당되지 않는 것은?

① 연료필터
② 연료압력조절기
③ 인젝터
④ 봄베

• 가솔린 전자 제어 연료 장치 : 연료 탱크, 연료펌프, 연료필터(여과기), 연료압력조절기, 인젝터 등
• 디젤 전자제어 연료 장치 : 연료 탱크, 연료 모터, 연료 필터, 고압 펌프, 커먼레일 파이프, 인젝터 등
• LPG 연료 장치 : 봄베(가스 저장), 가스필터, 가스압력조절기, 인젝터 등

45 엔진 작동을 멈춘 후 연료압력이 규정보다 낮은 압력을 유지하고 있을 때 발생 될 수 있는 현상은?

① 연료 소모 과다
② 시동 지연
③ 배기가스 과다 발생
④ 맥동 및 소음 발생

시동 OFF 후 연료압력이 규정보다 낮으면 체크밸브 불량이 가장 크므로 시동이 지연될 수 있다.

46 가솔린엔진의 연료압력이 규정값 보다 낮게 측정되는 원인으로 틀린 것은?

① 연료펌프 불량
② 연료필터 막힘
③ 연료공급파이프 누설
④ 연료압력조절기 진공호스 누설

연료압력조절기의 진동호스가 누설되면 진공도가 낮아져 리턴 라인으로 초과 연료가 배출되지 못하므로 연료압력이 높아진다.

47 MPI 엔진의 연료압력조절기 고장 시 엔진에 미치는 영향이 아닌 것은?

① 장시간 정차 후에 엔진시동이 잘 안 된다.
② 엔진 연소에는 영향을 미치지 않는다.
③ 엔진을 짧은 시간 정지시킨 후 재시동이 잘 안 된다.
④ 연료소비율이 증가하고 CO 및 HC 배출이 증가한다.

48 전자제어 연료분사 장치의 인젝터는 무엇에 의해서 연료를 분사하는가?

① 연료펌프의 송출압력
② ECU의 펄스 신호
③ 플런저의 상승
④ 냉각수온센서의 신호

전자제어 연료분사 장치의 인젝터는 흡입공기량 센서, 냉각수온 센서, 산소 센서의 신호 등을 받은 ECU의 펄스신호(분사신호)에 의해 연료를 분사한다.

정답 41 ③ 42 ① 43 ② 44 ④ 45 ② 46 ④ 47 ② 48 ②

49 가솔린 직접 분사 방식(GDI)의 연료압력 시험 점검으로 적절하지 않은 것은?

① 점검 전에 연료 라인의 잔류 압력을 제거해야 한다.

② 점검 시 엔진을 구동하고 공회전 상태에서 점검한다.

③ 연료 압력 측정 공구는 고압연료펌프와 인젝터 사이에 장착한다.

④ 엔진 정지 후 약 5분 동안 연료의 압력이 유지되는지 점검한다.

> 연료 압력 측정 공구는 저압 연료 공급 튜브와 고압 연료펌프의 저압 연료 입구 사이에 장착한다.

50 연료펌프가 고장날 때의 현상과 거리가 먼 것은?

① 연료 소모가 심해진다.

② 공전 시 엔진이 멈춘다.

③ 주행 시 가속력이 떨어진다.

④ 연료펌프 모터의 소음이 발생된다.

> 연료펌프 고장 시 펌핑이 불량해져 연료공급이 안되므로 연료압력이 낮아져 가속력이 떨어지고, 시동이 꺼진다.

51 전자제어 연료분사 장치의 인젝터 작동 시 분사량에 가장 영향을 주는 것은?

① 인젝터 솔레노이드 코일의 통전 시간

② 인젝터의 니들 밸브의 지름

③ 인젝터의 니들 밸브의 유효 행정

④ 연료의 압력

> 인젝터의 연료 분사량은 인젝터의 통전시간(개방시간)으로 결정된다.
> ※ ②, ③, ④도 분사량에 영향을 미치나 가장 주요 변수는 통전시간에 따른 분사량이다.

---

04 전자제어 연료장치의 센서

1 아날로그 신호가 출력되는 센서로 틀린 것은?

① 옵티컬 방식의 크랭크각 센서

② 스로틀 포지션 센서

③ 흡기온도 센서

④ 수온 센서

> 옵티컬 방식은 광센서 방식으로 발광 다이오드에서 빛을 보내고 포토 다이오드에서 빛을 받는 구조로 '빛을 받음(1)/받지 않음(0)'을 감지하는 디지털 파형(⊓⊓)을 출력한다.

2 다음 중 ECU에 입력되는 신호를 아날로그와 디지털 신호로 나누었을 때 디지털 신호는?

① 열막식 공기유량 센서

② 인덕티브 방식의 크랭크각 센서

③ 옵티컬 방식의 크랭크각 센서

④ 포텐쇼미터 방식의 스로틀포지션 센서

> 인덕티브(inductive) 방식 : 마그네틱을 이용한 것으로 발전기와 같이 전자유도작용을 이용한다.(마그네틱이나 가변저항을 이용한 방식은 아날로그 신호를 출력한다)

3 각종 센서의 내부 구조 및 원리에 대한 설명으로 거리가 먼 것은?

① 냉각수 온도 센서 : NTC를 이용한 서미스터 전압값의 변화

② 맵 센서 : 진공으로 인한 저항(피에조)값을 변화

③ 지르코니아 산소 센서 : 온도에 의한 전류값을 변화

④ 스로틀(밸브)위치 센서 : 가변저항을 이용한 전압값 변화

> 지르코니아 산소센서 : 배기가스의 산소농도와 대기 중의 산소농도 차이에 따라 기전력(전압)이 발생되는 원리를 이용한다.

4 전자제어 연료분사 장치에는 각종 센서가 사용되는데 엔진의 온도를 감지하여 컴퓨터에 보내주는 센서는 무엇인가?

① 포토센서　　　　② 사이리스터

③ 서모센서　　　　④ 다이오드

> 서모(thermo : '열'을 의미) 센서는 냉각수의 온도를 감지하는 수온센서를 말한다.

[09-1, 04-1] 출제율 ★★ □□□

5 가솔린 분사장치의 연료 증량 보정과 관계없는 부품은?

① 수온센서
② 흡기온도 센서
③ 스로틀 위치 센서
④ 진공 스위치

> 연료 분사량에 영향을 미치는 센서 : 공기유량센서, 흡기온도센서, 수온센서, 스로틀위치센서, 산소센서, 차속센서

[12-1] 출제율 ★★ □□□

6 전자제어 기관에서 냉각수 온도 감지센서의 반도체 소자로 맞는 것은?

① NTC 저항체
② 제너 다이오드
③ 발광 다이오드
④ 압전 소자

> 냉각수 온도 감지센서(WTS)는 온도변화에 따른 저항값 변화를 이용한 NTC (부특성) 서미스터가 사용된다.

[06-2] 출제율 ★★★ □□□

7 자동차에 사용되는 센서에 대한 설명으로 틀린 것은?

① 온도변화나 압력변화 등의 물리량을 전압이나 전류 등의 전기량으로 변화시킨다.
② 온도센서, 압력센서, 차속센서 등이 있다.
③ 복잡한 제어장치에 사용되며 주위상황이나 운전상태 등을 감지한다.
④ 온도변화나 압력변화 등에 상관없이 저항이 일정하다.

> 온도변화(흡기온도, 수온온도)나 압력변화(압전소자, 맵 센서) 등에 따라 변하는 저항값에 의한 전압을 출력신호로 ECU에 보낸다.

[08-2] 출제율 ★★★ □□□

8 전자제어 기관에서 수온센서 배선이 접지되었을 경우 나타나는 현상은?

① 고속주행이 곤란하다.
② 상온상태에서 시동이 곤란하다.
③ 연료소모가 많다.
④ 겨울철 시동이 곤란하다.

> 수온센서는 엔진의 워밍업 상태를 판정하여 엔진이 냉각 상태일 때 연료량을 적절히 증가시켜 시동을 원활하게 한다.

[09-3] 출제율 ★★★ □□□

9 기관에서 온도센서는 어떤 역할을 하는가?

① 기관의 냉각수 온도를 측정하여 이를 전기적 신호로 바꾸어 ECU에 보낸다.
② 외부 온도를 측정하여 이를 전기적 신호로 바꾸어 ECU에 보낸다.
③ 냉각수 온도를 측정하여 직접 시동밸브로 신호를 보낸다.
④ 기관온도를 측정하여 공기센서에 신호를 보내어 혼합기를 조정한다.

> 기관의 온도는 냉각수 온도로 측정한다.

[13-1, 09-4] 출제율 ★★ □□□

10 냉각수 온도센서 고장 시 엔진에 미치는 영향으로 틀린 것은?

① 공회전 상태가 불안정하게 된다.
② 워밍업 시기에 검은 연기가 배출될 수 있다.
③ 배기가스 중에 CO 및 HC가 증가된다.
④ 냉간 시동성이 양호하다.

> **WTS 고장 증상**
> (냉간)시동 불량, 연비 저하, 주행 중 가속력 저하, 공회전 불안정(엔진 부조), 워밍업 시기에 매연 검은 연기 배출 및 배기가스 증가 등

[07-3] 출제율 ★★★ □□□

11 전자제어 연료분사식 엔진에서 냉각수온센서에 대한 설명 중 틀린 것은?

① 냉각수온도를 저항치로 변화시켜 컴퓨터로 입력시킨다.
② 냉각수온 센서가 단락되었을 때는 저항값이 0Ω에 가깝다.
③ 냉각수 온도가 높아지면 저항값이 커진다.
④ 냉각수온센서의 저항값이 높아지면 연료분사량이 증가한다.

> 냉각수온센서의 NTC 서미스터는 온도가 상승함에 따라 저항값이 감소하는 성질이 있다.
> ※ ・단락 시 저항 : 0Ω, ・단선 시 저항 : ∞Ω

[04-4] 출제율 ★ □□□

12 냉각수 온도 센서(WTS)의 고장 시 발생될 수 있는 현상 중 틀린 것은?

① 냉간 시동 시 공전상태에서 엔진이 불안정하다.
② 냉각수 온도 상태에 따른 연료분사량 보정을 할 수 없다.
③ 고장 발생 시(단선) 온도를 150℃로 판정한다.
④ 엔진 시동 시 냉각수 온도에 따라 분사량 보정을 할 수 없다.

정답 5 ④ 6 ① 7 ④ 8 ④ 9 ① 10 ④ 11 ③ 12 ③

13 전자제어 엔진에서 냉간 시 점화시기 제어 및 연료분사량 제어를 하는 센서는?

① 흡기온도 센서
② 대기압 센서
③ 수온 센서
④ 공기량 센서

> ① 흡기온도 센서 : 흡입공기 온도를 검출하여 연료분사량을 조정
> ② 대기압 센서 : AFS에 부착되어 대기압을 측정하여 고도에 따른 적정한 공연비가 되도록 연료분사량과 점화시기를 보정
> ③ 수온 센서 : 냉각수 온도를 측정하여 냉간 시 점화시기 및 연료분사량 보정
> ④ 공기량 센서 : 흡입 공기량을 검출하여 기본 연료분사량을 결정

14 기관의 회전수를 계산하는데 사용하는 센서는?

① 스로틀 포지션 센서
② 맵 센서
③ 크랭크 포지션 센서
④ 노크센서

> 크랭크 포지션 센서는 크랭크축이 압축상사점에 대해 어떤 위치에 있는가를 검출하여 엔진 회전수를 계산하여 분사시기를 결정하는 신호로 사용한다.

15 전자제어 연료분사 장치에 사용되는 크랭크 각(Crank Angle) 센서의 기능은?

① 엔진 회전수 및 크랭크 축의 위치를 검출한다.
② 엔진 부하의 크기를 결정한다.
③ 캠 축의 위치를 검출한다.
④ 1번 실린더가 압축 상사점에 있는 상태를 검출한다.

16 크랭크각 센서의 설명 중 틀린 것은?

① 기관 회전수와 크랭크축의 위치를 감지한다.
② 기본연료 분사량과 기본 점화시기에 영향을 준다.
③ 고장 발생 시 곧바로 정지된다.
④ 고장 발생 시 대체 센서값을 이용한다.

> 크랭크각 센서는 기본연료 분사량과 기본 점화시기에 크랭크각 센서 고장 시 시동이 걸리지 않거나 정지될 수 있으며, 대체할 수 있는 센서 신호가 없다.

17 노크센서는 무엇으로 노킹을 판단하는가?

① 배기 소음
② 배출가스 압력
③ 엔진블록의 진동
④ 흡기다기관의 진공

> 노킹검출 방법에는 실린더 압력, 엔진블록 진동, 연속음 등이 있으며 현재는 압전소자를 이용한 진동 감지방법을 사용한다.

18 가솔린 기관에서 노크 센서를 설명한 것으로 틀린 것은?

① 엔진의 노킹을 감지하여 이를 미소한 전압으로 변환해서 ECU로 보낸다.
② 엔진의 유효 출력을 효율적으로 얻을 수 있도록 신호를 보낸다.
③ 엔진의 노킹이 발생되면 점화시기를 진각시킨다.
④ 엔진의 노킹이 발생되면 점화시기를 지각시킨다.

> 급가속 등에서는 압축과정에서 점화시기가 빨라지는 현상이 되어 노킹이 발생되므로 점화시기를 늦춘다.(지각)

19 주행 중 가속페달 작동에 따라 출력전압의 변화가 일어나는 센서는?

① 공기온도 센서
② 수온 센서
③ 유온 센서
④ 스로틀 포지션 센서

> 가속페달은 스로틀 밸브와 연결되어 있으므로 스로틀 개도를 검출하는 스로틀 포지션 센서의 출력전압이 변화된다.

20 전자제어 기관에서 노킹센서의 고장으로 노킹이 발생되는 경우 엔진에 미치는 영향으로 옳은 것은?

① 오일이 냉각된다.
② 가속 시 출력이 증가한다.
③ 엔진 냉각수가 줄어든다.
④ 엔진이 과열된다.

> 노킹이 발생되면 엔진 과열, 출력 저하, 연비 저하, 내구성 저하 등의 문제가 발생한다.

[04-3] 출제율 ★ ☐☐☐

21 전자 제어 엔진에서 노크 센서(Knock sensor)가 장착됨에 따른 효과가 **아닌** 것은?

① 엔진 토크 및 출력 증대
② 연비 향상
③ 엔진 내구성 증대
④ 일정한 연료 컷(cut) 제어

[12-5, 12-4, 09-5 유사, 09-4 유사] 출제율 ★★★ ☐☐☐

22 자동차 주행 속도를 감지하는 센서는 무엇인가?

① 차속 센서
② 크랭크각 센서
③ TDC 센서
④ 경사각 센서

> 차속센서는 주행 속도를 감지하는 센서로, 계기판의 속도계와 관계가 있다.

[05-4] 출제율 ★★ ☐☐☐

23 차속센서는 무엇을 이용하여 ECU에서 속도를 판단할 수 있도록 되어 있는가?

① 저항
② 전류
③ TR(트랜지스터)
④ 홀 센서

> 차속센서, 크랭크각 센서는 홀 센서 방식을 이용한다.

[08-2] 출제율 ★ ☐☐☐

24 펄스(pulse)의 정의로 옳은 것은?

① 시간에 관계없이 파형만 볼 수 있을 정도의 신호이다.
② on-off 제어를 말한다.
③ 주기적으로 반복되는 전압이나 전류의 파형이다.
④ 펄스는 아날로그 멀티시험기로 점검한다.

> 펄스는 디지털 신호이며, 전압 또는 전류의 ON/OFF(또는 1/0, 5V/0V)가 1사이클을 이루며 반복되는 신호이다. 펄스의 high level 또는 low level 크기에 따라 듀티값을 알 수 있으며 점화 신호, 인젝터 신호, ISA(공전속도 액추에이터), 스텝모터 등에 활용된다.
> 펄스란 짧은 시간에 주기적으로 반복되는 전압이나 전류의 파형이다. 펄스는 디지털 멀티미터로 점검한다.
> ※ ON-OFF를 제어하는 것은 아날로그 신호에 속하며, 목표값을 초과하면 OFF시키고 목표값보다 낮아지면 ON시키는 방식으로 목표값과 가까울수록 ON시키는 시간이 줄어든다.

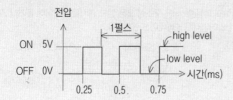

---

05 연료장치의 점검 및 교환

[07-1] 출제율 ★★★ ☐☐☐

1 전자제어 기관에서 인젝터를 점검하는 방법으로 가장 관련이 없는 것인?

① 인젝터의 분사상태 확인
② 인젝터의 고압 저항 측정
③ 인젝터의 온도 측정
④ 인젝터의 작동을 확인

[12-4] 출제율 ★★★ ☐☐☐

2 인젝터의 점검사항 중 오실로스코프로 측정해야 하는 것은?

① 저항
② 작동음
③ 분사시간
④ 분사량

> **인젝터의 점검 방법**
> • 분사시간 : 오실로스코프   • 저항 : 디지털 멀티미터
> • 작동음 : 청진기   • 분사량 : 분사펌프 시험기

[06-3] 출제율 ★★ ☐☐☐

3 전자제어 분사장치 자동차가 열간 시 시동이 잘 안 걸리는 원인 중 잘못된 것은?

① 인젝터 불량
② 연료 압력 레귤레이터 불량
③ 흡기 매니홀드 개스킷 불량
④ 산소센서 불량

> 산소센서는 공연비 보정 역할을 하므로 시동과는 거리가 멀다.

[08-1] 출제율 ★ ☐☐☐

4 다음 그림은 자동차의 부품 중 어떤 부품의 파형을 검출한 것인가?

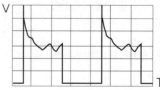

① 스로틀 포지션센서
② 수온센서
③ 스텝모터
④ 인젝터

> 아날로그 신호(〰〰)와 디지털 신호(⊓⊓)는 센서의 출력파형 모양에 따라 구분된다. 위 파형은 디지털 신호를 출력하는 부품을 찾는 문제이다. 스텝모터는 펄스 주파수(디지털 신호)에 의해 회전속도가 제어된다. TPS, 수온센서는 아날로그 파형이고, 인젝터는 디지털 파형이지만 ⌐_⌐ 모양을 하고 통전시간에 해당되는 구간(0~12V)이 있어야 한다.

정답 21 ④ 22 ① 23 ④ 24 ③ **5** 1 ③ 2 ③ 3 ④ 4 ③

5 크랭크각 신호에 따라 각 실린더의 인젝터를 동시에 개방하여 연료를 공급하는 분사방식은?

① 동기분사   ② 동시분사

③ 그룹분사   ④ 순차분사

연료분사시기제어 방식 분류	
동기분사	• 독립분사(순차분사)라고도 함 • 점화순서에(CAS에 의해) 따라 순차적으로 분사 • 크랭크축 2회전마다 각 인젝터마다 1회 분사
그룹분사	• 2개 그룹으로 나누어 분사
동시분사 (비동기분사)	• 원활한 시동을 위해, 또는 급가속 시 동시에 분사 • 크랭크축 1회전마다 모든 인젝터에 1회 분사

6 전자제어 기관의 연료분사 제어방식 중 점화순서에 따라 순차적으로 분사되는 방식은?

① 간헐 분사   ② 그룹 분사

③ 동시 분사   ④ 동기 분사

7 가솔린 연료 분사기(Injector)의 분사형태에서 순차분사는 어떤 센서의 신호에 동기되어 분사하는가?

① 산소 센서   ② 에어플로워 센서

③ 크랭크각 센서   ④ 맵 센서

순차분사는 크랭크각 센서의 신호에 따라 순차적으로 분사한다.

8 점화시기를 점검하기 위해 타이밍 라이트를 기관에 설치 및 작업할 때 유의사항이다. 틀린 것은?

① RPM 케이블을 2번 점화 플러그에 연결

② 시험기의 적색 (+) 클립은 축전지 터미널에 연결

③ 피에조 센서를 동시에 사용한다.

④ 규정된 회전에서 작업한다.

RPM 케이블은 1번 점화 플러그에 연결한다.

9 연료펌프의 점검과 가장 거리가 먼 것은?

① 연료펌프의 작동음

② 연료펌프 출구쪽 연료 호스의 맥동

③ 클램프 전류계를 이용한 전류값 측정

④ 진공호스 점검

연료펌프와 진공압은 관계가 없다. 연료압력조절기는 진공압에 의해 연료를 조절하므로 진공호스를 점검할 필요가 있다.

10 전자제어 연료분사 장치의 연료분사 방식 중 동시분사 방식에 대해 옳게 설명한 것은?

① 크랭크샤프트 2회전마다 전 기통(모든 실린더)이 동시에 1회 분사한다.

② 크랭크샤프트 1회전마다 전 기통(모든 실린더)이 동시에 1회 분사한다.

③ 점화 순서에 따라 흡입행정 직전에 분사된다.

④ 흡입 또는 압축행정 직전에 있는 실린더에만 동시에 분사된다.

동시분사방식은 매 회전마다 동시에 분사하는 방식이다.

11 고압 연료 인젝터의 탈거 순서로 맞는 것은?

㉠ 연료 라인의 잔류 압력을 제거한다.
㉡ 인젝터를 딜리버리 파이프로부터 분리한다.
㉢ 점화 스위치를 OFF로 하고, 배터리 (−)케이블을 분리한다.
㉣ 딜리버리 파이프 & 인젝터 어셈블리를 탈거한다.

① ㉠ − ㉡ − ㉢ − ㉣

② ㉠ − ㉢ − ㉣ − ㉡

③ ㉢ − ㉡ − ㉣ − ㉠

④ ㉢ − ㉠ − ㉣ − ㉡

1. 점화 스위치를 OFF로 하고, 배터리 (−)케이블을 분리한다.
2. 연료 라인의 잔류 압력을 제거한다.
3. 딜리버리 파이프 & 인젝터 어셈블리를 탈거한다.
4. 인젝터 커넥터와 고정 클립을 탈거한다.
5. 인젝터를 딜리버리 파이프로부터 분리한다.

12 연료장치의 구성품에 대한 설명으로 틀린 것은?

① 연료탱크는 주로 합성수지를 사용한다.

② 연료 파이프 사이는 피팅으로 연결하며, 반드시 복스 렌치를 이용하여 풀거나 조인다.

③ 연료분배 파이프는 각 인젝터에 동일한 분사 압력이 되도록 하는 역할을 한다.

④ 체크 밸브는 연료펌프에 장착되어 있다.

파이프 피팅(fitting)은 구조상 오픈 엔드 렌치를 이용하여 풀거나 조인다.
(아래 이미지는 콤비네이션 렌치이다.)

오픈엔드 렌치   복스 렌치

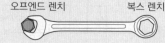

정답   5 ②   6 ④   7 ③   8 ①   9 ④   10 ②   11 ④   12 ②

03 | 디젤엔진·LPG엔진 연료장치

[예상문항 : 1~3문제] 이 섹션의 문항수는 횟차별, 개인별로 변동이 큽니다. 디젤엔진의 경우 학습내용은 많지만 디젤분사노즐 시험기 외에는 거의 출제되지 않았습니다. 22년 1회 시험에서는 디젤엔진보다 LPG엔진(2문제)에서 비중을 두었습니다. 횟차마다 출제 비중을 알 수 없지만 이 섹션의 출제비중이 생각보다 높지 않습니다.

01 디젤엔진 일반

1 디젤엔진의 특징(가솔린기관과 비교했을 때)

장점	• 열효율이 높고 연료소비량이 적다. • 넓은 회전속도 범위에 걸쳐 회전 토크가 크다.
단점	• 질소산화물과 매연이 배출된다. • 시동에 소요되는 동력이 크다.

디젤 연료의 착화성을 표시
(얼마나 잘 착화하느냐를 나타내는 수치)
↑

2 디젤엔진의 구비조건 필수암기

① 착화성이 좋은 연료(세탄가가 높은 연료)를 사용한다.
② 압축비를 높여 실린더 내의 압력·온도를 상승시킨다.
③ 연소실 내에서 공기 와류가 일어나도록 한다.
④ 냉각수의 온도를 높여 연소실 벽의 온도를 높게 유지한다.
⑤ 착화기간 중의 분사량을 적게 한다.

▶ **착화성** : 고온고압의 압축공기에 연료를 분사했을 때 불이 붙는 성질
▶ 디젤엔진의 연소에 영향을 미치는 중요 요소
  분사시기, 분무상태, 공기의 유동

3 디젤 연소실의 구비조건

① 열효율이 높을 것(동일 연료소모량에 대해 출력이 큼)
② 연소시간이 짧을 것
③ 디젤노크가 적을 것
④ 평균유효 압력이 높을 것

▶ 가솔린 엔진과 디젤엔진의 비교

구분	연료공급방식	주요 연료공급장치
가솔린엔진	공기와 연료의 혼합기 형태로 공급	인젝터, 공기유량센서
디젤엔진	압축된 공기에 연료를 압송하여 분사	연료분사펌프, 분사노즐
커먼레일엔진		고압펌프, 인젝터, ECU

4 디젤의 연소 과정

압축행정에서 공기만 흡입되어 압축됨 → 압축 행정 말(상사점 전)에 고온·고압의 압축공기에 연료 분사 시작 → 연료가 착화하기 시작 → 연료 분사와 화염 전파가 동시에 이루어짐 → 연료 분사 끝 → 연소 끝

① **착화 지연 기간**(A~B) : 연료가 분사되어 압축공기에 의해 가열되어 착화 될 때까지의 기간
② **화염 전파 기간**(B~C) : 착화 지연 기간 동안에 형성된 혼합기가 착화되는 기간
③ **직접 연소 기간**(C~D) : 분사된 연료가 분사 즉시 연소되는 기간으로 D 지점에서 압력이 최대가 된다.
④ **후기 연소 기간**(D~E) : 분사가 종료되지만, 완전 연소되지 않은 미립자 연료가 연소하는 기간

5 디젤 엔진의 노크와 세탄가

(1) 디젤 엔진의 노크 – 주 원인 : 착화지연시간이 길어짐
  압축행정 시 연료가 분사되고 점화까지 시간이 길어질 경우 **착화가 지연된 시간만큼 연료가 증가(누적)되어** 폭발할 때 정상연소 압력보다 급격한 압력상승으로 인해 엔진소음을 유발한다.

  → 가솔린 엔진은 이와 반대로 점화플러그에 의한 점화시기가 빨라질수록 노크가 발생되기 쉽다.

(2) 디젤 노킹의 발생원인

① **낮은 세탄가 연료** : 착화성이 낮아, 착화지연기간 지연 (길어짐)

② 연소실의 **낮은 압축비** : 착화지연기간이 길어져 연료량 증가를 유발

③ 연소실의 **낮은 온도** : 착화지연기간이 길어짐

④ **과다 연료분사량** : 잔여 연료가 발생하며, 다음 착화 시의 연료량에 더해져 압력상승 유발

⑤ **분사 시기 및 분사 상태 불량**

(3) **디젤 노킹 방지대책**

① 고세탄가(착화성이 좋은) 연료를 사용

② 실린더의 압축비를 높임

③ 흡기 온도, 실린더 벽 온도 및 압력을 높임

④ 실린더 내의 와류 발생

⑤ 착화 지연 기간 중 연료 분사량을 조정(분사초기의 분사량을 적게 하고 착화 후 분사량을 많게 한다.)

⑥ 분사시기를 상사점을 중심으로 평균온도 및 압력이 최고가 되도록 함

▶ 디젤 노킹의 원인의 대부분은 착화지연기간 지연이며, 대책은 착화지연기간을 짧게 하기 위한 방법이다.

▶ 가솔린과 디젤 노크 방지대책 비교

조건	가솔린 엔진	디젤 엔진
옥탄가 및 세탄가	옥탄가 ↑	세탄가 ↑
발화점 / 착화점	↑	↓
압축비	↓	↑
점화시기	↓	↑
흡입공기온도	↓	↑
실린더 벽 온도	↓	↑
연소실 압력	↓	↑

(4) 세탄가(C.N, cetane number)

디젤기관의 착화성을 나타내는 수치로, 세탄과 α-메틸 나프탈렌의 혼합액으로 세탄의 함량에 따라서 다르다. 세탄가가 클수록 착화지연시간이 짧아지고, 착화성이 좋다.

$$세탄가(C.N) = \frac{세탄}{세탄+\alpha\text{-메틸나프탈렌}} \times 100[\%]$$

※ 세탄가는 가솔린의 옥탄값과 대응되는 개념이다.

▶ 착화 촉진제
• 세탄가(착화성)을 향상시킨다.
• 종류 : 초산에틸, 아초산에틸, 초산아밀, 아초산아밀, 질산아밀, 아질산아밀, 질산에틸 등

---

6 디젤엔진의 연소실 종류

(1) **직접분사식**

분사노즐

피스톤 헤드부의 요철부에만 연소실이 있다.

① 실린더 헤드와 피스톤 헤드로 만들어진 단일 연소실 내에 직접 연료를 분사하는 방법으로 흡기 가열식 예열장치를 사용한다.(분사압력 : 200~300kgf/cm²)

② 특징 : 주연소실만 있고, **부연소실이 없다.**

장점	• 구조 간단, 실린더 헤드 구조가 간단하다. • 연소실 표면적이 작아 냉각 손실이 적다. • **분사압력이 가장 높고, 열효율이 가장 높다.** • 시동성이 양호하다. • 연료소비율이 낮다.
단점	• 분사펌프와 노즐 등의 수명이 짧다. • 분사노즐의 상태와 연료의 질에 민감하다. • 연료계통의 연료누출의 염려가 크다. • 노크가 일어나기 쉽다.

(2) 예연소실식

분사노즐

예연소실

예열플러그

① 피스톤과 실린더 헤드 사이에 주연소실 이외에 별도의 부연소실을 갖춘 것으로, 분사 압력(100~120kg/cm²)이 비교적 낮다.

② 오리피스 형태의 분사구멍으로 인한 온도 강하로 시동 예열플러그가 필요하다.

③ 예연소실로 인해 열손실이 크고, 연료 소비율이 크다.

④ 특징

장점	• 단공노즐을 사용할 수 있다. • 분사 압력이 낮아 연료장치의 고장이 적다. • 연료 성질 변화에 둔하고 선택범위가 넓다. • 작동이 부드럽고 진공이나 소음이 적다. • 착화지연이 짧아 노크가 적다.
단점	• 연소실 표면이 커서 냉각 손실이 크다. • 연료 소비율이 많고, 구조가 복잡하다.

(3) 와류실식

와류실

주연소실

① 노즐 가까이에서 많은 공기 와류를 얻을 수 있도록 설계된 것이며, 이 형식의 특성은 직접 분사식과 예연소실식의 중간 정도이다.

② 특징

장점	• 주실과 부실을 좁은 통로 연결하여 강한 와류가 발생한다. • 고속 운전에 적합하다.
단점	• 주연소실과 부연소실이 있어 구조가 복잡하다. • 분사노즐의 상태와 연료의 질에 민감하다. • 연료 소비율이 나쁘다.

(4) 공기실식

예연소실식과 와류실식의 경우 부실에 분사노즐이 설치되어 있지만 이 형식은 부실의 대칭되는 위치에 노즐이 설치되어 있다.

공기실

▶ 직접분사식은 구멍형 노즐을 사용하며 예연소실식, 와류실식, 공기실식은 핀틀형 노즐을 사용한다.

7 디젤 기관의 예열장치 방식

예열 플러그식	• 연소실 내의 압축공기를 직접 예열 • 종류 : 코일형, 실드형 • 예연소실과 와류실에 사용
흡기예열식	• 흡기다기관에 설치하여 흡기온도를 가열 • 종류 : 가열식(흡기 히터식), 히터 레인지식

02 기계식 디젤기관의 연료장치

1 연료공급 순서

연료탱크 – 연료 공급 펌프 – 연료 여과기 – 분사펌프 – 고압 파이프 – 분사노즐 – 연소실

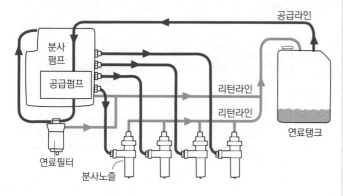

공급라인
분사펌프
공급펌프
리턴라인
리턴라인
연료탱크
연료필터
분사노즐

⬆ 기계식 디젤엔진 연료장치 기본 개념도

2 연료 여과기

① 여과지식 연료 여과기 : 불순물과 수분을 동시에 제거

---

② **오버플로우 밸브의 기능**
• 여과기 내의 압력이 규정 이상으로 상승 방지
• 연료라인 내의 기포 배출 및 탱크의 기포 방지

3 연료 분사펌프(fuel injection pump)

연료를 고압으로 압축하여 각 실린더의 폭발순서에 따라 분사노즐로 압송하는 역할

(1) 연료 분사량 및 연료분사시기 조정

① 연료 분사량 : 제어 슬리브와 제어 피니언의 관계위치 변경을 통해 플런저의 유효 행정을 변화시켜 연료 분사량을 조절한다.

② 분사시기 조정 : 펌프와 타이밍 기어의 커플링으로 조정

▶ 연료 분사 압력 조정은 분사 노즐 홀더에서 한다.

(2) 분사량 조정 (제어 기구의 작동순서)

가속페달(거버너) →
제어 래크 → 제어 피니언 →
제어 슬리브 → 플런저의 회전

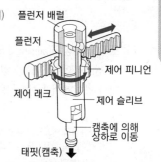
플런저 배럴
플런저
제어 피니언
제어 래크
제어 슬리브
캠축에 의해 상하로 이동
태핏(캠축)

기본 원리 : 가속페달을 밟으면 거버너가 제어 래크를 움직여 제어 피니언 및 제어 슬리브를 회전시키므로 고정되어 있던 플런저가 회전하여 플런저 배럴 안의 연료 분사량을 증감시킨다.

(3) 조속기(거버너, governor)

① 엔진의 회전속도나 부하변동에 따라 자동으로 연료 분사량을 조정하여 최고 회전속도를 제어하고 과속 방지 및 저속 운전을 안정시키는 역할을 한다.

② 제어 래크를 좌우로 움직여 분사량을 조정한다.

▶ 참고) 앵글라이히 장치 : 고속에서의 공기부족이나 저속에서의 연료부족을 보완하기 위해 공연비를 알맞게 유지하기 위한 장치이다.

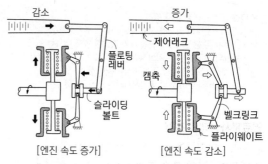
감소
증가
제어래크
플로팅 레버
캠축
슬라이딩 볼트
벨크링크
플라이웨이트
[엔진 속도 증가]
[엔진 속도 감소]

• 엔진 속도 증가(캠축 속도 증가) → 원심력에 의해 플라이웨이트가 스프링 장력을 이기고 벌어짐 → 분사량 감소
• 엔진 속도 감소(캠축 속도 감소) → 스프링 장력에 의해 플라이웨이트가 원상회복 → 분사량 증가

(4) 플런저(plunger)

플런저의 예행정을 크게 하면 분사시기가 변화하고, 유효행정은 연료 분사량(송출량)에 비례한다.

(5) 딜리버리 밸브(delivery valve) : 연료의 역류방지, 연료 라인의 잔압유지, 노즐에서의 후적방지

~~체크밸브의 기능과 동일~~

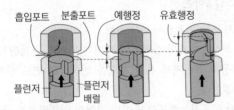

흡입포트　분출포트　예행정　유효행정

플런저　　플런저
　　　　　배럴

예비행정 : 피스톤이 하사점에서부터 플런저가 상승하면서 플런저 배럴에 흡입포트의 연료가 유입되고 플런저 윗면이 흡입포트를 막을 때까지

유효행정 : 흡입포트가 막혀 연료공급이 차단된 시점에서 피스톤이 상사점이 될 때 플런저의 바이패스 슬롯이 분출포트와 일치하여 연료가 송출되는 시점까지

(6) 프라이밍 펌프(priming pump) : 수동용 펌프로, 연료계통 정비 후 연료라인에 연료가 없을 때 연료펌프까지 연료를 공급하거나 공기빼기 등에 사용한다.

> ▶ **공기빼기**
> 디젤엔진의 연료필터 교환 시 연료라인에 공기를 제거한다.
> 순서 : 연료 공급펌프 – 연료 연과기 – 연료분사펌프
>
> ※ 대부분의 연료·오일계통 정비 후 연료·오일에 함유된 공기빼기 작업을 수행한다.

④ 분사노즐

(1) 분사노즐의 구비조건

　① 연료를 미세한 분무형태로 분사하여 착화를 용이하게 함
　② 연소실 전체에 고르게 분사할 것
　③ 후적이 없을 것
　④ 내구성이 클 것

> ▶ **디젤 기관의 연료 분사 조건**
> • 연료의 분무의 입자가 작고 균일하며 쉽게 착화할 것
> • 분무가 잘 분산되고 부하에 따라 필요한 양을 분사할 것
> • 분사의 시작과 끝이 확실하여 분사 끝에 후적이 일어나지 않아야 하고 분사 시기, 분사량 조정이 자유로울 것
> • 회전속도의 변동에 따라 분사시기가 조정되어야 함

(2) 연료분사상태의 조건

　① 무화 : 미세하게 작은 입자상태(미립화)
　② 관통력 : 공기 중을 뚫고 퍼지는 힘
　③ 분포 : 연소실 내에 고르게 분포
　④ 분사각, 분사율 등이 적당할 것

(3) 분사노즐의 종류

개방형	• 노즐 끝에 항상 열려있는 형식 • 압력 스프링과 니들 밸브 등이 없어 구조가 간단 • 분사 파이프 내에 공기가 머물지 않음 • 분사압력 조정이 불가능하여 후적을 일으키기 쉬움
밀폐형	• 분사펌프와 노즐 사이에 압력 스프링과 니들 밸브를 설치하여 필요시에만 자동으로 연료를 분사한다. • 종류 : 구멍형(단공형, 다공형), 핀틀형, 스로틀형

> ▶ **분사 개시 압력**
> • 니들 밸브가 열릴 때의 분사 압력을 말한다.
> • 분사 개시 압력이 낮으면 : 무화 불량, 노즐의 후적이 생기기 쉬움, 연소실 내 카본 퇴적이 발생
>
> ▶ **후적 dribbling, 後(뒤 후) 滴(물방울 적)**
> • 분사노즐에서 연료 분사가 완료된 후에 노즐 팁에 연료방울이 생겨 연소실에 떨어지는 것을 말한다.
> • 후적의 영향 : 출력 저하(배압의 영향), 엔진 과열(후기 연소 기간에 연소되므로), 조기점화의 원인

⑤ 분사량 불균율

① 각 실린더의 분사량 차이의 평균값을 말하며, 불균율이 크면 엔진의 진동이 일어나고 효율이 떨어진다.
② 불균율은 분사 펌프 시험기로 측정한다.

$$+ 불균율\ (\varepsilon) = \frac{최대\ 분사량 - 평균\ 분사량}{평균\ 분사량} \times 100\%$$

$$- 불균율\ (\varepsilon) = \frac{평균\ 분사량 - 최소\ 분사량}{평균\ 분사량} \times 100\%$$

$$평균\ 분사량\ [cc] = \frac{각\ 실린더의\ 분사량\ 합계}{실린더\ 수}$$

→ 일반적으로 전부하 상태에서 ±3%이며, 무부하 상태에서는 10~15% 정도이다.

> ▶ **참고) 타이머**
> 분사펌프 캠축에 의해 작동되며 엔진부하, 회전속도에 따라 분사시기를 조정한다.
>
> ▶ **참고) 감압장치**(디젤 보조시동 장치)
> • 시동 시 감압 레버를 잡아당겨 캠축의 운동과 관계없이 흡·배기 밸브를 강제적으로 열어 실린더 내의 압력을 낮추어 시동을 용이하게 함
> • 엔진을 정지시킬 때도 사용되며, 기관의 점검 조정 및 고장 발견 시에 활용

⑥ 디젤엔진의 시험

(1) 디젤엔진의 분사노즐 시험항목

연료의 분사각도, 연료의 분무상태, 연료의 분사압력

(2) 디젤 분사펌프 시험기의 시험항목

연료 분사량, 조속기 작동, 분사시기의 조정, 자동 타이머 조정

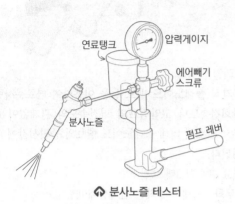

↑ 분사노즐 테스터

⑦ 디젤기관에서 분사시기가 빠를 때 나타나는 현상

① 배기가스의 색이 흑색이며, 그 양도 많아진다.
② 노크현상이 일어난다.
③ 저속회전이 어려워진다.
④ 기관의 출력이 저하된다.

03 커먼레일 연료분사장치

커먼레일(CommonRail Direct Injection Engine) 디젤엔진은 기존 엔진이 혼합기를 통해 연료와 공기를 연소실에 공급하는 것과 달리 매우 높은 고압의 연료를 연소실에 직접 분사하여 엔진 효율을 향상시킨다.

① 커먼레일 연료분사장치의 특징

① 커먼레일을 통해 기관의 회전속도와 분사량에 관계없이 항상 일정한 연료압력을 형성한다.
② 연료분사펌프를 고압펌프로 대신하고, 전자식 제어로 일정한 고압을 각 인젝터에 직접 분사한다.
③ 연료분사량으로 출력을 조정하는 기계식과 달리 공기유량으로 인젝터의 유량을 제어한다.
④ 기계식에 비해 고압펌프의 성능이 낮아도 된다.
⑤ 전자적 인젝터 제어를 통해 정밀한 분사가 가능하다.
⑥ 기계식 엔진 대비 연비 및 출력 향상, 유해배출가스 저감 효과가 있다.

② 연료공급 순서

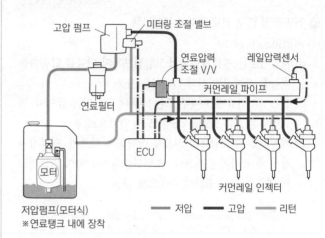

연료탱크(저압펌프) – 연료필터 – **고압펌프** – 커먼레일 – 인젝터
↑ 커먼레일 엔진 연료장치 기본 개념도

③ 전자제어 연료분사장치의 연소과정

예비분사	• 파일럿 분사라고도 함 • 주 분사 전에 연료를 분사하여 연소율 향상, 기관의 소음과 진동 감소, 서징현상 억제
주분사	엔진 토크량, 기관 회전수, 냉각수온, 흡기온도, 대기압 등을 참고하여 주분사 연료량을 계산
사후분사	디젤연료(HC)를 촉매 변환기에 공급하여 배기가스의 질소산화물을 감소하기 위한 분사

4 전자제어식 고압펌프의 특징

① 기계식(연료공급, 압력상승, 연료량 보정)에 비해 고압연료를 공급하는 기능만 담당
② 동력 성능의 향상
③ 쾌적성 향상
④ 가속시 스모크 저감

> ▶ 전자식 디젤 엔진의 연료량 보정은 인젝터에서 담당한다.

5 커먼레일 디젤 연료장치의 구성부품

(1) 저압펌프(공급펌프)

① 저압펌프는 연료탱크에서 고압펌프까지 연료를 압송하는 기능을 하며 전기식과 기계식을 사용
② 전기식 : 연료탱크 내부 또는 외부에 장착되어 있으며, 연료압력은 3.4~3.6kgf/cm² 정도의 압력으로 공급
③ 기계식 : 고압 펌프와 일체로 장착되어 있으며, 연료장치 정비 후 프라이밍 펌프(수동으로 펌핑)를 이용하여 연료탱크의 연료를 고압 펌프에 수동으로 공급

> ▶ 프라이밍 펌프(priming pump) : 저압펌프 또는 연료필터에 장착되어 연료라인 정비 후에는 연료라인에 연료가 없으므로 분사펌프 전에 수동으로 연료를 강제로 공급하며, 공기빼기 역할도 수행한다.
> → 필요한 이유 : 경유는 휘발유에 비해 점도가 높기 때문이다.

(2) 연료 필터

불순물 제거 외에 수분 제거, 연료 가열 장치, 수분감지 센서(연료필터 내 물의 양을 감지)와 연료온도 스위치(온도 감지)가 장착되어 있다.

⬆ 디젤 연료 필터

(3) 고압 펌프

① 저압 펌프에서 공급받은 연료를 고압으로 압축하는 역할을 한다.
② 구동 방식 : 캠축 또는 타이밍 체인
③ 구성 : 저압 펌프가 고압 펌프와 일체형으로 되어 있거나 연료 압력 조절밸브가 일체로 구성되어 있다.

(4) 커먼레일

① 고압 연료로부터 공급된 연료가 축압·저장되는 곳으로, 가솔린엔진의 연료분배 파이프와 유사하다. 모든 인젝터에 같은 압력으로 연료가 공급될 수 있도록 해 주는 일종의 저장소와 같은 역할을 한다.
② 파이프의 구성 부품 : 연료 압력 조절기와 연료 압력 센서가 장착되어 있어서 파이프 내의 압력을 엔진 회전수와 부하에 따라 압력을 조정하고, 조정된 압력을 감지하여 목표값에 맞는 압력으로 조정되는지 감지하게 된다.

③ 연료 압력 조절기는 전기적인 신호에 의해 작동되며, ECM에서 듀티 신호를 보내 압력을 조정한다.

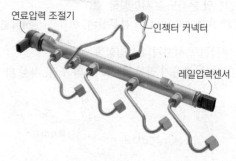

(5) 커먼레일 인젝터

① 전자식 솔레노이드 밸브 등을 이용하여 연료분사량은 기관회전속도나 고압펌프의 회전속도와 관계없이 ECM의 분사 신호에 의해 솔레노이드 밸브의 통전시간에 따라 제어된다.
② 연료 분무의 3대 요건
 • **무화** : 미세하게 작은 입자상태(미립화)
 • **관통력** : 공기 중을 뚫고 퍼지는 힘
 • **분포** : 연소실 내에 고르게 분포
③ 종류 : 솔레노이드 밸브 타입, 피에조(압전소자) 타입

> ▶ 피에조 타입(압전소자식)은 솔레노이드 타입보다 분사압력이 높고, 스위칭 ON 시간이 매우 짧아 분사 응답성이 빠르고, 제어가 정밀한 특징이 있다.

6 인젝터 파형의 분사 구간

인젝터 파형 분석은 전압과 전류를 동시에 측정한다.

① 풀인(pull-in) 전류 : 솔레노이드 밸브에 전압이 인가되어 개방하게 된다.(20~30A)
② 홀드인(hold-in) 전류 : ECU 및 인젝터의 손실을 감소하기 위해 전류를 낮춘다.(약 13A)

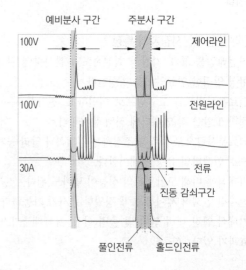

04 LPG 엔진 일반

1 LPG의 특징 필수암기

① LPG연료의 구성 : **부탄 + 프로판**

② 기체상태에서는 비중이 1.5~2.0으로 공기(비중 : 1)보다 무겁고, 액체상태는 물보다 0.5배 가볍다.

③ 무색, 무취, 무미이다.

④ 대기압 상온에서는 기체 상태이다.

> ▶ LPG 엔진의 연료는 부탄에 시동을 용이하게 하는 프로판을 혼합하여 사용한다. (여름철 : 부탄 100%, 겨울철 : 부탄 70% + 프로판 30%)

2 LPG 엔진의 장점 필수암기

① 액화 및 기화가 용이하다.

② 가솔린보다 **옥탄가가 10% 정도 높다**.

③ **연소효율이 좋고, 엔진 운전이 정숙하다.**

> → 기체상태로 공기와 혼합하여 혼합상태가 균일하고 이론공연비에 근접하여 완전 연소되므로

④ 가솔린에 비해 연소속도가 조금 느려 점화시기는 조금 **빠르게 해야 한다.** → 가솔린 : 0.83m/s, LPG : 0.81m/s

⑤ 연료가 기체상태이므로 **노킹이나 베이퍼 록이 잘 일어나지 않는다.**

> → 베이퍼 록 : 연료에 기포가 발생하여 연료공급이 감소 또는 일시 중단됨

⑥ 연소실에 카본 부착이 없어 점화플러그 수명이 길어진다.

⑦ 윤활유를 희석하지 않고 윤활유의 누설이 적다.

> → 엔진 윤활유의 오염이 적으므로 엔진수명이 길다.

⑧ 대기오염이 적다.

3 LPG 엔진의 단점 필수암기

① 가솔린 엔진에 비해 **열효율, 체적효율, 연비가 나쁘다.**

> → 혼합기의 가스상태로 연소실에 흡입되기 때문에 연료밀도가 떨어져 체적효율이 저하되므로 가솔린 엔진보다 출력이 다소 낮다.

② 고압 연료탱크 용기를 사용하여 차량 중량이 증가한다.

③ 장시간 정지하거나 저온 시 시동이 곤란하다.

> ▶ 베이퍼라이저가 장착된 LPG기관은 기체를 사용하므로 저온 시동성이 불량하다.

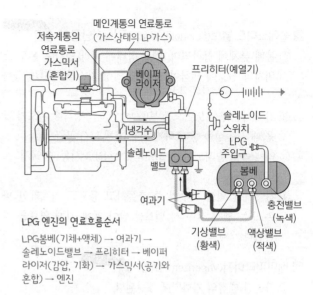

LPG 엔진의 연료흐름순서

LPG봄베(기체+액체) → 여과기 → 솔레노이드밸브 → 프리히터 → 베이퍼라이저(감압, 기화) → 가스믹서(공기와 혼합) → 엔진

05 LPG 엔진의 구성품

1 봄베(Bombe) 필수암기

① 연료를 저장 및 충전하는 고압탱크

② 봄베 내 연료는 기체+액체로 공존

③ **가스의 팽창 폭발 방지를 위해 충전량은 85%로 제한**

④ 봄베는 연료누출 및 안전을 위해 기밀성과 내압성이 좋아야 한다.

⑤ 봄베의 밸브

기상 밸브 (황색)	냉각수 온도가 낮을 때 시동성을 좋게 하기 위해 기체상태 LPG 분사시킨다.
액상 밸브 (적색)	시동 후에는 기체상태로는 일정 이상의 출력을 유지할 수 없으므로 출력 저하를 방지하기 위해 액체상태 가스가 분사된다.
충전 밸브 (녹색)	가스 충전 시 작동하는 밸브

⑥ 봄베의 안전장치

안전 밸브	• 용기 내 압력을 일정하게 유지시켜 폭발 위험을 방지 • 봄베 내 압력이 규정값(24kgf/cm²) 이상이면 열려 대기 중으로 배출 • 충전밸브와 일체형으로 장착
과류방지 밸브	• 배관, 연결부 파손 등 사고로 인해 가스가 규정값(7~10kgf/cm²) 이상으로 과도하게 흐르면 밸브가 닫히며 가스 유출을 차단 • 봄내 내측에 액상밸브와 일체형으로 장착

② 솔레노이드 밸브(Solenoid valve) – 긴급차단장치

① 봄베 본체에 장착되며, 엔진 상태에 따라 냉각수 온도 스위치의 신호에 의하여 기상 및 액상 가스를 차단/공급하는 역할

② 기체(기상) 솔레노이드 밸브(약 15℃ 이하) : 냉각수 온도가 낮을 때 시동성을 좋게 하기 위해 기체 LPG 공급

③ 액체(액상) 솔레노이드 밸브(약 15℃ 이상) : 시동 후 액체 LPG 공급

④ 긴급차단 역할 : 주행 중 충돌사고 등으로 연료라인 파손 또는 엔진 정지 시 밸브를 닫아 액체·기체 연료를 차단한다.

③ 베이퍼라이저(Vaporizer, 기화기)

① 가솔린 엔진의 기화기에 해당된다.

② **액상 LPG 압력을 낮추어(감압) 기체상태로 변환**하며, 엔진의 부하 증감에 따라 압력을 조절한다. (기화량을 조절)

▶ 베이퍼라이저의 3가지 작용 : 감압, 기화, 압력 조절

③ 베이퍼라이저는 1차 감압실에서 0.3kgf/cm²으로, 2차 감압실에서 대기압에 가깝게 감압시킨다.

④ 베이퍼라이저의 냉각수 통로의 역할 : LPG가 기화될 때 온도가 낮아져 동결 방지

⑤ 부압실 : 시동 정지 후 LPG 누출 방지

▶ 겨울철 냉각수온이 낮은 상태에서 무부하 고속회전을 하게 되면 희박한 상태의 혼합가스가 공급되어 출력이 감소된다.

▶ 프리히터(예열기) : 겨울철에 냉각수를 이용하여 베이퍼라이저의 동결을 방지하고, 시동 용이 및 연소효율을 높여 연비 및 출력을 향상시킨다.

④ 가스믹서(gas mixer)

① 기체 LPG가 믹서의 스로틀보디로 들어가 공기와 혼합하여 연소실에 공급하는 장치이다.

② LPG : 공기의 혼합비 – 15.5 : 1

③ 믹서에는 연료가 기체 상태로만 존재한다.

④ 메인 듀티 솔레노이드 밸브 : 산소농도에 따라 공급/차단 신호시간를 조정하여 솔레노이드에 신호를 보내 연료량을 조절한다.

⑤ 스로틀 위치 센서 : 믹서의 스로틀밸브 개도량을 감지하여 ECU에 신호를 보낸다.

⑥ 아이들업 솔레노이드 밸브 : 공전 시 에어컨 부하, 파워스티어링 등의 전기부하가 걸릴 때 공전회전수 저하를 방지

하기 위해 혼합기를 추가로 공급한다.

▶ 듀티(duty) 제어 : 디지털 신호는 0과 1로만 표현한다. 하지만, 듀티 신호는 0과 1이 반복되는 한 주기 신호 중 0의 지속시간, 1의 지속시간을 비율로 나타낸다. 즉, 지속시간비율을 0~100%로 하였을 때 10%, 20%, 50% 등으로 신호시간을 조정하여 연료 분사량을 조절한다.

액체 프로판 인젝션

06 LPI(Liquid Propane Injection) 기관 일반

① 특징(LPG 기관과 비교했을 때)

① 가솔린 엔진과 유사한 방식으로, LPG엔진과 달리 액체 상태의 연료를 분사한다.(LPG보다 저온 시동성이 좋다)

② 연료펌프(봄베 안에 있음) → 연료압력조절기 → 인젝터로 보내지며, ECU의 신호에 의해 연료가 분사한다.

③ 연료압력조절기(레귤레이터 유닛)에는 봄베 압력보다 높게 연료압을 제어한다. 연료압력조절기에는 연료온도 센서, 연료압력 센서, 연료차단솔레노이드 밸브 등이 있다.

→ 연료온도 센서, 연료압력 센서는 부탄과 프로판의 조성비를 결정하는 연료보정 요소이다.

▶ LPG 기관과 LPI 기관의 주요 차이점
• LPG 기관은 액체상태의 연료를 베이퍼라이저(기화기)를 통해 기체상태로 엔진에 분사시키고, LPI 기관은 베이퍼라이저를 없이 액체상태로 엔진에 분사된다.
• LPI 기관은 연료펌프가 있으며, 베이퍼라이저가 없는 대신 연료압력조절기가 있다.

▶ LPG엔진과 LPI엔진의 비교

구분	LPG엔진	LPI엔진
겨울철 저온 시동성	불량	우수
역화 현상	높음	낮음
타르 발생	높음	낮음
출력 및 연비	불량	우수

07 디젤엔진의 점검 및 교환

1 디젤 공회전 속도 및 점화시기 점검

(1) 디젤 타이밍 라이트 연결

① 타이밍 라이트의 전원 연결선을 적색 클립은 축전지 ⊕ 터미널에 연결하고, 흑색 클립은 배터리 ⊖ 단자에 연결한다.

② 피에조 센서를 1번 분사 파이프에 물린 후, RPM 케이블을 피에조 센서에 연결시킨다.

③ 접지선을 분사 파이프(또는 차체)에 접지시킨다.

> ▶ 디젤 타이밍 라이트 화면에 나타나는 요소
> 진각도, 엔진 회전수, 배터리 전압

(2) 공전 속도와 분사시기 점검 및 조정

① 엔진을 시동한 후 엔진 워밍업을 한다. 타이밍 라이트에 나타난 회전수가 규정값인지 확인하고, 규정 회전수에 벗어나면 공회전 속도 조정 스크류로 조정한다.

→ 공회전 속도 스크류를 조이면 엔진 회전수가 상승되고, 풀면 회전수가 떨어진다.

② 플래시 버튼을 눌러 시험 엔진의 TDC 마크에 불빛을 비춘다.

→ 만약 일치하지 않으면 각도증감 스위치를 좌·우로 눌러 타이밍 마크(TDC 마크)가 일치시킨다.

③ TDC 마크와 일치하면 플래시 메모리 버튼을 놓는다. 이때 진각도와 RPM이 10초 동안 메모리가 된다.

④ 분사시기 조정 : 액정에 표시되어 있는 진각도를 읽어 규정값과 틀리면 분사펌프 고정너트를 풀고 좌·우로 돌려 조정한다.

• 분사펌프를 시계방향으로 돌리면 지각
• 분사펌프를 시계 반대방향으로 돌리면 진각

> ▶ 예 타이밍 라이트 값을 ATDC 10°로 셋팅했을 때
> 측정값이 4°이면 : 10 - 4 = ATDC 6°(상사점 후 6°)
> 측정값이 15°이면 : 15-10 = BTDC 5°(상사점 전 5°)

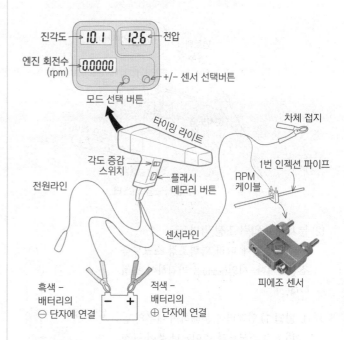

⭡ 타이밍 라이트의 구성

2 분사노즐 점검 [필수암기]

분사밸브 측정기를 이용하여 **분사개시압력, 분사각도, 분사형태, 분무상태, 후적여부, 소음** 등을 측정하거나 관찰할 수 있다.

> ▶ 분사개시압력
> • 니들 밸브가 열릴 때의 분사 압력을 말한다.
> • 분사 개시 압력이 낮으면 : 무화 불량, 노즐의 후적이 생기기 쉬움, 연소실 내 카본 퇴적이 발생

(1) 분사개시압력 점검

① 분사노즐 테스터에 분사 노즐을 설치한다.

② 펌프 레버를 작동시키며 분사노즐 파이프 고정너트를 풀면서 공기빼기 작업을 한다.

→ 테스터기 본체의 에어빼기 스크류를 풀고 공기가 제거되면 다시 조인 후 노즐의 설치 너트를 약간 풀고 공기빼기를 한 후 다시 조인다.

③ 펌프 레버를 2~3회 작동하여 테스터기 내부에 연료가 채워진 후 강하게 순간 펌핑하여 분사했을 때 그 값을 판독한다.

→ 예 50 kgf/cm²까지 2~3회 펌핑한 후 강하게 펌핑했을 때 100 kgf/cm²이라면, 이 값이 연료개시 압력에 해당한다.

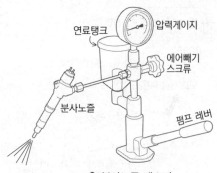

↑ 분사노즐 테스터

(2) 분사개시 압력 조정 방법

인젝터 종류에 따라 압력조정 스크류를 조정하거나, 시임(seam)을 가감하여 조정한다.

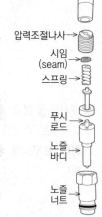

압력조절나사
시임
(seam)
스프링
푸시
로드
노즐
바디
노즐
너트

① **방법 1)** 인젝터를 분해하여 내부의 압력조정 스크류를 조이거나 풀어 규정 압력으로 조정한다.

→ 압력 조정 스크류를 시계 방향으로 조이면 분사 압력이 높아지고, 반시계 방향으로 풀면 분사 압력이 낮아진다.

② **방법 2)** 인젝터 내부의 시임을 증가 또는 감소시키거나 두께를 변경한다.

→ 증가시키면 분사개시압력이 높아지고, 시임을 감소시키면 낮아진다.

(3) 분사 노즐 기밀 점검

시험기로 노즐의 압력계 지시값을 $100 \sim 110\text{kgf/cm}^2$으로 유지한다. 일정 시간 유지하며 노즐보디의 누출 여부를 확인한다.

(4) 분사 파이프 탈거

① 인젝션 파이프 양단의 너트를 풀 때는 반대측(펌프 측은 딜리버리 홀더, 노즐 측은 노즐 홀더)을 오픈 엔드렌치로 고정시킨 상태에서 푼다.

② 분사 파이프를 모두 분해한 상태에서는 각 분사 파이프에 번호 태그를 달아둔다.

O링
홀더
분사
파이프

▶ **분사 파이프**

분사 펌프의 출구와 연결하는 고압 파이프이며, 분사 파이프의 길이는 연료분사지연을 줄이기 위하여 가능한 한 짧아야 한다. 분사 파이프의 재질은 강철이다.

01 디젤 연료 및 연소

[12-4] 출제율 ★★★

1 디젤 기관용 연료의 구비조건으로 틀린 것은?

① 착화성이 좋을 것 ② 부식성이 적을 것

③ 인화성이 좋을 것 ④ 적당한 점도를 가질 것

> 인화점은 불꽃으로 불이 붙을 수 있는 최저 온도로 디젤 기관보다 가솔린 기관의 연소에 미치는 영향이 크며, 디젤 기관은 착화성이 좋아야 한다.

[14-1, 07-3] 출제율 ★★★

2 디젤기관 연료의 구비조건으로 부적당한 것은?

① 착화 온도가 높아야 한다.

② 기화성이 작아야 한다.

③ 발열량이 커야 한다.

④ 점도가 적당해야 한다.

> 착화성이 좋다 = 착화 온도가 낮다
> 디젤 엔진은 불꽃없이 고온고압의 공기에 경유를 분사하여 불이 붙는(착화) 형식이므로 착화점으로만 볼 때 휘발유(400~500℃)보다 낮은 온도(약 350℃)에서 불이 붙는게 좋다.

[07-4] 출제율 ★★

3 디젤 연료의 세탄가를 바르게 나타낸 것은?

① $\dfrac{세탄}{세탄 + 이소옥탄} \times 100\%$

② $\dfrac{세탄}{세탄 + 노멀헵탄} \times 100\%$

③ $\dfrac{세탄}{세탄 + \alpha\text{-메틸나프탈린}} \times 100\%$

④ $\dfrac{세탄}{세탄 + 알코올} \times 100\%$

[12-2] 출제율 ★

4 디젤기관의 연료 세탄가와 관계없는 것은?

① 세탄가는 기관 성능에 크게 영향을 준다.

② 옥탄가가 낮은 디젤 연료일수록 그의 세탄가는 높다.

③ 세탄가가 높으면 착화 지연시간을 단축시킨다.

④ 세탄가란 세탄과 알파 메틸 나프탈렌의 혼합액으로 세탄의 함량에 따라서 다르다.

> 경유의 세탄가는 착화성을 나타내는 수치이며, 옥탄값은 안티노킹 즉, 이상 폭발을 일으키지 않는 정도를 나타내므로 관계가 없다.

[10-3, 04-3] 출제율 ★★★

5 디젤 노크를 방지하기 위한 방법이 아닌 것은?

① 착화성이 좋은 연료를 사용한다.

② 압축비가 높은 기관을 사용한다.

③ 분사초기의 연료 분사량을 많게 하고 후기 분사량을 줄인다.

④ 연소실 내의 와류를 증가시키는 구조로 만든다.

> 디젤 노크의 방지책 하나로 분사초기의 연료 분사량을 적게 하고 착화 후에는 분사량을 많게 하여 착화 지연 기간 중 연료의 분사량을 조절한다.

[08-2] 출제율 ★★★

6 디젤 노크의 원인이 아닌 것은?

① 연료의 분사 상태가 나쁘다.

② 분사 시기가 늦다.

③ 연료의 세탄가가 높다.

④ 엔진 온도가 낮다.

> 연료의 세탄가가 높으면 착화지연이 단축되어 노크가 잘 일어나지 않는다.

[07-2, 05-1, 04-1] 출제율 ★★★

7 디젤 노크를 방지하는 대책으로 적합하지 않은 것은?

① 고세탄가 연료를 사용하여 착화지연 기간이 단축되도록 한다.

② 착화지연 기간 중 연료의 분사량을 적게 한다.

③ 압축 온도를 높인다.

④ 압축비를 낮게 한다.

> **디젤 노킹 방지대책**
> • 고세탄가(착화성이 좋은, 착화지연 기간이 단축) 연료를 사용
> • 압축비, 흡기 온도, 연소실 온도를 높임
> • 실린더 내의 와류 발생
> • 착화 지연 기간 중 연료 분사량을 조정(분사초기의 분사량을 적게 하고, 착화 후 분사량을 많게 한다.)

[10-1, 06-3] 출제율 ★★★

8 디젤 노크의 방지대책으로 가장 거리가 먼 것은?

① 세탄가가 높은 연료를 사용한다.

② 실린더 벽의 온도를 높게 한다.

③ 흡입공기의 온도를 낮게 유지한다.

④ 압축비를 높게 한다.

> 흡입공기 온도를 높게 해야 착화성이 좋아진다.
> ※ 비교) 가솔린 기관은 노킹 방지를 위해 흡입공기 온도가 낮아야 한다.

정답 1 1 ③ 2 ① 3 ③ 4 ② 5 ③ 6 ③ 7 ④ 8 ③

chapter 02

[11-4] 출제율 ★★★

9 디젤노크를 억제하는 방법으로 틀린 것은?

① 연료의 착화온도를 낮게 한다.
② 압축비를 낮춘다.
③ 연소실 내에 공기 와류를 일으킨다.
④ 연소실벽 온도를 높게 한다.

①, ③, ④번은 디젤노크 억제 방법이며, 압축비는 높아야 한다.

[06-4] 출제율 ★★★

10 디젤 기관의 노킹 방지 대책으로 알맞은 것은?

① 실린더 벽의 온도를 낮춘다.
② 착화지연 기간을 길게 유도한다.
③ 압축비를 낮게 한다.
④ 흡기 온도를 높인다.

노킹 방지를 위해 가솔린 엔진은 흡기 온도를 낮추고, 디젤 엔진은 흡기 온도를 높인다.

[13-4, 14-4 유사] 출제율 ★

11 디젤 노크와 관련이 없는 것은?

① 연료 분사량   ② 연료 분사시기
③ 흡기 온도   ④ 엔진 오일량

[14-3] 출제율 ★★★

12 디젤 노크의 원인과 직접적인 관계가 없는 것은?

① 압축비   ② 회전속도
③ 옥탄가   ④ 엔진의 부하

디젤 노크를 일으키는 요소
낮은 세탄가, 늦은 착화기간, 낮은 압축비, 높은 회전속도, 높은 엔진 부하, 낮은 흡기 온도, 빠른 연료 분사시기 등
※ 옥탄가는 가솔린 노크와 관계가 있다.

[10-2] 출제율 ★★

13 다음 중 디젤기관의 착화지연 기간에 대한 설명으로 맞는 것은?

① 착화 지연기간은 제어 연소기간과 같은 뜻이다.
② 착화 지연기간이 길어지면 디젤 노크가 발생한다.
③ 착화 지연기간이 길어지며 후기 연소기간이 없어진다.
④ 착화 지연기간은 연료의 성분과 관계가 없다.

착화 지연기간이 길어지면 연료가 축적되어 한번에 연소되어 디젤 노크가 발생한다.

[04-2] 출제율 ★★

14 디젤 노크의 원인에 관계없는 것은?

① 연료의 분사 상태가 나쁘다.
② 연료의 세탄가 값이 높다.
③ 엔진 온도가 낮다.
④ 발화지연이 길다.

[16-2, 13-1] 출제율 ★

15 디젤기관에서 실린더내의 연소압력이 최대가 되는 기간은?

① 직접 연소기간   ② 화염 전파기간
③ 착화 늦음기간   ④ 후기 연소기간

연료 분사가 끝날 시점에 압력이 가장 높다. (※ 103페이지 디젤의 연소과정 그래프를 참조한다.)

[11-2, 05-2] 출제율 ★

16 디젤기관의 연소과정에 해당하지 않는 것은?

① 전기 연소 기간   ② 화염 전파 기간
③ 직접 연소 기간   ④ 착화 지연 기간

디젤기관의 연소과정
착화 지연 기간 → 화염 전파 기간 → 직접 연소 기간 → 후기연소 기간

---

02   디젤엔진 연료장치 일반

[10-1, 07-1] 출제율 ★★★

1 디젤기관이 가솔린기관에 비해 좋은 점은?

① 가속성이 좋다.
② 제작비가 적게 든다.
③ 열효율이 높다.
④ 운전이 정숙하다.

열효율이 높다는 것은 일정한 연료 소비로 큰 출력을 얻는 것을 말하며, 디젤 엔진은 가솔린 엔진에 비해 열효율이 높다.

[07-3] 출제율 ★★★

2 가솔린기관과 비교할 때 디젤기관의 장점이 아닌 것은?

① 부분부하영역에서 연료소비율이 낮다.
② 넓은 회전속도 범위에 걸쳐 회전 토크가 크다.
③ 질소산화물과 매연이 조금 배출된다.
④ 열효율이 높다.

[04-1] 출제율 ★★ ☐☐☐

3 다음 중 디젤기관의 연료분사 조건이 <u>아닌</u> 것은?

① 무화가 잘되고, 분무입자가 적고 균일할 것
② 분무가 잘 분산될 것
③ 한 번에 많은 양을 분사할 것
④ 분사의 시작과 종료가 확실할 것

[13-2, 05-1] 출제율 ★★★ ☐☐☐

4 디젤 연소실의 구비조건 중 <u>틀린</u> 것은?

① 연소시간이 짧을 것　② 평균유효 압력이 낮을 것
③ 열효율이 높을 것　④ 디젤노크가 적을 것

> **디젤 연소실의 구비조건**
> 열효율이 높을 것, 연소시간이 짧을 것, 디젤노크가 적을 것
> ※ 평균유효 압력은 높을수록 기관 출력이 증대된다.

[13-1] 출제율 ★ ☐☐☐

5 디젤기관의 연료 여과장치 설치개소로 적절치 <u>않는</u> 것은?

① 연료공급펌프 입구
② 연료탱크와 연료공급펌프 사이
③ 연료분사펌프 입구
④ 흡입다기관 입구

[12-3] 출제율 ★ ☐☐☐

6 일반 디젤기관 연료장치에서 여과지식 연료 여과기의 기능은?

① 불순물만 제거　② 불순물과 수분 제거
③ 수분만 제거　④ 기름 성분만 제거

> 연료에 수분이 포함되면 고온고압의 공기에 연료의 착화가 어려워 시동이 불량해지고, 연료펌프 등 연료장치의 고장 원인이 되므로 연료필터는 불순물과 함께 수분도 제거해야 한다.

[05-1] 출제율 ★★ ☐☐☐

7 디젤기관의 연료 여과기에 장착되어 있는 오버플로우 밸브의 기능이 <u>아닌</u> 것은?

① 연료필터 엘리먼트를 보호한다.
② 분사펌프의 압송 압력을 높인다.
③ 분사공급펌프의 소음을 방지시킨다.
④ 연료계통의 공기를 배출시킨다.

> 오버플로우 밸브는 필터 내 압력을 규정값 이하로 유지하여 필터를 보호하는 역할을 한다. 초과압력분은 연료탱크로 리턴시킨다.
> 그 외 연료공급펌프의 소음발생 방지, 운전 중의 공기빼기 작용, 공급펌프와 분사펌프 내 연료 균형을 유지한다.

[13-3, 07-1, 05-1] 출제율 ★★ ☐☐☐

8 디젤기관의 예열장치에서 연소실 내의 압축공기를 직접 예열하는 형식은?

① 흡기 가열식
② 흡기 히터식
③ 예열 플러그식
④ 히터 레인지식

디젤기관의 예열장치 방식	
예열 플러그식	• 연소실 내의 압축공기를 직접 예열 • 종류 : 코일형, 실드형
흡기 예열 방식	• 흡기다기관에 설치하여 흡기온도를 가열 • 종류 : 가열식(흡기 히터식), 히터 레인지식

[13-3] 출제율 ★★★★ ☐☐☐

9 디젤기관의 연소실 형식 중 연소실 표면적이 작아 냉각손실이 작은 특징이 있고, 시동성이 양호한 형식은?

① 직접분사실식
② 예연소실식
③ 와류실식
④ 공기실식

직접분사식 연소실의 특징	
장점	• 실린더 헤드 구조가 간단하다.(열변형이 적음) • 연소실 표면적이 작아 열손실이 적어 열효율이 좋다. • 냉시동이 용이하다. • 연료 소비율이 적다.
단점	• 회전속도, 부하의 변화, 사용 연료에 민감하다. • 노크 발생이 쉽다. • 다공형 노즐을 사용한다.

[08-4] 출제율 ★★★ ☐☐☐

10 디젤기관에서 예연소실식의 장점이 <u>아닌</u> 것은?

① 단공 노즐을 사용할 수 있다.
② 분사개시 압력이 낮아 연료장치의 고장이 적다.
③ 작동이 부드럽고 진동이나 소음이 적다.
④ 실린더 헤드가 간단하여 열 변형이 적다.

예연소실식 연소실의 특징	
장점	• 분사압력이 낮아 연료장치의 고장이 적고 수명이 길다. • 운전이 정숙하고 노크가 적다. • 사용 연료 변화에 둔감하여 연료 선택 범위가 넓다. • 단공노즐을 사용할 수 있다.
단점	• 예열플러그가 필요하다. • 실린더 헤드(연소실)의 구조가 복잡하다. • 연소실의 표면적이 커 냉각손실이 크다. • 연료소비율이 직접분사식에 비해 크다.

정답 3 ③　4 ②　5 ④　6 ②　7 ②　8 ③　9 ①　10 ④

11 디젤기관의 연소실 형식에서 직접분사식의 특징이 아닌 것은?

① 분사노즐의 상태에 민감하게 반응한다.
② 연소실 구조가 간단하다.
③ 냉시동이 용이하다.
④ 열효율이 좋다.

직접분사식은 연료상태에 민감하게 반응한다.

12 와류실식 연소실을 갖는 디젤 기관의 장점은?

① 연소실 구조가 간단하다.
② 연료 소비율이 작다.
③ 고속 회전이 가능하다.
④ 시동이 용이하다.

와류실식 연소실의 특징
• 고속 운전이 가능하고 평균유효압력이 높다.
• 연소실 구조가 복잡하다.
• 주실과 부실을 좁은 통로로 연결하여 강한 와류를 발생시켜 연료의 완전 연소를 돕는다.
• 연료 소비율이 나쁘다.

---

03 **기계식 디젤연료분사장치**

1 디젤기관의 분사펌프식 연료장치의 연료공급 순서가 맞는 것은?

① 연료탱크 – 연료 여과기 – 연료 공급 펌프 – 연료 여과기 – 분사펌프 – 고압 파이프 – 분사노즐 – 연소실
② 연료탱크 – 연료 여과기 – 연료 공급 펌프 – 분사펌프 – 연료 여과기 – 고압 파이프 – 분사노즐 – 연소실
③ 연료탱크 – 연료 공급 펌프 – 연료 여과기 – 분사펌프 – 연료 여과기 – 고압 파이프 – 분사노즐 – 연소실
④ 연료탱크 – 연료 여과기 – 연료 공급 펌프 – 연료 여과기 – 분사펌프 – 분사노즐 – 고압 파이프 – 연소실

디젤기관 연료장치의 주 흐름
연료탱크 → 연료공급펌프 → 연료분사펌프 → 고압 파이프 → 분사노즐
연료 필터는 분사펌프 설치 방식(독립식, 분배식)에 따라 '연료탱크 → 연료공급펌프 → 연료분사펌프' 사이에 삽입되는 구조이다.

2 분사펌프에 있는 공급펌프(priming pump)의 피스톤이 마모되면 어떤 상태가 발생되는가?

① 분사펌프의 캠샤프트 마모가 촉진된다.
② 공급펌프의 송출압력이 저하된다.
③ 마찰저항이 적어 회전이 빨라진다.
④ 공급펌프의 송출량이 많아진다.

피스톤이 마멸되면 누설로 인해 송출압력이 저하된다.

3 디젤기관의 연료분사장치에서 연료의 분사량을 조절하는 것은?

① 연료 여과기   ② 연료 분사노즐
③ 연료 분사펌프   ④ 연료 공급펌프

디젤기관의 연료 분사장치에서 연료의 분사량 조절은 거버너(조속기) 및 연료 분사펌프의 제어 슬리브와 제어 피니언의 관계위치 변경을 통해 플런저의 유효 행정을 변화시켜 연료 분사량을 조절한다.

4 디젤기관의 분사량 제어 기구에서 분사량을 제어하기 까지의 운동 전달순서로 맞는 것은?

① 가속페달(거버너) → 제어래크 → 제어슬리브 → 플런저 → 제어피니언
② 가속페달(거버너) → 제어래크 → 제어피니언 → 제어슬리브 → 플런저
③ 가속페달(거버너) → 플런저 → 제어피니언 → 제어슬리브 → 제어래크
④ 가속페달(거버너) → 제어슬리브 → 제어피니언 → 제어래크 → 플런저

5 디젤 연료분사 펌프의 플런저가 하사점에서 플런저 배럴의 흡·배기 구멍을 닫기까지(송출 직전)의 행정은?

① 예비행정   ② 유효행정
③ 변행정   ④ 정행정

플런저의 행정
• 예비행정 : 플런저가 하사점에서 상승하여 플런저 배럴이 연료구멍을 막을 때까지의 거리
• 유효행정 : 연료구멍을 막을 때부터 플런저의 바이패스 통로로 배기 구멍으로 연료가 송출될 때까지의 거리

정답 ▶ 11 ① 12 ③ **3** 1 ① 2 ② 3 ③ 4 ② 5 ①

[13-2] 출제율 ★★

6 디젤엔진에서 플런저의 유효행정을 크게 하였을 때 일어나는 것은?

① 송출 압력이 커진다.
② 송출 압력이 작아진다.
③ 연료 송출량이 많아진다.
④ 연료 송출량이 적어진다.

> 유효행정은 분사시작시점에서 분사 종료시점까지의 행정을 말하며, 유효행정이 크면 연료 분사량(송출량)이 많아진다.

[11-2] 출제율 ★

7 디젤기관에서 직렬형 분사펌프의 연료 분사량 조정 방법은?

① 슬리브와 피니언의 관계위치를 변경하면서 조정
② 태핏의 간극을 조정
③ 플런저 스프링의 장력을 강하게
④ 딜리버리 밸브로 조정

> 연료분사량 조정은 조속기, 플런저, 앵글리히장치 등이 있으며 플런저의 경우 제어 피니언과 제어 슬리브의 위치를 변경하면서 조정한다.

[12-4, 07-3] 출제율 ★

8 분사펌프의 캠축에 의해 연료 송출 기간의 시작은 일정하고 분사 끝이 변화하는 플런저의 리드 형식은?

① 양 리드형   ② 변 리드형
③ 정 리드형   ④ 역 리드형

> **플런저의 리드 방식**
>
> | 정 리드 | 분사 초기가 일정하고 분사 말기가 변화 |
> |---|---|
> | 역 리드 | 분사 초기가 변화하고 분사 말기가 일정 |
> | 양 리드 | 분사 초기와 분사 말기가 모두 변화 |

[13-4, 10-4] 출제율 ★★

9 분사펌프에서 딜리버리 밸브의 작용 중 틀린 것은?

① 노즐에서의 후적 방지
② 연료의 역류 방지
③ 연료 라인의 잔압 유지
④ 분사시기 조정

> **딜리버리(delivery, 한쪽으로 전달) 밸브의 기능**
> 디젤기관 연료계통의 분사압력을 항상 높게 유지(잔압 유지)하기 위한 장치로, 규정압력 이상일때만 열려 분사노즐로 보낸다. (후적 및 역류 방지)
> ※ 분사시기 조정 : 타이머
> ※ 분사압력 조정 : 노즐홀더의 조정나사

[14-1] 출제율 ★★★

10 디젤기관의 분사노즐에 관한 설명으로 옳은 것은?

① 분사개시 압력이 낮으면 연소실 내에 카본 퇴적이 생기기 쉽다.
② 직접 분사실식의 분사개시 압력은 일반적으로 100~200kgf/cm²이다.
③ 연료 공급펌프의 송유압력이 저하하면 연료 분사압력이 저하한다.
④ 분사개시 압력이 높으면 노즐의 후적이 생기기 쉽다.

> 분사노즐의 분사개시압력이 낮으면 후적이 생기기 쉽고, 연소실에 카본 퇴적이 생기기 쉽다.
> ※ 분사개시압력 : 분사노즐의 니들 밸브가 열릴 때의 분사 압력을 말한다.
> ※ 후적 : 분사 노즐에서 연료 분사가 완료 후 노즐 팁에 연료 방울이 생기는 현상으로 엔진 출력이 저하되고 후기 연소 기간에 연소되어 엔진이 과열한다.

[11-4, 04-1 유사] 출제율 ★★★

11 디젤 기관의 연료 분사 조건으로 부적당한 것은?

① 무화가 잘 되고, 분무의 입자가 작고 균일할 것
② 분무가 잘 분산되고 부하에 따라 필요한 양을 분사할 것
③ 분사의 시작과 끝이 확실하고, 분사 시기·분사량 조정이 자유로울 것
④ 회전속도와 관계없이 일정한 시기에 분사할 것

> 회전속도에 따라 분사시기가 조정되어야 한다.

[10-4] 출제율 ★★★

12 디젤엔진에서 개방형 분사노즐의 장점과 관련이 없는 것은?

① 노즐 스프링, 니들 밸브 등 운동 부분이 없다.
② 분사 파이프 내에 공기가 머물지 않는다.
③ 분사 시작 때의 무화 정도가 낮다.
④ 구조가 간단하다.

> **개방형 분사노즐의 특징**
> • 구조가 간단(노즐 스프링, 니들 밸브 등 운동 부분이 없음)
> • 분사 파이프 내에 공기가 머물지 않는다.
> • 분사 시작 때의 무화 정도가 낮아 후적이 발생되기 쉽다. (단점)

[15-4, 11-1, 09-2, 07-2] 출제율 ★★★

13 디젤기관의 연료분무 형성의 조건이 아닌 것은?

① 무화   ② 관통
③ 분포   ④ 분리

> **디젤 기관의 연료 분무 형성** : 무화, 관통력, 분포

정답 6 ③ 7 ① 8 ③ 9 ④ 10 ① 11 ④ 12 ③ 13 ④

14 디젤 기관의 연료 분무형성과 관계있는 것은?

① 관통력과 무화
② 직진성과 노크
③ 착화성과 무화
④ 분포성과 직진성

15 디젤기관의 연소에 영향을 미치는 중요 요소와 가장 관계가 적은 것은?

① 분사시기
② 연료의 인화점
③ 분무의 상태
④ 공기의 유동

인화점은 가솔린 엔진에 영향을 미치는 요소이며, 디젤엔진의 연소에 영향을 미치는 요소는 ①, ③, ④ 외에 착화점이 있다.

16 디젤기관에서 분사시기가 빠를 때 나타나는 현상으로 틀린 것은?

① 배기가스의 색이 흑색이다.
② 노크현상이 일어난다.
③ 배기가스의 색이 백색이 된다.
④ 저속회전이 어려워진다.

분사시기가 빠를 때 나타나는 현상
• 연소가 불량하여 배기가스가 흑색이다.
• 노크가 발생한다.
• 분사압력이 감소하여 기관 출력이 저하된다.
• 저속회전이 어려워진다.

17 디젤기관에서 연료 분사펌프의 거버너는 어떤 작용을 하는가?

① 분사압력을 조정한다.
② 분사시기를 조정한다.
③ 착화시기를 조정한다.
④ 분사량을 조정한다.

거버너(조속기)의 역할 : 연료분사량 조정 및 회전속도에 따라 연료 분사량을 가감하여 일정하게 조정한다.
※ 분사시기 조정 : 타이머, 분사압력 조정 : 노즐 홀더

18 일반 디젤기관의 분사펌프에서 최고회전을 제어하며 과속(over-run)을 방지하는 기구는?

① 타이머
② 조속기
③ 세그먼트
④ 피드 펌프

조속기는 캠축에 의해 분사량을 조정하여 과속 시 연료분사를 줄이고, 저속 시 연료분사를 증가시킨다.

19 디젤기관의 분사노즐에 대한 시험항목이 아닌 것은?

① 연료의 분사량
② 연료의 분사각도
③ 연료의 분무상태
④ 연료의 분사압력

분사노즐 검사는 분사노즐 테스터로 하며 분사압력, 분사각도, 분무상태, 후적을 검사한다.
※ 연료의 분사량 시험은 분사펌프 시험기로 한다.

20 디젤 분사펌프 시험기(Injection Pump Tester)로 시험할 수 있는 사항은?

① 후적
② 분사초기압력
③ 분사량
④ 분무상태

21 연료분사노즐 테스터기로 노즐을 시험할 때 검사 항목이 아닌 것은?

① 연료분사상태
② 연료분사시간
③ 연료 후적 유무
④ 연료분사 개시 압력

22 다음 중 앵글라이히 장치의 작용에 대한 설명으로 가장 적합한 것은?

① 제어 랙의 위치를 변경시켜 분사량을 적게 한다.
② 동일한 제어 랙의 위치에서 기관의 흡입 공기에 알맞는 연료를 분사한다.
③ 제어 랙의 위치를 변경시켜 분사량을 크게 한다.
④ 막판의 위치를 조정하여 분사량을 알맞게 한다.

앵글라이히 장치의 역할 : 동일한 제어래크의 위치에서 기관의 흡입 공기에 알맞은 연료를 분사하여 회전 속도의 모든 범위에 공기와 연료의 균일한 비율을 유지시킨다.

정 답   14 ①   15 ②   16 ③   17 ④   18 ②   19 ①   20 ③   21 ②   22 ②

23 4행정 사이클 디젤기관의 분사펌프 제어래크를 전부하 상태로 최대 회전수를 2000 rpm으로 하여 분사량을 시험하였더니 1실린더 107 cc, 2실린더 115 cc, 3실린더 105 cc, 4실린더 93 cc일 때 수정할 실린더의 수정치 범위는 얼마인가? (단, 전부하 시 불균율 4%로 계산한다.)

① 100.8 ~ 109.2cc

② 100.1 ~ 100.5cc

③ 96.3 ~ 103.6cc

④ 89.7 ~ 95.8cc

$$평균분사량 = \frac{각\ 실린더의\ 분사량\ 합}{실린더\ 수} = \frac{107+115+105+93}{4} = 105cc$$

불균율이 4%이므로 105 × 0.04 = 4.2cc

(−) 불균율 = 105 − 4.2 = 100.8cc

(+) 불균율 = 105 + 4.2 = 109.2cc

24 디젤엔진에서 최대분사량이 40 cc, 최소분사량이 32 cc일 때 각 실린더의 평균 분사량이 34 cc 라면 (+) 불균율은 몇 %인가?

① 5.9

② 17.6

③ 20.2

④ 23.5

$$(+)\ 불균율 = \frac{최대\ 분사량 - 평균분사량}{평균분사량} \times 100$$

$$= \frac{40-34}{34} \times 100 = 17.6\%$$

25 디젤기관에서 감압장치의 설치 목적에 적합하지 않는 것은?

① 겨울철 오일의 점도가 높을 때 시동을 용이하게 하기 위해서이다.

② 기관의 점검 조정 및 고장 발견 시에 활용하기도 한다.

③ 흡입밸브나 배기밸브를 작용하여 감압한다.

④ 흡입효율을 높여 압축압력을 크게 하는데 작용시킨다.

감압장치의 설치 목적
디젤엔진은 시동 시 압축압력이 높으면 크랭킹이 어려우므로 크랭킹 시 감압 캠을 작동시켜 강제로 흡·배기밸브를 열어 실린더 내 압축압력을 낮춘다.

26 디젤 기관의 분사시기, 회전속도를 점검하기 위하여 디젤 타이밍 라이트(Timing Light)를 사용한다. 이때 타이밍 라이트 시험기의 배선 연결 방법이 옳은 것은?

① 축전지와 배선 케이블, 접지

② 축전지와 1번 분사노즐 파이프, 접지

③ 축전지와 1번 점화 플러그 케이블, 접지

④ 2번 분사노즐 파이프와 축전지 케이블, 접지

디젤 타이밍 라이트 사용 준비사항
• 적색 클램프 – 배터리 ⊕단자, 흑색 클램프 – 배터리 ⊖단자
• 피에조센서 케이블을 1번 분사파이프 노즐에 장착, 접지선을 접지
• 기관 시동 및 기관 공회전

27 디젤 타이밍 라이트를 통해 분사시기를 조정하는 방법에 대한 설명으로 틀린 것은?

① 엔진 시동을 걸고 크랭크축 풀리에 타이밍 라이트를 쏘여 체크해야 한다.

② 분사시기를 조정하기 전에 타이밍 라이트의 회전수를 읽고 규정 회전수를 벗어나면 공전속도 조절나사로 조정한다.

③ 분사시기를 조정할 때 분사펌프를 회전방향(시계방향)으로 돌리면 진각된다.

④ 공회전 속도 스크루를 조이면 엔진 회전수가 상승되고 풀면 회전수가 떨어진다.

디젤엔진의 점화시기 조정
• 시계방향으로 돌리면 점화시기가 늦어짐 (지각)
• 시계반대방향으로 돌리면 점화시기가 빨라짐 (진각)

chapter 02

[13-1] 출제율 ★ □□□

1 CRDI 디젤엔진에서 기계식 저압펌프의 연료공급 경로가 맞는 것은?

① 연료탱크 − 저압펌프 − 연료필터 − 고압펌프 −커먼레일 − 인젝터
② 연료탱크 − 연료필터 − 저압펌프 − 고압펌프 − 커먼레일 − 인젝터
③ 연료탱크 − 저압펌프 − 연료필터 − 커먼레일 − 고압펌프 − 인젝터
④ 연료탱크 − 연료필터 − 저압펌프 − 커먼레일 − 고압펌프 − 인젝터

> **CRDI 디젤엔진의 연료공급 경로**
> ※ 기계식 저압펌프 방식 : 연료탱크 → 연료필터 → 저압펌프 → 고압펌프 → 커먼레일 → 인젝터
> ※ 전기식 방식 : 연료탱크 → 연료펌프(모터식) → 연료필터 → 고압펌프 → 커먼레일 → 인젝터

[09-1] 출제율 ★ □□□

2 디젤 커먼레일 엔진의 구성부품이 아닌 것은?

① 인젝터
② 커먼레일
③ 분사펌프
④ 연료 압력 조정기

> 분사펌프는 기계식 디젤엔진에 사용된다. 커먼레일은 고압펌프가 그 역할을 대신한다.

[13-2] 출제율 ★ □□□

3 디젤기관에서 전자제어식 고압펌프의 특징이 아닌 것은?

① 동력 성능의 향상
② 쾌적성 향상
③ 부가 장치가 필요
④ 가속시 스모크 저감

> 기계식(연료공급, 압력상승, 연료량 보정)에 비해 전자제어식 고압연료는 전동식 방식으로 연료공급 기능만 담당하므로 부가장치가 필요없다.

[14-2] 출제율 ★★ □□□

4 직접고압 분사방식(CRDI) 디젤엔진에서 예비분사를 실시하지 않는 경우로 틀린 것은?

① 엔진 회전수가 고속인 경우
② 분사량의 보정제어 중인 경우
③ 연료 압력이 너무 낮은 경우
④ 예비 분사가 주 분사를 너무 앞지르는 경우

> **예비분사를 실시하지 않는 경우**
> • 엔진 회전수가 고속인 경우
> • 연료 압력이 100bar 이하로 너무 낮은 경우
> • 예비 분사가 주 분사를 너무 앞지르는 경우
> • 분사량이 너무 작고, 연료량이 충분하지 않은 경우

[10-2, 07-4, 06-2] 출제율 ★★★ [주의] □□□

1 자동차용 LPG 연료의 특성이 아닌 것은?

① 연소효율이 좋고, 엔진이 정숙하다.
② 엔진 수명이 길고, 오일의 오염이 적다.
③ 대기오염이 적고, 위생적이다.
④ 옥탄가가 낮으므로 연소 속도가 빠르다.

> LPG 연료는 휘발유보다 옥탄가가 높기 때문에 연소 속도가 빠르다.

[13-4, 11-4] 출제율 ★★★ [주의] □□□

2 LPG의 특징 중 틀린 것은?

① 액체상태의 비중은 0.5이다.
② 기체상태의 비중은 1.5~2.0이다.
③ 무색, 무취이다.
④ 공기보다 가볍다.

> LPG의 비중(1.5~2.0)은 공기의 비중보다 무겁고, 물보다 가볍다.

[12-2, 12-1] 출제율 ★★★ [주의] □□□

3 자동차용 LPG 연료의 특성을 잘못 설명한 것은?

① 연소 효율이 좋고 엔진운전이 정숙하다.
② 증기폐쇄(vapor lock)가 잘 일어난다.
③ 대기오염이 적으므로 위생적이고 경제적이다.
④ 엔진 윤활유의 오염이 적으므로 엔진수명이 길다.

> LPG 연료공급장치에서 베이퍼라이저 이후에는 가스상태가 되므로 베이퍼록이 잘 일어나지 않는다.

정답 ❹ 1② 2③ 3③ 4② ❺ 1④ 2④ 3②

4 LPG 기관에서 연료공급 경로로 맞는 것은?

① 연료탱크 → 솔레노이드 밸브 → 베이퍼라이저 → 믹서

② 연료탱크 → 베이퍼라이저 → 솔레노이드 밸브 → 믹서

③ 연료탱크 → 베이퍼라이저 → 믹서 → 솔레노이드 밸브

④ 연료탱크 → 믹서 → 솔레노이드 밸브 → 베이퍼라이저

LPG 기관의 연료공급 경로
연료탱크 → 솔레노이드 밸브 → 베이퍼라이저 → 믹서 → 기관이다.

[14-3] 출제율 ★★

5 LPG 기관의 장점으로 틀린 것은?

① 점화플러그의 수명이 연장된다.

② 연료펌프가 불필요하다.

③ 베이퍼 록 현상이 없다.

④ 가솔린에 비해 냉시동성이 좋다.

LPG 엔진의 단점은 냉시동성이 좋지 않아 시동 시 기상 연료를 사용하며, 프리히터(예열기)가 필요하다.

[07-1] 출제율 ★

6 LPG 연료 차량의 주요 구성장치가 아닌 것은?
(단, LPI 제외)

① 베이퍼라이저

② 연료여과기

③ 믹서

④ 연료펌프

LPG 엔진에는 연료펌프는 없으며, LPI 엔진에는 연료탱크 내부에 연료펌프가 있다.

[09-4] 출제율 ★★

7 LP가스 자동차의 봄베와 관련된 사항으로 틀린 것은?

① 용기의 도색은 회색으로 한다.

② 안전밸브에서 분출된 가스는 대기 중으로 방출되는 구조로 되어 있다.

③ 안전밸브는 용기 내부의 기상부에 설치되어 있다.

④ 봄베 보디에 베이퍼라이저가 설치되어 있다.

봄베에 액상 밸브, 기상 밸브, 충전 밸브 등이 설치되어 있고, 베이퍼라이저는 엔진 내부에 설치된다.

[참고] 출제율 ★★★★

8 일반적인 LPG 차량의 규정 LPG 충전량은 봄베 용량의 몇 %인가?

① 70%   ② 85%

③ 90%   ④ 100%

가스의 팽창 폭발 방지를 위해 법규 상 충전량은 85%로 제한한다.

[11-2] 출제율 ★

9 LPG를 충전하는 고압용기에 설치된 밸브와 색상의 연결이 틀린 것은?

① 기상밸브 – 황색

② 액상밸브 – 적색

③ 기체밸브 – 청색

④ 충전밸브 – 녹색

기상밸브(기체밸브) – 황색, 액상밸브(액체밸브) – 적색, 충전밸브 – 녹색

[11-3, 08-1] 출제율 ★★★

10 LPG 차량의 연료 계통에서 가솔린 엔진의 기화기 역할을 하며 감압, 기화 및 압력조절 작용을 하는 것은?

① 솔레노이드 밸브(solenoid valve)

② 믹서(mixer)

③ 베이퍼라이저(vaporizer)

④ 봄베(bombe)

[14-2, 14-1, 12-4, 10-3, 09-3, 08-3, 06-3] 출제율 ★★★★

11 LPG 기관에서 액체를 기체로 변환시키는 것을 주목적으로 설치된 것은?

① 믹서   ② 연료 봄베

③ 솔레노이드 밸브   ④ 베이퍼라이저

[08-2] 출제율 ★

12 LPG 연료장치 차량에서 LPG를 대기압에 가깝게 감압하는 장치는?

① 1차 감압실   ② 2차 감압실

③ 부압실   ④ 기동 솔레노이드 밸브

봄베의 연료가 고압일 때 베이퍼라이저 1차 감압실에서 0.3kgf/cm²으로 감압시키고, 2차 감압실에서 대기압에 가깝게 감압시켜 혼합기의 농후를 방지한다.
※ 봄베의 연료가 저압일 때 : 밸런스 다이어그램을 역으로 작동시켜 1차 감압실의 압력을 항상 일정하게 유지

chapter 02

13 LPG 연료장치에서 베이퍼라이저의 역할이 아닌 것은?

① 기화
② 무화
③ 감압
④ 압력 조절

> 베이퍼라이저는 연료의 압력을 조절(감압)시켜 기화시킨다.

14 LPG 기관의 연료장치에서 냉각수 온도가 낮을 때 시동성을 좋게 하기 위해 작동되는 밸브는?

① 기상밸브
② 액상밸브
③ 안전밸브
④ 과류방지밸브

> 15℃ 이하의 저온 상태에서 시동성을 좋게 하기 위해 기상밸브를 열어 기체 상태의 가스를 사용한다.

15 LPG기관에서 냉각수 온도 스위치의 신호에 의하여 기체 또는 액체 연료를 차단하거나 공급하는 역할을 하는 것은?

① 과류방지 밸브
② 유동 밸브
③ 안전 밸브
④ 액·기상 솔레노이드 밸브

액·기상 솔레노이드 밸브의 구분	
기상	• 작동 : 냉각수 온도 15℃ 이하 • 냉간 시 기체상태의 가스를 공급하여 시동을 용이하게 함
액상	• 작동 : 냉각수 온도 15℃ 이상 • 액체 상태의 가스를 베이퍼라이저로 공급시켜 엔진 출력 저하를 방지

16 LPG 연료장치가 장착된 자동차의 설명 중 틀린 것은?

① 점화시기는 가솔린 차의 정규 위치보다 앞당길 수 있다.
② 가스누설 개소는 액체 패킹이나 LPG 전용 시일 테이프(seal tape)로 막는다.
③ 가스압력은 최저 1kgf/cm²가 유지될 수 있도록 100%의 프로판으로 되어있는 연료가 적당하다.
④ 점화플러그는 가솔린 차에 비해 장시간 사용할 수 있다.

> LPG 연료는 겨울철에는 '프로판(30%)+부탄(70%)'이며, 여름철에는 '프로판(20%)+부탄(80%)' 정도이다.
> ※ 부탄은 프로판에 비해 잘 얼기 때문에 겨울철에는 프로판의 비율을 높인다.
> ※ ① LPG는 전기저항이 커 폭발속도가 늦기 때문에 가솔린 차량보다 점화시기를 앞당겨야 한다.

17 LPG 차량에서 믹서의 스로틀밸브 개도량을 감지하여 ECU에 신호를 보내는 것은?

① 아이들 업 솔레노이드
② 대시포트
③ 공전속도 조절밸브
④ 스로틀 위치 센서

> 믹서는 적정 혼합비를 만들어 실린더에 공급하는 역할을 하며 구성품으로는 스로틀 밸브, 아이들업 솔레노이드 밸브, 피드백 솔레노이트 밸브, 공전속도 조절밸브, 대시포트 등이 있다.

18 LPG 기관을 시동하여 냉각수 온도가 낮은 상태에서 무부하 고속회전을 하였을 때 나타날 수 있는 현상으로 가장 적합하지 않은 것은?

① 증발기(vaporizer)의 동결현상이 생긴다.
② 가스의 유동 정지 현상이 발생한다.
③ 혼합가스가 과농 상태로 된다.
④ 기관의 시동이 정지될 수 있다.

> **LPG 기관에서 냉각수 온도가 낮으면**
> 베이퍼라이저의 역할은 액체 연료를 감압·기화(액체 → 기체)하는 과정에서 열을 빼앗아 베이퍼라이저를 동결시킨다. (※ 동결 방지를 위해 베이퍼라이저에 냉각수 통로를 설치함)
> 그러므로 저온상태에서는 충분히 기화되지 않으므로 가스 흐름의 정지, 혼합기의 과희박상태가 되어 출력 감소, 시동 정지를 초래한다.

19 LP 가스 용기 내의 압력을 일정하게 유지시켜 폭발 등의 위험을 방지하는 역할을 하는 것은?

① 안전 밸브
② 과류방지 밸브
③ 긴급차단 밸브
④ 과충전방지 밸브

> ② 과류방지 밸브 : 배관 파손에 의해 연료 흐름 차단
> ③ 긴급차단 밸브 : 액체 및 기체가스의 공급/차단 역할을 하며, 연료라인 파손 등으로 가스가 누출되거나 엔진 정지 시 가스공급을 차단
> ④ 과충전방지 밸브 : 용기의 가스 충전이 85% 이내로 제한

정답 13 ② 14 ① 15 ④ 16 ③ 17 ④ 18 ③ 19 ①

20 LP가스를 사용하는 자동차에서 차량전복으로 인하여 파이프가 손상 시 용기 내 LP가스 연료를 차단하기 위한 역할을 하는 것은?

① 영구자석
② 과류방지 밸브
③ 첵 밸브
④ 감압 밸브

과류방지 밸브(excess flow valve)
LP 엔진에는 사고 등으로 인해 배관 및 연결부 파손에 의해 연료가 비정상적으로 급격히 방출되면 LP가스를 차단시킨다.

[10-2] 출제율 ★★

21 LPG기관에서 연료가 기체 상태로 존재하는 부품은?

① LPG 용기
② 믹서
③ 베이퍼라이저 연료 입구
④ 고압 파이프

베이퍼라이저를 거치며 기화되므로 '베이퍼라이저 출구–믹서'에서 연료가 완전 기체 상태가 된다.

[07-2] 출제율 ★

22 LPG 자동차 관리에 대한 주의사항 중 맞지 않는 것은?

① LPG는 고압이고, 누설이 쉬우며 공기보다 무겁다.
② 가스 충전 시에는 합격용기인가를 확인하고, 과충전되지 않도록 해야 한다.
③ 엔진실이나 트렁크 실 내부 등을 점검할 때 라이터나 성냥 등을 켜고 확인한다.
④ LPG는 온도상승에 의한 압력상승이 있기 때문에 용기는 직사광선 등을 피하는 곳에 설치하고 과열되지 않아야 한다.

[13-03] 출제율 ★

23 LPG 기관 중 피드백 믹서 방식의 특징이 <u>아닌 것</u>은?

① 연료 분사펌프가 있다.
② 대기 오염이 적다.
③ 경제성이 좋다.
④ 엔진오일의 수명이 길다.

LPG 기관은 LPI와 달리 자체의 가스의 증기압으로 연료가 공급되므로 연료펌프가 없다.

[13-1] 출제율 ★★

24 LPG 기관의 피드백 믹서 장치에서 ECU의 출력 신호에 해당하는 것은?

① 산소 센서
② 파워스티어링 스위치
③ 맵 센서
④ 메인 듀티 솔레노이드

LPG 차량의 메인 듀티 솔레노이드는 산소농도에 따라 공급/차단 신호시간을 조정하여 솔레노이드에 신호를 보내 연료량을 조절한다.

※ 기초) 솔레노이드(solenoid)는 코일을 감은 기구에 전류를 보내 전자석이 되는 것을 이용하여 밸브의 개폐를 조정하여 연료나 오일 등의 흐름을 제어한다. (솔레노이드는 대부분 출력신호에 해당)

[18-3] 출제율 ★★★

25 LPI 기관 시스템의 구성품이 <u>아닌 것</u>은?

① 연료온도센서
② 베이퍼라이저
③ 인젝터
④ 연료펌프

베이퍼라이저는 LPG 기관에서 액상 LPG를 기상 상태로 변환해주는 역할을 한다.
• LPG (Liqufied Petroleum Gas) : 연료탱크의 고압 LPG 액상 연료를 베이퍼라이저를 통해 감압시켜 믹서에서 공기와 혼합하여 엔진 실린더로 공급하는 방식
• LPI (Liqufied Petroleum Injection) : 연료탱크 내에 설치된 연료펌프를 통해 고압으로 송출되는 액상연료를 직접 인젝터로 분사하여 엔진을 구동하는 방식

정답 20 ② 21 ② 22 ③ 23 ① 24 ④ 25 ②

04 흡·배기장치

[예상문항 : 2~4문제] 각 부속품의 역할을 비롯해 흡기장치 검사, 배기가스 감소 방법, 각 배기가스의 특징을 체크합니다. 특히, 산소센서의 특징·역할, 파형은 출제빈도가 높으니 반드시 체크하기 바랍니다. 새로 추가된 디젤 촉매 필터·차압센서에 대해서도 특징과 역할을 체크합니다.

01 흡기(Intake) 장치

1 공기 청정기(에어클리너)

① 유입되는 흡기 먼지와 이물질 등을 여과

② 공기 흡입 시 발생하는 **맥동 및 소음을 감소**

→ 흡입 공기 중 들어오는 먼지와 이물질의 영향 : 실린더 내 벽면과 피스톤, 피스톤 링 및 흡·배기밸브 등에 마모를 유발시키며, 윤활유에 혼합되어 각 윤활 부분의 마모를 증가시킴

③ 공기청정기의 종류

• 건식 : 필터(엘리먼트)를 통해 여과한다.

• 습식 : 오일에 젖신 거즈와 같은 필터를 통과하여 여과한다.

2 스로틀 보디와 스로틀 밸브

(1) 스로틀 보디(Throttle body)

① 역할 : 운전자의 의지에 의해 스로틀 밸브를 제어하여 흡입 공기량을 조절한다.

② 구성 : 스로틀 포지션 센서, 스로틀 밸브, ISC-서보

(2) 스로틀 밸브(Throttle Valve)

가속페달에 연결되어 가속페달의 개폐 정도에 따라 연소에 필요한 **공기량을 조절**하여 엔진 컴퓨터(ECM)에서 **연료 분사량을 조절**한다.

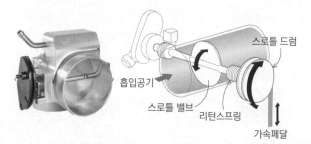

⬆ 기계식 스로틀밸브

(3) 전자 제어식 스로틀 컨트롤 밸브(ETC)

① 기존에는 가속페달과 스로틀 밸브를 와이어로 연결하여 직접 제어했으나, 최근에는 가속페달과 스로틀 밸브에 위치센서를 부착하여 전자적으로 제어한다.

② 구성 요소 : ETC 모터, 스로틀 밸브 및 스로틀 포지션 센서로 구성되어 가속페달 위치센서에 의해 컴퓨터가 ETC 모터로 스로틀 밸브의 개폐를 제어한다.

③ ETC는 전자식 액셀페달 모듈의 입력값을 PCM이 받아서 ETC 모터를 이용하여 스로틀 밸브를 원하는 만큼 개폐함으로써 엔진 출력을 정밀하게 조절할 수 있도록 한다. 또한 ETC는 별도의 장치없이 크루즈 컨트롤(정속주행) 기능의 장점이다.

> ▶ 용어 해설
> • ETC : Electronic Throttle Control valve = ETS
> • TPS : Throttle Position Sensor, 스로틀 포지션 센서
> • PCM : Powertrain Control Module, ECM(엔진 제어모듈)과 TCU(변속기 제어모듈)을 통합한 모듈
> ※ ECU, ECM, PCM은 용어만 다를 뿐 엔진 제어 컴퓨터에 해당한다.

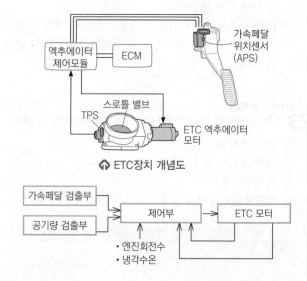

⬆ ETC장치 개념도

ETC 장치의 작동 원리 : 가속페달을 밟으면 → 페달에 부착된 엑셀레이터 포지션 센서(APS, Accelerator position sensor)가 페달의 위치를 검출하여 ECU에 보냄 → 다른 센서의 입력 신호와 함께 스로틀 밸브의 열림량을 연산 → 스로틀 보디의 부착된 ETC 엑추에이터 모터를 구동시켜 스로틀 밸브의 열림을 구동

3 서지탱크(surge tank)

① 스로틀 바디와 흡기 다기관 사이에 위치하며, 스로틀 바디를 통해 유입된 공기를 저장하는 공간이다.

② 역할
- 연소실에 공기 공급을 균일하게 함
- 실린더 상호 간의 흡입공기의 간섭을 방지함
- 흡입공기의 충진효율을 증대시킴
- 스로틀 밸브의 닫힘 및 피스톤 하강에 의해 서지탱크 및 흡기 다기관에는 항상 **부압(진공) 상태**가 유지된다. 이 부압을 통해 브레이크 배력장치, EGR 밸브, 각종 센서 등에 작동시킨다.

대기압보다 낮은 압력

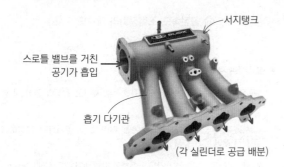

서지탱크

스로틀 밸브를 거친 공기가 흡입

흡기 다기관

(각 실린더로 공급 배분)

4 흡기 다기관(Intake manifold)

① 각 실린더에 공기(혼합기)를 유도하는 통로이다.

② 각 실린더에 혼합기가 균일하게 분배되도록 하여야 하며, 공기 충돌을 방지하여 흡입 효율이 떨어지지 않도록 굴곡이 있어서는 안 되며, 연소가 촉진되도록 혼합기에 와류를 일으키도록 해야 한다.

> ▶ 레조네이터(공명기)
> 공기 흡입 시나 배출가스에서 발생하는 공기의 소음을 특정 주파수의 공명을 이용하여 저감시키는 장치이다. 흡기계통에서는 공기흡기구에서 공기청정기 사이에 설치되며, 배기계통에서는 머플러 뒤에 설치된다.

5 가변흡기장치 (VIS : Variable Intake System)

① 엔진의 회전과 부하 상태에 따라 공기 흡입통로를 자동적으로 조절해 저속에서 고속에 이르기까지 **흡입 효율을 증대시켜 엔진 출력**을 높여준다.

② 엔진 컴퓨터는 엔진 회전수와 엔진 부하를 계산하는 스로틀밸브 열림의 정도에 따라 VIS 밸브 모터를 구동하여 고속에서는 공기 흡입 통로의 방향을 짧게 제어한다.
- 저속 시 : 밸브를 닫아 통로를 길게 함 → 흡입관성력과 흡입효율을 증가시켜 엔진 출력을 향상
- 고속 시 : 밸브를 열어 흡입구를 짧게 함 → 흡입 저항을 줄여 상대적으로 흡입효율을 증가시켜 엔진 출력을 향상

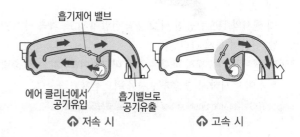

흡기제어 밸브

에어 클리너에서 공기유입

흡기밸브로 공기유출

⌃ 저속 시   ⌃ 고속 시

6 가변 스월 컨트롤 밸브(SCV : Swirl Control Valve)

① 흡기 다기관에서 실린더로 유입되는 포트를 2개 포트로 만들어 2개 포트 중 하나의 흡기 포트를 닫아 연소실에 유입되는 흡입 공기의 유속을 증가시켜 스월(와류)을 일으켜 **흡입효율을 향상**시킨다.

② 연료와 공기의 혼합을 돕고, 질소산화물(NO_x)의 배출을 저감시키는 역할도 한다.

③ 구성 : DC 모터(포트의 개폐 조절), 모터위치센서(모터의 위치를 검출)

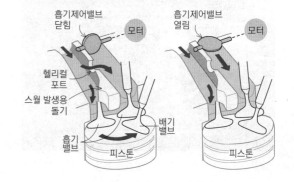

흡기제어밸브 닫힘   흡기제어밸브 열림

모터   모터

헬리컬 포트

스월 발생용 돌기

흡기 밸브

배기 밸브

피스톤   피스톤

매니폴드 절대 압력

8 공기 유량 계측 – 맵 센서(MAP : Manifold Absolute Pressure)

① 역할 : **서지탱크의 절대압력(밀도)을 측정**하여 이를 컴퓨터(ECM 또는 ECU)로 보내는 역할을 한다.

② 설치 위치 : 스로틀밸브 뒤쪽 흡기 다기관(서지탱크)

> ▶ 맵 센서의 원리
> - 압전소자(피에조 소자)를 이용한 것으로, 대기압과 진공압력의 차를 저항(전압)값으로 변환하여 흡입공기량을 간접적으로 산출한다.
> - 압전 소자 : 압력을 감지하여 전기신호로 변환하는 센서 소자이다.
>
> ▶ 전자제어에서 기본 분사량을 결정하는 2가지 요소
> 공기유량센서(맵 센서), 엔진회전수

③ 맵 센서 점검 **필수암기**

- 맵 센서와 TPS는 공전 시(고 진공) 전압이 낮고, 가속 시(저 진공) 전압이 높게 나타난다.
- 맵 센서와 TPS 센서 파형은 같이 비교하여 가·감속 시 출력 파형이 유사하게 증감하는 지를 확인한다.

→ TPS : Throttle Position Sensor, 스로틀 밸브의 위치를 감지

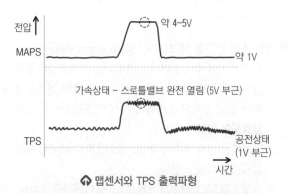

🔼 맵센서와 TPS 출력파형

🔼 맵센서와 TPS 점검 모습

9 ISA (Idle Speed Actuator, 공회전 속도 조절장치)

① **공회전(idle) 이란** : 시동만 걸리고 가속페달을 밟지 않은 상태를 말하며, 엔진에 의해 구동되는 에어컨 압축기, 발전기, 오일펌프 등에 필요한 구동력을 제외하고 최소한의 연료로 구동되는 엔진회전수(RPM)를 말한다.

② **ISA의 역할** : 공회전 상태에서 갑작스런 고부하가 걸릴 경우 엔진 출력이 떨어질 때 흡입되는 공기량을 증가시켜 엔진부조 현상(떨림) 및 시동 꺼짐을 방지한다.

③ **기본 원리** : 스로틀 밸브가 닫혀있는 동안 또는 닫히기 직전 미리 열어 둠으로써 흡입 공기를 우회시켜 유입시킨다.

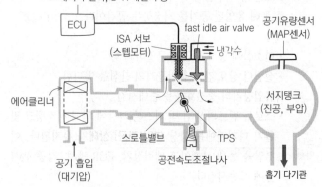

🔼 공전속도 조절장치의 개념도

▶ 참고) ISA 제어

공전 RPM 조절	ECU에 의한 목표 회전수 제어로 최적의 연비 및 정숙성을 실현
시동 시 공회전 제어	시동 시 냉각수온에 따라 흡입 공기량을 제어하여 RPM을 조절
패스트 아이들 (Fast idle)	워밍업 시간을 단축하기 위해 냉간 시동 시에는 냉각수온에 따라 RPM을 상승
아이들-업 (Idle Up)	에어컨, 오일펌프 등과 같은 전기 부하나 변속기의 부하 상태에 따라 공전속도 유지를 위해 RPM을 상승
대시포트 (Dash-pot)	차량이 일정속도로 주행을 하다가 감속을 위해 가속페달에 발을 떼었을 때, 스로틀밸브가 급격히 닫혀 감속에 따른 충격 및 시동꺼짐, 유해가스(흡기 부압이 높아져 연료가 공전 포트를 통해 다량의 연료가 분출되어 혼합비가 농후해짐) 감소를 위하여 스로틀밸브가 완전히 닫히기 전(1500~2000rpm) 약 0.5초간 서서히 스로틀밸브를 닫아주는 작용을 말한다.

02 배기(Exhaust) 장치

1 배기장치의 구성
배기 다기관, 소음기, 삼원 촉매장치, 디젤산화 촉매, EGR 밸브, EGR 솔레노이드 밸브, EGR 바이패스 밸브, EGR 쿨러 등

2 배기 다기관 (Exhaust manifold)
① 엔진에서 연소된 고온·고압의 가스가 엔진 외부로 안전하고 효율적으로 배출하는 장치이다.
② 배기 효율을 최적화하기 위해 배기 유속과 배기 간섭파를 최소화해야 한다. 이는 실린더 수와 점화 순서에 따라 배기 맥동에 의한 부압파(Vacuum wave)에 의해 배기가 원활히 이루어지도록 설정되어야 한다.
③ 배기 다기관의 과열 방지를 위해 냉각핀을 두기도 한다.

3 소음기(Muffler)
① 배기가스의 속도는 매우 빨라 대기 중에 방출 시 급격히 팽창하여 폭음이 발생한다. 소음기는 이러한 폭음을 방지하기 위한 장치로, 음압과 음파를 억제시킨다.
② **소음기의 소음 방법**
　• 흡음재를 사용하는 방법
　• 음파를 간섭시키는 방법
　• 튜브 단면적을 어느 길이만큼 크게 하는 방법
　• 공명에 의한 방법
　• 배기가스를 냉각시키는 방법 등

> ▶ 참고) 소음기 원리
> • 내부를 몇 개의 공간으로 분리하여 배기가스가 이 공간을 지나갈 때마다 음파 간섭, 압력 변화, 배기 온도 등을 점차로 낮추어 소음시킨다.
> • 소음 효과를 높이기 위해 소음기의 저항을 지나치게 크게 하면 배압(back pressure)이 커져 엔진 출력이 감소한다.

배기관의 저항이 커지면 배압이 커져 배기가스의 배출이 원활하지 못해 흡입공기의 유입도 원활하지 못한다. 즉 엔진출력이 감소된다.

4 배출가스 일반
① **배출가스의 구성 성분**

무해가스	• 완전 연소가 일어날 때 생성되며, 배기가스저감장치의 목적은 유해가스를 무해가스로 변환하는 것이다. • 질소(N_2), 이산화탄소(CO_2), 산소(O_2)
유해가스	탄화수소(HC), 질소산화물(NOx), 일산화탄소(CO), 미세먼지(PM) 등

② 유해배출가스의 주요 성분 및 특징 （필수암기）

탄화수소 (HC)	• 과농후 혼합비 및 희박한 혼합비로 인한 실화로 인해 발생 • 실린더 및 연료탱크에서 주로 발생 • 가솔린 엔진의 작동 온도가 낮을 때 • 화염전파 후 연소실 내에 냉각작용으로 타다 남은 혼합기
질소산화물 (NOx)	• 질소와 산소의 화합물로, 고온에서 쉽게 반응 　→ 연소온도가 높을수록 많이 배출 • 이론 공연비보다 약간 희박할 때 최대값 　→ 이론 공연비보다 농후 또는 희박해지면 발생률이 낮음 • 가장 많이 배출되는 유해가스로, 호흡기 계통에 영향 • 광화학 스모그의 주 원인
일산화탄소 (CO)	엔진의 조작 불량으로 불완전 연소 시 발생하며, 인체에 가장 해롭다.

③ 유해가스의 배출특성

기준	상태	HC	CO	NOx
혼합기	농후 혼합기	↑	↑	↓
	이론공연비 부근	↓	↓	↑
	희박 혼합기	↑	↓	↓
온도	저온 시	↑	↑	↓
	고온 시	↓	↓	↑

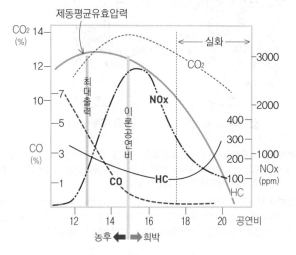

↑ 가솔린엔진의 혼합비에 따른 배기가스 배출농도

▶ 연소상태에 따른 배출가스의 색

무색 또는 담청색	정상 연소
흰색(회백색)	엔진 오일 연소 시 → 피스톤링의 마모, 실린더 벽의 마모, 피스톤과 실린더의 간극을 점검
검은색	농후한 혼합비, 공기청정기 막힘, 분사시기 및 분사펌프 불량, 산소센서 불량

5 블로바이(Blow By) 가스 [필수암기]

① 피스톤과 실린더 벽의 사이의 기밀이 불량할 때 이 틈새로 가스가 누출되어 크랭크케이스를 통하여 대기로 방출되는 가스를 말한다.

② 주성분 : **탄화수소(HC)** - 미연소 가스

③ 영향 : 출력 저하, 엔진 부식, 오일의 희석 등

④ PCV 밸브(positive crankcase ventilation)

· 블로바이 가스 제어(환원) 장치로 부압과 대기압의 관계를 이용하여 부압이 커지면 개방됨 └→스로틀 밸브의 닫힘으로 발생

· 급감속(저부하 시) : 흡입 다기관의 진공이 많아지면 PCV 밸브가 열려 블로바이 가스가 서지탱크로 유입

· 급가속(고부하 시) : 헤드커버 안의 블로바이 가스는 블리더(breather) 호스를 통해 서지탱크로 흡입되어 연소

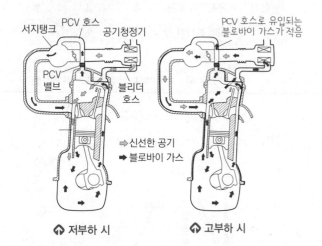

⬆ 저부하 시   ⬆ 고부하 시

저부하 시 : 신선한 공기 → 블리더 호스 → 엔진 내부에 신선한 공기와 블로바이 가스 혼합 → 스로틀밸브의 개방각도가 작아 진공이 커져 PCV 밸브 열림 → PCV 호스 → 서지탱크 → 흡입다기관

고부하 시 : 크랭크케이스내 압력이 커지고, 진공이 없어 PCV 밸브 거의 닫힘 → 블로바이 가스가 PCV 호스뿐만 아니라 블리더 호스로도 유입 → 스로틀 밸브 → 신선한 공기와 블로바이 가스 혼합 → 서지탱크 → 흡입다기관

6 연료증발가스

① 주성분은 **탄화수소(HC)**로, 연료탱크에서 발생하는 가솔린의 증발가스(유증기)이다.

→ 가솔린 연료는 휘발성이 강하므로 한 여름과 같은 고온에서 증발량이 커진다.

② 캐니스터(canister)

· 연료증발가스 저감장치로, 차량이 정지하였을 때 연료탱크의 연료증발가스가 대기 중으로 방출되지 못하도록 숯 성분의 활성탄으로 흡착(포집)하였다가 엔진 가동 시 흡기 다기관을 통해 재연소시킨다.

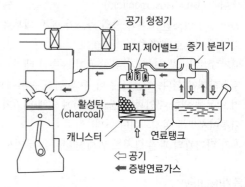

⬆ 연료증발가스 제어장치(캐니스터)

7 삼원촉매장치(Catalytic converter) [필수암기]

일산화탄소(CO), 탄화수소(HC), 질소산화물(NOx)은 삼원촉매장치를 경유하는 과정에서 백금(Pt), 파라듐(Pd), 로듐(Rd) 등의 촉매제에 의해 산화·환원되어 질소(N_2), 이산화탄소(CO_2), 물(H_2O)로 정화시켜 배출시킨다.

▶ 촉매 작용

구분	촉매제 및 변환
산화작용 (산소를 추가함)	· 촉매제 : 백금(Pt), 파라듐(Pd) · $CO + O_2 \rightarrow CO_2$ · $HC + O_2 \rightarrow CO_2 + H_2O$
환원작용 (산소를 빼앗음)	· 촉매제 : 로듐(Rd), 이리듐(Ir) · $NOx \rightarrow N_2 + O_2$

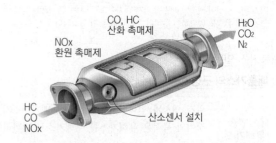

8 EGR(Exhaust Gas Recirculation, 배기가스 재순환장치)

① EGR 밸브를 이용하여 배기가스의 일부를 흡기다기관으로 보내 연소실로 재순환시켜 연소실의 온도를 낮추어 **질소산화물(NOx)의 발생을 감소**시킨다.

② 구성 : EGR 밸브, EGR 솔레노이드 밸브, 서모 밸브, EGR 파이프

③ 가속성능의 향상을 위해 급가속시에는 차단된다.

④ 동력행정 시 연소온도가 낮아지게 된다.

⑤ HC와 CO의 저감과는 무관하다.

⑥ **EGR율** : 실린더가 흡입한 공기량 중 EGR을 통해 유입된 가스량과의 비율

$$EGR율 = \frac{EGR\ 가스량}{흡입\ 공기량 + EGR\ 가스량} \times 100\%$$ **필수암기**

▶ 참고) EGR 밸브 비작동 조건
- 엔진 냉간 시 (냉각수 온도가 50~65℃ 이하일 때)
- 급가속 시
- 공회전 및 시동, 고부하 시
- 엔진관련 센서 고장 시

공기청정기

부압조절 밸브 : 스로틀밸브의 열림(부압) 정도에 따라 EGR 밸브를 제어하여 배기가스 양을 제어

대기압 상태

진공챔버

EGR 밸브

EGR 쿨러
고온의 배기가스를
냉각시킴

부압 상태

흡입다기관   배기다기관

서모밸브 : 기관온도가 약 60℃ 이하에서 서모밸브가 열려 EGR 밸브에 대기압이 유입되어 스프링 힘에 의해 EGR 밸브 작동을 정지

작동 원리 : 스로틀밸브의 부압상태와 대기압 상태에 따라 부압이 커지면 진공압이 EGR 밸브로 흡입 → EGR밸브가 열림 → 배기가스가 흡기다기관으로 흐름

⚙ 배기가스 재순환장치(EGR)

🟦 **산소센서**(Oxygen sensor) **필수암기**

(1) 역할

① 산소센서는 배기다기관의 삼원촉매장치 전·후에 장착되며, 배기가스와 대기 중의 산소 농도 차이를 전압으로 변경하여 ECU로 보내 혼합기를 **이론공연비(λ=1)에 가깝게 연료분사량을 보정**한다.(이를 '피드백 제어'라 함)

② **지르코니아 산소센서의 기전력**(발생 전압) ← 지르코니아 산소센서는 스스로 전기를 발생하는 미니 발전기이다.
- 출력 전압이 높으면(약 0.9V) : 농후한 상태
- 출력 전압이 낮으면(약 0.1V) : 희박한 상태

▶ 이론 공연비(14.7:1)에서는 약 0.45V가 발생되며, 이 값보다 높으면 혼합비가 농후, 낮으면 혼합비가 희박하다.

③ **산소센서의 종류** : 지르코니아 방식, 티타니아 방식, 광대역 방식

(2) **지르코니아 산소센서 점검 시 주의사항**

① 기관을 워밍업(약 300℃ 이상)한 후 점검할 것(예열이 필요)
→ 감지부 온도가 250~300℃ 이하에서는 작동하지 않음

② 전압 측정 시 디지털 멀티미터 또는 오실로스코프를 이용할 것

③ 산소센서의 내부저항 또는 통전테스트를 하지 말 것
→ 일반적으로 저항 측정 방식은 멀티미터의 건전지 전압을 통전시켜 측정하며, 이 전압에 의해 미세전압(200~1000mV)을 발생시키는 산소센서의 기능이 소실된다.

④ 무연 휘발유만 사용할 것
→ 유연 휘발유에 포함된 4에틸납(옥탄가 향상 목적)의 납이 연소되어 무수납 또는 산화납으로 변해 백금도금에 붙어 센서 성능이 떨어짐

⑤ 충격을 주지 말 것 → 백금 도금이 떨어져 나가기 쉬움

▶ 지르코니아 산소(O_2) 센서의 원리
- 산소 센서의 내부(대기 중의 산소농도)와 외부(배기가스의 산소농도)의 차이를 통해 산소량을 검출
- 농후 혼합비 : 연소하고 남은 배기가스의 산소량이 적으므로 센서 내부에서 외부쪽으로 이동
- 백금은 산소이온과의 반응을 돕기 위한 촉매제로, 소자 주위에 발라져 있다. 하지만 지르코니아 소자는 저온에서 저항이 크기 때문에 히팅코일을 장착하여 반응을 촉진시킨다.

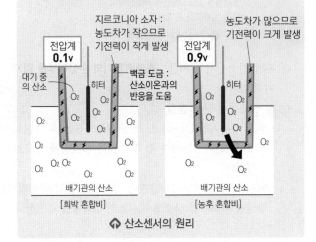

⚙ 산소센서의 원리

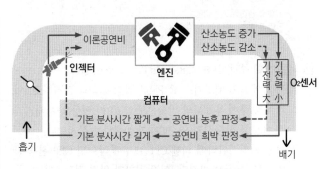

⚙ 산소센서의 피드백 제어과정

(3) 산소센서(Oxygen sensor)의 점검

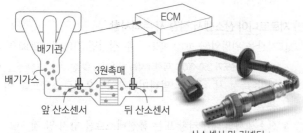

산소센서 및 커넥터

① 촉매 전·후방 산소센서의 파형 **[필수암기]**

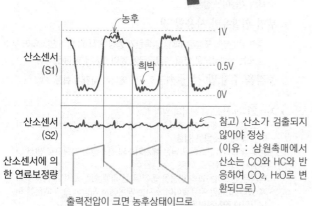

참고) 산소가 검출되지 않아야 정상
(이유 : 삼원촉매에서 산소는 CO와 HC와 반응하여 CO_2, H_2O로 변환되므로)

출력전압이 크면 농후상태이므로 분사량을 감소, 작으면 희박상태이므로 분사량을 증가시킴

⬆ 산소센서 출력파형

② 후방 산소센서의 역할 : **촉매변환기의 손상여부를 감지**하기 위함이다.

③ 앞 산소센서 단품 점검
- 점화 스위치를 OFF하고, 스캐너를 연결한 후 오실로스코프 모드를 선택하여 앞 산소센서 신호선에 프로브를 연결한다.
- 엔진 시동을 ON하고 엔진이 정상온도가 될 때까지 워밍업을 한 후, 앞 산소센서 신호선의 파형을 측정한다.

> ▶ 산소센서 고장 시 영향
> - 체크 엔진경고등 점등
> - 연비 감소, 엔진 부조, 출력 감소, 유해가스 증가 등

⑩ 디젤 산화 촉매(CPF : Catalyzed Particulate Filter)

① 디젤 엔진의 배기가스 중 PM을 필터에 의해 포집하고, 일정거리 주행 후 PM의 발화온도(약 600℃) 이상으로 배기가스 온도를 상승시켜 연소(CPF 재생)시키는 장치이다.

② 기본 원리 : 필터에 의해 CPF 내부에 쌓이면 CPF 전·후단의 압력 차이가 커진다. 이 압력차가 일정 정도 이상이고,

재생 조건을 만족시킬 때 배기행정 시 연료를 분사하여 연료가 PDF측에 공급되어 PM을 연소시켜 필터를 다시 사용할 수 있도록 재생시킨다.

> ▶ PM : 미세매연입자 또는 분진을 말하며 탄소 알갱이, 황 화합물, 겔 상태의 연소 잔여 물질 등으로 구성되어 있다.
> ▶ CPF : 매연저감장치로, DPF(Diesel Particulate Filter)와 같은 의미

③ 디젤 배기가스 저감장치의 구성 : 촉매필터, 산화촉매, 차압센서, 배기가스 온도센서

④ **차압 센서**(Differential Pressure Sensor, 差壓)
- CPF 재생 시기를 판단하기 위한 PM 포집량을 예측하기 위해 필터 전·후방의 압력차이를 검출한다.
  - → 차압 센서는 CPF 전·후단의 압력차를 측정하여 PM의 포집량(쌓이는 정도)를 예측하여 ECU에 보내며 기준 차압 이상일 때 이를 감지하여 DPF 재생 시기로 판단한다.
  - → CPF 전·후단에 차압 센서가 각각 한 개씩 장착되는 것이 아니라 한 개의 센서를 이용하여 두 개의 파이프에서 발생하는 압력차를 검출해서 ECU로 전송하는 방식이다.
- DPF 전·후단의 압력차가 발생하지 않으면 DPF 및 차압 센서의 고장 여부 등 진단에 활용된다.

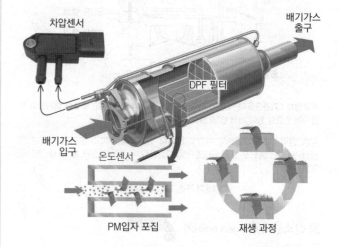

(1) CPF 차압센서 데이터 점검 · 수리

① 자기진단 커넥터에 스캐너를 연결한다.
  → 자기진단 커넥터는 시동 OFF 후 연결한다.

② 엔진 시동을 걸고 정상 온도까지 워밍업 한다.

③ 전기장치 및 에어컨을 OFF한다.

④ 스캐너의 센서 데이터 모드에서 배기차압 및 CPF 전단 압력 항목을 점검한다.

⑤ 배기 차압 및 CPF 전단 압력데이터가 비정상적으로 높거나 낮지 않아야 한다.
  → 압력이 비정상적으로 높은 경우 : 차압센서의 문제를 점검하기 전에 CPF 내부의 과도한 분진 퇴적(막힘)을 점검한다.

→ 압력이 비정상적으로 낮은 경우 : 엔진을 가속해도 CPF 전·후단에 압력차가 발생하지 않거나, CPF 전단에 압력이 상승하지 않고 흑색 매연이 발생하므로 CPF 단품의 파손을 점검한다.

→ 압력 변화가 없는 경우 : 흑색 매연이 발생하지 않고, CPF 전·후단에 압력차가 없으면 CPF 차압센서의 압력검출 호스의 이탈, 막힘, 누설 등을 점검한다.

(2) CPF 재생 관련 데이터 점검

스캐너의 센서 데이터 모드에서 배기차압 및 CPF 전단 압력 항목을 점검한다. 이때, 배기차압 및 CPF 전단 압력 데이터가 비정상적으로 높거나 낮지 않아야 한다.

(3) CPF **강제 재생** 관련 **데이터** 점검

① 전기장치(전조등 상향, 블로어 모터 최대, 열선) 및 에어컨을 ON 한다.

② 스캐너의 CPF 강제 재생 모드를 실행시킨다. 이때 CPF 재생이 정상적으로 이루어져야 한다.

> ▶ 강제 재생 : 배기행정 시 연료를 분사하여 연료가 PDF측에 공급되어 뜨거운 배기가스에 의해 PM을 연소시킴
> ▶ 최종 CPF 강제 재생 후 '최종 재생 후 주행거리'가 0km로 변하는지 점검한다.
> ▶ CPF의 배기가스 온도센서와 VGT의 배기가스 온도센서 온도가 500~700℃를 유지하는지 점검한다.
> – VGT(Variable Geometry Turbocharger) : 디젤 터보엔진의 효율을 향상
> ▶ '배기가스 온도센서'가 고장 상태(fail)에서는 CPF 강제 재생 모드가 실행되지 않는다.

(4) CPF 배기가스 온도센서 **데이터** 점검

스캐너의 센서 데이터 모드에서 '배기가스 온도센서(CPF에 장착)'와 '배기가스 온도센서(VGT에 장착)' 항목의 현재 온도를 점검한다.

→ 센서 데이터가 정상이면 CPF 배기가스 온도센서의 커넥터 핀의 변형이나 부식, 접촉 불량, 오염, 손상, PCM 등을 점검

→ 비정상이면 CPF 배기가스 온도 센서 배선을 점검

> ▶ 참고) 배기가스 온도센서의 설치 목적
> • CPF의 온도센서 : CPF 재생 시 촉매필터에 장작된 배기온도 센서를 이용하여 재생에 필요한 온도를 감지한다.
> • VGT의 온도센서 : VGT 내부온도가 850℃ 이상일 때 VGT 부품에 손상을 줄 수 있으므로 이를 감지하기 위해 설치된다.

(5) CPF 배기가스 온도센서의 **신호선** 점검

→ 측정값이 약 5V이면 정상

→ 규정 전압값이 검출되지 않으면 신호선 단선/단락 점검

> ▶ 배기가스 온도센서는 온도가 증가하면 저항이 감소한다.

1 점검 기초

① 장치의 고장진단 시
   • 자기진단 커넥터에 스캐너를 연결하고, 점화스위치 ON
   • 자기진단 모드에서 고장 코드, 고장 유형을 확인
   • 고장 진단 결과 과거 고장이 2회 이상인 경우 센서 데이터, 배선 및 커넥터, 해당 장치를 점검

② 저항 측정 시 : 점화스위치 OFF

③ 전압 또는 전류 측정 시 : 점화스위치 ON

④ 일반적으로 전기장치 등 에어컨 OFF

⑤ 배터리 전원을 공급받는 장치의 경우 전원선 점검 시 점화스위치가 ON 상태이어야 한다.

> ▶ 단품 점검
> 단품 점검이란 통상 점화 스위치 OFF 또는 해당 장치의 커넥터를 분리한 후 신호·전원단자와 접지 또는 신호·전원단자와 신호·전원 접지 단자와의 저항을 측정하는 것을 말한다.

> ▶ 멀티테스터로 저항측정 시 건전지 전원을 이용하므로 시동 스위치가 OFF상태에서 측정해야 한다.

chapter 02

01 흡입장치

[06-3] 출제율 ★ ☐☐☐

1 전자제어 분사장치 기관에서 에어플로센서가 하는 일로 바르게 표현된 것은?

① 공기의 흐름을 원활하게 하는 역할을 한다.
② 에어클리너 내부에 설치되어 흡입공기량을 제어한다.
③ 에어클리너 내부에 설치되어 흡입공기량을 측정한 후 ECU에 보낸다.
④ 에어클리너에 설치되어 흡입공기를 정화시키고 그 상태를 ECU에 보낸다.

[07-3] 출제율 ★ ☐☐☐

2 가솔린 기관 흡기계통에서 스로틀 바디의 구성부품이 아닌 것은?

① 칼만와류식 에어플로우 센서
② 스로틀 포지션 센서
③ 스로틀 밸브
④ 공전속도 조절장치

> 칼만와류식 에어플로우 센서는 에어클리너 내에 설치된다.

[10-2, 09-2, 04-4] 출제율 ★ ☐☐☐

3 전자제어 엔진에서 스로틀 바디의 역할을 가장 적절하게 설명한 것은?

① 공연비 조절
② 공기량 조절
③ 혼합기 조절
④ 회전수 조절

[12-3] 출제율 ★ ☐☐☐

4 흡기다기관의 압력으로 흡입 공기량을 간접 계측하는 것은?

① 칼만 와류 방식
② 핫필름 방식
③ MAP 센서 방식
④ 베인 방식

[12-2, 07-2] 출제율 ★ ☐☐☐

5 흡기 장치에는 공기유량을 계측하는 방식이 있다. 공기 질량 측정 방식에 해당하는 것은?

① 흡기다기관 압력 방식
② 가동 베인식
③ 열선식
④ 칼만 와류식

> **공기유량 센서의 분류**
> • 직접 계측 방식
> – 체적 검출방식 : 베인식, 칼만 와류식
> – 질량 검출방식 : 열선식, 열막식
> • 간접 계측 방식 : MAP방식(압력 검출방식)

[04-4] 출제율 ★ ☐☐☐

6 흡입공기량 검출방식에서 질량유량을 검출하는 것은?

① 열선식
② 가동베인식
③ 칼만와류식
④ 제어유량식

> • 체적유량 검출 : 가동베인식, 칼만와류식
> • 질량유량 검출 : 열선식, 열막식
> • 압력(밀도) 검출 : MAP 방식

[14-2, 06-2] 출제율 ★ ☐☐☐

7 열선식 흡입공기량 센서에서 흡입공기량이 많아질 경우 변화하는 물리량은?

① 열량
② 시간
③ 전류
④ 주파수

> 열선식은 가는 백금선을 흡입다기관에 설치하여 이 열선의 온도를 일정하게 하기 위해 공급하는 전류를 검출하는 방식으로, 공기흐름에 따라 냉각된 열선을 가열하기 위한 전류를 검출하여 공기량을 측정한다.

[04-3] 출제율 ★ ☐☐☐

8 메스 에어플로우 센서(mass air flow sensor)의 핫 와이어로 주로 사용되는 것은?

① 가는 백금선
② 가는 은선
③ 가는 구리선
④ 가는 알루미늄선

정답 **1** 1③ 2① 3① 4③ 5③ 6① 7③ 8①

9 맵(MAP) 센서는 무엇을 측정하는 센서인가?

① 매니폴드 절대 압력을 측정
② 매니폴드 내의 공기변동을 측정
③ 매니폴드 내의 온도 감지
④ 매니폴드 내의 대기 압력을 흡입

MAP은 Manifold Absolute Pressure의 약자로, 매니폴드의 절대압력(부압)을 측정한다.

[09-3, 07-3, 06-1] 출제율 ★

10 자동차용 센서 중 압전소자를 이용하는 것은?

① 스로틀포지션 센서
② 조향각 센서
③ 맵 센서
④ 차고 센서

압전소자(피에조 센서) 이용 : 맵센서, 노크센서

[10-2] 출제율 ★

11 전자제어 가솔린 분사기관에서 흡입 공기량을 계량하는 방식 중에서 흡기 다기관의 절대압력과 기관의 회전속도로부터 1 사이클 당 흡입 공기량을 추정할 수 있는 방식은?

① 칼만와류 방식　　② MAP센서 방식
③ 베인식　　　　　④ 열선식

[12-1] 출제율 ★

12 전자제어 엔진의 흡입 공기량 검출에 사용되는 MAP 센서 방식에서 진공도가 크면 출력 전압값은 어떻게 변하는가?

① 낮아진다.
② 높아진다.
③ 낮아지다가 갑자기 높아진다.
④ 높아지다가 갑자기 낮아진다.

진공도가 커지면 '절대압력 = 대기압 – 진공압력'에 의해 절대압력이 낮아져 출력 전압이 낮아지고, 진공도가 작아지면 절대압력이 커져 출력 전압이 커진다.

[08-2] 출제율 ★★

13 MAP(Manifold Absolute Pressure) 센서의 진공호스는 엔진의 어느 위치에 설치하는 것이 가장 좋은가?

① 스로틀 밸브의 앞쪽(에어클리너 쪽)
② 스로틀 밸브의 뒤쪽(매니폴드 쪽)
③ 흡기다기관의 뒤쪽
④ 연소실 입구

• 칼만와류식 : 에어클리너 내
• 베인, 열선(핫 와이어)식, 열막(핫 필름)식 : 스로틀밸브 앞쪽
• MAP 센서 : 스로틀밸브 뒤쪽

[12-2] 출제율 ★

14 공기량 검출 센서 중에서 초음파를 이용하는 센서는?

① 핫필름식 에어플로 센서
② 칼만와류식 에어플로 센서
③ 댐핑 챔버를 이용한 에어플로 센서
④ MAP을 이용한 에어플로 센서

칼만 와류식은 와류를 발생시키고 송신부에서 초음파를 발생하여 수신기에서 와류의 수를 검출하여 디지털 신호로 계측한다.

[07-4] 출제율 ★★★

15 전자제어 가솔린 기관에서 에어플로우 센서(AFS)의 기능에 의한 제어 흐름 설명 중 틀린 것은?

① 실린더로 유입되는 공기량을 검출한다.
② 검출된 신호를 기초로 기본 연료 분사량을 산출한다.
③ 검출된 공기량에 따라 인젝터에서 분사되는 연료량도 변화한다.
④ 검출된 공기량에 따라 컴퓨터는 각 센서의 신호를 조합하여 연료 압력을 제어한다.

에어플로우 센서는 공기량에 따른 연료분사량을 결정하며, 연료압력은 연료 압력조절기에 의해 제어된다.

[13-3] 출제율 ★

16 흡기관로에 설치되어 칼만 와류 현상을 이용하여 흡입 공기량을 측정하는 것은?

① 흡기온도 센서
② 대기압 센서
③ 스로틀 포지션 센서
④ 공기유량 센서

정답　**9** ①　**10** ③　**11** ②　**12** ①　**13** ②　**14** ②　**15** ④　**16** ④

17 흡기온도 센서에 대하여 바르게 설명된 것은?

[07-4] 출제율 ★★

① 흡입공기의 밀도를 계측하여 분사량을 보정한다.
② 정특성 서미스터를 이용한다.
③ 흡기 온도가 높을수록 저항값이 높아진다.
④ 맵센서를 사용하는 엔진에서는 필요없다.

> 맵센서를 사용하는 엔진에서 정확한 공기 유량을 측정하기 위해 흡기온도에 따른 밀도 변화량을 보정한다.
> ※ 흡기온도센서는 부특성 서미스터로, 온도가 높을수록 저항값이 낮아진다.
> ※ (개념 이해) 온도가 증가하면 → 부피가 커짐 → 입자들 사이의 빈 공간이 커짐 → 밀도가 작아짐

18 부특성 흡기온도 센서(ATS)에 대한 설명으로 틀린 것은?

[12-4] 출제율 ★★

① 흡기온도가 낮으면 저항값이 커지고, 흡기온도가 높으면 저항값은 작아진다.
② 흡기온도의 변화에 따라 컴퓨터는 연료분사 시간을 증감시켜주는 역할을 한다.
③ 흡기온도의 변화에 따라 컴퓨터는 점화시기를 변화시키는 역할을 한다.
④ 흡기온도를 뜨겁게 감지하면 출력전압이 커진다.

> 부특성 서미스터는 정특성 서미스터(온도와 전압이 비례)와 달리 온도와 전압이 반비례하여 흡기온도가 높으면 저항값은 작아지므로, 출력전압은 낮아진다.

19 엔진으로 흡입되는 공기 온도를 감지하여 인젝터 분사 시간을 보정해 주는 센서는?

[05-2] 출제율 ★★

① 맵(MAP) 센서
② 대기압 센서
③ 흡기온도 센서
④ 스로틀(밸브) 위치 센서

20 흡입장치의 구성요소에 해당하지 않는 것은?

[11-4] 출제율 ★

① 공기청정기
② 서지탱크
③ 스로틀밸브
④ 촉매장치

> 촉매장치(삼원촉매장치)는 배기장치의 구성요소로, 유해가스(질소산화물, 일산화탄소, 탄화수소)를 저감하기 위한 장치이다.

21 흡기매니폴드 내의 압력에 대한 설명으로 옳은 것은?

[14-3, 09-1] 출제율 ★

① 외부 펌프로부터 만들어진다.
② 압력은 항상 일정하다.
③ 압력변화는 항상 대기압에 의해 변화한다.
④ 스로틀 밸브의 개도에 따라 달라진다.

> 스로틀 밸브가 닫히면 압력은 낮아지고(진공·부압), 열리면 대기압 상태이다.

22 전자제어 분사장치 기관에서 에어플로센서가 하는 일로 바르게 표현된 것은?

[06-3] 출제율 ★

① 공기의 흐름을 원활하게 하는 역할을 한다.
② 에어클리너 내부에 설치되어 흡입공기량을 제어한다.
③ 에어클리너 내부에 설치되어 흡입공기량을 측정한 후 ECU에 보낸다.
④ 에어클리너에 설치되어 흡입공기를 정화시키고 그 상태를 ECU에 보낸다.

23 엔진 회전수에 따라 최대의 토크가 될 수 있도록 제어하는 가변 흡기 장치의 설명을 옳은 것은?

[12-3] 출제율 ★★★

① 흡기관로 길이를 엔진회전속도가 저속 시는 길게 하고, 고속 시는 짧게 한다.
② 흡기관로 길이를 엔진흡기 매니홀드 내의 압력은 스로틀 밸브의 개도에 따라 달라진다. 즉, 회전속도가 저속 시는 짧게 하고, 고속 시는 길게 한다.
③ 흡기관로 길이를 가·감속시는 길게 한다.
④ 흡기관로 길이를 감속 시는 짧게 하고, 가속 시는 길게 한다.

> 가변 흡기밸브 장치는 저속 시에는 흡기관을 길게 하여 토크(회전력)를 증가시키고, 고속 시에는 짧게 하여 출력을 증가시킨다.

24 가변 흡기 장치(variable induction control system)의 설치 목적으로 가장 적당한 것은?

[참고] 출제율 ★

① 최고속 영역에서 최대출력의 감소로 엔진보호
② 공전속도 증대
③ 저속과 고속에서 흡입효율 증대
④ 엔진회전수 증대

정답 ▶ 17 ① 18 ④ 19 ③ 20 ④ 21 ④ 22 ③ 23 ① 24 ③

25 가솔린 기관에서 와류를 일으켜 흡입 공기의 효율을 향상시키는 밸브에 해당되는 것은?

① 어큐뮬레이터
② 과충전 밸브
③ EGR 밸브
④ 가변 스월 컨트롤 밸브(SCV)

> **SCV(Swirl Control Valve)**
> 흡입매니폴드 2개 통로 중 1개에 밸브를 설치하고 구동모터로 조절하는 구조이다. 저부하 영역에서 급격히 닫으면 흡기의 흐름속도를 빠르게 하여 강한 스월(와류)을 일으켜 연료와 공기의 혼합을 도우며, NOx의 배출을 감소시키는 역할을 한다. 고부하 시에는 밸브를 열어 흡입효율을 향상시킨다.

[09-4] 출제율 ★ □□□

26 전자제어식 연료분사 장치의 주요 구성부품 중 흡입 공기량을 검출하는 장치는?

① 연료압력 조정기
② ECU
③ 공기유량 센서
④ 냉각수온 센서

[08-3, 06-2 유사] 출제율 ★ □□□

27 맵(MAP) 센서는 무엇을 측정하는 센서인가?

① 매니폴드 절대 압력을 측정
② 매니폴드 내의 공기변동을 측정
③ 매니폴드 내의 온도 감지
④ 매니폴드 내의 대기 압력을 흡입

> MAP은 Manifold Absolute Pressure의 약자로, Absolute Pressure는 절대압력을 말한다. 즉 매니폴드의 절대압력(= 대기압 – 진공압)을 측정한다.

[06-3] 출제율 ★ □□□

28 맵 센서(MAP Sensor)에 대한 설명이다. 틀린 것은?

① 대기 공기량을 측정하는 센서이다.
② 흡기 매니폴드의 압력 변화를 전압으로 환산하여 흡입 공기량을 간접 측정한다.
③ 점화스위치가 ON일 때, 맵 센서 출력전압이 3.9~4.1V이면 정상이다.
④ 서지 탱크와 호스연결이 불량할 때 맵 센서 내의 공기흐름이 방해를 받는다.

> 맵 센서는 스로틀 밸브의 개폐에 의해 발생하는 진공압(부압) 정도를 측정하여 공기량을 측정하므로 스로틀 밸브와 흡기밸브 사이에 위치한 흡기다기관(서지탱크)의 공기량을 측정한다.

[08-2] 출제율 ★ □□□

29 MAP(Manifold Absolute Pressure) 센서의 진공호스는 엔진의 어느 위치에 설치하는 것이 가장 좋은가?

① 스로틀 밸브의 앞쪽(에어클리너 쪽)
② 스로틀 밸브의 뒤쪽(매니폴드 쪽)
③ 흡기다기관의 뒤쪽
④ 연소실 입구

> MAP 센서는 진공이 발생되는 스로틀밸브 뒤쪽 흡기 다기관에 설치한다.

[09-2] 출제율 ★ □□□

30 전자제어 연료 분사장치에서 운전자의 조작에 의한 신호를 컴퓨터로 보내주는 센서는?

① 공기유량 센서
② 스로틀 포지션 센서
③ 맵 센서
④ 냉각수온 센서

> TPS는 가속페달 조작에 의한 신호를 ECU로 보낸다.

[10-2, 09-1] 출제율 ★★ □□□

31 TPS의 기능과 관계가 먼 것은?

① TPS는 스로틀 보디의 밸브 축과 함께 회전한다.
② TPS는 배기량을 감지하는 회전식 가변저항이다.
③ 스로틀 밸브의 회전에 따라 출력전압이 변화한다.
④ TPS의 결함이 있으면 변속 충격 또는 다른 고장이 발생한다.

> TPS(Throttle Position Sensor)는 스로틀 밸브의 개폐정도에 따라 흡기량을 감지하는 회전식 가변저항 방식이다.

[14-2] 출제율 ★★★ □□□

32 자동차 주행 중 가속페달 작동에 따라 출력전압의 변화가 일어나는 센서는?

① 공기 온도 센서
② 수온 센서
③ 유온 센서
④ 스로틀 포지션 센서

> 가속페달을 밟으면 페달에 연결된 엑셀레이터 케이블에 의해 스로틀밸브 축이 일정 각도 내에 회전한다. 이 때 스로틀 포지션 센서(TPS)는 스로틀밸브 축과 함께 회전하며, 센서 내의 가변 저항값이 변화되고, 출력전압이 변화된다. 컴퓨터는 이 전압값을 통해 스로틀 밸브의 열림 정도(회전각도)를 측정한다.
> 알아두기) 전자식 스로틀 밸브(ETC) : 가속페달을 밟으면 케이블이 아닌 스텝모터를 통해 스로틀 밸브를 개폐한다.

정답 25 ④ 26 ③ 27 ① 28 ① 29 ② 30 ② 31 ② 32 ④

[07-2, 04-1] 출제율 ★★

33 TPS(스로틀 포지션 센서)에 대한 설명으로 틀린 것은?

① 일반적으로 가변 저항식이 사용된다.

② 운전자가 가속페달을 얼마나 밟았는지 감지한다.

③ 급가속을 감지하면 컴퓨터가 연료분사 시간을 늘려 실행시킨다.

④ 분사시기를 결정해 주는 가장 중요한 센서이다.

> TPS는 연료분사량 및 점화시기를 조정이고, 변속시기를 결정해 주는 센서이다.
> ※ 분사시기를 결정하는 센서는 크랭크샤프트 포지션 센서(CKPS)이다.

[10-1] 출제율 ★★

34 그림은 TPS 회로이다. 점 A에 접속이 불량할 때 이에 대한 스로틀 포지션 센서(TPS)의 출력전압을 측정 시 올바른 것은?

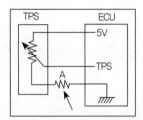

① TPS 값이 밸브 개도에 따라 가변 되지 않는다.

② TPS 값이 항상 기준보다 조금은 낮게 나온다.

③ TPS 값이 항상 기준보다 높게 나온다.

④ TPS 값이 항상 5V로 나오게 된다.

> TPS의 보조 저항 'A'는 센서에 가해지는 전압을 일정하게 유지하기 위해 TPS의 가변저항에 따른 보상 역할을 한다. 그러므로 'A' 저항 접속이 불량하면 기준보다 높게 나타난다.

[10-4] 출제율 ★★★

35 스로틀(밸브) 위치 센서에 그림과 같이 5V의 전압이 인가된다. 스로틀(밸브) 위치 센서가 완전히 개방 시는 몇 V의 전압이 출력측(시그널)에 감지되는가?

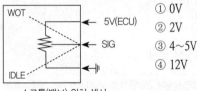

스로틀(밸브) 위치 센서

① 0V
② 2V
③ 4~5V
④ 12V

> 스로틀이 완전 개방상태(WOT, Wide Open Throttle)에서는 저항이 감소되어 약 4~5V가 검출되고, 아이들(idle) 상태에서는 1V 미만의 전압이 검출된다.

[10-3] 출제율 ★

36 전자제어 가솔린 엔진에서 TPS 점검방법 중 틀린 것은?

① 전압 측정
② 전류 측정
③ 저항 측정
④ 스캐너 측정

> TPS는 가변저항방식이므로, 저항을 측정할 수 있으며 저항값을 통해 전압값을 알 수 있다.
> ※ 스캐너(진단기)의 센서출력/파형 모드를 통해 전압값(mV)을 알 수 있다.

[11-3] 출제율 ★

37 스로틀밸브 위치 센서의 비정상적인 현상의 발생 시 나타나는 증상이 아닌 것은?

① 공회전 시 엔진 부조 및 주행 시 가속력이 떨어진다.

② 연료 소모가 적다.

③ 매연이 많이 배출된다.

④ 자동변속기의 변속이 지연된다.

> **TPS 고장 증상**
> • 출력 부족 및 가속 시 응답 느리거나 가속력 저하
> • 공회전 불안정
> • 연료 소모 증가 및 배기가스 증가
> • 자동변속기의 변속 지연 또는 불안정

[13-2] 출제율 ★★

38 스로틀포지션 센서(TPS)의 설명 중 틀린 것은?

① 공기유량센서(AFS) 고장 시 TPS 신호에 의해 분사량을 결정한다.

② 자동 변속기에서는 변속시기를 결정해 주는 역할도 한다.

③ 검출하는 전압의 범위는 약 0~12V까지이다.

④ 가변저항기이고 스로틀 밸브의 개도량을 검출한다.

> TPS의 검출 전압 범위는 약 0~5V이다.

[13-3] 출제율 ★

39 ISC(Idle Speed Control) 서보기구에서 컴퓨터 신호에 따른 기능으로 가장 타당한 것은?

① 공전 연료량 증가

② 공전속도 제어

③ 가속 속도 증가

④ 가속 공기량 조절

> ISC는 아이들 시 공전속도를 제어하여 엔진 부조 및 엔진 정지를 방지한다.

정답 **33** ④ **34** ③ **35** ③ **36** ② **37** ② **38** ③ **39** ②

40 체적효율이 떨어지는 원인과 관계있는 것은?

① 흡입 공기가 열을 받았을 때
② 과급기를 설치할 때
③ 흡입 공기를 냉각할 때
④ 배기밸브보다 흡기밸브가 클 때

> 흡기온도가 높으면 공기 체적이 팽창되고 밀도가 떨어져 체적효율이 떨어진다.
> 체적효율이란 실제 흡입한 공기 체적을 행정체적으로 나눈 값으로, 체적효율이 좋다는 것은 실린더 내에 흡입하는 공기의 밀도가 크다는 의미이다.

---

02 배기장치

1 배기장치에 관한 설명이다. 맞는 것은?

① 배기 소음기는 온도는 낮추고 압력을 높여 배기소음을 감쇠한다.
② 배기다기관에서 배출되는 가스는 저온·저압으로 급격한 팽창으로 폭발음이 발생한다.
③ 단일 실린더에도 배기 다기관을 설치하여 배기가스를 모아 방출해야 한다.
④ 소음효과를 높이기 위해 소음기의 저항을 크게 하면 배압이 커 기관 출력이 줄어든다.

> 배압은 배기 압력(저항)이 말하며, 배기가스의 배출이 원활하지 못하므로 흡기 유입도 원활하지 못해 출력이 떨어진다.

2 배기장치 분해 시 안전 및 유의사항으로 틀린 것은?

① 배기장치를 분해하기 전 엔진을 가동하여 엔진이 정상온도가 되도록 한다.
② 배기장치의 각 부품을 조립할 때는 배기가스 누출이 되지 않도록 주의하여 조립하도록 한다.
③ 분해조립 할 때 개스킷은 새 것을 사용하도록 한다.
④ 조립 후 기관을 작동시킬 때 배기 파이프의 열에 의해 다른 부분이 손상되지 않도록 접촉 여부를 점검한다.

> 배기장치 분해 전 충분히 식혀야 한다.

3 소음기(muffler)의 소음 방법으로 틀린 것은?

① 흡음재를 사용하는 방법
② 튜브의 단면적을 어느 길이만큼 작게 하는 방법
③ 음파를 간섭시키는 방법과 공명에 의한 방법
④ 압력의 감소와 배기가스를 냉각시키는 방법

> **소음기(muffler)의 소음 방법**
> • 흡음재를 사용하는 방법
> • 음파를 간섭시키는 방법
> • 튜브 단면적을 어느 길이만큼 크게 하는 방법
> • 공명에 의한 방법
> • 배기가스를 냉각시키는 방법 등

4 배기 장치에는 각 실린더로부터 배출되는 연소가스를 모으는 것은?

① 배기 소음기
② 배출 기관 정화 장치
③ 배기 다기관
④ 배기밸브

5 자동차 배출가스의 구분에 속하지 않는 것은?

① 블로바이 가스
② 연료증발 가스
③ 배기가스
④ 탄산가스

> 배출가스의 종류 : 배기가스, 블로바이가스, 연료증발가스

6 가솔린 엔진의 배기가스 중 인체에 유해성분이 가장 적은 것은?

① 일산화탄소
② 탄화수소
③ 이산화탄소
④ 질소산화물

> **배기가스의 종류**
> • 무해가스 : 질소(N_2), 이산화탄소(CO_2), 수증기(H_2O)
> • 유해가스 : 탄화수소(HC), 질소산화물(NO_x), 일산화탄소(CO)

[12-4] 출제율 ★★

7 가솔린 자동차에서 배출되는 유해 배출가스 중 규제 대상이 아닌 것은?

① CO
② SO₂
③ HC
④ NOx

[11-1 기출변형] 출제율 ★★

8 가솔린 기관의 배출가스 중 인체에 유해한 가스로 연료가 불완전 연소할 때 많이 발생하는 무색, 무취의 가스는?

① CO
② N₂
③ HC
④ NOx

> ① 일산화탄소(불완전한 가스, 유해) – 무색, 무취
> ② 질소(무해)
> ③ 탄화수소(불완전한 가스, 유해) – 무색, 석유 냄새
> ④ 질소산화물(공기 오염)

[14-1] 출제율 ★

9 가솔린 기관에서 완전연소 시 배출되는 연소가스 중 체적 비율로 가장 많은 가스는?

① 산소
② 이산화탄소
③ 탄화수소
④ 질소

> 휘발유나 경유 등 석유계 물질이 완전연소할 때 이산화탄소와 수증기만 생성되지만 가솔린 기관의 완전연소 시 질소(70%), 이산화탄소(18%), 수증기(8%), 유해물질(1~2%) 정도로 배출된다.

[10-1, 08-4] 출제율 ★★★

10 자동차 배출가스 중 탄화수소(HC)의 생성 원인과 무관한 것은?

① 농후한 연료로 인한 불완전 연소
② 화염전파 후 연소실 내의 냉각작용으로 타다 남은 혼합기
③ 희박한 혼합기에서 점화 실화로 인한 원인
④ 배기 머플러 불량

> **탄화수소(HC)의 생성 원인**
> • 농후한 연료로 인한 불완전 연소
> • 희박한 혼합비로 인한 실화
> • 가솔린 엔진의 작동 온도가 낮을 때
> • 화염전파 후 연소실 내에 냉각으로 인해 불연소

[14-5] 출제율 ★★

11 가솔린 엔진의 작동 온도가 낮을 때와 혼합비가 희박하여 실화되는 경우에 증가하는 유해 배출가스는?

① 산소(O₂)
② 탄화수소(HC)
③ 질소산화물(NOx)
④ 이산화탄소(CO₂)

> • 작동 온도가 낮을 때 : 시동 초에 농후한 연료로 인한 불완전 연소로 인해 HC 배출이 증가
> • 과희박에서의 실화 : 혼합기가 분사된 후 연소되지 못할 때 HC 배출이 증가

[13-1] 출제율 ★★

12 크랭크케이스 내의 배출가스 제어장치는 어떤 유해가스를 저감시키는가?

① HC
② CO
③ NOx
④ CO₂

[13-4] 출제율 ★★

13 실린더와 피스톤 사이의 틈새로 가스가 누출되어 크랭크실로 유입된 가스를 연소실로 유도하여 재연소시키는 배출가스 정화장치는?

① 촉매 변환기
② 배기가스 재순환장치
③ 연료증발가스 배출억제장치
④ 블로바이가스 환원장치

[14-2] 출제율 ★★

14 기관에서 블로바이 가스의 주성분은?

① N₂
② HC
③ CO
④ NOx

> 블로바이 가스는 엔진에서 압축 행정 시 실린더 벽과 피스톤 사이의 틈새로 미량의 혼합가스가 새어나오게 되는데 이 현상으로 주성분이 연료성분인 탄화수소(HC)이다.

[11-4] 출제율 ★★

15 블로바이 가스(Blow by Gas) 환원장치는 어떤 배출가스를 줄이기 위한 장치인가?

① CO
② HC
③ NOx
④ CO₂

> 블로바이 가스는 연소실의 혼합기가 실린더 벽과 피스톤 사이의 틈새로 누설되어 크랭크케이스로 유입되는 가스를 말하며, 이 중 미연소 혼합기(HC)가 약 70~80%이다. 블로바이 환원장치는 이 가스를 연소실로 유도하여 재순환(환원)시켜 연소시킨다.

정답 7 ② 8 ① 9 ④ 10 ④ 11 ② 12 ① 13 ④ 14 ② 15 ②

16 자동차 배기가스 중 연료가 연소할 때 높은 연소 온도에 의해 생성되며, 호흡기 계통에 영향을 미치고 광화학 스모그의 주요 원인이 되는 배기가스는?

① 질소산화물
② 일산화탄소
③ 탄화수소
④ 유황산화물

> 질소산화물(NOx)은 이론공연비 부근 및 고온에서 많이 생성된다.

17 다음 (   )에 들어갈 말로 옳은 것은?

> NOx는 (㉠)의 화합물이며, 일반적으로 (㉡)에서 쉽게 반응한다.

① ㉠ 일산화탄소와 산소   ㉡ 저온
② ㉠ 일산화질소와 산소   ㉡ 고온
③ ㉠ 질소와 산소   ㉡ 저온
④ ㉠ 질소와 산소   ㉡ 고온

18 가솔린 자동차의 배기관에서 배출되는 배기가스와 공연비와의 관계를 잘못 설명한 것은?

① CO는 혼합기가 희박할수록 적게 배출된다.
② HC는 혼합기가 농후할수록 많이 배출된다.
③ NOx는 이론 공연비 부근에서 최소로 배출된다.
④ CO_2는 혼합기가 농후할수록 적게 배출된다.

> NOx는 이론 공연비 부근에서 최대로 배출되며, 농후·희박 시 최소로 배출된다.

19 다음 중 NOx가 가장 많이 배출되는 경우는?

① 농후한 혼합비
② 감속 시
③ 고온 연소 시
④ 저온 연소 시

> NOx는 고온 연소 시 가장 많이 배출된다.

20 자동차 배출가스 중 광화학 스모그를 발생시키는 원인이 되는 것은?

① 질소산화물
② 일산화탄소
③ 이산화탄소
④ 탄소

> 광화학 스모그란 배기가스가 햇빛에 의해 화학 반응을 일으키는 과정에서 유해 화합물이 만들어져서 형성되는 것으로, 주 원인은 NOx, HC, 자외선이다.

21 디젤 기관의 배기가스 중 입자의 형태를 갖는 것은?

① PM
② CO
③ HC
④ NOx

> 디젤엔진의 배기가스에는 CO, HC, NOx 외에 미세매연먼지(PM, Particulate Matter)가 있으며 입자를 띠고 있다.

22 공기 청정기가 막혔을 때의 배기가스 색으로 가장 알맞은 것은?

① 무색
② 백색
③ 흑색
④ 청색

> **연소 상태에 따른 배기가스 색깔**
> • 무색 : 정상
> • 백색 : 엔진 오일 연소
> • 흑색 : 농후 혼합비

23 배기가스 재순환장치(EGR)에 관한 설명으로 틀린 것은?

① 연소가스가 흡입되므로 엔진 출력이 저하된다.
② 뜨거워진 연소가스를 재순환시켜 연소실 내의 연소온도를 높여 유해가스 배출을 억제한다.
③ 질소산화물(NOx)을 저감시키기 위한 장치이다.
④ 엔진의 냉각수 온도가 낮을 때는 작동하지 않는다.

> EGR은 연소가스를 재순환시켜 연소실 내의 연소온도를 낮춰 질소산화물(NOx)을 저감시키기 위한 장치이다.

24 배기가스 재순환장치(EGR)는 배기가스 중 무엇을 감소시키기 위한 것인가?

① CO_2
② CO
③ HC
④ NOx

정답 ▶ 16 ① 17 ④ 18 ③ 19 ③ 20 ① 21 ① 22 ③ 23 ② 24 ④

chapter 02

25 배기가스 중의 일부를 흡기다기관으로 재순환시킴으로서 연소온도를 낮춰 NOx의 배출량을 감소시키는 것은?

① EGR 장치
② 캐니스터
③ 촉매 컨버터
④ 과급기

26 전자제어 기관에서 배기가스가 재순환되는 EGR 장치의 EGR율(%)을 바르게 나타낸 것은?

① $EGR율 = \dfrac{EGR \text{ 가스량}}{\text{배기 공기량} + EGR \text{ 가스량}} \times 100$

② $EGR율 = \dfrac{EGR \text{ 가스량}}{\text{흡입 공기량} + EGR \text{ 가스량}} \times 100$

③ $EGR율 = \dfrac{\text{흡입 공기량}}{\text{흡입 공기량} + EGR \text{ 가스량}} \times 100$

④ $EGR율 = \dfrac{\text{배기 공기량}}{\text{흡입 공기량} + EGR \text{ 가스량}} \times 100$

> EGR율이란 흡입한 공기량 중 EGR을 통해 유입된 가스량과의 비율이다.

27 다음 중 EGR(Exhaust Gas Recirculation) 밸브의 구성 및 기능 설명으로 틀린 것은?

① 배기가스 재순환 장치
② EGR파이프, EGR밸브 및 서모밸브로 구성
③ 질소화합물(NOx) 발생을 감소시키는 장치
④ 연료 증발가스(HC) 발생을 억제시키는 장치

28 EGR 밸브 설명 중 틀린 것은?

① 배기가스의 일부를 흡입다기관에 유입시킨다.
② NOx를 억제한다.
③ 증발가스 재순환장치이다.
④ EGR율을 높이면 엔진출력이 감소한다.

> 증발가스 재순환장치는 HC 증발가스를 캐니스터(canister)에서 포집한 후, 퍼지 컨트롤 솔레노이드 밸브(PCSV)에 의해 연소실로 유입된다.

29 가솔린 차량의 배출가스 중 NOx의 배출을 감소시키기 위한 방법으로 적당한 것은?

① 캐니스터 설치
② EGR 장치 채택
③ DPT시스템 채택
④ 간접연료 분사 방식 채택

30 3원촉매장치의 촉매 컨버터에서 정화 처리하는 배기가스가 아닌 것은?

① CO
② NOx
③ SO_2
④ HC

31 연료탱크 내의 증발가스를 포집 후 엔진으로 유입시켜 연소시키는 장치는?

① 캐니스터와 퍼지솔레노이드
② 포지티브 크랭크케이스 벤틸레이션(P.C.V) 밸브
③ 배기가스 재순환 장치(EGR)
④ 삼원촉매

32 활성탄 캐니스터(charcoal canister)는 무엇을 제어하기 위한 것인가?

① CO_2 증발가스
② HC 증발가스
③ NOx 증발가스
④ CO 증발가스

33 삼원촉매장치를 장착하는 근본적인 이유는?

① HC, CO, NOx를 저감하기 위하여
② CO_2, N_2, H_2O를 저감하기 위하여
③ HC, CO_2를 저감하기 위하여
④ H_2O, SO_2, CO_2를 저감하기 위하여

> 삼원 촉매장치는 HC, CO, NOx를 O_2와 결합하여 N_2, CO_2, H_2O로 변환시킨다.

정답 **25** ① **26** ② **27** ④ **28** ③ **29** ② **30** ③ **31** ① **32** ② **33** ①

34 자동차 배출가스 저감장치로 삼원 촉매장치는 어떤 물질로 주로 구성되어 있는가?

① Pt, Rh
② Fe, Sn
③ As, Sn
④ Al, Sn

삼원 촉매장치의 촉매제
• 산화작용 : 플라티늄(백금, Pt), 팔라듐(Pd)
• 환원작용 : 로듐(Rh), 이리듐(Ir)

35 촉매변환장치에서 촉매장치의 종류가 아닌 것은?

① 산화촉매
② 환원촉매
③ 삼원촉매
④ 펠릿촉매

촉매장치의 종류 : 삼원촉매, 산화촉매, 환원촉매

36 3원촉매장치에 대한 설명으로 거리가 먼 것은?

① CO와 HC는 산화되어 CO_2와 H_2O로 된다.
② NOx는 환원되어 N_2와 CO로 분리된다.
③ 유연휘발유를 사용하면 촉매장치가 막힐 수 있다.
④ 차량을 밀거나 끌어서 시동하면 농후한 혼합기가 촉매장치 내에서 점화할 수 있다.

NOx는 환원되면 1차로 N_2와 O_2로 분리되며, O_2는 다시 CO와 반응하여 CO_2가 된다.
※ 유연휘발유의 4에틸납(옥탄가 향상 목적의 첨가제)의 납성분은 연소되지 않고 촉매에 붙어 촉매와 배기가스와의 접촉을 방해한다.

37 삼원촉매장치에 대한 설명 중 타당치 않는 것은?

① CO, HC, NOx는 촉매장치에 의해 산화 및 환원된다.
② 백금과 소량의 리듐을 혼합한 것이 표면에 소성되어 있다.
③ 촉매장치는 유해 배기가스의 감소를 위해 설치하며 주로 2차 공기 공급장치와 함께 사용한다.
④ 촉매작용의 효력을 더욱 많이 발생키 위하여 공연비를 맞추지 않는다.

38 배기가스가 삼원촉매 컨버터를 통과할 때 산화·환원되는 물질로 옳은 것은?

① N_2, CO
② N_2, H_2
③ N_2, O_2
④ N_2, CO_2, H_2O

삼원 촉매장치 작용
• CO, HC → 백금(산화) → CO_2, H_2O
• NOx → (환원) → N_2, CO_2

39 산소센서(O_2 Sensor)의 기능은?

① 기관이 흡입하는 혼합기 중의 산소 농도를 측정
② 기관이 흡입하는 공기 중의 산소 농도를 측정
③ 배기가스 중의 산소 압력을 측정
④ 배기가스 중의 산소 농도를 측정

40 전자제어 연료 분사장치의 구성품 중 산소센서에 대한 설명으로 옳은 것은?

① 흡기관에 설치되어 있으며, 흡입공기 속에 포함되어 있는 산소량을 감지한다.
② 흡기관에 설치되어 있으며, 흡입공기의 밀도를 감지한다.
③ 배기관에 설치되어 있으며, 배기가스 속에 포함되어 있는 산소량을 감지한다.
④ 배기관에 설치되어 있으며, 배기가스의 밀도를 감지한다.

산소센서는 배기관에 설치되어 있으며, 배기가스 중의 잔존 산소량을 감지하여 피드백한다.

41 산소센서 출력 전압에 영향을 주는 요소로 틀린 것은?

① 연료온도
② 혼합비
③ 산소센서의 온도
④ 배출가스 중의 산소농도

②, ④ → 대기의 산소농도와 배기가스의 산소농도에 의해 출력전압이 변화
③ 약 300℃ 이하에서는 센서가 작동하지 않음
 (정상 작동 온도 : 약 300~800℃)

42 전자제어 엔진에서 산소센서는 궁극적으로 무엇을 위하여 설치되어 있는가?

① 연료 맥동을 조정한다.
② 이론 공연비를 근접시킨다.
③ 연료압을 조정한다.
④ 연료량을 증가시킨다.

산소센서는 배기가스의 산소량을 측정하여 궁극적으로 연료량을 조정하여 이론 공연비에 근접시킨다.

chapter 02

43 센서의 장착 위치가 다른 것은?

① 산소 센서(O₂)

② 흡기온도 센서(ATS)

③ 흡입 공기량 센서(AFS)

④ 스로틀 포지션 센서(TPS)

> ATS, AFS, TPS 등은 흡기계통에, 산소 센서는 배기계통에 장착된다.

44 O₂ 센서(지르코니아 방식)의 출력 전압이 1V에 가깝게 나타나면 공연비가 어떤 상태인가?

① 희박하다.

② 농후하다.

③ 공연비가 14.7 : 1에 가깝다는 것을 나타낸다.

④ 농후하다가 희박한 상태로 되는 경우이다.

> 산소량이 적으면 → 혼합기 농후 → 산소센서 내에 기전력이 1V에 가까움
> 산소량이 많으면 → 혼합기 희박 → 산소센서 내에 기전력이 0V에 가까움
> ③ : 이론공연비에 가까우면 기전력은 약 0.45V이다.

45 산소센서 출력전압에 영향을 주는 요소가 아닌 것은?

① 혼합비

② 흡입공기 온도

③ 산소센서의 온도

④ 배기가스 중의 산소 잔존량

> 산소센서의 출력전압은 산소량에 따라 달라지므로 혼합비, 산소 잔존량이 영향을 미치며, 산소센서의 온도는 배기가스 온도가 정상 작동(300~600℃) 상태에서만 측정 가능하다.

46 가솔린기관에서 점화계통의 이상으로 연소가 이루어지지 않았을 때 산소센서(지르코니아 방식)에 대한 진단기에서의 출력값으로 옳은 것은?

① 0 ~ 200 mV 정도 표시

② 400 ~ 500 mV 정도 표시

③ 800 ~ 1000 mV 정도 표시

④ 1500 ~ 1600 mV 정도 표시

> 연소가 이뤄지지 않으므로 산소센서 안팎의 산소농도차가 거의 없으므로 0V에 가깝게 출력된다.

47 지르코니아 산소센서에 대한 설명으로 맞는 것은?

① 산소센서는 농후한 혼합기가 흡입될 때 0~0.5V의 기전력이 발생한다.

② 산소센서는 흡기 다기관에 부착되어 산소의 농도를 감지한다.

③ 산소센서는 최고 1V의 기전력을 발생한다.

④ 산소센서는 배기가스 중의 산소농도를 감지하여 NOx를 줄일 목적으로 설치된다.

> 산소센서는 배기가스 중의 산소농도를 감지하여 ECU에 피드백하여 혼합기를 이론 공연비에 근접시키는 역할을 한다. 0.1~0.9V(과희박~과농후)의 기전력을 발생한다.

48 산소센서에 대한 설명으로 알맞은 것은?

① 공연비를 피드백 제어하기 위해서 사용한다.

② 공연비가 농후하면 출력전압은 0.45V 이하이다.

③ 공연비가 희박하면 출력전압은 1V에 가깝다.

④ 산소센서는 엔진 시동 후 바로 작동된다.

> ② 공연비 농후 : 출력전압 0.45V 이상
> ③ 공연비 희박 : 출력전압 0.45V 이하
> ④ 산소 센서의 작동 온도는 300℃ 이상이며, 300℃ 이하에서는 저항이 커져 작동하지 못한다. (즉, 센서는 시동 직후에는 작동하지 않고, 기관이 정상 운전 상태에서만 작동한다.)

49 산소센서의 튜브에 카본이 많이 끼었을 때 현상으로 맞는 것은?

① 출력전압이 높아진다.

② 피드백 제어로 공연비를 정확하게 제어한다.

③ 출력 신호를 듀티 제어하므로 기관에 미치는 악영향은 없다.

④ ECU는 공연비가 희박한 것으로 판단한다.

> 카본으로 인해 산소센서의 산소 이동이 작아지므로 발생하는 기전력이 작아지므로 공연비가 희박한 것으로 판단한다. → 출력전압이 낮다.

50 오염으로 에어클리너가 막히면 전자제어 엔진에서 산소(O₂) 센서의 출력전압은?

① 전압이 감소하다가 증가한다.

② 순간적으로 감소한다.

③ 순간적으로 증가한다.

④ 전압 변동에는 관계없다.

> 에어클리너가 막히면 공기가 유입되지 않으므로 혼합비가 농후해져 출력전압은 증가한다.

정답 43 ① 44 ② 45 ② 46 ① 47 ③ 48 ① 49 ④ 50 ③

[12-2, 08-4 유사] 출제율 ★★

51 배기계통에 설치되어 있는 지르코니아 산소센서(O₂ sensor)가 배기가스 내에 포함된 산소의 농도를 검출하는 방법은?

① 기전력의 변화   ② 저항력의 변화

③ 산화력의 변화   ④ 전자력의 변화

> 산소센서는 일종의 미니 발전기이다. 산소농도차에 의해 발생된 기전력(전압)을 ECU에 피드백한다.

[08-3] 출제율 ★★

52 기관 워밍업 후 정상주행 상태에서 산소센서의 신호에 따라 연료량을 조정하여 공연비를 보정하는 방식은?

① 자기진단 시스템   ② MPI 시스템

③ 피드백 시스템   ④ 에어컨 시스템

> 산소센서의 전압(기전력)을 ECU로 피드백하고, ECU는 이 기전력을 기준으로 연료량을 조절하여 공연비를 보정한다.

[03-2] 출제율 ★

53 산소센서의 정상작동 조건에서 2,000rpm일때 파형이다. 올바른 설명은?

① 공연비가 농후하다.   ② 공연비가 희박하다.

③ 공연비가 적정하다.   ④ 공연비와 관계없다.

> 그림의 파형에서 0.45V를 기준으로 농후 쪽의 비율이 더 크므로 공연비가 농후하다.

[참고] 출제율 ★

54 전자제어 엔진에서 혼합기의 농후가 주 원인일 때 지르코니아 센서방식의 O₂ 센서파형으로 가장 적절한 것은?

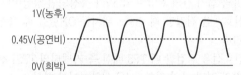

> **지르코니아의 산소센서의 파형**
> 이론 공연비 근처의 파형은 농후(1V) : 희박 (0V) 비율이 약 50:50이며, ④는 1V의 비율 이 더 크므로 농후에 가깝다.
>
>
> 이론공연비 근처의 산소센서 파형

[07-4] 출제율 ★★★

55 전자제어 연료 분사장치 엔진에서 아날로그 멀티미터를 사용함으로써 손상을 일으킬 수 있는 부품은?

① 스로틀포지션 센서

② 수온 센서

③ 크랭크각 센서

④ 산소(O₂) 센서

> 산소센서는 작동할 때 미소 기전력을 발생시키므로 아날로그 멀티미터를 사용하여 저항을 측정할 경우 내부 건전지 전압으로 인해 센서의 파손 위험이 있다.

[10-4] 출제율 ★★★

56 O₂ 센서 점검 관련 사항으로 적절치 못한 것은?

① 기관을 워밍업한 후 점검한다.

② 출력전압을 쇼트시키지 않는다.

③ 출력전압 측정은 아날로그 시험기로 측정한다.

④ O₂ 센서의 출력전압이 규정을 벗어나면 공연비 조정계통에 점검이 필요하다.

> **산소센서 점검 및 사용 시 주의사항**
> • 기관을 워밍업한 후 점검할 것
> • 아날로그 멀티미터로 저항측정이나 통전테스트 하지 말 것
> • 전압 측정시에도 아날로그 멀티미터를 사용하지 말 것
> • 출력단자를 단락(쇼트)시키지 말 것
> • 유연휘발유를 쓰지 말 것
> • 충격을 주지 말 것

[참고] 출제율 ★★

57 디젤기관의 배기정화장치에 속하지 않은 것은?

① CPF

② EGR

③ ISA

④ 삼원촉매 컨버터

> ISA는 공회전 속도 조절장치를 말한다.

[참고] 출제율 ★★

58 다음 중 CPF에 대한 설명으로 틀린 것은?

① 디젤 엔진에서 배출되는 가스 중 분진을 태우는 장치이다.

② DPF 재생 기능을 통해 미세매연먼지를 태워 제거한다.

③ 촉매제 전후의 온도 차이를 감지하여 재생시기를 판단한다.

④ CPF는 미세매연먼지를 포집하고 제거하는 역할을 한다.

> CPF는 촉매제 전후의 압력 차이를 감지하여 재생시기를 판단한다.

59 다음 중 디젤 산화 촉매장치의 구성요소로 <u>틀린</u> 것은?

① 촉매필터
② 차압 센서
③ EGR
④ 배기가스 온도센서

디젤 산화 촉매장치 : 촉매필터, 산화촉매, 차압센서, 배기가스 온도센서

[참고] 출제율 ★★

60 디젤 산화 촉매장치의 구성품 중 다음 [보기]의 ( ) 안에 들어갈 용어는?

─[보기]─

(　　　)(은)는 CPF 전·후단의 압력차를 측정하여 PM의 쌓이는 정도(포집량)를 예측하여 ECU에 보내며 기준 차압(약 20~30kPa) 이상일 때 이를 감지하여 PDP 재생 시기로 판단한다.

① 산화 촉매
② 차압 센서
③ EGR
④ 배기가스 온도센서

디젤 산화 촉매장치(CPF)는 차압센서에 의해 촉매제 전·후의 압력차를 감지하여 재생시기를 판단한다.

[참고] 출제율 ★★★

61 배기장치의 차압센서에 대한 설명으로 <u>틀린</u> 것은?

① 배기 다기관에 부착한다.
② CPF 재생시기 판단을 위한 PM 포집량을 예측한다.
③ 필터 전·후방 압력차를 검출한다.
④ 압력차를 검출하여 ECU로 전송한다.

차압센서는 디젤 산화 촉매장치(CPF)에 부착한다.

03　흡·배기 장치의 점검 및 교환

[참고] 출제율 ★

1 가변 스월 컨트롤 밸브(SCV)의 검사방법으로 올바르지 않은 것은?

① 스캐너를 연결하여 자기진단을 통해 고장 코드 출력 여부를 검사한다.
② 스캐너로 자기진단을 실시하여 고장 코드가 발생되었는지 검사한다.
③ 고장 판정 조건의 고장 검출 조건에 따라 차량을 주행한다.
④ 스캐너로 점검할 때 저장된 고장 코드를 그대로 둔다.

저장된 고장 코드는 스캐너로 소거하거나 배터리 ⊖ 단자를 1분 이상 분리한 후 재장착한다.

[참고] 출제율 ★★

2 스로틀밸브(TPS)의 점검에 대한 설명으로 옳은 것은?

① TPS 전원선을 점검할 때 점화스위치를 OFF했을 때 측정해야 한다.
② TPS 전원선을 점검할 때 TPS 배선 측 커넥터의 TPS1 전원 단자와 접지 간의 전압이 약 5V가 측정되면 정상이다.
③ TPS 신호선을 점검할 때 점화스위치를 ON했을 때 측정해야 한다.
④ TPS 신호선을 점검할 때 TPS 배선 측 커넥터의 TPS1 신호 단자와 접지 간의 저항이 1Ω 이하이어야 한다.

① TPS 전원선을 점검할 때 점화스위치를 OFF하고, TPS 커넥터 분리한 후 다시 점화스위치를 ON하고 점검한다.
③ TPS 신호선을 점검할 때 점화스위치를 OFF하고, TPS 커넥터 분리한 후 점검한다.
④ TPS 신호선을 점검할 때 TPS 배선 측 커넥터의 TPS1 신호 단자와 접지 간의 저항이 ∞Ω이 측정되면 정상이다.

[참고] 출제율 ★

3 전자제어 스로틀 시스템(ETS)의 데이터 점검 과정 중 틀린 것은?

① 자기진단 커넥터에 스캐너를 연결한다.
② 시동스위치를 OFF하고 점검한다.
③ 스캐너의 센서 데이터 모드에서 ETS 모터의 작동 상태를 점검한다.
④ 센서 데이터가 정상이면 ETS 모터의 커넥터 핀의 변형이나 부식, 접촉 불량, 오염, 손상 유무, PCM 등을 점검하고 비정상일 경우 배선 점검을 수행하며 필요 시 교환한다.

ETS의 데이터 점검 시 엔진 시동을 걸고 정상 온도까지 워밍업한다.

정답　59 ③　60 ②　61 ①　**3**　1 ④　2 ②　3 ②

[참고] 출제율 ★★★ □□□

4 맵 센서의 전원선을 점검할 때 커넥터의 MAP 전원 단자와 접지 사이의 전압이 약 몇 V일 때 정상인가? (측정 전에 맵센서 커넥터를 탈거하고 점화스위치를 ON하였다.)

1. MAPS 신호
2. MAPS 전원
4. 센서 접지

① 0V
② 2.5V
③ 5V
④ 12V

> 맵 센서는 ECM의 전원(5V)을 받아 약 0~5V 사이의 신호를 출력한다. 측정값이 0V이거나 5.1V 이상일 경우 전원선의 단선, 단락 여부를 점검한다.
> 참고 : 대기압 상태(가속 상태) : 약 4V
>   진공 상태(공전 상태) : 약 0.5V

[참고] 출제율 ★ □□□

5 디젤 촉매 필터(Catalyzed Particulate Filter)의 강제 재생 관련 데이터 점검에 대한 설명으로 틀린 것은?

① '배기가스 온도센서(CPF)'와 '배기가스 온도센서(VGT)'의 온도가 300℃를 유지하는지 점검한다.
② 엔진 시동을 걸고 정상 온도까지 워밍업 한다.
③ 전기장치(전조등 상향, 브로워 모터 최대, 열선) 및 에어컨을 ON하고 점검한다.
④ 점검 전에 자기진단 커넥터에 스캐너를 연결한다.

> '배기가스 온도센서(CPF)'와 '배기가스 온도센서(VGT)'의 온도가 500~700℃를 유지하는지 점검한다.
> ※ CPF의 재생모드 조건에는 약 600℃일 때 작동한다.

[참고] 출제율 ★ □□□

6 가변 스월 컨트롤 밸브(SCV)을 교환할 때 탈거해야 할 부품으로 거리가 가장 먼 것은?

① 에어플랫
② 드레인 방식 오일 필터
③ 흡기다기관
④ 인터쿨러와 연결된 호스

> SCV는 흡기다기관에 설치되므로 엔진 룸 상단에 위치한다. 드레인 방식의 오일 필터는 통상 엔진 하부에 위치한 오일 팬에 설치되므로 가장 거리가 멀다.

[참고] 출제율 ★ □□□

7 배기 다기관(Exhaust manifold)을 탈거하려고 할 때 탈거하지 않아도 되는 부품은?

① 산소센서 커넥터
② 맵 센서 커넥터
③ 언더커버
④ 촉매 컨버터

> 맵센서는 흡입 다기관 또는 서지탱크 주변에 설치되며 배기 다기관 부근에는 설치되지 않는다.
> ※ 산소센서는 차량에 따라 배기 다기관 아래 또는 촉매컨버터 부근에 위치한다.

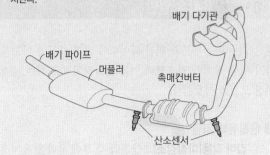

배기 다기관
배기 파이프
머플러
촉매컨버터
산소센서

[참고] 출제율 ★ □□□

8 맵(MAP) 센서의 검사 및 수리에 대한 설명으로 틀린 것은?

① 스캐너를 연결하여 자기진단을 통해 고장코드 출력 여부를 검사한다.
② 맵 센서 조립 시 개스킷은 신품으로 교환한다.
③ 맵 센서 취급 시 이물질이 엔진 내부로 유입되지 않도록 주의한다.
④ 맵 센서 파형 측정 시 TPS 센서 파형도 함께 측정 및 비교하여 출력파형이 서로 반대로 출력되는 지 확인한다.

> 맵 센서 파형 측정 시 TPS 센서 파형도 함께 측정·비교하여 출력파형이 증감속할 때 같이 증감하는지 확인한다.

[참고] 출제율 ★★ □□□

9 멀티미터로 장치의 단선여부를 점검할 때 단선의 경우 저항값을 얼마인가?

① 0Ω
② 5Ω 이하
③ 1Ω 이하
④ ∞Ω

> • 단선 : ∞Ω
> • 단락 : 0Ω (또는 0Ω에 가까움)
> ※ 저항 측정 시 부품에 전원 공급을 차단시켜야 한다.

Craftsman Motor Vehicles Maintenance

05 윤활장치

[예상문항 : 3문제] 출제기준 변경 전에는 약 1문제로 출제비율이 낮았으나, 변경 이후 3문제로 늘었습니다. 윤활장치 이론의 학습량은 많지 않으나, NCS 학습모듈의 내용이 반영되었습니다. 모의고사를 통해 출제유형을 파악하고, NCS 학습모듈도 함께 체크하기 바랍니다.

01 윤활유 일반

엔진에는 마찰 부분과 회전 베어링이 많기 때문에 마모를 방지하기 위한 장치가 필요한데 이를 윤활장치라고 하며, 윤활유로 엔진 오일을 사용한다.

1 윤활유의 역할

① **감마 작용(마찰감소)** : 엔진의 각 부에 유막을 유지하여 마찰을 줄이는데, 특히 실린더 벽과 피스톤 사이에 강한 유막을 형성하여 섭동으로 인해 발생된 표면 마찰에 줄여 마멸을 방지한다.

② **냉각** : 엔진 각 부에서 발생된 마찰열을 흡수하여 방열시킨다.

③ **기밀(밀봉)** : 피스톤링과 실린더 벽 사이에 유막을 형성하여 고압가스의 누설을 방지한다.

④ **세척** : 기관 내 불순물(연소에 의한 카본 및 불순물)을 여과기로 보낸다.

⑤ **방청(부식방지)** : 수분으로 인한 발생할 수 있는 금속의 산화 및 부식을 방지한다.

⑥ **충격완화 및 소음 방지** : 기관의 운동부에서 발생하는 충격을 흡수하고 마찰로 인한 소음을 방지한다.

⑦ **응력 분산** : 엔진 각부에 발생하는 국부적인 압력을 분산시킨다.

2 윤활유의 구비조건

粘(끈끈할 점) 度(정도 도)

① **점도가 적당할 것** : 점도란 오일의 끈적끈적한 정도를 나타내는 것으로 윤활유 흐름의 저항을 나타낸다.

→ 점도가 너무 높으면(온도가 낮아지면) : 유동성이 저하되어 내부마찰, 오일압력 증가, 유동저항이 커져 윤활작용이 저하되며, 동력 손실이 증가한다.(기계효율 저하)

→ 점도가 너무 낮으면(온도가 높아지면) : 흐름성이 좋아 기계구동 저항이 약해 회전이 가벼워 연료소비율은 좋아지지만 누설 우려가 있고, 유막이 파괴되어 기계적 마모의 우려가 있다.

② **점도지수가 커야 한다** : 점도지수는 온도 변화에 따라 점도의 변화를 말한다.

→ 점도지수가 클수록 : 온도 변화에 따라 점도 변화가 적다.

→ 점도지수가 낮을수록 : 온도 변화에 따라 점도 변화가 크다.

▶ 온도가 올라가면 점도지수가 떨어지고 온도가 내려가면 점도지수가 올라가기 때문에 겨울철에는 점도지수가 높은 것을, 여름에는 점도지수가 낮은 것을 사용한다.

③ **인화점 및 자연 발화점이 높을 것** : 오일은 엔진 열에 의해 연소가 잘 안되어야 하므로 높아야 한다.

▶ 인화점 : 외부 열원(불꽃)에 의해 불이 붙을 수 있는 최저온도
▶ 자연 발화점 : 디젤 기관과 같이 외부 열원 없이 스스로 연소(착화)되기 시작하는 최저온도
즉, 최저온도가 높아지면 연소가 쉽게 일어나지 않는다는 의미이다.
▶ 용어 해설
• 리(이끌 인) 火(불 화) : (불꽃 등으로) 불을 이끌어내다
• 着(붙을 착) 火(불 화) : 불이 (스스로) 붙음

④ **강한 유막을 형성할 것** : 윤활유는 엔진의 마찰부의 마멸을 방지하기 위하여 유막형성이 매우 중요하다.

→ 유막이 약하면 : 유막이 쉽게 파괴되어 각 부에 발생하는 마찰에 의한 손상을 막을 수 없다. 그래서 강한 유막을 형성시킨다.

⑤ **응고점이 낮을 것** : 온도가 낮아지면 점도가 높아지며 유동성을 잃어 윤활유의 역할을 할 수 없으므로 응고점이 낮아야 한다.(응고되는 온도를 낮게 하여 쉽게 응고되지 않도록 함)

→ 응고점 : 액화상태의 물질이 고체화 되는 상태

⑥ **비중이 적당할 것** : 부피가 일정할 때 비중이 높으면 질량이 커져 무거워져 점성이 커지고, 비중이 낮으면 점성이 낮아지므로 적당해야 한다.

→ 비중 : 어떤 물질의 질량과 부피의 비(윤활유의 비중 : 0.86~0.91, 물의 비중 : 1)

❸ 윤활유의 등급 – SAE 분류(미국자동차기술협회)

① SAE 분류는 윤활유의 점도에 따라서 구분한다.

② '5W30'(사계절 오일)

→ 'W'가 있는 것 : 겨울용 윤활유로 18℃(0℉)에서 측정된 점도

→ 두 숫자가 높을수록 점도가 높다는 의미

→ 5(저온에서의 점도) : 숫자가 낮을수록 저온에서 점도가 낮고, 높을수록 점도가 높다. 즉, 겨울철 시동 시 숫자가 낮을수록 좋다.

→ 30(고온에서의 점도) : 숫자가 높을수록 고온에서 점도를 유지할 수 있다.

> ▶ 엔진오일의 종류 및 첨가제
> - 윤활제에는 광물성 윤활유와 식물성 윤활유가 있다.
> - 참고) 엔진오일 첨가제 : 산화방지제, 부식방지제, 녹 방지제, 청정제, 분산제, 마찰조절제, 내마멸첨가제, 급압첨가제, 점도지수 향상제, 유동점강하제, 소포제, 유화제, 점착성부여제, 금속비활성제 등
>
> ▶ 점도에 의한 분류 : SAE 분류를 일반적으로 사용
>
> | 계절 | 겨울 | 봄·가을 | 여름 |
> |---|---|---|---|
> | SAE번호 | 10~20 | 30 | 40~50 |

❹ 윤활 방식

비산식	• 오일펌프가 없고 커넥팅 로드 대단부 끝에 오일디퍼(주걱)가 오일을 퍼올려 비산(윤활부에 뿌림)시켜 급유
압송식 (전압송식)	• 오일펌프로 오일 팬 내에 있는 오일을 각 윤활 부분에 압송시켜 급유 • 가장 일반적으로 사용
비산 압송식	• 압송식과 비산식을 혼합한 방식으로 오일 펌프와 디퍼를 모두 가지고 있다. • 압송식 : 크랭크 축 베어링, 캠 축 베어링, 밸브기구 등을 윤활 • 비산식 : 실린더, 피스톤 핀 등을 윤활

❺ 오일의 여과 방식

전류식	오일펌프에서 나온 오일 전부를 오일 여과기에서 여과한 후 윤활 부분으로 보냄
분류식	오일펌프에서 나온 오일을 일부는 윤활부분으로 직접 공급하고, 일부는 여과기를 통해 여과한 후 오일 팬으로 복귀
샨트식	전류식과 분류식을 합친 방식으로, 여과된 오일이 크랭크 케이스로 돌아가지 않고 각 윤활부로 공급

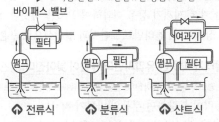

여과기가 막힐 경우 여과기를 통하지 않고 직접 윤활부로 윤활유를 공급하는 밸브이다.

바이패스 밸브

⬆ 전류식　　⬆ 분류식　　⬆ 샨트식

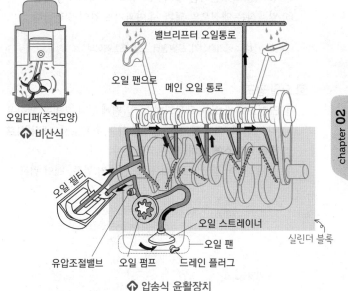

⬆ 비산식

⬆ 압송식 윤활장치

02 윤활장치의 구성품

❶ 오일팬과 스트레이너

① 오일팬(oil pan)

• 엔진오일을 저장 및 냉각하는 역할을 한다.

• 내부에 격리판(배플)이 설치하여 오일 유동을 방지한다.

• 경사지에서도 오일을 충분히 송급하기 위한 섬프(Sump)와 오일 배출을 위한 드레인 플러그가 있다.

② 오일 스트레이너(Oil Strainer) : 오일탱크 내부의 오일 펌프의 흡입구에 설치되며, 입자가 큰 불순물을 제거하는 필터 역할을 한다.

② 오일 필터

기관의 마찰 부분이나 섭동 부분에서 발생한 금속 분말과 연소에 의한 카본 찌꺼기 등을 여과하여 오일을 깨끗한 상태로 유지하는 장치이다. 엘리먼트 교환식과 일체식으로 구분된다.

① **오일필터가 막히면 유압라인의 유압이 낮아진다.**(엔진 과열)
→ 대신 펌프쪽 유압은 높아진다. 필터 막힘을 위해 바이패스 밸브가 필요
② 여과능력이 불량하면 부품의 마모가 빠르다.
③ 작업 조건이 나쁘면 교환시기를 빨리한다.
④ 엘리먼트 교환식은 엘리먼트 청소 시 세척하여 사용한다.
⑤ 일체식은 엔진오일 교환 시 여과기도 같이 교환한다.

▶ 여과장치 : 공기청정기, 오일필터, 오일 스트레이너

③ 오일 펌프

① 크랭크축에 의해 구동되며, 오일 팬에 있는 오일을 빨아올려 기관의 각 운동 부분에 압송하는 펌프로서, **내장형(프론트 케이스에 설치)** 또는 외장형이 있다.
② 종류 : 기어 펌프, 로터리 펌프, 플런저 펌프, 베인 펌프

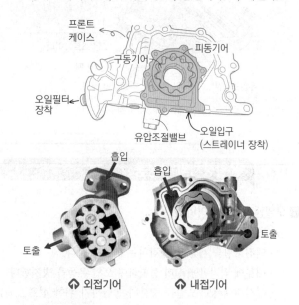

⑤ 오일 압력계(유압계)

① 계기판을 통해 엔진오일의 순환상태를 확인
② 유압경고등 : 시동시 점등된 후 꺼지면 유압이 정상이다.
③ 기관의 오일 압력계 수치가 낮은 경우
  • 크랭크축 오일 틈새가 크다.
  • 크랭크 케이스에 오일이 적다.
  • 오일펌프가 불량하다.

▶ 기관을 시동한 후 정상운전 가능 상태를 확인하기 위해 운전자가 가장 먼저 점검해야 할 것 : 오일 압력계

④ 유압조절밸브

① 윤활장치 내의 과도한 압력 상승을 방지하여 회로 내의 유압을 일정하게 유지한다.
② 조정나사를 통해 스프링 장력을 조정하여 유압을 조정한다.

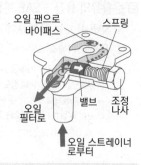

▶ 유압조절 밸브의 스프링 장력이 약하면 높은 오일 압력이 오일팬으로 바이패스되지 못하므로 오일 압력이 높은 원인이 될 수 있다.

03 윤활오일 점검

① 오일의 점검

(1) 점도 점검
장기간 운전 시 엔진의 연소과정에서 발생된 미연소 연료가 엔진오일과 섞이면 점도 변화가 윤활에 영향을 줄 수 있으므로 엔진오일 점도측정기로 측정한다.

(2) 엔진오일 색상 점검
엔진의 연소과정 중 발생되는 미연소 연료와 혼합되면서 엔진오일이 서서히 검게 된다.
  • 우유색을 띄고 있을 때 : 냉각수가 혼합됨
  • 검정색에 가까울 때 : 심하게 오염
  • 붉은색을 띄고 있을 때 : 가솔린이 유입됨
→ 디젤엔진은 연소과정에서 PM(미세먼지)이 발생하여 미연소 연료가 검어 엔진오일이 쉽게 검게 되고, 반대로 기체 연료를 사용하는 LPG 엔진 또는 CNG 엔진은 미연소에 의한 연료가 가스형태로 액상의 엔진오일과 거의 섞이지 않기 때문에 색상이 잘 변하지 않는다. 오일 색상 점검은 가솔린 엔진에만 해당된다.

② 윤활회로 압력 점검

① 규정속도에서 윤활회로 압력과 오일경고등의 전기회로를 점검한다. 일반적으로 엔진온도 80℃, 엔진회전수 2,000rpm 정도에서 약 **2~3kg/cm²**의 압력이 유지되어야 한다.
② IG ON 상태에서는 오일 경고등이 점등되어야 하고, 시동을 걸어 오일펌프가 구동하여 오일 압력이 **0.3kg/cm²** 이상이며 경고등이 소등된다.
→ 만약 공회전 상태에서 오일 압력이 0.3kg/cm² 이하가 되면 오일 경고등이 계속 점등되며, 주 원인으로는 오일펌프 또는 베어링 각 부의 마멸, 오일 스트레이너의 막힘, 오일 필터의 막힘 등이다.

③ 엔진오일 압력시험 : 오일압력 스위치(엔진오일의 압력 감지)를 탈거한 후 오일스위치가 장착되어 있던 홀(hole)에 오일 압력 게이지를 설치하고 엔진의 시동을 걸어 엔진오일의 압력을 측정한다.

⬆ NCS 동영상

❸ 엔진 오일량 점검 및 교환

> 비교암기
>
> ▶ 엔진 오일 점검 및 교환 시 선행사항 (비교할 것)
> • 엔진오일 점검 : 냉각수 정상온도가 될 때까지 워밍업한 후, 시동을 끄고 약 5분 후 점검한다.
> • 엔진 오일 교환 : 엔진이 충분히 식힌 후 작업한다.

(1) 엔진오일량 점검

① 오일 레벨 게이지를 이용하여 오일량 및 오일 상태를 점검한다.

② 점검 방법 : 평탄하고 안전한 곳에서 엔진 워밍업 → 엔진 정지 → 약 5분 후 점검

③ 적정 오일량 : **오일 레벨 게이지에 오일이 묻은 부위가 오일 게이지의 Full 선과 Low 선 사이에 있어야 하며, Full 선에 가까이 있는 것이 적정하다.**

> ▶ 사용 중인 엔진 오일을 점검하였을 때 오일량이 처음보다 증가했다면 : 주 원인은 오일에 냉각수 또는 연료가 혼입되었을 때이다. (인젝터 상태 및 실린더 헤드 개스킷 등을 확인한다.)
>
> ▶ 엔진 오일이 소모되는 주 원인 : 연소와 누설

(2) 엔진오일의 교환 – 드레인(drain) 방식

드레인 방식은 중력에 의해 엔진 하부에 위치한 오일팬 바닥의 오일 드레인 볼트를 탈거하여 오일을 배출하고, 엔진 상부의 오일 주입구에 새로운 오일을 주유하는 방식이다.

① 엔진 상단의 오일 주입구(주유캡)를 열고 에어필터를 탈거하고 차량을 리프트로 상승시킨다.

② 오일 팬 하단의 드레인 볼트(플러그)를 풀기 전에 폐유를 담기 위한 폐유통과 공구를 준비한다.

　→ 오일 팬이 엔진 하부에 있으므로 보안경을 쓰고 작업한다.

③ 드레인 볼트를 풀어 엔진오일을 배출시킨다. 오일이 배출할 동안 오일 필터를 분해한다.

④ 신품 오일 필터에 오일 실(oil seal)을 끼우고 오일을 살짝 묻혀준 후 장착한다.

⑤ 배출이 끝나면 오일 팬에 드레인 볼트를 장착하고 규정값으로 조여준다.

⑥ 차량을 하강시킨 후, 오일 주입구에 오일을 주입한다.

　→ 엔진오일의 양과 성분은 차종별 정비지침서를 기준으로 한다.

⑦ 에어필터를 장착한다.

> ▶ 엔진 오일 교환 시 주의할 점
> • 엔진에 알맞은 오일을 선택한다.
> • 점도가 다른 오일을 혼합하여 주입하지 않는다.
> • 오일교환 시기를 맞춘다. (운전환경에 따라 다름)

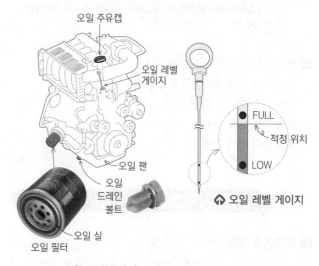

⬆ 드레인 방식

(3) 엔진오일의 교환 – 진공흡입 방식

① 드레인 방식과 달리 엔진오일 레벨게이지 홀을 통해 진공 호스를 삽입하고 진공흡입장비를 이용하여 오일을 배출시키고, 오일 주입구를 통해 오일을 주입한다.

② 드레인 방식과 달리 자동차를 리프트를 이용하여 들어올리지 않고 교환할 수 있다.

❹ 윤활장치의 유압이 높은 원인 필수암기

① 엔진의 과냉

② 윤활 라인의 일부 또는 전부가 막힘

③ 유압조절밸브(릴리프 밸브)의 스프링 장력이 과다

④ 유압조절밸브의 고착

⑤ 저온으로 인한 오일의 점도가 높음

⑥ 베어링 간극이 작을 때

⑦ 펌프의 회전이 과다할 때

⑤ 윤활장치의 유압이 낮은 원인 _{필수암기}

(엔진오일 압력 경고등이 켜지는 경우)

① 크랭크축 메인 베어링 등의 과다 마모(오일 간극이 과다)

② 유압조절밸브의 스프링 장력이 약함(쇠손)

③ 오일 펌프 불량(마멸)

④ 윤활계통이 막혔을 때

⑤ 누설, 연소 등으로 인한 오일 양의 부족

⑥ 연료 또는 냉각수의 희석으로 점도가 낮아짐

⑦ 윤활유 공급 라인에 공기가 유입

⑧ 오일필터가 막힘

　→ 오일필터가 막히면 유압라인에 흐르는 오일이 감소하므로 유압
　　이 낮아짐

⑥ 엔진에서 오일 온도가 상승되는 원인

① 과부하 상태에서 연속작업할 때

② 오일 냉각기가 불량할 때

③ 오일의 점도가 너무 높을 때

④ 오일이 부족할 때

---

04 윤활장치의 점검

① 오일펌프 점검

① 오일펌프는 오일 압력을 생성시켜 주는 역할을 하며, 오일
펌프의 기어가 과다하게 마모되면 압력생성이 부족해 오
일 토출량도 부족해진다. 이에 윤활효과가 떨어지며 엔진
각부의 마찰 증가로 손상을 초래한다.

② 오일펌프의 점검 부위

　• 사이드 간극 점검

　• 아우터 기어와 케이스 간극

　• 치형 끝단과 크레센트(crescent) 간극

↑ 오일펌프의 구조

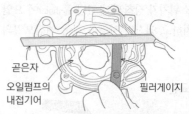

↑ 오일펌프의 사이드 간극 점검

펌프의 곧은자와 필러게이지
를 이용하여 펌프 사이드에
곧은자를 세우고 필러게이지
로 곧은자와 펌프 사이의 간
극을 측정한다.

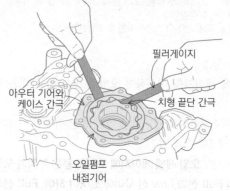

↑ 오일펌프의 아우터 기어 간극 점검

② 오일 압력 스위치 점검

① 오일 압력 스위치는 엔진오일의 압력을 감시하는 역할을
한다. (엔진오일 통로가 지나가는 실린더 블록에 설치)

② 시동 후 계기판의 엔진오일 경고등이 점등 여부를 확인하
고, 엔진오일 펌프 또는 오일압력 스위치의 이상 유무 등
을 점검한다.

　→ 오일압력 스위치는 엔진오일 압력이 올라가면 스위치가 'OFF'되고, 반
　　대로 압력이 낮아지면 'ON'되어 엔진오일 경고등이 점등된다.

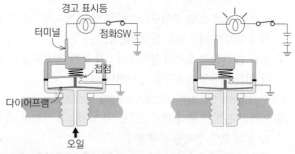

오일압력이 정상일 때 : 오일압력에 의
해 다이어프램(막판)이 올라가며 접점
이 떨어지며 회로가 끊어져 경고 표시
등이 소등된다.

오일압력이 낮을 때 : 다이어프램이
내려가 접점이 붙으며 회로가 이어져
경고 표시등이 점등된다.

↑ 오일압력 스위치의 작동원리 및 점검

[10-3, 06-3] 출제율 ★★★

1 기관에서 윤활의 목적이 <u>아닌</u> 것은?

① 마찰과 마멸감소   ② 응력 집중작용
③ 밀봉작용   ④ 세척작용

> **윤활유의 목적(역할)**
> 감마(마찰과 마멸감소)작용, 냉각작용, 세척작용, 밀봉작용, 방청작용, 충격완화 및 소음 방지 작용, 응력분산작용

[13-1, 10-2, 05-2] 출제율 ★★★

2 윤활유의 역할이 <u>아닌</u> 것은?

① 밀봉작용   ② 냉각작용
③ 팽창작용   ④ 방청작용

[09-2, 07-3] 출제율 ★★★

3 기관에 윤활유를 급유하는 목적과 관계없는 것은?

① 연소촉진작용   ② 동력손실 감소
③ 마멸방지   ④ 냉각작용

[참고] 출제율 ★

4 윤활유의 주요 기능으로 <u>틀린</u> 것은?

① 윤활작용, 냉각작용
② 기밀유지작용, 부식방지작용
③ 소음감소작용, 세척작용
④ 마찰작용, 방수작용

> 방수작용과는 무관하다.

[12-3, 07-4] 출제율 ★

5 기관 각 운동부에서 윤활장치의 윤활유 역할이 <u>아닌</u> 것은?

① 동력손실을 적게 한다.
② 노킹현상을 방지한다.
③ 기계적 손실을 적게 하며, 냉각작용도 한다.
④ 부식과 침식을 예방한다.

> 노킹은 엔진 점화 전 이상연소로 인한 급격한 압력 상승을 말하며, 윤활과는 무관하다.

[08-3] 출제율 ★★★

6 윤활유의 구비조건으로 <u>틀린</u> 것은?

① 점도가 적당할 것
② 열과 산에 대하여 안정성이 있을 것
③ 응고점이 높을 것
④ 인화점과 발화점이 높을 것

> 응고점이 낮을 것 (잘 얼지 않을 것)

[12-1] 출제율 ★★★

7 자동차 기관 윤활유의 구비조건으로 <u>틀린</u> 것은?

① 온도 변화에 따른 점도변화가 적을 것
② 열과 산에 대하여 안정성이 있을 것
③ 발화점 및 인화점이 낮을 것
④ 카본 생성이 적으며 강인한 유막을 형성할 것

> **윤활유의 구비조건**
> • 인화점, 발화점이 높을 것   • 점도가 적당할 것
> • 점도지수가 클 것   • 열과 산에 대하여 안정성이 있을 것
> • 응고점이 낮을 것   • 열전도가 양호할 것
> • 강인한 유막을 형성할 것   • 비중이 적당할 것

[06-3] 출제율 ★★★

8 윤활유의 인화점, 발화점이 낮을 때 발생할 수 있는 것은?

① 화재발생의 원인이 된다.
② 연소불량 원인이 된다.
③ 압력 저하 요인이 발생한다.
④ 점성과 온도관계가 양호하게 된다.

> 인화점·발화점이 낮으면 저온에서도 불이 쉽게 붙는 것을 의미하므로, 화재의 발생 우려가 크다.

[14-2] 출제율 ★★★

9 기관의 윤활유 점도지수(viscosity index) 또는 점도에 대한 설명으로 <u>틀린</u> 것은?

① 온도변화에 의한 점도변화가 적을 경우 점도지수가 높다.
② 추운 지방에서는 점도가 큰 것일수록 좋다.
③ 점도지수는 온도변화에 대한 점도의 변화 정도를 표시한 것이다.
④ 점도란 윤활유의 끈적끈적한 정도를 나타내는 척도이다.

> 추운 지방에서는 오일의 유동성이 떨어지므로 점도가 낮은 것이 좋다.

[04-3] 출제율 ★★

10 기관의 윤활유 급유 방식과 거리가 먼 것은?

① 비산·압송식
② 전압송식
③ 비산식
④ 자연순환식

> **윤활유 공급 방식** : 비산식, 압송방식, 비산압송식

정답 1② 2③ 3① 4④ 5② 6③ 7③ 8① 9② 10④

chapter 02

11 윤활장치 내의 압력이 지나치게 올라가는 것을 방지하여 회로 내의 유압을 일정하게 유지하는 기능을 하는 것은?

① 오일 펌프　　　　② 유압조절밸브

③ 오일여과기　　　　④ 오일 냉각기

> 유압조절밸브는 윤활장치 내의 유압이 상승되는 것을 방지하여 유압을 일정하게 유지하는 기능을 한다.

12 기관의 윤활장치에서 유압조절밸브는 어떤 작용을 하는가?

① 기관의 부하량에 따라 압력을 조절한다.

② 기관 오일량이 부족할 때 압력을 상승시킨다.

③ 불충분한 오일량을 방지한다.

④ 유압이 높아지는 것을 방지한다.

13 기관 오일의 점검과 교환에 대한 설명 중 올바른 것은?

① 기관이 공회전일 때 오일의 양을 점검한다.

② 가급적 오래 사용하는 편이 유리하다.

③ 운전 조건에 관계없이 일정시기마다 교환한다.

④ 동일한 종류의 오일로 교환한다.

> 기관 오일은 동일한 규격의 오일로 교환하며, 오일량 점검 시 정상온도까지 워밍업을 하고 엔진을 정지시킨 후 약 5분 후 점검한다.

14 윤활장치에서 유압이 높아지는 이유로 맞는 것은?

① 릴리프 밸브 스프링의 장력이 클 때

② 엔진오일과 가솔린의 희석

③ 베어링의 마모

④ 오일펌프의 마멸

> ① 릴리프 밸브의 스프링은 유압라인 내의 유압 규정값을 설정하는 역할을 하며, 유압라인의 오일압력이 규정값보다 커지면 초과된 유압을 오일팬으로 내보낸다. 그러므로 스프링의 장력이 크면 유압이 높아진다.
> ② 엔진오일과 가솔린의 희석되면 점도가 낮아지며 유압이 낮아진다.
> ③ 베어링이 마모되면 베어링 간극이 커지므로 유압이 낮아진다.
> ④ 오일펌프에 의해 압력이 생성되므로 마멸되면 충분한 압력을 만들지 못하므로 유압이 낮아진다.

15 엔진오일 유압이 낮아지는 원인과 거리가 먼 것은?

① 베어링의 오일간극이 크다.

② 유압조절밸브의 스프링 장력이 크다.

③ 오일팬 내의 윤활유 양이 작다.

④ 윤활유 공급 라인에 공기가 유입되었다.

> ① 베어링의 오일간극이 크면 누설되기 쉬우므로 유압이 낮아진다.
> ② 유압조절밸브의 스프링이 쇠손되거나 장력이 약하면 유압이 낮아진다.
> ③ 윤활유 양은 유압에 비례한다.
> ④ 공기가 유입되면 기포로 인해 유압이 낮아진다.

16 윤활유 소비 증대의 가장 큰 원인이 되는 것은?

① 비산과 누설　　　　② 비산과 압력

③ 희석과 혼합　　　　④ 연소와 누설

> 윤활유 소비 증대는 주로 실린더 내 열에 의한 연소 및 베어링이나 실린더 헤드 개스킷 등에서의 누설이 주 원인이다.

17 윤활장치를 점검하여야 할 원인이 <u>아닌</u> 것은?

① 윤활유 소비가 많다.

② 유압이 높다.

③ 유압이 낮다.

④ 오일교환을 자주한다.

> 윤활장치의 점검은 윤활유 소비(연소 및 누설)가 많거나, 유압이 너무 높거나 낮을 때 점검한다.

18 엔진오일 양의 점검에 대한 설명으로 <u>틀린</u> 것은?

① 차를 평탄한 곳에 주차한 후 엔진 냉간에서 측정해야 한다.

② 일정 시간 동안 사용하더라도 엔진오일의 양은 일정하게 유지되어야 한다.

③ 엔진오일 감소가 눈에 확연하면 외부 누출을 확인해야 한다.

④ 가솔린 엔진에서 엔진오일이 늘어나면 내부 연소를 확인해야 한다.

> • 엔진오일 측정 시 엔진을 정상온도까지 워밍업한 후 시동을 끄고 약 5분 후에 측정한다.
> • 엔진오일이 줄어들면 외부 누출 및 내부 연소를 확인해야 한다.
> • 엔진오일이 늘어나면 실린더 내 연료 또는 냉각수의 유입 여부를 확인해야 한다. (인젝터 상태나 실린더 헤드 개스킷 불량 등을 확인해야 함)

정답 11 ② 12 ④ 13 ④ 14 ① 15 ② 16 ④ 17 ④ 18 ④

19 윤활유를 분류할 때 SAE 분류에 대한 설명으로 <u>틀린</u> 것은?

① SAE 숫자가 클수록 점도가 높다.
② SAE는 윤활유의 작동온도에 따라 구분한 것이다.
③ W 기호는 겨울철용 윤활유로서 18℃(0℉)에서 점도가 측정되었음을 나타낸다.
④ '5W30'는 사계절용으로 사용된다.

SAE 분류는 점도에 따라 구분한 것이다.

20 엔진의 윤활장치에 대한 설명으로 옳지 않은 것은?

① 겨울철에는 점도지수가 낮은 오일이 좋다.
② 범용 오일 10W-30이란 숫자는 오일의 점도이다.
③ 엔진오일의 압력은 약 $2 \sim 4 kgf/cm^2$이다.
④ 엔진온도가 낮으면 오일의 점도가 높아진다.

점도는 온도에 반비례하므로 온도가 낮으면 점도가 높아진다. 그리고 겨울철에는 점도지수가 높은 것 (온도변화에 따른 점도변화가 적은 것)을 사용한다. 10W-30의 숫자는 각각 저온에서의 점도(시동성에 영향), 고온(작동온도)에서의 점도를 의미한다.

21 일반적인 오일의 양부 판단 방법이다. 틀린 내용은?

① 오일의 색깔이 우유색에 가까운 것은 물이 혼입되어 있는 것이다.
② 오일의 색깔이 회색에 가까운 것은 가솔린이 혼입되어 있는 것이다.
③ 종이에 오일을 떨어뜨려 금속 분말이나 카본의 유무를 조사하고 많이 혼입된 것은 교환한다.
④ 오일의 색깔이 검은색에 가까운 것은 너무 오랫동안 사용했기 때문이다.

엔진오일의 색상 점검
• 우유색을 띄고 있을 때 : 냉각수(또는 물)가 혼합됨
• 검정색에 가까울 때 : 심하게 오염
• 붉은색을 띄고 있을 때 : 가솔린이 유입됨

22 윤활유가 연소실에 올라와서 연소될 때 배기가스 색으로 가장 적합한 것은?

① 백색   ② 청색
③ 흑색   ④ 적색

23 자동차 엔진오일을 점검해보니 우유색처럼 보였을 때의 원인으로 가장 적절한 것은?

① 노킹이 발생하였다.
② 가솔린이 유입되었다.
③ 교환시기가 지나서 오염된 것이다.
④ 냉각수가 섞여 있다.

엔진 오일이 우유색처럼 보이면 냉각수가 혼입된 것이다.

24 윤활회로의 오일 압력과 직접적인 관련이 없는 부품은?

① 오일 필터
② 엔진오일 경고등
③ 오일 팬
④ 오일 펌프

① 오일 필터가 막히면 오일이 흐르지 못하므로 압력이 낮아진다.
② 윤활회로의 압력이 낮아지면 엔진 오일 경고등이 점등된다.
④ 오일 펌프 또는 베어링 각 부가 마멸되면 오일 압력이 낮아진다.
※ 오일 팬은 오일을 저장하는 역할을 한다.

25 내접기어형 오일펌프를 사용하는 엔진에서 엔진오일의 토출량이 부족한 경우 오일펌프 점검 시 사이드 간극을 측정할 때 필요한 측정도구는?

① 마이크로미터
② 직각자와 필러게이지
③ 실린더 보어게이지
④ 다이얼게이지

오일펌프의 사이드 간극은 실린더 헤드와 같이 직각자와 필러게이지(간극게이지)로 측정한다.

26 후차축 케이스에서 오일이 누유되는 원인이 <u>아닌</u> 것은?

① 오일의 점성이 높다.
② 오일이 너무 많다.
③ 오일 실(seal)이 파손되었다.
④ 액슬 축 베어링의 마멸이 크다.

점성이 높다는 것은 오일이 잘 흐르지 않는다는 것을 의미하므로 누유와는 거리가 멀다.

27 기관 오일의 보충 또는 교환 시 가장 주의할 점으로 옳은 것은?

① 점도가 다른 것은 서로 섞어서 사용하지 않는다.
② 될 수 있는 한 많이 주유한다.
③ 소량의 물이 섞여도 무방하다.
④ 제조회사에 관계없이 보충한다.

> ① 점도가 다르면 오일의 열화가 촉진되므로 동일한 점도로 사용해야 한다.
> ② 오일레벨 스틱게이지를 통해 Full-Low 사이의 적정량이 되도록 한다.
> ③ 물 혼합 시 엔진오일의 가장 중요한 특성인 점도 및 열화에 영향을 미쳐 윤활성이 나빠진다.
> ④ 엔진오일 보충 시 동일 제조회사, 동일 성분(점도 등), 규정 용량으로 주입해야 한다.

28 기관의 오일교환 작업 시 주의사항으로 틀린 것은?

① 새 오일 필터로 교환 시 'O' 링에 오일을 바르고 조립한다.
② 시동 중에 엔진 오일량을 수시로 점검한다.
③ 기관이 워밍업 후 시동을 끄고 오일을 배출한다.
④ 작업이 끝나면 시동을 걸고 오일 누출여부를 검사한다.

> 'O' 링이란 오일필터를 오일라인의 홈에 끼울 때 기밀성을 유지하기 위한 부품으로 교환 시 오일을 바르고 조립한다.
> 오일량은 엔진 워밍업 후 시동을 끄고 점검한다.

29 엔진오일 압력의 점검에 대한 설명으로 틀린 것은?

① 압력을 점검하기 전에 오일량을 점검 및 조정한다.
② 오일압력 게이지는 엔진오일 주입구에 설치한다.
③ 압력을 점검하기 전에 시동을 켜고 충분히 워밍업 시켜야 한다.
④ 엔진을 공회전시켜 엔진오일의 압력을 측정하고 필요시 엔진의 회전수를 상승시켜 압력을 측정한다.

> 오일압력은 오일펌프의 출구라인(오일압력 스위치)에서 유압이 발생하므로 오일압력 스위치 장착 홀에 설치한다.

30 오일팬 내 기관 오일의 양은 어떤 상태에서 측정하는 것이 제일 좋은가?

① 정지 상태
② 공전운전 상태
③ 고속운전 상태
④ 중속운전 상태

31 엔진오일 교환 시 진공흡입 방식에 대한 설명이 아닌 것은?

① 차량을 리프트로 들어올리고 교환해야 한다.
② 기존 오일은 진공흡입 장비를 이용하여 배출한다.
③ 엔진오일 레벨게이지 홀에 진공흡입 장비의 흡입호스를 밀어 넣어 오일팬의 바닥에 닿을 수 있도록 한다.
④ 진공흡입 방식은 엔진오일 필터가 엔진룸에서 교환할 수 있는 엔진에서만 이용한다.

> 드레인 방식과 달리 진공흡입 방식은 차량을 리프트를 이용하여 들어올리지 않고 교환할 수 있는 장점이 있다.

32 엔진에서 엔진오일 점검 시 틀린 것은?

① 계절 및 기관에 알맞은 오일을 사용한다.
② 기관을 수평상태에서 한다.
③ 오일량을 시동이 걸린 상태에서 점검한다.
④ 오일은 정기적으로 점검, 교환한다.

33 엔진오일 교환 시 드레인 방식으로 교환해야 할 경우 작업방법이 아닌 것은?

① 기존 오일을 배출하기 전에 시동을 걸어 충분히 워밍업을 시키고 시동을 끈다.
② 엔진오일 팬의 드레인 플러그를 열어 엔진오일을 배출시킨다.
③ 새 엔진오일 필터를 교환할 때 개스킷 부위에 휘발유로 도포하고 장착한다.
④ 엔진오일을 배출할 때 드레인 플러그를 완전히 열기 전에 엔진오일 주입구 마개를 열어둔다.

> ③ 새 엔진오일 필터를 교환할 때 개스킷(기밀 유지) 부위에 오일로 도포하고 장착한다.
> ④ 엔진오일 배출 시 배출을 원활하게 하기 위해 엔진오일 주입구 마개를 열어둔다.

정답 27 ① 28 ② 29 ② 30 ① 31 ① 32 ③ 33 ③

34 다음 중 크랭크축 오일 간극을 측정하는데 주로 사용되는 것은?

① 실린더 게이지
② 플라스틱 게이지
③ 버니어 캘리퍼스
④ 다이얼 게이지

크랭크축 오일 간극 측정 도구
플라스틱 게이지, 외측 마이크로미터, 텔레스코핑 게이지

[15-5] 출제율 ★★★ ☐☐☐

35 크랭크축 메인 저널 베어링 마모를 점검하는 방법은?

① 필러 게이지 방법
② 시임(seam) 방법
③ 직각자 방법
④ 플라스틱 게이지 방법

플라스틱 게이지는 크랭크축 메인 저널 베어링의 오일간극 측정에 이용한다.

[참고] 출제율 ★ ☐☐☐

36 엔진 오일에 대한 설명으로 틀린 것은?

① 엔진 오일을 적정시기에 교환하지 않으면 열화현상으로 슬러지 발생, 점도가 높아지고 소착 현상이 발생하여 엔진 부품에 치명적인 영향을 줄 수 있다.
② 엔진 오일을 교환할 때 일반적으로 오일 필터, 에어 필터 등도 함께 교환해준다.
③ 엔진 오일 교환 시 누설방지를 위해 규정량보다 10% 더 넣어준다.
④ 엔진 오일은 소음 및 부품 손상을 방지하는 역할을 한다.

오일량이 너무 적으면 엔진 과열 및 마모로 인한 엔진 손상을 초래하고, 너무 많으면 엔진 부하가 증가하므로 적정량 채워준다.

[참고] 출제율 ★ ☐☐☐

37 엔진 오일 교환 방법에 대한 설명으로 틀린 것은?

① 규정 용량을 위해 정상온도일 때 교환해야 한다.
② 드레인 볼트를 완전히 풀기 전에 오일 드레인 장비를 설치하여 엔진 오일이 바닥으로 흐르지 않도록 작업한다.
③ 엔진 오일 배출 후 신품 오일필터를 장착할 때 필터의 오일실에 오일을 살짝 묻쳐준다.
④ 새로운 오일을 주입하고 엔진 시동을 걸어 워밍업한 후 오일게이지를 뽑아 오일량을 점검하여 필요에 따라 보충한다.

엔진오일을 교환할 때 엔진 시동을 걸어 정상온도로 워밍업한 후 충분히 냉각시킨다.

[13-3] 출제율 ★★ ☐☐☐

38 기관을 운전상태에서 점검하는 부분이 아닌 것은?

① 배기가스의 색을 관찰
② 오일압력 경고등을 관찰
③ 오일 팬의 오일량을 측정
④ 엔진의 이상음을 관찰

오일 팬의 오일량 측정은 정지상태에서 점검한다.

[참고] 출제율 ★ ☐☐☐

39 엔진 오일을 교환한 후 폐유의 관리사항으로 틀린 것은?

① 폐유는 정비에 사용한 장갑이나 걸레와 함께 보관한다.
② 부식되거나 파손되지 아니하는 재질로 된 보관 시설 또는 보관 용기를 사용하여 보관하여야 한다.
③ 물이 스며들지 아니하도록 시멘트·아스팔트 등의 재료로 바닥을 포장하고 지붕과 벽면을 갖춘 보관 창고에 보관하여야 한다.
④ 드림통에 보관할 경우로서 보관창고가 아닌 장소에 보관하려면 바닥을 시멘트·아스팔트 등의 재료로 포장하고, 방류턱을 갖추어야 한다.

지정 폐기물은 지정 폐기물 외의 폐기물과 구분하여 보관해야 한다.

정답 **34** ② **35** ④ **36** ③ **37** ① **38** ③ **40** ①

06 냉각장치

이 섹션의 학습요령

[예상문항 : 3~4문제] 윤활장치와 마찬가지로 출제기준 변경 후부터 3~4문항으로 늘었으며, 전반적으로 학습하되 모의고사를 통해 출제유형을 파악하고 NCS 학습모듈도 함께 체크하기 바랍니다.

01 냉각장치 일반

냉각장치는 기관 과열로 인한 엔진 변형이나 소손을 방지하고, 적정 온도(약 85~95℃)로 유지하기 위한 장치이다.

1 공냉식 냉각장치의 특징

① 엔진의 열을 직접 주위 공기로 방출한다.

② 실린더 블록과 헤드는 열전도성이 우수한 재질로 만들고, 열 교환을 높이기 위해 공기와의 접촉하는 표면적을 크게 하는 냉각핀을 설치한다.

③ 무게가 가볍고, 구조가 간단하다.

④ 수냉식에 비해 정상작동온도에 도달하는 시간이 짧다.

→ 수냉식은 냉각수에 의해 온도 변화가 공냉식에 비해 느리다.

⑤ 주행속도 및 대기온도의 영향을 많이 받는다.

⑥ 냉각이 균일하지 못하여 엔진 각 부위별 온도 편차가 크다.

⑦ 제어가 어렵고 소음이 크다. → 공기의 흐름을 균일하게 하고, 공기 저항을 감소시키기 위한 공기유로

▶ **공냉식 종류**
· 자연 통풍식 : 냉각 팬이 없어 주행 중에 받는 공기로 냉각하며 오토바이에 사용된다.
· 강제 통풍식 : 냉각 팬과 시라우드를 설치하여 강제로 냉각하는 방식으로 자동차 및 건설기계 등에 사용된다.

2 수냉식 냉각장치의 특징

① 실린더 블록과 실린더 헤드의 워터재킷에 냉각수가 흐르며 엔진 열과 교환한다. 데워진 냉각수는 라디에이터에 보내어 냉각팬으로 식히는 방식이다.

② 장점(공냉식에 비해) : 냉각기능이 우수하고 엔진 전영역에 걸쳐 균일하게 온도를 유지시킨다.

③ 단점(공냉식에 비해) : 구조가 복잡하여 고장 가능성이 높고, 기관의 무게 및 크기가 커진다.

▶ **수냉식 종류**
· 자연 순환식 : 물의 대류작용으로 순환
· 강제 순환식 : 물 펌프로 강제 순환
· 압력 순환식 : 냉각수를 가압하여 비등점을 높임
· 밀봉 압력식 : 냉각수 팽창의 크기와 유사한 저장 탱크를 설치

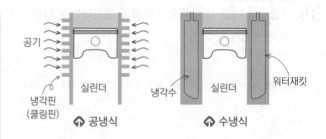

공기 | 실린더 | 냉각핀(쿨링핀) | ⚑ 공냉식
냉각수 | 실린더 | 워터재킷 | ⚑ 수냉식

02 냉각장치의 구성품

1 라디에이터(Radiator, 방열기)

실린더 헤드 및 실린더 블록에서 수열된 냉각수가 라디에이터로 들어와 냉각수 통로인 코어(core)를 통하여 흐르는 동안 냉각팬에 의하여 유입되는 공기와의 열교환을 통해 냉각시킨다.

(1) 라디에이터의 구비 조건

① 냉각수 흐름에 대한 저항이 적어야 한다.

② 공기 흐름에 대한 저항이 적어야 한다.

③ 가볍고 작아야 한다.

④ 강도가 커야 한다.

⑤ 단위 면적당 방열량이 커야 한다.(방열 면적을 크게)

(2) 냉각수 온도

① 실린더 헤드를 통해 뜨거워진 냉각수는 라디에이터 상부로 들어와 코어(수관)을 통해 하부로 내려가며 열을 발산한다.

② 냉각수온 측정 : 수온센서(NTC thermistor)를 실린더 헤드 재킷부에 끼워 측정한다.

③ 엔진 정상 온도 : 약 85~95℃

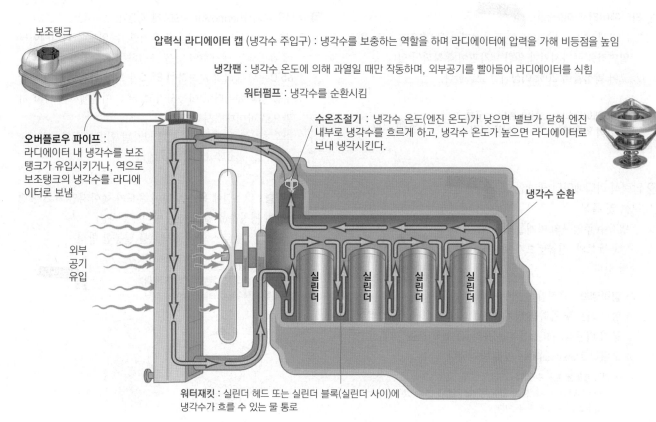

보조탱크

압력식 라디에이터 캡 (냉각수 주입구) : 냉각수를 보충하는 역할을 하며 라디에이터에 압력을 가해 비등점을 높임

냉각팬 : 냉각수 온도에 의해 과열일 때만 작동하며, 외부공기를 빨아들여 라디에이터를 식힘

워터펌프 : 냉각수를 순환시킴

수온조절기 : 냉각수 온도(엔진 온도)가 낮으면 밸브가 닫혀 엔진 내부로 냉각수를 흐르게 하고, 냉각수 온도가 높으면 라디에이터로 보내 냉각시킨다.

오버플로우 파이프 : 라디에이터 내 냉각수를 보조 탱크가 유입시키거나, 역으로 보조탱크의 냉각수를 라디에 이터로 보냄

냉각수 순환

외부 공기 유입

실린더 실린더 실린더 실린더

워터재킷 : 실린더 헤드 또는 실린더 블록(실린더 사이)에 냉각수가 흐를 수 있는 물 통로

⬆ 냉각장치 기본 구성

라디에이터 캡 (가압식)

냉각수 주입구

냉각수 유입구

냉각핀

냉각수 배출구

라디에이터 코어 (라디에이터 내 물 통로)

냉각수 흐름 방향

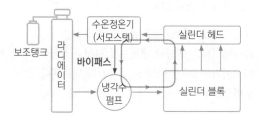

[냉간 시 냉각수 흐름]

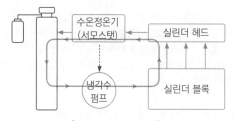

[과열 시 냉각수 흐름]

저온(냉간) 시 : 엔진이 차가우면 연료소비율이 낮고, 출력이 낮아진다. 그러므 로 엔진이 정상작동온도(약 80℃ 전후)가 될 때까지 수온정온기를 닫아 냉각 수를 실린더쪽으로 바이패스시킨다.

엔진 과열 시 : 수온정온기를 열어 실린더의 뜨거운 냉각수를 라디에이터로 보 내 열을 식힌 후 다시 실린더로 보냄

⬆ 냉각수 흐름

(3) 라디에이터 코어(core)

① 라디에이터에서 냉각수를 통과시키는 물 통로(튜브)로, 방열면적을 증가시키기 위한 냉각핀이 부착되어 있다.

② 코어 막힘률이 **20% 이상**이면 교환한다.

$$\text{라디에이터의 코어 막힘률} = \frac{\text{신품 용량} - \text{구품 용량}}{\text{신품 용량}} \times 100(\%)$$

2 압력식 라디에이터 캡(여압식)

(1) 구성 및 특징

① 냉각수 주입구의 마개를 말하며, 압력밸브와 진공밸브가 설치되어 있다.

진공밸브　압력밸브

냉각수 누설방지 실(seal)

- **압력밸브** : 규정압력 이상에서 열려 과도한 압력을 방지하고, 물의 비등점(비점, 끓는점)을 올려($0.2{\sim}0.9\,\text{kgf/cm}^2$, 약 112℃) 오버히트(overheat)되는 것을 방지한다.
  → 냉각 효율을 높일 수 있다.
  → 라디에이터를 소형화 할 수 있어 무게를 가볍게 할 수 있다.
  → 냉각수의 양을 적게 할 수 있다.

- **진공밸브** : 과냉 시 라디에이터의 내부 압력이 대기압보다 낮아져 진공(부압)이 되어 진공 밸브가 열려 코어 파손 및 변형을 방지한다.

(2) 라디에이터에 연결된 보조탱크의 역할

① 라디에이터의 팽창된 냉각수를 일시 저장하고, 수축 시 라디에이터에 라디에이터로 냉각수를 내보낸다.

② 오버플로우(Overflow)되어도 증기만 방출된다.

냉각수 온도에 따른 라디에이터 캡의 작동원리

- 냉각수 온도가 올라가면 : 냉각수 체적 증가(팽창) → 라디에이터 내 압력이 증가 → 압력캡의 압력밸브가 열려 팽창된 체적분의 냉각수를 오버플로우 호스를 통해 리저버 탱크(보조탱크)로 보냄
  ※ 리저버 탱크가 막히거나 없으면 냉각수가 팽창하여 라디에이터가 터지거나 누설된다.

- 냉각수 온도가 내려가면 : 냉각수 체적 감소(수축) → 오버플로우되었던 냉각수 양만큼 라디에이터 내부에 부분 진공(밀폐공간에 체적이 줄면 압력이 떨어짐)이 발생 → 진공밸브가 열려 리저버 탱크의 냉각수가 라디에이터로 다시 유입됨

---

3 수온조절기(Thermostat, 서모스탯, 정온기)

① 냉각수의 온도를 일정하게 유지할 수 있도록 라디에이터에 유입되는 냉각수의 양을 조절하는 온도조절장치이다.

② **65℃**에서 열리기 시작하여 **85℃**가 되면 완전히 열려 냉각수를 라디에이터로 이동시키고, 65℃ 이하에서는 다시 기관으로 바이패스시킨다.

③ 수온조절기가 열리는 온도가 낮으면 워밍업 시간(엔진 정상 온도가 되기까지의 시간)이 길어진다.

④ 종류

- **펠릿형** : 왁스실에 **왁스**를 넣어 온도가 높아지면 왁스가 팽창하여 팽창축을 열게 하는 방식(주로 사용)
- 벨로즈형 : 벨로즈 안에 에테르를 밀봉한 방식

> ▶ 수온조절기의 고장
> - 열린 채 고장 : 과냉의 원인이 된다.
> - 닫힌 채 고장 : 과열의 원인이 된다.

왁스실　　에테르(또는 알코올) 봉입

⬆ 왁스 펠릿형　　⬆ 벨로즈형

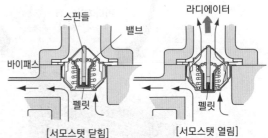

스핀들　　밸브　　라디에이터

바이패스　　　펠릿　　　펠릿

[서모스탯 닫힘]　　[서모스탯 열림]

설정 온도 이하면 왁스가 수축되어 밸브가 닫힘　　설정 온도 이상 → 왁스 팽창 → 니들밸브(케이스에 고정됨)를 밀어냄 → 펠릿이 아래로 내려감 → 밸브가 열림 → 냉각수가 라디에이터로 흐름

4 워터펌프

① 라디에이터에서 냉각된 냉각수를 다시 실린더로 보내며 강제 순환시킨다.

② 기존의 엔진은 실린더 블록에 장착되어 타이밍 벨트나 체인 또는 외부 벨트에 의해 구동되어 냉각수를 강제 순환시킨다.

③ 원심펌프를 주로 사용한다. 임펠러(impeller)를 회전시키고 원심력을 이용해서 라디에이터에서 냉각된 냉각수를 실린더 블록의 워터재킷으로 냉각수를 보내에 순환시키는 작

용을 한다.

④ 워터펌프 베어링은 '그리스 영구 주입방식'으로 솔벤트 등 세척유로 세척하지 않는다.

> ▶ 워터재킷(Water jacket) : 실린더 블록과 실린더 헤드에 설치된 물 통로로, 냉각수가 흐르며 실린더 각 부의 열을 흡수한다. 엔진의 수온센서는 워터재킷의 온도를 측정한다.

5 냉각팬(cooling fan)

① 역할 : 라디에이터에 흐르는 뜨거운 냉각수를 식히기 위해 라디에이터로 찬 공기를 끌어들인다.

② 냉각팬은 워터펌프와 일체형으로 조립되어 크랭크축에 의해 구동(팬벨트를 통해)되는 방식과 모터로 직접 구동되는 전동팬 방식이 있다.

> ▶ 전동식 냉각팬은 라디에이터의 냉각수 온도에 따라 ON/OFF된다. (약 90℃ 이상일 때 작동)
> ▶ 참고) 엔진 구동형 냉각팬의 종류
> • 일체형 냉각팬 : 냉각팬이 워터펌프에 고정되어 크랭크축에 의해 항상 구동되므로 구동손실 크고 소음이 크다.
> • 팬 클러치(fan clutch) 또는 오토 팬 커플링(auto fan coupling) : 냉각팬과 워터펌프 축 및 냉각팬 날개 사이에 점성식 클러치가 설치되어 냉각수 온도가 낮을 때는 냉각팬을 슬립시켜 냉각팬의 회전수를 낮추어 엔진의 웜업을 빠르게 하고 구동손실을 감소시키며 소음도 작다.(대형화물자동차에 주로 사용)

6 팬벨트의 점검

① 정지된 상태에서 벨트의 중심을 엄지 손가락으로 눌러서 점검한다.(약 10kgf로 눌렀을 때 처짐이 13~20mm 정도)

② 팬벨트 장력에 따른 증상

팬벨트 장력이 너무 강할 때	• 발전기 베어링의 손상 유발
팬벨트 장력이 너무 약할 때	• 기관이 과열(오버히팅) • 발전기 출력 저하, 에어컨 성능 저하 등

03 냉각수와 부동액

1 냉각수 ^{필수암기}

① 냉각수(산이나 염분이 없는 **연수**를 사용)가 결빙되면 냉각수가 팽창(체적이 늘어남)되어 기관이 동파되는 원인이 된다. 따라서 에틸렌글리콜을 주성분으로 한 부동액을 혼합하여 냉각수를 얼지 않도록 한다.

② 사용 지역의 최저 기온보다 5~10℃ 낮은 온도를 기준으로 혼합한다.

→ 겨울철 온도를 기준으로 냉각수와 부동액을 혼합하여 희석시킴

2 부동액의 성질

① 물보다 비등점이 높을 것

② 부식성이 없을 것(방청작용)

③ 침전물의 발생이 없을 것

④ 순환성이 좋을 것

⑤ 휘발성이 없을 것

3 부동액의 종류 ^{필수암기}

에틸렌 글리콜(알코올계), 글리세린, 메탄올

→ 에틸렌 글리콜 : 물과 혼합했을 때 어느 점을 −50℃까지 내려 영하에서도 쉽게 얼지 않도록 한다. (글리세린, 메탄올도 동일)

> ▶ 부동액의 세기는 비중으로 표시하며, 비중계로 측정한다.

4 에틸렌글리콜의 성질

① 무취성으로 도료(페인트)를 침식하지 않는다.

② 비등점 : 197.2℃(비점이 높아 증발성 없음)

③ 어는점 : 물과 혼합 시 −50℃까지 내려감

④ 금속 부식성 및 독성이 있으며, 팽창계수가 높다.

04 냉각장치 점검 ^{필수암기}

1 기관 과열의 원인

① 냉각팬 또는 라디에이터 코어의 파손

② 냉각수 부족(유출) 또는 냉각수에 이물질 혼입

③ 워터펌프 등 냉각장치 고장 또는 날개 파손

④ 냉각수 통로의 막힘

⑤ 팬벨트의 유격이 클 때(장력이 헐거움)

⑥ <u>수온조절기(정온기)가 닫힌 채로 고장</u>

2 과열·과냉의 영향

과열의 영향	• 윤활유의 점도 저하로 유막 파괴 • 부품들의 변형 • 조기점화나 노킹 유발(출력 저하) • 윤활유의 연소(부족) • 각 작동부분이 열팽창으로 고착
과냉의 영향	• 혼합기의 기화 불충분으로 출력 저하 • 연료 소비율 증대 • 오일이 희석되어 베어링부의 마멸이 커짐

3 냉각장치의 점검 필수암기

① 라디에이터 : 라디에이터 캡을 탈거한 후 라디에이터 시험기를 라이에이터 캡 장착부에 장착한다. 그리고 펌핑하여 압력을 상승시켜 라디에이터 누설을 점검한다.

② 라디에이터 캡 : 라디에이터 시험기를 라디에이터 캡에 장착하고 펌핑하여 압력을 일정하게 올린 상태에서 누수를 점검한다.

③ 서모스탯(thermostat) : 물이 담긴 금속용기에 서모스탯은 넣고 가열하여 서모스탯의 밸브가 열림 여부를 점검한다.

④ 부동액의 점검 : 색상 상태, 산도 상태, 비중 상태

⑤ 냉각수 온도 : 적외선 온도계를 이용하여 라디에이터 입력호스와 출력호스의 온도차를 측정한다.

4 라디에이터 정비 시 주의사항

(1) 냉각수 배출

① 냉각수 배출 전에 냉각수 온도를 확인하여 화상을 입지 않도록 주의해야 한다.

② 라디에이터의 드레인 플러그를 풀어 배출시킬 때 라디에이터 캡을 열어 배출이 원활하게 한다.

③ 서모스탯의 위치가 입구제어 방식일 경우 과냉 시 엔진쪽 냉각수가 빠져나오지 않으므로 온도가 적당히 높을 때 배출시킨다.

▶ 참고) 서모스탯이 엔진 입구에 있으면 입구제어 방식, 엔진 출구(라디에이터쪽)에 있으면 출구제어 방식이다.

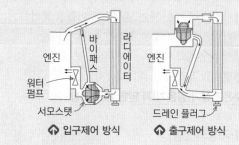

(2) 부동액 교환 필수암기

① 보조탱크의 FULL까지 부동액 보충

② **겨울철 온도를 기준**으로 물과 부동액과 혼합(1:1 비율)하여 희석

③ 냉각계통 냉각수를 완전히 배출시키고 세척제로 냉각장치 세척

④ 시동을 걸어 엔진을 워밍업 시킨 후 냉각팬이 작동하면 냉각수를 보충시켜 에어빼기를 실시한다.

⑤ 부동액이 완전히 채워지기 전까지 엔진을 구동하여 냉각팬이 가동되는지 확인

(3) 라디에이터 세척

① 세척제를 냉각장치 내에 넣은 후 엔진을 가동하여 냉각수를 순환시켜 냉각수 온도를 정상작동온도(80℃ 이상)가 되면 20~30분간 공회전한다.

② 세척장비를 이용하여 라디에이터의 폐 냉각수를 완전히 배출시킨다.

▶ 참고) 정상 냉각수의 색상 : 녹색
연한 갈색으로 변할 때 교환해야 함

5 냉각팬 교환 시 주의사항

엔진의 시동을 끄고 냉각팬의 작동이 멈출 때까지 기다린 후, 냉각팬이 작동되지 않도록 배터리 ⊖ 터미널을 탈거한다.

⬆ NCS 동영상

1 수온조절기에 대한 설명이 <u>아닌</u> 것은?

[04-3] 출제율 ★★

① 라디에이터로 유입되는 물의 양을 조절한다.
② 65℃ 정도에서 열리기 시작하고 85℃ 정도에서는 완전히 열린다.
③ 펠릿형, 벨로우즈형, 스프링형 등 3종류가 있다.
④ 기관의 온도를 적절히 조정하는 역할을 한다.

수온조절기의 종류 : 펠릿형, 벨로우즈형, 바이메탈형

2 벨로즈형 수온조절기의 내부에 밀봉되어 있는 액체는?

[09-1] 출제율 ★★

① 왁스
② 에테르
③ 경유
④ 냉각수

벨로즈형 수온조절기는 내부에 에테르나 알코올이 봉입되어 냉각수 온도에 따라 팽창 또는 수축하여 통로를 개폐하는 방식이다.

3 공랭식 엔진에서 냉각효과를 증대시키기 위한 장치로 적합한 것은?

[11-4] 출제율 ★

① 방열 밸브
② 방열 초크
③ 방열 탱크
④ 방열 핀

공랭식 엔진은 외부공기와의 접촉면적으로 향상시키기 위하여 헤드 및 실린더 외부에 방열핀(cooling fin)을 둔다.

4 수냉식과 비교했을 때 공랭식 엔진의 장점이 <u>아닌</u> 것은?

[참고] 출제율 ★★★

① 구조가 간단하다.
② 마력당 중량이 가볍다.
③ 정상온도에 도달하는 시간이 짧다.
④ 엔진을 균일하게 냉각시킬 수 있다.

공랭식 엔진은 주행속도와 대기온도에 영향을 많이 받고, 외부공기와 맞닿은 부위주로 냉각되므로 냉각이 균일하지 못해 엔진 각 부위별 온도의 편차가 크다.

5 라디에이터(Radiator)의 코어 튜브가 파열되었다면 그 원인은?

[13-1] 출제율 ★★★

① 물 펌프에서 냉각수 누수일 때
② 팬 벨트가 헐거울 때
③ 수온 조절기가 제 기능을 발휘하지 못할 때
@④ 오버플로우 파이프가 막혔을 때

오버플로우(overflow) 파이프는 온도가 상승했을 때 압력도 상승하므로 이로 인한 라디에이터 변형 및 파열을 방지하기 위해 냉각수를 보조탱크로 보내는 역할을 한다.

6 라디에이터의 구비조건으로 관계없는 것은?

[05-1] 출제율 ★

① 단위 면적당 발열량이 클 것
@② 공기의 흐름 저항이 클 것
③ 냉각수의 유통이 용이할 것
④ 가볍고 적으며 강도가 클 것

공기 흐름에 대한 저항이 작을 것

7 일반적으로 냉각수의 수온을 측정하는 곳은?

[08-2] 출제율 ★★

① 라디에이터 상부
② 라디에이터 하부
③ 실린더헤드의 워터 재킷부
④ 실린더블록 하단의 워터 재킷부

냉각수 온도는 실린더 헤드쪽 워터 재킷부에서 측정한다.

8 신품 방열기의 용량이 3.0L이고, 사용 중인 방열기의 용량이 2.4L일 때 코어 막힘률은?

[12-1, 09-4 유사, 14-1 유사] 출제율 ★★★

① 55%
② 30%
③ 25%
@④ 20%

$$\text{라디에이터의 코어 막힘률} = \frac{\text{신품 용량} - \text{구품 용량}}{\text{신품 용량}} \times 100(\%)$$
$$= \frac{3.0 - 2.4}{3.0} \times 100 = 20\%$$

9 냉각수 규정 용량이 15L인 라디에이터에 냉각수를 주입하였더니 12L가 주입되어 가득 찼다면 이 경우 라디에이터의 코어 막힘률은 얼마인가?

① 20%　　　　　　　② 25%

③ 30%　　　　　　　④ 45%

라디에이터의 코어 막힘률 $= \dfrac{15-12}{15} \times 100 = 20\%$

10 다음 중 냉각수의 부동액으로 잘 사용되지 않는 것은?

① 4에틸납

② 메탄올

③ 에틸렌 글리콜

④ 글리세린

부동액의 주성분 : 에틸렌 글리콜, 글리세린, 메탄올
※ 4에틸납은 옥탄가 향상을 위한 첨가제이다.

11 냉각장치에서 냉각수의 비등점을 올리기 위한 라디에이터 캡 방식은?

① 압력캡 식

② 진공캡 식

③ 밀봉캡 식

④ 순환캡 식

압력캡 식은 냉각수의 압력을 올려서 비등점(비점, 끓는점)을 120~130℃로 상승시켜 냉각효율을 향상시키는 방식이다.

12 냉각장치에서 부동액의 구비 조건으로 틀린 것은?

① 물과 쉽게 혼합할 것

② 비등점이 낮을 것

③ 침전물이 없을 것

④ 부식성이 없을 것

비등점(끓기 시작하는 온도)이 낮다는 것은 저온에서도 쉽게 끓는다는 의미이므로 냉각 효율을 떨어진다.

13 압력식 라디에이터 캡을 사용하므로 얻어지는 장점과 거리가 먼 것은?

① 비등점을 올려 냉각 효율을 높일 수 있다.

② 라디에이터를 소형화 할 수 있다.

③ 라디에이터의 무게를 크게 할 수 있다.

④ 냉각장치 내의 압력을 0.3~0.7kgf/cm² 정도 올릴 수 있다.

압력식 라디에이터 캡의 특징
• 냉각장치 내의 압력을 올려 비등점 상승으로 인해 냉각 효율을 높임 (냉각수가 끓기 시작하는 온도를 올림)
• 라디에이터를 소형화하므로 무게를 작게 할 수 있다.
• 냉각범위를 넓게 냉각효과를 크게 함
• 냉각수 손실이 최소화

14 부동액의 점검은 무엇으로 측정하는가?

① 마이크로미터

② 비중계

③ 온도계

④ 압력게이지

15 압력식 라디에이터 캡에 관하여 설명으로 알맞은 것은?

① 냉각범위를 넓게 냉각효과를 크게 하기 위해 사용된다.

② 부압 밸브는 방열기 내의 부압이 빠지지 않도록 하기 위함이다.

③ 게이지 압력은 2~3kgf/cm²이다.

④ 냉각수량을 약 20% 증가시키기 위해서 사용된다.

① 엔진의 정상작동 범위(약 85~95℃) 이상이 되면 오버히팅이 된다. 그런데 압력식 캡은 약 1.1~1.3bar 정도로 압력을 유지시켜 비등점(끓기 시작하는 온도)을 약 112℃까지 올린다. 즉 100℃에서 끓는 것을 112℃에서 끓게 한다면 그만큼 외부와의 온도차가 커지므로 냉각효과가 커지며 냉각할 수 있는 온도범위가 커진다.
② 라디에이터 내부의 냉각수 온도가 떨어지면 체적이 감소하여 압력이 떨어지는 부압 상태(대기압보다 낮은 압력)가 된다. 이 때 진공밸브(부압 밸브)가 열리면서 리저버 탱크의 냉각수가 라디에이터로 유입되어 라디에이터의 부압이 해소되어 진공에 의한 라디에이터의 찌그러짐을 방지하는 역할을 한다.
③ 게이지 압력은 0.2~0.9kgf/cm²이다.
④ 냉각수 상승에 따른 냉각수의 약 20%의 체적분이 리버저 탱크로 빠져나가므로 라디에이터의 냉각수량은 그만큼 감소된다.

16 [10-3] 출제율 ★ □□□
전자제어 엔진에서 전동 팬 작동에 관한 내용으로 가장 부적합한 것은?

① 전동 팬의 작동은 엔진의 수온 센서에 의해 작동한다.
② 전동 팬은 릴레이를 통하여 작동한다.
③ 전동 팬 릴레이 형식은 NO(normal open)와 NC(normal closed) 두 가지이다.
④ 전동 팬 고장 시 블로워 모터로 기관을 냉각시킬 수 있다.

> 블로워 모터는 실내로 공기를 송출하는 공기조화장치의 구성품이며, 기관 냉각과는 무관하다.
> ③ NO, NC는 평상시에 열림/닫힘 상태를 말하며, 전원 인가 시 닫힘/열림으로 변환된다.

17 [14-2, 06-2] 출제율 ★★★ □□□
기관이 과열하는 원인으로 **틀린 것**은?

① 냉각팬의 파손
② 냉각수 흐름 저항 감소
③ 라디에이터의 코어 파손
④ 냉각수 이물질 혼입

> 냉각수 흐름의 저항이 감소하면 냉각수의 순환이 원활하므로 과열의 원인과는 무관하다.

18 [11-1] 출제율 ★★★ □□□
기관이 과열되는 원인으로 가장 거리가 먼 것은?

① 엔진오일 과다
② 냉각수 부족
③ 수온 조절기의 작동불량
④ 라디에이터의 막힘

> 윤활유의 작용 중 하나가 마찰 부위의 열을 흡수하는 냉각작용이다.
> ※ 참고) 오일이 과다하면 엔진 내부의 회전저항이 생겨 고속주행 시 출력이 떨어질 수 있다.

19 [14-4, 16-2 유사, 15-4 유사] 출제율 ★★★ □□□
엔진이 작동 중 과열되는 원인으로 **틀린 것**은?

① 냉각수의 부족
② 라디에이터 코어의 막힘
③ 전동팬 모터 릴레이의 고장
④ 수온조절기가 열린 상태로 고장

> • 수온조절기가 열린 상태로 고장 : 냉각 시동 시 냉각수가 라디에이터로 계속 흐르므로 엔진이 정상온도가 되기 전에 엔진 열이 라디에이터에서 냉각되므로 과냉이 된다.
> • 수온조절기가 닫힌 상태로 고장 : 정상온도 이상에서도 냉각수가 라디에이터로 흐르지 못하므로 엔진이 과열될 수 있다.

20 [13-1] 출제율 ★ □□□
화학세척제를 사용하여 방열기(라디에이터)를 세척하는 방법으로 틀린 것은?

① 방열기의 냉각수를 완전히 뺀다.
② 세척제 용액을 냉각장치 내에 가득히 넣는다.
③ 기관을 기동하고, 냉각수 온도를 80℃ 이상으로 한다.
④ 기관을 정지하고 바로 방열기 캡을 연다.

> **화학세척제를 사용한 라디에이터 세척**
> • 세척제를 냉각장치 내에 가득 넣은 후 기관을 가동하여 냉각수 온도를 80℃ 이상으로 20~30분간 공회전한다.
> • 세척장비를 이용하여 방열기의 폐냉각수를 완전히 배출시키고, 새 냉각수를 주입한다.
> ※ 기관을 정지하고 바로 방열기 캡을 열면 화상의 위험이 있으므로 기관 냉각 후 서서히 연다.

21 [09-3, 07-2] 출제율 ★★★ □□□
다음 중 기관이 과열되는 원인이 **아닌 것**은?

① 온도조절기가 닫힌 상태로 고장 났을 때
② 방열기의 용량이 클 때
③ 방열기의 코어가 막혔을 때
④ 벨트를 사용하는 형식에서 팬벨트 장력이 느슨할 때

> ③ 코어가 막히면 냉각수 순환이 막혀 엔진과열로 이어진다.
> ④ 워터펌프는 크랭크축의 회전에 의해 구동되므로 팬벨트 장력이 느슨하면 워터펌프의 회전이 불안정하므로 엔진과열의 원인이 될 수 있다.

22 [13-4] 출제율 ★★★ □□□
다음 중 기관 과열의 원인이 **아닌 것**은?

① 수온조절기 불량
② 냉각수량 과다
③ 라디에이터 캡 불량
④ 냉각팬 모터 고장

> **엔진이 과열되는 원인**
> • 라디에이터 캡 불량
> • 라디에이터 핀에 다량의 이물질 부착 및 코어 파손 / 코어 막힘
> • 수온조절기 불량(닫힌 채로 고장)
> • 냉각수의 부족 및 물펌프의 작동 불량
> • 냉각계통의 흐름 불량(저항이 큼)
> • 냉각팬 모터의 고장 또는 냉각팬 파손, 냉각팬 벨트상태 불량 등

정답 ▶ 16 ④ 17 ② 18 ① 19 ④ 20 ④ 21 ② 22 ②

23 다음 중 냉각장치에서 과열의 원인이 <u>아닌</u> 것은?

① 벨트 장력 과대
② 냉각수의 부족
③ 팬벨트 장력 헐거움
④ 냉각수 통로의 막힘

> 엔진이 과열되는 원인은 ②, ③, ④ 항 외에 수온 조절기가 닫힌 채로 고장, 팬벨트 끊어짐 등이다.

24 엔진이 과열되는 원인이 <u>아닌</u> 것은?

① 점화시기 조정 불량
② 물 펌프 용량 과대
③ 수온조절기 과소 개방
④ 라디에이터 핀에 다량의 이물질 부착

25 자동차 엔진에 냉각수 보충이 필요하여 보충하려고 할 때 가장 안전한 방법은?

① 주행 중 냉각수 경고등이 점등되면 라디에이터 캡을 열고 바로 냉각수를 보충한다.
② 주행 중 냉각수 경고등이 점등되면 라디에이터 캡을 열고 바로 엔진오일을 보충한다.
③ 주행 중 냉각수 경고등이 점등되면 엔진을 냉각시킨 후 라디에이터 캡을 열고 냉각수를 보충한다.
④ 주행 중 냉각수 경고등이 점등되면 엔진을 냉각시킨 후 라디에이터 캡을 열고 엔진오일을 보충한다.

> 냉각수 보충 시 엔진 시동을 끄고 완전히 냉각시킨 후 라디에이터 캡을 열고 냉각수를 보충한다.

26 기관이 과열 할 때의 원인과 <u>관련이 없는</u> 것은?

① 라디에이터 코어의 파손
② 냉각수 부족
③ 물펌프의 고속 회전
④ 냉각계통의 흐름 불량

> 물펌프가 고속 회전되면 방열이 원활하다.

27 엔진은 과열하지 않고 있는데 방열기 내에 기포가 생긴다. 그 원인으로 다음 중 가장 적합한 것은?

① 서모스탯 기능 불량
② 실린더 헤드 개스킷의 불량
③ 크랭크 케이스에 압축 누설
④ 냉각수량 과다

> 보기 중에서 원인을 찾으면 실린더 헤드 개스킷 불량으로 인해 연소실의 압축가스가 워터재킷을 통해 냉각수로 유입됨을 알 수 있다.

28 부동액의 점검 요소와 거리가 먼 것은?

① 색상 상태
② 비중 상태
③ 산도 상태
④ 점도 상태

> 부동액의 점검 요소 : 색상 상태, 냄새, 산도, 비중

29 기관이 지나치게 냉각되었을 때 기관에 미치는 영향으로 옳은 것은?

① 출력저하로 연료소비율 증대
② 연료 및 공기흡입 과잉
③ 점화불량과 압축과대
④ 엔진오일의 열화

> 과냉되면 압축압력의 저하로 출력이 저하되며, 정상온도까지 상승시키기 위해 연료 소비율이 증대된다.
> 참고) 엔진을 작동시키고 일정 시간 후에도 계기판의 수온온도가 올라가지 않으면 가장 먼저 수온조절기의 열림을 확인한다.

30 냉각장치의 제어장치를 점검, 정비할 때 설명으로 <u>틀린</u> 것은?

① 냉각팬 단품 점검 시 손으로 만지지 않는다.
② 전자제어 유닛에는 직접 12V를 연결한다.
③ 기관이 정상 온도일 때 각 부품을 점검한다.
④ 각 부품을 점화스위치 OFF 상태에서 축전지 (-) 케이블을 탈거한 후 정비한다.

> 대부분의 전자제어 유닛은 배터리 전원을 연결하기 전에 퓨즈와 같은 과부하를 차단시키는 보호장치가 필요하다.

정답 23 ① 24 ② 25 ③ 26 ③ 27 ② 28 ④ 29 ① 30 ②

[11-4] 출제율 ★★★ □□□

31 냉각장치 정비 시 안전사항으로 옳지 않은 것은?

① 라디에이터 코어가 파손되지 않도록 주의한다.
② 워터펌프 베어링은 솔벤트로 잘 세척한다.
③ 라디에이터 캡을 열 때에는 압력을 제거하며 서서히 연다.
④ 기관 회전 시 냉각팬에 손이 닿지 않도록 주의한다.

워터펌프 베어링은 그리스 영구 주입방식으로 솔벤트 세척 시 그리스가 녹으므로 베어링 마찰이 심해진다. (그리스 : 윤활작용)

[05-4] 출제율 ★★★ □□□

32 엔진이 작동 중 매연이 심하게 발생되고 있다. 점검 및 수리내용과 가장 거리가 먼 것은?

① 엔진의 불완전 연소 및 연료 계통 점검
② 점화시기 및 점화 플러그 배선 점검
③ EGR 밸브 및 산소센서 점검
④ 냉각수 계통 및 수온센서 점검

매연은 주로 연료분사량이 과다하여 농후혼합기가 그 원인으로 ①, ②, ③이 해당되며, 냉각수 계통과는 거리가 멀다.

[참고] 출제율 ★ □□□

33 냉각장치에 대한 설명이다. 잘못 표현된 것은?

① 방열기는 상부온도가 하부온도보다 낮으면 양호하다.
② 팬벨트의 장력이 약하면 엔진 과열의 원인이 된다.
③ 워터펌프 부싱이 마모되면 물의 누수원인이 된다.
④ 실린더 블록에 물때가 끼면 엔진과열의 원인이 된다.

라디에이터는 상부에서 하부로 흐르며 방열되므로 상부온도가 더 높다.

[참고] 출제율 ★ □□□

34 라디에이터의 점검에서 누설 실험을 하기 위한 공기압은 약 kgf/cm²인가?

① 1   ② 3
③ 5   ④ 7

누설 시험 시 압축공기 압력은 0.5~2kgf/cm²이다.

[참고] 출제율 ★★★ □□□

35 부동액을 넣는 방법을 설명한 것으로 틀린 것은?

① 여름철 온도를 기준으로 물과 원액을 혼합하여 부동액을 희석한다.
② 냉각수를 완전히 배출하고 세척제로 냉각 계통을 잘 세척한다.
③ 방열기 호스, 호스 클램프, 물펌프, 드레인 플러그 등의 헐거움이나 누설 등을 점검한다.
④ 냉각수 주입하고 시동을 걸어 엔진을 워밍업 시킨 후 냉각팬이 작동하면 냉각수를 보충시켜 에어빼기를 실시한다.

반드시 겨울철 온도를 기준으로 물과 원액을 혼합하여 부동액을 희석시켜 주어야 한다.

[13-01, 06-04] 출제율 ★★★ □□□

36 부품을 분해 정비 시 반드시 새 것으로 교환하여야 할 부품이 아닌 것은?

① 오일 실(seal)   ② 볼트 및 너트
③ 개스킷(gasket)   ④ 오링(O-Ring)

①, ③, ④는 정비 시 신규 제품으로 교체해야 하며, 볼트 및 너트는 나사산이나 볼트머리 등이 손상되거나 심하게 부식되어 사용이 어려운 경우 외에는 녹 제거 및 세척 후 재사용할 수 있다.

[13-2 변형] 출제율 ★★ □□□

37 자동차에 사용하는 부동액 사용에서 주의할 점으로 틀린 것은?

① 부동액은 원액으로 사용하지 않는다.
② 물과 부동액을 혼합할 때 부동액의 비율을 높게 한다.
③ 부동액이 도료부분에 떨어지지 않도록 주의한다.
④ 부동액은 입으로 맛을 보지 않는다.

② 물과 부동액을 혼합할 때 6:4, 5:5 비율이 적당하며, 부동액의 비율을 높으면 부동액이 금속을 부식시키거나 열팽창에 의해 엔진과열을 유발할 수 있다.
④ 부동액은 독성이 강해 인체에 유해하다.

[참고] 출제율 ★★ □□□

38 라디에이터 캡 시험기로 점검할 수 없는 것은?

① 라디에이터 캡의 불량
② 라디에이터 코어 막힘 정도
③ 라디에이터 코어 손상으로 인한 누수
④ 냉각수 호스 및 파이프와 연결부에서의 누수

라디에이터 캡 시험기는 라디에이터나 호스, 연결부 등 냉각계통의 누수와 라디에이터 캡의 기밀유지를 점검한다.

정답 ▶ 31 ② 32 ④ 33 ① 34 ① 35 ① 36 ② 37 ② 38 ②

39 라디에이터 누수를 점검하려고 한다. 라디에이터 시험기는 어느 부위에 장착해야 하는가?

① 라디에이터 캡 장착부
② 서모스탯 입구
③ 워터펌프 입구
④ 라디에이터 드레인 너트

> 라디에이터의 누수 점검 : 라디에이터 캡을 탈거한 후 라디에이터 시험기를 라이에이터 캡 장착부에 장착한다. 그리고 펌핑하여 압력을 상승시켜 라디에이터의 누설을 점검한다.

40 라디에이터의 점검 방법으로 틀린 것은?

① 압력이 하강하는 경우 캡을 교환한다.
② $0.95 \sim 1.25$ kgf/cm^2 정도로 압력을 가한다.
③ 압력 유지 후 약 $10 \sim 20$초 사이에 압력이 상승하면 정상이다.
④ 라디에이터 캡을 분리한 뒤 씰 부분에 냉각수를 도포하고 압력 테스터를 설치한다.

> 라디에이터 캡에 각인된 규정값보다 약간 높은 압력을 가한 후 2~3분 정도 압력이 유지되면 양호하며, 압력이 점차 떨어지면 누수가 있다.

41 기관의 냉각장치를 점검·정비할 때 안전 및 유의사항으로 틀린 것은?

① 라디에이터 코어가 파손되지 않도록 한다.
② 워터 펌프 베어링은 세척하지 않는다.
③ 방열기 캡을 열 때는 압력을 서서히 제거하며 연다.
④ 누수 여부를 점검할 때 압력시험기의 지침이 멈출 때까지 압력을 가압한다.

> 압력시험기는 규정값보다 약간 높은 압력까지 가압한다.

42 라디에이터 캡의 점검에 대한 설명으로 틀린 것은?

① 라디에이터 캡에 각인된 숫자 '1.1'은 라디에이터 캡의 압력밸브가 열리는 압력값(bar)을 의미한다.
② 가압했을 때 규정값 이상으로 상승하면 정상이다.
③ 게이지의 바늘이 움직임을 멈출 때까지 압력을 증가시킨다.
④ 라디에이터 캡을 분리한 뒤 씰 부분에 녹 또는 이물질을 제거하고 냉각수를 도포하고 압력 테스터를 설치한다.

> 가압했을 때 규정값 이상으로 상승하거나 압력이 떨어지면 캡을 교환한다.

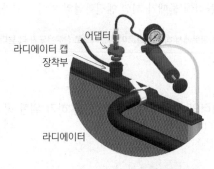

⬆ 라디에이터의 압력시험

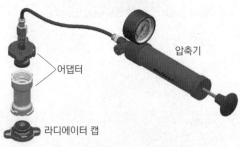

⬆ 라디에이터 캡의 압력시험

정답 〉 **39** ① **40** ③ **41** ④ **42** ②

AUTOMOBILE
CHASSIS
Maintenance

CHAPTER

03

자동차 섀시 정비

□ 클러치·수동변속기 □ 드라이브라인 □ 유압식 현가장치 □ 타이어 및 휠 얼라인먼트
□ 조향장치 □ 유압식 제동장치

01 클러치·수동변속기

[예상문항 : 2~3문제] 3장의 전체적인 출제문항 수는 약 14~18개 입니다. 클러치 구성품의 기본 원리 및 특징 뿐만 아니라 점검 및 정비 시 주의에 대한 문제가 출제됩니다. 좀더 체크해야 할 부분은 클러치의 자유간극(유격), 클러치와 수동변속기의 불량 증상 원인, 변속기의 엔드플레이 정비, 기어비와 회전수 입니다.

01 동력 전달 순서 및 동력 전달 방식

1 수동변속기의 동력전달 순서

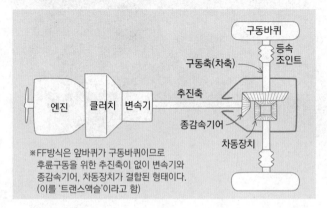

※FF방식은 앞바퀴가 구동바퀴이므로 후륜구동을 위한 추진축이 없이 변속기와 종감속기어, 차동장치가 결합된 형태이다. (이를 '트랜스액슬'이라고 함)

2 동력전달장치에 따른 분류 (FF, FR, MR, RR, 4WD) 필수암기

FF	• Front engine, Front wheel drive (엔진이 앞에 있고, 앞바퀴를 구동한다) • 대부분의 승용차에 적용 • 차내 실내공간이 넓고, 경량화 및 직진 안정성이 우수 • 무게중심이 차량 앞쪽에 있으므로 힘이 좋아 눈길이나 비포장도로에서 출발에 유리하나, 앞 타이어의 마모가 빠르고, 조향력이 커지고 언더스티어링 현상이 크다. • 후륜 구동을 위한 추진축이 필요 없으므로 구동손실이 적다. • 선회 및 미끄러운 노면에서 주행 안전성이 크다.
FR	• Front engine, Rear wheel drive (엔진이 앞에 있고, 뒷바퀴를 구동한다) • 무게중심이 50 : 50에 가까워 전후 밸런스가 좋고, 승차감 향상, 코너링 및 주행안정성이 좋다. • 실내가 좁고 동력전달과정이 길어 동력손실이 발생한다. (연비가 떨어짐) • 공차상태에서 빙판길이나 등판주행 시 뒷바퀴가 미끄러지는 경향이 있다.
MR	• Midship engine Rear drive (엔진이 중앙(운전석 뒷편)에 있고, 뒷바퀴를 구동한다) • 스포츠카에 적용 • 엔진이 자동차의 중심부분에 위치하여 앞과 뒤의 무게 배분이 비슷해지므로 타이어의 접지력을 균일하게 확보할 수 있으며, 선회 시 코너링이 우수하고 주행능력이 뛰어나다. • 기관 정비 시 공간이 협소하여 작업에 어려움이 있으며 엔진이 운전석 뒤에 있어 엔진소음이 크고, 탑승공간이 좁다.
RR	• Rear engine, Rear wheel drive (엔진이 뒤(뒷차축)에 있고, 뒷바퀴를 구동한다) • 버스에 주로 적용된 방식이다. • 우수한 구동력을 얻을 수 있어 가속 시 안정감이 좋고 제동 효율도 우수하다. • 중량이 뒤쪽에 몰려 있어 상대적으로 앞부분이 가볍기 때문에 차량 선회 시 오버스티어링 또는 언더스티어링 현상이 발생할 수도 있으며, 적재공간이 협소하다.
4WD	• Four Wheel Drive (4륜 구동) • 등판성능 및 견인력 향상 • 부드러운 발진 및 가속성능 • 고속 주행 시 직진 안전성 향상 • 구동 손실로 인해 연료소비율이 2WD에 비해 높다. • 종류 : 파트타임 4륜구동 방식, 풀타임 4륜구동 방식

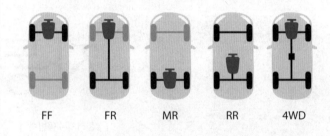

FF   FR   MR   RR   4WD

02 클러치 일반

1 클러치의 필요성

① 기관 시동 시 동력을 차단하기 위해

② 기어 변속 시 기관의 동력을 단속(차단 및 연결)하기 위해

③ 자동차를 무부하 상태로 유지할 때

2 클러치의 조건 　필수암기

① 동력전달 효율이 좋고, 동력전달의 단속이 신속하고 정확하며, 부드럽고 용이할 것

② 동력전달 시 서서히 전달되고(충격이 없을 것), 전달 후에는 미끄럼이 없을 것

③ 회전부분의 평형이 좋고, 엔진의 회전변동을 적절히 흡수할 것

④ 방열이 잘 되고, 내구성이 좋을 것

⑤ 회전관성이 적고, 소음 및 진동이 적을 것

⑥ 구조 간단, 점검·정비 용이, 소형·경량일 것

▶ 회전관성이란 물체가 회전운동하는 상태를 계속 유지하려는 성질을 말하며, 클러치의 회전관성이 크면 즉각적인 변속이 어렵다.

3 클러치의 종류　　※ 기능사 시험에서는 마찰클러치만 출제됩니다.

마찰 클러치	건식 클러치	• 오일 없이 동력을 단속 • 수동변속기 차량, 건식 단판 클러치가 사용 • 플라이휠과 클러치판이 접촉하는 방식으로 구조가 간단하고 큰 동력을 확실하게 전달
	습식 클러치	• 오일 속에서 동력을 단속 • 작동이 부드럽고 마찰면을 보호 • 자동변속기 차량에는 동력 전달 및 변속에 필요한 언더 드라이브 클러치, 리버스 클러치, 오버 드라이브 클러치 등에서 습식 다판클러치가 사용
유체 클러치		• 유체(오일)를 매개체로 하여 동력을 단속 • 자동변속기 차량에는 토크컨버터 등에서 사용 • 장점 : 동력의 단속 시 충격이 매우 적다. • 단점 : 마찰 클러치에 비해 동력손실이 비교적 크다.
전자 클러치		• 전류의 공급/차단으로 동력을 단속 • 작동 원리 : 2개의 클러치 디스크로 구성되어, 한쪽 클러치 디스크에 솔레노이드 코일(전자석)을 설치하여 전류를 공급하면 자장이 형성되어 자력으로 인해 다른 쪽 클러치 디스크가 당겨 동력을 전달한다. • 비교적 출력이 낮은 승용차의 무단자동변속기(CVT) 클러치에 사용

⬆ 클러치의 개념

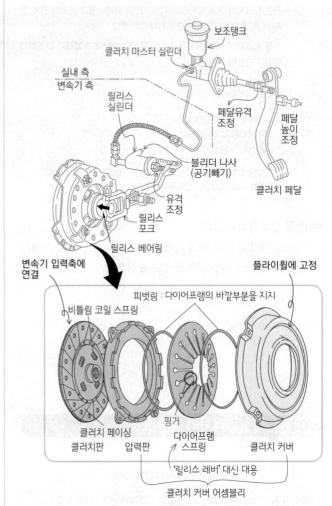

※ 어셈블리(assembly) : 여러 개의 개별 부품을 결합한 하나의 장치

⬆ 유압식 마찰클러치의 구성

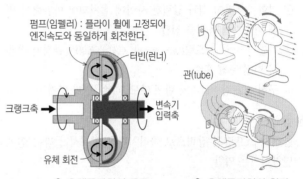

⬆ 유체클러치의 구조　　　⬆ 유체클러치의 원리

④ 마찰 클러치 용량

① 클러치 용량은 기관으로부터 클러치가 전달할 수 있는 회전력의 크기를 말한다.

② 기관의 최고 회전력보다 커야 하며, 자동차 기관의 토크를 기준으로 약 1.5~2.5배이다.

→ 기관 토크보다 클러치 용량이 너무 크면 : 플라이휠과 클러치 판의 접촉 시 충격이 커지므로 기관이 정지되기 쉽다.

→ 기관 토크보다 너무 작으면 : 접촉 시 클러치판이 미끄러져 디스크의 페이싱 마멸이 촉진된다.

> 전달 토크(전달회전력, T) $= \mu F r$
>
> • μ : 클러치면의 마찰계수
> • F : 클러치면의 작용압력
> • r : 클러치판 유효반경
>
> ※ 클러치의 전달토크는 바퀴에 작용하는 구동력, 드럼브레이크에 작용하는 제동토크와 기본 공식은 같다.

⑤ 마찰 클러치의 마찰력

디스크 페이싱의 한 면에 발생하는 마찰력은 스프링 장력의 총합(F_N)과 마찰계수(μ)의 곱으로 표시된다.

> 클러치의 마찰력(F_r) $= \mu \cdot F_N$
>
> • μ : 클러치면의 마찰계수
> • F_N : 스프링 장력의 총합(코일 스프링의 장력×스프링 수)

---

03 마찰클러치의 구성 요소

> **마찰클러치의 동력전달순서**
>
> 플라이 휠 — 클러치 커버 — 압력판 — 클러치판 — 변속기 입력축

① 클러치판
※ 이미지 : 186페이지 참조

① 역할 : 플라이 휠과 압력판 사이에 설치되어 마찰력에 의해 변속기에 동력을 전달

② 비틀림 코일 스프링(댐퍼 스프링, 토션 스프링) : 클러치 작용 시 회전 충격 흡수

③ 쿠션 스프링 : 클러치 판의 마모, 파손, 변형 방지

② 압력판

클러치 스프링의 장력으로 클러치판을 밀어서 플라이 휠에 밀착시키는 역할

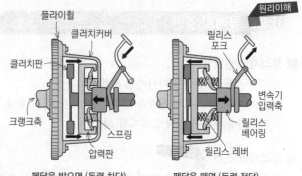

페달을 밟으면 (동력 차단)	페달을 떼면 (동력 전달)

페달을 밟으면 → 스프링 장력을 이기고 릴리스 포크 → 릴리스 베어링이 좌측으로 이동 → 클러치 레버 누름 → 압력판이 클러치판에서 떨어짐(우측 이동) → 클러치판이 플라이휠과 떨어져 동력이 차단됨

페달을 놓으면 → 스프링 장력에 의해 릴리스 베어링이 우측으로 이동 → 클러치 레버 해제 → 스프링의 힘에 의해 압력판이 좌측으로 이동 → 클러치판이 플라이휠에 밀착되어 엔진 동력이 변속기축에 전달됨

⚙ 마찰클러치의 작동

> ▶ 참고) 수동변속기의 조작 방법
> 자동변속기와 달리 수동변속기는 변속기어를 변경할 때마다 클러치 페달을 밟아 엔진 동력을 차단시킨 후 변속기어를 변경하고 다시 클러치 페달에서 발을 떼어 동력을 전달시킨다.

③ 클러치 커버

플라이휠에 결합되어 플라이휠과 함께 회전한다.

④ 릴리스 레버 및 클러치 스프링

릴레스 포크에 의해 릴리스 레버로 답력 전달되어 압력판 - 클러치판을 플라이휠에 밀착시키며, 동력 차단 시 클러치 스프링의 장력을 이기고 클러치판을 누르고 있던 압력판을 분리시킨다.

> 클러치 스프링이 약하면 : 동력이 전달될 때 클러치판이 플라이휠에 압착하는 힘이 약해 소음이 발생하고 미끄러지기 쉽다.

⑤ 다이어프램식 스프링 (막판 스프링)

① **릴리스 레버와 클러치 스프링을 대신**한 유형으로, 클러치 커버와 압력판 사이에 설치되어 압력판을 밀어 클러치판이 플라이휠에 압착되도록 한다.

② **다이어프램식 스프링의 특징**

• 회전 시 원심력에 의한 스프링의 압력 변화가 적다.

• 클러치판이 마모되어도 압력판을 미는 힘이 균일하고, 회전 시 평형상태가 양호하다.

• 레버 높이가 일정하므로 조정이 불필요하다.

• 클러치 페달의 답력이 적어 힘의 전달이 용이하다.

• 구조가 간단하다.

핑거

▶ 다이어프램식 스프링의 작동 원리
- 클러치 페달을 밟으면 릴리스 베어링이 핑거를 누르면 피벗링을 중심으로 안쪽으로 휘어져 압력판에 가해지는 스프링 장력을 해제
- 클러치 페달을 놓으면 다이어프램 스프링은 원위치로 복귀하며 클러치 디스크가 플라이휠에 압착

피벗링(지지대)

6 릴리스 포크

릴리스 베어링에 페달의 조작력을 전달하는 역할

↑ 릴리스 포크와 릴리스 베어링

7 릴리스 베어링
(트러스트 베어링)

릴리스 포크에 의해 클러치 축 방향으로 움직여 회전 중인 릴리스 레버를 눌러 엔진의 동력을 차단시킨다.

> 릴리스 베어링은 내부에 그리스가 영구 주유되어 있어 클러치를 분해·정비 시 세척유(솔벤트 등)로 닦아서는 안 된다.

8 클러치 마스터 실린더와 릴리스 실린더 필수암기

마스터 실린더 (master cylinder)	• 구성 : 탱크, 피스톤 및 피스톤 컵, 리턴 스프링, 푸시로드 등 • 클러치 페달을 밟으면 푸시로드에 의해 피스톤과 피스톤 컵이 밀려 유압이 발생한다.
릴리스 실린더 (release cylinder)	• 구성 : 피스톤 및 피스톤 컵, 푸시로드 등 • 마스터 실린더에서 발생한 유압이 릴리스 실린더에 전달되어 릴리스 포크를 작동시켜 클러치를 차단한다.

① 운전자가 직접 클러치 페달을 밟으면 그 힘이 실린더에 전달되어 부드러운 출발과 기어 변속을 가능하게 하고 엔진 정지 없이 자동차를 멈추게 한다.
② 마스터 실린더의 보조탱크의 브레이크액이 하한선(min) 아래로 내려가서는 안 된다. (max-min 사이에 있을 것)
③ 마스터 실린더 점검, 부품교환 및 정비 시 필요에 따라 잔압형성과 답력을 확인하여 공기빼기 작업을 해준다.
④ 마스터 실린더 및 릴리스 실린더의 간극 점검
  • 마이크로미터로 피스톤의 외경 측정
  • 실린더 보어게이지로 마스터 실린더의 내경 측정

9 클러치 페달의 자유간극(유격) 필수암기

① 의미 : 클러치 페달을 밟은 후부터 **릴리스 베어링이 다이어프램 스프링(릴리스 레버)에 닿을 때까지** 페달이 이동한 거리를 말한다. (또는 클러치 페달을 밟았을 때 저항없이 이동하는 거리)
② **유격을 두는 이유** : 변속기어의 물림을 쉽게 하고 미끄럼 방지, 클러치 페이싱 마모 감소
→ 클러치 유격이 없으면 슬립됨(미끄러짐)

(1) 유격에 따른 증상 　암기법 : 대차소전
  ① **유격이 크면 : 동력 차단 불량**
    • 클러치 차단 불량, 기어 변속 시 변속 소음이 발생 및 기어 손상
  ② **유격이 적으면 : 동력 전달 불량**(미끄러짐, 슬립 발생)
    • 가속 페달을 밟아 기관 회전을 상승시켜도 동력이 전달되지 않아 차속은 증가하지 않는다.
    • 클러치판의 과열 및 마모 촉진
    • 클러치 페달을 밟을 때 무겁다.
    • 연료 소비량 증대 및 등판 성능 저하

(2) 클러치 페달의 높이와 유격 조정하기
  ① 클러치 페달의 높이를 측정할 때 클러치 페달을 수차례 작동시킨 후, 긴 강철자로 바닥과 페달이 수직이 된 상태에서의 높이를 측정한다.
  ② 클러치 페달 유격 측정은 클러치 페달을 누르지 않았을 때 측정하고, 클러치 페달을 손으로 가볍게 눌렀을 때 살짝 닿는 느낌이 올 때까지의 거리를 강철자로 측정한다.

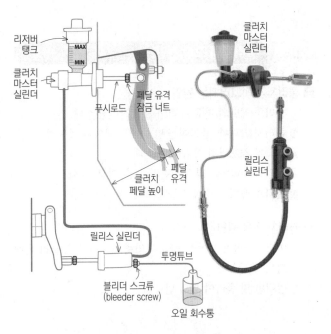

🔟 클러치 라인의 공기빼기

유압식 클러치 작동기구(클러치 호스, 튜브, 클러치 마스터 실린더, 클러치 릴리스 실린더)를 탈착 및 장착 시에는 반드시 클러치 라인의 공기빼기 작업을 실시한다.(작업 시 2인 1조로 실시)

(1) 클러치에 사용되는 오일
- 브레이크 오일을 사용 (DOT3 또는 DOT4)
- 클러치 오일의 특징 : 수분을 흡수하는 성질(흡습성)이 강하여 시간이 지남에 따라 수분 함유량이 높아진다.

(2) 공기빼기 작업 순서
① 먼저 1인은 클러치 마스터 실린더 리저버 탱크에 오일을 가득 채우고, 한 쪽 투명호스를 릴리스 실린더의 블리더 스크류에 연결하고, 다른 쪽은 오일이 반정도 채워진 용기 (오일 회수통)에 넣는다.
② 다른 1인은 운전석에 앉아 클러치 페달을 2~3회 밟은 후, 밟은 상태를 유지한다.(공기빼기 작업을 할 때마다 유지)
③ 릴리즈 실린더의 블리더 스크류를 풀면 오일과 공기가 오일 용기로 배출시킨다.
④ 배출된 오일에서 기포가 나오지 않을 때까지 ②, ③ 과정을 반복한다.
⑤ 공기빼기 작업이 끝나면 블리더 스크류를 잠근 후, 마스터 실린더의 리저버 탱크 캡을 열어 오일을 보충한다.

> ▶ 클러치 라인에 공기 유입 시 증상 및 원인
> 유압이 온전히 전달되지 않아 스펀지 현상 등이 발생한다. 즉, 클러치 페달을 밟았을 때 마치 스펀지를 밟은 것처럼 쑥 들어가는 느낌이 드는지 확인한다. 그럴 경우 클러치 오일이 부족하여 유압라인에 공기가 유입될 가능성이 높다.

04 클러치의 고장 원인

1 클러치가 미끄러지는 원인
① 클러치 페달의 자유 유격(간극)이 작아졌을 때
② 클러치 압력판, 플라이휠 면 등에 오일이 묻었을 때
③ 클러치 스프링의 장력이 약할 때
④ 클러치판(페이싱) 및 압력판의 손상, 마모, 경화
⑤ 릴리스 레버의 조정이 불량할 때

2 클러치 소음 원인
① 마모 : 릴리스 베어링, 클러치 입력축 스플라인, 클러치 페달의 부싱
② 압력판 및 플라이 휠의 변형

③ 클러치 페달 부싱(bushing)이 손상된 경우
④ 클러치 어셈블리나 클러치 베어링의 장착이 불량한 경우
⑤ 클러치 베어링의 섭동부에 그리스가 부족할 때

3 클러치에서 차단이 불량한 원인
① 유압계통에 공기가 유입
② 클러치 릴리스 실린더 불량
③ 클러치 마스터 실린더 불량

> ╭ 흔들림
> ▶ 클러치 디스크의 런아웃 시 증상
> 클러치의 단속이 불량해짐

4 기어변속 불량 시 원인
① 클러치 페달의 자유유격이 큰 경우
② 클러치 유압장치의 오일이 새거나, 유압라인에 공기가 유입된 경우
③ 클러치 디스크의 스플라인이 심하게 마모 된 경우

05 수동변속기 일반

1 수동변속기의 특징(자동변속기와 비교할 때)
① 변속단 제어 시 운전자의 의도가 그대로 반영된다.(직관적)
② 중량이 가볍고 기계적 동력을 전달하는데 우수하여 연비 향상에 좋다.
③ 고장이 적고, 고장 시 수리비용이 적다.

2 변속기의 기능(필요성)
① 기관에서 발생한 구동력을 주행 상태에 대응하여 필요한 구동력으로 변환한다.
② 엔진 회전속도를 증대 또는 감소시켜 구동바퀴에 전달한다.
③ 정차 시 엔진과의 연결을 끊어 공전 상태(무부하 상태)가 가능하게 하고, 후진을 가능하게 한다.
④ 차량 발진 시 중량에 의한 관성으로 인해 큰 구동력을 필요로 하므로 변속기가 필요하다.

3 수동변속기의 구비조건
① 단계가 없이 연속적으로 변속될 것
② 조작이 쉽고 정확하며 신속·정확·정숙하게 작동할 것
③ 강도, 내구성, 신뢰성이 우수하고, 고장이 적을 것
④ 전달효율 및 내열성이 좋을 것
⑤ 소형, 경량으로 취급이 용이할 것
⑥ 회전부분의 평형이 좋고, 회전관성이 적을 것
╰ 클러치도 해당

④ 변속조작 기구

① 직접 조작식 : 변속기 끝부분에 위치한 변속 레버(시프트 레버)로 직접 변속기를 조작

② 원격 조작식 : 변속레버가 변속기와 원거리에 위치한 경우 링크 또는 와이어(케이블)를 통해 조작(종류 : 컬럼식, 플로어식)

06 수동 변속기의 종류

① 섭동기어식   이미지는 다음 페이지 참조
변속레버가 변속 기어(단 기어)를 직접 움직여 변속하는 방식이다.

② 상시물림식(Constant-Mesh type)

① 주축기어와 부축기어가 항상 맞물려 공전하면서 클러치 기어를 이동시켜 도그클러치로 선택된 기어를 주축에 고정시키는 방식이다.

② 섭동식보다 마모 소음이 비교적 적어 대형버스나 트럭 등에 많이 사용된다.

③ 동기물림식(Synchro-Mesh type)

(1) 개요

① 상시물림식을 개선하고 원활한 기어물림으로 기어변속이 신속 용이하다.(대부분의 수동변속기 승용차에 사용)

② 상시물림과 마찬가지로 주축기어와 부축기어가 **항상 물려 있다.**

③ 변속 기어와 메인 스플라인과의 회전수를 같게 한다.

④ 특징 : 엔진의 동력을 주축 기어에 원활하게 전달(변속 시 기어의 충돌 방지)하기 위해 싱크로메시 기구를 두고 있다.

(2) 싱크로메시(synchro-mesh) 기구

① 작동 시기 : **변속기어가 물릴 때**

② **동기치합** 작용을 한다.(同期齒合, 동일한 시기에 기어의 이를 물리게 한다는 의미)

③ 역할 : 변속 시 주축 회전수와 각 기어의 회전수를 동기화 시킨다.

④ 변속 시 변속레버에 의해 슬리브가 움직이면 싱크로나이저 링과 원추 클러치(콘, cone)의 마찰력에 의해 주축(메인 스플라인)과 변속하려는 기어를 동일한 속도로 만들어 변속을 원활하게 한다.

▶ 싱크로메시 기구의 구성품

싱크로나이저 허브	• 출력축에 스플라인으로 고정 • 외주에는 슬리브와 결합하여 슬리브가 움직일 수 있도록 안내하는 기어가 있다. 또한 허브의 바깥쪽 3곳(120° 간격)은 키가 들어갈 수 있는 홈이 있다.
싱크로나이저 슬리브	• 변속레버와 연결되어 있으며, 허브와 변속기어를 맞물리게 한다.
싱크로나이저 키	• 3개의 키를 허브에 고정하여 기어 물림이 빠지지 않도록 한다.
싱크로나이저 링	• 콘(Cone)의 면과 접촉하여 마찰시켜 입력축 속도와 출력축 속도를 일치시킨다.

▶ 싱크로메시 기구는 일체형으로 부품 교체 시 전체 교환해야 한다.

07 증·감속 원리

① 개요

① 수동변속기의 주요 역할은 기관에서 발생한 동력을 주행 상태에 알맞은 구동력과 회전속도로 변환시켜 구동바퀴에 전달하는 것이다. ﹂바퀴를 회전시키는 힘

② 회전속도와 구동력은 반비례의 특성을 지닌다. 즉, 회전속도가 빨라지면 구동력은 감소하고, 구동력이 증가하면 회전속도는 느려진다.

▶ 속도에 따른 **구동력(토크)과 회전속도**
• 출발 시   : 구동력↑, 회전속도↓
• 고속 주행 : 구동력↓, 회전속도↑

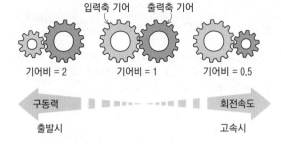

입력축 기어   출력축 기어

기어비 = 2   기어비 = 1   기어비 = 0.5

◀ 구동력   회전속도 ▶

출발시   고속시

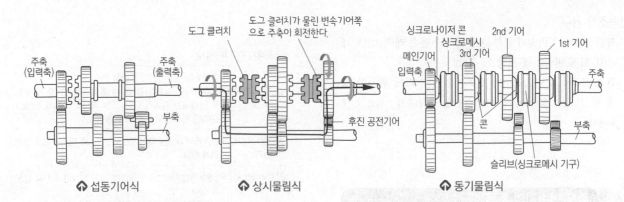

주축 (입력축) · **주축 (출력축)** · **부축**

⬆ 섭동기어식

도그 클러치 · **도그 클러치가 물린 변속기어쪽으로 주축이 회전한다.** · **후진 공전기어**

⬆ 상시물림식

싱크로나이저 콘 · **싱크로메시 3rd 기어** · **2nd 기어** · **1st 기어** · **메인기어 입력축** · **주축** · **콘** · **부축** · **슬리브(싱크로메시 기구)**

⬆ 동기물림식

상시물림식 변속기의 원리

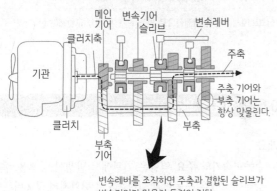

메인 기어 · **변속기어 슬리브** · **변속레버** · **클러치축** · **기관** · **주축** · **클러치** · **부축** · **부축 기어** · **주축 기어와 부축 기어는 항상 맞물린다.**

변속레버를 조작하면 주축과 결합된 슬리브가 변속기어가 맞물려 동력이 전달

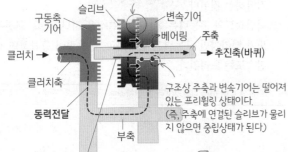

구동축 기어 · **슬리브** · **변속기어** · **베어링** · **주축** · **클러치** · **추진축(바퀴)** · **클러치축** · **동력전달** · **부축** · **구조상 주축과 변속기어는 떨어져 있는 프리휠링 상태이다.** · **(즉, 주축에 연결된 슬리브가 물리지 않으면 중립상태가 된다)**

허브 : 축이 스플라인 형태로 주축에 고정되어 있으며, 좌우 이동이 가능하다.

 도그클러치

▶ 주축기어(변속기어)와 부축기어
· 주축기어 : 부축 기어에 의해 상시 공전한다.
· 부축기어 : 주축의 각 기어에 동력을 전달한다.

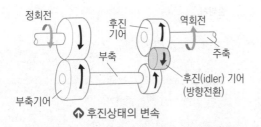

정회전 · **후진 기어** · **역회전** · **부축** · **주축** · **부축기어** · **후진(idler) 기어 (방향전환)**

⬆ 후진상태의 변속

▶ 상시물림식은 클러치축, 주축, 부축(카운터)의 기어는 항상 맞물려 회전한다.

싱크로메시 기구의 원리

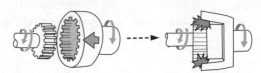

회전수가 서로 다른 2개의 기어를 맞물리면 심각한 마찰로 인해 기어가 손상된다.

이것을 보완하면

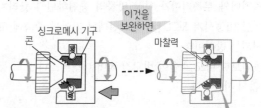

콘 · **싱크로메시 기구** · **마찰력**

기어가 맞물릴 때 싱크로메시 기구(싱크로나이저 링)를 콘(원추형 원판)에 마찰시켜 서서히 회전속도를 일치(동기화)시킨다.

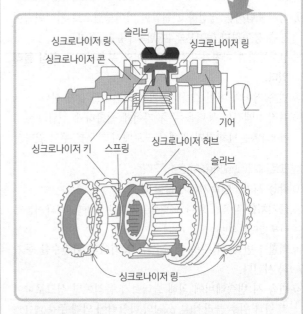

싱크로나이저 콘 · **싱크로나이저 링** · **슬리브** · **싱크로나이저 링** · **기어** · **싱크로나이저 키** · **스프링** · **싱크로나이저 허브** · **슬리브** · **싱크로나이저 링**

변속레버 조작 → 슬리브가 이동 → 스프링에 힘이 전달 → 스프링에 맞물린 키가 이동 → 링이 밀림 → 링과 구동축 기어와 연결된 콘이 접촉 → 마찰력으로 슬리브에 연결된 링의 속도가 구동축 기어의 속도와 같아짐 → 출력축에 고정된 허브와 기어가 맞물려 동력이 전달

---

③ 증·감속 원리

감속 원리	입력축 기어 < 출력축 기어 예 입력축 기어를 1회전하였을 때 출력축 기어는 1/2 회전하며, 구동력은 2배가 된다.
증속 원리	입력축 기어 > 출력축 기어 예 입력축 기어를 1회전하였을 때 출력축 기어는 2 회전하며, 회전속도는 2배가 된다.

2 변속비(감속비)

다음 페이지 참조

3 변속기 기어의 종류 (스퍼기어, 헬리컬기어)

(1) 스퍼 기어(spur gear, 평기어)

① 평행을 이루는 2개의 축을 연결하는 방식으로, 가장 일반적으로 사용되는 기어이다.

② 소음이 발생되는 단점이 있다.

③ 수동변속기의 **후진기어**나, 섭동기어식이나 상시물림식에 사용된다.

(2) 헬리컬 기어(helical gear)

① 기어 톱니가 나선형으로 접촉면이 커져 스퍼기어에 비해 물림률이 좋으며, 소음이 적다.

② 진동 및 충격에 강하고, 회전이 원활하며 정숙한 구동을 한다.

③ **측압을 받는 단점**이 있다.

→ 측압 : 측면에서도 압력을 받는다.

④ 수동변속기의 후진기어를 제외한 나머지 변속단의 전진기어에 사용되며, 동기물림식에 주로 사용된다.

⬆ 스퍼 기어　　⬆ 헬리컬 기어

◀ 수동변속기의 원리

◀ 수동변속기와
자동변속기의 비교

---

08 변속 오작동 방지장치

1 로킹볼(Locking ball)

시프트 레일에 각 기어를 고정시키기 위해 포핏볼(로킹볼)과 포핏 스프링을 설치하여 기어의 이탈을 방지한다.

→ 스프링의 장력이 너무 약하면 시프트 레일이 움직여 기어 빠짐의 원인이 될 수 있고, 장력이 너무 세면 시프트 레일이 움직이지 않거나 변속 시 무거운 현상이 일어난다.

2 인터록(Interlock)

① 2중 물림(두 개의 기어가 동시에 물림)을 방지하기 위해 레일과 레일 사이에 설치되어 있는 장치이다.

→ 만약 2개의 기어가 이중으로 치합되어 기어변속이 이루어진다면 입력축, 출력축이 고정되면서 기어가 파손된다.

② 하나의 기어가 물려 있을 때 다른 기어가 중립 위치에서 움직이지 않도록 한다.

3 후진 오작동 방지기구

컨트롤 샤프트에 스토퍼(stopper)가 장착되어 있어 5단에서 후진으로의 변속을 방지하고 있다.

→ 차량에서 후진기어가 접속되면 후진 및 공전기어의 치면이 크게 파손되거나 마멸된다.

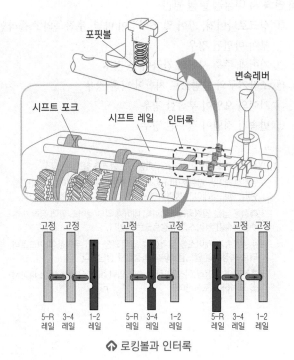

⬆ 로킹볼과 인터록

chapter 03

1 기어 변속이 원활하지 않은 원인(변속기어가 잘 물리지 않음)

① 클러치가 끊어지지 않는 경우

② 싱크로나이저 링과 기어의 접촉이 불량한 경우

③ 변속레버 선단과 스플라인이 마모된 경우

④ 주축 베어링이 마모된 경우

⑤ 변속기 케이블의 작동 불량한 경우

⑥ 윤활유가 부족하거나 부적절한 윤활유를 주입한 경우

2 기어가 빠지는 원인

① 싱크로나이저 허브와 슬리브 사이의 간극이 큰 경우

② 싱크로나이저 슬리브가 마모된 경우

③ 변속 포크가 마모된 경우

④ 포핏 스프링이 불량한 경우

⑤ 축 또는 기어의 엔드플레이가 과도한 경우

⑥ 메인 드라이브 기어, 기어 시프트 포크, 싱크로나이저 클러치 기어의 스플라인이 마멸된 경우

⑦ 로크볼 및 로크 스프링의 작동이 불량한 경우

⑧ 각 베어링 또는 부싱이 마멸된 경우

3 변속 시 이상음 발생 원인

① 싱크로나이저, 기어 및 베어링이 마멸, 추진축의 스플라인부이 마멸된 경우

② 기어와 주축 사이의 간극이 큰 경우

③ 조작기구의 불량으로 치합이 나쁜 경우

④ 기어의 오일이 부족한 경우

⑤ 변속기 정렬이 잘못된 경우

▶ **변속기의 엔드플레이(end play)이란 – 크랭크축 참조**

• 엔드플레이는 입력축이나 출력축이 축방향으로 움직이는 간극을 말한다. 엔드플레이가 불량하면 변속기에 진동 및 소음을 유발한다.

• 측정용 납을 입력축(또는 출력축) 베어링 외부 레이스 밑에 장착한 후 수동변속기 케이스를 규정토크로 조인다.

• 수동변속기 케이스를 탈거한 후 납작해진 납의 두께를 마이크로미터로 측정하여 엔드플레이의 측정값을 판단한다.

• 측정값이 규정값 이상/이하일 경우 입력축(또는 출력축)에 스페이서를 교체하여 조정한다.

---

1 기어비 – 변속비, 종감속비, 총감속비

(1) 기어비에 대한 기본 이론

① 서로 맞물리는 기어에서 두 기어의 돌기의 수(잇수) 비율을 '기어비'라 하며, 출력축 기어의 잇수를 입력축 기어의 잇수로 나눈 값이다.

$$기어비 = \frac{출력축\ 기어의\ 잇수}{입력축\ 기어의\ 잇수} = \frac{입력축\ 회전수}{출력축\ 회전수}$$

 기어가 많을수록 기어의 회전은 느리므로 반비례 관계이다.

② 수동변속기는 다음 그림과 같이 동력이 전달되므로

$$전체\ 기어비\text{(변속비)} = \frac{B기어\ 잇수}{A기어\ 잇수} \times \frac{D기어\ 잇수}{C기어\ 잇수}$$

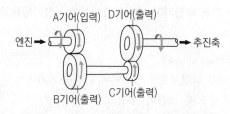

A기어(입력)　D기어(출력)

엔진 →　　→ 추진축

B기어(출력)　C기어(출력)

▶ 1단에서 기어비가 가장 높으며, 속도는 느리지만 큰 구동력을 얻는다. 고단으로 갈수록 기어비는 낮아지면 구동력은 작아지지만 고속 주행에 적합하다.

(2) **종감속비**(終減速比, final reduction gear ratio)

종감속장치(링 기어와 구동 피니언 기어)의 기어비(比), 즉 링 기어 잇수와 구동 피니언 기어 잇수의 비를 말한다.

$$종감속비 = \frac{링기어의\ 잇수}{구동피니언\ 기어의\ 잇수}$$

링기어　추진축

구동피니언

▶ **종감속비 결정 요소** : 차량중량, 기관출력, 가속성능 및 등판성능

▶ 종감속비가 크면 구동력이 커지나(가속성능이나 등판능력은 향상), 고속 성능은 저하된다.

191페이지 참조

(3) 총감속비

기관에서 발생된 동력은 변속기를 거쳐 종감속기어에서 감속시켜 바퀴에서 전달되어 구동력이나 회전속도가 변경된다. 즉, 변속기 및 종감속장치에서 각각 감속되며, 변속기의 기어비와 종감속장치의 기어비를 곱한 값을 '총감속비'라고 한다.

$$총감속비 = 변속비 \times 종감속비$$

② 바퀴의 회전수 구하기

(1) 바퀴의 회전수 구하기

기어비를 다르게 표현하면 입력축 회전수를 출력축 회전수로 나눈 값이다. 즉, 총감속비는 엔진 회전수를 구동바퀴의 회전수로 나눈 값이다.

$$총감속비 = \frac{입력축\ 회전수}{출력축\ 회전수} = \frac{엔진\ 회전수}{구동축\ 회전수}$$

$$\rightarrow 구동축(링기어)의\ 회전수 = \frac{엔진\ 회전수}{총감속비} \qquad ❶$$

※ 구동축의 회전수 = 구동바퀴 회전수 = 링기어 회전수

→ 즉, 엔진 회전수와 총감속비를 알면 구동바퀴의 회전수를 알 수 있다.

(2) 좌우 바퀴의 회전수가 다를 때

좌우 바퀴의 회전수가 다를 경우는 차동장치에 의해 한쪽은 빠르게, 한쪽은 느리게 회전하므로, 두 바퀴의 회전수 합의 평균은 링기어 회전수와 같다.

$$링기어\ 회전수 = \frac{양\ 바퀴의\ 회전수의\ 합}{2}$$

그러므로 앞의 ❶ 식에 위 식을 대입하면 다음과 같다.

$$한\ 쪽\ 바퀴의\ 회전수 = \frac{엔진\ 회전수}{총\ 감속비} \times 2 - 다른쪽\ 바퀴의\ 회전수$$

$$= \frac{추진축\ 회전수}{종감속비} \times 2 - 다른쪽\ 바퀴의\ 회전수$$

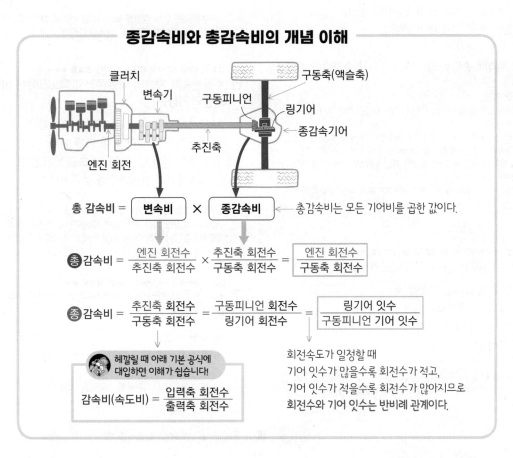

종감속비와 총감속비의 개념 이해

구동축(액슬축)
클러치
변속기
구동피니언
링기어
종감속기어
추진축
엔진 회전

총 감속비 = **변속비** × **종감속비** ← 총감속비는 모든 기어비를 곱한 값이다.

$$총감속비 = \frac{엔진\ 회전수}{추진축\ 회전수} \times \frac{추진축\ 회전수}{구동축\ 회전수} = \boxed{\frac{엔진\ 회전수}{구동축\ 회전수}}$$

$$총감속비 = \frac{추진축\ 회전수}{구동축\ 회전수} = \frac{구동피니언\ 회전수}{링기어\ 회전수} = \boxed{\frac{링기어\ 잇수}{구동피니언\ 기어\ 잇수}}$$

헷갈릴 때 아래 기본 공식에 대입하면 이해가 쉽습니다!

$$감속비(속도비) = \frac{입력축\ 회전수}{출력축\ 회전수}$$

회전속도가 일정할 때
기어 잇수가 많을수록 회전수가 적고,
기어 잇수가 적을수록 회전수가 많아지므로
회전수와 기어 잇수는 반비례 관계이다.

chapter **03**

01 클러치

[09-5] 출제율 ★★

1 자동차 FR방식 동력전달 장치의 동력전달 순서로 맞는 것은?

① 엔진 – 클러치 – 변속기 – 추진축 – 차동장치 –액슬축 – 종감속기어 – 타이어

② 엔진 – 변속기 – 클러치 – 추진축 – 종감속기어 –차동장치 – 액슬축 – 타이어

③ 엔진 – 클러치 – 추진축 – 종감속기어 – 변속기 – 액슬축 – 차동장치 – 타이어

④ 엔진 – 클러치 – 변속기 – 추진축 – 종감속기어 – 차동장치 – 액슬축 – 타이어

> • **FR(후륜구동) 방식 동력전달 장치**
> 엔진 – 클러치 – 변속기 – 추진축 – 종감속기어 – 차동장치 – 구동축(액슬축) – 뒷바퀴
> • **FF(전륜구동) 방식 동력전달 장치**
> 엔진 – 클러치 – 변속기(트랜스액슬) – 구동축 – 앞바퀴
> ※ 트랜스액슬 – 변속기에 종감속기어와 차동장치를 결합한 형태

[21-3] 출제율 ★★★

2 전륜구동식(FF)의 특징이 아닌 것은?

① 엔진이 횡으로 설치되어 실내공간이 넓다.

② 후륜구동에 비해 경량화 가능하다.

③ 직진성이 양호하다.

④ 전축과 후축에 중량이 골고루 배분되어 승차감이 좋다.

> **전륜구동식의 특징**
> ① 보통 엔진이 옆으로 설치되어 있으며 엔진 및 구동축이 앞에 있으므로 실내공간이 넓다.
> ③ 직진성이란 앞바퀴가 회전 상태에서 조향핸들을 놓고 직전시키면 앞바퀴가 자동으로 직진 방향으로 회전하는 것을 말한다. 이는 토인, 캐스터(217페이지 참조)에 의한 것으로 차량 앞부분이 무거우면 직진성이 좋아진다.
> ④ 후륜구동식(FR)에 대한 설명이며, FF방식은 무게 배분이 앞쪽에 치우쳐 있다.

[15-05, 14-05, 14-02, 12-05, 09-02, 07-04, 07-02] 출제율 ★★★

3 수동변속기 차량에서 클러치의 구비조건으로 틀린 것은?

① 동력전달이 확실하고 신속할 것

② 방열이 잘 되어 과열되지 않을 것

③ 회전부분의 평형이 좋을 것

④ 회전 관성이 클 것

> 회전 관성이란 물체가 회전운동을 하는 상태를 계속 유지하려는 성질을 말한다. 클러치의 회전관성이 크면 즉각적인 변속 반응이 어렵다.

[13-1] 출제율 ★★★

4 클러치의 역할을 만족시키는 조건으로 틀린 것은?

① 동력을 끊을 때 차단이 신속할 것

② 회전부분의 밸런스가 좋을 것

③ 회전관성이 클 것

④ 방열이 잘 되고 과열되지 않을 것

> **클러치의 조건**
> • 단속(동력전달 및 차단)이 확실하고 신속할 것
> • 동력을 전달할 때 미끄럼을 일으키면서 서서히 전달되고, 전달된 후 미끄러지지 않을 것
> • 회전관성이 적을 것
> • 회전부분의 평형이 좋을 것
> • 방열이 잘 되고, 과열되지 않을 것(내열성)
> • 구조가 간단하고 다루기 쉽고 고장이 적어야 함

[15-4] 출제율 ★★★

5 수동변속기의 클러치의 역할 중 거리가 가장 먼 것은?

① 엔진과의 연결을 차단하는 일을 한다.

② 변속기로 전달되는 엔진의 토크를 필요에 따라 단속한다.

③ 관성 운전 시 엔진과 변속기를 연결하여 연비 향상을 도모한다.

④ 출발 시 엔진의 동력을 서서히 연결하는 일을 한다.

> 관성 운전은 연비 향상을 도모하지만 엔진과 변속기를 분리하여 직진하려는 관성에 의해 전진하려는 상태를 말한다.

[11-4, 10-3, 07-1 유사, 05-4 유사] 출제율 ★★★

6 수동변속기 차량의 마찰클러치 디스크에서 비틀림 코일 스프링의 기능은?

① 클러치 접속 시 회전 충격을 흡수한다.

② 클러치 판의 밀착을 더 크게 한다.

③ 클러치 판과 압력판의 마모를 방지한다.

④ 클러치면의 마찰계수를 증대한다.

> **비틀림 코일 스프링**(댐퍼스프링, 토션 스프링)
> 클러치 조작에 의해 정지 중인 클러치판이 회전 중인 플라이휠과 접촉되면 회전충격이 발생되므로 비틀림 코일 스프링이 흡수하는 역할을 한다.

[12-2, 09-3, 08-4, 08-2, 05-2] 출제율 ★★

7 수동변속기 차량의 클러치판에서 클러치 접속 시 회전충격을 흡수하는 것은?

① 쿠션 스프링　　　　② 댐퍼 스프링

③ 클러치 스프링　　　④ 막 스프링

> ※ 막 스프링은 다이어프램 스프링을 말한다.

정답 ▶ **1** 1 ④　2 ④　3 ④　4 ③　5 ③　6 ①　7 ②

8 다음 중 설명 중 틀린 것은?

① 다이어프램식 클러치는 릴리스 레버가 없다.
② 릴리스 레버의 상호간의 높이 차이가 있으면 클러치 끊김이 불량해진다.
③ 클러치 판이 마모되면 유격이 커진다.
④ 클러치 끊김이 불량하면 변속이 원활하지 못하다.

> ① 다이어프램식 클러치는 압력판을 미는 압력이 균일하여 회전 시 평형 상태를 양호하게 하기 위해 릴리스 레버와 스프링 대신 다이어프램 스프링을 사용한 것이다.
> ② 릴리스 레버의 상호간의 높이 차이가 있으면 압력판의 회전이 불규칙하므로 클러치판과의 밀착이 불량하므로 클러치 끊김이 불량해진다.
> ③ 클러치 판이 마모되면 유격이 작아져 미끄러지기 쉽다.

9 수동변속기 장치에서 클러치 압력판의 역할로 옳은 것은?

① 기관의 동력을 받아 속도를 조절한다.
② 제동거리를 짧게 한다.
③ 견인력을 증가시킨다.
④ 클러치판을 밀어서 플라이휠에 압착시키는 역할을 한다.

10 클러치판은 어떤 축의 스플라인에 끼워져 있는가?

① 차동기어장치
② 변속기 입력축
③ 크랭크축
④ 추진축

> 동력전달 : 크랭크축 – 플라이휠 – (클러치커버 – 압력판 – 클러치판) – 변속기 입력축

11 클러치 부품 중 플라이 휠에 조립되어 플라이 휠과 함께 회전하는 부품은?

① 클러치판
② 변속기 입력축
③ 클러치 커버
④ 릴리스 포크

> 구조상 클러치 커버는 플라이 휠에 연결되어 있으며, 클러치판은 변속기 입력축에 연결되어 있다.

12 클러치의 릴리스 베어링으로 사용되지 않는 것은?

① 앵귤러 접촉형
② 평면 베어링형
③ 볼 베어링형
④ 카본형

13 유압식 클러치에서 동력 차단이 불량한 원인 중 가장 거리가 먼 것은?

① 페달의 자유간극 없음
② 유압라인의 공기 유입
③ 클러치 릴리스 실린더 불량
④ 클러치 마스터 실린더 불량

> **클러치 페달의 자유 간극(유격)이란**
> = 클러치 페달을 밟았을 때 저항없이 눌려지는 거리
> = 클러치 페달을 밟지 않았을 때(동력전달상태) 릴리스 베어링과 릴리스 레버까지의 간극
> ※ 유격을 두는 이유 : 변속기어의 물림을 쉽게 하고 미끄럼 방지, 클러치 페이싱 마모 감소 역할을 한다. 클러치 간극이 없으면 클러치가 슬립된다. (미끄러짐)
> • 유격이 크면 : 페달을 밟았을 때 유격으로 인해 압력판이 충분히 떨어지지 못해 클러치의 끊어짐이 나쁘게 된다. 기어변속이 어렵고, 소음 및 기어 손상이 쉽다. (동력 차단 불량)
> • 유격이 작으면(없으면) : 릴리스 베어링에 의해 레버가 충분히 압력판을 플라이휠 쪽으로 밀착되지 못해 미끄러지며 클러치 페이싱 과열 및 클러치 디스크 마모를 촉진한다. (동력 전달 불량)
>
>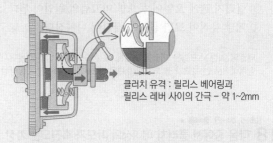
>
> 클러치 유격 : 릴리스 베어링과
> 릴리스 레버 사이의 간극 – 약 1~2mm

즉, 페달의 자유간극이 없으면 동력 차단이 아니라 동력 전달이 불량하다.

14 클러치 페달 유격 및 디스크에 대한 설명으로 틀린 것은?

① 페달 유격이 작으면 클러치가 미끄러진다.
② 페달의 리턴 스프링이 약하면 클러치 차단이 불량하게 된다.
③ 클러치 판에 오일이 묻으면 미끄럼의 원인이 된다.
④ 페달 유격이 크면 클러치 끊김이 나빠진다.

> 리턴 스프링은 압력판을 밀어 클러치판을 플라이 휠에 밀착시키는 역할을 한다. 리턴 스프링의 장력이 약하면 클러치판이 플라이휠에 완전히 밀착되지 않아 동력전달이 불량해져 미끄러진다.

15 클러치를 주행상태에서 점검하려고 한다. 주행 상태에서 점검하는 것이 아닌 것은?

① 페달의 작동상태 점검
② 끊어짐 및 접속 상태의 점검
③ 미끄러짐 유무의 점검
④ 소음 유무의 점검

정답 8 ③ 9 ④ 10 ② 11 ③ 12 ② 13 ① 14 ② 15 ①

16 다이어프램 스프링식 클러치의 특징이 아닌 것은?

① 고속 회전 시 원심력에 의한 스프링의 압력 변화가 적다.
② 회전 시 평행 상태가 양호하나 압력판에 작용하는 압력이 균일하지 않다.
③ 클러치 페달의 답력이 작다.
④ 클러치 면이 어느 정도 마멸되어도 압력판에 가해지는 압력의 변화가 적다.

> 다이어프램 스프링식 클러치는 릴리스 레버 및 클러치 스프링에 비해 압력판에 작용하는 압력이 균일하다.

17 클러치 페달 유격 및 디스크에 대한 설명으로 틀린 것은?

① 페달 유격이 작으면 클러치가 미끄러진다.
② 페달의 리턴 스프링이 약하게 되면 동력차단이 불량하게 된다.
③ 클러치 판에 오일이 묻으면 미끄럼의 원인이 된다.
④ 페달 유격이 크면 클러치 끊김이 나빠진다.

> 페달의 리턴 스프링은 페달을 놓았을 때 신속하게 원위치로 복귀시키며, 장력이 약하면 복귀가 잘 되지 않으므로 클러치의 동력전달이 불량해진다.

18 다음 중에서 클러치 페이싱의 마모가 촉진되는 가장 큰 원인은?

① 클러치 커버의 스프링 장력 과다
② 클러치 페달의 자유간극 부족
③ 스러스트 베어링에 기름 부족
④ 클러치판 허브의 스플라인 마모

19 클러치 페달을 밟을 때 무겁고, 자유간극이 없다면 나타나는 현상으로 거리가 먼 것은?

① 연료 소비량이 증대된다.
② 기관이 과냉된다.
③ 주행 중 가속 페달을 밟아도 차가 가속되지 않는다.
④ 등판 성능이 저하된다.

> 자유간극이 없을 때(클러치가 미끄러짐)의 영향
> 동력전달이 원활하지 않으므로 클러치의 마모가 커지고, 연료소모량이 증대된다. 또한 구동력 감소로 출발이 어렵고 등판 성능이 저하 및 가속이 어렵다.

20 클러치 페달을 밟아 동력이 차단될 때 소음이 나타나는 원인으로 가장 적합한 것은?

① 클러치 디스크가 마모되었다.
② 변속기어의 백래시가 작다.
③ 클러치 스프링 장력이 부족하다.
④ 릴리스 베어링이 마모되었다.

21 클러치를 작동시켰을 때 동력을 완전히 전달시키지 못하고 미끄러지는 원인이 아닌 것은?

① 클러치 압력판, 플라이휠 면 등에 기름이 묻었을 때
② 클러치 스프링의 장력 감소
③ 클러치 페이싱 및 압력판
④ 클러치 페달의 자유간극이 클 때

> **마찰 클러치 디스크가 미끄러지는 원인 (동력 전달이 잘 안됨)**
> • 클러치 페달의 자유간극(유격)이 작아졌을 때
> • 클러치 스프링의 장력 약화
> • 클러치 압력판, 플라이 휠 면 등에 오일이 묻었을 때
> • 클러치 판(페이싱) 및 압력판의 손상, 마모, 경화
> • 릴리스 레버의 조정 불량
> • 유압장치의 불량
>
> ※ 클러치 디스크가 마모·손상되면 : 클러치 압력판이 디스크를 밀어주지 못함 → 플라이휠의 회전 운동이 디스크에 연결되지 않기 때문에 엔진의 동력이 변속기로 전달되지 못한다.

22 수동변속기에서 클러치의 미끄러지는 원인이 아닌 것은?

① 클러치 디스크에 오일이 묻었다.
② 플라이 휠 및 압력판이 손상되었다.
③ 클러치 페달의 자유간극이 크다.
④ 클러치 디스크의 마멸이 심하다.

> 클러치 스프링의 자유간극이 크면 클러치판이 플라이휠에서 잘 떨어지지 않으므로 동력 차단이 잘 되지 않는다.

23 클러치가 미끄러지는 원인 중 틀린 것은?

① 마찰 면의 경화, 오일 부착
② 페달 자유 간극 과대
③ 클러치 압력 스프링 쇠약, 절손
④ 압력판 및 플라이휠 손상

정답 16 ② 17 ② 18 ② 19 ② 20 ④ 21 ④ 22 ③ 23 ②

24 수동변속기 차량에서 클러치가 미끄러지는 원인은?

[12-4] 출제율 ★★★★

① 클러치 페달 자유간극 과다
@② 클러치 스프링의 장력 약화
③ 릴리스 베어링 파손
④ 유압라인 공기 혼입

> 클러치 스프링의 장력이 약화되면 클러치판이 플라이휠에 밀착이 잘 되지
> 않으므로 동력 전달 시 클러치가 미끄러지기 쉽다.
> ※ ①, ③, ④는 클러치의 끊김이 나빠지는 원인이다.

25 수동변속기 차량에서 마찰 클러치의 디스크가 마모되어 미끄러지는 원인으로 가장 적합한 것은?

[11-1] 출제율 ★★★

① 클러치 유격이 너무 적음
② 마스터 실린더의 누유
③ 클러치 작동기구의 유압 시스템에 공기 유입
④ 센터 베어링의 결함

> 유격이 작으면(없으면) : 릴리스 베어링에 의해 레버가 충분히 압력판을 플
> 라이휠 쪽으로 밀착되지 못해 미끄러지며 클러치 페이싱 과열 및 클러치 디
> 스크 마모를 촉진한다. (동력 전달 불량)

26 클러치 미끄럼의 판별 사항에 해당되지 않는 것은?

[참고] 출제율 ★

① 연료의 소비량이 적어진다.
② 등판할 때 클러치 디스크에서 타는 냄새가 난다.
③ 기관이 과열된다.
④ 자동차의 증속이 잘 되지 않는다.

> 동력전달이 잘 되지 않으므로 연료 소비량이 많아진다.

27 클러치 작동기구 중 세척유로 세척해서는 안 되는 것은?

[16-1] 출제율 ★

① 릴리스 포크
② 클러치 커버
③ 릴리스 베어링
④ 클러치 스프링

> 릴리스 베어링은 그리스 영구 주입식으로, 세척유로 세척 시 그리스가 녹을
> 수 있으므로 세척해서는 안된다.

28 클러치 압력판 스프링의 총 장력이 90kgf이고, 레버비가 6 : 2일 때 클러치를 조작하는데 필요한 힘은?

[10-5] 출제율 ★

① 20kgf
② 30kgf
③ 40kgf
④ 50kgf

> 클러치는 지렛대의 원리에 의해 작동되므로 $6 : 2 = 90 : x$
> $x = 180/6 = 30kgf$

29 클러치 디스크의 런아웃이 클 때 나타날 수 있는 현상으로 가장 적합한 것은?

[13-5, 09-5, 08-1] 출제율 ★

① 클러치의 단속이 불량해진다.
② 클러치 페달의 유격에 변화가 생긴다.
③ 주행 중 소리가 난다.
④ 클러치 스프링이 파손된다.

> 런아웃(run out)이란 디스크의 일부의 변형으로 인한 디스크의 흔들림을
> 말한다.

30 클러치를 차단하고 아이들링(idling) 할 때 소리가 난다. 그 원인은?

[참고] 출제율 ★

① 비틀림 코일스프링의 파손되었다.
② 변속기어의 백래시가 작다.
③ 클러치 스프링이 파손되었다.
④ 릴리스 베어링이 마모되었다.

> 클러치 페달에 의해 릴리스 포크에 힘이 작용할 때 릴리스 베어링의 일부
> 가 마모될 경우 회전 불균형으로 인해 소음이 발생된다.

31 클러치 마찰면에 작용하는 압력이 300N, 클러치판의 지름이 80cm, 마찰계수 0.3일 때 기관의 전달회전력은 약 몇 N·m인가?

[15-1] 출제율 ★

① 36
② 56
③ 62
④ 72

> 전달 회전력(T) $= \mu \times P \times r = 0.3 \times 300 \times 0.4 = 36$ [N·m]
> 여기서, μ : 마찰계수, P : 압력(N), r : 클러치 반지름(m)

02 수동변속기

[15-1, 11-5] 출제율 ★★ ☐☐☐

1 수동변속기의 필요성으로 틀린 것은?

① 회전방향을 역으로 하기 위해
② 무부하 상태로 공전운전할 수 있게 하기 위해
③ 발진 시 각 부에 응력의 완화와 마멸을 최대화하기 위해
④ 차량발진 시 중량에 의한 관성으로 인해 큰 구동력이 필요하기 때문에

> 마멸(마모)은 최소화해야 한다.

[12-2] 출제율 ★★★ ☐☐☐

2 변속기의 기능 중 틀린 것은?

① 기관의 회전력을 변환시켜 바퀴에 전달한다.
② 기관의 회전수를 높여 바퀴의 회전력을 증가시킨다.
③ 후진을 가능하게 한다.
④ 정차할 때 기관의 공전 운전을 가능하게 한다.

> 변속기는 적절한 기어비를 통해 엔진의 동력을 주행조건에 따라 구동력 및 주행속도를 증감시키는 장치이다.

[06-2] 출제율 ★★★ ☐☐☐

3 수동변속기에 요구되는 조건이 아닌 것은?

① 소형 경량이고, 고장이 없으며 다루기 쉬울 것
② 단계가 없이 연속적으로 변속될 것
③ 회전관성이 클 것
④ 전달효율이 좋을 것

> 회전관성이 크면 신속한 변속이 어렵다.

[14-4] 출제율 ★ ☐☐☐

4 유압식 동력전달장치의 주요 구성부 중에서 최고 유압을 규제하는 릴리프 밸브가 있는 곳은?

① 동력부   ② 제어부
③ 안전 점검부   ④ 작동부

> 릴리프 밸브는 주로 유압펌프 근처에 위치하여 유압의 최대압력을 제한(과부하를 방지)하여 유압회로를 보호하는 역할을 한다.

[13-2, 10-1] 출제율 ★ ☐☐☐

5 변속기의 전진기어 중 가장 큰 구동력을 발생하는 변속단은?

① 1단   ② 2단   ③ 4단   ④ 직결 단

> 1단은 회전수는 적지만 가장 큰 토크(힘)를 발생한다. 반대로 고속단일수록 회전수는 증가하지만 토크가 작다.

[13-5] 출제율 ★ ☐☐☐

6 변속기의 기어비를 구하는 식은?

① 입력축 기어의 잇수를 출력축 기어의 잇수로 나눈다.
② 출력축 기어의 잇수를 입력축 기어의 잇수로 나눈다.
③ 입력축의 회전수를 변속단 카운터축의 회전수로 곱한다.
④ 카운터 기어 잇수를 변속단 카운터 기어 잇수로 곱한다.

> $$기어비 = \frac{출력축\ 기어의\ 잇수}{입력축\ 기어의\ 잇수} = \frac{입력축\ 회전수}{출력축\ 회전수}$$
> ※ 카운터 기어는 출력축 기어를 말한다.
> ※ 각 변속단에 따른 변속비는 '1단 – 3:1(엔진이 3회전할 때 추진축이 1회전한다), 2단 – 2:1, 3단 – 1:1, 4단 – 0.5:1, 5단 –0.3:1'와 같이 표현한다.

[참고] 출제율 ★★★ ☐☐☐

7 수동변속기의 구성품 중 [보기]의 설명이 나타내는 것은?

【보기】

> 원추 모양으로 내경이 테이퍼 면으로 가공되어 있으므로 기어의 테이퍼 면과 접촉하면서 발생하는 마찰력에 의해 클러치 작용을 한다. 따라서 출력축에 고정되어 있는 싱크로나이저 허브와 공회전하는 변속 기어를 동기화시키는 작용을 한다.

① 싱크로나이저 키
② 싱크로나이저 허브
③ 싱크로나이저 링
④ 싱크로나이저 스프링

[09-4] 출제율 ★★★ ☐☐☐

8 수동변속기에 대한 내용 중 (   ) 안에 들어갈 내용으로 맞는 것은?

【보기】

> (   )은 상시물림식을 개선하고 기어변속이 쉽도록 한 것이며, 변속할 때에는 변속레버에 의해 (   )가 움직이면 원추 클러치가 작용하고, 그 마찰력에 의해 (   )과 속도기어를 즉시 동일 속도로 만들어 준다.

① 동기 물림식, 슬리브, 주축
② 동기 물림식, 허브, 부축
③ 섭동 물림식, 허브, 출력축
④ 섭동 물림식, 슬리브, 주축

> 동기물림식은 변속 레버에 의해 슬리브를 움직이면 주축과 변속기어를 동일 속도로 동기화시켜 변속이 원활하도록 한다.

정답 **2** 1 ③ 2 ② 3 ③ 4 ① 5 ① 6 ② 7 ③ 8 ①

9 [09-1] 출제율 ★
수동변속기에 있는 아이들 기어(idle gear)의 역할은?

① 방향 전환
② 회전력 증대
③ 간극 조절
④ 감속 조절

아이들 기어는 전후진 방향을 전환하는 역할을 한다.

10 [참고] 출제율 ★★★
변속기에서 고속주행 시 기어 바꿈할 때 충돌음이 발생하는 원인으로 가장 적당한 것은?

① 바르지 못한 엔진과의 얼라인먼트
② 드라이브 기어의 마모
③ 싱크로나이저 링의 고장
④ 기어 바꿈 링키지의 헐거움

11 [07-5] 출제율 ★★★
다음 중 기어가 잘 빠지는 원인으로 맞는 것은?

① 싱크로나이저 콘(cone)부 마멸
② 클러치의 미끄러짐
③ 인터록 파손
④ 록킹 볼 마멸

록킹 볼은 기어의 빠짐을 방지하는 역할을 한다.

12 [14-5, 13-4, 11-2, 10-4, 08-5, 07-4] 출제율 ★★★★
수동변속기에서 싱크로메시(synchro mesh)기구의 기능이 작용하는 시기는?

① 클러치 페달을 놓을 때
② 클러치 페달을 밟을 때
③ 변속기어가 물릴 때
④ 변속기어가 물려있을 때

싱크로메시 기구는 감속비가 다른 메인 스플라인과 변속기어가 맞물릴 때 싱크로메시 콘(원형판)에 서로 마찰을 주어 동기(시기를 같게 함)시켜 회전속도를 일치시켜 변속기어가맞물리게 한다.

13 [16-1] 출제율 ★★
변속장치에서 동기물림 기구에 대한 설명으로 옳은 것은?

① 변속하려는 기어와 메인 스플라인과의 회전수를 같게 한다.
② 주축기어의 회전 속도를 부축기어의 회전속도 보다 빠르게 한다.
③ 주축기어와 부축기어의 회전수를 같게 한다.
④ 변속하려는 기어와 슬리브와의 회전수에는 관계없다.

동기물림 기구는 변속 시 변속레버에 의해 슬리버가 움직이면 싱크로나이저 링과 원추 클러치(콘, cone)의 마찰력에 의해 주축(메인 스플라인)과 변속하려는 기어를 동일 속도로 만들어 변속을 원활하게 한다.

14 [12-5] 출제율 ★★★★
주축기어와 부축기어가 항상 맞물려 공전하면서 클러치 기어를 이용해서 축상과 고정시키는 변속기 형식은?

① 점진 기어식
② 섭동 물림식
③ 상시 물림식
④ 유성 기어식

상시 물림식은 항상(상시) 맞물려(물림) 공전하는 기어다.

15 [14-2, 10-2, 04-4] 출제율 ★★
수동변속기 내부 구조에서 싱크로메시(synchro-mesh) 기구의 작용은?

① 배력 작용
② 가속 작용
③ 동기치합 작용
④ 감속 작용

싱크로메시 기구는 회전속도가 서로 다른 메인 스플라인과 변속기어가 맞물릴 때 싱크로메시 콘(원형판)에 서로 마찰을 주어 회전속도를 일치시켜 (동기) 맞물리게 한다.

16 [04-4] 출제율 ★★
다음 중 변속기 내의 싱크로메시 엔드플레이 측정은 어느 것으로 하는가?

① 직각자
② 필러 게이지
③ 다이얼 게이지
④ 마이크로미터

필러 게이지(틈새 게이지)는 정확한 두께의 철편이 단계별로 되어 있는 측정용 게이지로, 두 부품 사이의 간극(틈)을 측정하기 위한 것이다.
※ 엔드플레이 : 축이 축방향으로 움직일 수 있는 유격을 말한다.

17 [참고] 출제율 ★
6속 DCT(double clutch transmission)에 대한 설명으로 옳은 것은?

① 클러치 페달이 없다.
② 변속기 제어모듈이 없다.
③ 동력을 단속하는 클러치가 1개이다.
④ 변속을 위한 클러치 액추에이터가 1개이다.

DCT(더블 클러치 트랜스미션)의 특징
• 클러치와 클러치 엑추에이터를 추가하여 1, 3, 5단의 축과 2, 4, 6단의 축에 각각의 클러치를 연결하여 변속시 클러치를 끊지 않고(클러치 페달이 필요없다) 바로 다음 단으로 변속이 가능하게 하므로 구동력 손실이 적고 변속 충격이 적다.
• 변속은 변속기 제어모듈에 의해 클러치가 서로 교차되면서 단속한다.

정답 **9** ① **10** ③ **11** ④ **12** ③ **13** ① **14** ③ **15** ③ **16** ② **17** ①

18 듀얼 클러치 변속기(DCT)에 대한 설명으로 틀린 것은?

① 연료소비율이 좋다.
② 가속력이 뛰어나다.
③ 동력 손실이 적은 편이다.
④ 변속단이 없으므로 변속충격이 없다.

④는 무단변속기에 대한 설명이다.

[13-2] 출제율 ★★ ☐☐☐

19 싱크로나이저 슬리브 및 허브의 정비에 대한 설명이다. 가장 거리가 먼 것은?

① 싱크로나이저 허브와 슬리브는 이상 있는 부위만 교환한다.
② 슬리브의 안쪽 앞부분과 뒤쪽 끝이 손상되지 않았는지 점검한다.
③ 허브 앞쪽 끝부분이 마모되지 않았는지를 점검한다.
④ 싱크로나이저와 슬리브를 끼우고 부드럽게 돌아가는지 점검한다.

싱크로나이저 허브와 슬리브는 일체형 구성품으로 이상 있을 시 전체 교환한다.

[15-1, 10-5, 08-4, 07-1] 출제율 ★★★ ☐☐☐

20 수동변속기에서 기어변속 시 기어의 이중물림을 방지하기 위한 장치는?

① 파킹 볼 장치
② 록킹 볼 장치
③ 오버드라이브 장치
④ 인터록 장치

• 인터 록 장치 : 기어의 이중물림 방지
• 록킹 볼 장치 : 기어 빠짐 방지

[08-2, 05-1] 출제율 ★★★ ☐☐☐

21 변속기에서 주행 중 기어가 빠졌다. 그 고장원인 중 직접적으로 영향을 미치지 않는 것은?

① 기어 시프트 포크의 마멸
② 각 기어의 지나친 마멸
③ 오일의 부족 또는 변질
④ 각 베어링 또는 부싱의 마멸

기어가 빠지는 것은 오일과 직접적인 관련이 없다.

[14-1] 출제율 ★★★ ☐☐☐

22 동력전달장치에서 추진축이 진동하는 원인으로 가장 거리가 먼 것은?

① 요크 방향이 다르다.
② 밸런스 웨이트가 떨어졌다.
③ 중간 베어링이 마모되었다.
④ 플랜지부를 너무 조였다.

진동은 조임이 헐거워지거나 부속품의 마모에 따른 유격, 연결 불량 시 주로 발생한다.

[13-5] 출제율 ★★ ☐☐☐

23 동력전달장치에서 추진축 스플라인부의 마모가 심할 때의 현상으로 가장 적절한 것은?

① 차동기의 드라이브 피니언과 링기어의 치합이 불량하게 된다.
② 차동기의 드라이브 피니언 베어링의 조임이 헐겁게 된다.
③ 동력을 전달할 때 충격 흡수가 잘 된다.
④ 주행 중 소음을 내고 추진축이 진동한다.

[09-4] 출제율 ★★★ ☐☐☐

24 일반적으로 수동변속기의 고장 유무를 점검하는 방법으로 적합하지 않은 것은?

① 오일이 새는 곳은 없는지 점검한다.
② 조작기구의 헐거움이 있는지 점검한다.
③ 소음발생과 기어의 물림이 빠지는지 점검한다.
④ 헤리컬 기어보다 측압을 많이 받는 스퍼기어는 측압와서 마모를 점검한다.

• 스퍼기어(평기어) : 기어의 이가 평행으로 물리는 방식(후진기어에 주로 사용)
• 헬리컬 기어 : 기어의 이가 사선으로 물리는 방식이므로, 충격 소음 진동이 적으며 큰 토크를 전달하지만 측압을 받는 단점이 있다.

[11-4] 출제율 ★★★ ☐☐☐

25 수동변속기 차량에서 변속기 내부의 기어를 헬리컬 기어로 사용하는 목적은?

① 정숙한 작동을 위해서
② 변속을 쉽게 하기 위해서
③ 측압을 줄이기 위해서
④ 가속력을 높이기 위해서

헬리컬 기어는 이가 사선으로 물리므로 기어 물림률이 좋고 작동이 원활하고 정숙하여 변속기 기어에 주로 사용된다.

정답 ▶ 18 ④ 19 ① 20 ④ 21 ③ 22 ④ 23 ④ 24 ④ 25 ①

03 변속비와 종감속비

1 엔진의 회전수가 4500rpm일 경우 2단의 변속비가 1.5일 경우 변속기 출력축의 회전수(rpm)는 얼마인가?

① 1500   ② 2000   ③ 2500   ④ 3000

$$변속비 = \dfrac{엔진\ 회전수}{변속기\ 출력축\ 회전수}$$
$$\therefore\ 변속기\ 출력축\ 회전수 = \dfrac{4500}{1.5} = 3000rpm$$

2 종감속기의 감속비가 4 : 1일 때 구동피니언이 4회전하면 링 기어는 몇 회전하는가?

① 4회전   ② 3회전
③ 2회전   ④ 1회전

종감속비 = 구동 피니언의 회전수 : 링기어 회전수

3 구동 피니언의 잇수가 8개, 링 기어의 잇수가 64개 일 경우 종감속비는?

① 7 : 1   ② 8 : 1
③ 9 : 1   ④ 10 : 1

종감속비 = 링기어 잇수 : 구동 피니언의 잇수 = 64 : 8 = 8 : 1

4 구동 피니언의 잇수가 15, 링기어의 잇수가 58일 때의 종감속비는 약 얼마인가?

① 2.58   ② 3.87   ③ 4.02   ④ 2.94

$$종감속비 = \dfrac{링기어의\ 잇수}{구동피니언의\ 잇수} = \dfrac{58}{15} \fallingdotseq 3.87$$

5 종감속 기어의 감속비가 5 : 1일 때 링기어가 2회전 하려면 구동피니언은 몇 회전하는가?

① 12회전   ② 10회전
③ 5회전   ④ 1회전

종감속비 = 구동 피니언의 회전수(x) : 링기어 회전수(2) = 5 : 1
∴ 구동 피니언의 회전수(x) = 10 회전

6 기관의 회전수가 5500rpm이고 기관출력이 70PS이며 총 감속비가 5.5일 때 뒤 액슬축의 회전수는?

① 800rpm   ② 1000rpm
③ 1200rpm   ④ 1400rpm

$$구동축(액슬축)\ 회전수 = \dfrac{엔진\ 회전수}{총\ 감속비} = \dfrac{5500}{5.5} = 1000rpm$$

7 종감속 기어의 구동 피니언 잇수가 6, 링기어 잇수가 42인 자동차가 평탄한 도로를 직진할 때 추진축의 회전수가 2100rpm이면 오른쪽 뒷바퀴의 회전수는?

① 150rpm   ② 300rpm
③ 450rpm   ④ 600rpm

$$종감속비 = \dfrac{링기어의\ 잇수}{구동피니언의\ 잇수} = \dfrac{추진축(구동피니언)\ 회전수}{액슬축(링기어)\ 회전수}$$
$$= \dfrac{42}{6} = \dfrac{2100}{x} \quad \therefore\ x = \dfrac{2100 \times 6}{42} = 300rpm$$

종감속비의 기본 개념
종감속비와 변속기 기어비는 다음 공식과 같은 의미이다.

$$속도비(기어비) = \dfrac{입력축\ 회전수}{출력축\ 회전수} = \dfrac{출력축\ 기어잇수}{입력축\ 기어잇수}$$

※ 변속기를 기준으로 크랭크축은 입력, 추진축은 출력에 해당하고 종감속기어를 기준으로 추진축은 입력, 링기어는 출력에 해당된다.

※ 자세한 설명은 191페이지 참조

8 종감속비가 6인 자동차에서 추진축의 회전수가 900rpm일 때 뒤차축의 회전수는 얼마인가? (단, 직진으로 주행하고, 변속기 변속비는 1.5 : 1 이다)

① 100rpm   ② 150rpm
③ 600rpm   ④ 900rpm

$$종감속비 = \dfrac{추진축\ 회전수}{액슬축\ 회전수}, \quad 6 = \dfrac{900}{x}, \quad x = \dfrac{900}{6} = 150rpm$$

9 변속기의 1단 감속비가 4 : 1이고, 종감속 기어의 감속비는 5 : 1일 때 총감속비는?

① 0.8 : 1   ② 1.25 : 1
③ 20 : 1   ④ 30 : 1

총감속비 = 변속비×종감속비 = 4×5 = 20

10
[10-2] 출제율 ★★★

기관의 회전수가 2400rpm, 변속비는 1.5, 종감속비가 4.0일 때 바퀴의 회전수는?

① 400rpm
② 600rpm
③ 800rpm
④ 1000rpm

- 총 감속비 = 변속비×종감속비 = 1.5×4 = 6
- 액슬축(링기어) 회전수 = $\dfrac{엔진 회전수}{총감속비}$ = $\dfrac{2400}{6}$ = 400rpm

11
[14-1, 12-4, 06-2] 출제율 ★★★

기관 최고 출력이 70 PS인 자동차가 직진하고 있을 때 변속기 출력축의 회전수가 4800 rpm, 종감속비가 2.4이면 뒤 액슬의 회전속도는?

① 1000 rpm
② 2000 rpm
③ 2500 rpm
④ 3000 rpm

- 종감속비 = $\dfrac{추진축 회전수}{액슬축 회전수}$
- 변속기 출력축은 추진축과 같은 의미이다.

$2.4 = \dfrac{4800}{x}$ → $x = \dfrac{4800}{2.4}$ = 2000 rpm

04　수동변속기 정비

1
[14-4, 05-5] 출제율 ★★★

수동변속기 정비 시 측정 할 항목이 아닌 것은?

① 주축 엔드플레이
② 주축의 휨
③ 기어의 직각도
④ 슬리브와 포크의 간극

변속기 측정 항목
주축/부축 엔드플레이, 싱크로나이저 링과 기어의 간극, 주축/부축의 휨, 종감속기어 백래시, 슬리브와 포크의 간극

2
[12-1] 출제율 ★★★

수동 변속기 자동차에서 변속이 어려운 이유 중 틀린 것은?

① 클러치의 끊김 불량
② 컨트롤 케이블의 조정 불량
③ 기어 오일 과다 주입
④ 싱크로메시 기구의 불량

3
[12-4] 출제율 ★★★

수동변속기에서 기어 변속이 힘든 경우로 틀린 것은?

① 클러치 자유간극(유격)이 부족할 경우
② 싱크로나이저 스프링이 약화된 경우
③ 변속 축 혹은 포크가 마모된 경우
④ 싱크로나이저 링과 기어 콘의 접촉이 불량한 경우

클러치 자유간극은 클러치 페달의 간극을 말한다. 클러치 페달에서 발을 떼었을 때 릴리스 베어링이 릴리스 레버에 닿게 되면 베어링 손상과 클러치 슬립으로 인한 손상이 일어나기 때문에 이를 방지하기 위해 간극을 둔다.

4
[05-1] 출제율 ★

변속기 부축의 축방향 유격은 무엇으로 조정하는가?

① 시임(seam)
② 스러스트 와셔
③ 플레이트
④ 키(key)

스러스트(thrust)란 '추력' 즉 '축방향의 힘'을 의미하며, 스러스트 와셔는 변속기축(또는 크랭크축)의 축방향 움직임을 조정하는 역할을 한다.

레이디얼 방향　　스러스트 와셔
축방향　　　축방향 유격

5
[05-1] 출제율 ★★★

클러치 판의 점검 항목에 해당하지 않는 것은?

① 페이싱의 리벳 깊이
② 판의 비틀림
③ 토션 스프링의 장력
④ 페이싱의 폭

- 클러치 판의 마모 시 페이싱의 두께가 마모되며, 페이싱 폭은 무관하다.
- 리벳 깊이를 통해 클러치판의 마모 정도를 측정할 수 있다.

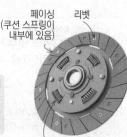

페이싱 (쿠션 스프링이 내부에 있음)　리벳
토션 스프링

6
[12-3, 09-1] 출제율 ★★

부품 분해 시 솔벤트로 닦으면 안 되는 것은?

① 릴리스 베어링
② 십자축 베어링
③ 허브 베어링
④ 차동장치 베어링

릴리스 베어링, 워터펌프 베어링은 그리스를 영구적으로 주입하는 형식으로, 솔벤트로 세척하면 그리스가 녹아 윤활성이 떨어진다.

정답　**10** ①　**11** ②　**4**　**1** ③　**2** ③　**3** ①　**4** ②　**5** ④　**6** ①

02 드라이브 라인

Craftsman Motor Vehicles Maintenance

[예상문항 : 2~4문제] 이 섹션에서는 드라이브 라인, 종감속기어, 등속이음의 종류, 구동력과 회전수에 대해 출제빈도가 높습니다. 계산문제는 공식암기보다 원리를 파악해야 하는 문제가 출제됩니다. 검사·점검 문제가 출제되므로 NCS 학습모듈에 관한 학습이 필요합니다.

↑ 동력전달과정
(출처 : 카닷TV)

01 드라이브 라인(Drive line)

엔진에서 발생된 동력을 플라이휠과 변속기를 거쳐 구동바퀴까지 전달하는 축으로 동력전달장치에 따른 분류(FF, FR, RR, 4WD)에 따라 추진축, 액슬축, 구동축(등속축)으로 나뉜다.

1 추진축(프로펠러 샤프트, propeller Shaft) – FR방식, 4DW방식
① 변속기와 종감속기어 사이의 동력을 전달
② 속이 빈 강관(중공축)을 사용하며 가벼우면서도 동일 무게 대비 비틀림 저항이 크다.
③ 추진축 길이가 길 경우 추진축을 분할하고, 각 축의 뒷부분에 센터 베어링으로 프레임에 지지한다.
④ 추진축의 앞뒤 요크는 동일 평면에 있어야 한다.
⑤ 추진축에 작용하는 힘 : 차체 관성, 상하 진동, 비틀림, 굽힘

평형추 (balance weight)	회전 시 평형을 유지
토션 댐퍼 (torsion damper)	• 비틀림 진동 억제를 위해 휠링* 현상을 방지하기 위해 • 추진축의 한쪽 부분에 스플라인을 두고, 스플라인 플랜지 위에 탄성체의 댐퍼 고무를 두고 그 위에 관성 질량이 큰 댐퍼 휠을 부착한다.

▶ 휠링(whirling, 휘돌림 현상)
회전 시 발생하는 추진축의 굽힘 진동을 말하며, 추진축의 기하학적 중심(도형 중심)과 질량적 중심이 일치하지 않았을 때 발생한다.

▶ 추진축이 진동하는 원인
• 추진축이 휘어졌을 때
• 십자축 베어링이 마모되었을 때
• 요크의 방향이 틀릴 때
• 평형추(밸러스웨이트)가 떨어졌을 때

2 등속축(Constant Velocity Shaft) – FF방식, RR방식, 4DW방식
종감속 기어에 나온 구동력을 구동바퀴까지 각의 변화와 길이 변화를 주어 구동을 전달한다.

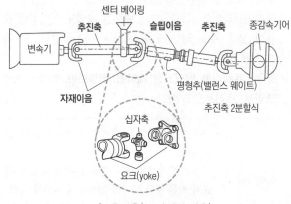

↑ 추진축(FR방식의 경우)

02 자재이음과 슬립이음

드라이브 라인의 동력전달 과정에서 축의 각도 변화, 길이 변화를 가능하게 하는 부품을 말한다.

1 자재이음(universal joint)
추진축의 각도 변화가 가능
(일정 한도 내의 각도를 가진 두 축 사이에 회전력을 전달)

(1) 십자형 자재이음
• 2개의 요크를 니들롤러베어링과 십자축으로 연결에 연결하는 방식으로 추진축 앞뒤에 설치되어 회전각도를 변화시킨다.
• 설치 각도 : 12~18°

(2) 플렉시블 이음

- 가죽이나 경질의 고무로 만든 커플링을 이용한 것으로 동력전달 계통이 비틀림 진동을 흡수하며, 소음이 적다.
- 마찰 부분이 없고, 급유할 필요가 없으며 원주방향의 급격한 회전을 완화할 수 있고 구동계를 보호한다.
- 설치 각도 : 3~5° 이내

(3) 볼&트러니언 이음

자재 이음과 슬립 이음의 역할을 동시에 하는 형식

(4) CV(등속도) 자재이음 `필수암기`

① 변속기와 종감속기어 사이에서 동력을 전달하는 드라이브 라인 뿐만 아니라 앞바퀴 구동용 차축에서도 적용되므로, 회전 각속도가 맞지 않는 경우 조향성능에도 문제가 발생된다. 이를 방지하기 위한 것이다.

② 드라이브라인의 각도가 크게 변화할 때에도 동력전달 효율이 높다. 주로 FF(front engine front drive) 차량의 구동축에 사용된다.

③ 종류 : **트랙터형, 벤딕스형, 제파형, 버필드형,** 더블 오프셋 조인트, 트리포드조인트

트랙터형	• 좌우 요크사이의 두 개의 슬라이더가 두 개 겹친 구조 • 완전히 등속성을 내지 못하며, 작동 각도가 비교적 적을 뿐만 아니라 센터를 유지하기 위해 2조의 베어링이 필요하므로 독립현가식의 앞바퀴 구동차에서는 사용하지 않는다.

볼형	• **제파형**(Rzeppa)
	  – 이너(inner)와 아우터(outter) 레이서 사이에 있는 케이지에 의해 볼은 일정한 위치를 유지됨
	  – 작동각(45~48°)이 커 휠 허브측 조인트에 사용
	  – 등속성 우수, 소형, 취급 용이
	• **버필드형** : 제파형을 개량한 것으로, 전륜구동형의 **구동축의 휠 허브측 조인트**에 설치
	• **더블 오프셋 조인트** : 기본 구성은 같으나, 아우터 레이서가 직선 형태로 축방향으로 이동이 가능해(길이방향 변화) 충격 하중에 강하다.
	• 전륜구동형의 차동기어(변속기)쪽에 설치

트리포드 조인트 (tripod joint)	• 아우터(outer) 레이서 내부에 스파이더 3개가 등간격으로 배치되어 구동축에 연결되고, 레이디얼(radial, 방사형) 방향으로 지지한다. • 축방향 이동이 가능하며, 방진성이 양호하고, 토크 용량이 크다. • 전륜구동형의 차동기어(변속기)쪽에 설치

▶ 등속조인트(CVJ)의 원리
- 구동축은 등속조인트(Constant Velocity Joint, CVJ)에 의해 연결된다.
- 등속조인트의 원리 : 구동축과 피동축은 접촉점이 축과 만나는 각의 2등분 선상에 있다.(볼이 만나는 각의 2등분 선상에 놓음)

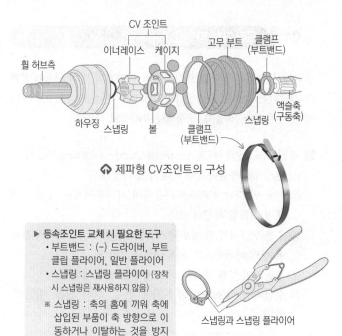

⬆ 제파형 CV조인트의 구성

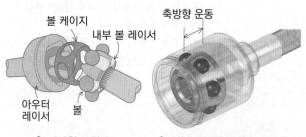

▶ 등속조인트 교체 시 필요한 도구
- 부트밴드 : (−) 드라이버, 부트 클립 플라이어, 일반 플라이어
- 스냅링 : 스냅링 플라이어 (장착 시 스냅링은 재사용하지 않음)
- ※ 스냅링 : 축의 홈에 끼워 축에 삽입된 부품이 축 방향으로 이동하거나 이탈하는 것을 방지하는 역할을 한다.

스냅링과 스냅링 플라이어

⬆ 제파형 조인트　⬆ 더블 오프셋 조인트

⬆ 트리포드 조인트　⬆ CV 조인트의 작동

2 슬립 이음(Slip joint, 슬립조인트)

추진축의 길이 방향의 변화를 주기 위해 추진축 중간에 스플라인 이음으로 길이의 신축성을 준 장치이다.

⬆ 슬립 이음

▶ 참고) 토크 스티어와 조인트 샤프트
 • 토크 스티어 : 전륜 구동방식(FF)의 경우 좌우 구동축의 길이가 달라질 때가 있다. 이렇게 비대칭 구동축을 적용한 차들은 주행 중에 CV 조인트의 각도가 달라져 비틀림 강성의 차이가 발생하게 되고, 급가속 또는 급제동 등 구동토크가 급격하게 변할 경우 때 차량이 한쪽으로 쏠리는 현상을 말한다.
 • 방지법 : 좌우 구동축의 길이가 같아지도록 조인트 샤프트를 적용하여 토크 스티어를 방지한다.

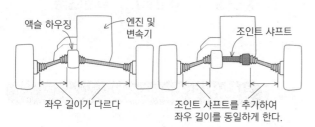

⬆ 토크 스티어와 조인트 샤프트

3 **구동축 지지방식의 종류**(액슬 하우징의 지지에 따른) `필수암기`

전부동식 (full floating)	• 자동차의 모든 중량을 액슬 하우징에서 지지하고 차축은 동력만을 전달하는 방식이다. • 무거운 중량을 지지 할 수 있어서 화물차나 버스 등 대형차량에 주로 사용한다. • 차량 중량을 하우징이 지지하므로 타이어를 제거하지 않고도 액슬축(차축)을 빼낼 수 있는 특징이 있다.
반부동식	• 액슬 하우징이 차량 중량의 1/2, 차축이 차량 중량의 1/2을 지지한다.(차축이 동력을 전달함과 동시에 차량중량을 1/2 정도 지지) • 구동 바퀴가 직접 차축에 설치한다. • 승용차량과 같이 중량이 가볍고 높은 속도를 필요로 하는 자동차에 적합하나 굽힘 및 충격하중을 받는다. • 바깥쪽은 리테이너로 고정시킨 허브 베어링으로 결합되므로 내부고정 장치를 풀어야만 차축을 빼낼 수 있다.

3/4 부동식	• 액슬 하우징이 차량 중량의 3/4, 차축이 차량 중량의 1/4을 지지한다. • 차축은 동력을 전달하면서 하중은 1/4정도만 지지하는 형식이다. • 소형차량에 사용된다. • 차축 바깥쪽 끝에 차축 허브를 둔다. • 차축하우징에 베어링을 두어 허브를 지지한다.

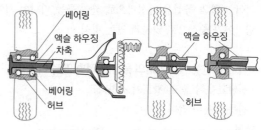

⬆ 전부동식 ⬆ 반부동식 ⬆ 3/4부동식

5 센터 베어링(Center bearing)
① 대형 자동차의 경우 추진축의 길이가 길어 비틀림 진동을 많이 받기 때문에 중간에 중심 베어링을 설치한다.
② **센터 베어링을 두는 이유** : 추진축을 분할하여 추진축을 짧게하여 굽힘 강성 증가, 고속 주행 시 진동·소음 저감, 지상고를 낮게 할 수 있다.
③ 구조 : 고무 부싱 안에 베어링이 설치되어 있고, 뒤쪽에는 진동 흡수를 위하여 비틀림 댐퍼가 설치되어 있다.

03 **종감속기어**(終減速, final reduction gear)

1 개요
① 종감속기어는 추진축에서 받은 동력을 직각으로 바꾸어 뒤차축(액슬축)에 전달함과 동시에 감속을 통해 토크를 증가시키는 장치이다.
② 구성 : 구동 피니언기어(추진축 연결)와 링기어(뒤차축 연결)
③ 종류 : 웜기어, 스파이럴 베벨기어, 하이포이드 기어

▶ **동력배분장치의 구성**(드라이빙 & 디퍼렌셜)
종감속기어(회전방향 전환, 감속 작용), 차동장치, 차동제한장치, 액슬축(뒷바퀴 구동)

② 웜과 웜기어

① 추진축에 웜을 설치하고, 차동기어케이스에 설치된 웜기어와 맞물려 있는 형식
② 장점 : **큰 감속비**를 얻을 수 있으며, 차고를 낮출 수 있다.
③ 단점 : 동력전달의 효율이 낮고 발열되기 쉬움, 접촉면이 부딪히므로 충격·소음이 크다.

③ 스파이럴 베벨기어(spiral bevel gear)

① 기어 이빨의 곡선을 나선형으로 하여 구동 피니어 기어와 링기어가 중심으로 맞물려 있는 형식
② 장점
  • 이가 나선형으로 **기어의 물림률(접촉 면적)이 좋다.**
  • **전달효율이 좋고, 강도가 강하다.**
  • 진동·소음이 적다.(정숙하다)
③ 단점
  • 회전 시 축방향으로 미끄러지려는 힘이 생기므로 테이퍼 롤러 베어링을 사용해야 한다.
  • 제작이 어렵다.

④ 하이포이드 기어(hypoid gear) 〔필수암기〕

① 스파이럴 베벨 기어에서 **구동피니언 중심이 링기어 중심보다 낮게 편심(옵셋)**시킨 기어이다.
② **후륜차량(FR)의 최종감속기어에 사용**된다.
③ 장점
  • 스파이럴 베벨기어과 마찬가지로 기어의 물림률이 크다.
  • **구동피니언 및 추진축을 낮아지므로 차고를 낮추고**(승차 공간 확보 유리), 안전성을 증가함
  • 동일한 크기의 링기어일 경우 스파이럴 베벨 기어에 비해 구동 피니언을 크게 할 수 있어서 기어 이의 강도가 증가한다.
④ 단점
  • 톱니 폭의 방향으로 미끄럼 접촉을 하므로 스코어링(흠집)이 발생되기 쉽고 전달효율도 낮아진다. 이에 특별한 윤활유(극압 윤활유)를 사용한다.

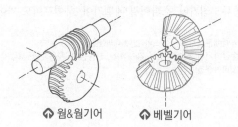

⤒ 웜&웜기어   ⤒ 베벨기어

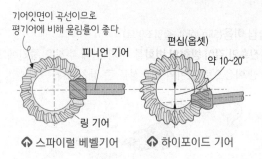

기어잇면이 곡선이므로 평기어에 비해 물림률이 좋다.

피니언 기어

편심(옵셋)
약 10~20°

링 기어

⤒ 스파이럴 베벨기어   ⤒ 하이포이드 기어

⑤ 리어 액슬 하우징(rear axle housing)

액슬 하우징은 중앙부에 디퍼렌셜이 설치된 형상 등에 의해 벤조형(banjo type), 분할형(split type), 빌드업형(build-up type)의 3가지로 분류되는데, 벤조형이 현재 가장 많이 사용된다.

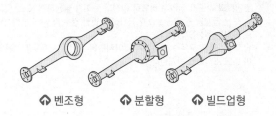

⤒ 벤조형   ⤒ 분할형   ⤒ 빌드업형

---

04 차동장치 및 차동제한장치

① 차동장치(差動裝置, Differential gear)

① 울퉁불퉁한 도로의 주행 또는 선회 시 좌우 바퀴의 회전수를 변화시켜 원활히 회전하게 하는 장치이다.
② 구성 : 차동 피니언, 차동 피니언 축, 사이드 기어, 차동 기어 케이스
③ 기본 작동
  • **평탄한 도로를 직진할 때** : 좌우 구동 바퀴의 회전 저항이 동일하기 때문에 차동 기어 전체가 하나로 회전하게 된다.
    → 링기어와 차동기어 케이스는 결합되어 있어 동일한 속도로 회전한다.

  • **선회할 때** : 안쪽 바퀴는 바깥쪽 바퀴보다 저항을 커져 회전 속도는 감소되고, 그만큼 차동 피니언이 회전하여 바깥쪽 바퀴를 증속시킨다. 이 때 차동 피니언과 사이드 모두 자전(스스로 自, 회전 轉)한다.
④ 기본 원리 : 노면에 따라 좌우 바퀴의 움직임(動)을 달리하는 (差) 장치를 말하며, **래크&피니언의 원리**를 이용한다.

> ▶ 래크&피니언의 원리
> • 회전운동을 직선 운동으로 변환
> • 차동장치, 조향장치에 이용

⤴ 차동장치의 원리

② 차동제한장치(LSD, Limited Slip Differential)

① 미끄러운 빗길이나 진흙길에서 한 바퀴가 미끄러질 때(슬립될 때) 동력을 감소시켜 공전을 방지하고, 대신 지면과 마찰이 있는 반대쪽 바퀴에 구동토크를 전달하는 장치이다.

② 차동장치 양쪽에 다판 클러치를 설치하여 링기어의 회전력이 차동기어 케이스를 통해 전달되도록 한다.

③ 차동 제한장치의 장점

- 미끄러운 노면에서 출발이 용이하며, 눈길·진흙길이나 웅덩이 등에서 탈출하기 쉽다.
- 미끄럼이 방지되어 타이어 수명을 연장할 수 있다.
- 고속 직진 주행, 급가속, 급발진, 코너링 및 강한 횡풍에도 주행 안전성을 좋다.
- 경사로에서의 주·정차가 쉽다.
- 핸들의 정확한 조작이 용이하다.

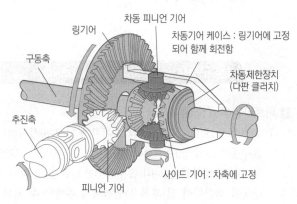

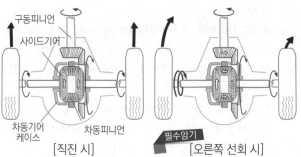

[직진 시]   [오른쪽 선회 시]

⤴ 차동장치의 원리

차동장치의 동력전달 순서

- 직진 시 : 추진축 → 구동 피니언 기어 → 링 기어 → 차동기어 케이스 → 구동축 → 바퀴
- 선회 시 : 추진축 → 구동 피니언 기어 → 링 기어 → 차동기어 케이스 → 차동 피니언 기어 → 사이드 기어 → 구동축 → 바퀴

---

05 **구동력, 주행속도, 주행저항**

① 구동력 필수암기

구동바퀴가 자동차를 미는 힘, 회전하는 힘을 말한다.

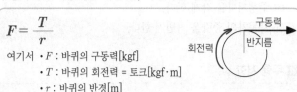

$$F = \frac{T}{r}$$

여기서 · F : 바퀴의 구동력[kgf]
· T : 바퀴의 회전력 = 토크[kgf·m]
· r : 바퀴의 반경[m]

개념 이해 : 토크 = 힘×거리 → 바퀴의 회전력 = 구동력×반지름

③ 주행속도 구하기 필수암기

자동차 속도는 **바퀴 둘레(타이어 외경)가 얼마만큼 회전하느냐**, 즉 타이어 외경의 회전속도를 말한다. 바퀴 둘레(원둘레)는 'π×지름'을 말하며, 여기에 구동바퀴의 회전수를 곱하면 자동차 속도를 구할 수 있다.

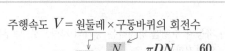

주행속도 V = 원둘레×구동바퀴의 회전수

$$V = \pi D \times \frac{N}{R_T} = \frac{\pi D N}{R_t \times R_f} \times \frac{60}{1,000}$$

- V : 주행속도[km/h]   · D : 바퀴의 직경[m]
- N : 엔진 회전수[rpm]   · R_t : 변속비
- R_f : 종감속비   ※ 총감속비(R_T) = $R_t \times R_f$

개념 정리하기

바퀴속도(주행속도)란 바퀴의 둘레가 얼마나 회전하느냐를 말한다.
→ 바퀴속도 = 타이어의 원주둘레×구동바퀴의 회전수

- 바퀴의 원주둘레(원둘레) = $\pi \times D$ (3.14×지름)
- 엔진 회전은 변속기(변속비), 종감속장치(종감속비)를 거쳐 구동축에 전달되므로 바퀴 회전수는 다음과 같다.

> 구동축(바퀴) 회전수 = $\dfrac{엔진 회전수}{총감속비}$ = $\dfrac{엔진 회전수}{변속비×종감속비}$

- 60/1000 : m/s 단위를 km/h로 변환하기 위한 것으로 1 km = 1000 m, 1 RPM = 60 rev/min 이다.

※ 회전수 [RPM] : 'Revolutions Per Minute, rev/min' 즉, 1분당 회전수를 의미한다.

※ 만약, N이 '엔진 회전수'가 아닌 '바퀴 회전수'라면 $V = \pi D N \times \dfrac{60}{1000}$ 로 계산한다.

실제 계산을 할 때는 rev는 무단위이므로 '1/min'으로 계산한다.

② 가속성능(토크)의 향상 조건

① 여유 구동력을 크게 한다.
② 바퀴의 유효반경을 작게 한다.
③ 종감속비를 크게 한다.
④ 주행저항을 작게 한다.
⑤ 자동차의 중량을 가볍게 한다.

④ 주행 저항

구름 저항	• 바퀴가 수평노면을 굴러갈 때 발생하는 저항 • 노면의 굴곡, 타이어 접지부 저항, 타이어의 노면 마찰손실에서 발생 • 바퀴에 걸리는 차량 하중에 비례한다.
구배 저항 (등판저항)	• 경사길(구배길)을 올라갈 때 차량 중량에 의해 경사면에 평평하게 작용하는 분력힘의 성분으로 경사각을 경사면 구배율 %로 표시한다.
가속 저항	• 자동차의 주행속도를 변화시키는데 필요함 힘을 말하며, 관성을 이기는 힘으로 '관성저항'이라고도 함
공기 저항	• 자동차 주행을 방해하는 공기의 저항으로, 대부분 압력저항이다. • 차체 형상에 따라 기류의 박리에 의해 발생하는 맴돌이 현상 저항과 자동차의 양력에 의한 유도 저항이다. • 자동차 투영면적과 주행속도의 곱이 비례한다.
전주행 저항	• 평탄로 등속주행 시 전주행저항 = 구름저항 + 공기저항 • 경사로 등속주행 시 전주행저항 = 구름저항 + 공기저항 + 등판저항 • 평탄로 등가속 주행시 전주행저항 = 구름저항 + 공기저항 + 가속저항 • 경사로 등가속 주행시 전주행저항 = 구름저항 + 공기저항 + 가속저항 + 등판저항

[주행 저항 공식]

[구름저항 = 마찰력]
$$R_r = \mu_r \cdot W$$
(μ_r : 구름저항 계수, W : 차량 총중량)

[구배저항]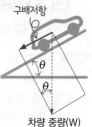
$$R_g = W \cdot sin\theta$$
$$= W \cdot \frac{G}{100}$$
G : 구배율(%) = $sin\theta \times 100\%$

차량 중량(W)

[공기저항]
$$R_a = \mu_a \cdot A \cdot V^2$$
(μ_a : 공기저항 계수[kgf·s²/m⁴], A : 전면 투영면적[m²],
V : 주행속도[m/s])

[가속저항]
$$R_c = \alpha \cdot \frac{W + \Delta W}{g}$$
(α : 가속도[m/sec²], W : 차량 총중량, ΔW : 탑승자 및 적재물
총중량, g : 중력가속도(9.8m/sec²))

▶ 주행 저항의 구분(자동차의 중량과 관련 유무에 따라)
• 중량과 관련 ○ : 구름저항, 구배저항, 가속저항
• 중량과 관련 × : 공기저항

06 | 4륜 구동(4 wheel drive, all wheel drive)

① 파트타임(part time) 4WD

① 운전석에 2WD – 4WD 전환 스위치가 있어 평상시에는 2륜구동으로 주행(FF 차량이라면 전륜이 구동됨)하고, 도로상황이나 주행여건(눈길이나 급경사, 거친 노면 등)에 따라 4륜구동을 변환하여 전·후륜을 연결시켜 주행할 수 있는 방식이다.
② 모드 : 2H(2WD), 고속 4WD(미끄러운 노면), 저속 4WD(급경사, 험로)
③ 전·후륜 연결방식 : 기계적 직결식, 엔진의 흡입 부압을 이용한 방식
④ 후륜구동에서 전륜에 동력을 전달하는 기계식의 경우 전·후 차동장치 사이는 완충장치 없이 직결되므로 선회 시 타이트 코너 브레이킹 현상이 일어난다.

▶ 트랜스퍼 케이스 (transfer case)
도로 조건이 불량한 곳에서 운행되는 차량에 더 많은 견인력을 공급하기 위해 트랜스미션에 부착되어 전륜 혹은 후륜으로 구동력을 전달하는 장치이다.

▶ 타이트 코너 브레이킹 현상 (tight corner braking development)
4WD 모드로 선회할 때 앞·뒤 바퀴의 회전수가 동일하여 앞·뒤 바퀴의 선회반경 차이로 인해 앞바퀴는 브레이크에 걸리는 느낌이 들고 뒷바퀴는 공전하는 느낌이 드는 것을 말한다.
미끄러운 눈길이나 험로에서 4륜구동을 사용하기 때문에 셀렉티브 4WD라고도 한다.

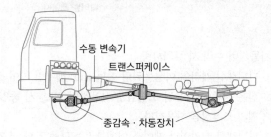

수동 변속기
트랜스퍼케이스
종감속 · 차동장치

【트랜스퍼 케이스】

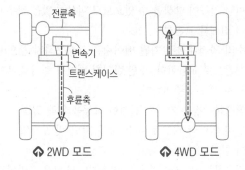

전륜축
변속기
트랜스케이스
후륜축

⬆ 2WD 모드   ⬆ 4WD 모드

② 풀타임(full time) 4WD
① 2WD-4WD 전환없이 항상 4륜 구동이 가능한 타입을 말하며, 전·후륜의 회전 속도차를 흡수하여 타이트 코너 브레이킹 현상을 해소하고 항상 4륜구동으로 주행하는 방식이다.
② 도로 조건이나 기상 조건 등에 영향을 크게 받지 않고 안정된 주행이 가능하다.
③ 동력 분배방식
  • 고정 분배식 : 전·후륜의 구동력 배분이 항상 일정한 비율
  • 가변 분배식 : 노면 상황이나 주행 상태 등에 따라 구동력 배분이 변함

▶ 추진축 : 변속기에서 나온 구동력을 종감속 기어까지 각의 변화와 길이의 변화를 주어 구동력을 전달하며 주로 FR(후륜 구동) 방식과 4DW(4륜 구동) 방식에서 변속기와 종감속기어 사이에 설치되어 있다.
▶ 구동축(액슬축) : 종감속장치에서 바퀴로 구동력을 전달하는 회전축으로 독립 현가장치의 경우 자재이음(유니버설 조인트)에 의하여 각도가 변화되어도 구동력을 전달하며, 축 방향으로 신축(伸縮)할 수 있는 기능을 갖추고 있다.

① 추진축(프로펠러 샤프트)
① 점검 : 균열, 비틀림, 밸런스 웨이트, 유니버셜 조인트(이음 및 과도한 움직임 등)
② 추진축 휨 점검방법 : V블록 위에 추진축을 올리고 다이얼 게이지로 점검한다. 추진축을 1회전시켜 휨 값을 측정하고 판독한다. 이 때 다이얼 게이지 바늘이 움직인 눈금 양의 1/2이 휨 값이다.
  → 다이얼게이지는 사용 전 0점 조정을 해야 하며, 추진축 휨이 규정값 이상일 경우 교환
  → 추진축 휨 점검 시 3군데를 측정한다.(앞 · 중간 · 뒷부분)
③ 십자형 훅 조인트 해체 및 조립 시 플라스틱 해머를 사용한다.
④ 바이스에 물릴 때 고무, 헝겊, 패드 등을 끼워 손상을 방지한다.
⑤ 스냅링은 신품으로 교체한다.
⑥ 조립 시 요크의 방향이 동일 평면이 되도록 한다.
⑦ 추진축을 장착 후 흔들어 보아 유격이 있으면 자재 이음 베어링의 불량이므로 베어링을 교환한다.

필수암기

② 구동축(액슬축, 드라이브 샤프트)
① B.J 어셈블리(버필드 조인트)는 분해하지 않는다.
② 구동축 조인트는 특수 그리스를 사용해야 하므로 다른 종류의 그리스는 첨가하지 않는다.
③ 부트 밴드(볼트를 조여 부트를 고정시키는 금속 밴드)와 스냅링은 반드시 신품으로 교환한다.
④ 부트는 휠측과 차동기어측이 서로 다르므로 주의해야 한다.
⑤ 결합마크를 표시할 때 펀치로 마크하지 않는다.
  → 기어와 같은 부품을 교체하거나 정비 시 대부분의 결합부위는 마크펜이나 유성펜 등으로 마크를 표시하여 조립 시 동일한 위치로 결합한다.
⑥ 드라이브 샤프트에서 트러니언 어셈블리를 분리할 때 롤러 베어링을 타격하지 않는다.
⑦ CV 조인트는 동일한 차종이어도 수동·자동변속기용을 서로 혼용해서는 안된다.

chapter 03

3 종감속기어 및 차동장치 `필수암기`

(1) 종감속기어의 점검

① 링기어와 피니언의 간극(백래시) 측정 : 다이얼게이지

② 링기어와 피니언의 접촉 점검 : 광명단을 발라 검사

    (3/4 이상 접촉해야 함)

③ 사이드기어의 스러스트 간극 점검 : 필러게이지

④ 구동 피니언의 프리로드 점검 : 스프링 저울이나 토크렌치

(2) 피니언기어와 사이드 기어의 백래시 점검

① 피니언 기어에 다이얼 게이지를 설치한다.

② 사이드 기어의 한 곳을 고정한다.

③ 피니언 기어를 움직여 피니언 기어 선단에서 백래시를 측정한다.

④ 백래시가 표준치를 벗어나 있으면 스러스트 와셔의 두께를 가감하여 조정한다.

`필수암기`

▶ 백래시(backlash)

• 1쌍의 기어가 원활하게 회전되려면 기어 사이에 약간의 틈새가 필요하며 이를 백래시라 한다.(기어 사이가 물린 상태에서 기어를 흔들어 보면 약간의 유격이 있다)

• 백래시가 지나치게 크면 : 기어 사이의 맞물림이 나빠 충격을 주어 기어가 손상되기 쉽고 유격, 소음, 진동이 발생된다.

• 백래시가 지나치게 작으면 : 기어 사이의 저항력이 커져 기어 회전이 무거워 동력 손실의 원인이 되며, 열이 발생된다.

피치원 : 기어가 맞물리는 접점을 연결한 가상의 원

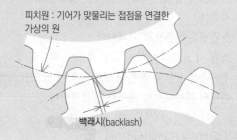

백래시(backlash)

(3) 링기어와 구동 피니언 기어의 백래시 점검

① 바이스에 차동 기어 어셈블리를 고정시킨다.

    → 차동기어의 손상을 방지하기 위해 바이스에 고정시키기 전에 차동기어와 바이스 사이에 부드러운 동판이나 나무 등을 물린다.

② 로크 너트 렌치를 이용하여 사이드 기어에 설치한다.

③ 오일 주입구 플러그 홀에 백래시 점검 홀을 정렬시킨다.

④ 다이얼 게이지를 설치하여 캐리어 3~4곳의 동일한 면에서 백래시를 측정한다.

⑤ 백래시 점검은 구동 피니언을 고정하고, 링기어를 움직여 점검한다.

⑥ 링기어 런 아웃(흔들림) 조정 : 규정값 이상일 경우 분해·청소 후 재조립하며, 증상이 계속되면 링기어를 교환한다.

▶ 런아웃 점검

• 런아웃은 링기어(또는 플라이휠)의 불균형으로 인한 원판의 흔들림을 말한다.

• 다이얼 게이지의 스핀들을 링기어 뒷면에 직각으로 설치하여 축방향면의 불균형을 측정한다.

• 링기어를 1회전시켜 지침의 움직임 중 최대값을 읽는다.

링기어

다이얼 게이지

(4) 차동기어 수리 시 주의사항

① 디퍼렌셜 캐리어 어셈블리의 이너(inner) 베어링 기어 조정심은 기존에 적용된 조정심을 사용하며, 파손 시 동일 두께의 조정심을 사용한다.

② 디퍼렌셜 캐리어나 케이스 어셈블리는 단품 교환 시 기존의 이너 베어링 기어 조정심과 맞지 않으면 불일치로 소음이나 진동이 발생할 수 있으므로 이상이 있을 경우 어셈블리 전체를 교환한다.

③ 수리 과정에서 탈거된 베어링은 재사용하지 않으며 항상 신품으로 교환한다. 또한 탈착한 베어링 캡의 좌우가 혼합되지 않도록 주의한다.

④ 액슬하우징은 기어의 원활한 작동을 위해 일정 용량의 오일이 있어야 하므로 누유 여부 확인 및 오일량을 체크해야 한다.

⑤ 전륜구동(FF) 차량의 경우 변속기에서 나온 드라이브 샤프트를 탈착할 때에는 조인트와 변속기의 손상을 방지하기 위해 프라이 바(포크 모양의 지렛대)를 사용하며, 너무 깊게 끼우지 않도록 한다.(→오일 실 손상 방지)

프라이 바를 끼우고 재껴 구동축의 조인트를 분리한다.

변속기 출력부

조인트부

(5) 구동피니언과 링기어의 접촉 상태 점검 (광명단으로 점검)

① 정상 접촉 : 구동 피니언이 링기어의 50~70% 접촉

② 힐(Heel) 접촉 : 기어의 접촉이 구동 피니언이 링기어의 대단부(넓은 부위의 끝부분, 힐부)에 접촉

③ 토(Toe) 접촉 : 기어의 접촉이 링기어의 소단부(좁은 부위의 끝부분, 토부)에 접촉

④ 페이스 접촉 : 기어의 접촉이 링기어의 잇면 끝부분에 접촉

⑤ 플랭크 접촉 : 기어의 접촉이 링기어의 이뿌리 부분에 접촉

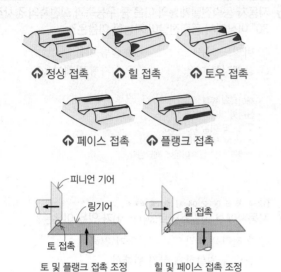

⬆ 정상 접촉　　⬆ 힐 접촉　　⬆ 토우 접촉

⬆ 페이스 접촉　　⬆ 플랭크 접촉

피니언 기어

링기어

토 접촉

토 및 플랭크 접촉 조정　　힐 및 페이스 접촉 조정

힐 접촉

(6) 구동피니언의 조정

① 프리로드 점검 : 다이얼형 토크렌치를 로크너트에 설치하고 구동 피니언을 회전시켜 눈금을 판독한다.
  • 표준값 이상 : 구동피니언 스페이서 교환
  • 표준값 이하 : 로크 너트를 조금씩 조이면서 조정

② 토·플랭크 접촉 시 : 얇은 스페이서를 사용하여 피니언을 밖으로 움직인다.

③ 힐·페이스 접촉 시 : 두꺼운 스페이서로 교환하여 피니언을 가깝게 한다.

④ 사이드 기어 스러스트 간극 점검 : 규정값 범위 이내이면 스러스트 스페이서를 교환한다.

▶ 참고) 베어링의 프리로드(pre-load, 예하중)
베어링은 회전축과 지지대(본체, 케이스) 사이에 설치되어 회전축(예 : 바퀴의 허브, 구동피니언, 크랭크축, 조향휠)이 원활하게 회전하도록 하는 역할을 한다.
회전축이 정지상태에서 회전할 때 회전축에 걸리는 부하에 의해 베어링에 충격이 가해질 수 있으며, 간극으로 인해 헐거워진다. 또한 (a)와 같이 간극이 있을 경우 미끄러질 우려가 있다.
이를 방지하기 위해 작동 전에 (b)와 같이 미리 베어링과 회전축, 지지대 사이에 간극을 없애 베어링의 초기마모, 기타 부분의 길들임에 의하여 조기에 유격이 크게 되지 않도록 하여 베어링의 수명 확보 및 기어의 축방향 이동거리 최소화를 목적으로 한다.

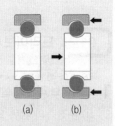

(a)　　(b)

▶ 로크너트
구동피니언을 차동케이스에 고정시키는 너트이다.

▶ 스러스트 와셔(thrust washer)
스러스트는 '축방향'을 의미하므로 축방향으로 작용하는 하중을 담당하는 부품으로 일반 와셔에 비해 고하중을 견디며, 윤활이 필요없으며 진동을 흡수한다.

▶ 스페이서(spacer)

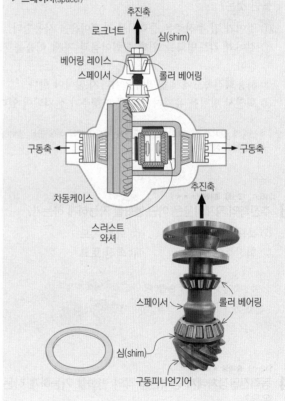

추진축

로크너트　　심(shim)

베어링 레이스

스페이서　　롤러 베어링

구동축　　구동축

차동케이스

추진축

스러스트 와셔

스페이서　　롤러 베어링

심(shim)

구동피니언기어

01　드라이브 라인

[08-4, 05-2] 출제율 ★★★

1 드라이브 라인의 설명 중 틀린 것은?

① 추진축의 앞뒤 요크는 동일 평면에 있어야 한다.
② 추진축의 토션 댐퍼는 충격을 흡수하는 일을 한다.
③ 슬립조인트 설치 목적은 거리의 신축성을 제공해 주는 것이다.
④ 자재 이음은 일정 한도 내의 각도를 가진 두 축 사이에 회전력을 전달하는 것이다.

> 토션 댐퍼는 비틀림 진동을 방지하기 위한 장치이다.

[10-4] 출제율 ★★★

2 드라이브 라인에서 추진축의 구조 및 설명에 대한 내용으로 틀린 것은?

① 길이가 긴 추진축은 플랙시블 자재이음을 사용한다.
② 길이와 각도변화를 위해 슬립이음과 자재 이음을 사용한다.
③ 사용회전속도에서 공명이 일어나지 않아야 한다.
④ 회전시 평형을 유지하기 위해 평형추가 설치되어 있다.

> 추진축의 길이가 길 경우 추진축 중간에 지지대(센터 베어링)을 설치하여 프레임에 고정한다.

[16-1, 13-4] 출제율 ★★★

3 추진축의 자재이음은 어떤 변화를 가능하게 하는가?

① 축의 길이　　　　② 회전 속도
③ 회전축의 각도　　④ 회전 토크

>
> • 추진축의 길이 변화 : 슬립이음
> • 추진축의 각도 변화 : 자재이음

[12-1] 출제율 ★★★

4 동력전달장치에서 동력전달 각의 변화를 가능하게 하는 이음은?

① 슬립 이음
② 스플라인 이음
③ 플랜지 이음
④ 자재 이음

[15-2] 출제율 ★★★★

5 추진축의 슬립이음은 어떤 변화를 가능하게 하는가?

① 축의 길이　　　　② 드라이브 각
③ 회전 토크　　　　④ 회전 속도

[참고] 출제율 ★

6 자동차 동력전달계통의 이음 중 구동축과 회전축의 경사각이 30° 이상에서 동력전달이 가능한 이음은?

① 버필드 이음　　　② 슬립 이음
③ 플렉시블 이음　　④ 십자형 자재이음

> **자재이음의 종류**
> • 십자형 이음 : 12~18°
> • 플렉시블 이음 : 8° 이내
> • 등속(CV 자재) 이음 : 30° 이상 가능
> ※ 버필드형은 등속이음에 해당된다.

[12-4, 06-5, 06-2, 04-1] 출제율 ★★★

7 자동차에서 슬립조인트(slip joint)가 있는 이유는?

① 회전력을 직각으로 전달하기 위해서
② 출발을 원활하게 하기 위해서
③ 추진축 길이 방향의 변화를 주기 위해서
④ 진동을 흡수하기 위해서

> 슬립조인트 = 슬립이음
> ① : 종감속기어, ④ : 토션 댐퍼

[참고] 출제율 ★★

8 자동차에는 추진축 길이의 변화를 가능하게 하기 위해 일반적으로 슬립 조인트가 사용된다. 다음의 어느 경우가 추진축의 길이를 변화시키는가?

① 후차축의 상하운동　　② 자동차의 후진
③ 엔진 회전속도의 변화　④ 자동차 속도의 변화

[15-1] 출제율 ★★

9 십자형 자재이음에 대한 설명 중 틀린 것은?

① 십자 축과 두 개의 요크로 구성되어 있다.
② 주로 후륜 구동식 자동차의 추진축에 사용된다.
③ 롤러베어링을 사이에 두고 축과 요크가 설치되어 있다.
④ 자재이음과 슬립이음 역할을 동시에 하는 형식이다.

> 자재이음과 슬립이음 역할을 동시에 하는 형식은 볼&트러니언 이음이다.

정답　1 1② 2① 3③ 4④ 5① 6① 7③ 8① 9④

[06-4, 06-2] 출제율 ★

10 추진축이 진동하는 원인이 아닌 것은?

① 요크 방향이 다르다.
② 플랜지부를 규정보다 조금 세게 조였다.
③ 십자축 베어링과 중간 베어링이 마모되었다.
④ 밸런스 웨이트가 떨어졌다.

> 플랜지부는 추진축을 연결하는 부분이므로 헐겁지 않으면 된다.

02 종감속기어

[21-1] 출제율 ★★

1 종감속비를 결정하는 요소가 아닌 것은?

① 엔진 출력　　　　② 차량 중량
③ 가속 성능　　　　④ 제동 성능

> • 차량 중량 : 차량 중량이 커지면 종감속비를 크게 하여 구동력을 증가시켜야 한다.
> • 엔진 출력 : 엔진의 출력이 크면 종감속비를 적게 하여 최고속도를 증가시킬 수 있다.
> • 종감속비가 크면 구동력이 커져 가속성능이나 등판능력은 향상되나, 최고속도는 감소한다.

[참고] 출제율 ★

2 종감속 기어비가 자동차의 성능에 영향을 미치는 인자가 아닌 것은?

① 자동차의 최고속도
② 연료소비율 및 배출가스
③ 추월 가속성능
④ 제동 능력

[14-5] 출제율 ★★★★

3 링기어 중심에서 구동 피니언을 편심시킨 것으로 추진축의 높이를 낮게 할 수 있는 종감속 기어는?

① 직선 베벨 기어
② 스파이럴 베벨 기어
③ 스퍼 기어
④ 하이포이드 기어

> 하이포이드 기어는 구동 피니언이 링기어 중심선에서 편심(밑에서 물림)시켜 추진축의 높이를 낮추어 공간 활용 및 운전의 정숙성을 준다.

[06-4] 출제율 ★★★

4 최종감속기어에 일반적으로 가장 많이 사용되는 것은?

① 스퍼 기어　　　　② 하이포이드 기어
③ 웜 기어　　　　　④ 스플라인 기어

[11-5, 06-2] 출제율 ★★★

5 종감속 장치에서 구동 피니언이 링기어 중심선 밑에서 물리는 기어는?

① 직선 베벨 기어　　② 스파이럴 베벨 기어
③ 스퍼 기어　　　　④ 하이포이드 기어

[14-4, 11-1] 출제율 ★★★

6 종감속 장치에서 하이포이드 기어의 장점으로 틀린 것은?

① 기어 이의 물림률이 크므로 회전이 정숙하다.
② 기어의 편심으로 차체의 전고가 높아진다.
③ 추진축의 높이를 낮게 할 수 있어 거주성이 향상된다.
④ 이면의 접촉 면적이 증가되어 강도를 향상시킨다.

> 구동 피니언 기어의 편심으로 차체의 전고(높이)가 낮아진다.

[05-1] 출제율 ★★★★

7 종감속 기어장치인 하이포이드 기어의 장점이 아닌 것은?

① 운전이 정숙하다.
② 하중 부담능력이 작다.
③ 추진축의 높이를 낮게 할 수 있다.
④ 설치공간을 작게 차지한다.

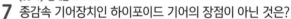

> **하이포이드 기어의 주요 특징**
> • 추진축을 링기어 중심선 아래로 낮게 하여 차고를 낮춤으로써 차실 바닥을 낮출 수 있다. → 무게중심이 낮아져 안정성이 좋아지고 실내공간 확보가 향상된다.
> • 일반 스파이럴 기어에 비해 큰 기어비를 얻을 수 있다.
> • 기어의 물림률이 커 전달효율이 좋고 정숙하다.
> • 최종감속기어로 가장 많이 사용한다.
> • 이의 너비 방향으로 미끄럼 접촉을 하므로 하중 부담능력(압력)이 크다.

[참고] 출제율 ★★★

8 종감속장치인 하이포이드 기어의 장점이 아닌 것은?

① 추친축 높이를 낮출 수 있다.
② 기어 물림율이 커 회전이 정숙하다.
③ 무게중심이 낮아져 안전성이 증대된다.
④ 기어 이의 폭 방향으로 미끄럼 접촉을 하므로 압력이 작다.

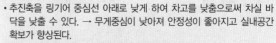

9 종감속 기어에서 링기어의 백래시가 클 때 일어나는 현상이 아닌 것은?

① 회전저항 증대　　② 기어 마모
③ 토크 증대　　　　④ 소음 발생

> 백래시 : 기어의 회전을 원활하게 하기 위해 이와 이 사이에 두는 틈새를 말하며, 백래시가 크면 맞물림 저하, 기어 마모, 소음 발생, 회전저항의 증가 등의 현상이 나타난다.

03　구동력 및 주행속도

[14-1] 출제율 ★★★★　□□□

1 구동바퀴가 자동차를 미는 힘을 구동력이라 하며 이때 구동력의 단위는?

① kgf　　　　　② kgf·m
③ ps　　　　　 ④ kgf·m/s

> 구동력 = $\dfrac{축의\ 회전력}{바퀴의\ 반경}$ = $\dfrac{[kgf·m]}{[m]}$ = [kgf]

[08-4, 08-1] 출제율 ★★　□□□

2 구동바퀴가 자동차를 미는 힘을 구동력이라고 하는데 구동력을 구하는 공식은? (단, F : 구동력, T : 축의 회전력, R : 바퀴의 반경)

① $F = \dfrac{R}{T}$　　　　② $F = \dfrac{T}{R}$
③ $F = T \times R$　　　④ $F = T \times 2R$

[10-5] 출제율 ★★★　□□□

3 구동력을 크게 하려면 축 회전력과 구동바퀴의 반경은 어떻게 되어야 하는가?

① 축 회전력 및 바퀴의 반경 모두 커져야 한다.
② 바퀴의 반경과 관계가 없다.
③ 반경이 큰 바퀴를 사용한다.
④ 반경이 작은 바퀴를 사용한다.

> 구동력 = $\dfrac{축의\ 회전력}{바퀴의\ 반경}$ 에서 구동력을 크게 하려면 '축의 회전력'을 크게 하거나, '바퀴의 반경'을 작게 한다.

[06-5] 출제율 ★　□□□

4 타이어 반경 0.7 m 인 자동차가 회전속도 480 rpm으로 주행할 때 회전력이 12 m·kgf 이라고 하면 이 자동차의 구동력은?

① 약 8.6 kgf　　　② 약 7.5 kgf
③ 약 4.3 kgf　　　④ 약 17.1 kgf

> 구동력 = $\dfrac{축의\ 회전력}{바퀴의\ 반경}$ = $\dfrac{12[kgf·m]}{0.7[m]}$ = 17.14 [kgf]

[16-4, 09-4] 출제율 ★★★　□□□

5 엔진의 회전수가 3500 rpm, 제 2속의 감속비 1.5, 최종감속비 4.8, 바퀴의 반경이 0.3m일 때 차속은? (단, 바퀴의 지면과 미끄럼은 무시한다.)

① 약 35 km/h　　　② 약 45 km/h
③ 약 55 km/h　　　④ 약 65 km/h

> 주행속도 $V = \dfrac{\pi DN}{R_t \times R_f} \times \dfrac{60}{1000}$ [km/h]
> 여기서, D : 바퀴의 직경[m], N : 엔진의 회전수[rpm],
> 　　　　R_t : 변속비, R_f : 종감속비
> $V = \dfrac{\pi \times 0.6 \times 3500}{1.5 \times 4.8} \times \dfrac{60}{1000}$ = 54,950 ≒ 55 [km/h]

[14-5] 출제율 ★★★　□□□

6 기관의 회전수가 2400rpm이고, 총 감속비가 8 : 1, 타이어의 유효반경이 25cm일 때 자동차의 시속은?

① 약 14 km/h　　　② 약 18 km/h
③ 약 21 km/h　　　④ 약 28 km/h

> 주행속도 $V = \dfrac{\pi DN}{R_t \times R_f} \times \dfrac{60}{1000}$ [km/h]
> ※ 총 감속비 = 변속비×종감속비 = $R_t \times R_f$ = 8
> $V = \dfrac{\pi \times 0.5 \times 2400}{8} \times \dfrac{60}{1000}$ = 28.26 ≒ 28 [km/h]

[10-1] 출제율 ★★★　□□□

7 기관 회전수 2000 rpm, 변속기의 변속비가 2 : 1 (감속), 종감속비 3 : 1, 타이어 지름 50cm일 때 자동차의 속도는?

① 약 31 km/h　　　② 약 41 km/h
③ 약 51 km/h　　　④ 약 61 km/h

> $V = \dfrac{\pi DN}{R_t \times R_f} \times \dfrac{60}{1000}$ = $\dfrac{\pi \times 0.5 \times 2000}{2 \times 3} \times \dfrac{60}{1000}$ = 31.39 ≒ 31 [km/h]

8 [14-4] 출제율 ★★★★ □□□

유효 반지름이 0.5m인 바퀴가 600 rpm으로 회전할 때 차량의 속도는 약 얼마인가?

① 약 10.987 km/h

② 약 25 km/h

③ 약 50.92 km/h

④ 약 113.04 km/h

개념 이해) 차량의 속도 V = 바퀴둘레가 구르는 속도
= 원둘레 길이(π·지름)×회전수
= $\pi DN = 2\pi RN$ (R : 반지름)

속도 $V = \pi \times 2 \times$ 반지름[km]$\times$600[rpm]
= ($\pi \times 2 \times 0.0005$)$\times$(600$\times$60) [km/h]
　　m→km　　　　rpm = rev/min = 60 rev/hr
= 113.04 km/h

※ 이 문제는 엔진의 회전수가 아닌 바퀴의 회전수가 제시되었으므로 총감속비로 나눌 필요가 없다.

---

9 [15-4] 출제율 ★ □□□

차량 총중량 5,000kgf의 자동차가 20%의 구배길을 올라갈 때 구배저항(R_g)은?

① 2,500kgf　　　　② 2,000kgf

③ 1,710kgf　　　　④ 1,000kgf

• 구배저항(R_g) = $W \times \dfrac{G}{100}$ = $5,000 \times \dfrac{20}{100}$ = 1,000kgf

여기서, W: 자동차 무게, G: 구배율(경사율)

---

10 [14-2, 10-5] 출제율 ★★★★ □□□

주행저항 중 자동차의 중량과 관계없는 것은?

① 공기저항　　　　② 구배저항

③ 가속저항　　　　④ 구름저항

구름저항, 구배저항, 가속저항은 중량과 직접적인 관계가 있으며, 공기저항은 주행 중인 자동차의 진행방향으로 반대방향으로 작용하는 공기력 저항을 말하며 중량과는 관계가 없다.

---

11 [06-5] 출제율 ★★★ □□□

타이어 반경 0.7m인 자동차가 회전속도 480 rpm으로 주행할 때 회전력이 12 kgf·m 이라고 하면 이 자동차의 구동력은?

① 약 8.6 kgf　　　　② 약 7.5 kgf

③ 약 4.3 kgf　　　　④ 약 17.1 kgf

구동력 = $\dfrac{\text{축의 회전력}}{\text{바퀴의 반경}}$ = $\dfrac{12[\text{kgf·m}]}{0.7[\text{m}]}$ = 17.14 [kgf]

---

12 [05-5] 출제율 ★ □□□

2륜 자동차의 총무게는 운전자와 동승자를 포함해서 370 kgf이다. 이 이륜 자동차가 3.5 m/s²의 가속도로 가속하려면 구동륜에 작용하는 여유 구동력의 크기는 얼마 이상이어야 하는가?

① 105.7 N　　　　② 1295 N

③ 1057 N　　　　④ 12950 N

구동력은 저항을 이기고 나가는 힘(가속저항)과 같은 의미이므로 다음과 같이 구할 수 있다.

가속저항(R_c) = $\alpha \cdot \dfrac{W + \Delta W}{g}$

= $3.5[\text{m/s}^2] \times \dfrac{370[\text{kgf}]}{9.8[\text{m/s}^2]}$ = 132.14 [kg]

1kgf ≒ 9.8N이므로
= 132.14×9.8 ≒ 1295 [N]

여기서, α: 가속도[m/s²], W: 차량 총중량,
ΔW: 탑승자 중량, g: 중력가속도(9.8m/s²)

---

13 [11-4] 출제율 ★★ □□□

자동차의 동력성능 중에 가속 성능의 설명으로 틀린 것은?

① 기관의 여유 출력에 반비례한다.

② 기관의 가속력에 비례한다.

③ 변속기의 1속 기어일 때 가장 크다.

④ 타이어 유효반경에 반비례한다.

가속 성능은 기관의 여유 출력에 비례한다.

---

14 [15-2, 09-2] 출제율 ★★★ □□□

엔진의 출력을 일정하게 하였을 때 가속성능을 향상시키기 위한 것이 아닌 것은?

① 여유 구동력을 크게 한다.

② 자동차의 총중량을 크게 한다.

③ 종감속비를 크게 한다.

④ 주행저항을 작게 한다.

가속성능의 향상 조건
• 여유 구동력을 크게　　• 바퀴의 유효반경을 작게
• 종감속비를 크게　　　　• 주행저항을 작게
• 자동차의 중량을 작게

---

15 추진축의 주행 중 소음 발생 원인이 아닌 것은?

① 자재이음 베어링의 마모
② 센터 베어링의 마모
③ 윤활 불량
④ 변속 선택 레버의 휨

> **추진축의 진동/소음 원인**
> • 베어링 파손 및 마모
> • 추진축의 휨 또는 불균형
> • 스플라인부의 마모
> • 요크방향이 틀리거나 체결부 헐거움

[05-2] 출제율 ★

16 차동기어 점검 중 광명단을 발라 검사하는 것은?

① 백래시 측정
② 링기어와 피니언의 접촉 점검
③ 사이드 기어의 스러스트 간극 점검
④ 구동피니언의 프리로드 점검

> **감속장치에서의 점검**
> • 링기어와 피니언의 간극(백래시) 측정 : 다이얼게이지
> • 링기어와 피니언의 접촉 점검 : 광명단을 발라 검사
>   (3/4 이상 접촉해야 함)
> • 사이드기어의 스러스트 간극 점검 : 필러게이지
> • 구동 피니언의 프리로드 점검 : 스프링 저울이나 토크렌치

[10-5] 출제율 ★★★

17 종감속장치(베벨기어식)에서 구동피니언과 링기어이 접촉 상태 점검 방법으로 틀린 것은?

① 힐 접촉   ② 페이스 접촉
③ 토(toe) 접촉   ④ 캐스터 접촉

> **구동피니언과 링기어의 접촉 상태 점검 방법**
> → 힐 접촉, 토 접촉, 페이스 접촉, 플랭크 접촉

[08-1] 출제율 ★★

18 종감속장치에서 링 기어와 구동 피니언 기어의 접촉상태를 설명한 용어가 맞지 않는 것은?

① 힐 접촉 : 구동 피니언이 링기어의 중간 부분에 접촉
② 토우 접촉 : 구동 피니언이 링기어의 소단부로 치우친 접촉
③ 페이스 접촉 : 구동 피니언이 링기어의 이면 끝에 접촉
④ 플랭크 접촉 : 구동 피니언이 링기어의 이뿌리 부분에 접촉

> 힐 접촉은 구동 피니언이 링기어의 대단부에 접촉

---

04 차동장치 및 구동축

[05-4] 출제율 ★★★

1 동력전달 장치에서 차동기어 장치의 원리는?

① 후크의 법칙
② 파스칼의 원리
③ 래크의 원리
④ 에너지 불변의 원칙

> 차동기어 장치는 래크 & 피니언의 원리를 적용한 것이다.

[참고] 출제율 ★★★

2 자동차가 요철이 심한 노면을 주행할 때 좌우 구동륜의 구동 토크를 균등하게 분배하는 것은?

① 현가장치
② 차동장치
③ 4WS(wheel steering)장치
④ ABS장치

> 차동장치는 노면에 따라 좌우 바퀴의 회전속도를 달리하여 구동륜의 구동 토크를 균등하게 분배하는 역할을 한다.

[04-1] 출제율 ★★★

3 차동기어장치를 바르게 설명한 것은?

① 필요시 양쪽 구동 바퀴에 회전 속도의 차이를 만드는 장치이다.
② 회전력을 앞 차축에 전달하고, 동시에 감속하는 일을 한다.
③ 회전하는 두 축이 일직선상에 있지 않고 어떤 각도를 가지고 있는 경우, 두 축 사이에 동력을 전달하기 위한 장치이다.
④ 변속기로부터 최종 감속 기어까지 동력을 전달하는 축을 말한다.

> 차동장치는 차량 선회 시 바깥쪽 바퀴의 회전속도를 증가시키고, 안쪽 바퀴의 회전속도를 감소시킨다. (② 트랜스퍼케이스, ③ 조인트, ④ 추진축)

[07-4] 출제율 ★★★

4 차량이 선회할 때 바깥쪽 바퀴의 회전속도를 증가시키기 위해 설치하는 것은?

① 동력전달장치   ② 변속장치
③ 차동장치   ④ 현가장치

> 차동장치는 차량 선회 시 바깥쪽 바퀴의 회전속도를 증가시키고, 안쪽 바퀴의 회전속도를 감소시킨다.

정답 15 ④ 16 ② 17 ④ 18 ① **4** 1 ③ 2 ② 3 ① 4 ③

5 FR 방식의 자동차가 주행 중 디퍼렌셜 장치에서 많은 열이 발생한다면 고장원인으로 거리가 먼 것은?

① 추진축의 밸런스웨이트 이탈
② 기어의 백래시 과소
③ 프리로드 과소
④ 오일량 부족

① 밸런스웨이트는 추진축 회전 시 진동 방지 역할을 하며, 발열과는 관계가 없다.
② 백래시가 과소하면 기어 간의 윤활이 충분하지 않아 마찰이 커지고 과열이 발생한다.
③ 프리로드(pre–load)는 사전에 베어링 등에 저항력을 주어 실제 부하가 걸렸을 때 베어링 등이 부하 때문에 변형되어 헐거움이 생기는 것을 방지하는 것을 말한다.

[참고] 출제율 ★★ □□□
6 동력전달장치에 사용되는 차동장치의 차동피니언 기어는 무엇과 물리고 있는가?

① 액슬샤프트　　　　② 차동사이드 기어
③ 차동드라이브 기어　　④ 피니언 기어

[06–1] 출제율 ★ □□□
7 차동장치에서 액슬축과 직접 접촉되어 있는 것은?

① 사이드 기어　　　　② 웜 기어
③ 피니언 기어　　　　④ 링 기어

추진축은 구동피니언과, 액슬축은 사이드 기어와 연결된다.

[참고] 출제율 ★★ □□□
8 종감속 및 차동장치에서 링기어와 항상 같은 속도로 회전하는 것은?

① 차동 사이드 기어　　② 액슬축
③ 차동 피니언 기어　　④ 차동기 케이스

링기어와 차동케이스는 볼트로 연결되어 있어 같은 속도로 회전한다.

[10–2] 출제율 ★★ □□□
9 등속도 자재이음의 종류가 아닌 것은?

① 훅 조인트형(Hook Joint)　② 트랙터형(Tractor)
③ 제파형(Rzeppa)　　　　④ 버필드형(Birfield)

등속도 자재이음의 종류
트랙터형, 2중 십자형, 벤딕스형, 제파형, 버필드형
※ 훅 조인트형은 십자형 자재이음이다.

[11–5] 출제율 ★★★ □□□
10 드라이브 라인에서 전륜 구동차의 종감속 장치로 연결된 구동 차축에 설치되어 바퀴에 동력을 주로 전달하는 것은?

① CV형 자재이음
② 플랙시블 이음
③ 십자형 자재이음
④ 트러니언 자재이음

등속(CV)형 자재이음은 전륜 구동차의 종감속 장치에 주로 사용한다.

[참고] 출제율 ★★★★ □□□
11 CV(등속도) 자재이음에 대한 설명으로 틀린 것은?

① CV 자재이음는 회전 각속도가 맞지 않는 것을 방지한다.
② 주로 FF(front engine front drive) 차량의 구동축에 사용된다.
③ 종류에는 트랙터 자재이음, 벤딕스 와이스 자재이음, 제파 자재이음 등이 있다.
④ CV 자재이음은 변속기와 종감속기어 사이에서 동력을 전달하는 드라이브 라인에만 적용된다.

CV 자재이음는 종감속 기어에서 나온 구동력을 구동바퀴까지 각의 변화와 길이 변화를 주어 바퀴에 전달한다.

[참고] 출제율 ★★ □□□
12 앞바퀴 구동 승용차에서 드라이브샤프트가 변속기측과 차륜측에 2개의 조인트로 구성되어 있다. 변속기측에 있는 조인트는?

① 플랙시블 조인트(flexible joint)
② 버필드 조인트(birfield joint)
③ 유니버셜 조인트(universal joint)
④ 더블오프셋 조인트(double offset joint)

전륜구동방식에서의 자재이음
• 더블오프셋 조인트 : 축방향의 길이 변화가 가능하고, 주로 전륜구동방식에서 트랜스액슬(변속기)측 자재이음으로 사용
• 버필드 조인트 : 내·외부 레이스 외면이 구형으로 용량이 커 주로 전륜구동방식의 구동축의 휠 허브측 자재이음으로 사용

[참고] 출제율 ★ □□□
13 트랜스퍼 케이스의 특징으로 틀린 것은?

① 속도를 감하고 변속비를 증가한다.
② 견인력이 커 작업이 원활하다.
③ 눈길과 같은 미끄러운 지대에서 운전이 가능하다.
④ 연료를 경감하고, 마찰저항을 감소한다.

정답 5 ① 6 ② 7 ① 8 ④ 9 ① 10 ① 11 ④ 12 ④ 13 ④

14 동력전달장치에서 추진축의 스플라인부가 마멸되었을 때 생기는 현상은?

① 완충작용이 불량하게 된다.
② 주행 중에 소음이 발생한다.
③ 동력전달 성능이 향상된다.
④ 종감속 장치의 결합이 불량하게 된다.

스플라인은 추진축 끝에 키 모양의 여러 개 홈을 만들어 변속기 출력축의 플랜지나 요크(york)에 연결하여 회전력을 전달하는 부품으로, 마멸되면 주행 중 동력 전달력이 나빠지고, 소음 및 진동이 발생한다.

변속기 출구측 플랜지
스플라인

15 4륜 구동방식(4WD)의 특징으로 거리가 먼 것은?

① 등판 능력 및 견인력 향상
② 조향 성능 및 안전성 향상
③ 고속 주행 시 직진 안전성 향상
④ 연료소비율 낮음

4WD는 구동손실로 인해 연료소비율이 2WD에 비해 다소 높다.

16 차동장치에서 차동 피니언과 사이드 기어의 백래시 조정은?

① 축받이 차축의 왼쪽 조정심을 가감하여 조정한다.
② 축받이 차축의 오른쪽 조정심을 가감하여 조정한다.
③ 차동 장치의 링기어 조정 장치를 조정한다.
④ 스러스트 와셔의 두께를 가감하여 조정한다.

백래시(backlash)란 기어와 기어 사이의 틈새를 말하며, 스러스트 와셔(thrust washer)의 두께를 가감하여 조정한다.

17 차동장치 링기어의 흔들림을 측정하는데 사용되는 것은?

① 시크니스 게이지
② 다이얼 게이지
③ 마이크로미터
④ 실린더 게이지

18 전부동식 차축에서 뒤 차축 탈거작업을 하려고 할 때 맞는 것은?

① 허브를 떼어낸 다음 뒤 차축 탈거작업이 가능하다.
② 허브를 떼어내지 않고 뒤 차축 탈거작업이 가능하다.
③ 바퀴를 떼어낸 다음 뒤 차축 탈거작업이 가능하다.
④ 바퀴를 꽉 조인 다음 뒤 차축 탈거작업이 가능하다.

반부동식이나 3/4부동식의 경우 자동차의 중량을 액슬 하우징, 차축이 동시에 지지하지만, 전부동식은 액슬 하우징만 지지하므로 차축이 자유로우므로 휠 허브 및 바퀴를 떼어내지 않아도 차축을 탈거할 수 있다.

19 후륜 구동 차량에서 바퀴를 빼지 않고 차축을 탈거할 수 있는 방식은?

① 반부동식   ② 3/4 부동식
③ 전부동식   ④ 분리 차축식

전부동식 : 자동차의 중량을 액슬 하우징에 지지하여 바퀴를 빼지 않고 액슬축을 빼낼 수 있는 형식

20 차축에서 1/2, 하우징이 1/2 정도의 하중을 지지하는 차축 형식은?

① 전부동식   ② 반부동식
③ 3/4부동식   ④ 독립식

21 차량에서 허브(hub) 작업을 할 때 지켜야 할 사항으로 가장 적당한 것은?

① 잭(jack)으로 든 상태에서 작업한다.
② 잭(jack)과 견고한 스탠드로 받치고 작업한다.
③ 프레임(frame)의 한쪽으로 받치고 작업한다.
④ 차체를 로프(rope)로 고정시키고 작업한다

정답 **14** ② **15** ④ **16** ④ **17** ② **18** ② **19** ③ **20** ② **21** ②

[예상문항 : 1~3문제] 이 섹션의 출제비율은 다소 낮아졌으며 횟차마다 문항수 변동이 크며 기출의 재출제율이 떨어졌습니다. 스프링 상수, 현가장치의 종류 및 특징, 쇽업소버를 주의깊게 학습하며, NCS 학습모듈의 반영도가 비교적 큽니다.

01 현가장치 개요

현가장치는 바퀴를 통해 차량의 무게를 지지하는 부분으로, 노면에서 발생되는 진동이나 충격을 흡수 완화하여 승차감 및 자동차의 안전성을 향상시킨다.

① 현가장치의 조건

① 승차감의 향상을 위해 상하 움직임에 적당한 유연성이 있어야 한다.
② 주행 안정성이 있어야 한다.
③ 원심력에 대한 저항력이 있어야 한다.
④ 구동력 및 제동력 발생 시 적당한 강성이 있어야 한다.

② 현가 장치의 역할

① 조향 안정성 : 운동성, 선회성능, 응답성, 주행 안전성
② 승차감 : 진동 및 소음 제거
③ 제동성능 : 제동 시 차체의 자세변화, 안정성

③ 자동차의 진동 구분

자동차의 진동은 현가스프링을 기준으로 스프링 윗 질량과 스프링 아래질량으로 구분된다.

(1) 스프링 윗 질량 운동
① 현가스프링을 기준으로 위쪽에 존재하는 부분의 진동이다.
② 현가장치에 의해 감소된 진동을 받게 되며, 스프링 아래에 비해 진동 폭은 적으나, 주파수가 낮아 감쇄가 길게 일어난다.
→ 충격이 발생했을 때 충격이 감소하는 시간이 비교적 오래 걸린다.
③ 영향을 받는 부위 : 스프링에 의해 지지되는 차체, 탑승자, 적재물 등

(2) 스프링 아래 질량 운동
① 영향을 받는 부위 : 타이어, 차축, 제동장치 등
② 타이어의 충격흡수 외에 노면과 직접 접지하는 충격을 그대로 받으나 지면과의 접촉으로 충격이 감속하는 시간이 빠르다.

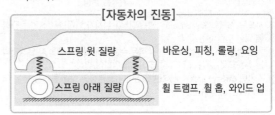

[자동차의 진동]

스프링 윗 질량	바운싱, 피칭, 롤링, 요잉
스프링 아래 질량	휠 트램프, 휠 홉, 와인드 업

④ 스프링 위 질량(차체)의 진동

바운싱 (bouncing)	• Z축 방향의 위아래로 움직이는 진동 • 노면이 고르지 못할 때 발생
피칭 (pitching)	• Y축을 중심으로 앞뒤로 움직이는 진동 • 방지턱을 넘을 때 앞이 들리고 뒤가 내려않는 상태
롤링 (rolling)	• X축을 중심으로 좌우로 움직이는 진동 • 좌우 노면 높이가 다르거나 비스듬한 측면 경사각에서 발생
요잉 (yawing)	• Z축을 중심으로 차의 뒷면이 회전하는 진동 • 위에서 보았을 때 차의 중심으로부터 차의 앞뒤가 좌우로 흔들리는 현상 • 코너링 시 강한 관성으로 인해 바퀴의 슬립 등으로 발생

⑤ 스프링 아래 질량(차축)의 진동

휠 트램프 (wheel tramp)	• X축을 중심으로 좌우로 흔들리는 진동 • 원인 : 디스크의 불량, 타이어의 불량(불평형, 편마모), 휠 허브의 불량
휠 홉 (wheel hop)	• Z축 방향의 상하로 평행하게 출렁이는 진동 • 좌우 불균일한 노면 상태 및 좌우측 현가장치 성능 차이에 의해 주로 발생
와인드 업 (wind up)	• Y축 방향으로 회전하는 진동 • 급격한 구동력이나 제동력을 가할 경우 차축에 발생되는 비틀림 진동

chapter 03

'역으로 차다'는 의미 (바퀴에서 역으로 조향휠에 충격이 전달)

▶ **킥백(kick back) 현상**
울퉁불퉁한 노면 주행 시 조향휠에 전달되는 충격

▶ **진동수와 승차감**
사람이 가장 좋은 승차감을 느끼는 범위는 사람이 걷거나 뛸 때의 진동과 유사한 1분당 60~120 사이클의 상하운동이다. 만약 이보다 클 경우 승차감이 딱딱하게 느껴지고, 45 사이클 이하에서 차멀미를 느낀다.

▶ **참고) 주행 중 발생하는 진동**

용어	원인	설명
• 노즈다운(Nose-down) • 다이브(Dive)	급제동 시	차체가 앞으로 쏠리는 현상
• 리프트(lift)		후륜이 지면에서 뜨는 현상
• 노즈 업(Nose-up) • 스쿼드(Sqaut)	급출발 시	전륜이 들리고 후륜측으로 기우는 현상

※ 시프트 스쿼트(Shift Squart) : 변속레버의 위치가 변하면서 생기는 관성에 의한 쏠림 현상
※ 피칭 바운싱(Pitching Bouncing) : 작은 수준의 요철을 주행할 때 덜컹거리는 진동으로, 통상 노면의 상태 이상에 의하여 발생
※ 스카이 훅(Sky-Hook) : 커다란 요철이나 노면상의 장애물 등을 넘을 때 생겨나는 큰 상하 진동

6 주행 조건에 따른 현가특성

다이브 현상	제동 시 앞쪽은 내려가고 뒤쪽은 상승
롤 현상	선회 시 원심력에 의해 차량이 바깥쪽으로 쏠리는 현상
바운싱과 피칭 현상	• 바운싱 : 요철 통과시에 많이 발생 • 피칭 : 앞뒤가 반대방향으로 움직임
스쿼트 현상	다이브와 반대로 급출발 시(또는 급가속 시, 차량 뒷부분에 하중이 걸림) 앞쪽은 상승하고 뒤쪽은 내려 앉는 현상

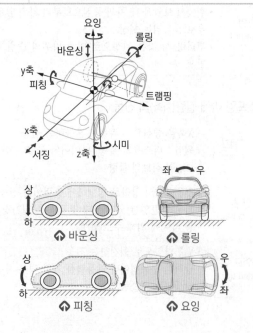

↑ 바운싱   ↑ 롤링

↑ 피칭   ↑ 요잉

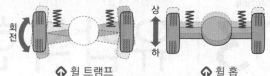

↑ 휠 트램프   ↑ 휠 홉
터벅터벅 걷는 의미   깡통 뛴다, 바운드한다는 의미

7 감쇄의 원리

① 가해진 충격에 대한 반발력을 이용한 복원력과, 인장 한계에 의해 서서히 변형속도가 감소하는 원리를 이용한다.
② 충격이 가해지면 힘은 반작용에 의해서 감쇄되며, 이때 힘이 가해지는 시간이 길어질수록 충격량은 줄어들게 된다.

8 스프링 상수와 진동수   필수암기

① 스프링 상수(정수)는 스프링의 강성(세기)을 표기한 것으로, 변형은 힘의 크기에 비례한다.
② 스프링은 가해지는 힘에 의해 변형량은 비례한다.
③ 스프링의 진동수는 스프링 상수에 비례하고 하중에 반비례한다.

$$K = \frac{W}{\delta}$$

여기서 • K : 스프링 상수[kg/mm]
• W : 스프링에 작용하는 힘[kg]
• δ : 스프링의 변형량(압축량)[mm]

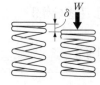

스프링 상수(정수) : 스프링 장력의 세기를 말하며, 스프링에 작용하는 힘과 길이변화의 비례관계를 표시한다. 즉, 동일 하중이 작용할 때 변형이 적으면 장력(스프링 정수)가 커진다.

일체차축 현가장치　　　　독립현가장치
⬆ 접지에 따른 현가장치의 구분

1 일체차축 현가장치(차축식 현가장치)

좌우 바퀴가 일체로 하나의 차축에 설치되어 있으며, 차축은 스프링을 거쳐 차체에 설치된 형식

(1) 특징 **필수암기**

① 설계와 구조가 비교적 단순하며, 유지보수 및 설치가 용이
② 강도가 강해 대형 차량에 주로 사용
③ 상하 진동이 반복되어도 내구성이 좋아 얼라이먼트 변형이 적음
④ 스프링 아래 진동이 커 승차감이나 안정성이 떨어지고 충격 중 주행 조작력이 매우 떨어진다.
⑤ **주행 중 시미(shimmy)가 발생되기 쉽다.**
⑥ 스프링 정수가 적은(유연함) 스프링 사용이 곤란하다.

> ▶ 시미 현상
> 주행 중 타이어를 앞에서 보았을 때 좌우로 흔들리며, 핸들에도 진동이 전달되어 핸들이 진동하는 현상
> ※ shimmy : '히프와 어깨를 흔들며 춤추다'는 의미

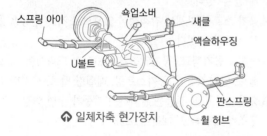

⬆ 일체차축 현가장치

(2) 리프 스프링(판 스프링)

① 가장 많이 사용되는 차축식 현가장치로, 통상 차체에 평행한 형태로 조립된다.
② 차축과 스프링이 핀을 통해 연결되고, 스프링 하단은 프레임에 장착된다. 이때 스프링 변형으로 인해 스팬 현상이 일어나는데 이를 방지하기 위해서 새클이 프레임과 스프링 하단 사이에 조립된다.

(3) 2축식 현가장치

① 주로 트럭 및 대형차량에 사용된다.
② 앞 차축에 두 개의 축이 사용되고 각 축마다 두 개 이상의

바퀴를 장착함으로써 하중을 감소시키고 이로 인한 충격을 감소시키기 용이하다.

2 독립 현가장치

차축을 분할하여 양쪽 바퀴가 서로 관계없이 움직이도록 한 것으로서 승차감과 안전성이 향상되게 한 것

(1) 특징 **필수암기**

① **차고를 낮출 수 있어 실내공간 확보에 유리**하고, 무게중심이 아래에 위치하므로 주행 안정성이 향상
→ 스프링 아래 질량이 적어 차량 접지력이 좋아 승차감이 우수
② 차축 분할로 시미의 위험이 적어 **스프링 정수가 적은 스프링 사용 가능**
③ 현가장치가 개별적이므로 연결 부위가 많아 **구조가 복잡**하고, 가격·취급에 불리함
④ 앞바퀴 정렬(휠 얼라이먼트)이 변하기 쉬움
⑤ 바퀴의 상하운동으로 축간거리(윤거)나 앞바퀴 정렬이 변하므로 타이어의 마멸이 크다.

(2) 위시본 형식  암(arm)의 모양이 '새의 쇄골'을 닮아서 위시본이라 함

평행사변형식	• 길이가 같은 위, 아래 컨트롤 암을 연결하는 4점이 평행사변형 형태이다. • 캠버의 변화가 없지만(선회 시 안정성이 증대) 바퀴의 상하운동 시 윤거가 변화하며 타이어 마모가 촉진됨
SLA(Short Long Arm) 형식	• 아래 컨트롤 암이 위 컨트롤 암보다 긴 형식으로 캠버가 변화하는 결점 • 캠버가 변화되어도 윤거가 변하지 않아 타이어 마모가 감소

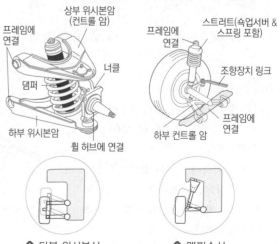

⬆ 더블 위시본식　　　⬆ 맥퍼슨식

chapter 03

(3) **맥퍼슨 형식**(스트럿 형식)

① 현가 장치와 조향 너클이 일체로 되어 있는 형식

② 쇽업소버가 내장된 스트럿, 스프링, 볼 조인트, 컨트롤 암으로 구성

③ 구조가 간단하고, 스트러트가 조향 시 회전

④ 승용차 전륜에 가장 많이 사용

⑤ 공간을 적게 차지하여 엔진룸의 유효공간을 넓힐 수 있다.

⑥ 스프링 아래 무게를 가볍게 하여 로드 홀딩 및 승차감이 향상

(4) 트레일링 암(trailing arm)과 세미 트레일링 암 형식

트레일링 암	• 전륜구동방식의 뒷 현가장치에 주로 사용 • 코일 스프링 또는 토션바 스프링을 주로 사용 • 횡방향으로의 이동이 없어 접지력이 우수하나 암의 길이가 제한되므로 토션바 스프링에서는 변형이 커지기 쉽고 코일 스프링에서는 굽힘 변형을 일으키기 쉽다. • 바퀴의 상하 운동에 의한 캠버의 변화는 없으나 캐스터가 변화
세미 트레일링 암	• 트레일링 암 타입과 액슬형의 중간형 • 차동장치와 추진축의 상하진동이 없으므로 차실 바닥이 낮아지는 장점이 있다. • 공차 및 승차 시 캠버 및 토(Toe)가 변한다. • 종 감속기어가 현가 암 위에 고정되기 때문에 그 진동이 현가장치로 전달되므로 차단할 필요성이 있다. • 독립현가장치에 많이 사용한다.

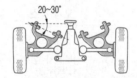

⬆ 트레일링 암　　⬆ 세미 트레일링 암

(5) 멀티 링크(multi-link)

① 차륜에 링크를 여러 개 배치한 방식으로, 통상 5개의 링크가 한 개 차륜마다 설치된다.

② 주로 뒤 차축에 쓰이는 방식으로, 1차적으로 감쇄된 충격을 보조적으로 안정화시켜 차대의 흔들림을 제거해 나가는 방식이다.

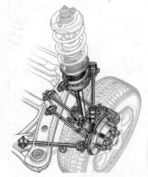

(6) 토션빔 액슬형 (Torsion Beam axle type)

① 전후 좌우 상하 각 방향 하중 및 충격을 독립적으로 지지하여 간단하고 차륜의 밸런스 및 선회 안정성이 탁월하다.

② 댐퍼와 코일 스프링 분리형으로 충격을 분산 흡수하므로 우수한 승차감을 나타낸다.

③ 실내 개방감 및 화물 적재 공간이 넓다.

❸ 공기식 현가장치

① 압축공기의 탄성을 이용한 것으로 주로 대형 버스, 고급 승용차에 사용된다.

② 하중에 관계없이 차고를 항상 일정하게 유지하며 기울어짐을 방지

③ 스프링 정수가 자동적으로 조정되므로 하중의 증감에 관계없이 고유 진동수를 거의 일정하게 유지할 수 있다.

④ 공기 스프링 자체에 감쇠성이 있어 작은 진동을 흡수(하중에 따라 스프링 상수가 자동으로 변하기 때문)

⑤ 고유 진동수를 낮출 수 있으므로 스프링 효과를 유연하게 할 수 있다.

⑥ 공기 스프링 자체에 감쇠성이 있으므로 작은 진동을 흡수하는 효과가 있다.

⑦ 구성 : 공기탱크, 공기압축기(컴프레셔), 드라이어, 언로더 밸브, 압력조정기, 공기스프링, 레벨링 밸브, 서지탱크

⑧ 승차감이 좋고 진동을 완화하여 자동차 수명 연장

⑨ 구조가 복잡하고, 제작비 고가

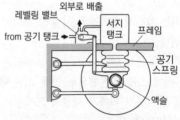

▶ 현가 스프링이 갖추어야 할 조건
승차감, 주행안전성, 선회 특성

03 완충 장치의 구성

완충 장치는 현가 스프링, 속업소버, 스태빌라이저로 구성되어 있다.

■ 현가 스프링의 종류

판 스프링, 코일 스프링, 토션 바 스프링, 고무 스프링, 공기 스프링 등

(1) 판 스프링(leaf spring, 리프 스프링) – 화물차의 후륜

① 일체식 차축에 사용되며, 여러 장 겹쳐 판간의 마찰에 의해 충격 및 진동을 흡수한다.

② 스프링 자체의 강성에 따라 차축을 정위치에 유지할 수 있으며, 구조가 간단하며, 내구성이 크나, 판 사이의 마찰로 미세 진동을 흡수하지 못하며, 재질이 너무 부드러우면 차축의 지지력이 부족하여 불안정해질 수 있다.

③ 판 스프링의 구성 **필수암기**

- 새클 : 스팬의 길이 변화를 가능
- 스팬 : 양 스프링 아이의 중심거리
- 새클 핀 : 스프링 아이를 통해 프레임에 지지되는 부분
- 스프링 아이 : 스프링을 차체에 연결하기 위한 설치 구멍
- 중심 볼트 : 스프링을 고정하는 볼트
- U 볼트 : 차축 하우징을 설치하기 위한 볼트

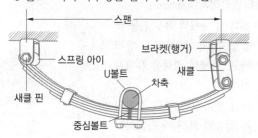

⬆ 판 스프링의 구조

▶ 참고) 닙(nip)
- 스프링 판의 길이가 작을수록 더 휘어져 있는데, 닙을 두는 것은 스프링 판 사이 간극을 방지하기 위함이다.
- 간극이 생기면 : 흙 및 모래 등이 유입되어 마모가 촉진되며 스프링이 변형될 때 가장 많이 마찰이 발생하므로 스프링 진동이 신속히 감쇠된다.

(2) 코일 스프링 – 승용차

장점	• 판 스트링에 비해 진동 흡수율이 크다. • 승차감 우수
단점	• 스프링 사이의 마찰이 없어 진동의 감쇠 작용이 없으며, 횡 방향 저항력이 거의 없어 차축 지지용 부품이 필요하다. • 비틀림에 약하고 구조가 복잡

▶ **코일 스프링의 유효 감김 수**
스프링은 처음부터 끝까지 나선 사선으로 이루어진 것이 아니라 조립부에 한해서 평면에 가깝게 조립되는데, 이 부분은 스프링 감김 수 대비 인장력이나 복원력에 미치는 정도가 없으므로 이 부분을 제외한 부분을 말한다.

(3) 토션 바(Torsion bar) 스프링 – 소형 화물, 승합차

① 스프링 강으로 만든 가늘고 긴 막대 모양으로 비틀림 탄성을 이용하여 완충 작용을 한다.

② 단위 중량당 에너지 흡수율이 크며, 가볍고 구조도 간단하다.

③ 진동의 감쇠 작용이 없어 속업소버를 병용한다.

④ 스프링 장력은 바의 길이 및 단면적에 비례한다.

⑤ 구조가 간단하고 가로 또는 세로로 자유로이 설치할 수 있다.

⑥ 현가 높이를 조정할 수 없다.

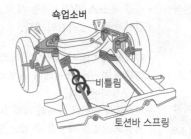

(4) 고무 스프링

① 형상 제작이 자유롭고 작동 시 소음이 적다. 작동 시 내부 마찰력만으로도 충분한 충격 감소 효과가 있으며, 오일과 같은 보조적 매개체가 필요하지 않다.

② 완충능력이 작아 소형 차량에 주로 사용되며, 보조 현가 장치로 활용된다.

② 쇽업소버(Shock Absorber, 충격 흡수기)

(1) 역할 및 원리

① 스프링에서 감쇄하기 힘든 세밀한 충격을 감쇄시키는 장치
(유체 스프링 역할)

② 현가 스프링의 진동에 따른 차체의 상하 진동 에너지를 흡수하여 자동차의 진동을 억제하는 진동 감쇠장치이다.

③ 원리 : 외부에서 가해진 힘은 피스톤을 밀어 밀봉된 내부의 유체(가스 또는 오일)를 압축시켜 감쇠력 밸브의 오리피스를 통과하면서 저항(마찰에 의한 열에너지로 변환)이 커져 감쇠력(충격력 감소)이 발생된다. 또한, 압축에 의한 반발력으로 피스톤을 다시 밀어내며 신장된다. 이 과정이 반복되어 점차 충격을 흡수한다.

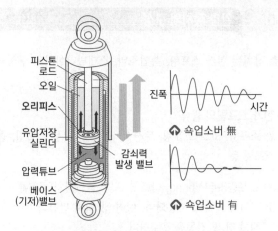

↑ 복동식 쇽업소버의 구조

(2) 쇽업소버의 종류

① 가스식 : 실린더 아래쪽에 질소 가스를 봉입하여 작동을 부드럽게 한 형식으로 초기 감쇠력이 좋아 충격을 빠르게 흡수한다. (공기는 유압보다 압축성이 커 충격 흡수가 빠르다)

② 유압식 : 충격 감쇄량은 적지만 전반적으로 충격 흡수가 부드럽다.

단동식	· 스프링이 인장할 때에만 감쇠된다. · 스프링이 압축될 때 저항이 없으므로 차체에 충격이 가해지지 않아 노면의 요철이 있는 경우 유리하다.
복동식	· 스프링이 인장 및 수축 시 모두 감쇠된다. · 출발 시 노스 업이나 제동 시 노스 다운 방지 · 길이가 짧고 승차감이 좋다.
레버형 피스톤식 쇽업소버	· 링크와 레버를 사이에 두고 설치되는 형태로, 내부에 피스톤, 앵커레버, 실린더 및 앵커 축이 구성되어 있다. · 피스톤과 실린더 사이의 기밀 유지가 쉬우며 저점도 오일을 사용할 수 있고 성능적으로 온도 변화 영향이 적다. · 레버나 링크를 사용하여 차체 설치가 용이하지만, 구조가 복잡하다.
드가르봉식 쇽업소버 필수암기	· 실린더 내에 프리 피스톤에 두어 오일실과 가스실이 분리되어 있으며, 위에는 오일이 있고 가스실 내에는 고압(20~30kg/cm²)의 질소가스가 봉입되어 있다. · 방열성이 좋고, 기포발생이 적어 장시간 사용에 적합하며, 구조가 간단하다. · 내부에 고압의 가스가 봉입되어 있어 취급에 주의해야 한다. 　→ 내부에 압력이 걸려있어 분해 시 위험

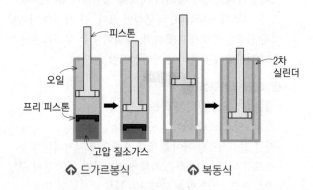

↑ 드가르봉식　　　↑ 복동식

③ 스태빌라이저(stabilizer)

① 선회 시 차체의 좌우 진동 및 롤링(차체의 기울어짐)을 방지하고, 차체의 평형을 유지시킨다.

② 독립 현가식에 주로 설치되는 일종의 토션 바 스프링이다.

스태빌라이저

01 현가장치 일반

[15-5, 13-1] 출제율 ★

1 현가장치가 갖추어야 할 기능이 아닌 것은?

① 승차감의 향상을 위해 상하 움직임에 적당한 유연성이 있어야 한다.
② 원심력이 발생되어야 한다.
③ 주행 안정성이 있어야 한다.
④ 구동력 및 제동력 발생 시 적당한 강성이 있어야 한다.

현가장치는 원심력에 대한 저항력이 있어야 한다.

[10-2] 출제율 ★

2 자동차의 진동현상에 대해서 바르게 설명된 것은?

① 바운싱 : 차체의 상하 운동
② 피칭 : 차체의 좌우 흔들림
③ 롤링 : 차체의 앞뒤 흔들림
④ 요잉 : 차체의 비틀림 진동하는 현상

• 피칭 : 차체의 앞뒤가 상하로 흔들림
• 롤링 : 차체의 좌우 흔들림
• 요잉 : 차체의 앞뒤가 좌우로 흔들림

[15-1] 출제율 ★

3 자동차 주행 시 차량 후미가 좌·우로 흔들리는 현상은?

① 바운싱
② 피칭
③ 롤링
④ 요잉

• 바운싱 : 노면이 고르지 못할 때 상하로 진동하는 현상
• 피칭 : 옆에서 보았을 때 앞·뒤로 흔들리는 현상
• 롤링 : 앞에서 보았을 때 좌·우로 흔들리는 현상
• 요잉 : 위에서 보았을 때 후미가 좌·우로 흔들리는 현상

[12-2] 출제율 ★

4 자동차가 주행 중 앞부분에 심한 진동이 생기는 현상인 트램핑(tramping)의 주된 원인은?

① 적재량 과다
② 토션바 스프링 마멸
③ 내압의 과다
④ 바퀴의 불평형

휠 트램핑의 원인은 타이어의 불평형. 편마모 등이다.

[13-2] 출제율 ★

5 고속 주행할 때 바퀴가 상하로 진동하는 현상을 무엇이라 하는가?

① 요잉
② 트램핑
③ 롤링
④ 킥다운

[09-2] 출제율 ★

6 스프링 아래 질량의 고유 진동에 관한 그림이다. X축을 중심으로 하여 회전운동을 하는 진동은?

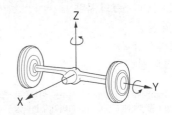

① 휠 트램프(wheel tramp)
② 와인드업(wind up)
③ 롤링(rolling)
④ 사이드 셰이크(side shake)

축에 따른 진동 분류		
	스프링 윗 질량의 진동	스프링 아래 질량의 진동
X축	롤링(회전)	휠 트램프(회전)
Y축	피칭(회전)	와인드 업(회전)
Z축	요잉(회전), 바운싱(상하)	휠 홉(상하)

[11-5] 출제율 ★

7 자동차의 진동현상 중 스프링 위 Y축을 중심으로 하는 앞뒤 흔들림 회전 고유진동은?

① 롤링(rolling)
② 요잉(yawing)
③ 피칭(pitching)
④ 바운싱(bouncing)

정답 ▶ 1 1② 2① 3④ 4④ 5② 6① 7③

chapter 03

8 스프링의 진동 중 스프링 위 질량의 진동과 관계없는 것은?

① 바운싱(bouncing)

② 피칭(pitching)

③ 휠 트램프(wheel tramp)

④ 롤링(rolling)

> • 스프링 윗 질량 : 바운싱, 피칭, 롤링, 요잉
> • 스프링 아래 질량 : 휠 트램프, 휠 홉, 와인드 업

9 주행 중 트램핑 현상이 발생하는 원인으로 적당하지 않은 것은?

① 앞 브레이크 디스크의 불량

② 타이어의 불량

③ 휠 허브의 불량

④ 파워펌프의 불량

> **트램핑**(tramping)은 바퀴가 상하로 진동하는 현상으로, 휠 허브 및 디스크 불량 시 타이어 중심축에 어긋나거나 타이어가 불량할 때 발생한다.

10 자동차가 주행할 때 앞바퀴가 흔들리는 상태를 무엇이라 하는가?

① 동요

② 정적평형

③ 시미

④ 동적평형

> **시미**(Shimmy)은 바퀴가 동적 불균형으로 발생되며, 앞에서 보았을 때 옆으로 흔들리는 현상이다. 주로 휠 밸런스(타이어 원주방향의 무게 균형)의 균형이 정확하지 않을 경우 회전저항이 증가하며, 특히 고속에서 크게 발생된다.

11 요철이 있는 노면을 주행할 경우, 스티어링 휠에 전달되는 충격을 무엇이라 하는가?

① 시미현상

② 웨이브 현상

③ 스카이 훅 현상

④ 킥백 현상

12 스프링 정수가 2kgf/mm인 자동차 코일 스프링을 3cm 압축하려면 필요한 힘은?

① 6kgf

② 60kgf

③ 600kgf

④ 6000kgf

> $$k = \frac{F}{x}$$
> • k : 스프링 정수[kgf/mm]
> • F : 스프링에 작용하는 힘[kgf]
> • x : 스프링의 변형량[mm]
>
> $$F = k \times x = 2[\text{kgf/mm}] \times 30[\text{mm}] = 60[\text{kgf}]$$

13 후축에 9,890kgf의 하중이 작용될 때 4개 타이어를 장착하였다면 타이어 한 개당 받는 하중은?

① 약 2,473kgf

② 약 2,770kgf

③ 약 3,473kgf

④ 약 3,770kgf

> $$\text{타이어가 받는 하중} = \frac{\text{축중}}{\text{타이어 수}} = \frac{9890}{4} ≒ 2473\text{kgf}$$

02 현가장치의 종류 및 특징

1 일체차축 현가장치의 특징으로 가장 거리가 먼 것은?

① 설계와 구조가 비교적 단순하며, 유지보수 및 설치가 용이하다.

② 차축이 분할되어 시미의 위험이 적어 스프링 정수가 적은 스프링을 사용할 수 있다.

③ 스프링 아래 진동이 커 승차감이나 안정성이 떨어지고 충격 중 주행 조작력이 매우 떨어진다.

④ 내구성이 좋아 얼라이먼트 변형이 적다.

> ②는 독립현가장치의 장점이다.

2 독립 현가방식과 비교한 일체차축 현가방식의 특성이 아닌 것은?

① 구조가 간단하다.

② 선회시 차체의 기울기가 작다.

③ 승차감이 좋지 않다.

④ 로드홀딩(road holding)이 우수하다.

일체차축 현가방식은 차축이 분리되지 않으므로 접지력이 나쁘다.

3 독립현가장치의 장점으로 가장 거리가 먼 것은?

① 스프링 정수가 적은 스프링을 사용할 수 있다.

② 스프링 아래 질량이 적어 승차감이 우수하다.

③ 바퀴가 시미를 잘 일으키지 않고 로드 홀딩이 좋다.

④ 하중에 관계없이 승차감은 차이가 없다.

독립현가장치는 바퀴마다 현가장치가 설치되므로 하중에 따라 승차감에 차이가 발생한다.

4 독립현가장치의 특징이 아닌 것은?

① 차고가 낮은 설계가 가능하여 주행 안정성이 향상된다.

② 얼라이먼트 변형이 잘 일어나지 않는다.

③ 구동바퀴마다 별개의 현가장치를 가진다.

④ 일체식 대비 구조가 복잡해서 수리 및 유지비용이 높다.

독립현가장치는 연결 부위가 대부분 링크 등으로 설계되어 마모가 쉽게 일어나므로 얼라이먼트 변형이 잘 일어난다.

5 독립 현가장치의 종류가 아닌 것은?

① 위시본 형식 ② 스트럿 형식

③ 트레일링 암 형식 ④ 옆방향 판스프링 형식

6 앞 차륜 독립현가장치에 속하지 않는 것은?

① 트레일링 암 형식 ② 위시본 형식

③ 맥퍼슨 형식 ④ SLA 형식

②~④은 앞바퀴에 사용하고, 트레일링 암 형식은 앞구동방식(FF)에서 뒷바퀴에 주로 사용된다.
※ SLA 형식은 위시본 형식에 속한다.

7 다음 중 현가장치의 구성품과 관계없는 것은?

① 스태빌라이저 ② 타이로드

③ 쇽업소버 ④ 판스프링

타이로드는 조향장치에 해당한다. 조향 링크와 너클 암 사이의 링크를 말하며, 토인(toe in) 조정을 위해 길이 조절이 가능하다.

8 현가장치에서 맥퍼슨형의 특징이 아닌 것은?

① 위시본형에 비하여 구조가 간단하다.

② 로드 홀딩이 좋다.

③ 엔진 룸의 유효공간을 넓게 할 수 있다.

④ 스프링 아래 중량을 크게 할 수 있다.

스프링 아래 중량을 작게 하여 로딩 홀딩 및 승차감을 향상시킨다.

9 SLA식의 윗 컨트롤 암의 길이는?

① 아래 컨트롤 암보다 길다.

② 아래 컨트롤 암과 같다.

③ 차에 따라 다르다.

④ 아랫 컨트롤 암보다 짧다.

SLA 형식(shot and long arm type) : 위시본식에서 윗 컨트롤 암이 아랫 컨트롤 암보다 짧은 형식이다.

10 국내 승용차에 가장 많이 사용되는 현가장치로서 구조가 간단하고, 스트러트가 조향 시 회전하는 것은?

① 위시본형 ② 맥퍼슨형

③ SLA형 ④ 데디온형

맥퍼슨형은 현가 장치와 조향 너클이 일체되어 조향 시 스트러트도 함께 회전한다.

11 뒤 현가방식의 독립 현가식 중 세미 트레일링 암(semi trailing arm) 방식의 단점으로 틀린 것은?

① 공차 시와 승차 시 캠버가 변한다.

② 종감속기어가 현가 암 위에 고정되기 때문에 그 진동이 현가장치로 전달되므로 차단할 필요성이 있다.

③ 구조가 복잡하고 가격이 비싸다.

④ 차실 바닥이 낮아진다.

세미 트레일링 암은 승차감, 조종성 및 안정성이 좋고 차동장치와 추진축의 상하진동이 없으므로 차실 바닥이 낮아지는 장점이 있다.

chapter 03

정답 2 ④ 3 ④ 4 ② 5 ④ 6 ① 7 ② 8 ④ 9 ④ 10 ② 11 ④

[15-5] 출제율 ★ ☐☐☐

1 여러 장을 겹쳐 충격 흡수 작용을 하도록 한 스프링은?

① 토션 바 스프링

② 고무 스프링

③ 코일 스프링

④ 판 스프링

[15-4, 11-2, 07-2] 출제율 ★★★ ☐☐☐

2 현가장치에 사용되는 판 스프링에서 스팬(span)의 길이 변화를 가능하게 하는 것은?

① 새클   ② 스팬

③ 행거   ④ U볼트

판스프링의 구성품	
새클	스팬의 길이 변화를 가능
스팬	양 스프링 아이의 중심거리
새클 핀	스프링 아이를 통해 프레임에 지지되는 부분
스프링 아이	스프링을 차체에 연결하기 위한 설치구멍
중심 볼트	스프링을 고정하는 볼트
U볼트	차축 하우징을 설치하기 위한 볼트

[08-5, 07-1] 출제율 ★ ☐☐☐

3 자동차에서 판 스프링은 무엇에 의해 프레임에 설치되는가?

① 킹핀

② 코터 핀

③ 새클 핀

④ U볼트

[10-4] 출제율 ★★ ☐☐☐

4 현가장치에서 판 스프링의 구조에 대한 내용으로 거리가 먼 것은?

① 스팬(span)

② 유(U) 볼트

③ 스프링 아이(spring eye)

④ 너클(knuckle)

> 너클은 킹핀을 통해 앞차축과 연결되는 부분과 바퀴 허브가 설치되는 스핀들부로 되어 있는 조향장치 부품이다.

[12-5] 출제율 ★ ☐☐☐

5 현가장치에서 스프링 강으로 만든 가늘고 긴 막대 모양으로 비틀림 탄성을 이용하여 완충 작용을 하는 부품은?

① 공기 스프링   ② 토션 바 스프링

③ 판 스프링   ④ 코일 스프링

[14-1] 출제율 ★ ☐☐☐

6 자동차 현가장치에 사용하는 토션 바 스프링에 대하여 틀린 것은?

① 단위 무게에 대한 에너지 흡수율이 다른 스프링에 비해 크며 가볍고 구조도 간단하다.

② 스프링의 힘은 바의 길이 및 단면적에 반비례한다.

③ 구조가 간단하고 가로 또는 세로로 자유로이 설치할 수 있다.

④ 진동의 감쇠 작용이 없어 쇽업소버를 병용하여야 한다.

> 토션 바 스프링의 힘은 바의 길이 및 단면적에 비례한다.

[06-2] 출제율 ★ ☐☐☐

7 토션 바 스프링에 대하여 맞지 않는 것은?

① 단위 무게에 대한 에너지 흡수율이 다른 스프링에 비해 크기 때문에 가볍고 구조도 간단하다.

② 대형차에 적합하고, 현가 높이를 조정할 수 없다.

③ 구조가 간단하고, 가로 또는 세로로 자유로이 설치할 수 있다.

④ 쇽업소버를 병용한다.

> 토션 바 스프링은 소형 화물, 승합차에 적합하다.

[13-4] 출제율 ★ ☐☐☐

8 공기 현가장치의 특징에 속하지 않는 것은?

① 스프링 정수가 자동적으로 조정되므로 하중의 증감에 관계없이 고유 진동수를 거의 일정하게 유지할 수 있다.

② 고유 진동수를 높일 수 있으므로 스프링 효과를 유연하게 할 수 있다.

③ 공기 스프링 자체에 감쇠성이 있으므로 작은 진동을 흡수하는 효과가 있다.

④ 하중 증감에 관계없이 차체 높이를 일정하게 유지하며 앞뒤, 좌우의 기울기를 방지할 수 있다.

> 공기 현가장치는 고유 진동수를 낮출 수 있으므로 스프링 효과를 유연하게 할 수 있다.

정답 **❸** 1 ④ 2 ① 3 ③ 4 ④ 5 ② 6 ② 7 ② 8 ②

[06-2] 출제율 ★★★

9 전자제어 현가장치에 사용되는 쇽업소버에서 오일이 상하 실린더로 이동할 때 통과하는 구멍을 무엇이라고 하는가?

① 밸브 하우징
② 로터리 밸브
③ 오리피스
④ 스텝구멍

쇽업소버는 오일이 실린더 사이의 위치한 감쇠력 밸브의 오리피스를 통과하면서 저항이 커져 감쇠력이 발생된다.

[09-1] 출제율 ★★★

10 스태빌라이저(stabilizer)에 관한 설명으로 가장 거리가 먼 것은?

① 일종의 토션 바이다.
② 독립 현가식에 주로 설치된다.
③ 차체의 롤링(rolling)을 방지한다.
④ 차체가 피칭(pitching)할 때 작용한다.

스태빌라이저는 차체의 기울어짐(롤링)을 방지한다.

[15-2, 14-5, 04-5] 출제율 ★★★

11 선회 주행 시 자동차가 기울어짐을 방지하는 부품은?

① 너클 암
② 섀클
③ 타이로드
④ 스태빌라이저

[07-1, 06-4] 출제율 ★★★

12 자동차가 고속으로 선회할 때 차체의 좌우진동을 완화하는 기능을 하는 것은?

① 캠버
② 스태빌라이저
③ 겹판 스프링
④ 타이로드

스태빌라이저의 기능
선회 시 차체 기울임 방지, 롤링 현상 감소, 차의 평형 유지, 좌우 진동 억제

[11-4, 09-4, 07-5] 출제율 ★★

13 독립현가장치의 차량에서 선회할 때 쏠림을 감소시켜 주고 차체의 평형을 유지시켜 주는 것은?

① 볼 조인트
② 공기 스프링
③ 쇽업소버
④ 스태빌라이저

[12-1] 출제율 ★★

14 자동차가 선회할 때 차체의 좌우 진동을 억제하고 롤링을 감소시키는 것은?

① 스태빌라이저
② 겹판 스프링
③ 타이로드
④ 킹핀

정답 9 ③ 10 ④ 11 ④ 12 ② 13 ④ 14 ①

SECTION

04 | 타이어 및 휠 얼라인먼트

Craftsman Motor Vehicles Maintenance

[예상문항 : 1~4문제] 이 섹션도 횟차마다 문항수 변동이 크며 기출의 재출제율이 떨어집니다. 타이어에서는 구조, 규격 및 평편률, 타이어 공기압에 따른 영향을 체크해두며, 휠 얼라인먼트에서는 캠버, 킹핀 경사각, 캐스터, 토(tow)의 특징 및 역할을 구분합니다.

01 휠과 타이어

1 휠(wheel)의 구성요소
휠 허브, 휠 디스크, 림(rim)
→ 휠 : 자동차의 무게를 지탱하고, 휠의 타이어를 지지하는 역할

2 타이어

(1) 타이어의 성능 향상방법
① 하중 지지 : 타이어 공기압 증가, 카커스 재질 강화, 플라이 수 증가
② 노면 접착력(마찰계수 향상) : 트래드 패턴 변경, 트래드 홈 변화, 타이어의 재질 변경
③ 충격 흡수 : 타이어 공기압 증가, 플라이 수 감소

(2) 바이어스 타이어
일반적인 타이어로 카커스 방향이 사선으로 되어있다.

(3) 튜브리스(tubeless) 타이어 – 튜브가 없음
① 못 등이 박혀도 공기누출이 적고 공기가 급격히 누설되지 않는다.
② 고속 주행 시에도 발열이 적다.
③ 펑크 수리가 간단하다.
④ 유리조각 등에 의해 찢어지는 손상에는 수리가 어렵다.
⑤ 림이 변형되면 공기가 누설되기 쉽다.

(4) 레이디얼(radial, 방사형) 타이어
① 레이디얼 타이어란 회전방향에 직각으로 카커스(carcass)의 코드(code)를 배열한 타이어를 말한다.
② 미끄럼이 적고 견인력이 좋다.
③ 로드 홀딩이 좋고, 스텐딩 웨이브 현상이 잘 일어나지 않는다.
④ 선회 시 코너링이 우수하고, 안전하다.
⑤ 조정 안정성이 좋다.
⑥ 하중에 의한 트래드 변형이 적다.

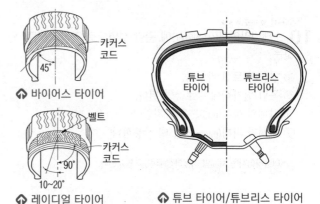

↑ 바이어스 타이어
↑ 레이디얼 타이어
↑ 튜브 타이어/튜브리스 타이어

3 타이어의 구조 필수암기

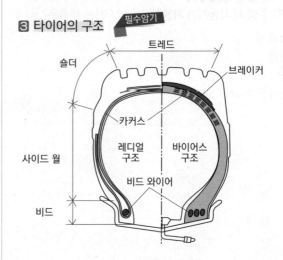

트레드 (thread)	• 노면에 직접 접촉되는 바닥면으로 제동 및 주행 시 접지력을 높여준다. • 노출 면적을 증대하여 발산효과 및 마모 감소
브레이커 (breaker)	• 트레드와 카커스 사이에 여러 겹의 코드층으로 접합된 부위로 마찰로 인해 발생하는 고열을 견딜 수 있어야 한다.
카커스 (carcass)	• 튜브의 공기압에 견디면서 타이어의 형태를 유지시키는 뼈대가 되는 부분이다. • 레이온, 나일론과 같은 합성수지를 고무로 붙인 형태로 충격을 흡수한다.

214 3장 자동차 섀시 정비

비드 (bead)	• 타이어의 끝부분으로 타이어가 림에 접하는 부분 • 타이어가 림에서 빠지는 것을 방지 • 비드부의 처짐이나 변형을 방지하기 위해 금속 와이어(피아노 강선)를 첨가
사이드 월 (side wall)	• 지면과 직접 접촉은 하지 않고 주행 중 가장 많은 완충작용을 함 • 타이어 규격 및 각종 정보가 표시된 부분

④ 트레드 패턴

(1) 트레드 패턴의 필요성

① 주행 중 옆방향 및 전진 방향의 슬립 방지

② 타이어 내부에서 발생한 열의 발산

③ 트레드 부에 생긴 절상 확산 방지

④ 구동력이나 선회성능의 향상

(2) 종류

리브(Rib) 패턴	• 옆방향 슬립에 대한 저항이 크고, 조향성, 승차감이 우수하고 주행 소음이 적음 • 승용차에 사용되며 고속주행에 알맞음
러그(lug) 패턴	• 험한 도로 및 비포장도로에서 견인력을 발휘, 슬립 및 편마모에 강함 • 군용 자동차나 덤프 트럭 등
리브 러그 패턴	• 리브 패턴과 러그 패턴을 조합한 형식 • 조향성 향상, 슬립 방지, 견인력 향상
블록 패턴	• 구동력이 좋고 옆 방향 미끄럼에 대한 저항도 크지만, 진동과 소음이 크다. • 스노우 타이어나 건설용, 산업용 차량 등

⬆ 리브 패턴   ⬆ 러그 패턴   ⬆ 리브 러그 패턴   ⬆ 블록 패턴

⑤ 타이어의 호칭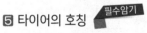

① 타이어 호칭 치수(레이디얼 타이어)

타이어 내경 또는 림 직경(inch)

편평률(%)   속도기호

185/65 R14 85H

타이어 폭(mm) 레이디얼 타이어 하중지수

215 (/) 60 (S)R 17

타이어 폭(mm)

편평률(%)   레이디얼 타이어

내경 또는 림 직경(inch)

② 'R' 대신 'D'는 바이어스 구조이다.

③ (S) : 타이어의 허용 최대속도 지수(범위)

④ 타이어의 편평률 : 높이 대비 단면폭을 비율로, 타이어 접지력과 하중의 결정에 영향을 줌

$$\text{편평률}(\%) = \frac{\text{타이어의 높이}}{\text{타이어의 폭}} \times 100$$

※ 편평률은 '편평비×100%'이지만, 혼용하여 사용되기도 한다.

⑥ 타이어 공기압에 따른 영향

(1) **공기압이 높을 경우**

① 접지면적이 작아지고 탄성이 높아져 고무공처럼 튀는 느낌을 갖는다.(타이어 중앙 마모가 심함)

② 제동 성능이 매우 저하되어 사고 발생 위험이 있다.

③ 작은 충격에도 타이어 손상이 쉽다.

④ 조향력이 가볍다.

(2) **공기압이 낮을 경우**

① 접지면적이 커지고 탄성이 약해져 타이어 전반이 바닥에 끌려 마찰이 커진다.(주로 타이어 바깥쪽 마모가 심함)

② 조향력이 무겁다.

③ 주행 연비는 감소하며 휠이나 현가장치 등이 바닥에 부딪혀 손상될 위험이 있다.

④ **스탠딩 웨이브** : 타이어 전면에 물결이 발생하는 듯한 효과가 생긴다.

> ▶ 스탠딩 웨이브(standing wave)
> • 고속 주행 시 공기압을 적을 때 타이어가 주름이 잡히거나 찌그러지는 현상으로, 스탠딩 웨이브가 심하면 트레드의 고무와 카커스의 밀착력이 떨어져 타이어 박리현상 또는 파손이 발생된다.
> • 방지책 : 타이어의 공기압을 10~20% 정도 높임, 강성이 높은 타이어를 사용한다.

⑦ 타이어 공기압 센서(TPMS, Tire Pressure Monitoring Sensor)

각 휠의 안쪽(또는 공기주입밸브)에 센서를 부착하여 타이어의 압력 및 온도 데이터를 ECU로 보내 저압 시 운전석의 계기판(클러스터)을 통해 경고등을 점등(또는 압력값을 표시)하여 타이어 불량에 대한 주행안정성을 확보하도록 한다.

■ 휠 얼라이먼트 일반

① 조향 조작 시 확실한 조향과 방향이 안정되고 복원성이 좋아지도록 앞바퀴가 일정한 기하학적 각도를 가지고 설치되도록 조정하는 것을 말한다.
② 휠 얼라인먼트가 변화함에 따라 타이어가 지면에 접지하는 형태가 달라지며 그에 따라 차량의 직진성, 안전도, 조종 민감도, 타이어의 마모도 등이 크게 변화한다.
③ 약간의 얼라인먼트 요소가 변경되는 것만으로도 차량은 크게 요동치거나 휘어서 주행할 수 있다.

(1) 차륜 정렬의 역할
① 조향 휠의 조작안정성 및 주행안정성을 준다.
② 조향 휠에 복원성을 준다.
③ 조향휠의 조작력을 가볍게 한다.
④ 타이어의 편마모를 방지한다.(타이어 수명 연장)

(2) 정적 얼라인먼트 : 캠버, 캐스터, 토인, 킹핀 경사각
① 측정 기준 : 정지 및 공차상태에서 차량 바퀴가 일자 정렬한 상태를 기준으로 한다.
② 후륜의 경우는 조향 시 각도가 변화하지 않으므로 얼라인먼트값이 고정적이나 전륜의 경우는 정차 시 조향에 의한 변동값이 발생한다.

(3) 동적 얼라인먼트
① 선회 시 발생하는 구심력이나 원심력, 구동에 의한 반발 관성과 수직방향 횡력 등 다양한 요소에 의해 차량의 얼라인먼트 값들이 변화한다.
② 차륜 정렬 측정 및 조정이 필요한 경우
 • 현가장치를 분해·조립했을 때
 • 핸들이 흔들리거나 조작이 불량할 때
 • 핸들이 한쪽으로 쏠려 직진할 때
 • 충돌 사고로 인해 차체에 변형이 생겼을 때

② 휠 얼라인먼트 종류

(1) 기계식 휠 얼라인먼트
① 수동 장비와 기구를 이용
② 구성 : 토인 측정기, 캠버 캐스터 측정기, 회전반경 측정기 및 캠버 캐스터 측정기 거치대 등
③ 차륜 중심선 기준으로 캠버, 캐스터, 킹핀, 토인의 측정이 가능하다.
④ 차륜 중심선의 앞·뒤 차이를 측정할 수 있지만, 차륜의 편심이나 중심선 기준의 토 인/아웃 구분은 어려우며 차 바퀴별 토 조정이 어렵다.
⑤ 캠버, 캐스터 측정 시 판독 오차가 발생할 수 있다.
⑥ 캠버 캐스터 측정 시 알루미늄 휠 등의 합성수지 계열은 자석을 부착할 수 없기 때문에 별도의 거치대가 필요하다.

(2) 전자식 휠 얼라인먼트
① 4주식 리프트 위에 거치되는 구조
② 구성 : 센서 헤드부와 휠 클램프, 턴 테이블 세트, 브레이크 페달 고정대, 핸들 고정대 등
③ 캠버, 캐스터, 킹핀, 토인 외에 스러스트 및 셋백의 측정이 가능하다.
④ 각 바퀴의 정확한 인, 아웃 상태를 별도로 점검할 수 있어 개별적인 토인 측정이 가능하다.

■ 캠버(camber)

① 앞바퀴를 앞에서 보았을 때 바퀴의 아래쪽보다 윗부분이 더 넓게 벌어져 있는데 이 벌어진 바퀴의 중심선과 수직선 사이의 각 (약 0.5~1.5°)
② **캠버의 역할**
 • 앞바퀴가 하중을 받을 때 아래쪽이 벌어지는 것을 방지
 • 수직 하중에 의한 앞차축의 휨을 방지
 • 주행 중 조향 조작력을 가볍게 한다.
 • 노면에서 받는 충격을 감소
 • 바퀴가 빠져나가는 것을 방지
③ 캠버의 종류
 • 정(+) 캠버 : 바퀴의 아래쪽이 위쪽보다 좁은 것
 • 부(−) 캠버 : 바퀴의 아래쪽이 위쪽보다 넓은 것

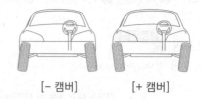

[− 캠버]　　　[+ 캠버]

④ 캠버가 과도하면 타이어의 트레드의 한쪽 모서리가 마멸된다.
⑤ **협각 : 캠버각과 킹핀 경사각을 합친 각**
⑥ 스크러브 레디어스(scrub radius) : 타이어 중심선이 킹핀(앞 타이어의 선회 축)의 중심 연장선과 지면에서 만난 거리를 말한다. "킹핀 오프셋"이라도 한다.

2 킹핀 경사각(킹핀 오프셋)

① 앞바퀴를 앞에서 볼 때 킹핀(암을 고정시키는 핀)축 중심과 수 직선 사이의 경사각으로, 일정한 협각에 의해 캠버각에 영 향을 미친다.

② 캠버와 함께 **핸들의 조작력을 가볍게 한다**.

③ 바퀴의 시미(진동)를 방지한다.

④ 캐스터와 함께 앞바퀴의 **직진 복원성**을 준다.

　→ 직진 복원성이란 직진위치로 쉽게 되돌아오는 성질을 말한다.

⑤ 저속 시 원활한 회전이 되도록 한다.

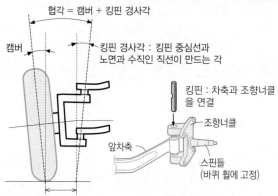

　킹핀 오프셋(scrub radius) : 타이어 중심선이 접지면에 만나는 점과 킹핀 중심선이 노면에 만나는 점과의 거리

　⬆ 킹핀 경사각, 킹핀 오프셋, 협각

3 캐스터(caster)

① 앞바퀴 옆에서 보았을 때 킹핀의 중 심선이 뒤쪽으로 기울어 설치된 것 을 말한다.

② 킹핀 경사각과 함께 앞바퀴에 복원 성을 주어 직진 위치로 쉽게 돌아오 게 하는 조향 핸들의 **직진 복원성**을 준다.

[캐스터]

③ 주행 중 조향 바퀴에 **방향성 및 안전성**을 준다.

4 토인(toe-in)　toe는 '발톱'을 말하며, 발톱(타이어 끝)이 안쪽(in)으로 향한다는 의미

① 앞바퀴를 위에서 볼 때 좌우 바퀴의 폭이 뒤쪽보다 앞쪽이 좁게 되어 있는 것을 말한다.

　→ 토인을 두는 이유 : 고속주행 시 앞바퀴는 캠버로 인해 차륜이 벌어지 려는 성질이 있는데 이를 토인으로 교정한다.

② 토인의 역할

• 주행 중 앞바퀴를 평형하게 회전시킨다.

• 바퀴의 사이드 슬립(옆방향 미끄러짐)과 편마멸을 방지

• 조향링키지 마멸에 의한 토아웃(타이어의 앞부분이 벌어짐) 을 방지

③ 토의 조정은 타이로드(tie rod)의 길이로 조정한다.

A – B = 토(toe)
B > A = 토인
B < A = 토아웃

[토인]　　[토아웃]

▶ 토아웃의 특징
　토아웃 : 직진성 불량, 굴곡이 심한 노면의 선회시 접지력 우수

▶ • 조향력을 가볍게 함 : 캠버, 킹핀 경사각
　• 직진 복원성을 줌 : 캐스터, 킹핀 경사각
　• 시미현상 감소 : 캐스터, 킹핀 경사각

5 스러스트 각(thrust angle)　축 또는 축방향을 의미

자동차의 진행 중심선과 자동차의 중심선(기하학적 중심선)이 이루는 각

6 셋 백(set back)

① 기하학적으로 차량의 전·후 중심선과 전륜 축, 후륜 축의 수직으로 그은 선이 이루는 각도(동일 차축에서 한쪽 차륜이 반 대쪽 차륜보다 앞 또는 뒤로 처져 있는 정도)

② 뒷차축을 기준으로 하여 앞차축의 평행도를 나타냄

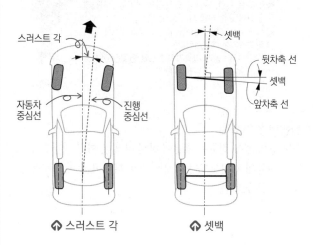

　⬆ 스러스트 각　　　⬆ 셋백

7 휠 얼라인먼트 불량 증상과 진단

비정상적 타이어 마모	토, 캠버, 휠 밸런스, 선회 시 토 아웃 불량 타이어 공기압 부적절, 바퀴 유격
주행 중 핸들 쏠림	좌우 공기압 편차, 좌우 캠버 편차, 좌우 캐스터 편차, 한쪽 브레이크 불량, 쇽업소버 작동불량, 차륜 링키지 불량 등
핸들 복원력 불량	토 불량, 캐스터 부족, 조향 너클 손상, 조향기어 휨, 핸들 샤프트 휨 또는 조인트 고착 상태 등
핸들 센터 불량	조향, 현가장치 마모 및 유격 발생, 조향기어 이완 등
핸들이 가벼움	공기압 과다, 캠버 과다, 캐스터 과소, 핸들 유격 과다 등
핸들이 무거움	공기압 부족, 타이어 마모 심함, 마이너스 휠 상태, 캐스터 과대, 동력조향장치의 파워 오일 부족 및 벨트 불량 등
핸들 떨림	휠밸런스 불량, 휠 및 타이어 런 아웃 과다, 드라이브 샤프트 상하 유격 과다, 조향장치 유격과다, 공기압 부족, 브레이크불량

8 기타 사항

(1) 조향너클에 휠(타이어) 체결 시 주의사항
너트를 손으로 가조립한 후, 대각선 방향으로 2~3회 이상 나누이 체결한다.

한 개씩 완전 체결하면 접촉면이 한 곳에 집중되어 평평하게 체결되지 못한다.

> ▶ 공기 압축기 및 에어임팩트(air impact) 렌치
> • 공기압축기를 구동시켜 압축공기의 힘을 이용하여 볼트/너트 체결, 드릴링, 연삭 등의 작업을 단시간에 큰 힘이 필요한 작업 시 주로 사용한다.
> • 공기 압축기의 안전밸브는 규정 이상의 압력에 달하면 압축공기를 배출시킨다.
> • 임팩트 렌치 : 공기 압축기의 호스와 연결된 렌치(볼트나 너트를 조이는 도구)를 말한다.

렌치 체결

압축공기

(2) 타이어 위치 교환
FF차량의 경우 전륜이 후륜에 비해 더 많은 마찰 저항을 받으므로 전륜의 편마모도가 더 심하므로 타이어 수명 연장을 위해 위치를 교환한다.

(3) 휠 밸런스

① 타이어 및 휠의 무게중심을 맞추어 타이어의 떨림, 마모를 조정하는 것으로, 휠에 무게추를 부착하여 밸런스를 맞춘다.
② 휠 밸런스는 휠 얼라이먼트에 속하지 않는다.

> 휠 밸런스 측정기 사용 시 타이어가 회전할 때 타이어의 회전면에 서 있지 않도록 한다.

01 휠과 타이어

[10-1] 출제율 ★★★

1 휠의 구성 요소가 아닌 것은?

① 휠 허브　　　② 휠 디스크
③ 트레드　　　④ 림

> 휠의 구성요소 : 휠 디스크, 휠 허브, 림
> ※ 트레드는 타이어의 구성요소로 타이어가 지면과 닿는 부분이다.

[15-4, 05-4] 출제율 ★★

2 타이어의 구조에 해당되지 않는 것은?

① 트레드　　　② 브레이커
③ 카커스　　　④ 압력판

[16-2] 출제율 ★★

3 타이어 트레드 패턴의 종류가 아닌 것은?

① 러그 패턴　　　② 블록 패턴
③ 리브 러그 패턴　　　④ 카커스

> 카커스는 타이어 구조에 속한다.

[09-1] 출제율 ★★★

4 지면과 직접 접촉은 하지 않고 주행 중 가장 많은 완충작용을 하고 타이어 규격 및 각종 정보가 표시된 부분은?

① 카커스(carcass)부　　　② 트레드(tread)부
③ 사이드 월(side wall)부　　　④ 비드(bead)부

> ① 카커스부 : 타이어의 뼈대가 되는 부분
> ② 트레드부 : 노면에 직접 접촉되는 부분으로 내열성 고무로 피복된 코드를 여러 겹이 겹친 구조
> ④ 비드부 : 타이어가 림에 접촉하는 부분으로 타이어가 림에서 빠지는 것을 방지

[15-2] 출제율 ★★★

5 타이어의 구조 중 노면과 직접 접촉하는 부분은?

① 트레드　　　② 카커어스
③ 비드　　　④ 숄더

[참고] 출제율 ★★★

6 자동차 바퀴에서 노면과 접촉을 하지 않지만 카커스를 보호하고 타이어 규격, 메이커 등 각종 정보가 표시되는 부분은?

① 림 라인　　　② 숄더
③ 사이드 휠　　　④ 트레드

[07-4] 출제율 ★★★

7 타이어의 구조에서 직접 노면과 접촉되어 마모에 견디고 적은 슬립으로 견인력을 증대시키는 곳의 명칭은?

① 트레드(thread)　　　② 브레이커(breaker)
③ 카커스(carcass)　　　④ 비드(bead)

> 브레이커는 카커스와 트레드 사이에 여러 겹의 코드층으로 부착되어 트레드와 카커스 분리 방지, 완충작용, 카커스 손상 방지 등의 역할을 한다.

[13-4, 13-2] 출제율 ★★

8 타이어의 뼈대가 되는 부분으로, 튜브의 공기압에 견디면서 일정한 체적을 유지하고 하중이나 충격에 변형되면서 완충작용을 하며 내열성 고무로 밀착시킨 구조로 되어있는 것은?

① 비드(Bead)　　　② 브레이커(Breaker)
③ 트레드(Tread)　　　④ 카커스(Carcass)

[07-5, 05-2] 출제율 ★★

9 고무로 피복된 코드를 여러 겹 겹친 층에 해당되며, 타이어에서 타이어 골격을 이루는 부분은?

① 카커스(carcass)부　　　② 트레드(tread)부
③ 숄더(should)부　　　④ 비드(bead)부

[11-1, 08-4, 06-5] 출제율 ★★

10 튜브리스 타이어의 특징으로 거리가 먼 것은?

① 못에 찔려도 공기가 급격히 누설되지 않는다.
② 유리조각 등에 의해 찢어지는 손상도 수리가 쉽다.
③ 고속 주행시 발열이 비교적 적다.
④ 림이 변형되면 공기가 누설되기 쉽다.

> 튜브리스 타이어는 못에 찔려도 공기가 급격히 누설되지 않지만 찢어지는 손상에는 수리가 어렵다.

[12-2] 출제율 ★★

11 주행 중 타이어의 열상승에 가장 영향을 적게 미치는 것은?

① 주행속도 증가
② 하중의 증가
③ 공기압의 증가
④ 주행거리 증가(장거리 주행)

> 공기압이 증가되면 지면과의 접촉면이 작아져 열 상승이 적어진다.

정답 **1** 1 ③　2 ④　3 ④　4 ③　5 ①　6 ③　7 ①　8 ④　9 ①　10 ②　11 ③

chapter 03

12 튜브리스 타이어의 장점이 아닌 것은?
[12-4] 출제율 ★

① 못 등이 박혀도 공기누출이 적다.
② 림이 변형되어도 공기누출의 가능성이 적다.
③ 고속 주행 시에도 발열이 적다.
④ 펑크 수리가 간단하다.

> 튜브리스 타이어의 단점은 타이어의 내측, 비드부에 흠이 생기면 분리 현상 발생할 수 있고, 타이어가 림에 직접 설치되므로 림 플랜지 부위에 변형이 있으면 공기 누출이 일어날 수 있다.

13 타이어의 트레드 패턴의 필요성이다. 가장 관계가 먼 것은?
[04-1] 출제율 ★★

① 타이어 내부의 열을 발산한다.
② 트래드에 생긴 절상 등의 확대를 방지한다.
③ 구동력이나 선회능력을 감쇠시킨다.
④ 타이어의 옆방향, 전진 방향의 미끄럼을 방지한다.

> 트레드 패턴은 사이드·전진방향 슬립 방지, 접지력, 제동력, 제어력, 구동력, 견인력이나 선회성능 향상, 수막현상 감소, 열 발산 향상, 마모 및 파손 감소 등을 목적에 따라 그 모양이 달라진다.

14 레이디얼(radial) 타이어의 장점이 아닌 것은?
[08-5] 출제율 ★★

① 미끄럼이 적고 견인력이 좋다.
② 선회시 안전하다.
③ 조정 안정성이 좋다.
④ 저속 주행, 험한 도로 주행 시에 적합하다.

> ④는 바이어스 타이어 및 러그 패턴에 대한 설명이다.

15 고속 주행 시 타이어 공기압을 표준 공기압보다 다소 높여 주는 이유는?
[참고] 출제율 ★★★

① 승차감을 좋게 하기 위해서
② 타이어 마모를 방지하기 위해서
③ 제동력을 좋게 하기 위해서
④ 스탠딩 웨이브 현상을 방지하기 위해서

> ① 공기압이 지나치게 높으면 승차감이 딱딱해짐
> ② 타이어 마모를 방지하려면 : 공기압 적정 (높으면 중간 부분의 마모가 커지고, 적으면 양면 마모가 커짐)
> ③ 제동력을 좋게 하려면 : 공기압을 낮춤 (접지면적이 크게 하기 위해)
> ④ 스탠딩 웨이브 현상은 공기압이 낮을 때 고속 주행 시 타이어의 일부가 물결처럼 주름이 잡히는 것이므로 공기압을 다소 높여준다.

16 주로 승용차에 사용되며 고속주행에 알맞은 타이어의 트래드 패턴은?
[09-4, 05-1] 출제율 ★

① 러그 패턴
② 리브 패턴
③ 블록 패턴
④ 오프로드 패턴

17 타이어의 스탠딩 웨이브 현상에 대한 내용으로 옳은 것은?
[14-5] 출제율 ★★★

① 스탠딩 웨이브를 줄이기 위해 고속 주행 시 공기압을 10% 정도 줄인다.
② 스탠딩 웨이브가 심하면 타이어 박리현상이 발생할 수 있다.
③ 스탠딩 웨이브는 바이어스 타이어보다 레이디얼 타이어에서 많이 발생한다.
④ 스탠딩 웨이브 현상은 하중과 무관하다.

> ① 스탠딩 웨이브를 줄이기 위해 고속 주행 시 공기압을 10% 정도 높여준다.
> ③ 스탠딩 웨이브는 레이디얼 타이어에서 가장 적게 발생한다.
> ④ 스탠딩 웨이브 현상은 하중의 영향이 크다.

18 타이어 폭이 180 mm이고, 타이어 단면 높이가 90 mm이면 편평률(%)는?
[10-4, 07-2, 05-1] 출제율 ★★★

① 500% ② 50%
① 600% ④ 60%

> $$편평률(\%) = \frac{타이어의\ 높이}{타이어의\ 폭} \times 100(\%) = \frac{90}{180} \times 100 = 50\%$$

19 타이어 호칭기호 215 60R 17에서 '17'이 나타내는 것은?
[11-2] 출제율 ★★★

① 림 직경(인치)
② 타이어 직경(mm)
③ 편평비(%)
④ 허용하중(kgf)

> **레이디얼 타이얼의 타이어 호칭기호**
> • 215 : 타이어 폭(mm)　　• 60 : 편평비(%)
> • R : 레이디얼 타이얼　　• 17 : 림 직경(인치)

20 승용차용 타이어의 표기법으로 잘못된 것은?

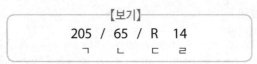

【보기】

205 / 65 / R 14
　ㄱ　ㄴ　ㄷ　ㄹ

① ㄱ : 단면폭(205mm)
② ㄴ : 편평비(65%)
③ ㄷ : 레이디얼(R)구조
④ ㄹ : 림외경(14mm)

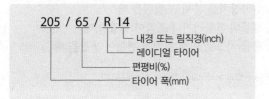

205 / 65 / R 14
　　　　　　　└ 내경 또는 림직경(inch)
　　　　　　레이디얼 타이어
　　　　편평비(%)
　　　타이어 폭(mm)

21 타이어의 표시 235 55R 19에서 '55'는 무엇을 나타내는가?

① 편평비
② 림 직경
③ 부하 능력
④ 타이어의 폭

레디얼 타이어의 타이어 호칭기호
• 235 : 타이어 폭(mm)　　• 55 : 편평비(%)
• R : 레이디얼 타이어　　• 19 : 림 직경(인치)

22 형식 5이 185/65 R14 85H인 타이어를 사용하는 승용자동차가 있다. 이 타이어의 높이와 내경은 각각 얼마인가?

① 65mm, 14cm
② 185mm, 14″
③ 85mm, 65cm
④ 120mm, 14″

185/65 R14 85H

• 185 : 타이어 폭　　　　• 65 : 편평비(%)
• R : 레이디얼 타이어　　• 14 : 타이어 내경(inch)
• 85 : 하중지수　　　　　• H : 속도 기호

$$편평비(\%) = \frac{타이어의\ 높이}{타이어의\ 폭} \times 100(\%) \rightarrow \frac{타이어의\ 높이}{185} \times 100\% = 65\%$$

$$\rightarrow 타이어의\ 높이 = 185 \times 0.65 = 120mm$$

23 레이디얼 타이어 호칭이 '175/70 SR 14'일 때 '70'이 의미하는 것은?

① 편평비
② 타이어 폭
③ 최대 속도
④ 타이어 내경

24 자동차의 타이어에서 60 또는 70 시리즈라고 할 때 시리즈란?

① 단면 폭
② 단면 높이
③ 편평비
④ 최대속도 표시

25 타이어 압력 모니터링 장치(TPMS)에 대한 설명 중 거리가 먼 것은?

① 타이어의 내구성 향상과 안전 운행에 도움이 된다.
② 휠 밸런스를 고려하여 타이어압력센서가 장착되어 있다.
③ 타이어의 압력과 온도를 감지하여 저압 시 경고 등을 점등한다.
④ 가혹한 노면에서 주행이 가능하도록 타이어 압력을 조절한다.

TPMS(타이어 압력 모니터링 장치)는 운전 중 타이어의 압력과 온도 상태를 감지하여 설정 공기압 이하일 때 운전자에게 경고를 알린다.

26 타이어 압력 모니터링 장치(TPMS)에 대한 설명이 잘못된 것은?

① 타이어 압력센서는 공기 주입 밸브와 일체로 되어있다.
② 타이어 압력센서 장착용 휠은 일반 휠과 다르다.
③ 타이어 분리 시 타이어 압력센서가 파손되지 않게 한다.
④ 타이어 압력센서용 배터리 수명은 영구적이다.

[참고] 출제율 ★ □□□

1 휠 얼라인먼트를 점검하여 바르게 유지해야 하는 이유로 틀린 것은?

① 직진성의 개선
② 축간 거리의 감소
③ 사이드 슬립의 방지
④ 타이어 이상 마모의 최소화

[14-2] 출제율 ★★ □□□

2 조향장치에서 차륜정렬의 목적으로 틀린 것은?

① 조향 휠의 조작안정성을 준다.
② 조향 휠의 주행안정성을 준다.
③ 타이어의 수명을 연장시켜 준다.
④ 조향 휠의 복원성을 경감시킨다.

> 차륜정렬(캐스터와 킹핀 경사각)은 조향 휠의 직진 복원성을 준다.

[11-4] 출제율 ★★ □□□

3 차륜정렬의 목적으로 거리가 먼 것은?

① 선회 시 좌우측 바퀴의 조향각을 같게 한다.
② 조향휠의 복원성을 유지한다.
③ 조향휠의 조작력을 가볍게 한다.
④ 타이어의 편마모를 방지한다.

> 조향각과 차륜정렬과는 무관하다.

[08-1, 06-5] 출제율 ★★★ □□□

4 앞바퀴 얼라인먼트의 역할이 아닌 것은?

① 조향 핸들의 조향 조작을 쉽게 한다.
② 조향 핸들에 알맞은 유격을 준다.
③ 타이어의 마모를 최소화 한다.
④ 조향 핸들에 복원성을 준다.

> ① 캠버, 킹핀경사각
> ② 조향 핸들 유격과 앞바퀴 얼라인먼트는 관계가 없다.
> ④ 캐스터, 킹핀경사각
>
> • 조향 핸들의 유격이란 바퀴가 움직이지 않은 상태에서 핸들이 좌우로 움직이는 각도를 의미한다. 유격이 커지면 핸들 떨림, 조향 방향성이 떨어지고, 심각할 경우 조향 휠이 헛돈다.
> • 핸들 유격이 커지는 원인 : 조향 기어의 랙&피니언이 마모로 인한 백래시 커짐, 볼 이음 마모, 조향 너클의 헐거움 및 베어링 마멸, 조향 링키지의 이완 및 마모 등

[15-4, 06-4] 출제율 ★★ □□□

5 앞바퀴 정렬의 종류가 아닌 것은?

① 토인
② 캠버
③ 섹터암
④ 캐스터

> 앞바퀴 정렬(휠 얼라인먼트)의 4요소 : 캠버각, 캐스터, 토인, 킹핀경사각

[14-5, 10-2] 출제율 ★★ □□□

6 차륜 정렬 측정 및 조정을 해야 할 이유와 거리가 먼 것은?

① 브레이크의 제동력이 약할 때
② 현가장치를 분해·조립했을 때
③ 핸들이 흔들리거나 조작이 불량할 때
④ 충돌 사고로 인해 차체에 변형이 생겼을 때

> 차륜 정렬과 브레이크의 제동력과는 무관하다.

[09-2, 06-1 유사] 출제율 ★★★ □□□

7 자동차의 앞바퀴를 앞에서 보면 바퀴의 윗부분이 아래쪽보다 더 벌어져 있는데 이 벌어진 바퀴의 중심선과 수직선 사이의 각은?

① 캠버
② 캐스터
③ 토인
④ 런 아웃

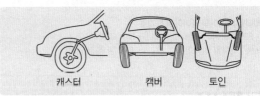

캐스터　　　　캠버　　　　토인

[09-1] 출제율 ★★★ □□□

8 차륜정렬에서 캠버를 두는 이유로 가장 옳은 것은?

① 조향 바퀴의 방향성을 주기 위하여
② 조향 핸들의 조작을 가볍게 하기 위하여
③ 직진 방향으로 가려는 힘의 향상을 위하여
④ 타이어의 슬립과 마멸을 방지하기 위하여

> **캠버를 두는 이유**
> • 주행 중 조향 조작력을 가볍게 한다.
> • 노면에서 받는 충격을 감소
> • 바퀴가 빠져나가는 것을 방지
> ※ ②는 동력조향장치의 장점에 해당한다.

9 전차륜 정렬 중 앞 차축의 처짐을 적게 하기 위하여 둔 것은?

[05-5] 출제율 ★★

① 캠버　　　　　　② 캐스터
③ 토인　　　　　　④ 토아웃

10 자동차의 앞 차륜 정렬에서 정(+) 캠버란?

[07-2] 출제율 ★★★

① 앞바퀴의 아래쪽이 위쪽보다 좁은 것을 말한다.
② 앞바퀴의 앞쪽이 뒤쪽보다 좁은 것을 말한다.
③ 앞바퀴의 킹핀이 뒤쪽으로 기울어진 각을 말한다.
④ 앞바퀴의 위쪽이 아래쪽보다 좁은 것을 말한다.

> • 정(+) 캠버 : 바퀴의 아래쪽이 위쪽보다 좁은 것
> • 부(-) 캠버 : 바퀴의 아래쪽이 위쪽보다 넓은 것

11 차륜 정렬상태에서 캠버가 과도할 때 타이어의 상태는?

[12-2] 출제율 ★★★

① 트레드의 중심부가 마멸
② 트레드의 한쪽 모서리가 마멸
③ 트레드의 전반에 걸쳐 마멸
④ 트레드의 양쪽 모서리가 마멸

> 캠버가 과도할 때 증상 : 앞차축의 휨, 바퀴의 아래가 벌어짐, 조향휠 조작이 무거워짐, 타이어의 편마모

12 토(toe)에 대한 설명으로 틀린 것은?

[09-5, 06-4] 출제율 ★★★

① 토인은 주행 중 타이어의 앞부분이 벌어지려고 하는 것을 방지한다.
② 토는 타이로드의 길이로 조정한다.
③ 토의 조정이 불량하면 타이어가 편마모 된다.
④ 토인은 조향 복원성을 위해 둔다.

> 조향 복원성은 캐스터, 킹판 경사각에 대한 설명이다.

13 휠 얼라인먼트에서 앞차축과 뒤차축의 평행도에 해당하는 것은?

[06-2] 출제율 ★★★★

① 셋백(set back)
② 토인(toe-in)
③ 킹핀경사각
④ 조향각

14 앞바퀴 정렬 요소 중 킹핀 경사각과 캠버각을 합한 것을 무엇이라 하는가?

[10-5] 출제율 ★★★★

① 조향각　　　　　　② 협각
③ 최소 회전각　　　　④ 캐스터각

> '킹핀경사각과 캠버각의 합 = 협각'이며, 협각은 항상 일정하므로 킹핀경사각이 커지면 캠버는 작아진다.

15 앞바퀴를 위에서 아래로 보았을 때 앞쪽이 뒤쪽보다 좁게 되어져 있는 상태를 무엇이라 하는가?

[14-1] 출제율 ★★★

① 킹핀(king-pin) 경사각
② 캠버(camber)
③ 토인(toe in)
④ 캐스터(caster)

16 평탄한 도로의 주행에서 자동차의 안전성을 얻기 위한 조치로 맞는 것은?

[참고] 출제율 ★★★

① 정(+)의 캐스터로 한다.
② 부(-)의 캐스터로 한다.
③ 0의 캐스터로 한다.
④ 0의 캠버로 한다.

> • 정(+)의 캐스터 : 자동차를 옆에서 보았을 때 노면의 수직인 선에 대해 킹핀의 위쪽이 휠허브를 지나는 선이 뒤쪽으로 기울어져 있는 상태로 전진방향으로 안정되고, 시미현상이 감소한다.
> • 부(-)의 캐스터 : 킹핀 위쪽이 휠허브를 지나는 선이 앞쪽으로 기울어진 상태로 선회시 직전 복원력과 주행 안정성이 떨어지고 조향력이 무겁다.

17 킹핀 경사각과 함께 앞바퀴에 복원성을 주어 직진 위치로 쉽게 돌아오게 하는 앞바퀴 정렬과 관련이 가장 큰 것은?

[13-4, 08-2] 출제율 ★★★

① 캠버　　　　　　② 캐스터
③ 토인　　　　　　④ 셋백

> 캐스터와 킹핀 경사각은 앞바퀴의 직진 복원성을 준다.
>
> 직진 복원성의 이해 : 그림과 같이 자전거의 앞바퀴를 뒤로 기울여져 있을 때 핸들이 좌우측 어느 한쪽으로 작은 각도로 꺾인 상태에서 핸들을 조작하지 않아도 직진하면 핸들이 자동으로 정면을 향하게 된다.

정답　**9** ①　**10** ①　**11** ②　**12** ④　**13** ①　**14** ②　**15** ③　**16** ①　**17** ②

18 자동차의 앞 차륜 정렬에서 킹핀의 연장선과 캠버의 연장선이 지면 위에서 만나게 되는 것을 무엇이라고 하는가?

① 캐스터
② 스크러브 레디어스
③ 오버스티어링
④ 코너링 포스

스크러브 레디어스(scrub radius) : 타이어 중심선이 킹핀(앞 타이어의 선회 축)의 중심 연장선과 지면에서 만난 거리를 말한다. 캠버 오프셋이라도 한다.

19 자동차 앞바퀴 정렬 중 "캐스터"에 관한 설명으로 옳은 것은?

① 자동차의 전륜을 위해서 보았을 때 바퀴의 앞부분이 뒷부분보다 좁은 상태를 말한다.
② 자동차의 전륜을 앞에서 보았을 때 바퀴중심선의 윗부분이 약간 벌어져 있는 상태를 말한다.
③ 자동차의 전륜을 옆에서 보면 킹핀의 중심선이 수직선에 대하여 어느 한쪽으로 기울어져 있는 상태를 말한다.
④ 자동차의 전륜을 앞에서 보면 킹핀의 중심선이 수직선에 대하여 약간 안쪽으로 설치된 상태를 말한다.

20 토인의 필요성을 설명한 것으로 틀린 것은?

① 수직방향의 하중에 의한 앞차축 휨을 방지한다.
② 조향링키지의 마멸이 의해 토아웃이 되는 것을 방지한다.
③ 앞바퀴를 평행하게 회전시킨다.
④ 바퀴가 앞 방향으로 미끄러지는 것과 타이어의 마멸을 방지한다.

수직 하중에 의한 차축 휨을 방지하는 것은 캠버이다.

21 휠 얼라이먼트 요소 중 하나인 토인의 필요성과 거리가 가장 먼 것은?

① 조향 바퀴에 복원성을 준다.
② 주행 중 토 아웃이 되는 것을 방지한다.
③ 타이어의 슬립과 마멸을 방지한다.
④ 캠버와 더불어 앞바퀴를 평행하게 회전시킨다.

조향바퀴의 복원성을 주는 것은 킹핀 경사각과 캐스터이다.

22 앞바퀴 정렬에서 토(toe) 조정은 무엇으로 하는가?

① 와셔의 두께
② 시임의 두께
③ 타이로드의 길이
④ 드래그 링크의 길이

토(toe)는 타이로드의 길이를 조정한다.
※ 시임(shim) : 일종의 와셔와 같이 끼움쇠를 이용하여 축과 베어링 사이 등 틈새를 조정하는 역할을 한다.

23 타이로드(tie rod)로 조정하는 것과 가장 관련 있는 것은?

① 캠버(camber)
② 캐스터(caster)
③ 킹핀(kingpin)
④ 토인(toe in)

토인(toe-in) 조정은 타이로드에서 조정한다.

24 토-인 측정에 대한 설명으로 부적당한 것은?

① 토-인 측정은 차를 수평한 장소에 직진상태에 놓고 행한다.
② 토-인의 조정은 타이로드로 행한다.
③ 토-인의 측정은 타이어의 중심선에서 행한다.
④ 토-인의 측정은 잭(jack)으로 차의 전륜을 들어올린 상태에서 행한다.

25 앞바퀴 얼라이먼트 검사를 할 때 예비점검사항이 아닌 것은?

① 타이어 상태
② 차축 휨 상태
③ 킹핀 마모 상태
④ 조향핸들 유격 상태

휠 얼라이먼트 점검 시 준비사항
• 타이어공기압과 마모상태를 점검
• 휠베어링, 볼조인트, 타이로드 엔드 등의 헐거움을 점검
• 쇽업소버 및 현가장치의 쇠약을 점검
• 조향핸들의 유격 및 차축, 프레임의 변형상태를 점검

26 차륜정렬 시 사전 점검사항과 가장 거리가 먼 것은?

① 계측기를 설치한다.
② 운전자의 상황 설명이나 고충을 청취한다.
③ 조향 핸들의 위치가 바른 지의 여부를 확인한다.
④ 허브 베어링 및 액슬 베어링의 유격을 점검한다.

정답 **18** ② **19** ③ **20** ① **21** ① **22** ③ **23** ④ **24** ④ **25** ③ **26** ①

27 전자식 휠 얼라인먼트에 대한 설명으로 틀린 것은?

① 4주식 리프트 위에 거치되는 구조이다.
② 장비는 센서 헤드부와 휠 클램프, 턴 테이블 세트, 브레이크 페달 고정대, 핸들 고정대 등으로 구성한다.
③ 캠버, 캐스터, 킹핀, 토인 외에 스러스트 및 셋백의 측정이 가능하다.
④ 차륜의 편심이나 중심선 기준의 인, 아웃 구분은 어려우며, 차 바퀴별 토(toe) 조정이 어렵다.

> 전자식 휠 얼라인먼트는 각 바퀴의 정확한 토인, 토아웃 상태를 별도로 점검할 수 있어 개별적인 토인 측정이 가능하다.

28 임팩트(impact) 렌치를 이용하여 조향너클에 휠 체결 시 주의사항이 아닌 것은?

① 너트를 손으로 가조립한 후, 2~3회 이상 나누어 체결한다.
② 매뉴얼의 규정 토크값을 체결한다.
③ 체결 시 시계방향으로 체결한다.
④ 공기압축기의 공기압이 적정한지 확인한다.

> 휠이 조향너클에 평행하게 접촉하기 위해 대각선 방향으로 체결한다.

29 휠 얼라인먼트 시험기의 측정항목이 아닌 것은?

① 토인
② 캐스터
③ 킹핀 경사각
④ 휠 밸런스

> • 휠 밸런스 : 휠과 타이어를 결합할 때 생기는 무게중심을 맞춰 균형을 잡아주는 작업 (핸들에 진동이 느껴질 경우)
> • 휠 얼라인먼트 : 휠과 차체가 연결되는 각도를 조절해서 차가 곧게 움직일 수 있도록 정렬하는 작업 (차가 한쪽으로 쏠릴 경우)

30 휠 밸런스 시험기 사용 시 적합하지 않은 것은?

① 휠 탈·부착 시에는 무리한 힘을 가하지 않는다.
② 균형추를 정확히 부착한다.
③ 계기판은 회전이 시작되면 즉시 판독한다.
④ 시험기 사용 순서를 숙지 후 사용한다.

> 계기판의 지침이 안정될 때까지 기다린 후 판독한다.

31 휠 밸런스 시험 중 안전사항에 해당되지 않는 것은?

① 타이어의 회전방향에 서지 말아야 한다.
② 과도하게 속도를 내지 말고 점검한다.
③ 회전하는 휠에 손을 대지 말아야 한다.
④ 점검 후 테스터 스위치를 끄고 자연히 정지하도록 한다.

> 휠 밸런스 점검 시 타이어에서 떨어져 나온 파편 등으로 사고 우려가 있으므로 타이어의 측면에서 점검한다.

32 휠 평형잡기와 마멸변형도 검사방법 중 안전수칙에 위배되는 사항은?

① 검사 후 테스터 스위치를 끈 다음 자연히 정지하도록 한다.
② 타이어의 회전방향에서 검사한다.
③ 과도하게 속도를 내지 말고 검사한다.
④ 회전하는 휠에 손대지 말고 검사한다.

> 타이어의 이탈 또는 타이어에 묻은 이물질로 인한 사고방지를 위해 타이어의 측면에서 검사한다.

33 차량에서 캠버, 캐스터 측정 시 유의사항이 아닌 것은?

① 바닥이 수평상태에서 측정한다.
② 타이어 공기압을 규정치로 한다.
③ 차량의 화물은 적재 상태로 한다.
④ 현가 스프링은 안정 상태로 한다.

> 측정 시 공차상태에서 시행한다.

34 타이어의 공기압에 대한 설명으로 틀린 것은?

① 공기압이 낮으면 일반 포장도로에서 미끄러지기 쉽다.
② 좌·우 공기압에 편차가 발생하면 브레이크 작동 시 위험을 초래한다.
③ 공기압이 낮으면 트레드 양단의 마모가 많다.
④ 좌·우 공기압에 편차가 발생하면 차동 사이드 기어의 마모가 촉진된다.

> 공기압이 낮으면 타이어의 접지면적이 커져 제동력은 좋아지나 동력 손실 및 타이어 마모를 촉진한다.
> ※ 공기압이 높을 때 미끄러지기 쉽다.

chapter 03

정답　27 ④　28 ③　29 ④　30 ③　31 ①　32 ②　33 ③　34 ①

05 조향장치

[예상문항 : 1~4문제] 이 섹션도 횟차마다 문항수 변동이 크며 기출의 재출제율이 떨어집니다. 최소 회전반경, 조향 기어비, 오버 스티어링, 타이로드 등은 반드시 숙지하고, 조향장치의 고장 진단 및 조향장치 점검에 대해서도 학습하기 바랍니다.

01 조향장치 개요

1 조향장치 일반

① 자동차 주행방향을 바꾸기 위해 사용하는 장치이다. 조향 핸들을 돌리면 조향기어에 그 회전력이 전달되며 조향기어가 이를 감속시켜 바퀴 각도를 바꾸어 자동차의 진행 방향을 바꾸게 된다.

② 링크 기구는 피니언과 물려 있는 랙, 타이로드 및 너클 암 등으로 구성되어 있다.

2 조향장치의 조건

① 노면의 충격이 조향 휠 조작에 영향을 받지 않을 것

→ 그러나 충격을 적절히 전달하여 운전자가 자각할 수 있도록 한다.

② 조향 핸들의 회전과 바퀴의 선회차가 크지 않을 것

③ 최소 회전반경이 작을 것(→ 좁은 곳에서 방향 전환 가능)

④ 조자하기 쉽고 방향 전환이 원활하게 이루어질 것

⑤ 선회 시 저항이 적고 선회 후 복원성이 좋을 것

⑥ 진행 방향 변경 시 새시 및 차체에 무리한 힘이 작용하지 않을 것

⑦ 회전각과 선회 반경과의 관계가 직관적일 것

→ 운전자가 회전여부를 느낄 수 있을 것

3 조향장치의 방식

비가역식	• 핸들로 바퀴를 움직일 수 있지만, 그 반대로는 조작이 불가능 • 바퀴의 충격이 핸들에 전달되지 않음
가역식*	• 바퀴가 움직이면 핸들도 회전된다. • 운전자가 노면 상태를 인지하기 쉬우나, 노면 상태가 불규칙하면 핸들 조작이 어렵다.
반가역식	• 비가역과 가역성의 중간 특성을 가짐 • 바퀴의 움직임이 핸들에 전달되면서 노면으로부터의 충격도 완화

※ 가역식(可逆式, reversible) : 반대로 작용이 가능한 방식

4 조향장치의 원리

애커먼식	좌·우 바퀴가 나란히 움직이므로 타이어 마멸과 선회가 나빠 사용되지 않는다.
애커먼 장토식	• 사다리꼴 조향 기구로 애커먼식을 개량한 것 • **좌우 바퀴의 조향각을 다르게 한다.** → 선회 시 앞바퀴가 나란히 움직이지 않고 안쪽 바퀴의 회전각도를 크게 하고, 뒷축의 연장선상의 한 점을 중심으로 회전하게 한다. • 사이드슬립 방지와 조향핸들 조작에 따른 저항을 감소시킨다. • 현재 사용되는 형식이다.

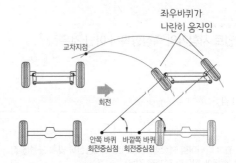

좌우바퀴가 나란히 움직임

교차지점

회전

안쪽 바퀴 회전중심점   바깥쪽 바퀴 회전중심점

⬆ 애커먼식

조향 각도를 최대로 하고, 선회 시 안쪽 바퀴의 조향각도가 바깥쪽 바퀴의 조향각도보다 크게 되며, 뒷차축의 연장선상의 한 점을 중심으로 동심원을 그리면서 선회

킹핀

L

회전

최소회전반경

안쪽·바깥쪽 바퀴의 회전중심점

⬆ 애커먼 장토식

⑤ 최소 회전반경 필수암기

① 최대 조향각로 회전할 때 가장 바깥쪽 앞바퀴가 그리는 원의 반지름(회전반경)을 말한다.
② (안전기준 제9조) **최소회전반경 : 12m**

$$R = \frac{L}{sin\alpha} + r$$

- R : 최소 회전반경[m]
- α : 바깥쪽 앞바퀴의 조향 각도
- L : 축간거리[m]
- r : 타이어 중심선에서 킹핀 중심선까지의 거리[m]

※ 주로 'sin30° = 0.5'가 출제되므로 암기해 둡니다.

⑥ 선회 시 스티어링(Steering)의 종류 필수암기

오버(Over) 스티어링	선회 시 조향각도를 일정하게 유지해도 선회 반경이 작아지는 현상
언더(Under) 스티어링	선회 시 조향각도를 일정하게 유지해도 선회 반경이 커지는 현상
리버스(Reverse) 스티어링	처음에는 언더 스티어링을 하지만, 도중에 오버 스티어링이 되는 현상

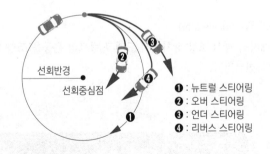

❶ : 뉴트럴 스티어링
❷ : 오버 스티어링
❸ : 언더 스티어링
❹ : 리버스 스티어링

⑦ 조향기어비에 따른 영향

① 조향기어비가 클 경우 : 조작력(핸들을 돌리는 힘)이 가볍지만, 조향 조작(핸들을 돌리는 각도)이 늦어짐
② 조향기어비가 작을 경우 : 조작력이 무겁지만, 조향 조작이 빠르다.

▶ **조향에 영향을 주는 현상**
- 컴플라이언스(Compliance) 스티어 : 원심력과 코너링 포스에 의해 차륜 연결부위가 변경되면서 발생하는 토(toe) 현상
- 토크 스티어 : 전륜구동 차량의 좌우 타이어 등속조인트 굴절각이 다를 때 토가 변화하면서 좌우에 실리는 힘이 변화하면 바퀴가 조향되는 현상
- 커니시티 스티어(conicity steer) : 타이어의 안쪽, 바깥쪽 직경이 다를 때 사다리꼴 모양을 한 타이어가 점차 작은 직경쪽으로 쏠리는 현상
- 플라이 스티어 : 타이어의 트레드가 마모되면서 트레드 내부에 삽입된 스틸 벨트(피아노 선)가 노출되어 차량을 쏠리게 하는 현상

주행 방향
쏠림 방향

▶ **코너링 포스**
자동차가 커브를 돌 때 원심력이 발생하는데 이 원심력을 이겨내는 힘

⑧ 조향 기어비 (감속비)

조향핸들들의 1회전(360°)에 대해 피트먼 암이 얼마나 회전했는지를 나타내는 비율이다.

$$\text{조향기어비} = \frac{\text{조향 핸들들의 회전각도}}{\text{피트먼 암의 선회각도}}$$ 필수암기

→ 참고) 피트먼 암의 선회각도는 조향바퀴의 선회각도를 의미한다. 즉, 조향기어비가 크다는 것은 피트먼 암의 선회각도가 작다는 의미이므로 그만큼 조향바퀴의 선회각도도 작다. 그만큼 핸들의 조작력은 가벼워진다. 그래서 대형차량에는 조향기어비가 큰 것이 좋다. (승용차 : 승용차 15~24 : 1 대형차량 : 23~30 :1)

02 조향장치 구조

① 조향장치의 연결방식

일체차축식 현가방식	• 조향력이 피트먼 암, 드래그 링크를 통해 조향 너클 암을 작동시킨다. • 조향 너클 암에 1개의 타이로드가 연결되어 있다.
독립차축식 현가방식	• 드래그 링크가 없으며 센터링크를 통해 2개의 타이로드에서 너클 암으로 연결된다.

② 조향핸들(steering wheel)

① 구성 : 림(rim), 스포크(spoke), 허브(hub)
② 텔레스코핑(telescoping) : 운전자의 체형에 따라 핸들의 위치를 앞뒤로 조절
③ 틸트 스티어링(tilt steering) : 상하 조절이 가능

경보기 · 림 · 스포크 · 허브 · 에어백

↑ 텔레스코핑   ↑ 틸트 스티어링

③ 조향축(steering shaft)

① 조향축은 조향핸들의 회전을 조향기어로 전달하는 축이며, 웜과 스플라인을 통해 자재이음으로 연결되어 있다.
② 조향기어와 축을 연결할 때 오차를 완화하고, 노면으로부터의 충격을 흡수하여 조향핸들로 전달되지 않도록 하기 위해 조향핸들과 축 사이는 탄성체 이음으로 되어 있다.

③ 조향축은 약 35~50°의 경사를 두고 설치되며, 운전자 체형에 따라 위치로 조절할 수 있다.

4 드래그 링크

피트먼 암과 너클 암을 연결하는 로드이며, 양쪽 끝은 볼 조인트에 의해 암과 연결되어 있다.

5 조향기어

① 조향 휠의 회전운동을 차륜의 선회운동으로 변환시킨다.
② 핸들의 조향력을 증대(조작토크 변환)하여 바퀴에 전달시킨다.
③ **조향기어의 백래시가 너무 크면 조향핸들의 유격이 크게 된다.**

> ▶ 백래시(backlash) : 한 쌍의 기어를 맞물렸을 때 치면 사이에 생기는 틈새를 말한다.

백래시

④ 조향기어의 종류

웜-섹터형	• 가장 기본 형식으로 구조와 취급이 간단하며, 조작력이 큼
웜-섹터 롤러형 (worm & sector roller)	• 볼 베어링으로 된 롤러를 섹터축에 결합하여 이(齒) 사이의 미끄럼 접촉을 구름접촉으로 바꾸어 마찰을 최소화
볼 너트형	• 핸들 조작이 가볍고, 큰 하중을 견딘다. • 나사와 너트 사이에 여러 개의 볼을 넣어 웜의 회전을 볼의 구름접촉으로 너트에 전달 • 부분 정비는 불가능하며, 전체 교환
랙-피니언형 (rack & pinion)	• 조향 휠의 회전운동을 랙를 통해 직선운동으로 바꾸어 타이로드를 통해 조향 암을 이동시켜 조향 • 소형화·경량화가 가능한 특징이 있어 통상 승용 차량에 많이 사용된다. • 조향장치의 안정적 구동을 위해 조향장치는 반드시 선회 시의 반력을 이겨낼 정도의 조향력을 갖추고 복원성을 가져야 한다.
가변 기어비형	• 조향장치에서 조향기어비가 직진영역에서 크게 되고 조향각이 큰 영역에서 작게 되는 형식

6 피트먼 암(pitman arm)

조향기어 축의 힘을 드래그 링크로 전달하는 연결 장치로 조향기어 축의 회전 운동을 직선 운동으로 바꾸며 높이를 낮추어 전달한다.

7 타이로드와 타이로드 엔드

① 좌우의 너클암과 연결되어 다른 쪽 너클 암에 전달하며 좌우바퀴의 관계 위치를 정확하게 유지하는 역할을 한다.
② 타이로드의 길이를 조정하여 토인을 조정한다.
③ 타이로드는 인장작용을 받는다.

8 조향너클

① 앞차축과 조향너클은 킹핀으로 연결되며, 조향너클 → 스핀들 → 휠 → 바퀴로 연결된다.
② 앞차축과 조향너클의 연결방식 :
엘리옷 형, 역 엘리옷 형, 마몬 형, 르모앙 형

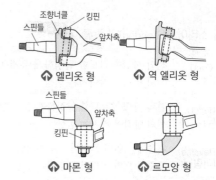

↑ 엘리옷 형   ↑ 역 엘리옷 형

↑ 마몬 형   ↑ 르모앙 형

9 너클 암(knuckle arm)

일체차축 방식 조향 장치에서 드래그 링크의 운동을 조향 너클에 전달한다.

---

03 동력 조향장치

조향 조작력을 경감하기 위해 오일의 힘(유압)을 이용하여 조향 조작력을 배력시켜 주는 장치이다. 즉, 펌프에서 발생된 유압을 핸들에 의해 제어되는 밸브를 통해 동력 실린더로 공급되는 유압 통로를 변화시킨다.

1 동력 조향장치의 특징

① 조향력(조향 휠을 조작하는 힘)을 작게 할 수 있다.
② 앞바퀴의 시미(진동) 현상을 방지할 수 있다.
③ **정차 또는 저속 주행에서는 조향력을 가볍게, 고속에서는 운전 안정성을 위해 조향력을 무겁게 한다.**
④ 험한 길 주행 시 핸들을 놓치지 않도록 해준다.
⑤ 조향 조작력에 관계없이 조향 기어비를 자유로이 선정할 수 있다.

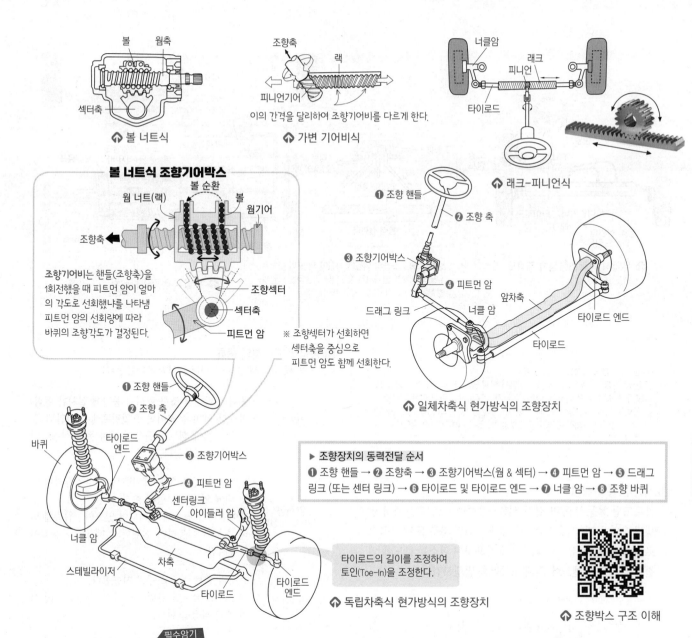

↑ 볼 너트식

이의 간격을 달리하여 조향기어비를 다르게 한다.

↑ 가변 기어비식

↑ 래크-피니언식

볼 너트식 조향기어박스

조향기어비는 핸들(조향축)을 1회전했을 때 피트먼 암이 얼마의 각도로 선회했냐를 나타냄 피트먼 암의 선회량에 따라 바퀴의 조향각도가 결정된다.

※ 조향섹터가 선회하면 섹터축을 중심으로 피트먼 암도 함께 선회한다.

↑ 일체차축식 현가방식의 조향장치

▶ **조향장치의 동력전달 순서**
❶ 조향 핸들 → ❷ 조향축 → ❸ 조향기어박스(웜 & 섹터) → ❹ 피트먼 암 → ❺ 드래그 링크 (또는 센터 링크) → ❻ 타이로드 및 타이로드 엔드 → ❼ 너클 암 → ❽ 조향 바퀴

타이로드의 길이를 조정하여 토인(Toe-In)을 조정한다.

↑ 독립차축식 현가방식의 조향장치

↑ 조향박스 구조 이해

2 동력 조향장치의 구성 필수암기

▶ **동력 조향장치의 3 주요부** : 동력부, 제어부, 작동부

(1) 동력부(유압펌프)
① 크랭크축의 회전력에 의해 구동되어 오일을 압축하여 유압을 발생하는 장치이다.
② 유압 펌프의 종류 : 베인형(주로 사용), 로터리형, 슬리퍼형

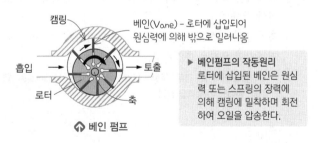

베인(Vane) - 로터에 삽입되어 원심력에 의해 밖으로 밀려나옴

▶ **베인펌프의 작동원리**
로터에 삽입된 베인은 원심력 또는 스프링의 장력에 의해 캠링에 밀착하며 회전하여 오일을 압송한다.

↑ 베인 펌프

(2) 제어부(제어밸브)
① 유압제어밸브 : 실린더의 피스톤에 가해지는 오일압력을 제어 - 동력부에 위치
② 유량제어밸브 : 오일 통로의 유량을 조정하여 속도를 제어
③ 방향제어밸브 : 핸들 조작 시 **스풀밸브**(하나의 축상에 여러 개의 밸브면을 두어 유압 통로를 개폐)를 이용하여 오일의 흐름방향을 변환한다.
④ **안전 체크밸브** : 엔진 정지 시, 오일펌프 고장·오일 누설 등 동력 조향 유압 계통에 고장이 발생한 경우 **핸들을 수동으로 조작**할 수 있도록 한다.

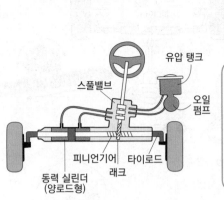

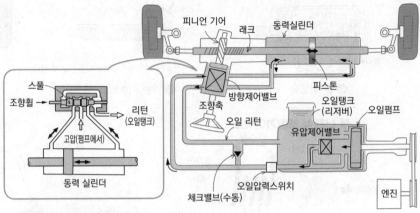

⬆ 유압식 동력조향장치 개략도

밸브 스풀 : 스풀의 이동(조향휠에 의해 이동)으로 유로의 개폐를 변화시켜 실린더에 이송되는 오일의 방향을 제어하여 조향방향을 제어한다.

⬆ 유압식 동력조향장치

▶ 참고) 안전 체크밸브의 작동·원리

평상 시에는 유압에 의해 밸브가 항시 닫혀 있으나, 조향부가 고장 났을 경우 조향 휠을 조작하면 동력 실린더가 작동하여 실린더 한쪽 공간으로 압력이 가해지게 된다. 이때 반대쪽은 부압 상태가 되어 체크밸브가 열리고, 압력이 가해진 쪽의 오일이 부압 측으로 흘러들어가게 됨으로써 동력 조향이 가능하다.

(3) 작동부(동력 실린더)

양로드형 복동식 동력 실린더를 사용하며, 오일펌프에서 발생된 유압은 방향 제어 밸브에 의해 실린더 좌측 또는 우측으로 보내게 된다. 유압이 피스톤에 작용하여 피스톤 로드에 연결된 타이로드 엔드에 의해 조향력을 발생시킨다.

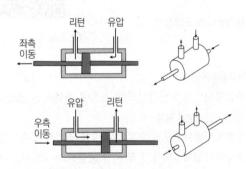

❸ 동력 조향장치의 종류
(동력실린더와 제어밸브의 형태 및 배치에 따른 분류)

링키지 분리형	• 동력 실린더를 조향 링키지 중간에 설치한 형식 • 피트먼 암이 움직이면 오일펌프에서 가압된 유압유가 제어 밸브 스풀을 움직여 동력 실린더의 측면으로 이동한다.
일체형 (인티그럴형)	• 동력실린더, 피스톤, 제어밸브 등이 조향기어 박스 내에 일체로 결합된 형식 • 제어밸브가 웜축에 설치되어 있으며, 웜축에 의해 스풀이 이동하여 실린더의 피스톤을 움직여 조향시킴
랙과 피니언형	• 로터리 밸브 형식을 주로 사용한다. • 핸들을 조작하면 유압유가 랙을 좌우로 이동시켜 배력 작용을 한다.

---

04 조향장치의 검사

❶ 조향핸들의 자유 유격 점검 `필수암기`

① 공차상태에서 운전자 1인이 승차한 상태이어야 한다.

② 엔진 시동이 걸린 상태에서 앞바퀴를 직진으로 정렬한다.

③ 타이어는 표준 공기압상태이며, 제동장치는 작동하지 않아야 한다.

④ 조향 휠을 좌우로 가볍게 움직여 조향바퀴가 움직이기 직전까지의 유격을 측정한다.

→ 규정값을 넘어가는 경우 : 조향축 연결부위와 조향 링키지(linkage : 연결부, 연결장치) 유격을 점검

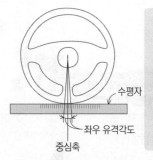

▶ 유격 측정법
조향핸들 아래에 수평자를 놓고 펜으로 수평자의 중간지점과 핸들의 중간지점을 그어 셋팅하고 앞바퀴가 회전하지 않은 한도 내에서 핸들을 좌우로 회전하여 유격거리를 측정한다.
※ 조향핸들의 자유 유격은 핸들 지름(외곽지름)의 12.5% 이내이어야 한다.

수평자
좌우 유격각도
중심축

② 조향핸들 프리로드 점검

래크와 피니언의 조향 저항을 알기 위한 점검이다.

① 조향바퀴가 땅에 닿지 않게 차량을 들어올린다.
② 핸들을 끝까지 돌린 후 다시 직진방향으로 정렬한다.
③ 스프링 저울을 핸들에 묶는다.
④ 회전반경 구심력 방향으로 저울을 잡아당겨 회전하기 바로 전까지의 저울값을 확인한다.
⑤ 정비지침서를 기준으로 규정값을 확인하고, 이상이 있는 경우 현가장치와 조향장치를 전반적으로 점검한다.

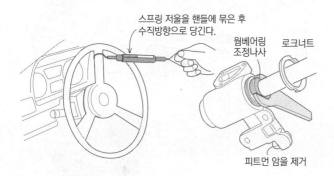

스프링 저울을 핸들에 묶은 후 수직방향으로 당긴다.
웜베어링 조정나사
로크너트
피트먼 암을 제거

③ 조향핸들 작동상태 점검

① 조향핸들을 직진상태로 정렬한다.
② 기관 시동 후 1,000rpm 수준으로 공회전을 유지한다.
③ 스프링 저울로 핸들을 한 바퀴 돌려 회전력을 좌우 2회 측정한다.
④ 조향핸들 장력이 급격히 변화 구간을 점검하고, 규정값 초과 또는 미달 시 타이로드 엔드 볼 조인트를 점검한다.

④ 스티어링 각도 점검

① 앞바퀴를 회전 게이지(턴테이블) 위에 올리고 핸들을 최대한 돌린 후 각도를 측정한다. 공차 상태에서는 일반적으로 40° 이내이다.

→ 규정값과 다른 경우 토(toe)를 조정하고 재점검한다.

⑤ 조향 휠의 복원 점검

① 조작점검 : 스티어링 조작을 움직인 뒤 손을 놓는다. 복원력이 스티어링 휠 회전속도에 따라, 좌우측에 따라 변화하는지 확인한다.
② 주행점검 : 35 km/h의 속도로 운행하면서 조향 휠을 90° 정도 회전시킨 후, 1~2초 후에 핸들을 놓았을 때 70° 이상 복원되는지 점검한다.

---

05 조향장치의 고장 진단

① 조향핸들이 무거운 원인 필수암기

① 앞 타이어의 공기압 부족
② 조향기어 박스의 오일 부족
③ 볼이음의 과도한 마모
④ 조향 기어의 백래시가 작음(유격이 작아 기어의 움직임이 빡빡함)
⑤ 앞바퀴 정렬 상태가 불량

▶ 동력 조향장치에서 조향핸들이 무거운 원인
 • 오일탱크 등 유압장치 내 오일 부족 또는 오일 누설
 • 오일펌프의 압력부족 및 구동벨트(V벨트) 손상 또는 미끄러짐
 • 유압밸브 고착
 • 유압 계통 내에 공기 유입 또는 유압이 낮음
 • 랙 피스톤 손상으로 인한 내부 유압 작동 불량
 • 기어박스 또는 밸브가 휘거나 손상
▶ 고장이 아닌 경우 : 아이들 시 조향핸들을 지나치게 빠르게 돌릴 때 순간적으로 핸들이 무거워지는데 이는 아이들 시 오일펌프의 출력 저하로 인해 발생하는 현상으로 고장이 아니다.

② 조향핸들이 한쪽으로 쏠리는 원인 필수암기

① 앞바퀴 얼라이먼트(토인) 조정 불량
② 좌·우의 캠버가 다르다.
③ 컨트롤 암(위 또는 아래)이 휘었다.
④ 좌우 타이어의 공기압이 불균일(타이어의 편마모)
⑤ 스프링 또는 쇽업소버의 작동 불량
⑥ 허브 베어링의 마멸이 과다

③ 조향핸들의 떨림 발생 원인

① 휠 얼라인먼트 불량
② 허브 너트의 풀림
③ 타이로드 엔드의 손상

4 조향핸들의 복원이 원활하지 않는 원인

① 타이로드 볼 조인트의 회전저항이 과도함

② 요크 플러그의 과도한 조임

③ 내측 타이로드 및 볼 조인트 불량

④ 기어박스와 크로스 멤버의 체결이 풀림

   → 프런트 크로스 멤버 : 자동차의 하부 골격으로 전방 구동축에 위치하며, 기어박스는 크로스 멤버에 고정됨

⑤ 스티어링 샤프트 및 보디 그로메트의 마모

   → 보디 그로메트 : 판금구멍으로 스티어링 샤프트가 지나갈 때 판금구멍에 끼우는 보호장치

⑥ 피니언 베어링이 손상

⑦ 오일 호스의 비틀림이나 손상, 오일 압력 조절밸브 손상, 오일펌프 압력 샤프트 베어링의 손상

   → 동력조향장치에서 유압공급이 원활하지 않아 복원이 원활하지 않는다.

5 조향핸들의 유격이 큰 원인

① 조향기어의 마멸 – 조향기어의 이와 웜, 섹터 마찰면의 마모로 핸들의 조작 응답이 느려져 사고의 위험성이 있다.

> ▶ 마멸 시 유격 조정
> 섹터축 설치 볼트 안쪽의 편심 나사를 돌려 웜과 섹터의 간격을 조정하여 유격을 조정한다.

② 웜 축 또는 섹터 축의 유격 – 웜축의 축방향 유격이나 섹터축의 축방향 유격이 발생하는 경우 조향핸들 유격이 커진다.

> ▶ 웜축 축방향 유격 제거
> 방법 1) 롤러 베어링의 조정나사로 조정
> 방법 2) 테이퍼 롤러 안쪽 심을 제거하여 조정

③ 볼 이음 마멸 – 피트먼 암, 드래그 링크, 너클 암, 타이로드 등의 결합부의 볼이음 마모로 바퀴가 흔들리게 된다.

④ 요크플러그, 조향 너클(베어링)의 마멸로 인한 헐거움

6 오일펌프의 비정상적인 소음 원인

오일 부족, 공기 유입, 펌프 장착볼트 헐거움

> ▶ 동력조향장치의 소음
> 차량 정지 상태에서 조향휠을 회전시킬 때 나는 "쉿"하는 소음은 브레이크를 밟은 상태로 회전시킬 때 가장 크게 난다. 이 소음은 스티어링 성능과는 무관하므로 소리가 아주 심하지 않을 때는 교환하지 않는다. 밸브를 교환해도 약간의 소음이 난다.

⬆ 조향축 어셈블리

타이로드   타이로드 엔드

타이로드 밴드

타이로드 엔드 벨로즈   볼조인트(볼이음)

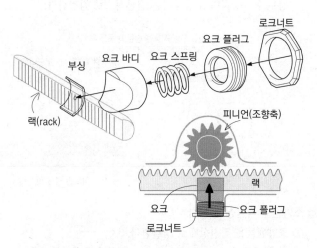

요크의 역할 : 피니언과 랙의 치면(齒面) 사이가 떨어져 있으면 소음 발생, 조향 불량을 일으키므로 요크 플러그를 조여 치면 사이의 간격을 조정한다. 하지만 지나치게 조이면 치면 사이의 간격이 적어 지나친 회전저항이 걸려 복원이 원활하지 않다.

⬆ 조향기어의 요크 역할

1 조향장치가 갖추어야 할 조건으로 틀린 것은?

[19-5, 10-5] 출제율 ★★★★

① 조향 조작이 주행 중의 충격을 적게 받을 것
② 조향 핸들의 회전과 바퀴의 선회차가 클 것
③ 회전 반경이 작을 것
④ 조작하기 쉽고 방향 전환이 원활하게 이루어질 것

조향장치가 갖추어야 할 조건
• 노면의 충격이 조향 휠에 전달되지 않을 것
• 조향 핸들의 회전과 바퀴의 선회차가 크지 않을 것
• 회전 반경이 작을 것 (→ 좁은 곡면도로에서 방향 전환 가능)
• 조작하기 쉽고 방향 전환이 원활하게 이루어질 것
• 선회 시 저항이 적고 선회 후 복원성이 좋을 것
• 고속 주행에서도 조향 핸들이 안정되고 복원력이 좋을 것
• 진행 방향 변경 시 섀시 및 차체에 무리한 힘이 작용하지 않을 것
• 적당한 회전 감각이 있을 것

2 조향장치가 갖추어야 할 조건으로 틀린 것은?

[12-2, 07-5, 05-4] 출제율 ★★★★

① 조향 조작이 주행 중의 충격에 영향을 받지 않을 것
② 조작하기 쉽고 방향 전환이 원활하게 행하여 질 것
③ 조향핸들의 회전과 바퀴 선회의 차가 크지 않을 것
④ 회전반경이 커서 좁은 곳에서도 방향전환을 할 수 있을 것

회전반경이 작아야 좁은 곳에서도 방향전환이 쉬워진다. (안전기준에 의해 자동차의 최소회전반경은 바깥쪽 앞바퀴자국의 중심선을 따라 측정할 때에 12미터를 초과하여서는 안된다.)

3 조향장치가 갖추어야 할 조건이 아닌 것은?

[16-2] 출제율 ★★★

① 조향 조작이 주행 중의 충격을 적게 받을 것
② 안전을 위해 고속 주행 시 조향력을 작게 할 것
③ 회전 반경이 작을 것
④ 조작 시에 방향 전환이 원활하게 이루어질 것

안전을 위해 고속 주행 시 조향력을 크게 한다. (무겁게 한다)

4 조향장치가 갖추어야 할 조건으로 틀린 것은?

[08-5] 출제율 ★★★

① 노면의 충격이 조향 휠에 전달되지 않아야 한다.
② 회전반경이 커야 한다.
③ 진행 방향을 바꿀 때 섀시 및 보디 각 부에 무리한 힘이 작용하지 않아야 한다.
④ 고속주행 중에는 조향 휠이 안정되고 복원력이 좋아야 한다.

5 조향장치가 갖추어야 할 조건 중 적당하지 않은 사항은?

[16-4] 출제율 ★★★★

① 적당한 회전 감각이 있을 것
② 고속주행에서도 조향핸들이 안정될 것
③ 조향휠의 회전과 구동휠의 선회차가 클 것
④ 선회 시 저항이 적고 선회 후 복원성이 좋을 것

앞뒤 바퀴의 선회차를 최소화해야 한다.

6 조향핸들의 회전각도와 조향바퀴의 조향각도와의 비율을 무엇이라 하는가?

[참고] 출제율 ★

① 조향핸들의 유격
② 최소 회전반경
③ 조향 안전 경사각도
④ 조향비

7 조향장치를 구성하는 주요 부품이 아닌 것은?

[12-4] 출제율 ★★

① 조향 휠
② 타이로드
③ 피트먼 암
④ 토션 바 스프링

조향장치를 구성하는 주요 부품 : 조향핸들, 조향축, 조향기어박스, 피트먼 암, 드래그 링크, 타이로드, 너클 암
※ 토션 바 스프링은 현가장치의 구성품이다.

8 조향기어의 운동전달 방식이 아닌 것은?

[참고] 출제율 ★★★

① 가역식
② 비가역식
③ 전부동식
④ 반가역식

전부동식은 액슬 하우징 지지방식에 속한다.

9 조향장치의 동력전달 순서로 옳은 것은?

[14-5, 05-4] 출제율 ★★

① 핸들 – 타이로드 – 조향기어 박스 – 피트먼 암
② 핸들 – 섹터 축 – 조향기어 박스 – 피트먼 암
③ 핸들 – 조향기어 박스 – 섹터 축 – 피트먼 암
④ 핸들 – 섹터 축 – 조향기어 박스 – 타이로드

조향장치의 동력전달 순서
조향핸들 → 조향축 → 조향기어박스(웜&섹터 축) → 피트먼 암 → 드래그 링크 → (타이로드 → 타이로드 엔드) → 너클 암 → 바퀴

정답 1② 2④ 3② 4② 5③ 6④ 7④ 8③ 9③

chapter 03

10 조향장치에서 많이 사용되는 조향기어의 종류가 아닌 것은?

① 래크-피니언(rack and pinion) 형식
② 웜-섹터 롤러(worm and sector roller) 형식
③ 롤러-베어링(roller and bearing) 형식
④ 볼-너트(ball and nut) 형식

11 조향축의 설치 각도와 길이를 조절할 수 있는 형식은?

① 랙 기어 형식
② 틸트 형식
③ 텔레스코핑 형식
④ 틸트 앤드 텔레스코핑 형식

조향축의 종류	
틸트(tilt)	조향축의 각도 조정
텔레스코핑(telescaoping)	조향축의 길이 조정
틸트 앤드 텔레스코핑	조향축의 각도와 길이 조정

12 전자제어 동력조향장치의 요구조건이 아닌 것은?

① 저속 시 조향 휠의 조작력이 적을 것
② 고속 직진 시 복원 반력이 감소할 것
③ 긴급 조향 시 신속한 조향 반응이 보장될 것
④ 직진 안정감과 미세한 조향 감각이 보장될 것

전자제어 동력조향장치의 요구조건
• 저속 시 : 조향력(핸들 조작력)이 가벼울 것
• 고속 시 : 조향력(핸들 조작력)이 무거울 것
※ 고속 주행 복원반력이 감소하는 것은 외력에 의해 바퀴가 조타될 때 방향전환에 대한 반력을 줄여 안정성을 주는 것이다.

13 동력조향장치의 장점으로 틀린 것은?

① 조향 조작력을 작게 할 수 있다.
② 앞바퀴의 시미현상을 방지 할 수 있다.
③ 조향 조작이 경쾌하고 신속하다.
④ 고속에서 조향력이 가볍다.

동력조향장치의 목적은 저속에서는 조향력을 가볍게, 고속에서는 무겁게 한다.

14 다음에서 동력 조향장치의 3주요부는 어느 것인가?

① 작동부, 제어부, 링키지부
② 작동부, 동력부, 링키지부
③ 작동부, 제어부, 동력부
④ 동력부, 링키지부, 조향부

동력 조향장치의 주요부
동력부(유압 펌프), 제어부(제어밸브), 작동부(동력 실린더)

15 유압식 동력 조향장치의 구성요소가 아닌 것은?

① 유압 펌프
② 유압 제어 밸브
③ 동력 실린더
④ 유압식 리타더

유압장치의 기본 구성
• 동력부 : 유압펌프
• 제어부 : 압력제어밸브, 유량제어밸브, 방향제어밸브
• 작동부 : 실린더
※ 유압식 리타더는 변속기 내부에 설치된 보조제동장치로, 유압을 이용해 회전하는 기어의 역방향으로 유압을 회전시킴으로 감속하는 제3의 제동방식이다.

16 동력조향장치의 구성 중 오일펌프에서 발생된 유압을 조향바퀴의 조향력으로 바꾸며, 동력실린더가 주요부가 되는 것은?

① 동력부
② 제어부
③ 회전부
④ 작동부

• 동력부 : 동력 실린더를 작동시킬 유압 발생 위해 오일 펌프가 있다.
• 제어부 : 핸들 조작으로 오일의 유량 및 방향을 제어하여 동력 실린더의 피스톤에 가해지는 속도 및 방향을 조절한다.
• 작동부 : 복동식 동력 실린더(액추에이터)를 사용하여 오일펌프의 유압을 기계적인 힘으로 변환하여 앞바퀴의 조향력을 발생시킨다.

17 동력조향장치에서 조향 휠의 회전에 따라 동력 실린더에 공급되는 유량을 조절하는 것은?

① 분류 밸브
② 동력 피스톤
③ 제어 밸브
④ 조향각 센서

18 전자제어 동력조향장치의 구성 요소 중 차속과 조향각 신호를 기초로 최적 상태의 유량을 제어하여 조향 휠의 조향력을 적절히 변화시키는 것은?

① 댐퍼 제어 밸브
② 유량 제어 밸브
③ 동력 실린더 밸브
④ 매뉴얼 밸브

전자제어 유무에 관계없이 유량 제어 밸브의 특징을 묻는 문제로 조향 휠의 조향력을 제어밸브가 오일 방향을 바꾸어 동력 실린더의 피스톤에 가해지는 유압을 변화시킨다.

정답 **10** ③ **11** ④ **12** ② **13** ④ **14** ③ **15** ④ **16** ④ **17** ③ **18** ②

[13-2, 10-4, 09-4] 출제율 ★★★★   □□□

19 동력 조향장치가 고장 시 핸들을 수동으로 조작할 수 있도록 하는 것은?

① 안전 체크 밸브
② 릴리프 밸브
③ 유압펌프
④ 엑추에이터

> 안전 체크 밸브
> 엔진 정지 시, 오일펌프 고장 시, 오일 누출 시 등 유압이 정상적으로 발생되지 않을 때 수동으로 휠을 작동할 수 있도록 하는 장치이다.

[14-2] 출제율 ★★★   □□□

20 유압식 동력조향장치에서 안전밸브(safety check valve)의 기능은?

① 조향 조작력을 가볍게 하기 위한 것이다.
② 코너링 포스를 유지하기 위한 것이다.
③ 유압이 발생하지 않을 때 수동조작으로 대처할 수 있도록 하는 것이다.
④ 조향 조작력을 무겁게 하기 위한 것이다.

[14-1] 출제율 ★   □□□

21 유압식 동력 조향장치의 구성요소로 틀린 것은?

① 브레이크 스위치
② 오일펌프
③ 스티어링 기어박스
④ 압력 스위치

> **유압식 동력 조향장치의 구성요소**
> • 동력부 : 유압펌프
> • 제어부 : 유압제어밸브, 유량제어밸브, 스풀밸브(방향제어밸브), 오일 압력 스위치, 안전 체크 밸브
> • 작동부 : 동력실린더
> ※ 브레이크 스위치 : 브레이크 페달 상단에 위치하며, 브레이크를 밟을 때 차량의 제동등을 점등시킨다.

[14-4] 출제율 ★★   □□□

22 유압식 동력전달장치의 주요 구성부 중에서 최고 유압을 규제하는 릴리프 밸브가 있는 곳은?

① 동력부
② 제어부
③ 안전 점검부
④ 작동부

> 릴리프 밸브는 유압을 제어하는 역할을 하지만, 유압펌프(동력부) 근처에 위치한다. 펌프에서 나온 유압이 규정값 이상일 경우 유압을 오일탱크(리저버)로 보내는 역할을 한다.

[07-2] 출제율 ★   □□□

23 동력조향장치를 동력실린더와 제어밸브의 형태 및 배치에 따라 분류한 형식이다. 이에 해당되지 않는 것은?

① 인티그럴형
② 분리형
③ 일체형
④ 콘티형

> **기계식 동력 조향장치의 분류**
> – 링키지형 : 조합형, 분리형
> – 일체형(인티그럴형) : 랙&피니언형(로터리 밸브형), 스풀형

[14-2] 출제율 ★★   □□□

24 유압식 동력조향장치에서 사용되는 오일펌프 종류가 아닌 것은?

① 베인 펌프
② 로터리 펌프
③ 슬리퍼 펌프
④ 벤딕스 기어 펌프

> **오일펌프의 종류** : 베인형(가장 많이 사용), 로터리형, 슬리퍼형

[08-01, 14-03 유사] 출제율 ★★   □□□

25 동력 조향장치에서 조향력은 고속에서 어떻게 되는가?

① 가벼운 조향이 되게 한다.
② 무거운 조향이 되게 한다.
③ 무겁다가 가볍게 된다.
④ 가볍다가 무겁게 된다.

> 동력조향장치는 저속 주행에서는 조향력을 가볍게, 고속주행에서는 무겁게 한다.

[14-4] 출제율 ★   □□□

26 제어 밸브와 동력 실린더가 일체로 결합된 것으로 대형트럭이나 버스 등에서 사용되는 동력조향장치는?

① 조합형
② 분리형
③ 혼성형
④ 독립형

> 동력조향장치의 링키지형에는 제어 밸브와 동력 실린더가 일체로 결합된 조합형과 분리되어 있는 분리형이 있다.

[참고] 출제율 ★★★   □□□

27 동력조향장치에서 오일펌프의 고장이 아닌 것은?

① 축 시일(seal)에서 오일이 누설된다.
② 소음이 크고 잡음이 있다.
③ 오일의 압력이 과다하다.
④ 오일의 흐름 양이나 압력이 부족하다.

> 오일펌프가 고장나면 송급이 안되므로 압력이 부족해진다.

정답 ▶ 19 ① 20 ③ 21 ① 22 ① 23 ④ 24 ④ 25 ② 26 ① 27 ③

28 동력 조향장치의 스티어링 휠 조작이 무겁다. 의심되는 고장부위 중 가장 거리가 먼 것은?

① 랙 피스톤 손상으로 인한 내부 유압 작동 불량
② 스티어링 기어박스의 과다한 백래시
③ 오일탱크 오일 부족
④ 오일펌프 결함

> 백래시는 한쌍의 기어를 맞물렸을 때 기어 사이에 생기는 틈새를 말한다.
> • 백래시가 작으면 : 치면(齒面) 사이의 틈이 작아져 기어의 이동 저항력이 발생해 조향 휠의 조작이 무거워진다.
> • 백래시가 크면 : 조향핸들의 유격이 크게 되고, 기어의 맞물림이 나빠져 기어가 파손되기 쉽다.

29 조향장치에서 조향기어의 백래시가 너무 크면 어떻게 되는가?

① 조향각도가 크게 된다.
② 조향기어 비가 크게 된다.
③ 조향핸들의 유격이 크게 된다.
④ 핸들의 축방향 유격이 크게 된다.

30 주행 중 조향핸들이 무거워졌을 경우와 가장 거리가 먼 것은?

① 앞 타이어의 공기가 빠졌다.
② 조향기어 박스의 오일이 부족하다.
③ 볼 조인트가 과도하게 마모되었다.
④ 타이어의 밸런스가 불량하다.

> **조향핸들이 무거운 원인**
> • 앞 타이어의 공기압 부족
> • 조향기어 박스의 오일 부족
> • 볼 조인트의 과도한 마모
> • 링크나 암, 스핀들, 차축의 휨
> • 베어링의 마멸
> • 조향 기어의 백래시가 작음
> • 앞바퀴 정렬 상태가 불량
> ※ 타이어의 밸런스가 불량 : 조향핸들이 한쪽으로 쏠림

31 주행 중 자동차의 조향 휠이 한쪽으로 쏠리는 원인과 가장 거리가 먼 것은?

① 타이어 공기압력 불균일
② 바퀴 얼라인먼트의 조정 불량
③ 쇽업소버의 파손
④ 조향휠 유격 조정 불량

32 주행 중 브레이크 작동 시 조향 핸들이 한쪽으로 쏠리는 원인으로 거리가 가장 먼 것은?

① 휠 얼라이먼트 조정이 불량하다.
② 좌우 타이어의 공기압이 다르다.
③ 브레이크 라이닝의 좌우 간극이 불량하다.
④ 마스터 실린더의 첵 밸브의 작동이 불량하다.

> 마스터 실린더의 체크밸브는 제동장치 내 잔압 유지를 위한 것으로, 핸들의 쏠림과는 무관하다.

33 주행 시 혹은 제동 시 핸들이 한쪽으로 쏠리는 원인으로 거리가 가장 먼 것은?

① 좌·우 타이어의 공기 압력이 같지 않다.
② 앞바퀴의 정렬이 불량하다.
③ 조향 핸들축의 축 방향 유격이 크다.
④ 한쪽 브레이크 라이닝 간격 조정이 불량하다.

34 주행 중 조향핸들이 한쪽으로 쏠리는 원인과 가장 거리가 먼 것은?

① 바퀴 허브 너트를 너무 꽉 조였다.
② 좌·우의 캠버가 같지 않다.
③ 컨트롤 암(위 또는 아래)이 휘었다.
④ 좌·우의 타이어 공기압이 다르다.

> **조향핸들이 한쪽으로 쏠리는 원인**
> • 휠 얼라이먼트 조정 불량
> • 좌·우의 캠버 또는 타이어 공기압이 다르다.
> • 컨트롤 암(위 또는 아래)이 휘었다.
> • 스프링 또는 쇽업소버의 작동 불량
> • 허브 베어링의 마멸이 과다
> • 한쪽 코일스프링의 마모 또는 파손
> • 브레이크 라이닝 간격 조정 불량
> • 좌·우 타이로드 길이가 다르다.
> • 한쪽 휠 실린더 작동 불량
> • 뒤차축이 차의 중심선에 대하여 직각이 아닐 때
> ※ 조향핸들이 한쪽으로 쏠리는 원인은 좌우 바퀴의 균형이 맞지 않는 것이 원인이므로 이것으로 유추한다.

35 후륜 구동 자동차에서 주행 중 핸들이 쏠리는 원인이 아닌 것은?

① 타이어 공기압의 불균형
② 바퀴 얼라인먼트의 조정 불량
③ 쇽업소버의 작동 불량
④ 조향기어 하우징의 풀림

정답 28 ② 29 ③ 30 ④ 31 ④ 32 ④ 33 ③ 34 ① 35 ④

[14-2] 출제율 ★★★

36 유압식 동력조향장치에서 주행 중 핸들이 한쪽으로 쏠리는 원인으로 틀린 것은?

① 토인 조정 불량

② 좌우 타이어의 이종 사양

③ 타이어 편 마모

④ 파워 오일펌프 불량

[08-2] 출제율 ★★★

37 조향 휠이 한쪽으로 쏠리는 원인이 아닌 것은?

① 앞바퀴 얼라이먼트 불량

② 쇽업소버 작동 불량

③ 스티어링 휠의 유격 과소

④ 타이어 공기압 불균일

[12-5, 09-1, 06-5] 출제율 ★★★

38 조향 핸들 유격이 크게 되는 원인으로 틀린 것은?

① 볼 이음의 마멸

② 타이로드의 휨

③ 조향 너클의 헐거움

④ 앞바퀴 베어링의 마멸

> 조향 핸들의 유격이 크게 되는 원인
> • 조향기어의 백래시가 너무 클 경우
> • 볼 이음의 마멸
> • 조향 너클의 헐거움
> • 앞바퀴 베어링의 마멸
> ※ 조향 핸들의 유격 : 핸들을 움직였을 때 바퀴가 움직이기 전까지 핸들이 움직인 거리

[08-2] 출제율 ★★★

39 브레이크를 밟았을 때 자동차가 한쪽으로 쏠리는 이유 중 틀린 것은?

① 좌우 타이어의 공기압이 차이가 있다.

② 라이닝의 접촉이 비정상적이다.

③ 휠 실린더의 작동이 불량하다.

④ 좌우 드럼의 마모가 균일하게 심하다.

> 한쪽으로 쏠리려면 한쪽 드럼의 마모가 심해야 한다.
> (드럼 : 제동장치의 드럼식 제동장치 참조)

[참고] 출제율 ★★★

40 조향 핸들 유격이 크게 되는 원인으로 틀린 것은?

① 조향기어의 조정이 불량하다.

② 앞바퀴 베어링이 마모되었다.

③ 피트먼 암의 체결이 불량하다.

④ 타이어의 공기압이 너무 높다.

[참고] 출제율 ★★★

41 유압식 동력조향장치의 오일펌프 압력시험에 대한 설명으로 틀린 것은?

① 유압회로 내의 공기빼기 작업을 반드시 실시해야 한다.

② 엔진의 회전수를 약 1000rpm으로 상승시킨다.

③ 시동을 정지한 상태에서 압력을 측정한다.

④ 컷오프 밸브를 개폐하면서 유압이 규정값 범위에 있는지 확인한다.

> 파워스티어링의 오일펌프는 엔진 동력으로 구동되므로 압력시험 시 시동을 켠 상태에서 측정해야 한다.
> ※ 조향장치 외 대부분의 유압장치의 정비 또는 검사 시 유압회로 내 공기를 제거해야 정확한 검사가 가능하다.

[06-1] 출제율 ★★★

42 운행자동차 조향 핸들의 유격 측정 시 측정조건의 설명으로 올바른 것은?

① 자동차는 적차 상태의 자동차에 운전자 1인이 승차한 상태

② 타이어의 공기압은 표준보다 약간 높은 상태

③ 자동차의 제동장치는 작동한 상태

④ 원동기는 시동된 상태

> 조향핸들의 유격 측정 조건
> • 공차 상태의 자동차에 운전자 1인이 승차한 상태
> • 타이어는 표준 공기압 상태
> • 원동기는 시동이 켜진 상태
> • 제동장치는 작동하지 않은 상태
> 참고) 조향핸들의 유격은 조향핸들 지름의 12.5% 이내이어야 한다.

[13-1] 출제율 ★★★

43 주행 중 조향 휠의 떨림 현상 발생 원인으로 틀린 것은?

① 휠 얼라인먼트 불량

② 허브 너트의 풀림

③ 타이로드 엔드의 손상

④ 브레이크 패드 또는 라이닝 간격 과다

> ④는 제동력 불량에 관계가 있다.

정답 ▶ 36 ④ 37 ③ 38 ② 39 ④ 40 ④ 41 ③ 42 ④ 43 ④

44 동력 조향장치의 유압회로 내 유압유의 점도가 높을 때 일어나는 현상이 아닌 것은?

① 회로 내 잔압이 낮아진다.
② 유압라인의 열 발생 원인이 된다.
③ 동력 손실이 커진다.
④ 관내 마찰손실이 커진다.

- 적정 점도보다 작은 경우 : 누유 증대, 펌프 용적 효율 저하, 윤활불량에 따른 마모증대, 정밀 조정과 제어 곤란 등
- 적정 점도보다 높을 경우 : 내부마찰 증대에 따른 온도상승, 배관저항으로 압력손실 증가, 캐비테이션 발생, 유압제어계의 응답성 불량, 기계효율 저하 등

45 스티어링 시스템의 점검 방법으로 틀린 것은?

① 조향핸들 유격 점검 시 좌측 또는 우측으로 최대로 회전시킨 후 점검한다.
② 조향핸들의 자유 유격 측정은 핸들을 움직여 휠이 움직이기 직전까지의 유격을 측정한다.
③ 조향각의 측정치가 규정값과 다른 경우 토(toe)에 이상이 있다는 것이므로 토를 조정하고 재점검한다.
④ 조향핸들 작동상태 점검 시 규정값을 초과할 때 타이로드 엔드 볼 조인트를 점검한다.

조향핸들 유격 점검 시 직진상태로 정렬한다.

46 조향핸들의 프리로드 점검 방법으로 틀린 것은?

① 차륜을 정면으로 정렬시킨다.
② 프리로드 점검 시 바퀴가 지면에 닿아야 한다.
③ 스프링 저울을 조향핸들에 묶은 후, 회전반경 구심력 방향으로 스프링 저울을 잡아당겨 회전하기 바로 전까지의 저울값을 확인한다.
④ 정비지침서를 기준으로 규정값을 확인하고, 이상이 있는 경우 현가장치와 조향장치를 전반적으로 점검한다.

프리로드 점검 시 조향바퀴가 땅에 닿지 않게 차량을 들어올리고, 안전상태를 확인한다.

47 자동차의 축간 거리가 2.2m, 외측 바퀴의 조향각이 30°이다. 이 자동차의 최소 회전 반지름은 얼마인가? (단, 바퀴의 접지면 중심과 킹핀과의 거리는 30cm임)

① 3.5m
② 4.7m
③ 7m
④ 9.4m

$$R = \frac{L}{\sin\alpha} + r = \frac{2.2}{\sin 30°} + 0.3 = \frac{2.2}{0.5} + 0.3 = 4.7$$

- R : 최소 회전반경(m)
- α : 바깥쪽 앞바퀴의 조향 각도
- L : 축간거리(m)
- r : 타이어 중심선에서 킹핀 중심선까지의 거리(m)

48 자동차의 축간거리가 2.3m, 바퀴의 접지면의 중심과 킹핀과의 거리가 20cm인 자동차를 좌회전할 때 우측바퀴의 조향각은 30°, 좌측바퀴의 조향각은 32° 이었을 때 최소 회전반경은?

① 3.3m
② 4.8m
③ 5.6m
④ 6.5m

$$R = \frac{L}{\sin\alpha} + r = \frac{2.3}{\sin 30°} + 0.2 = \frac{2.3}{0.5} + 0.2 = 4.8$$

49 축거 3m, 바깥쪽 앞바퀴의 최대 회전각 30°, 안쪽 앞바퀴의 최대회전각은 45°일 때의 최소회전반경은?

(난, 바퀴의 접지면과 킹핀 중심과의 거리는 무시)

① 15m
② 12m
③ 10m
④ 6m

$$R = \frac{L}{\sin\alpha} + r = \frac{3}{\sin 30°} + 0 = \frac{3}{0.5} = 6$$

50 조향핸들의 회전각도와 조향바퀴의 조향각도와의 비율을 무엇이라 하는가?

① 조향핸들의 유격
② 최소 회전반경
③ 조향 안전 경사각도
④ 조향비

$$조향기어비 = \frac{조향핸들의 회전각도}{조향바퀴(피트먼 암)의 회전각도}$$

정답 44 ① 45 ① 46 ② 47 ② 48 ② 49 ④ 50 ④

51 조향 기어비를 구하는 식으로 맞는 것은?

① 조향 휠의 움직인 각도를 피트먼 암의 움직인 각도로 나눈 값

② 조향 휠의 움직인 량을 사이드 슬립량으로 나눈 값

③ 피트먼 암의 움직인 거리를 사이드 슬립량으로 나눈 값

④ 피트먼 암의 직선거리를 조향 휠의 직경으로 나눈 값

52 조향핸들이 1회전 하였을 때 피트먼암이 40° 움직였다. 조향기어비는?

① 9 : 1   ② 0.9 : 1

③ 45 : 1   ④ 4.5 : 1

$$조향기어비 = \frac{조향핸들의\ 회전각도}{조향바퀴(피트먼\ 암)의\ 회전각도} = \frac{360}{40} = 9$$

$$\therefore 조향기어비 = 9 : 1$$

53 조향기어비가 15 : 1인 조향 기어에서 피트먼암을 20° 회전시키기 위한 핸들의 회전각도는?

① 30°   ② 270°

③ 300°   ④ 370°

$$조향기어비 = \frac{x}{20} = 15,\ \therefore x = 15 \times 20 = 300°$$

54 자동차가 주행하면서 선회 할 때 조향각도를 일정하게 유지해도 선회 반지름이 커지는 현상은?

① 오버 스티어링   ② 언더 스티어링

③ 리버스 스티어링   ④ 토크 스티어링

- 오버 스티어링 : 선회 시 조향각도를 일정하게 유지해도 선회 반경이 작아지는 현상
- 리버스 스티어링 : 처음에는 언더 스티어링을 하지만 도중에 오버 스티어링이 되는 현상
- 토크 스티어링 : 정지 상태에서 출발 또는 가속을 하려고 가속페달을 밟을 때 차가 한 쪽으로 쏠리는 현상

55 선회할 때 조향각도를 일정하게 유지하여도 선회 반경이 작아지는 현상은?

① 오버 스티어링   ② 언더 스티어링

③ 다운 스티어링   ④ 어퍼 스티어링

56 자동차가 커브를 돌 때 원심력이 발생하는데 이 원심력을 이겨내는 힘은?

① 코너링 포스

② 컴플라이언스 포스

③ 구동 토크

④ 회전 토크

원심력   코너링 포스

57 차가 커브를 회전할 때 원심력을 감소시키는 방법 중 틀린 것은?

① 차의 속도를 줄인다.

② 커브의 바깥쪽을 따라간다.

③ 커브의 안쪽을 따라간다.

④ 차의 무게를 줄인다.

58 사다리꼴 조향 기구(애커먼장토식)의 주요 기능은?

① 조향력을 증가시킨다.

② 좌우 차륜의 조향각을 다르게 한다.

③ 좌우 차륜의 위치를 나란하게 변화시킨다.

④ 캠버의 변화를 보상한다.

좌우 앞바퀴의 조향각을 다르게 하여 자동차가 선회할 때 각 바퀴가 옆으로 미끄러지는 것(side slip)을 방지한다.

59 조향장치에서 조향기어비가 직진영역에서 크게 되고 조향각이 큰 영역에서 작게 되는 형식은?

① 웜 섹터형

② 웜 롤러형

③ 가변 기어비형

④ 볼 너트형

가변 기어비형은 고속 중에는 안정감을 주기 위해 조향각을 작게 하도록 기어비를 크게 하고, 저속에서는 빠른 조향을 위해 조향각을 크게 하여 기어비를 작게 한다.

chapter **03**

정답 51 ①   52 ①   53 ③   54 ②   55 ①   56 ①   57 ③   58 ②   59 ③

06 유압식 제동장치

[예상문항 : 3~5문제] 이 섹션에서는 전반적인 학습이 필요합니다. 기출의 재출제는 많지 않으며, 장치의 개별 사항뿐만 아니라 전반적인 제동시스템에 대한 이해가 필요합니다. 최근 유형은 점검 및 제동력 검사기준 및 NCS 학습모듈을 다룬 문제가 주를 이룹니다.

01 제동장치 개요

1 제동장치의 구비조건

① 작동이 확실하고 제동 효과가 우수해야 한다.
② 신뢰성과 내구성이 뛰어나야 한다.
③ 마찰력이 좋아야 한다.
④ 점검 및 정비가 용이해야 한다.

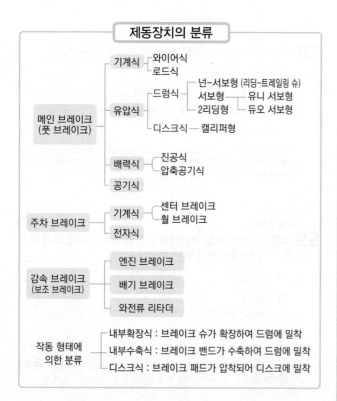

제동장치의 분류

- 메인 브레이크 (풋 브레이크)
  - 기계식 ─ 와이어식 / 로드식
  - 유압식
    - 드럼식 ─ 넌-서보형 (리딩-트레일링 슈) / 서보형 ─ 유니 서보형 / 2리딩형 ─ 듀오 서보형
    - 디스크식 ─ 캘리퍼형
  - 배력식 ─ 진공식 / 압축공기식
  - 공기식
- 주차 브레이크
  - 기계식 ─ 센터 브레이크 / 휠 브레이크
  - 전자식
- 감속 브레이크 (보조 브레이크)
  - 엔진 브레이크
  - 배기 브레이크
  - 와전류 리타더
- 작동 형태에 의한 분류
  - 내부확장식 : 브레이크 슈가 확장하여 드럼에 밀착
  - 내부수축식 : 브레이크 밴드가 수축하여 드럼에 밀착
  - 디스크식 : 브레이크 패드가 압착되어 디스크에 밀착

02 유압식 제동장치 일반

1 파스칼의 원리 (유압식 브레이크의 원리)

밀폐된 용기에 넣은 액체에 압력을 가하면 가한 압력과 같은 세기의 압력이 각 부에 전달된다.

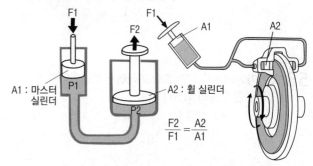

A1 : 마스터 실린더
A2 : 휠 실린더

$$\frac{F2}{F1} = \frac{A2}{A1}$$

단면적 A1인 피스톤에 F1의 힘을 가하면 A1에 가해진 압력(P1)은 유체를 통해 동일한 압력(P2)으로 단면적 A2인 피스톤에 F2의 힘이 전달된다.
즉, 작은 면적의 마스터 실린더 힘으로도 단면적이 큰 휠 실린더를 움직일 수 있다.

2 브레이크 오일

적정한 점도를 유지하기 위해

① 식물성 오일 : 피마자유+알코올(에틸렌글리콜)
② 수분을 흡수하는 성질과 산화 및 금속 부식 방지를 위한 첨가제가 혼합되어 있다.
③ 브레이크 부품 및 마스터 실린더 조립 시 브레이크 오일로 세척한다.
④ 브레이크 오일의 성능은 'DOT+숫자(3, 4, 5.1 등)'로 표기하며 숫자가 클수록 끓는점(비등점)이 높다는 의미이다.
⑤ 수분 유입 시 비등점이 낮아져 베이퍼 록의 원인이 된다.
⑥ 도장면을 침식하므로 취급에 주의해야 한다.

▶ 비등점(끓는점, 비점)
- 끓기 시작하는 온도
- 공기 중 수분을 흡수 시 비등점이 낮아진다.
- 비등점이 낮아지면 : 쉽게 끓으므로 브레이크 제동열로 인해 기포가 발생하여 베이퍼록이 쉽게 발생된다. (즉, 비등점이 높은 것이 좋음)

③ 브레이크 오일의 구비조건

① 비등점(비점, 끓는점)이 높아야 함

② 인화점이 높고, 빙점(응고점)이 낮아야 함

③ 윤활성이 있을 것 ┌─→ 온도 변화에 대한 점도 변화가 적을 것

④ <u>적당한 점도를 가지고, 점도지수가 클 것</u>

⑤ 부식 방지, 화학적 안정성

> ▶ 인화점 : 가연성 액체에 불이 붙는 최저온도 (→ 오일에 불이 붙는 온도가 높아야 화재위험이 적다)
> ※ 가솔린 연료의 인화점은 낮아야 하고, 오일은 높아야 함
> ▶ 응고점 : 얼기 시작하는 온도(→ 오일이 어는 온도가 낮아야 함)

④ 브레이크 오일의 취급 시 주의사항

① 지정된 오일 사용(성분이 다른 오일과 혼용하지 말 것)

② 규정된 기간 내에 교환할 것(장기간 사용하면 수분 흡수로 인해 성능이 약화)

③ 세차 등으로 인해 유압 계통에 수분이 유입되면 비점이 저하되어 베이퍼 록의 원인이 되므로 주의할 것

⑤ 유압식 브레이크의 특징

① 모든 바퀴에 균등한 제동력을 발생시킨다.

② 마찰손실이 적고, 조작력이 작아도 된다.

③ 유압계통의 파손·누설로 인해 기능이 급격히 저하된다.

④ 공기유입 시 성능이 저하, 베이퍼록 현상에 취약하다.

⑥ 제동 시 이상현상

(1) 베이퍼 록(vapor lock)

① 빈번한 제동으로 인해 차륜의 마찰열 때문에 브레이크 오일이 끓어 브레이크 회로 내에 증기 폐쇄 현상(기포 발생)이 발생하여 제동이 원활하지 않다.(브레이크 페달 유격이 커짐)

② 베이퍼 록의 원인

- 긴 내리막길 등에서 과도한 브레이크 사용
- 드럼과 라이닝의 간극이 좁을 때 끌림에 의한 가열
- 불량 오일의 사용이나 오일에 수분함유 과다
- 오일의 변질에 의한 비등점 저하
- 마스터실린더 불량에 의한 잔압 저하
- 브레이크 슈 라이닝 간극의 과소
- 브레이크 슈 리턴 스프링 절손에 의한 잔압 저하

> ▶ 방지대책 : 긴 내리막길을 내려갈 때는 베이퍼 록을 방지하기 위하여 엔진 브레이크를 사용한다.

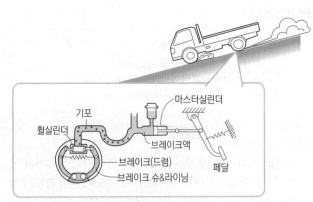

⬆ 베이퍼 록 현상

(2) 페이드(Fade) 현상

① 베이퍼록과 마찬가지로 내리막 길에서 빈번한 브레이크 조작으로 인해 브레이크 드럼과 라이닝 사이에 과도한 마찰열이 발생하여 마찰계수(마찰력)가 저하되어 제동력이 떨어지는 현상을 말한다.

② 라이닝 온도 상승과 브레이크 드럼의 열변형에 의한 라이닝과 드럼 내면의 압착력이 감소하는 것이다.

> ▶ 방지대책 : 작동을 멈추고 열을 식혀야 함

(3) 수막현상(hydroplaning, 하이드로플래닝)

비로 인해 물이 고여있는 노면 위를 고속(약 120~150km/h 이상)으로 주행할 때 타이어와 노면 사이에 물의 막이 형성되는 현상(타이어의 배수능력을 초과할 때 바퀴가 물 위에 떠서 미끄러져 조종성을 상실)

> ▶ 방지대책
> • 트레드의 마모가 적은 타이어를 사용
> • 카프형으로 셰이빙 가공한 타이어를 사용
> • 리브 패턴의 타이어를 사용
> • 타이어의 공기압을 높임

⬆ 페이드현상과 수막현상

7 제동거리

$$S = \frac{v^2}{2\mu g}$$
- S : 제동거리[m]
- v : 제동 초속도[m/s]
- μ : 타이어와 노면과의 마찰계수
- g : 중력가속도(9.8m/sec²)

8 슬립률(Slip Rate) 필수암기

슬립률(미끄럼률)은 주행 중 제동 시 노면에 대한 타이어의 미끄러지는 정도를 나타낸 것으로, 차량 속도와 바퀴 속도의 차이를 자동차 속도로 나눈 값을 100%로 나타낸 값이다.

$$슬립비(\lambda) = \frac{자동차 \ 속도 - 바퀴 \ 속도}{자동차 \ 속도}$$
$$슬립률 = 슬립비 \times 100 \ [\%]$$

03 유압식 브레이크의 조작기구

1 마스터 실린더(Master Cylinder) 필수암기

① 제동 시 필요한 유압을 발생한다.

② 구성 요소

피스톤 컵	• 1차 컵 : 유압 발생 및 유압 유지 • 2차 컵 : 오일 누출 방지
피스톤	• 유압 발생
체크밸브 필수암기	• 오일이 한쪽 방향으로만 흐르게 한다. • 피스톤 리턴 스프링이 항상 마스터 실린더 체크밸브를 밀고 있으므로 **오일라인에 잔압***(0.6~0.8kg/cm²)을 유지한다.
리턴 스프링	• 체크 밸브와 피스톤 1차 컵 사이에 설치하여 브레이크 페달을 놓았을 때 피스톤을 제자리로 복귀시키는 역할

▶ 유압제동회로의 잔압 필수암기
- ◉ 마스터실린더 내의 체크밸브와 브레이크 슈의 리턴 스프링 장력에 의해 잔압이 유지된다.
- ◉ 잔압을 두는 이유 ★
  - • 브레이크 작동 지연 방지 (브레이크 페달을 밟았을 때 바로 유압이 작용하여 제동이 걸리게 함)
  - • 유압회로 내 공기 유입 방지
  - • 휠 실린더 내에서의 오일 누출방지
  - • 베이퍼 록 현상 방지

> 탠덤(tandem) : 원어로 '2인승 자전거'의 의미

2 탠덤 마스터 실린더

2개의 피스톤을 가지며, 마스터 실린더의 유압 계통을 앞·뒤 브레이크의 2계통으로 분리시켜 제동 안전성을 향상시키며, 드럼식과 디스크식을 동시에 장착할 수 있다.

→ 하나의 계통이 고장이 발생해도 다른 계통에 의해 제동이 이뤄짐

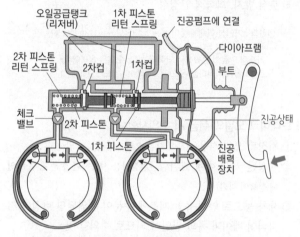

⬆ 탠덤 마스트 실린더 + 진공배력장치의 일체식 구조

(1) 휠 실린더

마스터 실린더에서 유압을 전달 받아 브레이크 드럼의 회전을 제어하는 역할을 한다.

▶ 유압식 브레이크 장치에서 마스터 실린더의 리턴구멍이 막히면 제동이 잘 풀리지 않는다.

(2) 페달의 자유유격

차량의 충격이나 약한 오조작, 혹은 발을 올려놓는 것만으로 제동이 된다면 차량 운행에 지장을 줄 수 있으므로 브레이크 페달에 적당한 유격을 준다.

- • 유격이 지나치게 크면 : 제동이 곤란함
- • 유격을 지나치게 적으면 : 제동 민감도가 커져 급제동이 자주 발생

04 유압식 브레이크 - 드럼식

바퀴와 함께 회전하는 브레이크 드럼 안쪽으로 라이닝을 붙인 브레이크슈를 압착하여 제동력을 얻는다. 브레이크 슈, 휠 실린더와 이들이 설치된 백 플레이트 및 브레이크 드럼 등으로 이루어진다.

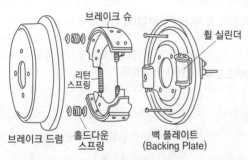

브레이크 슈
휠 실린더
리턴
스프링
브레이크 드럼
홀드다운
스프링
백 플레이트
(Backing Plate)

1 브레이크 드럼이 갖추어야 할 조건 및 특징

① 정적, 동적 평형을 유지할 것(회전 밸런스)

② 슈와 마찰면에 내마멸성이 있을 것

③ 방열이 양호해야 하고, 충분한 강성이 있을 것

→ 디스크 브레이크에 비해 제동 성능이 우수하나, 구조상 방열이 떨어진다.

④ 자기작동 효과가 크다.

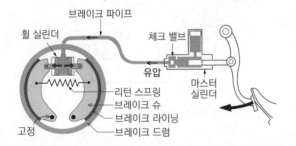

브레이크 파이프
휠 실린더
체크 밸브
유압
마스터 실린더
리턴 스프링
브레이크 슈
브레이크 라이닝
브레이크 드럼
고정

> ▶ 참고) 자기작동작용 : 회전 중인 브레이크 드럼에 제동을 걸면 슈는 마찰에 의해 드럼과 함께 회전하려는 경향이 생겨 확장력이 커지므로 마찰력이 증대

2 브레이크 드럼(drum)

바퀴와 함께 회전하며, 브레이크 슈와의 마찰에 의해서 제동력을 발생시킨다.

3 브레이크 슈(shoe)

① 바깥에 라이닝이 설치되어 드럼과 접촉하여 마찰력 발생

② 재질 : 강판, 주철, 가단 주철

③ 브레이크 라이닝

• 소모품이며, 브레이크 드럼과 한 조를 이루어 제동력을 발생시키는 역할을 한다.

• 마찰계수가 적당해야 하고, 온도 변화나 물 등에 의한 마찰계수 변화가 적어야 함

• 내열성, 내마모성과 내페이드성

• 드럼을 손상시키거나 마모시키지 않아야 한다.

4 리턴 스프링

① 마스터 실린더의 유압이 해제되었을 때(브레이크 페달을 놓았을 때) 오일이 휠 실린더에서 마스터 실린더로 돌아가며, 스프링 장력을 통해 슈가 제자리로 돌아가며 제동이 풀린다.

② 슈와 드럼 간의 간격을 유지해준다.

③ **장력에 따른 영향**

장력이 약하면	• 휠 실린더 내의 잔압은 낮아진다. • 드럼의 과열 또는 브레이크 슈의 마멸 촉진의 원인이 된다.
장력이 강하면	• 드럼과 라이닝의 접촉이 신속히 해제된다.

> ▶ 슈의 리턴 스프링이 소손되면 브레이크 드럼과 슈가 접촉하는 원인이 된다.

05 유압식 브레이크 - 디스크식

1 개요

브레이크 패드(Pad)가 바퀴에 부착된 디스크에 유압을 가하여 발생된 마찰력을 이용하여 제동하는 방식이다.

2 디스크 브레이크의 특징

① 디스크가 대기에 노출되므로 건조성, 방열성이 좋아 **베이퍼 록이나 페이드 현상이 잘 일어나지 않는다.**

② 브레이크의 편제동 현상(한쪽으로 쏠림)이 적다. - 드럼 브레이크에 비해 브레이크의 평형이 좋다.

③ 안정된 제동력을 얻을 수 있다.

④ **패드의 마찰면적이 작아 패드를 압착하는 힘을 크게 해야 함**

→ 또한, 드럼식처럼 자기작동 작용을 하지 않기 때문에 브레이크 페달을 밟는 힘이 커야 한다.

⑤ 패드의 재질 강도가 높아야 한다.

⑥ 구조가 간단하여 정비성이 용이하다.

⑦ 브레이크 페달의 행정이 일정하다.

⑧ 패드 마모 속도가 빠르다.

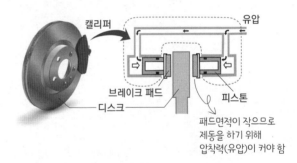

캘리퍼
유압
브레이크 패드
피스톤
디스크
패드면적이 작으므로 제동을 하기 위해 압착력(유압)이 커야 함

❸ 디스크 브레이크의 종류
부동(플로팅) 캘리퍼형(1피스톤식, 2피스톤식), 고정 캘리퍼형

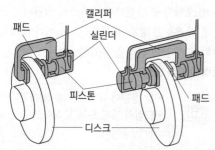

피스톤이 압착될 때 반력이 발생하여 캘리퍼도 좌우로 움직여 제동력을 발생

디스크와 캘리퍼가 고정되어 있고 피스톤(패드)만 움직여 디스크에 압착됨

⬆ 부동 캘리퍼형(1피스톤식)　⬆ 고정 캘리퍼형

---

06 배력식 브레이크 (servo brake booster)
(제동)힘을 증가시킴

① 제동력 부족을 해결하기 위해 유압식에 보조장치인 배력장치를 설치하여 작은 힘으로 큰 제동력을 발생시킨다.
② 배력장치가 고장나면 **일반적인 유압제동장치로 작동되어** 보통의 마스터 실린더와 같은 압력으로 제동장치가 작동된다.

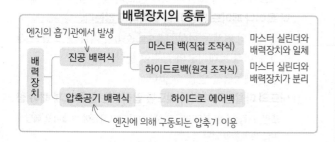

배력장치의 종류

엔진의 흡기관에서 발생

배력장치	진공 배력식	마스터 백(직접 조작식)	마스터 실린더와 배력장치와 일체
		하이드로백(원격 조작식)	마스터 실린더와 배력장치가 분리
	압축공기 배력식	하이드로 에어백	

엔진에 의해 구동되는 압축기 이용

---

1 진공식 배력장치
흡기에서 발생하는 진공(대기압보다 낮은 압력)을 말함
대기압과 흡기다기관(부압)의 압력차를 이용

Hydro : 유압
vac : 진공

하이드로백 (Hydro-vac)	• 마스터 실린더와 배력장치가 별도로 설치된 원격 조작방식 • 마스터 실린더와 휠 실린더 사이에 배력장치를 설치
마스터백 (Master-vac)	• 마스터 실린더와 배력장치가 일체로 한 직접 조작방식(242페이지 참조) • 브레이크 페달과 마스터 실린더 사이에 배력장치가 설치 • 구조가 간단하고 가볍다. • 배력장치가 고장나도 페달 조작력은 작동로드와 푸시로드를 거쳐 마스터 실린더에 작용하므로 유압 브레이크로만으로도 작동한다.

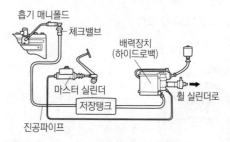

⬆ 하이드로백 배력장치의 구조

▶ 브레이크 작동이 나빠지는 것은 하이드로백 고장일 수도 있다.
▶ 배력장치 장착 차량에서 브레이크 페달 조작이 무거운 원인
  • 진공용 체크밸브의 작동이 불량
  • 진공 파이프 각 접속부의 누설
  • 릴레이 밸브 피스톤 작동이 불량
  • 하이드로릭 피스톤 컵이 손상

2 공기식 배력장치(하이드로 에어백)
① 압축공기(압축기)의 압력과 대기압과 차이를 이용
② 공기압축기와 공기저장탱크가 있다.

⬅ 진공 배력장치의 작용 원리

07 공기식 브레이크

1 공기식 제동장치의 특징

① 압축 공기의 팽창력을 이용하여 제동하는 브레이크 장치로, 엔진의 공기압축기를 구동하여 발생하는 압축공기를 동력원으로 사용한다.

② 브레이크 페달로 밸브를 개폐시켜 공기량을 조절하는 방식으로 브레이크 페달의 조작력이 적어도 되고, 큰 제동력을 얻을 수 있어 주로 대형 트럭이나 버스에 많이 사용된다.

③ 차량 중량이 증가해도 사용할 수 있어 중량의 제한을 받지 않는다.

④ 브레이크 오일을 사용하지 않기 때문에 베이퍼 록이 발생되지 않는다.

⑤ 공기가 약간 누출되어도 작동되므로 안정성이 높다.

⑥ 압축 공기의 압력을 높이면 더 큰 제동력을 얻을 수 있다.

⑦ 공기압축기를 구동시키므로 엔진출력의 일부가 소모된다.

⑧ 구조가 복잡하고 비싸다.

2 공기식 제동장치의 구성요소

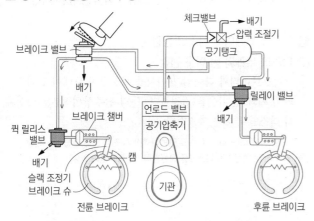

공기 압축기	기관으로부터 구동되며, 압축공기를 생성
언로드 밸브	공기압축기의 과부하를 방지하기 위해 압축기의 작동을 정지
공기탱크	압축 공기를 저장
압력조정기	공기탱크의 압력이 규정압력 이상일 때 방출
체크밸브	공기탱크 입구에 설치, 압축공기의 역류 방지
브레이크 밸브	브레이크 페달에 따라 압축공기를 릴레이 밸브로 공급하는 역할

릴레이 밸브	브레이크 밸브와 브레이크 챔버 사이에 설치되어 브레이크 밸브의 공기압에 의해 작동하며, 챔버에 압축공기를 공급하여 제동력을 발생하거나 배출하여 브레이크를 해제
퀵 릴리스 밸브	브레이크 페달을 놓았을 때 압축공기를 신속히 배출하여 브레이크를 푸는 작용
브레이크 챔버 및 캠	브레이크 챔버 내에 설치된 다이어프램의 공기압을 기계적으로 바꾸어 푸시로드를 밀어 캠을 회전
브레이크 슈	공압이 캠에 의해 확장하여 라이닝을 브레이크 드럼에 밀착시켜 제동력 발생

08 주차 브레이크

1 핸드 브레이크(브레이크)

① 센터 브레이크식 : 드럼이 변속기 출력축(또는 추진축)에 장착

② 휠 브레이크식 : 뒷바퀴의 풋브레이크와 함께 장착되어 기계적 링크나 와이어로 직접 제동

③ 이퀄라이저 : 핸드 브레이크의 휠브레이크에서 양쪽바퀴의 제동력을 같게 하는 기구

equalizer : '조정, 균일'의 의미

09 브레이크 페달 유격 및 스톱 램프 측정

① 엔진을 정지시킨 상태에서 2~3회 페달을 밟았다 놓았다 한 후, 곧은자(직각자)를 바닥과 브레이크 페달 측면에 대고 페달 높이를 측정하고, 누르지 않은 상태를 측정하여 두 측정값 차를 통해 유격값을 알 수 있다.

② 규정치 범위를 벗어나면 로크너트를 풀고 푸시로드를 돌려 유격을 조정한다.

③ 브레이크 정지등(스톱 램프) 스위치 간극 조정 : 시동 off 및 배터리 ⊖ 단자 탈거 후 정지등 스위치의 팁 간극을 확인한 후 스위치 및 로크나사의 풀림 여부 등을 점검한다.

④ 브레이크 정지등 스위치 점검 : 저항계를 연결하여 통전을 점검한다. 주차 브레이크 레버(플런저를 놓았을 때)를 올릴 경우는 통전되고, 주차 브레이크 레버를 내릴 경우(플런저를 눌렀을 때)는 통전이 안 되면 정지등 스위치는 정상이다.

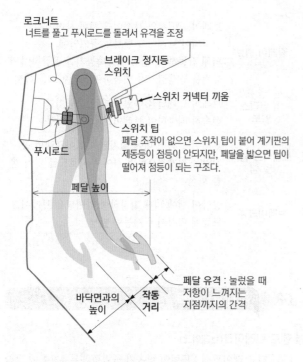

로크너트
너트를 풀고 푸시로드를 돌려서 유격을 조정

브레이크 정지등 스위치

스위치 커넥터 끼움

스위치 팁
페달 조작이 없으면 스위치 팁이 붙어 계기판의 제동등이 점등이 안되지만, 페달을 밟으면 팁이 떨어져 점등이 되는 구조다.

푸시로드

페달 높이

바닥면과의 높이

작동 거리

페달 유격 : 눌렀을 때 저항이 느껴지는 지점까지의 간격

> ▶ 브레이크 정지등 스위치의 역할
> • 브레이크 페달을 밟으면 제동등이 점등되게 한다.
> • 버튼 시동식 차량의 경우 브레이크를 밟을 때 시동을 허락한다.
> • P단에서 변속시 변속레버 잠금을 해제한다.
> • 기타 오토크루즈 해제 신호로도 이용된다.

10 제동장치의 작동점검

1 브레이크 부스터 및 진공호스 점검

(1) 엔진 공회전 후 정지 상태에서의 점검

엔진 공회전 후 정지시킨 다음 브레이크 페달을 여러 차례 작동시키면서 브레이크 페달 높이의 변화를 점검한다.

→ 처음에 브레이크 페달이 완전히 들어가다 점차 페달 행정이 정상적으로 조금씩 줄어드는지 점검

→ 브레이크 페달의 높이가 변화되지 않으면 부스터 불량

(2) 브레이크 페달을 밟은 상태에서 시동 후의 점검

엔진 정지 상태에서 브레이크 페달을 여러 번 작동시키면서 브레이크 페달 높이의 변화를 점검한 후 브레이크 페달을 밟은 상태에서 엔진을 시동한다.

→ 브레이크 페달이 정상적으로 내려가는지 확인

→ 브레이크 페달의 높이가 변화되지 않으면 부스터가 불량이므로 교환

(3) 공회전 상태에서 브레이크 페달을 밟은 후의 점검

공회전 상태에서 브레이크 페달을 밟고 엔진을 정지시킨다.

→ 엔진 정지 후 30초 동안 브레이크 페달을 밟고 있었을 때 브레이크 페달 높이의 변화가 없으면 정상이다.

→ 브레이크 페달이 상승하면 브레이크 부스터 불량이다.

> ▶ 작동시험 결과 이상 유무 점검
> (1)~(3)까지 작동시험 결과 이상이 없으면 부스터는 정상으로 볼 수 있다. 단, 하나의 작동 시험이라도 불량인 경우 체크 밸브, 진공 호스, 부스터를 점검한다.

(4) 엔진 정지 상태에서 브레이크 진공호스 점검

브레이크 페달을 밟은 상태에서 롱 노즈 플라이어를 이용하여 브레이크 진공호스를 막았을 때 진공이 빠지는 소리가 나는지를 점검한다. → 진공이 빠지는 소리가 나면 진공호스를 교환한다.

2 브레이크 시스템 작동 및 누유 점검

① 브레이크 액의 양이 정상범위 내에서 약간 줄면 브레이크 라이닝의 마모로 인한 것으로 정상 상태

② 브레이크 액의 양이 많이 줄어 있다면 유압장치 내 누유

③ 시동을 켜고, 브레이크 페달을 적당히 밟는다. 브레이크 페달이 차츰 **빠져나간다**는 느낌이 들면 누유를 의심

3 프런트 브레이크 디스크 점검

(1) 디스크 두께와 런 아웃 점검

마이크로미터와 다이얼 게이지를 사용하여 브레이크 디스크의 두께와 런 아웃을 점검한다. 동일 원주상의 8부분 이상에서 디스크 두께를 측정한다.

→ 런 아웃(run-out) : 디스크 단면이 휘어져 진동 또는 흔들리는 현상

→ 한계값 이상이면 디스크를 교환한다. (연마작업이 아님)

11 유압식 브레이크의 공기빼기 작업

1 개요

제동장치 외 모든 유압 계통의 교환 및 수리작업 후에는 반드시 공기 빼기 작업을 실시해야 한다. 회로 내에 공기가 잔존하게 되면 답력이 약해져 제동 성능에 영향을 미친다.

2 공기빼기 작업이 필요한 경우

① 브레이크 파이프나 호스를 떼어 낸 경우

② 마스터 실린더 또는 휠 실린더를 분해한 경우

③ 베이퍼 록 현상이 생긴 경우

❸ 작업방법

① 비닐 호스를 휠 실린더의 블리더 플러그(bleeder plug)에 끼우고 호스의 다른 한 끝을 브레이크 오일통에 넣는다.

② 시동을 끄고 페달을 몇 번 밟아 펌핑하여 잔압을 제거하고, 페달을 밟은 상태를 유지한다. 블리더 플러그를 1/2~3/4 풀었다가 공기를 제거한 후 실린더 내압이 저하되기 전에 재빨리 조인다.

③ ②번 과정을 반복하여 오일 속의 기포를 배출시킨다.(오일통에 기포가 나오지 않을 때까지 반복하여 공기를 빼낸다.)

④ 페달을 완전히 밟은 채로 블리더 플러그를 잠근다.

⑤ 블리더 플러그 캡을 끼우고 마스터 실린더 오일 탱크에 오일을 보충한다.

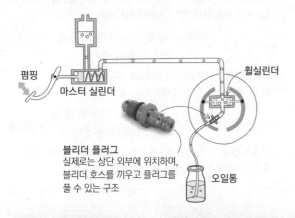

펌핑
마스터 실린더
휠실린더
블리더 플러그
실제로는 상단 외부에 위치하며, 블리더 호스를 끼우고 플러그를 풀 수 있는 구조
오일통

 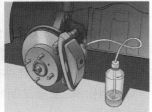

❹ 작업 시 주의사항

① 공기빼기 작업은 마스터 실린더에서 가장 멀리 있는 휠 실린더부터 시작하여 가까운 바퀴 순으로 행한다.

→ 일반 순서 : 리어 우측 → 프런트 좌측 → 리어 좌측 → 프런트 우측

② 마스터 실린더에 브레이크 오일을 보충하며 작업한다.

③ 공기빼기 작업은 2명이 동시에 행한다.

④ 브레이크 오일이 차량에 묻지 않도록 주의한다.

---

12 브레이크의 이상현상

❶ 제동장치와 관련된 증상과 원인

제동 시 떨림	좌우 제동력 편차, 디스크 및 드럼 마모 심함, 디스크와 패드 밀착 불량, 디스크 변형, 한쪽 캘리퍼 작동 불량, 크로스 멤버 불량 등
브레이크 페달 깊음	심한 디스크 마모, 디스크 및 패드 밀착 불량, 드럼과 라이닝 밀착 불량, 브레이크 라인 공기 혼입,마스터 실린더 불량, 브레이크 액 누유 등
브레이크 페달 딱딱함	배력장치 진공호스 공기 누설, 하이드로 백 불량, 브레이크 유격 불량 등
주행 시 브레이킹	캘리퍼 고착, 하이드로 백 파손, 프로포셔닝 밸브 불량, 주차케이블 불량, 뒤 라이닝 조정 불량 등

❷ 브레이크가 잘 듣지 않은 경우

① 브레이크 오일 부족 및 공기 유입

② 브레이크 라이닝에 오일 부착

③ 브레이크 드럼과 슈의 간격이 지나치게 과다할 때

④ 휠 실린더의 피스톤 컵이 손상되었을 때

⑤ 브레이크 간격 조정이 지나치게 클 때

⑥ 디스크 브레이크의 패드 접촉면에 오일이 묻었을 때

❸ 브레이크가 풀리지 않는 원인

① 마스터 실린더의 리턴 스프링 불량

② 마스터 실린더의 리턴 구멍의 막힘

③ 드럼과 라이닝의 소결

④ 푸시로드의 길이가 너무 길 경우

❹ 브레이크의 유격이 커지는 원인

① 브레이크 오일의 부족 및 공기가 유입

② 브레이크 라이닝에 오일 부착

③ 브레이크 라이닝 또는 패드의 마모

④ 마스터 실린더 또는 휠 실린더의 불량

⑤ 브레이크 페달 또는 브레이크 슈의 조정 불량

❺ 기타

① 시동 off 상태에서 브레이크 페달을 여러 차례 작동 후 브레이크 페달을 밟은 상태에서 시동을 걸었는데 브레이크 페달이 내려가지 않는다면 예상되는 고장 부위 : 진공 배력장치

② 제동 시 소음이 나거나 차가 떨리는 요인 : 패드의 접촉면이 불균일함
③ 브레이크 드럼과 슈가 접촉하는 원인 : 슈의 리턴 스프링이 쇠손(장력이 약해짐)

13 제동력 테스터기를 활용한 제동장치 검사

1 검사 방법

① 롤러의 기름, 흙 등을 제거하고, 타이어 공기압 정상 확인

필수암기 ② **공차상태에 운전자 1인만 탑승**한다. 차량은 **시동이 켜진 상태**이어야 함

⟰ NCS 사이드 슬립 및 제동력 검사

→ 시동하지 않으면 브레이크 부스터(배력장치)가 작동하지 않아 제동력이 약해 제동력 측정 불가

③ 테스트할 차축이 제동 시험기의 롤러에 위치하도록 차량을 진입한 후 리프트 하강 버튼을 누른다.

④ Motor 스위치를 ON시키면 롤러가 회전한다. 이 때 탑승자는 브레이크 답력을 점차 강하게 조작한다. 급제동이 아니라 서서히 정지한다는 느낌으로 밟기 시작해 끝까지 브레이크를 밟는다.

→ 브레이크 페달을 확실히 밟은 상태에서 측정한다.

⑤ 시험기 눈금판의 양바퀴 제동력에 각각 지침의 좌·우 제동 상태를 확인하고 기록한다.

⑥ Motor 스위지를 OFF시켜 롤러를 성지한 후 리프트를 상승시키고 차량을 빼낸다.

⑦ 측정결과를 연산하여 차량의 제동력 검사로 이상 여부를 확인한다.

⑧ 제동 시험기 상에서 축 중량을 측정한다.

→ 제동력의 좌우 합계를 축 중량으로 나누었을 때 50% 이상, 편차를 8% 이내이어야 정상으로 판단한다.

▶ 필기시험에는 측정법은 출제되지 않으며, 제동력 기준은 익혀둔다.

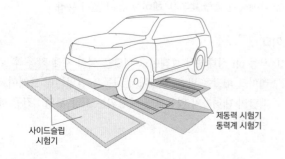

사이드슬립 시험기

제동력 시험기 동력계 시험기

2 제동력 계산

$$제동력\ 총합 = \frac{모든\ 제동력의\ 합}{차량\ 총중량} \times 100\%$$

→ 모든 바퀴의 제동력의 합을 차량 중량으로 나눈 값으로 제동력 총합이 50% 이상 양호

$$앞\ 제동력\ 총합 = \frac{앞\ 좌우\ 제동력의\ 합}{앞\ 차축의\ 중량} \times 100\%$$

→ 앞 차축의 좌우 제동력의 합을 해당 축중으로 나눈 값으로 앞 축중 제동력의 합이 50% 이상 양호

$$뒷\ 제동력\ 총합 = \frac{뒷\ 좌우\ 제동력의\ 합}{뒷\ 차축의\ 중량} \times 100\%$$

→ 뒷 차축의 좌우 제동력의 합을 해당 축중으로 나눈 값으로 뒷 축중 제동력의 합이 20% 이상 양호

$$제동력\ 편차 = \frac{큰쪽\ 제동력 - 작은쪽\ 제동력}{해당\ 차축의\ 중량} \times 100\%$$

→ 좌우 제동력의 차를 해당 축 중량으로 나눈 값으로 좌우 제동력의 편차가 8% 이하 양호

$$주차\ 브레이크\ 제동력 = \frac{뒷\ 좌우\ 제동력의\ 합}{차량\ 총중량} \times 100\%$$

→ 뒷 주차 브레이크의 좌우 제동력의 합을 차량 중량으로 나눈 값으로 주차 브레이크의 제동력이 20% 이상 양호

3 사이드 슬립 **필수암기**

(1) **사이드 슬립 전 준비사항**

① 공차상태에서 운전자 1인이 탑승해야 한다.

② 타이어의 공기압력이 규정압력인지 확인한다.

③ 바퀴를 잭으로 들고 위아래를 흔들어 허브 유격을 확인한다.

④ 좌·우로 흔들어 엔드 볼 및 링키지 확인한다.

⑤ 보닛을 위·아래로 눌러보아 현가 스프링의 피로를 점검한다.

⑥ 시험기의 답판 및 타이어에 부착된 기름, 수분, 흙 등을 제거한다.

⑦ 시험기에 대해 직각방향으로 진입한다.

⑧ 사이드슬립 시험기 답판 위에 진입할 경우 **약 5km/h의 서행 조건**이어야 한다.

(2) 검사기준

① 조향바퀴의 옆미끄러량은 **1m 주행에 5mm 이내**일 것

② 사이드 슬립테스터의 지시값이 '4m/km'는 1km 주행에 대한 조향륜의 슬립량은 4m이라는 의미이다.

01 유압 브레이크 일반

[16-4, 16-1, 15-4, 15-1, 07-1, 04-2] 출제율 ★★★ □□□

1 유압 브레이크는 무슨 원리를 응용한 것인가?

① 뉴톤의 원리 　　　② 파스칼의 원리
③ 베르누이의 원리 　　④ 애커먼 장토의 원리

[12-1] 출제율 ★★ □□□

2 유압식 브레이크 원리는 어디에 근거를 두고 응용한 것인가?

① 브레이크액의 높은 비등점
② 브레이크액의 높은 흡습성
③ 밀폐된 액체의 일부에 작용하는 압력은 모든 방향에 동일하게 작용한다.
④ 브레이크액은 작용하는 압력을 분산시킨다.

> 유압식 브레이크는 파스칼의 원리에 근거를 두고 있다. ③은 파스칼의 원리를 설명한 것이다.

[16-3, 12-2, 07-5] 출제율 ★★ □□□

3 일반적인 브레이크 오일의 주성분은?

① 윤활유와 경유
② 알코올과 피마자 기름
③ 알코올과 윤활유
④ 경유와 피마자 기름

> 브레이크의 오일은 알코올과 피마자기름을 혼합한 합성 오일이다.

[04-5] 출제율 ★★★ □□□

4 브레이크 오일이 갖추어야 할 조건이 아닌 것은?

① 윤활성이 있을 것
② 빙점과 인화점이 높을 것
③ 알맞는 점도를 가질 것
④ 베이퍼 록을 일으키지 않을 것

> 빙점(얼기 시작하는 온도)은 낮아야 하고, 인화점이 높아야 한다.

[13-4] 출제율 ★★★ □□□

5 브레이크액의 특성으로서 장점이 아닌 것은?

① 높은 비등점 　　② 낮은 응고점
③ 강한 흡습성 　　④ 큰 점도지수

> 브레이크액의 주 성분 중에서 점도를 일정하게 유지하기 위해 피마자유를 사용하는데, 피마자유는 흡습성이 있다. 하지만 흡습성이 강하면 베이퍼록의 원인이 되므로 단점에 해당한다. 그러므로 일정거리 주행 후 교체해야 한다.

[04-1] 출제율 ★★★★ □□□

6 다음은 브레이크 오일이 갖추어야 할 조건에 대한 설명이다. 적당치 않은 것은?

① 비점이 높아 베이퍼록을 일으키지 않을 것
② 윤활성이 있을 것
③ 알맞는 점도를 가지고 온도에 대한 점도 변화가 작을 것
④ 빙점이 낮고 인화점이 낮을 것

> **브레이크 오일의 구비 조건**
> • 비점(끓는점)이 높아야 함 (→ 쉽게 끓지 않도록 하기 위함)
> • 윤활성이 있을 것
> • 알맞는 점도를 가지고, 온도에 대한 점도 변화가 작을 것
> 　(→ 점도지수가 클 것)
> • 빙점(응고점)이 낮고, 인화점이 높아야 함
> 　(→ 쉽게 얼지 않고, 쉽게 연소되지 않기 위함)

[14-1, 11-4 유사, 07-4 유사, 04-2] 출제율 ★★★★ □□□

7 브레이크 장치의 유압회로에서 발생하는 베이퍼록의 원인이 아닌 것은?

① 긴 내리막길에서 과도한 브레이크 사용
② 비점이 높은 브레이크액을 사용했을 때
③ 드럼과 라이닝의 끌림에 의한 가열
④ 브레이크슈 리턴 스프링의 절손에 의한 잔압 저하

> ② 비점(비등점, 끓는점)이 높다는 것은 '끓기 시작하는 온도가 높아진다'는 의미이므로 베이퍼록이 잘 일어나지 않는다.
> ④ 브레이크슈 리턴 스프링은 브레이크 압력 해제 시 드럼과의 압착 상태에서 슈를 제자리로 돌아오는 역할을 한다. 스프링이 절손(장력이 약해짐)하면 압착 상태가 계속 유지되므로 드럼이 가열되며, 잔압이 저하되어 베이퍼 록의 원인이 된다.

[06-1] 출제율 ★★★ □□□

8 제동장치에서 베이퍼록(vapor lock)의 원인이 아닌 것은?

① 긴 비탈길에서 브레이크의 사용 빈도가 많은 운전
② 드럼과 라이닝의 끌림에 의한 가열
③ 오일의 변질에 의한 비등점의 저하
④ 공기 브레이크의 과도한 사용

> 베이퍼록은 유압 브레이크에 발생되므로 공기 브레이크와는 무관하다.

[04-2] 출제율 ★★ □□□

9 제동장치에서 발생되는 베이퍼 록 현상을 방지하기 위한 방법이 아닌 것은?

① 벤틸에이티드 디스크를 적용한다.
② 브레이크 회로 내에 잔압을 유지한다.
③ 라이닝의 마찰표면에 윤활제를 도포한다.
④ 비등점이 높은 브레이크 오일을 사용한다.

정답 ▶ **1** 1② 2③ 3② 4② 5③ 6④ 7② 8④ 9③

라이닝의 마찰표면에 윤활제를 도포하면 마찰력이 떨어지며, 베이퍼 록과
는 무관하다.

※ 벤틸에이티드 디스크(ventilated disc) : 제동 시에 발생되는 마찰열을 발
산시키기 위하여 내부에 냉각 통기 구멍이 설치되어 열 방출을 향상시
키므로 열로 인해 발생되는 베이퍼 록 현상을 감소시키는 효과가 한다.

[15-5, 14-2 유사, 09-5 유사, 13-5, 07-5, 07-1] 출제율 ★★ □□□

10 마스터 실린더의 푸시로드에 작용하는 힘이 150 kgf이고,
피스톤의 면적이 3 cm²일 때 단위면적당 유압은?

① 10 kgf/cm²　　　　② 50 kgf/cm²
③ 150 kgf/cm²　　　　④ 450 kgf/cm²

유압(압력) $= \dfrac{\text{힘}(W)}{\text{면적}(A)} = \dfrac{150}{3} = 50 \text{ kgf/cm}^2$

(W : 푸시로드에 작용하는 힘 [kgf], A : 피스톤 면적 [cm²])

[16-2 유사, 14-5, 12-4, 08-4, 04-5] 출제율 ★★★ □□□

11 마스터실린더의 내경이 2 cm, 푸시로드에 100 kgf의 힘이
작용하면 브레이크 파이프에 작용하는 유압은?

① 약 25 kgf/cm²　　　　② 약 32 kgf/cm²
③ 약 50 kgf/cm²　　　　④ 약 200 kgf/cm²

유압$(P) = \dfrac{\text{힘}(W)}{\text{면적}(A)} = \dfrac{100}{0.785 \times 2^2} = 31.8 \text{ kgf/cm}^2$

면적$(A) = \dfrac{\pi D^2}{4} = 0.785 \times D^2$

※ 초급 이해) 원의 면적 $= \pi \times \text{반지름}^2 = \pi \times (\dfrac{\text{지름}}{2})^2 = \dfrac{\pi D^2}{4}$

[16-1] 출제율 ★★ □□□

12 그림과 같은 브레이크 페달에 100N의 힘을 가하였을 때 피
스톤의 면적이 5 cm²라고 하면 작동유압은?

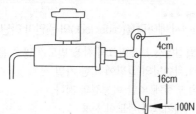

4cm
16cm
←100N

① 100kPa　　　　② 500kPa
③ 1,000kPa　　　　④ 5,000kPa

지렛대의 원리에 의해
페달을 밟는 힘(Ⓐ)×힘을 주는 지점에서 받침점까지의 거리(㉮) =
푸시로드에 작용되는 힘(Ⓑ)×푸시로드에서 받침점까지의 거리(㉯)

100N×20cm = ⒷN×4cm, Ⓑ $= \dfrac{100 \times 20}{4} = 500[N]$

작동 유압 $P = \dfrac{W}{A} = \dfrac{500}{5} = 100[\text{N/cm}^2] = 100 \times 10[\text{kPa}]$

※ 1[N/m²] = 1[Pa] → 1[N/cm²] = 10⁴[Pa] = 10[kPa]
※ 1[kPa] = 1000[Pa] = 10³[Pa]

[13-4] 출제율 ★★ □□□

13 그림과 같은 마스터 실린더의 푸시로드에는 몇 kgf의 힘
이 작용하는가?

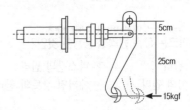

5cm
25cm
15kgf

① 75kgf　　　　② 90kgf
③ 120kgf　　　　④ 140kgf

지렛대의 원리에 의해
페달을 밟는 힘(Ⓐ)×힘을 주는 지점에서 받침점까지의 거리(㉮) =
푸시로드에 작용되는 힘(Ⓑ)×푸시로드에서 받침점까지의 거리(㉯)

15kgf×(5+25)cm = Ⓑkgf×5cm, Ⓑ $= \dfrac{15 \times 30}{5} = 90$kgf

---

[12-5] 출제율 ★★ □□□

14 그림과 같은 브레이크 장치에서 페달을 40kgf의 힘으로 밟
았을 때 푸시로드에 작용되는 힘은?

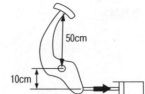

50cm
10cm

① 100kgf
② 200kgf
③ 250kgf
④ 300kgf

지렛대의 원리에 의해
페달을 밟는 힘(Ⓐ)×힘을 주는 지점에서 받침점까지의 거리(㉮) =
푸시로드에 작용되는 힘(Ⓑ)×푸시로드에서 받침점까지의 거리(㉯)

40kgf×50cm = Ⓑkgf×10cm, Ⓑ $= \dfrac{40 \times 50}{10} = 200$kgf

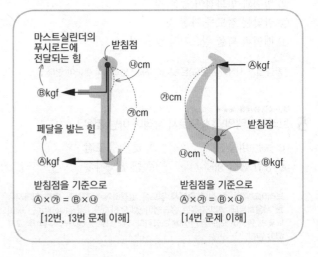

마스트실린더의 푸시로드에 전달되는 힘
받침점
Ⓑkgf
㉯cm
㉮cm
페달을 밟는 힘
Ⓐkgf

Ⓐkgf
㉮cm
받침점
㉯cm
Ⓑkgf

받침점을 기준으로
Ⓐ×㉮ = Ⓑ×㉯
[12번, 13번 문제 이해]

받침점을 기준으로
Ⓐ×㉮ = Ⓑ×㉯
[14번 문제 이해]

---

02 디스크 브레이크 및 드럼 브레이크

[13-2, 04-1] 출제율 ★★★

1 마스터 실린더에서 피스톤 1차 컵이 하는 일은?

① 오일 누출 방지　　② 유압 발생
③ 잔압 형성　　④ 베이퍼록 방지

> 피스톤 1차 컵은 유압을 발생하고 유압을 유지한다.

[11-4, 05-1] 출제율 ★★★★

2 유압식 제동장치에서 탠덤 마스터 실린더의 사용 목적으로 적합한 것은?

① 앞, 뒤 바퀴의 제동거리를 짧게 한다.
② 뒤 바퀴의 제동효과를 증가시킨다.
③ 보통 브레이크와 차이가 없다.
④ 유압 계통을 2개로 분할하는 제동안전장치이다.

> 탠덤 마스터 실린더는 2개의 피스톤을 두어 2개(전륜, 후륜)의 각각 독립적으로 분할시켜 제동안전성을 향상시킨다.

[11-1, 04-1] 출제율 ★★★

3 유압식 제동장치에서 유압회로 내에 잔압을 두는 이유와 거리가 먼 것은?

① 제동의 늦음을 방지하기 위해
② 베이퍼록 현상을 방지하기 위해
③ 휠 실린더 내의 오일 누설을 방지하기 위해
④ 브레이크 오일의 증발을 방지하기 위해

> **유압회로 내에 잔압을 두는 이유**
> • 브레이크 작동 지연 방지
> • 유압회로 내 공기 유입 방지
> • 휠 실린더 내에서의 오일 누출 방지
> • 베이퍼 록 방지

[12-4] 출제율 ★★★★

4 유압식 제동장치에서 브레이크 라인 내에 잔압을 두는 목적으로 틀린 것은?

① 베이퍼 록을 방지한다.
② 브레이크 작동을 신속하게 한다.
③ 페이드 현상을 방지한다.
④ 유압회로에 공기가 침입하는 것을 방지한다.

> 페이드 현상은 빈번한 브레이크 조작으로 인해 브레이크 드럼과 라이닝 사이에 과도한 마찰열이 발생하여 제동력이 떨어지는 현상을 말하며 잔압 유지와 직접적인 관련은 없다.

[16-2] 출제율 ★★★

5 유압식 브레이크 장치에서 잔압을 형성하고 유지시켜 주는 것은?

① 마스터 실린더 피스톤 1차 컵과 2차 컵
② 마스터 실린더의 체크밸브와 리턴 스프링
③ 마스터 실린더 오일 탱크
④ 마스터 실린더 피스톤

> 마스터 실린더의 체크밸브는 피스톤 리턴 스프링이 항상 마스터 실린더 체크밸브를 밀고 있으므로 오일 라인에 잔압이 유지된다. 또한 체크밸브는 역류를 방지한다.

[04-2] 출제율 ★★★

6 브레이크 시스템에서 베이퍼록이 생기는 원인이 아닌 것은?

① 과도한 브레이크 사용
② 비점이 높은 브레이크 오일 사용
③ 브레이크 슈 라이닝 간극의 과소
④ 브레이크 슈 리턴 스프링 절손

> 비점이란 '끓는점'을 말하며, 비점이 높다는 것은 쉽게 끓지 않는다(기포가 쉽게 발생하지 않음)는 의미이다.

[14-5] 출제율 ★★★

7 빈번한 브레이크 조작으로 인해 온도가 상승하여 마찰계수 저하로 제동력이 떨어지는 현상은?

① 베이퍼 록 현상　　② 페이드 현상
③ 피칭 현상　　④ 시미 현상

[08-5] 출제율 ★★★

8 브레이크 드럼이 갖추어야 할 조건이 아닌 것은?

① 정적, 동적 평형이 잡혀 있을 것
② 슈와 마찰면에 내마멸성이 있을 것
③ 열을 흡수할 것
④ 충분한 강성이 있을 것

> 브레이크 드럼은 마찰로 발생한 열의 방출이 잘 되어야 한다.

[참고] 출제율 ★★★

9 브레이크 드럼이 갖추어야 할 조건이 아닌 것은?

① 자기작동 효과가 클 것
② 강성과 내마모성이 있을 것
③ 동적, 정적 평형이 있을 것
④ 무거울 것

정답 ❷ 1② 2④ 3④ 4③ 5② 6② 7① 8③ 9④

chapter 03

[16-2, 14-1, 06-1, 04-1] 출제율 ★★★

10 브레이크슈의 리턴 스프링에 관한 설명이다. 가장 거리가 먼 것은?

① 리턴 스프링이 약하면 휠 실린더 내의 잔압은 높아진다.
② 리턴 스프링이 약하면 드럼을 과열시키는 원인이 될 수도 있다.
③ 리턴 스프링이 강하면 드럼과 라이닝의 접촉이 신속히 해제된다.
④ 리턴 스프링이 약하면 브레이크슈의 마멸이 촉진될 수 있다.

리턴스프링이 약하면 드럼과 라이닝의 압착 상태가 계속 유지되므로 과열 및 마멸이 촉진시킨다. 또한 리턴 스프링이 장력이 약하면 체크밸브가 닫히지 않아 잔압이 저하된다.

[13-5] 출제율 ★★★

11 브레이크 장치에서 리턴 스프링의 작용에 해당되지 않는 것은?

① 오일이 휠 실린더에서 마스터 실린더로 되돌아가게 한다.
② 슈와 드럼간의 간극을 유지해준다.
③ 페달력을 보강해준다.
④ 슈의 위치를 확보한다.

[11-2] 출제율 ★★★

12 유압식 제동장치의 작동에 대한 내용으로 맞는 것은?

① 브레이크 오일 파이프 내에 공기가 들어가면 페달의 유격이 삭아진다.
② 마스터 실린더 푸시로드 길이가 길면 브레이크 작동 후 복원이 잘된다.
③ 브레이크 회로 내의 잔압은 작동 지연과 베이퍼록을 방지한다.
④ 마스터 실린더의 체크밸브가 불량하면 한쪽만 브레이크가 작동한다.

[14-2] 출제율 ★★★

13 주행 중 브레이크 드럼과 슈가 접촉하는 원인에 해당하는 것은?

① 마스터 실린더의 리턴 포트가 열려 있다.
② 슈의 리턴 스프링이 소손되어 있다.
③ 브레이크액이 양이 부족하다.
④ 드럼과 라이닝의 간극이 과대하다.

[14-4, 09-4 유사] 출제율 ★★★

14 브레이크 장치에 관한 설명으로 틀린 것은?

① 브레이크 작동을 계속 반복하면 드럼과 슈에 마찰열이 축적되어 제동력이 감소되는 것을 페이드 현상이라 한다.
② 공기 브레이크에서 제동력을 크게 하기 위해서는 언로더 밸브를 조절한다.
③ 브레이크 페달의 리턴스프링 장력이 약해지면 브레이크 풀림이 늦어진다.
④ 마스터 실린더의 푸시로드 길이를 길게 하면 라이닝이 수축하여 잘 풀린다.

브레이크 마스터 실린더의 푸시로드 길이를 길게 하면 브레이크 작동 후 라이닝이 팽창하여 풀리지 않는다.
언로더 밸브는 압축공기(공기압축기에서 발생)를 이용한 공기 브레이크에서 사용되는 밸브로, 브레이크를 사용하지 않을 때 공기압축기의 과부하를 막는 역할을 한다.

[08-2] 출제율 ★

15 회전 중인 브레이크 드럼에 제동을 걸면 슈는 마찰력에 의해 드럼과 함께 회전하려는 경향이 생겨 확장력이 커지므로 마찰력이 증대되는데 이러한 작용을 무엇이라 하는가?

① 자기작동 작용
② 브레이크 작용
③ 페이드 현상
④ 상승 작용

[06-1] 출제율 ★★★

16 디스크 브레이크를 드럼 브레이크와 비교한 특징으로 틀린 것은?

① 페이드 현상이 잘 일어나지 않는다.
② 구조가 간단하다.
③ 브레이크의 편제동 현상이 적다.
④ 자기작동 효과가 크다.

디스크 브레이크의 특징
• 페이드 현상이 잘 일어나지 않는다.
• 구조가 간단하다.
• 브레이크의 편제동 현상이 적다.
• 방열성이 좋아 제동력이 안정된다.
• 드럼 브레이크에 비하여 브레이크의 평형이 좋다.

정답 10 ① 11 ③ 12 ③ 13 ② 14 ④ 15 ① 16 ④

17 드럼 방식의 브레이크 장치와 비교했을 때 디스크 브레이크의 장점은?

① 자기작동 효과가 크다.
② 오염이 잘 되지 않는다.
③ 패드의 마모율이 낮다.
④ 패드의 교환이 용이하다.

> ①, ② : 드럼 브레이크의 장점이다.
> ③ : 디스크 브레이크의 단점으로 패드의 마모율이 높다.

18 제동장치에서 디스크 브레이크의 장점으로 옳은 것은?

① 방열성이 좋아 제동력이 안정된다.
② 자기작동으로 제동력이 증대된다.
③ 큰 중량의 자동차에 주로 사용된다.
④ 마찰 면적이 적어 압착하는 힘을 작게 할 수 있다.

> ② 자기작동으로 제동력이 증대되는 것은 드럼 브레이크이다.
> ③ 대형차에는 주로 공기식 브레이크가 사용되고, 디스크 브레이크는 소형 차량에 주로 사용된다.
> ④ 마찰 면적이 작으므로 패드에 압착하는 힘이 커야 한다.

19 디스크 브레이크에 대한 설명으로 맞는 것은?

① 드럼 브레이크에 비해 브레이크의 평형이 좋다.
② 드럼 브레이크에 비해 한쪽만 브레이크 되는 일이 많다.
③ 드럼 브레이크에 비해 베이퍼록이 일어나기 쉽다.
④ 드럼 브레이크에 비해 페이드 현상이 일어나기 쉽다.

> • 디스크의 양면을 압착하기 때문에 브레이크의 평형이 좋고, 한쪽만 제동되는 경우가 적다.
> • 드럼 브레이크에 비해 베이퍼록, 페이드 현상이 적다.

20 승용자동차에서 주제동 브레이크에 해당되는 것은?

① 디스크 브레이크　　② 배기 브레이크
③ 엔진 브레이크　　　④ 와전류 리타더

> • 주제동 브레이크 : 디스크 브레이크, 드럼 브레이크, 공기 브레이크, 배력 브레이크
> • 보조 브레이크 : 배기 브레이크, 엔진 브레이크, 유압식 리타더, 와전류 리타더 등

21 브레이크 장치에서 디스크 브레이크 특징이 아닌 것은?

① 제동시 한쪽으로 쏠리는 현상이 적다.
② 패드 면적이 크기 때문에 높은 유압이 필요하다.
③ 브레이크 페달의 행정이 일정하다.
④ 수분에 대한 건조성이 빠르다.

> 패드 면적이 작기 때문에 높은 유압이 필요하다.

22 배기 파이프를 막아 기관 내부의 압력을 높이는 방법으로 제동 효과를 증대시키는 감속 제동장치는?

① 와전류 브레이크
② 배기 브레이크
③ 2계통 브레이크
④ 엔진 브레이크

> ▶ **감속 제동장치(제3의 브레이크, 리타더)**
> • 엔진 브레이크 : 엔진과 변속기 사이에 작동되는 브레이크로, 주로 급한 내리막길을 내려갈 때 주행 속도보다 기어 단수를 저단으로 낮춰 엔진에 저항을 주는 것으로 감속
> • 배기 브레이크 : 배기관에 브레이크 밸브를 설치하고, 밸브가 닫히면 기관 내부의 압력을 높여 엔진에 저항을 주어 엔진 출력을 감소
> • 유압식 리타더 : 변속기 내부에 설치된 보조제동장치로, 유체를 이용해 회전하는 기어의 반대방향으로 유압을 회전시켜 감속시키는 장치
> • 와전류 리타더 : 전자석을 이용하는 방법으로 추진축에 디스크, 프레임에 코일을 설치하여 코일에 전류를 흘리면 자계가 형성되고, 이 속에서 디스크를 회전시키면 와전류가 흘러 자장과의 상호 작용으로 제동력이 발생한다.

---

03 배력장치

1 진공식 제동 배력장치에 관한 설명으로 맞는 것은?

① 공기 빼기 작업은 시동을 끈 상태에서 한다.
② 마스터 백은 싱글형 마스터 실린더를 사용해야 한다.
③ 배력장치에 고장이 발생하면 보통의 마스터 실린더와 같은 압력으로 제동장치가 작동된다.
④ 하이드로 마스터는 마스터 실린더와 일체로 되어 있다.

> ① 공기 빼기 작업은 시동을 켠 상태에서 실시한다.
> ② 피스톤 갯수에 따라 싱글형과 더블형(탠덤) 실린더로 나뉘며, 대부분 탠덤 실린더를 사용한다.
> ④ 하이드로 백은 마스터 실린더와 배력장치를 별도로 설치하는 원격 조작 방식이다. 참고로 마스터 실린더와 일체로 된 방식은 마스터 백, 진공 부스터식이다.

2 마스터 백은 무엇을 이용하여 브레이크에 배력작용을 하는가?

① 배기가스 압력을 이용한다.
② 대기 압력만을 이용한다.
③ 흡기 다기관의 압력만을 이용한다.
④ 대기압과 흡기 다기관의 압력차를 이용한다.

> 진공식 배력장치(마스터백, 하이드로백)는 대기압과 흡기 다기관 압력(부압)의 차이를 이용한다.
> ※ 공기 배력식 : 압축공기의 압력과 대기압의 차이를 이용

3 제동 배력장치에서 진공식은 무엇을 이용하는가?

① 대기 압력만을 이용
② 배기가스 압력만을 이용
③ 대기압과 흡기 다기관 부압의 차이를 이용
④ 배기가스와 대기압과의 차이를 이용

> • 진공식 배력장치 : 대기압과 흡기다기관 부압(부분진공)의 차이를 이용
> • 공기식 배력장치 : 대기압과 압축공기의 차이를 이용

4 진공식 브레이크 배력장치의 설명으로 틀린 것은?

① 압축공기를 이용한다.
② 흡기 다기관의 부압을 이용한다.
③ 기관의 진공과 대기압을 이용한다.
④ 배력장치가 고장나면 일반적인 유압제동장치로 작동된다.

> 기관으로부터 공기압축기를 구동하여 발생한 압축 공기를 이용하는 방식은 공기식 배력장치이다. 진공식 브레이크 배력장치는 대기압과 흡기다기관의 부압의 압력차를 이용한다.

5 제동배력장치에서 브레이크를 밟았을 때 하이드로 백 내의 작동 설명으로 틀린 것은?

① 공기 밸브는 닫힌다.
② 진공 밸브는 닫힌다.
③ 동력 피스톤이 하이드로릭 실린더 쪽으로 움직인다.
④ 동력 피스톤 앞쪽은 진공상태이다.

> 공기밸브는 열리고, 진동 밸브를 닫는다.(작동원리는 245페이지 참조)

6 시동 off 상태에서 브레이크 페달을 여러 차례 작동 후 브레이크 페달을 밟은 상태에서 시동을 걸었는데 브레이크 페달이 내려가지 않는다면 예상되는 고장 부위는?

① 주차 브레이크 케이블
② 앞바퀴 캘리퍼
③ 진공 배력장치
④ 프로포셔닝 밸브

> 가솔린 엔진 차량의 진공식 배력장치는 흡입다기관의 진공과 대기압의 압력차를 이용한다. 즉 시동이 켜지면 흡입다기관에 진공(부압)이 발생되어 이 진공을 이용한다. 그러므로 제동페달이 무거우면 배력장치의 고장이 예측된다.
> ※ 프로포셔닝 밸브 : 급제동 시 후륜의 조기 잠김으로 인한 스핀을 방지하기 위해 후륜에 전달되는 유압을 지연
> ※ 시동 OFF 에서 브레이크 페달을 밟고 있는 상태를 유지하고 시동을 ON 시키면 브레이크 페달은 아래로 내려가야 정상이다.

7 제동 배력장치 중에서 진공을 이용한 것이 아닌 것은?

① 하이드로 마스터　　② 마스터 백
③ 뉴 바이커　　　　　④ 에어 마스터

> 에어 마스터는 압축공기를 이용한 것이다.

04　제동장치의 이상현상

1 브레이크의 파이프 내에 공기가 유입되었을 때 나타나는 현상으로 옳은 것은?

① 브레이크액이 냉각된다.
② 브레이크 페달의 유격이 커진다.
③ 마스터 실린더에서 브레이크액이 누설된다.
④ 브레이크가 지나치게 급히 작동한다.

> 브레이크 파이프 내에 공기가 유입되면 스펀지 현상이 나타나며 제동이 잘 되지 않아 브레이크 페달의 유격이 커진다.

2 브레이크 계통을 정비한 후 공기빼기 작업을 하지 않아도 되는 경우는?

① 브레이크 파이프나 호스를 떼어 낸 경우
② 브레이크 마스터 실린더에 오일을 보충한 경우
③ 베이퍼 록 현상이 생긴 경우
④ 휠 실린더를 분해 수리한 경우

정답 2 ④　3 ③　4 ①　5 ①　6 ③　7 ④　**4** 1 ②　2 ②

[11-5] 출제율 ★★ ☐☐☐

3 브레이크 계통에 공기가 혼입되었을 때 공기빼기 작업방법 중 잘못된 것은?

① 블리더 플러그에 비닐 호스를 끼우고 그 다른 한끝을 브레이크 오일통에 넣는다.
② 페달을 몇 번 밟고 블리더 플러그를 1/2~3/4 풀었다가 실린더 내압이 저하되기 전에 조인다.
③ 공기 배출 전에 반드시 마스터 실린더에 오일을 가득 채워야 한다.
④ 공기 배출작업 중 반드시 에어블리더 플러그를 잠그기 전에 밟은 페달을 놓아야 한다.

페달을 밟은 상태에서 블리더 플러그를 잠근다.

[10-4, 04-1] 출제율 ★★ ☐☐☐

4 유압식 브레이크 장치의 공기빼기 작업방법으로 틀린 것은?

① 공기는 블리더 플러그에서 뺀다.
② 일반적으로 마스터실린더에서 먼 곳의 휠 실린더부터 작업한다.
③ 마스터실린더에 브레이크액을 보충하면서 작업한다.
④ 브레이크 파이프를 빼면서 작업한다.

[04-2] 출제율 ★★★ ☐☐☐

5 브레이크 정비에 대한 설명 중 틀린 것은?

① 패드 어셈블리는 동시에 좌·우, 안·밖을 세트로 교환한다.
② 패드를 지지하는 로크핀에는 그리스를 도포한다.
③ 마스터 실린더의 분해조립은 바이스에 물려 지지한다.
④ 브레이크액이 공기와 접촉 시 수분을 흡수하여 비등점이 상승하여 제동성능이 향상된다.

브레이크액이 공기 중 수분을 흡수하여 비등점(끓는점)이 낮아져 제동성능이 나빠진다.

[14-4, 12-1 유사] 출제율 ★★★ ☐☐☐

6 제동장치에서 편제동의 원인이 아닌 것은?

① 타이어 공기압 불평형
② 마스터 실린더 리턴 포트의 막힘
③ 브레이크 패드의 마찰계수 저하
④ 브레이크 디스크에 기름 부착

[12-02, 15-04 유사] 출제율 ★★★ ☐☐☐

7 유압식 브레이크장치에서 브레이크가 풀리지 않는 원인은?

① 오일 점도가 낮기 때문
② 파이프 내의 공기 혼입
③ 첵밸브의 접촉 불량
④ 마스터 실린더의 리턴구멍 막힘

마스터 실린더의 리턴구멍으로 오일이 빠져나가 제동을 해제하므로 막히면 제동이 풀리지 않는다.

[참고] 출제율 ★★★ ☐☐☐

8 제동력 상태가 비정상적일 경우 그 고장 원인과 가장 관련이 적은 것은?

① 브레이크 오일의 누설
② 브레이크 슈 라이닝의 과대 마모
③ 브레이크 오일 부족 또는 공기 혼입
④ 브레이크 드럼의 밸런스 불균형

④는 소음의 원인이다.

[09-1] 출제율 ★★★ ☐☐☐

9 유압식 제동장치에서 제동력이 떨어지는 원인 중 틀린 것은?

① 브레이크 오일의 누설
② 엔진 출력 저하
③ 패드 및 라이닝의 마멸
④ 유압장치에 공기 유입

제동력은 엔진 출력과 무관하다.

[09-1] 출제율 ★★★ ☐☐☐

10 하이드로 백을 설치한 차량에서 브레이크 페달 조작이 무거운 원인이 아닌 것은?

① 진공용 체크밸브의 작동이 불량하다.
② 진공 파이프 각 접속부에서 새는 곳이 있다.
③ 브레이크 페달 간극이 크다.
④ 릴레이 밸브 피스톤 작동이 불량하다.

브레이크 페달 간극이 적으면 페달 조작력이 무겁다.

정답 ▶ 3 ④ 4 ④ 5 ④ 6 ② 7 ④ 8 ④ 9 ② 10 ③

chapter 03

11 배력장치가 장착된 자동차에서 브레이크 페달의 조작이 무겁게 되는 원인이 아닌 것은?

[15-2] 출제율 ★★★

① 푸시로드의 부트가 파손되었다.
② 진공용 체크밸브의 작동이 불량하다.
③ 릴레이 밸브 피스톤의 작동이 불량하다.
④ 하이드로릭 피스톤 컵이 손상되었다.

• 진공 체크밸브는 제동배력작용에 필요한 진공을 저장하고 일정하게 유지시키는 작용을 하므로 불량 시 배력작용이 안되므로 무거워진다.
• 릴레이 밸브는 245페이지의 공기밸브와 진공밸브를 말하며, 마스터 실린더와 배력장치가 떨어진 하이드로백 배력장치에 사용된다. 브레이크 작동과 동시에 릴레이 밸브 피스톤은 마스터 실린더의 유압에 의해 확장되어 다이어프램을 밀어내 마스터 실린더의 유압을 증대시킨다. 그러므로 불량 시 대기압이 부족하고 배력이 저하되어 조작이 무겁다.
• 고무재질의 피스톤 컵이 손상 또는 마모되면 오일의 누유되어 적절한 압력이 생성되지 않으므로 조작이 무겁다.
• 푸시로드의 부트의 파손되면 페달이 헐거워진다.

※ 마스터 실린더의 구조

부트 / 피스톤 컵 / 부트 / 피스톤 / 실린더 / 피스톤 / 피스톤 사이의 스프링

[참고] 출제율 ★★★

12 브레이크 작동 시 조향 휠이 한쪽으로 쏠리는 원인이 아닌 것은?

① 브레이크 간극 조정 불량
② 휠 허브 베어링의 헐거움
③ 한쪽 브레이크 디스크의 변형
④ 마스터 실린더의 체크밸브 작동이 불량

마스터 실린더의 체크밸브 불량은 잔압 유지와 관련이 있다.

[05-5] 출제율 ★★★

13 브레이크에서 처음엔 정상적이던 유격이 커진 이유는 어느 것인가?

① 브레이크 오일이 나쁘다.
② 타이어 공기압력이 고르지 않다.
③ 브레이크 라이닝이 마모되었다.
④ 브레이크 라이닝에 오일이 묻었다.

유격이 점진적으로 커지는 것은 브레이크 라이닝 마모가 원인이다.

[13-1] 출제율 ★★★

14 브레이크 페달의 유격이 과다한 이유로 틀린 것은?

① 드럼브레이크 형식에서 브레이크 슈의 조정불량
② 브레이크 페달의 조정불량
③ 타이어 공기압의 불균형
④ 마스터 실린더 피스톤과 브레이크 부스터 푸시로드의 간극 불량

타이어 공기압이 불균형하면 조향핸들이 한쪽으로 쏠린다.

[참고] 출제율 ★★★

15 브레이크가 작동되지 않는 경우는?

① 릴레이 밸브 작동이 불량한 경우
② 하이드로닉 피스톤 컵이 파손된 경우
③ 진공용 체크밸브의 작용이 불량한 경우
④ 마스터실린더 피스톤 컵이 파손된 경우

피스톤 1차 컵은 유압을 발생시킨다.

[06-2] 출제율 ★★★

16 브레이크의 파이프 내에 공기가 들어가면 일어나는 현상으로 가장 적당한 것은?

① 브레이크 오일이 냉각된다.
② 오일이 마스터 실린더에서 샌다.
③ 브레이크 페달의 유격이 크게 된다.
④ 브레이크가 지나치게 급히 작동한다.

오일 내에 기포 함유로 유압 전달력이 떨어지므로 페달의 유격이 커진다.

[13-1] 출제율 ★★★

17 디스크 브레이크에서 패드 접촉면에 오일이 묻었을 때 나타나는 현상은?

① 패드가 과냉되어 제동력이 증가된다.
② 브레이크가 잘 듣지 않는다.
③ 브레이크 작동이 원활하게 되어 제동이 잘된다.
④ 디스크 표면의 마찰이 증대된다.

디스크 브레이크에서 패드 접촉면에 오일이 묻으면 미끄러지기 쉬우므로 제동이 잘 되지 않는다.

18 [10-4] 출제율 ★★★ □□□

유압식 제동장치에서 제동 시 제동력 상태가 불량 할 경우 고장 원인으로 거리가 먼 것은?

① 비등점이 높은 브레이크액 사용
② 브레이크슈 라이닝의 과다 마모
③ 브레이크액 부족 또는 공기 유입
④ 브레이크액의 누설

작동유의 요구조건으로 비등점이 높아야 하며, 비등점(끓는점)이 높다는 것은 쉽게 끓지 않는 것으로 의미한다.

19 [참고] 출제율 ★ □□□

다음 브레이크 정비에 대한 설명 중 틀린 것은?

① 패드 어셈블리는 동시에 좌·우, 안과 밖을 세트로 교환한다.
② 패드를 지지하는 로크 핀은 그리스를 도포한다.
③ 마스터 실린더의 분해 조립 시 바이스에 물려 지지한다.
④ 브레이크액이 공기와 접촉시 수분을 흡수하여 비등점이 상승하여 제동성능이 향상된다.

브레이크액은 흡습성이 강해 공기 중의 수분을 흡수하기 쉬워진다. 이로 인해 비등점이 낮아져(높은 온도에서 쉽게 끓어오름) 베이퍼록 발생이 쉬워지며, 이는 제동성능 저하의 원인이 된다.

20 [07-2] 출제율 ★★★ □□□

브레이크 페달을 밟아도 브레이크 효과가 나쁘다. 그 원인이 아닌 것은?

① 브레이크 오일의 부족
② 브레이크 간격 조정이 지나치게 적을 때
③ 브레이크액에 공기 혼입
④ 라이닝에 오일 부착

브레이크 페달을 밟아도 브레이크 효과가 나쁘다는 것은 유격이 크다는 의미이므로 그 원인은 다음과 같다.
• 제동장치의 유압 회로 내에 공기가 유입될 때
• 브레이크 라이닝 또는 패드의 마모
• 브레이크 라이닝에 오일 부착
• 브레이크 오일의 부족
• 마스터 실린더 또는 휠 실린더의 불량
• 브레이크 페달 또는 브레이크 슈의 조정 불량
※ 브레이크 간격이 지나치게 적으면 조금만 밟아도 제동이 너무 쉽게 걸린다는 의미이다.

21 [05-5] 출제율 ★★★ □□□

브레이크를 밟았을 때 소음이 나거나 차가 떨리는 원인에 가장 적합한 것은?

① 브레이크 계통에 공기가 유입됨
② 패드의 접촉면이 불균일함
③ 브레이크 페달의 리턴 스프링이 약함
④ 패드 면에 그리스나 오일이 묻어 있을 때

①은 베이퍼 록의 원인이며, ③,④는 소음의 원인이 될 수 있으나 차의 떨림과는 무관하다.

22 [14-4, 09-4 유사] 출제율 ★★★ □□□

브레이크 장치에 관한 설명으로 틀린 것은?

① 브레이크 작동을 계속 반복하면 드럼과 슈에 마찰열이 축적되어 제동력이 감소되는 것을 페이드 현상이라 한다.
② 공기 브레이크에서 제동력을 크게 하기 위해서는 언로더 밸브를 조절한다.
③ 브레이크 페달의 리턴스프링 장력이 약해지면 브레이크 풀림이 늦어진다.
④ 마스터 실린더의 푸시로드 길이를 길게 하면 라이닝이 수축하여 잘 풀린다.

브레이크 마스터 실린더의 푸시로드가 규정보다 길면 브레이크 작동 후 라이닝이 확장된 후 제동이 풀리지 않을 수 있다.

23 [14-2] 출제율 ★★ □□□

주행 중 브레이크 드럼과 슈가 접촉하는 원인에 해당하는 것은?

① 마스터 실린더의 리턴 포트가 열려 있다.
② 슈의 리턴 스프링이 쇠손되어 있다.
③ 브레이크액의 양이 부족하다.
④ 드럼과 라이닝의 간극이 과대하다.

드럼식 제동장치에서 브레이크 슈의 리턴 스프링이 절손되면 드럼과 라이닝(슈)의 압착 상태가 계속 유지되어 제동이 해제되지 않으므로 드럼 및 슈의 마모가 촉진된다.

24 [09-2] 출제율 ★★★ □□□

브레이크를 작동시키다 페달을 놓았을 때 브레이크가 풀리지 않는 원인과 관계없는 것은?

① 마스터 실린더의 리턴 스프링 불량
② 마스터 실린더의 리턴 구멍의 막힘
③ 드럼과 라이닝의 소결
④ 브레이크의 파열

브레이크가 파열되면 휠 실린더에 유압이 충분히 공급되지 않아 페달이 풀린다.

정답 ▶ 18 ① 19 ④ 20 ② 21 ② 22 ④ 23 ② 24 ④

25 브레이크 드럼 점검사항과 가장 거리가 먼 것은?

① 드럼의 진원도
② 드럼의 두께
③ 드럼의 내경
④ 드럼의 외경

> 드럼 브레이크의 경우 드럼이 불량해지면 드럼이 변형되어 내경이 커지므로 점검해야 하며, 외경은 점검사항이 아니다.

26 제동력 시험기 사용 시 주의할 사항으로 틀린 것은?

① 타이어 트레드의 표면에 습기를 제거한다.
② 롤러 표면은 항상 그리스로 충분히 윤활시킨다.
③ 브레이크 페달을 확실히 밟은 상태에서 측정한다.
④ 시험 중 타이어와 가이드롤러와의 접촉이 없도록 한다.

27 검사기기를 이용하여 운행 자동차의 주 제동력을 측정하고자 한다. 다음 중 측정방법이 잘못된 것은?

① 바퀴의 흙이나 먼지, 물 등의 이물질을 제거한 상태로 측정한다.
② 공차상태에서 사람이 타지 않고 측정한다.
③ 적절히 예비운전이 되어 있는지 확인한다.
④ 타이어의 공기압은 표준 공기압으로 한다.

> **제동력 시험기의 준비사항**
> • 롤러의 기름, 흙 등 이물질을 제거
> • 타이어 공기 압력 정상 확인
> • 시험 차량은 공차 상태로 하고 운전자 1인만 탑승
> • 롤러 중심에 뒤 바퀴 올라가도록 자동차 진입
> • 시험기 전원 연결(모터 작동)
> • 기관 시동 (기관 시동하지 않으면 브레이크 부스터가 작동하지 않아 제동력이 약해져 제동력 측정불가)

28 마스터 실린더(master cylinder)의 조립 시 맨 나중 세척은 어느 것으로 하는 것이 좋은가?

① 석유
② 알코올
③ 광유
④ 휘발유

> 브레이크 오일의 성분에는 알코올이 있으므로, 알코올(또는 브레이크 오일)로 세척한다.

29 다음 중 제동 시험기로 제동력을 측정했을 때 검사기준으로 틀린 것은?

① 제동력 총합은 50% 이상일 때 정상이다.
② 앞 제동력 총합은 50% 이상일 때 정상이다.
③ 뒷 제동력 총합은 20% 이상일 때 정상이다.
④ 하나의 차축에서 좌우 제동력의 편차는 20% 이하일 때 정상이다.

> 하나의 차축에서 좌우 제동력의 편차는 8% 이하일 때 정상이다.

30 자동차에서 제동 시의 슬립률을 표시한 것으로 맞는 것은?

① $\dfrac{\text{자동차 속도} - \text{바퀴 속도}}{\text{자동차 속도}} \times 100$

② $\dfrac{\text{자동차 속도} - \text{바퀴 속도}}{\text{바퀴 속도}} \times 100$

③ $\dfrac{\text{바퀴 속도} - \text{자동차 속도}}{\text{자동차 속도}} \times 100$

④ $\dfrac{\text{바퀴 속도} - \text{자동차 속도}}{\text{바퀴 속도}} \times 100$

> 슬립률은 자동차 속도와 바퀴 속도의 차이를 자동차 속도로 나눈 값을 100%로 표시한 것이다. (※ 슬립비와 혼용하기도 함)

31 사이드 슬립테스터의 지시값이 4m/km일 때 1km 주행에 대한 앞바퀴의 슬립량은?

① 4mm
② 4cm
③ 40cm
④ 4m

> 4m/km는 1km 주행 시 4m가 슬립했다는 의미이다.
> (※ m/km 단위가 주어지지 않을 수 있음)

정답 **25** ④ **26** ② **27** ② **28** ② **29** ④ **30** ① **31** ④

AUTOMOBILE
ELECTRICS &
ELECTRONICS

CHAPTER

04

자동차 전기·전자 정비

☐ 전기전자·반도체 기초 ☐ 축전지 ☐ 발전기 ☐ 시동전동기 ☐ 엔진점화장치 ☐ 등화장 ☐ 편의장치

01 전기전자·반도체 기초

[예상문항 : 2~3문제] 제4장의 전체적인 출제문항 수는 약 15~19개 입니다. 합성저항, 옴 법칙, 전력에 관한 문제가 주로 출제됩니다. 반도체에서는 1문제 미만으로 출제율이 낮습니다. 다만, 트랜지스터 등 반도체 기초 부품의 기본 원리와 특징은 숙지하기 바랍니다.

01 전기 기초

1 전류(*I*)

① 전기의 흐름, 즉 전자의 흐름을 말함

② 전자는 $\ominus \rightarrow \oplus$, 전류는 $\oplus \rightarrow \ominus$으로 흐른다.

③ 전류의 단위 : 암페어(Ampere), [A]로 표시

④ 전류의 종류 : 직류와 교류

⑤ 전류의 3대 작용

발열작용	전구, 예열플러그 등과 같이 열에너지로 인해 발열하는 작용
화학작용	축전지의 전해액과 같이 화학작용에 의해 기전력 발생
자기작용	모터나 발전기와 같이 코일에 전류가 흐르면 자계가 형성되는 작용(전기적 에너지를 기계적 에너지로 변환)

발열작용   자기작용   화학작용

2 전압(*V*)

① 도체에 전류가 흐르는 압력

② 전압(Voltage)의 단위 : V

③ 1[V] : 1[Ω]의 저항을 갖는 도체에 1[A]의 전류가 흐르는 것

▶ $1kV = 1,000V$, $1V = 1,000mV$

3 저항(*R*)

① 전자의 움직임을 방해하는 요소이다.

② 저항의 단위 : 옴(Ohm), [Ω]으로 표시

③ 1[Ω] : 1[A]가 흐를 때 1[V]의 전압을 필요로 하는 도체의 저항

4 저항의 접속

① 직렬 연결 : 여러 개의 저항을 직렬로 접속하면 합성 저항은 각각의 저항을 합친 것과 같다.

$$R = R_1 + R_2 + R_3 + \cdots + R_n$$

필수암기

② 병렬 연결 : 저항 R_1, R_2, R_3을 병렬로 접속하면 합성 저항은 다음과 같다.

$$\frac{1}{R} = \frac{1}{R_1} + \frac{1}{R_2} + \cdots + \frac{1}{R_n}$$

$$R = \cfrac{1}{\cfrac{1}{R_1} + \cfrac{1}{R_2} + \cdots + \cfrac{1}{R_n}}$$

▶ 병렬저항의 총 저항은 한 개의 저항보다 작다.

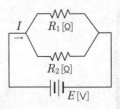

③ 직·병렬연결

$$R = R_1 + R_2 + \cfrac{1}{\cfrac{1}{R_3} + \cfrac{1}{R_4} + \cfrac{1}{R_5}}$$

▶ 저항의 접속에 따른 각 저항의 전류·전압 상태
• 직렬 : 전류일정, 전압변동
• 병렬 : 전압일정, 전류변동

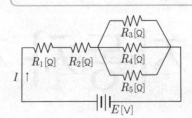

5 전력

① 전력은 전기가 하는 일의 크기를 의미하는데, 저항에 전류가 흐를 때 단위시간에 하는 일의 양으로 표시하기도 한다.

② 기호는 P이고, 기본 단위는 Watt(약호 W)이다.

③ 와트와 마력과의 관계 : 1kW = 1.36PS,
$$1PS = 75kgf \cdot m/s = 736W$$

- $P[W] = E_{전압} \times I_{전류}$
  $= I \times R \times I = I^2 \times R = \dfrac{E^2}{R}$ $(I = \dfrac{E}{R})$이므로
  (E : 전압, I : 전류, R : 저항)
- 소비전력량 $= P_{전력} \times H_{시간}$

6 전압강하

① 두 전위차 지점 사이에 저항을 직렬로 연결된 회로에서 전류가 흐를 때 전류가 각 저항을 통과할 때마다 옴의 법칙(I·R)만큼의 전압이 떨어지는 현상으로, 저항(부하) 외에 전선에서도 발생된다.

② 주로 배선, 단자, 접속부, 스위치 등에서 발생하기 쉽다.

7 자기성질

① 자성체란 자기유도에 의해 자화되는 물질이다.

② 자석은 동종(같은 극) 반발, 이종(다른 극) 흡인의 성질이 있다.

③ 자성체에는 자성체와 반자성체가 있다.

02 전기 기초 법칙

1 옴(Ohm)의 법칙

도체에 흐르는 전류(I)는 전압(E)에 비례하고, 그 도체의 저항(R)에 반비례한다.

$$I = \frac{E}{R}$$

▶ 옴의 법칙 암기법

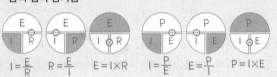

2 주울(Joule)의 법칙

저항에 의해 발생되는 열량은 도체의 저항, 전류의 제곱 및 흐르는 시간에 비례한다.

3 키르히호프의 법칙(Kirchhoff's Law)

① 제1법칙 : 회로 내의 어떤 한 점에 유입한 전류의 총합과 유출한 전류의 총합은 같다.

② 제2법칙 : 임의의 폐회로에 있어서 기전력의 총합과 저항에 의한 전압강하의 총합은 같다.

I_1 I_2
I_3
$I_1 = I_2 + I_3$

4 플레밍의 법칙

(1) 플레밍의 왼손 법칙 – 전동기의 작동원리
도선이 받는 힘의 방향을 결정하는 규칙이다.

(2) 플레밍의 오른손 법칙 – 발전기의 작동원리
유도 기전력 또는 유도 전류의 방향을 결정하는 규칙이다.

03 축전기(Condenser)

1 축전기(콘덴서)의 역할

① 고주파 전류가 생성되면 잡음이 발생하는데, 이 고주파 전류를 흡수한다.

② 배터리의 공급이 없을 때 ECU 또는 기타 전자장치를 작동하기 위해 전기를 저장하며, 평활회로에 사용한다.

2 쿨롱의 법칙

2개의 전하간에 생기는 힘은 전하 크기의 곱에 비례하고, 거리의 제곱에 반비례한다. 또한 힘의 방향은 전하가 서로 다르면 흡인력, 같으면 반발력이 생긴다.

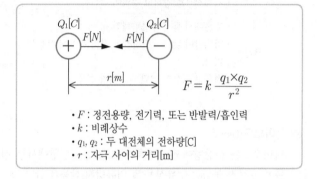

$$F = k \frac{q_1 \times q_2}{r^2}$$

- F : 정전용량, 전기력, 또는 반발력/흡인력
- k : 비례상수
- q_1, q_2 : 두 대전체의 전하량[C]
- r : 자극 사이의 거리[m]

❸ 축전기의 정전용량

① 2장의 금속판에 전압을 가하였을 때 전하의 축적용량을
   말한다.
② 축적되는 전기량은 가해지는 전압에 비례한다.
③ 정전용량은 금속판 사이의 절연체 절연도 및 금속판 면적
   에 비례하고, 금속판 사이의 거리에는 반비례한다.

④ 축전기의 정전용량 공식
   • 단위 : 마이크로 패럿(μF), 패럿(F), 피코 패럿(pF)

$$Q = CE[C]$$
$$C[F] = \varepsilon \frac{S}{d}$$

• Q : 축적되는 전기량
• C : 비례상수(정전용량)
• E : 가해지는 전압
• ε : 유전율(절연도)
• S : 전극판 면적[m^2]
• d : 전극판 간의 거리[m]

04 반도체

❶ 반도체의 특징

① 온도 증가 → 저항 감소
② 불순물의 혼입에 의해 저항을 바꿀 수 있다.
③ 반도체의 작동 전류는 약 10mA 정도이다.
④ 반도체의 특징

장점	• 극히 소형이고 경량 • 내부 전력 손실이 매우 적음 • 예열이나 지연없이 곧바로 작동한다. • 기계적으로 강하고 수명이 길다.
단점	• 고온에서 특성이 불량해짐 • 역내압이 낮음 - 고전압이 걸리는 곳에 사용할 수 없다. • 정격값 이상이 되면 파손되기 쉬움

❷ 다이오드(Diode)

다이오드는 순방향에서는 전류가 흐르고, 역방향에서는 전류가 흐르지 못하는 정류작용 및 역류방지 작용을 한다.

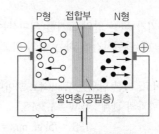

❸ 제너 다이오드(Zener Diode) 필수암기

① 역방향의 특정값(제너전압)까지는 전류를 차단
   시키고, 이 특정값 이상으로 전압이 흐르면
   역방향으로 큰 전류가 흐를 수 있도록 한다.
② 부하와 병렬로 연결시켜 제너전압과 동일한
   전압으로 유지하도록 **정전압 회로 및 과충전
   방지회로**에 사용된다.

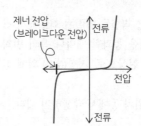

▶ 브레이크다운 전압
반도체 소자에서 역방향의
전압이 어떤 값에 도달하면
역방향 전류가 급격히 흐르
게 되는 전압

❹ 발광 다이오드(LED, Light Emission Diode) 필수암기

① PN형 반도체에 **순방향으로 전류가 흐르게** 하면 빛이 발생
   되는 다이오드이다.
② 가시광선, 적외선 및 레이저까지 여러 파장의 빛이 발생
   된다.
③ 발광할 때는 10mA 정도의 전류가 필요하다.
④ 용도 : 배전기의 크랭크각센서, TDC센서, 차고센서, 조향
   휠 각속도센서 등

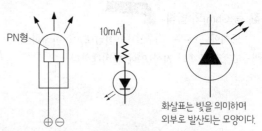

화살표는 빛을 의미하며
외부로 발산되는 모양이다.

❺ 포토 다이오드(Photo Diode) 필수암기

① 빛에너지(입사광선)를 전기에너지(광전류)로 변화시켜 빛의
   강도에 비례하여 전압을 발생한다.
② 입사광선이 PN접합부에 쪼이면 빛에 의해 전자가 궤도
   에서 이탈하여 자유전자가 되어 역방향으로 전류가 흐름

반도체 기초

◎ 반도체의 종류

진성 반도체	• 순수한 4가 원소(최외각 전자가 4개 있는 원소, 실리콘이나 게르마늄)로 공유결합된 반도체
P형 반도체	• 순수한 4가 원소에 3가 원소(최외각 전자가 3개, 붕소, 갈륨, 인듐 등)를 첨가해서 만든 반도체 • 전자가 부족하여 ⊕ 를 띄게 됨
N형 반도체	• 순수한 4가 원소에 5가 원소(최외각 전자가 5개, 안티몬, 비소, 인 등)을 첨가해서 만든 반도체 • 전자가 많으므로 ⊖ 을 띄게 됨

⬆ 원자의 구조

※ 자유전자 : 원자의 최외곽 궤도에서 이탈하여 자유롭게 움직일 수 있는 전자를 말한다.

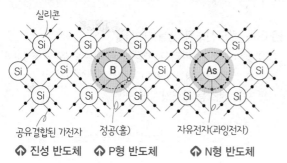

⬆ 진성 반도체   ⬆ P형 반도체   ⬆ N형 반도체

◎ 다이오드

다이오드는 순방향에서는 전류가 흐르고, 역방향에서는 전류가 흐르지 못하는 정류작용 및 역류방지 작용을 한다.

⬆ 다이오드 기호

N형의 자유전자가 P형의 정공으로 이동하면서 전자의 흐름은 캐소드에서 애노드로 흐른다. 하지만 **실제 전류의 흐름은 P형 → N형으로 흐른다.**

※ 다이오드의 작용 (체크밸브와 유사)

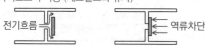

◎ 트랜지스터(TR, Transistor) 일반

① 트랜지스터는 PN 접합에 P형 또는 N형 반도체를 결합한 것으로, PNP형과 NPN형의 2가지가 있다.
② 각 반도체의 인출된 단자를 이미터(Ⓔ, Emitter), 컬렉터(Ⓒ, Collector), 베이스(Ⓑ, Base)라고 한다.

> ▶ PNP와 NPN의 순방향 〔필수암기〕
> • PNP : 이미터 → 베이스, 컬렉터
> • NPN : 베이스, 컬렉터 → 이미터
>
> ※ 자동차 전자장치에는 대부분 NPN형이 사용됨

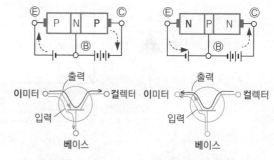

⬆ PNP 트랜지스터   ⬆ NPN 트랜지스터

◎ 트랜지스터의 주요 기능(스위칭, 증폭)

① 스위칭 작용 : 베이스에 흐르는 미소 전류를 단속(ON/OFF)하여 컬렉터와 이미터 사이에 흐르는 전류를 단속한다.
② 증폭 작용 : 베이스에 흐르는 전류를 증가시켜 컬렉터와 이미터 사이에 흐르는 전류량을 증폭할 수 있다.

◎ 다링톤 트랜지스터(Darlington TR)

① 2개의 트랜지스터를 하나로 결합하여 전류 증폭도를 높인다.(컬렉터에 많은 전류를 흐르게 함)
→ 점화장치의 **파워 트랜지스터**로 활용된다.
② 매우 작은 베이스 전류로 큰 전류를 제어할 수 있다.

NPN 트랜지스터의 개념 이해 〔필수암기〕

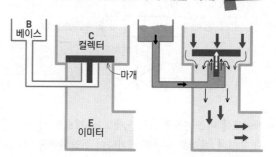

⬆ 베이스에 전류가 흐르지 않을 때   ⬆ 베이스에 전류가 흐를 때

⊙ 스위칭 작용
베이스라는 작은 물통에 소량의 물(전압)을 보내면 수압에 의해 마개를 들어올려 열린다(스위칭 작용) → 마개가 열리며 컬렉터 물통에 있던 다량의 물이 마개 사이로 흘러 이미터로 흐른다.
→ 이 때 베이스의 물과 컬렉터의 물이 합쳐져 이미터로 흐른다.
즉, 컬렉터에서 이미터로 전류가 흐르려면 베이스에서 이미터로 미소 전류를 흘려 보내 스위치 작용을 해야 한다.

⊙ 증폭 작용
베이스에 흐르는 물(전류)을 조절하면 마개의 열림을 조절하여 컬렉터에서 이미터로 흐르는 물의 양(전류의 세기)를 변화시킬 수 있다.

출처) 완자_물리학 2(비상교육)

chapter 04

③ 용도 : 광전식 크랭크각 센서나 조향각 센서 등

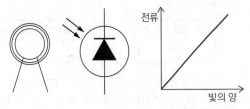

빛(입사광선)의 양이 강할수록
자유전자 수도 증가하여 전류도 증가한다.

> ▶ 발광 다이오드와 포토 다이오드
> • 발광 다이오드(순방향) : 전기에너지 → 빛에너지
> • 포토 다이오드(역방향) : 빛에너지 → 전기에너지

6 트랜지스터(TR, Transistor)
앞 페이지 참조

7 사이리스터(SCR, 실리콘 제어 정류소자)
① PNPN 또는 NPNP 접합으로 4층 구조로 구성되어 스위칭 작용을 한다.
② 구성 단자

⊕ 쪽	⊖ 쪽	제어 단자
애노드(Ⓐ)	캐소드(Ⓚ)	게이트(Ⓖ)

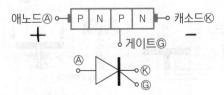

③ 게이트에 미소전류를 가하면 애노드-캐소드 사이에 전류가 통하여, 게이트 전류를 제어하여 전압제어장치나 조광기에 사용된다.(즉, 게이트에 ⊕, 캐소드에 ⊖ 전류를 흘려보내면 애노드와 캐소드 사이가 순간적으로 도통)
④ 순방향 : 애노드 또는 게이트에서 캐소드로 흐르는 상태를 말한다.
⑤ 애노드와 캐소드 사이가 도통된 것은 게이트 전류를 제거해도 계속 도통이 유지되며, 애노드 전위를 0으로 만들어야 해제된다.
⑥ 고전압 축전기 점화장치(HEI)와 교류발전기의 과전압보호장치 등에 사용

8 서미스터(Thermistor)
① 외부 온도에 따라 저항값이 변하는 반도체 소자로, **온도 감지용**으로 사용된다.
② 서미스터의 종류

부특성	• NTC(Negative Temperature Coefficient) • 온도가 상승하면 저항값이 감소 ⑩ 수온센서, 흡입공기온도센서, 온도 보상, 연료잔량 경고등 등
정특성	• PTC(Positive Temperature Coefficient) • 온도가 상승하면 저항값이 증가 ⑩ 전자온도계, 과전류방지

> ▶ 서미스터라 함은 주로 부특성 서미스터를 의미한다.

9 CdS-광도전소자 (광량센서)
① 빛의 세기에 따라 저항값이 변화(빛이 강하면 저항값이 작고, 빛이 약하면 저항값이 커짐) ← 빛의 세기에 따라 조명의 밝기가 달라짐
② 자동 전조등 제어장치에 사용

> ▶ 광센서의 종류
> 발광 다이오드, 포토 다이오드, 포토 트랜지스터, CdS-광전소자

10 압전 소자(피에조 효과)
① 압력(힘)을 받으면 전압(기전력)이 발생하고, 전압을 가하면 변형되는 반도체
② 노크 센서, 대기압력 센서, MAP 센서 등

> ▶ 반도체의 효과
>
> | 피에조 효과
(Piezo) | '압전 효과'라고 하며, 압력을 가하면 전기분극에 전압이 발생하는 현상(⑩ 반짝이는 어린이 운동화) |
> |---|---|
> | 제백 효과
(Zee Back) | 2종 금속을 접합하고 두 금속간에 온도차를 주면 기전력이 발생(⑩ 전자온도계, 화재감지기) |
> | 펠티어 효과
(Peltier) | 제백 효과와 반대로 전류가 흐르면 한쪽은 열을 발생하고 다른쪽은 냉각되는 현상
(⑩ 냉동기의 열교환기) |
> | 홀 효과
(Hall) | 전류를 직각방향으로 자계를 가했을 때 전류와 자계에 직각인 방향으로 기전력이 발생하는 현상 |

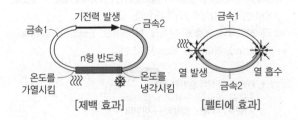

[제백 효과]   [펠티에 효과]

01 전기전자 기초

[16-2, 06-1] 출제율 ★

1 전류에 대한 설명으로 틀린 것은?

① 자유전자의 흐름이다.
② 단위는 A를 사용한다.
③ 직류와 교류가 있다.
④ 저항에 항상 비례한다.

[04-2] 출제율 ★

2 다음 중 저항에 관한 설명으로 맞는 것은?

① 저항이 0Ω이라는 것은 저항이 없는 것을 말한다.
② 저항이 ∞Ω이라는 것은 저항이 너무 적어 저항 테스터로 측정할 수 없는 값을 말한다.
③ 저항이 0Ω이라는 것은 나무와 같이 전류가 흐를 수 없는 부도체를 말한다.
④ 저항이 ∞Ω이라는 것은 전선과 같이 저항이 없는 도체를 말한다.

[13-1] 출제율 ★★★

3 저항이 병렬로 연결된 회로의 설명으로 맞는 것은?

① 총 저항은 각 저항의 합과 같다.
② 각 회로에 동일한 저항이 가해지므로 전압은 다르다.
③ 각 회로에 동일한 전압이 가해지므로 입력 전압은 일정하다.
④ 전압은 한 개일 때와 같으며 전류도 같다.

> ①은 직렬접속에 해당한다.
> ② 각 저항에는 동일한 전압이 가해지며 오옴의 법칙에 의해 전류는 저항의 크기에 따라 달라진다.
> ④ 각각의 저항에 흐르는 전류의 합은 공급한 전류와 같으나, 각 저항에 걸리는 전압은 전원 전압과 같다.

[12-4] 출제율 ★★★★

4 몇 개의 저항을 병렬 접속했을 때 설명 중 틀린 것은?

① 각 저항을 통하여 흐르는 전류의 합은 전원에서 흐르는 전류의 크기와 같다.
② 합성 저항은 각 저항의 어느 것보다도 작다.
③ 각 저항에 가해지는 전압의 합은 전원 전압과 같다.
④ 어느 저항에서나 동일한 전압이 가해진다.

> 병렬 합성 저항에서 각 저항에 가해지는 전압은 전원 전압과 같으나 각 저항에 가해지는 전체의 합과 같지는 않다.

[10-2] 출제율 ★★★

5 전기회로 중 그림과 같은 병렬회로에 흐르는 전체 전류 I 를 계산하는 식은?

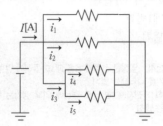

① $I = \dfrac{1}{i_1} + \dfrac{1}{i_2} + \left(\dfrac{1}{i_4} + \dfrac{1}{i_5}\right)$
② $I = i_2 + i_3 + (i_4 + i_5)$
③ $I = i_1 + i_3 = i_1 + (i_4 + i_5)$
④ $I = i_1 + i_2 + i_3 = i_1 + i_2 + (i_4 + i_5)$

> 전류는 병렬회로의 각 저항에 나뉘므로 전체 병렬회로의 전류 합이 회로의 총 전류이다.

[11-4] 출제율 ★

6 "저항에 의해 발생되는 열량은 도체의 저항, 전류의 제곱 및 흐르는 시간에 비례한다."는 현상을 설명한 것은?

① 앙페르의 법칙
② 키르히호프의 법칙
③ 뉴톤의 제1법칙
④ 주울의 법칙

[09-3] 출제율 ★★★

7 자동차 전기장치에 흐르는 전압과 전류 그리고 저항에 관한 사항 중 틀린 것은?

① 부특성 서미스터는 온도가 높아지면 저항이 커진다.
② 저항이 크고 전압이 낮을수록 전류는 적게 흐른다.
③ 도체의 단면적이 큰 경우 저항이 적다.
④ 도체의 경우 온도가 높아지면 저항이 커진다.

> • 정특성 서미스터 : 온도 ↑ → 저항 ↑ → 전압 ↑
> • 부특성 서미스터 : 온도 ↑ → 저항 ↓ → 전압 ↓

[09-4] 출제율 ★

8 전기기초 지식 중 자기성질에 대한 설명으로 틀린 것은?

① 자석은 자기를 가지고 있는 물체를 말한다.
② 자석은 동종 반발, 이종 흡인의 성질이 있다.
③ 자성체란 전자유도에 의해 자화되는 물질이다.
④ 자성체에는 자성체와 반자성체가 있다.

> 자성체란 자기유도에 의해 자화되는 물질이다.

정답 ▌ 1 ④ 2 ① 3 ③ 4 ③ 5 ④ 6 ④ 7 ① 8 ③

9 자동차 전기장치에서 "임의의 한 점으로 유입된 전류의 총합은 유출한 전류의 총합과 같다."는 현상을 설명한 것은?

① 앙페르의 법칙
② 키르히호프의 제1법칙
③ 뉴턴의 제1법칙
④ 렌쯔의 법칙

[12-3, 04-1] 출제율 ★★

[13-4, 13-2] 출제율 ★★★

10 다음 중 옴의 법칙을 바르게 표시한 것은?
(단, E : 전압, I : 전류, R : 저항)

① $R = IE$
② $R = I/E$
③ $R = I/E^2$
④ $R = E/I$

옴의 법칙 : $I = \dfrac{E}{R}$, $R = \dfrac{E}{I}$, $E = IR$

[13-1] 출제율 ★★★

11 저항에 12V를 가했더니 전류계에 3A로 나타났다. 이 저항의 값은?

① 2 Ω
② 4 Ω
③ 6 Ω
④ 8 Ω

옴의 법칙 $I = \dfrac{E}{R}$, $R = \dfrac{E}{I} = \dfrac{12}{3} = 4$ [Ω]

[08-3] 출제율 ★★

12 20Ω 저항의 양 끝에 전압을 가할 때 2A의 전류가 흐른다면 이 저항에 걸리는 전압은?

① 10V
② 20V
③ 30V
④ 40V

옴의 법칙 $E = I \times R = 2 \times 20 = 40$ [V]

[04-2, 16-4 유사] 출제율 ★★

13 10V의 전압에 20Ω의 저항을 연결하였을 경우 몇 A의 전류가 흐르는가?

① 0.5A
② 1A
③ 5A
④ 10A

옴의 법칙
$I = \dfrac{E}{R} = \dfrac{10 \, [\text{V}]}{20 \, [\Omega]} = 0.5 \, [\text{A}]$

[11-2] 출제율 ★★

14 다음 그림의 회로에서 전류계에 흐르는 전류(A)는 얼마인가?

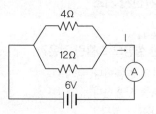

① 1A
② 2A
③ 3A
④ 4A

합성저항 $\dfrac{1}{R} = \dfrac{1}{R_1} + \dfrac{1}{R_2}$, $\dfrac{1}{R} = \dfrac{R_2 + R_1}{R_1 R_2} = \dfrac{12+4}{4 \times 12} = \dfrac{1}{3}$
∴ $R = 3 [\Omega]$, **옴의 법칙** $I = \dfrac{E}{R} = \dfrac{6 \, [\text{V}]}{3 \, [\Omega]} = 2 \, [\text{A}]$

[07-2] 출제율 ★★★

15 그림에서 2Ω에 걸리는 전압은 얼마인가?

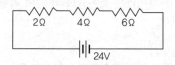

① 2V
② 4V
③ 8V
④ 12V

• 직렬합성저항 : $2 + 4 + 6 = 12 [\Omega]$
• 옴의 법칙에 따라 전체전류, $I = \dfrac{E}{R} = \dfrac{24}{12} = 2 [\text{A}]$
• 2[Ω]에 걸리는 전압 : $2 [\Omega] \times 2 [\text{A}] = 4 \, [\text{V}]$

[14-3] 출제율 ★★★

16 그림과 같이 측정했을 때 저항값은?

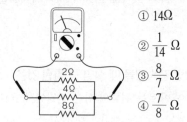

① 14Ω
② $\dfrac{1}{14} \Omega$
③ $\dfrac{8}{7} \Omega$
④ $\dfrac{7}{8} \Omega$

병렬 합성저항 $\dfrac{1}{R} = \dfrac{1}{R_1} + \dfrac{1}{R_2} + \cdots + \dfrac{1}{R_n}$
$\dfrac{1}{R} = \dfrac{1}{2} + \dfrac{1}{4} + \dfrac{1}{8} = \dfrac{7}{8}$, ∴ $R = \dfrac{8}{7} [\Omega]$

정답 ▶ **9** ② **10** ④ **11** ② **12** ④ **13** ① **14** ② **15** ② **16** ③

17 다음과 같은 병렬 회로에서 합성저항은?

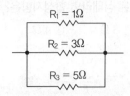

① $1\frac{8}{15}\ \Omega$ ② $\frac{15}{23}\ \Omega$ ③ $\frac{9}{8}\ \Omega$ ④ $\frac{9}{15}\ \Omega$

여러 개의 병렬합성저항은 다음과 같이 2개씩 묶어 이 공식을 적용하면 쉽게 구할 수 있다.

2개의 병렬합성저항 $= \dfrac{\text{저항의 곱}}{\text{저항의 합}}$

1Ω, 3Ω의 합성저항 : $\dfrac{1\times3}{1+3} = \dfrac{3}{4}$ [Ω]

$\dfrac{3}{4}$ Ω, 5Ω의 합성저항 : $\dfrac{(3/4)\times5}{(3/4)+5} = \dfrac{15/4}{23/4}$ ∴ $R_{total} = \dfrac{15}{23}$ [Ω]

---

18 2Ω, 3Ω, 6Ω의 저항을 병렬로 연결하여 12V의 전압을 가하면 흐르는 전류는?

① 1A ② 2A ③ 3A ④ 12A

2개의 병렬합성저항 $= \dfrac{\text{저항의 곱}}{\text{저항의 합}}$

2Ω, 3Ω : $\dfrac{2\times3}{2+3} = \dfrac{6}{5}$ [Ω]

$\dfrac{6}{5}$ Ω, 6Ω : $\dfrac{(6/5)\times6}{(6/5)+6} = \dfrac{36/5}{36/5}$ ∴ $R_{total} = 1$ [Ω]

오옴의 법칙에 의해 $I = \dfrac{E}{R} = \dfrac{12}{1} = 12$ [A]

---

19 어떤 6기통 디젤기관의 예열회로를 점검해보니 예열 플러그 1개당 저항이 1/12Ω이었다. 각각 직렬 연결되어 있으며, 전압이 12V일 때 예열플러그 전체에 전류는?

① 12 [A] ② 24 [A] ③ 36 [A] ④ 144 [A]

• 직렬 합성저항 $R = \dfrac{1}{12}\times6 = \dfrac{6}{12} = \dfrac{1}{2}$

∴ 오옴의 법칙 $I = \dfrac{E}{R} = 12\times2 = 24$ [A]

---

20 다음 그림에서 전류계에 흐르는 전류는?

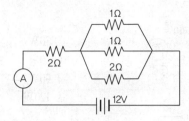

① 3 A ② 4 A ③ 5 A ④ 6 A

17, 18번 방법으로 병렬합성저항값을 먼저 구하면

1Ω, 1Ω : $\dfrac{1\times1}{1+1} = \dfrac{1}{2}$ [Ω]

$\dfrac{1}{2}$ Ω, 2Ω : $\dfrac{(1/2)\times2}{(1/2)+2} = \dfrac{1}{5/2}$ ∴ $R = 2/5$ [Ω]

• 전체 합성저항 $R_{total} = 2 + \dfrac{2}{5} = \dfrac{12}{5}$ [Ω]

• 오옴의 법칙에 의해 $I = \dfrac{E}{R} = 12\times\dfrac{5}{12} = 5$ [A]

---

21 다음 중 전력계산 공식으로 맞지 않는 것은?
(단, P=전력, I=전류, E=전압, R=저항)

① $P = EI$ ② $P = E^2R$

③ $P = E^2 / R$ ④ $P = I^2R$

$P = E\times I = E\times\dfrac{E}{R} = \dfrac{E^2}{R}$ 또는, $P = E\times I = (I\times R)\times I = I^2\times R$

---

22 다음 회로에 있어서 12V용 전구에 규정전압을 넣었을 때 2.5A의 전류가 흘렀다. 이 전구의 용량은 얼마인가?

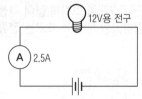

① 30 W ② 25 W ③ 40 W ④ 35 W

$P_{전력} = E_{전압}\times I_{전류} = 12\times2.5 = 30$ [W]

---

23 12V, 30W의 헤드라이트 한 개를 켜면 흐르는 전류는?

① 2.5 A ② 5 A ③ 10 A ④ 360 A

$P = E\times I,\ I = \dfrac{P}{E} = \dfrac{30}{12} = 2.5$ [A]

정답 **17** ② **18** ④ **19** ② **20** ③ **21** ② **22** ① **23** ①

chapter **04**

24 그림과 같은 자동차의 전조등 회로에서 헤드라이트 1개의 출력은?

[08-1] 출제율 ★★★ □□□

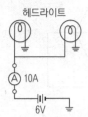

① 30 W
② 60 W
③ 90 W
④ 120 W

전체 전류는 10[A]이며, 병렬로 연결되므로 한 개의 전구에 흐르는 전류는 5[A]이다. 그러므로 $P = E \times I = 6V \times 5A = 30$ W

[07-1] 출제율 ★★★ □□□

25 55W의 전구 2개를 12V 축전지에 그림과 같이 접속하였을 때 약 몇 A의 전류가 흐르겠는가?

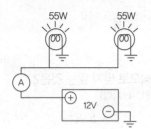

① 5.3A
② 9.2A
③ 12.5A
④ 20.3A

총 소비전력 : $55W + 55W = 110W$
$P = E \times I,\ I = \dfrac{P}{E} = \dfrac{110}{12} ≒ 9.2\ [A]$

[09-1, 04-1] 출제율 ★★★ □□□

26 12V의 배터리에 12V용 전구 2개를 그림과 같이 결선하고 ① 및 ② 스위치를 연결하였을 때 A에 흐르는 전류는 얼마인가?

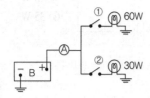

① 6.5A
② 65A
③ 7.5A
④ 75A

총 소비전력 : $60 + 30 = 90\ [W]$
$P = E \times I,\ I = \dfrac{P}{E} = \dfrac{90}{12} = 7.5\ [A]$

[14-2] 출제율 ★★ □□□

27 브레이크등 회로에서 12V 축전지에 24W의 전구 2개가 연결되어 점등된 상태라면 합성저항은?

① 2 Ω ② 3 Ω ③ 4 Ω ④ 6 Ω

총 소비전력 : $24 \times 2 = 48\ [W]$
$P = E \times I = E \times \dfrac{E}{R} \rightarrow R = \dfrac{E^2}{P} = \dfrac{12^2}{48} = 3\ [\Omega]$

[10-3] 출제율 ★ □□□

28 12V, 5W 전구 1개와 24V, 60W 전구 1개를 12V 배터리에 직렬로 연결하였다. 옳은 것은?

① 양쪽 전구가 똑같이 밝다.
② 5W 전구가 더 밝다.
③ 60W 전구가 더 밝다.
④ 5W 전구가 끊어진다.

먼저 $R = \dfrac{E^2}{P}$에 의해 각 전구에 저항을 구하면

12V, 5W 전구 : $\dfrac{12^2}{5} = 28.8\ [\Omega]$ 24V, 60W 전구 : $\dfrac{24^2}{60} = 9.6\ [\Omega]$

전구의 밝기는 단순히 저항의 크기가 아니라 '전류×전압'에 의해 결정된다. 하지만 다시 각 전류를 구할 필요없이 다음 사항을 숙지하자!
• 직렬연결에서는 전류가 같다면 저항이 클수록 밝은 전구이다.
• 병렬연결에서는 전압이 일정하기 때문에 저항이 크면 전류가 적게 흐르므로 저항이 작을수록 많은 전력을 소모하여 더 밝다.

[14-3, 11-4] 출제율 ★ □□□

29 축전기(condenser)에 저장되는 정전용량을 설명한 것으로 틀린 것은?

① 가해지는 전압에 정비례한다.
② 금속판 사이의 거리에 정비례한다.
③ 상대하는 금속판의 면적에 정비례한다.
④ 금속판 사이 절연체의 절연도에 정비례한다.

콘덴서(축전기)의 정전용량
• 가해지는 전압에 비례한다.   • 금속판의 면적에 비례한다.
• 절연체의 절연도에 비례한다.   • 금속판 사이의 거리에 반비례한다.

[16-4, 12-3] 출제율 ★ □□□

30 축전기(Condenser)와 관련된 식 표현으로 틀린 것은?
(Q=전기량, E=전압, C=비례상수)

① $Q = CE$ ② $C = \dfrac{Q}{E}$ ③ $E = \dfrac{Q}{C}$ ④ $C = QE$

$Q = CE,\ \ C = \dfrac{Q}{E},\ \ E = \dfrac{Q}{C}$

정답 24 ① 25 ② 26 ③ 27 ② 28 ② 29 ② 30 ④

31 [14-1] 출제율 ★ ☐☐☐
쿨롱의 법칙에서 자극 강도에 대한 내용으로 틀린 것은?

① 자석의 양 끝을 자극이라 한다.
② 두 자극 세기의 곱에 비례한다.
③ 자극의 세기는 자기량의 크기에 따라 다르다.
④ 거리에 비례한다.

> 쿨롱의 법칙 $F = k \dfrac{q_1 \times q_2}{r^2}$
> • F : 정전용량, 전기력, 인력
> • k : 비례상수
> • q_1, q_2 : 두 대전체의 전하량
> • r : 자극 사이의 거리
> 즉, 두 대전체에 작용하는 힘(인력)은 두 대전체의 전하량의 곱에 비례하고, 거리의 제곱에 반비례한다.

32 [12-04] 출제율 ★★ ☐☐☐
자동차 등화장치에서 12V 축전지에 30W의 전구를 사용하였다면 저항은?

① 4.8Ω   ② 5.4Ω
③ 6.3Ω   ④ 7.6Ω

> $P = \dfrac{E^2}{R}$, (R : 저항, E : 전압, P : 전력) ∴ $R = \dfrac{12^2}{30} = 4.8\,[\Omega]$

33 [10-3] 출제율 ★★★★ ☐☐☐
12V–100A의 발전기에서 나오는 출력은?

① 1.73PS   ② 1.63PS
③ 1.53PS   ④ 1.43PS

> 전력 $P = E \times I$ (E : 전압, I : 전류)
> $= 12 \times 100 = 1,200\,[W] = 1.2\,[kW]$
> 1 [kW] = 1.36 [PS]이므로, 1.2×1.36 = 1.632 [PS]

---

02 반도체

1 [13-3] 출제율 ★ ☐☐☐
반도체에 대한 특징으로 틀린 것은?

① 극히 소형이고 경량이다.
② 내부 전력 손실이 매우 적다.
③ 고온에서도 안정적으로 동작한다.
④ 예열을 요구하지 않고 곧바로 작동한다.

> 온도가 상승하면 반도체 특성이 매우 나빠진다.

2 [04-4] 출제율 ★ ☐☐☐
반도체의 성질로서 틀린 것은?

① 불순물의 혼입에 의해 저항을 바꿀 수 있다.
② 빛을 받으면 고유저항이 변화하는 광전 효과가 있다.
③ 자력을 받으면 도전도가 변하는 홀(Hall) 효과가 있다.
④ 온도가 높아지면 저항이 증가하는 정온도계수의 물질이다.

> 반도체는 금속과 달리 온도가 높아지면 저항이 감소한다.

3 [04-3] 출제율 ★★★ ☐☐☐
다음 중 한쪽 방향에 대해서는 전류를 흐르게 하고 반대 방향에 대해서는 전류의 흐름을 저지하는 것은?

① 다이오드
② 컬렉터
③ 콘덴서
④ 전구

> 다이오드는 정류작용 및 역류방지 작용을 한다.

4 [09-1, 07-4] 출제율 ★★★ ☐☐☐
다이오드에 대한 설명으로 틀린 것은?

① 다이오드는 P형 반도체와 N형 반도체를 접합시킨 것이다.
② P형 반도체와 N형 반도체의 접합부를 공핍층이라 한다.
③ 발광 다이오드는 PN 접합면에 역방향 전압을 걸면 에너지의 일부가 빛으로 되어 외부에 발산한다.
④ 제너현상은 역방향 제너전압을 작용시키면 공핍층의 가전자는 역방향 전압의 힘에 전류가 흐르는 현상을 말한다.

> 발광 다이오드는 PN형 반도체에 순방향으로 전압을 흐르게 하면 빛이 발생된다.

5 [13-3] 출제율 ★ ☐☐☐
P형 반도체와 N형 반도체를 마주대고 결합한 것은?

① 캐리어
② 홀
③ 다이오드
④ 스위칭

> 다이오드는 P형 반도체와 N형 반도체를 마주대고 접합한 것으로, 정류작용 및 역류방지 작용을 한다.

정답 31 ④ 32 ① 33 ② **2** 1 ③ 2 ④ 3 ① 4 ③ 5 ③

6 다음과 같은 전기 회로용 기본 부호의 명칭은?

① 발광 다이오드
② 트랜지스터
③ 제너 다이오드
④ 포토 다이오드

포토 다이오드는 들어오는 빛에너지(입사광선)을 전기에너지로 변환시키므로 화살표(빛)가 들어오는 모습을 한다.

[08-2] 출제율 ★

7 그림에 나타낸 전기 회로도의 기호 명칭은?

① 포토 다이오드
② 발광 다이오드(LED)
③ 트랜지스터(TR)
④ 제너 다이오드

발광 다이오드는 전기에너지를 빛에너지로 변환시키므로 화살표(빛)가 나가는 모습을 한다.

[15-1] 출제율 ★

8 다음 그림의 기호는 어떤 부품을 나타내는 기호인가?

① 실리콘 다이오드
② 발광 다이오드
③ 트랜지스터
④ 제너 다이오드

[12-2] 출제율 ★

9 다음 전기 기호 중에서 트랜지스터의 기호는?

① : 다이오드, ② : 트랜지스터, ③ : 가변저항, ④ : 전구

[13-2, 10-4] 출제율 ★★★

10 어떤 기준 전압 이상이 되면 역방향으로 큰 전류가 흐르게 된 반도체는?

① PNP형 트랜지스터 ② NPN형 트랜지스터
③ 포토 다이오드 ④ 제너 다이오드

제너 다이오드는 어떤 기준 전압(브레이크 다운 전압) 이상이 되면 역방향으로 전류가 흐르는 반도체이다.

[08-3] 출제율 ★★★

11 제너 다이오드를 사용하는 회로는?

① 고주파 회로 ② 저압 정류 회로
③ 브리지 정류 회로 ④ 정전압 회로

제너 다이오드는 특정 역전압 구역에서도 전류가 흐르게 하여 전압을 일정하게 유지하기 위해 사용한다.

[11-2] 출제율 ★★★

12 광전식 크랭크각 센서나 조향각 센서 등에 사용되며 입사광선을 받으면 전류가 흐르게 되는 반도체는?

① 포토 다이오드 ② 발광 다이오드
③ 제너 다이오드 ④ 트랜지스터

포토 다이오드는 빛에너지(입사광선)을 전기에너지로 변화시켜 빛의 강도에 비례하여 전압을 발생한다.
발광 다이오드는 전기에너지를 빛에너지로 변환시킨다.

[11-1] 출제율 ★

13 반도체 소자에서 역방향의 전압이 어떤 값에 도달하면 역방향 전류가 급격히 흐르게 되는 전압을 무엇이라고 하는가?

① 컷인 전압
② 자기유도 전압
③ 사이리스터 전압
④ 브레이크 다운 전압

지문은 제너 다이오드에 대한 실명이다.
• 컷인(cut-in) 전압 : 발생 전압이 상승하여 컷아웃 릴레이에서 축전지로 전류가 흐르면 접점이 닫히는데, 이때의 전압을 컷인 전압(충전 전압)이라 한다.
• 자기유도 전압 : 도체에 흐르는 전류를 차단할 때 자력선이 형성·붕괴됨으로써 도체에 형성되는 전압

[14-1] 출제율 ★★★

14 발광 다이오드의 특징을 설명한 것이 아닌 것은?

① 배전기의 크랭크 각 센서 등에서 사용된다.
② 발광할 때는 10mA 정도의 전류가 필요하다.
③ 가시광선으로부터 적외선까지 다양한 빛이 발생한다.
④ 역방향으로 전류를 흐르게 하면 빛이 발생된다.

발광 다이오드의 특징
• 순방향으로 전류가 흐르면 빛이 발생한다.
• 가시광선으로부터 적외선까지 다양한 빛이 발생한다.
• 발광할 때 10mA 정도의 전류가 필요하다.
• 크랭크 각 센서, 계기판의 지시등 등에 사용된다.

정답 6 ④ 7 ② 8 ④ 9 ② 10 ④ 11 ④ 12 ① 13 ④ 14 ④

[11-4, 09-4] 출제율 ★★★
15 전조등의 광량을 검출하는 라이트 센서에서 빛의 세기에 따라 광전류가 변화되는 원리를 이용한 소자는?

① 포토 다이오드
② 발광 다이오드
③ 제너 다이오드
④ 사이리스터

[04-4] 출제율 ★★
16 가변 저항식이 아닌 것은?

① 모터 포지션 센서(MPS)
② 아이들 스위치(Idle S/W)
③ 스로틀 포지션 센서(TPS)
④ 수온 센서

수온센서는 부특성 서미스터(일종의 열 가변 저항식)이며, 아이들 스위치는 접점식이다.

[09-4] 출제율 ★★★
17 발광 다이오드에 대한 설명으로 틀린 것은?

① 순방향으로 전류가 흐를 때 빛이 발생된다.
② 가시광선, 적외선 및 레이저까지 여러 파장의 빛이 발생된다.
③ 빛을 받으면 전압이 발생되며, 스위칭 회로에 사용된다.
④ LED라 하며, 10mA 정도에서 발광이 가능하다.

빛을 받으면 전압이 발생되는 반도체는 포토 다이오드에 해당하며, 스위칭 회로는 트랜지스터에 해당된다.

[14-4] 출제율 ★★★★
18 트랜지스터(TR)의 설명으로 틀린 것은?

① 증폭 작용을 한다.
② 스위칭 작용을 한다.
③ 아날로그 신호를 디지털 신호로 변환한다.
④ 이미터, 베이스, 컬렉터의 리드로 구성되어 있다.

트랜지스터
• 트랜지스터의 작용 : 증폭, 스위칭, 발진
• 트랜지스터의 리드 : 이미터, 베이스, 컬렉터
※ 아날로그 신호를 디지털 신호로 변환 : A-D 컨버터

[14-4] 출제율 ★
19 PNP형 트랜지스터의 순방향 전류는 어떤 방향으로 흐르는가?

① 컬렉터에서 베이스로
② 이미터에서 베이스로
③ 베이스에서 이미터로
④ 베이스에서 컬렉터로

PNP형 트랜지스터의 순방향 전류는 이미터에서 베이스, 또는 이미터에서 컬렉터로 흐른다.

[04-4] 출제율 ★
20 트랜지스터의 설명 중 장점이 아닌 것은?

① 소형 경량이며 기계적으로 강하다.
② 내부의 전압강하가 매우 높다.
③ 수명이 길고 내부에서 전력손실이 적다.
④ 예열하지 않고 곧 작동한다.

내부의 전압강하가 매우 낮다.

[05-2] 출제율 ★
21 트랜지스터가 사용되는 회로가 아닌 것은?

① 논리 게이트　　　② 증폭기
③ OP 앰프　　　　④ 유압게이지

[11-1, 09-2, 07-2, 04-1] 출제율 ★★
22 트랜지스터의 대표적 기능으로 릴레이와 같은 작용은?

① 스위칭 작용　　　② 채터링 작용
③ 정류 작용　　　　④ 상호 유도 작용

릴레이는 전기적 스위치이며, 트랜지스터는 전자적 스위치이다.

[12-3, 12-1, 10-2, 08-1, 05-4] 출제율 ★
23 반도체 소자 중 사이리스터(SCR)의 단자에 해당하지 않는 것은?

① 애노드(anode)
② 게이트(gate)
③ 캐소드(cathode)
④ 컬렉터(collector)

사이리스터의 단자 : 애노드(A), 캐소드(K), 게이트(G)

정답　15 ①　16 ②　17 ③　18 ③　19 ②　20 ②　21 ④　22 ①　23 ④

24 다링톤 트랜지스터를 설명한 것 중 옳은 것은?

① 트랜지스터보다 작동 전류가 적다.
② 2개의 트랜지스터를 하나로 결합하여 전류 증폭도가 높다.
③ 전류 증폭도가 낮다.
④ 베이스 전류가 50A 정도 소요된다.

다링톤 트랜지스터는 2개의 트랜지스터를 하나로 결합하여 컬렉터의 전류 증폭도가 높으며, 모든 반도체는 10mA 정도 소요된다.

25 단방향 3단자 사이리스터(SCR)에 대한 설명 중 틀린 것은?

① 애노드(A), 캐소드(K), 게이트(G)로 이루어진다.
② 캐소드에서 게이트로 흐르는 전류가 순방향이다.
③ 게이트에 ⊕, 캐소드에 ⊖전류를 흘려 보내면 애노드와 캐소드 사이가 순간적으로 도통된다.
④ 애노드와 캐소드 사이가 도통된 것은 게이트 전류를 제거해도 계속 도통이 유지되며, 애노드 전위를 0으로 만들어야 해제된다.

사이리스터는 애노드(A), 또는 게이트(G)에서 캐소드(K)로 흐르는 전류가 순방향이다.

26 외부 온도에 따라 저항값이 변하는 소자로서 수온센서 등 온도 감지용으로 쓰이는 반도체는?

① 게르마늄(germanium)
② 실리콘(silicone)
③ 서미스터(thermistor)
④ 인코넬(inconel)

27 부특성(NTC) 가변저항을 이용한 센서는?

① 산소 센서
② 수온 센서
③ 조향각 센서
④ TDC 센서

부특성이란 온도가 상승하면 저항값이 감소하는 반도체 소자로, 주로 온도센서로 사용된다.

28 빛의 세기에 따라 저항이 적어지는 반도체로 자동 전조등 제어장치에 사용되는 반도체 소자는?

① 광량센서(CdS)
② 피에조 소자
③ NTC 서미스터
④ 발광다이오드

광량센서는 빛의 세기에 따라 저항이 변화하는 반도체이다.

29 반도체 소자 중 광센서가 아닌 것은?

① 발광 다이오드
② 포토 트랜지스터
③ CdS-광전소자
④ 노크 센서

• 광센서 : 발광 다이오드, 포토 다이오드, 포토 트랜지스터, CdS-광전소자
• 노크 센서는 압전소자(피에조 효과)이다.

30 힘을 받으면 기전력이 발생하는 반도체의 성질은?

① 펠티어 효과
② 피에조 효과
③ 제백 효과
④ 홀 효과

• 펠티어 효과 : 두 금속의 접합부를 통해 전류가 흘렀을 때 접합부에서 열이 발생하거나 흡수되는 현상
• 피에조 효과 : 압력을 받으면 전압(기전력)을 발생하는 효과
• 제백 효과 : 접속된 두 금속 사이에 온도차를 주면 기전력이 발생하여 전류가 흐르는 현상
• 홀 효과 : 전류를 직각방향으로 자계를 가했을 때 전류와 자계에 직각인 방향으로 기전력이 발생하는 현상

31 그림의 전기회로도 기호의 명칭으로 올바른 것은?

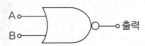

① 논리합 [Logic (OR)]
② 논리적 [Logic (AND)]
③ 논리부정 [Logic (NOT)]
④ 논리합부정 [Logic (NOR)]

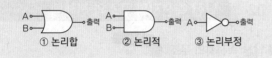

① 논리합   ② 논리적   ③ 논리부정

[13-4] 출제율 ★

32 논리회로에서 OR+NOT에 대한 출력의 진리값으로 틀린 것은? (단, 입력 : A, B 출력 : C)

① 입력 A가 0이고, 입력 B가 1이면 출력 C는 0이 된다.
② 입력 A가 0이고, 입력 B가 0이면 출력 C는 0이 된다.
③ 입력 A가 1이고, 입력 B가 1이면 출력 C는 0이 된다.
④ 입력 A가 1이고, 입력 B가 0이면 출력 C는 0이 된다.

논리회로 OR+NOT는 부정 논리합 회로(Logic NOR)이므로, 출력이 논리합 회로의 반대이다. 그러므로 입력 A가 0이고, 입력 B가 0이면 출력 C는 1이 된다.

[12-1] 출제율 ★

33 AND 게이트 회로의 입력 A, B, C, D에 각각 입력으로 A=1, B=1, C=1, D=0가 들어갔을 때 출력 X는?

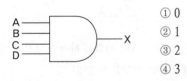

① 0
② 1
③ 2
④ 3

AND 게이트 회로는 A, B, C, D 모두 입력이 1이어야 1이 출력되고, 입력이 하나라도 0이면 0이 출력된다.

[12-2] 출제율 ★

34 논리소자 중 입력신호 모두가 1일 때에만 출력이 1로 되는 회로는?

① NOT (논리부정)   ② AND (논리곱)
③ NAND (논리곱 부정)   ④ NOR (논리합 부정)

• OR(논리합) : 입력신호 중 하나라도 1일 때 출력이 1
• AND(논리곱) : 입력신호 모두가 1일 때 출력이 1
• NOR(부정 논리합) : 입력신호 중 하나라도 1일 때 출력이 0
• NAND(부정 논리곱) : 입력신호 모두가 1일 때 출력이 0

[12-4] 출제율 ★★★

35 PTC 서미스터에서 온도와 저항값의 변화 관계가 맞는 것은?

① 온도 증가와 저항값은 관련 없다.
② 온도 증가에 따라 저항값이 감소한다.
③ 온도 증가에 따라 저항값이 증가한다.
④ 온도 증가에 따라 저항값이 증가, 감소를 반복한다.

서미스터의 종류	
정특성(PTC)	온도 증가에 따라 저항값이 증가
부특성(NTC)	온도 증가에 따라 저항값이 감소

[14-2] 출제율 ★

36 ECU로 입력되는 스위치 신호라인에서 OFF 상태의 전압이 5V로 측정되었을 때 설명으로 옳은 것은?

① 스위치의 신호는 아날로그 신호이다.
② ECU 내부의 인터페이스는 소스(source) 방식이다.
③ ECU 내부의 인터페이스는 싱크(sink) 방식이다.
④ 스위치를 닫았을 때 2.5V 이하이면 정상적으로 신호처리를 한다.

이 문제는 ECU 인터페이스를 묻는 것으로, 싱크 방식과 소스 방식으로 구분되며 특징은 다음과 같다.

풀업 / 풀다운 방식
• 풀업 방식(싱크 방식) : 스위치 OFF 상태일 때는 전압(5V)이 인가되며, 스위치가 ON 일 때 전압이 떨어져 1에서 0으로 바뀐다.
• 풀다운 방식(소스 방식) : 스위치 OFF 상태일 때는 전압이 인가되지 않으며, 스위치가 ON 일 때 전압의 대부분이 입력으로 인가되어 0에서 1로 바뀐다.

※ 싱크, 소스방식은 디지털 직류회로의 배선 방식이다.
※ 회로가 디지털 신호이므로 스위치를 닫았을 때 0V가 되어야 정상이다.

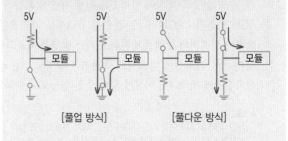

[풀업 방식]   [풀다운 방식]

02 축전지(배터리)

[예상문항 : 1~2문제] 주로 배터리의 충전방법, 셀페이션, 배터리 취급 및 주의사항 등에서 출제됩니다.

↑ NCS 동영상

01 축전지의 기능과 종류

■ 축전지의 기능

① 차량 정지 시 각종 전기장치에 전력을 공급한다.

② 차량 운행 시 엔진 시동에 필요한 전력을 공급한다.

③ 발전기에서 발전되는 전기량과 소모되는 전기량을 적절히 조절해주는 기능을 한다.

→ 발전기의 출력 및 부하 사이의 시간적 불균형을 조절

② 축전지의 종류

(1) 납산 축전지

① 양극판은 과산화 납, 음극판은 해면상납을 사용하며, 전해액은 묽은 황산을 사용한다.

② 전압은 셀의 수에 의해 결정된다.

③ 전해액 면이 낮아지면 증류수를 보충해야 한다.

④ 극판의 작용물질이 떨어지기 쉬우며 수명이 짧고 무겁다.

(2) MF(Maintenance Free) 축전지

① 무보수용 배터리라고 하며, 전해액의 보충이 필요없다.

② 자기방전이 적고 보존성이 우수하다.

③ 비중계가 설치되어 눈으로 충전 상태를 알 수 있다.

(3) EFB(Enhanced Flooded Battery) 축전지
AGM(Absorbent Glass Material) 축전지

① MF 배터리 대비 강력한 시동성능, 내구성 강화 및 빠른 충전, 수명 연장의 특징이 있어 ISG 적용 차량에 적합하다.

② AGM 축전지 : AGM이라는 흡수성 유리섬유 격리판를 사용하여 전해액의 누액을 방지하고 가스 발생을 최소화함으로써 진동 저항성이 양호하고 축전지의 수명도 기존의 납산축전지에 비해 4배 이상이 되며 충전 성능도 우수하다.

> ▶ ISG (Idle Stop & Go)
> 차량 정차 시 자동으로 시동을 OFF하고, 다시 가속페달을 밟아 출발하게 되면 재시동하는 시스템이다. 연료 절감으로 연비 향상과 공회전 방지로 환경오염 저감효과가 있다.

02 납산 축전지의 구조와 전해액

■ 납산 축전지의 구조

① 극판 : 양극판 – 과산화납(PbO₂), 음극판 – 해면상납(Pb)

② 음극판이 양극판보다 1장 더 많다. (화학적 평형을 고려)

③ 음극은 음극판끼리, 양극은 양극판끼리 연결

④ 극판 수를 늘리면 축전지 용량이 증가한다.

⑤ 격리판과 유리매트 : 두 극판 사이의 접촉을 방지하기 위해 다공질의 절연용 격리판을 설치한다.

> ▶ 격리판의 구비조건
> • 비전도성일 것, 다공성일 것
> • 기계적 강도가 있을 것
> • 전해액에 부식되지 않을 것
> • 전해액의 확산이 잘 될 것

② 전해액(묽은 황산)

전기분해 시 이온 전도의 매체 역할을 하는 용액으로 황산과 증류수로 희석시킨 묽은 황산을 사용한다.

(1) 전해액(묽은 황산) 비중

① 20℃에서 전해액의 비중이 1.260 : 완전충전 상태

② 방전이 일어나면 묽은 황산은 물로 변화되어 비중이 감소된다.

(2) 온도에 의한 전해액의 비중

전해액의 비중은 1℃ 마다 0.0007이 변화된다.

$$S_{20} = S_t + 0.0007(t-20)$$

• S_{20} : 표준 온도 20[℃]로 환산한 비중
• S_t : 임의 온도 t[℃]에서 측정한 비중
• t : 측정 시 전해액 온도[℃]

(3) 온도에 의한 축전지의 영향
① 온도가 낮아지면 : 비중은 올라가고 전압 및 용량이 감소한다.
② 온도가 올라가면 : 비중은 내려간다.

▶ 크랭킹 시 전압
크랭킹이란 시동 전동기로 엔진을 기동하는 상태로, 배터리 전압의 90% 이상으로 약 9~11V 정도로 한다.

03 충·방전시의 화학작용

① 충전 : ⊕극판의 백색 황산납은 갈색 과산화납으로 변하고, ⊕극판에는 산소가, ⊖극판에는 수소를 발생한다. 또한, 물은 묽은 황산으로 변한다.
② 방전 : ⊕극판의 갈색 과산화납은 백색 황산납으로 변한다. 또한, 전해액의 묽은 황산은 물로 변해 비중이 낮아진다.
③ 충·방전 시 화학작용 ▶ 필수암기

〈완전 충전 시〉   〈완전 방전 시〉

(양극판) (전해액) (음극판)   (양극판) (전해액) (음극판)

$$PbO_2 + 2H_2SO_4 + Pb \underset{충전}{\overset{방전}{\rightleftarrows}} PbSO_4 + 2H_2O + PbSO_4$$

과산화납 묽은 황산 해면상납   황산납   물   황산납
(산소)   (수소)

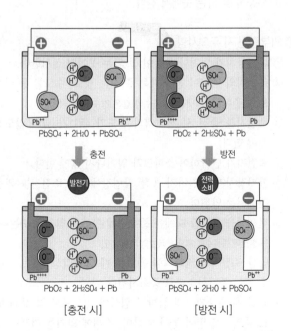

[충전 시]   [방전 시]

04 자기방전율

1 자기방전율
① 축전지를 사용하지 않고 방치해두면 조금씩 용량이 감소하는 현상을 말한다.
② 자기 방전율은 온도가 상승하면 높아지고, 온도가 하강하면 낮아진다.

$$방전율 = \frac{완전충전 시 비중 - 측정 시 비중}{완전충전 시 비중 - 완전 방전 시 비중} \times 100(\%)$$

③ 자기방전의 원인
• 음극판의 작용물질이 황산과의 화학작용으로 황산납이 되면서 자기 방전됨
• 불순물이 유입되어 국부전지가 형성되어 방전됨
• 탈락한 극판의 작용물질이 축전지 내부에 퇴적됨

2 셀페이션(Sulfation) – 완전 방전상태
① 축전지의 방전상태가 오랫동안 진행되면 극판이 영구 황산납이 되어 굳어져 충방전 특성을 갖지 못하는 상태가 된다.

▶ 추가 이해)
배터리가 방전되면 전해액의 황산성분이 두 극판(납)으로 이동하여 전해액은 물과 같이 변하며, 충전하면 극판에서 황산성분이 빠져나와 납으로 변한다. 하지만 장시간 방전상태가 유지되면 극판의 황산이 응집하여 영구 황산납으로 변해 재충전을 해도 다시 납으로 변하지 못해 충방전 기능이 상실한다.

② 원인
• 전해액의 비중이 지나치게 높거나 낮음
• 전해액이 매우 부족하여 극판이 공기 중에 노출됨
• 축전지를 과방전 또는 방전상태로 장기간 방치

05 축전지 전압과 용량

1 12V 납산 축전지의 셀
① 1개의 셀의 전압 : 2~2.2V
→ 12V용 축전지는 6개의 셀이 직렬로 연결되어 있다.
② 축전지의 규정 전압 : 20℃에서 12.5~12.9V

2 방전종지 전압
① 배터리의 수명보호를 위해 방전을 중지하는 전압으로, 방전종지 전압 이하로 떨어지면 재충전이 불가능함

② 1개의 셀당 방전종지 전압 : 1.7~1.8V

3 납산 축전지의 용량

① 완전 충전한 축전지를 방전했을 때 방전 종지 전압으로 내려갈 때까지 낼 수 있는 전기량으로, 암페어-시간(Ah)로 나타낸다.

② 납산 축전지 용량의 결정 요소 : 극판의 크기(면적), 극판의 수, 전해액의 양(묽은 황산의 양)

> 축전지의 용량[Ah] = 일정 방전전류(A) × 방전종지 전압까지의 연속방전시간(h)

4 축전지의 레이블 판독

⊕ 단자는 ⊖단자보다 크다.

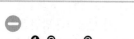

NS90R – 12

AMP.HR 60
❹ RC : 160(MIN)
❺ CCA : 600A

❶ 90 : 축전지의 용량 [Ah] –Ampere Hour

→ 90 Ah는 1[A]의 전류로 90시간 동안 사용(1A×90h) 또는 90[A]의 전류로 1시간 동안 사용(90A×1h)

❷ R : ⊕ 단자의 위치 - L(왼쪽), R(오른쪽)

❸ 12 : 축전지 전압(공칭전압)

❹ RC : Reserve Capacity(보유 용량) : 160분

→ 발전기 고장 시 차량 운행에 필요한 최소 전류를 방전하였을 때, 단자 전압이 10.5V(셀전압 1.75V×6개)까지 하강하는 데 소요시간

❺ CCA : Cold Cranking AMPS(저온 시동 전류) : 600A

→ 완충된 축전지가 –18℃에서 순간적으로 출력할 수 있는 전류
→ 300A로 방전하여 1셀 당 전압이 1V 강하하기까지 소요 시간을 표시
→ 600A는 600A를 30초간 방전하였을 때 전압이 7.2V 이상 유지

> ▶ 축전지 용량 표시방법
> • 냉각율 : 0℉에서 300A의 전류로 방전하여 셀당 전압이 1V로 강하하기까지 소요된 시간(분)을 말한다.
> • 20 시간율 : 셀 전압이 1.75V로 떨어지기 전에 27℃에서 20시간 동안 공급할 수 있는 전류의 양을 측정하는 배터리율을 말한다.
> • 25 암페어율 : 셀 전압이 1.75V로 떨어지기 전에 27℃에서 25암페어의 전류를 공급할 수 있는 시간을 나타낸다.

---

06 납산 축전지의 외부 충전

1 정전류 충전

① 일반적으로 사용되는 충전법으로, 일정한 전류로 충전하는 방법이다.

② 보통 8시간율 이하의 저전류로 충전한다.

③ 표준 충전 전류는 축전지 용량의 10%로 한다.

④ 충전 전 벤트플러그는 모두 개방(open)한다.

⑤ MF 타입은 16V, AGM 타입은 14.4V로 24시간 충전한다.

> ▶ 참고) 정전압 충전
> • 일정한 전압으로 충전하는 방식
> • 충전능률 우수하나 충전 초기에 고전류로 인해 수명 단축

2 급속 충전

① 비상 시 충전시간을 단축하기 위해 차체에서 축전지를 분리하지 않고 급속 충전기를 이용하여 축전지 용량의 50% 전류로 충전하는 방법이다.

② 축전지를 차체에서 탈착하지 않고 급속 충전할 경우에는 반드시 축전지 ⊖ 케이블 단자를 분리한다.
→ 교류발전기의 다이오드를 보호하기 위함

③ 배터리 수명을 위해 충전시간은 가능한 짧게 한다.

④ 충전 중 전해액의 온도 : 45℃ 이하

⑤ 충전 중 가스가 많이 발생되면 충전을 중단한다.

⑥ 통풍이 잘 되는 곳에서 한다.

3 외부충전 시 주의사항

① 환기장치가 있거나 통풍이 잘 되는 곳에서 실시한다.

② 축전지의 액량이 적을 때는 증류수, 빗물, 수도물 등 연수로 보충한다.(시냇물, 지하수와 같은 경수 사용 금지)

③ 축전지를 충전 시 전해액의 온도가 45℃가 넘지 않도록 해야 한다.

④ 축전지가 단락하여 스파크가 일어나지 않게 한다.

⑤ 환기장치가 적절하지 못한 작업장에서는 축전지를 과충전해서는 안된다.

⑥ 전해액을 혼합할 때에는 증류수에 황산을 천천히 붓는다.
→ 황산에 증류수를 부으면 폭발의 위험이 있다.

⑦ 납산 축전지의 전해액이 흘렀을 때 알칼리성인 암모니아수 또는 중탄산소다로 중화시킨다.

⑧ 충전 시 수소가스의 폭발 위험성이 있으므로 각 셀의 벤트 플러그를 열어 놓아야 하며, 주위에 화기를 가까이 두지 않는다.

07 납산 축전지 검사 및 취급

1 축전지의 육안검사 사항
① 케이스의 균열 점검
② 벤트 플러그의 공기구멍 막힘 상태
③ 케이스 외부 전해액 누출상태
④ 단자의 연결상태 (헐거워지면 불꽃이 튀거나 충전이 불량해짐)
⑤ 단자의 부식상태 (대책 : 단자에 그리스를 바른다.)

2 축전지 성능 검사
성능 검사 도구를 활용하여 축전지의 전압, 비중 및 축전지에 부하를 걸어 축전지의 계속 사용 여부를 확인하는 부하 시험을 실시한다.

① 축전지 인디케이터를 활용한 점검 : MF 축전지의 경우 색깔을 확인하여 충전상태를 점검

> ▶ 충전상태
> • 녹색 : 정상
> • 검정색 : 충전 부족
> • 투명 : 배터리 점검 및 교체

② 광학식 비중계를 통한 비중 측정 : MF 축전지가 아닌 전해액 보충식 축전지의 경우에 활용
③ 전해액 비중과 축전지 상태
   • 정상 : 12.6V 이상일 때 비중(25℃) 1.280
   • 교환 : 10.5V 이하일 때 비중 0.080
④ 축전지 규정 전압 : 20℃ 기준으로 12.5~12.9V
⑤ 축전지 전해액이 옷에 묻지 않게 한다.
⑥ 기름이 묻은 손으로 시험기를 조작하지 않는다.
⑦ 축전지의 단자 전압은 직류 전압계로 측정한다.
⑧ 부하전류는 축전지의 3배 이하, 부하시간은 15초 미만으로 크랭킹시켰을 때 9.6V 이상이면 양호하다.
⑨ 축전지 시험기를 축전지 극성에 연결할 때는 전원스위치가 꺼진 상태에서 한다.
⑩ 축전지 시험기를 배터리에 연결한 후 서서히 부하를 건다.

> ▶ 크랭킹 시 전압
> 크랭킹이란 시동 전동기로 엔진을 기동하는 상태로, 배터리 전압의 90% 이상으로 약 9~11V 정도로 한다.

(1) 경부하 시험 시
① 전조등을 점등한 상태에서 측정한다.
② 셀당 전압이 1.95V 이상, 셀당 전압 차이가 0.05V 이내이면 정상이다.

(2) 중부하 시험 시
축전지 용량 시험기를 사용한다.

> ▶ 비중계 : 납산 배터리의 전해액을 측정하여 충전상태를 알 수 있는 게이지

3 축전지의 온도가 내려가면
① 전압 및 용량이 저하된다.
② 황산의 확산(분자 또는 이온 이동)이 둔해지고, 전해액의 비중이 상승한다.
③ 동결하기 쉽다.

> ▶ 축전지의 온도가 높으면 비중이 낮아지고, 용량 및 자기방전량, 기전력이 높아진다.

4 축전지의 장·탈착 시 순서
① 탈착 시 : ⊖ 케이블 단자 → ⊕ 케이블 단자
② 장착 시 : ⊕ 케이블 단자 → ⊖ 케이블 단자

5 2개의 축전지 연결 방법
2개 이상 연결에 따른 용량과 전압의 변화
(단, 전압과 용량이 동일할 경우)

	전압	전류	용량
직렬 연결	연결한 갯수만큼 증가	1개와 동일	1개와 동일
병렬 연결	1개와 동일	연결한 갯수만큼 증가	연결한 갯수만큼 증가

> ▶ 자동차 전장품은 배터리의 ⊕측에서 전원을 공급받고 ⊖ 극은 차체에 연결될 수 있으므로 배터리 교환 시 ⊖측 단자부터 탈거해야 한다.
> ▶ 전장품 교환 시 배터리 ⊕ 케이블을 분리한 후 작업한다.

[14-1] 출제율 ★★★　□□□

1 자동차에서 배터리의 역할이 아닌 것은?

① 기동장치의 전기적 부하를 담당한다.

② 캐니스터를 작동시키는 전원을 공급한다.

③ 컴퓨터(ECU)를 작동시킬 수 있는 전원을 공급한다.

④ 주행상태에 따른 발전기의 출력과 부하와의 불균형을 조정한다.

> **배터리의 역할**
> • 엔진 시동시 시동(기동)장치 전원을 공급한다.
> • 발전기의 출력 및 부하의 언밸런스를 조정한다.
> • 발전기가 고장일 때 일시적인 전원을 공급한다.
> ※ 캐니스터는 엔진의 증발가스를 흡수, 저장하는 장치로 전원 공급이 필요하지 않다.

[참고] 출제율 ★★★　□□□

2 자동차 축전지의 기능으로 옳지 않은 것은?

① 시동장치의 전기적 부하를 담당한다.

② 발전기가 고장일 때 주행을 확보하기 위한 전원으로 작동한다.

③ 주행상태에 따른 발전기의 출력과 부하와의 불균형을 조정한다.

④ 전류의 화학작용을 이용한 장치이며, 양극판, 음극판 및 전해액이 가지는 화학적에너지를 기계적에너지로 변환하는 기구이다.

> 축전지는 화학 에너지를 전기 에너지로 변환하는 장치이다.

[10-2] 출제율 ★★★　□□□

3 자동차용 납산배터리의 기능으로 틀린 것은?

① 기관 시동에 필요한 전기에너지를 공급한다.

② 발전기 고장 시에는 자동차 전기장치에 전기에너지를 공급한다.

③ 발전기의 출력과 부하 사이의 시간적 불균형을 조절한다.

④ 시동 후에도 자동차 전기장치에 전기에너지를 공급한다.

> 시동이 된 후에는 발전기에서 전기에너지를 공급한다.

[09-3, 07-1] 출제율 ★★　□□□

4 축전지 충·방전 작용에 해당되는 것은?

① 발열 작용　　　② 화학 작용

③ 자기 작용　　　④ 발광 작용

> 황산과 납의 화학작용에 의해 충전시 전기적 에너지를 화학적 에너지로 바꾸어 저장하고, 방전시에는 화학적 에너지를 전기적 에너지로 바꾼다.

[13-1, 09-4] 출제율 ★★　□□□

5 축전지를 구성하는 요소가 아닌 것은?

① 양극판　　　② 음극판

③ 정류자　　　④ 전해액

> 축전지의 구성요소 : 양극판, 음극판 및 전해액
> ※ 정류자는 시동전동기의 전기자 구성부품이다.

[참고] 출제율 ★★　□□□

6 자동차용 납산 배터리의 구성요소로 틀린 것은?

① 양극판

② 격리판

③ 흡수성 유리 섬유 격리판

④ 벤트 플러그

> 납산 배터리의 구성요소
> 극판, 격리판, 필러 플러그(벤트 플러그), 터미널(단자)

[14-3] 출제율 ★★★　□□□

7 완전 충전된 납산축전지에서 양극판의 성분(물질)으로 옳은 것은?

① 과산화납(PbO_2)　　② 황산납($PbSO_4$)

③ 해면상납(Pb)　　　④ 산화물

> 납산축전지가 완전 충전되면 양극판은 과산화납, 음극판은 해면상납, 전해액은 묽은 황산으로 되돌아온다.

[15-1, 09-1, 07-4] 출제율 ★　□□□

8 자동차용 납산 축전지에 관한 설명으로 맞는 것은?

① 일반적으로 축전지의 음극 단자는 양극 단자보다 크다.

② 정전류 충전이란 일정한 충전 전압으로 충전하는 것을 말한다.

③ 일반적으로 충전시킬 때는 (+) 단자는 수소가, (−) 단자는 산소가 발생한다.

④ 전해액의 황산 비율이 증가하면 비중은 높아진다.

> ① 장착 오류를 방지하기 위해 음극 단자보다 양극 단자를 크게 한다.
> ② 정전류 충전이란 일정한 충전 전류로 충전하는 것을 말한다.
> ③ 배터리 충전시 ⊕극판에는 산소가, ⊖극판에는 수소가 발생한다.
> ④ 비중이 높다는 것은 혼합물에서 용매(증류수)보다 용질(황산)의 비율이 높다는 것을 의미한다.

정답　1 ②　2 ④　3 ④　4 ②　5 ③　6 ③　7 ①　8 ④

[04-1] 출제율 ★★

9 납축전지가 완전히 충전된 상태에서 (+) 극판은?

① PbO₂ 를 PbO_2

② Pb

③ PbO₄ 를 PbO_4

④ H₂SO₄ H_2SO_4

완전 충전시		
(+) 판	전해액	(−) 판
과산화납(PbO_2)	묽은 황산($2H_2SO_4$)	해면상납(Pb)

[05-4] 출제율 ★

10 자동차용 납산 축전지에서 기전력을 발생시킬 때 어떤 화학반응을 통해 발생시키는가?

① 전자결합을 통해서

② 이온결합을 통해서

③ 원자결합을 통해서

④ 전해결합을 통해서

전해액(묽은 황산)은 양이온과 음이온으로 떨어져 이산화납과 해면상납과의 이온결합을 통해 황산납으로 변한다.

[06-3] 출제율 ★

11 납산 축전지에 사용되는 전해액은?

① 과산화 납

② 황산 납

③ 에틸렌글리콜

④ 묽은 황산

[15-2] 출제율 ★

12 차량용 배터리의 충전방전에 관한 화학반응으로 틀린 것은?

① 배터리 방전 시 (+) 극판의 과산화납은 점점 황산납으로 변화한다.

② 배터리 충전 시 (+) 극판의 황산납은 점점 과산화납으로 변화한다.

③ 배터리 충전 시 물은 묽은 황산으로 변한다.

④ 배터리 충전 시 (−) 극판에는 산소가, (+) 극판에는 수소를 발생시킨다.

[완전 충전시]			[완전 방전시]		
⊕극판	전해액	⊖극판	⊕극판	전해액	⊖극판
PbO_2 +	$2H_2SO_4$ +	Pb ⇌	$PbSO_4$ +	$2H_2O$ +	$PbSO_4$
과산화납	묽은 황산	해면상납	황산납	물	황산납
(산소 발생)		(수소 발생)			

[14-4, 08-2] 출제율 ★

13 납산축전지의 방전 시 화학반응에 대한 설명으로 틀린 것은?

① (+) 극판의 과산화납은 점점 황산납으로 변한다.

② (−) 극판의 해면상납은 점점 황산납으로 변한다.

③ 전해액은 물만 남게 된다.

④ 전해액의 비중은 점점 높아진다.

축전지 방전시 화학반응
• ⊕ 극판의 과산화납, ⊖ 극판의 해면상납 → 황산납
• 전해액인 묽은 황산 → 물로 변하여 전해액의 비중은 점점 낮아진다.

[참고] 출제율 ★

14 납산 배터리의 양(+)극판에 대한 설명으로 틀린 것은?

① 음극판보다 1장 더 많다.

② 방전 시 황산납으로 변환된다.

③ 충전 후 갈색의 과산화납으로 변환된다.

④ 충전 시 전자를 방출하면서 이산화납으로 변환된다.

화학적 평형을 유지하기 위해 음극판이 양극판보다 1장 더 많다.

	양극판	전해액	음극판
충전 시	과산화납(이산화납)	묽은 황산	해면상납
방전 시	황산납	물	황산납

[09-2, 04-4] 출제율 ★★

15 축전지 셀의 음극과 양극의 판수는?

① 각각 같은 수다.

② 음극판이 1장 더 많다.

③ 양극판이 1장 더 많다.

④ 음극판이 2장 더 많다.

양극판이 음극판보다 화학반응이 잘 일어나므로 이런 평형을 고려하여 음극판을 1장 더 둔다.

[08-4] 출제율 ★★

16 축전지에 대한 설명으로 옳은 것은?

① 충전 중의 전압은 셀당 2.0V를 초과할 수 없다.

② 전해액은 진한 황산으로 한다.

③ 전해액의 비중은 온도에 따라 변화한다.

④ 충전하면 전해액의 온도는 저하한다.

① 셀당 전압은 2~2.2V 정도이다.
② 전해액은 묽은 황산이다.
④ 충전하면 전해액의 온도가 상승한다.
• 전해액의 온도가 낮으면 기전력이 낮아짐
• 전해액 온도가 45℃가 넘지 않아야 함

정답 **9** ① **10** ② **11** ④ **12** ④ **13** ④ **14** ① **15** ② **16** ③

[07-1] 출제율 ★★★ □□□

17 축전지에 대한 설명 중 틀린 것은?

① 완전충전된 전해액의 비중은 1.260~1.280이다.
② 충전은 보통 정전류 충전을 한다.
③ 양극판이 음극판의 수보다 1장 더 많다.
④ 축전지 내부에 단락이 있으면 충전하여도 전압이 높아지지 않는다.

> ③ 음극판의 수가 양극판보다 1장 더 많다.
> ④ 셀 하나당 약 2V의 전압을 생성되는데 만약 단락되면 일부 셀은 충전되지 못하므로 전압이 높아지지 않는다.

[11-3, 10-2, 06-4] 출제율 ★ □□□

18 다음 중 축전지(배터리) 격리판으로서의 구비조건이 아닌 것은?

① 전해액 확산이 잘 될 것
② 기계적 강도가 있을 것
③ 전도성일 것
④ 다공성일 것

> 격리판은 양극과 음극 사이의 단락을 방지하기 위해 두 극 사이에 삽입하는 것으로, 전도성이 있으면 안된다.

[05-4, 04-3] 출제율 ★★ □□□

19 극판의 크기, 극판의 수 및 황산의 양에 의해서 결정되는 것은?

① 축전지의 용량
② 축전지의 전압
③ 축전지의 전류
④ 축전지의 전력

[참고] 출제율 ★ □□□

20 다음 그림은 축전지의 레이블(label)이다. '60'이 나타내는 것은 무엇인가?

NS60L-12V

① 축전지의 용량
② 축전지의 보유용량
③ 저온 시동 전류
④ 축전지의 사용시간

> • NS : 배터리 모델명
> • 60 : 축전지의 용량 (Ah)를 나타낸다.
> • L : ⊕ 단자의 위치 → L(왼쪽)
> • 12 : 축전지의 공칭전압
> ※ 축전지의 보유용량 : RC
> ※ 저온 시동 전류 : CCA

[08-1] 출제율 ★★ □□□

21 축전지에서 셀의 극판 면적을 크게 하면?

① 이용전류가 많아진다.
② 전압이 낮아진다.
③ 저항이 크게 된다.
④ 전해액의 비중이 높게 된다.

> 셀의 극판 면적은 용량(전류)에 비례한다.

[06-2] 출제율 ★ □□□

22 자동차용 납산축전지의 방전종지전압은 보통 어느 정도에 해당되는가?

① 1.1~1.2V ② 1.4~1.5V
③ 1.7~1.8V ④ 2.0~2.2V

> 방전종지전압은 축전지의 수명보호를 위해 방전을 중지하기 위한 전압으로 셀당 약 1.8V이다.

[07-2] 출제율 ★ □□□

23 12V용 배터리를 급속충전 하는데 전압이 얼마 이상 초과되어서는 안 되는가?

① 10.5V ② 12V
③ 13.5V ④ 15.5V

> 일반 충전전압은 약 13.5V이며, 급속충전 시 14.5~15.5V이다.

[06-2] 출제율 ★★★ □□□

24 축전지에 대한 설명 중 틀린 것은?

① 전해액 온도가 올라가면 비중은 낮아진다.
② 전해액 온도가 낮아지면 전압은 높아진다.
③ 온도가 높으면 자기방전량이 많아진다.
④ 극판수가 많으면 용량이 증가한다.

[08-3] 출제율 ★★★ □□□

25 온도에 따른 축전지 전해액 비중의 변화에 대한 설명 중 맞는 것은?

① 온도가 올라가면 비중도 올라간다.
② 온도가 올라가면 비중은 내려간다.
③ 비중은 온도와는 상관없다.
④ 일정 온도 이상에서만 비중이 올라간다.

> 온도가 올라가면 전해액의 비중은 내려간다.

정답 17 ③ 18 ③ 19 ① 20 ① 21 ① 22 ③ 23 ④ 24 ② 25 ②

26 납산 축전지의 온도가 낮아졌을 때 발생되는 현상이 아닌 것은?

① 전압이 떨어진다.
② 용량이 적어진다.
③ 전해액의 비중이 내려간다.
④ 동결하기 쉽다.

> **축전지 온도 저하 시 나타나는 증상**
> · 전압이 떨어진다.　　　· 용량이 적어진다.
> · 전해액의 비중이 올라간다.　　· 동결하기 쉽다.

27 20℃에서 양호한 상태인 100Ah의 축전지는 200A의 전기를 얼마 동안 발생시킬 수 있는가?

① 1시간
② 2시간
③ 20분
④ 30분

> 축전지 용량[AH] = 방전전류[A]×방전시간[h]이므로
> 100[Ah] = 200[A]×x[H], x = 0.5시간 = 30분

28 5A의 전류로 연속 방전하여 방전 종지전압에 이를 때까지 30시간 걸렸다. 이 축전지의 용량은?

① 6Ah
② 15Ah
③ 60Ah
④ 150Ah

> 축전지 용량[Ah] = 방전전류[A]×방전시간[h] = 5[A]×30[h] = 150 [Ah]

29 45Ah의 축전지를 정전류 충전방법으로 충전하고자 할 때 표준 충전전류는 몇 A가 적당한가?

① 4.5A
② 9A
③ 10A
④ 7A

> 표준 정전류 충전전류는 축전지 용량(Ah)의 1/10이다.

30 축전지의 자기 방전율은 온도가 높아지면 어떻게 되는가?

① 일정하다.
② 높아진다.
③ 관계없다.
④ 낮아진다.

> 축전지의 자기 방전율은 온도가 높아지면 많아지고, 온도가 낮아지면 작아진다.

31 자동차용 축전지의 비중이 30℃에서 1.276 이었다. 기준 온도 20℃에서의 비중은?

① 1.2
② 1.275
③ 1.283
④ 1.290

> $S_{20} = S_t + 0.0007(t-20)$
> 　　　$= 1.276 + 0.0007(30-20) = 1.283$
> · S_{20} : 표준 온도 20℃로 환산한 비중
> · S_t : t℃에서 실제 측정한 비중
> · t : 측정 시 전해액 온도

32 축전지 전해액의 비중을 측정하였더니 1.180이었다. 이 축전지의 방전율은? (단, 비중값이 완전 충전 시 1.280이고 완전 방전 시의 비중값이 1.080이다.)

① 20%
② 30%
③ 50%
④ 70%

> 방전율 $= \dfrac{\text{완전 충전 시 비중} - \text{측정 시 비중}}{\text{완전 충전 시 비중} - \text{완전 방전 시 비중}} \times 100(\%)$
> 　　　$= \dfrac{1,280 - 1,180}{1,280 - 1,080} \times 100(\%) = 50\%$

33 축전지 극판의 작용물질이 동일한 조건에서 비중이 감소되면 용량은?

① 증가한다.
② 변화없다.
③ 비례하여 증가한다.
④ 감소한다.

> 비중이 감소하면 축전지 용량은 감소한다.

34 축전지의 극판이 영구 황산납으로 변하는 원인으로 틀린 것은?

① 전해액이 모두 증발되었다.
② 방전된 상태로 장기간 방치하였다.
③ 극판이 전해액에 담겨있다.
④ 전해액의 비중이 너무 높은 상태로 관리하였다.

> **극판의 영구 황산납 원인**
> 장시간 방치, 과도한 전해액 부족으로 인해 비중이 높고, 극판이 공기중에 노출

정답 　26 ③　27 ④　28 ④　29 ①　30 ②　31 ③　32 ③　33 ④　34 ③

chapter **04**

35 축전지를 과방전 상태로 오래 두면 못쓰게 되는 이유로 가장 타당한 것은?

① 극판에 수소가 형성된다.
② 극판이 산화납이 되기 때문이다.
③ 극판이 영구 황산납이 되기 때문이다.
④ 황산이 증류수가 되기 때문이다.

> 축전지를 과방전 상태로 오래 두면 극판이 영구적으로 황산납이 되어 재충전이 불가능하다.

36 축전지 단자의 부식을 방지하기 위한 방법으로 옳은 것은?

① 경유를 바른다.
② 그리스를 바른다.
③ 엔진오일을 바른다.
④ 탄산나트륨을 바른다.

> 단자 부식을 방지하려면 그리스를 바른다.

37 축전지의 점검 시 육안점검 사항이 아닌 것은?

① 케이스 외부 전해액 누출상태
② 전해액의 비중 측정
③ 케이스의 균열점검
④ 단자의 부식상태

> ※ 전해액의 비중 측정은 비중계로 한다.

38 납산 축전지 취급 시 주의사항으로 틀린 것은?

① 배터리 접속 시 (+) 단자부터 접속한다.
② 전해액이 옷에 묻지 않도록 주의한다.
③ 전해액이 부족하면 시냇물로 보충한다.
④ 배터리 분리 시 (−) 단자부터 분리한다.

> 전해액은 연수로 보충한다.
> • 연수 : 증류수, 빗물, 수도물 등
> • 경수 : 시냇물, 지하수 등

39 축전지의 전해액이 옷에 많이 묻었을 경우에는 조치방법으로 가장 적합한 것은?

① 수돗물로 빨리 씻어 낸다.
② 헝겊에 알콜을 적셔 닦아 낸다.
③ 걸레에 경유를 묻혀 닦아 낸다.
④ 옷을 벗고 몸에 묻은 전해액을 물로 씻는다.

> 전해액(황산)은 화상의 위험이 있으므로 옷을 벗고 몸에 묻은 전해액을 물로 빨리 씻어낸다.

40 축전지의 점검 및 취급 시 지켜야 할 사항으로 틀린 것은?

① 전해액이 옷이나 피부에 닿지 않도록 한다.
② 충전기로 충전할 때에는 극성에 주의한다.
③ 축전지의 단자 전압은 교류 전압계로 측정한다.
④ 전해액 비중 점검결과 방전되면 보충전한다.

> 배터리 전압은 직류 전압이므로 직류 전압계로 측정한다.

41 차량에 축전지를 설치할 때 안전하게 작업하려면 어떻게 하는 것이 제일 좋은가?

① 두 케이블을 동시에 함께 연결한다.
② 점화 스위치를 넣고 연결한다.
③ 접지 케이블을 나중에 연결한다.
④ 절연 케이블을 나중에 연결한다.

> 축전지 연결 시 : ⊕ 단자 연결 후 ⊖ 단자 연결
> 축전지 분리 시 : ⊖ 단자 분리 후 ⊕ 단자 분리

42 축전지를 차에 설치한 채 급속충전을 할 때의 주의사항으로 틀린 것은?

① 축전지 각 셀(cell)의 벤트플러그를 열어 놓는다.
② 전해액 온도가 45℃를 넘지 않도록 한다.
③ 충전 중인 축전지에 충격을 가하지 않도록 한다.
④ 축전지의 양(+, −) 케이블을 단단히 고정하고 충전한다.

> 축전지를 차량에 설치한 채 급속충전 할 때에는 발전기의 다이오드를 보호하기 위해 축전지의 (−) 케이블을 분리하고 충전한다.

정답 35 ③ 36 ② 37 ② 38 ③ 39 ④ 40 ③ 41 ③ 42 ④

43 급속 충전 시 축전지의 접지 단자에서 케이블을 탈거하는 이유로 적합한 것은?

① 발전기의 다이오드를 보호하기 위해
② 충전기를 보호하기 위해
③ 과충전을 방지하기 위해
④ 기동 모터를 보호하기 위해

발전기의 다이오드를 보호하기 위해 케이블을 탈거해야 한다.

44 축전지의 충전에 대한 설명으로 틀린 것은?

① 정전류 충전법은 일반적으로 사용되는 충전법으로 축전지에 일정한 충전 전류를 주면서 충전하는 방법이다.
② 정전류 충전법의 충전 전류는 보통 축전지 용량의 10%로 설정한다.
③ 급속충전법의 충전 전류는 보통 축전지 용량의 70%로 설정한다.
④ 급속 충전법은 시간적 여유가 없을 때 시행하며 과대전류가 흘러 축전지의 수명이 단축될 수 있으므로 비상시에만 사용하도록 한다.

급속충전법의 충전 전류는 보통 축전지 용량의 50%로 설정한다.

45 정상적인 12V 축전지인 경우, 크랭킹 시 일반적인 전압은?

① 약 20~23V
② 약 15~18V
③ 약 9~11V
④ 약 5~7V

크랭킹 시 9~11V, 부하상태의 전류는 125~150A, 무부하상태에서는 50~60A이다.

46 충전전압이 14.7V인 배터리가 완전 충전 후 12V로 낮은 충전율로 충전되고 있다면 조치사항은?

① 전압 설정을 재조정해야 한다.
② 전류 설정을 재조정해야 한다.
③ 정상이므로 조치하지 않아도 된다.
④ 전해액의 비중을 조정해야 한다.

12V 배터리를 충전시키기 위해 충전전압은 약 14.7V이어야 하므로 정상 상태이다.

47 자동차용 배터리의 급속 충전 시 주의사항으로 틀린 것은?

① 배터리를 자동차에 연결한 채 충전할 경우 (-) 터미널을 떼어 놓을 것
② 충전 전류는 용량값의 약 2배 정도의 전류로 할 것
③ 될 수 있는 대로 짧은 시간에 실시할 것
④ 충전 중 전해액 온도가 45℃ 이상 되지 않도록 할 것

배터리 급속 충전시 충전 전류는 배터리 용량값의 약 50% 전류로 한다.

48 축전지의 충전상태를 측정하는 계기는?

① 온도계
② 기압계
③ 저항계
④ 비중계

축전지의 충전상태 측정은 비중계로 한다.

49 50Ah의 축전지를 정전류 충전법에 의해 충전할 때 적당한 충전전류는?

① 5A
② 10A
③ 15A
④ 20A

정전류 충전 시 표준 충전 전류는 축전지 용량의 10% (50/10 = 5A)로 해야 한다.

50 용량과 전압이 같은 축전지 2개를 직렬로 연결할 때의 설명으로 옳은 것은?

① 용량은 축전지 2개와 같다.
② 전압이 2배로 증가한다.
③ 용량과 전압 모두 2배로 증가한다.
④ 용량은 2배로 증가하지만 전압은 같다.

배터리의 직렬연결
배터리 용량은 1개와 같으며, 전압이 2배로 증가한다.

chapter 04

51 납산배터리 충전 시 화기를 가까이 하면 위험한 이유는?

① 산소 가스가 인화성 가스이기 때문에
② 수소 가스가 폭발성 가스이기 때문에
③ 산소 가스가 폭발성 가스이기 때문에
④ 수소 가스가 인화성 가스이기 때문에

> 축전지 충전 시 음극판에서 수소가스가 발생하므로 폭발 방지를 위해 화기를 멀리하고, 환기장치를 갖춘다.

52 2개 이상의 배터리를 연결하는 방식에 따라 용량과 전압 관계의 설명으로 맞는 것은?

① 직렬 연결 시 1개 배터리 전압과 같으며 용량은 배터리 수만큼 증가한다.
② 병렬 연결 시 용량은 배터리 수만큼 증가하지만 전압은 1개 배터리 전압과 같다.
③ 병렬연결이란 전압과 용량 동일한 배터리 2개 이상을 (+) 단자와 연결대상 배터리 (−) 단자에, (−) 단자는 (+) 단자로 연결하는 방식이다.
④ 직렬연결이란 전압과 용량이 동일한 배터리 2개 이상을 (+) 단자와 연결대상 배터리의 (+) 단자에서로 연결하는 방식이다.

	연결방법	전압	전류 및 용량
직렬 연결	배터리 간의 서로 다른 극끼리 연결	연결한 갯수만큼 증가	1개와 동일
병렬 연결	배터리 간의 같은 극끼리 연결	1개와 동일	연결한 갯수만큼 증가

53 차에 축전지를 설치할 때 안전하게 작업하려면?

① 두 케이블을 함께 연결한다.
② 접지 케이블을 나중에 연결한다.
③ 절연 케이블을 나중에 연결한다.
④ 접지 케이블을 프레임에 연결한다.

> **축전지 장·탈착 시 케이블 연결·분리 순서**
> • 장착 시 : ⊕ 케이블 → ⊖ 케이블
> • 탈착 시 : ⊖ 케이블 → ⊕ 케이블

54 자동차에서 축전지를 떼어낼 때의 작업방법으로 맞는 것은?

① 접지 터미널을 먼저 푼다.
② 양극 터미널을 먼저 푼다.
③ 벤트플러그를 열고 작업한다.
④ 절연되어 있는 케이블을 먼저 푼다.

55 축전지의 취급사항으로 옳은 것은?

① 전해액 또는 황산은 인체에 무해하므로 접촉하여도 된다.
② 전해액을 만들 때 한 번에 많은 황산을 넣어야 한다.
③ 충전 시 산소가스 발생으로 폭발의 위험성이 있다.
④ 축전지는 (−) 단자를 먼저 떼고, 나중에 접속한다.

56 축전지의 충전 시 주의사항으로 틀린 것은?

① 배터리 단자에서 터미널을 분리시킨 후 충전한다.
② 충전을 할 때는 환기가 잘 되는 장소에서 실시한다.
③ 충전시 배터리 주위에 화기를 가까이 해서는 안 된다.
④ 배터리 벤트플러그가 잘 닫혀있는지 확인 후 충전한다.

> 배터리 충전 시 벤트플러그를 모두 열어야 한다.

57 배터리의 전해액을 만들 때 반드시 해야 할 것은?

① 황산을 물에 부어야 한다.
② 물을 황산에 부어야 한다.
③ 철제의 용기를 사용한다.
④ 황산을 가열하여야 한다.

58 축전지 충전 시 주의사항으로 틀린 것은?

① 사고를 대비하여 염산을 준비한다.
② 환기장치를 한다.
③ 불꽃이나 인화물질의 접근을 금한다.
④ 축전지 전해액의 온도가 45℃ 이상 되지 않도록 한다.

> 만일의 경우 전해액(묽은 황산) 중화를 위해 중탄산소다를 준비한다.

정 답 51 ② 52 ② 53 ② 54 ① 55 ④ 56 ④ 57 ① 58 ①

59 축전지 취급 시 주의해야 할 사항이 아닌 것은?

① 중탄산소다수와 같은 중화제를 항상 준비하여 둘 것
② 축전지의 충전실은 항상 환기장치가 잘되어 있을 것
③ 전해액 혼합시에는 황산에 물을 서서히 부어 넣을 것
④ 황산액이 담긴병을 옮길 때는 보호상자에 넣어 운반할 것

묽은 황산을 만들기 위해 물에 황산을 천천히 부어야 한다. 황산에 물을 부으면 황산의 급격한 이온화로 열 방출이 커져 폭발의 위험이 있다.

60 납산 축전지(Battery) 충전 시 주의사항이 아닌 것은?

① 축전지 충전은 상온의 밀폐된 곳에서 실시한다.
② 축전지가 단락하여 스파크가 일어나지 않게 한다.
③ 환기장치가 적절하지 못한 작업장에서는 축전지를 과충전해서는 안 된다.
④ 전해액을 혼합할 때에는 증류수에 황산을 천천히 붓는다.

개방되거나 환기장치가 설치된 곳에서 충전한다.

61 차량에서 축전지 취급 시 유의사항이 아닌 것은?

① 축전지를 충전할 때는 이산화탄소가 발생하기 때문에 환기가 잘 되는 곳에서 충전해야 한다.
② 축전지를 충전할 때 극성에 주의를 해야 한다.
③ 축전지 충전시 전해액의 온도가 45℃가 넘지 않도록 해야 한다.
④ 축전지를 차량에 설치할 때는 (+) 케이블부터 연결하는 것이 일반적인 원칙이다.

충전 시 양극판에 산소, 음극판에 수소가 발생한다.

62 MF(Maintenance Free) 배터리의 특징에 대한 설명으로 틀린 것은?

① 자기방전률이 높다.
② 전해액의 증발량이 감소되었다.
③ '무보수(무정비) 배터리'라고도 한다.
④ 산소와 수소가스를 증류수로 환원시킬 수 있는 촉매 마개를 사용한다.

MF 배터리는 정비나 보수가 필요없어 '무보수 배터리'하고 한다. 납축전지와 달리 전해질이 묽은 황산이 아니라 젤 상태의 물질을 사용하며, 극판에 칼슘 성분을 첨가하여 전해액이 증발하지 않는다. 극판에서 발생하는 산소와 수소가스는 증류수로 환원시켜 따로 배출하지 않아도 되며 자기방전률이 매우 낮은 특징이 있다.

63 배터리의 과충전 현상이 발생되는 주된 원인은?

① 배터리 단자의 부식
② 전압 조정기의 작동 불량
③ 발전기 구동벨트 장력의 느슨함
④ 발전기 커넥터의 단선 및 접촉불량

전압조정기는 발전기의 회전속도와 관계없이 항상 일정한 전압으로 유지되도록 조정하는 역할을 하는데 불량 시 전압 불안정, 과충전/과부족, 잡음 등이 발생한다.
①, ③, ④는 배터리 충전부족의 원인에 해당된다.

64 다음 중 축전지 방전 시험 시 주의사항으로 틀린 것은?

① 전류계는 부하와 병렬 접속하고, 전압계는 부하와 직렬 접속한다.
② 직류 계기는 극성을 바르게 맞추고 축전지는 단락시키지 말아야 한다.
③ 용액이 옷이나 피부에 닿지 않도록 주의한다.
④ 1셀당 전압이 1.8V 이하이면 방치하지 말고 충전하여야 한다.

전류계는 부하와 직렬 접속하고, 전압계는 부하와 병렬 접속한다.

65 AGM(Absorbent Glass Mat) 배터리에 대한 설명으로 거리가 먼 것은?

① 극판의 크기가 축소되어 출력 밀도가 높아졌다.
② 유리섬유 격리판을 사용하여 충전 사이클 저항성이 향상되었다.
③ 높은 시동 전류를 요구하는 기관의 시동성을 보장한다.
④ 셀-플러그는 밀폐되어 있기 때문에 열 수 없다.

chapter 04

03 발전기

⬆ NCS 동영상   ⬆ 교류발전기 기초 이해

[예상문항 : 1~2문제] 다소 난이도가 높은 섹션으로, 기초 원리와 함께 점검 및 고장진단에 중점을 두어 학습합니다.

어원) alter : 변한다는 의미, 교류는 시간에 따라 흐르는 방향과 크기가 변하므로

01 교류 발전기(Alternator) 개요

1 발전기의 역할
① 축전지에서 시동에 필요한 전기를 공급하여 엔진을 구동시킨 후 발전기에서 차량 운행에 필요한 전기를 공급함과 동시에 여분의 전기로 축전지를 충전한다.
② 발전기는 기관(크랭크축)에 의해 구동된다.

필수암기

2 교류발전기의 특징 (차량에서 교류발전기를 사용하는 이유)
① 고속 내구성이 우수하고, 속도 변동에 따른 적응 범위가 커 저속에서 충전 성능이 우수하다.
  → 엔진의 모든 속도 범위에 관계없이 일정한 충전 전압을 유지한다.
② 소형·경량이며, 중량에 따른 출력이 직류발전기보다 크다.
③ 브러시에는 계자 전류만 흐르기 때문에 불꽃 발생이 없고 점검, 정비가 쉽다.(직류에 비해 브러시 수명이 길다)
④ 직류발전기에 비해 정류자 소손에 의한 고장이 적으며, 슬립링 손질이 불필요하다. 다이오드를 사용하기 때문에 정류 특성이 좋다.
⑤ 역류가 없어 컷아웃 릴레이가 필요 없다.

02 교류 발전기의 구조 및 원리

1 주요 구성품
로터(계자), 스테이터(전기자), 정류기(다이오드), 브러시, 전압조정기

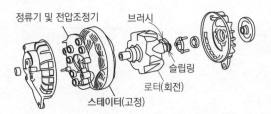

2 기본 작동흐름

크랭크축 → 팬벨트에 의해 로터(회전) 구동 → 로터에서 자속 발생 → 스테이터(고정) 코일에서 자속을 끊어 사인파 교류 발생 → 교류는 정류기(다이오드)에 의해 정류되어 직류로 변환 → B단자를 통해 전기장치로 공급

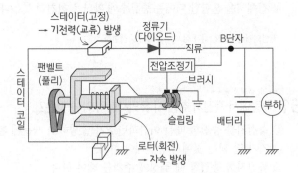

⬆ 교류발전기 개념

3 교류발전기의 원리 및 구성요소

필수암기

플레밍의 오른손 법칙	오른손의 검지, 중지, 엄지를 서로 직각으로 폈을 때 검지 : 자력선의 방향, 중지 : 전류의 방향, 엄지 : 도체의 힘이 작용하는 방향이 된다.
전자유도작용	코일에 흐르는 전류를 변화하면 자속변화에 의해 코일에 기전력이 발생하는 작용
렌츠의 법칙	유도 전류(기전력)는 코일 속을 통과하는 자기력선의 변화를 방해하는 방향으로 발생한다.

(1) 로터(rotor)
① 작동 시 슬립링에 접촉된 브러시를 통해 여자 전류가 흘러 **자기장(자속)을 만듦** (한쪽 철심은 N극, 다른 철심은 S극으로 자화된다.)
② 구성 : 로터 철심(자극), 로터코일(여자전류가 흐름), 로터축, 슬립링
③ 크랭크축 풀리와 벨트로 연결되어 있어 엔진구동 시 함께 회전한다.

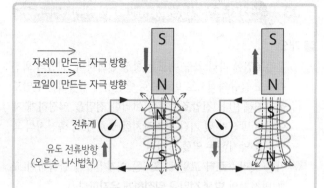

자석이 만드는 자극 방향
코일이 만드는 자극 방향

전류계

유도 전류방향
(오른손 나사법칙)

자기유도작용 (전자기유도)

코일 속에 자석을 넣었다 뺐다하면 자석의 영향으로 코일에 자속(자력선의 수 = 자력의 세기)이 증가하며 코일 내부에서는 기전력을 발생시킨다.

다시 말해, N극이 접근하면 코일에 N극이 형성되어 자석을 밀어내려고 하고(척력), 다시 N극을 멀리하면 S극이 형성되어 자석을 잡아당기는(인력) 힘이 발생한다. 코일에 이러한 자력이 발생하려면 전류가 발생되고, 유도기전력이 발생된다.

코일은 변화를 싫어한다. (가까이 오면 오지마! 멀어지면 가지마!)

렌츠의 법칙 (전자기유도의 방향에 관한 법칙)

전자기유도에서 발생된 유도기전력은 자속의 변화(증감)를 방해하는 방향으로 흐른다. (→ 자기장이 변화해서 기전력이 발생한다)

↳ ≒ 전압

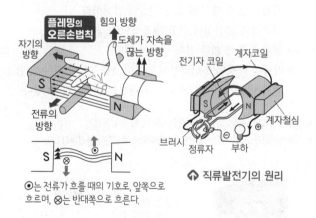

플레밍의 오른손법칙

힘의 방향
도체가 자속을 끊는 방향
자기의 방향
전류의 방향

전기자 코일
계자코일
브러시 정류자 부하
계자철심

⊙는 전류가 흐를 때의 기호로, 앞쪽으로 흐르며, ⊗는 반대쪽으로 흐른다

⚓ **직류발전기의 원리**

(2) 스테이터(stator)

① 로터에서 발생된 자기장(자속)을 끊어 **기전력이 발생**되는 부분이다.(전기가 만들어짐)

② 구성

• 스테이터 철심 : 자속의 통로

• 스테이터 코일 : 3상 교류가 발생. 3개의 스테이터 코일을 120° 간격으로 배치 후 Y결선이나 Δ(델타) 결선으로 감는다.

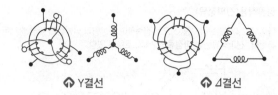

⚓ Y결선   ⚓ Δ결선

▶ **교류발전기의 기전력을 좌우하는 요소**
로터의 회전수, 로터의 여자 전류, 코일의 권수와 도선의 길이, 자극의 수에 비례한다.

(3) 브러시(blush)

브러시 홀더에 장착되며, 스프링 장력으로 슬립링에 접촉되어 전압조정기에서 제어된 계자 전류를 슬립링을 통해 로터 코일에 공급한다.

(4) 정류기(실리콘 다이오드)

필수암기

① **정류 작용** : 스테이터 코일에서 발생한 3상 교류를 6개의 **다이오드**(⊕ 다이오드 3개, ⊖ 다이오드 3개)를 거쳐 한쪽 방향으로만 전류가 흐르게 한다.

② **역류 방지** : 기관정지, 발전기가 여자되지 않을 때 축전지로부터 발전기로 전류가 역류하는 것을 방지한다.(역류가 된다면 ⊕ 다이오드가 단락되었다는 의미)

▶ 직류 발전기에서 역류 방지를 하는 컷아웃 릴레이 및 출력량을 제한하는 전류 제한기가 교류발전기에서는 다이오드가 그 역할을 대신한다.

▶ **정류작용(단파정류)**

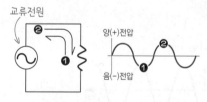

교류전원

양(+)전압
음(−)전압

교류전원을 직류 관점에서 보면 ⊕, ⊖ 전원이 수시로 바뀌어 회로에 인가되어 양 전압과 음 전압을 반복하여 흐르는 파형이다. 이 때 다이오드를 부착하면 양 전압 또는 음의 전압 파형만 흐른다.

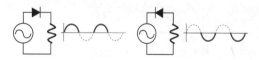

chapter 04

▶ **정류작용(전파정류)**

다이오드 4개를 브리지형(◇)으로 접속하여 정방향과 역방향의 교류를 모두 정류한다. 전파정류는 반파정류의 2배의 효율이 있다.

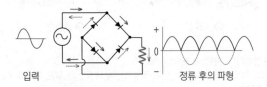

입력   정류 후의 파형

▶ **3상 교류의 반파정류, 전파정류**

교류에 3상을 사용하는 이유(단상과 비교했을 때)
• 전력 공급이 안정적이다.
• 출력이 일정하다.
• 모터와 같은 경우 3상 중 2상을 바꾸어 쉽게 역회전이 가능하다.
• 송배전에 유리하다.

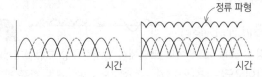

정류 파형

시간   시간

4 주파수와 주기

① 교류발전기의 로터가 1회전하면 하나의 파형(사인파)이 발생되며, 교류의 파형이 반복되는 비율을 주파수라 한다. 즉, 1초마다 1회의 파형(사인파)의 갯수를 주파수(f, 단위 : 헤르츠 Hz)라고 한다.

② 주기(T) : 로터가 1회전하는데 필요한 시간 즉, 하나의 사인파가 발생하는데 필요한 시간을 말한다.

▶ 주파수(f) = $\dfrac{1}{주기(T)}$

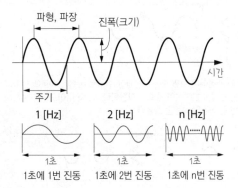

1 [Hz]	2 [Hz]	n [Hz]
1초	1초	1초
1초에 1번 진동	1초에 2번 진동	1초에 n번 진동

---

1 개요

① 운전조건에 따라 차량 속도는 항상 변화하며, 엔진의 회전 속도도 불규칙적으로 변하므로 발전기에 발생되는 전압도 불규칙해진다. 전압조정기는 이러한 전압을 일정하게 제어하여 발전기 및 기타 전기장치를 보호하고, 축전지의 과충전을 방지하는 역할을 한다.

② 기본 원리 : 로터 코일에 흐르는 여자전류를 단속하여 교류 발전기의 **발생 전압을 일정하게 유지**한다.

③ 전압조정기의 조정전압은 축전지 단자전압보다 약 2~3V 높게 한다.

2 전압조정기의 역할 및 IC 전압조정기

(1) 역할 : 로터 코일의 여자 전류를 조절하여 발전 전압을 조정한다.

(2) IC(직접회로) 전압 조정기

① 트랜지스터식 조정기를 반도체 회로에 의해 집적화한 것

② 주요 구성품 : **다이오드, 트랜지스터, 제너 다이오드**

③ 장점
• 교류 발전기의 출력 단자에서 직접 로터 코일에 전류가 공급되기 때문에 여자 전압의 강하가 없어 출력이 향상된다.
• 접점이 없기 때문에 조정 전압이 일정하다.
• 내구성과 내진성이 크고 내열성도 향상된다.
• 접점 불꽃에 의한 전파 장애가 없다.
• 작동이 안정되고 신뢰성이 높으며 초소형이기 때문에, 발전기 내부에 내장시켜서 외부 배선을 간소화할 수 있다.

▶ 전압조정기의 종류 : 접점식, 트랜지스터식, IC 전압조정기
▶ 레귤레이터가 고장나면 발전기에서 작동되어도 축전지에 충전되지 않는다.

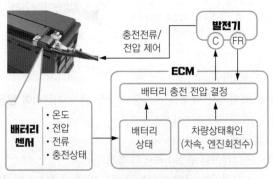

⬆ **발전 제어 시스템**

▶ ECM은 제어 기능만 담당하는 것이 아니라, 운전자의 운전습관이나 장치의 상태 따른 학습을 통해 최적의 컨디션을 유지하는 기능도 한다.

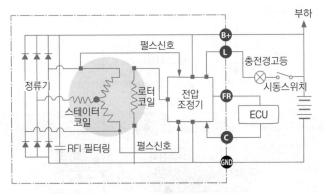

기본 흐름

- 시동키 ON : 배터리 전원 – **L** 단자 – 전압조정기 – 로터 구동 – 스테이터 구동 – 정류기 – **B+** 단자 – 부하 및 배터리 충전
- 발전기 출력 전압 과부하 시 : 스테이터에서 나온 출력전압을 전압조정기를 거쳐 – **FR** 단자 – ECU에서 검출·조정 – **C** 단자 – 전압조정기를 거쳐 로터코일 전류 조정(차단)

단자	기능
L	시동키 ON 여부 감지하며, 충전 불가 시 계기판의 충전경고등을 점등시킴
B+	주전원 및 배터리 충전 단자로, 발전기 내부전압 감지
FR	발전기의 발전 상태를 전압조정기에서 ECM으로 신호 전달
C	발전기의 조정 전압을 제어하기 위해 ECM(컴퓨터)에서 전압조정기로 피드백 신호 전달

※ 기능사 시험에서는 회로도 분석보다 각 단자의 기능을 파악합니다.

04 발전 제어 시스템

1 개요

① 기존 방식은 배터리 전압만 감지하여 자동으로 전압을 조정하지만 최근에는 차의 주행 조건과 각종 전기 부하, 배터리의 충전상태에 따라 ECM에서 발전 전압을 제어(충전 제어, 방전 제어, 정상 제어)하는 시스템으로, 자동차의 연비 개선 및 최적의 충전 상태 유지를 목적으로 한다.

→ 기존 충전 방식에 의해 완전 충전 모드로 충·방전이 이루어져 과충전 및 엔진부하에 영향을 주지만, 발전제어시스템은 충전량이 80% 이상일 때 충전을 위한 발전기 작동을 제한시켜 엔진부하를 줄여 연비를 개선한다.

② 구성 : 축전지 센서(⊖단자에 설치), ECM

▶ ECM(Electronic Control Module)
ECM은 축전지 센서의 정보를 받아 배터리 충전상태를 연산한 후, 발전기의 구동을 제어한다. 즉, 발전기에 필요한 충전량을 C단자를 통해 입력신호(PWM 신호)를 전송하고 다시 그 결과를 FR단자를 통해 피드백을 받는다.

2 배터리 센서

① 배터리 센서는 배터리 ⊖단자에 설치되어 있으며, 배터리의 전압, 전류, 온도 등에 대한 정보를 내부소자와 맵핑값을 이용하여 검출하고 ECM으로 전송하는 역할을 한다.

② ECM은 이 정보를 바탕으로 최적의 배터리 충전 상태(SOC)를 결정한다.

▶ SOC(State of Charge) – 배터리 잔존용량, 축전지의 충전 상태 파악 현재 사용할 수 있는 용량을 배터리 전체 용량으로 나눈 값으로, SOC값을 기준으로 충방전 시점 및 종료를 결정한다.

05 암전류(暗電流, parasitic current)

기생충 즉, 전류를 뺏는다는 의미

1 암전류 개요

시동키를 탈거한 상태에서 자동차에서 소모되는 기본적인 전류(시계, 오디오, ECU 등)를 말한다.

→ 암전류가 크면 배터리 방전의 요인이 되므로 장기간 운행을 하지 않을 경우 암전류가 차단되도록 배터리의 ⊖ 단자를 분리한다.

2 암전류 검사

① 발전기에서 생성된 전기가 큰 저항 없이 배터리까지 전달이 되는지 여부를 확인하기 위하여 암전류를 검사한다.

② 암전류를 검사해야 하는 경우
- 특별한 이유 없이 축전지가 계속 방전될 때
- 부가적인 전기장치(오디오시스템, 블랙박스 등)를 장착할 때
- 자동차 배선을 교환할 때

③ 암전류 측정시 주의사항 : 점화스위치를 탈거 및 모든 도어 및 트렁크, 후드는 반드시 닫고 모든 전기부하를 끈 다음에 실시한다.

3 암전류 측정 방법(멀티테스터)

① 멀티테스터의 모드 : 10A 설정

② ⊖ 터미널에 적색 리드선을 연결하고, 축전지의 ⊖ 단자에 흑색 리드선을 연결한다.(⊕ 터미널과 ⊕ 단자쪽에 연결해도 무방)

③ 일정 시간(10~20분) 후 멀티테스터로 측정하여 측정값이 50mA(0.05A) 이하일 때 정상으로 판정한다.

▶ 참고) 차량의 암전류가 100mA 이상 소모되면 축전지 센서의 이상 신호가 나타날 수 있으므로 축전지 센서 교환 전에 암전류 측정을 먼저 실시한다.

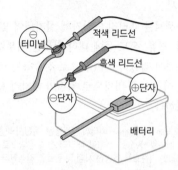

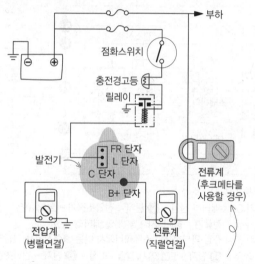

발전기 B단자에 설치가 어려운 경우 축전지 (+) 단자에 연결한다. 단, 단자에 연결된 모든 배선을 포함해야 한다.

⬆ 충전전압 시험 및 충전전류 시험

06 발전기의 출력 점검

1 충전전압 시험

① 발전기 출력배선(B단자)의 전압강하를 통해 전압을 확인하는 것이다.

② 전압계(멀티미터)를 직류(DC V) 모드로 설정한다.

③ 적색 리드선을 발전기의 B단자에, 흑색 리드선을 차량에 접지한다.

④ 충전전압 규정값 : 13.5~14.9V (2,500rpm 기준)

2 충전전류 시험 필수암기

① 전류계(또는 디지털 후크메타)를 직류(DC A) 모드로 설정하고, '발전기의 B단자 - 부하' 사이에 측정한다.

② 충전전류 평균 측정값 : 정격용량의 80% 이상일 때 정상 판정

→ 발전기 정격 용량이 90A인 경우, 90×0.8 = 72 이므로 72A 이상이 측정되어야 정상)하며, 그 이하일 경우에는 수리 및 교환해야 한다.

③ 충전전류 한계값 : 정격전류의 60% 이상

▶ 충전전류 시험 시 유의사항
- 전조등 상향, 에어컨 ON, 블로워스위치 최대, 열선 ON, 와이퍼 작동 등 모든 전기 부하를 가동하고, 엔진의 회전속도를 2,500 rpm으로 증가시킨 후 최대 출력값을 확인한다.
- 충전전류시험은 발전기에 부하가 많이 걸리므로 단 시간 내에 측정한다.

▶ 발전기의 출력 조정
발전기의 출력은 로터 코일의 전류를 조정한다.

3 발전기 출력 배선 전압강하 점검

① B단자와 축전지 ⊕ 단자 사이의 연결 상태를 확인하는 검사이다.

② 전압계의 적색 리드선을 B단자에, 흑색 리드선을 배터리 ⊕ 단자에 연결하여 전압강하가 0.2V 이하면 정상, 0.2V 이상이면 점검해야 한다.

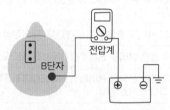

⬆ 발전기 출력 배선 전압강하 점검

4 오실로스코프를 이용한 점검

① 오실로스코프의 대전류 센서를 영점 조정한다.

② 대전류 센서의 전류 방향 확인 후 발전기 B단자에 연결한다.

③ 오실로스코프 신호계측 프로브의 ⊕ 리드선을 발전기 B단자에, ⊖ 리드선을 축전지 ⊖에 연결한다.

④ 시동을 걸고 모든 전기장치, 에어컨, 전조등, 열선 등의 부하를 가동시킨다.

⑤ 엔진 회전수를 약 4,000rpm으로 상승시킨 후 파형을 측정한다.

⑥ 발전기 출력전압 파형 : 교류발전기는 3상 교류를 '전파 정류'한 직류이므로 맥동의 파형이 나타난다.

▶ 참고) 발전기 출력전압 파형

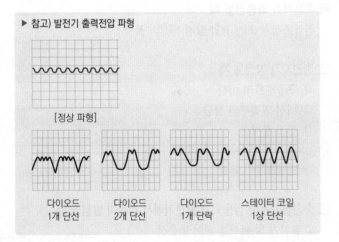

[정상 파형]

| 다이오드 | 다이오드 | 다이오드 | 스테이터 코일 |
| 1개 단선 | 2개 단선 | 1개 단락 | 1상 단선 |

07 발전기 교환 및 점검

1 발전기 탈착 순서(장착은 역순)

① 축전지 ⊖ 단자 분리(탈·장착 시 발생할 수 있는 쇼트 등을 방지)
② 발전기의 상·하부 고정나사 이완
③ 발전기 구동벨트 장력 조정나사를 풀어 장력을 해제
④ 발전기 상부 고정나사를 풀고, 장력조정나사를 탈거
⑤ 구동벨트 탈거
⑥ 발전기에 부착된 커넥터 및 B단자 털거
⑦ 발전기 하부 고정나사 탈거
⑧ 발전기 탈거

▶ 발전기 충전경고등 점검
• 엔진을 워밍업 한 후 점화스위치 OFF, 모든 전원을 OFF 한다.
• 점화스위치를 ON으로 하고, 충전경고등이 점등되는지 확인한다.
• 시동을 걸고 1~3초 정도 경과 후 충전경고등이 소등되는지 확인한다.

2 발전기 구동벨트 점검

① 구동벨트의 상태를 육안으로 점검하여 과도한 마모, 갈라짐 등의 결함이 발생하면 신품으로 교환한다.
② 구동벨트의 처짐량을 통한 장력 점검 : 발전기 풀리와 아이들러 사이의 벨트를 10kgf의 힘으로 눌렀을 때 10mm 정도의 처짐이 발생하면 정상으로 판정한다.
③ 장력 조정 : 발전기의 상하부 고정나사를 풀고, 구동벨트 장력조정나사를 돌려 장력을 규정값으로 조정하고, 다시 발전기 상하부 고정나사를 조여준다.

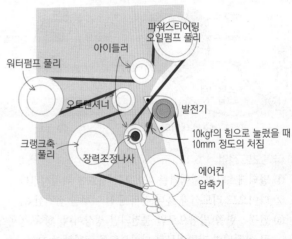

▶ 풀리(pully) : '도르래'를 의미. 각 장치 축 끝에 장착되어 벨트(운동전달 매개체)를 끼워 크랭크축의 엔진 동력이 각 장치에 전달되게 한다.

▶ 아이들러(Idler) : 내부에 베어링이 있으며, 각 장치 사이에 벨트 장력을 유지하며 벨트가 원활하게 구동될 수 있도록 한다. (불량 시 소음 발생)

▶ 오토텐셔너(auto tensioner) : 내부에 스프링이 있어 벨트에 가해지는 진동이나 외부충격에 의해 벨트가 느슨해지거나 미끄러짐으로 인한 동력전달의 손실을 방지하기 위해 적당한 장력을 주는 역할을 한다. (불량 시 슬립으로 인한 시동 꺼짐, 출력감소 및 경고등 점등, 핸들의 무거움 등)

3 발전기 점검

(1) 로터 점검(멀티테스터의 저항 점검)

측정 위치	판정
슬립링과 슬립링 사이 (로터코일의 통전시험)	• 통전 : 정상 • 통전 안됨 : 로터코일 불량(단선)
슬립링과 로터 철심 사이 (로터코일의 접지시험)	• 통전 안됨 : 정상 • 통전 : 불량(로터 교환)

(2) 스테이터 점검(멀티테스터의 저항 점검)

측정 위치	판정
스테이터 코일 각 상의 단자 사이 (스테이터 코일 통전시험)	• 통전 : 정상 • 통전 안됨 : 스테이터 코일 불량(단선)
스테이터 코일과 스테이터 코어(철심) 사이 (스테이터 코일의 접지시험)	• 통전 안됨 : 정상 • 통전 : 불량(스테이터 교환)

▶ 멀티테스터의 통전/비통전 시 표시값
• 통전 시 : 0Ω 또는 0Ω에 가까운 값(도통 모드의 경우 부저 울림)
• 비통전 시 : 1Ω 또는 OL (아날로그 테스터의 경우 ∞Ω 표시)

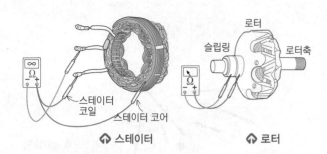

↑ 스테이터   ↑ 로터

(3) 다이오드 점검
① 멀티테스터의 셀렉터를 다이오드 기호에 위치시킨다.
② 다이오드 리드선과 홀더 간의 통전 여부를 점검한다.
③ 판정 : 한쪽 방향으로만 통전되면 정상이며, 양쪽 방향으로 통전되면 단락이므로 다이오드를 교환해야 한다.

08 교류 발전기의 고장진단

1 시동이 걸리지 않은 상태에서 점화스위치 ON일 때, 충전경고등이 점등되지 않을 때
① 충전 계통의 퓨즈 단선
② 충전경고등의 전구 불량
③ 배선 연결부의 체결 불량
④ 전압 조정기 불량

2 시동이 걸린 후, 충전경고등이 소등되지 않을 때
① 구동 벨트의 이완 또는 마모
② 충전 계통 퓨즈 단선
③ 배선 연결부 풀림 및 배선의 결함
④ 전압조정기의 불량
⑤ 축전지 케이블의 부식 및 단자 마모

3 축전지가 과충전될 때
전압조정기 또는 전압 감지 배선의 불량

4 축전지가 방전될 때
① 구동벨트의 이완
② 배선 연결부의 풀림
③ 접지 불량
④ 퓨즈 연결 부분 접촉 불량
⑤ 전압조정기 불량

5 충전경고등이 점등되고 발전기에서 소음이 발생될 때
① 발전기 및 아이들 베어링 손상
② 구동벨트의 장력이 규정보다 큼
③ 구동벨트의 미끄러짐

6 점화스위치 ON상태에서 충전경고등이 점등되지 않을 때
주로 전압조정기 불량 및 발전 계통 장치의 단선

7 시동이 걸린 후 충전경고등 점등된 때
B+단자와 L단자의 전압 측정 이상 시 발전기 교환
(규정치 B+ 단자 : 13.8~14.9V, L 단자 : 10~13.5V)
→ B+단자 체결 여부, 배터리 단자 체결여부 등을 확인

8 발전기 출력 및 축전지 전압이 낮을 때의 원인
① 조정 전압이 낮을 때
② 다이오드 단락
③ 축전지 케이블 접속 불량

1 자동차 발전기의 역할을 설명한 것 중 가장 관련이 적은 것은?

① 소비되는 전류를 보상한다.
② 축전지만 충전한다.
③ 전기부하 에너지를 공급하고 축전지를 충전한다.
④ 등화장치에 필요한 전류를 공급한다.

발전기는 축전기 충전뿐만 아니라 시동 후 점화플러그나 워터펌프, 연료펌프, 에어컨, 등화장치 등 전기장치에 전류를 공급한다.

2 자동차에 직류 발전기보다 교류 발전기를 많이 사용하는 이유로 틀린 것은?

① 크기가 작고 가볍다.
② 정류자에서 불꽃 발생이 크다.
③ 내구성이 뛰어나고 공회전이나 저속에도 충전이 가능하다.
④ 출력 전류의 제어작용을 하고 조정기 구조가 간단하다.

교류 발전기의 장점
• 소형, 경량이다.
• 속도 변동에 따른 적응 범위가 넓다.(저속 시에도 충전이 가능)
• 중량에 따른 출력이 직류발전기보다 약 1.5배 정도 높다.
• 브러시에는 계자 전류만 흐르기 때문에 불꽃 발생이 없고 점검, 정비가 쉽다.(직류에 비해 브러시 수명이 길다)
• 역류가 없어서 컷아웃 릴레이가 필요없다.
• 정류자 소손에 의한 고장이 적으며, 슬립링 손질이 불필요하다.
• 다이오드를 사용하기 때문에 정류 특성이 좋다.

3 다음 중 교류발전기의 특징이 아닌 것은?

① 저속에서의 충전 성능이 좋다.
② 속도 변동에 따른 적응 범위가 넓다.
③ 다이오드를 사용하므로 정류 특성이 좋다.
④ 스테이터 코일이 로터 안쪽에 설치되어 있기 때문에 방열성이 좋다.

교류발전기의 구조상 로터가 안쪽에, 스테이터가 바깥쪽에 설치되어 있다.

4 교류발전기의 특징이 아닌 것은?

① 소형 경량이다.
② 저속에서도 출력이 크다.
③ 회전수의 제한을 받지 않는다.
④ 컷아웃 릴레이에 의해 전류의 역류를 방지한다.

5 한 개의 코일에 흐르는 전류를 단속하면 코일에 유도 전압이 발생하는 작용은?

① 자력선의 변화작용
② 상호유도 작용
③ 자기유도 작용
④ 배력유도 작용

6 자동차용 교류 발전기에 응용한 것은?

① 플레밍의 왼손법칙
② 플레밍의 오른손 법칙
③ 옴의 법칙
④ 자기포화의 법칙

• 발전기 : 플레밍의 오른손 법칙
• 시동전동기 : 플레밍의 왼손 법칙
※ 교류 발전기 : 렌츠의 법칙

7 [보기]가 설명하고 있는 법칙으로 옳은 것은?

유도 기전력의 방향은 코일 내 자속의 변화를 방해하는 방향으로 발생한다.

① 렌츠의 법칙
② 자기유도법칙
③ 플레밍의 왼손 법칙
④ 플레밍의 오른손 법칙

렌츠의 법칙은 전자유도현상에 의해 발생되는 유도전력의 방향을 나타내는 교류 발전기의 기본 원리이다.

8 AC(교류) 발전기에서 전류가 발생하는 곳은?

① 전기자
② 스테이터
③ 로터
④ 브러시

스테이터는 로터에서 발생된 자속을 끊어 교류 전류를 발생시킨다.

9 플레밍의 오른손 법칙에서 엄지손가락은 어느 방향을 가르키는가?

① 자력선의 방향
② 도선의 운동 방향
③ 기전력의 방향
④ 전류의 방향

플레밍의 오른손 법칙   힘이 작용하는 방향
자력선 방향 (N극→S극)
전류가 흐르는 방향

정답 ▶ 1 ② 2 ② 3 ④ 4 ④ 5 ③ 6 ② 7 ① 8 ② 9 ②

10 [11-3] 출제율 ★★★ □□□
일반 승용자동차에 사용하는 교류발전기의 스테이터 코일에서 발생되는 전기는?

① 단상 유도 전류
② 3상 교류 전류
③ 단상 교류 전류
④ 3상 직류 전류

> 스테이터에서 발생된 교류 전류(기전력)를 실리콘 다이오드(정류자)를 통해 직류로 정류된다.

11 [04-2, 13-3] 출제율 ★★★ □□□
자동차용 AC 발전기에서 자속을 만드는 부분은?

① 로터(rotor)
② 스테이터(stator)
③ 브러시(brush)
④ 다이오드(diode)

> • 로터 : 자속(자계) 발생
> • 스테이터 : 자속을 끊어 교류(기전력) 발생
> • 브러시 : 로터 코일에 여자 전류(자속을 만들기 위한 전류)를 공급
> • 다이오드 : 교류를 정류

12 [08-1, 05-2] 출제율 ★ □□□
충전장치의 AC 발전기에서 DC 발전기의 전기자와 같은 역할을 하는 것은?

① 스테이터
② 로터
③ 실드
④ 다이오드

DC 발전기와 AC 발전기의 비교

구분	DC 발전기	AC 발전기
자속(전자기) 발생	계자(고정자)	로터(회전자)
기전력 발생	전기자(아마추어, 회전자)	스테이터(고정자)
정류기	브러시와 정류자	다이오드
조정기	전압조정기, 전류조정기	전압조정기
역류 방지	컷아웃릴레이	다이오드

13 [06-4] 출제율 ★★ □□□
AC 발전기에서 스테이터는 DC 발전기의 무엇에 해당되는가?

① 전기자
② 로터
③ 정류기
④ 계자코일

> 기전력 발생은 AC 발전기의 경우 스테이터에서, DC 발전기의 경우 전기자에서 이뤄진다.

14 [10-2, 04-2] 출제율 ★★★ □□□
다음 중 DC 발전기의 계자코일과 계자철심에 상당하며 자속을 만드는 것을 AC 발전기에서는 무엇이라 하는가?

① 정류기
② 전기자
③ 로터
④ 스테이터

15 [11-4] 출제율 ★★★ □□□
자동차에서 일반적으로 교류 발전기를 구동하는 V벨트는 엔진의 어떤 축에 의해 구동되는가?

① 캠축
② 크랭크 축
③ 추진축
④ 변속기 출력축

> • 크랭크축에 의해 구동되는 장치 : 발전기, 오일펌프, 에어컨 압축기, 유압 조향장치 펌프, 워터펌프, 타이밍 벨트, 캠축, 변속기
> • 캠축에 의해 구동되는 장치 : 배전기(DLI 방식에는 배전기는 없다), 연료 펌프, 흡배기 밸브
> ※ 시동전동기 : 크랭크축에 연결된 플라이휠에 의해 구동

16 [07-1, 11-3] 출제율 ★★★ □□□
교류발전기에서 다이오드가 하는 역할은?

① 교류를 정류하고, 역류를 방지한다.
② 교류를 정류하고, 전류를 조정한다.
③ 전압을 조정하고, 교류를 정류한다.
④ 여자전류를 조정하고, 교류를 정류한다.

> **다이오드(정류기)의 역할**
> • 스테이터 코일에 발생된 교류 전기를 정류하여 직류로 변환
> • 축전지로부터 발전기로 전류가 역류하는 것을 방지

17 [04-4] 출제율 ★★★ □□□
교류 발전기의 스테이터에서 발생한 교류는?

① 실리콘 다이오드에 의해 직류로 정류시킨 뒤에 내부로 들어간다.
② 정류자에 의해 교류로 정류되어 외부로 나온다.
③ 실리콘에 의해 교류로 정류되어 내부로 나온다.
④ 실리콘 다이오드에 의해 직류로 정류시킨 뒤에 외부로 나온다.

18 [참고] 출제율 ★ □□□
교류발전기에서 전압을 일정하게 하는 주요 소자는?

① 전기자
② 정류기
③ 실리콘 다이오드
④ 제너 다이오드

> 제너 다이오드는 전류가 변화되어도 전압이 일정하다는 특징을 이용하여 정전압 회로에 사용되거나 서지 전류 및 정전기로부터 IC 등을 보호하는 소자이다.

정답 10 ② 11 ① 12 ① 13 ① 14 ③ 15 ② 16 ① 17 ④ 18 ④

19 일반적으로 자동차에 사용되는 교류 발전기용 조정기에 관한 설명 중 틀린 것은?

① 발전기 자신이 전류 제한작용을 하지 않기 때문에 전류 제한기가 필요하다.

② 전류용 다이오드가 축전지로부터 역류를 방지하기 때문에 컷아웃 릴레이가 필요하지 않다.

③ 교류 발전기용 조정기로는 전압 조정기만으로 충분하다.

④ 교류 발전기 6개의 다이오드는 3상 교류를 직류로 바꾸는 일을 한다.

> 교류 발전기의 다이오드는 직류발전기의 전류제한기, 컷아웃 릴레이 역할을 한다.

20 전기장치와 관련된 설명 중 틀린 것은?

① 기동 전동기의 오버런닝 클러치는 엔진이 시동되었을 때 시동전동기가 크랭크 축에 의하여 구동되지 않게 한다.

② 자동차의 축전지를 급속 충전할 때는 반드시 축전지 단자선을 뗀 후 한다.

③ 전압 조정기의 조정전압은 축전지 단자전압보다 낮다.

④ AC 발전기의 다이오드는 교류를 직류로 변하게 하고 축전지에서의 역류를 방지하는 역할을 한다.

> 배터리의 원활한 충전을 위해 발전기의 출력 전압(14V 내외)은 배터리 전압보다 약 2~3V 높게 전위차를 준다.

21 자동차용 AC 발전기의 내부구조와 가장 밀접한 관계가 있는 것은?

① 슬립링　　　　　　② 전기자

③ 오버런닝 클러치　　④ 정류자

> AC 발전기의 주요 구성부품 : 스테이터, 로터, 슬립링, 다이오드
> ※ 전기자, 정류자, 오버런닝 클러치는 전동기의 구성부품이다.

22 자동차용으로 주로 사용되는 발전기는?

① 단상 교류　　　　　② Y상 교류

③ 3상 교류　　　　　④ 3상 직류

> • 직류발전기보다 교류발전기의 장점 : 저속(공전속도)에서도 발전이 가능(직류는 공전속도 이상에서만 발전 가능), 브러시 수명 연장, 경량화 등으로 효율 증대
> • 참고) 단상 교류발전기보다 3상 교류발전기의 장점 : 전력효율 증가(단상에 비해 $\sqrt{3}$ 배 증가), 권선의 무게 절감, 부하의 불균일 감소 등

23 발전기의 3상 교류에 대한 설명으로 틀린 것은?

① 3조의 코일에서 생기는 교류 파형이다.

② Y결선을 스타결선, Δ결선을 델타 결선이라 한다.

③ 각 코일에 발생하는 전압을 선간전압이라고 하며, 스테이터 발생전류는 직류 전류가 발생된다.

④ Δ결선은 코일의 각 끝과 시작점을 서로 묶어서 각각의 접속점을 외부 단자로 한 결선 방식이다.

> 각 코일에 발생하는 전압을 상전압이라고 하며, 스테이터 발생전류는 교류 전류가 발생된다.

24 다음 중 교류발전기의 구성 요소와 거리가 먼 것은?

① 자계를 발생시키는 로터

② 전압을 유도하는 스테이터

③ 정류기

④ 컷아웃 릴레이

> 컷아웃 릴레이는 직류발전기의 역류를 방지하는 장치로, 교류발전기에는 다이오드가 그 역할을 대신한다.

25 일반 승용차에서 교류 발전기의 충전전압 범위를 표시한 것 중 맞는 것은? (단, 12V Battery의 경우이다)

① 10~12V

② 13.8~14.9V

③ 23.8~24.8V

④ 33.8~34.8V

> 발전기의 전압이 배터리 전압보다 약 2~3V 정도 높게 하여 전류가 배터리로 흐를 수 있도록 한다.

26 발전기 충전 전압시험에 대한 설명으로 맞는 것은?

① 멀티테스터의 모드를 AC V로 설정한다.

② 멀티테스터의 흑색 리드선을 접지에 설치한다.

③ 멀티테스터의 적색 리드선을 발전기의 L 단자에 설치한다.

④ 발전기 충전 전압 규정값은 2500rpm 기준으로 12V이다.

> • 충전 전압시험 시 멀티미터의 셀렉터 모드를 DC V로 설정하고, 적색 리드선을 발전기의 B단자에, 흑색 리드선을 차량에 접지한다.
> • 발전기의 충전 전압 규정값은 2,500rpm 기준으로 13.8~14.9V이다.

정답 **19** ① **20** ③ **21** ① **22** ③ **23** ③ **24** ④ **25** ② **26** ②

chapter 04

27 발전기 출력이 낮고 축전지 전압이 낮을 때, 원인으로 해당되지 않는 것은?

① 충전회로에 높은 저항이 걸려있을 때
② 발전기 조정전압이 낮을 때
③ 다이오드의 단락 및 단선이 되었을 때
④ 축전지 터미널에 접촉이 불량할 때

축전지 터미널의 접촉이 불량하면 발전기 출력에는 영향을 미치지 않으나 충전 불량으로 축전지 전압이 낮아지거나 방전된다.

28 발전기 스테이터 코일의 시험 중 그림은 어떤 시험인가?

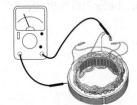

① 코일과 철심의 절연시험
② 코일의 단선시험
③ 코일과 브러시의 단락시험
④ 코일과 철심의 전압시험

그림은 스테이터 코일과 스테이터 철심 사이의 통전 측정을 통해 절연 상태를 검사하는 것을 나타낸다. 이 때 통전이 되지 않아야 정상이며, 통전이 된다면 스테이터 코일 내부 단선으로 판단하여 스테이터를 교환해야 한다.
※ 만약 스테이터 코일 사이의 통전 측정 시 통전되어야 정상이다.

29 발전기 구성품을 멀티테스터로 도통 점검할 때 틀린 것은?

① 멀티테스터의 셀렉터를 전압 모드에 둔다.
② 슬립링과 로터 사이에 통전이 안될 때 정상이다.
③ 로터 점검 시 슬립링과 슬립링 사이에 통전이면 정상이다.
④ 스테이터 코일과 스테이터 코어 사이가 통전되지 않으면 정상이다.

멀티테스터로 도통 시험 시 셀렉터를 저항 모드를 선택한다.

30 충전장치에서 교류 발전기의 출력을 조정할 때 변화시키는 것은?

① 로터 코일의 전류　　② 회전 속도
③ 브러시의 위치　　　　④ 스테이터 전류

31 교류발전기의 하우징의 단자 중 발전기의 출력이 배터리나 부하에 전달되는 것은?

① L단자　　　　② B단자
③ FR단자　　　④ C단자

단자	기능
L	시동키 ON 여부 감지하며, 충전 불가 시 계기판의 충전경고등을 점등시킴
B	주전원 및 배터리 충전 단자로, 발전기 내부전압 감지
FR	발전기의 발전 상태를 전압조정기에서 ECM으로 신호 전달
C	발전기의 조정 전압을 제어하기 위해 ECM(컴퓨터)에서 전압조정기로 피드백 신호 전달

32 다음 ( ) 안에 들어갈 내용으로 적합한 것은?

【보기】
발전기 출력 배선 전압강하 점검은 ( ) 단자와 축전지 (+) 단자 사이의 연결 상태를 확인하는 검사이다.

① L　　② B　　③ FR　　④ C

발전기 출력 배선 전압강하 점검
• B단자와 축전지 ⊕ 단자 사이의 연결 상태를 확인하는 검사이다.
• 전압계의 적색 리드선을 B단자에, 흑색 리드선을 배터리 ⊕ 단자에 연결하여 전압강하가 0.2V 이하면 정상, 0.2V 이상이면 점검해야 한다.

33 전압계를 이용하여 발전기 출력 배선의 전압강하를 점검할 때 보통 몇 V일 때 정상인가?

① 0.2V 이하　　　② 1V 이상
③ 5V 이하　　　　④ 12V 이하

34 발전기 구조에서 기전력 발생 요소에 대한 설명으로 틀린 것은?

① 자극의 수가 많은 경우 자력은 크다.
② 코일의 권수가 적을수록 자력은 커진다.
③ 로터코일의 회전이 빠를수록 기전력은 많이 발생한다.
④ 로터 코일에 흐르는 전류가 클수록 기전력이 커진다.

발전기의 기전력은 자극수, 자속, 권수, 회전수에 비례한다.
또한, 권수와 극수는 자속 즉 자력에 비례한다.

35 발전기 출력 결정요소가 아닌 것은?

① 전기자 코일의 권수
② 계자의 세기
③ 브러시의 수
④ 전기자의 회전수

정답 ▶ 27 ④ 　28 ① 　29 ① 　30 ① 　31 ② 　32 ② 　33 ① 　34 ② 　35 ③

36 AC 발전기의 출력변화 조정은 무엇에 의해 이루어지는가?

① 엔진의 회전수   ② 배터리의 전압

③ 로터의 전류   ④ 다이오드 전류

[04-2] 출제율 ★★★

37 교류발전기 계자코일에 과대한 전류가 흐르는 원인은?

① 계자코일의 단락

② 슬립링의 불량

③ 계자코일의 높은 저항

④ 계자코일의 단선

> 단락(쇼트)이 발생되면 저항이 작아져 과전류가 흐른다.

[참고] 출제율 ★

38 전류계(후크미터)로 발전기 충전 전류 시험을 할 때 후크 미터의 설치 위치로 적합한 것은?

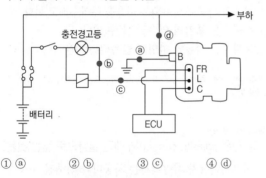

① ⓐ   ② ⓑ   ③ ⓒ   ④ ⓓ

> 출력 전압 측정 – ⓐ, 출력 전류 측정 – ⓓ

[08-2] 출제율 ★

39 발전기 및 레귤레이터 취급 시 주의사항으로 틀린 것은?

① 발전기 작업 시 배터리 (-) 케이블을 분리한다.

② 배터리를 단락시키지 않는다.

③ 발전기 작동 중 배터리 배선을 분리해도 무관하다.

④ 회로를 단락시키거나 극성을 바꾸어 연결하지 않는다.

> 발전기는 시동 후에는 자여자 방식이므로 작동 중 배터리 배선을 분리해도 시동 상태는 유지될 수 있으나 전기 히터나 에어컨, 냉각팬 등 전기소모가 많을 경우 발전기 출력으로만 충분히 못할 경우 시동이 꺼질 수 있으므로 안정적인 전기공급을 위해 배터리 배선을 분리하지 않는다.

[14-1] 출제율 ★★★

40 발전기의 기전력 발생에 관한 설명으로 틀린 것은?

① 로터의 회전이 빠르면 기전력은 커진다.

② 로터코일을 통해 흐르는 여자 전류가 크면 기전력은 커진다.

③ 코일의 권수와 도선의 길이가 길면 기전력은 커진다.

④ 자극의 수가 많아지면 여자되는 시간이 짧아져 기전력이 작아진다.

> ① 로터의 회전이 빠르면 주파수가 증가하여 기전력은 커진다.
> ② 여자전류가 크면 자속이 커지므로 기전력은 커진다.
> ③ 권수와 도선의 길이가 길면 권수가 커지므로 기전력은 커진다.
> ④ 자극 수가 많아지면 주파수가 커져서 유기기전력은 커진다.

[참고] 출제율 ★★

41 주행 중 배터리 충전 불량의 원인으로 틀린 것은?

① 발전기 'B' 단자가 접촉이 불량하다.

② 발전기 구동벨트의 장력이 강하다.

③ 발전기 내부 브러시가 마모되어 슬립링에 접촉이 불량하다.

④ 발전기 내부 불량으로 충전 전압이 배터리 전압보다 낮게 나온다.

> ① 'B' 단자는 배터리로 연결되므로 접촉 불량 시 충전 불량의 원인이 된다.
> ② 장력이 느슨하면 벨트의 미끄럼으로 인한 충전불량이 된다.
>   (참고 : 장력이 너무 강하면 타이밍 텐셔너의 베어링 소손의 원인이 됨)
> ③ 브러시 마모로 인한 기계적 부하로 발생 전압이 불량해진다.
> ④ 충전전압(13~14V)은 배터리 전압(12V)보다 높아야 한다.

[참고] 출제율 ★

42 발전기 B단자의 접촉불량 및 배선 저항과다로 발생 할 수 있는 현상은?

① 엔진 과열

② 충전 시 소음

③ B단자 배선 발열

④ 과충전으로 인한 배터리 손상

> 발전기 B 출력단자는 배터리 및 부하로 연결되는 단자로, B 단자를 떼어내고 발전기를 회전시키면 다이오드가 손상되고, 접촉불량 및 배선 저항과다로 B단자 배선 발열이 발생한다.

[참고] 출제율 ★★★

43 충전장치 및 점검 및 정비 방법으로 틀린 것은?

① 배터리 터미널의 극성에 주의한다.

② 엔진구동 중에는 벨트 장력을 점검하지 않는다.

③ 발전기 B단자를 분리한 후 엔진을 고속회전시키지 않는다.

④ 발전기 출력전압이나 전류를 점검할 때는 절연 저항 테스터를 활용한다.

> 절연 저항 테스터는 절연상태를 점검하는 기기이다.

chapter 04

44 IC 방식의 전압조정기가 내장된 자동차용 교류발전기의 특징으로 틀린 것은?

① 스테이터 코일 여자전류에 의한 출력이 향상된다.
② 접점이 없기 때문에 조정 전압의 변동이 없다.
③ 접점방식에 비해 내진성, 내구성이 크다.
④ 접점 불꽃에 의한 노이즈가 없다.

교류발전기는 로터 코일 여자전류에 의해 출력이 제어된다.

45 IC 조정기를 사용하는 발전기 내부 부품 중 사용하지 않는 것은?

① 사이리스터　　② 제너 다이오드
③ 트랜지스터　　④ 다이오드

자동차에서 사이리스터는 고전압 축전기 점화장치와 교류발전기의 과전압 보호장치 등에 사용된다.

46 교류발전기 점검 및 취급 시 안전 사항으로 틀린 것은?

① 성능시험 시 다이오드가 손상되지 않도록 한다.
② 발전기 탈착 시 축전지 접지케이블을 먼저 제거한다.
③ 세차할 때는 발전기를 물로 깨끗이 세척한다.
④ 발전기 브러시는 1/2 마모 시 교환한다.

47 충전전류가 부족하게 되는 요인으로 적합하지 않은 것은?

① 발전기 기능 불량
② 전압조정기 조정 불량
③ 팬(fan) 벨트의 이완
④ 시동모터 기능 불량

시동모터가 불량하면 시동성이 좋지 않다.

48 다음 중 충전 불량의 직접적인 원인이 아닌 것은?
(단, B단자는 Battery, L단자는 Lamp 회로이다.)

① 발전기 L단자 회로의 단선
② 발전기 슬립링 또는 브러시의 마모
③ 발전기 B+ 단자의 접촉 불량
④ 스테이터 코일 1상 단선

L 단자는 시동키 ON 여부 감지하며, 충전 불가 시 계기판의 충전경고등을 점등시키며, 충전 불량과는 직접적인 관련이 없다.

49 발전기 조정전압 점검에 대한 설명으로 틀린 것은?

① 발전기 B단자의 출력선을 탈거하고, 전류계로 B단자와 출력선 사이를 연결하여 측정한다.
② 엔진회전수를 2500rpm으로 가속한 후 전류값이 10A 이하로 떨어질 때 전압값을 측정한다.
③ 점검 전 시동을 켜고 에어컨, 전조등, 열선 등 모든 전기장치의 부하를 가동시킨다.
④ 축전지는 완충상태로 준비해야 한다.

발전기 조정전압 점검 전 시동을 켜고, 모든 전기장치의 부하를 차단시킨다.
※ ③의 내용은 오실로스코프를 활용한 발전기 출력 전류 점검의 조건에 해당한다.

50 주파수를 설명한 것 중 틀린 것은?

① 1초에 60회 파형이 반복되는 것을 60Hz라고 한다.
② 교류의 파형이 반복되는 비율을 주파수라고 한다.
③ 주파수는 주기의 역수로 할 수 있다.
④ 주파수는 직류의 파형이 반복되는 비율이다.

주파수란 1초 동안에 교류의 파형이 반복되는 횟수를 의미하며, 주기의 역수이다.

51 암 전류(parasitic current)에 대한 설명으로 틀린 것은?

① 전자제어장치 차량에서는 차종마다 정해진 규정치 내에서 암 전류가 있는 것이 정상이다.
② 암전류를 측정할 때 모든 전기장치를 OFF하고, 전체 도어를 닫은 상태에서 실시한다.
③ 배터리 자체에서 저절로 소모되는 전류이다.
④ 암전류가 크면 배터리 방전의 요인이 된다.

암전류란 시동이 꺼진 상태에도 컴퓨터, 오디오, 시계, 기타 편의장치 등 전자장치의 기본상태를 유지하기 위해 사용되는 최소한의 전류를 말한다.
※ 보기 ③은 '배터리의 자기방전'에 관한 설명이다.

52 발전기 자체의 고장이 아닌 것은?

① 발전기 정류자의 고장
② 브러시의 소손에 의한 고장
③ 슬립 링의 오손에 의한 고장
④ 릴레이의 오손과 소손에 의한 고장

전압을 일정하게 하는 전압 조정기(레귤레이터)에는 릴레이를 이용한 접점식 레귤레이터가 있다.

정답　44 ①　45 ①　46 ③　47 ④　48 ①　49 ③　50 ④　51 ③　52 ④

53 배터리측의 암전류 측정에 대한 설명으로 틀린 것은?

① 암전류를 측정할 때는 점화스위치를 탈거하고 모든 도어 및 트렁크, 후드는 닫아야 한다.
② 일체의 전기부하를 끈 다음에 실시한다.
③ 특별한 이유 없이 축전지가 계속 방전이 되거나 자동차 배선을 교환한 경우에 암전류를 측정하여야 한다.
④ 배터 '+'측과 '−'측 무관하게 한 단자를 탈거하고 멀티미터를 직렬로 연결한다.

> 배터리의 (−) 터미널과 (−) 케이블 단자 사이에 멀티테스터를 연결하여 측정한다.

[참고] 출제율 ★

54 그림 중 (가)는 정상적인 발전기 충전 파형이다. (나)와 같은 파형이 나올 경우 맞는 것은?

그림 (가) ∿∿∿∿∿∿∿∿∿∿
그림 (나) ∿∿∿∿∿∿∿∿

① 브러시 불량
② 다이오드 불량
③ 레귤레이터 불량
④ L(램프)선이 끊어졌음

> 다이오드의 단락 또는 단선으로 인해 일부 정류를 못해 나오는 파형이다.

[13–01, 07–03, 05–02] 출제율 ★★

55 교류발전기에서 축전지의 역류를 방지하는 컷아웃 릴레이가 없는 이유는?

① 트랜지스터가 있기 때문이다.
② 점화스위치가 있기 때문이다.
③ 실리콘 다이오드가 있기 때문이다.
④ 전압릴레이가 있기 때문이다.

> 교류발전기의 실리콘 다이오드가 직류발전기의 컷아웃 릴레이의 역할을 대신한다.

[참고] 출제율 ★

56 자동차에 사용되는 발전제어 시스템의 축전지 센서에 대한 설명으로 틀린 것은?

① 축전지 센서는 (+) 단자에 설치되어 있다.
② 축전지 센서는 축전지의 전압, 전류, 온도 등에 대한 정보를 내부소자와 맵핑값을 이용하여 검출하고 ECM으로 전송하는 역할을 한다.
③ 축전지 센서의 정보를 바탕으로 ECM은 최적의 배터리 충전 상태(SOC)를 결정한다.
④ 축전지 센서가 부착되어 있는 축전지는 교환 후 축전지 센서 학습이 수행되어야 한다. 학습이 수행되지 않으면 기존과 같이 완전충전모드에서 충방전이 이뤄진다.

> 축전지 센서는 (−) 단자에 설치해야 한다.

[참고] 출제율 ★

57 배터리 충전 상태(SOC) 관리 시스템의 관리 요소와 거리가 가장 먼 것은?

① 배터리 전압   ② 배터리 전류
③ 배터리 온도   ④ 배터리 저항

> SOC(State Of Charge)는 배터리의 전압, 전류, 온도 등을 측정하여 배터리 충전량을 판단하며, 과충전/과방전을 방지하는 역할을 한다.

[참고] 출제율 ★★★

58 교류발전기 불량 시 점검해야 할 항목으로 틀린 것은?

① 다이오드 불량 점검
② 로터 코일 절연 점검
③ 홀드인 코일 단선 점검
④ 스테이터 코일 단선 점검

> 홀드인 코일은 시동전동기의 솔레노이드에 해당된다.

[참고] 출제율 ★★

59 발전기 정격 용량이 90A일 때 충전전류 평균 측정값이 얼마 이내이어야 하는가?

① 54A   ② 72A
③ 80A   ④ 90A

> 충전전류 평균 측정값 : 정격용량의 80%일 때 '정상 판정' 이므로 90×0.8 = 72 이다. 즉 72A가 측정되어야 정상이다.

정답 **53** ④   **54** ②   **55** ③   **56** ①   **57** ④   **58** ③   **59** ②

chapter 04

04 기동전동기

⬆ NCS 동영상

이 섹션의 학습요령

[예상문항 : 1~2문제] 이 섹션은 전반적으로 학습할 필요가 있습니다. 일반 이론에서 고장진단, 성능시험, 점검 모두 체크합니다.

01 기동전동기 일반

① 기동전동기(Starting motor)의 필요성

정지된 엔진은 스스로 회전이 불가능하므로 시동 시 외부의 힘으로 크랭크축(플라이 휠)을 회전시켜 크랭킹한다. 이 때 필요한 장치가 시동전동기이다.

② 기동전동기(직류전동기)의 원리

플레밍의 왼손법칙

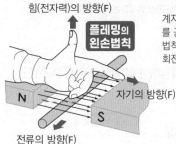

힘(전자력)의 방향(F)

플레밍의 왼손법칙

N   S

자기의 방향(F)

전류의 방향(F)

계자철심 안에 설치된 전기자에 전류를 공급하면 전기자는 플레밍의 왼손법칙에 따라 힘이 작용하여 전기자를 회전시킨다.

전자력 $F = BIl$

• B : 전기장의 세기
• I : 전류의 세기
• l : 도선의 길이

암기법 1
• 힘(Movement : thuMb)
• 자력선(Field : First finger)
• 전류(Current : seCond finger)

암기법 2
• 전 : 중지
• 자 : 검지
• 력 : 엄지

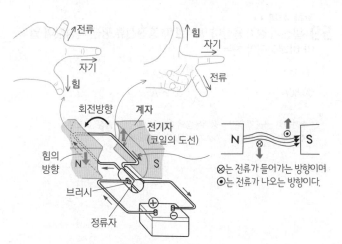

⊗는 전류가 들어가는 방향이며
⊙는 전류가 나오는 방향이다.

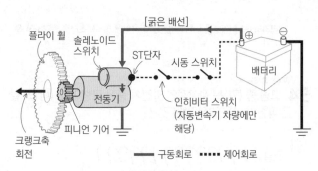

⬆ 시동장치의 기본 구성

구동회로   제어회로

③ 기동전동기(직류전동기)의 종류

	장점	단점
직권식 전동기	기동 회전력이 크고, 부하 증가 시 회전속도가 낮아짐	회전 속도의 변화가 크다.
분권식 전동기	회전속도가 일정	기동 회전력이 약함
복권식 전동기	• 기동시에는 직권식과 같은 큰 회전력을 얻고, 시동 후에는 분권식과 같은 일정한 회전속도를 가짐 • 와이퍼 모터 등에 주로 사용	

▶ 자동차의 기동 전동기는 대부분 직권식을 사용한다.

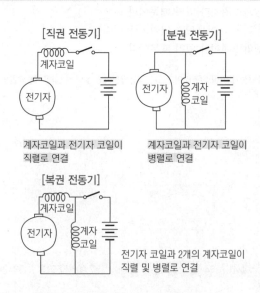

[직권 전동기]
계자코일
전기자
계자코일과 전기자 코일이 직렬로 연결

[분권 전동기]
전기자   계자코일
계자코일과 전기자 코일이 병렬로 연결

[복권 전동기]
계자코일
전기자   계자코일
전기자 코일과 2개의 계자코일이 직렬 및 병렬로 연결

1 시동전동기(직류전동기)의 기본 구성

계자	배터리 전원을 받아 자속을 만듦
전기자	자속을 끊어 회전력을 발생
피니언 기어	전기자축에 설치되어 회전력을 기관(플라이휠)에 전달
솔레노이드	피니언을 플라이휠의 링기어에 물리게 함

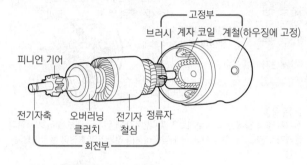

2 솔레노이드 스위치(마그네트 스위치)

전자석을 이용하여 축전지에서 시동 전동기까지 흐르는 전류를 단속하는 스위치 작용으로 피니언을 링기어에 물려주는 역할을 한다.

3 기동전동기의 동력 전달

① 기동전동기의 회전력이 구동 피니언을 통해 플라이휠에 물려 기관에 전달해 주는 기구를 말한다.

② 구성 : 클러치와 시프트 레버 및 피니언 기어 등

③ 기동 전동기의 피니언과 링기어의 물림 방식

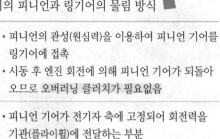

벤딕스식	• 피니언의 관성(원심력)을 이용하여 피니언 기어를 링기어에 접촉 • 시동 후 엔진 회전에 의해 피니언 기어가 되돌아오므로 오버러닝 클러치가 필요없음
전기자 섭동식	• 피니언 기어가 전기자 축에 고정되어 회전력을 기관(플라이휠)에 전달하는 부분
피니언 섭동식	• 시동전동기로 흐르는 전류를 ON/OFF하는 솔레노이드 스위치를 둔 형식

4 오버러닝 클러치(Over Running Clutch)

① 필요성 : 엔진 시동 후 엔진의 회전속도가 기동 전동기보다 빠르면 엔진의 링기어가 역으로 기동 전동기에 연결된 피니언을 회전시켜 기동 전동기의 파손 위험이 있다. 이를 위해 피니언이 링기어에 물려 있어도 기관의 회전력이 시동전동기로 전달되지 않도록 하고, 동시에 전기자의 회전수를 줄여 피니언 기어의 회전력을 높이는 역할을 한다.

② 오버러닝 클러치는 원웨이 클러치로 한방향으로만 회전해야 한다.

③ 종류 : 롤러식, 스프래그식, 다판 클러치식

> ▶ 플라이휠 링기어가 소손되면 시동전동기는 회전되나 엔진은 크랭킹이 되지 않는다.

전동기의 기본 구성 및 역할

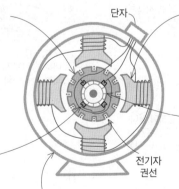

전기자 (armature, 電機子, 회전자)
• 전기자 철심(자기회로를 만듦)+ 전기자 권선(회전력 발생)
• 계자가 만들어낸 자속(φ)을 끊어 플레밍의 왼손법칙을 통해 토크 발생
• 규소 강판 : 히스테리시스손 감소
　• 성층 철심 : 와류손 감소

브러시 (brush)
• 정류자와 접촉하여 배터리 전원을 전기자 코일에 전류를 전달하는 역할
• 기동 전동기의 브러시는 원래 길이의 1/3 정도 마모되면 새 것으로 교환

요크 어셈블리
전동기 몸체

단자

계자 (pole, 자극, 고정자)
• 전동기 하우징에 고정
• 계자철심+계자코일(계자권선)
• 자속(전자석)을 만듦
• 방식 : 직류 직권식

정류자 (commutator)
• 회전축이 한방향으로만 회전하도록 전류 방향을 변경
• 정류자는 경동으로 정류자 편을 원형으로 만든다. 정류자 편과 편 사이의 절연체로는 운모를 주로 사용
• 운모와 정류자 편 사이에 언더컷(운모가 정류자 편 윗부분보다 약 0.5mm 정도 낮게 함)을 주어 브러시와 슬립링의 접촉이 양호해지도록 한다.

전기자권선

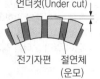

언더컷(Under cut)

전기자편　절연체(운모)

chapter 04

솔레노이드 스위치
B단자
ST단자
M단자
전동기

- **B단자** : 축전지의 ⊕ 단자와 연결
- **ST단자** : 점화스위치의 위치가 START일 때만 축전지의 ⊕ 전원이 인가
- **M단자** : 솔레노이드 스위치와 시동전동기의 계자와 연결되고, 차체에 접지

피니언기어

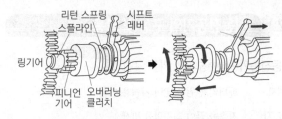

리턴 스프링 시프트 레버
스플라인
링기어
피니언 기어 오버러닝 클러치

시동스위치 ON → 마그네트 스위치에 의해 시프트 레버가 당겨짐 → 피니언 기어가 플라이 휠 기어에 맞물려 크래킹하게 됨

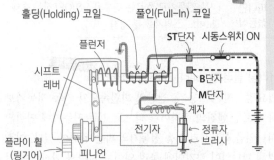

홀딩(Holding) 코일   풀인(Full-In) 코일
플런저
시프트 레버
ST단자 시동스위치 ON
B단자
M단자
계자
플라이 휠 (링기어)
피니언
전기자
정류자
브러시

- **풀인 코일** : 플런저를 잡아당겨 피니언 기어가 앞으로 튀어나와 링기어에 물리게 하는 역할
- **홀딩 코일** : 잡아당긴 플런저를 유지시키는 역할

시동스위치 'ST' ON → 풀인 코일(플런저를 당김)과 홀딩 코일(잡아당긴 상태를 유지)에 전류가 흘러 전자력 발생 → 전자력 방향이 같으므로 흡입력이 강해짐

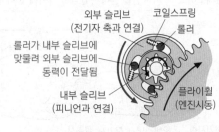

외부 슬리브 (전기자 축과 연결)
코일스프링
롤러
롤러가 내부 슬리브에 맞물려 외부 슬리브에 동력이 전달됨
내부 슬리브 (피니언과 연결)
플라이휠 (엔진시동)

[시동 중]
전기자 축과 일체인 외부 슬리브와 피니언기어와 일체인 내부 슬리브 사이의 롤러가 코일스프링의 장력에 의해 맞물려 시동전동기의 회전이 플라이휠에 전달됨

롤러가 느슨해짐

[시동 후]
엔진의 규정 회전속도 이상 → 회전속도에 의해 롤러가 스프링의 장력을 누르고 외부 슬리브와 내부 슬리브 사이의 물림이 느슨해져 플라이휠(크랭크축)의 회전이 시동전동기 축으로 연결되지 않음

⬆ **롤러식 오버러닝 클러치의 원리**

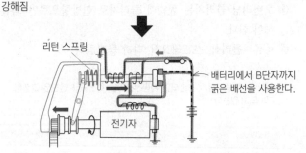

리턴 스프링
전기자
배터리에서 B단자까지 굵은 배선을 사용한다.

풀인 코일과 홀딩 코일의 전자력이 리턴 스프링의 힘을 이기고 플런저를 B, M 단자의 접점으로 잡아당김 → 마그네트 스위치의 접점(B, M)이 연결되어 배터리 전압이 공급되어 모터가 회전하고, 플런저의 이동으로 시프트 레버가 피니언을 앞으로 밀어내어 피니언 기어와 맞물림(크랭킹)

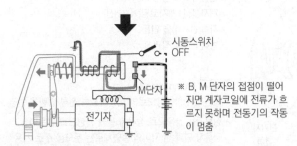

시동스위치 OFF
M단자
전기자

※ B, M 단자의 접점이 떨어지면 계자코일에 전류가 흐르지 못하며 전동기의 작동이 멈춤

시동 스위치 START 해제 → M단자에서 풀인 코일-홀딩 코일-접지로 전류가 흐름 → 전류의 방향이 서로 달라지므로 전자력은 서로 상쇄되어 흡인력이 없어짐 → 리턴 스프링의 힘에 의해 플런저는 원래 상태로 복귀되고, 접점이 열려 모터가 정지됨

⬆ **피니언 섭동식의 원리**

섭동 : '이동하여 물린다'는 의미

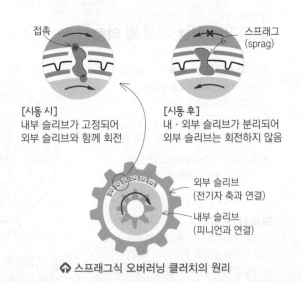

접촉
스프래그 (sprag)

[시동 시]
내부 슬리브가 고정되어 외부 슬리브와 함께 회전

[시동 후]
내 · 외부 슬리브가 분리되어 외부 슬리브는 회전하지 않음

외부 슬리브 (전기자 축과 연결)
내부 슬리브 (피니언과 연결)

⬆ **스프래그식 오버러닝 클러치의 원리**

▶ **다판 클러치 방식** : 출력이 큰 디젤엔진 등에 사용되며, 시동시 슬리브가 피니언 방향으로 전진하여 클러치판이 압착되어 회전력을 피니언에 전달된다.

⑤ 기동전동기의 최소 회전력

$$\frac{\text{기동전동기의}}{\text{최소 회전력}} = \text{엔진 구동력} \times \frac{\text{피니언 잇수}}{\text{플라이휠 링기어 잇수}}$$

개념 이해) 20페이지 $P = \dfrac{2\pi NT}{60}$ 에서

출력(P)이 일정할 때 회전력(토크, T)과 회전수(N)는 반비례이다. 즉,

$$\frac{\text{입력 시 작용토크}}{\text{출력 시 작용토크}} = \frac{\text{출력 회전수}}{\text{입력 회전수}} = \frac{\text{입력 잇수}}{\text{출력 잇수}}$$

이를 다르게 표현하면,　　　　　　　회전수는
　　　　　　　　　　　　　　　　기어잇수에 반비례

$$\frac{\text{기동전동기의 최소 회전력}}{\text{엔진 구동력}} = \frac{\text{피니언 잇수}}{\text{링기어 잇수}}$$

---

03 시동전동기의 고장진단

필수암기

① 시동전동기가 전혀 회전하지 않을 때
① 축전지 불량(완전 방전) 또는 축전지 단자 연결 불량
② 시동전동기 불량
  • 내부 접지로 인해 전류가 무한대로 흘러 파손됨
  • 계자 코일이 단락됨
③ 시동스위치, 배선·퓨즈 단선, 시동 릴레이 등의 불량

② 시동전동기가 천천히 회전하거나 간헐적으로 작동할 때
① 축전지 용량 부족
② 시동전동기 불량(브러시와 정류자의 밀착 불량 등)
③ 축전지 단자 체결 또는 접지 상태 불량

③ 점화스위치의 OFF 시에도 시동전동기가 계속 회전할 때
① 점화 스위치 불량 : START 위치에서 리턴되지 않음
② 마그네트 스위치의 릴레이 불량 : 릴레이 코일 단락

④ 시동전동기는 회전하지만 크랭킹이 되지 않을 때
전동기의 회전력이 플라이휠에 전달되지 못함 : 피니언 기어 또는 링기어의 마모 및 파손 등으로 기어의 치합(맞물림) 불량

▶ 피니언은 링기어에 맞물리고, 시동전동기가 정상일 때 크랭킹이 되지 않으면 : 오버러닝 클러치 불량
　　　　　　　　　　　끼리릭~ 소음 발생

⑤ '딸깍' 소리만 나고 크랭킹이 되지 않을 때
전원 공급 불량 : 축전지 단자 체결 불량, 시동전동기의 솔레노이드 스위치 B단자 체결 불량, ⊖ 케이블 단자 접지 불량
→ '딸깍' 소리는 솔레노이드 코일이 작동하여 피니언 기어가 앞으로 튀어나오는 소리로, S 단자를 통해 전원이 공급되고 있지만 위의 원인으로 모터가 회전하지 않거나 링기어를 돌릴 수 없을 만큼 출력이 약하다는 의미이다.

---

04 시동전동기의 성능 시험

① 무부하 시험(no-load test)
① 시동전동기를 탈거한 상태로 부하 없이 공회전시켜 시험을 하는 것을 말한다.
② 전압계의 적색 리드선은 B단자, 흑색 리드선은 축전지 ⊖ 단자에 연결
③ 클램프 방식의 전류계를 B단자와 축전지 ⊕ 단자 사이의 배선에 설치
　　　　　　　　　　시동모터의 부하를 줄이기 위해
④ 점화스위치를 START로 돌려 15초 이내로 크랭킹한다.

② 부하 시험(load test, torque test)
① 부하 시험은 기동전동기가 자동차에 부착된 상태에서 공회전 시켜 시험하는 것을 말한다.
② 무부하시험과 동일한 방식이며 주의할 점은 엔진시동이 걸리지 않도록 연료·점화장치에 관련된 커넥터를 분리해야 한다.

[시동전동기의 (무)부하 시험]

▶ 참고) 무부하 및 부하시험 시 시동전동기의 양호 상태 비교

	무부하 시험	부하 시험
전압 측정	축전지 전압의 **90%** 이상 예 12V인 경우 12×0.9 = 10.8 (10.8V 이상이면 양호)	축전지 전압의 **80%** 이상 예 12V인 경우 12×0.8 = 9.6 (9.6V 이상이면 양호)
전류 측정	축전지 용량의 **±10%** 이하 예 60 AH인 경우 60×0.1 = ±6 이므로 54~66A 이하면 양호	축전지 용량의 **3배** 이하 예 60 AH인 경우 60×3 = 180이므 로 180A 이하면 양호

▶ 무부하시험과 부하시험 시 전압·전류의 차이 이해
무부하시험과 달리 부하시험은 플라이휠의 링기어를 구동하기 위해 무부하 시험때보다 배터리 부하가 걸리므로 전압을 10% 낮게 설정한다. 부하시험 시 전류의 경우 배터리 전류값으로 측정하는 것이 아니라, 부하에 따라 전류가 급속도록 증가하므로 3배 이하로 설정한다.

05 기동전동기의 점검

1 솔레노이드 스위치 단자 점검
솔레노이드 스위치의 ST단자 커넥터를 탈거한 후 점프 와이어로 ST단자와 B단자를 0.5~1초 정도 연결하여 크랭킹을 확인한다.

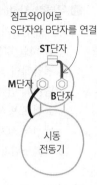
점프와이어로 S단자와 B단자를 연결
ST단자
M단자
B단자
시동 전동기

① 크랭킹이 된다면 : ST단자까지 전원 공급 여부를 점검하고 시동회로를 확인
② 크랭킹이 안되면 : 시동전동기를 탈거하여 고장 여부를 점검

2 솔레노이드 스위치의 풀인(pull-in) 코일 점검
① B·M단자의 배선을 탈거한 후, ST단자에 배터리 ⊕ 전원을, M단자에 ⊖ 전원을 연결한다.
② 시동스위치 ON(또는 배터리 전원 ON) 시 플런저가 흡입되어 피니언 기어가 앞으로 튀어 나오면 풀인 코일은 정상

3 솔레노이드 스위치의 홀딩(holding) 코일 점검
① B·M단자의 배선을 탈거한 후, ST단자에 배터리 ⊕ 전원을, 솔레노이드 스위치 몸체에 ⊖ 전원을 연결한다.
→ 시동전동기는 별도의 ⊖ 단자가 없고, 몸체가 접지 역할을 한다.
② 시동스위치 ON(또는 배터리 전원 ON) 시 앞으로 튀어나와 있던 피니언 기어가 움직이지 않으면 정상

4 전기자(아마추어)의 점검
① **아마추어 테스터(그로울러 시험기, Glower tester)는 전기자 코일의 단선, 단락, 접지를 시험**한다.
 • 정류자편 사이 통전 시험 : 모두 통전되어야 정상
 • 정류자편과 전기자 코일 코어 또는 전기자축 사이 통전 시험 : 통전되지 않아야 정상
 • 브러시 홀더 사이의 통전 시험 : 통전되지 않아야 정상

 • 단선(저항 ∞Ω) : 코일의 끊어짐 여부 시험
 • 단락(저항 0Ω) : 코일끼리 붙어 있는지의 시험
 • 접지 : 코일과 전기자 축의 연결상태 시험

② 전기자 축의 휨 : V 블록에 올려두고, 다이얼 게이지로 런아웃(휘는 정도)을 점검한다.(한계값 : 0.05mm)
③ 전기자의 축 마멸 : 마이크로미터로 측정하여 마멸이 심하면 연삭하고 언더사이즈의 부싱을 끼운다.

④ 전기자의 정류자 마멸 : 버니어캘리퍼스로 언더컷 정도를 측정하여 마멸이 가벼우면 사포로 수정하고, 심하면 전기자 어셈블리를 교환한다.
⑤ 브러시 마멸 : 버니어캘리퍼스로 표준 길이의 1/3 이상 마모된 경우, 마모 한계선 이상 마모된 경우, 오일에 젖은 경우에 브러시를 교환한다.

06 시동회로

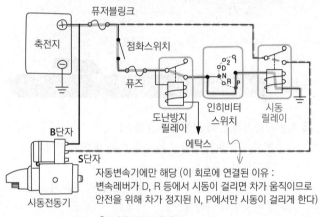

퓨저블링크
축전지
점화스위치
퓨즈
도난방지 릴레이
에탁스
인히비터 스위치
시동 릴레이
B단자
S단자
시동전동기

자동변속기에만 해당 (이 회로에 연결된 이유 : 변속레버가 D, R 등에서 시동이 걸리면 차가 움직이므로 안전을 위해 차가 정지된 N, P에서만 시동이 걸리게 한다)

⬆ 시동회로 개념도

1 시동퓨즈 점검
시동스위치 ON에서 모터가 작동하지 않을 경우 퓨즈박스의 시동퓨즈(30A)를 점검하고, 퓨즈에 이상이 없으면 시동 릴레이를 점검한다.

2 시동 릴레이 점검
① 릴레이에 전원 연결을 하지 않고, 테스터기로 릴레이 ❷, ❹번의 저항 또는 통전시험을 한다.
 → 정상 : 저항이 측정되거나 통전이어야 함
② 전원 연결을 하지 않고, ❸번은 저항 또는 통전시험을 한다.
 → 정상 : 저항이 측정되지 않거나 통전되지 않아야 함
③ 배터리 전원을 ❷, ❹번에 연결한 후 '찰깍'하고 철편이 붙어 ❶, ❸번에 전기가 흐르는지 확인한다.

시동 릴레이

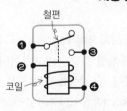
철편
❶
❷
코일
❸
❹

 • 릴레이는 전기회로에서 동작을 신속히 하고 전기스파크를 방지하여 스위치 접점 보호와 전기회로 보호를 위해 설치된다.
 • 작동원리 : 코일에 전기가 흐르면(❷-❹) 전기장이 형성되어 철편을 당겨 ❶-❸에 전기가 흐르게 한다.(접점이 있는 전자동 스위치)

1 전동기의 기본 원리는 어느 법칙에 해당되는가?　[15-1, 07-2] 출제율 ★

① 플레밍의 왼손 법칙　② 렌쯔의 법칙
③ 오른나사의 법칙　④ 키르히호프의 법칙

> ② 렌쯔의 법칙 : 전자유도현상에 의해 발생하는 유도기전력의 방향을 나타내는 법칙으로, 교류발전기의 원리에 해당한다.
> ③ 오른나사의 법칙 : 오른나사를 돌렸을 때 나사의 진행 방향이 전류의 방향이고 나사의 회전 방향이 자기장의 방향이다.
> ④ 키르히호프의 법칙 : 회로상의 한 교차점으로 들어오는 전류의 합은 나가는 전류의 합과 같다.

2 시동전동기의 주요 부분이 아닌 것은?　[13-2] 출제율 ★

① 회전력을 발생하는 부분
② 무부하 전력을 측정하는 부분
③ 회전력을 기관에 전달하는 부분
④ 피니언을 링기어에 물리게 하는 부분

> **시동전동기 주요 부분**
> • 전기자 : 회전력이 발생
> • 피니언 기어 : 회전력을 기관에 전달하는 부분
> • 마그네틱 스위치 : 피니언을 링기어에 물리게 하는 부분

3 다음 중 플레밍의 왼손법칙을 이용한 것은?　[11-3] 출제율 ★★★

① 변압기　② 축전기
③ 전동기　④ 발전기

> • 전동기 : 플레밍의 왼손법칙
> • 발전기 : 플레밍의 오른손법칙, 렌츠의 법칙

4 기동전동기에서 회전하는 부분이 아닌 것은?　[13-3] 출제율 ★★★

① 오버런닝 클러치　② 정류자
③ 계자 코일　④ 전기자 철심

> **시동전동기 주요 부분**
> • 회전 부분 : 전기자, 정류자, 피니언 기어
> • 고정 부분 : 계자 코일, 계철, 브러시, 솔레노이드 등

5 시동전동기에서 회전하는 부분은?　[10-1] 출제율 ★★★

① 계자 코일　② 솔레노이드
③ 계철　④ 전기자

6 모터(시동전동기)의 형식을 맞게 나열한 것은?　[13-4] 출제율 ★★★

① 직렬형, 병렬형, 복합형
② 직렬형, 복렬형, 병렬형
③ 직권형, 복권형, 복합형
④ 직권형, 분권형, 복권형

> **시동전동기(직류전동기)의 종류**
>
> | | |
> |---|---|
> | 직권형 | 계자 코일과 전기자 코일이 직렬로 연결 |
> | 분권형 | 계자 코일과 전기자 코일이 병렬로 연결 |
> | 복권형 | 계자 코일과 전기자 코일이 직·병렬로 연결 |

7 직권식 시동전동기의 전기자 코일과 계자코일은 어떻게 접속되어 있는가?　[06-1] 출제율 ★★★

① 직렬 접속
② 병렬 접속
③ 직·병렬 접속
④ 각각 접속

8 자동차용 기동전동기(self starting motor)에 주로 사용되는 전동기는?　[06-3] 출제율 ★★★

① 분권식 전동기
② 직권식 전동기
③ 복권식 전동기
④ 교류 전동기

> 시동 시 큰 토크가 요구되므로 직권식 전동기를 주로 사용한다.

9 정류자에 대한 설명으로 틀린 것은?　[09-2] 출제율 ★★

① 정류자는 경동으로 정류자 편을 원형으로 만든다.
② 정류자에서 정류자 편과 편 사이의 절연체로는 운모를 주로 사용한다.
③ 언더컷은 운모가 정류자 편 윗부분보다 약 0.5mm 정도 낮은 것이다.
④ 정류자는 언더컷이 적을수록 브러시와 슬립링의 접촉이 양호해진다.

> 언더컷(under cut)은 약 0.5mm이며, 정류자는 언더컷이 적을수록 브러시와 슬립링의 접촉이 나빠진다.

정답 1 ① 　2 ② 　3 ③ 　4 ③ 　5 ④ 　6 ④ 　7 ① 　8 ② 　9 ④

chapter 04

10 시동전동기에서 회전력을 기관의 플라이휠에 전달하는 것은?

① 피니언 기어   ② 아마추어
③ 브러시   ④ 시동 스위치

> 시동전동기의 전달력은 전기자축에 고정된 피니언 기어에 의해 플라이휠 기어에 전달된다.

11 직권 전동기의 특징 중 틀린 것은?

① 기전력은 회전속도에 반비례한다.
② 전기자 전류는 기전력에 반비례한다.
③ 회전력은 전기자의 전류가 클수록 크다.
④ 기동 회전력이 크다.

> 기전력은 회전속도에 비례한다.

12 시동전동기의 단품 점검 시 풀인(pull-in) 시험을 시행할 때 필요한 단자의 연결로 옳은 것은 ?

① 배터리 (+)는 ST단자에, 배터리 (-)는 M단자에 연결한다.
② 배터리 (+)는 ST단자에, 배터리 (-)는 모터 몸체에 연결한다.
③ 배터리 (+)는 B단자에, 배터리 (-)는 모터 몸체에 연결한다.
④ 배터리 (+)는 B단자에, 배터리 (-)는 ST단자에 연결한다.

> 1) 풀인 시험 (pull-in)
>   • B 단자에 연결된 케이블 분리 후 모터 ST단자에 배터리 ⊕단자 연결, 모터 M 단자에 배터리 ⊖단자 연결
>   • 피니언이 전진하면 정상
> 2) 홀드인 시험 (holding, hold-in)
>   • B 단자에 연결된 케이블 분리 후 모터 ST단자에 배터리 ⊕단자 연결, 모터 하우징에 배터리 ⊖단자 연결
>   • 피니언이 전진 상태로 계속 유지하면 홀드인 코일은 정상

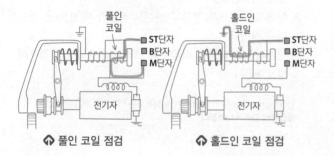

↥ 풀인 코일 점검   ↥ 홀드인 코일 점검

13 시동전동기 전자식 스위치의 풀인 코일 접속은?

① 직렬 접속
② 병렬 접속
③ 직·병렬 접속
④ 기동시만 병렬로 접속

> 시동전동기 전자식 스위치의 풀인 코일은 배터리와 직렬로 접속되어 있고, 홀드 인 코일은 병렬로 접속되어 있다.

14 시동전동기에서 오버런닝 클러치를 사용하지 않는 방식은?

① 벤딕스식
② 전기자 섭동식
③ 피니언 섭동식
④ 링기어 섭동식

> 벤딕스식은 피니언 기어의 관성을 이용한 것으로, 엔진 기동 후 엔진 회전에 의해 피니언 기어가 되돌아오므로 오버런닝 클러치가 필요없다.

15 시동전동기에서 오버런닝 클러치의 구조에 해당되지 않는 것은?

① 롤러식
② 스프래그식
③ 전기자식
④ 다판 클러치식

16 기동 전동기의 피니언과 링기어의 물림 방식에 속하지 않는 것은?

① 피니언 섭동식
② 벤딕스식
③ 전기자 섭동식
④ 유니버셜식

> **시동전동기의 링기어 물림방식**
> 벤딕스식, 전기자 섭동식, 피니언 섭동식

17 [14-1, 10-4] 출제율 ★ ☐☐☐

오버러닝 클러치 형식의 기동 전동기에서 기관이 시동 된 후 계속해서 시동스위치를 작동시키면 발생될 수 있는 현상으로 가장 적절한 것은?

① 기동 전동기의 전기자가 타기 시작하여 곧바로 소손된다.
② 기동 전동기의 전기자는 무부하 상태로 공회전하고 피니언 기어는 고속 회전하거나 링기어와 미끄러지면서 소음을 발생한다.
③ 기동 전동기 전기자가 정지된다.
④ 기동 전동기의 전기자가 기관 회전보다 고속 회전한다.

> 시동 후 엔진이 작동되면 엔진 회전에 의해 전기자에 연결된 피니언 기어이 고속 회전하므로 오버러닝 클러치에 의해 무부하 상태로 공회전한다. 그러나 시동스위치를 계속 작동시키면 피니언 기어와 링기어가 계속 맞물리므로 미끄러져 소음이 나며, 심하면 시동스위치에 과부하가 걸려 배터리에 영향을 줄 수 있다.

18 [11-1] 출제율 ★ ☐☐☐

디젤 승용자동차의 기동장치 회로 구성요소로 틀린 것은?

① 축전지
② 시동전동기
③ 밸러스트 저항
④ 예열·시동스위치

> 디젤기관의 시동장치에는 축전기, 시동전동기, 예열·시동스위치가 있다.
> ※ 밸러스트 저항(ballast resistor)은 점화장치의 구성요소로 과전류로 인하여 회로가 파손되는 것을 막아주는 역할을 한다.

19 [12-4, 08-1, 06-1, 15-4 유사] 출제율 ★★★ ☐☐☐

시동전동기의 시험과 관계없는 것은?

① 저항 시험
② 회전력 시험
③ 고부하 시험
④ 무부하 시험

> 시동전동기의 계측시험 : 무부하 시험, 회전력 시험, 저항 시험

20 [14-3, 09-3] 출제율 ★★★ ☐☐☐

기관에 설치된 상태에서 시동 시(크랭킹 시) 시동전동기에 흐르는 전류와 회전수를 측정하는 시험은?

① 단선 시험
② 단락 시험
③ 접지 시험
④ 부하 시험

> 부하시험이란 엔진을 시동(크랭킹)할 때 시동전동기에 흐르는 전류값과 회전수를 측정하는 시험이다.

21 [12-1] 출제율 ★ ☐☐☐

시동전동기의 시동(크랭킹)회로에 대한 내용으로 틀린 것은?

① B 단자까지의 배선은 굵은 것을 사용해야 한다.
② B 단자와 ST 단자를 연결해 주는 것은 마그네토 스위치(key)이다.
③ B 단자와 M 단자를 연결해 주는 것은 마그네토 스위치(key)이다.
④ 축전지 접지가 좋지 않더라도 (+) 선의 접촉이 좋으면 작동에는 지장이 없다.

> 기동스위치의 홀드인 코일은 축전지의 ⊕선에서 접지로 전류가 흐르므로 접지 상태가 양호해야 자화가 이루어져 플런저를 당겨 접접을 원활하게 해준다.

22 [08-3] 출제율 ★★★ ☐☐☐

기동 전동기의 회전력 시험은 어떠한 것을 측정하는가?

① 정지 회전력
② 공전 회전력
③ 중속 회전력
④ 고속 회전력

> 부하상태에서 시동전동기의 전류와 회전력을 측정하는 것으로, 회전력 시험은 전기자가 회전되지 않기 때문에 정지 회전력(stall torque)이라 한다.

23 [13-1] 출제율 ★★★★ ☐☐☐

시동전동기를 기관에서 떼어내고 분해하여 결함 부분을 점검하는 그림이다. 옳은 것은?

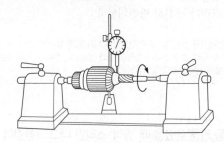

① 전기자 축의 휨 상태 점검
② 전기자 축의 마멸 점검
③ 전기자 코일 단락 점검
④ 전기자 코일 단선 점검

> 전기자 축의 휨 상태 점검은 전기자를 회전시켜 다이얼 게이지를 이용하여 휨 여부를 점검하는 시험이다.

정답 17 ② 18 ③ 19 ③ 20 ④ 21 ④ 22 ① 23 ①

chapter 04

24 시동전동기에 많은 전류가 흐르는 원인으로 옳은 것은?

① 높은 내부저항
② 내부 접지
③ 전기자 코일의 단선
④ 계자 코일의 단선

> • 높은 내부저항 : 저항이 높으므로 전류가 낮아짐
> • 단선(전선이 끊어짐) : 전류가 흐르지 않음
> • 단락(합선, 내부접지) : 저항이 최저가 되므로 과전류가 흘러 파손되거
>   나 화재 발생 우려

25 전기자 시험기로 시험하기에 가장 부적절한 것은?

① 코일의 단락
② 코일의 저항
③ 코일의 접지
④ 코일의 단선

> **전기자 시험기**(그로울러 테스터, growler tester)의 시험
> 전기자의 단선, 단락, 접지

26 다음 중 시동전동기는 정상적으로 회전하지만 크랭킹이
되지 않을 때의 원인으로 가장 적합한 것은?

① 축전지 용량이 부족하다.
② 피니언 기어 또는 링 기어의 마모되었다.
③ 시동전동기의 전기자 코일이 단선되었다.
④ 배터리가 완전히 방전되었다.

> 시동전동기가 정상적으로 회전한다면 시동전동기와 배터리에 이상이 없음
> 을 알 수 있다. 보기에서는 플라이 휠에 전달되는 피니언 기어 또는 링기어
> 의 마모가 원인으로 가장 적합하다.

27 시동 키를 돌렸을 때 '딸깍' 소리만 나고 크랭킹이 되지 않
을 때의 원인이 아닌 것은?

① (−) 케이블 단자 접지 불량
② 축전지 단자 체결 불량
③ 점화 스위치 불량
④ 시동전동기의 솔레노이드 스위치 B단자 체결 불량

> '딸깍' 소리는 솔레노이드가 작동하여 피니언 기어가 앞으로 튀어나와 링기
> 어와 치합할 때 나는 소리로, 이를 통해 솔레노이드 스위치, 축전지 연결상
> 태, 접지 상태 등이 이상이 없음을 알 수 있다.
> ※ 점화 스위치가 불량하면 솔레노이드 스위치가 작동하지 않는다.

28 시동전동기의 성능 시험 중 무부하 시험에 대한 설명으
로 틀린 것은?

① 무부하 시험이란 시동전동기를 자동차에서 탈거한 상태
로 부하없이 공회전시켜 시험을 하는 것을 말한다.
② 전압 측정 시 전압계의 적색 리드선은 B단자, 흑색 리드
선은 축전지 (−) 단자에 연결한다.
③ 전류 측정 시 클램프 방식의 전류계를 B단자와 축전지 (+)
단자 사이의 배선에 설치한다.
④ 전류 측정 시 축전지 용량의 3배 이하이면 양호하다.

> ④의 내용은 부하시험에 관한 것이며, 무부하 시험의 전류 측정 시 축전지
> 용량의 ±10% 이하일 때 양호하다.

29 축전기 용량이 60AH일 때 시동시험기의 부하 시험을 할
때 크랭킹 시 양호한 전류값 기준은?

① 6A 이하
② 54~66A 이하
③ 120A 이하
④ 180A 이하

> 부하시험 시 축전지 용량의 3배 이하가 되어야 하므로 60×3 = 180A 이
> 하면 양호한 것으로 판정한다.

30 시동전동기 단자를 점검할 때 B단자에 해당하는 것은?

① 솔레노이드 스위치 단자 점검 시 솔레노이드 스위치의 B
단자 커넥터를 탈거해야 한다.
② 축전지의 (+) 단자와 연결된다.
③ 점화스위치의 위치가 START일 때만 축전지의 (+) 전원
이 인가된다.
④ 솔레노이드 스위치와 시동전동기가 연결되고, 차체에 접
지된다.

> • B단자 : 축전지의 ⊕ 단자와 연결
> • S단자 : 점화스위치의 위치가 START일 때만 축전지의 ⊕ 전원이 인가
> • M단자 : 솔레노이드 스위치와 시동전동기가 연결되고, 차체에 접지

정답 　24 ②　25 ②　26 ②　27 ③　28 ④　29 ④　30 ②

31 시동전동기의 전기자(아마추어)를 점검할 때 점검 대상 및 장비 연결이 잘못된 것은?

① 전기자 코일의 단선·단락·접지 시험 – 아마추어 테스터
② 전기자 축의 휨 – V블록, 다이얼 게이지
③ 전기자의 축 마멸 – 마이크로미터
④ 전기자의 정류자 마멸 – 다이얼 게이지

전기자의 정류자는 버니어 캘리퍼스로 치수를 측정하여 마멸정도를 점검한다.

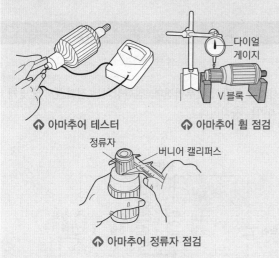

↑ 아마추어 테스터　　↑ 아마추어 휨 점검

↑ 아마추어 정류자 점검

• 버어니어 캘리퍼스 : 측정물의 절대 길이를 측정
• 다이얼 게이지 : 바늘의 움직임을 통해 축의 휨 정도를 측정

32 멀티미터를 이용하여 전기회로 내 전류를 측정할 때 올바른 연결은?

① 회로에 직렬로 연결하여 사용한다.
② 회로에 병렬로 연결하여 사용한다.
③ 회로에 직렬, 병렬 연결을 모두 사용한다.
④ 회로에 전류계의 사용 시 극성에는 무관하다.

전류 측정 시 멀티미터의 적절한 전류 레인지를 선택한 후 직렬로 연결하며, 전압 측정 시 전압 레인지 선택 후 병렬로 연결한다.

33 자동차 이상 유무 점검 시 엔진이 시동된 상태에서 점검할 사항이 아닌 것은?

① 클러치의 연결 상태 점검
② 냉각수 온도 상승 여부 점검
③ 기동모터와 마그네트의 작동 점검
④ 엔진 작동 시 이상음 점검

기동전동기와 마그네트 점검 시 단품으로 점검하거나 시동이 걸리지 않아야 한다.

34 기동전동기의 분해조립 시 주의할 사항이 아닌 것은?

① 관통볼트 조립 시 브러시 선과의 접촉에 주의할 것
② 브러시 배선과 하우징과의 배선을 확실히 연결할 것
③ 레버의 방향과 스프링, 홀더의 순서를 혼동하지 말 것
④ 마그네틱 스위치의 B단자와 M(또는 F)단자의 구분에 주의할 것

기동전동기에서 M단자와 브러시 연결이 정상해야 하며, M단자 – 계자코일 – 브러시 – 하우징 접지는 비도통이어야 정상하다.

35 기동전동기의 필요 회전력에 대한 수식은?

① 크랭크축 회전력 $\times \dfrac{\text{링기어 잇수}}{\text{피니언기어 잇수}}$

② 캠축 회전력 $\times \dfrac{\text{피니언기어 잇수}}{\text{링기어 잇수}}$

③ 크랭크축 회전력 $\times \dfrac{\text{피니언기어 잇수}}{\text{링기어 잇수}}$

④ 캠축 회전력 $\times \dfrac{\text{링기어 잇수}}{\text{피니언기어 잇수}}$

$\dfrac{\text{기동전동기의}}{\text{최소 회전력}} = \text{크랭크축 회전력} \times \dfrac{\text{기동전동기의 피니언기어 잇수}}{\text{플라이휠의 링기어 잇수}}$

05 엔진점화장치

[예상문항 : 3~4문제] 다른 섹션에 비해 출제문항수가 높습니다. 기초이론을 알아야 유추할 수 있는 문제도 출제되니 전체적으로 학습하기 바랍니다. 이 섹션에서도 점화장치 시험·점검에서도 출제빈도가 높습니다.

↑ NCS 동영상

01 컴퓨터 제어방식 점화장치의 개요

1 점화장치의 정의

가솔린 엔진에서 압축과정 말에 있는 실린더의 경우 이에 맞게 점화시켜야 폭발이 이루어진다. 점화장치는 점화순서에 맞게 배터리 전압을 점화코일로 고전압으로 승압하여 점화플러그로 보내 연소시키는 장치이다.

2 점화장치의 작동

점화장치의 기초 작동 원리

스위치를 단속(ON-OFF)시켰을 때 12V의 배터리 전압은 전자유도작용에 의해 1차 코일에 약 300~400V의 유도전압이 발생되며, 동시에 상호유도작용에 의해 2차 코일에 약 25,000~30,000V의 고전압이 발생되어 점화플러그로 보내 불꽃 방전을 일으킨다.

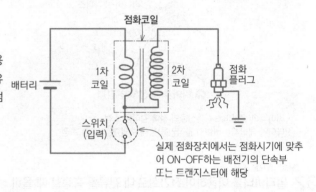

실제 점화장치에서는 점화시기에 맞추어 ON-OFF하는 배전기의 단속부 또는 트랜지스터에 해당

고에너지 점화장치(HEI)의 기초 작동 원리 〔필수암기〕

❶ 엔진제어 컴퓨터(ECU)는 배전기 내의 크랭크각 센서 데이터 신호를 입력받아 이를 연산하여 최적의 점화시기에 파워 TR의 베이스로 점화신호를 보냄(ON/OFF) → ❷ 파워 트랜지스터(TR)의 단속(스위칭 작용)에 의해 → ❸ 1차 코일에 자기유도작용이 발생되어 유도전압이 발생 → 2차 코일에 상호유도작용에 의해 고전압을 발생 → ❺ 캠축에 의해 적절한 점화시기에 배전기 캡의 바깥단자를 통해 → ❻ 점화플러그로 보내 불꽃 방전을 일으킴

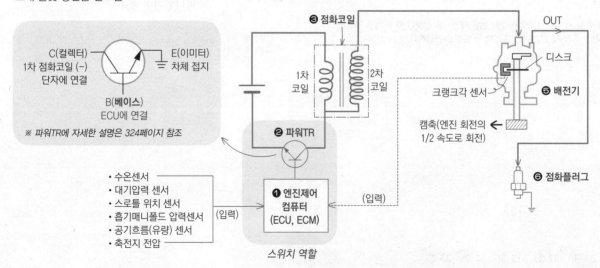

무배전기 점화장치(DLI)의 기초 작동 원리 필수암기

기초 원리는 고에너지 점화장치(HEI)와 같으나 차이점은 배전기가 없으며, 크랭크각 센서 및 1번 실린더 상사점 센서는 크랭크축 및 캠축에 연결되어 엔진 회전에 따라 점화순서 및 점화시기를 감지하여 ECU에 보내 제어한다.

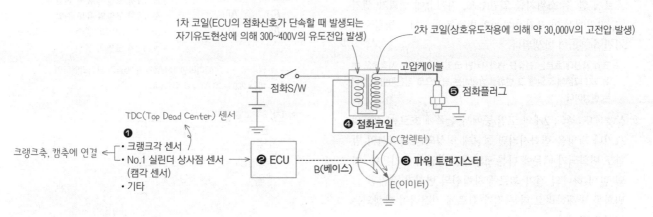

③ 점화장치의 구비조건 필수암기

① 발생 전압이 높고 여유 전압이 커야 한다.
② 점화 시기 제어가 정확해야 한다.
③ 불꽃 에너지가 높아야 한다.
④ 잡음 및 전파 방해가 적어야 한다.
⑤ 절연성이 우수해야 한다.

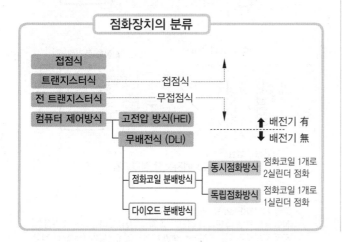

점화장치의 분류

02 점화장치의 구성품과 역할

▶ 기본 구성품 및 기능

구성품	기능 및 종류
점화제어부	점화시기를 결정해야 할 센서의 정보를 입력받아 점화플러그에 불꽃을 튀기는 점화시기를 설정 • 기계식 진각 방식 : 배전기에 내장된 원심 진각 기구와 진공 진각 기구 • 전자식 진각 방식 : ECU(컴퓨터)를 이용
고전압 발생부 (점화코일)	전자유도작용과 상호유도작용에 의해 점화코일의 불꽃점화를 위한 고전압을 발생시킨다.
전류 단속부	점화코일의 1차 전류를 단속하는 것 (파워 트랜지스터)
배전부 (Distributor)	점화코일에서 발생된 고전압을 각 실린더의 점화플러그에 점화 순서대로 배전하는 것 • 배전기를 이용한 배전방식 – 고전압 점화방식 • 배전기 없이(Distributor Less Ignition, DLI) – 트랜지스터를 이용한 배전방식
점화부 (점화플러그)	점화코일에서 발생된 고전압을 받아 혼합 가스에 전기적인 불꽃 방전을 일으켜서 착화 연소시키는 것

1 점화코일(Ignition Coil)

필수암기

(1) 기본 원리 : **자기유도작용과 상호유도작용**을 이용

① 자기유도작용(self induction) : 스위치를 닫아 코일에 전류가 흐르게 한 후 스위치를 열면(단속), 자기장에 변화가 생기고, 코일에는 이 자기장(자속)의 변화를 방해하는 방향으로 기전력(전압)이 발생된다.

→ 코일 자신에 흐르는 전류를 변화시키면 코일과 교차하는 자력선도 변화되기 때문에 코일에 그 변화를 방해하는 방향으로 기전력이 발생되는 현상이다.

② 상호유도작용 : 2개의 코일 중에서 한쪽에 흐르는 전류의 크기나 방향을 변화시키면 철심에 형성되는 자력선의 방향도 변화되기 때문에 다른 코일에는 전압이 유기된다. 이와 같이 하나의 전기 회로에 자력선의 변화가 생기면 그 변화를 방해하려고 다른 전기 회로에 기전력이 발생되는 현상을 말한다.

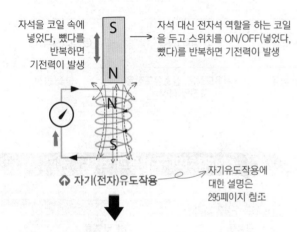

자석을 코일 속에 넣었다, 뺐다를 반복하면 기전력이 발생 → 자석 대신 전자석 역할을 하는 코일을 두고 스위치를 ON/OFF(넣었다, 뺐다)를 반복하면 기전력이 발생

⬆ 자기(전자)유도작용 → 자기유도작용에 대한 설명은 295페이지 참조

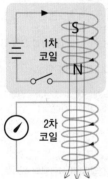

• 스위치를 ON하면 1차 코일에 전류가 흘러 1차 코일에 자속이 발생한다. 이 자속이 2차 코일에 영향을 준다. 이 때 전류의 변화를 주면 2차 코일에서는 전자유도작용에 의해 자속의 변화를 방해하려는 방향으로 유기기전력이 발생한다.

• 2차 코일의 권선수를 많게 하여 높은 기전력을 발생시킨다.

⬆ 상호유도작용

---

(2) 권수비와 유도전압

필수암기

코일을 감은 횟수의 비

2차 코일에 발생하는 기전력(유도전압)은 1·2차 코일의 **권수비**에 의해 결정된다.

$$\frac{E_2}{E_1} = \frac{N_2}{N_1}$$

• E_1 : 1차 코일의 유도 전압
• E_2 : 2차 코일의 유도 전압
• N_1 : 1차 코일의 권수
• N_2 : 2차 코일의 권수

→ 예 권수비가 1 : 100이라면 1차 코일에 200V가 유기되었다면 $100 \times 200 = 20,000V$가 유기된다.

▶ 1차, 2차 코일의 비교

권선수	1차 코일 < 2차 코일
저항	1차 코일 < 2차 코일
유도전압	1차 코일 < 2차 코일
굵기	1차 코일 > 2차 코일

(3) 점화코일의 종류 : 개자로형, 폐자로형

① 폐자로형(몰드형, □형) 코일의 특징

• 코일 내부를 수지로 몰드(메움)시켜 폐자로형 철심을 통해 자속이 흐르도록 하여 자속이 외부로 방출되는 것을 방지

• 기존 방식(개자로)에 비해 1차 코일 저항을 감소시키고, 코일을 굵게 하여 자속 형성이 커져 1차 및 2차 전압 성능 향상

• 전자제어식 점화장치(고에너지점화장치, HEI)에 적합

• 구조가 간단하고(소형, 경량화), 내열성, 방열성 우수

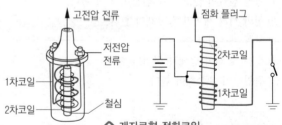

⬆ 개자로형 점화코일

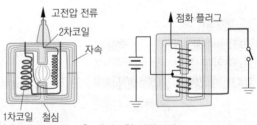

⬆ 폐자로형 점화코일

▶ 고압 케이블(High Tension Cable)
점화 코일의 중심 단자와 배전기 캡 중심 단자, 그리고 배전기 중심 단자와 점화플러그를 연결하는 절연 배선으로 고전압이 흐르므로 저항을 최소화하고, 고전압에 의한 고주파 방지를 위해 케이블 전체에 걸쳐 고저항(10kΩ)이 들어있는 TVRS(Television Radio Suppression Cable) 케이블을 사용한다.

② 점화플러그(Spark Plug)

(1) 역할 : 실린더헤드에 부착되어 실린더 내에서 압축된 혼합기에 고압 전기로 불꽃을 일으킨다. 고전압은 점화코일에서 발생하여 고압 케이블을 통해 배전기에 의해 각 실린더의 점화플러그에 공급된다.

(2) 구조

① 하우징 : 중심전극, 절연체, 나사산으로 구성(니켈, 크롬합금)
② 절연체 : 고온에서도 높은 절연 저항을 유지, 열전도성, 기계적 강도 등이 커야 함(알루미나 세라믹 재료)
③ 전극 : 중심전극, 접지전극이 있으며, 두 간극(약 0.7~1.1mm) 사이에 불꽃이 일어난다.

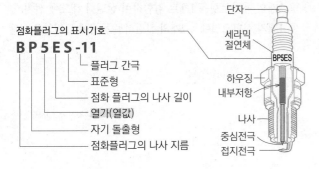

점화플러그의 표시기호

B P 5 E S -11
┃┃┃┃┃ └── 플러그 간극
┃┃┃┃ └── 표준형
┃┃┃ └── 점화 플러그의 나사 길이
┃┃ └── 열가(열값)
┃ └── 자기 돌출형
└── 점화플러그의 나사 지름

단자
세라믹 절연체
하우징
내부저항
나사
중심전극
접지전극

▶ 불꽃전압의 크기에 영향을 미치는 주요 요소
전극의 간극, 혼합기의 압력, 점화플러그의 형상, 전극 및 혼합기의 온도

(3) 열가(熱價, heat range) 필수암기

① 열에 대한 저항을 나타내는 숫자를 말한다.
② 점화플러그의 열가 표시 : 2(열형)~13(냉형)
③ 열가에 따른 점화플러그 구분

열형 플러그 (Hot)	열에 대한 노출이 크고 방열이 나빠(열 흡수 면적이 크고, 방열경로가 길다) 저압축비, 저속 회전의 기관에 사용된다.
표준형 플러그	중간인 절연체 노즈 면적이 열형보다 작다. 열 흡수가 더 낮아지고, 열 분산은 더 높다.
냉형 플러그 (Cold)	열에 대한 노출이 작고 방열이 좋아(열 흡수 면적이 작고, 방열 경로가 짧다) 고압축비·고속 회전의 엔진에 사용된다.

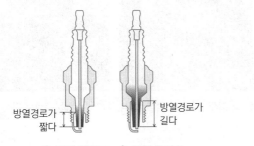

방열경로가 짧다
방열경로가 길다

⬆ 냉형 플러그 ⬆ 열형 플러그

(4) 자기청정온도

① 점화플러그 자체의 전극부 온도로 전극에 퇴적한 카본(Carbon)을 연소시켜 제거하는 것을 '자기청정작용'이라고 한다.(자기청정온도 범위 : 450~950℃)
② 카본은 양도체(전기가 흐르기 쉬움)이므로 전극 사이에 고압 전류의 누전으로 실화의 원인이 되며, 고속주행에서 950℃ 이상일 경우 조기점화의 우려가 있다.

→ 엔진이 냉각된 상태에서 공회전 또는 저속 주행 시 농후혼합기로 인해 점화플러그의 전극에 카본이 퇴적하기 쉽다.

자기청정온도가 • 정상보다 높으면(900℃ 이상) → 조기점화 발생
• 정상보다 낮으면(450℃ 이하) → 실화 발생

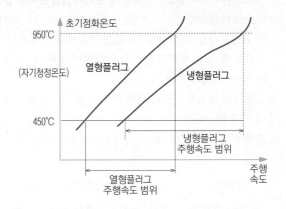

③ 배전기(Distributor)

캠축에 의해 구동되며, 캠축의 회전 위치에 따라 점화코일에 유도된 고전압을 엔진의 점화순서(1-3-4-2)에 따라 각 실린더의 점화플러그에 분배하는 역할을 한다.

(1) 옵티컬(optical, 광학식) 방식

① 구성 : 크랭크각 센서, 1번 실린더 상사점 센서, 배전기 축과 함께 회전하는 디스크, 점화코일에서 유도된 고전압을 점화 순서에 따라 배분하는 로터(rotor) 등
② 배전기축에 연결된 캠축의 위치와 슬릿을 일치하게 하고 발광 다이오드에서 빛을 송신했을 때 슬릿을 통해 포토 다이오드에서 빛을 수신함으로써 점화순서를 인식한다.

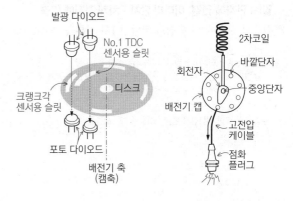

발광 다이오드
No.1 TDC 센서용 슬릿
디스크
크랭크각 센서용 슬릿
포토 다이오드
배전기 축 (캠축)
2차코일
바깥단자
회전자
중앙단자
배전기 캡
고전압 케이블
점화 플러그

chapter 04

(2) 인덕션(Induction) 방식

① 톤 휠(ton wheel)과 영구자석을 이용

② 이 방식은 No.1 TDC 센서(제1번 실린더 상사점 센서) 및 크랭크각 센서의 톤 휠을 크랭크축 풀리(또는 플라이 휠)에 설치하고, 크랭크축이 회전하였을 때 엔진 회전수와 제1번 실린더 상사점의 위치를 통해 컴퓨터는 분사 순서와 점화 순서를 결정한다.

④ 크랭크각 센서(크랭크샤프트 포지션 센서, CAS 센서)

① 크랭크각 센서의 역할
- 엔진의 회전속도 검출 : 연료의 **기본 분사량을 결정**
- 피스톤의 위치 검출 : **연료 분사 순서와 점화 순서를 결정**

② 디스크 바깥쪽에 설치된 4개의 슬릿(Slit)에 의해 각 실린더의 크랭크각을 검출하여 그 신호를 컴퓨터로 보내 엔진 회전속도 및 흡입 공기량 신호 등과 함께 점화진각을 계산하여 파워 TR에 보낸다.

③ 크랭크각 센서가 고장이 나면 연료가 분사되지 않아 시동이 되지 않는다.

④ 장착 위치 : 크랭크축(또는 플라이 휠, 배전기)

⑤ 종류

광전식(옵티컬)	슬릿 원판의 구멍에 의한 디지털 신호
마그네틱 픽업 방식 (인덕티브)	전자석에 의한 교류 전압 신호 (아날로그 신호)
홀 효과 방식	홀 소자에 의한 디지털 신호

⑤ 상사점 센서(No.1 TDC 센서, 캠각센서)

No.1, No.4 실린더의 압축 상사점을 검출하여 컴퓨터로 보내며, 컴퓨터는 이 신호에 의해 점화시기를 결정

⑥ 파워 트랜지스터(TR) 필수암기

① 2개의 NPN형 트랜지스터를 결합한 형태로 ECU의 신호에 의해 점화코일의 1차 회로에 흐르는 전류를 단속하는 역할

② 구조 : **베이스 단자 - ECU에 연결, 컬렉터 단자 - 1차 점화코일(-) 단자에 연결, 이미터 단자 - 차체 접지에 연결**

③ 컴퓨터 신호에 의해 점화 코일의 1차 전류를 제어(단속)

▶ 파워 트랜지스터(TR) 불량 시 나타나는 증상
크랭킹은 되나 엔진시동 불량, 공회전 불안정, 연료 소모 증가, 출력 저하, 심할 경우 시동이 걸리지 않음

▶ 점화장치의 고장 시 원인
점화코일 결함, 파워TR 불량, 고압케이블 소손 등

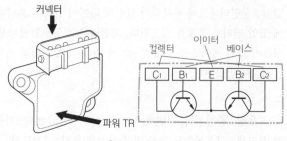

[DLI 파워트랜지스터]

⑦ 점화 코일

① 파워 트랜지스터 작동에 따라 고전압을 유도

② 2개의 폐자로형을 1개로 결합하여 실린더 헤드에 설치

③ 1개의 점화코일에서 2개의 실린더로 동시에 고전압을 보냄

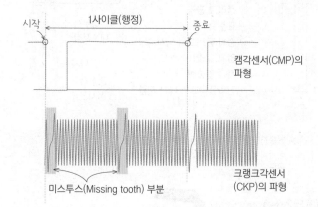

크랭크각센서의 파형에서 1행정당 2회전임을 알 수 있으며, 캠각센서의 파형에서 1회전임을 알 수 있으며, 캠각센서의 시작점과 크랭크각센서의 미스투스 시작부분의 일치하는 지 점검해야 한다.

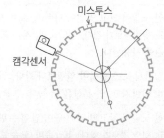

⬆ 마그네틱 픽업(인덕션) 방식

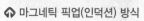

⬆ 홀센서 방식

자동차의 주요 센서 유형

● 리드 스위치 타입 – 디지털 신호

① 회전하는 영구자석에 의해 진공실 유리관에 설치된 전극을 붙였다 떨어졌다 하며 펄스 신호를 출력한다.

② 사용 예 : 차속센서

● 광학식(옵티컬 방식, 포토 인트럽트 방식) – 디지털 신호

① 발광 소자(발광 다이오드)와 수광 소자(포토 다이오드 또는 포토 트랜지스터)를 쌍으로 마주보도록 배열하고, 그 사이에 슬릿 디스크가 통과할 때 빛이 차단되는 현상을 통해 물체의 유무 및 위치를 검출하는 광 스위치

② 사용 예 : 크랭크각센서, 조향각센서, 차속센서, 차고센서, 캠각 센서

발전기의 원리(전자유도작용)와 동일

● 마그네틱 픽업(인덕션) 방식 – 아날로그 신호

① 영구자석과 코일이 감긴 철심 및 톤 휠(tone wheel)으로 구성되며, 톤 휠은 변속기 출력축 또는 플라이휠 앞 크랭크축 등에 고정시켜 크랭크 각 센서, 차속센서 등에 이용한다.

② 톤 휠이 회전할 때 센서와 톤 휠의 돌기부분이 일치하고 벗어나면 전자유도작용에 의해 자속이 변화하여 사인파형의 출력전압이 발생한다. 이 때 톤 휠의 톱니 중 1~2개를 제거하여 미싱툴스(missing tooth)가 되어 회전속도 및 피스톤 위치를 감지할 수 있도록 되어 있다.

③ 발전기 원리와 같이 기전력이 발생하므로 전원공급이 필요없다는 특징이 있다.

● 홀센서(Hall sensor) 방식 – 디지털 신호

① 홀 효과를 이용한 전자 스위치로 펄스 신호를 발생

② 신호전압의 크기가 엔진속도와 관계없이 일정하여 아주 낮은 회전속도를 감지할 수 있다.

③ 구조 및 설치위치가 인덕티브 방식과 동일하다.

④ 반도체 홀소자의 전극에 12V 전압을 인가하여 전류를 흐르게 한 후 수직 방향으로 자기장이 생기면 전류와 자기장 방향에 수직방향으로 전위차가 발생하며, 이를 홀 전압이라 한다.

⑤ 사용 예 : 크랭크 각 센서, 캠각센서, ABS 휠 스피드 센서, 차속센서

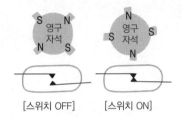

[스위치 OFF] [스위치 ON]

자석이 회전할 때 자기장에 의해 유리관 내부의 엇갈려 있는 두 리드선 끝단이 접촉되고, 리드선의 탄성에 의해 떨어지는 원리를 이용하여 ON/OFF가 되는 스위치이다.

⬆ 리드 스위치

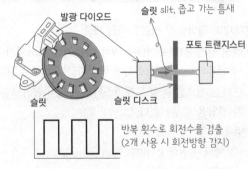

반복 횟수로 회전수를 검출 (2개 사용 시 회전방향 감지)

⬆ 옵티컬 방식

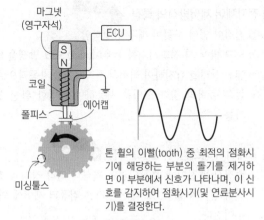

톤 휠의 이빨(tooth) 중 최적의 점화시기에 해당하는 부분의 돌기를 제거하면 이 부분에서 신호가 나타나며, 이 신호를 감지하여 점화시기(및 연료분사시기)를 결정한다.

⬆ 마그네틱 픽업

홀효과
2개의 영구자석 사이에 도체(홀소자)를 직각으로 설치하고 도체에 전류를 공급 → 자속에 의해 홀소자 한쪽의 전자는 과잉, 다른 한쪽은 부족 → 도체 양면을 가로질러 전압이 발생

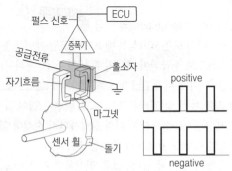

홀센서는 자기장의 변화에 따라 전압이 변함
기본 원리 : 홀 효과에 따라 → 센서 휠의 돌기부분이 자기 흐름을 방해하여 홀소자에 전압이 발생되지 않고, 돌기가 없는 부분에서는 전압이 발생 → 돌기의 회전을 감지하여 회전수 검출

⬆ 홀 센서

03 고에너지 점화장치(HEI) 일반

■ 전자제어 제어방식 점화장치의 개요

① 엔진 상태(엔진온도, 회전수, 부하 등)를 각종 센서에서 검출하여 컴퓨터(ECU)에 입력하면 컴퓨터를 통해 1차 전류를 차단하는 신호를 파워 트랜지스터로 보내어 점화코일에서 2차 전압을 발생시킨다.

② 컴퓨터 제어방식의 종류
- 고에너지 점화방식(HEI, High Energy Ignition)
- 무배전식 점화방식(DLI, Distrubutor Less Ignition)
  _{배전기 없음}

■ 전자제어 제어방식의 특징

① 접점이 없어 불꽃이 매우 안정적임
② 노크 발생 시 점화시기를 늦추어(지각) 노크 발생을 억제
③ 엔진 상태를 감지하여 최적의 점화시기를 자동적으로 제어
④ 높은 출력의 점화 코일을 사용하여 완벽한 완전 연소가 가능

■ 고에너지 점화방식(HEI)의 특징

① 접점식 배전기에 부착되었던 원심식 진각 장치와 진공식 진각 장치가 없고, 그 대신 진각은 컴퓨터 제어에 의해 이루어진다.
② 폐자로형 점화코일을 사용하여 고에너지 점화방식이라 한다.

> ▶ 원심식 · 진공식 진각장치는 엔진의 회전속도 및 엔진부하에 따라 점화시기를 진각/지각시키는 장치로 기존 접점식 점화장치의 구성품이다.

04 전자배전식 점화장치

■ DLI(Districutor less Ignition)의 특징

① 트랜지스터식 또는 HEI식은 배전기와 고압 케이블을 거쳐 점화플러그로 공급되어 에너지 손실 및 누전, 전파 잡음이 발생된다. 이에 비해 DLI 방식은 배전기가 없으므로 배전기에 의한 누전 및 전파잡음이 없고, 배전기 캡이 없어 로터와 세그먼트(고압단자) 사이의 전압에너지 손실이 없다.
② 기계적인 마모가 없으므로 내구성이 크다.
③ 컴퓨터가 각 센서의 입력신호를 연산하여 진각(Advance)하므로 원심 진각장치가 없으며 점화진각 폭의 제한이 없다.
④ 점화에너지를 크게 할 수 있다.
⑤ 고전압의 출력이 감소되어도 방전 유효에너지 감속가 없다.

⑥ ECU로 제어하므로 1차 전류를 형성하는 시간이 적게 걸린다.
⑦ 정전류 제어방식으로 2차 전압이 안정적이다.

■ DLI 전자배전 점화장치의 종류

(1) 동시 점화 장치

2개의 실린더에 1개의 점화 코일로 압축 상사점과 배기 상사점에 있는 각각의 점화플러그에 동시에 점화시키는 장치이다.

> ▶ DLI의 점화시기 제어 작동원리
> A 트랜지스터(1·4번 실린더용), B 트랜지스터(2·3번 실린더용)가 있다. ECU는 CAS센서와 TDC센서의 신호에 따라 A, B를 번갈아 선택하면서 OFF(방전)시켜 1차 점화코일을 단속한다.

(2) 독립 점화 장치(DIS : Direct Ignition System)

① 각 실린더마다 1개의 점화코일과 1개의 점화플러그가 연결되어 직접 점화하는 장치이다.
② 점화 방식은 동시 점화와 동일하며 다음의 사항이 추가된다.
- 고압 케이블이 없기 때문에 에너지의 손실이 거의 없다.
- 각 실린더별로 점화 시기의 제어가 가능하기 때문에 완전 연소 제어가 쉽다.

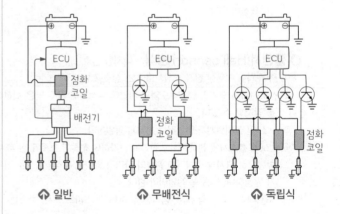

⬆ 일반   ⬆ 무배전식   ⬆ 독립식

05 점화장치의 점검

1 점화 코일의 점검

(1) 폐자로형·DIS형 점화 코일 `필수암기`

① 1차 저항 점검 : 멀티테스터기의 셀렉터를 저항(200Ω)으로 선택하고, 적색 리드선 – 점화코일의 ⊕ 단자에, 흑색 리드선 – 점화코일의 ⊖ 단자에 접촉시켜 측정한다.
- **규정값보다 낮을 경우 : 단락**
- **무한대로 표시된 경우 : 단선**

② 2차 저항 점검 : 멀티테스터의 셀렉터를 저항(20kΩ)으로 선택하고, 적색 리드선은 점화코일의 중심전극 단자에, 흑색 리드선은 점화코일의 ⊖ 단자에 접촉시켜 측정한다.

(2) DLI형 점화 코일

① 1차 저항 점검 : '폐자로형 점화 코일'의 '1차 저항 점검'과 동일

② 2차 저항 점검 : 멀티테스터의 셀렉터를 저항(20kΩ)으로 선택하고, 1번과 4번 실린더를 위한 고압 터미널 사이의 저항을 측정하고, 2번과 3번 실린더를 위한 고압 터미널 사이의 저항을 측정한다.

> ▶ 2차 코일 저항을 측정할 때 점화코일의 커넥터를 탈거 후 작업해야 한다.

2 고압 케이블 점검

① 엔진의 공회전 상태에서 점화플러그 고압 케이블을 1개씩 탈거하면서 엔진 작동 성능의 변화에 대해 점검한다.
② 고압 케이블을 탈거했는데도 엔진 성능이 변하지 않는다면 점화플러그 고압 케이블을 탈거한다.
③ 멀티테스터의 셀렉터를 저항(20kΩ)으로 선정한다.

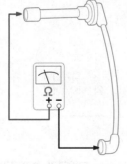

⬆ 고압 케이블 점검

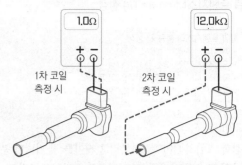

⬆ DIS형 점화코일의 저항 측정 방법

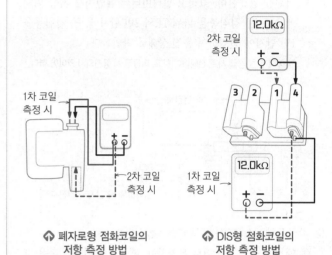

⬆ 폐자로형 점화코일의 저항 측정 방법　　⬆ DIS형 점화코일의 저항 측정 방법

3 점화플러그 점검

① 점화플러그에서 점화플러그 케이블을 분리하고, 점화플러그 렌치를 사용해서 실린더헤드로부터 점화플러그를 탈거한다.
② 점화플러그의 점검
- 세라믹 인슐레이터의 파손 및 손상 여부
- 전극의 마모 여부, 카본의 퇴적 여부
- 개스킷의 파손 및 손상 여부
- 점화플러그 간극에 있는 세라믹 절연체 상태 점검
- **점화플러그의 간극(점화플러그 간극 게이지) : 1.0~1.1mm**

③ 점화플러그 교환 시 규정된 열가의 점화플러그인지 확인

중심전극과 접지전극 사이에 끼워 1.0~1.1mm인지 확인

⬆ 점화플러그의 간극 측정

④ 파워 트랜지스터(power TR) 점검

> ▶ 파워 트랜지스터 불량 시 증상
> • 엔진의 시동 성능 불량
> • 공회전 시 엔진 부조 현상이 발생
> • 공회전 시나 또는 주행 시 시동이 꺼짐
> • 주행 시 가속 성능이 떨어지며, 연료 소모량이 많아진다.

(1) 멀티미터로 점검

① 점화 스위치 OFF, 점화플러그 케이블 및 커넥터 분리
② 파워 TR 2번 단자에 3V 건전지의 ⊕전원을, 3번 단자에 ⊖ 전원을 연결한다. 그리고 멀티미터의 레인지를 저항 위치에 놓고 ⊕ 검침봉을 파워 TR의 2번 단자에, ⊖ 검침봉을 1번 단자에 연결하여 통전 상태를 확인한다.

→ 이때 전원 공급 시 통전되어야 하고, 미공급 시 통전되지 않아야 한다.

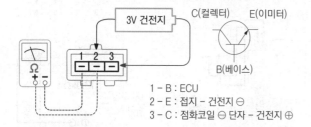

1 – B : ECU
2 – E : 접지 – 건전지 ⊖
3 – C : 점화코일 ⊖ 단자 – 건전지 ⊕

(2) 파워 트랜지스터 파형 검사(엔진 종합 진단기 이용)

① 엔진을 공회전 상태로 유지하고, 배터리 입력 케이블을 배터리 ⊕, ⊖에 연결한다.
② 트리거 픽업을 1번 고압 케이블에 연결한다.
③ 채널1 오실로스코프 프로브 자주색을 파워 트랜지스터 베이스(B)에 연결한다.
④ 채널1 오실로스코프 프로브 흑색을 배터리 ⊖에 연결한다.
⑤ 파워 트랜지스터(Power TR) 파형 분석 : ECU에 의해 파워 트랜지스터가 전류 단속을 하는 과정에서 점화 1차 전압이 발생하므로 고장 시에는 과다한 전류가 점화코일로 유입되어 점화코일이 손상될 수 있으므로 점검 시 주의해야 한다.

> ▶ 점화장치의 점검
>
> | | |
> |---|---|
> | 점화코일의 절연저항 | 메거(megger) 옴 시험기 |
> | 파워 TR | 아날로그 타입 멀티미터, 파형 분석기 |
> | 점화시기 점검 | 타이밍 라이트 |

---

06 점화코일의 점검

점화 1·2차 코일 내부의 전압 변화를 스캐너의 오실로스코프 또는 엔진 종합 진단기(계측 모듈)를 이용하여 파형을 분석하여 점화코일, 점화케이블, 점화플러그의 상태를 점검한다.

1 점화 1차 파형검사 배선

배터리 전압이 흐르고 있는 점화 1차 회로 중 '**점화코일 ⊖**'에서 측정한 전압의 변화가 점화 1차 파형이다. 점화 1차 파형을 측정하기 위해서 점화채널은 오실로스코프 프로브를 활용한다.

2 점화파형의 분석 (필수암기)

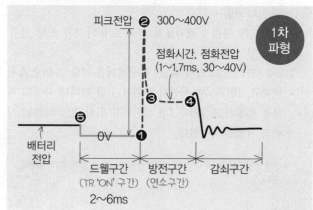

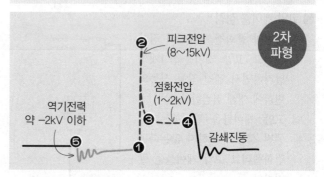

① **드웰구간, 통전구간(⑤~①)(2~6ms)** : **TR이 ON되어 점화 1차 코일의 통전구간**(고속에서 짧아짐). 2차 파형의 경우 시작점에서 1차 파형보다 노이즈가 많음
② 점화구간
 • **피크전압, 서지전압**, 역기전력, 자기유도전압(①~②) : 접점이 열리는 순간 나타나며, 최대값 ②지점은 2차전압이 점화플러그의 갭을 건너 혼합기를 연소시키는 필요한 전자가 쌓이는 구간(1차는 300~400V, 2차 파형의 경우 10~15kV, 기통간 차이는 3kV 이내)

※ ❶ : TR 'OFF' 지점
  • 용량방전(❷~❸) : 모여있던 전자가 순간 갭을 건너가는 시기(화염핵 생성)
③ 점화시간, 불꽃방전구간(❸~❹) : 점화 코일의 중심 전극에서 접지로 플라즈마 전기가 흐르는 구간(불꽃을 방전되는 구간)(0.8~2.0ms)
④ 감쇠구간(❹~❺) : 1차 코일의 잔류전압이 감쇠 진동하며 저장된 에너지가 소멸한다. 2차 파형에서는 2차코일의 상호유도작용에 의한 코일의 공진현상을 나타냄

▶ 점화파형의 표시 요소 : 드웰시간, 점화시간, 점화전압, 피크전압
▶ 참고) 감쇠구간이 없다면
  공진은 점화 2차 코일과 2차회로의 커패시터 성분에 의해 발생된다. 따라서 감쇠구간이 없다면 점화코일의 불량에 의해 커패시터 성분으로 인한 공진이 없다. (LC공진)

스캐너 기초 (Hi-DS Scanner smart)

1 주요 기능
① 국내 차량 통신 기능(자기 진단, 센서 출력, 강제 구동, 부가 기능 등)
② 2개 기능을 동시 구현하는 듀얼 모드 기능
③ 정밀 오실로스코프 기능 : 전압, 전류, 압력 측정
④ 액추에이터 강제 구동 기능
⑤ 주행 데이터 검색 기능
⑥ USB 통신을 이용한 고속프로그램 다운로드 기능
⑦ PC 통신 기능 : 화면 캡쳐, 주행 데이터 저장

2 메뉴 구성
① 자동차 통신 : 자기진단, 센서 출력, 액추에이터 검사, 센서 출력 및 자기진단, 센서 출력 및 액추에이터, 센서 출력 및 미터/출력 등
② KOBD 차량 진단 기능 : 국내생산 차량의 OBD 진단 기능
③ 주행 데이터 검색 기능 : 차량을 주행하면서 각종 데이터를 검색
④ PC 통신 : 스캐너를 PC와 연결하여 다양한 작업을 수행
⑤ 환경설정 : 시스템 설정, 키패드 테스트, 테스트 등

전원 : 시거잭, 배터리, 가정용 컨버터

진단 단자

↥ 자기진단 단자

자기진단 커넥터
(DLC, Data Link Connector)
운전석 패널 하단 등에 위치하며, DLC 커넥터와 자기진단기(스캐너)와 통신한다.

3 자기진단
자기진단 모드는 선택된 차량 시스템과의 통신을 통해 차량에서 발생되는 고장코드를 기억하여 화면에 나타내는 기능을 하는데, 계속적인 통신에 의하여 추가적으로 발생되는 고장코드를 기억하여 표시한다.

4 고장 코드가 발생한 경우 고장 코드 소거 방법
고장 코드를 소거하고자 할 경우 소거 키를 누른다. 소거 키를 누르면 화면 중앙에 차량 상태를 지시하는 메시지가 나타나게 되며, 이 메시지대로 차량 상태를 조정할 수 있다.

진단기능 선택
차 종 : EF 쏘나타
제어장치 : 엔진제어
사 양 : 2.0 DOHC
01. 자기진단
02. 센서출력
03. 액츄에이터 검사
04. 센서출력 & 자기진단
05. 센서출력 & 액츄에이터
06. 센서출력 & 미터/출력
07. 주행데이터 검색

자기진단	
자기진단결과 정상입니다.	
소거	도움

▲ 고장 코드가 발생하지 않은 상태

자기진단	
P0120 스로틀포지션센서(TPS)	
고장코드 갯수 : 1 개	
소거	도움

▲ 고장 코드가 발생한 상태

[참고] 출제율 ★★

1 점화플러그의 구비조건 중 틀린 것은?

① 전기적 절연성이 좋아야 한다.
② 내열성이 작아야 한다.
③ 열전도성이 좋아야 한다.
④ 기밀이 잘 유지되어야 한다.

> **점화플러그의 구비조건**
> • 절연성 및 내열성이 우수해야 한다.
> • 열전도성이 좋고 기밀이 좋아야 한다.
> • 발생 전압이 높고 여유 전압이 커야 한다.
> • 점화 시기 제어가 정확해야 한다.
> • 불꽃 에너지가 높아야 한다.
> • 잡음 및 전파 방해가 적어야 한다.

[참고] 출제율 ★★

2 코일에 흐르는 전류를 변화시키면 코일에 그 변화를 방해하는 방향으로 기전력이 발생된다. 이것을 무엇이라고 하는가?

① 상호유도　　　　　② 여자유도
③ 상승작용　　　　　④ 자기유도

[20-1] 출제율 ★★

3 하나의 전기회로에 자력선의 변화가 생겼을 때 그 변화를 방해하려고 다른 전기회로에 기전력이 발생되는 현상을 무엇이라 하는가?

① 상호유도작용　　　② 자기유도작용
③ 렌츠의 법칙　　　　④ 헨리의 작용

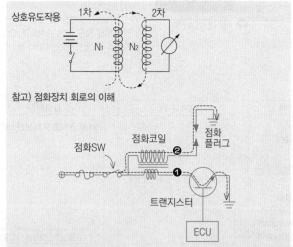

상호유도작용

참고) 점화장치 회로의 이해

> ECU에서 점화신호를 보내면 ❶ '축전지 → 퓨즈 → 점화SW → 점화1차 코일 → TR → 접지'로 회로가 구성되어 자기유도작용이 발생하면 300~400V로 승압하여 ❷ '축전지 → 점화2차코일 → 점화플러그 → 접지'로 회로가 구성되어 상호유도작용에 의해 점화 2차 코일에 약 20,000V의 불꽃 점화가 일어난다.

[15-2, 08-4] 출제율 ★★

4 자기유도작용과 상호유도작용 원리를 이용한 것은?

① 발전기
② 점화코일
③ 기동모터
④ 축전지

> 점화코일은 1차 코일의 자기유도작용과 2차 코일의 상호유도작용 원리를 이용한다.
> • 자기유도 작용 : 코일에 흐르는 전류를 단속하면 코일에 유도전압이 발생
> • 상호유도 작용 : 자력선 변화가 생기면 그 변화를 방해하려는 다른 전기 회로에 기전력이 발생

[05-4] 출제율 ★★

5 점화장치의 고전압을 구성하는 것이 아닌 것은?

① 배전기　　　　　　② 점화 코일
③ 고압 케이블　　　　④ 다이오드

> 다이오드는 교류발전기의 정류작용을 한다.

[13-3] 출제율 ★★★

6 점화코일에서 고전압을 얻도록 유도하는 공식으로 옳은 것은?

> ① E_1 : 1차 코일에 유도된 전압
> ② E_2 : 2차 코일에 유도된 전압
> ③ N_1 : 1차 코일의 유효권수
> ④ N_2 : 2차 코일의 유효권수

① $E_2 = \dfrac{N_2}{N_1} \times E_1$　　② $E_2 = \dfrac{N_1}{N_2} \times E_1$

③ $E_2 = N_1 \times N_2 \times E_1$　　④ $E_2 = N_1 + (N_2 \times E_1)$

[10-1] 출제율 ★★★

7 축전지의 전압이 12V이고, 권선비가 1 : 40인 경우 1차 유도전압이 350V이면 2차 유도전압은?

① 7,000V　　　　　　② 12,000V
③ 13,000V　　　　　　④ 14,000V

> $\dfrac{2차 코일의 유도 전압}{1차 코일의 유도 전압} = \dfrac{2차 코일의 권수}{1차 코일의 권수}$
>
> 2차 코일의 유도 전압 = 350×40 = 14,000V

정답 　1 ②　2 ④　3 ①　4 ②　5 ④　6 ①　7 ④

8 3,300V를 110V로 전압을 강하시킬 때 변압기의 권선비는?

① 10 : 1

② 11 : 1

③ 30 : 1

④ 33 : 1

$$\frac{2차\ 코일의\ 유도\ 전압}{1차\ 코일의\ 유도\ 전압} = \frac{2차\ 코일의\ 권수}{1차\ 코일의\ 권수}$$

$\frac{110}{3,300} = \frac{1}{x}$, $x = 30$ 즉, 권선비 = 1차 권선수 : 2차 권선수

= 30 : 1

[참고] 출제율 ★★★ □□□

9 점화장치에서 폐자로 점화코일에 흐르는 1차 전류를 차단했을 때 생기는 2차 전압은 약 몇 kV인가?

① 10~15

② 25~30

③ 45~50

④ 50~65

점화 1차코일에서 약 300~400V의 전압이 발생되며, 2차코일에서 약 25,000~30,000V의 전압이 발생된다.

[06-3] 출제율 ★ □□□

10 트랜지스터식 점화장치의 점화 신호로 쓰이는 크랭크각 센서 종류가 아닌 것은?

① 유도형 크랭크각 센서

② 광학형 크랭크각 센서

③ 홀센서형 크랭크각 센서

④ 전류차단형 크랭크각 센서

유도형은 마그네틱 픽업방식, 광학형은 광전식을 의미한다.

[04-3] 출제율 ★★ □□□

11 다음은 점화플러그에 대한 설명이다. 틀린 것은?

① 전극 앞부분의 온도가 950℃ 이상 되면 자연발화 될 수 있다.

② 전극부의 온도가 450℃ 이하가 되면 실화가 발생한다.

③ 점화플러그의 열방출이 가장 큰 부분은 단자부분이다.

④ 전극의 온도가 400~600℃인 경우 전극은 자기청정작용을 한다.

점화플러그의 열방출이 가장 큰 부분은 중심전극과 접지전극 사이의 불꽃이 방전하는 부위이다.

[15-5] 출제율 ★★★ □□□

12 트랜지스터식 점화장치는 어떤 작동으로 점화코일의 1차 전압을 단속하는가?

① 증폭 작용

② 자기 유도 작용

③ 스위칭 작용

④ 상호 유도 작용

트랜지스터식 점화장치의 기본 원리
트랜지스터의 스위칭 작용에 의해 점화 코일의 1차 전압을 단속(제어) → 자기유도작용 및 상호유도작용에 의해 점화코일에서 고전압 유도

[11-3, 07-2, 05-3] 출제율 ★★ □□□

13 트랜지스터(NPN형)에서 점화코일의 1차 전류는 어느 쪽으로 흐르는가?

① 이미터에서 컬렉터로

② 베이스에서 컬렉터로

③ 컬렉터에서 베이스로

④ 컬렉터에서 이미터로

NPN형 트랜지스터는 베이스에서 이미터로 전류를 보내면 스위칭 작동에 의해 배터리 ⊕ 전류는 1차코일을 거쳐 트랜지스터의 컬렉터에서 이미터 – 접지로 흐른다.

연결
• 컬렉터 – 1차 코일
• 베이스 – 신호발생기
• 이미지 – 접지

[14-4] 출제율 ★ □□□

14 PNP형 트랜지스터의 순방향 전류는 어떤 방향으로 흐르는가?

① 컬렉터에서 베이스로

② 이미터에서 베이스로

③ 베이스에서 이미터로

④ 베이스에서 컬렉터로

PNP형 트랜지스터의 순방향은 이미터에서 베이스 또는 컬렉터로 흐른다.

정답 8 ③ 9 ② 10 ④ 11 ③ 12 ③ 13 ④ 14 ②

15 트랜지스터(TR)의 설명으로 틀린 것은?

① 증폭 작용을 한다.
② 스위칭 작용을 한다.
③ 아날로그 신호를 디지털 신호로 변환한다.
④ 이미터, 베이스, 컬렉터의 리드로 구성되어 있다.

※ 아날로그 신호를 디지털 신호로 변환하는 것은 A/D 컨버터이다.

16 트랜지스터의 대표적 기능으로 릴레이와 같은 작용을 하는 것을 무엇이라 하는가?

① 스위칭 작용   ② 자기 유도 작용
③ 정류 작용   ④ 상호 유도 작용

릴레이는 기계식 스위치 역할을 하며, 트랜지스터는 전자식 스위치 역할을 한다.
※ 정류 작용 : 다이오드

17 파워 트랜지스터의 구성요소 중 일반적으로 ECU에 의해 제어되는 단자는?

① 1차 점화코일   ② 컬렉터
③ 베이스   ④ 이미터

점화장치의 파워 TR의 연결
· 컬렉터 – 1차 코일
· 베이스 – ECU
· 이미터 – 접지
※ 정류 작용 : 다이오드

18 점화플러그에서 불꽃이 발생하지 않는 원인 중 틀린 것은?

① 점화코일 불량
② 파워 TR 불량
③ 고압 케이블 불량
④ 밸브간극 불량

밸브간극이 불량하면 소음이 발생하며, 출력 및 연비가 저하된다.

19 전자제어 기관의 점화장치에서 1차 전류를 단속하는 부품은?

① 다이오드   ② 점화스위치
③ 파워 트랜지스터   ④ 컨트롤 릴레이

파워 트랜지스터(TR)는 ECU에 의해 제어되며 점화 1차 회로에 흐르는 전류를 단속한다.

20 DOHC 기관에서 DLI 장치의 점화코일 1차 전류 제어를 하는 것은?

① 파워 트랜지스터   ② 컨트롤 릴레이
③ TDC 센서   ④ MAP 센서

21 파워 TR의 불량 시 일어나는 현상이 아닌 것은?

① 엔진 시동성 불량
② 주행 시 가속력 향상
③ 공회전 시 엔진 부조현상 발생
④ 엔진 시동이 안됨 (단, 크랭킹은 가능)

파워 TR은 코일의 1차전압을 유도하기 위하여 ECU의 점화신호를 스위칭하는 역할을 하므로, 불량할 경우 점화시기가 맞지 않아 시동이 나빠지거나 엔진이 부족현상이 발생한다.
※ 크랭킹은 기동전동기와 관련이다.

22 점화 스위치의 IG 회로와 연결되지 않는 것은?

① 기동 전동기   ② 점화코일의 1차
③ 인젝터   ④ 크랭크각 센서

점화 스위치에는 IG, ST, OFF가 있으며 기동 전동기는 ST에 연결된다.

23 점화장치에서 파워트랜지스터에 대한 설명으로 틀린 것은?

① 베이스 신호는 ECU에서 받는다.
② 점화코일 1차 전류를 단속한다.
③ 이미터 단자는 접지되어 있다.
④ 컬렉터 단자는 점화 2차코일과 연결되어 있다.

컬렉터 단자는 점화 1차코일에 연결되어 자기유도 작용에 의해 2차 코일에서의 상호유도 작용으로 고전압을 유기한다.

정답 ▶ 15 ③   16 ①   17 ③   18 ④   19 ③   20 ①   21 ②   22 ①   23 ④

24 직접 점화장치(Direct Ignition System)의 구성요소와 관계 없는 것은?

① ECU　　　　　　② 배전기
③ 이그니션 코일　　④ 점화플러그

> 직접점화장치는 전자배전식 점화장치의 일종으로 배전기가 없다.

25 HEI 코일(폐자로형 코일)에 대한 설명 중 틀린 것은?

① 유도작용에 의해 생성되는 자속이 외부로 방출되지 않는다.
② 1차 코일을 굵게 하면 큰 전류가 통과할 수 있다.
③ 1차 코일과 2차 코일은 연결되어 있다.
④ 코일 방열을 위해 내부에 절연유가 들어있다.

> **폐자로형 코일의 특징**
> • 폐자로형 철심을 통해 자속이 흐르도록 하여 자속이 외부로 방출되는 것을 방지
> • HEI, 전자제어식 점화장치에 사용
> • 개자로에 비해 1차 코일 권선수를 줄일 수 있어 1차 코일 저항을 감소시켜 1차 전류 성능 향상 및 소형, 경량화할 수 있음
> • 간단한 구조, 내열성, 방열성
> ※ 절연유가 들어있는 코일은 개자로형이며, 폐자로형은 코일 내부를 수지로 몰드시킨다.

26 DLI(Distributer Less Ignition) 점화장치의 구성 요소 중 해당되지 않는 것은?

① 파워 TR　　　　② ECU
③ 로터　　　　　　④ 이그니션 코일

> 로터는 배전기 내부의 구성품이며, DLI 점화장치는 무배전기 방식이므로 배전기(로터)가 없다.

27 전자 점화기구에서 점화신호를 컨트롤 유닛(control unit)으로 전송하는 기능을 가진 부품은?

① 아마추어
② 점화 코일
③ 로터
④ 마그네틱 픽업 어셈블리

> 마그네틱 픽업 어셈블리는 크랭크 각 센서의 종류로 피스톤의 위치를 검출하여 ECU로 보내 연료분사순서 및 점화순서를 결정하는 역할을 한다.
> 마그네틱 픽업 어셈블리는 작은 발전기 역할을 하며 점화 신호를 발생시킨다.

28 점화장치에서 DLI(Distributor Less Ignition) 시스템의 장점으로 틀린 것은?

① 점화진각 폭의 제한이 크다.
② 고전압 에너지 손실이 적다.
③ 점화에너지를 크게 할 수 있다.
④ 내구성이 크고 전파방해가 적다.

> DLI 시스템은 점화시기에 영향을 미치는 엔진속도, 엔진부하, 크랭크 축 회전각, 캠축의 회전각 등을 전자제어로 조절하므로 점화진각 폭의 제한이 없다.

29 점화장치에서 DLI 방식의 특징들을 열거한 것 중 틀린 것은?

① 배전기에 의한 누전이 없다.
② 배전기 방식에 비해 내구성이 떨어지는 부품이 많아 신뢰성이 없다.
③ 배전기가 없기 때문에 로터와 접지 간극 사이의 고압 에너지 손실이 적다.
④ 배전기 캠에서 발생하는 전파 잡음이 없다.

> DLI 방식은 전자식 점화장치이므로 내구성이 커 신뢰성이 좋다.

30 무배전기 점화(DLI) 시스템에서 압축 상사점으로 되어 있는 실린더를 판별하는 전자적 검출방식의 신호는?

① AFS 신호
② TPS 신호
③ No.1 TDC 신호
④ MAP 신호

> No.1 TDC 센서(Top Dead Center Sensor) : 1번 실린더의 상사점 위치를 검출하는 센서로, 점화 시기를 결정하는 역할을 한다.
>
> ※ 점화시기 제어 : ECU는 CAS센서와 TDC센서의 신호에 따라 A 트랜지스터(1·4번 실린더), B 트랜지스터(2·3번 실린더)를 번갈아 선택하면서 OFF(방전)시켜 1차 점화코일을 단속한다.

chapter 04

정답　24 ②　25 ④　26 ③　27 ④　28 ①　29 ②　30 ③

31 전자제어 배전 점화 방식(DLI : Distributor Less Ignition)에 사용되는 구성품이 아닌 것은?

① 파워 트랜지스터
② 원심 진각장치
③ 점화코일
④ 크랭크각 센서

> 원심진각장치는 기계식 배전기 점화장치에 사용되는 것으로, 엔진의 회전 속도에 따라 점화시기를 진각시키는 장치이다.
> ※ DLI에서는 원심진각장치가 없는 대신 엔진 부하에 따른 기본 점화 진각 값을 컴퓨터에 기억되어 있으며, 온도나 대기압 등의 각 센서 입력 신호 및 운전조건에 따라 최적의 점화시기를 추가로 보정하여 점화신호를 출력한다.

32 전자제어 점화 방식의 배선 제거 시 가장 먼저 제거해야 하는 것은?

① 접지선
② 1차선
③ 2차선
④ 고압선

33 점화코일의 2차 쪽에서 발생되는 불꽃전압의 크기에 영향을 미치는 요소가 아닌 것은?

① 점화플러그의 전극형상
② 전극의 간극
③ 혼합기 압력
④ 오일 압력

> **불꽃전압의 크기에 영향을 미치는 주요 요소**
> 전극의 간극, 혼합기의 압력, 점화플러그의 형상, 전극 및 혼합기의 온도
> ※ 혼합기의 압력은 온도(착화성)와 관계가 있으므로 영향을 미친다.

34 가솔린기관의 점화코일에 대한 설명으로 틀린 것은?

① 1차코일의 저항보다 2차코일의 저항이 크다.
② 1차코일의 굵기보다 2차코일의 굵기가 가늘다.
③ 1차코일의 유도전압보다 2차코일의 유도전압이 낮다.
④ 1차코일의 권수보다 2차코일의 권수가 많다.

> ① 저항 : 1차코일 < 2차코일
> ② 굵기 : 1차코일 > 2차코일
> ③ 유도전압 : 1차코일(300~400V) < 2차코일(25,000~30,000V)
> ④ 권선수 : 1차코일 < 2차코일
> ※ 굵기를 제외한 나머지 항목에서 2차코일이 크거나 많다.
> ※ 2차코일에서는 상호유도작용에 의해 고전압으로 승압된다.

35 점화 플러그에 불꽃이 튀지 않는 이유 중 틀린 것은?

① 파워 TR 불량
② TPS 불량
③ 점화코일 불량
④ ECU 불량

> **점화 장치의 기본 원리**
> ECU의 신호(주로 신호 : 크랭크각센서) → 파워 TR에서 점화코일의 1차 전류를 단속 → 2차 점화 코일에 고전압 → 점화 플러그 점화
> ※ TPS(스로틀 포지션 센서) : 가속페달에 연결되어 운전자의 가감속 의지를 전달(스로틀 밸브의 개도량을 측정)하여 기본 분사량을 결정한다.

36 점화플러그의 열가(heat range)를 좌우하는 요인으로 거리가 먼 것은?

① 엔진 냉각수의 온도
② 연소실의 형상과 체적
③ 절연체 및 전극의 열전도율
④ 화염이 접촉되는 부분의 표면적

> **점화플러그의 열가(heat range)**
> 절연체 및 전극 길이의 열전도율, 화염의 접촉 부위의 표면적, 연소실 형상 및 체적 등에 따라 냉형 플러그(고출력·고속기관), 열형 플러그(저출력·저속기관), 중형 플러그로 구분한다.

37 스파크플러그 표시기호의 한 예이다. 열가를 나타내는 것은?

B P 6 E S

① P
② 6
③ E
④ S

> • B : 점화플러그 나사의 지름 • P : 돌출형
> • 6 : 열가 • E : 점화 플러그 나사의 길이
> • S : 표준형

38 점화플러그에 BR6ES라고 적혀 있을 때 'R'의 의미는?

① 나사의 지름
② 저항형 플러그
③ 표준형
④ 나사부 길이

> B – 나사의 지름
> P – P형 플러그(자기돌출형), R – 저항 플러그
> 6 – 열가 (숫자가 작을수록 열형, 클수록 냉형)
> E – 나사의 길이
> S – 중심전극이 중앙에 있음

정답 ▶ 31 ② 32 ① 33 ④ 34 ③ 35 ② 36 ① 37 ② 38 ②

39 냉형 점화플러그는 어느 기관에 주로 사용하는가?

① 비교적 저속기관　　② 고속 기관
③ 저속 저부하 기관　　④ 중속 기관

> 냉형 점화플러그는 열에 대한 노출이 작고 방열이 좋아(열 흡수 면적이 작고, 방열 경로가 짧다) 고압축비·고속 회전의 엔진에 사용된다.

40 점화플러그에 대한 설명으로 틀린 것은?

① 열가는 점화플러그의 열방산 정도를 수치로 나타내는 것이다.
② 방열효과가 낮은 특성의 플러그를 열형 플러그라고 한다.
③ 전극의 온도가 자기청정온도 이하가 되면 실화가 발생한다.
④ 고부하 고속회전이 많은 기관에서는 열형 플러그를 사용하는 것이 좋다.

> 고속·고부하 엔진에는 방열 경로가 짧고 열방출이 빠른 냉형 플러그가 적합하다.

41 점화플러그에 대한 설명으로 틀린 것은?

① 전극 앞부분의 온도가 950℃ 이상 되면 자연 발화 될 수 있다.
② 전극부의 온도가 450℃ 이하가 되면 실화가 발생한다.
③ 점화플러그의 열방출이 가장 큰 부분은 단자 부분이다.
④ 전극의 온도가 400~600℃인 경우 전극은 자기 청정작용을 한다.

> 점화플러그의 열방출은 전극에서 이루어진다.

42 점화플러그에서 자기청정온도가 정상보다 높아졌을 때 나타날 수 있는 현상은?

① 실화　　② 후화
③ 조기점화　　④ 역화

> 점화플러그의 자기청정온도(450~950℃)는 절연체에 퇴적하는 카본 등을 태워 제거하여 쇼트를 방지하는 데 필요한 온도를 말하며, 정상보다 낮으면(450℃ 이하) 실화의 원인이 될 수 있으며, 정상보다 높으면(950℃ 이상) 조기점화의 원인이 될 수 있다.
> ※ 조기점화 : 점화플러그의 불꽃 점화에 앞서 혼합기가 연소실 내의 열점(hot spot)에 의해 먼저 점화되는 현상으로 노킹을 유발한다.

43 전자제어 점화장치에서 점화시기를 제어하는 순서는?

① 각종 센서 → ECU → 파워 트랜지스터 → 점화코일
② 각종 센서 → ECU → 점화코일 → 파워 트랜지스터
③ 파워 트랜지스터 → 점화코일 → ECU → 각종 센서
④ 파워 트랜지스터 → ECU → 각종 센서 → 점화코일

> 크랭크각 센서 등 점화시기에 필요한 각종 센서 신호가 ECU로 입력되면 ECU는 이 신호들을 기초로 최적의 점화시기에 파워 TR를 단속하여 점화코일에서 고전압을 유기시킨다.

44 점화코일 1차 전류 차단 방식 중 TR을 이용하는 방식의 특징으로 옳은 것은?

① 원심, 진공 진각기구 사용
② 고속회전시 채터링 현상으로 엔진부조 발생
③ 노킹 발생 시 대응이 불가능함
④ 기관 상태에 따른 적절한 점화시기 조절이 가능함

> 크랭킹 신호를 기초 신호로 하며 TPS, AFS 등의 신호로 최적의 점화시기를 보정한다.

45 점화장치의 파워트랜지스터가 비정상 시 발생되는 현상이 아닌 것은?

① 엔진시동이 어렵다.
② 주행시 가속력이 떨어진다.
③ 연료소모가 많다.
④ 크랭킹이 안 된다.

> 파워트랜지스터(TR) 불량 시 시동이 안되고, 점화시기가 맞지 않아 시동 불량, 연료 소모 증가 및 출력 저하, 엔진 부조, 배출가스 증가 등을 초래한다.
> ※ 크랭킹은 배터리 전원, ECU, 시동전동기, 메인릴레이 등에 관계가 있으며, 파워트랜지스터와는 직접적인 관련이 없다.

46 점화코일의 시험 항목으로 틀린 것은?

① 압력시험
② 출력시험
③ 절연 저항시험
④ 1·2차코일 저항시험

> 점화코일의 시험 항목
> • 1·2차 코일의 저항시험
> • 케이블 단자 사이의 절연저항시험 (기밀시험)
> • 불꽃시험 (출력)

정답 39 ② 40 ④ 41 ③ 42 ③ 43 ① 44 ④ 45 ④ 46 ①

47 점화코일의 절연 저항을 시험할 때 가장 적당한 것은?

① 진공 시험기
② 회로 시험기
③ 메가 옴 시험기
④ 축전지 용량 시험기

절연저항이란 절연된 도체(전선)에 직류전압을 가했을 때 전선의 전기저항을 말한다. 점화코일에는 300V 이상의 전압이 유기되므로 점화코일의 전선은 전기누설을 방지하기 위해 전선이 두꺼워진다. 이것은 전선의 절연저항은 매우 크다는 것을 의미한다. 그러므로 측정값이 메가(1×10^6) Ω 단위의 메가 옴 시험기를 사용한다.

48 점화코일의 1차 저항을 측정할 때 사용하는 측정기로 옳은 것은?

① 진공 시험기   ② 압축압력 시험기
③ 회로 시험기   ④ 축전지 용량 시험기

• 진공 시험기 : 회전 중인 엔진 흡기 다기관 진공도를 측정하여 점화시기, 밸브 작동, 배기장치 막힘, 실린더 압축압력 누출 등의 작동 상태를 점검
• 압축압력 시험기 : 엔진에 이상이 있거나 성능이 현저히 저하되었을 때 분해수리 여부를 결정하기 위한 시험

49 점화장치에서 점화 1차코일의 (−) 단자 끝부분에 시험기를 접속하여 측정할 수 없는 것은?

① 노킹의 유무
② 드웰 시간
③ 서지 전압
④ TR의 베이스 단자 전원공급 시간

노킹의 유무는 실린더 블록에 설치된 노크 센서에 의해 검출된다.

50 규정온도보다 높을 때 점화플러그에 발생할 수 있는 현상은?

① 스파크 플러그에 카본이 발생한다.
② 점화시기가 변화된다.
③ 기관이 시동되지 않는다.
④ 조기점화가 발생한다.

점화플러그의 온도가 높아지면 조기에 점화된다.
※ ① 연료분사량이 많아질 때 발생한다.

51 파워 TR을 통전시험 시 가장 적합한 계기장치는?
(단, 단품 점검 시)

① 아날로그 타입 멀티미터
② 오실로스코프
③ 기관 자기진단기
④ 배선을 쇼트시키면서 점검

파워 TR의 간단한 통전시험은 멀티미터가 적합하다.

52 일반적으로 자동차의 파워TR 단품을 점검하는 방법에서 필요없는 것은?

① 아날로그 회로 시험기
② 1.5V 건전지
③ 파형 분석기
④ 타이밍 라이트

파워 TR의 점검 방법
아날로그 회로 시험기, 1.5V 건전지 2개, 파형 분석기(오실로스코프)
※타이밍 라이트 : 점화 시기 측정

53 가솔린 자동차 점화전압의 크기에 대한 설명으로 틀린 것은?

① 압축 압력이 크면 높아진다.
② 점화플러그 간극이 크면 높아진다.
③ 연소실 내에 혼합비가 희박하면 낮아진다.
④ 점화플러그 중심전극이 날카로우면 낮아진다.

방전전압이 높아지는 조건
• 압축 압력이 높을수록
• 점화시기가 상사점에 가까울수록
• 혼합비가 희박할수록
• 점화플러그 간극이 클수록
• 중심전극의 직경이 클수록 (→ 날카로우면 전압이 낮아짐)

54 점화플러그의 방전전압에 영향을 미치는 요인이 아닌 것은?

① 전극의 틈새모양, 극성
② 혼합가스의 온도, 압력
③ 흡입공기의 습도와 온도
④ 파워 트랜지스터의 위치

정답 ▶ 47 ③ 48 ③ 49 ① 50 ④ 51 ① 52 ④ 53 ③ 54 ④

[참고] 출제율 ★★★　□□□

55 점화코일에 관한 설명으로 틀린 것은?

① 점화플러그에 불꽃방전을 일으킬 수 있는 높은 전압을 발생한다.
② 점화코일의 입력측이 1차 코일이고, 출력측이 2차 코일이다.
③ 1차 코일에 전류 차단 시 플레밍의 왼손법칙에 의해 전압이 상승된다.
④ 2차 코일에서는 상호유도작용으로 2차 코일의 권수비에 비례하여 높은 전압이 발생한다.

점화1차코일에 흐르는 전류를 차단 시 자기유도작용에 의해 급격히 자기장이 소멸하며 코일에 역기전력(유도전압)이 발생한다.
※ 플레밍의 왼손법칙은 전동기의 원리에 해당한다.

[참고] 출제율 ★★★　□□□

56 점화장치 고장 시 발생될 수 있는 현상으로 틀린 것은?

① 노킹 현상이 발생할 수 있다.
② 공회전 속도가 상승할 수 있다.
③ 배기가스 과다 발생할 수 있다.
④ 출력 및 연비에 영향을 미칠 수 있다.

가솔린 엔진에 점화장치가 나쁘면 시동성 불량, 공회전 시 엔진 부조, 가속 시 출력 저하, 차량떨림 현상이 발생하게 된다. 이러한 현상은 유해 배출가스 증가와 연비 악화로 이어진다.

[참고] 출제율 ★★★★　□□□

57 점화장치에서 드웰시간에 대한 설명으로 옳은 것은?

① 점화 1차 코일에 전류가 흐르는 시간
② 점화 2차 코일에 전류가 흐르는 시간
③ 점화 1차 코일에 아크에 방전되는 시간
④ 점화 2차 코일에 아크가 방전되는 시간

드웰시간은 파워TR의 ON되어 점화 1차 코일에 전류가 흐르는 시간이다.

[참고] 출제율 ★★★★　□□□

58 점화 파형에서 파워 TR(트랜지스터)의 통전 시간을 의미하는 것은?

① 전원 전압
② 피크(peak) 전압
③ 드웰(dwell) 시간
④ 점화 시간

드웰 시간은 점화에 필요한 전기적 에너지를 확보하기 위한 시간을 말한다. 즉, 파워 TR이 ON되어 1차측 점화코일에 전류가 흐르는 시간이다.

[참고] 출제율 ★★★　□□□

59 가솔린 엔진에서 점화장치 점검방법으로 틀린 것은?

① 흡기온도센서의 출력값을 확인한다.
② 점화코일의 1차, 2차 코일 저항을 확인한다.
③ 오실로스코프를 이용하여 점화파형을 확인한다.
④ 고압 케이블을 탈거하고 크랭킹 시 불꽃 방전 시험으로 확인한다.

흡기온도센서는 출력 전압에 따라 ECU는 흡기 온도를 감지한 후, 흡입 공기 온도에 대응하여 연료 분사량을 보정하며 점화시기와는 관계가 없다.

[참고] 출제율 ★★★★　□□□

60 전자제어 엔진에서 1차 전류를 단속하는 것은?

① TDC 센서
② 파워 TR
③ 노이즈 필터
④ 크랭크각 센서(CAS)

[참고] 출제율 ★★★　□□□

61 점화1차 파형 화면에서 알 수 있는 것이 아닌 것은?

① 통전 시간
② 점화 전압
③ 드웰 시간
④ 점화 전류

점화 파형 화면에는 드웰시간, 점화시간, 점화전압, 피크전압, 엔진회전수 등이 표시된다.

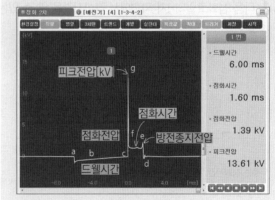

⬆ 2차 점화파형의 예

62 점화 1차 파형을 통해 점검 대상으로 가장 거리가 먼 것은?

① 연료계통의 릴리프 상태
② 트랜지스터 상태
③ 점화 플러그의 간극
④ 혼합기 상태

점화 1차 전압 파형의 불규칙한 변화는 연소실(혼합기 상태. 압축압력).
점화플러그, 점화코일 등을 점검할 수 있다.
※ 연료계통의 릴리프 밸브는 연료압력 점검대상이다.

63 기관 시험 장비를 사용하여 점화코일의 1차 파형을 점검한 결과 그림과 같다면 파워 TR이 ON 되는 구간은?

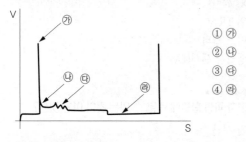

① ㉮
② ㉯
③ ㉰
④ ㉱

㉮ 피크전압 : 점화플러그의 갭을 건너기 위해 전자가 쌓이는 구간
㉯ 스파크 구간 : 연소실에 불꽃이 전파되어 연소가 진행
㉰ 감쇄진동 구간 : 점화코일에 잔류한 에너지가 1차코일을 통해 소멸
㉱ 드웰 구간 : TR이 ON되어 점화1차 코일에 전류가 흐르는 구간

64 다음 점화코일의 1차 파형에서 점화시간을 알 수 있는 구간은?

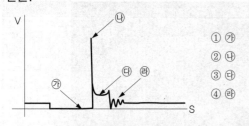

① ㉮
② ㉯
③ ㉰
④ ㉱

㉰는 점화시간 및 점화전압을 알 수 있다.

65 기관 종합진단기의 점화파형 측정 모드에서 점화순서에 따라 파형이 표시되게 하고자 할 때 점화 2차 픽업 외에 필요한 것은?

① 트리거 픽업
② 2차 고압케이블선
③ 볼트 옴 리드선
④ 점퍼 와이어

트리거 픽업은 고압선의 점화신호를 이용하여 동기(트리거)를 잡을 때 사용하는 픽업 프로브로, 1번 플러그 고압케이블에 연결하여 실린더 점화위치를 판단한다.
※ 참고) 트리거 픽업 연결 후 DLI 차량의 경우 점화 2차 프로브 적색을 정극성 케이블에, 흑색은 역극성 케이블에 연결한다.

66 전자제어 기관에서 점화플러그 간극이 규정보다 큰 경우 해당 실린더의 점화파형은?

① 점화 시간이 길어짐
② 점화 전압이 높아짐
③ 피크 전압이 낮아짐
④ 드웰 시간이 짧아짐

간극의 크기와 점화전압은 비례한다.

67 전자제어분사 차량의 크랭크각 센서에 대한 설명 중 틀린 것은?

① 이 센서의 신호가 안 나오면 고속에서 실화한다.
② 엔진 RPM을 컴퓨터로 알리는 역할을 한다.
③ 이 신호를 컴퓨터가 받으면 연료펌프 릴레이를 구동한다.
④ 분사 및 점화시점을 설정하기 위한 기준 신호이다.

크랭크각 센서는 엔진 회전수를 감지하고 연료분사 및 점화시기를 결정하는 기준 신호이다. 크랭크각 센서의 신호가 없으면 시동되지 않는다.

68 가솔린 기관에서 크랭킹은 되지만, 시동이 안 되는 원인으로 틀린 것은?

① 시동모터 불량
② 점화코일의 배선 연결 불량
③ 파워 트랜지스터 불량
④ 점화 계통의 퓨즈 단선

시동모터가 불량이면 크랭킹이 되지 않는다.

69 무배전기식 점화장치의 드웰시간(dwell time)이 짧아도 되는 이유는?

① 1차 전류 회복시간이 짧기 때문
② 점화코일의 2차 코일 감은 수가 많기 때문
③ 파워 트랜지스터를 이용하여 단속하기 때문
④ 배전기가 없어 손실이 적어 전압이 낮아도 되기 때문

무배전기식은 배전기를 거치지 않고 점화코일의 고전압이 곧바로 점화플러그로 흐르므로 고속에서도 1차 전류 회복시간을 짧아져 드웰시간을 짧게 할 수 있다.
※ 드웰시간 : ECU가 파워트랜지스터의 베이스에 전원을 공급하는 시간

70 보통 엔진의 점화시기 표시는 플라이휠과 어느 곳에 표시되어 있는가?

① 냉각수 펌프 풀리
② 발전기 풀리
③ 크랭크 축 풀리
④ 배전기

71 점화 플러그에서 불꽃이 발생되지 않는 원인 중 가장 거리가 먼 것은?

① 파워 트랜지스터 불량
② 크랭크 각 센서 불량
③ 점화 코일 불량
④ 발전기 불량

시동 시 점화시스템은 배터리에 의해 공급받으며, 시동 후에는 발전기에 의해 공급받는다. 또한, 발전기 불량으로 점화전압이 충분하지 않으면 배터리에 의해 공급받는다.

72 자동차의 파워 트랜지스터에 관한 내용 중 틀린 것은?

① 파워 TR의 베이스는 ECU와 연결되어 있다.
② 파워 TR의 컬렉터는 점화 1차 코일의 (−)단자와 연결되어 있다.
③ 파워 TR의 이미터는 접지되어 있다.
④ 파워 TR은 PNP형이다.

차량용 파워TR은 일반적으로 NPN형을 사용한다. (이유 : 차체를 ⊖ 접지로 사용하고 베이스에 미소 전류를 보내 스위칭 작용을 통해 컬렉터에서 이미터로의 배터리 전류를 제어한다.)

73 엔진 종합 진단기를 이용하여 배전기용 엔진의 점화1차 코일의 파형 검사 방법으로 옳은 것은?

① 진단기의 배터리 (+), (−) 프로브는 배터리 (+), (−) 단자에 각각 연결한다.
② 오실로스코프 픽업의 (+) 프로브는 점화코일의 (+) 배선에, (−) 프로브는 점화코일의 (−) 배선에 연결한다.
③ 엔진은 최고 속도 상태에서 검사한다.
④ 트리거 픽업을 3번 고압 케이블에 연결한다.

② 오실로스코프 픽업의 (+) 프로브는 점화코일의 (−) 배선에, (−) 프로브는 배터리 (−) 단자에 연결한다.
③ 엔진을 공회전 상태로 검사한다.
④ 트리거 픽업 케이블을 1번 고압 케이블에 연결한다.

74 폐자로 타입의 점화코일 1차 저항에 대한 점검 및 판정 내용으로 틀린 것은?

① 멀티 테스터기를 이용하여 점검한다.
② 규정값보다 낮은 경우 내부회로가 단락이다.
③ 무한대로 표시된 경우 관련 배선은 정상이다.
④ 테스터기를 저항 측정 위치로 설정한다.

저항 측정 시 무한대(∞)로 표시되면 단선(끊어짐)을 의미한다.

chapter 04

정답 69 ① 70 ③ 71 ④ 72 ④ 73 ① 74 ③

06 자동차 전기와 등화장치

[예상문항 : 2~4문제] 이 섹션에서는 기출의 재출제는 거의 없습니다. 퓨즈, 방향지시등, 등화장치 검사에서 출제비율이 높습니다. 등화장치 검사에서는 측정 준비 및 검사기준을 반드시 숙지합니다. 또한 변별력을 위해 등화회로의 기본 점검에 대한 문제가 출제됩니다. 단락/단선 시 저항값을 비교하여 정리합니다.

01 계기장치

1 속도계(speedmeter)

① 속도계의 종류 : 자기식, 전자식(차속 센서, VSS)

② 자기식 : 영구자석의 자력에 의해 유도판 간의 맴돌이 전류와 영구자석의 상호작용에 의하여 계기지침이 움직여 속도를 측정

③ 전자식 : 변속기 출력부에 위치한 차속 센서의 펄스 신호를 통해 속도를 표시

2 엔진회전계(타코미터, tacometer)

① 엔진의 회전속도를 검출하는 계기이다.

② 크랭크축의 회전속도 즉, 크랭크 포지션 센서(CPS) 또는 점화코일의 마이너스 단자에 엔진 회전수에 비례하는 펄스 신호로 받아 엔진 회전계에 이용한다.

3 연료계, 유압계, 온도계

① 연료계 : 연료탱크 내의 연료량을 표시

• 계기식 : 서모스탯 바이메탈식, 바이메탈 저항식, 밸런싱 코일식

• 경고등식 : 연료면 표시기식(연료가 일정 이하에서 램프를 점등시켜 운전자에게 경보를 함)

② 유압계 : 윤활장치의 오일 압력을 표시

• 계기식 : 밸런싱 코일식, 서모스탯 바이메탈식, 부르동 관식

• 경고등식 : 엔진 오일 경고등(압력스위치 내 접점)

③ 수온계 : 실린더 헤드의 물 재킷에 수온계를 설치하여 냉각수 온도를 표시

4 트립(Trip) 컴퓨터 시스템

연료 소비율, 평균속도, 주행거리 등 주행과 관련된 다양한 정보를 LCD 표시창을 통해 운전자에게 알려주는 차량 정보 시스템이다.

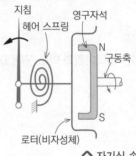

변속기 출력축에 연결된 구동축에 의해 영구자석 회전하면 → 로터에는 전자유도작용에 의해 맴돌이 전류(와전류)가 유도 → 맴돌이 전류와 영구 자석의 자속과의 상호작용으로 로터에 구동력 발생 → 지침은 로터의 구동력과 헤어 스프링(hair spring)의 장력과 평형이 되는 지점까지 회전하여 속도를 표시

⬆ 자기식 속도계

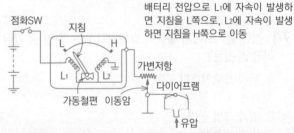

배터리 전압으로 L₁에 자속이 발생하면 지침을 L쪽으로, L₂에 자속이 발생하면 지침을 H쪽으로 이동

• 유압이 낮을 때 : 다이어프램의 변형이 적어 이동암이 오른쪽으로 위치 → 저항이 커지므로 코일 L_2에 흐르는 전류가 작아짐 → 가동철편에는 거의 코일 L_1 만의 흡입력이 작동하여 지침을 L쪽으로 이동

• 유압이 높을 때 : 다이어프램의 변형이 커 이동암이 왼쪽으로 위치 → 저항이 작아지므로 코일 L_2의 흡입력이 커져 지침이 H쪽으로 이동

⬆ 밸런싱 코일식 유압계

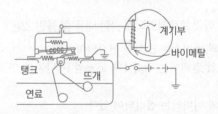

• 유면이 낮을 때 : 접점이 가볍게 접촉 → 매우 짧은 시간의 전류로 바이메탈이 구부러져 접점이 열림 → 계기부의 바이메탈은 거의 구부러지지 않아 바늘은 E를 나타냄

• 유면이 높을 때 : 접점을 강하게 밀어올려 접점됨 → 바이메탈이 구부러져 접점이 열릴 때까지 장시간 전류가 흐름 → 계기부의 바이메탈도 유닛부에 비례하여 바늘을 F쪽으로 이동

⬆ 서모스탯 바이메탈식 연료계

5 충전경고등의 점등 원인

발전기(제너레이터)의 전압이 공급되지 않을 때이며, 다음의 원인이 해당한다.

① 발전기 또는 레귤레이터, 발전기 베어링 불량

② 팬벨트의 끊어짐 또는 장력 느슨해짐

③ 배터리 연결부위 결함 등

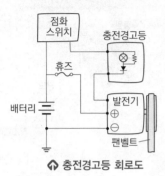

⬆ 충전경고등 회로도

02 전기회로

1 배선기호와 색

기호	색상	기호	색상
W	흰색(White)	L	파랑색(bLue)
B	검정색(Black)	R	빨강색(Red)
G	녹색(Green)	Y	노랑색(Yellow)
Gr	회색(Gray)	O	오렌지색(Orange)
Br	갈색(Brown)	P	분홍색(Pink)

2 배선 방식

단선식	부하가 배터리의 ⊕만 사용하고, 차체나 프레임에 접지하는 방식으로, 주로 저전류 장치에 이용한다.
복선식	장치를 배터리의 ⊕, ⊖ 단자에 모두 연결하는 방식으로, 전조등·기동 전동기와 같이 고전류를 요하는 장치에 이용한다.

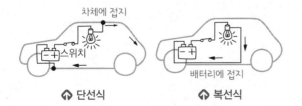

⬆ 단선식   ⬆ 복선식

3 전기회로 안전장치

(1) 퓨즈(Fuse)

① 단락 및 누전에 의해 과전류가 흐를 때 퓨즈가 단선되어 회로를 보호한다.

② 퓨즈는 **전기회로에 직렬로 설치**되어야 한다.

③ 퓨즈 교체시 반드시 **정격용량을 사용**해야 한다.

④ 재질 : 납과 주석, 창연, 카드뮴

⑤ 퓨즈의 단선 원인
- 회로의 단락(쇼트)으로 의해 과전류가 흐를 때
- 잦은 ON/OFF 반복으로 피로가 누적되었을 때
- 접촉 불량으로 인해 과대 저항이 발생되었을 때

▶ 퓨즈 점검
- 테스트 램프 이용 : 접촉 시 양쪽 모두 점등되면 정상이며, 한쪽 철심 부분에 접촉 시 점등되고 다른 철심 부분에 접촉 시 점등되지 않으면 퓨즈가 끊어짐
- 멀티미터 이용 : 저항모드에 맞추고 퓨즈 상단의 노출된 2개의 쇠 부분의 저항을 측정한다. 이 때 저항값이 표시되면 정상이다. (퓨즈가 끊어지면 저항은 무한대 또는 OL로 표시)

퓨즈가 꽂힌 상태에서 측정 시 탐침봉을 퓨즈 상단의 쇠부분에 접촉시킨다.

과전류가 흐르면 퓨즈가 끊어진다.

(2) 퓨저블 링크(fusible link)

퓨즈와 같은 기능을 하며 재질은 구리로 이루어져 있다. 주로 배터리나 시동전동기과 같이 큰 전류가 흐르는 곳에 사용

(3) 서킷 브레이커(circuit breaker)

① 회로 차단기라고도 하며, 바이메탈을 이용한 방식이다.

② 과전류가 흐르면 바이메탈이 열에 의해 휨으로써 접점이 떨어지고 온도가 낮아지면 다시 접촉부가 붙는 반영구적 제품이다.

③ 주로 전류변동이 큰 윈도우 모터, 예열기, 열선 등에 사용

4 IPS(Intelligent Power Switching)

① 기존의 기계적인 퓨즈나 릴레이를 통한 제어가 아니라 반도체 IC 소자를 이용한 전자제어장치이다.

② 소형화가 가능하고, 서지전압이 없으므로 내구성 우수

③ 회로 보호 능력 : 단선 및 단락, 과부하에 따른 전류값을 감지하여 회로를 차단한다.

④ IPS 장치 작업 시 주의사항 : IPS로 제어되는 전기장치는 부하가 연결된 상태에서 테스트 램프로 측정하면 안된다.

→ 테스트 램프를 통해 과전류가 흘러 IPS가 과전류를 감지할 수 있다.

⑤ 과전류가 흐르면 IPS는 해당 램프의 전원을 차단시키고, 차단과 동시에 고장코드를 출력한다.

⑥ IPS로 제어되는 전기장치 : 전조등, 미등, 실내등, 방향지시등, 안개등, 비상등 등

5 릴레이(relay)

① 릴레이란 : 일종의 전자 스위치로, 전자석 원리로 작동한다. 자기 코일에 제어 전류로 보내 스위치 레버를 동작시켜서 접점을 닫아 스위치 역할을 한다.

▶ **릴레이를 사용하는 이유**
전조등 램프와 같이 높은 부하에 직접 스위치를 설치하면 고전류가 흘러 스위치 접점에 불꽃(스파크)을 일으키며 접점이 손상되거나 전기회로가 손상될 수 있다. 그러므로 이를 방지하기 위해 낮은 전압·전류로 큰 전압·고전류가 흐르는 회로의 스위치 역할을 한다.

② 릴레이의 점검 : 85-86 단자에 저전압·저전류 전원을 인가했을 때 전자석이 되어 스위치 레버를 당겨 접점이 닫히며 30-87 단자 사이에 통전된다.

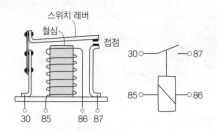

작동원리 : 코일에 전기가 흐르면(85-86), 전자석에 자장이 형성되어 철편을 당겨 30-87에 전기가 흐르게 한다. (접점이 있는 전자동 스위치이다)

1 조명 기초

① 광속 : 광원에서 나오는 빛의 양(빛의 다발) [lm, 루멘]

② 광도 : 광원에서 한 방향으로 나오는 빛의 세기 [cd, 칸델라]

③ 조도 : 광원에서 나온 빛이 한 면에 도달한 빛의 양(밝기) [Lux, 럭스]

$$조도(Lux) = \frac{cd}{r^2}$$

· cd : 광도(빛의 세기)
· r : 거리[m]

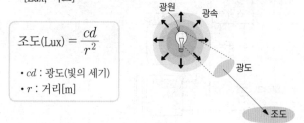

2 전조등

① 전조등의 3요소 : 렌즈, 반사경, 필라멘트

② 전조등의 3가지 작동 : 하향(Low), 상향(High), 패싱(Passing, Flash)

③ **전조등은 병렬로 연결**한다.

④ 전조등 회로의 구성부품 : 라이트 스위치, 전조등 릴레이, 디머 스위치(dimmer switch, 다기능 스위치)

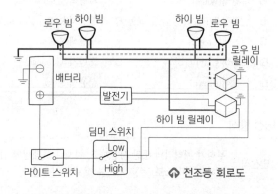

↑ 전조등 회로도

등화장치 스위치   와이퍼 스위치

↑ 디머 스위치

❸ 전조등의 형식

실드빔	반사경, 렌즈, 필라멘트가 일체인 방식
세미실드빔	• 렌즈와 반사경은 일체이며, 전구는 별도로 장착하는 방식 • 습기와 먼지에 의한 조명효율 감소
할로겐 전조등	• 필라멘트가 텅스텐으로 되어 수명을 연장 • 질소가스에 할로겐을 혼합한 불활성가스를 봉입
HID (high intensity discharge)	• 전구 내에 불연소 가스를 채운 후 고전압을 인가하여 방전시켜(아크 발생) 빛을 내는 방식 - 플라즈마 • 필라멘트 없이 전자가 형광물질과 부딪히며 빛을 발산, 밝고 선명하며 전력소비가 적음 - 가정용 형광등과 유사
LED	수명이 길고 효율이 좋으며, 에너지 소모량 감소

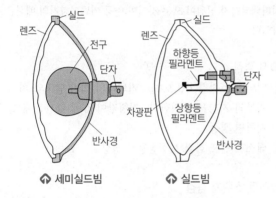

⬆ 세미실드빔   ⬆ 실드빔

❹ 미등

① 미등 및 번호판등은 라이트 스위치를 1단으로 켰을 때 작동하며 좌우측 전조등과 리어 콤비네이션 램프에 설치되어 있으며 자동차의 후미를 알려준다.
② 전조등 회로와는 별개로 구분되어야 한다.

❺ 방향지시등

① 방향지시등은 플래셔유닛에 의해 램프가 점멸하고 다기능 스위치의 작동에 따라 좌우방향을 가리킨다.
② 방향지시등은 분당 60~120회로 점멸한다. 방향지시등은 좌측 앞·뒤측, 우측 앞·뒤측 램프가 각각 동시에 점멸되며, 앞쪽이나 뒤쪽의 방향지시등 전구가 한 개라도 끊어지면 점멸 회수는 분당 120회 이상이 된다.
③ 방향지시등의 3가지 작동 : 좌·우회전 신호, 비상 신호
④ 방향지시등 회로의 구성 : 비상등 스위치, 다기능 스위치, 플래셔유닛, 계기판의 방향지시등, 퓨즈

⑤ 방향지시등은 플래셔유닛에 의해 램프가 점멸하고 다기능 스위치의 작동에 따라 좌우 방향을 가리킨다.
⑥ 비상등 스위치 작동 시에는 좌우 램프가 모두 작동하며 자동차 경계, 해제 시에도 작동한다.

> ▶ 플래셔(flasher) 유닛
> 방향지시등 스위치 또는 비상등 스위치를 작동시켰을 때 유닛 내부에 2개의 코일 및 콘덴서 및 저항의 작용으로 플래셔 유닛 내부의 접점이 붙었다 떨어졌다를 반복하여 방향지시등을 반복해서 점멸시키는 역할을 한다.
>
> ▶ 점멸횟수가 너무 빠른 원인
> • 좌우 램프의 용량이 다르다.
> • 램프의 단선 또는 접지 불량 - 전류 감소
> • 램프 용량에 맞지 않는 릴레이 사용
> • 플래셔 유닛과 지시등 사이의 단선
>
> ▶ 점멸횟수가 너무 느린 원인
> • 램프의 정격용량이 규정보다 작다.
> • 배터리 용량이 작다.
> • 퓨즈 또는 배선의 접촉 불량
> • 플래셔 유닛의 결함

❻ 차폭등

야간 주행 시 안전운행을 위하여 미등 또는 전조등 점등 시 자동차의 차폭을 알 수 있도록 점등되는 장치이다.

❼ 오토라이트(자동 헤드라이트 장치)

다기능 스위치를 AUTO 모드에서 두면 별도 조작없이 조도 센서를 이용하여 주위 조도 변화에 따라 자동으로 미등 및 전조등을 ON 시켜 주는 장치이다.(주행 중 터널 진출입 시, 주위 환경의 조도 변경 시 작동)

① 구성품 : 조도 센서, 전조등·미등 램프, 점등스위치(AUTO 위치), BCM(Body Control Module)
② 조도 센서(일사량 센서) : 광전도 셀(Cds, 황화카드뮴)를 사용하여 빛의 밝기를 감지한다.
→ 광전도 소자의 특성 : 빛이 밝으면 저항이 감소하고, 어두워지면 저항이 증가

열처리한 Cds
(황화카드뮴)

리드선

⬆ 광전도 셀

1 방향지시등의 회로 분석

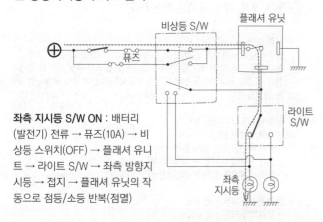

좌측 지시등 S/W ON : 배터리 (발전기) 전류 → 퓨즈(10A) → 비상등 스위치(OFF) → 플래셔 유니트 → 라이트 S/W → 좌측 방향지시등 → 접지 → 플래셔 유닛의 작동으로 점등/소등 반복(점멸)

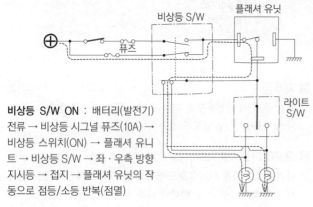

비상등 S/W ON : 배터리(발전기) 전류 → 비상등 시그널 퓨즈(10A) → 비상등 스위치(ON) → 플래셔 유니트 → 비상등 S/W → 좌·우측 방향지시등 → 접지 → 플래셔 유닛의 작동으로 점등/소등 반복(점멸)

2 정지등의 회로 분석

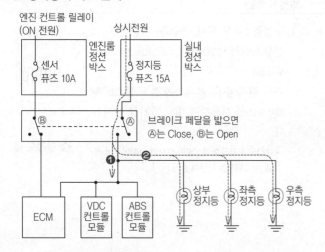

❶ 상시 전원(배터리) → 정지등 퓨즈(15A) → 정지등 스위치 → ECM, VDC 컨트롤 모듈, ABS 컨트롤 모듈
→ ECM, VDC, ABS 컨트롤 모듈로 신호를 보내는 이유는 차체제어, 자동차 자세, 제동제어 등을 위한 입력신호로 사용 (기능사시험에서는 이 부분이 출제기준에 포함되지 않으므로 ❷번 전기흐름에 대해서만 숙지한다)

❷ 다른 선은 상시 전원(배터리) → 정지등 퓨즈(15A) → 정지등 스위치 → 상부 정지등, 좌측 정지등, 우측 정지등 → 접지가 되며 정지등이 점등

---

3 등화장치 교환 시 주의사항

① 전장 계통의 정비 시에는 점화스위치 및 기타 램프류의 스위치를 'OFF'하고, 배터리의 ⊖ 단자를 먼저 분리시킨다.
→ 비교) 점검 시에는 램프류 스위치가 'ON' 상태이어야 한다.

② 퓨즈가 소손된 경우 **반드시 정격 용량**의 퓨즈로 교환한다.
→ 만일 규정 용량보다 높은 것을 사용하면 퓨즈는 끊어지지 않아도 부품에 과전류가 흘러 손상되거나 화재가 일어날 수 있다.

③ 느슨한 커넥터의 접속은 고장의 원인이 되므로 커넥터 연결을 확실히 한다.

④ 하네스(Harness, 전선케이블 뭉치)를 분리시킬 때 커넥터를 잡고 당겨야 하며, 하네스를 잡아당겨서는 안된다.

⑤ 커넥터 연결 시 '딱' 소리가 날 때까지 삽입한다.

4 등화회로의 점검

테스트 램프로 점검 시 테스트 램프가 점등되면 미등 컨넥터까지커넥터까지 전원이 오는 것이며 미등 커넥터까지의 배선은 정상이다.

5 접지 점검

① 멀티미터 점검(저항 모드) : 커넥터의 접지 단자와 차체 접지부의 저항을 측정한다. 저항값이 '0'에 가까운 값을 표시하면 정상

② 테스트 램프 점검 시 : 점등시 정상

6 라이트 스위치 점검

멀티미터 점검(저항 모드) : 스위치를 OFF 위치에 놓고 저항값이 무한대 또는 Error로 표시되면 라이트 스위치는 정상

7 정지등 스위치 점검

배터리 ⊖ 단자 탈거 후 브레이크 페달 위쪽의 정지등 스위치 탈거하고, 멀티미터를 이용하여 점검

05 통전 테스트

1 테스트 램프

① 12V 램프(전구)와 전선으로 연결된 간단한 테스트기로, 한쪽에는 접지를 하고, 다른 쪽에는 전압이 인가된 곳에 연결하여 램프가 점등되는 지를 통해 통전 여부 및 빛의 밝기(전력의 세기)를 확인할 수 있으나, **정확한 전압값은 측정할 수 없다.**

② 자체전원 테스트 램프 : 테스트 램프에 건전기를 추가되어 스위치나 저항 등 단품상태의 통전여부를 알 수 있다.

2 전압 및 통전 점검

① **테스트 램프 사용 시** : 한쪽 리드선을 차체 또는 커넥터의 접지 단자에 연결하고, 다른 쪽 리드선을 테스트 위치 커넥터 단자에 연결한다.

→ 램프가 켜지면 전압이 있음을 확인하고 빛의 밝기를 이용하여 전력의 세기를 판단한다.

② **전압계 사용 시** : ⊖ 리드선(검침봉)을 차체 또는 커넥터의 접지 단자에 연결하고, ⊕ 리드선을 테스트 위치 커넥터 단자에 연결한다.

→ 전압 수치를 읽고 규정값과 비교한다.

③ **통전 테스트**

• 배터리 ⊖ 단자를 분리하고 자체 전원 테스트 램프나 디지털 멀티미터를 저항에 맞춘 후 리드선의 양끝을 이용하여 측정한다.

• 통전상태 : 자체 전원 테스트 램프가 켜질 때, 멀티미터 사용 시에는 저항값이 표시될 때

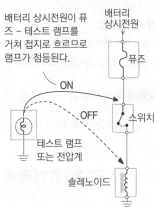

배터리 상시전원이 퓨즈 – 테스트 램프를 거쳐 접지로 흐르므로 램프가 점등된다.

테스트 램프 또는 전압계

스위치가 OFF상태이므로 전원이 공급되지 못하므로 (전류가 흐르지 못하므로) 점등되지 않는다.

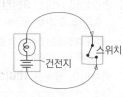

테스트 내부에 건전지 전원(12V)이 있어 외부에 전원이 가하지 않는 스위치 등의 통전상태를 확인할 수 있다.

알아두기) 장치의 저항을 측정하기 위해서는 장치에 인가되는 전원을 반드시 분리하거나 점화스위치 OFF상태에서 측정해야 한다.

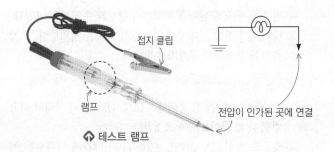

접지 클립

램프

전압이 인가된 곳에 연결

⬆ 테스트 램프

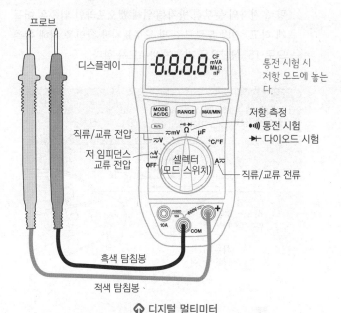

프로브

디스플레이

통전 시험 시 저항 모드에 놓는다.

직류/교류 전압

저 임피던스 교류 전압

셀렉터 모드 (스위치)

저항 측정
통전 시험
다이오드 시험

직류/교류 전류

흑색 탐침봉

적색 탐침봉

⬆ 디지털 멀티미터

06 등화장치 검사

1 전조등의 촛점 정렬 (초점 정렬 장비가 없을 경우)

전조등의 촛점이 맞지 않아 조사각이 달라지면 심야에 전방이 어둡게 느껴지거나, 대향차(마주오는 차)의 통행에 불편을 줄 수 있다. 그러므로 촛점이 맞지 않을 경우 측정을 통해 조사각을 조정해야 한다.

NCS 속도계 및 전조등 검사방법

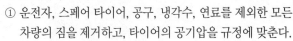
필수암기

(1) 측정 전 준비 사항

① 운전자, 스페어 타이어, 공구, 냉각수, 연료를 제외한 모든 차량의 짐을 제거하고, 타이어의 공기압을 규정에 맞춘다.

② 차량을 평평한 곳에 주차시킨다.

③ 앞쪽 및 뒤쪽 범퍼를 수회에 걸쳐 누른 후 현가장치 스프링의 이상 여부를 체크한다. (현재 차량의 차고 상태로 측정하기 위함)

④ 전조등 광축 중심을 통과하는 수평선과 수직선을 그린다.
⑤ 배터리가 정상 상태에서 전조등의 초점을 정렬한다. 조정 볼트를 조정하여 규정치에 맞춘다.

(2) 전조등 초점 정렬 기준
① 전조등(하향등)을 켠 상태에서 CUT-OFF 선이 아래의 허용 범위 내에 들어오도록 조정한다.
② 컷오프 라인(CUT-OFF선, 명암한계선) : 야간에 마주오는 차량 운전자의 눈부심 방지를 위해 컷오프라인 위쪽은 어둡게 하고, 전방 도로구조 및 도로표지판 확인을 위해 우측으로 15° 상향으로 기울여 비추도록 한다.

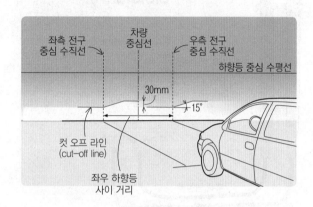

⬆ 스크린식 전조등 시험기

② 전조등 측정 (초점 정렬 장비가 있을 경우)

(1) 전조등 시험기
① 전조등의 광도 및 광축를 측정하는 장치이다.
② 전조등 시험기의 형식

스크린식 (투영식)	• 자동차와 스크린의 거리를 3m로 한다. • 스크린에 전조등을 비추어 광도 및 광축의 편차를 측정한다.
집광식	• 자동차와 스크린의 거리를 1m로 한다. • 전조등의 광속을 렌즈로 집광하여 광도 및 광축의 편차를 측정한다.

(2) 측정 전 준비 사항
① 수준기로 전조등 시험기가 수평인지 확인한다.
② 측정 차량을 시험기와 직각이 되도록 진입시키고 전조등 면까지의 거리가 3m(스크린형)의 거리가 되도록 한다.
③ 타이어 공기압을 규정값으로 맞추고 **운전자 1인이 탑승**한다.
④ 정대용 파인더(점검창)로 자동차가 바로 세워져 있는지 확인한다.
⑤ 시험기 좌우 및 상하 다이얼 "0"으로 돌려 초기화한다.

(3) 측정 방법
① 전조등 측정은 **시동을 걸고, 하향등** 기준으로 한다.
② 시험기의 본체를 좌우로 조정하고, 상하 이동 핸들을 회전시켜 스크린을 보아 전조등이 일치하도록 조정한다. 중심점(검은 점)을 +(십자)의 중심점에 보이는 눈금을 읽는다.
③ 좌우 각도 조정 다이얼의 값과 상하 각도 조정 다이얼의 값을 읽는다.

③ 전조등 검사기준
① 변환빔의 광도는 **3천칸델라** 이상일 것
→ 광도(cd, 칸델라) : 일정한 방향에서 물체 전체의 밝기를 나타내는 양
→ 좌우측 전조등(변환빔)의 광도와 광도점을 전조등시험기로 측정하여 광도점의 광도를 확인
② 변환빔의 진폭은 **10미터 위치**에서 다음의 수치 이내일 것

설치높이 ≤ 1.0m 이내	설치높이 ≥ 1.0m 이내
−0.5% ~ −2.5%	−1.0% ~ −3.0%

③ 컷오프선의 꺽임점(각)이 있는 경우 **꺽임점의 연장선은 우측 상향일 것**

01 계기판

1 [14-4, 08-3] 출제율 ★★★

엔진 오일 압력이 일정 이하로 떨어질 때 점등되어 운전자에게 경고해주는 것은?

① 연료 잔량 경고등
② 주차브레이크등
③ 엔진 오일 경고등
④ 냉각수 과열 경고등

엔진 오일이 부족하면 오일 압력이 떨어지며, 압력스위치의 접점이 닫혀 엔진 오일 경고등을 점등시킨다.

2 [14-3, 09-3] 출제율 ★★

계기판의 속도계가 작동하지 않을 때 고장부품으로 옳은 것은?

① 차속 센서
② 크랭크각 센서
③ 흡기매니폴드 압력 센서
④ 냉각수온 센서

속도계는 변속기 출구측에 장착된 차속센서(VSS)의 신호를 받아 속도를 지시한다.

3 [09-4] 출제율 ★

다음 중 가솔린엔진 차량의 계기판에 있는 경고등 또는 지시등의 종류가 아닌 것은?

① 엔진오일 경고등
② 충전 경고등
③ 연료 수분감지 경고등
④ 연료 잔량 경고등

가솔린엔진 차량과 달리 디젤엔진 차량 계기판에는 예열 표시등, 수분감지 경고등, DPF 경고등이 있다.

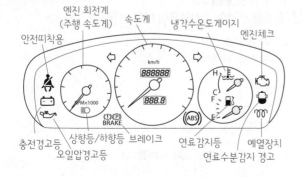

4 [14-4] 출제율 ★★★

연료탱크의 연료량을 표시하는 연료계의 형식 중 계기식의 형식에 속하지 않는 것은?

① 밸런싱 코일식
② 연료면 표시기식
③ 바이메탈 저항식
④ 서미스터식

연료계의 종류
• 계기식 : 서모스탯 바이메탈식, 바이메탈 저항식, 밸런싱 코일식, 서미스터식
• 경고등식 : 연료면 표시기식(일정 이하일 때 램프 점등)

5 [14-1, 11-1] 출제율 ★

커먼레일 디젤엔진 차량의 계기판에서 경고등 및 지시등의 종류가 아닌 것은?

① 예열플러그 작동지시등
② DPF 경고등
③ 연료수분 감지 경고등
④ 연료 차단 지시등

• 예열플러그 : 디젤엔진의 냉시동시 압축공기를 예열
• DPF : 디젤엔진의 매연 중 미세먼지 배출을 감소
• 연료수분 감지 : 필터 내 연료수분을 감지 (커먼레일 엔진 내 수분 유입의 영향 : 시동꺼짐, 출력저하, 인젝터 고장 유발 등)
※ 연료 차단 지시등은 LPG 차량에 해당한다.

6 [15-1, 11-2, 09-2] 출제율 ★★

계기판의 엔진 회전계가 작동하지 않는 결함의 원인에 해당 되는 것은?

① VSS(Vehicle Speed Sensor) 결함
② CPS(Crankshaft Position Sensor) 결함
③ MAP(Manifold Absolute Pressure Sensor) 결함
④ CTS(Coolant Temperature Sensor) 결함

엔진의 회전속도 검출은 크랭크각센서(CPS)에 의한 엔진 회전수에 비례하는 펄스 신호로 받아 엔진 회전계에 이용한다.
※ VSS : 차량 속도, MAP : 흡입 공기량, CTS : 냉각수 온도

chapter 04

정답 **1** 1 ③ 2 ① 3 ③ 4 ② 5 ④ 6 ②

7 계기판의 온도계가 작동하지 않을 경우 점검을 해야 할 곳은?

① MAT(Manifold Air Temperature Sensor)

② CTS(Coolant Temperature Sensor)

③ ACP(Air Conditioning Pressure Sensor)

④ CPS(Crankshaft Position Sensor)

> 계기판의 온도계는 냉각수 온도(WTS, CTS)를 나타낸다.

8 계기판의 주차 브레이크등이 점등되는 조건이 아닌 것은?

① 주차브레이크가 당겨져 있을 때

② 브레이크액이 부족할 때

③ 브레이크 페이드 현상이 발생했을 때

④ EBD 시스템에 결함이 발생했을 때

> 페이드 현상이란 디스크와 같은 제동장치의 온도 상승으로 인해 마찰계수가 저하되어 제동력이 저하되는 현상으로 브레이크등의 점멸과는 무관하다.
> ※ ABS 고장 시 : ABS 경고등 점등, EBD 시스템은 정상 작동
> ※ EBD 고장 시 : ABS 경고등 점등, 주차 브레이크 경고등 점등

9 계기판의 충전 경고등은 어느 때 점등 되는가?

① 배터리 전압이 10.5V 이하일 때

② 알터네이터에서 충전이 안 될 때

③ 알터네이터에서 충전되는 전압이 높을 때

④ 배터리 전압이 14.7V 이상일 때

> 충전 경고등은 배터리 전압(12V)이 낮을 경우에 점등되며, 이는 발전기(알터네이터)에서 충전이 되지 않을 때이다. (발전기 충전전압 : 약 14V 전후)
> 원인 : 배터리 불량, 배터리 연결 전원선 문제, 배터리 단자 부식, 알터네이터 불량, 레귤레이터 불량, 퓨즈 끊어짐, 벨트 끊어짐 등

10 자동차가 주행 중 충전램프의 경고등이 켜졌다. 그 원인과 가장 거리가 먼 것은?

① 팬 벨트가 미끄러지고 있다.

② 발전기 뒷부분에 소켓이 빠졌다.

③ 축전지의 접지케이블이 이완되었다.

④ 전압계의 미터가 깨졌다.

> 충전램프 경고등은 발전기 어셈블리, 케이블, 팬벨트 등에 이상 발생시 점등된다.

11 현재의 연료 소비율, 평균속도, 항속 가능거리 등의 정보를 표시하는 시스템으로 옳은 것은?

① 종합 경보 시스템(ETACS 또는 ETWIS)

② 엔진·변속기 통합제어 시스템(ECM)

③ 자동주차 시스템(APS)

④ 트립(Trip) 정보 시스템

> 트립 정보 시스템은 현재의 연료소비율, 평균 속도, 목적지까지 소요 연비, 주행 거리 등 주행과 관련된 정보를 LCD 표시창을 통해 운전자에게 알려주는 일종의 편의장치이다.

02 등화장치 및 전기장치 기초

1 전조등의 배선 연결은?

① 직렬이다.

② 병렬이다.

③ 직병렬이다.

④ 단식 배선이다.

> 한쪽 전조등이 고장나고 다른 전조등에 영향을 주지 않도록 병렬로 연결한다.

2 자동차용 전조등의 3요소가 아닌 것은?

① 필라멘트

② 렌즈

③ 딤머 스위치

④ 반사경

> 전조등의 전조등의 3요소 : 필라멘트, 렌즈, 반사경
> ※ 딤머 스위치는 전조등, 미등 등의 조명등을 켜고 끄는 스위치이다.

3 전조등 회로의 구성부품이 아닌 것은?

① 라이트 스위치

② 전조등 릴레이

③ 스테이터

④ 딤머 스위치

> ※ 디머(dimmer) 스위치는 전조등의 빔을 하이(hi)빔 ↔ 로(low)빔으로 전환하는 스위치이다.
> ※ 스테이터는 교류발전기의 구성부품이다.

4 전조등 종류 중 반사경, 렌즈, 필라멘트가 일체인 방식은?

① 실드빔형
② 세미실드빔형
③ 분할형
④ 통합형

> • 실드빔형 : 반사경, 렌즈, 필라멘트가 일체인 방식
> • 세미실드빔형 : 렌즈와 반사경은 일체이며, 전구는 별도로 장착하는 방식

5 다음 중 오토라이트에 사용되는 조도 센서는 무엇을 이용한 센서인가?

① 다이오드
② 트랜지스터
③ 서미스터
④ 광도전 셀

> 오토라이트는 광도전 셀을 이용하여 광량을 측정한다.

6 전조등의 광량을 검출하는 라이트 센서에서 빛의 세기에 따라 광전류가 변화되는 원리를 이용한 소자는?

① 포토 다이오드
② 발광 다이오드
③ 제너 다이오드
④ 사이리스터

> 광량 검출 소자로는 광도전 셀, 광전지, 포토다이오드, 포토트랜지스터 등이 있다.

7 테스트 램프(Test Lamp)에 대한 설명으로 틀린 것은?

① 정확한 전류값을 측정할 수 있다.
② 12V 램프와 한 쌍의 리드선을 접속된 구조이다.
③ 빛의 밝기를 이용하여 전력의 세기를 판단할 수 있다.
④ 한쪽 선을 접지 후 전압이 인가된 곳에 테스트 램프의 다른 부분을 연결하면 램프가 점등된다.

> 테스트 램프는 빛의 밝기로 전류량을 대략적으로 파악할 수 있으나 정확한 전류값은 측정할 수 없다.

8 다음은 릴레이의 기호이다. 릴레이 작동에 대한 설명으로 맞는 것은?

① A, C 사이에 전원을 인가했을 때 B, D 단자 사이에 통전이 되면 정상이다.
② A, B 사이에 스위치를 닫았을 때 C, D 단자 사이에 통전이 되면 정상이다.
③ C, D 사이에 전원을 인가했을 때 A, B 단자 사이에 통전이 되면 정상이다.
④ C, D 사이에 전원을 해지했을 때 A, B 단자 사이에 통전이 되면 정상이다.

> 릴레이는 C-D 사이에 낮은 전류를 인가했을 때 A-B 사이에 큰 전류를 흐르도록 하여 접점을 닫게 하는 전기적 스위치 역할을 한다.

9 릴레이 내부에 다이오드 또는 저항이 장착된 목적으로 가장 올바른 것은?

① 역방향 전류 차단으로 릴레이 보호
② 릴레이에 흐르는 과전류 차단
③ 릴레이 접속 시 발생하는 스파크로부터 전장품 보호
④ 릴레이 차단 시 코일에서 발생하는 서지전압으로부터 제어모듈 보호

> 릴레이는 전자석으로 작동하는 스위치이므로, 코일에 흐르는 전류를 갑자기 차단시키면 자기장이 급격히 붕괴되면서 발생되는 서지전압(역기전력)이 역방향으로 흘러 전기장치에 이상을 줄 수 있다.
> ※ 서지전압 방지법 : 릴레이 코일에 다이오드 또는 고저항을 병렬로 연결시켜 서지압이 다이오드(저항)를 통해 코일에 순환하게 한다.

10 퓨즈에 관한 설명으로 맞는 것은?

① 정격전류가 흐르면 회로를 차단하는 역할을 한다.
② 과대전류가 흐르면 회로를 차단하는 역할을 한다.
③ 퓨즈는 용량이 클수록 정격전류가 낮아진다.
④ 용량이 작은 퓨즈는 용량을 조정하여 사용한다.

> 퓨즈는 과대전류가 흐르면 회로를 차단하여 회로 또는 부품을 보호하는 역할을 하며, 정격 전류(용량)를 사용해야 하며, 조정할 수 없어야 한다.

정답　4 ①　5 ④　6 ①　7 ①　8 ③　9 ④　10 ②

chapter 04

11 퓨즈(fuse)가 녹아 끊어지는 원인이 아닌 것은?

① 회로의 합선으로 의해 과도전류가 흐를 때
② 잦은 ON/OFF 반복으로 피로가 누적되었을 때
③ 퓨즈 홀더의 접촉 저항 발생에 의해 발열할 때
④ 전원부의 접촉 저항 과다로 인한 전압강하가 클 때

전압강하는 저항 과대로 인해 전류 흐름이 방해받는 것을 의미하며, 퓨즈의 단선은 과전류가 흐를 때이므로 원인이 되지 않는다.

12 퓨즈의 단선 원인과 가장 거리가 먼 것은?

① 회로의 합선에 의해 과도한 전류가 흘렀을 때
② 퓨즈가 부식되었을 때
③ 퓨즈가 접촉이 불량할 때
④ 용량이 큰 퓨즈로 교체하였을 때

퓨즈의 용량이 크면 퓨즈의 정규전류(최대허용전류)가 사용전류보다 크므로 단선 원인이 아니다.

13 미등 퓨즈 점검에 대한 설명으로 맞는 것은?

① 미등과 관련된 퓨즈는 엔진룸 정션박스에만 있다.
② 퓨즈가 끊어지면 저항은 0 Ω을 나타낸다.
③ 테스트 램프 접촉 시 양쪽 모두 불이 들어오면 퓨즈는 정상이다.
④ 테스트 램프를 한쪽 철심 부분에 접촉 시 점등되고 다른 철심 부분에 접촉 시 점등되면 퓨즈가 끊어진 것이다.

① 미등 퓨즈는 엔진룸 정션박스에 1개, 실내 정션박스에 2개가 있다.
② 퓨즈가 끊어지면 단선이므로 저항값은 무한대(∞)로 표시된다.
④ 테스트 램프를 한쪽 철심 부분에 접촉 시 점등되고 다른 철심 부분에 접촉 시 점등되지 않으면 퓨즈가 끊어진 것이다.

14 방향지시등 회로에서 앞쪽이나 뒤쪽의 방향지시등 전구가 한 개라도 끊어지면 어떻게 되는가?

① 점멸 주기에 60~120회이다.
② 점멸 주기는 60회 이하이다.
③ 점멸 주기는 120회 이상이다.
④ 방향지시등이 점멸하지 않는다.

규정상 방향지시등은 점멸 주기는 60~120회이며, 앞쪽이나 뒤쪽의 방향지시등 전구가 한 개라도 끊어지면 전류가 감소하여 점멸주기가 빨라진다.

15 미등 퓨즈에 관한 설명으로 틀린 것은?

① 테스트 램프로 퓨즈 점검 시 퓨즈 상단에 노출된 2개의 철심 부분에 접촉하여 퓨즈를 점검한다.
② 테스트 램프를 한 쪽 철심 부분에 접촉 시 점등되고 다른 철심 부분에 접촉 시 점등되지 않으면 퓨즈가 끊어진 것이다.
③ 멀티테스터기로 점검할 때 퓨즈가 끊어지면 저항값은 0Ω으로 표시된다.
④ 테스트 램프 접촉 시 퓨즈 양쪽 모두 불이 들어오면 정상이다.

퓨즈가 끊어지면(단선, 개방) 아날로그 테스터기는 저항이 무한대(∞)로 표시하고, 디지털 테스터기는 O.L(Over Limit)로 표시된다.
※ 정상일 때 1Ω 이하의 어떤 값이 표시된다.

16 방향지시등 회로의 구성품 중 좌우 램프가 일정한 주기로 반복해서 점멸하게 하는 것은?

① 비상등 스위치
② 다기능 스위치
③ 플래셔 유니트
④ BCM

17 비상등은 정상 작동되나 좌측 방향 지시등이 작동하지 않을 때 관련있는 부품은?

① 플래셔 유니트
② 비상등 스위치
③ 턴시그널 전구
④ 턴시그널 스위치

비상등은 정상 작동되면 방향지시등에 관련된 플래셔 유니트, 비상등 스위치, 턴시그널 전구 모두 이상이 없다는 것이며, 한쪽 방향지시등이 작동하지 않는다면 보기 중 턴시그널 스위치에서 한쪽 회로에 연결되지 못한다는 의미이다.

정답 ▶ 11 ④ 12 ④ 13 ③ 14 ③ 15 ③ 16 ③ 17 ④

18 방향지시등의 점멸 속도가 빠르다. 그 원인에 대한 설명으로 틀린 것은?

① 플레셔 유닛이 불량이다.
② 비상등 스위치가 단선되었다.
③ 전방 우측 방향지시등이 단선되었다.
④ 후방 우측 방향지시등이 단선되었다.

> 방향지시등의 점멸 속도가 빨라지는 원인
> • 플레셔 유닛(방향지시등 릴레이) 불량
> • 전구 중 하나가 단선
> • 전구 중 하나가 규정 전구가 아님

[참고] 출제율 ★

19 전조등 4핀 릴레이를 단품 점검하고자 할 때 적합한 시험기는?

① 전류 시험기
② 축전기 시험기
③ 회로 시험기
④ 전조등 시험기

> 릴레이는 접점과 코일로 이뤄진 일종의 전자석과 같은 개폐기로, 릴레이 검사는 주로 단선 여부를 점검하며, 가장 적합한 테스터는 회로시험기를 통해 도통 시험을 한다.

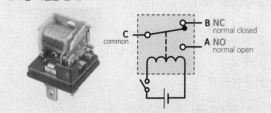

[참고] 출제율 ★★

20 헤드램프가 작동되지 않는 원인으로 옳은 것은?

① 방향지시등의 퓨즈가 끊어짐
② 전조등 스위치 소손
③ 비상경고등 스위치 소손
④ 미등퓨즈 소손

> 방향지시등, 비상경고등, 미등은 전조등 회로와 별개이다.

---

03 등화장치 검사기준

[참고] 출제율 ★★★

1 운행 자동차의 전조등 시험기 측정 시 광도 및 광축을 확인하는 방법으로 틀린 것은?

① 적차 상태로 서서히 진입하면서 측정한다.
② 타이어 공기압을 표준 공기압으로 한다.
③ 4등식 전조등의 경우 측정하지 않는 등화는 발산하는 빛을 차단한 상태로 한다.
④ 엔진은 공회전 상태로 한다.

> 전조등 시험준비 사항(스크린식)
> • 타이어 공기압을 표준 공기압(규정값)으로 한다.
> • 공차상태에서 운전자 1인 승차 상태로 측정한다.
> • 수평기를 보고 시험기 수평이 되어 있는가 확인한다.
> • 차량을 시험기와 직각으로 하고 시험기와 전조등이 3m(집광식 : 1m) 되도록 진입시킨다.
> • 축전지는 충전한 상태이며, 원동기는 공회전 상태로 한다.
> • 시험기 좌우 다이얼 및 상하 다이얼 "0"으로 돌린다.

[참고] 출제율 ★★★

2 전조등을 시험할 때 시험 조건으로 틀린 것은?

① 각 타이어의 공기압은 표준일 것
② 공차상태에서 운전자 1명이 승차할 것
③ 배터리는 충전한 상태로 할 것
④ 엔진은 정지 상태로 할 것

> 전조등 시험 조건
> • 공차상태에서 운전자 1명이 승차한다.
> • 축전지는 충전한 상태이며, 엔진은 공회전 상태로 한다.
> • 타이어 공기압은 표준공기압으로 한다.
> • 4등식 전조등의 경우 측정하지 않는 등화는 빛을 차단한 상태로 한다.

[참고] 출제율 ★★

3 자동차 검사기준 및 방법에서 전조등 검사에 관한 사항으로 틀린 것은?

① 전조등의 변환빔을 측정하여야 한다.
② 공차상태에서 운전자 1인이 승차하여 검사를 시행한다.
③ 전조등시험기로 전조등의 광도와 주광축의 진폭을 측정한다.
④ 긴급자동차 등 부득이한 사유가 있는 경우에는 적차상태에서 검사를 시행할 수 있다.

> 전조등 검사는 주행빔 상태에서 실시한다.

4 방향지시등의 작동조건에 관한 내용으로 틀린 것은?

① 좌·우측에 설치된 방향지시등은 한 개의 스위치에 의해 동시 점멸 하는 구조일 것

② 1분 간 90±30회(60~120회)로 점멸하는 구조일 것

③ 방향지시등 회로와 전조등 회로는 연동하는 구조일 것

④ 시각적·청각적으로 동시에 작동되는 표시장치를 설치할 것

방향지시등 회로와 전조등 회로는 구분되어야 한다.

5 운행자동차 정기검사에서 등화장치 점검 시 광도 및 광축을 측정하는 방법으로 틀린 것은?

① 타이어 공기압을 표준공기압으로 한다.

② 광축 측정 시 엔진 공회전 상태로 한다.

③ 적차 상태로 서서히 진입하면서 측정한다.

④ 4등식 전조등의 경우 측정하지 않는 등화는 발산하는 빛을 차단한 상태로 한다.

등화장치 점검 시 공차상태에서 운전자 1인 탑승 후 실시한다.

6 전조등 장치에 관련된 내용으로 맞는 것은?

① 전조등을 측정할 때 전조등과 시험기의 거리는 반드시 15m를 유지해야 한다.

② 실드빔 전조등은 렌즈를 교환할 수 있는 구조로 되어 있다.

③ 실드빔 전조등 형식은 내부에 불활성 가스가 봉입되어 있다.

④ 전조등 회로는 좌우로 직렬 연결되어 있다.

① 전조등과 시험기과의 거리는 시험기 형식에 따라 1m 또는 3m이다.
②, ③ 실드빔 전조등은 반사경, 렌즈, 필라멘트가 일체형으로 내부에 불활성 가스가 봉입되어 있으며, 렌즈를 교환할 수 없다.
④ 전조등 회로는 좌우 병렬 연결되어 있다.

7 자동차 전조등의 광도 및 광축을 측정(조정)할 때 유의사항 중 틀린 것은?

① 시동을 끈 상태에서 측정한다.

② 타이어 공기압을 규정값으로 한다.

③ 차체의 평형상태를 점검한다.

④ 배터리를 점검한다.

가속 페달을 밟아 엔진의 회전수를 2,000rpm 정도로 하고 측정한다.

8 전조등 시험 시 준비사항으로 틀린 것은?

① 타이어 공기압이 같도록 한다.

② 집광식 시험기를 사용 시 시험기와 전조등의 간격은 3m로 한다.

③ 축전지 충전상태가 양호하도록 한다.

④ 바닥이 수평인 상태에서 측정한다.

집광식 시험기와 전조등의 간격은 1m 되게 하며, 스크린식은 3m 되도록 한다.

9 전조등 시험기 사용 시 준비사항으로 틀린 것은?

① 타이어 공기압을 규정으로 한다.

② 시험기 설치 장소가 수평 상태이어야 한다.

③ 차량의 앞차축이 지면에서 10cm 이상 들어 올려진 상태이어야 한다.

④ 축전지 성능이 정상 상태이어야 한다.

10 전조등 시험기 중에서 시험기와 전조등이 3m 거리로 측정되는 방식은?

① 스크린식

② 집광식

③ 투영식

④ 조도식

시험기와 전조등의 간격 : 스크린식 – 3m, 집광식 – 1m

11 스크린 전조등 시험기를 사용할 때 렌즈와 전조등의 거리를 3m로 측정하면, 차량 전방 몇 m에서의 밝기에 해당하는가?

① 5 m

② 10 m

③ 15 m

④ 20 m

스크린 전조등 시험기 사용시 렌즈와 전조등 거리를 3m로 측정하면 차량 전방 10m에서의 밝기에 해당된다.

정답 4 ③ 5 ③ 6 ③ 7 ① 8 ② 9 ③ 10 ① 11 ②

12 좌·우측 전조등(변환빔)의 광도와 광도점을 전조등시험기로 측정하여 광도점의 광도는 몇 칸델라(cd)이어야 하는가?

① 1000 이상

② 4000 이상

③ 2000 이상

④ 3000 이상

> 변환빔의 광도는 3천칸델라 이상일 것

13 다음은 전조등 등화장치의 진단 내용이다. 진단의 판정으로 옳은 것은?

【보기】

진단항목 : 전조등 등화장치		
안전진단기준(검사기준)		진단결과
광도 (좌우)	3000cd 이상	좌측 밝기 : 5500cd 우측 밝기 : 5600cd
진폭 (좌우)	설치높이 ≤ 1.0m	설치높이 > 1.0m	〈좌측〉 높이 : 0.9m, 진폭 : -1.2%
	-0.5% ~ -2.5%	-1.0% ~ -3.0%	〈우측〉 높이 : 1.2m, 진폭 : -2.0%

① 등화장치 불량

② 등화장치 양호

③ 판정 불가

④ 좌측 진폭 불량

> 진단결과가 모두 검사기준에 만족하므로 양호하다고 판정할 수 있다.

04 자동차 전기장치 정비

1 전자제어 시스템을 정비할 때 점검 방법 중 올바른 것을 모두 고른 것은?

【보기】

a. 배터리 전압이 낮으면 고장진단이 발견되지 않을 수도 있으므로 점검하기 전에 배터리 전압 상태를 점검한다.

b. 배터리 또는 ECU 커넥터를 분리하면 고장항목이 지워질 수 있으므로 고장진단 결과를 완전히 읽기 전에는 배터리를 분리시키지 않는다.

c. 점검 및 정비를 완료한 후에는 배터리 (-)단자를 15초 이상 분리시킨 후 다시 연결하고 고장 코드가 지워졌는지를 확인한다.

① b, c

② a, b

③ a, c

④ a, b, c

2 자동차 전기 계통을 작업할 때 주의사항으로 틀린 것은?

① 배선을 가솔린으로 닦지 않는다.

② 커넥터를 분리할 때는 잡아당기지 않도록 한다.

③ 센서 및 릴레이는 충격을 가하지 않도록 한다.

④ 반드시 축전지 (+)단자를 분리한다.

> 전기계통 작업 시 (+)단자를 분리하면 자칫 배터리 위의 공구나 전기선이 (+)단자와 차체와 닿으면 합선이 되므로 배터리 (-)단자를 분리한다.

3 등화장치 교환 시 안전사항으로 틀린 것은?

① 전장 계통의 정비 시 배터리의 (-) 단자를 먼저 분리한 후 점화스위치 및 기타 램프류의 스위치를 'OFF'시켜야 한다.

② 퓨즈/릴레이가 소손되었을 때는 정격 용량의 퓨즈로 교환한다.

③ 느슨한 커넥터의 접속은 고장의 원인이 되므로 커넥터 연결을 확실히 한다.

④ 하니스를 분리시킬 때 커넥터를 잡고 당겨야 하며, 하니스를 잡아당겨서는 안된다.

> 전장 계통의 정비 시에는 배터리의 (-) 단자를 먼저 분리하기 전에 점화 스위치 및 기타 램프류의 스위치를 'OFF'시켜야 한다. 한다. 만일 스위치를 OFF 시키지 않으면 (-) 단자를 분리하면 역기전력으로 인해 반도체 부품이 손상될 우려가 있다.

chapter 04

정답 12 ④ 13 ② 4 1 ④ 2 ④ 3 ①

4 전기장치의 점검 시 점프와이어(jump wire)에 대한 설명 중 (   ) 안에 적합한 것은?

> 점프와이어는 (a)의 (b)상태에서 점검하는데 사용한다.

① a : 전원, b : 통전 또는 접지
② a : 통전 또는 접지, b : 점프
③ a : 통전 또는 접지, b : 연결부위를 제거한
④ a : 점프, b : 통전 또는 접지

5 전기회로 정비 작업시의 설명으로 틀린 것은?

① 전기회로 배선 작업시 진동, 간섭 등에 주의하여 배선을 정리한다.
② 차량에 있는 전기장치를 장착할 때는 전원부에 반드시 퓨즈를 설치한다.
③ 배선 연결회로에서 접촉이 불량하면 열이 발생한다.
④ 연결 접촉부가 있는 회로에서 선간전압이 5V 이하 시에는 문제가 되지 않는다.

> 일반적으로 접촉부의 전압강하는 0.2~1V 정도이다.

6 멀티미터를 전류 모드에 두고 전압을 측정하면 안되는 이유는?

① 내부저항이 작아 측정값의 오차 범위가 커지기 때문이다.
② 내부저항이 작아 과전류가 흘러 멀티미터가 손상될 우려가 있기 때문이다.
③ 내부저항이 너무 커서 실제 값보다 항상 적게 나오기 때문이다.
④ 내부저항이 너무 커서 노이즈에 민감하고, 0점이 맞지 않기 때문이다.

> 전압 모드의 경우 내부저항으로 약 10MΩ의 고저항을 사용하며, 전류 모드의 경우 전압강하로 인한 오차를 줄이기 위해 저저항(션트저항)을 병렬로 연결해서 저항값을 낮추어 측정한다. 그러므로 전류모드에 두고 전압을 측정하면 내부저항이 작으므로 과전류로 인해 저항이 과열되어 기기가 손상될 수 있다.

7 [보기]는 미등의 점검에 대한 설명을 나열한 것이다. 옳은 것으로 짝지어진 것은?

> **【보기】**
>
> a. 멀티미터를 이용하여 미등 퓨즈를 점검할 때 셀렉터를 전압계에 맞추어 퓨즈 양단의 전압을 측정한다.
> b. 미등 회로의 접지를 점검할 때 커넥터의 접지 단자와 차체 접지부를 측정했을 때 저항값이 무한대가 나오면 정상이다.
> c. 테스트 램프의 한쪽은 접지시키고, 한쪽 검침봉을 미등 커넥터를 연결했을 때 램프가 켜지면 배선이 정상이다.

① b, c   ② a, b
③ c   ④ a, b, c

> a. 멀티미터를 이용하여 미등 퓨즈를 점검할 때는 저항계로 맞추어 측정한다. (퓨즈는 전압값이 의미가 없으며, 주로 저항을 측정한다)
> b. 커넥터의 접지 단자와 접지부 사이에는 정상 연결상태이면 저항이 0Ω 또는 어떤 저항값이 입력되어야 한다.

8 릴레이를 탈거한 상태에서 릴레이 커넥터를 그림과 같이 점검할 경우 테스트 램프가 점등하는 라인(단자)은?

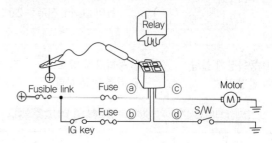

① ⓐ   ② ⓑ
③ ⓒ   ④ ⓓ

> 테스트 램프가 점등되는 조건은 접지까지 회로가 연결되어야 하므로 ⓒ만 해당된다.

SECTION 07 편의장치

Craftsman Motor Vehicles Maintenance

⬆ NCS 동영상

[예상문항 : 4~5문제] 이 섹션의 출제비율이 높지만 기출이 거의 없기 때문에 NCS 학습모듈을 기반으로 한 학습이 필요합니다. 예상문제 및 모의고사 문제로 출제유형을 파악하고 학습 목표를 정합니다. (가급적 다른 영역에서 점수획득하기 바랍니다)

01 윈드실드 와이퍼(windshield wiper)

1 기본형

① 와이퍼 모터
- 복권식 : 전기자 코일과 계자 코일을 직병렬로 연결한 방식으로, 기동 토크가 크고 회전속도가 일정하다.
- 영구자석 소형직류식 : 3개의 브러시와 페라이트 자석을 이용한 것으로 구조가 간단하며, 에너지 소비가 적어 현재 대부분 사용된다.

② 접점부(캠 플레이트)
- 웜&웜기어 형태로 모터의 회전속도를 감속하여 회전한다. 접점부의 역할은 와이퍼 작동을 멈추거나 1회 작동 시 와이퍼가 중간 위치에서 멈추게 하지 않고, 파킹위치(시작위치)까지 돌아온 후 작동을 멈추게 한다.

③ 링크 기구(와이퍼 암) : 모터의 동력을 블레이드에 전달

④ 와이퍼 장치의 입력 모드 : High 스위치, Low 스위치, INT 스위치, 와셔 스위치

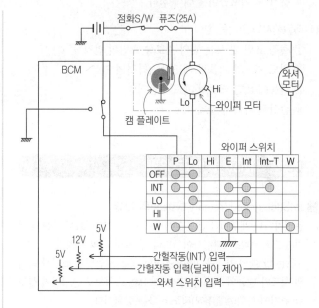

	P	Lo	Hi	E	Int	Int-T	W
OFF	●	●					
INT	●	●			●	●	
LO		●		●			
HI			●	●			
W				●		●	●

간헐작동(INT) 입력
간헐작동 입력(딜레이 제어)
와셔 스위치 입력

⬆ 와이퍼 장치 회로의 개략적인 구조

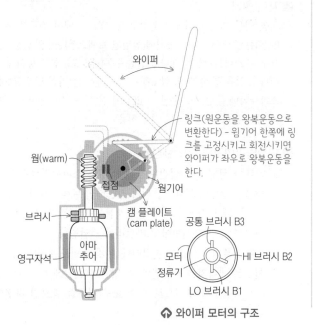

⬆ 와이퍼 모터의 구조

2 레인센서 와이퍼(rain sensor wiper) 제어장치

(1) 개요

다기능 스위치를 'AUTO' 위치로 입력하면 와이퍼 모터 구동 제어를 앞창 유리의 상단에 설치된 레인 센서&유닛에서 강우량을 감지하여 운전자의 스위치 조작없이 자동으로 와이퍼 속도를 제어하여 운전에 집중할 수 있도록 한다.

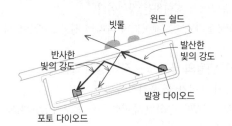

기본 개념) 발광 다이오드로부터 발산되는 빛이 윈드 쉴드의 표면에 반사가 되어 수광 다이오드(포토 다이오드)로 돌아온다. 이때 윈드 쉴드(윈드 스크린)의 물방울 갯수가 많을수록 빛(Beam)은 광학 분리되어 유리창 밖으로 나간다. 그러므로 수광 다이오드에 감지하는 빛의 양이 적어진다. 제어장치는 빛의 양에 반비례하여 속도를 증가시킨다.

chapter 04

(2) 레인센서의 구성

2개의 발광 다이오드와 2개의 수광 다이오드, 광학섬유(Optic fiber)

(3) 레인센서의 장착

① 테이프를 사용하여 레인센서 브라켓을 윈드 쉴드 글라스에 장착한다.

② 센싱 영역에 적외선을 반사시키는 반사층을 가진 윈드 쉴드의 경우 반사층이 제거된 영역에 장착해야 한다.

③ 장착 시 기포없이 붙여야 한다.

(4) 레인센서의 오작동 원인

① 측정 표면 및 모든 빛의 경로상 표면의 먼지

② 윈드 쉴드와 커플링 패드의 접착면의 기포

③ 진동에 의한 커플링 패드의 움직임

④ 손상된 와이퍼 블레이드

02 　IMS(시트 메모리 유닛)

1 IMS(Integrated Memory System)의 개요

운전자마다 체형이나 운전습관 등이 다르므로 시트나 핸들의 위치(틸트 & 텔레스코픽), 사이드미러, 룸미러 등의 위치가 다르다. IMS는 한 대의 차량을 2명이 운전할 경우 개인별로 설정한 최적의 시트와 핸들의 위치를 기억시켜 IMS 스위치로 운전자가 설정한 위치에 복귀(재생 동작)되도록 하는 장치이다.

2 IMS 구성 부품 및 기능

① 운전석 파워 윈도우 모듈과 조수석 파워 윈도우 모듈, 파워시트, 틸트 및 텔레스코프, PIC 유닛, 그리고 인터페이스 유닛 등은 CAN 통신을 하며 바디 컨트롤 모듈(BCM)과 다기능 스위치, 레인센서, 외부수신기, 오토라이트 기능들은 LIN 통신을 한다.

② 와이퍼, 열선, 파워윈도우, 램프 등의 제어를 하나의 회로로 중앙에서 제어하는 장치이다.

③ 에탁스는 ECU로 제어되며 디지털 신호로 작동된다.

3 승·하차 연동의 금지 또는 작동 정지 조건

① 변속기 레버가 'P' 포지션이 아닌 경우

② BCM으로부터 송신된 데이터 입력 속도가 Low(3k/m 이상)인 경우

③ 시트를 매뉴얼(수동) 스위치로 조작할 경우

④ 승하차 연동 동작 중 재생 명령을 수신하는 경우

⑤ IMS SW에서 송신된 데이터의 'AUTO_SET'가 승차 연동 해제의 값을 갖는 경우

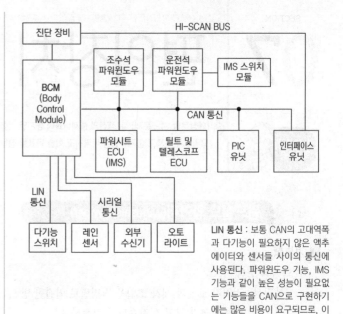

LIN 통신 : 보통 CAN의 고대역폭과 다기능이 필요하지 않은 액추에이터와 센서들 사이의 통신에 사용된다. 파워윈도우 기능, IMS 기능과 같이 높은 성능이 필요없는 기능들을 CAN으로 구현하기에는 많은 비용이 요구되므로, 이러한 기능들을 구현할 때에는 LIN을 사용한다.

03 　이모빌라이저 시스템

1 개요

시동 키의 기계적인 일치 뿐만 아니라 시동키 내의 암호정보와 차량 내의 스마트라가 무선으로 통신하여 암호코드가 일치할 경우에만 엔진 시동이 되도록 한 도난경보 시스템이다. 따라서 기계적으로 일치하는 복제키로 엔진 시동이 불가능하다.

2 제어 원리

시동 키를 키 실린더에 삽입하고 IG ON → 엔진 컨트롤 유닛(ECU)는 스마트라에 시동키에 삽입된 트랜스폰더에 암호정보를 요구 → 스마트라는 안테나 코일을 구동(전류 공급)함과 동시에 안테나 코일을 통해 TF의 암호정보 요구 → 시동키의 암호정보를 스마트라에 무선으로 송신 → ECU에 전달 → 이미 등록된 정보와 비교 분석 후 일치되면 시동 허용

3 이모빌라이저의 주요 구성품

① 안테나 코일 : 키 실린더에 장착되며, 스마트라로부터 전원을 공급받아 트랜스폰더가 접근하면 트랜스폰더의 코일을 전기유도작용을 통해 콘덴서를 충전시킨다. 동시에 키 정보를 요구/수신받아 스마트라에 전달한다.

② 트랜스폰더 : 시동키 손잡이에 설치된 반도체 칩으로, 무선으로 에너지를 공급받아 충·방전한다. 트랜스폰더는 스마트라로부터 무선으로 정보 요구 신호를 받으면 자신이 가진 정보를 무선으로 내보낸다.

③ 스마트라(smartra) : 엔진 ECU에서 전달하는 데이터를 수신하여 안테나 코일을 거처 트랜스폰더로 무선데이터를 전달

④ 엔진 ECU : 시동키를 IG ON 시 스마트라를 통해 트랜스폰더의 정보를 수신받고, 수신된 정보를 이미 등록된 정보와 비교 분석하여 엔진 시동 여부를 결정 (점화장치 및 연료분사 허용)

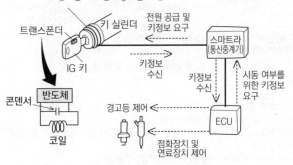

⬆ 이모빌라이저 장치의 구성

04 스마트키 시스템

1 스마트키(PIC, Personal IC card) 시스템 개요

① 기존의 키 방식과 달리 스마트키를 소지한 채 차량에 접근하면 차량에서 제한된 거리 내에서 인증요청 신호를 송신하고, 스마트키의 수신부에서 정보를 받아 수신여부를 차량에 보내게 된다. (이때 운전자가 도어 핸들의 푸시버튼을 누름으로 도어가 열리는 방식이다.) 또한, 시동 시에도 버튼누름 방식으로 스티어링 휠 록을 해제하고 엔진의 시동을 할 수 있다.

② 스마트키 유닛은 LF 안테나를 통해 LF신호를 송신하고 스마트키가 차량에 접근하면 LF 전파를 받아 LF 신호의 고유 ID(pin code)를 검색한 후 RF 신호를 차량에 전송한다.(스마트 키 입장에서 LF 전파는 수신용이고, RF 전파는 송신)

2 스마트키(버튼 시동) 시스템의 주요 구성

스마트키 유닛, 전원공급 모듈(PDM), FOB 키홀더, 외장 리시버(실내 안테나), 시동 정지 버튼(SSB), 스타터 릴레이, 전자식 스티어링 컬럼 록(ESCL), 엔진제어시스템(EMS) 등

(1) 스마트키 유닛(PIC 컨트롤 유닛)

① 패시브 록/언록(passive lock/unlock), 패시브 인증 등 스마트키 시스템을 제어하는 마스터 역할을 한다.

② 차속, 운전석 도어 개폐 상태 및 시동버튼(SSB), 센서, 잠금버튼, 변속 레버 위치 등 시동에 필요한 입력 신호를 받아 트랜스폰더의 키 인증, EMS와의 통신, ESCL의 전원 제어, BCM과의 통신, 이모빌라이저 시스템의 진단, 경보장치 송수신 안테나 등을 제어한다.

• 시동 정지 버튼(SSB) 모니터링
• 이모빌라이저 통신 : EMS와 통신
• ESCL(Electronic Steering Column Lock)의 전원 제어
• 안테나 구동 및 인증 기능(트랜스폰더 효력 및 FOB 인증)
• 시스템 지속 모니터링
• 고장진단 지원
• 경고 부저 및 메시지 표시 제어

(2) 전원 분배 모듈 (PDM : Power Distribution Module)

① 버튼 시동 관련 전원 공급 릴레이 제어(전원상태를 ACC, IG1, IG2, 크랭킹, 엔진 작동으로 변경시켜주는 모듈)

② 엔진 시동 버튼 LED 및 조명 제어

③ 트랜스폰더 통신 기능(이모빌라이저 통신 데이터 확인·인증)

④ ESCL(전자조향컬럼 잠금장치)의 전원 공급

⑤ CAN 통신을 통해 다른 모듈과 통신

(3) ESCL(Electronic Steering Column Lock : 전자조향컬럼 잠금)
→ MSL(mechatronic steering lock) 시스템이라고도 함

① 차량 도난방지를 목적으로 시동이 OFF되었을 때 조향장치의 컬럼에 잠금쇠를 걸 수 있도록 한 장치이다.

⬆ ESCL 개념

② ESCL의 잠김 조건
• 전원 OFF 상태
• 변속기 레버 P단
• 차량이 완전 정지 상태

③ 스마트키 유닛과 전원 분배 모듈에 의해 내장 모터를 제어하여 모터에 연결된 웜&웜기어를 작동시켜 잠금쇠를 조향 컬럼 홈에 밀어넣어 잠금 상태가 되도록 한다.

→ ACC 또는 IGN이 ON 상태이면 ESCL에 전원을 공급하여 잠금을 해제시키고, 다시 OFF 상태일 때 전원을 반대로 공급하여 잠근다.

④ ESCL 결함으로 조향 컬럼의 잠금이 해제되지 않으면 시동이 걸리지 않도록 한다.

> 참고) 기존 기계식 조향컬럼(조향축) 잠금장치는 자물쇠 작동원리와 같이 키의 회전으로 직접 잠금쇠를 돌려 잠금/해제를 한다. 시동키를 빼면 잠금쇠가 조향컬럼을 잠궈 도난 시 조향이 불가능하고, 시동키를 끼고 회전시키면 잠금쇠가 해제되도록 한다. 하지만 스마트키 방식의 경우 기계적 잠금이 불가능하므로 전자적 신호로 모터를 이용한다.

(4) 기타 구성품

도어 핸들	차량 외부의 스마트키 감지 (LF/RF 안테나 삽입)
스마트 키 (FOB키)	도어잠금/해제, 리모트(remote) 키리스 엔트리 및 이모발라이저 기능
LF 안테나	도어핸들, 실내, 범퍼에 설치되어 스마트키 유닛에서 LF 안테나 구동기를 통해 전계를 형성하여 FOB키를 검색하여 FOB키 존재를 확인하면 도어를 개폐하며, 실내 탑승 후 엔진시동을 위해 FOB키를 검색한 후 인증코드와 일치하면 시동을 허용한다.
RF 안테나	FOB 키는 LF 안테나의 송신신호를 수신하면 RF 안테나를 통해 스마트키 유닛에 인증정보를 전송
BCM	도어 잠금/해제 및 도난경보기능 제어

③ 도어 언록(passive access / passive entry)

① 스마트키 유닛은 외부 안테나로부터 최소 0.7m에서 최대 1m까지의 범위 안에서 도어핸들에 부착된 외부 안테나를 통해 송신된 스마트키 요구 신호를 수신하고 이를 해석한다.

② 스마트키의 언록 버튼을 누르거나 캐패시티브 센서가 부착된 도어핸들에 운전자가 접근하면 운전자가 자동차에 탑승하기 위한 의도로 인식된다.

③ **작동 원리** : 스마트 키를 소지한 운전자가 차량에 접근한 후 도어핸들을 터치하면 도어핸들 내에 있는 안테나는 유선을 통해 스마트 키 유닛으로 신호 전송 → 스마트 키 유닛은 다시 도어핸들의 안테나를 구동하여 스마트키 확인 요구 신호를 스마트키로 전송(무선) → 스마트키는 응답신호를 무선으로 RF 수신기로 데이터를 보냄 → 데이터를 받은 외부 수신기는 유선(시리얼 통신)으로 스마트 키 유닛으로 데이터를 보냄 → 스마트 키 유닛은 자동차에 맞는 스마트키라고 인증 → 스마트 키 유닛은 CAN 통신을 통해 언록 신호를 운전석 도어모듈과 BCM으로 보냄 → 운전석 도어모듈은 언록 릴레이를 작동시키고, BCM은 비상등 릴레이를 0.5초간 2회 작동시켜 도난경계를 해제시킨다.

→ 패시브 록 조건 : 변속레버 P단, 운전석 도어 닫힘 및 후드 포함 모든 도어 닫힘, 전원 OFF

→ 유효한 스마트 키가 차량의 외부에 검색되지 않으면 패시브 록 절차는 중단되고 다음의 도어 핸들 스위치 입력 시에 재시작된다.(차량 내부에 유효한 스마트 키 검색 시 스마트 키 실내 감지 경고 표출)

→ 패시브 록 신호 입력 시 스마트 키는 실내 2회 검색 후 실외 1회 검색 진행

④ 도어 록(passive lock)

기본 절차는 도어 언록 동일한 방식이다.

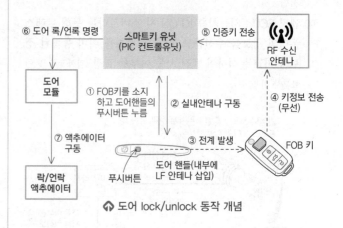

↑ 도어 lock/unlock 동작 개념

- 스마트 키 ECU : 버튼 입력 시 스마트 키 인증 및 PDM 전원 이동 요구
- 수신기 : 스마트 키 RF 데이터 수신
- 도어 핸들 : 도어 lock/unlock 버튼 내장, 스마트 키 실외 확인 유무 및 실외 안테나 내장
- 도어 모듈 : 도어 lock/unlock 액추에이터 구동
- FOB 키 : 스마트 키

⑤ 트렁크 개폐 절차

① 트렁크 리드 스위치를 누르면 운전자는 자동차의 트렁크를 열기 위한 의도로 판단한다.

② 리드 스위치는 스마트키 유닛으로 신호를 보냄 → 신호를 받은 PIC 컨트롤 유닛은 다시 범퍼 안테나를 통해 스마트 키 확인요구 신호를 진송(무선) → PIC 긴트롤 유닛은 응답신호를 무선으로 외부 수신기로 전송 → 데이터를 받은 외부 수신기는 응답이 맞으면 유선(시리얼 통신)을 통하여 PIC 컨트롤 유닛으로 데이터를 보내 인증확인 → PIC 컨트롤 유닛은 CAN 통신을 통해 트렁크 열림 신호를 BCM으로 전송 → BCM은 트렁크 리드 릴레이를 구동하여 트렁크를 연다.

③ 트렁크가 닫히면 PIC 컨트롤 유닛은 자동차 밖에 있는 스마트키로 인하여 트렁크가 다시 열리는 것을 방지하기 위하여 범퍼 안테나에 작동중지 신호를 보낸다.

→ 만약 트렁크 내부에 스마트 키가 있다면 스마트키 유닛은 BCM으로 트렁크 리드를 구동하기 위한 열림 신호를 보낸다.

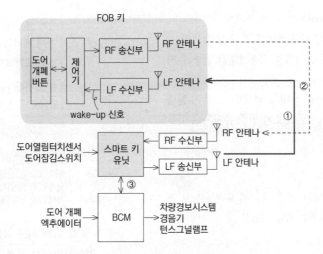

⬆ 스마트키 시스템의 동작 개념도

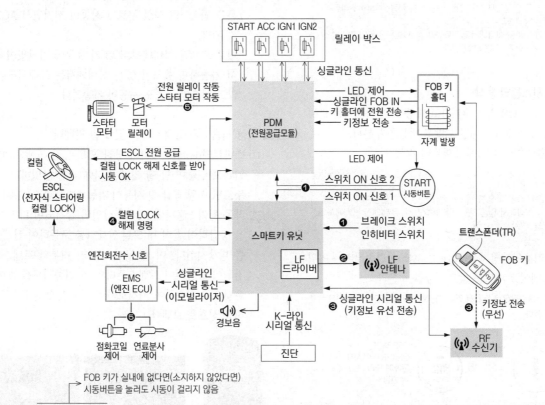

FOB 키가 실내에 없다면(소지하지 않았다면)
시동버튼을 눌러도 시동이 걸리지 않음

시동 원리) ❶ FOB 키를 소지하고 브레이크 페달을 밟고, 시동버튼을 누름 → ❷ 스마트키 유닛은 실내의 LF안테나를 통해 FOB키를 검색하여 FOB키의 트랜스폰더 정보(키 고유정보)를 찾음 → ❸ RF 수신안테나를 통해 키 정보가 스마트키 유닛에 전송 → ❹ 스마트키 유닛은 키 정보가 일치하면 ESCL 잠금 해제 명령을 송신하고, PCM에 전원공급명령(전원이동)을 보낸다. 이때 IG ON 시 EMS와 통신하여 시동 인증 OK 신호를 송신함 → ❺ 전원 릴레이, 엔진 ECU에 전원 공급 → 스타터 모터, 점화코일, 연료분사장치에 신호를 보내 시동이 걸림

림프 시동 원리) 스마트키 배터리가 방지될 경우 FOB 키를 홀더에 삽입하거나 시동버튼에 가까이 대면 PDM은 홀더에 전원 공급 → 홀더는 안테나 자계 발생 → FOB 키의 트랜스폰더 정보를 수신받아 PDM에 전달 → PDM에서 인증 → ❹ 이하 나머지 과정은 위와 동일

⬆ 버튼 시동 시스템 개념도

• PDM : 전원 릴레이 구동 키홀더와 통신, 키 정보 인식
• 실내 안테나 : 스마트 키 실내 위치를 인식하기 위한 LF 안테나
• 엔진 ECU : 스마트 키 ECU와 이모빌라이저 통신 후 시동 허용

6 사전 인증(Pre-Authentication)

① 도어 열림 시 3초마다 차량 실내 스마트 키 유무 검색한다.

② 차량 실내에서 스마트 키 발견했을 경우 3초간 인증 유지 후 재검색한다.

③ 도어가 닫혀 있을 경우 차량 실내를 검색한다. 차량 실내에 스마트 키 발견되었을 경우 30초가 인증 유지하고 이후 다시 실내를 찾지 않는다.

7 키 리마인더(reminder)

문이 열린 상태에서 실내에 스마트키가 있을 때 도어를 노브 스위치가 잠기는 것을 방지하기 위한 기능이다.

> ▶ 키 리마인더 확인
> • ACC 또는 IGN 1 OFF 상태에서 하나 이상의 도어가 열려 있을 경우
> • 차량 실내에 스마트 키가 위치해있을 경우
> • 차량의 문을 열림에서 잠금으로 시도할 때 차량 실내에 스마트 키의 유무를 탐색한다.
> • 스마트 키가 차량 실내에서 감지되었을 경우 BCM은 도어 열림을 실행하여 문이 잠기는 것을 방지한다.

8 버튼 시동 시스템의 동작

① **시동 켜기** : FOB 키를 소지하고 탑승 → 변속레버는 P 위치에 놓고 브레이크 페달을 밟고 버튼을 누른다.

② **시동 인증** : 차량 실내에 스마트키 검색

> 인증 유지시간
> • ACC IGN ON일 때 인증 정보가 없으면 검색 후 인증 유무 판단
> • IGN ON 상태에서 인증되면 이후 계속 인증 유지(엔진 ECU에서 요청받을 경우)

③ **시동 끄기** : 차량정지상태(3km/h 미만) → 변속레버는 P 위치 → 브레이크 페달을 밟고 버튼을 누른다.

→ 변속레버를 N단으로 주차할 경우 P단에서 시동 OFF한 후, N단으로 변경해야 한다.

기계식 점화키   버튼식 점화키

④ **점화스위치 단자**

LOCK (OFF)	도난 방지와 안전을 위해 조향 핸들을 잠금
ACC	시계, 라디오, 시거라이터 등으로 전원 공급(상시전원)
IG1	점화코일, ECU, 계기판, 컨트롤 릴레이 등 시동에 관련 있는 장치에 전원 공급 (→ 시동 시에도 전원 공급)
IG2	와이퍼 전동기, 전조등, 파워 윈도우, 에어컨 압축기, 히터 등에 배터리 전원 공급 → 전력소모가 크므로 원활한 시동을 위해 시동 시 전원 차단
START	엔진 크랭킹 시 배터리 전원을 기동전동기 솔레노이드 스위치로 공급해주며, 엔진 시동 후 전원이 차단된다.

> 버튼식 점화키의 LED 표시
> • OFF : LED 소등(전원이 공급되지 않고, 조향휠이 잠김)
> • ACC : 황색 LED 점등(일부 전기장치에 전원 공급)
> • ON : 적색 LED 점등(계기판 및 대부분의 전기장치에 전원 공급)
> • START : 녹색 LED 점등되며, 이후 LED 등이 소등됨

⑤ **주행 중 강제 시동 끄는 방법 및 재시동**

• 비상상황에서 강제로 시동을 끄기 위한 방법이다.

• 주행 중 버튼을 2초 동안 길게 누르거나, 3초 이내에 버튼을 연속 3번 이상 누르면 시동이 꺼지면서 ACC 상태가 된다.

• 이후 30초간 실내에서 FOB 키 유무에 상관없이 재시동이 가능하며 속도가 있는 상태에서는 브레이크를 밟지 않고 버튼만 눌러도 시동이 가능하다.

9 비상 시동 : 키 홀더(holder) 및 코일 안테나

① 스마트키(FOB)의 배터리 방전 혹은 통신 장애 등 비상 시 키정보 인증이 안 될 경우 홀더에 키를 삽입하고, 버튼을 누르면 전원 공급 및 시동이 가능하다. ('림폼 시동'이라고 함)

② 작동 원리 : 홀더에 FOB의 삽입이 감지되면 PDM은 전원을 공급하여 홀더 내 코일 안테나를 구동하여 전계(자기장)를 발생시킨다. 이 때 무선으로 키 내부의 트랜스폰더에 전원이 공급되어 트랜스폰더의 키 인증정보를 스마트 키 유닛으로 전송하여 키정보가 일치하면 엔진 ECU로 시동 허용 신호를 보낸다.

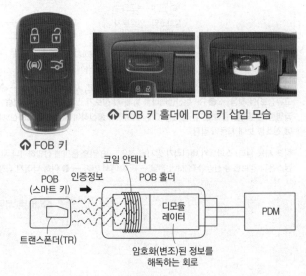

⤊ FOB 키 홀더에 FOB 키 삽입 모습

⤊ FOB 키

⤊ FOB 키 홀더 구조

05 리어 윈도우 열선

1 리어 윈도우 열선(Rear Window Defogger)

① BCM의 제어를 받으며 엔진 시동 중 발전기 L 단자로부터 전압이 입력되고, 열선 스위치 신호가 BCM으로 입력되면 리어 윈도우 열선은 약 20분간 ON 되었다가 자동으로 OFF 된다.

② 열선 점검(전압계 사용) : 디포거 스위치를 ON시킨 후 검침봉 끝에 호일을 감고 열선의 전압을 점검한다.
- ㉮ (+) 터미널과 열선 중앙 사이의 전압이 6V이면 정상
- ㉯ (+) 터미널과 열선 중앙 사이가 소손 시 : 12V 지시
- ㉰ (−) 터미널과 열선 중앙 사이가 소손 시 : 0V 지시

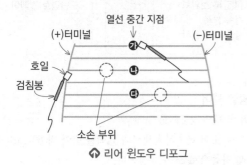

⬆ 리어 윈도우 디포그

06 파워 윈도우

1 파워 윈도우의 개요

① 파워 윈도우 : 모터 및 엑추에이터를 이용하여 자동차 도어창을 개폐하는 장치이다.

② 수동 모드 : 윈도우 열림/닫힘 스위치를 조작한 만큼 도어창이 개폐한다.

③ 자동 모드(오토-업·다운, 원터치 자동) : 윈도우 열림/닫힘 스위치를 깊게 당기거나 누르면 스위치에서 손을 떼어도 유리창이 자동으로 완전히 닫히거나 열린다.

④ 운전석에서 모든 도어창을 제어할 수 있고, 각각의 좌석에서도 개별적으로 제어할 수 있다.

⑤ 세이프티(물체 끼임 인식) 기능 : 오토-업 조작 시 물체나 손과 같은 신체 일부에 의해 부하가 걸리면 닫힘을 멈추고, 일정한 높이(위에서 30cm)만큼 다시 열리게 한다.

> • 세이프티 원리 : 윈도우 작동 시 발생하는 펄스로 윈도우의 위치를 파악하고, 이 조건에서 물체감지 및 힘을 계산하여 반전여부를 판단한다.

> • 파워윈도우 모터 점검·교환 시 점화스위치를 OFF 하고, 배터리 ⊖ 단자를 탈거한다.
> • 윈도우 모터의 회전방향은 좌우가 서로 다르다.

2 파워 윈도우의 초기화와 페일 세이프(fail safety)

① 초기화 : 유닛의 교체·수리 또는 5분 이상 차량에서 배터리가 분리된 후 재연결을 할 때 자동 모드가 되지 않기 때문에 윈도우 모터 및 유닛이 윈도우의 최상단을 인식하는 과정으로, 창문이 열린 상태에서 오토/매뉴얼 업 스위치를 이용하여 창문을 완전히 올린다. 이 상태에서 0.2초 이상 스위치 조작을 유지한다.

② 페일 세이프 : 모터의 이상 작동으로 인한 사용자의 안전을 위하여 페일 세이프 모드로 진입한다.

07 에어백 및 안전벨트

① 에어백 안의 충전가스는 인체에 무해한 질소(N_2)를 사용한다.

② 에어백은 1회성 소모품으로 한 번 사용 이후에는 신품으로 교체해야 한다.

③ G센서(임팩트 센서)가 충돌 시 전기 신호로 검출하면 조향 휠 및 조수석 앞 패널의 인플레이터 단자에 통전되어 질소가스 발생제가 에어백을 전개시킨다.

> ▶ 가속도(G) 센서
> 차에 가해지는 가속도를 검출하는 센서로 에어백, ABS, ESC(주행안정장치) 등에 이용한다.

④ 인플레이터(에어백 가스 발생장치) : 화약, 점화제, 가스발생기, 디퓨저 스크린 등을 알루미늄 용기에 넣은 것으로 충돌 시 점화 전류가 흘러 화약 연소 → 점화제 연소 → 가스 발생제(질소 가스) 연소 → 디퓨저 스크린을 통과하여 에어백으로 전개

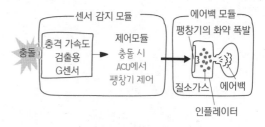

⬆ 에어백 작동 원리

⑤ 승객유무 감지센서(PPD) : PPD 센서는 조수석 승객 탑승 유무를 판단하여 ACU(airbag control unit)로 데이터를 송신하여 ACU는 승객 유무에 따라 에어백을 전개시킨다.

⑥ SRS(Supplemental Restraint System) Air Bag : 안전벨트의 보조 역할을 한다는 의미이다.

⑦ **벨트 프리텐셔너**(pre-tensioner) : 충돌 시 반작용으로 탑승자의 상체가 앞으로 쏠릴 때 머리 손상을 최소화 하기 위해 느슨한 벨트를 당겨주는 동시에 탑승자의 상체를 고정시켜(구속력 증가) 2차 상해를 예방하는 역할을 한다. 또한, 에어백 전개 후에는 감았던 벨트를 다시 풀어 충격을 완화시키는 리미터(load limiter) 역할을 한다.

> ▶ 에어백 점검 시 주의사항
> • 에어백 모듈은 분해하지 않는다.
> • 단품 저항을 장시간 측정하면 테스터기의 전류가 에어백 인플레이터로 흘러 에어백이 전개될 수 있으므로 테스터기로 측정하지 않도록 한다.
> • 충돌 시 갑작스런 전원 차단이 발생하면 에어백 점화가 불가능해질 수 있으므로 이를 방지하기 위해 ECU 내부의 콘덴서에 5분 정도 저장한다. 그러므로 배터리 (-)단자 탈거 후 5분 정도 대기한 후 점검해야 한다.

08 ETACS(바디 컨트롤 모듈(BCM))

1 개요

와이퍼, 파워윈도우, 시트열선, 스마트 키, 램프 등 각 장치를 제어하는 ECU로 수많은 스위치 신호를 입력받아 시간 제어(TIME) 및 경보 제어(ALARM)에 관련된 기능을 출력 제어하는 장치이다.

> ▶ ETACS(에탁스)란
> 전자(Electronic) 시간(Time) 경보(Alarm) 제어(Control) 장치(System)란 의미로, 전기장치 중 시간에 의하여 동작하는 장치 혹은 경보를 발생시켜 운전자에게 알려주는 장치를 통합하는 시스템이다.

입력	제어	출력
• IG 스위치 • 와셔 스위치 • 와이퍼 INT 스위치 • 열선 스위치 • 열선 릴레이 스위치 • 안전벨트 스위치 • 도어 스위치 • 도어 로크 스위치 • 미등 스위치 • 비상등 스위치 • 파워윈도우 스위치 • 트렁크 스위치 • 키 삽입 스위치 • P 레인지 스위치 • 핸들 록 스위치 • 차속 센서 • 충돌 감지 센서	E T A C S	• 와셔 연동 와이퍼 • 속도감응 와이퍼 • 뒷유리 열선 • 안전벨트 경고등 • 도어 열림 차임벨 • 집중 도어록 릴레이 • 오토 도어록 릴레이 • 감광식 룸 램프 • 트렁크 룸 램프 • 파워 윈도우 타이머 • 점화 키 홀드 램프 • 도난 경보기 • 주행 중 도어 록 • 점화키 OFF 후 언록 • 도난경보 릴레이

2 상황별 제어

(1) 도어 록 제어(door lock)

① 오토 도어 록 : 차속센서의 입력을 받아 약 60km/h 이상일 때 자동으로 도어를 잠근다.

② 도어 록 상태에서 주행 중 충돌 시 에어백 ECU로부터 에어백 전개신호를 입력받아 모든 도어를 unlock시킨다.

③ 점화스위치를 OFF로 하면 모든 도어 중 하나라도 록 상태일 경우 전 도어를 언록(unlock)시킨다.

④ 모든 도어 스위치 : 각 도어 잠김 여부 감지

⑤ 중앙집중식 잠금 : 운전석에서 수동으로 도어를 열고 닫을 때 전체 도어의 록/언록을 제어

⑥ 크래시(crash) 도어 언록 : 차량 충돌 시 도어 잠금 해제

(2) 램프 제어

① 감광식 룸램프 : 어두운 환경에서 차량 주행 전후의 주차나 정차 시 도어를 개폐할 때 실내등이 즉시 소등되지 않고 서서히 소등될 수 있도록 한다.

② 점화키 홀램프 : 운전석 도어를 열고 닫을 때 이그니션 키 주변이 약 10초 정도 점등되어 어두운 곳에서 키 홀의 위치를 쉽게 찾을 수 있도록 함

③ 미등 자동 소등 : 미등램프를 점등시킨 채 도어를 잠그고 하차시 발생하는 배터리 방전을 방지

④ 오토라이트 컨트롤 : 점등 스위치 조작없이 주위 밝기에 따라 조도센서로 감지하여 등화장치가 자동으로 점멸되도록 한다.

(3) 경고 제어

① 키 리마인드 스위치 : 시동키가 키 실린더에 꽂힌 채(ACC, LOCK 위치) 운전석 도어를 열면 경고음을 발생하여 알려줌

② 안전띠 경고 타이머 : IG 스위치를 ON하면 안전띠 경고등이 점멸

③ 시큐리티 인디게이터 : 차량 경계상태 표시기

④ 파킹 스타트 경고 : 주차 보조 경고 알람

⑤ 무선 도어 잠금 및 도난 경보 기능

⑥ 시트벨트 미착용 경고 : 시동 후 일정 시간 내 시트 벨트가 착용되지 않거나 탈거되면 경고등과 경고음은 일정 주기로 출력하며, 시트벨트를 착용하면 경고음은 즉시 멈춘다.

(4) 기타 제어

① 와셔 연동 와이퍼 : 와셔액를 분사하면 와이퍼가 동시에 작동

② 와이퍼 INT 스위치 : 운전자에 의한 INT 볼륨 위치에 따라 차속감응 와이퍼에 의한 속도 조절

③ 핸들 록 스위치 : 스티어링 컬럼에 부착되어 키가 삽입되지 않으면 핸들을 돌릴 수 없도록 핸들을 전자적으로 잠그는 도난 방지 장치

④ 파워 윈도우 타이머 : 윈도우가 열렸을 때 IG 키를 뺀(OFF) 경우 키를 다시 꽂지 않아도 일정시간 동안 파워윈도우 릴레이에 ON상태로 하여 윈도우를 닫을 수 있는 기능

⑤ 유리 열선

• IG 스위치 신호, 열선 스위치 신호에 의해 열선 릴레이를 ON하여 전류로 출력한다.

• 열선은 병렬회로로 연결되어 있다.

• 일정시간 작동 후 자동으로 OFF 된다.

⑥ BCM 고장 발생 시 고장 원인에 대한 자기진단 기능을 수행하며, 강제 구동 모드 설정으로 임의의 입력으로 출력을 검사할 수 있다.

듀티(DUTY) 제어

개념

보통 아날로그 신호를 디지털 신호 0, 1로 변환한 것으로 듀티제어에 의해 평균전류를 증감시켜 조절한다. 자동차 전자제어의 입력신호로 대부분 사용한다.(예 : 스텝모터, 솔레노이드 밸브 등)

디지털 신호는 0과 1로만 표현하지만, 듀티 신호는 0과 1이 반복되는 한 주기 신호 중 0의 지속시간, 1의 지속시간을 비율로 나타낸다. 즉, 지속시간비율을 0~100%로 하였을 때 10%, 20%, 50% 등으로 신호시간을 조정하여 연료 분사량/모터 등 액추에이터를 조절한다.

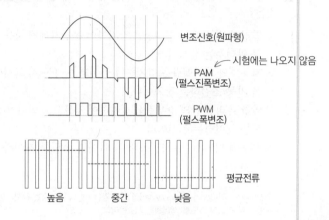

변조신호(원파형)

↙ 시험에는 나오지 않음

PAM (펄스진폭변조)

PWM (펄스폭변조)

평균전류

높음   중간   낮음

신호 분석

주기란 파형이 1회 반복하는데 걸리는 시간을 말하며, ON/OFF 시간에 따라 그림과 같이 25%, 50%, 75% 등으로 표현한다.

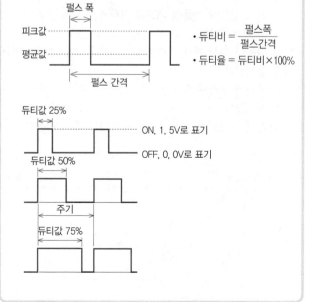

펄스 폭

피크값

평균값

펄스 간격

• 듀티비 $= \dfrac{펄스폭}{펄스간격}$

• 듀티율 $=$ 듀티비$\times 100\%$

듀티값 25%

ON, 1, 5V로 표기

OFF, 0, 0V로 표기

듀티값 50%

주기

듀티값 75%

[참고] 출제율 ★ □□□

1 레인센서 장치의 구성품이 아닌 것은?

① 발광 다이오드
② 수광 다이오드
③ 트랜지스터
④ 광학섬유

> 레인센서의 구성 : 2개의 발광 다이오드와 2개의 수광 다이오드, 광학섬유(Optic fiber), 커플링 패드

[12-3] 출제율 ★ □□□

2 자동차의 레인센서 와이퍼 제어장치에 대해 설명 중 옳은 것은?

① 앞창 유리 상단의 강우량을 감지하여 운전자에게 자동으로 알려주는 센서이다.
② 자동차의 와셔액량을 감지하여 와이퍼가 작동 시 와셔액을 자동 조절하는 장치이다.
③ 앞창 유리 상단의 강우량을 감지하여 자동으로 와이퍼 속도를 제어하는 센서이다.
④ 온도에 따라서 와이퍼 조작 시 와이퍼 속도를 제어하는 장치이다.

> 레인센서 와이퍼(rain sensor wiper) 장치란 앞유리창의 강우량을 감지하여 자동으로 와이퍼 속도를 제어하는 시스템이다.

[참고] 출제율 ★ □□□

3 레인센서 장치의 오작동을 유발하는 간섭 영향에 대한 설명으로 틀린 것은?

① 윈드 쉴드와 커플링 패드의 접착면의 기포는 측정 신호를 약화시킨다.
② 진동에 의한 커플링 패드의 움직임은 레인 센서를 오작동시킨다.
③ 센서가 부착된 유리창의 먼지는 작동에 큰 영향을 미치지 않는다.
④ 손상된 와이퍼 블레이드는 레인 센서를 오작동시킬 수 있다.

> 레인센서는 유리창의 굴절 정도(발광 다이오드가 발산한 빛이 유리창을 투과하지 않고 반사하여 양)에 따라 강우량을 측정하므로 유리창의 먼지는 측정 신호를 약화시킨다.

[08-2] 출제율 ★★ □□□

4 윈드 쉴드 와이퍼의 주요 3요소가 아닌 것은?

① 와이퍼 전동기
② 와이퍼 블레이드
③ 링크 기구
④ 레인 센서

> **윈드 쉴드 와이퍼의 주요 3요소**
> → 와이퍼 전동기, 링크(연결) 기구, 와이퍼 블레이드

[12-4] 출제율 ★★ □□□

5 와셔 연동 와이퍼의 기능으로 틀린 것은?

① 와셔액의 분사와 같이 와이퍼가 작동한다.
② 연료를 절약하기 위해서이다.
③ 전면 유리에 이물질 제거를 위해서이다.
④ 와이퍼 스위치를 별도로 작동하여야 하는 불편을 해소하기 위해서이다.

> 와셔 연동 와이퍼는 와셔액 분사와 동시에 와이퍼를 작동시키는 편의장치이다.

[14-2, 11-3, 08-4] 출제율 ★★ □□□

6 편의장치 중 중앙집중식 제어장치(ETACS 또는 ISU) 입·출력 요소에 대한 설명으로 틀린 것은?

① INT 스위치 : INT 볼륨 위치에 의한 와이퍼 속도 검출
② 모든 도어 스위치 : 각 도어 잠김 여부 검출
③ 키 리마인드 스위치 : 키 삽입 여부 검출
④ 와셔 스위치 : 열선 작동 여부 검출

[13-3, 10-3, 09-1 유사] 출제율 ★★ □□□

7 편의장치 중 BCM 제어장치의 입력 요소의 역할에 대한 설명 중 틀린 것은?

① 모든 도어 스위치 : 각 도어 잠김 여부 감지
② INT 스위치 : 와셔 작동 여부 감지
③ 핸들 록 스위치 : 키 삽입 여부 감지
④ 열선 스위치 : 열선 작동 여부 감지

> INT 스위치는 와이퍼의 간헐모드 작동을 제어하고, 와셔 작동 여부 감지는 와셔 연동 와이퍼와 관련 있다.

[참고] 출제율 ★

8 자동차용 BCM(Body Control Module)이 일반적으로 제어하지 않는 것은?

① 자체 자세 제어
② 도난 경보 기능
③ 점화 키 홀 조명
④ 파워 원도우 타이머

[참고] 출제율 ★★

9 리어 윈도우 열선 타이머 제어 시 입·출력 요소가 아닌 것은?

① 전조등 스위치 신호
② IG 스위치 신호
③ 열선 스위치 신호
④ 열선 릴레이 신호

열선 타이머는 IG 스위치 신호와 열선 스위치 신호의 입력신호를 받아 열선 릴레이, 열선 전류를 출력신호로 한다.

[참고] 출제율 ★

10 리어 윈도우 열선(rear window Defogger) 장치에 대한 설명으로 틀린 것은?

① BCM(Body Control Module)의 제어를 받는다.
② 엔진 시동 중 배터리 전압으로 작동된다.
③ 열선 스위치 신호 입력 후 윈도우 열선은 약 20분간 ON 되었다가 자동으로 OFF 된다.
④ 리어 윈도우 열선 점검 시 열선 보호를 위해 테스터의 탐침봉 끝에 주석오일이나 알루미늄 호일을 감는다.

엔진 시동 중 발전기 L 단자로부터의 전압으로 작동된다.

[참고] 출제율 ★★★

11 세이프티 파워윈도우 장치에 대한 설명으로 틀린 것은?

① 세이프티 유닛 교환 후 초기화 작업은 불필요하다.
② 오토-업 작동 중 부하가 감지되면 모터가 역회전한다.
③ 오토-업, 오토-다운 기능이 있다.
④ 초기화는 세이프티 모터 및 유닛이 윈도우의 최상단을 인식하는 과정이다.

윈도우 모터, 유닛 교환 후에는 수동 모드는 가능하지만, 자동 모드(오토-업, 오토-다운)가 작동되지 않으므로 초기화 작업이 필요하다.

[참고] 출제율 ★

12 파워 윈도우 타이머 제어에 관한 설명으로 틀린 것은?

① IG 'ON'에서 파워윈도우 릴레이를 ON한다.
② IG 'OFF'에서 파워윈도우 릴레이를 일정시간 동안 ON한다.
③ 키를 뺐을 때 윈도우가 열려 있다면 다시 키를 꽂지 않아도 일정시간 이내 윈도우를 닫을 수 있는 기능이다.
④ 파워 윈도우 타이머 제어 중 전조등을 작동시키면 출력을 즉시 OFF한다.

파워 윈도우 타이머는 IG 'ON'에서 파워윈도우가 작동되고, IG 'OFF' 후에도 파워윈도우 릴레이를 약 30초 동안 ON하여 키를 다시 꽂지 않아도 윈도우를 다시 닫도록 하는 편의장치이다.

[13-4] 출제율 ★★★

13 와이퍼 모터 제어와 관련된 입력 요소들을 나열한 것으로 틀린 것은?

① 와이퍼 INT 스위치
② 와셔 스위치
③ 와이퍼 HI 스위치
④ 전조등 HI 스위치

[참고] 출제율 ★★

14 윈드 실드 와이퍼가 작동하지 않을 때 고장원인이 아닌 것은?

① 와이퍼 블레이드 노화
② 전동기 전기자 코일의 단선 또는 단락
③ 퓨즈 단선
④ 전동기 브러시 마모

와이퍼 작동 불량의 직접적인 요인은 모터, 스위치, 릴레이, 배선이다.
와이퍼 블레이드가 노화되어도 와이퍼는 작동하지만 와이퍼가 떨리고 와이핑(wiping)이 불완전하다.

[참고] 출제율 ★★★

15 와이퍼 장치에서 간헐적으로 작동되지 않는 요인으로 거리가 먼 것은?

① 와이퍼 릴레이가 고장이다.
② 와이퍼 블레이드가 마모되었다.
③ 와이퍼 스위치가 불량이다.
④ 모터 관련 배선의 접지가 불량이다.

정답 8 ① 9 ① 10 ② 11 ① 12 ④ 13 ④ 14 ① 15 ②

[참고] 출제율 ★ □□□

16 자동차에서 와이퍼 장치 정비 시 안전 및 유의사항으로 틀린 것은?

① 전기회로 정비 후 단자결선은 사전에 회로시험기로 측정 후 결선한다.

② 와이퍼 전동기의 기어나 캠 부위에 세정액을 적당히 유입시켜야 한다.

③ 블레이드가 유리면에 닿지 않도록 하여 작동 시험을 할 수 있다.

④ 겨울철에는 동절기용 세정액을 사용한다.

[참고] 출제율 ★★ □□□

17 윈드 실드 와이퍼 장치의 관리요령에 대한 설명으로 틀린 것은?

① 와이퍼 블레이드는 수시 점검 및 교환해 주어야 한다.

② 와셔액이 부족한 경우 와셔액 경고등이 점등된다.

③ 전면유리는 왁스로 깨끗이 닦아 주어야 한다.

④ 전면 유리는 기름 수건 등으로 닦지 말아야 한다.

> 왁스의 오일싱분으로 유막이 생겨 와이퍼의 블레이드기 떨리며 잘 닦여지지 않는다

[12-4] 출제율 ★★ □□□

18 점화키 홀 조명 기능에 대한 설명 중 틀린 것은?

① 야간에 운전자에게 편의를 제공한다.

② 야간 주행 시 사각지대를 없애준다.

③ 이그니션 키 주변에 일정시간 동안 램프가 점등된다.

④ 이그니션 키 홀을 쉽게 찾을 수 있도록 도와준다.

> 점화키 홀 조명 기능은 어두운 실내에서 점화 키 홀 부분을 쉽게 찾을 수 있도록 홀 주변에 일정시간 동안 램프가 점등된다.

[09-2] 출제율 ★★★ □□□

19 편의 장치 중 운전석 도어를 열 때와 닫을 때 이그니션 키 주변이 약 10초 정도 점등되는 램프는?

① 점화 키 홀 램프

② 포그 램프

③ 디포거 램프

④ 미등 램프

[13-1] 출제율 ★★★ □□□

20 자동차 문이 닫히자마자 실내가 어두워지는 것을 방지해 주는 램프는?

① 도어 램프

② 테일 램프

③ 패널 램프

④ 감광식 룸 램프

> 감광식 룸 램프는 야간 승차 시 문이 닫히자마자 실내가 천천히 어두워지도록 한다.

[14-3, 11-1] 출제율 ★★★ □□□

21 도어 록(door lock) 제어에 대한 설명으로 옳은 것은?

① 점화스위치 ON 상태에서만 도어를 unlock으로 제어한다.

② 점화스위치를 OFF로 하면 모든 도어 중 하나라도 록 상태일 경우 전 도어를 록(lock)시킨다.

③ 도어 록 상태에서 주행 중 충돌 시 에어백 ECU로부터 에어백 전개신호를 입력받아 모든 도어를 unlock시킨다.

④ 도어 unlock 상태에서 주행 중 차량 충돌 시 충돌센서로부터 충돌정보를 입력받아 승객의 안전을 위해 모든 도어를 잠김(lock)으로 한다.

> ① 차속감응 자동 도어 잠금장치 : 차량에 따라 차속센서에 의해 15~60km/h 이상일 때 도어를 자동으로 lock시킨다.
> ② 점화스위치를 OFF로 하면 모든 도어는 자동으로 언록(unlock)시킨다.
> ④ 충돌감지 자동 도어 잠금해제 장치 : 점화스위치 ON, 도어 lock 상태에서 충돌센서에 충격이 전달되면 도어 잠금 장치는 자동으로 해제시켜 탈출을 쉽게 한다.

[11-4] 출제율 ★★★ □□□

22 감광식 룸램프 제어에 대한 설명으로 틀린 것은?

① 도어를 연 후 닫을 때 실내등이 즉시 소등되지 않고 서서히 소등될 수 있도록 한다.

② 시동 및 출발 준비를 할 수 있도록 편의를 제공하는 기능이다.

③ 입력요소는 모든 도어 스위치이다.

④ 모든 신호는 엔진 ECU로 입력된다.

> 감광식 룸램프는 BCM에 의해 제어된다.

정답 **16** ② **17** ③ **18** ② **19** ① **20** ④ **21** ③ **22** ④

23 다음 중 도어 록 제어의 입력요소가 아닌 것은?

① 도어록 액추에이터
② 도어 잠금/잠금 해제 스위치
③ 시동 키 스위치
④ 차속센서

①은 출력신호에 해당한다.

[11-3, 09-4] 출제율 ★★★ □□□
24 이모빌라이저 시스템에 대한 설명이 아닌 것은?

① 차량의 도난을 방지할 목적으로 적용되는 시스템이다.
② 도난 상황에서 시동이 걸리지 않도록 제어한다.
③ 도난 상황에서 시동키가 회전되지 않도록 제어한다.
④ 엔진의 시동은 반드시 차량에 등록된 키로만 시동이 가능하다.

이모빌라이저 시스템은 시동키의 회전 여부와 관계없이 시동이 걸리지 않도록 한다.

[10-4] 출제율 ★★★ □□□
25 이모빌라이저 장치에서 엔진 시동을 제어하는 장치가 아닌 것은?

① 점화장치
② 충전장치
③ 연료장치
④ 시동장치

이모빌라이저의 시동 스위치를 켜면 시동장치 외에 점화장치, 연료장치가 제어된다.

[참고] 출제율 ★ □□□
26 버튼 엔진 시동 시스템에서 주행 중 엔진 정지 또는 시동 꺼짐에 대비하여 FOB 키가 없을 경우에도 시동을 허용하기 위한 인증 타이머가 있다. 이 인증 타이머의 시간은?

① 10초   ② 20초
③ 30초   ④ 40초

• 주행 중에는 버튼을 2초 동안 길게 누르거나, 3초 이내에 버튼을 연속 3번 이상 누르면 시동이 꺼지면서 ACC 상태가 됨
• 30초간은 실내 FOB키 유무 상관없이 재시동이 가능
• 속도가 있는 상태에서는 브레이크를 밟지 않고 버튼만 눌러도 시동 가능

[참고] 출제율 ★★★ □□□
27 이모빌라이저 시스템에 대한 설명으로 틀린 것은?

① 자동차의 도난을 방지할 수 있다.
② 키 등록(이모빌라이저 등록)을 해야만 시동을 걸 수 있다.
③ 차량에 등록된 인증키가 아니어도 점화 및 연료 공급은 가능하다.
④ 차량에 입력된 암호와 시동키에 입력된 암호가 일치해야 한다.

이모빌라이저는 FOB키의 트랜스폰더와 차량의 스마트라 인증 암호가 일치될 때 점화장치 및 연료펌프에 전원을 공급하여 시동이 걸리게 된다.

[참고] 출제율 ★ □□□
28 오토라이트 시스템에 대한 설명으로 맞는 것은?

① 운전자가 다기능 스위치를 안쪽으로 당겼을 때 자동으로 전조등을 ON시켜 준다.
② 열처리한 Cds(황화카드뮴) 광전도 소자를 사용한다.
③ 주위가 밝으면 저항이 커져 전조등이 어두워진다.
④ 주위가 어두워지면 전조등도 어두워진다.

광전도 소자(Cds)를 사용하여 빛의 밝기를 감지하여 빛이 밝으면 저항이 감소하여 전조등이 어두워지고, 주위환경이 어두워지면 저항이 커져 전조등 밝기는 밝아진다.
①은 전조등 패싱(PASSING)에 관한 설명이다.

[참고] 출제율 ★ □□□
29 전자조향컬럼 잠금(ESCL)의 잠금 조건이 아닌 것은?

① 전원 OFF 상태
② 변속기 레버가 P단일 때
③ 차량이 완전 정지 상태
④ 도어가 모두 닫힌 상태

ESCL는 차량 도난방지를 목적으로 시동이 OFF되었을 때 조향장치의 컬럼을 자동으로 잠그는 장치이며, ESCL의 잠금 조건으로는 ①~③이다. 도어상태와는 무관하다.

[참고] 출제율 ★ □□□
30 도난방지차량에서 경계상태가 되기 위한 입력요소가 아닌 것은?

① 후드 스위치
② 트렁크 스위치
③ 도어 스위치
④ 차속 스위치

[참고] 출제율 ★★ □□□

31 버튼 엔진 시동 시스템의 전원 공급 모듈(PDM: Power Distribution Module)의 기능에 대한 설명으로 틀린 것은?

① ACC, IGN1, IGN2를 위한 외장 릴레이를 작동하게 하는 단자 제어에 연관된 기능을 실행한다.
② FOB 홀더의 조명을 제어한다.
③ 버튼 엔진 시동 시스템을 진단한다.
④ FOB 키의 암호코드가 일치되면 ESCL(Electronic Steering Column Lock)의 전원 공급을 제어한다.

> ③은 스마트키 유닛의 기능에 해당한다.

[참고] 출제율 ★ □□□

32 자동차에 적용된 이모빌라이저 시스템의 구성품 아닌 것은?

① 외부 수신기
② 안테나 코일
③ 트랜스폰더 키
④ 이모빌라이저 컨트롤 유닛

> 이모빌라이저 시스템은 도난방지를 위한 인증시스템을 의미하며, 수신기는 원격제어를 위한 장치이다. (즉, 이모빌라이저 시스템과 시동시스템과는 동시에 작동을 하지만 역할은 구분해야 함)

[참고] 출제율 ★ □□□

33 버튼 엔진 시동 시스템의 제어 구성품이 아닌 것은?

① IMS(Integrated Memory System)
② PDM(Power Distribution Module)
③ FOB 키 홀더
④ 시리얼 통신 라인

> 버튼 엔진 시동 시스템은 스마트키 유닛(ECU), 전원 공급 모듈(PDM), FOB 키, FOB 키 홀더, 단자 및 스타터 릴레이, 시동 정지 버튼(SSB), EMS(Engine Management System) 등으로 구성되어 있다.

[참고] 출제율 ★★ □□□

34 버튼엔진 시동시스템에 회로 점검 시 점검사항으로 틀린 것은?

① 시동릴레이
② 시동정지버튼과 FOB 홀더
③ 시동 퓨즈
④ 디포거 스위치

> 디포거 스위치는 후면유리의 열선을 제어하는 것으로 시동시스템과는 무관하다.

[참고] 출제율 ★★ □□□

35 버튼 엔진 시동 시스템에서 안테나 코일이 내장되어 있어 트랜스폰더에 전원을 공급하여 키 정보를 확인하는 역할을 하는 것은?

① 전원 공급 모듈(PDM : Power Distribution Module)
② FOB 키 홀더(holder)
③ 스마트 키 유닛
④ 외장 리시버

> **FOB 키 홀더의 기능**
> • FOB 키의 배터리 방전 혹은 통신 장애일 때, 홀더에 키를 삽입하면 정상 동작이 가능하다.
> • FOB 키 홀더에 키를 삽입 후, 버튼을 누르면 전원 이동 및 시동이 가능하다.
> • 키를 홀더에 삽입 시, 홀더 내 Base station에서 안테나 코일을 구동하여 전계를 발생시켜 키 내부에 있는 트랜스폰더에 전원을 공급하고 트랜스폰더와 통신을 통해 키 정보를 확인한다.

[참고] 출제율 ★ □□□

36 바디 컨트롤 모듈(Body Control Module)에 대한 설명으로 틀린 것은?

① 여러 입력신호를 받아 주행 중 차체유지에 관련한 기능을 제어한다.
② 바디 컨트롤 고장 시 자기진단 기능을 수행한다.
③ 스캔툴을 이용하여 BCM 입력 요소에 대한 강제 구동을 실시해 보고자 한다면 '액추에이터 검사'를 선택한다.
④ 강제 구동 모드 설정이 있어 임의의 입력으로 출력을 검사할 수 있다.

> 바디 컨트롤 모듈은 차속 감응형 간헐 와이퍼, 와셔 연동 와이퍼, 리어 열선 타이머, 시트 벨트 경고등, 감광식 룸 램프, 오토라이트 컨트롤, 센트럴 도어 록/언록, 오토 도어 록, 키 리마인더, 점화키 홀 조명, 윈드 쉴드 글라스 열선 타이머, 파워윈도우 타이머, 도어 열림 경고, 미등 자동 소등, 크래쉬 도어 언록, 시큐리티 인디게이터, 파킹 스타트 경고, 모젠 통신, 무선 도어 잠금 및 도난 경보 기능 등을 자동 컨트롤 하는 시스템으로, 수많은 스위치 신호를 입력받아 시간 제어(TIME) 및 경보 제어(ALARM)에 관련한 기능을 출력 제어하는 장치이다.

[참고] 출제율 ★ □□□

37 일반적으로 BCM(Body Control Module)에 포함된 기능이 아닌 것은?

① 뒷유리 열선 제어기능
② 파워 윈도우 제어기능
③ 안전띠 미착용 경보기능
④ 에어백 제어기능

> 에어백은 안전장치에 해당하며, BCM과 무관하다.

정답 31 ③ 32 ① 33 ① 34 ④ 35 ② 36 ① 37 ④

38 일반적으로 에어백(Air Bag)에 가장 많이 사용되는 가스(gas)는?

① 수소 ② 이산화탄소
③ 질소 ④ 산소

> 에어백의 충전가스는 인체에 무해한 질소(N_2)를 사용한다.

39 자동차의 바디 컨트롤 모듈(BCM)에 포함되지 않는 제어 기능은?

① 도어록 제어
② 감광식 룸램프 제어
③ 엔진 고장지시 제어
④ 도어 열림 경고 제어

> 엔진 고장지시 제어는 전자제어 기관장치의 ECU(또는 PCM) 제어에 해당한다.

40 시트벨트 경고 작동에 대한 설명으로 틀린 것은?

① 시트 벨트를 착용하면 경고음은 즉시 멈춘다.
② 시트 벨트를 착용하면 경고등은 잔여 시간 동안 계속 출력한다.
③ 점화스위치가 OFF 상태에서 시트벨트가 탈거되면 경고등과 경고음이 출력된다.
④ 조수석에서 시트벨트가 탈거되면 경고음이 울리지 않는다.

> 점화스위치 ON 상태에서 시트벨트가 탈거되면 경고등과 경고음이 출력되지만, 점화스위치 OFF 상태에서는 즉시 멈춘다.

41 와이퍼의 작동에 대한 설명으로 옳은 것은?

① IGN 1에서 작동된다.
② 와이퍼 스위치를 끄면 와이퍼는 작동 중 즉시 멈춘다.
③ 와이퍼 작동 모드에는 속도에 따라 HIGH, MIDDLE, LOW가 있다.
④ 레인센서를 적용할 경우 레인센서가 장착된 앞유리의 코팅은 강우량 감지에 영향을 미친다.

> ① 원활한 시동을 위해 IGN 1에서는 잠시 멈추고, IGN 2(ON)에서 작동된다.
> ② 와이퍼 스위치를 끄면 와이퍼는 원래 있던 파킹위치에 돌아와 멈춘다.
> ③ 와이퍼 작동은 속도에 따라 HIGH, LOW, INT(간헐모드)가 있다.

42 자동차의 IMS(Integrated Memory System)에 대한 설명으로 옳은 것은?

① 도난을 예방하기 위한 시스템이다.
② 편의장치로서 장거리 운행 시 자동운행 시스템이다.
③ 배터리 교환주기를 알려주는 시스템이다.
④ 1회의 스위치 조작으로 운전자가 설정해 둔 시트 위치로 재생시킬 수 있는 기능을 가지고 있는 시트제어 시스템을 말한다.

> ①은 도난 경보기, ②는 정속주행장치, ③은 배터리 경고등에 관한 설명이다.

43 통합 운전석 기억장치는 운전석 시트, 아웃사이드 미러, 조향 휠, 룸미러 등의 위치를 설정하여 기억된 위치로 재생하는 편의 장치이다. 재생 금지 조건이 아닌 것은?

① 점화스위치가 OFF되어 있을 때
② 변속레버가 위치 "P"에 있을 때
③ 차속이 일정 속도(예 : 3km/h) 이상일 때
④ 시트 관련 수동 스위치의 조작이 있을 때

> **통합운전석 기억장치(IMS)의 메모리 재생 금지 조건**
> • 점화스위치 OFF 후
> • 차속이 3km/h 이상 일 때
> • 메모리 스위치가 OFF후 5초 경과 후
> • 시트 관련 수동 스위치의 조작이 있을 때

44 운전석 메모리 시트 시스템(IMS)의 출력 요소가 아닌 것은?

① 슬라이드 전·후진 스위치
② 프런트 하이트 모터
③ 리클라이 모터
④ 슬라이드 모터

> 스위치는 입력 요소이다. ②~④는 전동시트의 모터 종류이다.
> ※ IMS의 출력요소
> • 리클라이 모터 : 등받이 조절
> • 프런트 하이트 모터 : 시트 앞부분 높이 조절
> • 리어 하이트 모터 : 시트 뒷부분 높이 조절
> • 슬라이드 모터 : 시트 전·후 이동

정답 38 ③ 39 ③ 40 ③ 41 ④ 42 ④ 43 ② 44 ①

[15-1, 12-1, 07-4] 출제율 ★

45 다음 중 가속도(G) 센서가 사용되는 전자제어장치는?

① 에어백(SRS) 장치
② 배기장치
③ 정속주행 장치
④ 분사장치

가속도(G) 센서는 차에 가해지는 가속도를 검출하는 센서로 에어백, ABS, ESC(주행안정장치) 등에 이용한다

[12-2, 09-4] 출제율 ★★

46 다음 그림과 같이 자동차 전원장치에서 IG_1과 IG_2로 구분된 이유로 옳은 것은?

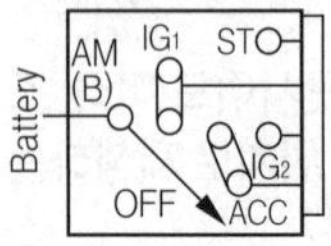

	AM(B)	ACC	IG1	IG2	ST
OFF	○				
ACC	○	○			
ON	○	○	○	○	
ST	○	○	○		○

① 점화 스위치의 ON/OFF에 관계없이 배터리와 연결을 유지하기 위해
② START 시에도 와이퍼회로, 전조등회로 등에 전원을 공급하기 위해
③ 점화 스위치가 ST일 때만 점화코일, 연료펌프 회로 등에 전원을 공급하기 위해
④ START 시 시동에 필요한 전원 이외의 전원을 차단하여 시동을 원활하게 하기 위해

시동시 시동전동기를 이용할 때 약 9~11V의 배터리 전원을 필요로 한다. 그러므로 시동모터의 원활한 작동을 위해 시동에 불필요한 와이퍼 전동기, 전조등, 파워윈도우, 에어컨 압축기 등의 전원을 IG2에 연결하여 시동을 걸 동안 IG2를 연결된 전기장치의 전원을 강제로 차단시킨다.

[참고] 출제율 ★

47 스마트키 시스템에서 전원 분배 모듈(Power Distribution Module)의 기능이 아닌 것은?

① 스마트키 시스템 트랜스폰더 통신
② 버튼 시동 관련 전원 공급 릴레이 제어
③ 발전기 부하 응답 제어
④ 엔진 시동 버튼 LED 및 조명 제어

전원 분배 모듈는 배터리와 관계가 있으며 발전기와는 무관하다.

[11-02, 09-03] 출제율 ★★★

48 사이드미러(후사경) 열선 타이머 제어시 입·출력 요소가 아닌 것은?

① 전조등 스위치 신호
② IG 스위치 신호
③ 열선 스위치 신호
④ 열선 릴레이 신호

열선 타이머는 IG 스위치 신호와 열선 스위치 신호의 입력신호를 받아 열선 릴레이, 열선 전류를 출력신호로 한다.

[참고] 출제율 ★★

49 에어백 작업 시 주의사항으로 올바르지 않은 것은?

① 스티어링 휠을 장착할 때 클럭 스프링의 중립 위치를 확인할 것
② 에어백 정비 시 반드시 배터리 전원을 연결할 것
③ 에어백 부품은 절대로 떨어뜨리지 말 것
④ 테스터기로 인플레이터의 저항을 측정하지 말 것

② 에어백에 전원이 연결되면 에어백이 전개(인플레이터 폭발)될 수 있으므로 전원 차단 후 약 5분 후 탈거시킨다.
③ 충격을 받으면 센서에 의해 에어백이 전개될 수 있으므로 떨어뜨리지 않아야 한다.
④ 테스터기의 건전지 전류가 인플레이터로 흘러 에어백이 전개될 우려가 있으므로 테스터기로 측정하지 않는다.

[참고] 출제율 ★★★

50 안전벨트 프리텐셔너의 설명으로 틀린 것은?

① 에어백 전개 후 탑승객의 구속력이 일정 시간 후 풀어주는 리미터 역할을 한다.
② 차량 충돌 시 신체의 구속력을 높여 안전성을 향상시킨다.
③ 자동차 후면 추돌 시 에어백을 빠르게 전개시킨 후 구속력을 증가시킨다.
④ 자동차 충돌 시 2차 상해를 예방하는 역할을 한다.

벨트 프리텐셔너(pre-tensioner)
충돌 시 반작용으로 인해 탑승자의 상체가 앞으로 쏠릴 때 머리 손상을 최소화 하기 위해 느슨한 벨트를 당겨주는 동시에 탑승자의 상체를 고정시켜(구속력 증가) 2차 상해를 예방하는 역할을 한다.
또한, 에어백 전개 후에는 감았던 벨트를 다시 풀어 충격을 완화시키는 리미터(load limiter) 역할을 한다.

정답 45 ① 46 ④ 47 ③ 48 ① 49 ②

CHAPTER

05

안전관리

☐ 산업안전 일반 ☐ 정비 시 안전관리 ☐ 공구에 대한 안전 ☐ 기타 작업상의 안전

01 산업안전 일반

[예상문항 : 0~1문제] 이 장의 전체적인 예상 문항 수는 4~5문제입니다. 쉽다고 대충 넘어가지 말고 조금만 주의깊게 살펴보면 5문제 모두 점수 획득이 가능합니다. 기출위주 및 모의고사 위주로 학습하시기 바랍니다.

01 산업 재해 일반

1 산업 재해의 정의

생산 활동을 행하는 중에 에너지와 충돌하여 생명의 기능이나 노동 능력를 상실하는 현상을 말한다.

▶ 산업안전관리란 산업재해를 예방하기 위한 기술적, 교육적, 관리적 원인을 파악하고 예방하는 수단과 방법이다.

2 재해조사 목적

동종재해를 두 번 다시 반복하지 않도록 재해의 원인이 되었던 불안전한 상태와 불안전한 행동을 발견하고, 이것을 다시 분석 · 검토해서 적절한 예방대책을 수립하기 위하여 한다.

3 재해 발생 형태별 재해

① 충돌 : 사람이 정지물에 부딪친 경우
② 협착 : 중량물을 들어 올리거나 내릴 때 손이나 발이 중량물과 지면 등에 끼어 발생하는 재해
③ 전도 : 근로자가 작업 중 미끄러지거나 넘어져서 발생하는 재해
④ 추락 : 근로자가 높은 곳에서 떨어져서 발생하는 재해
⑤ 낙하 : 물건이 주체가 되어 사람이 맞은 경우

4 작업시작 전 안전점검

① 인적인 면 – 건강상태, 기능상태, 안전교육 등
② 물적인 면 – 기계기구설비, 공구, 보호장비, 전기시설 등
③ 관리적인 면 – 작업내용, 작업순서, 긴급시 조치, 작업방법, 안전수칙 등
④ 환경적인 면 – 작업 장소, 조명, 온도, 분진 등

02 산업 재해의 원인

1 직접 원인

① 불안전한 행동 : 재해 발생 원인으로 가장 높은 비율을 차지
 • 작업태도 불안전, 위험한 장소의 출입, 작업자의 실수, 보호구 미착용 등의 안전수칙 무시, 부적당한 작업복의 착용, 작업자의 피로 등
② 불안정한 상태 : 기계(공구)의 결함, 방호장치의 결함, 불안전한 조명, 불안전한 환경, 안전장치의 결여 등

2 간접 원인

① 안전수칙 미제정, 안전교육의 미비, 잘못된 작업관리
② 작업자의 가정환경이나 사회적 불만 등 직접요인 이외의 재해발생원인

3 불가항력의 원인

천재지변(지진, 태풍, 홍수 등), 인간이나 기계의 한계로 인한 불가항력 등

▶ 재해 발생 원인 비율 순서
불안전행동 > 불안정한 상태 > 불가항력

03 안전사고 예방

1 안전사고 예방의 3요소

(1) 기술개선
 ① 설계상 결함 – 설계 변경 및 반영
 ② 장비의 불량 – 장비의 주기적 점검
 ③ 안전시설 미설치 – 안전시설 설치 및 점검

(2) 교육

④ 안전교육 미실시 – 강사 양성 및 교육 교재 발굴

⑤ 작업태도 불량 – 작업 태도 개선

⑥ 작업방법 불량 – 작업방법 표준화

(3) 관리(지도 · 단속)

① 안전관리 조직 미편성 – 안전관리조직 편성

② 적성을 고려하지 않은 작업 배치 – 적정 작업 배치

③ 작업환경 불량 – 작업환경 개선

2 사고예방 대책의 5단계

① 제1단계 : 안전관리 조직

② 제2단계 : 사실의 발견(현상 파악)

③ 제3단계 : 분석 평가

④ 제4단계 : 시정방법의 선정(대책 선정)

⑤ 제5단계 : 시정방법의 적용(목표 달성)

> ▶ 작업 표준의 목적
> 위험요인의 제거, 작업의 효율화, 손실요인의 제거

3 재해예방 4원칙

① 손실 우연의 원칙

② 예방 가능의 원칙

③ 원인 계기의 원칙

④ 대책 선정의 원칙

4 재해요인의 3요소

① 환경의 결함

② 사람의 결함

③ 시설의 결함

5 산업안전보건상 근로자의 의무사항

① 위험한 장소에는 출입금지

② 위험상황 발생 시 작업 중지 및 대피

③ 보호구 착용 및 안전 규칙의 준수

6 산업 안전관리의 목적

① 생산성 향상과 손실의 최소화

② 안전사고 발생 방지

7 재해율

① 도수율 : 안전사고 발생 빈도로, 연 100만 근로시간당 몇 건의 재해가 발생했는가의 재해율 산출

$$도수율 = \frac{재해발생 건수}{연 근로시간 수} \times 1,000,000$$

② 강도율 : 안전사고의 강도로, 근로시간 1,000시간당 재해에 의한 노동 손실 일수

$$강도율 = \frac{근로손실 일수}{연 근로시간 수} \times 1,000$$

③ 연천인율 : 1,000명의 근로자가 1년동안 작업할 때 발생하는 사상자의 비율

$$연천인율 = \frac{재해자 수}{연 근로자 수} \times 1,000$$

8 화재와 소화기

① 연소의 3요소 : 공기(산소), 점화원, 가연물

② 소화 작업의 기본요소 : 질식(차단), 냉각, 제거

③ 화재의 종류

A급 화재	일반 가연물 화재(목재, 종이 등)
B급 화재	유류 화재(가솔린, 알코올 등)
C급 화재	전기 화재
D급 화재	금속 화재(마그네슘)

> ▶ 화재별 소화기
>
> | 수성 소화기 | A급 화재 |
> |---|---|
> | 포말 · 분말 소화기 | A, B급 화재 |
> | 탄산가스 소화기 | B, C급 화재 |
> | 증발성 액체 소화기 | B, C급 화재 |

> ▶ 유류화재 및 카바이트 소화시 물을 사용한 소화는 위험하다.

04 산업안전 색채 및 안전보건 표지

1 산업안전 색채와 용도

빨간색	• 제1종 위험(금지, 긴급정지, 경고) • 화학물질 취급 장소에서의 유해 · 위험경고
노란색 (황색)	• 제2종 위험(주의, 경고) • 화학물질 취급 장소에서의 유해 · 위험경고 이외의 위험 경고 • 충돌, 추락 등 위험경고, 기계 방호물
주황색	• 재해나 상해가 발생하는 장소의 위험 표시
청색	• 제3종 위험(주의, 지시)
흑색	• 방향표시(보조)
녹색	• 안전지도, 안전위생, 비상구 및 피난소, 사람 또는 차량의 통행표지
백색	• 주의 표지(보조)
자주색 (보라)	• 방사능 위험 표시

> ▶ 차량의 적재함 뒤로 나오는 긴 물건 운반 시 물건 뒷부분에 적색으로 표시하고 운반한다.

② 금지표지

바탕은 흰색, 기본모형은 빨간색, 관련 부호 및 그림은 검은색

출입금지	보행금지	차량통행금지	사용금지
탑승금지	금연	화기금지	물체이동금지

③ 경고표지

① 바탕은 노란색, 기본모형, 관련 부호 및 그림은 검은색
② 바탕은 무색, 기본모형은 빨간색(검은색도 가능)

인화성물질 경고	산화성물질 경고	폭발성물질 경고	급성독성 물질 경고
부식성물질 경고	방사성 물질 경고	고압전기 경고	매달린 물체 경고
낙하물 경고	고온 경고	저온 경고	몸균형 상실 경고
레이저광선 경고	발암성·변이원성·생식독성·전신독성·호흡기 과민성 물질 경고		위험장소 경고

④ 지시표지

바탕은 파란색, 관련 그림은 흰색

보안경 착용	방독마스크 착용	방진마스크 착용	보안면 착용	안전모 착용
귀마개 착용	안전화 착용	안전장갑 착용	안전복 착용	

⑤ 안내표지

바탕은 녹색, 관련 부호 및 그림은 흰색

녹십자표지	응급구호표지	들것	세안장치
비상용기구	비상구	좌측비상구	우측비상구
비상용기구			

05 작업환경과 작업복

① 작업장의 조명

① 초정밀 작업 : 조도 750 lux 이상
② 정밀 작업 : 300 lux 이상
③ 보통 작업 : 150 lux 이상
④ 그 밖의 작업 : 75 lux 이상

② 보안경 착용

① 유해광선, 유해약물, 칩의 비산(飛散)으로부터 눈을 보호
② 연삭작업, 드릴작업, 용접작업 시 등에 착용
③ 변속기, 차축, 종속기어장치 등 차체 아래에서의 작업 시

③ 귀마개 착용

① 단조작업, 제관작업, 연마작업 등
② 공기압축기가 가동되는 기계실 내에서 작업

④ 작업복 착용

① 재해로부터 작업자의 몸을 지키기 위해서 착용
② 방염성, 불연성 재질로 제작
③ 몸에 맞고 동작이 작업하기 편하도록 제작
④ 투피스(two piece) 작업복 사용 시 상의를 하의 안으로 넣어 상의 끝이 노출되지 않도록 하며, 소매는 가급적 좁게 하여 장치에 걸리거나 지장을 주지 않아야 한다.
⑤ 주머니가 적고, 팔이나 발이 노출되지 않는 것이 좋다.
⑥ 주머니에 공구를 넣지 않는다.

> ▶ 옷에 묻은 먼지를 털 때에는 먼저털이개, 손수건, 솔 등을 이용하여 먼지가 날리지 않도록 한다.

[04-2]

1 재해조사 목적을 가장 확실하게 설명한 것은?

① 적절한 예방대책을 수립하기 위하여
② 재해를 발생케 한 자의 책임을 추궁하기 위하여
③ 재해 발생 상태와 그 동기에 대한 통계를 작성하기 위하여
④ 작업능률 향상과 근로기강 확립을 위하여

[11-3]

2 다음 중 안전사고 예방의 3요소(3E)가 아닌 것은?

① 교환(Exchange)
② 지도·단속(Enforcement)
③ 기술 개선(Engineering)
④ 교육(Education)

[11-4, 05-4]

3 재해사고 발생원인 중 직접 원인에 해당되는 것은?

① 사회적 환경
② 유전적 요소
③ 안전교육의 불충분
④ 불안전한 행동

[15-4, 12-4]

4 작업현장에서 재해의 원인으로 가장 높은 것은?

① 작업환경
② 장비의 결함
③ 작업순서
④ 불안전한 행동

[11-1]

5 산업재해의 원인별 분류 중 직접적인 원인은?

① 인적 원인
② 기술적인 원인
③ 교육적인 원인
④ 정신적인 원인

[08-3, 07-2, 05-3]

6 작업시작 전의 안전점검에 관한 사항 중 잘못 짝지워진 것은?

① 인적인 면 - 건강상태, 기능상태
② 물적인 면 - 기계기구설비, 공구
③ 관리적인 면 - 작업내용, 작업순서
④ 환경적인 면 - 작업방법, 안전수칙

[12-2, 06-1]

7 산업현장에서 안전을 확보하기 위해 인적문제와 물적 문제에 대한 실태를 파악하여야 한다. 다음 중 인적 문제에 해당되는 것은?

① 기계 자체의 결함
② 안전교육의 결함
③ 보호구의 결함
④ 작업 환경의 결함

[09-2]

8 산업 재해는 직접 원인과 간접 원인으로 구분되는데 다음 직접 원인 중에서 인적 불안전 요인이 아닌 것은?

① 작업 태도 불안전
② 위험한 장소의 출입
③ 기계공구의 결함
④ 부적당한 작업복의 착용

[09-1] □□

9 안전상 보안경 착용의 적합성을 [보기] 항에서 모두 고른 것은?

【보기】
A. 유해 광선으로부터 눈을 보호하기 위해서
B. 유해 약물로부터 눈을 보호하기 위하여
C. 중량물이 떨어질 때 눈을 보호하기 위하여
D. 칩의 비산(飛散)으로부터 눈을 보호하기 위하여

① A, B, C
② B, C, D
③ A, B, D
④ A, B, C, D

보안경 착용 이유 : 유해 광선, 유해 약물, 칩의 비산에 대한 눈 보호

[13-2]

10 산업 재해는 생산 활동을 행하는 중에 에너지와 충돌하여 생명의 기능이나 ( )를 상실하는 현상을 말한다. ( )에 알맞은 말은?

① 작업상 업무
② 작업 조건
③ 노동 능력
④ 노동 환경

[10-4]

11 작업현장에서 기계의 안전조건이 아닌 것은?

① 덮개
② 안전장치
③ 안전교육
④ 보전성의 개선

[12-3]

12 재해 발생 형태별 재해 분류 중 분류항목과 세부항목이 일치되지 않은 것은?

① 충돌 - 사람이 정지물에 부딪친 경우
② 협착 - 물건에 끼워지거나 말려든 상태
③ 전도 - 고온이나 저온에 접촉한 경우
④ 낙하 - 물건이 주체가 되어 사람이 맞은 경우

정답 ▶ 1 ①   2 ①   3 ④   4 ④   5 ①   6 ④   7 ②   8 ③   9 ③   10 ③   11 ③   12 ③

chapter **05**

13 중량물을 들어 올리거나 내릴 때 손이나 발이 중량물과 지면 등에 끼어 발생하는 재해는?

① 낙하   ② 충돌
③ 전도   ④ 협착

[07-1, 05-2]

14 연 근로시간 1000시간 중에 발생한 재해로 인하여 손실된 일수로 나타내는 것을 무엇이라고 하는가?

① 연천인율   ② 강도율
③ 도수율   ④ 손실율

[09-3, 08-4]

15 다음 중 산업재해에서 (재해건수/연근로시간수) ×1,000,000이 나타내는 것은?

① 강도율   ② 만인율
③ 도수율   ④ 천인율

> 도수율은 안전사고 발생 빈도로, 연 100만 근로시간당 몇 건의 재해가 발생했는가의 재해율 산출 방법이다.

[10-1]

16 연 100만 근로 시간당 몇 건의 재해가 발생했는가의 재해율 산출을 무엇이라 하는가?

① 연 천인율   ② 도수율
③ 강도율   ④ 천인율

[15-1, 09-4, 07-3]

17 평균 근로자 500명인 직장에서 1년간 8명의 재해가 발생하였다면 연 천인율은?

① 12   ② 14
③ 16   ④ 18

> 연 천인율 $= \dfrac{\text{재해자 수}}{\text{연 근로자 수}} \times 1{,}000 = \dfrac{8}{500} \times 1000 = 16$

[08-2]

18 어느 정비 공장의 연 근로자시간수가 150,000시간이며, 근로자 총 손실수가 150일이라면 강도율은 약 얼마인가?

① 10   ② 1
③ 0.1   ④ 0.001

> 강도율 $= \dfrac{\text{근로손실 일수}}{\text{연 근로시간수}} \times 1{,}000 = \dfrac{150}{150{,}000} \times 1000 = 1$

[10-2]

19 산업체에서 안전을 지킴으로서 얻을 수 있는 이점으로 틀린 것은?

① 직장의 신뢰도를 높여준다.
② 상하 동료 간에 인간관계가 개선된다.
③ 기업의 투자 경비가 늘어난다.
④ 회사 내 규율과 안전수칙이 준수되어 질서유지가 실현된다.

[05-2]

20 적재물이 차량의 적재함 밖으로 나올 때는 어떤 색으로 위험표시를 하는가?

① 녹색   ② 청색   ③ 황색   ④ 적색

[11-2]

21 건설기계 및 자동차 정비 작업장에 산업안전 보건 상 준비해야 될 것과 거리가 먼 것은?

① 응급용 의약품   ② 소화용구
③ 소화기   ④ 방청용 오일

[13-3]

22 구급처치 중에서 환자의 상태를 확인하는 사항과 관련이 없는 것은?

① 의식   ② 상처   ③ 출혈   ④ 안정

[10-3, 05-1]

23 연소의 3요소에 해당되지 않는 것은?

① 물   ② 공기(산소)
③ 점화원   ④ 가연물

[06-2, 04-3]

24 다음 중 인화성 물질이 아닌 것은?

① 아세틸렌가스   ② 가솔린
③ 프로판가스   ④ 산소

[09-2, 05-3]

25 화재 현장에서 제일 먼저 하여야 할 조치는?

① 소화기 사용   ② 화재 신고
③ 인명구조   ④ 분말소화기 사용

[15-1, 10-1, 08-3]

26 소화 작업의 기본요소가 아닌 것은?

① 가연 물질을 제거한다.
② 산소를 차단한다.
③ 점화원을 냉각시킨다.
④ 연료를 기화시킨다.

정답 13 ④   14 ②   15 ③   16 ②   17 ③   18 ②   19 ③   20 ④   21 ④   22 ④   23 ①   24 ④   25 ③   26 ④

[11-3]

27 작업장의 화재분류로 알맞은 것은?

① A급 화재 – 전기 화재

② B급 화재 – 유류 화재

③ C급 화재 – 금속 화재

④ D급 화재 – 일반 화재

> • A급 화재 – 일반 화재(목재, 종이, 천 등)
> • B급 화재 – 기름 화재(인화성 액체 및 고체의 유지류 등)
> • C급 화재 – 전기 화재
> • D급 화재 – 금속 화재(마그네슘, 나트륨, 칼륨 등)

[09-3, 07-1 유사, 05-2]

28 가솔린 연료 화재는 어느 화재에 속하는가?

① A급 화재　　　② B급 화재

③ C급 화재　　　④ D급 화재

[13-2]

29 화재의 분류 중 B급 화재 물질로 옳은 것은?

① 종이　　　② 휘발유

③ 목재　　　④ 석탄

[12-2, 04-1]

30 엔진 가동시 화재가 발생하였다. 소화작업으로 가장 먼저 취해야 할 안전한 방법은?

① 모래를 뿌린다.

② 물을 붓는다.

③ 점화원을 차단한다.

④ 엔진을 가속하여 팬의 바람으로 끈다.

[11-2]

31 화재 발생 시 소화 작업 방법으로 틀린 것은?

① 산소의 공급을 차단한다.

② 유류 화재 시 표면에 물을 붓는다.

③ 가연물질의 공급을 차단한다.

④ 점화원을 발화점 이하의 온도로 낮춘다.

> 유류 화재 시 표면에 물을 부으면 급격한 유증기 팽창으로 인해 화재가 확대(폭발)된다.

[10-2, 09-4, 06-1]

32 유류화재 시 소화방법으로 적합하지 않은 것은?

① 분말소화기를 사용한다.

② 물을 부어 끈다.

③ 모래를 뿌린다.

④ ABC 소화기를 사용한다.

[07-4]

33 소화 작업시 적당하지 않은 것은?

① 화재가 일어나면 먼저 인명구조를 해야 한다.

② 전기배선이 있는 곳을 소화 할 때는 전기가 흐르는지 먼저 확인해야 한다.

③ 가스 밸브를 잠그고 전기 스위치를 끈다.

④ 카바이트 및 유류에는 물을 끼얹는다.

> 카바이트는 물과 접촉하여 아세틸렌가스와 열을 발생하므로 소화 방법으로 적합하지 않다.

[11-1]

34 안전보건표지의 종류별 용도, 사용 장소, 형태 및 색채에서 인화성 물질 경고를 나타내는 것은?

① 바탕은 파란색 그림은 흰색(흑색도 가능함)

② 바탕은 흰색, 그림은 파란색(노랑색도 가능)

③ 바탕은 검정색, 기본 모형은 노랑색(청색도 가능)

④ 바탕은 무색 기본 모형은 적색(흑색도 가능)

[11-4]

35 안전 보건표지의 종류에서 담배를 피워서는 안 될 장소에 맞는 금지표시는?

① 바탕은 노란색, 모형은 검정색, 그림은 빨간색

② 바탕은 파란색, 모형은 흰색, 그림은 빨간색

③ 바탕은 흰색, 모형은 빨간색, 그림은 검정색

④ 바탕은 녹색, 모형은 흰색, 그림은 빨간색

[08-4]

36 안전 보건표지의 종류와 형태에서 경고표지 색깔로 맞는 것은?

① 검정색 바탕에 노란색 테두리

② 노란색 바탕에 검정색 테두리

③ 빨강색 바탕에 흰색 테두리

④ 흰색 바탕에 주황색 테두리

[12-4, 07-2]

37 다음 중 안전 표시 색채의 연결이 맞는 것은?

① 주황색 – 화재의 방지에 관계되는 물건에 표시

② 흑색 – 방사능 표시

③ 노란색 – 충돌, 추락 주의 표시

④ 청색 – 위험, 구급장소 표시

chapter 05

정답　**27** ②　**28** ②　**29** ②　**30** ③　**31** ②　**32** ②　**33** ④　**34** ④　**35** ③　**36** ②　**37** ③

38 운반차를 이용하여 긴 물건을 이동할 때 무슨 색으로 위험을 표시하는가?

① 황색　　　　　② 적색
③ 녹색　　　　　④ 청색

[05-4]

39 자동차 적재함 밖으로 물건이 나온 상태로 운반할 경우 위험표시 색깔은 무엇으로 하는가?

① 청색　　　　　② 흰색
③ 적색　　　　　④ 흑색

[13-1]

40 차량의 적재함 뒤로 나오는 긴 물건을 운반 시 위험을 표시하는 방법으로 가장 적절한 방법은?

① 뒷부분에 깃대를 꽂고 운반한다.
② 물건 끝 부분에 진한 청색을 칠하고 운반한다.
③ 긴 물건 뒷부분에 적색으로 표시하고 운반한다.
④ 적재함에 회색으로 위험표시를 한다.

[04-2]

41 다음 작업 현장의 안전표시 색채에서 재해나 상해가 발생하는 장소의 위험 표시로 사용되는 색채는 어느 것인가?

① 녹색　　　　　② 노란색
③ 주황색　　　　④ 보라색

[04-4]

42 산업안전 표시 중 바탕은 흰색, 기본 모형 및 관련부호는 녹색 또는 바탕이 녹색, 관련부호 및 그림이 흰색인 것은?

① 경고표지　　　② 금지표지
③ 지시표지　　　④ 안내표지

[참고]

43 위험성 정도에 따라 제2종으로 구분되는 유기용제의 색 표시는?

① 빨강　　　　　② 파랑
③ 노랑　　　　　④ 초록

[12-1]

44 안전보건표지의 종류와 형태에서 다음 그림이 나타내는 것은?

① 인화성물질경고
② 폭발성물질경고
③ 금연
④ 화기금지

[10-3]

45 다음 그림은 안전표지의 어떠한 내용을 나타내는가?

보안경 착용

① 지시 표시
② 금지 표시
③ 경고 표시
④ 안내 표시

주로 착용에 관한 기호는 지시 표시에 해당한다.

[06-4]

46 안전, 보건표지의 종류와 형태에서 그림이 나타내는 것은?

① 저온경고
② 고온경고
③ 고압전기경고
④ 방화성 물질경고

[08-4]

47 산업안전보건표지의 종류와 형태에서 아래 그림이 나타내는 표시는?

① 탑승금지
② 보행금지
③ 접촉금지
④ 출입금지

[13-3, 10-4]

48 안전·보건표지의 종류와 형태에서 그림이 나타내는 것은?

① 직진금지
② 출입금지
③ 보행금지
④ 차량통행금지

도로교통 표지판에서는 직진금지이지만 안전·보건표지판에서는 출입금지를 나타낸다.

[09-3]

49 산업안전 표시 중 주의표시로 사용되는 색은?

① 백색　　　　　② 적색
③ 황색　　　　　④ 녹색

[12-3, 05-4]

정답 38 ②　39 ③　40 ③　41 ③　42 ④　43 ③　44 ③　45 ①　46 ③　47 ②　48 ②　49 ③

50 작업장 표준의 보통 작업과 정밀 작업에서 조명은 몇 Lux 이상이어야 하는가?

① 보통 작업 : 75, 정밀 작업 : 150
② 보통 작업 : 150, 정밀 작업 : 300
③ 보통 작업 : 300, 정밀 작업 : 500
④ 보통 작업 : 400, 정밀 작업 : 1,000

[11-1]

51 안전한 작업을 하기 위해 반드시 보호안경을 착용해야 하는 작업은?

① 배전기 탈부착 작업
② 오일펌프 정비작업
③ 기관분해 조립 작업
④ 그라인더를 사용하는 작업

[13-1]

52 다음 작업 중 보안경을 반드시 착용해야 하는 작업은?

① 인젝터 파형 점검 작업
② 전조등 점검 작업
③ 클러치 탈착 작업
④ 스로틀 포지션 센서 점검 작업

> 변속기나 차축, 종감속기어 등은 차체 하단에 위치하여 장·탈착 시 차체를 올려 아래에서 작업해야 하므로 보안경을 착용해야 한다.

[04-1]

53 다음 중 보안경을 착용하여야 하는 작업은?

① 기관 탈착 작업 　　② 납땜 작업
③ 변속기 탈착 작업 　　④ 전기배선 작업

[13-3, 08-4]

54 귀마개를 착용해야 하는 작업과 가장 거리가 먼 것은?

① 단조작업
② 제관작업
③ 공기압축기가 가동되는 기계실 내에서 작업
④ 디젤엔진 정비작업

[06-3]

55 작업장에서 작업복을 착용하는 이유로 가장 적합한 것은?

① 작업자의 질서를 확립시키기 위해서
② 작업 능률을 올리기 위해서
③ 재해로부터 작업자의 몸을 지키기 위해서
④ 작업자의 복장 통일을 위해서

[09-3]

56 안전한 작업을 하기 위하여 작업복장을 선정할 때, 유의사항과 가장 거리가 먼 것은?

① 화기사용 직장에서는 방염성, 불연성의 것을 사용하도록 한다.
② 착용자의 취미, 기호 등을 감안하여 적절한 스타일을 선정한다.
③ 작업복은 몸에 맞고 동작이 작업하기 편하도록 제작한다.
④ 상의의 끝이나 바지 자락 등이 기계에 말려들어갈 위험이 없도록 한다.

[07-1]

57 다음 중 작업복의 조건으로서 가장 알맞은 것은?

① 작업자의 편안함을 위하여 자율적인 것이 좋다.
② 도면, 공구 등을 넣어야 하므로 주머니가 많아야 한다.
③ 작업에 지장이 없는 한 손발이 노출되는 것이 간편하고 좋다.
④ 주머니가 적고 팔이나 발이 노출되지 않는 것이 좋다.

[06-4]

58 안전장치에 관한 사항 중 틀린 것은?

① 안전장치는 효과 있게 사용한다.
② 안전장치 작업 형편상 부득이한 경우는 일시 제거해도 좋다.
③ 안전장치가 불량할 때는 즉시 수리한 후 작업한다.
④ 안전장치는 반드시 작업 전에 점검한다.

[13-1, 10-3, 08-1]

59 안전장치 선정 시 고려사항 중 맞지 않는 것은?

① 안전장치의 사용에 따라 방호가 완전할 것
② 안전장치의 기능 면에서 신뢰도가 클 것
③ 정기점검시 이외에는 사람의 손으로 조정할 필요가 없을 것
④ 안전장치를 제거하거나 또는 기능의 정지를 쉽게 할 수 있을 것

> 안전장치의 제거 또는 정지기능이 쉬우면 위험으로부터의 노출 확률이 높아진다.

[07-4]

60 옷에 묻은 먼지를 털 때 사용하여서는 안 되는 것은?

① 털이개 　　② 손수건
③ 솔 　　④ 압축공기

정답 50 ② 51 ④ 52 ③ 53 ③ 54 ④ 55 ③ 56 ② 57 ④ 58 ② 59 ④ 60 ④

02 정비 시 안전관리

[예상문항 : 1~2문제] 앞의 2~4장과 중복된 부분이며, 정비 기초에 해당하므로 반드시 숙지해야 합니다.

01 엔진 취급

■ 엔진 주요부 취급

(1) 실린더 블록과 실린더

① 보링(boring) : 보링머신을 이용하여 마모된 실린더를 절삭하는 작업이다.

② 호닝(horning) : 엔진을 보링한 후 호닝머신을 이용하여 바이트 자국을 없애기 위한 연마하는 작업이다.

③ 실린더 블록의 균열 검사 방법 : 자기 탐상법이나 염색법

> ▶ 실린더의 마멸량 및 내경 측정 도구
> • 실린더 보어 게이지
> • 외측 마이크로미터와 텔레스코핑 게이지
> • 내측 마이크로미터

(2) 리머작업

드릴로 뚫은 구멍의 표면은 거칠고 수치가 정확하지 않으므로 리머 작업을 통해 드릴로 뚫은 구멍을 보다 정밀도를 높여 정확한 칫수로 넓히거나 매끈하게 다듬으며 구멍을 넓히는 2차 가공이다.

(3) 탭 작업

① 모재에 드릴 작업을 먼저 한 후, 나사가 체결될 수 있도록 나사산을 만들어 하는 것을 말한다.

② 탭 작업 시 드릴 구멍보다 조금 크게 뚫는다.

③ 조절 탭 렌치는 양손으로 돌리며, 탭 도구의 경도가 모재보다 높아야 한다.

(4) 실린더 헤드

① 실린더 헤드 볼트 푸는 방법 : 바깥쪽에서 안쪽을 향하여 대각선 방향으로 푼다.

② 실린더 헤더를 조일 때 : 분해의 역순으로 볼트를 한번에 다 조이지 말고 토크렌치로 규정값으로 몇 번에 나누어 조인다.

③ 실린더 헤드 정비 시 실린더 헤드 개스킷은 반드시 교환한다.

④ 실린더 헤드의 볼트가 고착될 때 조치사항 : 플라스틱 또는 나무 해머로 가볍게 두들겨 볼트의 나사산이 풀리도록 하며, 볼트가 부러지면 탭가공을 해야 한다.

(5) 압축 압력계를 사용하여 실린더의 압축 압력 점검시 유의사항

① 점화계통과 연료계통을 차단시킨 후 크랭킹 상태에서 점검한다.

② 시험기는 밀착하여 누설이 없도록 한다.

③ 측정값이 규정값 보다 낮으면 엔진 오일을 약간 주입 후 다시 측정한다.

④ 엔진을 시동하여 정상온도(워밍업)시킨 후 정지하고 점검한다.

⑤ 연료의 공급차단 및 점화 1차선을 분리하고 공기청정기 및 구동밸브를 제거한다.

(6) 크랭크축 정비 시 유의사항

① 축받이 캡을 탈거 후 조립시에는 제자리 방향으로 끼워야 한다.

② 뒤 축받이 캡에는 오일 실이 있으므로 주의를 요한다.

③ 스러스트 판이 있을 때에는 변형이나 손상이 없도록 한다.

④ 장착 시 규정된 토크 렌치를 사용한다.

⑤ 크랭크축의 휨 측정 장비 : 다이얼게이지와 V블록

(7) 동력전달장치 정비 시 유의사항

① 동력전달장치 중 벨트와 풀리는 재해 발생 빈도가 가장 높으므로 주의해야 한다.

② 회전하는 벨트나 기어는 작업을 금지하고 접근할 때 항상 주의한다. 또한 부품 교환 시 반드시 정지시킨 후 작업한다.

(8) 밸브장치 정비 시 유의사항

① 분해조립 시 밸브 스프링 전용공구를 사용한다.

② 밸브 탈착 시 스프링이 튀어 나가지 않도록 한다.

③ 분해된 밸브에 표시를 하여 순서가 바뀌지 않도록 한다.

[그림: 탭 회전 / 드릴링 / 탭 / 모재]

④ 밸브 래핑 작업을 수작업으로 할 때 래퍼를 양손에 끼고 좌우로 돌리면서 이따금 가볍게 충격을 준다.

> ▶ 밸브 래핑(lapping) : 밸브 페이스와 시트의 접촉이 불량할 때 밸브 헤드 가장자리에 연마제를 바른 후, 래퍼로 밸브를 회전시켜 밸브 시트를 연마하는 작업이다.

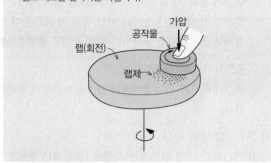

(9) 실린더 파워 밸런스 시험
① 실린더 파워 밸런스 시험은 모든 실린더가 출력을 동일하게 나타내고 있는지 그 여부를 판정하기 위한 시험이다.
② 시험 시 삼원 촉매의 손상에 가장 주의해야 한다.
③ 파워 밸런스 시험은 가능한 짧은 시간 내에 실시한다.

② 윤활 및 냉각장치의 취급

(1) 엔진오일의 점검 방법
① 계절 및 기관에 알맞은 오일을 사용한다.
② 엔진을 워밍한 후 기관을 정지상태에서 점검한다.
③ 오일은 정기적으로 점검, 교환한다.

(2) 오일교환 작업 시 주의사항
① 새 오일 필터로 교환 시 'O'링에 오일을 바르고 조립한다.
② 기관이 워밍업 후 시동을 끄고 오일을 점검 또는 교환한다.
③ 작업이 끝나면 시동을 걸고 오일 누출여부를 검사
④ 동일 제조회사의 동일 제품을 사용한다.

> ▶ 분해 정비 시 반드시 새 것으로 교환해야 할 부품 : 오일 씰, 개스킷, O링

(3) 냉각장치의 점검
① 방열기 코어가 파손되지 않도록 한다.
② 워터펌프 베어링은 세척하지 않는다.
③ 기관을 정지하고 완전히 냉각시킨 후 방열기 캡을 열고 보충한다.
④ 방열기 캡을 열 때는 압력을 서서히 제거하며 연다.

(4) 부동액
① 부동액 주성분 : 에틸렌글리콜, 메탄올, 글리세린의 합성
② 품질이 불량한 부동액은 사용하지 않는다.
③ 부동액은 차체의 도색 부분을 손상시킬 수 있으므로 떨어지지 않도록 주의한다.
④ 부동액의 점검 : 비중계(비중계의 눈금은 눈높이에서 읽는다.)

(5) 방열기(라디에이터)의 세척 방법
① 방열기의 냉각수를 완전히 뺀다.
② 세척제 용액을 냉각장치 내에 가득히 넣는다.
③ 기관을 기동하고, 냉각수 온도를 80℃ 이상으로 한다.

(6) 엔진이 시동된 상태에서 점검할 사항
① 클러치의 연결 상태 점검
② 배기가스 색 점검
③ 오일압력 경고등, 연료 필터 경고등 점검
④ 냉각수 온도 상승 여부 점검
⑤ 엔진 작동 이상음 점검

(7) LPG 자동차 관리에 대한 주의사항
① 액체상태의 LPG는 기화할 때 온도가 급격히 낮아지므로 누출되는 부위를 손으로 막으면 안 된다.
② 가스 충전 시에는 합격 용기인가를 확인하고, 과충전되지 않도록 해야 한다.
③ 엔진실이나 트렁크 실 내부 등에서는 라이터나 성냥 등 점화원을 사용하지 않는다.
④ LPG는 온도상승에 의한 압력상승이 있기 때문에 용기는 직사광선 등을 피하는 곳에 설치하고 과열되지 않아야 한다.

③ 기타 정비·점검 시 주의사항

① 점화 플러그의 청소 시에는 와이어 브러시로 전극부의 카본 등 이물질을 제거하므로 보안경을 쓰는 것이 좋다.
② TPS, ISC Servo 등은 솔벤트로 세척하지 않는다.
③ 산소센서의 내부저항은 매우 민감하여 측정기의 전압에 의해 파손되기 쉬우므로 측정하지 않는다.
④ 기관 운전 시는 일산화탄소가 생성되므로 환기장치를 해야 한다.
⑤ 기관을 들어낼 때 체인 및 리프팅 브라켓은 무게 중심부에 튼튼히 걸어야 한다.

> ▶ 차량 부속품 교환 시 또는 정비 절차나 과정에서 요구하지 않는 한 점화스위치는 항상 OFF 위치에 둔다.

02 섀시 취급

(1) 자동변속기 분해 조립시 유의사항
　① 클러치 판, 브레이크 디스크는 자동변속기 오일로 세척한다.
　② 조립 시 개스킷, 오일 실 등은 새 것으로 교환한다.
　③ 릴리스 베어링, 워터 펌프 베어링은 그리스(grease)가 영구 주입된(Oilless bearing) 형식으로 솔벤트나 휘발유 등으로 세척하면 그리스가 녹아 베어링의 마찰이 심해진다.

(2) 캠버, 캐스터 측정 시 유의사항
　① 수평인 바닥에서 공차 상태로 측정한다.
　② 타이어 공기압을 규정치로 한다.
　③ 섀시 스프링은 안정상태로 한다.

(3) 브레이크 장치 취급 시 유의사항
　① 마스터 실린더의 분해조립 시 바이스에 물려 지지하며, 조립 후 맨 나중에 알코올로 세척한다.
　② 브레이크액의 비등점이 낮거나(브레이크액이 쉽게 끓어오름) 공기 접촉 시 베이퍼록 현상이 발생하기 쉬워 제동성능이 저하된다.
　③ 라이닝 교환, 패드 어셈블리는 반드시 세트로 한다.

(4) 타이어의 공기압에 따른 결과
　① 좌·우 공기압에 편차가 발생하면 브레이크 작동 시 위험을 초래한다.
　② 공기압이 높으면 일반 포장도로에서 미끄러지기 쉽다.
　③ 공기압이 낮으면 트레드 양단의 마모가 많다.
　④ 좌·우 공기압에 편차가 발생하면 차동 사이드 기어의 마모가 촉진된다.

03 전기·전자장치 취급

(1) 자동차 전기 계통 작업 시 주의사항
　① 배선을 가솔린으로 닦지 않는다.
　② 커넥터를 분리할 때는 배선을 잡아당기지 않도록 한다.
　③ 배터리 ⊖단자를 분리한다.
　④ 전기장치 점검 시 점프와이어는 터미널, 커넥터, 릴레이 등 전원의 통전 또는 접지상태에서 점검하는데 사용한다.

(2) 발전기 및 배터리
　① 발전기 작동 시 배터리와 케이블을 분리하지 않는다.

　② 배터리를 단락시키지 않는다.
　③ 회로를 단락시키거나 극성을 바꾸어 연결하지 않는다.
　④ 교류발전기의 성능시험 시 다이오드가 손상되지 않도록 한다.
　⑤ 발전기 탈착 시 축전지 접지케이블을 먼저 제거한다.
　⑥ 발전기 브러시는 1/3~1/2 이상 마모 시 교환한다.
　⑦ 전해액(묽은 황산)을 중화하기 위해 용액은 중탄산소다이다.

(3) 기동전동기 정비 시 유의사항
　① 마그네틱 스위치의 B단자와 M(또는 F)단자의 구분에 주의한다.

(4) 전기회로 내의 측정
　① 전기회로 내에 전류계는 직렬로, 전압계는 병렬로 연결하여 사용한다.
　② 저항 측정 시 회로 전원(배터리 전원)을 끄고 단품으로 측정한다.

(5) 점화 플러그 청소
　점화 플러그 청소기는 모래와 압축 공기를 이용하므로 보안경을 반드시 착용한다.

(6) 에어백(SRS 에어백) 장치 정비
　① 에어백 모듈은 분해하거나 충격을 가해서 안된다.
　② 에어백 장치 부품 탈착 및 점검 시 축전지 ⊖ 단자를 탈거하고 약 5분 후 정비한다. 이는 ECU 내부에 있는 데이터 유지를 위한 내부 콘덴서의 전하량을 방전시키기 위한 안전지침이다.
　③ 조향 휠을 장착할 때 클럭 스프링의 중립 위치를 확인한다.
　④ 인플레이터의 저항 측정 시 테스터기의 전류로 인해 에어백이 전개될 수 있으므로 저항값을 측정하지 않는다.
　⑤ 인플레이터의 배선측이 위로 가지 않도록 한다.

04 정비기계 및 검사기계 취급

1 정비기계의 취급

(1) 잭(가래지잭) 취급 시 주의사항 – 차량 밑에서 정비 시
　① 차량은 반드시 평지에 주차하고 한쪽을 올릴 경우 다른 쪽은 바퀴를 받침목으로 고인다.
　② 잭은 밑바닥이 단단하고 수평인 지면 위에 놓고 차량 중앙 밑 부분에 놓아야 한다.
　③ 가재지잭으로 차량 전체를 올릴 때 한 곳을 들어 스탠드로 지지한 다음 다른 곳을 올린다.(잭과 스탠드로 고정해야 한다.)

④ 잭으로 차량을 올린 후 사고방지를 위해 잭 손잡이를 제거한다.

⑤ 차량 밑에서 작업할 때에는 반드시 보안경을 착용한다.

⑥ 잭만 받쳐진 중앙 밑 부분에는 들어가지 않는다.

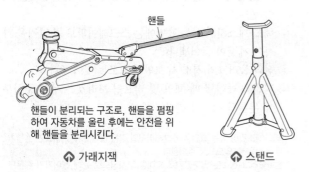

핸들이 분리되는 구조로, 핸들을 펌핑하여 자동차를 올린 후에는 안전을 위해 핸들을 분리시킨다.

⬆ 가래지잭   ⬆ 스탠드

(2) 호이스트 취급 시 주의사항

① 규정 하중 이상으로 들지 않는다.

② 사람이 매달려 운반하지 않는다.

③ 무게중심에 맞게 고리를 장착한다.

④ 들어 올릴 때에는 천천히 올려 상태를 살핀 후 완전히 들어올린다.

② 검사기계 취급 시 주의사항

(1) 전조등 시험

① 광도는 안전기준에 맞아야 한다.

② 시험기에 차량을 마주보게 한다.

③ 광도 측정 시 헤드라이트를 깨끗이 해야 한다.

④ 검사차량의 규정된 타이어 공기압을 유지한다.

(2) 사이드슬립 시험기(조향륜의 옆미끄럼량 측정)

① 시험기의 답판 및 타이어에 부착된 수분, 기름, 흙 등을 제거하고 청결하게 한다.

② 타이어 공기 압력(28~32psi)을 확인한다.

③ 바퀴를 잭으로 들어올린 후 위·아래로 흔들어 허브 유격을 확인한다.

④ 좌·우로 흔들어 엔드 볼 및 링키지 확인한다.

⑤ 보닛을 위·아래로 눌러보아 현가 스프링의 피로를 점검한다.

⑥ 조향륜의 옆미끄럼량 측정 시 자동차는 공차상태로 운전자 1인이 승차 상태(제동기 시험기, 차량 속도계 동일)

⑦ 검사기준 : 조향바퀴의 옆미끄러량은 1m 주행에 5mm 이내일 것

⑧ 사이드 슬립테스터의 지시값이 '4m/km'는 1km 주행에 대한 조향륜의 슬립량은 4m이라는 의미이다.

▶ 사이드슬립 : 앞바퀴 얼라이먼트(캠버, 캐스터, 조향축 경사각, 토인)의 불균형으로 인하여 주행 중 타이어가 옆 방향으로 미끄러지는 현상으로 토인과 토아웃으로 표시된다.

▶ 사이드슬립 측정방법
• 자동차를 측정기와 정면 대칭시킨 후 측정기의 답판에 직각방향으로 진입속도 5km/h로 서행한다.
• 조향핸들에서 힘을 가하지 아니한 상태에서 5km/h로 서행하면서 계기의 눈금을 타이어 접지면이 사이드슬립측정기 답판을 통과 완료할 때 읽음
• 옆미끄러짐 량의 측정은 자동차가 1m 주행 시 옆미끄러짐 량을 측정하는 것으로 한다.

$$\text{사이드 슬립량} = \pm \frac{\text{왼쪽 바퀴+오른쪽 바퀴}}{2}$$

※ 여기서, in은 (+), out은 (−)

(3) 제동력 시험기

① 타이어 트레드의 표면에 기름, 습기 및 이물질을 제거한다.

② 브레이크 페달을 확실히 밟은 상태에서 측정한다.

③ 시험 중 타이어와 가이드롤러와의 접촉이 없도록 한다.

(4) 차량 속도계 시험기

① 롤러에 묻은 기름, 이물질을 닦아낸다.

② 시험차량의 타이어 공기압을 체크한다.

③ 롤러가 차량 중심의 직각이 되도록 한다.

④ 리프트를 하강 상태 후 고임목을 설치하며, 테스트 중 핸들 조작을 금지한다.

(5) 휠 밸런스 시험기

① 휠 탈·부착 시에는 무리한 힘을 가하지 않는다.

② 과도하게 속도를 내지 않는다.

③ 타이어 측면에서 검사한다.(회전방향에 서지 않도록 할 것)

④ 균형추를 정확히 부착한다.

⑤ 시험기 사용 순서를 숙지 후 사용한다.

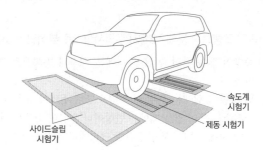

속도계 시험기

제동 시험기

사이드슬립 시험기

01　엔진 취급

1 엔진을 보링한 절삭면을 연마하는 기계로 적당한 것은?

① 보링머신　　　　② 호닝머신
③ 리머　　　　　　④ 평면 연삭기

2 실린더 헤드의 밸브장치 정비 시 안전작업 방법으로 틀린 것은?

① 밸브 탈착 시 리테이너 로크는 반드시 새것으로 교환한다.
② 밸브 탈착 시 스프링이 튀어 나가지 않도록 한다.
③ 분해된 밸브에 표시를 하여 바뀌지 않도록 한다.
④ 분해조립 시 밸브 스프링 전용공구를 사용한다.

3 엔진블록에 균열이 생길 때 가장 안전한 검사 방법은?

① 자기 탐상법이나 염색법으로 확인한다.
② 공전 상태에서 소리를 듣는다.
③ 공전 상태에서 해머로 두들겨 본다.
④ 정지 상태로 놓고 해머로 가볍게 두들겨 확인한다.

4 실린더 헤드 볼트를 풀었는데도 실린더 헤드가 떨어지지 않을 때 조치사항으로 가장 적당한 것은?

① 쇠 해머로 두들긴다.
② 쇠꼬챙이로 구멍을 뚫는다.
③ 정을 넣고 때린다.
④ 플라스틱 해머로 두들긴다.

> 실린더 헤드면을 손상시키면 오일 누유, 혼합가스 누출 등을 초래할 수 있으므로 플라스틱이나 나무 해머로 조심스럽게 두들긴다.

5 기관의 크랭크축 분해 정비 시 주의사항으로 부적합한 것은?

① 축받이 캡을 탈거 후 조립 시에는 제자리 방향으로 끼워야 한다.
② 뒤 축받이 캡에는 오일 실이 있으므로 주의를 요한다.
③ 스러스트 판이 있을 때에는 변형이나 손상이 없도록 한다.
④ 분해 시에는 반드시 규정된 토크렌치를 사용해야 한다.

> 토크렌치는 조립 시 사용한다.

6 자동차 정비 작업 시 안전 및 유의사항으로 틀린 것은?

① 기관 운전 시 일산화탄소가 생성되므로 환기장치를 해야 한다.
② 헤드 개스킷이 닿는 표면에는 스크레이퍼로 큰 압력을 가하여 깨끗이 긁어낸다.
③ 점화 플러그의 청소 시 보안경을 쓰는 것이 좋다.
④ 기관을 들어낼 때 체인 및 리프팅 브라켓은 무게 중심부에 튼튼히 걸어야 한다.

> 헤드 개스킷이 닿는 표면을 스크레이퍼와 같은 금속 도구로 긁으면 혼합기가 누설될 수 있으므로 주의한다.
> 점화플러그 청소는 압축공기로 모래를 분사하므로 눈에 들어가기 쉬우므로 보안경을 사용한다.

7 압축 압력계를 사용하여 실린더의 압축 압력을 점검할 때 안전 및 유의사항으로 틀린 것은?

① 기관을 시동하여 정상온도(워밍업)가 된 후에 시동을 건 상태에서 점검한다.
② 점화계통과 연료계통을 차단시킨 후 크랭킹 상태에서 점검한다.
③ 시험기는 밀착하여 누설이 없도록 한다.
④ 측정값이 규정값보다 낮으면 엔진 오일을 약간 주입 후 다시 측정한다.

> 압축압력 시험 시 시동 후 워밍업 후 시동을 끄고 점검한다

8 실린더 헤드 볼트를 조일 때 회전력을 측정하기 위해 사용되는 공구는?

① 토크렌치
② 오픈 엔드 렌치
③ 복스렌치
④ 소켓렌치

9 기관에서 크랭크축의 휨을 측정 시 가장 적합한 것은?

① 스프링저울과 V블록
② 버니어캘리퍼스와 곧은 자
③ 마이크로미터와 다이얼게이지
④ 다이얼게이지와 V블록

정답　**1**　1 ②　2 ①　3 ①　4 ④　5 ④　6 ②　7 ①　8 ①　9 ④

10 밸브 래핑 작업을 수작업으로 할 때 가장 효율적이며 안전하게 작업하는 방법은?

① 래퍼를 양손에 끼고 오른쪽으로 돌렸다.
② 래퍼를 양손에 끼고 왼쪽으로 돌리면서 이따금 가볍게 충격을 준다.
③ 래퍼를 양손에 끼고 좌우로 돌리면서 이따금 가볍게 충격을 준다.
④ 래퍼를 양손에 끼고 좌우로 돌렸다.

> 밸브 래핑 작업이란 밸브 헤드면과 밸브 시트가 정확히 밀착되도록 래퍼를 돌려 시트를 갈아내는 작업으로, 좌우로 돌리면서 이따금 가볍게 충격을 준다.

[04-3]

11 기관 밸브를 탈착했을 때 주의사항 중 맞는 것은?

① 밸브는 떼어서 순서 없이 놓아도 좋다.
② 밸브를 떼어낼 때 순서가 바뀌지 않도록 반드시 표시를 한다.
③ 밸브에 묻은 카본은 제거하기 위해 그라인더에 조금씩 간다.
④ 밸브 고착시는 볼핀(쇠) 해머로 충격을 가하여 떼어 낸다.

> 밸브 탈착 시 해당 시트에 맞는 밸브 순서를 반드시 표시해 두고, 밸브의 카본 제거 시 크리너를 삽입 후 카본을 연소시키거나 가볍게 샌딩하여 조금씩 갈아낸다. 밸브 고착 시 플라스틱 또는 나무 해머로 가볍게 두들겨 떼어낸다.

[11-2]

12 기관의 오일교환 작업 시 주의사항으로 틀린 것은?

① 새 오일 필터로 교환 시 'O'링에 오일을 바르고 조립한다.
② 시동 중에 엔진 오일량을 수시로 점검한다.
③ 기관을 워밍업 후 시동을 끄고 오일을 배출한다.
④ 작업이 끝나면 시동을 걸고 오일 누출여부를 검사한다.

[09-3]

13 다음 중 부동액의 주성분이 아닌 것은?

① 벤젠　　　　　② 에틸렌글리콜
③ 메탄올　　　　④ 글리세린

[12-2, 05-2]

14 부동액의 점검은 무엇으로 측정하는가?

① 마이크로미터　　② 비중계
③ 온도계　　　　　④ 압력게이지

[06-3]

15 엔진에서 엔진오일 점검 시 틀린 것은?

① 계절 및 기관에 알맞은 오일을 사용한다.
② 기관을 수평상태에서 한다.
③ 오일량 점검 시 시동이 걸린 상태에서 한다.
④ 오일은 정기적으로 점검, 교환한다.

[13-3]

16 기관을 운전상태에서 점검하는 부분이 아닌 것은?

① 배기가스의 색을 관찰하는 일
② 오일압력 경고등을 관찰하는 일
③ 오일 팬의 오일량을 측정하는 일
④ 엔진의 이상음을 관찰하는 일

> 오일 팬의 오일량을 측정은 정지상태에서 점검한다.

[06-2]

17 오일팬 내 기관오일의 양은 어떤 상태에서 측정하는 것이 제일 좋은가?

① 정지 상태
② 공전운전 상태
③ 고속운전 상태
④ 중속운전 상태

[13-2]

18 자동차에 사용하는 부동액의 사용에서 주의할 점으로 틀린 것은?

① 부동액은 원액으로 사용하지 않는다.
② 품질 불량한 부동액은 사용하지 않는다.
③ 부동액이 도료부분에 떨어지지 않도록 주의한다.
④ 부동액은 입으로 맛을 보아 품질을 구별할 수 있다.

> 부동액은 에틸렌글리콜 또는 프로필렌글리콜과 부식방지제를 섞은 용액으로 인체에 유해하다.

[13-1]

19 화학세척제를 사용하여 방열기(라디에이터)를 세척하는 방법으로 틀린 것은?

① 방열기의 냉각수를 완전히 뺀다.
② 세척제 용액을 냉각장치 내에 가득히 넣는다.
③ 기관을 기동하고, 냉각수 온도를 80℃이상으로 한다.
④ 기관을 정지하고 바로 방열기 캡을 연다.

> 기관 작동 중 80℃ 이상이므로 식힌 후 주의하여 방열기 캡을 연다.

chapter 05

정답 **10** ③　**11** ②　**12** ②　**13** ①　**14** ②　**15** ③　**16** ③　**17** ①　**18** ④　**19** ④

20 과열된 기관에 냉각수를 보충하려 한다. 다음 중 가장 안전한 방법은?

[08-2, 06-1]

① 자동차를 서행하면서 물을 보충한다.

② 기관을 가속시키면서 물을 보충한다.

③ 기관 공전상태에서 잠시 후 캡을 열고 보충한다.

④ 기관 시동을 끄고 완전히 냉각시킨 후 물을 보충한다.

21 다음 중 설명이 잘못된 것은?

[07-3]

① 부동액은 차체의 도색 부분을 손상시킬 수 있다.

② 전해액은 차체를 부식시킨다.

③ 냉각수는 경수를 사용하는 것이 좋다.

④ 자동변속기 오일은 제작회사의 추천오일을 사용한다.

> 냉각수로 경수(지하수, 냇물 등)는 산이나 염분이 포함되어 금속을 부식시킬 수 있으므로 연수(증류수, 수돗물 등)를 사용한다.

22 자동차 엔진에 냉각수 보충이 필요하여 보충하려고 할 때 가장 안전한 방법은?

[12-3]

① 주행 중 냉각수 경고등이 점등되면 라디에이터 캡을 열고 바로 냉각수를 보충한다.

② 주행 중 냉각수 경고등이 점등되면 라디에이터 캡을 열고 바로 엔진오일을 보충한다.

③ 주행 중 냉각수 경고등이 점등되면 엔진을 냉각시킨 후 라디에이터 캡을 열고 냉각수를 보충한다.

④ 주행 중 냉가수 경고등이 점등되면 엔진을 냉각시킨 후 라디에이터 캡을 열고 엔진오일을 보충한다.

23 윤활유의 인화점, 발화점이 낮을 때 발생할 수 있는 것은?

[06-3]

① 화재발생의 원인이 된다.

② 연소불량 원인이 된다.

③ 압력 저하 요인이 발생한다.

④ 점성과 온도관계가 양호하게 된다.

> 인화점, 발화점이 낮으면 불이 붙는 온도가 낮으므로 화재가 쉽게 발생된다.

24 엔진 세척과 카본 제거에 대한 안전한 방법으로 틀린 것은?

[09-2]

① 알칼리 세척액, 산성 세척액의 용기는 위험 표시를 한다.

② 몸, 옷, 눈 등에 알칼리가 들어갔을 때는 규산으로 중화한다.

③ 손으로 알칼리액을 만질 때는 손을 깨끗하게 하고 만진다.

④ 알칼리액 취급 시 내산성의 안경, 고무제 앞치마를 착용한다.

> 알칼리액이나 산성액 모두 인체에 유해하므로 만지지 않는다.

25 기관부품을 점검 시 작업 방법으로 가장 적합한 것은?

[09-1]

① 기관을 가동과 동시에 부품의 이상 유무를 빠르게 판단한다.

② 부품을 정비할 때 점화스위치를 ON상태에서 축전지 케이블을 탈거한다.

③ 산소센서의 내부저항을 측정하지 않는다.

④ 출력전압은 쇼트 시킨 후 점검한다.

> 산소센서의 내부저항은 매우 민감하므로 단품으로 전압을 가하면 고장이 난다. (산소센서는 자체적으로 미소 전압을 발생하는 일종의 소형 발전기이므로 멀티미터의 내부 건전지에 의해 손상을 입을 수 있다.)

26 엔진작업에서 실린더 헤드 볼트를 올바르게 풀어내는 방법으로 맞는 것은?

[08-4, 05-3]

① 반드시 토크 렌치를 사용한다.

② 풀리기 쉬운 것부터 푼다.

③ 바깥쪽에서 안쪽을 향하여 대각선방향으로 푼다.

④ 조일 때의 순서대로 푼다.

27 자동차에서 엔진오일 압력 경고등의 식별 색상으로 가장 많이 사용하는 색은?

[08-2]

① 녹색　　　　　　　② 황색

③ 청색　　　　　　　④ 적색

28 엔진 정비 작업 시 발전기 구동벨트를 발전기 풀리에 걸 때는 어떤 상태에서 거는 것이 좋은가?

[11-3]

① 천천히 크랭킹 상태에서

② 엔진 정지 상태에서

③ 엔진 아이들 상태에서

④ 엔진을 서서히 가속 상태에서

29 가솔린기관을 시동하기 전 확인하지 않아도 무방한 것은?

[06-4]

① 냉각수　　　　　　② 엔진 온도

③ 축전지(Battery)　　④ 윤활유

정답 ▶ 20 ④　21 ③　22 ③　23 ①　24 ③　25 ③　26 ③　27 ④　28 ②　29 ②

[10-3]

30 기관오일의 보충 또는 교환 시 가장 주의할 점으로 옳은 것은?

① 점도가 다른 것은 서로 섞어서 사용하지 않는다.
② 될 수 있는 한 많이 주유한다.
③ 소량의 물이 섞여도 무방하다.
④ 제조회사가 관계없이 보충한다.

[10-1, 07-4]

31 가솔린 엔진 조정불량으로 불완전 연소했을 때 인체에 해로우며 가장 많이 발생하는 배출가스는?

① H₂ 가스 ② SO₂ 가스
③ CO 가스 ④ CO₂ 가스

일산화탄소는 인체 내 흡입 시 신경계통 마비, 호흡장애, 빈혈 등을 발생시켜 수 분 이상 노출 시 사망의 위험도 있다.

[13-1, 06-4]

32 부품을 분해 정비 시 반드시 새 것으로 교환하여야 할 부품이 아닌 것은?

① 오일 실 ② 볼트 및 너트
③ 개스킷 ④ 오링

볼트 및 너트는 손상이나 부식이 심한 것을 제외하고, 외관이 양호하면 간단한 녹 제거 및 세척 후 사용이 가능하다.

[13-1, 04-1]

33 기관을 점검 시 운전 상태로 점검해야 할 것이 아닌 것은?

① 클러치의 상태 ② 매연 상태
③ 기어의 소음 상태 ④ 급유 상태

[12-3]

34 엔진의 밸브간극 조정 시 안전상 가장 좋은 방법은?

① 엔진을 정지상태에서 조정
② 엔진을 공전상태에서 조정
③ 엔진을 가동상태에서 조정
④ 엔진을 크랭킹하면서 조정

[16-1, 04-1]

35 실린더 파워 밸런스 시험 시 손상에 가장 주의하여야 하는 부품은?

① 산소센서 ② 점화플러그
③ 점화코일 ④ 삼원촉매

실린더 파워 밸런스 시험은 모든 실린더가 출력을 동일하게 나타내고 있는지 그 여부를 판정하기 위한 시험을 말하며, 촉매변환기 설치 차량에서는 파워 밸런스 시험을 최대로 단축한다.

[12-1]

36 기관의 냉각장치를 점검, 정비할 때 안전 및 유의사항으로 틀린 것은?

① 방열기 코어가 파손되지 않도록 한다.
② 워터 펌프 베어링은 세척하지 않는다.
③ 방열기 캡을 열 때는 압력을 서서히 제거하며 연다.
④ 누수 여부를 점검할 때 압력시험기의 지침이 멈출 때까지 압력을 가압한다.

압력시험기는 규정값보다 약간 높은 압력까지 가압한다.

[11-4]

37 냉각장치 정비 시 안전사항으로 옳지 않는 것은?

① 라디에이터 코어가 파손되지 않도록 주의한다.
② 워터펌프 베어링은 솔벤트로 잘 세척한다.
③ 라디에이터 캡을 열 때에는 압력을 제거하며 서서히 연다.
④ 기관 회전 시 냉각팬에 손이 닿지 않도록 주의한다.

워터펌프 베어링은 그리스 영구 주입식으로 솔벤트로 세척하면 윤활작용을 하는 그리스가 녹을 수 있다.

[09-4]

38 냉각장치의 제어장치를 점검, 정비할 때 설명으로 틀린 것은?

① 냉각팬 단품 점검 시 손으로 만지지 않는다.
② 전자제어 유닛에는 직접 12V를 연결한다.
③ 기관이 정상 온도일 때 각 부품을 점검한다.
④ 각 부품을 점화스위치 OFF 상태에서 축전지(-) 케이블을 탈거한 후 정비한다.

전자제어 유닛은 퓨즈를 연결하여 과전류로부터 보호해야 한다.

[05-1]

39 기관정비 시 안전 유의사항에 맞지 않는 것은?

① TPS, ISC Servo 등은 솔벤트로 세척하지 않는다.
② 공기압축기를 사용하여 부품세척 시 눈에 이물질이 튀지 않도록 한다.
③ 캐니스터 점검시 흔들어서 연료증발가스를 활성화 시킨 후 점검한다.
④ 배기가스 시험 시 환기가 잘 되는 곳에서 측정한다.

TPS, ISC Servo 등은 센서, 모터로 민감하므로 세척 대상이 아니며 불량 시 교체를 한다.
캐니스터를 흔들면 활성탄에 의해 캐니스터가 막혀 유증기가 많이 발생하거나 주유멈춤 현상이 발생한다.

정답 30 ① 31 ③ 32 ② 33 ④ 34 ① 35 ④ 36 ④ 37 ② 38 ② 39 ③

40 자동차 이상 유무 점검 시 엔진이 시동된 상태에서 점검할 사항이 아닌 것은?

① 클러치의 연결 상태 점검

② 냉각수 온도 상승 여부 점검

③ 기동모터와 마그네트의 작동점검

④ 엔진 작동 이상음 점검

기동모터 마그네트는 엔진 정지 후 점검 대상이다.

[09-3, 06-3, 06-2, 04-1]

41 다음의 동력전달장치 중 재해가 발생하는 빈도가 가장 높은 것은?

① 차축　　　　　② 벨트와 풀리

③ 기어　　　　　④ 피스톤

[11-4]

42 동력전달장치에서 작업 시 안전사항으로 적합하지 않는 것은?

① 기어가 회전하고 있는 곳은 안전커버를 잘 덮는다.

② 회전하고 있는 벨트나 기어는 항상 점검한다.

③ 회전하는 풀리에 벨트를 걸어서는 안 된다.

④ 천천히 움직이는 벨트라도 손으로 잡지 않는다.

동력전달장치의 회전 부품은 정지상태에서 점검, 정비한다.

02 섀시 취급

[10-4]

1 ECS(전자제어현가장치) 정비작업 시 안전작업 방법으로 틀린 것은?

① 차고조정은 공회전 상태로 평탄하고 수평인 곳에서 한다.

② 배터리 접지단자를 분리하고 작업한다.

③ 부품의 교환은 시동이 켜진 상태에서 작업한다.

④ 공기는 드라이어에서 나온 공기를 사용한다.

[12-2, 08-1]

2 자동변속기 분해 조립 시 유의사항으로 틀린 것은?

① 작업 시 청결을 유지하고 작업한다.

② 분해된 모든 부품은 걸레로 닦아낸다.

③ 클러치판, 브레이크 디스크는 자동변속기 오일로 세척한다.

④ 조립 시 개스킷, 오일 실 등은 새 것으로 교환한다.

클러치판이나 브레이크 디스크는 부품이 복잡하므로 걸레로만 닦아낼 수 없으며, 걸레의 먼지나 다른 성분의 오일로 부품이 오염될 수 있으므로 자동변속기 오일로 세척한다.

[12-1]

3 리벳이음 작업을 할 때의 유의사항으로 거리가 먼 것은?

① 알맞은 리벳을 사용한다.

② 간극이 있을 때는 두 일감 사이에 여유 공간을 두고 리벳이음을 한다.

③ 리벳머리 세트나 일감표면에 손상을 주지 않도록 한다.

④ 일감과 리벳을 리벳세트로 서로 긴밀한 접촉이 이루어지도록 한다.

리벳은 두 판금 사이의 간극을 제거·밀착시켜 접착시키는 것이므로 여유 공간이 있으면 안된다.

[12-3, 09-1]

4 부품 분해 시 솔벤트로 닦으면 안 되는 것은?

① 릴리스 베어링　　② 십자축 베어링

③ 허브 베어링　　　④ 차동장치 베어링

릴리스 베어링, 워터 펌프 베어링은 그리스가 영구 주입된(Oilless bearing) 형식으로 솔벤트나 휘발유 등의 세척제로 세척하면 그리스가 녹아 마찰이 심해진다.

[13-2]

5 타이어의 공기압에 대한 설명으로 틀린 것은?

① 공기압이 낮으면 일반 포장도로에서 미끄러지기 쉽다.

② 좌, 우 공기압에 편차가 발생하면 브레이크 작동 시 위험을 초래한다.

③ 공기압이 낮으면 트레드 양단의 마모가 많다.

④ 좌, 우 공기압에 편차가 발생하면 차동 사이드 기어의 마모가 촉진된다.

공기압이 낮으면 지면과의 접촉면이 커지므로 쉽게 미끄러지지 않는다.

[07-4]

6 자동차의 공기 브레이크 장치 취급 시 유의사항 중 틀린 것은?

① 라이닝의 교환은 반드시 세트(조)로 한다.

② 매일 공기 압축기의 물을 빼낸다.

③ 규정 공기압을 확인한 다음 출발해야 한다.

④ 길고 급한 내리막길을 내려갈 때 반 브레이크를 사용한다.

반 브레이크를 사용하면 제동 열이 발생하여 베이퍼록을 유발할 수 있다.

7 타이어 및 튜브의 보관장소로 적합한 곳은? □□

① 그늘진 창고에 보관한다.
② 밖에 쌓아 둔다.
③ 오일, 그리스 및 석유가 있는 곳에 방치하여 둔다.
④ 물이 있는 곳에 둔다.

[12-41] □□
8 자동변속기 전자제어장치 정비 시 안전 및 유의사항으로 옳지 않은 것은?

① 펄스제너레이터 출력전압 파형 측정 시 주행 중에 측정한다.
② 컨트롤 케이블을 점검할 때는 브레이크 페달을 밟고, 주차브레이크를 완전히 채우고 점검한다.
③ 차량을 리프트에 올려놓고 바퀴 회전 시 주위에 떨어져 있어야 한다.
④ 부품센서 교환시 점화 스위치 off 상태에서 축전지 접지 케이블을 탈거한다.

> 펄스제너레이터란 자동변속기의 입력축/출력축의 회전수를 측정하는 장치로, 측정 시 정차상태에서 엔진을 구동시켜 측정해야 한다.

[12-1, 08-4] □□
9 차량에서 캠버, 캐스터 측정 시 유의사항이 아닌 것은?

① 수평인 바닥에서 한다.
② 타이어 공기압을 규정치로 한다.
③ 차량의 화물은 적재상태로 한다.
④ 새시스프링은 안정상태로 한다.

> 공차 상태에서 측정해야 한다.

[04-2] □□
10 다음 브레이크 정비에 대한 설명 중 틀린 것은?

① 패드 어셈블리는 동시에 좌·우, 안과 밖을 세트로 교환한다.
② 패드를 지지하는 록크 핀에는 그리스를 도포한다.
③ 마스터 실린더의 분해조립은 바이스에 물려 지지한다.
④ 브레이크액이 공기와 접촉시 수분을 흡수하여 비등점이 상승하여 제동성능이 향상된다.

> 브레이크액은 공기와 접촉하면 공기 중의 수분을 흡수하여 고열에서 쉽게 끓어올라 베이퍼록이 쉽게 발생되어 제동성능이 저하된다.

[04-04] □□
11 마스터 실린더(master cylinder)의 조립시 맨 나중 세척은 어느 것으로 하는 것이 좋은가?

① 석유　② 알코올　③ 광유　④ 휘발유

---

03 전기전자장치 취급

[13-3] □□
1 전자제어 시스템을 정비할 때 점검 방법 중 올바른 것을 모두 고른 것은?

【보기】
> a. 배터리 전압이 낮으면 고장진단이 발견되지 않을 수도 있으므로 점검하기 전에 배터리 전압상태를 점검한다.
> b. 배터리 또는 ECU커넥터를 분리하면 고장항목이 지워질 수 있으므로 고장진단 결과를 완전히 읽기 전에는 배터리를 분리시키지 않는다.
> c. 점검 및 정비를 완료한 후에는 배터리 (−)단자를 15초 이상 분리시킨 후 다시 연결하고 고장 코드가 지워졌는지를 확인한다.

① b, c　　② a, b
③ a, c　　④ a, b, c

[08-1] □□
2 에어백 장치를 점검, 정비할 때 안전하지 못한 행동은?

① 에어백 모듈은 사고 후에도 재사용이 가능하다.
② 조향 휠을 장착할 때 클럭 스프링의 중립 위치를 확인한다.
③ 에어백 장치는 축전지 전원을 차단하고 일정 시간 지난 후 정비한다.
④ 인플레이터의 저항은 절대 측정하지 않는다.

> ① 에어백 모듈은 일회성으로 한번 사용하면 신품으로 교체해야 한다.
> ③ 전원을 차단하더라도 모듈 내부의 콘덴서(사고로 인한 전원 공급 차단에 대비)의 전원으로 전개될 여지가 있으므로 일정 시간 후 정비해야 한다.
> ④ 저항을 측정할 때 멀티미터 내부의 전원(건전지)를 이용하므로 측정 시 미소 전류가 흘러 인플레이터의 폭발을 유발할 수 있다.

[12-3] □□
3 전기장치의 점검 시 점프 와이어(jump wire)에 대한 설명 중 ( )안에 적합한 것은?

【보기】
> 점프와이어는 (a)의 (b)상태에서 점검하는데 사용한다.

① a : 전원, b : 통전 또는 접지
② a : 통전 또는 접지, b : 점프
③ a : 통전 또는 접지, b : 연결부위를 제거한
④ a : 점프, b : 통전 또는 접지

> 점프와이어는 열려진 회로를 연결하여 전원의 통전 또는 접지 상태를 확인한다.

정답　7① 8① 9③ 10④ 11② **3** 1④ 2① 3①

chapter 05

4 교류발전기 점검 및 취급 시 안전 사항으로 틀린 것은?

① 성능시험 시 다이오드가 손상되지 않도록 한다.
② 발전기 탈착 시 축전지 접지케이블을 먼저 제거한다.
③ 세차할 때는 발전기를 물로 깨끗이 세척한다.
④ 발전기 브러시는 1/2 마모 시 교환한다.

[11-4]

5 자동차 전기 계통을 작업할 때 주의사항으로 틀린 것은?

① 배선을 가솔린으로 닦지 않는다.
② 커넥터를 분리할 때는 잡아당기지 않도록 한다.
③ 센서 및 릴레이는 충격을 가하지 않도록 한다.
④ 반드시 축전지 (+)단자를 분리한다.

전기계통 정비 시 대부분 배터리 (−)단자를 분리하여 작업 중 발생할 수 있는 단락사고를 예방한다.

[13-1]

6 전기장치의 배선 커넥터 분리 및 연결 시 잘못된 작업은?

① 배선을 분리할 때는 잠금장치를 누른 상태에서 커넥터를 분리한다.
② 배선 커넥터 접속은 커넥터 부위를 잡고 커넥터를 끼운다.
③ 배선 커넥터는 딸깍 소리가 날 때까지는 확실히 접속시킨다.
④ 배선을 분리할 때는 배선을 이용하여 흔들면서 잡아당긴다.

[13-3]

7 기동전동기의 분해조립 시 주의할 사항이 아닌 것은?

① 관통볼트 조립 시 브러시 선과의 접촉에 주의할 것
② 브러시 배선과 하우징과의 배선을 확실히 연결할 것
③ 레버의 방향과 스프링, 홀더의 순서를 혼동하지 말 것
④ 마그네틱 스위치의 B단자와 M(또는 F)단자의 구분에 주의할 것

브러시 배선과 하우징과의 배선은 연결해서는 안된다.

[08-2]

8 발전기 및 레귤레이터 취급 시 주의사항으로 틀린 것은?

① 발전기 작업 시 배터리 (−)케이블을 분리하지 않는다.
② 배터리를 단락시키지 않는다.
③ 발전기 작동 중 배터리 배선을 분리해도 무관하다.
④ 회로를 단락시키거나 극성을 바꾸어 연결하지 않는다.

[12-2]

9 자동차에서 와이퍼 장치 정비 시 안전 및 유의사항으로 틀린 것은?

① 전기회로 정비 후 단자결선은 사전에 회로시험기로 측정 후 결선한다.
② 와이퍼 전동기의 기어나 캠 부위에 세정액을 적당히 유입시켜야 한다.
③ 블레이드가 유리면에 닿지 않도록 하여 작동 시험을 할 수 있다.
④ 겨울철에는 동절기용 세정액을 사용한다.

세정제의 계면활성제(비누성분)과 수분은 회전부위를 고착시킬 수 있으므로 사용해선 안된다.

04 기계 및 기기 취급

[11-3]

1 자동차를 가래지잭으로 들어 올려 작업할 때 유의사항으로 틀린 것은?

① 앞, 뒤를 동시에 들어 올린다.
② 한 곳을 들어 스탠드로 지지한 다음 다른 곳을 올린다.
③ 스탠드 대신 잭(jack)으로 지지하지 않는다.
④ 차 밑 작업 시는 보안경을 반드시 착용한다.

가래지잭으로 차량 전체를 올릴 때 한 곳을 들어 스탠드로 지지한 다음 다른 곳을 올린다.

[12-4]

2 차량 밑에서 정비할 경우 안전조치 사항으로 틀린 것은?

① 차량은 반드시 평지에 받침목을 사용하여 세운다.
② 차를 들어 올리고 작업할 때에는 반드시 잭으로 들어 올린 다음 스탠드로 지지해야 한다.
③ 차량 밑에서 작업할 때에는 반드시 앞치마를 이용한다.
④ 차량 밑에서 작업할 때에는 반드시 보안경을 착용한다.

앞치마는 주로 용접, 배터리 전해액 보충, 그라인더 작업 등에 사용한다.

[08-3, 06-3, 05-3]

3 차량에서 허브(hub)작업을 할 때 지켜야 할 사항으로 가장 적당한 것은?

① 잭(jack)으로 든 상태에서 작업한다.
② 잭(jack)과 견고한 스탠드로 받치고 작업한다.
③ 프레임(frame)의 한쪽으로 받치고 작업한다.
④ 차체를 로프(rope)로 고정시키고 작업한다.

4 자동차 하체 작업에서 잭을 설치할 때의 주의할 점으로 틀린 것은?

① 잭은 중앙 밑 부분에 놓아야 한다.
② 잭은 자동차를 작업할 수 있게 올린 다음에도 잭 손잡이는 그대로 둔다.
③ 잭만 받쳐진 중앙 밑 부분에는 들어가지 않는 것이 좋다.
④ 잭은 밑바닥이 견고하면서 수평이 되는 곳에 놓고 작업하여야 한다.

> 부주의로 잭 손잡이 부분을 터치하면 차량이 떨어질 수 있으므로 손잡이봉을 제거한다.

[11-3]

5 차량 정비 작업 시 안전수칙 중 틀린 것은?

① 사용 목적에 적합한 공구를 사용한다.
② 연료를 공급할 때는 소화기를 비치한다.
③ 차축을 정비할 때는 잭으로만 들고 작업한다.
④ 전기 장치의 시험기를 사용할 때 정전이 되면 즉시 스위치는 OFF에 놓는다.

> 잭으로만 차량을 지지할 경우 부주의에 의해 잭이 튕겨나갈 수 있으므로 반드시 스탠드로 고정시킨다.

[07-3]

6 변속기 작업 시 안전한 작업방법으로 옳은 것은?

① 잭만으로 견고하게 든 상태에서 작업할 것
② 차체의 도장이 손상되지 않게 고무신을 신을 것
③ 엔진을 작동시키면서 변속기 설치 볼트를 풀 것
④ 자동차 밑에서 작업할 때에는 보안경을 쓸 것

[12-4, 05-4]

7 전조등의 조정 및 점검 시험 시 유의사항이 아닌 것은?

① 광도는 안전기준에 맞아야 한다.
② 광도 측정 시 헤드라이트를 깨끗이 닦아야 한다.
③ 타이어 공기압과는 관계가 없다.
④ 퓨즈는 항상 정격용량의 것을 사용해야 한다.

> 전조등의 광도는 무조건 밝아야 되는 것이 아니라 안전기준법에서 정하는 범위의 제품을 사용해야 하며, 타이어의 공기압이 달라지면 조명 각도가 달라지므로 점검해야 한다.

[08-3]

8 집광식 전조등 시험기로 전조등 시험 시 주의사항 중 틀린 것은?

① 각 타이어의 공기압은 규정대로 할 것
② 시험기에 차량을 마주보게 할 것
③ 밑바닥이 수평일 것
④ 공차상태의 차량에 운전자 및 보조자 두 사람이 탈 것

> 전조등 시험 시 공차상태에서 운전자 1인만 탑승한다.

[11-2, 09-1]

9 차량 속도계 시험 시 유의사항으로 틀린 것은?

① 롤러에 묻은 기름, 흙을 닦아낸다.
② 시험차량의 타이어 공기압이 정상인가 확인한다.
③ 시험차량은 공차상태로 하고 운전자 1인이 탑승한다.
④ 리프트를 하강 상태에서 차량을 중앙으로 진입시킨다.

> 리프트 하강 시 구동바퀴를 시험기의 롤러 사이에 진입시킨다.

[04-3]

10 속도계 시험기(speed tester)를 취급할 때 주의해야 할 사항이 아닌 것은?

① 롤러의 이물질 부착여부를 확인할 것
② 시험기는 정밀도를 유지하기 위해 정기적으로 정밀도 검사를 받을 것
③ 시험 중 안전을 위해 구동바퀴에 고임목을 설치할 것
④ 시험기 설치는 수평면이어야 하고 청결해야 한다.

> 속도계 시험기는 구동바퀴의 회전속도를 측정하므로 고임목은 피구동바퀴에 설치한다.

[13-3, 10-2, 10-1]

11 제동력 시험기 사용 시 주의할 사항으로 틀린 것은?

① 타이어 트레드의 표면에 습기를 제거한다.
② 롤러 표면은 항상 그리스로 충분히 윤활시킨다.
③ 브레이크 페달을 확실히 밟은 상태에서 측정한다.
④ 시험 중 타이어와 가이드 롤러와의 접촉이 없도록 한다.

> 제동력을 시험하므로 롤러 표면은 오일류나 이물질이 없도록 한다.

chapter 05

정답 4 ② 5 ③ 6 ④ 7 ③ 8 ④ 9 ④ 10 ③ 11 ②

[13-4, 07-2]

12 다음은 사이드슬립 시험기 사용 시 주의할 사항이다. 틀린 것은?

① 시험기의 운동부분은 항상 청결하여야 한다.

② 시험기의 답판 및 타이어에 부착된 수분, 기름, 흙 등을 제거한다.

③ 시험기에 대하여 직각방향으로 진입시킨다.

④ 답판 위에서 차속이 빠르면 브레이크를 사용하여 차속을 맞춘다.

사이드슬립 시험기 답판 위에는 약 5km/h의 저속으로 진입해야 한다.

[15-3, 09-3]

13 휠 밸런스 시험기 사용 시 적합하지 않은 것은?

① 휠 탈·부착 시에는 무리한 힘을 가하지 않는다.

② 균형추를 정확히 부착한다.

③ 계기판은 회전이 시작되면 즉시 판독한다.

④ 시험기 사용 순서를 숙지 후 사용한다.

흔들리는 계기판의 지침이 안정될 때까지 기다린 후 판독한다.

[09-4, 08-2, 07-1]

14 휠 평형잡기의 시험 중 안전사항에 해당되는 않는 것은?

① 타이어의 회전방향에 서지 말아야 한다.

② 타이어를 과속으로 돌리거나 진동이 일어나게 해서는 안 된다.

③ 회전하는 휠에 손을 대지 말아야 한다.

④ 휠을 정지시킬 때는 손으로 정지시켜도 무방하다.

[05-1]

15 휠 평형잡기와 마멸변형도 검사방법 중 안전수칙에 위배되는 사항은?

① 검사 후 테스터 스위치를 끈 다음 자연히 정지 하도록 한다.

② 타이어의 회전방향에서 검사한다.

③ 과도하게 속도를 내지 말고 검사한다.

④ 회전하는 휠에 손대지 말고 검사한다.

타이어의 이탈 또는 타이어 파편으로 인한 사고방지를 위해 타이어의 측면에서 검사한다.

[12-4]

16 자동차 정비공장에서 호이스트 사용 시 안전사항으로 틀린 것은?

① 규정 하중의 이상으로 들지 않는다.

② 무게 중심은 들어 올리는 물체의 크기(size) 중심이다.

③ 사람이 매달려 운반하지 않는다.

④ 들어 올릴 때에는 천천히 올려 상태를 살핀 후 완전히 들어올린다.

[10-3, 08-2]

17 정비작업상의 안전수칙 설명으로 틀린 것은?

① 정비작업을 위하여 차를 받칠 때는 안전 잭이나 고임목으로 고인다.

② 노즐시험기로 노즐분사상태를 점검할 때는 분사되는 연료에 손이 닿지 않도록 해야 한다.

③ 알칼리성 세척유가 눈에 들어갔을 때는 먼저 알칼리 유로 씻어 중화한 뒤 깨끗한 물로 씻는다.

④ 기관 시동 시에는 소화기를 비치해야 한다.

세척유가 눈에 들어가면 먼저 흐르는 물에 씻은 후 병원에 방문한다.

[10-1]

18 자동차에 소음 및 작동 점검 시 운전(작동) 상태에서 점검해야 할 사항이 아닌 것은?

① 기어의 급유 상태

② 기어 부분의 이상음

③ 클러치의 작동 상태

④ 베어링 삭동부 온도상승 여부

기어의 윤활유 급유 시 기관을 정지시킨다.

[참고]

19 등화장치 교환 작업 시 안전사항으로 틀린 것은?

① 점화스위치를 OFF 시켜야 한다.

② 부품 교환 시 정비지침서를 확인한다.

③ 퓨즈가 소손될 경우 정격용량보다 큰 퓨즈로 교환한다.

④ 하니스를 분리시킬 때 커넥터를 잡고 당긴다.

퓨즈가 소손될 경우 등화장치가 정격용량보다 크거나 퓨즈가 정격용량보다 작은 경우이다.

정답 12 ④ 13 ③ 14 ④ 15 ② 16 ② 17 ③ 18 ③ 19 ③

03 공구에 대한 안전

[예상문항 : 1~2문제] 기계에 대한 기초지식만 있으면 충분히 점수획득이 가능합니다. 공구의 종류 및 특징, 기계작업시 주의 사항을 체크합니다.

01 공구에 대한 안전

1 공기 압축기 및 임팩트 렌치

① 압축공기를 이용하여 볼트/너트 체결, 드릴링, 연삭 등의 작업을 단시간에 큰 힘이 필요한 작업 시 주로 사용한다.

② 공기 압축기의 안전밸브는 규정 이상의 압력에 달하면 압축공기를 배출시킨다.

③ 임팩트 렌치 : 공기 압축기의 호스와 연결된 렌치를 말한다.

④ 정밀한 부품 세척 시 에어건을 사용한다.

2 수공구 사용 시 안전사항

① 사용할 때는 무리한 힘이나 충격을 가하지 말아야 한다.

② 작업과 규격에 맞는 공구를 선택하여 사용하며, 올바른 방법으로 사용한다.

③ 공구의 본래 목적 외에 사용하지 않는다.(스패너를 해머 대용으로 사용하거나, 드라이버를 정 대용으로 사용하지 않는다)

④ 결함이 없는 안전한 공구를 사용해야 한다.

⑤ 공구 사용 후 공구를 청결하게 하고 지정된 장소에 보관한다.

⑥ 사용 전에 충분한 사용법을 숙지한다.

⑦ 사용 전에 이상 유무를 반드시 확인한다.

⑧ 수공구는 작업 시 손에서 놓지지 않도록 주의한다.

⑨ 손이나 공구에 묻은 기름, 물 등을 닦아낸다.

⑩ 공구는 기계나 재료 등의 위에 올려놓지 않는다.

⑪ 끝이 예리한 공구는 주머니에 넣고 작업하지 않는다.

3 스패너(렌치) 사용

① 볼트, 너트에 맞는 것을 사용하며 쐐기를 넣어서 사용하면 안 된다.

② 스패너 작업 시 조금씩 몸쪽으로 당기며 작업한다.(몸 바깥쪽으로 밀며 작업하지 않는다)

③ 볼트 · 너트에 잘 결합하고 앞으로 잡아당길 때 힘이 걸리도록 한다.

4 조정 렌치(adjustable wrench, 몽키 렌치)

조정 조(jaw)에 무리한 힘이 가하지 않도록 하기 위해 고정 조가 있는 부분으로 힘이 가해지도록 하고 몸쪽으로 당기며 작업한다.

5 토크 렌치(torque wrench) 사용

① 실린더헤드, 크랭크축 등 장치의 볼트나 너트를 조일 때 규정 값으로 정확히 조이기 위한 도구이다.

② 한 손은 지지점을 누르고, 한손은 핸들을 잡고 '딸깍' 소리가 나도록 몸쪽으로 당긴다.

6 오픈엔드(open end) 렌치

① 주로 파이프 피팅을 풀고 조일 때 사용한다.

② 입(Jaw)이 변형된 것은 사용하지 않는다.

③ 자루에 파이프를 끼워 사용하거나 해머 대신 사용하지 않는다.

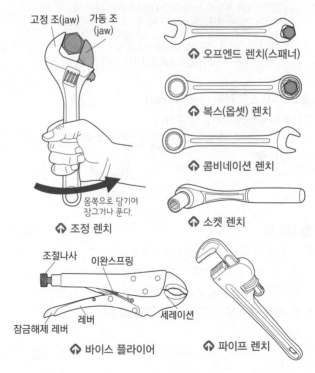

고정 조(jaw) 가동 조(jaw)

몸쪽으로 당기며 잠그거나 푼다.

⬆ 조정 렌치

조절나사 이완스프링

잠금해제 레버 레버 세레이션

⬆ 바이스 플라이어

⬆ 오프엔드 렌치(스패너)

⬆ 복스(옵셋) 렌치

⬆ 콤비네이션 렌치

⬆ 소켓 렌치

⬆ 파이프 렌치

chapter 05

7 복스(box) 렌치

① 여러 방향에서 사용이 가능하다.

② 오픈엔드 렌치와 규격이 동일하다.

③ 기관의 헤드커버 볼트를 풀 때 안정상 가장 적합하다.

④ 볼트, 너트 주위를 완전히 감싸게 되어 사용 중에 미끄러지지 않는다.

8 소켓 렌치(socket wrench)

① 볼트 조임/풀림 시간을 단축한다.

② 오픈엔드 렌치와 복스 렌치와 규격이 동일하다.

9 바이스 그립 플라이어(vise grip pliers)

일반 바이스에 비해 크기가 작은 가공물의 가공 작업 시 해당 가공물을 고정시키는 역할을 한다.

10 파이프(pipe) 렌치

① 물체를 잡을 때 사용하고, 조(jaw)에 세레이션(톱니모양의 단면)이 설치되어 있어서 미끄러지지 않으며, 물체의 크기에 따라 조를 조절할 수 있다.

② 파이프렌치는 한쪽 방향으로만 힘을 가하여 사용한다.

> ▶ 모든 렌치 사용 시 주의사항
> · 렌치 파손 방지 및 안전을 위해 양 발을 벌리고 몸의 균형을 이룬 상태에서 몸쪽으로 당기며 사용한다.
> · 렌치를 잡아당길 수 있는 위치에서 작업하도록 한다.
> · 손잡이 부분에 파이프(연장봉)를 연결하여 사용하지 않는다.
> · 해머(또는 지렛대) 대용으로 사용하거나 해머로 두드리지 않는다.
> · 장시간 보관에만 방청제를 바르고 건조한 곳에 보관한다.
> · 미끄러지지 않도록 공구핸들에 묻은 기름은 잘 닦아서 사용한다.
> · 녹이 생긴 볼트나 너트에는 오일을 주입하여 스며들게 한 다음 돌린다.

11 와이어 스트리퍼(wire stripper)

전선피복(배선)을 벗기는 공구이다.

전선의 굵기에 따라 홈에 끼워 피복을 벗긴다

12 줄작업

① 줄작업 시 전진 시(밀 때)에만 힘을 준다.

② 줄작업 시 반드시 줄에 손잡이를 끼워 사용한다.

③ 절삭된 금속분을 입으로 불거나 손으로 제거하지 않는다.

④ 줄 작업 시 서로 마주보고 작업하지 않는다.

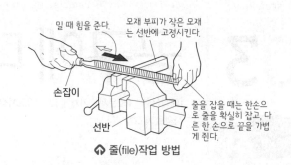

밀 때 힘을 준다.

모재 부피가 작은 모재는 선반에 고정시킨다.

손잡이

선반

줄을 잡을 때는 한손으로 줄을 확실히 잡고, 다른 한 손으로 끝을 가볍게 쥔다.

⬆ 줄(file)작업 방법

---

02 측정도구의 취급

1 다이얼 게이지 취급 시 주의사항

① 측정 시 스핀들을 공작물의 측정면에 직각으로 설치한다.

② 다이얼 인디케이터에 충격은 절대로 금해야 한다.

③ 분해 청소나 조정을 함부로 하지 않는다.

④ 게이지 눈금은 0점 조정하여 사용한다.

⑤ 스핀들에 유압유를 주유하거나 그리스를 바르지 않는다.

⑥ 다이얼 게이지 지지대는 정해진 지지대에 설치하고 사용하며, 휨이 없어야 한다. 또한, 게이지 설치 시 지지대의 암을 될 수 있는 대로 짧게 하고 확실하게 고정해야 한다.

2 마이크로미터 취급 시 주의사항

① 스핀들유를 발라 산화부식을 방지하고 건조한 곳에 보관한다.

② 스핀들과 앤빌을 접촉시켜 보관하지 않는다.

③ 게이지에 충격을 가하거나 떨어뜨려서는 안된다.

4 회로시험기(멀티테스터) 사용 시 주의사항

① 고온, 다습, 직사광선을 피한다.

② 제로 위치를 확인하고 측정한다.

③ 직류전압의 측정시 선택 스위치를 DC-V에, 교류전압은 AC-V에 놓는다.

④ 테스트 리드의 적색은 ⊕단자에, 흑색은 ⊖단자에 꽂는다.

⑤ '0'점 조정은 측정 범위가 변경될 때마다 수시로 실시한다.

⑥ 지침은 정면 위에서 읽는다.

⑦ 전류 측정시 테스터를 회로에 직렬로, 전압 측정시 병렬로 연결한다.

⑧ 각 측정 범위의 변경은 큰 쪽부터 작은 쪽으로 하고 역으로는 하지 않는다.

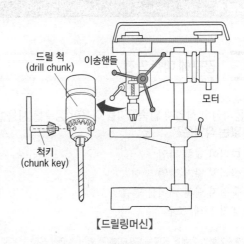

03 기계작업 시 유의사항

1 연삭작업

① 회전 부분(기어, 벨트, 체인 등)은 위험하므로 반드시 커버를 씌어둔다.

② 연삭작업 시 반드시 안전장갑 및 보안경을 착용한다.

③ 적절한 안전거리를 유지해야 한다.

④ 숫돌 교체 및 시운전은 정해진 사람만이 한다.

⑤ 작업 전 숫돌바퀴의 균열 상태를 확인한다.

⑥ 반드시 숫돌커버를 씌우고 작업한다.

⑦ 숫돌회전속도는 일정하게 유지한다.

⑧ 숫돌의 원주면만 이용하고, 측면을 이용하지 않는다.

⑨ 회전방향의 정면에서 작업하면 불꽃이 얼굴쪽으로 튀기므로 회전방향의 측면에서 작업한다.

⑩ 연삭숫돌과 받침대와의 간격은 2~3mm 이내로 유지한다.

【드릴링머신】

▶ 드릴 작업, 선반 작업, 해머 작업 시 장갑을 착용하지 않는다.

숫돌의 원주면만 사용한다.

덮개의 노출 각도 : 90°

⬆ 탁상용 연삭기

받침대와 숫돌 사이의 간격 : 2~3mm

2 드릴작업

① 드릴 날은 재료 재질에 알맞은 것을 사용한다.

② 반드시 보안경을 착용하고 작업한다.

③ 재료는 반드시 바이스나 고정장치에 단단히 고정시키고 작업한다.

④ 모재가 얇을 경우 재료 밑에 나무판을 받쳐 작업한다.(드릴날 손상 방지 목적)

⑤ 칩 제거 시 솔을 이용하고 입으로 불거나 손으로 제거하지 않는다.

⑥ 큰 구멍을 뚫을 시 먼저 지름이 작은 드릴을 사용하여 작은 구멍을 뚫은 후 조금씩 큰 치수를 사용하여 뚫고 마지막에 치수에 맞는 드릴을 사용한다.

⑦ 드릴작업은 장갑이나 소맷자락이 넓은 상의는 착용하지 않는다.

chapter 05

01 공구에 대한 안전

[10-2, 06-3]

1 자동차정비 작업시 압축공기를 이용한 공구를 사용할 필요가 없는 작업은?

① 타이어 교환 작업
② 클러치 탈거 작업
③ 축전지 단자 케이블 연결
④ 엔진 분해, 조립

> 압축공기를 이용하는 공구는 단시간에 큰 힘이 필요한 작업 시 주로 사용한다.

[12-1, 04-4]

2 공기압축기의 안전장치 중에서 규정 이상의 압력에 달하면 작동하여 공기를 배출시키는 것은?

① 배수 밸브　　　　② 체크 밸브
③ 압력계　　　　　④ 안전 밸브

[09-4, 06-4]

3 전동공구를 사용하여 작업할 때의 준수사항이다. 올바른 것은?

① 코드는 방수제로 되어 있기 때문에 물이나 기름이 있는 곳에 놓아도 좋다.
② 무리하게 코드를 잡아당기지 않는다.
③ 드릴의 이동이나 교환 시는 모터를 손으로 멈추게 한다.
④ 코드는 예리한 걸이에도 절단이나 파손이 안 되므로 걸어도 좋다.

[09-1]

4 공기기구 사용에서 적합하지 않은 것은?

① 공기기구의 활동 부위에는 윤활유가 묻지 않게 할 것
② 공기기구를 사용할 때는 보호안경을 사용할 것
③ 고무호스가 꺾여 공기가 새는 일이 없도록 할 것
④ 공기기구의 반동으로 생길 수 있는 사고를 미연에 방지할 것

[12-2, 10-3]

5 정밀한 부속품을 세척하기 위한 방법으로 가장 안전한 것은?

① 와이어브러시를 사용한다.
② 걸레를 사용한다.
③ 솔을 사용한다.
④ 에어건을 사용한다.

[12-2, 08-3, 07-2, 05-4]

6 공기공구 사용에 대한 설명 중 틀린 것은?

① 공구의 교체 시 반드시 밸브를 꼭 잠그고 하여야 한다.
② 활동 부분은 항상 윤활유 또는 그리스를 급유한다.
③ 사용시에는 반드시 보호구를 착용해야 한다.
④ 공기공구를 사용할 때에는 밸브를 빠르게 열고 닫는다.

> 밸브를 빠르게 열고 닫으면 공기공구의 반동으로 인해 안전사고가 일어날 수 있다.

[06-2]

7 임팩트 렌치의 사용시 안전수칙으로 거리가 먼 것은?

① 렌치 사용 시 헐거운 옷은 착용하지 않는다.
② 위험요소를 항상 점검한다.
③ 에어호스를 몸에 감고 작업을 한다.
④ 가급적 회전부에 떨어져서 작업을 한다.

> 임팩트 렌치란 공기 압축기를 이용한 렌치를 말한다.

[08-2]

8 공작기계 작업시의 주의사항으로 틀린 것은?

① 몸에 묻은 먼지나 철분 등 기타의 물질은 손으로 털어낸다.
② 정해진 용구를 사용하여 파쇄 철이 긴 것은 자르고 짧은 것은 막대로 제거한다.
③ 무거운 공작물을 옮길 때는 운반기계를 이용한다.
④ 기름걸레는 정해진 용기에 넣어 화재를 방지하여야 한다.

[12-3]

9 공기를 사용한 동력 공구 사용 시 주의사항으로 적합하지 않은 것은?

① 간편한 사용을 위하여 보호구는 사용하지 않는다.
② 에어 그라인더는 회전시 소음과 진동의 상태를 점검한 후 사용한다.
③ 규정 공기압력을 유지한다.
④ 압축공기 중의 수분을 제거하여 준다.

> 공기 압축기는 저압으로 인한 저온으로 수분이 발생되기 쉬우므로 수분을 제거해야 한다.

정 답 ▶ **1** 1③ 2④ 3② 4① 5④ 6④ 7③ 8① 9①

10 고속 절단기로 파이프의 절단작업 중 안전 사항에 어긋난 것은?

① 보안경을 착용하여 작업을 한다.
② 절단 후 절단면은 숫돌의 측면을 이용해서 연마한다.
③ 파이프는 바이스로 고정시켜 작업을 한다.
④ 안전커버를 반드시 부착한다.

[11-1, 05-4]

11 수공구 종류 중 정 작업 시 유의사항으로 틀린 것은?

① 처음에는 약하게 타격하고 차차 강하게 때린다.
② 정 머리에 기름을 묻혀 사용한다.
③ 머리가 찌그러진 것은 수정하여 사용하여야 한다.
④ 공작물 재질에 따라 날 끝의 각도를 바꾼다.

[11-2]

12 일반적인 기계공작 작업시 장갑을 사용해도 좋은 작업은?

① 판금 작업
② 선반 작업
③ 드릴 작업
④ 해머 작업

> 선반, 드릴작업 시 장갑을 착용하면 장비에 장갑이 말려들 위험이 있거나 해머작업 시 미끄러질 위험이 있으므로 장갑 착용을 금한다.

[11-2]

13 선반 작업시 주축의 변속은 기계를 어떠한 상태에서 하는 것이 가장 안전한가?

① 저속으로 회전시킨 후 한다.
② 기계를 정지시킨 후 한다.
③ 필요에 따라 운전 중에 할 수 있다.
④ 어떠한 상태든 항상 변속 시킬 수 있다.

[14-4, 05-2]

14 수공구 사용에 있어서의 안전사고 원인에 해당되지 않는 것은?

① 사용방법이 미숙하다.
② 수공구의 성능을 잘 알고 선택하였다.
③ 힘에 맞지 않는 공구를 사용하였다.
④ 사용공구의 점검, 정비를 잘하지 않았다.

[13-2]

15 이동식 및 휴대용 전동기기의 안전한 작업 방법으로 틀린 것은?

① 전동기의 코드선은 접지선이 설치된 것을 사용한다.
② 회로시험기로 절연상태를 점검한다.
③ 감전방지용 누전차단기를 접속하고 동작 상태를 점검한다.
④ 감전사고 위험이 높은 곳에서는 1중 절연 구조의 전기기기를 사용한다.

[10-1]

16 일반공구를 안전하게 사용하는 방법으로 적합하지 않은 것은?

① 공구 사용 전에 점검하여 불안전한 공구는 사용하지 않는다.
② 작업 특성에 맞는 공구를 선택하여 사용한다.
③ 손이나 공구에 기름이 묻었을 때 완전히 닦아낸 후 사용한다.
④ 일의 능률을 높이기 위해 타인에게 공구를 던져 전달한다.

[13-4, 13-3, 07-4, 05-3]

17 큰 구멍을 가공할 때 가장 먼저 하여야 할 작업은?

① 스핀들의 속도를 증가시킨다.
② 금속을 연하게 한다.
③ 강한 힘으로 작업한다.
④ 작은 치수의 구멍으로 먼저 작업한다.

> 큰 구멍을 뚫을 때 저항이 크기 때문에 천공이 쉽지 않다. 그러므로 작은 구멍을 뚫은 후 점차 큰 치수로 구멍을 뚫는 것이 좋다.

[05-2]

18 드릴 작업시의 안전대책 중 맞지 않는 것은?

① 드릴은 사용 전에 균열이 있는가를 점검한다.
② 드릴의 탈·부착은 회전이 멈춘 다음 행한다.
③ 가공물이 관통될 즈음에는 알맞게 힘을 가하여야 한다.
④ 드릴 끝이 가공물을 관통하였는가 손으로 확인한다.

[10-3, 04-1]

19 얇은 판에 드릴 작업 시 재료 밑의 받침은 무엇이 적합한가?

① 나무판
② 연강판
③ 스테인레스판
④ 벽돌

> 얇은 판금을 드릴링할 때 드릴이 얇은 판금을 뚫고 받침대에 닿을 수 있으므로 나무판을 밑에 받쳐 드릴날 및 작업대가 손상되지 않도록 한다.

정답 10 ② 11 ② 12 ① 13 ② 14 ② 15 ④ 16 ④ 17 ④ 18 ④ 19 ①

[11-3]
20 기관의 헤드커버 볼트를 풀 때 안전상 가장 좋은 공구는?

① 오픈 렌치　　　　② 복스 렌치
③ 파이프 렌치　　　④ 토크 렌치

[07-1]
21 다음 중 볼트나 너트를 조이거나 풀 때 부적합한 공구는?

① 복스 렌치
② 소켓 렌치
③ 오픈 앤드 렌치
④ 바이스 그립 플라이어

> 바이스 그립 플라이어는 주로 작은 물체의 가공물을 가공할 때 대상물을
> 고정시키는 역할을 한다.

[10-4]
22 물체를 잡을 때 사용하고, 조(jaw)에 세레이션이 설치되어 있어서 미끄러지지 않으며, 물체의 크기에 따라 조를 조절할 수 있는 공구는?

① 와이어 스트립퍼　　② 알렌 렌치
③ 바이스 플라이어　　④ 복스 렌치

> 바이스 그립 플라이어의 조는 물리는 부분을 말하며, 세레이션은 톱니 모
> 양처럼 그립을 돕는 역할을 한다.

[10-2]
23 헤드 볼트를 조일 때 토크 렌치를 사용하는 이유로 가장 옳은 것은?

① 신속히 조이기 위해서
② 작업상 편리하기 위해서
③ 강하게 조이기 위해서
④ 규정값으로 조이기 위해서

[13-1]
24 오픈렌치 사용 시 바르지 못한 것은?

① 오픈렌치와 너트의 크기가 맞지 않으면 쐐기를 넣어 사용한다.
② 오픈렌치를 해머 대신에 써서는 안 된다.
③ 오픈렌치에 파이프를 끼우든가 해머로 두들겨서 사용하지 않는다.
④ 오픈렌치는 올바르게 끼우고 작업자 앞으로 잡아당겨 사용한다.

[12-4]
25 렌치 사용시 주의 사항으로 틀린 것은?

① 렌치를 너트가 손상이 안 되도록 가급적 얕게 물린다.
② 해머 대용으로 사용해서는 안 된다.
③ 렌치를 몸 안쪽으로 잡아당겨 움직이게 한다.
④ 렌치에 파이프 등의 연장대를 끼우고 사용해서는 안 된다.

[06-2]
26 렌치 사용 시 안전 및 주의사항 중 틀린 것은?

① 렌치는 볼트 너트를 풀거나 조일 때 볼트 머리나 너트에 꼭 끼워져야 한다.
② 렌치가 짧을 때에는 파이프 등의 연장대를 끼워서 사용해야 한다.
③ 조정 조에 잡아당기는 힘이 가해져서는 안 된다.
④ 렌치를 잡아 당겨 작업한다.

[07-3]
27 렌치 작업 요령 설명으로 틀린 것은?

① 스패너의 자루가 짧다고 느낄 때는 긴 파이프를 연결하여 사용할 것
② 스패너를 사용할 때는 앞으로 당길 것
③ 스패너는 조금씩 돌리며 사용할 것
④ 파이프 렌치는 반드시 둥근 물체에만 사용할 것

[13-2]
28 기관 분해조립 시 스패너 사용 자세 중 옳지 않은 것은?

① 몸의 중심을 유지하게 한 손은 작업물을 지지한다.
② 스패너 자루에 파이프를 끼우고 발로 민다.
③ 너트에 스패너를 깊이 물리고 조금씩 앞으로 당기는 식으로 풀고, 조인다.
④ 몸은 항상 균형을 잡아 넘어지는 것을 방지한다.

[13-4]
29 스패너 작업 시 유의할 점이다. 틀린 것은?

① 스패너의 입이 너트의 치수에 맞는 것을 사용해야 한다.
② 스패너의 자루에 파이프를 이어서 사용해서는 안 된다.
③ 스패너와 너트 사이에는 쐐기를 넣고 사용하는 것이 편리하다.
④ 너트에 스패너를 깊이 물리고 조금씩 앞으로 당기는 식으로 풀고 조인다.

[06-1]
30 스패너 사용에 관한 설명 중 가장 옳은 것은?

① 스패너와 너트 사이에 쐐기를 넣어 사용한다.
② 스패너는 너트보다 약간 큰 것을 사용한다.
③ 스패너가 너트에서 벗겨지더라도 넘어지지 않도록 몸의 균형을 잡는다.
④ 스패너 자루에 파이프 등을 끼워서 힘이 덜 들도록 사용한다.

정답　20 ②　21 ④　22 ③　23 ④　24 ①　25 ①　26 ②　27 ①　28 ②　29 ③　30 ③

31 스패너의 사용 시 주의할 사항 중 틀린 것은?

[06-3]

① 손잡이에 파이프를 이어서 사용하지 하지 말 것
② 스패너 사용시 항시 주위를 살펴보고 조심성 있게 쥘 것
③ 스패너는 당기지 말고 밀어서 사용할 것
④ 스패너와 너트 사이에 절대 다른 물건을 끼우지 말 것

> 스패너를 밀어 사용하면 스패너의 물린 부분이 자칫 미끄러져 안전사고의 위험이 있으므로 힘을 줄 때 조이거나 풀 때 항상 몸쪽으로 향하도록 한다.

[11-2, 09-1]

32 스패너 작업 시의 안전수칙으로 틀린 것은?

① 주위를 살펴보고 조심성 있게 조일 것
② 스패너를 밀지 말고, 몸 앞쪽으로 당길 것
③ 스패너는 조금씩 돌리며 사용할 것
④ 힘들 때는 스패너 자루에 파이프를 끼워서 작업할 것

[12-2, 11-3]

33 스패너 작업 중 가장 옳은 것은?

① 고정 조(fixed jaw)에 힘이 많이 걸리도록 한다.
② 볼트 머리보다 약간 큰 스패너를 사용해도 된다.
③ 스패너 자루에 조합렌치를 연결해서 사용하여도 된다.
④ 가동 조에 가장 힘이 많이 걸리도록 한다.

[08-3, 04-2]

34 그림의 화살표 방향으로 조정 렌치를 사용하여야 하는 가장 중요한 이유는?

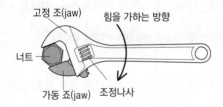

① 볼트나 너트의 머리 손상을 방지하기 위하여
② 작은 힘으로 풀거나 조이기 위하여
③ 렌치의 파손 방지 및 안전한 자세이므로
④ 작업의 자세가 편리하기 때문에

[12-3]

35 조정렌치를 취급하는 방법 중 잘못된 것은?

① 조정 조(jaw) 부분에 렌치의 힘이 가해지도록 할 것
② 렌치에 파이프 등을 끼워서 사용 하지 말 것
③ 작업시 몸 쪽으로 당기면서 작업 할 것
④ 볼트 또는 너트의 치수에 밀착되도록 크기를 조절할 것

> 조정렌치는 고정 조에 힘이 가해지도록 한다.

[05-4]

36 토크렌치를 사용할 때 안전하지 못한 것은?

① 볼트나 너트를 조일 때 조임력을 측정한다.
② 핸들을 잡고 몸 바깥쪽으로 밀어낸다.
③ 조임력은 규정 값에 정확히 맞도록 한다.
④ 손잡이에 파이프를 끼우고 돌리지 않도록 한다.

> 모든 렌치 사용 시 몸쪽으로 당긴다.

02 측정도구의 취급

[09-2, 07-3]

1 다이얼 게이지 취급 시 주의사항으로 잘못된 것은?

① 게이지는 측정 면에 직각으로 설치한다.
② 충격은 절대로 금해야 한다.
③ 게이지 눈금은 0점 조정하여 사용한다.
④ 스핀들에는 유압유를 급유하여 둔다.

> 다이얼 게이지의 스핀들에 주유하거나 그리스를 바르면 굳어져 스핀들의 스프링 복귀를 방해한다.

[13-3, 07-4]

2 다이얼 게이지 사용 시 유의사항으로 틀린 것은?

① 분해 청소나 조정을 함부로 하지 않는다.
② 게이지에 어떤 충격도 가해서는 안 된다.
③ 게이지를 설치할 때에는 지지대의 암을 될 수 있는 대로 짧게 하고 확실하게 고정해야 한다.
④ 스핀들에 주유하거나 그리스를 발라서 보관한다.

[06-3, 05-1]

3 다이얼 게이지로 측정할 때 측정부의 위치는?

① 보기 좋은 위치에 놓는다.
② 공작물에 수직으로 놓는다.
③ 공작물의 우측으로 기울이게 놓는다.
④ 공작물의 좌측으로 기울이게 놓는다.

[10-4, 07-3, 04-3]

4 다이얼 게이지 취급 시 안전사항으로 틀린 것은?

① 작동이 불량하면 스핀들에 주유 혹은 그리스를 발라서 사용한다.
② 분해 청소나 조정은 하지 않는다.
③ 다이얼 인디케이터에 충격을 가해서는 안 된다.
④ 측정 시 측정물에 스핀들을 직각으로 설치하고 무리한 접촉은 피한다.

정답 31 ③ 32 ④ 33 ① 34 ③ 35 ① 36 ② 2 1 ④ 2 ④ 3 ② 4 ①

5 다이얼 게이지의 사용 시 가장 알맞은 사항은?

[07-1]

① 반드시 정해진 지지대에 설치하고 사용한다.
② 가끔 분해 소제나 조정을 한다.
③ 스핀들에는 가끔 주유해야 한다.
④ 스핀들이 움직이지 않으면 충격을 가해 움직이게 한다.

[09-3, 06-3]

6 다이얼 게이지로 휨을 측정할 때 게이지를 놓는 방법은?

① 스핀들의 앞 끝을 보기 좋은 위치에 놓는다.
② 스핀들의 앞 끝을 기준면인 축(shaft)에 수직으로 놓는다.
③ 스핀들의 앞 끝을 공작물의 우측으로 기울이게 놓는다.
④ 스핀들의 앞 끝을 공작물의 좌측으로 기울이게 놓는다.

[08-4]

7 부품의 바깥지름, 안지름, 길이, 깊이 등을 측정할 수 있는 측정 기구는?

① 마이크로미터 　　 ② 버니어 캘리퍼스
③ 다이얼 게이지 　　 ④ 직각자

[11-1]

8 전기회로 내에 전류계를 사용할 때 사항으로 맞는 것은?

① 전류계는 직렬로 연결하여 사용한다.
② 전류계는 병렬로 연결하여 사용한다.
③ 전류계는 직렬, 병렬연결을 모두 사용한다.
④ 전류계의 사용 시 극성에는 무관하다.

> 전류계는 직렬로, 전압계는 병렬로 연결하여 측정한다.

[09-4]

9 회로시험기를 사용할 때의 주의사항 중 틀린 것은?

① 고온, 다습, 직사광선을 피한다.
② 제로 위치를 확인하고 측정한다.
③ 직류전압의 측정 시 선택 스위치를 AC.V에 놓는다.
④ 지침은 정면 위에서 읽는다.

> 직류전압 : DC.V, 교류전압 : AC.V

[07-3]

10 회로시험기로 전기회로의 측정 점검을 하고자 한다. 측정기 취급이 잘못된 것은?

① 테스트 리드의 적색은 +단자에, 흑색은 −단자에 꽂는다.
② 전류 측정 시는 회로를 연결하고 그 회로에 병렬로 테스터를 연결하여야 한다.
③ 각 측정 범위의 변경은 큰 쪽부터 작은 쪽으로 하고 역으로는 하지 않는다.

④ 중앙 손잡이 위치를 측정 단자에 합치시켜야 한다.

> 전류 측정 시 회로에 직렬로 연결해야 한다.

[08-1]

11 측정기 취급에 대한 설명 중 잘못된 것은?

① 비중계의 눈금은 눈높이에서 읽는다.
② 점화플러그 세척 시에는 보안경을 사용한다.
③ 파워 밸런스 시험은 가능한 짧은 시간 내에 실시한다.
④ 회로시험기의 0점 조정은 측정범위에 관계없이 1회만 실시한다.

> 회로시험기는 시험기 배터리 전압의 변화, 리드선의 저항 등의 이유로 0점이 달라질 수 있으므로 수시로 0점 조정을 한다.

03　기계작업 시 유의사항

[13-2, 08-3]

1 연삭 작업시 안전사항 중 옳지 않은 것은?

① 나무 해머로 연삭숫돌을 가볍게 두들겨 맑은 음이 나면 정상이다.
② 연삭숫돌의 표면이 심하게 변현된 것은 반드시 수정한다.
③ 받침대는 숫돌차의 중심선보다 낮게 한다.
④ 연삭숫돌과 받침대와의 간격은 3mm 이내로 유지한다.

> 연삭작업은 연삭숫돌의 중심선과 평행으로 한다.

[05-1]

2 그라인더 작업시 안전 및 주의사항으로 틀린 것은?

① 숫돌의 교체 및 시험운전은 담당자만이 해야 한다.
② 그라인더 작업에는 반드시 보호안경을 착용해야 한다.
③ 작업대와 숫돌과의 간격이 3mm 이상이면 사용하지 않는다.
④ 숫돌작업은 측면에서 작업한다.

> 숫돌과 작업대는 2~3mm가 적당하며, 작업자가 그라인더 회전방향 정면에서 작업하면 불꽃이 얼굴쪽으로 튀기므로 원주면에서 작업한다.

[04-3]

3 탁상용 연삭기 덮개의 노출 각도는 얼마를 초과해서는 안 되는가?

① 60도 　　 ② 70도
③ 80도 　　 ④ 90도

[10-2]

4 연삭기 중 안전커버의 노출각도가 가장 큰 것은?

① 평면 연삭기 ② 탁상 연삭기
③ 휴대용 연삭기 ④ 공구 연삭기

> 휴대용 연삭기는 안전커버의 노출각도가 약 180°로 가장 크다.

[06-1]

5 연삭작업에서 숫돌차와 받침대 사이의 표준 간격은 얼마가 적당한가?

① 0~1mm ② 2~3mm
③ 5~7mm ④ 8~10mm

[09-4]

6 연삭작업 시 지켜야 할 안전수칙 중 잘못된 것은?

① 보안경을 반드시 착용한다.
② 숫돌의 측면을 사용해도 된다.
③ 숫돌차와 연삭대 간격은 3mm 이하로 한다.
④ 정상 회전속도에서 연삭을 시작한다.

[10-1]

7 연삭작업 시 안전사항이 아닌 것은?

① 연삭숫돌 설치 전 해머로 가볍게 두들겨 균열 여부를 확인해 본다.
② 숫돌 회전방향의 원주면에 서서 연삭한다.
③ 연삭기의 커버를 벗긴 채 사용하지 않는다.
④ 연삭숫돌의 주위와 연삭 지지대 간격은 5mm 이상으로 한다.

[08-1]

8 리머가공에 관한 설명으로 옳은 것은?

① 리머는 직경 10mm 이상의 것은 없다.
② 리머는 드릴 구멍보다 먼저 작업한다.
③ 리머는 드릴 구멍보다 더 정밀도가 높은 구멍을 가공하는데 필요하다.
④ 리머는 드릴 구멍보다 더 작게 하는데 사용한다.

[11-3]

9 리머가공에 관한 설명으로 옳은 것은?

① 액슬축 외경 가공 작업시 사용된다.
② 드릴 구멍보다 먼저 작업한다.
③ 드릴 구멍보다 더 정밀도가 높은 구멍을 가공 하는데 필요하다.
④ 드릴 구멍보다 더 작게 하는데 사용한다.

[14-4, 08-1]

10 다음 중 해머작업 시의 안전수칙으로 틀린 것은?

① 해머는 처음과 마지막 작업시 타격하는 힘을 크게 할 것
② 해머로 녹슨 것을 때릴 때에는 반드시 보안경을 쓸 것
③ 해머의 사용면이 깨진 것은 사용하지 말 것
④ 해머 작업시 타격 가공하려는 곳에 눈을 고정시킬 것

> 해머작업을 할 때 처음과 마지막 작업 시 타격 힘을 작게하여 해머가 다른 부위를 타격하지 않도록 한다.

[06-4, 05-1]

11 해머작업을 할 때 주의사항 중 틀린 것은?

① 타격면이 찌그러진 것은 사용치 않는다.
② 손잡이가 튼튼한 것을 사용한다.
③ 반드시 장갑을 끼고 작업한다.
④ 손에 묻은 기름은 깨끗이 닦고 작업한다.

[04-3]

12 해머를 사용할 때 주의하여야 할 사항 중 틀린 것은?

① 해머를 휘두르기 전에 반드시 주위를 살핀다.
② 장갑을 끼고 작업한다.
③ 사용 중에 자주 조사한다.
④ 좁은 곳에서는 작업을 금해야 한다.

[06-4]

13 드릴링머신의 사용에 있어서 안전상 옳지 못한 것은?

① 드릴 회전 중 칩을 손으로 털거나 불어내지 말 것
② 가공물에 구멍을 뚫을 때 가공물을 바이스에 물리고 작업할 것
③ 솔로 절삭유를 바를 경우에는 위에서 바를 것
④ 드릴을 회전시킨 후에 머신테이블을 조정할 것

[11-1, 08-4, 07-1, 06-3 유사]

14 드릴링 머신 가공작업을 할 때 주의 사항으로 틀린 것은?

① 일감은 정확히 고정한다.
② 작은 일감은 손으로 잡고 작업한다.
③ 작업복을 입고 작업한다.
④ 테이블 위에 가공물을 고정시켜서 작업한다.

정답 4 ③ 5 ② 6 ② 7 ④ 8 ③ 9 ③ 10 ① 11 ③ 12 ② 13 ④ 14 ②

15 드릴링머신의 안전수칙 설명 중 틀린 것은?

① 구멍 뚫기를 시작하기 전에 자동이송장치를 쓰지 말 것
② 드릴을 회전시킨 후 테이블을 조정하지 말 것
③ 드릴을 끼운 뒤에는 척키를 반드시 꽂아 놓을 것
④ 드릴 회전 중에는 쇳밥을 손으로 털거나 불지 말 것

척키는 드릴링 머신의 드릴 척에 드릴을 끼우는 도구로 사용 후 반드시 제거해야 한다.

[13-4]

16 드릴링 머신 작업을 할 때 주의사항으로 틀린 것은?

① 드릴의 날이 무디어 이상한 소리가 날 때는 회전을 멈추고 드릴을 교환하거나 연마한다.
② 공작물을 제거할 때는 회전을 완전히 멈추고 한다.
③ 가공 중에 드릴이 관통했는지를 손으로 확인한 후 기계를 멈춘다.
④ 드릴은 주축에 튼튼하게 장치하여 사용한다.

[09-3]

17 다음 중 탁상용 드릴로 둥근 공작물에 구멍을 뚫을 때 공작물 고정 방법으로 가장 적합한 것은?

① 손으로 잡는다.
② 바이스 플라이어로 잡는다.
③ V블록과 클램프로 잡는다.
④ 헝겊에 싸서 바이스로 고정한다.

원형 모재
V블록
클램프

[08-4]

18 정 작업에서 안전한 사용방법이 아닌 것은?

① 안전을 위해서 정 작업은 마주보고 작업한다.
② 정 작업은 시작과 끝에 특히 조심한다.
③ 열처리한 재료는 정으로 작업하지 않는다.
④ 정 작업 시 버섯머리는 그라인더로 갈아서 사용한다.

마주보고 작업하면 작업물 또는 파편이 맞은 편으로 튀길 우려가 크다.

[06-1, 04-4 유사]

19 절삭기계 테이블의 T홈 위에 있는 칩 제거방법으로 가장 적합한 것은?

① 걸레   ② 맨손
③ 솔   ④ 장갑낀 손

칩 제거 시 입으로 불면 금속칩이 가볍기 때문에 다른 장치나 장비에 유입될 수 있다. 맨손이나 장갑을 낀 손은 날카로운 칩에 의해 다칠 수 있으며, 걸레에 묻은 칩으로 다칠 수 있다.

[07-2]

20 선반 주축의 변속은 기계를 어떠한 상태에서 하는 것이 가장 좋은가?

① 저속으로 회전시킨 후 한다.
② 기계를 정지시킨 후 한다.
③ 필요에 따라 운전 중에 할 수 있다.
④ 어느 때이든 변속시킬 수 있다.

[09-2]

21 선반작업 중의 안전수칙으로 틀린 것은?

① 선반의 베드 위나 공구대 위에 직접 측정기나 공구를 올려놓지 않는다.
② 치수를 측정할 때는 기계를 정지시키고 측정을 한다.
③ 내경 작업 중에는 구멍 속에 손가락을 넣어 청소하거나 점검하려고 하면 안 된다.
④ 바이트는 끝을 길게 장치하여야 한다.

공작물을 바이트에 고정 시 끝을 짧게 물린다.

[06-4]

22 선반작업에서 작업 전에 점검하여야 할 것이 아닌 것은?

① 급유 상태를 검사한다.
② 양 센터 중심이 일치되는가 검사한다.
③ 회전속도 조정이 되어 있는가 검사한다.
④ 주축에 센터가 고정되어 있는가 검사한다.

[07-4]

23 줄(file)을 사용할 때의 주의사항들이다. 안전에 어긋나는 점은?

① 줄 작업의 높이는 작업자의 팔꿈치 높이로 하거나 조금 낮춘다.
② 작업 자세는 허리를 낮추고, 전신을 이용할 수 있게 한다.
③ 절삭가루가 많이 쌓일 때는 불어가며 작업한다.
④ 줄을 잡을 때는 한 손으로 줄을 확실히 잡고, 다른 한 손으로 끝을 가볍게 쥐고 앞으로 가볍게 민다.

정답 **15** ③ **16** ③ **17** ③ **18** ① **19** ② **20** ② **21** ④ **22** ④ **23** ③

[09-2]
24 줄 작업 시 주의사항으로 틀린 것은?

① 사용 전 줄의 균열 유무를 점검한다.
② 줄 작업은 전신을 이용할 수 있게 하여야 한다.
③ 작업 효율을 높이기 위해 줄에 오일을 칠하여 작업한다.
④ 작업대 높이는 작업자의 허리높이로 한다.

[07-2]
25 줄 작업 시 주의사항이 아닌 것은?

① 뒤로 당길 때만 힘을 가한다.
② 공작물은 바이스에 확실히 고정한다.
③ 날이 메꾸어지면 와이어 브러시로 털어낸다.
④ 절삭가루는 솔로 쓸어낸다.

줄 작업이나 쇠톱 작업 시 앞으로 밀때 힘을 준다.

[05-3]
26 쇠톱 및 그 작업에 대한 것이다. 맞는 것은?

① 항상 오일을 쳐야 한다.
② 전진 행정에서만 일을 한다.
③ 전·후진 양행정에서 일을 한다.
④ 한 방향으로 사용한 후 다시 바꾸어 끼우고 사용한다.

[11-1]
27 드릴 머신으로 탭 작업을 할 때 탭이 부러지는 원인이 아닌 것은?

① 탭의 경도가 소재보다 높을 때
② 구멍이 똑 바르지 아니할 때
③ 구멍 밑바닥에 탭 끝이 닿을 때
④ 레버에 과도한 힘을 주어 이동할 때

[11-4]
28 탭 작업상의 주의사항으로 틀린 것은?

① 손 다듬질용 탭 작업 시 3번 탭부터 작업할 것
② 탭 구멍은 드릴로 나사의 골 지름보다 조금 크게 뚫을 것
③ 공작물을 수평으로 놓을 것
④ 조절 탭 렌치는 양손으로 돌릴 것

탭 작업은 모재에 나사산을 만들어 나사가 체결될 수 있도록 하는 것으로 1~3번 탭으로 구성되어 있다. 1번부터 3번까지 순서대로 하나의 세트로 작업해야 한다.

정답 24 ③ 25 ① 26 ② 27 ① 28 ①

04 기타 작업상의 안전

[예상문항 : 0~1문제] 출제기준 변경 후 이 섹션에서는 거의 출제되지 않지만 간혹 1문제 정도 출제될 수 있습니다.

1 일반 및 운반기계

(1) 운반 작업 시 안전사항

① 적재중심(무게중심)이 가능한 한 아래로 오도록 한다.

② 화물이 앞뒤 또는 측면으로 편중되지 않도록 한다.

③ 사용 전 운반차(또는 수레)의 각 부를 점검한다.

④ 앞이 안 보일 정도로 화물을 적재하지 않는다.

⑤ 여러 가지 물건을 쌓을 때는 무거운 것은 밑에, 가벼운 것은 위에 쌓는다.

⑥ 구르기 쉬운 짐은 로프로 반드시 묶는다.

⑦ 화물이나 운반차에 사람의 탑승은 절대 금한다.

⑧ 긴 물건을 운반 할 때는 맨 끝 부분에 위험 표시를 하고, 앞쪽을 높여서 운반한다.

> ▶ 엔진과 같은 무거운 물건 운반 시 주의사항
> • 체인 블록이나 리프트를 이용한다.
> • 무거운 물건을 상승시킨 채 오랫동안 방치하지 않는다.
> • 무거운 짐을 운반할 때는 보조구들을 사용한다.
> • 인력으로 운반 시 혼자 하지 말고, 다른 사람과 협조하여 운반한다.
> • 힘센 사람과 약한 사람과의 균형을 잡는다.
> • 작업장에 내려놓을 때에는 충격을 주지 않도록 주의한다.

(2) 기중기 사용 시 주의사항

① 기중기는 규정 용량을 초과하지 않는다.

② 제한 하중을 초과하지 않도록 한다.

③ 운전자는 신호자의 지시에 따라 운전한다.

④ 급격한 가속이나 정지를 피하고, 추락방지를 위해 주의해서 작업한다.

⑤ 달아 올리기는 중량물의 중심을 잘 맞추어 옆 방향으로 힘이 가해지지 않도록 한다.

⑥ 적재물이 떨어지지 않도록 한다.

⑦ 로프 등의 안전여부를 항상 점검한다.

⑧ 와이어로프로 동일중량의 물건을 매달아 올릴 때 로프에 걸리는 인장력이 가장 적은 로프의 각도는 30°이다.

⑨ 선회작업시에 사람이 다치지 않도록 한다.

2 용접작업 시 주의사항

(1) 고압가스 종류별 용기의 도색

산소	녹색	이산화탄소	청색
수소	주황색	염소	갈색
아세틸렌	노란색(황색)	질소, 헬륨 등	회색
암모니아	흰색		

(2) 산소-아세틸렌 용접작업(가스용접)

① 작업 전 반드시 소화기를 준비한다.

② 산소, 아세틸렌 용기는 반드시 세워서 보관한다.

③ 밸브 및 연결부위에 기름이 묻지 않도록 한다.

④ 작업 전 보안경, 용접장갑을 반드시 착용한다.

⑤ 점화 시 아세틸렌 밸브를 먼저 열고 난 후 산소 밸브를 열어 불꽃을 조정한다.(소화 시에는 반대 순서)

⑥ 역화 발생 시 산소 밸브를 잠그고, 아세틸렌 밸브를 잠근다.

⑦ 토치에 점화시에는 아세틸렌 밸브를 먼저 열고 점화 후 산소 밸브를 연다.

⑧ 토치 점화는 점화라이터를 사용한다.(성냥불로 직접 점화하지 않는다)

⑨ 밸브의 개폐를 서서히 한다.

⑩ 토치 팁으로 두들김, 슬러그 제거, 용접물의 위치를 변경 등을 하지 않도록 주의해서 취급하며, 함부로 분해하지 않는다.

⑪ 산소누설 시험에는 비눗물을 사용한다.

⑫ 아세틸렌의 충전 압력 : $15.5kgf/cm^2$(1.5MPa)

⑬ 용기의 보관 온도 : 40℃ 이하

⑭ 산소 용기는 화기에서 최소 4m 이상 거리를 둔다.

⑮ 가스 용접 시 복장 : 용접안경, 모자 및 장갑

⑯ 전기 용접 시에는 앞치마, 헬멧을 포함한다.

▶ 카바이트
- 카바이트 : 카바이트에 물을 작용시켜 발생한 아세틸렌을 산소와 혼합 점화해서 사용한다.
- 운반 시 충격, 마찰, 타격 등을 주지 말아야 한다.
- 인체에 유해하므로 마스크를 써야 한다.
- 폭발의 위험이 있는 인화성 물질로 보관에 주의해야 한다.
- 카바이트는 수분과 접촉 시 아세틸렌 가스를 발생하므로 보관할 때 밀봉하며, 건조하고 인화성이 없는 곳에 보관한다.
- 카바이트 저장소에 전등을 설치 시 방폭 구조로 한다.

(3) 아크(ARC) 용접기(전기 용접)

① 피부의 노출을 없이 한다.
② 슬래그(slag) 제거 때에는 보안경을 착용한다.
③ 감전방지를 위해 자동 전격 방지기를 부착한다.
④ 전격방지기를 부착한 용접기는 습기에 주의한다.
⑤ 우천 시 옥외 작업을 금한다.
⑥ 가열된 용접봉 홀더를 물에 냉각시켜서는 안된다.

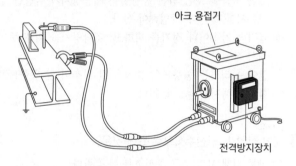

아크 용접기

전격방지장치

❸ 기계작업 시 유의사항

① 기계운전 중에는 자리를 지킨다.
② 기계운전 중 기계에서 이상한 소음, 진동, 냄새 등이 날 경우 즉시 전원을 내린다.
③ 정전 시 스위치를 OFF로 한다.
④ 회전부(기어, 벨트, 체인)등은 위험하므로 반드시 커버를 씌워 둔다.
⑤ 발전기, 아크용접기, 엔진 등 소음이 발생하는 기계는 분산 배치한다.
⑥ 작업장의 통로는 근로자가 안전하게 다닐 수 있도록 잘 정돈을 한다.
⑦ 작업장의 바닥이 미끄러워 보행에 지장을 주지 않도록 한다.
⑧ 주유 시 지정된 오일을 사용하며, 기계는 운전을 정지시킨다.
⑨ 고장의 수리, 청소 및 조정시에는 동력을 끊고 다른 사람이 작동시키지 않도록 표시해 둔다.
⑩ 운전 중 기계로부터 이탈할 때는 운전을 정지시킨다.
⑪ 기계운전 중 정전시는 즉시 주 전원스위치를 끈다.
⑫ 기계공장에서는 작업복과 안전화를 착용한다.

❹ 작동기계의 점검

① 작동기계의 정지 상태에서 점검 사항 : 안전장치, 동력 전달 장치, 볼트, 너트 풀림 점검
② 운전 상태에서의 점검 사항 : 기어의 이상음, 클러치의 상태, 베어링 마찰부 온도상승 여부

❺ 감전 사고 방지

① 안전전압 : 회로의 정격 전압이 일정수준 이하의 낮은 전압으로 절연 파괴 등의 사고에도 인체에 위험을 주지 않게 되는 전압
② 위험에 대한 방지장치를 한다.
③ 스위치에 안전장치를 한다.
④ 감전되거나 전기화상을 입을 위험이 있는 작업시 보호구를 착용한다.
⑤ 필요한 곳에 통전금지 기간에 관한 사항을 게시한다.
⑥ 반드시 절연 장갑을 착용한다.
⑦ 물기가 있는 손으로 작업하지 않는다.
⑧ 고압이 흐르는 부품에는 표시를 한다.
⑨ 전기 기계나 기구의 노출된 충전부는 노출되지 않도록 하고 방호망 또는 절연 덮개를 설치한다.
⑩ 발전소, 변전소 및 개폐소에 관계근로자 외 출입을 금지한다.

❻ 전기장치의 점검

① 연결부의 풀림이나 부식을 점검한다.
② 배선 피복의 절연, 균열 상태를 점검한다.
③ 배선이 고열 부위로 지나가는지 점검한다.
④ 배선이 날카로운 부위로 지나가는지 점검한다.

❼ 도장작업장의 안전수칙

① 알맞은 방진, 방독면을 착용한다.
② 작업장 내에서 음식물 섭취를 금지한다.
③ 전기 기기는 수리를 필요로 할 경우 스위치를 꺼놓는다.
④ 희석제나 도료 등을 취급 시 도장전용 장갑을 착용한다.
⑤ 도장작업 중 분진방지 및 환기에 신경써야 한다.
⑥ 도료 저장 시에는 환기에 특히 주의해야 한다.

❽ 기타 작업상의 안전

① 작업 중 입은 부상은 응급치료를 받고 즉시 보고한다.
② 밀폐된 실내에서는 시동을 걸지 않는다.
③ 통로나 마룻바닥에 공구나 부품을 방치하지 않는다.
④ 기름걸레나 인화물질은 철재상자 등에 보관한다.

[16-3, 10-3, 07-3]

1 작업장에서 중량물 운반수레의 취급 시 안전사항으로 틀린 것은?

① 적재중심은 가능한 한 위로 오도록 한다.
② 화물이 앞뒤 또는 측면으로 편중되지 않도록 한다.
③ 사용 전 운반수레의 각부를 점검한다.
④ 앞이 안 보일 정도로 화물을 적재하지 않는다.

> 적재무게중심이 위에 있으면 적재물이 전복될 위험이 크므로 가능한 한 아래로 오도록 해야한다.

[10-1]

2 정비작업 시 지켜야 할 안전수칙 중 잘못된 것은?

① 작업에 맞는 공구를 사용한다.
② 작업장 바닥에는 오일을 떨어뜨리지 않는다.
③ 전기장치 작업시 오일이 묻지 않도록 한다.
④ 잭을 사용하여 차체를 올린 후 손잡이를 그대로 두고 작업한다.

> 잭으로 차체를 올린 후 손잡이가 달린 봉을 그대로 두면 작업 중 부주의로 작업자 또는 타인에 의해 잭의 지지부위가 이탈되어 사고의 위험이 크므로 반드시 제거한다.

[04-3]

3 다음 운반 기계에 대한 안전수칙 중 틀린 것은?

① 무거운 물건을 운반할 경우에는 반드시 경종을 울린다.
② 흔들리는 화물은 사람이 승차하여 붙잡도록 한다.
③ 기중기는 규정 용량을 초과하지 않는다.
④ 무거운 물건을 상승시킨 채 오랫동안 방치하지 않는다.

[06-2, 04-4]

4 운반차를 이용한 운반작업에 대한 사항 중 잘못 설명한 것은?

① 여러 가지 물건을 쌓을 때는 가벼운 물건을 위에 올린다.
② 차의 동요로 안정이 파괴되기 쉬울 때는 비교적 무거운 물건을 위에 쌓는다.
③ 화물이나 운반차에 사람의 탑승은 절대 금한다.
④ 긴 물건을 실을 때는 맨 끝 부분에 위험 표시를 해야 한다.

[04-1]

5 와이어로프로 동일 중량의 물건을 매달아 올릴 때 로프에 걸리는 인장력이 가장 적은 로프의 각도는?

① 45° ② 85° ③ 30° ④ 60°

[05-1]

6 기중기로 물건을 운반할 때 주의할 사항이다. 잘못 설명한 것은?

① 경우에 따라서는 규정 무게보다 약간 초과할 수도 있다.
② 적재물이 떨어지지 않도록 한다.
③ 로프 등의 안전여부를 항상 점검한다.
④ 선회작업 시에 사람이 다치지 않도록 한다.

> 기중기로 물건 운반 시 반드시 해당 기중기의 규정무게 이하로 운반한다.

[10-4]

7 기중기로 중량물 등을 운반 시 안전한 작업방법으로 틀린 것은?

① 운전자는 신호자의 지시에 따라 운전한다.
② 제한 하중을 조금 넘는 중량물은 제동장치가 감당할 수 있는지를 확인 후 작업해야 한다.
③ 급격한 가속이나 정지를 피하고, 추락방지를 위해 주의해서 작업한다.
④ 달아 올리기는 중량물의 중심을 잘 맞추어 옆 방향으로 힘이 가해지지 않도록 한다.

[11-4]

8 운반 작업 시 안전수칙으로 틀린 것은?

① 화물 적재 시 되도록 중심고를 높게 한다.
② 길이가 긴 물건은 앞쪽을 높여서 운반한다.
③ 인력으로 운반시 어깨보다 높이 들지 않는다.
④ 무거운 짐을 운반할 때는 보조구들을 사용한다.

[12-2, 09-1 유사]

9 자동변속기와 같이 무거운 물건을 운반할 때의 안전사항 중 틀린 것은?

① 인력으로 운반 시 다른 사람과 협조하여 조심성 있게 운반한다.
② 체인 블록이나 리프트를 이용한다.
③ 작업장에 내려놓을 때에는 충격을 주지 않도록 주의한다.
④ 반드시 혼자 힘으로 운반한다.

[06-1]

10 정비공장에서 엔진을 이동시키는 방법 가운데 가장 옳은 것은?

① 사람이 들고 이동한다.
② 지렛대를 이용한다.
③ 로프로 묶고 잡아당긴다.
④ 체인 블록이나 호이스트를 사용한다.

정답 1① 2④ 3② 4② 5③ 6① 7② 8① 9④ 10④

[11-2, 08-3, 07-1]

11 기관을 운반하기 위해 체인블록을 사용할 때의 안전사항 중 가장 적합한 것은?

① 기관은 반드시 체인으로만 묶어야 한다.
② 노끈 및 밧줄은 무조건 굵은 것을 사용한다.
③ 가는 철선이나 체인으로 기관을 묶어도 좋다.
④ 체인 및 리프팅은 중심부에 튼튼히 줄걸이가 되어야 한다.

[09-2, 05-3, 11-1, 07-4]

12 무거운 짐을 이동할 때 적당하지 않은 것은?

① 힘겨우면 기계를 이용한다.
② 기름이 묻은 장갑을 끼고 한다.
③ 지렛대를 이용한다.
④ 힘센 사람과 약한 사람과의 균형을 잡는다.

[10-2]

13 크레인으로 중량물을 달아 올리려고 할 때 적합하지 않는 것은?

① 수직으로 달아 올린다.
② 제한용량 이상을 달지 않는다.
③ 옆으로 달아 올린다.
④ 신호에 따라 움직인다.

[09-4]

14 운반기계를 이용하여 운반 작업을 할 경우 틀린 사항은?

① 무거운 것은 밑에, 가벼운 것은 위에 쌓는다.
② 긴 물건을 쌓을 때는 끝에 위험 표시를 한다.
③ 긴 물건이나 높은 화물을 실을 경우는 보조자가 편승한다.
④ 구르기 쉬운 짐은 로프로 반드시 묶는다.

[07-3]

15 고압가스 종류별 용기의 도색으로 틀린 것은?

① 산소 - 녹색
② 아세틸렌 - 노란색
③ 액화암모니아 - 흰색
④ 수소 - 갈색

고압가스 종류별 용기 색

산소	녹색	이산화탄소	청색
수소	주황색	염소	갈색
아세틸렌	노란색(황색)	질소, 헬륨 등	회색
암모니아	흰색		

[06-2]

16 아세틸렌 용기 내의 아세틸렌은 게이지 압력이 얼마 이상 되면 폭발할 위험이 있는가?

① $0.2kgf/cm^2$
② $0.6kgf/cm^2$
③ $0.8kgf/cm^2$
④ $1.5kgf/cm^2$

[04-3]

17 전기용접 작업할 때의 주의사항 중 틀린 것은?

① 피부의 노출을 없이한다.
② 슬랙(slag) 제거 때에는 보안경을 착용한다.
③ 가열된 용접봉 홀더는 물에 넣어 냉각시킨다.
④ 우천 시 옥외 작업을 금한다.

> 용접봉 홀더에 전기가 흐르므로 물에 넣으면 안된다.

[04-2]

18 산소용접용 토치 취급방법 중 옳지 못한 방법은?

① 토치는 소중히 취급한다.
② 토치팁은 모래나 먼지 위에 놓지 않는다.
③ 토치는 함부로 분해하지 않는다.
④ 토치에 녹이 발생하면 즉시 오일로 닦는다.

> 오일로 인해 토치에 화염이 발생될 수 있으므로 녹제거용품으로 닦는다.

[04-4]

19 가스 용접 시 안전 작업방법을 설명하였다. 옳지 못한 것은?

① 작업 시작 시는 아세틸렌 밸브를 먼저 열고 점화한 후 산소 밸브를 연다.
② 작업 착수 전에 반드시 소화수 준비를 잊지 말아야 한다.
③ 작업 시작 시는 산소 밸브와 아세틸렌 밸브를 동시에 연다.
④ 역화가 발생하면 곧 토치의 산소 밸브를 닫고 아세틸렌 밸브를 닫는다.

> 점화 시 아세틸렌 밸브를 먼저 열고, 난 후 산소 밸브를 열어 불꽃을 조정한다.(소화 시에는 반대 순서)

[11-2]

20 전격방지기를 부착한 용접기의 적합한 설치장소로 거리가 먼 것은?

① 습기가 많지 않은 장소
② 분진, 유해가스 또는 폭발성 가스가 없는 장소
③ 주위 온도가 항상 영상 이상의 온도가 유지되는 장소
④ 비나 강풍에 노출되지 않는 장소

정답 11 ④ 12 ② 13 ③ 14 ③ 15 ④ 16 ④ 17 ③ 18 ④ 19 ③ 20 ③

chapter 05

21 정비공장에서 아크(ARC) 용접기의 감전방지를 위해 무엇을 부착하는가?

① 중성점 접지 　　② 리미트 스위치
③ 2차권선 장치 　　④ 자동전격방지기

[06-1]
22 산소용접 작업 시 아세틸렌 용기에 관련된 주의사항 설명으로 올바른 것은?

① 가스의 누설 탐지를 위해 화학 재료를 사용하지 말 것
② 내부 공기 침투를 방지하기 위해 적정 압력을 $2kgf/cm^2$ 으로 유지시킬 것
③ 토치에 점화 시에는 아세틸렌 밸브를 먼저 열고 점화 후 산소 밸브를 열 것
④ 용기의 보관 온도는 최소 60℃ 이하가 되도록 할 것

[05-2]
23 산소용접 작업 시의 유의사항으로 틀린 것은?

① 반드시 소화기를 준비한다.
② 역화는 아세틸렌 순도가 낮으면 일어난다.
③ 아세틸렌 밸브를 열어 점화한 후 산소밸브를 연다.
④ 점화는 성냥불로 직접하지 않는다.

역화는 토치 팁 끝이 모재에 닿아 순간적으로 팁 끝이 막히거나 팁의 과열, 사용 가스의 압력이 부적당할 때 팁 속에서 폭발음이 나며 불꽃이 꺼졌다가 다시 나타나는 현상이다.

[05-1]
24 산소 아세틸렌가스 용접할 때 가장 적합한 복장은?

① 장갑 및 헬멧
② 장갑, 용접안경 및 헬멧
③ 모자, 장갑 및 헬멧
④ 용접안경, 모자 및 장갑

[04-1]
25 가스 용접의 안전작업 중 적합치 않은 것은?

① 토치에 점화시킬 때에는 산소밸브를 먼저 열고 다음에 아세틸렌 밸브를 연다.
② 산소누설 시험에는 비눗물을 사용한다.
③ 토치 끝으로 용접물의 위치를 바꾸면 안 된다.
④ 가스를 들이 마시지 않도록 한다.

[08-1]
26 카바이트 취급 시 주의할 점 중 잘못 설명한 것은?

① 밀봉에서 보관한다.
② 건조한 곳보다 약간 습기가 있는 곳에 보관한다.
③ 인화성이 없는 곳에 보관한다.
④ 저장소에 전등을 설치할 경우 방폭 구조로 한다.

카바이트는 수분과 접촉 시 아세틸렌 가스를 발생하므로 건조한 곳에 보관하여야 한다.

[12-3]
27 산소용기의 가스 누설검사 시 사용하는 검사액으로 가장 적당한 것은?

① 비눗물 　　② 솔벤트
③ 순수한 물 　　④ 알코올

가스 누설검사 시 비눗물을 사용한다.

[05-4]
28 용접 작업시 유해 광선으로 눈에 이상이 생겼을 때 응급처치 요령으로 적당한 것은?

① 온수 찜질 후 치료한다.
② 냉수 찜질 후 치료한다.
③ 바람을 마주보고 눈을 깜박거린다.
④ 안약을 넣고 안대를 한다.

[13-2, 10-1]
29 감전 위험이 있는 곳에 전기를 차단하여 수선점검을 할 때의 조치와 관계가 없는 것은?

① 스위치 박스에 통전장치를 한다.
② 위험에 대한 방지장치를 한다.
③ 스위치에 안전장치를 한다.
④ 필요한 곳에 통전금지 기간에 관한 사항을 게시한다.

수선점검 전 메인 스위치 박스의 전원을 차단시킨다.

[09-4, 07-2, 05-2]
30 정비공장에서 지켜야 할 안전수칙이 아닌 것은?

① 작업 중 입은 부상은 응급치료를 받고 즉시 보고한다.
② 밀폐된 실내에서는 시동을 걸지 않는다.
③ 통로나 마룻바닥에 공구나 부품을 방치하지 않는다.
④ 기름걸레나 인화물질은 나무상자에 보관한다.

기름걸레나 인화물질은 화재의 원인이 되므로 철재상자에 보관한다.

[07-4]
31 방독 마스크를 착용하지 않아도 되는 곳은?

① 일산화탄소 발생 장소
② 아황산가스 발생 장소
③ 암모니아 발생 장소
④ 산소 발생 장소

정답 21 ④ 22 ③ 23 ② 24 ④ 25 ① 26 ② 27 ① 28 ② 29 ① 30 ④ 31 ④

32 다음 중 기계를 운전할 때 운전 상태에서 점검해야 할 사항이 아닌 것은?

① 클러치의 상태
② 기어 부분의 이상음
③ 기어의 급유 상태
④ 베어링 마찰부 온도상승 여부

운전상태에서는 기어의 급유를 알 수 없으며 정지상태에서 점검할 수 있다.

[05-2]

33 작동기계의 정지 상태에서 점검할 부분으로 잘못된 것은?

① 안전장치 점검
② 동력 전달 장치 점검
③ 기어의 이상음 점검
④ 볼트, 너트 풀림 점검

기어의 이상음은 운전상태에서 점검할 수 있다.

[10-2, 04-4]

34 전기로 작동되는 기계운전 중 기계에서 이상한 소음, 진동, 냄새 등이 날 경우 가장 먼저 취해야 할 조취는?

① 즉시 전원을 내린다.
② 상급자에게 보고한다.
③ 기계를 가동하면서 고장여부를 파악한다.
④ 기계 수리공이 올 때까지 기다린다.

[12-1]

35 전기 기계나 기구의 노출된 충전부에 직접 접촉에 의한 감전 방지책이 아닌 것은?

① 충전부가 노출되지 않도록 한다.
② 충전부에 방호망 또는 절연 덮개를 설치한다.
③ 발전소, 변전소 및 개폐소에 관계근로자 외 출입을 금지한다.
④ 작업장 바닥 절연처리와 절연물 마감처리를 한다.

[08-1]

36 작업 중 분진방지에 특히 신경 써야 하는 작업은?

① 도장작업
② 타이어 교환작업
③ 기관 분해 조립작업
④ 판금작업

[06-4]

37 기계시설의 배치 시 안전 유의사항에 맞지 않는 것은?

① 회전부(기어, 벨트, 체인) 등은 위험하므로 반드시 커버를 씌워둔다.
② 발전기, 아크용접기, 엔진 등 소음이 발생하는 기계는 한 곳에 모아서 배치한다.
③ 작업장의 통로는 근로자가 안전하게 다닐 수 있도록 잘 정돈을 한다.
④ 작업장의 바닥이 미끄러워 보행에 지장을 주지 않도록 한다.

[05-3]

38 기계 및 기계장치를 불안전하게 취급할 때 사고가 발생하는 원인을 든 것이다. 이 중에서 틀린 것은?

① 안전장치 및 보호장치가 잘되어 있지 않을 때
② 적합한 공구를 사용하지 않을 때
③ 기계 및 기계장치가 너무 넓은 장소에 설치되어 있을 때
④ 정리 정돈 및 조명장치가 잘되어 있지 않을 때

[04-2]

39 감전되거나 전기화상을 입을 위험이 있는 작업 시 작업자가 착용해야 할 것은?

① 구명구   ② 보호구
③ 구명조끼   ④ 비상벨

[13-2]

40 감전 사고를 방지하는 방법이 아닌 것은?

① 차광용 안경을 착용한다.
② 반드시 절연 장갑을 착용한다.
③ 물기가 있는 손으로 작업하지 않는다.
④ 고압이 흐르는 부품에는 표시를 한다.

차광용 안경은 주로 용접작업, 연삭작업 등에 착용한다.

[10-3]

41 회로의 정격 전압이 일정수준 이하의 낮은 전압으로 절연 파괴 등의 사고에도 인체에 위험을 주지 않게 되는 전압을 무슨 전압이라 하는가?

① 안전전압   ② 접촉전압
③ 접지전압   ④ 절연전압

· 안전전압 : 감전되어도 사람의 몸에 영향을 주지 않는 전압
· 접지전압 : 회로의 임의 지점과 접지 사이의 전압

chapter 05

[12-1]
42 지렛대를 사용할 때 유의사항으로 틀린 것은?

① 깨진 부분이나 마디 부분에 결함이 없어야 한다.
② 손잡이가 미끄러지지 않도록 조치를 취한다.
③ 화물의 치수나 중량에 적합한 것을 사용한다.
④ 파이프를 철제 대신 사용한다.

[09-1]
43 기계작업시의 일반적인 안전사항이 아닌 것은?

① 주유 시는 지정된 오일을 사용하며, 기계는 운전을 정지시킨다.
② 고장의 수리, 청소 및 조정시에는 동력을 끊고 다른 사람이 작동시키지 않도록 표시해 둔다.
③ 운전 중 기계로부터 이탈할 때는 운전을 정지시킨다.
④ 기계운전 중 정전이 발생되었을 때는 각종 모터의 스위치를 켜둔다.

[12-3, 08-1]
44 다음 중 분진의 발생을 방지하는데 특히 신경 써야 하는 작업은?

① 도장작업
② 타이어 교환작업
③ 기관 분해 조립작업
④ 냉각수 교환작업

[11-4]
45 도장작업장의 안전 수칙이 아닌 것은?

① 알맞은 방진, 방독면을 착용한다.
② 작업장 내에서 음식물 섭취를 금지한다.
③ 전기 기기는 수리를 필요로 할 경우 스위치를 꺼놓는다.
④ 희석제나 도료 등을 취급할 때는 면장갑을 꼭 착용한다.

> 희석제나 도료 등이 면장갑에 묻을 경우 쉽게 휘발되지 않아 장시간 노출 시 손에 매우 유해하므로 도장용 전용장갑이나 비닐장갑을 착용한다.

[12-4]
46 기계가공 작업 중 갑자기 정전이 되었을 때 조치 사항으로 틀린 것은?

① 전기가 들어오는 것을 알기 위해 스위치를 넣어둔다.
② 퓨즈를 점검한다.
③ 공작물과 공구를 떼어 놓는다.
④ 즉시 스위치를 끈다.

[04-3]
47 정비공장에 대한 안전 수칙이다. 틀린 것은?

① 전장 테스터 사용 시 정전이 되면 스위치를 ON에 놓아야 한다.
② 액슬 작업 시 잭과 스탠드로 고정해야 한다.
③ 엔진을 시동하고자 할 때 소화기를 비치해야 한다.
④ 적재 적소의 공구를 사용해야 한다.

[07-3]
48 자동차 정비공장에서 지켜야 할 안전수칙 중 틀린 것은?

① 지정된 흡연 장소 외에서는 흡연을 못하도록 할 것
② 경중을 막론하고 입은 부상은 응급치료를 받고 감독자에게 보고할 것
③ 모든 잭은 적재 제한별로 보관할 것
④ 공구나 부속품은 반드시 휘발유를 사용해서 세척하되 특정 장소에서 할 것

[10-1]
49 전동공구 및 전기기계의 안전 대책으로 잘못된 것은?

① 전기 기계류는 사용 장소와 환경에 적합한 형식을 사용하여야 한다.
② 운전, 보수 등을 위한 충분한 공간이 확보 되어야 한다.
③ 리드선은 기계고장이 있을 시 쉽게 끊어질 수 있어야 한다.
④ 조작부는 작업자의 위치에서 쉽게 조작이 가능한 위치여야 한다.

CHAPTER

06

최신 CBT 시험대비 모의고사

최신 CBT 모의고사 제1회

해설

▶ 실력테스트를 위해 문제 옆 해설란을 가리고 문제를 풀어보세요.

01 가솔린 엔진의 흡기다기관 누설 점검 시 사용하는 계측기는?

① 다이얼 게이지
② 진공 게이지
③ 텔레스코핑 게이지
④ 압축압력 게이지

02 ETACS 간헐와이퍼 제어의 입·출력 요소 중 입력요소에 해당하는 것은?

① 와이어 릴레이 및 인트 타이머(INTT)
② 인트(INT) 및 인트 타이머(INTT) 스위치
③ 인트(INT) 스위치 및 시동 스위치
④ 인트(INT) 스위치 및 라이트 스위치

03 기관 윤활회로의 유압이 규정값보다 상승하는 원인으로 옳지 않은 것은?

① 유압조절밸브의 스프링 장력이 규정값보다 크다.
② 오일펌프가 마멸되어 오일간극이 커졌다.
③ 기관의 온도가 낮아져 점도가 높아졌다.
④ 오일펌프 출력단 이후에 막힘이 있다.

04 배기장치의 차압센서에 대한 설명으로 틀린 것은?

① 배기 다기관에 부착한다.
② CPF 재생시기 판단을 위한 PM 포집량을 예측한다.
③ 필터 전후방 압력차를 검출한다.
④ 압력차를 검출하여 ECU로 전송한다.

05 전조등 회로의 구성부품이 아닌 것은?

① 전조등 릴레이
② 스테이터
③ 딤머 스위치
④ 라이트 스위치

06 가솔린 연료의 구비조건이 아닌 것은?

① 옥탄가가 높을 것
② 체적 및 무게가 크고, 발열량이 작을 것
③ 연소속도가 빠를 것
④ 온도에 관계없이 유동성이 좋을 것

이론 관련 50페이지

01 스로틀 바디와 흡기 다기관 연결 부분, 흡기 다기관과 실린더 헤드 사이 연결 부분의 진공 누설을 점검하기 위해서 진공 게이지를 서지탱크의 진공 구멍에 연결한다.

※ 압축압력 게이지 : 실린더 부위의 누설(실린더와 피스톤 사이의 누설, 밸브의 누설, 실린더 헤드의 누설 등)을 점검

02 간헐와이퍼를 작동하려면 시동 스위치가 ON상태에서, 다기능 스위치 모드가 인트 스위치 ON 상태이어야 한다.

이론 관련 150페이지

03 엔진 오일 유압이 낮아지는 원인
• 유압조절밸브의 스프링 장력이 약함(쇠손)
• 엔진 베어링의 오일 간극이 너무 **클** 때
• 점도가 낮아질 때
• 오일펌프 이전 라인 막힘

이론 관련 130페이지

04 차압센서는 디젤 산화 촉매장치(CPF)의 전후방에 장착하여 압력차를 검출하여 PM 포집량을 예측하여 재생시기를 판단한다.

이론 관련 332페이지

05 스테이터는 교류발전기의 구성부품이다.
※ 디머(dimmer) 스위치는 전조등의 빔을 '하이(hi)빔 ↔ 로(low)빔'으로 전환하는 스위치이다.

이론 관련 76페이지

06 체적 및 무게가 **작**고, 발열량이 **클** 것

정답

01 ② **02** ③ **03** ② **04** ① **05** ② **06** ②

07 등화장치의 일반적인 검사기준 및 방법에 대한 설명으로 틀린 것은?

① 타이어 공기압이 규정 압력인지 점검한다.
② 차량의 현가장치의 정상 여부를 점검한다.
③ 전조등 작동상태의 정상 여부를 점검한다.
④ 적차 상태에서 운전자 1인 탑승 후 점검한다.

08 LPG기관에서 감압, 기화 및 압력조절 역할을 하는 것은?

① 믹서
② 베이퍼라이저
③ 솔레노이드 유닛
④ 봄베

09 4기통 디젤엔진의 예열회로를 점검한 결과, 예열플러그 1개당 저항이 15Ω 이었다. 회로를 직렬연결이며, 12V일 때 회로에 흐르는 전류는?

① 0.2 A
② 2 A
③ 20 A
④ 5 A

10 점화장치에서 폐자로 점화코일에 흐르는 1차 전류를 차단했을 때 생기는 2차 전압은 약 얼마인가?

① 10000~15000 V
② 25000~30000 V
③ 300~400 V
④ 40000~50000 V

11 버튼 시동 시스템에서 단품 교환 후 키 등록이 필요없는 것은?

① 스마트 키
② 전원분배 모듈
③ 스마트 키 ECU
④ 실내 안테나

12 작업장의 화재분류로 옳은 것은?

① A급 화재 - 전기화재
② B급 화재 - 유류화재
③ C급 화재 - 금속화재
④ D급 화재 - 일반화재

13 가솔린 엔진의 흡기 다기관과 스로틀 밸브 사이의 위치한 서지탱크의 역할에 대한 설명으로 틀린 것은?

① 연소실에 균일한 공기 공급
② 배기가스 흐름 제어
③ 실린더 상호 간의 흡입공기 간섭 방지
④ 흡입공기 충진효율 증대

---

07 등화장치 검사 시 공차 상태에서 운전자 1인 탑승 후 점검한다.

이론 관련 110페이지
08 베이퍼라이저는 액체상태의 LPG 압력을 낮추어(감압) 액체상태를 기체상태로 변환시켜(기화) LPG 압력을 일정하게 조절하는 작용을 한다.

09 직렬합성저항 : $15 \times 4 = 60 \, \Omega$
오옴의 법칙 $I = \dfrac{E}{R} = \dfrac{12}{60} = 0.2 \, [A]$

이론 관련 310페이지
10 • 1차 전압 : 300~400 V
• 2차 전압 : 25,000~30,000 V

이론 관련 347~349페이지
11 스마트 키 ECU는 스마트 키(FOB 키)의 인증정보를 받아 시동을 허용한다. 스마트 키의 배터리가 방전될 경우 스마트 키를 FOB키 홀더에 꽂으면 전원분배모듈(PDM)에서 스마트 키의 인증정보를 받아 시동을 허용한다.

이론 관련 363페이지
12 • A급 화재 - 일반 화재 (목재, 종이, 천 등)
• B급 화재 - 기름 화재 (인화성 액체 등)
• C급 화재 - 전기 화재
• D급 화재 - 금속 화재 (마그네슘, 나트륨, 칼륨 등)

이론 관련 125페이지
13 서지탱크는 흡입계통에 해당하므로 배기가스 흐름과는 무관하다.

정답
07 ④ **08** ② **09** ① **10** ② **11** ④ **12** ②
13 ②

14 윤활유의 역할이 아닌 것은?

① 냉각 작용
② 팽창 작용
③ 방청 작용
④ 밀봉 작용

이론 관련 146페이지

14 윤활유의 역할
감마(마찰과 마멸 감소)작용, 냉각작용, 세척작용, 밀봉 작용(기밀작용), 방청작용, 충격완화 및 소음 방지 작용, 응력분산작용

15 조향핸들이 가벼워지는 원인으로 틀린 것은?

① 정(+)의 캐스터 과다
② 정(+)의 캠버 과다
③ 조향핸들의 유격 과다
④ 타이어 공기압 과다

이론 관련 217, 231페이지

15 ① 정의 캐스터는 바퀴를 앞으로 잡아당기는 효과가 있어 전진방향으로 안정되며 조향핸들에 가하는 힘을 제거하면 바퀴가 직진위치로 복귀하려는 복원력이 발생하며, 시미현상을 감소시킨다. 하지만 조향핸들이 무거워지고 노면의 충격에 의한 핸들 떨림이 커진다. → 캐스터 각이 작을수록 핸들조작이 가볍다.
② 정의 캠버일수록 가볍다.
③ 조향핸들의 유격이란 바퀴가 정지 상태를 유지한 채 핸들을 좌우로 움직일 때 핸들이 회전하는 거리를 말한다. 즉, 조향핸들 유격이 커질수록 그만큼 가볍게 돌아가는 범위(헛도는 범위)가 많다는 의미이다.
④ 공기압이 높으면 가벼워지고, 낮으면 무겁다.

16 고휘도 방전램프를 정비할 때 안전사항으로 틀린 것은?

① 전구가 장착되지 않은 상태에서 스위치를 작동하지 않는다.
② 일반 전조등 전구로 교환이 가능하다.
③ 전원 스위치를 OFF하고 작업한다.
④ 전구 홀더와 전구를 정확히 고정한다.

17 엔진의 출력을 일정하게 하였을 때 가속성능을 향상시키기 위한 것이 아닌 것은?

① 자동차의 총중량을 크게 한다.
② 여유구동력을 크게 한다.
③ 종감속비를 크게 한다.
④ 주행저항을 작게 한다.

17 가속성능(토크)의 향상 조건
• 여유 구동력을 크게 한다.
• 바퀴의 유효반경을 작게 한다.
• 종감속비를 크게 한다.
• 주행저항을 작게 한다.
• 자동차의 중량을 가볍게 한다.

18 수동변속기의 고장 유무를 점검하는 방법으로 거리가 먼 것은?

① 조작기구의 헐거움이 있는지 점검한다.
② 소음 발생과 기어의 물림이 빠지는지 점검한다.
③ 오일이 새는 곳이 없는지 점검한다.
④ 헬리컬 기어보다 측압을 많이 받는 스퍼기어는 측압와서 마모를 점검한다.

이론 관련 175페이지

이가 경사져 있음

18 헬리컬 기어는 스퍼 기어(평기어)에 비해 이가 축에 경사진 모양으로 이의 물림률이 크기 때문에 토크 전달이 크나 측압을 받는 특징이 있다.

19 점화플러그 불꽃시험 시 주의사항으로 옳은 것은?

① 배터리 (−) 단자 탈거 후 점검
② 크랭크 각 센서 탈거 후 점검
③ 고전압에 의한 감전 주의
④ 점화스위치 ACC 상태 유지

이론 관련 311페이지

19 점화플러그의 불꽃시험 시 점화스위치가 ON되어야 배터리 전원이 ECU, 점화코일에 공급되고, 점화에 필요한 크랭크각센서의 신호가 필요하다.

2차 코일에 2.5~3만 볼트의 전압이 발생되므로 감전에 주의해야 한다.

14 ② 15 ① 16 ② 17 ① 18 ④ 19 ③

20 폐자로 타입의 점화코일 1차 저항에 대한 점검 및 판정 내용으로 틀린 것은?

① 멀티 테스터기를 이용하여 점검한다.

② 규정값보다 낮은 경우 내부회로가 단락이다.

③ 무한대로 표시된 경우 관련 배선은 정상이다.

④ 테스터기를 저항 측정 위치로 설정한다.

이론 관련 317페이지

20 [NCS 학습모듈] 저항 측정 시 무한대(∞)로 표시되면 단선(끊어짐)을 의미한다.

※ 1차 코일의 저항은 0.8~1.0Ω일 때, 2차 코일은 12~12.5kΩ 일 때 정상이다. (실기에도 나오므로 방법 및 측정값을 숙지할 것)

---

21 자동차 및 자동차부품의 성능과 기준에 관한 규칙상 안개등의 등광색으로 옳은 것은?

① 황색 또는 적색

② 백색 또는 황색

③ 적색 또는 백색

④ 백색 또는 청색

---

21 [기출 응용] 안개등의 등광색은 백색 또는 황색이다.

---

22 휠 밸런스 점검 시 안전수칙으로 틀린 것은?

① 점검 후 테스터 스위치를 끄고 자연 정지시킨다.

② 타이어의 회전방향에서 점검한다.

③ 회전하는 휠에 손을 대지 않는다.

④ 적정 회전속도로 점검한다.

---

23 안전벨트 프리텐셔너의 설명으로 틀린 것은?

① 에어백 전개 후 탑승객의 구속력이 일정 시간 후 풀어주는 리미터 역할을 한다.

② 차량 충돌 시 신체의 구속력을 높여 안전성을 향상시킨다.

③ 자동차 후면 추돌 시 에어백을 빠르게 전개시킨 후 구속력을 증가시킨다.

④ 자동차 충돌 시 2차 상해를 예방하는 역할을 한다.

---

23 **벨트 프리텐셔너(pre-tensioner)**
충돌 시 반작용으로 인해 운전자가 앞으로 쏠릴 때 머리 손상을 최소화 하기 위해 느슨한 벨트를 당겨주는 동시에 운전자의 상체를 고정시켜(구속력 증가) 2차 상해를 예방하는 역할을 한다.
또한, 에어백이 터진 후에는 감았던 벨트를 다시 풀어 충격을 완화시키는 리미터(load limiter) 역할을 한다.

---

24 조향핸들이 1회전 하였을 때 피트먼암이 40° 움직였다. 조향기어비는?

① 9 : 1

② 0.9 : 1

③ 45 : 1

④ 4.5 : 1

이론 관련 229페이지

24 조향기어비 $= \dfrac{\text{조향핸들의 회전각도}}{\text{조향바퀴(피트먼 암)의 선회각도}}$

$= \dfrac{360}{40} = 9$

∴ 조향기어비 = 9 : 1

---

25 자동차의 교류발전기를 교환하고 시험하는 내용으로 틀린 것은?

① 시동 후 발전기의 출력 전류를 측정할 때는 모든 전기 부하를 ON해야 한다.

② 시동 후 발전기의 출력 전압은 배터리 전압으로 출력 전류는 50A 미만으로 출력되어야 한다.

③ 발전기의 팬벨트 장력을 규정값으로 조정한다.

④ 시동 후 발전기의 출력전압은 배터리 전압보다 높게 나와야 한다.

이론 관련 290페이지

25 시동 후 발전기의 출력전압은 약 13.8~14.7V로 배터리 전압보다 높아야 하며, 충전 전류 평균값은 정격용량의 80% 이상이어야 한다.

 정 답

20 ③ **21** ② **22** ② **23** ③ **24** ① **25** ②

26 탱크, 피스톤 및 피스톤 컵, 리턴 스프링 등으로 구성되며, 클러치 페달을 밟았을 때 푸시로드에 의하여 피스톤과 피스톤 컵이 밀려서 유압이 발생하는 장치는?

① 에어 부스터(air booster)

② 릴리스 포크(release fork)

③ 마스터 실린더(master cylinder)

④ 릴리스 실린더(release cylinder)

27 산소센서 고장으로 인해 발생되는 현상으로 옳은 것은?

① 가속력 향상

② 연비 향상

③ 유해 배출가스 증가

④ 변속 불능

28 충전회로 내에서 과충전을 방지하기 위해 사용하는 다이오드는?

① 포토 다이오드

② 발광 다이오드

③ 트랜지스터

④ 제너 다이오드

29 실린더의 안지름이 80mm이고, 행정이 84mm인 4 실린더 엔진의 총 배기량은?

① 약 1200 cc

② 약 1370 cc

③ 약 1688 cc

④ 약 1800 cc

30 스프링 상수가 4kgf/mm인 코일 스프링을 6cm 압축하는데 필요한 힘은?

① 240 kgf

② 24 kgf

③ 15 kgf

④ 0.067 kgf

31 윈드 실드 와이퍼 작동 시 와이퍼 블레이드의 떨림 현상과 닦임 불량 현상의 원인은?

① 와이퍼 모터의 단선

② 전면유리에 왁스 또는 기름이 묻음

③ 와이어 스위치의 불량

④ 와이퍼 모터 파킹스위치 접촉 불량

이론 관련 169페이지

26 · 마스터 실린더 : 탱크, 피스톤 및 피스톤 컵, 리턴 스프링, 푸시로드 등으로 구성되며, 클러치 페달을 밟으면 푸시로드에 의하여 피스톤과 피스톤 컵이 밀려서 유압이 발생한다. 이 유압은 릴리스 실린더로 전달된다.

· 릴리스 실린더 : 피스톤 및 피스톤 컵, 푸시로드 등으로 구성되어 있다. 마스터 실린더에서 발생한 유압이 릴리스 실린더에 전달되면 피스톤 컵과 피스톤이 움직여서 푸시로드를 밀며, 릴리스 포크를 작동시켜 클러치를 차단한다.

27 산소센서는 공연비를 보정하므로 고장 시 유해 배출가스가 증가한다.

이론 관련 262페이지

28 제너 다이오드는 역방향으로 일정값 이상의 전압이 가해졌을 때 전류가 흐르는 특성을 이용하여 넓은 전류범위에서 안정된 전압특성이 있어 정전압을 만들거나 과충전 방지 목적으로 사용된다.

$$\text{총 배기량} = \text{행정체적} \times \text{실린더 수}$$
$$\overset{\text{피스톤 단면적} \times \text{행정}}{\uparrow}$$

29 총 배기량 = 행정체적 × 실린더 수
$$= (0.785 \times 8^2 \times 8.4) \times 4 \fallingdotseq 1688\text{cm}^3 = 1688\text{cc}$$
※ 1cm³ = 1cc
※ 2012년 10월 기출

이론 관련 23페이지

30 $k = \dfrac{F}{\delta}$

· k : 스프링 상수[kgf/mm, N/mm]

· F : 스프링에 작용하는 힘[kgf, N]

· δ : 스프링의 변형량[mm]

$F = k \times \delta = 4\,[\text{kgf/mm}] \times 60\,[\text{mm}] = 240\,[\text{kgf}]$

31 전면유리에 왁스 또는 기름이 묻을 때 와이퍼 블레이드의 떨림 현상과 닦임 불량 현상이 일어난다.

정답

26 ③　27 ③　28 ④　29 ③　30 ①　31 ②

32 브레이크 계통에 공기가 혼입되었을 때 공기빼기 작업방법으로 틀린 것은?

① 공기 배출작업 중 에어브리더 플러그를 잠그기 전에 페달을 놓는다.

② 페달을 몇 번 밟고 브리더 플러그를 1/2~3/4 풀었다가 실린더 내압이 저하되기 전에 조인다.

③ 블리더 플러그에 비닐 호스를 끼우고 그 한 끝을 브레이크 오일통에 넣는다.

④ 마스터 실린더에 오일을 가득 넣은 후 반드시 공기배출을 해야 한다.

이론 관련 247페이지

32 페달을 밟은 상태에서 블리더 플러그를 잠근다.

33 조정 렌치의 사용 방법으로 틀린 것은?

① 볼트, 너트의 크기에 따라 조(jaw)의 크기를 조절하여 사용한다.

② 큰 볼트를 풀 때는 렌치 끝에 파이프를 끼워 강하게 돌린다.

③ 고정 조에 힘이 가해지도록 사용해야 한다.

④ 조정너트를 돌려 조(jaw)가 볼트에 꼭 끼이게 한다.

33 파이프 이탈로 인한 안전사고 방지를 위해 파이프를 끼워 사용하지 않는다.

34 유류 화재에 물을 직접 뿌려 소화하지 않는 이유는?

① 물과 화학적 반응을 일으키기 때문이다.

② 가연성 가스를 발생하기 때문이다.

③ 물이 열분해 하기 때문이다.

④ 연소면이 확대되기 때문이다.

34 물을 뿌리면 물의 증발로 급격히 팽창되며, 물의 비중보다 낮은 연료(또는 오일)가 위로 튀어올라 연소면이 확대된다.

35 점화플러그에 불꽃이 튀지 않는 이유로 가장 적합하지 않는 것은?

① 파워 TR 불량 ② 점화 코일 불량

③ TPS 불량 ④ ECU 불량

35 ①, ②, ④는 점화장치에 해당하며 이 부품의 불량시 점화가 되지 않으며, TPS(throttle position sensor)는 분사량 및 점화시기를 보정해주는 역할을 하며, 불꽃의 튀김과는 직접적인 관련이 없다.

※ 점화시기 결정 센서 : CAS(크랭크각센서)

※ TPS 불량 증상 : 노킹발생, 가속불량, 간헐적 출력부족 등

36 배기 파이프를 막아 기관 내부의 압력을 높이는 방법으로 제동 효과를 증대시키는 감속 제동장치는?

① 와전류 브레이크 ② 배기 브레이크

③ 2계통 브레이크 ④ 엔진 브레이크

36 배기 브레이크는 배기 파이프를 막아 배기가스가 실린더 내에 갇혀 저항을 발생시켜 엔진회전수를 저하시키는 일종의 보조 브레이크 역할을 한다.

37 동력조향장치 정비 시 안전 및 유의사항으로 틀린 것은?

① 자동차 하부에서 작업할 때는 시야확보를 위해 보안경을 벗는다.

② 제작사의 정비 지침서를 참고하여 점검·정비한다.

③ 공간이 좁으므로 다치지 않게 주의한다.

④ 각종 볼트 및 너트는 규정토크로 조인다.

 정답

32 ① **33** ② **34** ④ **35** ③ **36** ② **37** ①

chapter 06

38 다음 중 수온센서는 어떤 소자를 이용한 것인가?

① 홀소자
② 서미스터
③ 트랜지스터
④ 콘덴서

39 기동전동기에서 회전하는 부분은?

① 피니언 기어
② 계자 코일
③ 솔레노이드
④ 계철

40 4A로 연속 방전하여 방전종지전압에 이를 때까지 20시간 소요되었다면 이 축전지의 용량(Ah)은?

① 5
② 0.2
③ 60
④ 80

41 타이어 규격이 "230/60 R 18"일 때 단면의 높이(mm)는 얼마인가?

① 13.8mm
② 3.8mm
③ 12.8mm
④ 14.8mm

42 엔진오일의 유압이 규정값보다 높아지는 원인이 아닌 것은?

① 엔진 과냉
② 유압조절밸브 스프링의 장력이 과다
③ 오일량 부족
④ 윤활라인의 일부 또는 전부가 막힘

43 버튼엔진 시동시스템에 회로 점검 시 점검사항으로 틀린 것은?

① 시동릴레이
② 시동정지버튼과 FOB 홀더
③ 시동 퓨즈
④ 디포거 스위치

44 축전지의 취급 시 틀린 것은?

① 전해액량은 극판 위 10~13mm 정도 되도록 보충한다.
② 연속 대전류로 방전하는 것은 금지해야 한다.
③ 전해액을 만들어 사용시는 고무 또는 납그릇을 사용하되 황산에 증류수를 조금씩 첨가하면서 혼합한다.
④ 축전지의 단자부 및 케이스면은 그리스를 칠해 부식을 방지하고, 소다수로 세척한다.

---

37 기동전동기의 전기자축(회전부) 끝에 피니언 기어가 설치되어 있으며, 전기자축이 회전하면 피니언기어가 링기어와 맞물려 크랭크축을 회전시킨다.

38 축전지의 용량[Ah]
= 일정 방전전류(A)×방전 종지 전압까지의 연속 방전시간(H)
= 4×20 = 80

이론 관련 215페이지

39 호칭의 첫번째는 타이어 단면 폭을 나타내며,
두번째는 편평비(= $\dfrac{\text{단면 높이}}{\text{단면 폭}}$ ×100%)를 나타낸다.

$60 = \dfrac{x}{230} \times 100\% \rightarrow x = 13.8\text{mm}$

이론 관련 150페이지

40 ▶ 유압 상승 원인
• 엔진 과냉으로 인한 오일 점도가 높아짐
• 윤활라인 내의 일부가 막힘
• 오일 필터의 막힘
• 유압조절밸브 스프링의 장력이 과다

▶ 유압 하강 원인
• 크랭크축 베어링 마모로 인한 오일간극 커짐
• 오일펌프 마멸, 윤활라인 내 누설
• 오일량 부족
• 유압조절밸브 스프링의 장력 약함
• 낮은 점도, 오일에 휘발유 희석 등

41 디포거 스위치는 후면유리의 열선을 제어하는 것으로 시동시스템과는 무관하다.

42 [자동차검사기능사 기출] 전해액의 황산과 고무·납 등은 화학작용을 하므로 화학작용을 일으키지 않는 질그릇 등을 사용하며, 물(증류수)에 황산을 조금씩 부으며 혼합한다.
황산은 물과 반응하면 발열 및 폭발성이 있으므로 물이 황산과의 발열을 흡수할 수 있도록 물에 황산을 붓는다.

정답
38 ② **39** ① **40** ④ **41** ① **42** ③ **43** ④ **44** ③

45 변속기를 탈·부착하는 작업에서 변속기 잭 사용 시 주의사항으로 옳은 것은?

① 장비에서 떠나있는 시간이 길어지거나 사용하지 않을 때는 변속기를 상승 상태로 유지시킨다.

② 사용 또는 점검 중 이상 발견 시 고장이 발생할 때까지 사용한 후 수리한다.

③ 보다 원활한 작업을 위해 안전장치를 개조하여 기능을 개선시킨다.

④ 잭의 상승/하강은 부드럽게 하고 급강하 또는 급상승을 피한다.

46 라디에이터 코어 막힘율을 구하는 공식은?

① $\dfrac{\text{신품 용량} - \text{사용품 용량}}{\text{사용품 용량}} \times 100(\%)$

② $\dfrac{\text{사용품 용량} - \text{신품 용량}}{\text{사용품 용량}} \times 100(\%)$

③ $\dfrac{\text{신품 용량} - \text{사용품 용량}}{\text{신품 용량}} \times 100(\%)$

④ $\dfrac{\text{사용품 용량} - \text{신품 용량}}{\text{신품 용량}} \times 100(\%)$

46 라디에이터의 코어 막힘률

$= \dfrac{\text{신품 용량} - \text{구품 용량}}{\text{신품 용량}} \times 100(\%)$

47 삼원 촉매 컨버터 장착차량에서 2차 공기를 공급하는 목적은?

① NOx가 생성되지 않도록 한다.

② 공연비를 돕는다.

③ 배기매니폴드 내에 HC와 CO의 산화를 돕는다.

④ 배기가스의 순환을 돕는다.

이론 관련 128페이지

47 배기가스 내에는 산소가 부족하므로 촉매장치에 공기를 공급하여 산소와의 반응(산화작용)을 통해 유해가스가 CO_2, H_2O로 변환시킨다.

48 주행 중 브레이크를 밟았을 때 차가 떨리는 원인으로 옳은 것은?

① 패드 면에 그리스나 오일이 묻어 있음

② 브레이크 디스크의 변형

③ 브레이크 페달 리턴 스프링이 약함

④ 브레이크 계통에 공기가 유입

48 보기에서 차가 떨리는 원인은 브레이크 디스크의 변형이다.

① 미끄러져 제동이 잘 안된다.

③ 브레이크 과열의 원인

④ 제동이 지연(페달 유격이 커짐)

49 시동 전 연료장치의 육안 점검 방법으로 거리가 먼 것은?

① 연료 주입구 캡 잠김 여부

② 연료 라인 누유 상태, 체결 여부

③ 연료 수준 게이지 작동 여부

④ 연료 주입구 주변 부식 여부

49 연료 수준 게이지는 연료탱크 내부에 위치하므로 육안 점검이 어렵다.

45 ④ **46** ③ **47** ③ **48** ② **49** ③

50 다음 파형 분석에 대한 설명으로 틀린 것은?

CH1 10V : 1mS :

CH 1	
C_A	14.0
C_B	65.6
MAX	65.6
MIN	-0.40
AVG	0.40
%(-)	--
Hz	--

CH 2	
C_A	-----
C_B	-----
MAX	-----
MIN	-----
AVG	-----
%(-)	-----
Hz	-----

Trig:CH1

dT 2.76

선택

① ❶ : 배터리 공급 전압
② ❷ : 연료분사가 시작되는 시점
③ ❸ : 인젝터의 연료분사시간
④ ❹ : 폭발 연소구간의 전압

51 냉각장치에서 냉각팬을 교환하는 방법으로 틀린 것은?

① 냉각팬이 작동하지 않도록 배터리 (-) 터미널을 탈거한다.
② 냉각팬의 고정볼트를 풀고 냉각팬을 탈거한다.
③ 화상에 주의하며 냉각수를 배출시킨다.
④ 시동을 끄고 냉각팬의 작동이 멈출 때까지 기다린다.

52 랙-피니언형 동력조향장치 교환 시 작업요소가 아닌 것은?

① 타이로드 록-너트를 분리한다.
② 동력조향장치의 오일을 배출한다.
③ 교환 작업 완료 후 앞바퀴 얼라이먼트를 조정한다.
④ 신품 장착 후 유압라인 공기빼기 작업을 한다.

53 클러치 페달 교환 후 점검 및 작업 사항으로 옳은 것은?

① 클러치 오일 교환
② 릴리스 실린더 누유 점검
③ 클러치 페달 높이 및 유격 조정
④ 마스터 실린더 누유 점검

54 자동차 등화장치에서 12V 축전지에 30W의 전구를 사용하였다면 저항값은?

① 4.8 Ω　　　② 5.4 Ω
③ 6.3 Ω　　　④ 7.3 Ω

이론 관련 87페이지

50 ❹는 배터리 전원을 OFF시켰을 때 서지전압(피크전압)이다.

이론 관련 157페이지

51 구조상 냉각팬은 라디에이터 뒤에 위치하여 라디에이터를 냉각하므로 냉각팬 교환 시 냉각수를 배출할 필요가 없다.

이론 관련 229페이지

52 타이로드 록 너트는 타이로드 엔드가 회전하지 못하도록 lock시키는 역할을 한다. 만약 타이로드 엔드 분리 시 타이로드의 록너트를 살짝 풀어준 후 타이로드 엔드 몸체를 회전시켜 분리한다.
동력조향장치의 구성품을 교환할 때는 필수적으로 오일을 배출해야 하며, 신품 장착 후 오일을 공급하고 공기빼기 작업을 해야 한다.

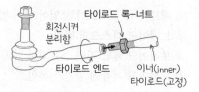

이론 관련 171페이지

53 클러치 페달 교환 후 클러치 페달 높이 및 유격을 조정해야 한다.

54 $P = E \times I = E \times \dfrac{E}{R} \rightarrow R = \dfrac{E^2}{P} = \dfrac{12^2}{30} = 4.8[\Omega]$

50 ④　**51** ③　**52** ①　**53** ③　**54** ①

55 자동차 계기판의 온도계는 어느 부분의 온도를 표시하는가?

① 라디에이터의 냉각수 온도

② 배기 매니폴드 부근의 냉각수 온도

③ 실린더 라이너 하단부의 냉각수 온도

④ 실린더 헤드 부위의 냉각수 온도

55 냉각수 온도는 실린더 헤드 쪽 재킷부의 수온센서에 의해 측정된다.

56 유압식 동력조향장치(power steering system)의 구성품이 아닌 것은?

① 구동 벨트　　② 조향 모터

③ 구동 풀리　　④ 오일 펌프

56 조향 모터는 전동식 동력조향장치의 구성품이다.

57 공랭식 냉각장치의 특징에 관한 설명으로 틀린 것은?

① 정상 온도에 도달하는 시간이 짧다.

② 구조가 간단하고, 마력 당 중량이 가볍다.

③ 기후 및 운전상태 등에 따라 기관의 온도 변화가 적다.

④ 냉각수 동결 및 누수에 대한 우려가 없다.

이론 관련 157페이지

57 공랭식은 기후, 운전상태에 따라 기관의 온도 변화가 크고, 냉각이 균일하지 못한 단점이 있다.

58 저위발열량이 10500kcal/kg의 경유를 사용하고 제동 열효율이 30%인 디젤기관의 연료소비율(g/PS-h)은 약 얼마인가?

① 210　　② 600

③ 620　　④ 200

이론 관련 29페이지

58 제동 열효율$(\eta_b) = \dfrac{632.3}{\text{저위발열량} \times \text{연료소비율}} \times 100\%$

$30\% = \dfrac{632.3[kcal/h]}{10,500[kcal/kgf] \times \text{연료소비율}[kgf/ps-h]} \times 100\%$

$\therefore$ 연료소비율 $= \dfrac{632.3}{10,500 \times 30} \times 100$

$\fallingdotseq 0.2 \, [kgf/ps-h]$

$\fallingdotseq 200 \, [gf/ps-h]$

59 기관의 회전수가 5500rpm이고 기관출력이 70PS이며 총감속비가 5.5일 때 뒤 액슬축의 회전수는?

① 800 rpm　　② 1000 rpm

③ 1200 rpm　　④ 1400 rpm

59 [12년 4회 기출]

구동축(액슬축) 회전수 $(v) = \dfrac{\text{엔진 회전수}}{\text{총 감속비}}$

$\therefore v = \dfrac{5500}{5.5} = 1000$

• 총감속비(전체 감속비)는 엔진의 회전수가 최종적으로 얼마나 감속되었나를 의미한다.

• 종감속비는 추진축의 회전수가 구동축으로 얼마나 감속되었나를 의미한다.

60 열 안전성이 우수하고 내산화성, 내수성이 좋으며, 사용온도 범위가 넓고 사용범위가 광범위하게 사용되는 그리스는?

① 리튬 비누 그리스

② 실리콘 그리스

③ 칼슘 비누 그리스

④ 광유 그리스

60 리튬 비누 그리스

내열성, 내수성, 기계적 안전성이 우수하여 광범위한 용도로 사용된다. 외관은 버터 모양이며, 사용온도범위는 -30℃~130℃이다.

정답

55 ④　**56** ②　**57** ③　**58** ④　**59** ②　**60** ①

chapter 06

최신 CBT 모의고사 제2회

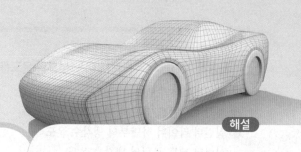

▶ 실력테스트를 위해 문제 옆 해설란을 가리고 문제를 풀어보세요.

01 퓨즈에 대한 설명으로 맞은 것은?

① 퓨즈는 정격전류가 흐르면 회로를 차단하는 역할을 한다.
② 퓨즈는 과대전류가 흐르면 회로를 차단하는 역할을 한다.
③ 퓨즈는 용량이 클수록 정격전류가 낮아진다.
④ 용량이 작은 퓨즈는 용량을 조정하여 사용한다.

02 흡기 다기관의 검사 항목으로 옳은 것은?

① 흡기 다기관의 변형과 균열 여부를 검사한다.
② 엔진 시동 후 흡기 다기관 주위에 엔진오일을 분사하여 엔진 rpm의 변화 여부를 확인한다.
③ 흡기 다기관의 압축상태를 점검한다.
④ 흡기 다기관과 밀착되는 헤드의 배기구 면을 확인한다.

03 전기장치의 배선 커넥터 분리 및 연결 시 잘못된 작업은?

① 배선을 분리할 때는 잠금장치를 누른 상태에서 커넥터를 분리한다.
② 배선 커넥터 섭속은 커넥터 부위를 잡고 커넥터를 끼운다.
③ 배선 커넥터는 '딸깍' 소리가 날 때까지는 확실히 접속시킨다.
④ 커넥터가 잘 빠지지 않으면 배선을 이용하여 흔들며 잡아당긴다.

04 기관부품을 점검 시 작업 방법으로 가장 적합한 것은?

① 기관을 가동과 동시에 부품의 이상 유무를 빠르게 판단한다.
② 부품을 정비할 때 점화스위치를 ON상태에서 축전지 케이블을 탈거한다.
③ 산소센서의 내부저항을 측정하지 않는다.
④ 출력전압은 쇼트 시킨 후 점검한다.

05 점화장치의 점화회로 점검사항으로 틀린 것은?

① 메인 및 서브 퓨저블 링크의 단선 유무
② 점화순서 및 고압 케이블의 접속 상태
③ 점화코일 쿨러의 냉각상태 점검
④ 배터리 충전상태 및 단자 케이블 접속 상태

이론 관련 331페이지

01 [12년 3회 기출] 퓨즈는 과전류가 흐르면 회로를 차단시켜 회로 또는 부품을 보호하는 역할을 한다.
※ 정격 전류 : 전장이 정상적으로 작동하고 있을 때 흐르는 전류량

02 흡기 다기관은 주로 변형, 균열, 진공누설을 검사한다.

03 배선을 당기면 배선이 커넥터와 분리될 수 있으므로 커넥터를 당겨야 한다.

이론 관련 129페이지

04 [기출 변형] **산소센서 측정 시 주의사항**
• 출력전압 측정 시 일반 아날로그 테스터로 측정하지 말 것
• 산소센서 내부저항을 절대 측정하지 말 것
• 전압 측정 시 오실로스코프나 전용 스캐너를 사용한다.
• 무연 가솔린을 사용한다.
• 출력전압을 단락시켜서는 안된다.

05 점화코일에는 쿨러가 필요없다.

 정답
01 ② **02** ① **03** ④ **04** ③ **05** ③

06 사이드 슬립 시험기 사용 시 주의할 사항으로 틀린 것은?

① 공차상태에서 운전자 1인이 탑승해야 한다.
② 시험기의 답판 및 타이어에 부착된 기름, 수분, 흙 등을 제거한다.
③ 시험기에 대해 직각방향으로 진입한다.
④ 답판 위에서 차속을 빠르면 브레이크를 사용하여 차속을 맞춘다.

07 타이로드의 길이를 조정하여 수정하는 바퀴정렬은?

① 토우　　　② 캠버
③ 킹핀 경사각　　　④ 캐스터

08 LPG 자동차 관리에 대한 주의사항으로 틀린 것은?

① LPG는 고압이고, 누설이 쉬우며 공기보다 무겁다.
② LPG는 온도상승에 의한 압력상승이 있기 때문에 용기는 직사광선 등을 피하는 곳에 설치하고 과열되지 않아야 한다.
③ 가스 충전 시 100% 충전시킨다.
④ 엔진룸이나 트렁크 내부 등을 점검할 때 라이터 등을 사용하지 않는다.

09 하이드로 플레이닝 현상의 방지법이 아닌 것은?

① 트레드의 마모가 적은 타이어를 사용한다.
② 카프형을 셰이빙 가공한 것을 사용한다.
③ 타이어의 공기압을 높인다.
④ 러그 패턴의 타이어를 사용한다.

10 타이어에서 호칭치수가 225-55R-16에서 '55'가 나타내는 것은?

① 단면 폭　　　② 편평비
③ 최대속도표시　　　④ 단면 높이

11 야간에 자동차 승차 시 문이 닫히자마자 실내가 천천히 어두워지도록 하는 것은?

① 테일 램프　　　② 감광식 룸 램프
③ 클러스터 램프　　　④ 도어 램프

12 조향핸들이 1회전할 때 피트먼 암은 36° 움직인다면 조향 기어비는?

① 1 : 1　　　② 5 : 1
③ 10 : 1　　　④ 36 : 1

이론 관련 248페이지
06 사이드슬립 시험기 답판 위에 진입할 경우 약 5km/h의 서행 조건이어야 한다.

이론 관련 217페이지
07 타이로드의 길이 조정은 토우(toe)를 조정한다.

08 법규상 가스 충전은 봄베(고압탱크)의 약 85%로 제한한다.

이론 관련 241페이지
09 [기출 변형] 하이드로플레이닝(수막) 현상을 방지하기 위해 ①~③ 외에 리브 패턴의 타이어를 사용하며, 저속운전을 한다.

10 타이어 규격
225-55R-16
타이어 내경 또는 림직경
레이디얼 타이어
편평비
타이어 폭

11 ① 테일 램프 : 미등 램프
③ 클러스터 램프 : 계기판 램프
感光 (느낄 감, 빛 광) : 빛에 감응한다는 의미

12 조향기어비 = 조향핸들의 회전각도 / 조향바퀴(피트먼 암)의 회전각도 = $\frac{360°}{36°}$ = 10

정답
06 ④　07 ①　08 ③　09 ④　10 ②　11 ②
12 ③

13 와이퍼 장치에서 간헐적으로 작동되지 않는 요인으로 거리가 먼 것은?

① 와이퍼 릴레이의 고장

② 와이어 블레이드 마모

③ 와이퍼 스위치 고장

④ 와이퍼 모터 배선 불량

14 축전지의 용량을 시험할 때 안전 및 주의사항으로 틀린 것은?

① 기름이 묻은 손으로 시험기를 조작하지 않는다.

② 부하시험에서 부하전류는 축전지 용량에 관계없이 일정하게 한다.

③ 부하시험에서 부하시간을 15초 이상 실시하지 않는다.

④ 축전지 전해액이 옷에 묻지 않도록 주의한다.

14 축전지의 용량시험 시 부하전류는 배터리 용량의 3배 이하, 부하시간은 15초 미만으로 한다.

15 12V의 전압에 20Ω의 저항을 연결하였을 때 몇 A의 전류가 흐르는가?

① 5A

② 0.6A

③ 10A

④ 1A

15 옴의 법칙$(I = \dfrac{E}{R})$에 의해, $I = \dfrac{12}{20} = 0.6[A]$

16 축전지를 과방전 상태로 오래 두면 사용할 수 없는 이유는?

① 황산이 증류수가 되기 때문이다.

② 극판이 산화납이 되기 때문이다.

③ 극판에 수소가 형성된다.

④ 극판이 영구 황산납이 되기 때문이다.

16 축전지를 과방전 상태로 오래 두면 축전지의 극판이 영구 황산납으로 변한다. - 설페이션

17 리머 가공을 설명한 것으로 옳은 것은?

① 드릴 구멍보다 먼저 작업한다.

② 드릴 가공보다 더 정밀도를 높은 가공면을 얻기 위한 가공법이다.

③ 드릴 구멍보다 더 작게 하는데 사용한다.

④ 축의 바깥지름을 가공할 때 사용한다.

17 리머(reamer) 작업은 드릴로 뚫은 구멍을 보다 정확한 칫수로 넓히거나 매끈하게 다듬으며 구멍을 넓히는 2차 가공이다.

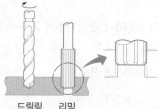

드릴링 리밍

18 다이오드 중 빛을 받으면 전기가 흐를 수 있는 것은?

① 발광 다이오드

② 제너 다이오드

③ 포토 다이오드

④ 실리콘 다이오드

18 • 발광 다이오드 : 순방향으로 전류를 흐르게 하였을 때 빛이 발생되는 다이오드

• 포토 다이오드 : 빛을 받으면 빛에 의해 전자가 궤도에서 이탈하여 자유전자가 되어 역방향으로 전류가 흐름

• 제너 다이오드 : 어떤 기준 전압(브레이크 다운 전압) 이상이 되면 역방향으로 전류가 흐르게 하며 정전압 회로 및 과충전 방지에 사용

 정답

13 ② **14** ② **15** ② **16** ④ **17** ② **18** ③

19 자동차검사기준 및 방법에서 등화장치 검사기준에 대한 설명으로 틀린 것은?

① 변환빔의 진폭은 10미터 위치에서 기준수치 이내일 것

② 변환빔의 광도는 3천 칸델라 이상일 것

③ 컷오프선의 꺽임각이 있을 경우 꺽임각의 연장선은 우측 하향일 것

④ 어린이운송용 승합자동차에 설치된 표시등이 안전기준에 적합할 것

19 ① 변환빔의 진폭은 10미터 위치에서 기준수치 이내일 것
② 변환빔 : 3천칸델라이상 4만 5천칸델라 이하 일 것
③ 컷오프선의 꺽임각이 있을 경우 꺽임각의 연장선은 우측으로 15° 상향일 것

20 화상으로 수포가 발생했을 때 응급조치로 가장 적절한 것은?

① 수포를 터뜨리지 않고, 소독가제로 덮어준 후 의사에게 진료한다.

② 화상 연고를 바르고 수포를 터뜨려 치료한다.

③ 수포를 터뜨린 후 병원으로 후송한다.

④ 응급조치로 찬물에 식혀준 후 수포를 터뜨린다.

20 수포를 터뜨리면 2차 감염으로 인한 염증 및 흉터의 원인이 될 수 있다.

이론 관련 127페이지

21 가솔린 엔진의 혼합비와 배기가스 배출 특성의 관계 그래프에서 (가), (나), (다)에 알맞은 유해가스를 순서대로 나타낸 것은?

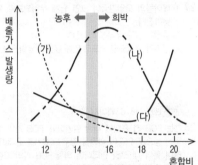

① HC, CO, NOx

② CO, HC, NOx

③ HC, NOx, CO

④ CO, NOx, HC

21 혼합비와 배기가스 배출 특성 이해하기 (암기: 일질탄)
먼저 이론공연비 부근에서 가장 발생하는 것은 NOx(나)이므로 정답은 ③, ④ 중 하나이다. CO(일산화탄소)는 공기가 희박할 때(농후혼합비) 발생한다. HC(탄화수소)는 과농후하거나 희박혼합비에서 실화(미연소)로 인해 발생한다.

상식적 접근) 연탄가스 사망사고, 겨울철 캠핑장 텐트에서의 사망사고는 일산화탄소 중독에 의한 것으로 주로 산소가 부족해 발생된다. 즉, 혼합비가 농후할 때 배출량이 많다.

22 브레이크 드럼의 지름이 600mm, 브레이크 드럼에 작용하는 힘이 180kgf인 경우 드럼에 작용하는 토크(kgf·cm)는? (단, 마찰계수는 0.15이다.)

① 405

② 810

③ 4050

④ 8100

22 제동 토크 = (마찰계수)×힘×반지름
= 0.15×30cm×180kgf
= 810 kgf·cm

23 가솔린 차량의 배출가스 중 NOx의 배출을 감소시키기 위한 방법으로 적당한 것은?

① EGR 장치 채택

② 캐니스터 설치

③ 간접연료 분사방식 채택

④ DPF 시스템 채택

23 ① NOx 감소
② 증발가스(HC) 감소
③ 인젝터의 위치가 연소실 밖 흡기다기관에 위치
④ PM 감소

24 연삭작업 시 안전사항이 아닌 것은?

① 숫돌과 받침대 간격을 가급적 멀리 유지한다.

② 보안경을 착용해야 한다.

③ 연삭하기 전에 공전상태를 확인 후 작업해야 한다.

④ 숫돌 차의 회전속도는 규정 이상을 넘어서는 안 된다.

24 연삭작업 시 숫돌과 연삭대의 간격이 3mm 이하가 되도록 한다.

 정답

19 ③ 20 ① 21 ④ 22 ② 23 ① 24 ①

25 엔진오일 팬의 장착에 대한 설명으로 틀린 것은? □□□

① 엔진오일 팬을 재사용하는 경우 조립 전 실런트와 이물질, 그리고 엔진오일 등을 깨끗하게 제거한다.

② 교환할 신품 엔진오일 팬과 구품 엔진오일 팬이 동일한 제품인지 확인한 후 신품 엔진 오일 팬을 조립한다.

③ 오일 팬을 장착하고 오일 팬 장착 볼트는 여러 차례에 걸쳐 균일하게 체결한다.

④ 오일 팬에 실런트를 4.0~5.0mm 도포하여 실런트가 충분히 경화된 후 조립한다.

26 자동차의 주행속도를 감지하는 센서는? □□□

① TDC 센서

② 크랭크각 센서

③ 차속센서

④ 흡기량 센서

27 엔진오일 유압이 낮아지는 원인과 거리가 먼 것은? □□□

① 베어링의 오일간극이 크다.

② 유압조절밸브의 스프링 장력이 크다.

③ 오일팬 내의 윤활유 양이 작다.

④ 윤활유 공급 라인에 공기가 유입되었다.

28 버튼 엔진 시동 시스템 전체의 마스터 역할을 수행하는 스마트 키 유닛의 기능이 이닌 것은? □□□

① 이모빌라이저 통신

② 스마트 키의 인증 실패 시 트랜스폰더와 통신하여 키 정보 확인

③ 인증 기능(트랜스폰더 효력 및 FOB 인증)

④ 시스템 진단

29 점화스위치에서 점화코일, 계기판, 컨트롤 릴레이 등의 시동과 관련된 전원을 공급하는 단자는? □□□

① ST

② IG1

③ IG2

④ ACC

30 가속할 때 일시적인 가속 지연 현상을 나타내는 용어는? □□□

① 스톨링(stalling)

② 스텀블(stumble)

③ 서징(sursing)

④ 헤지테이션(hesitation)

---

25 오일 팬에 실런트를 4.0~5.0mm 도포한 후 굳기 전 5분 이내에 조립한다.

※ 실런트 : 액상상태의 접착제로 기밀(밀봉)을 요하는 부위에 사용한다.

26 차속센서(VSS, Vehicle Speed Sensor)는 자동차의 속도를 검출하여 엔진제어장치나 변속기제어장치, 전자현가장치, 전자제동장치 등의 제어 입력요소로 이용한다.

이론 관련 150페이지

27 ① 베어링의 오일간극이 크면 쉽게 누설되므로 유압이 낮아진다.
③ 윤활유 양은 유압에 비례한다.
④ 공기가 유입되면 기포로 인해 유압이 낮아진다.

이론 관련 46, 65페이지

28 ②는 FOB 키 홀더에 대한 설명이다. FOB 키의 배터리 방전 등으로 인증이 어려울 경우 FOB키를 홀더에 삽입하여 홀더 내 코일 안테나에 의해 FOB 키의 트랜스폰더에 전원을 공급(무선 충전 원리)하여 키 정보를 확인할 수 있다.
참고) 최근에는 FOB키 홀더가 없고 대신 시동 버튼 내부에 코일 안테나가 있어 그 역할을 대신함

29 • IGN1 : 시동에 필요한 점화코일, 계기판, 컴퓨터, 컨트롤 릴레이 등에 전원 공급
• IGN**2** : 시동에 **불**필요한 와이퍼, 에어컨, 히터, 열선, 블로어모터 등 (→ 'ST'에서 기동전동기가 작동할 동안 전원을 차단시켜 시동을 원활하게 하기 위해)

30 • 스텀블 : 가·감속 시에 엔진의 순간적인 출력저하와 회전상태가 고르지 못한 현상
• 스톨링 : 주행 중 엔진이 멈추는 현상
• 헤지테이션 : '망설임, 머뭇거림'의 의미로, 스로틀 밸브의 개도를 높여도 순간적으로 가속이 지연되는 현상

 정답

25 ④ **26** ③ **27** ② **28** ④ **29** ② **30** ④

31 클러치 페달 유격 및 디스크에 대한 설명으로 틀린 것은?

① 페달 유격이 작으면 클러치가 미끄러진다.
② 페달의 리턴 스프링이 약하면 동력차단이 불량하게 된다.
③ 클러치 판에 오일이 묻으면 미끄럼의 원인이 된다.
④ 페달 유격이 크면 클러치 끊김이 나빠진다.

이론 관련 172, 179페이지

31 페달의 리턴 스프링은 페달을 놓았을 때 신속하게 원위치로 복귀시키며, 장력이 약하면 복귀가 잘 되지 않으므로 클러치의 동력전달이 불량해진다.

32 윤활유의 구비조건으로 틀린 것은?

① 인화점과 발화점이 높을 것
② 점도가 적당할 것
③ 열과 산에 대해 안정성이 있을 것
④ 응고점이 높을 것

이론 관련 146페이지

32 응고점이 높으면 높은 온도에서도 쉽게 응고된다는 의미이므로 응고점이 **낮**아야 한다.

33 수냉식 냉각장치의 특징이 아닌 것은?

① 실린더 주위를 균일하게 냉각시켜 공랭식보다 냉각효과가 좋다.
② 공랭식보다 보수·취급이 복잡하다.
③ 실린더 주위를 저온으로 유지시키므로 공랭식보다 체적효율이 좋다.
④ 공랭식보다 소음이 크다.

이론 관련 157페이지

33 실린더 주변의 워터재킷이 방음효과가 있어 소음이 적다.

34 흡기 다기관 교환 시 함께 교환하는 부품으로 옳은 것은?

① 흡기 다기관 고정 볼트
② 흡기 다기관 개스킷
③ 에어클리너
④ 엔진오일

34 누설을 방지(기밀)하는 개스킷(gasket)·실(seal)은 정비·교환 시 신품으로 교체한다.

35 [보기]의 조건에서 밸브 오버랩 각도는?

【보기】

흡입밸브 열림 : BTDC 18°
흡입밸브 닫힘 : ABDC 46°
배기밸브 열림 : BBDC 54°
배기밸브 닫힘 : ATDC 10°

① 8°　　　　　② 28°
③ 44°　　　　　④ 64°

이론 관련 46, 65페이지

35 밸브 오버랩은 TDC(상사점)을 기준으로 흡기 밸브의 열림 각도(BTDC)과 배기밸브의 닫힘 각도(ATDC)를 합한 각도를 말한다.
= 18 + 10 = 28°
※ 즉, 오버랩은 TDC 전·후(**B**efore·**A**fter)의 각도를 더한 값이다.

36 부동액 교환 작업에 대한 설명으로 옳은 것은?

① 보조탱크의 FULL까지 부동액 보충
② 여름철 온도를 기준으로 물과 원액을 혼합하여 부동액을 희석
③ 냉각계통 냉각수를 완전히 배출시키고 세척제로 냉각장치 세척
④ 부동액이 완전히 채워지기 전까지 엔진을 구동하여 냉각팬이 가동되는지 확인

36 ① 보조 탱크의 'FULL-LOW' 사이까지 보충한다.
　② 부동액은 얼지 않기 위한 것이므로 겨울철 온도를 기준으로 물과 원액을 혼합하여 부동액을 희석시켜 주어야 한다.
　④ 엔진 구동 전에 부동액을 완전하게 채워야 한다.

정답

31 ②　**32** ④　**33** ④　**34** ②　**35** ②　**36** ③

37 폐자로 타입 점화코일 2차 저항을 측정하는 방법으로 옳은 것은?

① 적색 리드선은 (−)단자에 접촉한다.

② 흑색 리드선은 점화코일의 고압 단자에 접촉한다.

③ 멀티테스트기의 셀렉터를 A로 선택한다.

④ 멀티테스트기의 셀렉터를 KΩ으로 선택한다.

38 지시마력이 50PS이고, 제동마력이 40PS일 때 기계효율(%)은?

① 75 ② 80

③ 85 ④ 90

39 실린더 헤드를 분리할 때 올바른 방법은?

① 바깥쪽에서 안쪽으로 향하여 대각선 방향으로 푼다.

② 시계방향으로 차례대로 푼다.

③ 반드시 토크렌치를 사용한다.

④ 반시계방향으로 차례대로 푼다.

40 바디전장시스템의 모듈에서 스위치를 감지하기 위한 5V 풀업(Pull-Up) 방식에 대한 설명으로 옳은 것은?

① 스위치 OFF 시 2.5 V이다.

② 스위치 OFF 시 5 V이다.

③ 스위치 ON 시 2.5 V이다.

④ 스위치 ON 시 5 V이다.

41 전원이동 불가 현상 발생으로 버튼 시동시스템을 진단장비로 점검 시 내용으로 틀린 것은?

① 시리얼 통신라인 체크

② 실내 및 외부 안테나 구동 검사

③ 스마트키(FOB) 작동상태

④ 스타터 모터 상태 점검

42 기관에서 화재가 발생했을 때 조치방법으로 가장 적절한 것은?

① 점화원을 차단한 후 소화기를 사용한다.

② 기관을 가속하여 냉각팬을 이용하여 끈다.

③ 물을 붓는다.

④ 자연적으로 모두 연소될 때까지 기다린다.

---

37 [NCS 학습모듈] 점화 코일 2차 저항 점검

폐자로 타입, DIS 타입 : 적색 테스터 리드선을 점화코일의 중심 단자(고압 단자)에, 흑색 테스터 리드선을 점화코일의 (−)단자 선에 접촉

※ 멀티테스트기의 셀렉터 선택
- 점화코일 1차 저항 측정 시 : Ω
- 점화코일 2차 저항 측정 시 : kΩ

38 기계효율 $= \dfrac{\text{제동마력}(BHP)}{\text{지시마력}(IHP)} \times 100(\%)$

$= \dfrac{40}{50} \times 100 = 80(\%)$

39 • 헤드 볼트 풀 때 : 바깥쪽 → 안쪽
• 헤드 볼트 체결할 때 : 안쪽 → 바깥쪽

40 [난이도 상] 풀업 방식

스위치 OFF 상태일 때는 모듈(ECU)에 전압(5V)이 인가되며, 스위치가 ON 일 때 전압이 떨어져 1에서 0으로 바뀐다.

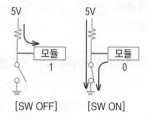

[SW OFF]   [SW ON]

41 '전원 이동'이란 시동버튼을 누를 때 시동에 필요한 ESCL 록 해제 및 스타터 모터, 연료펌프, 점화장치에 전원을 인가하는 것을 말한다. 이 때 필요한 요소는 FOB키의 인증 정보, 스마트키 유닛, PDM(전원분배모듈), 시리얼 통신라인, 엔진 ECU 등과 관련이 있다.

※ 실내외 안테나의 구동은 도어개폐 및 이모빌라이저 시스템에 필요하다.

 정답

37 ④ **38** ② **39** ① **40** ② **41** ② **42** ①

43 자동차의 연료탱크 및 주입구, 가스 배출구에 대한 기준으로 틀린 것은? (단, 자동차 및 자동차부품의 성능과 기준에 관한 규칙에 의한다)

① 연료장치는 자동차의 움직임에 의하여 연료가 새지 아니하는 구조일 것

② 배기관의 끝으로부터 30cm 이상 떨어져 있을 것(연료탱크를 제외함)

③ 차실 안에 설치하지 아니하여야 하며, 연료탱크는 차실과 벽 또는 보호판 등으로 격리되는 구조일 것

④ 노출된 전기단자 및 전기개폐기로부터 10cm 이상 떨어져 있을 것(연료탱크를 제외함)

43 노출된 전기단자 및 전기개폐기로부터 **20**cm 이상 떨어져 있을 것 (연료탱크를 제외함)

44 이모빌라이저 장치에서 엔진 시동 제어 장치가 아닌 것은?

① 충전장치

② 시동장치

③ 점화장치

④ 연료장치

이론 관련 347페이지

44 이모빌라이저 장치 제어
시동장치, 연료장치, 점화장치

45 앞 산소센서 고장 진단 점검·수리 방법으로 틀린 것은?

① 자기진단 커넥터에 스캐너를 연결한다.

② 자기진단 모드에서 고장 코드를 확인한다.

③ 점화 스위치를 off한다.

④ 고장 진단 결과 과거 고장이 2회 이상인 경우 센서 데이터, 배선 및 커넥터, 산소센서 및 PCM을 점검·진단·수리한다.

45 [NCS 학습모듈] 앞 산소센서의 점검·수리

• 자기진단 커넥터에 스캐너를 연결한다.
• 점화 스위치를 ON한다.
• 자기진단 모드에서 고장 코드를 확인한다.
• 고장 유형을 확인한다.
• 고장 진단 결과 과거 고장이 2회 이상인 경우 센서 데이터, 배선 및 커넥터, 산소센서 및 PCM을 점검·진단·수리한다.

이론 관련 188페이지

46 드라이브 샤프트(등속조인트) 고무부트 교환 시 필요한 공구가 아닌 것은?

① 육각 렌치

② 스냅링 플라이어

③ 부트 클립 플라이어

④ (−) 드라이버

46 [NCS 학습모듈] 고무부트 교환 시 필요 공구

(−) 드라이버, 스냅링 플라이어, 부트 클립 플라이어(부트 밴드 플라이어)

※ 구조상 볼트로 조이는 부분이 없으므로 육각렌치는 사용할 필요가 없다. 실기에 관한 것으로 부트 클립 플라이어 대신 롱로즈 플라이어 등을 사용하기도 한다. 이 문제는 실기 내용까지 알아야 하므로 암기만 해둔다.

47 유압식 제동장치의 작동상태 점검 시 누유가 의심되는 경우 점검 위치로 틀린 것은?

① 모든 브레이크 파이프와 파이프의 연결상태

② 마스터실린더 리저버 탱크 내에 설치된 리드 스위치

③ 브레이크 캘리퍼 또는 휠 실린더

④ 마스터 실린더의 브레이크 파이프 피팅부

47 [응용] 마스터 실린더 리저버 탱크에는 오일의 잔존량을 감지할 수 있도록 한 감지스위치(리드 스위치)가 있어 오일 부족 시 운전자에게 전기적 신호로 경고표시한다.

 정답

43 ④ **44** ① **45** ③ **46** ① **47** ②

48 LPG 기관에서 LPG 최고 충전량은 봄베 체적의 약 몇 %인가?

① 70% ② 75%

③ 85% ④ 90%

48 법규상 봄베의 최고 충전량은 봄베 체적의 85%로 제한한다.

---

49 엔진 정비 작업 시 발전기 구동벨트를 발전기 풀리에 걸 때는 어떤 상태에서 거는 것이 좋은가?

① 엔진 정지 상태에서 ② 천천히 크랭킹 상태에서

③ 엔진 아이들 상태에서 ④ 엔진을 서서히 가속하면서

49 정비 기초로 대부분의 정비 시 엔진 정지상태에서 작업한다.

---

50 냉각수 규정용량이 15L인 라디에이터에 냉각수를 주입하였더니 12L가 주입되어 가득찼다면 이 경우 라디에이터 코어 막힘률은?

① 20% ② 25%

③ 30% ④ 45%

50 [11-3 기출] 라디에이터의 코어 막힘률

$$= \frac{\text{신품 용량} - \text{구품 용량}}{\text{신품 용량}} \times 100(\%)$$

$$= \frac{15-12}{15} \times 100\% = 20\%$$

---

51 동력조향장치의 유압계통 점검사항으로 틀린 것은?

① 캠 링과 프런트 사이드 플레이트의 긁힘

② 펌프축과 풀리의 균열 또는 변형

③ 유량제어 밸브의 상태

④ 베인의 확실한 고정 상태

이론 관련 229페이지

51 동력조향장치의 유압펌프 타입으로 베인 펌프가 주로 사용된다. 로터에 삽입된 베인이 회전에 의한 원심력으로 바깥쪽으로 밀려 캠링에 밀착되어야 하므로 고정되면 안된다.

※ 이 문제는 베인펌프의 구조 및 작동원리를 알아야 함

---

52 종감속기어에 사용되는 하이포이드 기어의 구동 피니언은 일반적으로 링기어 지름 중 약 몇 % 정도 편심되어있는가?

① 5~10% ② 10~20%

③ 20~30% ④ 30~40%

이론 관련 87페이지

52 하이포이드기어는 스파이럴 베벨 기어의 일종으로서, 종감속기어로 이용되며 링기어의 회전 중심선과 이것에 맞물린 구동 피니언의 회전 중심선을 링기어 지름의 ❿~➋⓿% 정도 오프셋시켜 추진축이나 차실의 바닥을 낮출 수 있도록 한 것이다.

---

53 유효반지름이 0.6m인 바퀴가 500rpm으로 회전할 때 차량의 속도(km/h)는?

① 56 ② 95

③ 113 ④ 123

이론 관련 191페이지

53 차량 속도 = 바퀴의 속도를 말하며, 이는 바퀴의 둘레의 회전속도를 말한다.

바퀴의 **속**도 = 바퀴의 **둘**레 × **회**전수

= (π × 지름) × 회전수

= 3.14 × 1.2[m] × 500[/min] = 1884[m/min]

$$= 1884 \times \frac{60}{1000} ≒ 113[km/h]$$

※ 60 : 분→시간으로, 1000 : m→km으로 변경하기 위해

---

54 기동 전동기의 종류에서 계자 코일과 전기자 코일이 직렬로 접속되어 있으며, 큰 회전력(torque)을 얻을 수 있으나 부하의 변화에 따라 회전속도의 변화가 큰 것은?

① 직권 전동기 ② 분권 전동기

③ 복권 전동기 ④ 동기 전동기

54 지문은 직권 전동기에 대한 설명이다.

정답

48 ③ **49** ① **50** ① **51** ④ **52** ② **53** ③
54 ①

55 현가장치가 갖추어야 할 기능이 아닌 것은?

① 주행 안정성이 있어야 한다.
② 승차감 향상을 위해 상하 움직임에 적당한 유연성이 있어야 한다.
③ 원심력이 발생되지 않아야 한다.
④ 구동력 및 제동력 발생 시 적당한 강성이 있어야 한다.

55 선회 시 원심력은 발생될 수 밖에 없으며, 원심력에 대한 저항이 있어야 한다.

56 전자제어 점화장치에서 점화시기를 제어하는 순서는?

① 각종 센서 → ECU → 파워 트랜지스터 → 점화코일
② 각종 센서 → ECU → 점화코일 → 파워 트랜지스터
③ 파워 트랜지스터 → 점화코일 → ECU → 각종 센서
④ 파워 트랜지스터 → ECU → 각종 센서 → 점화 코일

이론 관련 311페이지
56 크랭크각 센서의 신호 및 각종 센서 신호가 ECU로 입력되면 ECU는 이를 연산하여 최적의 점화시기에 파워TR을 작동시켜 점화코일에서 고전압을 유기시킨다.

57 전자제어 연료장치에서 기관이 정지된 후 연료압력이 급격히 저하되는 원인으로 옳은 것은?

① 연료의 리턴 파이프가 막혔을 때
② 연료 필터가 막혔을 때
③ 연료펌프의 체크밸브가 불량할 때
④ 연료펌프의 릴리프밸브가 불량할 때

57 체크밸브는 엔진 정지 후 연료의 잔압을 유지시키므로 만약 열린 상태에서 엔진이 정지되면 잔압이 없으므로 정지 후 연료압력이 저하된다.

58 엔진 냉각장치의 누설 점검 시 누설 부위로 틀린 것은?

① 워터펌프 개스킷의 누설
② 라디에이터의 누설
③ 수온조절기 개스킷의 누설
④ 프런트 케이스의 누설

58 [NCS 학습모듈-윤활장치정비, 37페이지] 프런트 케이스에는 오일펌프가 설치되어 있으며 조립 시 실런트(액상 개스킷)을 도포하는데 장시간 과열 등으로 불량 시 엔진오일이 누설될 수 있다.

59 자동차 발진 시 마찰클러치의 떨림 현상으로 적합한 것은?

① 주축의 스플라인에서 디스크가 축방향으로 이동이 자유롭지 못할 때
② 클러치 유격이 너무 클 경우
③ 디스크 페이싱 마모가 균일하지 못할 때
④ 디스크 페이싱의 오염 및 유지(오일 또는 그리스) 부착

59 클러치의 떨림 원인
• 디스크 페이싱의 마모가 불균일한 경우
• 페이싱에 유지가 부착되어 있거나, 비틀림 코일스프링이 절손되었거나, 디스크가 휘었을 경우
• 클러치 설치상태에서 릴리스레버(또는 다이어프램)의 높이가 불균일할 경우
• 릴리스-베어링의 파손 또는 접촉면이 경사되어 있을 경우

60 유압식 제동장치에서 제동력이 떨어지는 원인으로 가장 거리가 먼 것은?

① 브레이크 오일 압력의 누설
② 패드 및 라이닝에 이물질 부착
③ 유압장치에 공기 유입
④ 기관 출력 저하

60 제동력과 기관 출력과는 무관하다.

 정 답

55 ③ 56 ① 57 ③ 58 ④ 59 ③ 60 ④

chapter 06

최신 CBT 모의고사 제3회

해설

▶ 실력테스트를 위해 문제 옆 해설란을 가리고 문제를 풀어보세요.

01 사이드 슬립 측정 전 준비사항으로 틀린 것은?

① 타이어의 공기압력이 규정압력인지 확인한다.

② 바퀴를 잭으로 들고 위아래를 흔들어 허브 유격을 확인한다.

③ 보닛을 위아래로 눌러 ABS 시스템을 확인한다.

④ 바퀴를 잭으로 들고 좌우로 흔들어 엔드볼 및 링키지를 확인한다.

이론 관련 373페이지

01 사이드 슬립 측정 전 준비 사항
- 타이어 공기 압력(28∼32 psi)을 확인하다.
- 위·아래로 흔들어 허브 유격을 확인하다.
- 좌·우로 흔들어 엔드 볼 및 링키지 확인한다.
- 보닛을 위·아래로 눌러보아 현가 스프링의 피로를 점검한다

---

02 폐자로 타입의 점화코일 1차 저항에 대한 점검 및 판정 내용으로 틀린 것은?

① 무한대로 표시된 경우 관련 배선이 정상이다.

② 규정값보다 낮은 경우 내부회로가 단락이다.

③ 저항 측정위치로 테스터기를 설정한다.

④ 멀티테스터기를 이용하여 점검한다.

---

02 저항 측정 시 무한대로 표시되면 단선(끊어짐)을 의미한다.

---

03 종감속장치(베벨기어식)에서 구동피니언과 링기어의 접촉상태에 대한 종류가 아닌 것은?

① 토(toe) 접촉

② 힐 접촉

③ 페이스 접촉

④ 캐스터 접촉

이론 관련 194페이지

03 구동피니언과 링기어의 접촉 상태 종류
정상 접촉, 힐(Heel) 접촉, 토(Toe) 접촉, 페이스 접촉, 플랭크 접촉

---

04 운전석 메모리 시트 시스템(IMS)의 출력 요소가 아닌 것은?

① 슬라이드 전·후진 스위치

② 프런트 하이트 모터

③ 리클라이 모터

④ 슬라이드 모터

---

04 스위치는 입력 요소이다.
②∼④는 전동시트의 모터 종류이다.

※ **IMS의 출력요소**
- 리클라이 모터 : 등받이 조절
- 프런트 하이트 모터 : 시트 앞부분 높이 조절
- 리어 하이트 모터 : 시트 뒷부분 높이 조절
- 슬라이드 모터 : 시트 전·후 이동

---

05 납산축전기의 비중이 1.280일 때 축전지 상태는?

① 50% 방전되어 있다.

② 70% 방전되어 있다.

③ 완전 방전되어 있다.

④ 완전 충전되어 있다.

---

05 비중이 1.280일 때 완전 충전 시 정상비중값이다.

 정답 ▶

01 ③ **02** ① **03** ④ **04** ① **05** ④

06 수동변속기가 장착된 차량에서 기어변속 시 기어가 빠지는 경우가 아닌 것은?

① 포핏 스프링이 불량한 경우

② 부적절한 윤활유를 주입한 경우

③ 싱크로나이저 슬리브가 과다 마모된 경우

④ 기어의 엔드플레이가 과도한 경우

07 수동변속기 동력전달장치에서 클러치 디스크에 대한 설명으로 틀린 것은?

① 토션 스프링은 클러치 접촉 시 회전충격을 흡수한다.

② 온도변화에 대한 마찰계수의 변화가 커야 한다.

③ 클러치 디스크는 플라이휠과 압력판 사이에 설치한다.

④ 쿠션 스프링은 접촉 충격을 흡수하고 서서히 동력을 전달한다.

08 디젤기관에서 개방형 분사노즐과 관련이 없는 것은?

① 구조가 간단하다.

② 분사 시작 때의 무화 정도가 낮다.

③ 노즐 스프링, 니들밸브 등 운동부분이 있다.

④ 분사 파이프 내에 공기가 머물지 않는다.

09 디젤엔진의 후적에 대한 설명으로 틀린 것은?

① 엔진이 과열되기 쉽다.

② 엔진 출력 저하의 원인이 된다.

③ 분사노즐 팁(tip)에 연료방울이 맺혔다가 연소실에 떨어지는 현상이다.

④ 후기 연소 시간이 짧아진다.

10 12V – 100A의 발전기에서 나오는 출력은?

① 1.73 PS ② 1.63 PS

③ 1.53 PS ④ 1.43 PS

11 클러치 스프링 점검과 관련된 내용으로 틀린 것은?

① 클러치 스프링의 장력 편차는 운전에 영향을 주지 않는다.

② 사용 높이가 3% 이상 감소 시 교환한다.

③ 직각도 높이 100mm에 대하여 3mm 이상 변형 시 교환한다.

④ 장력이 15% 이상 변화 시 교환한다.

해설

이론 관련 176페이지

06 [NCS 학습모듈] **기어 변속 시 기어가 빠지는 경우**
- 싱크로나이저 허브와 슬리브 사이의 간극이 큰 경우
- 변속포크가 마모된 경우
- 포핏 스프링이 불량한 경우
- 축 또는 기어의 엔드플레이가 과도한 경우
- 싱크로나이저 슬리브가 마모된 경우

07 온도변화에 대한 마찰계수 변화가 작아야 한다.

이론 관련 106페이지

08 [10-4 기출 변형] **개방형 분사노즐의 특징**
- 구조가 간단 (노즐 스프링, 니들 밸브 등 운동 부분이 없음)
- 분사 파이프 내에 공기가 머물지 않는다.
- 노즐 끝에 밸브가 없이 항상 열려 있기 때문에 분사가 시작될 때 압력이 낮아 무화 정도가 낮아 후적이 발생되기 쉽다. (단점)
- 주로 LPG엔진의 베이퍼라이저에 사용된다.

이론 관련 107, 111페이지

09 후적은 연료분사가 완료된 후 노즐 팁에 연료방울이 형성되어 연소실에 떨어지는 현상을 말한다. 후적이 발생되면 후기 연소 시간이 **길**어져 배압이 형성되어 엔진 과열, 노크 발생, 출력 저하 및 매연 발생의 원인이 된다.

※ 후기 연소 : 분사가 종료된 후에도 미연소된 연료가 연소되는 것을 말함

10 [10-3 기출]
전력 $P = E \times I$ (E : 전압, I : 전류)
$$= 12 \times 100 = 1200 [\text{W}]$$
$$= 1.2 [\text{kW}]$$
$1[\text{kW}] = 1.36 [\text{PS}]$이므로, $1.2 \times 1.36 = 1.632 [\text{PS}]$

이론 관련 45페이지

11 클러치 스프링의 장력에 의해 클러치 판이 플라이 휠에 압착되므로 장력의 편차가 있으면 평형상태가 불량하다.

chapter **06**

12 타이어 공기압에 대한 설명으로 옳은 것은?

① 비오는 날 빗길 주행 시 공기압을 15% 정도 낮춘다.
② 모래길 및 자동차 바퀴가 빠질 우려가 있을 때는 공기압을 15% 정도 높인다.
③ 공기압이 높으면 트레드 양단이 마모된다.
④ 좌우 바퀴의 공기압이 차이가 날 경우 제동력 편차가 발생할 수 있다.

13 엔진오일 교환에 관한 사항으로 옳은 것은?

① 점도가 서로 다른 오일을 혼합하여 사용해도 된다.
② 재생오일을 사용하여 엔진오일을 교환한다.
③ 엔진오일 점검게이지의 F 눈금선을 넘지 않도록 하여 F 눈금선에 가깝게 주입한다.
④ 엔진오일 점검게이지의 L 눈금선에 정확하게 주입한다.

14 점화장치의 구비조건으로 틀린 것은?

① 불꽃 에너지가 높아야 한다.
② 점화시기 제어가 정확해야 한다.
③ 발생 전압이 높고, 여유 전압이 작아야 한다.
④ 절연성이 우수해야 한다.

15 고광도 헤드램프(HID)에 대한 설명으로 옳은 것은?

① 헤드램프 전구를 2개 사용하여 광도를 향상시킨 장치이다.
② HID 헤드램프는 플라즈마 방전을 이용한 장치이다.
③ HID 헤드램프는 할로겐 전구를 사용한다.
④ 헤드램프의 반사판을 개선하여 광도를 향상시킨 장치이다.

16 자동차의 무게중심위치와 조향 특성과의 관계에서 조향각에 의한 선회반지름보다 실제 주행하는 선회 반지름이 작아지는 현상은?

① 오버 스티어링
② 언더 스티어링
③ 파워 스티어링
④ 뉴트럴 스티어링

17 자동차 전기배선의 통전검사 방법으로 틀린 것은?

① 커넥터에서 단자를 분리하여 점검하고자 할 때는 전용공구를 사용하여 분리한다.
② 커넥터의 통전검사 시 배선을 벗기고 테스트용 지침봉을 밀어 넣는다.
③ 커넥터 결합 시 "딸깍" 결합소리가 나도록 결합한다.
④ 퓨즈상태 및 접촉 불량 여부를 먼저 확인한다.

---

12 ① 수막현상 방지를 위해 공기압을 약 10~15% 높인다.
   ② 모래길 등에서 바퀴가 빠질 우려가 있을 때는 공기압을 낮춰 접지면적을 크게 한다.
   ③ 공기압이 높으면 트레드 중앙이 마모되며, 공기압이 낮으면 트레드 양단이 마모된다.

13 F – L 사이에서 F쪽에 가깝게 주입한다.

14 **점화장치의 요구 조건**
   • 불꽃 에너지가 높을 것
   • 점화시기 제어가 정확할 것
   • 발생 전압이 높고, 여유 전압이 클 것
   • 절연성이 우수하고, 잡음 및 전파 방해가 적을 것

15 HID(High Intensity Discharge) 헤드램프는 형광등과 같은 방식으로 전구 안쪽에 필라멘트가 없는 유리관에 제논 가스가 채워 고압 전류과 반응하여 플라즈마가 생성된다.

16 • 오버 스티어링 : 선회 시 조향각도를 일정하게 유지해도 선회반경이 작아지는 현상
   • 언더 스티어링 : 선회 시 조향각도를 일정하게 유지해도 선회반경이 커지는 현상
   • 리버스 스티어링 : 처음에는 언더 스티어링을 하지만 도중에 오버 스티어링이 되는 현상
   • 뉴트럴 스티어링 : 정상 회전상태

17 커넥터의 통전 검사 시 배선을 벗길 필요가 없다.

정답

12 ④ **13** ③ **14** ③ **15** ② **16** ① **17** ②

18 주행저항 중에서 구름저항의 원인으로 틀린 것은?

① 타이어 접지부의 변형에 의한 것

② 노면 조건에 의한 것

③ 타이어의 미끄러짐에 의한 것

④ 자동차의 형상에 의한 것

18 구름저항
- 바퀴가 수평 노면을 굴러갈 때 발생하는 저항
- 원인 : 노면의 굴곡, 타이어 접지부 저항, 타이어의 노면 마찰손실에서 발생

※ ④는 공기저항에 영향을 준다.

19 현가장치의 정비 작업 시 유의사항으로 적합하지 않은 것은?

① 부품의 분해 및 조립은 순서에 의한다.

② 볼트, 너트는 규정 토크로 조여야 한다.

③ 각종 볼트 및 너트는 규정된 공구로 사용한다.

④ 현가장치 부품을 조일 때는 반드시 바이스를 이용하여 죠를 꽉 조이고 고정시킨다.

19 바이스를 이용하면 조(jaw)의 세레이션에 의해 부품이 손상될 수 있으므로 모든 부품에 반드시 사용하지 않는다.

20 그림과 같이 55W의 전구 2개를 12V 배터리에 접속하였을 때 회로에는 약 몇 A의 전류가 흐르는가?

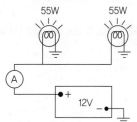

① 5.3A

② 9.2A

③ 12.5A

④ 20.3A

20 총 소비전력 : $55W + 55W = 110W$

$$P = E \times I, \rightarrow I = \frac{P}{E} = \frac{110}{12} = 9.2[A]$$

이론 관련 303페이지

21 기동전동기의 스타터 모터가 작동하지 않거나, 회전력이 약한 원인이 아닌 것은?

① 배터리 전압이 낮다.

② ST단자에 공급되는 전원이 12V이다.

③ 접지가 불량하다.

④ 계자코일이 단락되었다.

21 ST단자는 배터리 전원 ⊕ 단자에 연결되어 있으므로 12V이다. (정상상태)

22 자동차 관리법 시행규칙에 의한 전조등 시험기의 정밀도에 대한 검사기준으로 틀린 것은?

① 광축편차 : ±29/174mm 이내

② 측정 정밀도 광축 : ±16/147mm 이내

③ 측정 정밀도 광도 : ±1000cd 이내

④ 광도지시 : ±15% 이내

22 정밀도에 대한 검사기준
- 광도 지시 : ±15% 이내
- 광축 편차 : ±29/174mm(1/6도) 이내
- 정밀도 광도 : ±1,000cd 이내
- 정밀도 광축 : ±29/174mm(1/6도) 이내

23 20°C에서 양호한 상태인 100Ah의 축전지는 200A의 전기를 얼마 동안 발생시킬 수 있는가?

① 1시간

② 2시간

③ 20분

④ 30분

23 축전지 용량[Ah] = 방전전류[A] × 방전시간[h]이므로
$100[Ah] = 200[A] \times x[h]$

$x = 0.5$시간 = 30분

 정답

18 ④　**19** ④　**20** ②　**21** ②　**22** ②　**23** ④

chapter **06**

24 축거 3m, 바깥쪽 앞바퀴의 최대회전각 30°, 안쪽 앞바퀴의 최대회전각은 45°일 때의 최소회전반경은? (단, 바퀴의 접지면과 킹핀 중심과의 거리는 무시한다.)

① 15m ② 12m

③ 10m ④ 6m

24 $R = \dfrac{L}{sin\alpha} + r = \dfrac{3}{sin30°} + 0 = \dfrac{3}{0.5} = 6$

이론 관련 227페이지

25 배기장치의 구성요소가 아닌 것은?

① 소음기 ② 배기파이프

③ 서지탱크 ④ 배기다기관

25 서지탱크는 스로틀바디와 흡기 매니폴드 사이에 설치되므로 흡입장치에 해당한다.

26 자동차 발전기 풀리에서 소음이 발생할 때 교환작업에 대한 설명으로 틀린 것은?

① 배터리의 (−) 단자부터 탈거한다.

② 전용 특수공구를 사용하여 풀리를 교체한다.

③ 구동벨트를 탈거한다.

④ 배터리의 (+) 단자부터 탈거한다.

26 전기장치 교환작업 시 배터리 ⊖ 단자부터 탈거한다.

27 연료압력 측정과 진공 점검 작업 시 안전에 관한 유의사항으로 틀린 것은?

① 작업 중 연료가 누설되지 않도록 하고 화기에 주의한다.

② 기관운전이나 크랭크 시 회전부위에 손이나 옷 등이 끼이지 않도록 한다.

③ 배터리의 전해액이 옷이나 피부에 닿지 않도록 주의한다.

④ 작업 전 소화기를 준비한다.

27 연료압력 측정 및 진공 점검 작업과 배터리 전해액과는 무관하다.

28 계기판의 엔진 회전계가 작동하지 않는 원인으로 옳은 것은?

① MAP(Manifold Absolute Pressure Sensor) 결함

② CPS(Crankshaft Position Sensor) 결함

③ CTS(Coolant Temperature Sensor) 결함

④ VSS(Vehicle Speed Sensor) 결함

28 엔진 회전계는 크랭크각센서에 의해 크랭크축의 회전수를 측정한다.

29 축전지의 전압이 12V이고, 권선비가 1 : 40인 경우 1차 유도전압이 350V이면 2차 유도전압은?

① 7,000V

② 12,000V

③ 13,000V

④ 14,000V

29 $\dfrac{2\text{차 코일의 유도 전압}}{1\text{차 코일의 유도 전압}} = \dfrac{2\text{차 코일의 권수}}{1\text{차 코일의 권수}}$

2차 코일의 유도 전압

= 1차 코일의 유도 전압×권선비

= 350×40 = 14,000V

※ 유도전압과 축전지의 전압과는 무관하다.

30 기동전동기의 종류로 올바르게 나열한 것은?

① 직권형, 분권형, 복권형

② 직권형, 병렬형, 복합형

③ 직권형, 복권형, 병렬형

④ 분권형, 복권형, 복합형

30 기동전동기의 종류

→ 직권형, 분권형, 복권형

정답

24 ④ **25** ③ **26** ④ **27** ③ **28** ② **29** ④

30 ①

31 실린더의 연소실 체적이 60cc, 행정 체적이 360cc인 기관의 압축비는?

① 5 : 1
② 6 : 1
③ 7 : 1
④ 8 : 1

32 자동차 및 자동차 부품의 성능과 기준에 관한 규칙상 자동차의 최소회전 반경은 바깥쪽 앞바퀴자국의 중심선을 따라 측정할 때에 몇 m를 초과해서는 안되는가?

① 2
② 10
③ 12
④ 14

33 미등장치의 입력전원, 접지전원, 스위치 작동 여부를 동시에 알 수 있는 부위로 옳은 것은?

① 전구 부위
② 릴레이 부위
③ 스위치 부위
④ 퓨즈 부위

34 타이어 구조에서 노면과 직접 접촉하는 부분은?

① 트레드
② 카커스
③ 비드
④ 숄더

35 실린더 헤드를 소성역 각도법으로 조립할 때 주의사항으로 틀린 것은?

① 사용한 헤드 볼트는 가급적 재사용하지 않는다.
② 토크렌치로 여러 번 조인다.
③ 헤드볼트를 토크렌치로 조인 후 각도조임한다.
④ 헤드볼트를 조이는 순서는 바깥쪽부터 먼저 조인다.

36 주행 중인 2 ton의 자동차가 제동 시 브레이크 드럼에 작용하는 힘이 2000N, 브레이크 드럼 직경이 30cm일 때 브레이크 드럼에 작용하는 회전력(N·m)은? (단, 브레이크슈의 마찰계수가 0.3.이다)

① 7
② 45
③ 150
④ 90

37 유압식 제동장치에서 제동력이 떨어지는 원인으로 가장 거리가 먼 것은?

① 유압장치에 공기 유입
② 기관 출력 저하
③ 브레이크 오일 압력의 누설
④ 드럼 및 라이닝에 이물질 부착

이론 관련 23페이지

31 압축비(ε) $= 1 + \dfrac{\text{행정 체적}}{\text{연소실 체적}}$

$= 1 + \dfrac{360}{60} = 7$

32 자동차의 최소회전반경은 바깥쪽 앞바퀴자국의 중심선을 따라 측정할 때에 **12**미터를 초과하여서는 아니된다.

33 [NCS 학습모듈] 미등장치는 '배터리 – 퓨즈 – 스위치– 릴레이 – 전구 – 접지'로 회로가 형성된다. 접지(–) 전원의 정상작동까지 알려면 접지 전에 설치된 전구의 점등 상태로 알 수 있으므로 전구 부위이다.

34 노면에 직접 접촉하는 부분은 트레드이다.

35 ① 소성역 각도법이란 볼트의 변형이 일어나며 조여주는 방법이므로 재사용하지 않는 것이 좋다.
② 균일한 토크력을 위해 여러 번 나누어 조인다.
③ 헤드볼트를 토크렌치로 조인 후 각도법으로 조인다.
④ 헤드볼트를 조일 경우 중앙에서 바깥쪽으로 조인다.

36 회전력(토크) = 힘×회전반지름(거리)
= 2000 [N]×0.15 [m] = 300 [N·m]
마찰계수가 언급되어 있으면 곱한다.
∴ 300 [N·m]×0.3 = 90 [N·m]

37 제동력과 기관 출력과는 무관하다.

 정답

31 ③ **32** ③ **33** ① **34** ① **35** ④ **36** ④
37 ②

chapter **06**

38 엔진오일 유압이 낮아지는 원인과 거리가 먼 것은?

① 베어링의 오일간극이 크다.

② 유압조절밸브의 스프링 장력이 크다.

③ 오일팬 내의 윤활유 양이 작다.

④ 윤활유 공급 라인에 공기가 유입되었다.

38 ① 베어링의 오일간극이 크면 오일이 쉽게 누설되므로 유압이 **낮**아진다.
② 스프링의 장력이 크면 밸브 내 오일이 흐르는 구멍이 작아지므로 유압이 높아진다.
③ 윤활유 양은 작으면 유압이 낮아진다.
④ 공기가 유입되면 기포로 인해 유압이 **낮**아진다.

39 전자제어 연료분사 장치에서 인젝터의 상태를 점검하는 방법에 해당하지 않는 것은?

① 인젝터의 분사량을 측정한다.

② 인젝터를 분해하여 점검한다.

③ 인젝터의 저항값을 측정한다.

④ 인젝터의 작동음을 점검한다.

39 인젝터의 상태 점검
• 인젝터의 **분**사량 측정
• 인젝터의 **저**항값 측정
• 인젝터의 **작**동음 점검

40 제동력 검사기준에 대한 설명으로 틀린 것은?

① 좌우 차바퀴 제동력의 차이는 해당 축중의 20% 이내일 것

② 각축의 제동력은 해당 축중의 50% 이상이어야 한다.

③ 모든 축의 제동력의 합이 공차중량의 50% 이상일 것

④ 주차제동력의 합은 차량 중량의 20% 이상일 것

40 제동력 검사기준
• 모든 축의 제동력의 합이 공차중량의 50% 이상
• 각 축의 제동력은 해당 축중의 50%(뒤축의 제동력은 해당 축중의 20%) 이상일 것
• 동일 차축의 좌·우 차바퀴 제동력의 차이는 해당 축중의 **8**% 이내일 것
• 주차제동력의 합은 차량 중량의 20% 이상일 것

41 전자제어 가솔린 엔진에서 점화시기에 영향을 주는 것은?

① 노킹 센서

② PCV(Positive Crankcase Ventilation)

③ 퍼지 솔레노이드 밸브

④ EGR 솔레노이드 밸브

41 점화시기가 너무 빠르며(**진**각) 점화 압력파에 의해 혼합기가 정상화염면에 도달되기 전에 점화되어 압력이 급격히 상승하여 피스톤이 실린더벽을 타격하는 금속성 타격음(노크)가 발생된다.
노킹 센서는 이러한 노크를 감지하여 점화시기를 일정 수준으로 **지**각시킨다.

42 지르코니아 산소센서에 대한 설명으로 옳은 것은?

① 산소센서는 흡기 다기관에 부착되어 산소농도를 감지한다.

② 산소센서는 최고 1V의 기전력을 발생한다.

③ 농후한 혼합기가 흡입될 때 약 0~0.4V의 기전력이 발생한다.

④ 배기가스 중 산소농도를 감지하여 NOx 저감 목적으로 설치한다.

42 [기출 변형] 산소센서는 배기가스의 산소 농도에 따라 **0**~**1**V의 기전력을 발생한다.
• 0~0.45V : 희박 공연비
• 0.45V : 이론 공연비
• 0.45~1V : 농후 공연비

43 엔진 냉각장치 성능 점검 사항으로 틀린 것은?

① 블로어 모터의 작동상태 확인

② 워터펌프의 작동상태 확인

③ 냉각팬의 작동상태 확인

④ 서모스탯의 작동상태 확인

43 블로어 모터는 공조장치에 해당한다.

정답

38 ② **39** ② **40** ① **41** ① **42** ② **43** ①

44 방열기 압력식 캡에 관하여 설명한 것이다. 알맞은 것은?

① 냉각범위를 넓게 냉각효과를 크게 하기 위하여 사용된다.

② 부압 밸브는 방열기 내의 부압이 빠지지 않도록 하기 위함이다.

③ 게이지 압력은 2~3kgf/cm²이다.

④ 냉각수량을 약 20% 증가시키기 위해서 사용된다.

45 일감의 지름 크기가 같은 오픈렌치와 복스렌치를 일체화한 것이며, 스패너 쪽은 빠르게 조일 수 있고 복스렌치 쪽은 큰 토크로 죄는 작업을 할 수 있는 렌치는?

① 토크 렌치 　　　　② 조정 렌치

③ 소켓 렌치 　　　　④ 콤비네이션 렌치

46 LPG 기관에 사용되는 연료의 특성에 대한 설명으로 틀린 것은?

① 여름철에는 시동 성능이 떨어진다.

② NOx 배출량이 가솔린 기관에 비해 많다.

③ LPG의 옥탄가는 가솔린보다 높다.

④ 연소 후 연소실에 카본 퇴적물이 적다.

47 아래 그림은 어떤 센서의 출력파형인가?

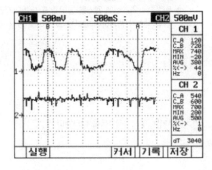

① 아이들 스피드 액추에이터(ISA) 정상 파형

② 산소센서 전방 & 후방 파형

③ APS 1, 2 센서 파형

④ 맵센서 & TPS 센서 파형

48 스프링 상수가 5kgf/mm의 코일을 1cm 압축하는데 필요한 힘은?

① 2 kgf 　　　　② 5 kgf

③ 20 kgf 　　　　④ 50 kgf

---

44 ② 라디에이터 내부의 냉각수 온도가 떨어지면 체적이 감소하여 압력이 떨어지는 부압 상태(대기압보다 낮은 압력)가 된다. 이 때 진공밸브(부압 밸브)가 열리면서 리저버 탱크의 냉각수가 라디에이터로 유입되어 라디에이터의 부압이 해소되어 진공에 의한 라디에이터의 찌그러짐을 방지하는 역할을 한다.

③ 게이지 압력(밸브가 열리는 압력) : 0.2~0.9 kgf/cm²

④ 냉각수 상승에 따른 냉각수의 약 20%의 체적분이 리버저 탱크로 빠져나가므로 라디에이터의 냉각수량은 그만큼 감소된다.

45 콤비네이션 렌치

오프엔드 렌치　　　　　　복스 렌치

46 ① 주로 겨울철에 시동 성능이 떨어진다.
② LPG는 NOx 배출량이 적다.
③ LPG의 옥탄가는 가솔린보다 10% 높다.

47 지문의 파형은 삼원촉매장치 앞뒤의 산소센서의 파형을 나타낸다.

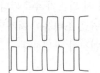

아이들 스피드 액추에이터(ISA) 정상 파형

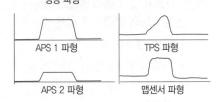

APS 1 파형　　　　TPS 파형

APS 2 파형　　　　맵센서 파형

48 $k = \dfrac{F}{\delta}$ ・ k : 스프링 상수 [kgf/mm]
・ F : 스프링에 작용하는 힘 [kgf]
・ δ : 스프링의 변형량 [mm]

$F = k \times \delta = 5\,[\text{kgf/mm}] \times 10\,[\text{mm}] = 50\,[\text{kgf}]$

 정답

44 ①　**45** ④　**46** ①　**47** ②　**48** ④

49 구동바퀴가 자동차를 미는 힘을 구동력이라 하며 이때 구동력의 단위는?

① kgf·m/s
② kgf·m
③ ps
④ kgf

50 다음 설명을 읽고 (ㄱ)와 (ㄴ)에 들어갈 용어로 옳은 것은?

> (ㄱ) – (ㄴ)을 협각(Included Angle)이라 하며 이 각의 크기에 따라 타이어의 중심선과 조향축 연장선이 만나는 점이 정해지며, 스크러브 반경이 달라진다.

① (ㄱ) 캠버각,　(ㄴ) 캐스터각
② (ㄱ) 캠버각,　(ㄴ) 킹핀 경사각
③ (ㄱ) 킹핀 경사각,　(ㄴ) 캐스터각
④ (ㄱ) 킹핀 경사각,　(ㄴ) 토우

51 점화플러그의 중심전극과 접지전극의 간극으로 적합한 것은?

① 약 1.0~1.1 mm
② 약 1.5~1.6 mm
③ 약 2.0~2.1 mm
④ 약 2.5~2.6 mm

52 서모스탯에 대한 설명으로 틀린 것은?

① 닫힘 고착 시 엔진이 과열된다.
② 펠릿형은 가열 시 왁스가 수축된다.
③ 열림 고착 시 연료 소비율이 저하된다.
④ 열림 고착 시 엔진이 과냉한다.

53 자동차 및 자동차부품의 성능과 기준에 관한 규제상 아래 그림이 의미하는 경고등의 명칭으로 옳은 것은?

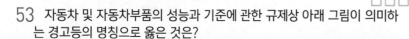

① EBD 경고등
② 브레이크 경고등
③ TPMS 경고등
④ 경고등

54 기관의 회전속도 1500rpm, 제2변속비 2:1 종감속비 4:1, 타이어의 유효지름 100cm이다. 이때 자동차의 시속(km/h)은 약 얼마인가? (단, 바퀴와 지면은 미끄럼이 전혀 없다고 가정한다.)

① 0.58
② 141.3
③ 70.6
④ 35.3

---

49 구동력 = $\dfrac{\text{축의 회전력}}{\text{바퀴의 반경}}$ = $\dfrac{kgf \cdot m}{m}$ = kgf

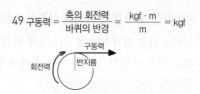

50 협각 = 캠버각 + 킹핀 경사각

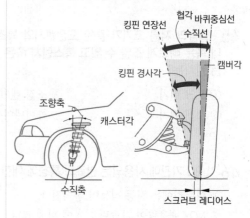

51 점화플러그의 중심전극과 접지전극의 간극은 약 **①** mm 이다. 간극(필러)게이지로 측정한다.

52 · 닫힌 채 고장 : 과열 원인
· 열린 채 고장 : 과냉 원인
※ 펠릿형 : 왁스실에 왁스를 넣어 온도가 높아지면 펠릿 안의 왁스가 팽창하여 밸브를 열게 하는 방식

53 이미지는 TPMS 경고등을 나타낸다.

54 주행속도 $V = \dfrac{\pi DN}{R_t \times R_f} \times \dfrac{60}{1000}$ [km/h]

여기서, D : 바퀴의 직경[m], N : 엔진의 회전수[rpm],
R_t : 변속비, R_f : 종감속비

$V = \dfrac{\pi \times 1 \times 1500}{2 \times 4} \times \dfrac{60}{1000} = 35.325 ≒ 35.3$[km/h]

정답

49 ④　**50** ②　**51** ①　**52** ②　**53** ③　**54** ④

55 조향핸들의 유격은 당해 자동차의 조향핸들 지름의 몇 % 이내이어야 하는가?

① 13.5%　　　　② 12.5%

③ 15%　　　　④ 20%

55 조향핸들의 유격(조향바퀴가 움직이기 직전까지 조향핸들이 움직인 거리)은 조향핸들 지름의 12.5% 이내이어야 한다.

56 연료탱크의 주입구 및 가스배출구는 노출된 전기 단자 및 전기개폐기로부터 (ㄱ)cm 이상, 배기관의 끝으로부터 (ㄴ)cm 이상 떨어져 있어야 한다. ( ) 안에 알맞은 것은?

① ㄱ : 30, ㄴ : 20

② ㄱ : 20, ㄴ : 30

③ ㄱ : 25, ㄴ : 20

④ ㄱ : 20, ㄴ : 25

56 [13-1, 07-1 기출] 자동차의 안전기준
1. 연료장치는 자동차의 움직임에 의하여 연료가 새지 아니하는 구조일 것
2. 노출된 전기단자 및 전기개폐기로부터 **20**cm 이상 떨어져 있을 것 (연료탱크 제외)
3. 배기관의 끝으로부터 **30**cm 이상 떨어져 있을 것 (연료탱크 제외)
4. 차실안에 설치하지 아니하여야 하며, 연료탱크는 차실과 벽 또는 보호판 등으로 격리되는 구조일 것

57 윤활장치 내의 압력이 지나치게 올라가는 것을 방지하여 회로 내의 유압을 일정하게 유지하는 기능을 하는 것은?

① 오일 펌프
② 유압 조절기
③ 오일 여과기
④ 오일 냉각기

57 유압조절 장치 : 일종의 릴리프 밸브에 해당한다. 윤활통로 내의 압력이 과도하게 올라가는 것을 방지하여 압력을 일정하게 유지하는 작용을 한다.

58 공장에서 작업 시 안전상 가장 중요한 사항은?

① 전기기계의 성능
② 1인당 작업량
③ 안전규칙 및 수칙
④ 종업원의 기술수준

58 – 상식

59 가변흡기제어장치의 배선 커넥터 점검사항이 아닌 것은?

① 커넥터 일련번호　② 커넥터 느슨함
③ 커넥터 접촉불량　④ 커넥터 핀 구부러짐

59 – 상식

60 연소팽창에 의해 크랭크실로 유입되는 가스를 연소실로 유도하여 재연소시키는 장치는?

① 촉매 변환기
② 연료증발가스 배출 억제장치
③ 블로바이 가스 환원 장치
④ 배기가스 재순환 장치

60 블로바이 가스 환원장치는 압축 행정 또는 팽창 행정에서 피스톤 링의 링 엔드 등에서 크랭크케이스로 블로바이 가스(누출된 미연소 및 연소가스)를 연소실로 재순환하여 재연소시키는 장치이다.

정답

55 ② **56** ② **57** ② **58** ③ **59** ① **60** ③

chapter 06

최신 CBT 모의고사 제4회

해설

▶ 실력테스트를 위해 문제 옆 해설란을 가리고 문제를 풀어보세요.

01 베이퍼록 현상의 발생 원인이 아닌 것은?

① 브레이크 드럼과 라이닝의 끌림에 의한 과열
② 긴 내리막길에서 과도한 풋 브레이크 사용
③ 엔진 브레이크의 과도한 사용
④ 브레이크 오일의 변질에 의한 비등점 저하

01 엔진 브레이크의 과도한 사용과 베이퍼록 현상과는 무관하다.
※ ④ 비등점이 저하되면 끓는점이 낮다는 의미이므로 빨리 끓기 때문에 기포가 발생되기 쉽다.

02 토우 인(toe in)의 목적으로 틀린 것은?

① 조향 링키지의 마멸에 의해 토우 인이 되는 것을 방지한다.
② 바퀴가 옆방향으로 미끄러지는 것과 타이어의 마멸을 방지한다.
③ 캠버에 의해 토 아웃이 되는 것을 방지한다.
④ 주행 저항 및 구동력의 반력으로 토 아웃이 되는 것을 방지한다.

02 토인(toe-in)의 역할
• 조향 링키지의 마멸에 의한 토 아웃 방지
• 주행 중 타이어가 바깥쪽으로 벌어지는 것을 방지
• 캠버에 의해 바깥쪽으로 굴러가려는 것과 상쇄되어 타이어의 옆방향 미끄럼 방지
• 캠버에 의한 토 아웃 방지
• 주행저항 및 구동력 반력에 의한 토 아웃 방지
• 타이어 마모 방지

03 라디에이터 캡에 대한 설명으로 틀린 것은?

① 고온 시 캡을 함부로 열지 말아야 한다.
② 여압식이라 한다.
③ 고압 및 저압밸브가 각 1개씩 있다.
④ 고온팽창 시 과잉 냉각수는 대기 중으로 배출된다.

03 ② 여압(與壓) : '압력을 가한다'는 의미
③ 통상 '압력밸브/진공밸브'라고 명명하지만, 일부에서는 '고압밸브/저압밸브'라고도 표현한다.
④ 고온팽창 시 체적이 팽창된 냉각수는 오버플로 파이프를 통해 보조탱크(리저버탱크)로 배출되며, 저온 수축 시 다시 라디에이터로 보낸다.

04 자동차 및 자동차부품의 성능과 기준에 관한 규칙상 자동차의 최소회전반경은 바깥쪽 앞바퀴 자국의 중심선을 따라 측정할 때 몇 m를 초과해서는 안 되는가?

① 10   ② 11
③ 12   ④ 13

04 자동차의 최소회전반경은 바깥쪽 앞바퀴자국의 중심선을 따라 측정할 때에 **12**미터를 초과하여서는 안된다. (안전기준 제9조)
※ 최소회전반경은 핸들을 최대 조향각로 회전할 때 차량의 바깥쪽 앞바퀴 궤적 반경을 의미한다.

05 구동바퀴가 자동차를 미는 힘인 구동력을 구하는 식은?

(단, F: 구동력, T: 축의 회전력, R: 바퀴의 반경)

① $F = T \times 2R$ ② $F = R/T$
③ $F = T/R$ ④ $F = T \times R$

05 $F = \dfrac{T}{R}$

• F : 바퀴의 **구**동력[kgf]
• T : 바퀴의 **회**전력[kgf·m]
• R : 바퀴의 **반**경[m]

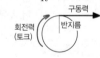

06 엔진오일의 유압이 규정값보다 높아지는 원인이 아닌 것은?

① 오일량 부족
② 윤활 라인의 일부 또는 전부 막힘
③ 엔진 과냉
④ 유압조절밸브 스프링의 장력 과다

06 ① 오일량 부족은 유압이 낮아지는 원인에 해당한다.
③ 과냉으로 점도가 높아지므로 유압이 높아질 수 있다.
④ 유압조절밸브(일종의 릴리프 밸브) 스프링의 장력이 과다하면 유압라인 내의 규정값보다 높은 오일이 탱크로 바이패스되기 어려우므로 높아진다.

01 ③   **02** ①   **03** ④   **04** ③   **05** ③   **06** ①

07 기동전동기(스타터 모터)가 작동하지 않거나, 회전력이 약한 원인이 아닌 것은?

① 계자코일이 단락되었다.

② 접지가 불량하다.

③ 배터리 전압이 낮다.

④ ST 단자에 공급되는 전원이 12V이다.

08 기관의 냉각장치 정비 시 주의사항으로 틀린 것은?

① 하절기에는 냉각수 순환을 빠르게 하기 위해 증류수만 사용한다.

② 수온 조절기의 작동 여부는 물을 끓여서 점검한다.

③ 기관이 과열 상태일 때는 라디에이터 캡을 열지 않는다.

④ 냉각팬이 작동할 수 있으므로 전원을 차단하고 작업한다.

09 다음 점화코일의 성능상 중요한 특성으로 가장 거리가 먼 것은?

① 점화특성   ② 속도특성

③ 절연특성   ④ 온도특성

10 윤활유의 구비조건으로 틀린 것은?

① 응고점이 낮을 것   ② 기포 발생이 적을 것

③ 인화점이 높을 것   ④ 발화점이 낮을 것

11 전자제어 엔진에서 EGR밸브가 작동되는 가장 적절한 시기는?

① 급가속 시   ② 워밍업 시

③ 중속 운전 시   ④ 공전 시

12 자동차 엔진에서 블로바이 가스의 주성분은?

① N_2 ② HC

③ NOx   ④ CO

13 축거가 1.2m인 자동차를 왼쪽으로 완전히 꺾을 때 오른쪽 바퀴의 조향각이 30°이고, 왼쪽바퀴의 조향각도가 45°일 때 자동차의 최소회전반경은? (단, 바퀴 접지면 중심과 킹핀 중심간의 거리는 무시한다)

① 1.7m   ② 2.4m

③ 3.0m   ④ 3.6m

14 자동차 전기배선의 통전검사 방법으로 틀린 것은?

① 커넥터에서 단자를 분리하여 점검하고자 할 때는 전용공구를 사용하여 분리한다.

② 커넥터 결합 시 "딸깍" 결합소리가 나도록 결합한다.

③ 퓨즈의 상태 및 접촉 불량 여부를 먼저 확인한다.

④ 커넥터의 통전검사 시 배선을 벗기고 테스트용 침을 밀어 넣는다.

---

07 ①~③은 기동전동기(스타터 모터)가 작동하지 않거나, 회전력이 약한 원인에 해당한다.
④ ST단자는 점화스위치가 'START'일 때 배터리의 ⊕ 전원이 인가된다.(정상상태)

08 부동액의 성분 중 에틸렌글리콜의 비등점 증가(약 115℃), 부식방지 역할 등으로 여름철에도 필요하다.

09 [06년 기출]
· 속도특성 : 엔진의 회전속도가 증가하면 방전 간극이 작아진다.
· 온도특성 : 고전압이 발생되면 온도가 상승되는데, 온도가 상승되면 1차 코일의 저항이 증가되어 1차 전류가 감소되고, 이에 따라 2차쪽의 방전 간극이 작게 된다.
· 절연특성 : 절연저항은 온도 상승에 따라 저하된다.

10 발화점은 높아야 쉽게 연소되지 않는다.

11 EGR 밸브 비작동 조건
· 엔진 냉간 시(냉각수 온도가 50~65℃ 이하일 때)
· 급가속 시
· 공회전 및 시동, 고부하 시
· 엔진관련 센서 고장 시

12 블로바이 가스는 혼합기 및 연소가스가 피스톤과 실린더의 틈새를 통해 크랭크 케이스로 누출되는 것을 말하며, 대부분의 성분은 미연소된 연료(HC)이다.

13 최소 회전반경 $R[m] = \dfrac{L}{\sin\alpha} + r$
· L : 축간거리 [m]
· $\sin\alpha$: 바깥쪽 앞바퀴의 조향 각도
· r : 타이어 중심선에서 킹핀 중심선까지의 거리[m]
$= \dfrac{1.2}{\sin30°} + 0 = \dfrac{1.2}{0.5} = 2.4m$
※ 왼쪽으로 회전하므로, 바깥쪽은 오른쪽 바퀴이다.

14 [중복]

정답

07 ④ **08** ① **09** ① **10** ④ **11** ③ **12** ②
13 ② **14** ④

15 납산축전지의 비중이 1.280일 때 축전지 상태는?

① 완전 방전되어 있다.
② 75% 방전되어 있다.
③ 절반 방전되어 있다.
④ 완전 충전되어 있다.

16 가솔린 연료의 구비조건으로 틀린 것은?

① 옥탄가가 높을 것
② 연소속도가 빠를 것
③ 체적 및 무게가 크고, 발열량이 적을 것
④ 온도에 관계없이 유동성이 좋을 것

17 전자제어 연료분사 가솔린 기관에서 연료펌프의 체크밸브는 어느 때 닫히는가?

① 연료 분사 시   ② 기관 회전 시
③ 연료 압송 시   ④ 기관 정지 후

18 전기장치에서 발전기 탈거 시 가장 먼저 해야 할 작업은?

① 발전기의 브라켓에서 발전기를 분리한다.
② 팬벨트 조임 볼트를 풀어 벨트를 분리한다.
③ 발전기에서 전선 케이블을 분리한다.
④ 축전지에서 접지 케이블을 분리한다.

19 라디에이터(radialtor)의 코어(core)에서 냉각수가 누설되었을 때 그 원인으로 가장 적합한 것은?

① 오버플로우 파이프가 막혔을 때
② 팬 벨트가 헐거울 때
③ 수온 조절기(서모스탯)가 고장 났을 때
④ 워터펌프에서 냉각수가 누수될 때

20 변속기를 탈부착하는 작업에서 변속기 잭 사용 시 주의사항으로 옳은 것은?

① 장비에서 떠나있는 시간이 길어지거나 사용하지 않을 경우 상승상태로 놓는다.
② 사용 또는 점검 중 이상 발견 시 고장이 발생할 때까지 사용한 후 수리한다.
③ 리프트와 변속기 잭 상승 및 하강은 부드럽게 하고 급하강이나 급상승을 피한다.
④ 작업이 미흡한 경우나 안전장치를 개조하여 사용하여야 기능이 충분히 발휘된다.

---

15 전해액 비중과 축전지 상태
• 정상 : 12.6V 이상일 때 비중 1.280 (20℃)
• 교환 : 10.5V 이하일 때 비중 0.080

16 체적 및 무게가 작고, 발열량이 클 것

17 연료펌프의 체크밸브는 엔진 정지 후 닫혀 연료라인 내에 잔압을 유지시켜 재시동성을 향상시키는 역할을 한다.

18 대부분의 전기장치 정비 시 가장 먼저 축전지에서 접지 케이블(⊖)을 분리하여 발생할 수 있는 단락을 미연에 방지한다.

19 라디에이터의 코어가 파손되었다면 냉각장치 내 압력이 상승하였다는 것을 의미한다. 즉 보기에서 온도상승 시 오버플로우 파이프가 막혔을 때가 원인으로 적합하다.

※ 냉각장치의 고장 시 증상
• 라디에이터 캡 : 증기압 증가로 라디에이터 파손
• 워터펌프 : 소음 발생, 오버히팅 및 연료과다 소모
• 서모스탯(정온기) : 항상 열려있거나 닫혀있게 됨으로 히터의 작동 불량 및 온도 상승 초래

20 [신출 반복]

15 ④ **16** ③ **17** ④ **18** ② **19** ① **20** ③

21 클러치 디스크 페이싱 마모량 점검 시 리벳 깊이 한계값으로 옳은 것은?

① 0.2mm

② 0.3mm

③ 0.4mm

④ 0.5mm

22 미등장치의 입력 전원, 접지 전원, 스위치 작동여부를 동시에 알 수 있는 부위로 옳은 것은?

① 전구 부위　　　② 퓨즈 부위

③ 릴레이 부위　　④ 스위치 부위

23 소화기의 종류에 대한 설명으로 틀린 것은?

① 분말 소화기 – 기름화재나 전기화재에 사용한다.

② 탄산가스 소화기 – 가스와 드라이아이스를 이용하여 소화하며 기름화재나 전기화재에 유효하다.

③ 물 소화기 – 고압의 원리로 물을 방출하여 소화하며, 기름화재나 전기화재에 사용한다.

④ 거품 소화기 – 연소물에 산소를 차단하여 소화하며, 기름화재나 일반화재에 사용한다.

24 조정렌치를 취급하는 방법으로 틀린 것은?

① 렌치에 파이프 등을 끼워서 사용하지 말 것

② 조정 조(jaw) 부분에 윤활유를 도포할 것

③ 볼트 또는 너트의 치수에 밀착 되도록 크기를 조절할 것

④ 작업 시 몸 쪽으로 당기면서 작업 할 것

25 축전지의 전압이 12V 이고, 권선비가 1:40인 경우 1차 유도전압이 350V 이면 2차 유도전압은?

① 12000 V　　　② 7000 V

③ 13000 V　　　④ 14000 V

26 계기판의 엔진 회전계가 작동하지 않는 원인으로 옳은 것은?

① MAP (Manifold Absolute Pressure Sensor) 결함

② VSS(Vehicle Speed Sensor) 결함

③ CPS(Crankshaft Position Sensor) 결함

④ CTS(Coolant Temperature Sensor) 결함

27 유류 화재에 물을 직접 뿌려 소화해서는 안되는 이유는?

① 물이 열분해하기 때문이다.

② 가연성 가스가 발생하기 때문이다.

③ 물과 화학적 반응을 일으키기 때문이다.

④ 연소면이 확대되기 때문이다.

---

21 디스크의 마모한계는 일반적으로 리벳머리 깊이까지 **0.3** mm 정도이며, 이 값 이상일 때 디스크를 교환해야 한다.

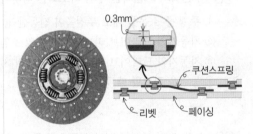

23 물 소화기는 **A**급 화재(종이, 목재 등 일반 가연물 화재)에 사용된다.

24 조(jaw)에 오일이 도포되면 미끄러지기 쉬우므로 도포해서는 안된다.

25 $\dfrac{2\text{차 코일의 유도 전압}}{1\text{차 코일의 유도 전압}} = \dfrac{2\text{차 코일의 권수}}{1\text{차 코일의 권수}}$

2차 코일의 유도 전압
= 1차 코일의 유도 전압×권선비
= 350×40 = 14,000 V
※ 유도전압과 축전지의 전압과는 무관하다.

26 CPS – 엔진 회전수 측정
엔진 회전계는 CPS의 회전속도를 지시한다.

27 [기출 변형]

 정답

21 ②　**22** ①　**23** ③　**24** ②　**25** ④　**26** ③
27 ④

28 추진축의 스플라인 부가 마모되면 나타나는 현상은?

① 주행 중 소음을 내고 추진축이 진동한다.

② 차동기의 드라이브 피니언 베어링의 조임이 헐겁게 된다.

③ 차동기의 드라이브 피니언과 링기어의 치합이 불량하게 된다.

④ 동력을 진달할 때 충격 흡수가 잘 된다.

28 스플라인은 추진축과 추진축 사이 또는 추진축과 플런저 사이의 길이 변화를 위한 슬립 조인트의 일부분으로 마모 시 소음 발생 및 진동의 원인이 된다.

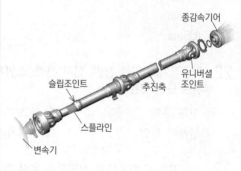

29 아래 파형 분석에 대한 설명으로 틀린 것은?

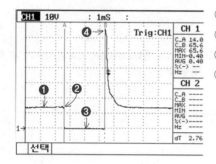

① ❶ : 인젝터에 공급되는 전원 전압

② ❷ : 연료 분사가 시작되는 시점

③ ❸ : 인젝터의 연료분사시간

④ ❹ : 폭발 연소구간의 전압

29 [반복] ❹는 전원을 OFF시켰을 때 서지전압이다.

30 NTC 서미스터의 특징이 아닌 것은?

① 자동차의 수온센서에 사용된다.

② 온도와 저항은 반비례한다.

③ 부특성의 온도계수를 갖는다.

④ $BaTiO_3$를 주성분으로 한다.

30 타이타늄산바륨($BaTiO_3$)은 PTC의 재료로 사용되며, NTC의 재료에는 고온/중온/저온용에 따라 Al_2O_3, Cu_2O_3, MnO, NiO, Fe_2O_3 분말을 소결한 복합산화물 세라믹을 사용한다.

31 차동기어에서 열이 발생하는 원인이 아닌 것은?

① 사이드 기어가 마모되었다.

② 사이드 베어링이 과도하게 휘었다.

③ 구동 피니언과 링기어의 백래시가 너무 작다.

④ 윤활유의 양이 부족하다.

31 ① 기어가 마모되면 헐거워지므로 진동·소음을 유발하며, 열 발생과는 무관하다.
② 베어링은 회전체의 구동을 원활하게 하므로 휘어지면 회전저항이 발생하여 발열할 수 있다.
③ 백래시는 기어 사이의 틈새를 말하며, 백래시가 너무 작으면 기어의 회전저항이 커져 발열할 수 있다.
④ 오일이 부족하면 기어의 열방출이 어렵다.

32 스프링 상수가 5kgf/mm의 코일을 1cm 압축하는데 필요한 힘은?

① 10 kgf ② 50 kgf

③ 100 kgf ④ 5 kgf

32 스프링 상수 = $\dfrac{힘}{변형량}$

→ 5kgf/mm = $\dfrac{힘}{10mm}$ → 힘 = 50kgf

33 앞바퀴 정렬에서 토우는 어느 것으로 조정하는가?

① 드래그링크 ② 조향기어

③ 피트먼암 ④ 타이로드

33 토(toe) 조정은 타이로드의 조정나사를 이용한다.

28 ① 29 ④ 30 ④ 31 ① 32 ② 33 ④

34 유압식제동장치에서 제동력이 떨어지는 원인으로 가장 거리가 먼 것은?

① 패드 및 라이닝에 이물질 부착

② 기관 출력 저하

③ 브레이크 오일 압력의 누설

④ 유압장치에 공기 유입

35 다음 단자배열을 이용하여 지르코니아 타입 산소센서의 신호점검방법으로 옳은 것은?

1. 산소센서 신호
2. 산소센서 접지
3. 산소센서 히터 전원
4. 산소센서 히터 제어

① 배선 측 커넥터 3번, 4번 단자 간 전류 점검

② 배선 측 커넥터 1번 단자와 접지 간의 전압 점검

③ 배선 측 커넥터 3번 단자와 접지 간의 전압 점검

④ 배선 측 커넥터 1번, 2번 단자 간 전류 점검

36 차동제한장치의 장점으로 거리가 먼 것은?

① 미끄럼이 방지되어 타이어의 수명이 연장된다.

② 요철노면 주행에 후부 흔들림을 방지할 수 있다.

③ 미끄러운 노면에서 출발이 용이하다.

④ 저속커브길 주행 시 안전성이 양호하다.

37 기관의 회전수 4800rpm, 최고출력 70 ps, 총감속비 4.8, 뒤액슬축의 회전수가 1000 rpm, 바퀴의 유효반지름이 320 mm일 때 차의 속도는?

① 약 60 km/h

② 약 80 km/h

③ 약 112 km/h

④ 약 121 km/h

38 엔진 냉각수 과열 시 점검사항으로 틀린 것은?

① 유온 센서 작동상태

② 워터펌프 구동 상태

③ 냉각수온에 따른 팬모터 작동 상태

④ 수온조절기 탈거 후 열림 상태 점검

39 자동차 및 자동차부품의 성능과 기준에 관한 규칙상 자동차 높이의 최대 허용기준은?

① 2.5 m ② 3.8 m

③ 4.0 m ④ 4.5 m

---

34 기관 출력과 제동력과는 무관하다.

35 [NCS 학습모듈] 앞 산소센서 신호선 점검

• 점화 스위치 OFF 및 산소센서 커넥터를 분리한다.

• 점화 스위치 ON 및 산소센서의 배선 측 커넥터 1번 단자와 접지 간의 전압을 점검한다.

36 차동제한장치(LSD)의 특징

• 타이어 슬립을 방지하여 타이어 수명 연장

• 요철 노면 주행 시 후부 흔들림을 방지

• 미끄러운 노면에서의 출발 용이

• 급속 직진 주행 시 안정성 양호

• 가속 또는 커브길 선회 시 바퀴의 공전 방지

37 주행속도 $V = \dfrac{\pi DN}{R} \times \dfrac{60}{1000}$ [km/h]

여기서, D : 바퀴의 직경[m], N : 엔진의 회전수[rpm],
R : 총감속비

$V = \dfrac{\pi \times 0.64 \times 4800}{4.8} \times \dfrac{60}{1000} ≒ 121$[km/h]

38 유온 센서

자동변속기의 오일온도를 측정하는 부특성 서미스터로, 댐퍼클러치 작동/비작동 여부를 결정하며, 오일온도가 너무 낮을 경우 변속기의 각 클러치 유압을 조절하여 충격 발생을 감소·방지한다.

39 ① 길이 : 13m

② 너비 : 2.5m

③ 높이 : 4m

34 ② **35** ② **36** ④ **37** ④ **38** ① **39** ③

chapter **06**

40 가솔린기관의 인젝터 점검 사항 중 오실로스코프로 측정해야 하는 것은?

① 작동음　　　　　　② 저항

③ 분사량　　　　　　④ 분사시간

41 연료의 저위 발열량이 10500kg/kg, 제동마력이 92.6PS, 제동 열효율이 31%인 기관의 연료소비량은 몇 kg/h인가?

① 약 16　　　　　　② 약 18

③ 약 20　　　　　　④ 약 22

42 공회전상태가 불안정할 경우 점검사항으로 틀린 것은?

① 공회전속도 제어 시스템을 점검한다.

② 삼원 촉매장치의 정화상태를 점검한다.

③ 흡입공기 누설을 점검한다.

④ 스로틀바디를 점검한다.

43 점화 2차 파형 분석에 대한 내용으로 틀린 것은?

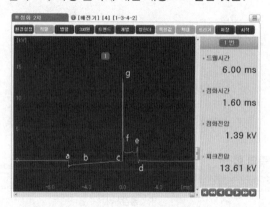

① 점화전압이 공회전 시 1~1.5kV가 되는지 점검

② 드웰시간이 공회전 시 15~20ms가 되는지 점검

③ 점화시간이 공회전 시 1~1.7ms가 되는지 점검

④ 2차 피크전압이 10~15kV가 되는지 점검

44 공기식 브레이크 장치의 구성품과 거리가 먼 것은?

① 하이드로 에어백　　② 브레이크 밸브

③ 릴레이 밸브　　　　④ 브레이크 챔버

45 차량 속도계 시험 시 유의사항으로 틀린 것은?

① 롤러에 묻은 기름이나 흙을 닦아낸다.

② 시험 차량의 타이어 공기압이 정상인가 확인한다.

③ 리프트를 하강 상태에서 차량을 중앙으로 진입시킨다.

④ 시험 차량은 공차상태로 하고 운전자 1인이 탑승한다.

---

40 • 작동음 – 청진기
　• 저항 – 멀티테스터
　• 분사시간 – 자기진단기 또는 오실로스코프

41 제동 열효율 $\eta_e = \dfrac{632.5 \times BPS}{G \times H_L}$

여기서, BPS : 제동마력[PS], G : 시간당 연료소비량 [kg/h], H_L : 저위발열량[kcal/kg]

$0.31 = \dfrac{632.5 \times 92.6}{G \times 10500} \rightarrow G = 17.99$ [kg/h]

42 공회전 시 삼원촉매장치의 정화작용에 영향을 주며, 삼원 촉매장치가 공회전에 영향을 주는 것은 아니다.
공회전 시 배출가스 온도가 낮아(약 200~300℃) 삼원 촉매장치의 효율이 약 10% 이하로 떨어져 주행시와 비교하여 일산화탄소는 6.5배, 탄화수소는 2.5배 더 많이 배출된다.

43 [NCS 학습모듈]
오른쪽 정보를 의해 드웰시간(b)구간은 6.00ms임을 알 수 있다.

※ 드웰시간(Dwell time)은 점화에 필요한 전기적 에너지를 확보하기 위한 1차측 코일에 인가되는 통전시간을 말한다.

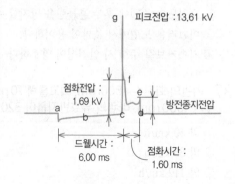

44 하이드로 에어백은 압축공기의 압력과 대기압의 차를 이용한 공기식 배력장치이다.

45 리프트 하강 시 구동바퀴가 시험기의 롤러 사이에 진입시킨다.

40 ④　**41** ②　**42** ②　**43** ②　**44** ①　**45** ③

46 ETACS 간헐와이퍼 제어의 입출력 요소 중 입력요소에 해당하는 것은?

① 와이어 릴레이 및 인트 타이머(INTT)

② 인트(INT) 및 인트 타이머(INTT) 스위치

③ 인트(INT) 스위치 및 시동 스위치

④ 인트(INT) 스위치 및 라이트 스위치

47 자동차에서 다중 통신장치 계통을 점검 및 수리할 때 유의사항으로 거리가 먼 것은?

① 배선 작업이 필요하면 단락시켜 실시한다.

② 점화스위치 OFF 상태에서 커넥터 단품 등을 분리한 후 수리한다.

③ 리모컨이나 모듈 등은 충격을 주지 않는다.

④ 규정된 전압으로 시뮬레이션 한다.

48 자동차 발전기 풀리에서 소음이 발생할 때 교환 작업에 대한 내용으로 틀린 것은?

① 배터리의 (−) 단자부터 탈거한다.

② 전용 특수공구를 사용하여 풀리를 교체한다.

③ 구동벨트를 탈거한다.

④ 배터리의 (+) 단자부터 탈거한다.

49 크랭크샤프트 포지션 센서 부착 시 O링에 도포하는 것은?

① 휘발유 　　　　　② 경유

③ 엔진 오일 　　　　④ 브레이크액

50 평균유효압력이 4 kgf/cm² 행정체적이 300 cc인 2행정 사이클 단기통 기관에서 1회의 폭발로 몇 kgf·m의 일을 하는가?

① 6 　　　　　　　② 8

③ 10 　　　　　　　④ 12

51 동력조향장치의 작동유가 갖추어야 할 성질이 아닌 것은?

① 윤활성 및 유동성이 좋아야 한다.

② 온도 변화에 대한 점도 변화가 적어야 한다.

③ 산화 안정성을 무시한다.

④ 밀봉재를 변질시키지 말아야 한다.

52 기관의 분해 정비를 결정하기 위해 기관을 분해하기 전 점검해야 할 사항으로 거리가 먼 것은?

① 기관 운전 중 이상소음 및 출력점검

② 피스톤 링 갭(gap) 점검

③ 실린더 압축압력 점검

④ 기관 오일압력 점검

---

46 간헐와이퍼를 작동하려면 시동 스위치가 ON상태에서, 다기능 스위치 모드가 인트 스위치 ON 상태이어야 한다.

47 단락은 '쇼트'의 의미로, 전기장치의 고장 및 화재 발생의 결과를 초래하므로 단락시켜서는 안된다.

48 일반적으로 자동차 전장 교환 시 배터리 (−)단자부터 탈거해야 한다.

49 [NCS 학습모듈] 크랭크샤프트가 엔진 블록 하부에 위치하며, 크랭크샤프트 포지션 센서도 마찬가지이므로 O링 도포 시 엔진오일로 도포한다.

50 평균유효압력이란 1사이클 당 일량을 행정체적으로 나눈 값을 말한다. 즉 '일량(마력) = 평균유효압력×행정체적'을 의미한다.

일량(마력) = 평균유효압력×행정체적
$$= 4\,[kgf/cm^2]\times 300\,[cm^3] \quad \leftarrow 1cc = 1cm^3$$
$$= 1200\,[kgf\cdot cm] = 12\,[kgf\cdot m]$$

※ 알아두기) 유압 관련 다른 자격증 공부에서 '실린더의 **일량 = 압력 × 체적**' 공식은 기본이므로 암기해두면 좋습니다.

51 작동유(오일)는 산화 및 열화 안정성이 좋아야 한다. 오일은 공기와의 노출이나 장시간 열에 노출될 경우 성상이 변화하여 점도가 변하는 등 오일 성능이 떨어진다.
②는 점도지수, ④는 시일(seal)을 말한다.

52 실린더 압축압력시험을 통해 엔진 성능이 현저하게 저하될 때 분해·수리여부를 결정한다. 실린더 헤드 개스킷 불량, 헤드 변형, 실린더 벽, 피스톤 링 마멸, 밸브 불량 등을 판정할 수 있다.
※ 피스톤 링 갭은 기관 분해 후 점검사항이다.

 정답

46 ③　47 ①　48 ④　49 ③　50 ④　51 ③
52 ②

chapter 06

53 LPG자동차의 계기판에서 연료계의 지침이 작동하지 않는 결함 원인으로 옳은 것은?

① 필터 불량　　　　② 인젝터 결함
③ 액면계 결함　　　　④ 연료펌프 불량

54 축전지를 3A로 연속방전하여 방전 종지전압에 이를 때까지 15시간이 소요되었다면 이 축전지의 용량은?

① 50Ah　　② 5Ah　　③ 45Ah　　④ 20Ah

55 휠 얼라인먼트 시험기의 측정항목이 아닌 것은?

① 토인　　　　② 캐스터
③ 킹핀 경사각　　　　④ 휠 밸런스

56 사이드슬립 측정 전 준비사항으로 틀린 것은?

① 타이어의 공기압력이 규정압력인지 확인한다.
② 보닛을 위·아래로 눌러 ABS 시스템을 확인한다.
③ 바퀴를 잭으로 들고 위·아래로 흔들어 허브유격을 확인한다.
④ 바퀴를 잭으로 들고 좌·우로 흔들어 엔드 볼 및 링키지를 확인한다.

57 변속기의 변속비를 구하는 식으로 옳은 것은?

① $\dfrac{주축}{부축} \times \sqrt{\dfrac{부축}{주축}}$　　② $\dfrac{주축}{부축} \times \dfrac{주축}{부축}$

③ $\dfrac{부축}{주축} \times \dfrac{주축}{부축}$　　④ $\dfrac{부축}{주축} \times \dfrac{부축}{주축}$

58 디젤엔진의 정지방법에서 인테이크 셔터(intake shutter)의 역할에 대한 설명으로 옳은 것은?

① 압축압력을 차단　　　　② 흡입공기를 차단
③ 연료를 차단　　　　④ 배기가스를 차단

59 4기통 4행정 사이클 기관이 1800rpm으로 운전하고 있을 때 행정거리가 75mm인 피스톤의 평균속도(m/s)는?

① 2.35　　② 2.45　　③ 4.5　　④ 2.55

60 점화플러그의 점검사항으로 틀린 것은?

① 플러그 접지 전극 온도
② 중심 전극의 손상 여부
③ 단자 손상 여부
④ 세라믹 절연체의 파손 및 손상 여부

---

53 계기판의 연료계는 봄페에 설치된 플로트식 액면계의 액면 높이에 의해 지침이 표시된다.

54 축전지의 용량
= 방전전류[A]×방전 종지 전압까지의 연속방전시간[h] = 3×15 = 45 [Ah]

55 • 휠 밸런스 : 휠과 타이어를 결합할 때 생기는 무게중심을 맞춰 균형을 잡아주는 작업 (핸들에 진동이 느껴질 경우)
• 휠 얼라인먼트 : 자동차의 주행 중 앞바퀴의 직진성, 방향성, 복원을 목적으로 토인, 캐스터, 킹핀 경사각을 조정하여 바퀴의 위치, 방향 및 상호 관련 성능을 올바르게 유지하는 정렬상태를 말한다.

56 사이드슬립 측정 　이론 관련　 248페이지

　이론 관련　 176페이지
57 기어비 = $\dfrac{출력축\ 기어}{입력축\ 기어}$ 이므로 이를 변속기에 대입하면

$\dfrac{부축\ 기어}{주축\ 기어} \times \dfrac{주축\ 기어}{부축\ 기어}$

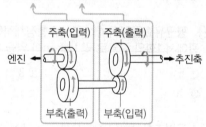

59 피스톤 평균속도$(v) = \dfrac{LN}{30}$ [m/s]
여기서, L : 행정[m], N : 엔진 회전수[rpm]
∴ $v = \dfrac{0.075 \times 1800}{30} = 4.5$ [m/s]

 정답

53 ③　**54** ③　**55** ④　**56** ②　**57** ③　**58** ②
59 ③　**60** ①

최신 CBT 모의고사 제5회

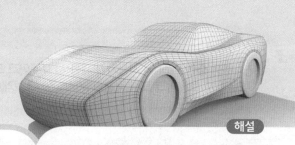

▶ 실력테스트를 위해 문제 옆 해설란을 가리고 문제를 풀어보세요.

01 지르코니아 산소센서에 대한 설명으로 옳은 것은?

① 산소센서는 흡기 다기관에 부착되어 산소농도를 감지한다.
② 산소센서는 최고 1V의 기전력을 발생한다.
③ 농후한 혼합기가 흡입될 때 약 0.4V의 기전력이 발생한다.
④ 배기가스 중 산소농도를 감지하여 NOx 저감 목적으로 설치한다.

02 브레이크 패드 교환 시 필요한 공구는?

① 브레이크 라이닝 조절기
② 엔드볼 풀러
③ 패드 리무버
④ 캘리퍼 피스톤 압축기

03 고휘도 방전램프를 정비할 때 안전사항으로 틀린 것은?

① 전구가 장착되지 않은 상태에서 스위치를 작동하지 않는다.
② 일반 전조등 전구로 교환이 가능하다.
③ 전원 스위치를 OFF하고 작업한다.
④ 전구 홀더와 전구를 정확히 고정한다.

04 엔진 냉각수 과열 시 점검 항목으로 틀린 것은?

① 수온 조절기 탈거 후 열림 상태 점검
② 워터펌프 구동 상태
③ 유온센서 작동 상태
④ 냉각수온에 따른 팬 모터 작동 상태

05 점화장치의 구성부품의 단품 점검 사항으로 틀린 것은?

① 점화플러그는 간극게이지를 활용하여 중심전극과 접지전극 사이의 간극을 측정한다.
② 고압케이블은 멀티테스터를 활용하여 양 단자간의 저항을 측정한다.
③ 폐자로 점화코일의 1차 코일은 멀티테스터로 점화코일 (+)와 (−) 단자간의 저항을 측정한다.
④ 폐자로 점화코일의 2차코일은 멀티테스터로 점화코일의 중심단자와 (+) 전극 사이의 저항을 측정한다.

이론 관련 129페이지

01 [중복] 산소센서는 배기 다기관에 설치되어 배기가스 중의 산소농도를 감지하여 ECU에 피드백하여 이론 공연비로 제어하는 역할을 한다. 산소센서는 배기가스의 산소농도에 따라 0.1(과희박)~0.9V(과농후)의 기전력을 발생한다.

02 캘리퍼 피스톤 압축기(패드 교환기)는 패드 마모시 캘리퍼 피스톤이 앞으로 튀어나와 있으므로 새 패드로 교환하기 위해 공간확보를 위해 피스톤을 밀어넣기 위해 사용된다.

03 [중복]

04 [기출 변형] 엔진 과열 원인
냉각수 부족, 라디에이터 캡 불량, 워터펌프 불량, 펌프 구동벨트 불량, 냉각팬 불량, 워터펌프 불량, 서모스탯 불량, 라디에이터 및 냉각수 호스 막힘, 냉각수온센서 불량, ECU 불량
※ 유온센서는 자동변속기의 사용된다.

05 [NCS 학습모듈]
① 점화플러그의 간극 : 중심전극과 접지전극 사이 (1.0~1.1mm)
③ 1차 코일 저항 : 점화코일 (+), (−) 단자 사이
④ 2차 코일 저항 : 점화코일의 중심단자와 점화코일의 (−) 단자 사이

※ 중심단자 : 2차 코일에서 발생된 고전압을 점화플러그에 보내는 고전압 단자

정답

01 ② **02** ④ **03** ② **04** ③ **05** ④

chapter **06**

06 주행 중인 2ton의 자동차가 제동 시 브레이크 드럼에 작용하는 힘이 2000 N, 브레이크 드럼 직경이 30 cm 일 때 브레이크 드럼에 작용하는 회전력(N·m)은? (노면과의 마찰계수는 0.3이다)

① 7

② 45

③ 150

④ 90

06 [중복] 회전력(토크) = 힘×회전반지름
= 2000 N×0.15 m = 300 N·m
마찰계수가 언급되어 있으면 곱한다.
∴ 300 N·m×0.3 = 90 N·m

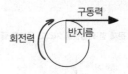

07 납산축전기의 충방전 중의 화학작용을 설명한 것으로 틀린 것은?

① 배터리 방전 시 (+) 극판의 과산화납은 점차 황산납으로 변화한다.

② 배터리 충전 시 (+) 극판의 황산납은 점차 과산화납으로 변화한다.

③ 배터리 방전 시 전해액의 묽은 황산은 물로 변한다.

④ 배터리 충전 시 (−) 극판에는 산소가, (+) 극판에는 수소를 발생시킨다.

07 축전지의 충·방전시 화학반응

[완전 충전시]　　　　[완전 방전시]
⊕극판　전해액　⊖극판　　⊕극판　전해액　⊖극판
$PbO_2 + 2H_2SO_4 + Pb \rightleftharpoons PbSO_4 + 2H_2O + PbSO_4$
과산화납　묽은 황산　해면상납　　황산납　물　황산납
(산소 발생)　　　　　(수소 발생)

08 피스톤의 1번 압축링의 이음 간극은 다른 링의 이음 간극보다 조금 크다. 그 이유로 적합한 것은?

① 오일의 흐름을 원활하게 하기 위해

② 제1 압축링의 열팽창을 고려하기 위해

③ 제1 압축링의 마멸량이 가장 적기 때문

④ 오일을 긁어 내리기 위해

08 압축링 : 기밀유지·열전도 목적이며, 특히 1번 압축링은 연소실의 발생하는 폭발열을 직접 받으므로 열팽창을 고려하여 이음간극(절개부)이 가장 크다.

09 공랭식 냉각장치의 특징에 관한 설명으로 틀린 것은?

① 기후 및 운전상태 등에 따라 기관 온도 변화가 적다.

② 정상 온도에 도달하는 시간이 짧다.

③ 구조가 간단하고, 마력 당 중량이 가볍다.

④ 냉각수 동결 및 누설에 대한 우려가 없다.

09 공랭식은 기후, 운전상태에 따라 기관의 온도 변화가 크고, 냉각이 균일하지 못한 단점이 있다.

10 4기통 디젤엔진의 예열회로를 점검한 결과, 예열플러그 1개당 저항이 15Ω 이었다. 회로를 직렬연결이며, 전압이 12V일 때 회로에 흐르는 전류는?

① 0.2 A　　　　　② 2 A

③ 20 A　　　　　④ 5 A

10 [중복] 직렬합성저항 : 15×4 = 60 Ω
오옴의 법칙 $I = \dfrac{E}{R} = \dfrac{12}{60} = 0.2$ [A]

11 패치를 이용한 타이어 수리의 설명으로 올바르지 않은 것은?

① 주로 관통에 의해 직경 2~3mm 정도의 파손부위가 작을 때 적합하다.

② 패치를 붙일 자리는 철솔로 거칠게 연마한 후 내부를 충분히 닦아낸다.

③ 손상면의 크기보다 패치의 크기가 여유있는 것을 선택한다.

④ 패드 부착 후 충분히 밀착될 수 있도록 고무망치로 두드린다.

11 [NCS 학습모듈 휠·타이어·얼라인먼트정비]
①은 플러그를 이용한 타이어 수리방법에 해당한다.

06 ④　07 ④　08 ②　09 ①　10 ①　11 ①

12 디젤 노즐 시험기(Injection Pump Tester)로 확인할 수 없는 것은?

① 분무 상태　　　　　② 분사초기 압력
③ 연료 후적 유무　　　④ 연료 점도 상태

13 4행정 기관에서 실린더 수가 6일 때 폭발행정이 일어나는 크랭크축 각도는?

① 36°　　　　　② 90°
③ 120°　　　　④ 240°

14 타이어의 공기압이 낮을 경우 미치는 영향에 해당하는 것은?

① 승차감이 떨어진다.
② 트레드의 중앙부가 빨리 마모된다.
③ 접지력 저하로 제동성능이 저하된다.
④ 주행저항이 커져 연료소비량이 많아진다.

15 현가장치 정비작업 시 유의사항으로 적합하지 않은 것은?

① 볼트, 너트는 규정토크로 조여야 한다.
② 부품의 분해 및 조립은 순서에 의한다.
③ 각종 볼트 및 너트는 규정된 공구를 사용한다.
④ 현가장치 부품을 조일 때 반드시 바이스를 사용하여 죠를 꽉 조이고 고정 시켜야 한다.

16 유압식 조향장치 부품 교환 후 에어빼기 작업방법으로 틀린 것은?

① 규정오일을 사용한다.
② 조향핸들을 좌우로 돌려가며 실시한다.
③ 가속페달을 밟으며 실시한다.
④ 리저버 탱크 캡을 열어야 한다.

17 타이어 구조에서 노면과 직접 접촉하는 부분은?

① 트레드　　　　② 카커스
③ 비드　　　　　④ 숄더

18 연료압력조절기 교환 방법에 대한 설명으로 틀린 것은?

① 연료압력조절기 딜리버리 파이프(연료 분배 파이프)에 장착할 때 O링은 기존 연료압력조절기에 장착한 것을 사용한다.
② 연료압력조절기 고정 볼트 또는 로크너트를 푼 다음 연료압력조절기를 탈 거한다.
③ 연료압력조절기와 연결된 리턴호스와 진공호스를 탈거한다.
④ 연료압력조절기를 교환한 후 시동을 걸어 연료누설 여부를 점검한다.

---

12 • 노즐 시험기 – 분사초기압력, 분무상태, 후적 유무
• 디젤 인젝션 펌프의 시험항목 – 누설 시험, 송출압력 시 험, 공급압력 시험

13 4행정 기관은 크랭크축 2회전시 폭발이 1회 발생되므로
크랭크축 각도 = $\frac{720°}{6}$ = 120°

14 • 공기압이 높으면 : 승차감 불량, 접지면적이 줄어듦, 트레드의 중앙부의 마모 촉진
• 공기압이 낮으면 : 조향력이 커짐, 타이어 바깥쪽 이 닳아 편마모가 발생, 주행저항이 커져 연료소비량 이 많아짐

15 [중복] 바이스를 이용하면 조(jaw)의 세레이션에 의해 부 품이 손상될 수 있으므로 모든 부품에 반드시 사용하 지 않는다.

16 [NCS 학습모듈]
1. 리저버 탱크에 오일을 규정값으로 채우고 엔진 시동 후 공전상태로 둔다.
2. 리저버 탱크의 캡을 열어둔다.
3. 리저버 탱크에 공기방울이 없어질 때까지 조향 핸들 을 좌/우로 반복해서 회전시킨다.
4. 에어빼기 후 리저버의 오일량이 규정값 이내에 있는 지 확인하고 보충한다.

17 [기초]

18 [기초] O링은 장치 정비·교환 시 신품으로 교체해야 한다.

정답

12 ④　**13** ③　**14** ④　**15** ④　**16** ③　**17** ①
18 ①

chapter 06

19 기동전동기에서 회전력을 엔진의 플라이휠에 전달하는 것은?

① 브러시　　　　　　② 시동 스위치

③ 아마추어　　　　　④ 피니언 기어

19 기동전동기의 전기자축 끝에 피니언 기어를 장착되어 플라이휠의 링기어과 맞물려 전동기의 구동력(토크)이 플라이휠에 전달한다.

20 자동차 기관의 실린더 마멸량을 측정할 때 측정기구로 사용할 수 없는 것은?

① 실린더 보어 게이지

② 내측 마이크로미터

③ 플라스틱 게이지

④ 텔레스코핑 게이지와 외측 마이크로미터

20 [기출 변형] 실린더의 마멸량 및 내경 측정 도구
- 실린더 보어 게이지
- 내측 마이크로미터
- 외측 마이크로미터와 텔레스코핑 게이지

21 옥탄가 측정에서 이소옥탄 70%, 노멀헵탄 30%일 때 옥탄가는?

① 30%　　　　　　② 40%

③ 60%　　　　　　④ 70%

21 옥탄가(O.N) $= \dfrac{\text{이}소옥탄}{\text{이}소옥탄 + \text{노}멀헵탄} \times 100\,[\%]$

$= \dfrac{70}{70+30} \times 100 = 70\,[\%]$

22 자동차의 무게 중심위치와 조향 특성과의 관계에서 조향각에 의한 선회 반지름보다 실제 주행하는 선회 반지름이 작아지는 현상은?

① 파워 스티어링　　　② 언더 스티어링

③ 오버 스티어링　　　④ 뉴트럴 스티어링

22
- 뉴트럴(neutral) 스티어링 : 정상 선회반경
- 오버(Over) 스티어링 : 선회 시 조향각도를 일정하게 유지해도 선회 반경이 작아지는 현상
- 언더(Under) 스티어링 : 선회 시 조향각도를 일정하게 유지해도 선회 반경이 커지는 현상

23 유압식 제동장치에서 제동력이 떨어지는 원인으로 가장 거리가 먼 것은?

① 유압장치에 공기 유입　　② 기관 출력 저하

③ 브레이크 오일 압력의 누설　　④ 패드 및 라이닝에 이물질 부착

23 제동력과 기관 출력과는 무관하다.

24 점화플러그 간극 조정 시 일반적인 규정값은?

① 약 0.5 mm　　　　② 약 1 mm

③ 약 2 mm　　　　　④ 약 3 mm

24 점화플러그의 일반적인 규정값은 약 **❶**mm이다.

25 맵센서 단품 점검진단수리 방법에 대한 설명으로 틀린 것은?

① 측정된 맵센서와 TPS 파형이 비정상인 경우에는 맵센서 또는 TPS 교환 작업을 한다.

② 엔진 시동을 ON하고 가·감속하면서 파형을 점검한다.

③ 키 스위치 ON 후 스캐너를 연결하고, 오실로스코프 모드를 선택한다.

④ 점화스위치를 OFF하고 맵 센서 및 TPS 신호선에 프로브를 연결한다.

25 [NCS 학습모듈] 키 스위치 OFF 후 스캐너를 연결하고, 오실로스코프 모드를 선택하여 맵센서와 TPS 신호선에 프로브를 연결한다. 그리고 엔진 시동 ON하고 가·감속하면서 파형을 점검한다.

정답

19 ④　**20** ③　**21** ④　**22** ③　**23** ②　**24** ②

25 ③

26 자동차 타이어 공기압에 대한 설명으로 옳은 것은?

① 비오는 날 도로 주행 시 공기압을 15% 정도 낮춘다.

② 웅덩이 등에 바퀴가 빠질 우려가 있으면 공기압을 15% 정도 높인다.

③ 좌우 바퀴의 공기압이 차이가 날 경우 제동의 편차가 발생 할 수 있다.

④ 공기압이 높으면 트레드 양단이 마모된다.

27 종감속 장치(베벨 기어식)에서 구동피니언과 링기어의 접촉상태의 종류가 아닌 것은?

① 페이스 접촉   ② 캐스터 접촉

③ 토 접촉   ④ 힐 접촉

28 제동력 검사기준에 대한 설명으로 틀린 것은?

① 좌우 차바퀴 제동력의 차이는 해당 축중의 20% 이내이어야 한다.

② 각 축의 제동력은 해당 축중의 50% 이상이어야 한다.

③ 모든 축의 제동력의 합이 공차중량의 50% 이상이어야 한다.

④ 주차제동력의 합은 차량 중량의 20% 이상이어야 한다.

29 주행계기판의 수온계가 작동하지 않을 경우 냉각 회로에서 점검이 필요한 것은?

① 에어컨 압력 센서   ② 냉각수온 센서

③ 크랭크 포지션 센서   ④ 공기유량 센서

30 방향 지시등 전구의 점멸이 정상속도보다 빠를 때의 원인으로 옳은 것은?

① 용량이 큰 전구를 사용   ② 한쪽 전구 단선

③ 퓨즈 단선   ④ 스위치 불량

31 기관에서 공기 과잉률이란?

① 이론 공연비   ② 실제 공연비÷이론 공연비

③ 실제 공연비   ④ 이론 공연비÷실제 공연비

32 자동차 연료가 불완전 연소할 때 많이 발생하는 무색, 무취의 가스는?

① HC   ② CO

③ NOx   ④ CO_2

33 전자제어 연료장치에서 기관이 정지된 후 연료압력이 급격히 저하되는 원인으로 옳은 것은?

① 연료의 리턴 파이프가 막혔을 때

② 연료 필터가 막혔을 때

③ 연료펌프의 체크밸브가 불량할 때

④ 연료펌프의 릴리프밸브가 불량할 때

---

26 ① 비오는 날 도로 주행 시 공기압을 높인다.

② 웅덩이 등에 바퀴가 빠질 우려가 있으면 공기압을 낮추어 접지면적을 크게 한다.

④ 공기압이 높으면 타이어 중간이 마모된다.

이론 관련 194페이지

27 구동피니언과 링기어의 접촉 상태 종류

정상 접촉, 힐(heel) 접촉, 토(toe) 접촉, 페이스 접촉, 플랭크 접촉

이론 관련 248페이지

28 제동력 검사기준

- 모든 축의 제동력의 합이 공차중량의 50% 이상
- 각 축의 제동력은 해당 축중의 50%(뒤축의 제동력은 해당 축중의 20%) 이상일 것
- 동일 차축의 좌·우 차바퀴 제동력의 차이는 해당 축중의 **8**% 이내일 것
- 주차제동력의 합은 차량 중량의 20% 이상일 것

29 냉각수온 센서는 실린더 헤드의 워터재킷에 설치되며 엔진의 냉각수 온도를 측정하며, 계기판의 수온계에 측정값을 지시하는 역할도 한다.

30 방향지시등의 점멸 속도가 빨라지는 원인

- 전구 중 하나가 단선되거나 고장
- 전구 중 하나가 규정 전구가 아님
- 플래셔 유닛의 고장

31 공기 과잉률이란 실제 엔진에 공급된 공연비와 이론 공연비와의 비를 말한다.

32 불완전 연소를 하는 경우 탄화수소(HC), 일산화탄소(CO)가 많이 발생한다. CO는 냄새가 나지 않으나, HC는 석유 냄새가 난다.

33 체크밸브는 엔진 정지 후 잔압을 유지시키므로 만약 열린 상태에서 엔진이 정지되면 잔압이 유지되지 못하므로 압력이 저하된다.

① : 연료압이 높아짐

②, ④ : 기관 작동 중 연료압이 낮아짐

정답

26 ③   **27** ②   **28** ①   **29** ②   **30** ②   **31** ②

32 ②   **33** ③

chapter 06

34 폐자로 타입의 점화코일 1차 저항에 대한 점검으로 틀린 것은?

① 저항 측정위치로 테스터기를 설정
② 무한대로 표시된 경우 관련 배선 정상
③ 규정값보다 낮은 경우 내부회로 단락
④ 멀티 테스터를 이용하여 점검

35 일량과 SI 단위와 공학단위와의 관계로 틀린 것은?

① 1 W = 1 J/s
② 1kgf·m = 9.8J
③ 1 J = 9.8 N·m
④ 1 PS = 75 kg·m/s

36 유효반지름이 0.5m인 바퀴가 600 rpm으로 회전할 때 차량의 속도는?

① 약 10.987 km/h
② 약 25 km/h
③ 약 50.92 km/h
④ 약 113.04 km/h

37 엔진오일의 유압이 규정값보다 높아지는 원인이 아닌 것은?

① 엔진 과냉
② 유압조절밸브 스프링의 장력이 과다
③ 오일량 부족
④ 윤활라인의 일부 또는 전부가 막힘

38 윤활 회로 압력 점검 방법에 대한 설명으로 옳은 것은?

① 공회전 상태에서 오일 압력이 0.3kgf/cm² 이하가 되면 오일 경고등이 소등되는데, 이때에는 오일펌프 또는 베어링 각 부의 마멸이나 오일 스트레이너의 막힘, 오일 필터의 막힘 등을 생각할 수 있다.
② IG ON 상태에서는 오일 경고등이 소등되어야만 하고, 시동을 걸어 오일 압력이 0.3~1.6kgf/cm²정도를 형성하면 경고등이 점등되는 것이다.
③ 일반적으로 엔진 온도 80℃, 엔진 회전수 2,000rpm 정도에서 최소한 2kgf/cm²정도의 압력이 유지되어야 한다.
④ IG ON 상태에서 윤활회로 압력과 오일 경고등의 전기회로를 점검한다.

39 전자제어 연료분사장치의 고장 진단 및 점검에 사용되는 스캐너로 직접적으로 진단할 수 있는 항목이 아닌 것은?

① 엔진의 피드백 제어장치 작동상태
② 배기가스 제어장치의 삼원촉매장치 이상 유무
③ ECU(Electic Control Unit)의 자기진단 기능
④ 크랭크각센서 및 1번 TDC 센서 이상 유무

---

34 [NCS 학습모듈] **점화 코일 1차 저항 점검(폐자로 타입)**
- 멀티 테스터의 셀렉터를 저항(Ω)으로 선정한다.
- 점화코일 내부 저항 점검에서 1차 코일의 저항 측정은 멀티 테스터의 적색 테스터 리드선을 점화코일의 (+) 단자선에, 흑색 테스터 리드선을 점화코일의 (−) 단자선에 접촉하여 측정한다.
- 규정값보다 낮은 경우 내부 회로가 단락된 것이며, 무한대로 표시된 경우 배선이 단선된 것으로 판단한다.

35 1 J = 1 N·m

이론 관련 199페이지
36 [14-4 기출] 주행속도 $V = \dfrac{\pi DN}{R_t \times R_f} \times \dfrac{60}{1000}$ [km/h]

여기서, D : 바퀴의 직경[m], N : 엔진의 회전수[rpm], R_t : 변속비, R_f : 종감속비

문제에서 엔진의 회전수가 아닌 바퀴의 회전수가 제시되었으므로 '총감속비$(R_t \times R_f)$'로 나눌 필요가 없다.

$V = \pi \times 1 \times 600 \times \dfrac{60}{1000} = 113.04$ [km/h]

37 유압 상승 원인
- 엔진 과냉으로 인한 오일 점도가 높아짐
- 윤활라인 내의 일부가 막힘
- 오일 필터의 막힘
- 유압조절밸브 스프링의 장력이 과다

※ 오일량이 부족하면 낮아지는 원인이다.

38 [NCS 학습모듈] **윤활 회로 압력 점검**
- 규정 속도에서 윤활회로 압력과 오일 경고등의 전기 회로를 점검
- 일반적으로 엔진 온도 80℃, 엔진 회전수 2,000rpm 정도에서 최소한 2kgf/cm² 정도의 압력이 유지
- 또한, IG ON 상태에서는 오일 경고등이 점등 되어야만 하고, 시동을 걸어 오일 압력이 0.3~1.6kgf/cm² 정도를 형성하면 경고등이 소등
- 만약 공회전 상태에서 오일 압력이 0.3kgf/cm² 이하가 되면 오일 경고등이 계속 점등되는데, 이 때에는 오일펌프 또는 베어링 각 부의 마멸이나, 오일 스트레이너의 막힘, 오일 필터의 막힘 등을 생각할 수 있다.

※ 일반적으로 IG ON 시에는 오일 경고등이 점등되었다가 시동 후에는 오일 경고등이 소등된다.

이론 관련 131페이지
39 [난이도 상] 삼원촉매 점검은 촉매 전단에 장착된 산소센서의 피드백 제어 여부로 알 수 있다. 즉, 스캐너를 사용한 삼원촉매의 고장 진단은 신호를 주고받는 부품이 아니므로 직접 진단은 불가능하나, 촉매효율을 제어하는 산소센서(피드백 제어장치)의 파형을 활용하는 간접적으로 진단할 수 있다.

34 ② **35** ③ **36** ④ **37** ③ **38** ③ **39** ②

40 축거 3m 바깥쪽 앞바퀴의 최대회전각 30° 안쪽 앞바퀴의 최대회전각은 45°일 때의 최소회전반경은? (단, 바퀴의 접지면과 킹핀 중심과의 거리는 무시한다.)

① 15m ② 12m

③ 10m ④ 6m

40 최소 회전반경 $R[m] = \dfrac{L}{\sin\alpha} + r$

- L : 축간거리 = 축거 [m]
- α : 바깥쪽 앞바퀴의 조향 각도
- r : 타이어 중심선에서 킹핀 중심선까지의 거리[m]

$R = \dfrac{3}{\sin 30°} + 0 = \dfrac{3}{0.5} = 6 \,[m]$

41 수동변속기 동력전달장치에서 마찰 클러치판에 대한 내용으로 틀린 것은?

① 클러치판은 플라이휠과 압력판 사이에 설치된다.

② 온도변화에 대한 마찰계수의 변화가 커야 한다.

③ 토션 스프링은 클러치 접촉시 회전충격을 흡수한다.

④ 쿠션 스프링은 접촉시 접촉충격을 흡수하고 서서히 동력을 전달한다.

41 클러치판에 대한 설명은 ①, ③, ④ 항 이외에 온도변화에 대한 마찰계수의 변화가 작아야 한다.

42 어느 기관의 회전저항이 7kgf·m 이고, 플라이휠의 링기어 잇수가 115개, 기동전동기 피니언의 잇수가 9개일 때 기동 전동기에 필요한 회전력은?

① 약 0.3 kgf·m

② 약 0.55 kgf·m

③ 약 1.52 kgf·m

④ 약 3.27 kgf·m

개념 이해 303페이지

42 [08-4 기출] 회전력 T = 회전저항 × $\dfrac{\text{피니언 잇수}}{\text{링기어 잇수}}$

$= 7 \,[kgf\cdot m] \times \dfrac{9}{115} \fallingdotseq 0.55 \,[kgf\cdot m]$

43 비중이 1.280(20℃)의 묽은 황산 1L 속에 35%(중량)의 황산이 포함되어 있다면 물은 몇 g 포함되어야 하는가?

① 932 ② 832

③ 719 ④ 819

43 비중이 1.280이므로 묽은 황산 1리터는 1280g이다. 이 중의 65%가 물이다. 1280×0.65 = 832g

44 안전띠 조절장치(2점식)의 정지상태에서의 하중에 관한 기준에서 강도는 인장하중의 몇 [N]에서 분리되거나 파손되지 않아야 하는가?

① 14700

② 11900

③ 9900

④ 9800

44 [법규] 좌석안전띠 성능기능에 의해 안전띠 조절장치(2점식) 및 버클은 인장하중 9800N의 하중에서 분리되거나 파손되지 않을 것

45 엔진오일 교환에 관한 사항으로 옳은 것은?

① 점도가 서로 다른 오일을 혼합하여 사용해도 된다.

② 재생오일을 사용하여 엔진오일을 교환한다.

③ 엔진오일 점검게이지의 F 눈금선을 넘지 않도록 하여 F 눈금선에 가깝게 주입한다.

④ 엔진오일 점검게이지의 L 눈금선에 정확하게 주입한다.

45 엔진오일 점검게이지의 'F(Full) – L(Low)' 사이에서 F 쪽에 가깝게 주입한다.

40 ④ **41** ② **42** ② **43** ② **44** ④ **45** ③

chapter 06

46 엔진의 흡입장치 구성요소에 해당되지 않는 것은?

① 촉매장치
② 서지탱크
③ 공기청정기
④ 레조네이터(resonator)

47 점화플러그에서 자기청정온도가 정상보다 높아졌을 때 나타날 수 있는 현상은?

① 조기점화
② 후화
③ 역화
④ 실화

48 클러치 스프링 점검과 관련된 내용으로 틀린 것은?

① 자유높이가 3% 이상 감소 시 교환한다.
② 직각도 높이 100mm에 대하여 3mm 이상 변형 시 교환한다.
③ 클러치 스프링의 장력 변화는 운행에 영향을 주지 않는다.
④ 장력이 15% 이상 변화 시 교환한다.

49 차량의 주행저항 중 구름저항의 원인으로 틀린 것은?

① 타이어 접지부의 변형에 의한 것
② 노면 조건에 의한 것
③ 타이어의 미끄러짐에 의한 것
④ 자동차의 형상에 의한 것

50 아래 그림은 안전벨트 경고 타이머의 작동상태를 나타내고 있다. 안전벨트 경고등의 작동주기와 듀티값으로 옳은 것은?

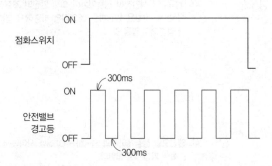

① 주기 : 0.3초, 듀티 : 30%
② 주기 : 0.3초, 듀티 : 50%
③ 주기 : 0.6초, 듀티 : 30%
④ 주기 : 0.6초, 듀티 : 50%

---

46 촉매장치 : 유해가스(NOx, HC, CO)에 촉매작용을 통해 무해가스(H_2O, N_2, CO_2)로 변경하며, 배기장치에 속함
※ 서지탱크 : 흡입공기를 각 실린더로 분배하며, 스로틀 밸브 뒤에 부압(진공)이 발생되는 부분이다.
※ 레조네이터 : 흡기부의 공명음을 억제하기 위한 소음 장치이다.

이론 관련 313페이지

47 점화플러그의 전극부 자체 온도에 의해 카본을 태워 연소실에 노출된 절연체와 전극을 깨끗하게 하면서도 조기점화를 일으키지 않는 온도 범위를 '자기청정온도'라 하며, 이 온도 이상에서 조기점화가 나타날 수 있다.

- 자기청정온도가 정상보다 **높**을 때 : 조기점화
- 자기청정온도가 정상보다 **낮**을 때 : 실화

※ 자기청정온도 : 450~850°C

48 [기출 변형] 클러치 스프링의 장력에 의해 클러치판이 플라이 휠에 압착하므로 장력의 편차가 있으면 압착 시 평형상태가 불량하다.
※ ①, ②, ④는 스프링 교환 기준이다.

49 **구름저항**
- 바퀴가 수평 노면을 굴러갈 때 발생하는 저항
- 원인 : 노면의 굴곡, 타이어 접지부 저항, 타이어의 노면 마찰손실에서 발생
④는 공기저항에 영향을 준다.

이론 관련 353페이지

50 주기란 파형이 1회 반복하는데 걸리는 시간을 말한다. 여기서는 300ms(0.3초)이므로 주기는 600ms(0.6초)가 된다. 또한 1주기에서 ON/OFF시간이 같으므로 듀티값은 50%이다.

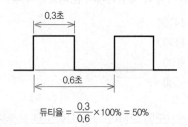

$$듀티율 = \frac{0.3}{0.6} \times 100\% = 50\%$$

46 ① 47 ① 48 ③ 49 ④ 50 ④

51 세이프티 파워 윈도우 장치에 대한 설명으로 틀린 것은? ☐☐☐

① 초기화는 세이프티 모터 및 유닛이 윈도우의 최상단을 인식하는 과정이다.

② 오토업 작동 중 부하가 감지되면 모터가 역회전한다.

③ 세이프티 유닛 교환 후 초기화 작업은 불필요하다.

④ 오토업, 다운 기능이 있다.

52 전압계 및 전류계로 발전기 출력전류를 점검하는 방법으로 옳은 것은? ☐☐☐

① 점화 스위치를 ON시키고 배터리 접지 케이블을 분리한다.

② 엔진을 2500rpm으로 증가시키면서 전류계에 나오는 최소 출력전류값을 측정한다.

③ 전류계의 측정치가 한계치보다 낮으면 발전기를 탈거하여 점검한다.

④ 엔진 시동을 걸고 전조등을 OFF 시키고 블로워 스위치를 High에 놓는다.

53 자동차 하체 작업에서 잭을 설치할 때의 주의할 점으로 틀린 것은? ☐☐☐

① 잭은 중앙 밑 부분에 놓아야 한다.

② 잭은 자동차를 작업할 수 있게 올린 다음에도 잭 손잡이는 그대로 둔다.

③ 잭만 받쳐진 중앙 밑 부분에는 들어가지 않는 것이 좋다.

④ 잭은 밑바닥이 견고하면서 수평이 되는 곳에 놓고 작업하여야 한다.

54 점화플러그의 품번 'BP6ES'에서 '6'이 의미하는 것은? ☐☐☐

① 제품 코드

② 나사의 지름

③ 플러그형

④ 열가

55 전동공구 사용 시 발생할 수 있는 감전사고에 대한 설명으로 틀린 것은? ☐☐☐

① 감전으로 인한 2차 재해가 발생할 수 있다.

② 공장의 전기는 저압교류를 사용하기 때문에 안전하다.

③ 전기 감전 시 사망할 수 있다.

④ 전기감전은 사전 감지가 어렵다.

56 냉각장치에서 냉각수의 비등점을 올리기 위한 장치는? ☐☐☐

① 물 재킷

② 압력식 캡

③ 라디에이터

④ 진공식 캡

---

51 [NCS 학습모듈] 수리 또는 배터리 교체 등으로 5분 이상 차량에서 배터리가 분리된 후 재연결을 하고 파워 스위치를 작동하면 수동 작동은 가능하지만 자동 모드로 작동하지 않는 경우가 있거나, B필러 기준으로 300mm까지만 작동하는 경우가 있다. 이럴 경우 파워 스위치를 초기화해야 한다.

52 [NCS 학습모듈] **충전 전류 시험**
- 자동차의 시동을 켜고, 전조등은 상향, 에어컨 ON, 블로워스위치 최대, 열선 ON, 와이퍼 작동 등 모든 전기 부하를 가동한다.
- 엔진의 회전 속도를 2,500 rpm으로 증가시키고, 전류계의 최대 출력값을 확인한다.
- 발전기의 충전 전류의 한계값은 정격 전류의 60% 이상이다. 측정값이 한계값 미만을 나타내면 발전기를 탈거하여 점검해야 한다.

53 부주의로 잭 손잡이 부분을 터치하면 차량이 떨어질 수 있으므로 손잡이 봉을 제거한다.

54 점화플러그의 표시기호

```
B P 6 E S
         └─── 표준형
       └───── 점화 플러그의 나사 길이
     └─────── 열가(열값)
   └───────── 자기 돌출형
 └─────────── 점화플러그의 나사 지름
```

55 공장의 전기는 고압(380V 교류)을 사용하므로 감전에 유의해야 한다.

56 비등점은 '끓기 시작하는 온도'를 말하며, 물은 100°C에서 끓으나 압력식 캡은 약 1.1bar의 압력을 가하여 약 120°C에서 끓게 하여 냉각온도 범위를 높인다.

51 ③ **52** ③ **53** ② **54** ④ **55** ② **56** ②

chapter 06

57 밸브 스프링의 서징현상을 방지하는 방법으로 맞는 것은?

① 스프링의 고유진동수를 낮춘다.

② 피치가 적은 스프링을 사용한다.

③ 피치가 서로 같은 2중 스프링을 사용한다.

④ 원추형 스프링을 사용한다.

58 축전지 전해액이 옷에 묻었을 경우 조치방법으로 옳은 것은?

① 걸레에 경유를 묻혀 닦아낸다.

② 헝겊에 알코올을 적셔 닦아낸다.

③ 옷을 벗고 몸에 묻은 전해액을 물로 씻는다.

④ 공기로 불어낸다.

59 방독마스크를 착용해야 하는 장소와 거리가 먼 것은?

① 금속류, 산·알칼리류, 가스상태 물질류 등을 취급하는 작업장

② 할로겐 가스 또는 증기가 발생하는 장소

③ 아황산가스가 발생하는 장소

④ 산소가 발생하는 장소

60 다음 회로에서 스위치 ON/OFF 시 A점의 전압을 바르게 표기한 것은?
(단, 배선과 TR의 저항은 무시한다.)

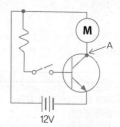

① ON : 0V, OFF : 12V

② ON : 0V, OFF : 0V

③ ON : 12V, OFF : 0V

④ ON : 12V, OFF : 12V

이론 관련 45페이지

57 [기출 변형] 밸브 스프링의 서징현상 방지
• 밸브 스프링의 고유 진동수를 높게 한다.
• 부등 피치 스프링이나 원추형 스프링을 사용한다.
• 고유 진동수가 서로 다른 2개의 스프링을 함께 사용한다.

58 – 상식

59 – 상식

60 [난이도 상] 전압강하와 NPN 트랜지스터의 기본 원리를 묻는 문제다.
스위치 OFF상태에서는 TR의 컬렉터(A)까지 12V가 대기한다.
스위치가 ON 되면(TR의 베이스에 전류가 흘러 스위칭작용) 대기했던 전원은 컬렉터-이미터-배터리⊖로 흐른다. 이때 전압강하에 의해 모터에서 전원이 소모되므로 A 지점에서는 0V가 된다.

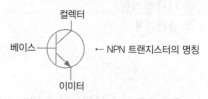

← NPN 트랜지스터의 명칭

※ 트랜지스터를 단순화시키면 다음과 같이 표현할 수 있다.

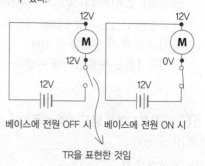

베이스에 전원 OFF 시   베이스에 전원 ON 시

TR을 표현한 것임

정답

57 ④   **58** ③   **59** ④   **60** ①

최신 CBT 모의고사 제6회

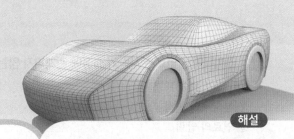

해설

▶ 실력테스트를 위해 문제 옆 해설란을 가리고 문제를 풀어보세요.

01 엔진 냉각장치의 교환작업에 해당하지 않는 것은?

① 핀 서모 밸브 교환
② 워터펌프 교환
③ 라디에이터 교환
④ 부동액 교환

01 핀 서모 밸브는 에어컨의 증발기 코어의 핀 온도를 감지하는 역할을 한다.

02 피스톤 링 및 피스톤 조립 시 올바른 방법이 아닌 것은?

① 모든 피스톤을 조립한 후에는 1번 실린더와 4번 실린더가 상사점에 올라오도록 맞추어 놓는다.
② 피스톤 링 압축 공구를 이용하여 피스톤 링을 압축한 후 망치를 이용하여 힘을 조절하여 조립한다.
③ 피스톤 링 1조가 4개로 되어 있을 경우 맨 밑에 압축 링을 먼저 끼운 다음 오일 링을 차례로 끼운다.
④ 피스톤 링 장착 방법은 링의 엔드 갭이 크랭크 축 방향과 크랭크 축 직각 방향을 피해 피스톤 링의 갯수에 따라 120~180도 간격으로 설치한다.

02 [NCS 학습모듈] 피스톤 링을 끼울 때 피스톤 아래에 오일 링을 끼우고, 피스톤 위에 압축링을 끼운다.

03 다음 내연기관에 대한 내용으로 맞는 것은?

① DOHC 엔진의 경우 반구형 연소실을 많이 사용한다.
② 워터재킷과 오일 주 통로는 실린더 헤드에 설치되어 있다.
③ 베어링 스프레드는 피스톤 핀 저널에 베어링을 조립시 밀착되게 끼울 수 있게 한다.
④ DOHC 엔진의 밸브 수는 16개이다.

이론 관련 43페이지

03 ① 연소실에는 반구형, 쐐기형, 지붕형, 욕조형 등이 있으며, 최근에 주로 사용되는 DOHC 엔진은 지붕형 연소실을 많이 사용한다. (흡·배기 밸브가 2개씩 장착)
② 워터재킷과 오일 주 통로는 실린더 블록에 설치되어 실린더를 냉각시키고, 크랭크축 베어링 및 실린더 및 피스톤 핀을 윤활한다.
④ 밸브 수는 정해진 것이 아니라 엔진 형태에 따라 다르게 할 수 있다.

04 디젤기관의 분사노즐에 대한 시험항목이 아닌 것은?

① 연료의 분사량
② 연료의 분사각도
③ 연료의 분무상태
④ 연료의 분사압력

이론 관련 107페이지

04 분사노즐 검사는 분사노즐 테스터로 하며 분사압력, 분사각도, 분무상태(후적)를 검사한다.
※ 연료의 분사량 시험은 분사펌프 시험기로 한다.

05 스로틀 포지션 센서의 점검 방법으로 틀린 것은?

① 전압 측정
② 전류 측정
③ 저항 측정
④ 스캐너를 이용한 측정

05 [NCS 학습모듈]
TPS는 스로틀 밸브의 개도량을 가변저항방식으로 측정하므로 저항과 전압으로 측정하며, 전류는 측정하지 않는다.
※ 스캐너는 저항, 전압, 전류 모두 측정 가능

 정답

01 ① **02** ③ **03** ③ **04** ① **05** ②

chapter 06

06 인젝터에서 연료 분사량의 결정에 관계되지 않는 것은?

① 니들밸브의 행정
② 분사구의 면적
③ 연료의 압력
④ 분사구의 각도

07 부특성 흡기온도 센서(ATS)에 대한 설명으로 틀린 것은?

① 흡기온도가 낮으면 저항값이 커지고, 흡기온도가 높으면 저항값은 작아진다.
② 흡기온도의 변화에 따라 컴퓨터는 연료분사 시간을 증감시켜주는 역할을 한다.
③ 흡기온도의 변화에 따라 컴퓨터는 점화시기를 변화시키는 역할을 한다.
④ 흡기온도를 뜨겁게 감지하면 출력전압이 커진다.

07 부특성 서미스터는 흡기온도가 (높)으면 저항값은 (작)아지므로, 출력전압은 (낮)아진다.

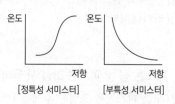

[정특성 서미스터]   [부특성 서미스터]

08 점화 플러그에 불꽃이 튀지 않는 이유 중 가장 거리가 먼 것은?

① 파워 TR 불량   ② 점화코일 불량
③ 발전기 불량   ④ ECU 불량

08 점화장치의 전원은 배터리이며, 발전기 불량과는 거리가 멀다.

09 냉각장치에서 냉각수의 비점을 올리기 위한 장치는?

① 워터재킷   ② 라디에이터
③ 진공 캡   ④ 압력 캡

이론 관련 158페이지
09 압력 캡은 냉각수에 압력을 주어 물의 비등점(비점)을 높임으로써 냉각 성능을 향상시키는 역할을 한다.

10 유해배출 가스 중 블로바이 가스의 배출 감소장치로 적당한 것은?

① 삼원촉매장치   ② 캐니스터
③ EGR밸브   ④ PCV밸브

이론 관련 127페이지
10 블로바이 가스의 저감 장치 : PCV밸브

11 연소실 체적이 40cc이고, 총 배기량이 1280cc인 4기통 기관의 압축비는?

① 7 : 1   ② 8 : 1
③ 9 : 1   ④ 10 : 1

이론 관련 23페이지
11 압축비(ε) = $\dfrac{\text{실린더 체적}}{\text{연소실 체적}}$ = $1+\dfrac{\text{행정 체적(배기량)}}{\text{연소실 체적}}$

총 배기량이 1280cc이므로 1개 실린더의 배기량은

$\dfrac{\text{총 배기량}}{\text{실린더 수}} = \dfrac{1280}{4} = 320cc$ 이다.

$\therefore \varepsilon = 1 + \dfrac{320}{40} = 9$

12 승용차에서 전자제어식 가솔린 분사기관을 채택하는 이유로 거리가 먼 것은?

① 고속 회전수 향상
② 유해 배출가스 저감
③ 연료소비율 개선
④ 신속한 응답성

12 회전수 향상은 실린더 수, 연료분사량 증가, 가속페달 열림 정도 등에 영향이 있다.

 정답

06 ④   07 ④   08 ③   09 ④   10 ④   11 ③
12 ①

13 배기가스의 CO, HC, NOx를 O_2, CO_2, N_2, H_2O 등으로 산화 또는 환원시키는 것은?

① 배기가스 재순환장치　　② 블로바이 가스 환원 장치
③ 삼원촉매장치　　　　　④ 증발가스 처리 장치

14 크랭크축 점검항목으로 틀린 것은?

① 크랭크축의 축방향 흔들림　② 크랭크축과 베어링 사이의 간극
③ 크랭크축의 휨　　　　　　④ 크랭크축의 중량

15 기관부품을 점검 시 작업 방법으로 가장 적합한 것은?

① 기관을 가동과 동시에 부품의 이상 유무를 빠르게 판단한다.
② 부품을 정비할 때 점화스위치를 ON상태에서 축전지 케이블을 탈거한다.
③ 출력전압은 쇼트 시킨 후 점검한다.
④ 산소센서의 내부저항을 측정하지 않는다.

16 가솔린 기관의 진공도 측정 시 안전에 관한 내용으로 적합하지 않은 것은?

① 기관의 벨트에 손이나 옷자락이 닿지 않도록 주의한다.
② 작업 시 주차브레이크를 걸고 고임목을 괴어둔다.
③ 리프트를 눈높이까지 올린 후 점검한다.
④ 화재 위험이 있을 수 있으니 소화기를 준비한다.

17 디젤기관에서 전자제어식 고압펌프의 특징이 아닌 것은?

① 동력 성능의 향상　　② 쾌적성 향상
③ 부가 장치가 필요　　④ 가속시 스모크 저감

18 디젤기관의 연료 분사 조건으로 부적당한 것은?

① 무화가 잘 되고, 분무의 입자가 작고 균일할 것
② 분무가 잘 분산되고 부하에 따라 필요한 양을 분사할 것
③ 분사의 시작과 끝이 확실하고, 분사 시기·분사량 조정이 자유로울 것
④ 회전속도와 관계없이 일정한 시기에 분사할 것

19 다이얼 게이지로 캠축의 휨을 측정할 때 올바른 설치방법은?

① 스핀들의 앞 끝을 기준면인 축(shaft)에 수직으로 설치한다.
② 스핀들의 앞 끝을 설치하기 편한 위치에 설치한다.
③ 스핀들의 앞 끝을 공작물의 우측으로 기울여 설치한다.
④ 스핀들의 앞 끝을 공작물의 좌측으로 기울여 설치한다.

---

13 삼원촉매장치의 작용
　• 산화 작용 : $CO + O_2 \rightarrow CO_2$
　　　　　　　$HC + O_2 \rightarrow CO_2 + H_2O$
　• 환원 작용 : $NOx \rightarrow N_2 + CO_2$

14 [09년 1회 기출] 크랭크축의 무게는 점검항목이 아니다.

이론 관련 129페이지
15 산소센서 측정 시 주의사항
　• 출력전압 측정 시 일반 아날로그 테스터로 측정하지 말 것
　• 산소센서 내부저항을 측정하지 말 것
　• 전압 측정 시 오실로스코프나 전용 스캐너를 사용한다.
　• 무연 가솔린을 사용한다.
　• 출력전압을 단락시켜서는 안된다.

16 진공도 측정은 흡입다기관에서 실시하므로 리프트를 눈높이까지 올릴 필요는 없다.

17 기계식(연료공급, 압력상승, 연료량 보정)에 비해 전자제어식 고압연료는 전동식 방식으로 연료공급 기능만 담당하므로 부가장치가 필요없다.

이론 관련 106페이지
18 회전속도에 따라 분사시기가 조정되어야 한다.

19 다이얼 게이지를 이용하여 캠축의 휨을 점검할 때 정반 위에 V 블록에 캠축을 올려놓고 저널에 다이얼 게이지 스핀들을 직각으로 설치한다.

다이얼 게이지
V 블록
캠축

정답
13 ③　**14** ④　**15** ④　**16** ③　**17** ③　**18** ④
19 ①

20 전조등시험기의 형식에 따른 구분에서 전조등의 빛을 수광부 중앙의 집광 렌즈로 모아 광전지에 비추어 광도 및 광축을 측정하는 방식은?

① 투과식　　　　　　② 투영식
③ 감광식　　　　　　④ 집광식

21 스로틀(밸브) 위치 센서에 그림과 같이 5V 의 전압이 인가된다. 스로틀(밸브) 위치 센서 가 완전히 개방 시 출력측(시그널)에 몇 V의 전압이 감지되는가?

① 0V　　　　　　② 2V
③ 4~5V　　　　　　④ 12V

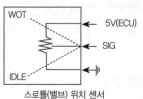

스로틀(밸브) 위치 센서

22 다음 점화코일의 1차 파형에서 파워 TR이 ON 되는 구간은?

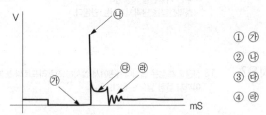

① ㉮
② ㉯
③ ㉰
④ ㉱

23 가변 흡입 장치에 대한 설명을 틀린 것은?

① 고속 시 매니폴드의 길이를 길게 조절한다.
② 흡입 효율을 향상시켜 엔진 출력을 증가시킨다.
③ 엔진회전속도에 따라 매니폴드의 길이를 조절한다.
④ 저속 시 흡입관성의 효과를 향상시켜 회전력을 증대한다.

24 기관의 회전력이 71.6 kgf·m에서 200 PS의 축 출력을 냈다면 이 기관의 회전속도는?

① 1,000 rpm　　　　② 1,500 rpm
③ 2,000 rpm　　　　④ 2,500 rpm

25 기관의 회전수가 2400 rpm, 변속비는 1.5, 종감속비가 4.0일 때 바퀴의 회전수는?

① 400 rpm　　　　② 600 rpm
③ 800 rpm　　　　④ 1000 rpm

---

20 전조등 시험기
- 집광식 : 전조등의 빛을 수광부의 집광 렌즈로 모아 광 전지에 비춰 광도 및 광축을 측정하는 형식으로 시험기 수광부와 전조등을 1m에서 측정
- 투영식 : 수광부 중앙의 집광 렌즈와 상하좌우 4개의 광 전지를 설치하고 투영 스크린에 전조등의 모양을 비춰 광도 및 광축을 측정하는 형식으로 3m 거리에서 측정

21 스로틀이 완전 개방상태(WOT, Wide Open Throttle)에서 는 저항이 감소되어 약 4~5V가 검출되고, 아이들 상태에 서는 1V 미만의 전압이 검출된다.

이론 관련 318페이지
22 ㉮ 드웰 구간 : TR이 ON되어 점화 1차 코일에 전류가 흐르는 구간
　㉯ 피크전압 : 점화플러그의 갭을 건너기 위해 전자가 쌓이는 구간
　㉰ 스파크 구간 : 연소실에 불꽃이 전파되어 연소가 진행
　㉱ 감쇄진동 구간 : 점화코일에 잔류한 에너지가 1차코일을 통해 소멸

이론 관련 125페이지
23 · 저속 시 : 밸브를 닫아 통로를 길게 함 → 흡입관성력과 흡입효율을 증가시켜 엔진 출력을 향상
　· 고속 시 : 밸브를 열어 흡입구를 짧게 함 → 흡입 저 항을 줄여 상대적으로 흡입효율을 증가시켜 엔진 출력을 향상

이론 관련 21페이지
24 축 출력은 제동마력을 의미하므로
$$BHP[PS] = \frac{2\pi \times T \times n}{75 \times 60} = \frac{T \times n}{716}$$
여기서, T : 크랭크축 회전력[kgf·m]
　　　n : 엔진 회전수[rpm]
$$200[PS] = \frac{71.6 \times n}{716} \quad \therefore n = \frac{200 \times 716}{71.6} = 2000 \text{ rpm}$$

이론 관련 177페이지
25 · 총 감속비 = 변속비 × 종감속비 = 1.5 × 4 = 6
　· 액슬축(링기어) 회전수 = $\dfrac{\text{엔진 회전수}}{\text{총감속비}}$
$$= \frac{2400}{6} = 400 \text{ rpm}$$

20 ④　**21** ③　**22** ①　**23** ①　**24** ③　**25** ①

26 수동변속기 차량에서 마찰 클러치의 디스크가 마모되어 미끄러지는 원인으로 가장 적합한 것은?

① 클러치 유격이 너무 적음

② 마스터 실린더의 누유

③ 클러치 작동기구의 유압 시스템에 공기 유입

④ 센터 베어링의 결함

27 수동변속기에서 싱크로나이저 링이 작용하는 시기는?

① 클러치 페달을 놓을 때

② 클러치 페달을 밟을 때

③ 변속기어가 물릴 때

④ 변속기어가 물려있을 때

28 종감속기어 박스의 점검 사항이 아닌 것은?

① 링기어의 런 아웃 점검

② 타이로드 엔드 볼 조인트의 점검

③ 사이드 기어 백래시 조정

④ 드라이브 피니언과 링기어의 접촉 상태 점검

29 독립 현가방식과 비교한 일체차축 현가방식의 특성이 아닌 것은?

① 구조가 간단하다.

② 선회시 차체의 기울기가 작다.

③ 승차감이 좋지 않다.

④ 로드홀딩(road holding)이 우수하다.

30 어떤 6기통 디젤기관의 예열회로를 점검해보니 예열 플러그 1개당 저항이 1/12Ω 이었다. 각각 직렬 연결되어 있으며, 전압이 12V일 때 예열플러그 전체에 전류는?

① 12 [A]　　　　② 24 [A]

③ 36 [A]　　　　④ 144 [A]

31 자동차의 최소회전반경을 구하는 공식은?

① $R = \dfrac{\text{축간거리}}{cos\alpha} + r$　　② $R = \dfrac{\text{축간거리}}{sin\alpha} + r$

③ $R = \dfrac{cos\alpha}{\text{축간거리}} + r$　　④ $R = \dfrac{\text{윤간거리}}{sin\alpha} + r$

이론 관련 172페이지

26 마찰 클러치 디스크가 미끄러지는 원인

• 클러치 압력판, 플라이 휠 면 등에 오일이 묻었을 때
• 클러치 스프링의 장력 약화
• 클러치 판(페이싱) 및 압력판의 손상, 마모, 경화
• 압력판 및 플라이휠 손상
• 페달의 자유 간극이 작아졌을 때
• 릴리스 레버의 조정이 불량할 때

※ 센터 베어링 : 대형 자동차에서는 추진축의 길이가 길어 비틀림 진동을 많이 받기 때문에 중간에 중심 베어링을 설치하여 진동을 흡수시킨다.

이론 관련 174페이지

27 싱크로메시 기구는 감속비가 메인 스플라인과 변속기어가 물릴 때 싱크로메시 콘(원형판)에 서로 마찰을 주어 동기(시기를 같게 함)시켜 회전속도를 일치시켜 맞물리게 한다.

28 [NCS 학습모듈] 타이로드 엔드 점검은 조향장치의 점검 사항에 해당한다.

※ 런 아웃은 흔들림을 말한다.

이론 관련 205페이지

29 일체차축 현가방식은 차축이 분리되지 않으므로 접지력이 나쁘다.

30 • 직렬 합성저항 $R = \dfrac{1}{12} \times 6 = \dfrac{6}{12} = \dfrac{1}{2}$

∴ 오옴의 법칙 $I = \dfrac{E}{R} = 12 \times 2 = 24[A]$

31 $R = \dfrac{L}{sin\alpha} + r$

• R : 최소 회전반경(m)
• α : 바깥쪽 앞바퀴의 조향 각도
• L : 축간거리(m)
• r : 타이어 중심선에서 킹핀 중심선까지의 거리(m)

26 ① **27** ③ **28** ② **29** ④ **30** ② **31** ②

chapter 06

32 경질고무를 여러 겹으로 겹쳐서 볼트 및 너트로 조립한 것이다. 마찰 부분이 없고, 급유할 필요가 없으며 원주방향의 급격한 회전을 완화할 수 있는 조인트는?

① 십자형 자재이음
② 플렉시블 조인트
③ 트리포드 조인트
④ 벨 조인트

33 브레이크 파이프의 잔압 유지와 직접적인 관련이 있는 것은?

① 브레이크 페달
② 마스터 실린더 2차컵
③ 마스터 실린더 체크밸브
④ 푸시로드

34 유효 반지름이 0.5m인 바퀴가 600 rpm으로 회전할 때 차량의 속도는 약 얼마인가?

① 약 10.987 km/h
② 약 25 km/h
③ 약 50.92 km/h
④ 약 113.04 km/h

35 다음 타이어 중 고무 타입 플러그로 수리가 가능한 것은?

① 직경 2~3mm의 나사못에 의해 트레드부가 관통된 경우
② 마찰로 인해 쓸려나간 경우
③ 트레드의 마모 한계선 이상으로 손상된 경우
④ 타이어의 사이드월부가 손상된 경우

36 타이로드 엔드가 너클에서 빠지지 않을 때 사용하는 공구는?

① 시크니스 게이지
② 베어링 풀러
③ 일자 드라이버
④ 볼 조인트 풀러

37 조향핸들이 1회전 하였을 때 피트먼암이 40° 움직였다. 조향기어비는?

① 9 : 1
② 0.9 : 1
③ 45 : 1
④ 4.5 : 1

38 휠 얼라이먼트 요소 중 토인의 필요성과 거리가 가장 먼 것은?

① 타이어의 슬립과 마멸을 방지한다.
② 주행 중 토 아웃이 되는 것을 방지한다.
③ 조향 바퀴에 복원성을 준다.
④ 캠버와 더불어 앞바퀴를 평행하게 회전시킨다.

---

32 플렉시블 조인트는 휨이나 원심력에서도 충분히 견딜 수 있는 경질고무를 여러 겹으로 겹쳐서 볼트 및 너트로 조립한 것이다. 마찰 부분이 없고, 급유할 필요가 없으며 원주방향의 급격한 회전을 완화할 수 있고 구동계를 보호할 수 있다는 장점이 있다.
※ 플렉시블 : flexible, 유연한, 신축성이 있는

33 피스톤 리턴 스프링이 항상 마스터 실린더 체크밸브를 밀고 있으므로 오일 라인 내에 잔압을 유지시켜 페달을 밟았을 때 신속한 제동이 걸리게 한다.

이론 관련 191페이지
34 개념 이해) 차량 속도 V = 바퀴둘레가 구르는 속도
= 원둘레 길이($\pi \cdot$지름)×회전수
= $\pi DN = 2\pi RN$ (R : 반지름)

속도 $V = \pi \times 2 \times$반지름[km]$\times 600$[rpm]
= $(\pi \times 2 \times 0.0005) \times (600 \times 60)$ [km/h]
　　　m→km　　　　rpm = rev/min = 60 rev/hr
= 113.04km/h

※ 이 문제는 엔진의 회전수가 아닌 바퀴의 회전수가 제시되었으므로 총감속비로 나눌 필요가 없다.

35 [NCS 학습모듈] 트레드부에 약 2~3mm 내에 베이거나 관통된 경우 플러그로 수리가 가능하다. 하지만 사이드월과 같이 옆면은 수리가 불가능하다.

36 [NCS 학습모듈] 볼 조인트 풀러

이론 관련 227페이지
37 조향기어비 = $\dfrac{\text{조향 핸들들의 회전각도}}{\text{조향 바퀴(피트먼 암)의 회전각도}}$
= $\dfrac{360}{40} = 9$

이론 관련 217페이지
38 조향바퀴의 복원성을 주는 것은 캐스터와 킹핀 경사각이다.

정답　**32** ②　**33** ③　**34** ④　**35** ①　**36** ④　**37** ①
38 ③

39 조향핸들의 프리로드 점검 방법으로 틀린 것은?

① 차륜을 정면으로 정렬시킨다.

② 프리로드 점검 시 조향바퀴가 땅에 닿지 않게 차량을 들어올린다.

③ 스프링 저울을 조향핸들에 묶은 후, 회전반경 구심력 방향으로 스프링 저울을 최대한 잡아당겨 저울값을 확인한다.

④ 정비지침서를 기준으로 규정값을 확인하고, 이상이 있는 경우 현가장치와 조향장치를 전반적으로 점검한다.

40 검사기기를 이용하여 운행 자동차의 주 제동력을 측정하고자 한다. 다음 중 측정방법이 잘못된 것은?

① 바퀴의 흙이나 먼지, 물 등의 이물질을 제거한 상태로 측정한다.

② 공차상태에서 사람이 타지 않고 측정한다.

③ 적절히 예비운전이 되어 있는지 확인한다.

④ 타이어의 공기압은 표준 공기압으로 한다.

41 엔진 냉각장치 성능 점검 사항으로 틀린 것은?

① 서모스탯의 작동상태를 확인한다.

② 워터펌프이 작동상태를 확인한다.

③ 냉각팬의 작동상태를 확인한다.

④ 블로워 모터의 작동상태를 확인한다.

42 축전지 전해액에 대한 설명으로 틀린 것은?

① 전해액은 표준상태일 때 비중이 가장 낮다.

② 극판과 접촉하여 충전할 때에는 전류를 저장하고 방전될 때에는 전류를 발생시킨다.

③ 셀 내부에서 전류를 전도하는 작용도 한다.

④ 증류수에 황산을 섞은 묽은 황산을 사용한다.

43 점화플러그에 대한 설명으로 틀린 것은?

① 열가는 점화플러그의 열방산 정도를 수치로 나타내는 것이다.

② 방열효과가 낮은 특성의 플러그를 열형 플러그라고 한다.

③ 전극의 온도가 자기청정온도 이하가 되면 실화가 발생한다.

④ 고부하 고속회전이 많은 기관에서는 열형 플러그를 사용하는 것이 좋다.

44 재해조사 목적을 가장 바르게 설명한 것은?

① 재해를 당한 당사자의 책임을 추궁

② 재해 발생 상태의 통계자료 확보

③ 작업능률 향상과 근로기강 확립

④ 적절한 예방대책을 수립

---

39 [응용] 스프링 저울을 조향핸들에 묶은 후, 회전반경 구심력 방향으로 스프링 저울을 잡아당겨 회전하기 바로 전까지의 저울값을 확인한다.

40 제동력 시험기의 준비사항
- 롤러의 기름, 흙 등 이물질을 제거
- 타이어 공기 압력 정상 확인
- 차량은 공차 상태로 하고 운전자 1인만 탑승
- 롤러 중심에 뒷바퀴 올라가도록 자동차 진입
- 시험기 전원 연결
- 기관 시동

41 블로워 모터는 냉·난방장치의 구성품이다.

42 배터리가 방전할 때 전해액은 물로 변하여 비중은 낮아진다.

이론 관련 313페이지
43 냉형 플러그는 방열 경로가 짧아 열방출이 빠르므로 고속·고부하 엔진에 적합하다.

39 ③ **40** ② **41** ④ **42** ① **43** ④ **44** ④

chapter 06

45 기동전동기에서 오버런닝 클러치를 사용하지 않는 형식은?

① 전기자 섭동식

② 피니언 섭동식

③ 감속 기어식

④ 벤딕스식

45 벤딕스식은 시동 후 엔진 회전에 의해 피니언 기어가 되돌아오므로 오버런닝 클러치가 필요없다.

---

46 자동차 계기판에 있는 수온계의 눈금은 어떤 것의 온도를 나타내는가?

① 실내 온도

② 워터자켓의 냉각수 온도

③ 연소실의 폭발 온도

④ 배기가스의 온도

46 수온센서는 실린더 헤드의 워터자켓에 설치되어 냉각수 온도를 감지한다.

---

47 45Ah의 용량을 가진 자동차용 축전지를 정전류 충전방법으로 충전하고자 할 때 표준 충전전류는 몇 A가 적당한가?

① 4.5A　　② 9A

③ 10A　　④ 7A

47 정전류 충전전류[A]는 축전지 용량의 10%로 하므로
$45 \times 0.1 = 4.5[A]$
※ 급속 충전은 축전지 용량의 50% 전류로 충전

---

48 축전지의 전압이 12V이고, 권선비가 1 : 40인 경우 1차 유도전압이 350V이면 2차 유도전압은?

① 7,000V

② 12,000V

③ 13,000V

④ 14,000V

48 $\dfrac{2\text{차 코일의 유도 전압}}{1\text{차 코일의 유도 전압}} = \dfrac{2\text{차 코일의 권수}}{1\text{차 코일의 권수}}$

2차 코일의 유도 전압
= 1차 코일의 유도 전압 × 권선비
= $350 \times 40 = 14{,}000V$
※ 유도전압과 축전시의 전압과는 무관하다.

---

49 편의장치 중 BCM 제어장치의 입력 요소의 역할에 대한 설명 중 틀린 것은?

① 모든 도어 스위치 : 각 도어 잠김 여부 감지

② INT 스위치 : 와셔 작동 여부 감지

③ 핸들 록 스위치 : 키 삽입 여부 감지

④ 열선 스위치 : 열선 작동 여부 감지

49 INT 스위치는 와이퍼의 간헐모드 작동을 제어하고, 와셔 작동 여부 감지는 와셔 연동 와이퍼와 관련 있다.

---

50 휠 밸런스 시험기 사용 시 적합하지 않은 것은?

① 휠의 탈부착 시에는 무리한 힘을 가하지 않는다.

② 균형추를 정확히 부착한다.

③ 계기판은 회전이 시작되면 즉시 판독한다.

④ 시험기 사용방법과 유의사항을 숙지 후 사용한다.

50 정확한 계측을 위해 계기판의 지침이 정지된 후 판독한다.

45 ④　**46** ②　**47** ①　**48** ④　**49** ②　**50** ③

51 계기판의 충전 경고등은 어느 때 점등되는가?

① 배터리 전압이 10.5V 이하일 때
② 알터네이터에서 충전 전압이 높을 때
③ 배터리 전압이 14.7V 이상일 때
④ 알터네이터에서 충전이 안 될 때

52 다음 중 발전기의 구동벨트 장력 점검 방법으로 맞는 것은?

① 벨트길이 측정게이지로 측정 점검
② 정지된 상태에서 벨트의 중심을 엄지손가락으로 눌러서 점검
③ 엔진을 가동한 후 텐셔너를 이용하여 점검
④ 발전기의 고정 볼트를 느슨하게 하여 점검

53 브레이크 드럼 연삭작업 중 전기가 정전되었을 때 가장 먼저 취해야 할 조치사항은?

① 스위치는 그대로 두고 정전원인을 확인한다.
② 스위치 전원을 내리고(OFF) 주전원의 퓨즈를 확인한다.
③ 작업하던 공작물을 탈거한다.
④ 연삭에 실패했으므로 새 것으로 교환하고 작업을 마무리한다.

54 자동차의 회로 부품 중에서 일반적으로 "ACC 회로"에 포함된 것은?

① 카 스트레오
② 히터
③ 와이퍼모터
④ 전조등

55 전조등 4핀 릴레이를 단품 점검하고자 할 때 적합한 시험기는?

① 전류 시험기
② 축전기 시험기
③ 회로 시험기
④ 전조등 시험기

---

51 충전경고등의 점등 원인은 발전기로부터 전기 공급이 되지 않을 때이다.

52 발전기 풀리와 아이들러 사이의 벨트를 ❿kgf의 힘으로 눌렀을 때 ❿mm 정도의 처짐이 발생하면 정상으로 판정한다.

이론 관련 350페이지

54 시동키 위치에 따른 전원 공급
• IG1 : ECU, 연료펌프, 점화계통 등 시동에 필요한 장치에만 공급되는 전원선
• IG2 : 와이퍼모터, 방향 지시등, 파워 윈도우, 에어컨 압축기, 히터, 전조등 등
• START : 엔진을 크랭킹할 때 배터리 전원을 기동 전동기 솔레노이드 스위치로 공급해 주는 단자이며, 엔진 시동 후에는 전원이 차단된다.
• ACC : 액세서리 전원선(시계, 카 오디오, 시거잭 등)

55 릴레이는 접점과 코일로 이뤄진 일종의 전자석과 같은 전자스위치로, 릴레이 검사는 주로 단선 여부를 점검하며, 가장 적합한 테스터는 회로 시험기를 통해 도통 시험을 한다.

chapter 06

51 ④　**52** ②　**53** ②　**54** ①　**55** ③

56 도난방지장치에서 리모콘을 이용하여 경계상태로 돌입하려고 하는데 잘 안 되는 경우의 점검 부위가 아닌 것은?

① 리모콘 자체 점검

② 글로브 박스 스위치 점검

③ 트렁크 스위치 점검

④ 수신기 점검

56 도난경보장치의 구성품
BCM(body control module), 수신기, 도어, 연료주입구 액추에이터, 도어 키 액추에이터, 중앙도어잠금스위치, 트렁크스위치, 키스위치, 리모콘신호 후드 스위치 등
※ 글로브 박스는 실내 조수석 앞의 수납장을 말하며 도난방지와는 무관하다.

57 통합 운전석 기억장치는 운전석 시트, 아웃사이드 미러, 조향 휠, 룸미러 등의 위치를 설정하여 기억된 위치로 재생하는 편의 장치다. 재생 금지 조건이 아닌 것은?

① 점화스위치가 OFF되어 있을 때

② 변속레버가 위치 "P"에 있을 때

③ 차속이 일정속도(예 : 3km/h 이상) 이상일 때

④ 시트 관련 수동 스위치의 조작이 있을 때

57 통합운전석 기억장치(IMS)의 메모리 재생 금지 조건
• 점화스위치 OFF 후
• 차속이 3km/h 이상 일 때
• 메모리 스위치가 OFF후 5초 경과 후
• 시트 관련 수동 스위치의 조작이 있을 때

58 자동차 전조등의 광도 및 광축을 측정(조정)할 때 유의사항 중 틀린 것은?

① 시동을 끈 상태에서 측정한다.

② 타이어 공기압을 규정값으로 한다.

③ 차체의 평형상태를 점검한다.

④ 배터리를 점검한다.

58 엔진의 회전수를 2,000rpm 정도로 하고 측정한다.

59 교류 발전기의 통전시험에 대한 점검사항으로 틀린 것은?

① 스테이터 코일과 스테이터 철심 사이에 통전되면 정상이다.

② 스테이터 코일 단자 사이에 통전되면 정상이다.

③ 로터의 슬립링과 로터축 사이에 통전되면 불량이다.

④ 로터의 슬립링과 슬립링 사이의 통전되면 정상이다.

59 [NCS 학습모듈 – 충전장치정비] 스테이터 코일끼리는 통전되면 정상이나, 스테이터 코일과 스테이터 쿠어(철심) 사이에 통전되면 불량으로 교환해야 한다.

60 실린더의 안쪽 표면에 혼(hone)이라는 숫돌로 연삭하여 다듬어 유막을 형성하는 것은?

① 보링머신

② 호닝머신

③ 리머

④ 평면 연삭기

60 보링(boring)이란 실린더 내벽을 깎아 엔진복원 또는 출력 향상을 위한 작업을 말하며, 호닝(honing)은 보링작업을 한 실린더의 안쪽 표면에 혼(hone)이라는 숫돌로 연삭하여 다듬어 유막을 형성할 수 있도록 한다.

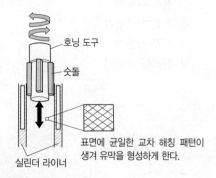

호닝 도구

숫돌

표면에 균일한 교차 해칭 패턴이 생겨 유막을 형성하게 한다.

실린더 라이너

 정 답 ▶

56 ② **57** ② **58** ① **59** ① **60** ②

최신 CBT 모의고사 제7회

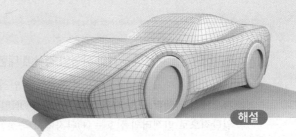

해설

▶ 실력테스트를 위해 문제 옆 해설란을 가리고 문제를 풀어보세요.

01 실린더 안지름이 90 mm, 행정이 120 mm이고, 회전수가 2000 rpm인 4행정 사이클 가솔린 엔진의 피스톤 평균속도는?

① 5 cm/s
② 8 m/s
③ 3 m/s
④ 6 m/s

01 피스톤 평균속도$(v) = \dfrac{LN}{30}$ [m/s]
여기서, L : 행정 [m], N : 엔진 회전수 [rpm]
피스톤 평균속도의 단위는 1초당 m이므로, 행정 단위를 [m]로 변경한다. (1m = 1000mm)
$\therefore v = \dfrac{0.12 \times 2000}{30} = 8$ [m/s]

02 시크니스 게이지(thickness gauge)로 피스톤 간극(piston clearance)을 측정할 때 측정 위치로 적합한 것은?

① 피스톤 링 지대
② 피스톤 보스부
③ 피스톤 스커트부
④ 피스톤 링 지대 윗부분

02 피스톤은 엔진 작동 중 발생하는 열팽창을 고려하여 상온에서 실린더와의 사이에 어느 정도의 간극을 두게 되는데 이것을 피스톤 간극 또는 실린더 간극이라 한다. 피스톤 간극은 실린더 안지름과 피스톤 최대 바깥지름(스커트 지름)으로 표시한다.

03 연료 압력이 너무 높은 원인에 해당하는 것은?

① 연료 필터가 막힘
② 연료 압력 레귤레이터 밸브의 고착
③ 연료 누유
④ 연료 펌프 고장

03 연료 압력 레귤레이터 밸브(조절기)는 연료압력을 일정하게 하므로 고장나면 고압에서 연료탱크로 리턴되지 못하므로 연료압력이 너무 높아진다.

04 다음에서 설명하는 디젤엔진의 연소 과정은?

> 연료가 분사되어 착화될 때까지의 기간을 말하며, 이 기간이 길어지면 노크의 크기도 증가한다.

① 착화 지연 기간
② 화염 전파 기간
③ 후기 연소 기간
④ 직접 연소 기간

이론 관련 103페이지
04 디젤엔진의 연소과정에는 ㉠ 착화지연기간, ㉡ 화염전파기간(폭발연소기간), ㉢ 직접연소기간(제어연소기간), ㉣ 후기연소기간이 있으며 이 중 착화지연이 길어지면 노크가 발생된다.

이론 관련 49페이지
05 연소실 카본 누적은 압축압력 시험으로 판단한다.
→ 연소실 내부에 카본이 많이 쌓일 경우 압축압력이 기준치보다 높게 측정된다.

05 흡기 다기관 진공도 시험으로 알아 낼 수 없는 것은?

① 밸브 작동의 불량
② 점화 시기의 불량
③ 흡·배기 밸브의 밀착상태
④ 연소실 카본 누적

 정답
01 ② **02** ③ **03** ② **04** ① **05** ④

chapter 06

06 자기진단기를 이용한 인젝터 파형의 검사에 대한 설명으로 틀린 것은?

① 엔진을 시동하고 오실로스코프의 프로브를 인젝터 신호 단자에 연결한다.
② 파형에서 인젝터 구동 파워 트랜지스터가 ON일 때 연료분사가 시작된다.
③ 일반적으로 인젝터의 신호는 (+)단자에서 측정한다.
④ 인젝터 구동 파워 트랜지스터가 OFF 상태로 되면 역기전력이 발생한다.

06 [NCS 학습모듈]
일반적으로 인젝터의 신호는 (−)단자에서 측정한다.
이론 관련 86페이지

07 종감속비를 결정하는데 필요한 요소가 아닌 것은?

① 엔진 출력　② 제동 성능
③ 차량 중량　④ 가속 성능

07 종감속비 결정 요소
• 차량 중량
• 엔진 출력(배기량)
• 가속 성능 및 등판 성능

08 진공계로 기관의 흡기다기관 진공도를 측정했을 때 13~45cmHg에서 규칙적으로 강약이 있게 흔들린다면 어떤 상태인가?

① 밸브 소손
② 실린더 벽이 마모되었다.
③ 배기 장치가 막혔다.
④ 실린더 개스킷이 파손되어 인접한 2개의 사이가 통해져 있을 때

08 • 실린더 벽, 피스톤 링 마모 : 30~40cmHg에서 정지
• 밸브 타이밍(개폐 시기)이 맞지 않음 : 20~40cmHg에서 정지
• 밸브 밀착불량 및 점화시기 지연 : 정상보다 5~8cmHg 낮음
• 실린더헤드 개스킷 파손 : 13~45cmHg
• 배기장치 막힘 : 조기 정상에서 0으로 하강 후 다시 회복하여 40~43cmHg

09 전자제어 가솔린 기관에서 인젝터 점검방법으로 틀린 것은?

① 솔레노이드 코일의 저항을 점검한다.
② 인젝터의 리턴 연료량을 점검한다.
③ 인젝터의 연료 분사상태를 점검한다.
④ 인젝터의 작동음을 점검한다.

이론 관련 86페이지
09 인젝터 점검방법
• 솔레노이드 코일의 저항 측정
• 인젝터의 작동시간 측정
• 인젝터의 연료 분사량 측정
• 인젝터의 분사상태 확인
• 인젝터의 작동음 확인

10 기관의 유압이 낮아지는 경우가 아닌 것은?

① 오일압력 경고등이 소등되어 있을 때
② 오일 펌프가 마멸된 때
③ 오일이 부족할 때
④ 유압조절 밸브 스프링이 약화되었을 때

이론 관련 150페이지
10 유압이 낮아지는 원인
• 유압조절밸브 스프링 장력 저하
• 크랭크 축의 베어링 마모로 오일간극이 커짐
• 오일의 희석 및 점도 저하
• 오일량의 부족
• 오일펌프 불량 및 유압회로의 누설
※ 유압이 낮을 경우 오일압력 경고등이 점등된다.

11 부품을 분해 정비 시 반드시 새 것으로 교환하여야 할 부품이 아닌 것은?

① 오일 실(oil seal)
② 볼트 및 너트
③ 개스킷(gasket)
④ 오링(O-Ring)

11 ①, ③, ④는 정비 시 신규 제품으로 교체하는 것을 원칙으로 하며, 볼트 및 너트는 나사산이나 볼트머리 등이 손상되거나 심하게 부식되어 재사용이 어려운 경우 외에는 철솔이나 솔벤트나 휘발유 등으로 녹 제거 및 세척 후 재사용할 수 있다.

06 ③　**07** ②　**08** ④　**09** ②　**10** ①　**11** ②

12 공연비 피드백 제어에 사용되는 산소센서의 기능은?

① 배기가스 중 산소농도 감지

② 흡입공기 중 산소농도 감지

③ 실린더 내의 산소온도 감지

④ 배기가스의 온도 감지

13 DOHC(Double Over Head Camshaft)의 특징이 아닌 것은?

① 2개의 캠축을 사용하여 흡·배기 캠이 실린더마다 각각 2개씩 총 4개의 캠이 설치된다.

② 실린더마다 4개의 흡·배기 밸브가 장착되어 엔진 구동 시 흡기 효율 및 배기 효율이 우수하므로 엔진 출력을 높일 수 있다.

③ SOHC 엔진보다 구조가 복잡하고 소음이 크다.

④ SOHC 엔진보다 응답성은 우수하다.

14 EGR시스템으로 저감되는 배기가스는?

① H_2O ② NOx

③ CO   ④ HC

15 엔진의 냉각장치에 대한 점검방법으로 잘못된 것은?

① 라디에이터의 누수 점검 – 압력 시험

② 가압식 라디에이터 캡의 누수 점검 – 압력 시험

③ 서모스탯의 점검 – 압력 시험

④ 냉각온도 점검 – 라디에이터 입력호스와 출력호스의 온도차를 측정

16 고압 케이블(High Tension Cable) 점검 내용으로 옳은 것은?

① 엔진 회전수를 상승시킨 상태에서 점화플러그 고압 케이블을 1개씩 탈거하면서 엔진 작동 성능의 변화에 대해 점검한다.

② 고압 케이블을 탈거했는데도 엔진 성능이 변하면 점화플러그 고압 케이블을 탈거한다.

③ 멀티 테스트기로 저항 측정 시 셀렉터를 저항(200Ω)으로 선정한다.

④ 고압 케이블의 저항을 점검하여 규정값 범위에 있으면 정상이다.

17 디젤 촉매 필터(CPF 또는 DPF)에 대한 설명 중 잘못된 것은?

① 지속적인 PM 포집에도 DPF 전·후단의 압력차가 발생하지 않으면 DPF 및 차압센서의 고장 여부를 예상할 수 있다.

② CPF 전·후단의 온도차를 측정하여 PM의 퇴적 정도를 예측한다.

③ 기준 차압(약 20~30kPa) 이상일 때 이를 감지하여 CPF 재생 시기로 판단한다.

④ 차압 센서는 디젤 촉매 필터(CPF) 전단 및 후단의 압력을 측정한다.

---

12 산소센서는 배기부에 설치되어 배기가스 중의 산소농도를 감지하여 피드백 제어 신호(전압)를 ECU로 보내어 혼합기를 이론공연비에 가깝게 연료분사량을 보정한다.

13 SOHC(Single Over Head Camshaft)는 밸브 타이밍이 정확하고 부품의 수가 적어 엔진의 회전 관성이 적고 응답성은 우수하지만, DOHC 엔진보다 출력이 낮다.

14 유해가스 저감장치
- 삼원촉매장치 : CO, HC, NOx
- 캐니스터 : CO, HC
- EGR밸브 : NOx
- PCV밸브 : 블로바이 가스(HC)

이론 관련 160페이지

15 서모스탯은 물이 담긴 금속 용기에 넣고 가열한 후 서모스탯의 밸브가 열림 여부를 점검한다.

이론 관련 317페이지

16 [NCS 학습모듈 – 엔진점화장치정비 26page]
① 엔진의 공회전 상태에서 점화플러그 고압 케이블을 1개씩 탈거하면서 엔진 작동 성능의 변화에 대해 점검한다.
② 고압 케이블을 탈거했는데도 엔진 성능이 변하지 않는다면 점화플러그 고압 케이블을 탈거한다.
③ 고압 케이블은 고주파 방지를 위해 10kΩ의 저항이 들어 있는 TVRS(Television Radio Suppression Cable) 케이블이다. 멀티 테스트기로 저항 측정 시 셀렉터를 저항(20kΩ)으로 선정한다.

17 디젤 촉매 필터(CPF, DPF)는 전·후단의 압력차를 차압센서로 측정하여 PM의 쌓이는 정도를 예측하며, 일정 차압 이상일 때 CPF 재생 시기로 판단한다.

12 ①   **13** ④   **14** ②   **15** ③   **16** ④   **17** ②

18 점화장치에서 DLI(Distributor Less Ignition) 시스템의 장점으로 틀린 것은? □□□

① 점화진각 폭의 제한이 크다.

② 고전압 에너지 손실이 적다.

③ 점화에너지를 크게 할 수 있다.

④ 내구성이 크고 전파방해가 적다.

19 전자제어 연료분사장치의 고장 진단 및 점검에 사용되는 스캐너(scanner)로 직접적으로 진단할 수 있는 항목이 아닌 것은? □□□

① ECU(Engine Control Unit)의 자기진단 기능

② 크랭크각 센서 및 1번 TDC 센서 이상 유무

③ 배기가스 제어장치의 삼원촉매장치 이상 유무

④ 엔진의 피드백 제어장치 작동상태

20 수동변속기 차량의 클러치판은 어떤 축의 스플라인에 조립되어 있는가? □□□

① 추진축

② 크랭크축

③ 액슬축

④ 변속기 입력축

21 장력 400 N의 코일 스프링이 6개 설치된 클러치가 있다. 이 클러치의 정지마찰계수는 0.3일 때 페이싱 한 면에 작용하는 마찰력은? □□□

① 720 N ② 360 N

③ 72 N ④ 36 N

22 현가장치가 갖추어야 할 기능이 아닌 것은? □□□

① 원심력이 발생되지 않아야 한다.

② 구동력 및 제동력 발생 시 적당한 강성이 있어야 한다.

③ 승차감의 향상을 위해 상하 움직임에 적당한 유연성이 있어야 한다.

④ 주행 안정성이 있어야 한다.

23 자동차가 요철이 심한 노면을 주행할 때 좌우 구동륜의 구동토크를 균등하게 분배하는 것은? □□□

① 현가장치 ② ABS 장치

③ 4WS(wheel steering)장치 ④ 차동장치

24 기관의 크랭크축 분해 정비 시 주의사항으로 틀린 것은? □□□

① 분해 시 반드시 규정된 토크렌치를 사용해야 한다.

② 뒤 축받이 캡에는 오일 실이 있으므로 주의를 요한다.

③ 스러스트 판이 있을 때에는 변형이나 손상이 없도록 한다.

④ 축받이 캡을 탈거 후 조립 시에는 제자리 방향을 끼워야 한다.

---

18 DLI 시스템은 배전기가 없는 점화장치를 말하며, 배전기식은 로터와 전극 사이의 진각폭의 제한을 받으나, DLI은 점화진각 폭의 제한이 없다.

※ 점화진각 폭 : 통상 공회전에서는 회전수가 떨어지면 진각을 하고 올라가면 지각을 하여 회전수의 변화를 막게 되는데, 주행 중에 점화시기의 변화 폭이 너무 크면 엔진의 토크 변동이 너무 커서 가속 페달을 밟지 않고 기어를 넣은 상태에서 주행(서행)을 하게 되면 차가 울컥울컥거리는 현상이 생기게 된다. 이런 현상을 줄이기 위해 주행 중 점화시기의 변화 폭에 제한을 둔다.

19 삼원촉매장치는 신호를 주고받는 전자부품이 아니므로 스캐너를 통한 직접 진단은 불가능하다. 대신 삼원촉매장치 앞뒤에 설치된 산소센서의 파형을 활용하는 간접 진단방법을 이용한다.

이론 관련 170페이지

20 수동변속기 차량의 동력전달 순서
크랭크축 – 플라이휠 – 클러치커버 – 압력판 – 클러치판 – 변속기 – 추진축 – 차동기어장치 – 액슬축

21 클러치의 마찰력
디스크 페이싱의 한 면에 발생하는 마찰력은 스프링 장력의 총합(F_N)과 마찰계수(μ)의 곱으로 표시된다.
$F_r = \mu \cdot F_N = 0.3 \times 400 \times 6 = 750$ N

이론 관련 203페이지

22 현가장치의 조건
• 승차감의 향상을 위해 상하 움직임에 적당한 유연성이 있어야 한다.
• 주행 안정성이 있어야 한다.
• 원심력에 대한 저항력이 있어야 한다.
• 구동력 및 제동력 발생 시 적당한 강성이 있어야 한다.

이론 관련 189페이지

23 차동장치는 노면에 따라 좌우 바퀴의 회전속도를 달리하여 구동륜의 구동토크를 균등하게 분배하는 역할을 한다.

24 토크렌치는 조립 시 사용한다.

정답

18 ① 19 ③ 20 ④ 21 ① 22 ① 23 ④
24 ①

25 출발할 때 클러치에서 소음이 발생하는 원인과 거리가 먼 것은?

① 클러치 압력스프링의 장력 과도
② 릴리스 레버의 높이가 고르지 않음
③ 압력판 및 플라이 휠의 변형
④ 페이싱 리벳의 헐거움

이론 관련 170페이지
25 클러치 페달을 놓았을 때 클러치 스프링의 장력에 의해 클러치 판이 플라이 휠에 압착된다. 스프링 장력이 약할 때 압착력이 약해 소음이 발생하고 미끄러지기 쉽다.

26 바퀴 정렬에서 뒤차축이 추진하려고 하는 방향의 중심선과 자동차 중심선이 이루는 각은?

① 협각
② 셋백
③ 트러스트 각
④ 토인

이론 관련 216~217페이지
26 ① 협각 : 킹핀 경사각과 캠버각을 합한 것
② 셋백 : 앞차축과 뒤차축의 평행상태
③ 트러스트 각 : 자동차의 진행 중심선과 자동차의 중심선(기하학적 중심선)이 이루는 각
④ 토인 : 앞바퀴를 위에서 볼 때 좌우 바퀴의 폭이 뒤쪽보다 앞쪽이 좁게 되어 있다.

27 조향장치에서 토(toe) 조정 방법으로 맞는 것은?

① 스티어링 암의 길이를 가감하여 조정한다.
② 조향기어 백래시로 조정한다.
③ 타이로드의 길이를 변화시켜 조정한다.
④ 드래그 링크를 교환해서 조정한다.

27 토(toe)는 타이로드의 길이를 변화시켜 조정한다.

28 브레이크슈의 리턴 스프링에 관한 설명이다. 가장 거리가 먼 것은?

① 리턴 스프링이 약하면 휠 실린더 내의 잔압은 높아진다.
② 리턴 스프링이 약하면 드럼을 과열시키는 원인이 될 수도 있다.
③ 리턴 스프링이 강하면 드럼과 라이닝의 접촉이 신속히 해제된다.
④ 리턴 스프링이 약하면 브레이크슈의 마멸이 촉진될 수 있다.

이론 관련 243페이지
28 브레이크슈의 리턴 스프링 장력
• 장력이 약하면 : 휠 실린더 내의 잔압은 낮아지고, 드럼의 과열 또는 브레이크 슈의 마멸 촉진의 원인이 된다.
• 장력이 강하면 : 드럼과 라이닝의 접촉이 신속히 해제된다.

29 브레이크 장치에서 디스크 브레이크의 특징이 아닌 것은?

① 제동 시 한쪽으로 쏠리는 현상이 적다.
② 수분에 대한 건조성이 빠르다.
③ 브레이크 페달의 행정이 일정한다.
④ 패드 면적이 크기 때문에 작은 유압이 필요하다.

이론 관련 243페이지
29 디스크 브레이크는 패드의 마찰면적이 작아 높은 유압을 필요로 한다. (압착력을 크게 한다)

30 대부분의 자동차에서 탠덤 마스터 실린더를 사용하는 가장 주된 이유는?

① 2중 브레이크 효과를 얻을 수 있기 때문에
② 리턴 회로를 통해 브레이크가 빠르게 풀리게 할 수 있기 때문에
③ 안전상의 이유 때문에
④ 드럼 브레이크와 디스크 브레이크를 함께 사용할 수 있기 때문에

이론 관련 242페이지
30 탠덤 마스터 실린더는 2개의 피스톤을 설치하여 전·후륜을 각각 독립제어하는 2계통 방식이다. 이는 1계통이 고장나도 다른 1계통에 의해서 제동 작용이 이루어지도록 하여 제동안정성을 유지시킨다.

25 ① **26** ③ **27** ③ **28** ① **29** ④ **30** ③

31 제동기 시험기 사용 시 주의할 사항으로 틀린 것은?

① 시험 중 타이어와 가이드 롤러와의 접촉이 없도록 한다.

② 브레이크 페달을 확실히 밟은 상태에서 측정한다.

③ 롤러 표면은 항상 그리스로 충분히 윤활시킨다.

④ 타이어 트레드의 표면에 습기를 제거한다.

32 일체차축 현가장치의 특징으로 가장 거리가 먼 것은?

① 설계와 구조가 비교적 단순하며, 유지보수 및 설치가 용이하다.

② 차축이 분할되어 시미(shimmy)의 위험이 적어 스프링 정수가 적은 스프링을 사용할 수 있다.

③ 스프링 아래 진동이 커 승차감이나 안정성이 떨어지고 충격 중 주행 조작력이 매우 떨어진다.

④ 내구성이 좋아 얼라이먼트 변형이 적다.

33 등속도 자재이음의 종류가 아닌 것은?

① 트랙터형 (Tractor type)

② 훅 조인트형 (Hook Joint type)

③ 버필드형 (Birfield type)

④ 제파형 (Rzeppa type)

34 타이어의 단면높이가 180mm, 타이어의 폭이 235mm 인 타이어의 편평비는 약 얼마인가?

① 65% ② 77%

③ 80% ④ 120%

35 구동축(드라이브 샤프트)의 정비법으로 맞는 것은?

① 부트 밴드(boot band)는 신품으로 교환해야 한다.

② 구동축 조인트의 그리스가 부족할 경우 다른 그리스류를 첨가할 수 있다.

③ CV 조인트는 동일한 차종일 경우 양 구동축을 서로 혼용할 수 있다.

④ 부트는 휠 측과 차동기어 측이 동일하므로 사용할 수 있다.

36 CV(등속도) 자재이음에 대한 설명으로 틀린 것은?

① CV(등속도) 자재이음는 회전 각속도가 맞지 않는 것을 방지한다.

② 주로 FF(front engine front drive) 차량의 구동축에 사용된다.

③ 종류에는 트랙터 자재이음, 벤딕스 와이스 자재이음, 제파 자재이음 등이 있다.

④ CV 자재이음은 변속기와 종감속기어 사이에서 동력을 전달하는 드라이브 라인에만 적용된다.

---

31 제동기 시험기 사용 시 롤러 표면의 오일이나 이물질을 제거해야 한다.

이론 관련 205페이지

32 ②는 독립현가장치의 장점이다.

이론 관련 188페이지

33 등속도 자재이음의 종류 : 트랙터형, 벤딕스형, 제파형, 버필드형

※ 훅 조인트형 : 부등속 조인트

이론 관련 215페이지

34 **편**평비(%) = $\dfrac{\text{타이어의 } \textbf{높}\text{이}}{\text{타이어의 } \textbf{단}\text{면폭}} \times 100(\%)$

$= \dfrac{180}{235} \times 100 = 76.5\%$

이론 관련 188페이지

35 ② 드라이브 샤프트 조인트는 특수 그리스를 사용해야 하므로 다른 종류의 그리스는 첨가하지 않는다.

③ CV조인트는 차종이 동일하여도 수동·자동변속기용을 서로 혼용할 수 없다.

④ 부트는 휠 측과 디퍼렌셜 측이 서로 다르므로 주의해야 한다

36 CV 자재이음는 종감속 기어에서 나온 구동력을 구동바퀴까지 각의 변화와 길이 변화를 주어 바퀴에 전달한다.

정답

31 ③ **32** ② **33** ② **34** ② **35** ① **36** ④

37 다음에서 스프링의 진동 중 스프링 위 질량의 진동과 관계없는 것은?

① 바운싱(bouncing)

② 피칭(pitching)

③ 휠 트램프(wheel tramp)

④ 롤링(rolling)

38 차동기어장치의 고장 중 파이널 기어의 마모 및 사이드 베어링 마모 시 조치사항으로 적당한 것은?

① 교환

② 조정

③ 수리

④ 정렬

39 유압식 동력조향장치에서 공기빼기를 실시해야 할 경우가 아닌 것은?

① 기관 정지 후 갑자기 오일 수준이 상승할 때

② 동력조향펌프 교환 시

③ 파워스티어링 오일 교환

④ 정상 작동 온도시와 냉각시 오일 수준 차이가 없을 때 (5mm 이내)

40 진공식 브레이크 배력장치의 설명으로 틀린 것은?

① 압축공기를 이용한다.

② 흡기 다기관의 부압을 이용한다.

③ 기관의 진공과 대기압을 이용한다.

④ 배력장치가 고장나면 일반적인 유압제동장치로 작동된다.

41 충전회로 내에서 과충전을 방지하기 위해 사용하는 다이오드는?

① 포토 다이오드

② 정류 다이오드

③ 제너 다이오드

④ 발광 다이오드

42 기동전동기의 계자코일과 전기자코일을 직렬로 연결했을 때 나타나는 현상에 대한 설명으로 틀린 것은?

① 자기력이 커져 구동력이 증가하는 효과가 있다.

② 계자 코일이 끊어지면 전기자 코일에도 전류가 흐르지 않는다.

③ 코일의 권수가 줄어들어 회복속도가 빠르다.

④ 코일의 권수가 늘어나는 효과가 있다.

이론 관련 203페이지

37 • 스프링 윗 질량 : 바운싱, 피칭, 롤링, 요잉
• 스프링 아래 질량 : 휠 트램프, 휠 홉, 와인드 업

38 기어, 베어링, 샤프트 등의 마모는 일반적으로 교환한다.

39 [NCS 학습모듈]
엔진 정지 후에 갑자기 오일수준이 상승 할 때 동력 조향 장치 오일탱크를 확인해 엔진 시동 전후로 수준이 5mm 이상 차이가 나는 경우 회로에 공기가 유입된 것이다. 엔진 정지 직후 오일 레벨이 올라가면 공기빼기를 잘못한 것이다.

이론 관련 244페이지

40 압축공기를 이용한 장치는 공기식 배력장치이다.

이론 관련 262페이지

41 제너 다이오드는 제너 효과를 이용한 정전압 다이오드로 넓은 전류범위에서 안정된 전압특성을 보여 간단히 정전압을 만들거나 충전회로 내에 과충전 방지 작용을 한다.

※ 제너 효과 : 반도체의 PN 접합에 역방향 전압을 가할 경우 어느 전압값 이상이 되면 전류가 급격히 증가한다.

이론 관련 300페이지

42 [난이도 상] **직류직권전동기의 특징**
• 계자코일과 전기자 코일이 직렬 연결되므로 계자코일의 전류가 전기자에도 흘러 자기력이 커지는 효과가 있다 ① (즉, 자기력이 커지므로 코일의 권수가 늘어나는 효과가 있다 ④) → 이런 이유로 직권전동기는 무부하상태에서 속도가 급격히 상승된다.
• 직류로 연결되어 있으므로 ②도 옳은 표현이다.
• 권수는 동일하며 연결방식만 직렬이다.

정답

37 ③ **38** ① **39** ④ **40** ① **41** ③ **42** ③

43 사이드 슬립 테스터 지시값이 4이다. 이것은 주행 1 km에 대하여 앞바퀴의 슬립량이 얼마인 것을 표시하는가?

① 4 mm
② 4 cm
③ 40 cm
④ 4 m

44 자동차의 교류 발전기에서 발생된 교류 전기를 직류로 정류하는 부품은 무엇인가?

① 전기자
② 조정기
③ 실리콘 다이오드
④ 릴레이

45 기동 전동기의 솔레노이드 스위치의 풀인 점검 시 올바른 배선 연결은?

① 배터리 (+) 전원 – B단자, 배터리 (–) 전원 – 전동기 몸체
② 배터리 (+) 전원 – ST단자, 배터리 (–) 전원 – 전동기 몸체
③ 배터리 (+) 전원 – ST단자, 배터리 (–) 전원 – M단자
④ 배터리 (+) 전원 – ST단자, 배터리 (–) 전원 – B단자

46 축전지에 대한 설명 중 잘못된 것은?

① 완전충전된 전해액의 비중은 1.260~1.280이다.
② 충전은 보통 정전류 충전을 한다.
③ 양극판이 음극판의 수보다 1장 더 많다.
④ 축전지 내부에 단락이 있으면 충전하여도 전압이 높아지지 않는다.

47 전자제어기관 점화장치의 파워 TR에서 ECU에 의해 제어되는 단자는?

① 접지 단자
② 이미터 단자
③ 베이스 단자
④ 컬렉터 단자

48 자동차에 설치되는 차량용 소화기가 아닌 것은?

① 물 소화기
② 분말 소화기
③ 이산화탄소 소화기
④ 할로겐화물 소화기

---

43 사이드 슬립 테스터 지시값은 1km 이동했을 때 앞바퀴의 슬립량을 m로 나타낸 것이다. (1/1000)

참고) 검사기준 : 1km당 5mm 이내

44 교류 전기를 직류로 **정**류하는 부품
• 교류 발전기 : 실리콘 **다**이오드
• 직류 발전기 : 정류자

45 솔레노이드 스위치의 풀인(pull-in) 코일 점검
ST 단자에 배터리 **+** 전원을, **M** 단자에 **–** 전원을 연결하였을 때 플런저가 흡입되어 피니언 기어가 앞으로 튀어 나오면 풀인 코일은 정상이다.

46 ② 충전은 보통 정전류 충전(일정한 충전 전류로 충전)을 한다.
③ **음**극판의 수가 양극판보다 1장 더 **많**다. (양극판이 음극판보다 더 활성화되어 화학적 평형을 위해)
④ 셀 하나당 약 2V의 전압을 생성되는데 만약 단락되면 일부 셀은 충전되지 못하므로 전압이 높아지지 않는다.

이론 관련 310페이지
47 점화장치의 파워 TR의 연결
• 컬렉터 – 1차 코일
• **베**이스 – **E** CU
• 이미터 – 접지

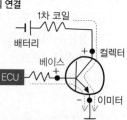

48 차량용 소화기의 종류 : 분말소화기, 할로겐화물소화기, 이산화탄소소화기, 강화액소화기, 폼소화기

43 ④ **44** ③ **45** ③ **46** ③ **47** ③ **48** ①

49 기관에 설치된 상태에서 시동 시(크랭킹 시) 기동전동기에 흐르는 전류와 회전수를 측정하는 시험은?

① 단선시험　　　　② 단락시험
③ 접지시험　　　　④ 부하시험

49 '부하시험'이란 엔진을 시동(크랭킹)할 때 기동전동기에 흐르는 전류값과 회전수를 측정하는 시험이다.

50 축전지의 전압이 12V이고, 권선비가 1 : 40 인 경우 1차 유도 전압이 350V이면 2차 유도전압은?

① 13000V　　　　② 14000V
③ 7000V　　　　④ 12000V

이론 관련 312페이지
50 점화코일의 고전압 유도 공식
$$\frac{2차\ 코일의\ 유도\ 전압}{1차\ 코일의\ 유도\ 전압} = \frac{2차\ 코일의\ 권수}{1차\ 코일의\ 권수}$$
2차 코일의 유도 전압 = 350×40 = 14,000V

51 기관 점화장치의 파워 TR 불량 시 나타나는 현상이 아닌 것은?

① 주행 시 가속력이 저하된다.
② 연료 소모가 많다.
③ 시동이 불량하다.
④ 크랭킹이 불가능하다.

이론 관련 310~314페이지
51 파워 트랜지스터는 ECU에 의해 제어되며, 점화 1차 회로에 흐르는 전류를 단속한다. 그러므로 불량 시 시동이 불량해지며, 점화시기가 맞지 않아 연료 소모 증가 및 출력 저하로 이어진다.
※ 크랭킹은 ECU의 입력신호로 파워 TR과는 무관하다.

52 트랜지스터의 설명 중 장점이 아닌 것은?

① 내부의 전압강하가 매우 높다.
② 소형 경량이며 기계적으로 강하다.
③ 수명이 길고 내부에서 전력손실이 적다.
④ 예열하지 않고 곧 작동한다.

52 [04-4 기출] 베이스에서 이미터로 흐르는 전류는 PN접합의 다이오드와 동일한 전압강하 특성을 지니므로 내부의 전압강하가 매우 낮다.

53 이모빌라이저 장치에서 엔진 시동을 제어하는 장치가 아닌 것은?

① 점화장치　　　　② 충전장치
③ 연료장치　　　　④ 시동장치

이론 관련 346페이지
53 이모빌라이저의 시동 스위치를 켜면 시동장치 외에 점화장치, 연료장치가 제어된다.

54 자동차의 종합경보장치에 포함되지 않는 제어 기능은?

① 도어록 제어기능
② 감광식 룸램프 제어기능
③ 엔진 고장지시 제어기능
④ 도어 열림 경고 제어기능

이론 관련 352페이지
54 종합경보장치는 에탁스(ETACS)를 말하며, 현재는 BCM에 포함되어 있다. 에탁스에는 엔진 고장지시(체크 엔진경고등) 제어는 포함되지 않는다.
체크 엔진경고등은 PCM(Powertrain Control Module) 또는 ECM(Engine Control Module)에서 제어한다.

55 사이드미러(후사경) 열선 타이머 제어시 입·출력 요소가 아닌 것은?

① 전조등 스위치 신호
② IG 스위치 신호
③ 열선 스위치 신호
④ 열선 릴레이 신호

55 열선 타이머는 IG 스위치 신호와 열선 스위치 신호의 입력신호를 받아 열선 릴레이, 열선 전류를 출력신호로 한다.

정답
49 ④　50 ②　51 ④　52 ①　53 ②　54 ③
55 ①

chapter 06

56 교류발전기의 외부 단자에 대한 설명으로 올바르지 않은 것은?

① B+ 단자 : 자동차 주전원 및 축전지 충전 단자이다.

② C 단자 : 발전기의 조정 전압을 제어하기 위해 신호를 내보내는 단자이다.

③ FR 단자 : 발전기의 발전 상태를 모니터링하는 단자이다.

④ L 단자 : 발전기의 접지 단자이다.

이론 관련 288페이지

56 ❶ 단자 : 시동키 ON 여부 감지하며, 충전 불가 시 계기판의 충전경고등을 점등위한 단자이다.

57 빛의 세기에 따라 저항이 적어지는 반도체로 자동 전조등 제어장치에 사용되는 반도체 소자는?

① 광량센서(CdS)

② 피에조 소자

③ NTC 서미스터

④ 발광다이오드

이론 관련 264페이지

57 광량센서는 빛의 세기에 따라 저항이 변화하는 반도체이다.

58 자동차 전장계통 작업 시 작업방법으로 틀린 것은?

① 전장품 정비 시 축전지 (－) 단자를 분리한 상태에서 한다.

② 연결 커넥터를 고정할 때는 연결부가 결합되었는지 확인한다.

③ 배선 연결부를 분리할 때는 배선을 잡아 당겨서 한다.

④ 각종 센서나 릴레이는 떨어뜨리지 않도록 한다.

58 배선 연결부를 분리할 때는 배선을 잡아 당기면 단선(끊어짐)의 위험이 있으므로 연결부를 잡고 분리해야 한다.

59 정비 작업 시 안전사항과 거리가 먼 것은?

① 차량의 급작스런 움직임에 대비하여 앞, 뒤 타이어에 고임목을 설치한다.

② 차체 아래에서 작업 할 경우 반드시 안전스탠드(잠금장치)를 사용한다.

③ 차량 작업 시 금연한다.

④ 절차과정에서 요구하지 않는 한 이그니션 스위치는 항상 ON위치에 둔다.

59 절차과정에서 요구하지 않는 한 이그니션 스위치는 항상 OFF 위치에 둔다.

60 트랜지스터의 대표적 기능으로 릴레이와 같은 작용은?

① 스위칭 작용

② 채터링 작용

③ 정류 작용

④ 상호 유도 작용

이론 관련 263페이지

60 트랜지스터와 릴레이는 전자동 스위치이다. 릴레이는 전자석을 이용하여 철편을 당겨 접점이 붙는 기계적 접점 방식이지만, 트랜지스터는 베이스에 신호를 보내면 컬렉터에서 이미터로 전류가 흐르게 하는 전자적 스위칭 작용을 한다.

 정답

56 ④ **57** ① **58** ③ **59** ④ **60** ①

수험교육의 최정상의 길 - 에듀웨이 EDUWAY

(주)에듀웨이는 자격시험 전문출판사입니다.
에듀웨이는 독자 여러분의 자격시험 취득을 위한 교재 발간을 위해 노력하고 있습니다.

2025 기분파

자동차정비기능사 필기

2025년 03월 20일 8판 3쇄 인쇄
2025년 03월 31일 8판 3쇄 발행

지은이 | 에듀웨이 R&D 연구소(자동차부문)
펴낸이 | 송우혁

펴낸곳 | (주)에듀웨이
주 소 | 경기도 부천시 소향로13번길 28-14, 8층 808호(상동, 맘모스타워)
대표전화 | 032) 329-8703
팩 스 | 032) 329-8704
등 록 | 제387-2013-000026호
홈페이지 | www.eduway.net

기획.진행 | 신상훈
북디자인 | 디자인동감
교정교열 | 이병걸
인 쇄 | 미래피앤피

ISBN 979-11-86179-94-9

이 도서의 국립중앙도서관 출판시도서목록(CIP)은 서지정보유통지원시스템 홈페이지
(http://seoji.nl.go.kr)와 국가자료공동목록시스템(http://www.nl.go.kr/kolisnet)에서 이
용하실 수 있습니다.

Craftsman Motor Vehicles Maintenance